D1698744

Handbuch Betriebliches Umweltmanagement

Gabi Förtsch • Heinz Meinholz

Handbuch Betriebliches Umweltmanagement

2., vollständig überarbeitete und erweiterte Auflage

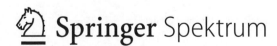

Springer Spektrum

Gabi Förtsch
Förtsch & Meinholz
Villingen-Schwenningen, Deutschland

Heinz Meinholz
Hochschule Furtwangen
Villingen-Schwenningen, Deutschland

ISBN 978-3-658-00387-6   ISBN 978-3-658-00388-3 (eBook)
DOI 10.1007/978-3-658-00388-3

Die Deutsche Nationalbibliothek verzeichnet diese Publikation in der Deutschen Nationalbibliografie;
detaillierte bibliografische Daten sind im Internet über http://dnb.d-nb.de abrufbar.

Springer Spektrum
© Springer Fachmedien Wiesbaden 2011, 2014

Springer Spektrum ist eine Marke von Springer DE.
Springer DE ist Teil der Fachverlagsgruppe Springer Science+Business Media.
www.springer-spektrum.de

Vorwort

In Zukunft wird das gesellschaftliche Umfeld verstärkt Anforderungen an eine umweltorientierte, nachhaltige Unternehmensführung stellen. Grundsätzlich muss dazu das Unternehmen jederzeit die Rechtsvorschriften zum Schutz von Mensch und Umwelt erfüllen. Verstärkt werden die Anforderungen durch spezifische Kundenvorgaben. Nur wenn sich die Unternehmen den entsprechenden Entwicklungen stellen, können sie die sich daraus ergebenden Möglichkeiten als unternehmerische Chancen nutzen.

Die Anforderungen des Umfelds müssen vom Unternehmen aufgenommen und in Strategien umgesetzt werden. Die gesamte Unternehmensorganisation muss, die sich daraus ergebenden Ziele, nach intern und extern kommunizieren. Eine nachhaltige Zielerreichung ist nur mit gut ausgebildeten Mitarbeitern möglich, die sich ihrer arbeitsplatzspezifischen Verantwortung bewusst sind und dieser nachkommen. Dazu müssen sie in ihrem Aufgabenbereich die Umweltaspekte der eingesetzten Technologien erkennen und die resultierenden Umweltauswirkungen verstehen. Durch das Engagement der Mitarbeiter lassen sich Prozesse optimieren, Ressourcen einsparen und somit die Wirtschaftlichkeit des Unternehmens erhöhen, wodurch sich gleichzeitig die Umweltauswirkungen reduzieren.

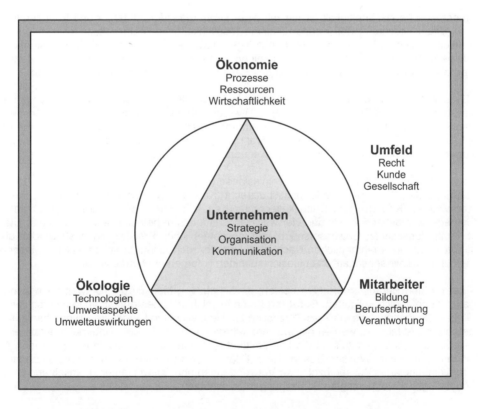

Aspekte einer umweltorientierten, nachhaltigen Unternehmensführung

Die Handbuchreihe zum betrieblichen Umweltschutz besteht aus insgesamt 5 Bänden. Das Basiswerk zum betrieblichen **Umweltmanagement** beschreibt die zielorientierte Realisierung eines Umweltmanagementsystems im Unternehmen. Von daher ist besonderer Wert auf ein gutes Projektmanagement (Kap. 2) zur Entwicklung und Einführung eines Umweltmanagementsystems zu legen. Als Organisationsprojekt durchleuchtet es alle Prozesse und Tätigkeiten unter rechtlichen, organisatorischen, technologischen und wirtschaftlichen Gesichtspunkten. Um Prozesse (Kap. 3) zielgerichtet steuern zu können, müssen die Kompetenzen der Prozessverantwortlichen und ihrer Mitarbeiter näher betrachtet werden. Oberstes Ziel eines Managementsystems muss außerdem die Optimierung der Prozesse unter den genannten Gesichtspunkten sein.

Für den Aufbau und die Einführung eines Umweltmanagementsystems existieren zwei wesentliche Regelwerke. Die DIN EN ISO 14001 (Kap. 4) gilt weltweit, während die EG-Öko-Audit-Verordnung (Kap. 5) innerhalb der Europäischen Union Anwendung findet. Die EMAS-Verordnung bietet auch einen inhaltlichen Vergleich zur DIN EN ISO 14001.

Besondere Bedeutung kommt den Rechtsvorschriften (Kap. 6) zu. Die Umweltprüfung muss deren Einhaltung gewährleisten. Dazu werden praxisrelevante Aspekte und Fragestellungen erläutert (Kap. 7). Das Kapitel führt außerdem Musterbeispiele für die Darstellung von Prozessanweisungen und ein Praxishandbuch zum Umweltmanagementsystem auf.

Unternehmerische Nachhaltigkeit ist nur mit einer hervorragenden Material- und Energieeffizienz möglich. Dazu beschreibt das Kapitel 8 einige Möglichkeiten des Umweltcontrollings, um über Umweltkennzahlen einfache, aber aussagekräftige Informationen zu erhalten. Die Leistungen eines Umweltmanagementsystems müssen in einem internen Audit bzw. in einer externen Zertifizierung erhoben werden (Kap. 9). Dazu bietet das Kapitel eine praxisorientierte Checkliste an.

Die Einführung eines Arbeitsschutzmanagementsystems (Kap. 10) und eines Energiemanagementsystems nach DIN EN ISO 50001 (Kap. 11) werden ebenfalls behandelt. Die Vorgehensweise ist identisch mit der Realisierung eines Umweltmanagementsystems. Es werden jedoch inhaltlich andere Schwerpunkte gesetzt. Wie beim Umweltmanagement bietet auch der Abschnitt zum Energiemanagement eine praxisorientierte Checkliste an.

Mit den weiteren Abschnitten zu Industrieemissionen (Kap. 12), Kreislaufwirtschaft (Kap. 13), Boden und Altlasten (Kap. 14), Immissionsschutzrecht (Kap. 15), rechtliche Anforderungen des Gewässerschutzes (Kap. 16) und Chemikalienrecht (Kap. 17) werden Rechtsgrundlagen zum Umweltmanagement behandelt. Mit den vier weiteren Bänden zum betrieblichen Gefahrstoffmanagement, Immissionsschutz, Gewässerschutz und zur betrieblichen Kreislaufwirtschaft werden diese Bestandteile zur unternehmerischen Nachhaltigkeit unter rechtlichen, organisatorischen, technologischen und naturwissenschaftlichen Gesichtspunkten tiefergehend betrachtet.

Eine der größten Herausforderungen besteht im Schutz von Mensch und Umwelt beim sicheren Umgang mit gefährlichen Stoffen. **Gefahrstoffe** finden sich im Unternehmen an den verschiedensten Stellen. So kommen sie in vielen Prozessen zur Herstellung von Produkten zum Einsatz, fallen als gefährliche Abfälle an, werden als wassergefährdende Stoffe in allen Unternehmensbereichen eingesetzt oder als Schadstoffe in die Luft emittiert. Die potenziellen medienübergreifenden Auswirkungen (Luft, Klima, Wasser, Boden, Tiere, Pflanzen und Mikroorganismen) von Gefahrstoffen erfordern ein fundiertes Wissen bzgl. ihrer Verwendungen und Auswirkungen. Mensch und Umwelt sind unbedingt vor stoffbedingten Schädigungen zu schützen.

Die sich abzeichnenden Klimaveränderungen fordern verstärkte unternehmerische Anstrengungen im Energiebereich. Das Handbuch zum betrieblichen **Immissionsschutz** legt den Schwerpunkt auf das Umweltmedium Luft und beschreibt u.a. die Einführung eines Energiemanagementsystems im Unternehmen. Oberstes Ziel eines Energiemanagementsystems ist die Verbesserung der energiebezogenen Leistung eines Unternehmens, das so seinen spezifischen Beitrag zum Klimaschutz leisten kann. Ergänzend wird ein Überblick zu verschiedenen fossilen und regenerativen Energie-trägern gegeben. Ausführlich beschreibt dieses Handbuch die Herkunft, die Auswirkungen, den Nachweis und die Senken der wichtigsten Luftverunreinigungen. Es werden Technologien zur Luft-reinhaltung erläutert und die Auswirkungen von Lärm und Vibrationen auf den Menschen behan-delt.

Eine langfristige nachhaltige, umweltorientierte Unternehmentwicklung ist nur über eine **Kreis-laufwirtschaft** möglich. Dies beginnt mit einer umfassenden Produktverantwortung des Unter-nehmens von der Entwicklung und Herstellung über die Verwendung bis hin zum Recycling und der endgültigen Entsorgung von Reststoffen. In der gesellschaftlichen Diskussion wird dieser Weg zukünftig einen noch höheren Stellenwert einnehmen als heute. Unternehmen und ihre Mitarbeiter müssen sich den entsprechenden Entwicklungen stellen, wobei der betriebliche Umweltschutz aber auch als unternehmerische Chance genutzt werden kann. Anhand ausgewählter Produktbei-spiele (z.B. Batterien, Altfahrzeuge, Verpackungen, Elektro- und Elektronikgeräte, Kunststoffe und Metalle) werden Wege, Möglichkeiten und Grenzen des Produktrecyclings aufgezeigt. Stofflich nicht-recyclebare Produktanteile sind - soweit wie möglich - thermisch zu verwerten. In allen Pro-zessstufen anfallende Reststoffe sind langfristig sicher zu deponieren.

Im Bereich des betrieblichen **Gewässerschutzes** muss das Unternehmen die europäischen und nationalen Anforderungen des Wasserrechts jederzeit erfüllen. Auf europäischer Ebene ist beson-ders die Wasser-Rahmen-Richtlinie zu beachten. Wesentlich umfangreicher sind die Rechtsanfor-derungen auf nationaler Ebene. Neben dem Wasserhaushaltsgesetz (WHG) sind grundsätzlich die Abwasserverordnung (AbwV), Indirekteinleiterverordnung (IndVO), Eigenkontrollverordnung (EKVO) und die Anlagenverordnung zum Umgang mit wassergefährdenden Stoffen (VAwS) vom Unternehmen zu beachten. Bei wassergefährdenden Stoffen handelt es sich letztlich um gefährli-che Stoffe, womit eine Verknüpfung zum Handbuch Gefahrstoffe gegeben ist. Aufgrund der zahl-reichen rechtlichen Anforderungen ist seitens des Unternehmens eine aktive Kommunikation mit Genehmigungsbehörden und Kläranlagenbetreibern zu pflegen.

Mitarbeiter, die prozess- und abwasserrelevante Anlagen entwickeln und betreiben, müssen über naturwissenschaftliche und technologische Kenntnisse verfügen. Das Handbuch zum betrieblichen Gewässerschutz beschreibt daher einige naturwissenschaftliche Grundlagen und summarische Belastungsgrößen. Zur Planung, Steuerung und Optimierung entsprechender Prozesse müssen Kenntnisse über analytische Nachweisverfahren vorhanden sein. Dann sind in der Praxis z.B. Mengenreduzierungen bei Spülwasserkreisläufen und Standzeiterhöhungen bei Prozessbädern möglich.

Bevor Abwässer in die Vorfluter oder öffentliche Kanalisationen eingeleitet werden dürfen, sind sie unternehmensintern einer Abwasserbehandlung zu unterziehen. Notwendige Kenntnisse über den Umgang mit Gefahrstoffen müssen unbedingt vorhanden sein. Die Abwasserbehandlung muss jederzeit die Einhaltung der rechtlichen Grenzwerte seitens des Unternehmens gewährleisten. So bieten sich hier auch Optimierungsmaßnahmen zur Rückgewinnung eingesetzter Chemikalien (z.B. Edelmetalle) an. Im abschließenden Kapitel werden biologische Verfahren zur Abwasserbe-handlung und Möglichkeiten zur Phosphatrückgewinnung erläutert.

Villingen-Schwenningen, Januar 2014 Gabi Förtsch
Heinz Meinholz

Wichtige und hilfreiche Informationen finden sich z.B. unter folgenden Internetadressen:

- Berufsgenossenschaft Rohstoffe und chemische Industrie (BG RCI)
  www.bgrci.de
- Bundesanstalt für Arbeitsschutz und Arbeitsmedizin (BAuA)
  www.baua.de
- Bundesministerium für Umwelt, Naturschutz und Reaktorsicherheit (BMU)
  www.bmu.de
- Deutsche Bundesstiftung Umwelt (DBU)
  www.dbu.de
- Deutsche Gesetzliche Unfallversicherung (DGUV)
  www.dguv.de
- Deutsches Institut für Normung e.V.
  www.din.de
- Europäische Umweltagentur - European Environment Agency (EEA)
  www.eea.europa.eu
- European Chemicals Agency (ECHA)
  www.echa.europa.eu
- International Organization for Standardization (ISO)
  www.iso.org
- Organisation for Economic Co-operation and Development (OECD)
  www.oecd.org
- Bundesministerium der Justiz
  www.gesetze-im-internet.de
- Umweltbundesamt (UBA)
  www.umweltbundesamt.de
- United Nations Environment Programme (UNEP)
  www.unep.org
- Verband der chemischen Industrie (VCI)
  www.vci.de
- Verein Deutscher Ingenieure e.V.
  www.vdi.de
- Weiterbildung Umweltakademie
  www.foertsch-meinholz.de
  www.nordschwarzwald.ihk24.de

Ergänzend zu diesem Handbuch werden weitere Werke zum betrieblichen Umweltschutz publiziert:

- Meinholz, H.; Förtsch, G.; *Handbuch für Gefahrstoffbeauftragte,* Vieweg + Teubner, **2010,** 978-3-8348-0916-2
- Förtsch, G.; Meinholz, H.; *Handbuch Betrieblicher Gewässerschutz,* Springer-Spektrum **2014,** 978-3-658-03323-1
- Förtsch, G; Meinholz, H.; *Handbuch Betrieblicher Immissionsschutz,* Springer-Spektrum, **2013,** 978-3-658-00005-9
- Förtsch, G; Meinholz, H.; *Handbuch Betriebliche Kreislaufwirtschaft,* Springer-Spektrum, erscheint **2014**

Inhalt

1 Managementsysteme und Nachhaltigkeit

1.1 Einführung

Nachhaltig Entwicklung der Unternehmen gewinnt in der Gesellschaft, bei Kunden und Mitarbeitern zunehmend an Bedeutung. In diesem Zusammenhang sind die vier Dimensionen:

- Ökonomie,
- Ökologie,
- Mitarbeiter,
- Gesellschaft

zu betrachten.

Unternehmen müssen wirtschaftlich leistungsfähig sein, um über die ökomische Dimension Veränderungen in Richtung eines nachhaltigen wirtschaftlichen Verhaltens zu erzielen. Über die ökologische Dimension sind dabei die Belastungen für Mensch und Umwelt dauerhaft zu minimieren. Erneuerbare und nicht-erneuerbare natürliche Ressourcen sind im Sinne einer nachhaltigen Wirtschaftsweise einzusetzen. Dazu bedarf es einer langfristigen Ausrichtung der Unternehmensstrategien.

In die unternehmerischen Entscheidungen sind die Mitarbeiter (soziale Dimension) zu integrieren. Nur mit ihnen ist eine zukunftsorientierte nachhaltige Unternehmensentwicklung möglich. Innerhalb des Unternehmens müssen sie die notwendigen Veränderungen bewirken. Außerhalb des Unternehmens gestalten sie in der gesellschaftlichen Dimension die politischen Rahmenbedingungen für eine nachhaltige Entwicklung mit; entweder indem sie sich direkt politisch engagieren oder über ihr Wahlverhalten. In diesem Zusammenhang kommt der Umweltpolitik eine besondere Bedeutung zu. Sie formuliert die gesellschaftspolitischen Ziele und markiert den Handlungsrahmen, in dem sich eine nachhaltige Entwicklung entfalten kann.

Aufgrund der weiterhin wachsenden Weltbevölkerung (Abb. 1.1) muss der nachhaltigen Versorgung mit Nahrungsmitteln, Wasser und sauberer Luft sowie dem Verlust der Artenvielfalt besondere Aufmerksamkeit geschenkt werden.

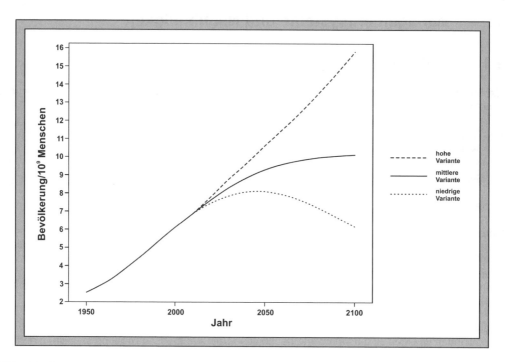

Abb. 1.1: Entwicklung der Weltbevölkerung [1.15]

Abbildung 1.2 fasst dazu einige interessante Daten zusammen. So hat sich die Entnahme von Biomasse (z.B. Nahrungsmittel, Holz etc.) in den zurückliegenden 100 Jahren fast vervierfacht. Der Verbrauch an fossilen Energieträgern (Kohle, Erdöl, Erdgas) ist um den Faktor 12 gestiegen. Auch die Förderung von Erzen und Baumaterialien hat sich sehr deutlich erhöht.

Material/ 10^6 Tonnen \ Jahr	1900	1925	1950	1975	2005
Biomasse	5.272	6.942	8.193	12.402	19.061
fossile Energieträger	968	1.787	2.754	2.171	11.846
Metallerze (bezogen auf den Metallgehalt)	51	87	149	552	961
Baumaterialien	667	1.269	2.389	8.445	22.931

Abb. 1.2: Materialentnahme aus der Umwelt [1.7]

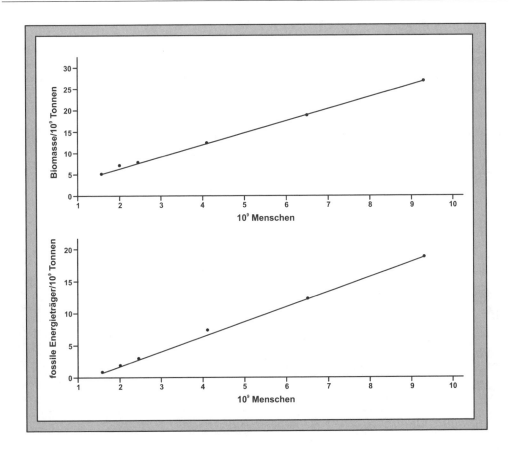

Abb. 1.3: Trends der globalen Materialentnahme aus der Umwelt

Mit weiter steigender Weltbevölkerung werden diese Verbräuche ohne Gegenmaßnahmen weiter zunehmen. Entsprechend der mittleren Variante zur Entwicklung der Weltbevölkerung wird die Entnahme von Biomasse bis 2050 auf ca. 27 Milliarden Tonnen anwachsen (Abb. 1.3). Der Verbrauch an fossilen Energieträgern steigt um fast 60 %, mit allen Folgen für das weltweite Klima. Für die anderen Materialentnahmen (Erze, Baumaterialien) lassen sich vergleichbare Zusammenhänge aufstellen.

Die weiter zunehmende Materialentnahme aus der Umwelt führt zwangsläufig zu wachsenden Umweltbelastungen. Zukünftig muss sich das Wachstum der Weltbevölkerung deutlich in Richtung der niedrigen Variante der Abbildung 1.1 reduzieren. Gleichzeitig muss eine große Verbesserung der Material- und Energieeffizienz erreicht werden.

Um sich für die zukünftige Herausforderungen zu wappnen, müssen Unternehmen nicht nur die finanzielle Dimension betrachten. Eine umweltorientierte Entwicklung von Produkten und Dienstleistungen erfüllt zunehmend die Erwartungen der Kunden und Geschäftspartner. Die Identifikation der Mitarbeiter mit dem Unternehmen trägt langfristig zur Gewinnung und Bindung von Fachkräften bei. Sie werden sich immer stärker mit dem Unternehmen verbunden fühlen, das ethische, soziale und ökologische Aspekte in seiner Unternehmensentwicklung berücksichtigt.

Um eine nachhaltige Unternehmensentwicklung zu unterstützen, haben die Vereinten Nationen „Prinzipien des Global Compact" zu Menschenrechten, Arbeitsnormen, Umweltschutz und Korruptionsbekämpfung verabschiedet. Für die Erreichung ihrer Umweltziele setzen die Mitgliedsunternehmen des „Global Compact" verschiedene Instrumente ein (Abb. 1.4). An erster Stelle befinden sich Managementsysteme, da mit ihnen eine ganzheitliche Betrachtung der nachhaltigen Unternehmensführung und -entwicklung möglich ist.

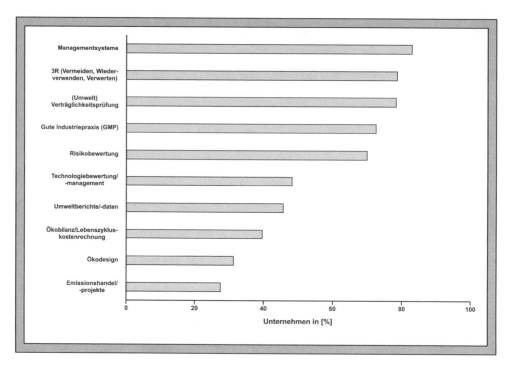

Abb. 1.4: Umweltorientierte Instrumente der Unternehmensführung [1.16]

1.2   Wissensfragen

- Erläutern Sie die vier Dimensionen einer nachhaltigen Unternehmensführung.

- Wie werden sich Material- und Energieverbrauch mit wachsender Weltbevölkerung entwickeln?

- Erläutern Sie folgende Instrumente einer umweltorientierten Unternehmensführung: Umweltverträglichkeitsprüfung, Ökobilanz und Ökodesign.

1.3   Weiterführende Literatur

1.1   Bundesministerium für Umwelt, Naturschutz und Reaktorsicherheit (BMU); Umweltbundesamt (UBA); *Umweltwirtschaftsbericht 2011 – Daten und Fakten für Deutschland,* **September 2011**

1.2 DIN ISO 26000; *Leitfaden zur gesellschaftlichen Verantwortung,* Beuth, **Januar 2011**

1.3 Europäische Umweltagentur (EEA); *Die Umwelt in Europa – Zustand und Ausblick 2010,* EEA, **2010,** 978-92-9213-110-4

1.4 European Environment Agency (EEA); *Environmental Indicator Report 2012;* EEA, **2012,** 978-92-9213-315-3

1.5 Hauff, V. (Hrsg.); *Unsere gemeinsame Zukunft – der Brundtland-Bericht der Weltkommission für Umwelt und Entwicklung,* Eggenkamp, **1987,** 3-923166-16-1

1.6 International Standard Organization (ISO); *The ISO Survey of Certifications,* **2013**

1.7 Krausmann, F. et al; *Growth in global materials use, GDP and population during the 20 th century Ecological Economics,* 68, **2009,** 2696-2705

1.8 Meadows, D.; *Die Grenzen des Wachstums,* DVA, **1972,** 3-421-02633-5

1.9 Meadows, D.; Meadows, D.; Randers, J.; *Die neuen Grenzen des Wachstums – das 30-Jahre-Update,* Hirzel, **2006,** 978-3-7776-1384-0

1.10 Meadows, D.; Meadows, D.; Randers, J.; *Die neuen Grenzen des Wachstums,* DVA, **1992,** 3-421-06626-4

1.11 Organisation for Economic Co-operation and Development (OECD); *OECD – Umweltausblick bis 2030,* OECDpublishing, **2008,** 978-92-64-04331-2

1.12 Organisation for Economic Co-operation and Development (OECD); *OECD – Umweltausblick bis 2050 – Die Konsequenzen des Nichthandelns,* OECDpublishing, **2012,** 978-92-64-17280-7

1.13 Statistisches Bundesamt; *Umweltnutzung und Wirtschaft – Bericht zu den umweltökonomischen Gesamtrechnungen,* **November 2012**

1.14 Umweltbundesamt (UBA); *Umweltdaten Deutschland: Nachhaltig wirtschaften – Natürliche Ressourcen und Umwelt schonen,* Dessau, **2007**

1.15 United Nations, Department of Economic and Social Affairs; *World Population Prospects, the 2010 Revision,* **2010**

1.16 United Nations Global Compact (UNGC); *Annual Review 2010,* **2011**

1.17 United Nations Environment Programme (UNEP); *Global Environment Outlook (GEO 4) – Environment for development,* UNEP, **2007,** 978-92-807-2836-1

1.18 United Nations Environment Programme (UNEP); *Global Environment Outlook (GEO 5) – Environment for the future we want,* UNEP, **2012,** 978-92-807-3177-4

1.19 United Nations Environment Programme (UNEP); *Keeping Track of our changing environment;* UNEP, **2011,** 978-92-807-3190-3

1.20 VDI 4070 Blatt 1; *Nachhaltiges Wirtschaften in kleinen und mittelständischen Unternehmen – Ableitung zum Nachhaltigen Wirtschaften,* Beuth, **Februar 2006**

2 Projektplanung und Implementierung

2.1 Einführung

Die Einführung und Realisierung eines Umweltmanagementsystems im Unternehmen ist ein Projekt auf Zeit. Als Organisationsprojekt durchleuchtet es alle Aufgaben, Tätigkeiten und Abläufe im Unternehmen unter Umweltgesichtspunkten. Das Projekt ist mit zahlreichen Risiken verbunden:

- der Arbeitsumfang wird unterschätzt,
- die Probleme werden nicht rechtzeitig erkannt,
- den Mitarbeitern fehlt das notwendige Wissen,
- der Zeitrahmen wird nicht eingehalten,
- die Kosten laufen davon.

Eine Reihe von Erfolgsfaktoren zeichnet ein gutes Projektmanagement zur Entwicklung eines Umweltmanagementsystems aus:

- sorgfältige Planung des personellen, fachlichen und finanziellen Rahmens,
- realistische Zeitvorgaben und Vorstellungen über den Umfang der Aufgabe,
- Konzentration auf Arbeitsschwerpunkte mit entsprechender Priorisierung,
- Motivation und Förderung von Teamarbeit,
- regelmäßige Informationen zum Projekt und angemessene Dokumentation.

Das Projektmanagement integriert sich gegenseitig beeinflussende Risiken und Faktoren und führt im Problemlösungsprozess gezielt zum Erfolg. Die Abbildung 2.1 zeigt die Vorgehensweise zur Planung, Ausführung, Auditierung und Weiterentwicklung eines Umweltmanagementsystems. Es ist in vier Phasen unterteilt, in denen u.a. folgende Fragen zu klären sind:

- **Schritt 1:**
  Was/Wer ist der Auslöser für das Projekt?
- **Schritt 2:**
  Wer hat die Projektleitung inne?
  Wer gehört zum Projektteam?
  Welche Projektziele wollen wir erreichen?
- **Schritt 3:**
  Welche Rechtsgrundlagen sind zu beachten?
  Welche Genehmigungen liegen vor bzw. sind notwendig?
- **Schritt 4:**
  Welcher Sachverhalt ist in der Umweltprüfung zu erheben und zu analysieren?
  Welche Stärken und Schwächen liegen im entsprechenden Umweltaspekt vor?
  Welche Ziele ergeben sich aus dem Ist-Zustand der Umweltprüfung?
- **Schritt 5:**
  Welche Maßnahmen ergeben sich aus der Umweltprüfung?
  Welche Prioritäten werden für das Umweltprogramm vergeben?
- **Schritt 6:**
  Wie lässt sich das Umweltmanagementsystem aufbauen?
  Welche organisatorischen, personellen und materiellen Regelungen sind zu treffen?
- **Schritt 7:**
  Wie lässt sich das betriebliche Umweltmanagement bewerten?
  Welche Ergebnisse zeigen das Compliance- und Performance-Audit?

- **Schritt 8:**
  Welche Inhalte hat der abschließende Projektbericht in Form eines Umweltberichts?
- **Schritt 9:**
  Welche Anforderungen stellt die Umweltbegutachtung/Zertifizierung?
- **Schritt 10:**
  Welche Maßnahmen sind für die kontinuierliche Weiterentwicklung des Umweltmanagementsystems notwendig?

Nach jedem Schritt findet eine Bewertung und Dokumentation statt. So lässt sich für jeden Projektmitarbeiter und für den Auftraggeber das Projekt in seiner Entwicklung nachvollziehen. Die einzelnen Schritte werden in den nachfolgenden Abschnitten näher erläutert.

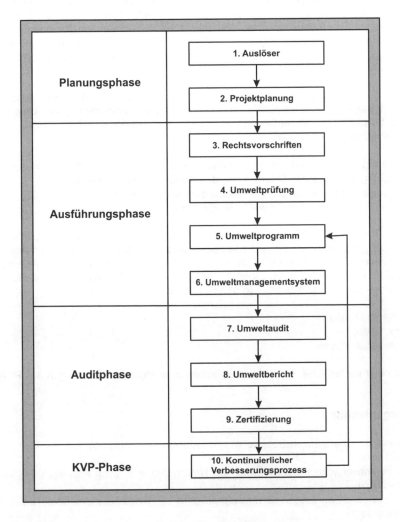

Abb. 2.1: Projektablauf zur Realisierung eines Umweltmanagementsystems

2.2   Auslöser und erster Umweltcheck

Der Auslöser zur Auseinandersetzung mit dem Thema Umweltmanagement kann eine Reihe von Ursachen haben:

- konkrete Vorgaben durch den Gesetzgeber und/oder die Behörden,
- Anforderungen von Seiten der Kunden und des Marktes,
- persönliches Interesse am Thema durch die Geschäftsführung,
- Ideen, die von anderer Seite geäußert wurden.

Langfristig betrachtet wird die Berücksichtigung von Umweltaspekten unverzichtbarer Bestandteil einer vorausschauenden Unternehmensführung werden. Es besteht jedoch die Gefahr, dass man sich nur mit Tagesproblemen und vertrauten Entwicklungen befasst. Es existiert eine Wahrnehmungslücke, die oft zu einem passiven Verhalten führt. Eigenständige, zielorientierte Lösungen lassen sich dann aus Zeitmangel nicht mehr realisieren. Es wird auf fertige Konzepte und Lösungswege zurückgegriffen; jedoch werden die eigentlichen Aufgaben und Möglichkeiten im betrieblichen Alltag nicht verinnerlicht.

Die Gestaltung eines Umweltmanagementsystems ist mehr als das Abarbeiten formaler Schritte und Phasen. Es soll Anstöße für die Verbesserung und damit Veränderung der Unternehmensabläufe liefern. So gibt es im Wesentlichen vier Gründe, sich mit der Einführung eines Umweltmanagementsystems auseinander zusetzen:

- Verbesserung der Unternehmensleistung durch Aufdeckung entsprechender Potenziale,
- Imagepflege gegenüber den Mitarbeitern, den Kunden und der Öffentlichkeit,
- Risikobegrenzung bezüglich Umwelthaftung aus Rechtsvorschriften,
- Beitrag zur Verringerung der Umweltauswirkungen.

Wesentlicher Punkt von Schritt 1 „Auslöser" ist es, sich über die Beweggründe und die Erwartungen anhand der genannten vier Gründe Klarheit zu verschaffen. Denn dies beeinflusst die Zielrichtung des Projektes. Dieser Schritt wird oft vernachlässigt und die eindeutige Formulierung der angestrebten Ziele nicht durchgeführt. Einen Schnellüberblick zur Situation im betrieblichen Umweltschutz bietet der „Erste Umweltcheck". In den Bereichen:

- Betriebsorganisation,
- Umweltaspekte,
- Unternehmensbereiche

liefert er mit einer kurzen Checkliste einen einfachen aber effizienten Einstieg in das Projekt.

Betriebsorganisation

- Welche betriebliche Umweltstrategie wurde in Ihrem Unternehmen von der Geschäftsführung festgelegt?
- Welche verantwortliche Person vertritt das Unternehmen in allen Aspekten des betrieblichen Umweltschutzes?
- Wie sind die Verantwortungen für umweltrelevante Tätigkeiten der einzelnen Unternehmensbereiche festgelegt?
- Welche Umweltschutzdokumentationen existieren in Ihrem Unternehmen?

- Haben Sie:
  - einen Umweltschutzbeauftragten,
  - einen Gewässerschutzbeauftragten,
  - einen Abfallbeauftragten,
  - einen Immissionsschutzbeauftragten,
  - einen Gefahrstoffbeauftragten,
  - einen Gefahrgutbeauftragten
  schriftlich bestellt?
- Wie ist der Umweltschutz organisatorisch in Stabs- und Linienfunktionen eingebunden?
- Welche Arbeitskreise „Umweltschutz" oder vergleichbare Arbeitsgruppen existieren?
- Welche Umweltvorschriften (Gesetze, Verordnungen, etc.) sind einzuhalten?
- Mit welchem Ergebnis wurde in Ihrem Unternehmen bereits ein Umweltaudit durchgeführt?

Umweltaspekte

- Welche genehmigungsbedürftigen Anlagen werden in Ihrem Unternehmen betrieben?
- Welche nichtgenehmigungsbedürftigen, umweltrelevanten Anlagen werden betrieben?
- Welche Umweltdaten erstellen Sie regelmäßig in Form einer Umweltbilanz (Stoff- und Energiebilanz bzw. Ökobilanz) für Ihr Unternehmen?
- Wie bewerten Sie neu einzusetzende Stoffe hinsichtlich ihrer Gefährlichkeit, möglicher Umweltschäden und ihrer Entsorgbarkeit?
- Wie ist die Lagerung, Handhabung und Entsorgung von Gefahrstoffen geregelt?
- In welcher Form existiert ein Gefahrstoffkataster?
- Wie werden Rückstände (Abfälle, Sonderabfälle, Reststoffe, Wertstoffe) erfasst und bewertet?
- In welcher Form liegt ein Abfallregister vor?
- Wie erfassen Sie die anfallenden Abwasserströme und welche Analysen liegen dafür vor?
- Welche entsprechenden Betriebstagebücher liegen für Abwasserbehandlungsanlagen vor?
- Wie stellen Sie sicher, dass die Anlagen zum Umgang mit wassergefährdenden Stoffen nach dem Stand der Technik betrieben werden?
- Welche Emissionen gehen von Ihrem Unternehmen aus?
- Liegt ein Emissionskataster vor?
- Welche Maßnahmen zur Einsparung von Energie ergreifen Sie?
- Wie stellen Sie sicher, dass keine Verdachtsflächen „Altlasten" auf Ihrem Betriebsgelände vorhanden sind?
- Welche wesentlichen umweltrelevanten Lärmquellen existieren im Unternehmen?

Unternehmensbereiche (Geschäftsprozesse)

- Welche Unternehmensbereiche (Abteilungen, etc.) stufen Sie als umweltrelevant ein?
- Wie werden Umwelt- und Recyclingaspekte bei der Entwicklung neuer Produkte berücksichtigt?
- Wie werden Umweltaspekte bei der Einführung neuer Technologien berücksichtigt?
- Welche umweltfreundlichen Technologien haben sie in den letzten 5 Jahren eingeführt?
- Welche Kriterien wurden für einen umweltgerechten Einkauf festgelegt?
- Wie wird im Rahmen der Materialwirtschaft ein umweltsicheres und risikoarmes Lagerwesen gewährleistet?
- Welche Umweltaspekte spielen bei der Auswahl Ihrer Lieferanten eine Rolle?
- Für welche Anlagen oder Verfahren existieren Überwachungs- oder Wartungskonzepte?
- Wie gewährleisten Sie eine umweltfreundliche Versandlogistik?
- Wie motivieren Sie Ihre Mitarbeiter zu umweltfreundlichem Verhalten am Arbeitsplatz?

- Nach welchen Kriterien werden Mitarbeiter für umweltrelevante Tätigkeiten ausgewählt und geschult?
- Wie erfolgt im Rahmen der Eigenkontrolle eine Überprüfung von weniger umweltrelevanten Abteilungen?

2.3   Projektplanung

Die Projektplanung erarbeitet Vorgaben für die Durchführung des Projektes bzgl. Ressourcenein-satz (Personal, Kapital) und Terminen. Im Rahmen eines Projektplanes werden die einzelnen Pha-sen und deren Umsetzungsschritte festgelegt. Meilensteine nach jedem Projektschritt geben Klar-heit über den Projektstand und liefern Entscheidungsgrundlagen für den nächsten Projektab-schnitt. Anhand dieser Vorgaben lässt sich das Projekt steuern.

Der Aufbau eines Umweltmanagementsystems ist aufgrund des Projektumfanges eine sehr an-spruchsvolle Aufgabe. Neben den klassischen Umweltaspekten Luft, Wasser, Abfall, Lärm, Altlas-ten, Energie, etc. sind Unternehmensprozesse wie Entwicklung, Produktion, Materialwirtschaft, Logistik, Marketing, etc. zu berücksichtigen. Der Erfolg des Projektes steht und fällt mit einer guten Projektplanung.

Im Zuge der Umweltprüfung bzw. -betriebsprüfung („Audit") werden die Prozesse vertieft betrach-tet. Die im Projekt identifizierten Maßnahmen liefern „Verbesserungen" der betrieblichen Umweltsi-tuation (Abb. 2.2). Sie stellen Korrekturen auf dem Weg zu einem gewünschten Soll-Zustand („Zie-le") dar. Wie in einem Projekt üblich, sind die durchgeführten Maßnahmen einer Erfolgskontrolle zu unterziehen. Diese liefert erst das endgültige Ergebnis für den Erfolg der Maßnahmen und sollte – wo immer möglich – quantifizierbar sein („Messungen").

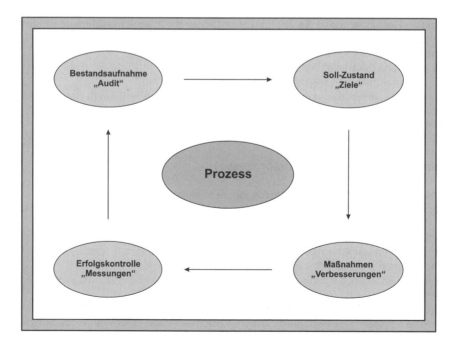

Abb. 2.2: Kontinuierlicher Verbesserungsprozess im Umweltmanagementsystem

Weiter liefert die Projektplanung ein Rahmenkonzept für das Umweltmanagementsystem (Abb. 2.3). Es basiert auf den existierenden oder noch zu erarbeitenden umweltpolitischen Leitlinien („Umweltstrategie") des Unternehmens. Der:

- Umweltschutzbeauftragte,
- das Verzeichnis der Rechtsvorschriften („Umweltvorschriften") und
- das Instrument des Umweltaudits

dienen zur Unterstützung der Funktionsfähigkeit des Umweltmanagementsystems. Die möglichen Prozessanweisungen (PA´s) für die „Umweltaspekte":

- PA „Abfälle/Wertstoffe",
- PA „Abluft/Emissionen",
- PA „Boden/Altlasten",
- PA „Energie",
- PA „Gefahrstoffe",
- PA „Lärm",
- PA „Materialien",
- PA „Wasser/Abwasser"

enthalten Vorgaben, die im Rahmen des Umweltmanagementsystems Soll-Ist-Vergleiche ermöglichen. Damit sind Schwachstellenanalysen und einzuleitende Maßnahmen zur Verbesserung der betrieblichen Umweltsituation möglich. Die gesammelten Informationen fließen letztlich in aussagefähige:

- Abfallregister,
- Abwasserkataster,
- Altlastenkataster,
- Emissions- und Lärmkataster,
- Energiekataster,
- Gefahrstoffverzeichnisse und
- den jährlichen Umweltbericht

ein.

Die möglichen prozessbezogenen Anweisungen für die „Geschäftsprozesse":

- PA „Auftragsabwicklung & Produktion",
- PA „Betriebswirtschaft",
- PA „Innovationen & Technologien,
- PA „Materialwirtschaft & Logistik",
- PA „Personal",
- PA „Produktentwicklung",
- PA „Vertrieb & Service"

geben generelle umweltrelevante Anforderungen für die entsprechenden Tätigkeiten vor.

Die in Abbildung 2.3 gezeigten Bestandteile eines Umweltmanagementsystems sind in der Umweltprüfung bzw. im Umweltaudit auf ihre Relevanz für das Unternehmen zu prüfen. Spezifisch sind die Systemgrenzen zu definieren und die Einflussgrößen und Relevanz für jedes Teilsystem zu ermitteln. Unter Teilsystemen sind in diesem Zusammenhang Aspekte wie „Gefahrstoffe", „Abfälle", „Produktentwicklung", „Auftragsabwicklung & Produktion", etc. zu verstehen. Bei der Analyse sind Schnittstellen und Gemeinsamkeiten zwischen den einzelnen Teilsystemen zu bestimmen. Es ergeben sich somit einzelne Teilaufgaben, die untereinander klar abgegrenzt sind.

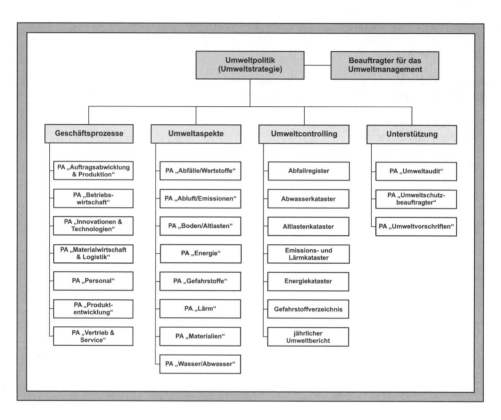

Abb. 2.3: Bestandteile des Umweltmanagementsystems

Für jedes Arbeitspaket (Teilsystem) können Mitarbeiter benannt werden, die für die Erreichung der Arbeitsergebnisse verantwortlich sind. Die Summe aller Arbeitspakete ergibt ein effizientes Umweltmanagementsystem.

Die Umweltprüfung bzw. die späteren Umweltbetriebsprüfungen (Umweltaudits) aller Tätigkeiten berücksichtigen sowohl direkte wie indirekte Umweltaspekte. Direkte Umweltaspekte sind:

- Ableitungen in Gewässer,
- Auswirkungen auf die Biovielfalt,
- Emissionen in die Atmosphäre,
- Energieverbräuche,
- Gefahren potenzieller Notfallsituationen,
- Lärm,
- Nutzung von Böden,
- Nutzung von Ressourcen und Materialien,
- Verkehr,
- Vermeidung, Verwertung, Entsorgung von Abfällen.

Indirekte Umweltaspekte sind:

- Auswahl von Dienstleistungen,
- produktbezogene Auswirkungen,
- Umweltschutz und Umweltverhalten von Lieferanten,
- Verwaltungs- und Planungsentscheidungen.

Als Entscheidungsbasis für die festzulegenden jährlichen Umweltziele und Maßnahmen ist es wichtig, ein einfaches Verfahren zur Bewertung der Umweltauswirkungen zur Verfügung zu haben. Daher gehen wir bei der Bewertung der Umweltauswirkungen von folgenden Kriterien aus:

- Beschaffungstätigkeiten und Dienstleistungen,
- Daten über den Material- und Energieeinsatz; Flächen- und Ressourcenverbrauch,
- Daten über Abwasser, Abfälle, Emissionen,
- Kosten,
- Produktverwendung,
- Rechtsvorschriften,
- Standpunkte der interessierten Kreise und Organisationen,
- Wirkungskategorien auf die Umwelt (z.B. Treibhauseffekt, Gewässerschutz, Lärmbelästigungen)

mit denen wir die folgenden 3 Prioritäten bilden (Abb. 2.4) und die Prozesse im Unternehmen entsprechend der Punktevergabe bewerten (Abb. 2.5).

Priorität	Punkte	Umweltauswirkungen
hoch	3	wesentlicher Umweltaspekt/ wesentliche Umweltauswirkungen
mittel	2	mittlere Umweltauswirkungen
niedrig	1	keine unmittelbare Umweltauswirkungen

Abb. 2.4: Prioritätsbewertung der Umweltauswirkungen

Nach Festlegung der Systemgrenzen und der einzelnen Teilsysteme kann der Zeitrahmen und der Aufwand (Personal, Kosten) zur Realisierung eines Umweltmanagementsystems abgeschätzt werden.

Dazu ist die in Abbildung 2.5 dargestellte Matrix ein hilfreiches Arbeitsmittel. Sie lässt sofort erkennen, welche Unternehmensbereiche (Geschäftsprozesse) von welchen Umweltaspekten wie stark betroffen sind.

Umweltaspekte / Unternehmens-bereiche	Wasser/Abwasser	Kanalisation	Abluft/Emissionen	Abfall/Wertstoffe	Materialien/Gefahrstoffen	Lärm	Energie	Boden/Altlasten	Technologien	Produktauswirkungen	Dienstleistungen/Lieferanten	Summe
Vertrieb & Service	1	1	1	1	1	1	1	1	1	2	1	12
Personal	1	1	1	1	1	1	1	1	1	1	1	11
Qualitätskontrolle	2	1	2	1	2	1	1	1	2	2	2	17
Materialwirtschaft	1	1	1	3	3	2	1	1	1	1	3	18
Produktentwicklung	2	1	2	2	2	1	1	1	3	3	2	20
Betriebstechnik	3	3	3	3	2	2	3	2	3	1	2	27
Instandhaltung	3	1	3	1	2	2	2	1	2	1	2	20
Produktion	3	2	3	3	3	2	2	2	2	2	2	26
Logistik	1	1	2	1	1	2	1	1	1	1	2	14
Betriebswirtschaft	2	1	1	2	2	1	2	2	1	2	1	17
Summe	19	13	19	18	19	15	15	13	17	16	18	

Abb. 2.5: Matrix der Betroffenheit (Beispiel)

Durch eine farbige Kennzeichnung lässt sich nach einem Ampelsystem der Handlungsbedarf einstufen:

Rot: hoher Handlungsbedarf; Sofortmaßnahmen nötig

Gelb: mittlerer Handlungsbedarf; Maßnahmenplan aufstellen

Grün: geringer Handlungsbedarf; keine Maßnahmen

Im gezeigten Beispiel lassen sich folgende Prioritäten bilden (Abb. 2.6):

Prioritäten	Unternehmens-bereiche	Umweltaspekte
Rot: 27 - 33 Punkte	• Betriebstechnik	
Gelb: 19 - 26 Punkte	• Produktentwicklung, • Instandhaltung, • Produktion	• Wasser/Abwasser, • Abluft/Emissionen, • Materialien/Gefahr-stoffe
Grün: 11 - 18 Punkte	• Vertrieb & Service, • Personal, • Qualitätskontrolle, • Materialwirtschaft, • Logistik, • Betriebswirtschaft	• Kanalisation, • Boden/Altlasten, • Abfall/Wertstoffe, • Lärm, • Energie, • Technologien, • Produktauswirkungen

Abb. 2.6: Prioritäten Unternehmensbereiche und Umweltaspekte

In der Umweltprüfung bzw. im Umweltaudit können so Prioritäten für die zu untersuchenden Bereiche leichter gesetzt werden.

2.4   Rechtsvorschriften

Die Basis eines Umweltmanagementsystems (Schritt 3) besteht aus den beiden wichtigen Komponenten:

• den Umweltvorschriften und
• der betrieblichen Umweltpolitik.

Eine Übersicht zu wichtigen Umweltvorschriften findet sich in Kapitel 6 „Rechtsvorschriften und betriebliche Umweltpolitik".

Umweltvorschriften

Sie sind die Voraussetzung für die Wirkung und den Nutzen des Gesamtkonzeptes. Ein Umweltmanagementsystem muss immer die Einhaltung der jeweiligen Rechtsvorschriften (Umweltvorschriften) gewährleisten. Alle anderen Systemkomponenten müssen auf diesen Rechtsgrundlagen aufbauen. Im Ablauf des Projektes ist es daher sinnvoll, zu diesem Zeitpunkt ein Verzeichnis der für das Unternehmen zutreffenden Umweltvorschriften zu erstellen. Dies betrifft u.a. folgende Rechtsgebiete:

• Bodenschutzrecht,
• Chemikalien-/Gefahrstoffrecht,
• Energieeinsparung,
• Gefahrgutrecht,
• Genehmigungsbescheide,
• Gewässerschutzrecht,

- Gewerberecht,
- Immissionsschutzrecht,
- kommunale Satzungen,
- Kreislaufwirtschaftsrecht,
- Umweltverwaltungsrecht.

Umweltpolitik

Nach der EMAS-Verordnung und der DIN EN ISO 14001 müssen beteiligte Unternehmen als einen weiteren Schritt eine betriebliche Umweltpolitik (Umweltstrategie) festlegen und schriftlich fixieren. Sie stellt eine langfristige Zielsetzung für den betrieblichen Umweltschutz dar. Sie muss auf der höchsten Managementebene definiert und jedem Mitarbeiter im Unternehmen vertraut gemacht werden. Eine typische Aussage innerhalb der Umweltpolitik kann lauten:

> *„Durch entsprechende technische und organisatorische Maßnahmen reduzieren wir das Aufkommen an Abfällen, umweltbelastenden Emissionen und Abwässern auf ein Mindestmaß. Die Auswirkungen der laufenden Tätigkeiten werden regelmäßig überwacht und bewertet."*

Die innerhalb der Umweltpolitik formulierten allgemeinen Ziele geben die Strategie vor, nach der betrieblicher Umweltschutz betrieben werden soll. Über das „Wie" ist jedoch nichts ausgesagt. Daher ist der nächste Schritt der Umsetzung die Konkretisierung der strategischen Zielvorgaben in operative Ziele. Ein auf der obigen Aussage basierendes operatives Ziel könnte z.B. heißen:

> *„Wir wollen das produktionsspezifische Abfallaufkommen um 10 % im Vergleich zum Basisjahr xxxx reduzieren."*

2.5   Umweltprüfung

Nach der Festlegung der Systemgrenzen für das Umweltmanagementsystem ist eine Analyse der gegenwärtigen Umweltsituation im Unternehmen der nächste Schritt. In Form einer Umweltprüfung (Schritt 4) wird eine erste umfassende Untersuchung der betrieblichen Umweltauswirkungen durchgeführt. Die Untersuchung des jeweiligen Teilsystems (z.B. Gefahrstoffe, Abfall, Produktentwicklung, Auftragsabwicklung & Produktion) geschieht top-down, von oben nach unten, vom Groben zum Detail. Diese Vorgehensweise verringert die Komplexität und lässt die wesentlichen Aspekte leichter erkennen. Um sich nicht in Detailfragen zu verlieren, muss sehr bewusst Wesentliches von Unwesentlichem getrennt werden. Die Umweltprüfung lässt sich in die Schritte:

- Zusammenstellung des Projektteams,
- Festlegung des Prüfungsumfanges und der -kriterien,
- Durchführung der Bestandsaufnahme,
- Analyse, Bewertung und Festlegung von Maßnahmen,
- Erstellung des Prüfungsberichts

gliedern. Die Umweltprüfung dient letztlich dazu, den im Unternehmen vorgefundenen Sachverhalt zu verbessern. Es geht darum, Schwachstellen zu ermitteln und Handlungsbedarf zu identifizieren. Die Erhebungen werden von den Betroffenen oft als Bedrohung und als persönliche Kritik empfunden. Der Zusammenstellung des Untersuchungsteams kommt daher für die Erhebung besondere Bedeutung zu. Sie erfordert von den Teammitgliedern neben guten Fachkenntnissen hohe soziale

Kompetenz. Die Integration der Betroffenen in die Untersuchung muss selbstverständlich sein. So sollte ein kompetenter Mitarbeiter des untersuchten Teilsystems Mitglied im Projektteam sein.

Grundlage für die Bestandsaufnahme und die spätere Bewertung sind die Festlegung von Prüfungskriterien und die Erstellung von Prüfungsunterlagen. Dazu gehören die für das jeweilige Teilsystem geltenden Gesetze, Verordnungen, Verwaltungsvorschriften und Genehmigungsbescheide. Aus der betrieblichen Umweltpolitik und den Vorgaben der Geschäftsleitung ergeben sich zusätzlich die innerbetrieblichen Prüfungsauflagen. Um eine wirtschaftlich vertretbare Anwendung der besten verfügbaren Technik zu gewährleisten, muss außerdem der Stand der Technik in die Prüfungskriterien mit einbezogen werden.

Die Bewertung setzt sich kritisch mit dem erhobenen Ist-Zustand auseinander. Sie ermittelt die Stärken und Schwächen des untersuchten Teilsystems mit seinen verschiedenen Prozessen und Abläufen. Die Ursache-Wirkungs-Zusammenhänge müssen klar herausgearbeitet werden. Es sind mehrere Lösungsalternativen einer systematischen Bewertung zu unterziehen und auf Verbesserungsmaßnahmen hin zu untersuchen. Die Einbettung des Teilsystems in das Gesamtsystem „Umweltmanagement" darf dabei nicht aus den Augen verloren werden.

Erst nach der Bestandsaufnahme lassen sich Ziele für das Teilsystem formulieren. In diesem Sinne sind Ziele vorweg genommene Vorstellungen über einen zu erreichenden Soll-Zustand. Die Unterschiede zwischen dem erhobenen Ist-Zustand in der Bestandsaufnahme und dem in der Zielformulierung festgelegten Soll-Zustand sind durch entsprechende Maßnahmen im Laufe der Zeit abzubauen.

Zum Abschluss der Umweltprüfung sind die erhobenen Sachverhalte und Ergebnisse schriftlich festzuhalten. Aufbau, Inhalt, Form und Empfänger des Prüfungsberichts sind festzulegen. Der Projektleiter berichtet gegenüber der Geschäftsleitung und unterbreitet Vorschläge für die weitere Vorgehensweise.

2.6   Umweltprogramm

Die in den bisherigen Schritten identifizierten Maßnahmen werden im Umweltprogramm (Schritt 5) zusammengeführt. Es muss den in der betrieblichen Umweltpolitik festgelegten Handlungsgrundsätzen und Verpflichtungen entsprechen. Neben der Einhaltung aller umweltrelevanten Vorschriften ist es Zielsetzung des Umweltprogramms, die kontinuierliche Verbesserung der betrieblichen Umweltsituation zu gewährleisten. Inhalte des Umweltprogramms sind:

- Ziele und Maßnahmen,
- Mittel und Zeitrahmen,
- Verantwortung zur Umsetzung,
- Erfolgskontrolle.

Für die Umsetzung sind die notwendigen Mittel (Personal, Material, Kapital) zur Verfügung zu stellen. Die im Umweltprogramm definierten Maßnahmen müssen im vorgegebenen Zeitrahmen umgesetzt werden. Die verantwortliche Person muss die termin- und kostengerechte Durchführung gewährleisten. Aufgrund von Erfahrungen aus der Praxis sind alle Aufgaben, Maßnahmen und Projekte zum Abschluss einer dokumentierten Erfolgskontrolle zu unterziehen. Die verantwortliche Person bzw. der Projektleiter bestätigt damit den Erfolg der Arbeiten.

2.7   Umweltmanagementsystem

Beim Aufbau eines Umweltmanagementsystems (Schritt 6) geht es um die Verwirklichung der geplanten Konzepte. Organisatorisch betrachtet werden die Aufbauorganisation und die Ablauforganisation festgelegt. Erstere behandelt den statischen Aspekt des Systems (Organisation), letztere den dynamischen Aspekt in Form der Aufgabenfolgen (Prozesse).

Die Umsetzung und Einführung ist nicht ohne Einbeziehung der betroffenen Mitarbeiter möglich. Sie müssen die Chancen des Umweltmanagementsystems erkennen und im betrieblichen Alltag anwenden. Erklären, Vormachen, Überzeugen sind Grundpfeiler für den Erfolg in dieser Projektphase. Ein betriebsinternes Schulungskonzept erleichtert die Umsetzung und sollte gleichzeitig die Leistungsbereitschaft und -fähigkeit der Mitarbeiter erhöhen. Um das Engagement und die Motivation der Projektteilnehmer zu erhöhen, sollten alle Verbesserungsvorschläge den einzelnen Teilnehmern oder Gruppen zugesprochen werden.

Die Dokumentation des gesamten Umweltmanagementsystems geschieht oft in Form von Handbüchern, Prozessanweisungen und Arbeitsanweisungen. Hier sind die unternehmensinternen und umweltrelevanten Prozesse, Abläufe und Umweltauswirkungen dokumentiert, für die Zuständigkeiten und Verantwortungen festzulegen sind.

Oft wird die Dokumentation und die Erlangung eines Zertifikates mit dem Sinn und Zweck eines Umweltmanagementsystems gleichgesetzt und darin viel Zeit und Arbeit investiert. Wer so agiert hat das Ziel eines Umweltmanagementsystems und des damit verbundenen Projektes nicht verstanden. Unter Beachtung der gesellschaftlichen Verantwortung des Unternehmens geht es um die Verbesserung der wirtschaftlichen Situation unter Berücksichtigung von ökologischen Gesichtspunkten!

Weitere Ausführungen zur Umweltprüfung, zum Umweltprogramm und zum Umweltmanagementsystem finden sich im Kapitel 7 „Umweltmanagement".

2.8   Umweltaudit

Nach der Planung und Ausführung des Projektes „Umweltmanagementsystem" schließt sich eine Weiterentwicklung des Systems an. Die kontinuierlichen Verbesserungen müssen zu einer quantitativen Reduzierung der Umweltauswirkungen führen. Ein Instrument, um diese Weiterentwicklung zu ermöglichen, ist das Umweltaudit (Schritt 7). Es werden drei Audit-Typen unterschieden:

- Compliance-Audit,
- System-Audit,
- Performance-Audit.

Das Compliance-Audit prüft die Einhaltung der einschlägigen Umweltvorschriften, das System-Audit überprüft die Vollständigkeit und die Funktionsfähigkeit des eingeführten Umweltmanagementsystems und das Performance-Audit prüft das Umweltmanagementsystem auf die erzielten ökonomischen und ökologischen Leistungen. Zusammenfassend sind es folgende Ziele, die mit der Durchführung des Umweltaudits verfolgt werden:

- Bewertung des bestehenden Umweltmanagementsystems,
- Überprüfung der Erfolge bei der Umsetzung der Maßnahmen,
- Überprüfung der Einhaltung der gesetzlichen Vorgaben,
- Aktualisierung der Umweltziele und des Umweltprogramms.

Es bestehen demnach wesentliche Unterschiede zwischen der bereits beschriebenen Umweltprüfung (Schritt 4) und dem Umweltaudit. Während die Umweltprüfung als erstmalige Ist-Analyse zu sehen ist, dient der Umweltaudit als Soll-Ist-Vergleich und wird regelmäßig durchgeführt. Die Vorgehensweise beim Umweltaudit ist der bei der Umweltprüfung sehr ähnlich. Es werden Informationen durch Gespräche, Besichtigungen und Erhebungen mit Hilfe von Fragenkatalogen gesammelt und ausgewertet.

Die aus dem Umweltaudit gewonnenen Erkenntnisse helfen ein neues Umweltprogramm mit neuen Maßnahmen zu erstellen. Durch diese ständig wiederkehrende Prüfung des betrieblichen Umweltschutzes ist eine kontinuierliche Verbesserung und eine dauerhafte umweltgerechte Entwicklung sowie die Einhaltung aller internen und externen Vorgaben gewährleistet.

Weitergehende Erläuterungen zu Umweltaudits finden sich im Kapitel 9.

2.9   Umweltbericht

Ein weiterer Schritt in der Umsetzung und Realisierung eines Umweltmanagementsystems ist die Erstellung eines Umweltberichts (Schritt 8). Er enthält in knapper, allgemein verständlicher Form alle umweltrelevanten Informationen. Im Verlauf des Projektes stellt der Umweltbericht eine Zusammenfassung der bis dahin erzielten Projektergebnisse dar. Eine mögliche Gliederung basiert auf:

- Vorwort der Geschäftsführung,
- Darstellung des Unternehmens,
- Umweltpolitik und -ziele,
- Umweltmanagementsystem,
- Umweltaspekte und Geschäftsprozesse,
- Umweltauswirkungen,
- Umweltprogramm mit Maßnahmen,
- Schlusswort.

Das Vorwort der Geschäftsführung und die Darstellung des Unternehmens vermitteln dem Leser einen ersten Bezug zur Unternehmenssituation, zu den Tätigkeiten und Produkten. Die Umweltpolitik ergibt sich aus Schritt 3 „Rechtsvorschriften", die Beurteilung aller wichtigen Umweltaspekte im Zusammenhang mit den betreffenden Tätigkeiten aus Schritt 4 „Umweltprüfung". Auszüge aus Schritt 5 ergeben Maßnahmen für das Umweltprogramm und Schritt 6 des Projektes liefert eine Beschreibung des Umweltmanagementsystems. Der Umweltbericht ist somit eine Zusammenfassung der Projektergebnisse.

Im Kapitel 8 „Umweltcontrolling und -berichte" werden zu diesem Themenkreis tiefergehende Erläuterungen gegeben.

2.10   Zertifizierung

Die Zertifizierung des Umweltmanagementsystems (Schritt 9) stellt eine externe Erfolgskontrolle für das Projekt dar. Aufgrund einer schriftlichen Vereinbarung prüft der Zertifizierer die Einhaltung der Umweltvorschriften, die Umweltpolitik, das Umweltmanagementsystem, das Umweltprogramm und das Verfahren zur Durchführung des Umweltaudits. Die Zertifizierung bedingt eine Einsicht in Unterlagen, Gespräche mit der Unternehmensleitung und den Mitarbeitern, sowie eine stichprobenartige Prüfung der Unternehmensverhältnisse. Über die Zertifizierung ist ein schriftlicher Bericht an die Unternehmensleitung zu verfassen.

2.11   Kontinuierlicher Verbesserungsprozess

Ziel eines Umweltmanagementsystems ist die kontinuierliche Verbesserung der ökonomischen und ökologischen Situation des Unternehmens. Dazu sind regelmäßig KVP-Schritte in allen Teilsystemen des UM-Systems durchzuführen. Gegenüber den verantwortlichen Personen (Führungskräfte, Geschäftsführung) ist über die erzielten Fortschritte regelmäßig Bericht zu erstatten. Abweichungen lassen sich dann rechtzeitig korrigieren. Die vor Zertifizierungen oft zu beobachtende Hektik wird bei einem kontinuierlichen Prozess so vermieden.

2.12   Wissensfragen

- Beschreiben Sie den Projektablauf zur Realisierung eines Umweltmanagementsystems.

- Welche Bedeutung kommt einem „Ersten Umweltcheck" zu?

- Beschreiben Sie die notwendigen Bestandteile eines Umweltmanagementsystems.

- Wie lassen sich Umweltaspekte und Unternehmensbereiche in ihren Umweltauswirkungen bewerten?

- Welche Bedeutung kommt den Rechtsvorschriften zu?

2.13   Weiterführende Literatur

2.1   Bohine, T.; *Projektmanagement – Soft Skills für Projektleiter*, GABAL, **2006,**
         978-3-89749-629-3

2.2   Braehms, U.; *Projektmanagement für kleine und mittlere Unternehmen*, Hanser, **2005,**
         3466-22918-3

2.3   Burghardt, M.; *Einführung in Projektmanagement*, Publicis, **2007,** 978-3-89578-301-2

2.4   Corsten, H.; Corsten, H.; Gössinger, R.; *Projektmanagement,* Oldenbourg, **2008,**
         978-3-486-58606-0

2.5   Dietrich, Th. et al.; *Fachwissen Umwelttechnik,* Europa-Lehrmittel, **2009,**
         978-3-8085-3494-6

2.6   Fiedler, R.; *Controlling von Projekten*, Vieweg, **2005,** 3-528-25740-7

2.7   Gareis, R.; *Happy Projects!,* Manz, **2004,** 3-214-08262-0

2.8   Hansel, J.; Lomnitz, G.; *Projektleiter-Praxis*, Springer, **2003,** 3-540-44281-2

2.9   Härtl, J.; *Arbeitsbuch Projektmanagement*, Cornelsen, **2007,** 978-3-589-23780-7

2.10   Hesseler, M.; *Projektmanagement*, Vahlen, **2007,** 978-3-8006-3320-3

2.11   Jankulik, E.; Kuhlang, P.; Piff, R.; *Projektmanagement und Prozessmessung*, Publicis,
         2005, 3-89578-251-3

2.12   Jenny, B.; *Projektmanagement*, vdf, **2005,** 3-7281-3004-4

2.13   Kerzner, H.; *Projektmanagement,* Redline, **2008,** 978-3-8266-1666-2

2.14   Kuster, J. et al; *Handbuch Projektmanagement*, Springer, **2006,** 978-3-540-25040-1

2.15   Litke, H.-D.; *Projektmanagement,* Hanser, **2007,** 978-3-446-40997-2

2.16   Mayrshofer, D.; Kröger, H.; *Prozesskompetenz in der Projektarbeit*, Windmühle, **2006,** 978-3-937444-08-6

2.17   Meier, M.; *Projektmanagement*, Schäffer-Poeschel, **2007,** 978-3-7910-2715-9

2.18   Meinholz, H.; Förtsch, G.; *Führungskraft Ingenieur,* Vieweg + Teubner, **2010,** 978-3-8348-1392-3

2.19   Schelle, H.; Ottmann, R.; Pfeiffer, A.; *Projekt Manager*, GPM Deutsche Gesellschaft für Projektmanagement e.V., **2005,** 3-924841-26-8

2.20   Schelle, H.; *Projekte zum Erfolg führen*, Beck, **2007,** 978-3-423-95888-9

2.21   Schulz-Wimmer, H.; *Projekte managen*, Haufe, **2002,** 3-448-04786-4

2.22   Stöger, R.; *Wirksames Projektmanagement*, Schäffer-Poeschel, **2007,** 978-3-7910-2658-9

2.23   Walter, K.; *Wettbewerbsvorteile durch Umweltmanagement,* VDM Verlag Dr. Müller, **2005,** 3-86550-047-1

2.24   Wolf, M.; Krause, H.-H.; *Projektarbeit bei Klein- und Mittelvorhaben*, expert, **2005,** 3-8169-1754-2

2.25   Zimmermann, J.; Stark, Ch.; Rieck, J.; *Projektplanung*, Springer, **2006,** 3-540-28413-3

2.26   Zöllner, U.; *Praxisbuch Projektmanagement*, Galileo Press, **2003,** 3-89842-343-3

2

3   Prozesse

3.1   Einführung

Prozesse im Unternehmen haben eine fundamentale Bedeutung, da die Erfüllung der Kundenbedürfnisse oberstes Ziel des Unternehmens ist. Jeder Prozess hat einen:

- Eigentümer,
- Lieferanten,
- Kunden.

Der Eigentümer des Prozesses hat mit seinen Ressourcen (Anlagen, Material, Personal, Finanzen) einen qualitäts- und termingerechten Ablauf der Tätigkeiten und die Erfüllung der Kundenzufriedenheit zu gewährleisten. Dazu ist er vom Input seines Lieferanten abhängig. Durch die sich
aufbauende Prozesskette (Abb. 3.1) ist er gleichzeitig Prozesseigentümer, Lieferant und Kunde.

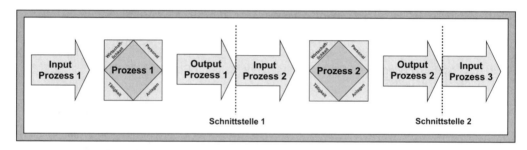

Abb. 3.1: Prozesskette im Unternehmen

Im Prozessablauf befinden sich Schnittstellen, an denen der Kunde eines Teilprozesses zum Lieferanten des nächsten Teilprozesses wird. Solche Schnittstellen sind immer mit Risiken und Reibungsverlusten verbunden. Der Prozessverantwortliche muss daher stets das gesamte Bild des
komplexen Systems im Auge behalten und ganzheitlich denken und handeln können. Nur wenn er
die Vernetzungen der einzelnen Teile erkennt und die Auswirkungen richtig einschätzt, kann er die
potenziellen Risiken eines jeden Prozesses managen und die:

- Qualität der Leistungen und Ergebnisse,
- Termintreue,
- Wirtschaftlichkeit des Prozesses,
- Arbeitsmethoden und Lerneffekte

gewährleisten.

Für das Management von Prozessen sind zwei Begriffe von grundlegender Bedeutung:

- Effektivität und
- Effizienz.

Effektivität bedeutet, das Richtige zu tun. In vielen Unternehmen wird über eine hohe Arbeitsbelas-
tung gestöhnt. Ein hohes Arbeitspensum sagt jedoch nichts über die Effektivität aus. Wie wird si-

chergestellt, dass wertschöpfende Arbeiten ausgeführt werden? Um effektiv arbeiten zu können, müssen zumindest die:

- strategischen und operativen Ziele,
- Kundenbedürfnisse und -erwartungen,
- Prozess- und Produktanforderungen

bekannt sein. Prozesse, Teilprozesse und Arbeitsschritte müssen auch beherrscht werden. Die anstehenden Tätigkeiten müssen nicht nur richtig, sondern auch effizient ausgeführt werden. Die Effizienz eines Prozesses lässt sich grundsätzlich mit einigen Leistungsparametern (Key Performance Indicators, KPI) messen. Ein prozessorientiertes Kennzahlensystem umfasst dazu die Cluster:

- Kunden,
- Kosten,
- Qualität,
- Zeit.

Prozesse werden in primäre und sekundäre Geschäftsprozesse unterteilt (Abb. 3.2). Erstere leisten einen direkten Beitrag zum Kundennutzen in Form von Produkten und/oder Dienstleistungen. Zu den primären Geschäftsprozessen zählen z.B. Vertrieb, Entwicklung und Produktion. Sekundäre Geschäftsprozesse unterstützen die primären Prozesse, wodurch sie einen indirekten Einfluss auf die Effektivität und Effizienz haben. Dazu zählten z.B. Personalmanagement, Finanzwesen und Informationstechnologie (IT). Wichtig für den unternehmerischen Erfolg ist die Identifikation von wertschöpfenden und nicht-wertschöpfenden Aktivitäten. Letztere sind zu identifizieren und müssen im Zuge der Prozessoptimierung möglichst abgeschafft werden.

Geschäftsprozesse	
primäre	**sekundäre**
• Kundenorientierung	• Personalmanagement
• Strategieplanung	• Ressourcenmanagement
• Innovations- und Planungsprozess	• Finanzen & Controlling
• Produktentwicklung	• Risikomanagement
• Auftragsabwicklungsprozess	• Informationstechnologie
• Vertriebs- und Serviceprozess	

Abb. 3.2: Primäre und sekundäre Geschäftsprozesse

Um Prozesse zielgerichtet steuern zu können, sind im Zuge des Prozessmanagements die folgenden vier Aspekte näher zu betrachten (Abb. 3.3):

- Prozessführung,
- Prozessorganisation,

- Prozesssteuerung,
- Prozessoptimierung.

Basierend auf den Kundenwünschen bzgl. Produkte und/oder Dienstleistungen leistet so jeder Prozess seinen Beitrag zur Erreichung der operativen und strategischen Ziele. In den folgenden Abschnitten werden die genannten Aufgabenfelder des Prozessmanagements näher betrachtet.

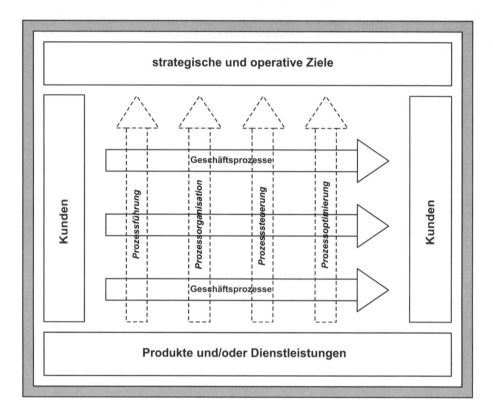

Abb. 3.3: Aufgabenfelder des Prozessmanagements

3.2   Prozessführung

3.2.1   Führung und Verantwortung

Jeder Prozess im Unternehmen hat eine verantwortliche Führungskraft. Sie steht für alle ihre Handlungen – auch Unterlassungen – in der Pflicht. Eine Führungskraft trägt Verantwortung für ihr eigenes Handeln (Eigenverantwortung) und für die Handlungen ihrer Mitarbeiter (Fremdverantwortung). Je höher der Unternehmensangehörige in der Unternehmenshierarchie steht, umso größer ist seine Verantwortung. So ist z.B. im Bereich der Produktverantwortung das Unternehmen verpflichtet, Produkte so herzustellen und auf den Markt zu bringen, dass durch deren Anwendung im Normalfall keine Gefahren entstehen.

Führungskräfte haben dafür Sorge zu tragen, dass von allen Tätigkeiten in ihrem Prozess keine Gefahr für Mensch und Umwelt ausgehen. Sie müssen die Einhaltung der unternehmensinternen und externen Vorschriften (Rechtsvorschriften) gewährleisten. Mitarbeiter müssen vor Gefahren am Arbeitsplatz durch Stoffe oder Maschinen geschützt werden. Rechtliche Regelungen und Anforderungen finden sich im Arbeitsschutz wieder.

Umweltspezifische Anforderungen haben einen erheblichen Einfluss auf nahezu alle Unternehmensprozesse. Diese müssen auf der Basis rechtlicher, wirtschaftlicher, technischer und organisatorischer Kenntnisse optimiert werden. Eigenverantwortliches Handeln dient in diesem Zusammenhang der Erfüllung der Unternehmensziele und der Einhaltung der einschlägigen Umweltvorschriften.

Auch das Unterlassen einer Handlung kann im Schadensfall Konsequenzen nach sich ziehen. Welche Konsequenzen sich im Einzelnen für die Person ergeben, hängt von ihrer Funktion und Position im Unternehmen ab. Führungskräfte sind oft der Ansicht, dass für die Überwachung und Einhaltung von Rechtsvorschriften und Auflagen die Mitarbeiter der Stabsfunktionen „Arbeits- und Umweltschutz" verantwortlich sind. Dies ist keineswegs der Fall. Fachkräfte für Arbeitssicherheit und Umweltschutzbeauftragte können die verantwortlichen Führungskräfte in ihrer Arbeit unterstützen. Diese haben die Verpflichtung, die Schutzfunktion für Mensch und Umwelt sicher zu stellen.

Um die Zuständigkeit bzw. die Verantwortung für bestimmte (Teil)prozesse genau ableiten zu können, muss eine klare, innerbetriebliche Organisationsstruktur vorhanden sein. Diese Organisationspflicht ist mit einer Aufsichts- und Kontrollpflicht verknüpft. Aufgrund der Komplexität von Unternehmen müssen Aufgaben delegiert werden. Ziel der Delegation ist es, die Eigeninitiative der Mitarbeiter anzuregen und dadurch deren Motivation zu steigern. Neben der Zuständigkeit für eine bestimmte Aufgabe werden durch die Delegation auch (Teil)verantwortungen übertragen.

Der Delegierende muss den Mitarbeiter anhand seiner Kompetenzen auswählen. Er muss sicherstellen, dass dieser in der Lage ist, die delegierte Aufgabe ordnungsgemäß auszuführen. Der Mitarbeiter muss kompetent und der Aufgabe gewachsen sein. Während der Mitarbeiter die Ausführungsverantwortung trägt, verbleibt bei der Führungskraft die Überwachungs- und Kontrollpflicht. Diese Überwachung kann durch eine nachweisbare, regelmäßige Berichtspflicht des Mitarbeiters gegenüber der Führungskraft geschehen.

3.2.2   Mitarbeiterkompetenzen

Unternehmerische Prozesse werden heute immer komplexer, dynamischer und in ihren Auswirkungen weniger vorhersagbar. Die Unsicherheiten über die angestrebten Ziele erfordern deshalb eine hohe Fähigkeit zur Organisation und Steuerung der eigenen Verhaltens- und Handlungsprozesse. Problemlösungsprozesse lassen sich vielfach nicht mehr anhand eines linearen Ablaufs bewältigen, sondern erfordern netzwerkartige Denk-, Handlungs- und Entscheidungsmuster. In diesem mehrdimensionalen Wechselspiel ist Kompetenz ein Zusammenspiel von:

• Handlungsfähigkeit auf fachlich-methodischer Basis,
• Handlungsbereitschaft als aktivitätsbezogener Motivationsfaktor,
• Handlungserfolg als tatsächlich erreichte Leistung,
• sozial-kommunikativen Komponenten der Persönlichkeitseigenschaften

innerhalb komplexer, nichtlinearer Prozesse. Um von Kompetenzen sprechen zu können, muss die Komplexität der Anforderungen und Entscheidungen entsprechend hoch sein. Die vielfach geforderte Vermittlung von Kompetenzen ist deshalb differenzierter zu betrachten. Was primär (z.B. durch externe Quellen) vermittelt werden kann ist Wissen. In einem zweiten Schritt sind Verhaltens- und Handlungsprozesse selbstständig oder mit Unterstützung zu realisieren. Die Entwicklung von Kompetenzen ergibt sich dann individuell als komplexer Lernprozess durch Anwendung und Gebrauch von Wissen und durch die tatsächlich erzielten Erfolge.

Für die erfolgreiche Bewältigung komplexer Verhaltens- und Handlungsprozesse (z.B. Umweltbeauftragte) sind grundlegende Schlüsselkompetenzen erforderlich. Diese Schlüsselkompetenzen (z.B. Kommunikationsverhalten) können in einem gewissen Maße das Fehlen anderer Kompetenzen (z.B. Präsentationsfähigkeiten) kompensieren. Im Zuge einer Kompetenzentwicklung sind jedoch alle Kompetenzfelder (Abb. 3.4) entsprechend ihrer Bedeutung zu berücksichtigen.

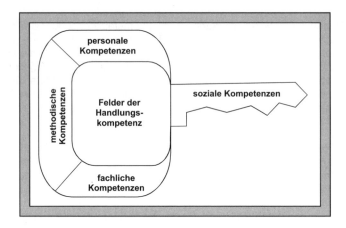

Abb. 3.4: Kompetenzfelder der Handlungskompetenz

Personale Kompetenzen umfassen Persönlichkeitseigenschaften, wie:

- Unabhängigkeit bei der Selbsteinschätzung,
- Integrität der Person bezogen auf Werte und Einstellungen,
- Engagement um eigene Handlungen zu gestalten.

Soziale Kompetenzen umfassen Eigenschaften, um:

- kommunikativ-kooperativ handeln zu können,
- sich beziehungs- und gruppenorientiert zu verhalten,
- sich mit anderen Personen konstruktiv-kritisch auseinander zu setzen.

Methodische Kompetenzen umfassen Fähigkeiten, um:

- die persönliche Arbeitsorganisation effektiv zu gestalten,
- Aufgaben und Probleme zielorientiert zu lösen,
- vorhandene Arbeitsmethoden selbstständig und kreativ weiterzuentwickeln.

Fachliche Kompetenzen umfassen Fähigkeiten, um:

- Fachwissen situationsgerecht anwenden zu können,
- kundenorientiert zu denken und zu handeln,
- Wissen unternehmerisch einzusetzen.

3.2.3 Personale Kompetenzen

Personale Kompetenzen bzw. Persönlichkeitseigenschaften (Abb. 3.5) umfassen grundlegende Wesenszüge und Fähigkeiten zur Übernahme von Verantwortung. In seiner Persönlichkeitsstruktur ist der Mensch integer und verfügt über die notwendige persönliche Souveränität. Er ist leistungs- und handlungsorientiert und schöpft seine Stärke aus dem „Selbst" heraus. Personale Kompetenzen sind auf die eigene Persönlichkeit zentriert („ICH").

3.2.3.1 Persönliche Souveränität

Eine hohe persönliche Souveränität beschreibt den Menschen, der selbst bestimmt und eigenständig den Anforderungen des Lebens gegenübertritt. In seinem Auftreten ist er selbstsicher und nicht fremdbestimmt. Persönliche Souveränität stärkt den Menschen in seinem Selbstwertgefühl und ermutigt ihn zur Selbstkritik. In vielen Situationen verhalten sie sich aktiv, so dass ihnen der Umgang mit neuen, unbekannten Situationen leicht fällt. Sie übernehmen Verantwortung und können Kritik vielfach gelassen entgegennehmen. Das Eingestehen von Fehlern sehen sie als Schritt zur persönlichen Entwicklung und können dies für sich gewinnbringend nutzen. Menschen mit einer hohen persönlichen Souveränität setzen starkes Vertrauen in ihre persönlichen Ansichten und sind unabhängig bzgl. der Meinungen anderer Personen.

Kompetenzfeld	Kompetenz-cluster		Kompetenzen	
Personale Kompetenzen	1.	Persönliche Souveränität	P1 P2 P3	Selbstbewusstsein Selbstvertrauen und -sicherheit Selbstkritik
	2.	Persönliche Integrität	P4 P5	Vertrauen und Glaubwürdigkeit Authentizität
	3.	Handlungs-souveränität	P6 P7 P8 P9	Eigeninitiative Aufgeschlossenheit für Veränderungen Entscheidungsfähigkeit Durchsetzungvermögen
	4.	Leistungs-souveränität	P10 P11 P12 P13	Engagement Erfolgszuversicht Anspruchsniveau Selbstmotivation
	5.	Führungs-fähigkeit	P14 P15	Führungswille und -vermögen Verantwortungsbereitschaft

Abb. 3.5: Persönlichkeitseigenschaften

P1: Selbstbewusstsein

Selbstbewusstsein ist das Erleben der persönlichen ICHs. Beim „Selbst" geht es um die Eigenbetrachtung wie in einem Spiegel, wobei das eigene Denken und Handeln gespiegelt wird. Als Spiegel kann aber auch unser Umfeld fungieren, das unsere eigenen Beobachtungen und Empfindungen reflektiert. Die Betrachtung der Verhältnisse zwischen der eigenen Person und dem Umfeld führt immer zu einer Bewertung. Es gibt keine Nicht-Bewertung und Nicht-Meinung.

Menschen mit echtem Selbstbewusstsein zeichnen sich durch den Verzicht auf Dinge aus, die man angeblich haben oder machen muss. Sie sind unabhängig davon, was andere über sie denken und vertreten auch bei Widerspruch ihre Meinungen und Standpunkte, ohne überheblich zu wirken. Sie erkennen und akzeptieren ihre eigenen Stärken und Schwächen und können Kritik annehmen.

Um die Ziele zu erreichen, werden die Stärken gezielt eingesetzt. Die eigenen Schwächen werden als Herausforderung zur Verbesserung und nicht als unüberwindbare Hürde angesehen. Das Selbstbewusstsein erzeugt eine innere Selbstsicherheit, die sich im Umgang mit anderen Menschen zeigt.

P2: Selbstvertrauen und -sicherheit

Selbstvertrauen bezeichnet das Vertrauen mir selbst gegenüber. Dem Menschen sind die eigenen Grenzen und Möglichkeiten bewusst. Das Selbstvertrauen resultiert aus dem Vergleich der Fähigkeiten mit den Anforderungen, die an die Person gestellt werden. Gegenüber Anforderungen wird ein hohes Selbstvertrauen gezeigt, in dem realistisch eingeschätzt wird, ob und wie eine Situation gemeistert werden kann. Menschen mit einem hohen Selbstvertrauen bilden sich ihre eigene Meinung und verleihen dieser selbstsicher Ausdruck.

Mit dem Selbstvertrauen hängt die Selbstsicherheit eng zusammen, die u.a. die Sicherheit im Umgang mit anderen Personen ausdrückt. Die Zuversicht in die eigenen Leistungen und das Erreichen anspruchsvoller Ziele sprechen die sachliche Seite der Selbstsicherheit an. Sie bildet sich durch das Erhalten von Wertschätzung und Anerkennung aus. Die Identifikation mit selbstsicheren Bezugspersonen kann das eigene Selbstvertrauen erhöhen. Personen mit geringem Selbstvertrauen fühlen sich ohne den Rat und die Bestätigung anderer hilflos. Sie sind in ihrer Meinung und in ihrem Verhalten leicht zu beeinflussen und wirken wankelmütig.

P3: Selbstkritik

Die Fähigkeit zur Selbstkritik (Kritikfähigkeit) ist maßgeblich für den Erwerb von Kenntnissen, Fähigkeiten und damit für die Weiterentwicklung im Beruf und als Mensch. Sie ist ein bedeutsamer Bereich für die Entwicklung der eigenen Persönlichkeit. Die Fähigkeit zur Selbstkritik ist auch mit der Fähigkeit zur realistischen Selbsteinschätzung verbunden.

Eine Person mit hoher Fähigkeit zur Selbstkritik schätzt ihre Wirkungen auf andere richtig ein und reagiert in unterschiedlichen Situationen auf angemessene Art und Weise. Aufgrund ihrer Kritikfähigkeit ist sie selbst in der Lage, bei unangemessenem Verhalten Korrekturmaßnahmen in die Wege zu leiten. Bei einer zu schwachen Ausprägung der Kritikfähigkeit werden die Ursachen des eigenen Verhaltens bei anderen Personen oder Umständen gesucht, wodurch sie gegenüber ihren Mitmenschen überheblich wirken können. Die mangelnde Fähigkeit zur Selbstkritik führt zu einem Stillstand in der persönlichen Entwicklung.

3.2.3.2 Persönliche Integrität

Persönliche Integrität besteht in der Übereinstimmung zwischen verinnerlichten Werten, den geäußerten Worten und dem persönlichen Verhalten. So kann z.B. nur derjenige integer sein, der sein gegebenes Wort einhält. Ein integerer Mensch lebt in der Gewissheit, dass sich seine persönlichen Überzeugungen, Maßstäbe und Wertvorstellung in seinem Verhalten ausdrücken. Dadurch wird er gleichzeitig auch glaubwürdig und baut entsprechendes Vertrauen auf. Er ist authentisch. Ein integerer Mensch zeigt Verlässlichkeit, Konstanz und Konsequenz in seiner Haltung und in seinen Handlungen.

Basis für seine persönliche Integrität sind ethische Wertvorstellungen. Diese verinnerlichten Werte und Normen legt der integere Mensch nicht leichtfertig ab. Sie lenken seine Verhaltensweisen und untersagen bestimmte Handlungen.

P4: Vertrauen und Glaubwürdigkeit

Ohne Glaubwürdigkeit kann sich kein Vertrauen aufbauen. Ohne Vertrauen gewinnt man keine Glaubwürdigkeit. Glaubwürdigkeit setzt die Fähigkeit zu realitäts- und sinngetreuer Auffassung und Wiedergabe voraus. Sie stehen zu ihrem Wort und geben einander besonders in schwierigen Situationen persönliche Orientierung. An Vereinbarungen wird sich gehalten und die Vertraulichkeit gewahrt. Bei vertrauensvollen und glaubwürdigen Menschen stimmen Denken, Reden und Handeln überein. Man kann sich auf sie verlassen und ist im Ernstfall nicht von ihnen verlassen. Vertrauen schafft auch gegenseitigen Respekt ohne eine kritische Sichtweise zu verlieren.

Vertrauensaufbau braucht Zeit und gemeinsame positive Erfahrungen. Um eine Vertrauensbasis aufbauen zu können, muss ich mich dem Partner öffnen. Ich muss ihm einen Vertrauensvorschuss schenken, d.h. ich muss den ersten Schritt wagen. Nur dann hat der Partner die Möglichkeit, das entgegengebrachte Vertrauen zu erwidern. Um Vertrauen aufrecht zu erhalten ist dauerhafte Zuverlässigkeit notwendig.

In zwischenmenschlichen Beziehungen spielt das Vertrauen und die Glaubwürdigkeit eine wichtige Rolle. Trotzdem kann es enttäuscht oder sogar mit Füssen getreten werden (z.B. Wortbruch). Auch in solch einem Fall, der für den Betroffenen schmerzhaft ist, darf man die Hoffnung nicht aufgeben und sich innerlich verschließen. Vielmehr ist ein neuer Schritt zu wagen und dem persönlichen Wert des Vertrauens und der Glaubwürdigkeit Ausdruck zu geben.

P5: Authentizität

Will eine Person authentisch sein, muss sie Ehrlichkeit und Echtheit ausstrahlen. Er muss aufrichtig und lauter sein. Im zwischenmenschlichen Umgang ist er wahrhaftig. Ehrlichkeit wird bereits in der elterlichen Erziehung beigebracht. Trotzdem gibt es Situationen, in denen zu einer „Notlüge" gegriffen wird, um etwas Unangenehmem aus dem Weg zu gehen oder um jemanden zu schützen. In der Familie oder gegenüber Freunden geht Ehrlichkeit mit loyalem Verhalten einher. Zu diesen Menschen ist man sehr oft ehrlich. Anders verhält es sich zu entfernter stehenden Personen.

Hier fällt die Notlüge viel leichter und wird auch öfters angewandt. Als Mensch muss ich meine eigenen Werte und inneren Überzeugungen kennen und auch vertreten können. Kenne ich meine eigenen Werte und Überzeugungen, kann ich unerwünschtes Verhalten erkennen und beseitigen. Wenn eine Person authentisch ist, stimmen ihre Aussagen mit ihrem Verhalten und Wertesystem überein.

Mitarbeiter spüren, wenn es keine Widersprüche gibt und reagieren auf Anforderungen mit hohem Engagement. Greifen Menschen öfters zur Notlüge, so wird das auf Dauer von ihrer Umgebung erkannt und sie machen sich unglaubwürdig. Sie wirken unaufrichtig und nehmen keine Vorbildfunktion ein. Authentizität kann man nicht gewinnen, wenn man anderen nach dem Mund redet und seine eigene Meinung verbiegt.

3.2.3.3 Handlungssouveränität

Handlungssouveränität steht für ein eigenständiges und selbstsicheres Handeln im Umgang mit Aufgaben und Menschen. Sie erfordert Aufgeschlossenheit und Offenheit gegenüber unbekannten, neuen Situationen. Die notwendigen Lösungen werden unter verschiedenen Gesichtspunkten betrachtet und bewertet; die sich herauskristallisierenden Maßnahmen auch gegen Widerstände durchgesetzt.

Mitarbeiter mit einer hohen Handlungssouveränität erkennen die anstehenden Probleme und treffen aus eigenem Willen heraus die notwendigen Entscheidungen. Souveränes eigenverantwortliches Handeln setzt daher diverse persönliche Eigenschaften wie Eigeninitiative, Entscheidungsfreude und Lösungsorientierung voraus.

P6: Eigeninitiative

Wer etwas bewirken will, muss aktiv auf andere Personen Einfluss nehmen und sie zum zielorientierten Handeln bewegen. Personen mit hoher Eigeninitiative übernehmen selbstständig neue Aufgaben und Projekte. Sie suchen nach Verbesserungen in bestehenden Arbeitsabläufen und lieben Herausforderungen. Sie sind bereit sich zeitlich stark zu engagieren und sind durch ein hohes Aktivitätsniveau gekennzeichnet.

Personen mit geringer Eigeninitiative bringen sich nur passiv in die Arbeitsabläufe ein. Sie müssen an die Hand genommen werden und benötigen laufend Anstöße von außen. Sie treffen keine eigenständigen Entscheidungen und versuchen diesen aus dem Weg zu gehen.

P7: Aufgeschlossenheit für Veränderungen

Personen, die die Notwendigkeit von Veränderungen erkennen, gehen Probleme offensiv und zielorientiert an. Die Bereitschaft Neues zu lernen und neue Lernstrategien auszuprobieren ist überdurchschnittlich vorhanden. Sie bevorzugen abwechslungsreiche und herausfordernde Tätigkeiten. Änderungen und Neuerungen werden auch gegen Widerstände oder Passivitäten aus dem Umfeld durchgesetzt.

Anderen Mitarbeitern gegenüber können sie konstruktiv sein und diese in die Problemlösung einbeziehen. Bei Widersprüchen setzen sie sich intensiv damit auseinander. Sie üben einen starken Einfluss auf die Leistungen und die Bereitschaft zu Veränderungen bei anderen Personen aus. In ihrem Leistungsverhalten engagieren sie sich über das normale Maß hinaus. Auftretende Probleme werden systematisch analysiert und aus mehreren Perspektiven betrachtet.

In der negativen Ausprägung halten Personen am bestehenden Selbstbild fest. Aus Angst Fehler zu begehen, geben sie sich mit dem Status quo zufrieden. Anregungen und Kritik gegenüber verhalten sie sich ablehnend. Veränderungen bedeuten für sie auch das Aufgeben von bisher sicheren und geschätzten Dingen. Die Möglichkeit des Scheiterns sehen sie als potenzielle Bedrohung für ihre Person. Sie bevorzugen deshalb klare Regeln, feste Abläufe und verlassen sich lieber auf altbewährte Vorgehensweisen.

P8: Entscheidungsfähigkeit

Mitarbeiter mit einer hohen Entscheidungsfähigkeit nutzen die ihnen eingeräumten Handlungs- und Entscheidungsspielräume aus. In ihrer Entscheidungsfindung sind sie auch fremden Argumenten gegenüber offen. In diesem Zusammenhang haben persönliche Überzeugungen eine starke unterstützende Wirkung. Entscheidungsfreudige Menschen möchten nicht lange auf der Stelle treten. Sie reagieren schnell auf Ereignisse und versuchen Ungewissheit durch Entscheidungen zu beseitigen. Werden die getroffenen Entscheidungen am Ergebnis reflektiert, so wachsen mit jeder richtigen Entscheidung die Entscheidungsfähigkeit und damit das Selbstvertrauen.

Menschen, die über eine gering ausgeprägte Entscheidungsfähigkeit verfügen, lieben es darüber zu diskutieren, was sie in einer bestimmten Lage tun sollten. Sie sind in ihren Entscheidungen wankelmütig. Falls sie zu einem Entschluss kommen, sind sie von ihrer Entscheidung nicht immer überzeugt. Sie haben Angst etwas zu tun, weil es sich als „falsch" erweisen könnte. Sie möchten sich Alternativen nicht wegnehmen lassen und versuchen sich möglichst alle Optionen offen zu halten. Sie zögern Entscheidungen hinaus, bis sie ein anderer trifft. Sichert sich die Person vor Entscheidungen nach allen Seiten ab, kann dies zu einer Handlungsunfähigkeit führen.

Verfügt ein Mensch nicht über genug Fachwissen und trifft schnell eine Entscheidung, so handelt er fahrlässig. Er verfügt dann über kein Verantwortungsbewusstsein und ist leichtsinnig. Es kommt öfters vor, dass Entscheidungen getroffen werden, ohne vorher die Folgen dieser Entscheidung genauer zu bewerten. Mit derselben Geschwindigkeit, mit der sich Menschen für eine Lösung entschlossen haben, können sie sich im nächsten Moment genau für die entgegen gesetzte Richtung entscheiden.

P9: Durchsetzungsvermögen

Im Durchsetzungsvermögen drückt die Person ihre Wünsche und Meinungen deutlich aus. Bei Arbeiten übernimmt sie eine Führungsrolle und setzt sich für ihre Standpunkte ein. In Situationen, bei denen es eine letzte Wahrheit zwischen verschiedenen Parteien nicht gibt, kann sie andere Personen von ihren eigenen Ansichten überzeugen. Situationsabhängig ist sie in der Lage ihre Durchsetzungsstrategie zu variieren. Gegenüber anderen spielt sie eine dominierende Rolle und kann sich auch gegen Widerstände durchsetzen. Sie kann ihre Argumente aus verschiedenen Blickwinkeln betrachtet darlegen und so den Adressaten leichter überzeugen. Personen mit hohem Durchsetzungsvermögen nehmen die Dinge selbst in die Hand und ergreifen die Initiative.

Ist das Durchsetzungsvermögen schwächer ausgeprägt, tendiert die Person zur Nachgiebigkeit und zeigt eine zu rasche Kompromissbereitschaft. Sie kämpft nicht für ihre Auffassungen und gibt bei Auseinandersetzungen um des lieben Friedens willen nach. Aus Rücksicht auf die Wünsche anderer stellt sie ihre eigenen Bedürfnisse zurück. Dadurch wirkt sie eher unsicher und bleibt lieber im Hintergrund.

3.2.3.4 Leistungssouveränität

Eine wichtige persönliche Voraussetzung zur Lösung anstehender Aufgaben ist ein gewisses Maß an Optimismus und Erfolgszuversicht. Herausforderungen werden nicht als Belastung sondern als Chance gesehen. Die Möglichkeit des Rückschlags wird einkalkuliert, spornt aber eher zu größeren Anstrengungen an.

Menschen mit einer hohen Leistungssouveränität messen sich an schwierigen und anspruchsvollen Problemstellungen. Routineaufgaben können für sie sehr schnell langweilig werden und demotivierend wirken. Wie bei einem Hochspringer erhöhen sie aus ihrer Selbstmotivation heraus ihr persönliches Anspruchsniveau. Sie sind mit Engagement bei der Arbeit und erbringen bei herausfordernden Aufgabenstellungen überdurchschnittliche Leistungen. Aus ihrer Persönlichkeitsstruktur heraus können sie sich selbst stark motivieren und anspornen.

P10: Engagement

Ohne Engagement kann es keine Leistungsbereitschaft geben. Bei ausgeprägtem Leistungswillen können anspruchsvolle Aufgaben das Engagement des Mitarbeiters verstärken. Der Mitarbeiter kann und will selber hohe Anforderungen an seine Leistungsbereitschaft stellen.

Er strebt von sich aus eine Erweiterung seines Wissens und seiner Kompetenzen an. Dazu braucht er gleichzeitig Freiräume für die Verwirklichung seiner Leistungen. Die Erreichung der Ziele wird von ihm selbstständig überwacht. Mitarbeiter mit einem hohen Engagement besitzen einen starken Impuls für überdurchschnittliche berufliche Leistungen.

Mitarbeiter mit einem eher geringen Engagement lassen sich durch anspruchsvolle und herausfordernde Aufgaben nur wenig motivieren. Ohne Engagement wird es keinen Leistungswillen und demzufolge auch keine Leistungsbereitschaft geben. Diese Mitarbeiter schöpfen ihre eigenen Leistungsreserven nicht aus. Das Vollbringen außergewöhnlicher Leistungen ist für sie kein Ziel. Sie stoßen schnell an die Grenzen ihrer Leistungsfähigkeit. Es fehlen eigene, objektive Leistungsmaßstäbe, um die erzielte Arbeitsleistung realistisch einschätzen zu können. Auftretenden Schwierigkeiten weichen sie durch Verschiebung der Prioritäten oder durch Umorientierung in den Aufgaben aus.

P11: Erfolgszuversicht

Erfolgszuversicht ist als eine positive Zukunftserwartung zu sehen. Mit Herausforderungen wird aktiv und konstruktiv umgegangen. Es existieren keine Versagensängste. Damit wird die Hoffnung verknüpft, dass für die erbrachte Leistung eine positive Rückmeldung erfolgt. Um Erfolgszuversicht richtig aufbauen zu können, muss eine gewisse emotionale Stabilität vorhanden sein.

Eine Ergänzung zur Erfolgszuversicht ist der Optimismus. Trotz möglicher Misserfolge und Widrigkeiten wird das Ziel verfolgt. Ohne einen entsprechenden Optimismus wäre jede Arbeit zum Scheitern verurteilt. Würde man viele Projekte allzu realistisch oder aufgrund der zu erwartenden Widerstände zu pessimistisch anpacken, würden viele Aufgaben niemals realisiert. Optimismus ist eine wichtige Kraft, um Risiken und Schwierigkeiten wahrzunehmen und realistisch einzuschätzen. Gerade bei Rückschlägen ist es wichtig, sich nicht entmutigen zu lassen, sondern mit einer gewissen Erfolgszuversicht an neue Aufgaben heranzugehen.

Angst als Gegenpol zu Erfolgszuversicht und Optimismus hemmt die eigenen Entscheidungen, beeinflusst sie negativ, fördert unsicheres Handeln und führt schließlich zum Misserfolg. Herausforderungen stehen ängstliche Personen hilflos gegenüber. Sie neigen zu pessimistischen Einschätzungen und sind unsicher in ihren Entscheidungen. Durch Rückschläge lässt sie sich leicht entmutigen.

P12: Anspruchsniveau

Das Anspruchsniveau ist ein Aspekt der Leistungsorientierung. Es soll anspornen eine Hürde zu überwinden, die aber nicht unüberwindbar sein darf. Ein hohes Anspruchsniveau mit schwierigen Aufgaben und anspruchsvollen Problemstellungen motiviert den Mitarbeiter sich selbst neue und höhere Anforderungen zu stellen und sich so eigenständig weiterzuentwickeln. Er rechnet damit, auch bei neuen und schwierigen Aufgaben sein Ziel zu erreichen. Wird seitens der Führungskraft das Anspruchsniveau richtig gesetzt, fördert es die Fähigkeiten des Mitarbeiters.

Durch das in ihn gesetzte Vertrauen ist er bereit mehr in die Erledigung seiner Arbeit zu investieren, um seine Leistungsbereitschaft und -fähigkeit zu zeigen und das in ihn gesetzte Vertrauen zu bestätigen. Er erwartet, dass er auch zukünftig seine Kenntnisse und Fähigkeiten erfolgreich zum Einsatz bringen kann. Die Bewältigung komplexer Aufgaben ist für ihn eher Ansporn als Hemmnis. Macht er Fehler, sieht er dies nicht als Rückschlag oder persönliche Niederlage an. Vielmehr erkennt er die Chance daraus zu lernen.

Ist das Anspruchsniveau des Mitarbeiters eher niedrig ausgeprägt, stößt er schnell an seine Grenzen, die er auch nicht überwinden kann oder will. Er hat Zweifel, ob er seine Ziele und die damit verbundene Erfüllung seiner Aufgaben erreichen kann. Auftretende Schwierigkeiten sind für ihn eher eine Belastung denn eine Herausforderung. Seine eigenen Fähigkeiten und Kenntnisse stellt er öfters in Frage. Mit seinem einmal erworbenen Wissen ist er zufrieden.

P13: Selbstmotivation

Bei der Selbstmotivation spielen die intrinsischen Motivationsfaktoren eine Rolle. Hier liegen die Gründe für Handlungen in den Wurzeln einer Persönlichkeit und/oder im besonderen Reiz der beabsichtigten Handlung. Menschen mit einer hohen Selbstmotivation kennen die Gründe, warum sie einerseits etwas gerne tun bzw. andererseits Dinge ablehnen. Menschen mit einer hohen Selbstmotivation vertreten überzeugend den Wert und Sinn einer Aufgabe, wodurch sie Ansehen und Anerkennung gewinnen. Durch persönliche Vorbildfunktion und Begeisterung lassen sich auch Mitarbeiter besser motivieren.

Schlägt sich die Selbstmotivation in Desinteresse nieder, wird der persönliche Nutzen an der Arbeit nicht vermittelt. Durch negative Äußerungen oder pessimistische Einstellungen wirkt die Person demotivierend auf die Mitarbeiter und ihr Umfeld.

3.2.3.5 Führungsfähigkeit

Führungsfähigkeit umfasst die grundlegende Bereitschaft für sich und andere Verantwortung zu tragen. Ohne die Bereitschaft für das Handeln fremder Personen und deren eventuellen Misserfolgen einzustehen, ist keine Führung möglich.

Menschen mit einem hohen Führungsvermögen übernehmen gerne eine Leitungsfunktion. Ihre Führungsfähigkeit besteht in der Übereinstimmung zwischen ihren inneren Werten und dem persönlichen Verhalten. Sie wirken glaubwürdig und bauen entsprechendes Vertrauen auf. In ihren Handlungen zeigen sie Verlässlichkeit. Sie sind authentisch und integer. Sie geben dem Mitarbeiter eine feste Richtschnur, an der er sich in seinem eigenem Verhalten ausrichten kann.

Je besser die Fähigkeit zur Führung ausgeprägt ist, umso motivierter und selbstständiger wird der Mitarbeiter arbeiten. Aufgrund seiner hohen Selbstmotivation handelt der Mitarbeiter aus eigener Überzeugung und eigenem Antrieb heraus. Sie gestalten ihr Prozessumfeld und benötigen für ihre Arbeit einen großen Gestaltungsspielraum, was der Führungskraft ihre Führungsaufgabe erleichtert.

P14: Führungswille und -vermögen

Menschen mit einem hohen Führungswillen wollen durch direkte Einflussnahme überzeugen. Sie wollen im Rahmen ihrer Arbeit Führungsaufgaben übernehmen und andere Personen anleiten. In einem Team übernehmen sie die Leitungsfunktion. Sie wollen andere von ihrem Standpunkt und ihren Fähigkeiten überzeugen. Personen mit hoher Führungsmotivation üben starken Einfluss aus. Sie strahlen Autorität aus, wobei sie eventuell zur Selbstüberschätzung neigen. Es besteht die Gefahr, dass Selbst- und Fremdeinschätzung nicht übereinstimmen.

Für Menschen mit niedrigem Führungswillen besteht kein Anreiz darin, andere Menschen zu führen. Für sie genießt eine fachlich anspruchsvolle Aufgabe eine hohe Wertschätzung. Sie fühlen sich eher in einer Fachaufgabe wohl und wollen selbst in einem Team nicht die Funktion des Teamleiters übernehmen. Beim Eingreifen in den Handlungsspielraum anderer fühlen sie sich äußerst unwohl. Personen mit einem schwach ausgeprägten Führungswillen fehlen wichtige Eigenschaften wie persönliche Ausstrahlung, Autorität und eine gewisse positive Aggressivität.

P15: Verantwortungsbereitschaft

Ein verantwortungsbewusster Mensch fühlt sich verpflichtet, alles Notwendige zu tun, um das Beste für die Menschen und das Vorhaben zu erreichen. Es gilt negative Auswirkungen zu vermeiden und seine Entscheidungen und Handlungen entsprechend auszurichten. Für Misserfolge fühlen sie sich selbst verantwortlich und schieben diese nicht auf andere Personen ab. Die Verantwortung wird aktiv übernommen und es eröffnen sich entsprechende Entfaltungs- und Gestaltungsspielräume. Wer eine Aufgabe übernimmt, verpflichtet sich diese auch ordnungsgemäß auszuführen.

Personen mit einer geringen Verantwortungsbereitschaft schieben Fehler gerne auf andere ab und/oder verleugnen eigene Fehler. Sie machen die Situation oder die Sache dafür verantwortlich. Bei Erfolgen stehen sie gerne im Rampenlicht; bei Misserfolgen lassen sie andere gerne im Regen stehen.

3.2.4 Soziale Kompetenzen

Bei sozialen Kompetenzen (Abb. 3.6) geht es um das Wissen, die Fähigkeit und die Bereitschaft zur zwischenmenschlichen Zusammenarbeit. Die sozialen und kommunikativen Aspekte stehen im Vordergrund. Situationsbewusst werden die sozialen Beziehungen und Interessenslagen der Beteiligten erfasst. Wertende Handlungen gegenüber Personen sind hier zu finden und spiegeln das Verhalten in mitarbeiterorientierter Zusammenarbeit wider. Soziale Kompetenzen sind wechselseitig personenzentriert („WIR").

Kompetenzfeld	Kompetenz-cluster	Kompetenzen	
Soziale Kompetenzen	6. Teamorientierung	F1 F2 F3	Einfühlungsvermögen und Sensitivität Integrationsfähigkeit Kooperationsfähigkeit
	7. Kommunikations-fähigkeit	F4 F5	Gesprächsführung Argumentationsstärke
	8. Konflikte	F6 F7 F8	Psychische Belastbarkeit Wahrnehmung von Konflikten Konfliktfähigkeit

Abb. 3.6: Soziale Kompetenzen

3.2.4.1 Teamorientierung

Teamorientierung misst sich am Willen und Vermögen mit anderen Menschen zusammen zu arbeiten. Personen mit einer guten Teamfähigkeit können sich in einem angemessenen Umfang in eine Gruppe integrieren und an gemeinsamen Zielen arbeiten. Sie bilden soziale Kontakte aus und werden von anderen Teammitgliedern akzeptiert. Mit der notwendigen Sensitivität steuern sie die Gruppendynamik im Team. Teamfähigkeit trägt zum gegenseitigen Verständnis aller Teammitglieder bei.

Eine geringe Kompetenz ist bei zu hoher oder niedriger Teamorientierung gegeben. Bei Personen mit hoher Teamorientierung besteht die Gefahr, dass die (zwischen)menschlichen Beziehungen stark im Vordergrund stehen. Die Aufgabenbewältigung und Zielerreichung wird vernachlässigt. Personen mit einer niedrigen Teamorientierung handeln lieber als Einzelgänger. Sie lieben ihre Eigenständigkeit, wollen unabhängig sein und selbstständig arbeiten.

F 1: Einfühlungsvermögen und Sensitivität

Die Bereitschaft und die Fähigkeit andere Menschen gefühlsmäßig zu verstehen, wird als Einfühlungsvermögen bezeichnet. Personen mit höherem Einfühlungsvermögen fällt es leicht sich in die Absichten, Bedürfnisse und Gefühle der betreffenden Menschen hineinzuversetzen. Sie verfügen über ein feines Gespür für Stimmungen. Besonders in schwierigen Gesprächssituationen macht sich dies positiv bemerkbar. Mit der entsprechenden Sensitivität können sie beim Umgang mit schwierigen Personen das eigene Verhalten situationsgerecht abstimmen. Persönliche Ausgeglichenheit, Verlässlichkeit und Vertrauensbereitschaft sind ihre Basis für ein gutes Einfühlungsvermögen.

Menschen mit einem geringen Einfühlungsvermögen können auch in normalen Situationen die Befindlichkeiten ihres Gegenübers nicht richtig einschätzen. Ihnen ist nicht klar, wie ihre eigenen Handlungen aufgenommen und interpretiert werden. Es fehlt ein entsprechendes Fingerspitzengefühl. Aufgrund dieses Mangels gehen sie schwierigen Gesprächssituationen aus dem Wege. An Kontakten sind sie wenig interessiert. Sie zeigen kein Interesse an den Gefühlen anderer und treten häufig ins Fettnäpfchen. Es wird nicht erkannt, wann und warum andere verletzt wurden; sie wirken unsensibel.

F 2: Integrationsfähigkeit

Integration ist ein sozialer Prozess, bei dem ein Mensch unter Zuweisung von Positionen und Funktionen in die Sozialstruktur einer Gruppe aufgenommen wird. Integrationsfähigkeit ist dabei von verschiedenen Seiten zu betrachten. Sie umfasst sowohl die Fähigkeit einer Person sich in eine Gruppe einfügen zu können, als auch die Fähigkeit der Gruppe neue Personen zu integrieren. Integrationsfähigkeit hängt von einer Reihe von Merkmalen ab. Dazu zählt das Beobachten und Analysieren von Rollen, Umgangsformen und Ritualen im Team.

Den verschiedenen Teammitgliedern wird mit Interesse und Aufmerksamkeit entgegengetreten. Die Fähigkeit zur Integration setzt auch Vertrauen und Offenheit den anderen Teammitgliedern gegenüber voraus. Das notwendige partnerschaftliche Verhalten erleichtert die soziale Integration. Je schneller das neue Teammitglied das soziale Gebilde Team versteht, desto sicherer fühlt es sich und desto früher kann es einen erfolgreichen Beitrag zur Teamarbeit leisten. Mit der sozialen Integration und entsprechender Unterstützung steigt auch die Identifikation mit Team und Aufgabe.

F 3: Kooperationsfähigkeit

Während die Integrationsfähigkeit den sozialen Prozess in einem Team betrachtet, umfasst die Fähigkeit zur Kooperation das gemeinsame Arbeiten an einer Aufgabe. Innerhalb des Teams müssen dazu Wissen und Erkenntnisse ausgetauscht werden. Jeder profitiert dabei vom spezifischen Wissen des Anderen und hat einen Nutzen an der gefundenen Lösung. Kooperationsfähigkeit bedeutet auch, sich kritisch mit seinen eigenen Ansichten auseinander zu setzen und den anderen Teammitgliedern ein Recht auf andere, eigenständige Meinungen einzuräumen.

Kooperation basiert auf gemeinsamem Handeln. Teamorientierte, kooperationsfähige Mitarbeiter setzen sich aktiv für die vom Team getroffenen Entscheidungen ein und tragen zur Effizienzsteigerung in der Arbeit bei. Gemeinsam wird für das Erreichte Verantwortung übernommen und das Ergebnis verteidigt.

3.2.4.2 Kommunikationsfähigkeit

Ein hohes Kommunikationsvermögen ist ein weiterer wichtiger Baustein der sozialen Kompetenzen. Menschen mit einer hohen Kommunikationsfähigkeit legen ihre Gedanken klar und strukturiert dar. Sie können verständlich informieren und hören aktiv zu. Sie gehen auf ihren Gesprächspartner ein und beachten dessen nonverbale Körpersprache.

Durch ihr Ausdrucksvermögen und ihre Argumentationsstärke können sie den Gesprächspartner überzeugen, ohne diesen zu überrumpeln oder zu verletzen. Sie beziehen persönlich Stellung und geben konstruktives Feedback. Schwierigen und konfliktträchtigen Gesprächssituationen weichen sie nicht aus. Sie achten darauf, dass ihr Gesprächspartner seine Würde behält.

F 4: Gesprächsführung

Im Gespräch erfolgt die Vorbereitung und Durchführung immer auf einer Sach- und Beziehungsebene. Eine gute Situationsanalyse mündet in der Festlegung klar definierter Gesprächsziele. Menschen mit einer guten Gesprächsführung sorgen auch bei kritischen Gesprächen für einen positiven Gesprächsausklang. Bei einer guten Gesprächsführung können sie dem Gesprächspartner immer das Gefühl geben, dass die (gemeinsam) festgelegten Ziele und Maßnahmen beiden Seiten die besten Möglichkeiten bieten.

Bei einem guten Gesprächsverhalten wird auf die Argumente des Gesprächspartners eigegangen und ihm aktiv zugehört. Informationen und Gedankengänge werden offen und transparent dargelegt und Ansichten nachvollziehbar begründet. Unklar formulierte Äußerungen werden hinterfragt und somit verhindert, dass womöglich aneinander vorbeigeredet wird. Die Reaktionen des Gesprächspartners werden richtig erkannt und das eigene Gesprächsverhalten darauf abgestimmt. Letztlich wird ein partnerschaftlicher, wertschätzender Gesprächsstil gepflegt.

F 5: Argumentationsstärke

Unter einem Argument versteht man eine begründete Behauptung. In Gesprächen werden immer verschiedene Themen diskutiert oder behandelt. Um sich gegenüber dem Gesprächspartner zu behaupten, muss ich gut argumentieren können. Mit einer guten Argumentationsstärke wird der Partner überzeugt und es werden gemeinsam Lösungen gefunden. Eine kooperative Argumentation schafft auf der Beziehungsebene eine offene und vertrauensvolle Atmosphäre. Berechtigte Kritik wird angenommen, unberechtigte Kritik argumentativ sachlich fair entkräftet. Durch die entstehende gegenseitige Anerkennung wird für eine bessere Akzeptanz der getroffenen Vereinbarungen gesorgt.

Bei schwach ausgeprägten Argumentationsfähigkeiten kann mich der Gesprächspartner argumentativ überfahren. Es gelingt ihm, sein Gesprächsziel durchzusetzen und mich zu überreden. Die möglicherweise entstehenden Belastungen des Selbstwertgefühls rufen Abwehrreaktionen hervor. Aber auch eine unsensibel gehandhabte Argumentationsstärke kann zu negativen Reaktionen führen. Mit entsprechenden Argumenten wird dem Gesprächspartner Inkompetenz oder Unglaubwürdigkeit aufgezeigt und mit der Kompetenz der Argumentationsstärke seine Person in Frage gestellt.

3.2.4.3 Konflikte

Konfliktfähig zu sein bedeutet, andere Ansichten und Bedürfnisse als solche zu akzeptieren. Anderen Personen und Meinungen ist mit Toleranz gegenüber zu treten. Es kann nicht immer alles harmonisch zugehen und nicht immer stößt man mit seinen eigenen Ideen oder Vorstellungen auf positive Resonanz. Konfliktfähigkeit bedeutet auch, Konflikte konstruktiv zu bewältigen, rechtzeitig zu erkennen und wenn es die Situation zulässt diese offen und fair auszutragen. Ein Mitarbeiter ist dann konfliktfähig, wenn er mit schwierigen Situationen souverän umgehen kann. Er versucht aus Konflikten zu lernen und sich zukünftig anders zu verhalten. Durch Fehlschläge in der Konfliktlösung lässt er sich nicht entmutigen. Störende Dinge spricht er direkt, konkret und fair an. Er kann in Konfliktgesprächen für alle Beteiligte zufrieden stellende Lösungen finden.

F 6: Psychische Belastbarkeit

Mit psychischen Belastungen sind alle Einflüsse gemeint, die von außen auf den Menschen einwirken. So ist Stress eine Reaktion auf Ereignisse, die wir als bedrohlich ansehen und die unsere Lebensqualität einschränken können. Belastende Anforderungen im Beruf oder Schwierigkeiten in zwischenmenschlichen Beziehungen können zu länger andauernden Belastungen führen. Minderwertigkeitsgefühle, geringes Selbstvertrauen oder Unzufriedenheit führen zu Dauerbelastungen. Extreme Formen von Stress werden durch Arbeitslosigkeit, schwere Erkrankungen oder den Tod eines geliebten Menschen hervorgerufen. Besonders wichtig ist die psychische Belastbarkeit in schwierigen Situationen.

Eine hohe psychische Belastbarkeit hängt mit einer positiven Einstellung zur eigenen Person und zum Beruf zusammen. Unter hohem psychischem Druck werden auch komplexe Aufgaben erfolgreich bewältigt. Eine hohe psychische Belastbarkeit zeigt sich auch durch eine innere Gelassenheit. Die Dinge ernst nehmen, aber sich nicht durch jede Kleinigkeit aus der Ruhe bringen zu lassen.

Personen mit einer geringen psychischen Belastbarkeit fühlen sich durch die an sie gestellten Anforderungen überfordert. Sie reagieren gereizt, ängstlich und unsicher. Dadurch verlieren sie an Effektivität und können aus sich heraus nicht angemessen aktiv reagieren.

F 7: Wahrnehmung von Konflikten

Menschen mit einer hohen Kompetenz in diesem Bereich achten darauf, dass ihre Wahrnehmungs- und Entscheidungsfähigkeit nicht eingeschränkt wird. Sie sehen im Laufe der Konflikterereignisse die Dinge auch weiterhin klar und deutlich. Die Sicht auf das eigene Verhalten und die anderen Konfliktbeteiligten wird nicht geschmälert oder verzerrt. Mit ihrer ausgeprägten Wahrnehmungsfähigkeit erkennen sie die Symptome für sich anbahnende Konflikte und können frühzeitig gegensteuern.

Demgegenüber können Menschen mit einer gering ausgeprägten Wahrnehmungskompetenz den Verursacher von Meinungsverschiedenheiten und Konflikten nicht identifizieren. Sie sind unsensibel für die sich aufbauenden Spannungen und erkennen das heraufziehende Gewitter nicht. In ihrer Wahrnehmung des Konfliktes sind sie so getrübt, dass sie Ursache-Wirkungs-Beziehungen nicht mehr analysieren können. Sie suchen nur noch den eigenen Vorteil und halten selbst bei sich abzeichnendem Misserfolg an ihrer Position fest. Die Sichtweise im Konflikt wird immer schmaler, verzerrter und einseitiger. Im anderen Extremfall wollen sie es allen Konfliktbeteiligten recht machen.

F 8: Konfliktfähigkeit

Konflikte rechtzeitig zu erkennen und diese konstruktiv zu bewältigen, zeichnet die Konfliktfähigkeit aus. Dazu gehört auch die Fähigkeit, die Konfliktarten und den Eskalationsgrad einschätzen zu können, sowie die eigenen und fremden Beiträge zu erkennen. Auf der Basis von Akzeptanz, Gleichwertigkeit und Fairness setzen sich konfliktfähige Personen mit ihrem Konfliktpartner auseinander. Sie halten eine beruhigende, zuversichtliche Haltung bei und vertreten ihre eigene Meinung konstruktiv, auch wenn dies Auseinandersetzungen hervorrufen könnte. Sie sprechen Kritik und unangenehme Dinge offen aus und setzen sich auch für unpopuläre aber notwendige Maßnahmen ein. Dabei können sie spannungsgeladene Auseinandersetzungen ertragen und verzichten auf eine übertriebene Harmonie. Ihnen gelingt es, Befürchtungen und Ängste zu relativieren. Sie können auch eigene Fehler zugeben. Personen mit einer hohen Kompetenz zur Konfliktlösung gehen Konflikte direkt an und sehen sie als Chancen zur eigenen Entwicklung.

Konfliktscheue Menschen dagegen fühlen sich sehr leicht angegriffen oder in die Ecke gedrängt und reagieren sehr schnell beleidigt, wütend, entschuldigend oder auch rechtfertigend. Sie weichen Konflikten aus, ignorieren oder leugnen sie. In Auseinandersetzungen wirken sie wie gelähmt und sind „Mitläufer". Eigene, abweichende Meinungen werden nicht vertreten und Unangenehmes nur indirekt angesprochen. Konfliktscheue Menschen können angenehm, unterstützend und liebenswürdig wirken.

3.2.5 Methodische Kompetenzen

Methodische Kompetenzen umfassen die grundlegenden Fähigkeiten, Aufgaben und Prozesse situationsübergreifend flexibel und effektiv zu gestalten (Abb. 3.7). In der entsprechenden Handlung zeigt sich die Stärke und Ausprägung der dafür benötigten Kompetenz.

Bei der Bewältigung komplexer Aufgaben und Prozesse stehen die Fähigkeit zur Strukturierung und das analytisch-konzeptionelle Denken zur Komplexitätsbewältigung im Vordergrund. Die Anwendung verschiedener Methoden und Verfahrensweisen befähigt zu fachübergreifenden Lösungsstrategien und exzellenten Leistungen.

Mit einem entsprechenden Moderationsvermögen gelingt die Strukturierung und Klärung von Diskussionsprozessen. Eine systematisch-methodische Vorgehensweise erleichtert auch die Organisation der eigenen Person und Arbeit. Zielorientierte Entscheidungsfindungen, kreative Lösungsvorschläge und transparentes, nachvollziehbares setzen von Prioritäten sind ebenfalls wichtige methodische Fähigkeiten. Methodenkompetenzen sind sachorientiert („THEMA").

Kompetenzfeld	Kompetenz-cluster		Kompetenzen	
Methodische Kompetenzen	9.	Persönliche Arbeits-organisation	M1 M2 M3	Organisationsfähigkeit Delegationsvermögen Selbst- und Zeitmanagement
	10.	Projekt-management	M4 M5 M6	Komplexitätsverständnis und Aufgabenstrukturierung systematisch-methodische Vorgehensweise Zielorientierung

Abb. 3.7: Methodische Kompetenzen

3.2.5.1 Persönliche Arbeitsorganisation

Die Fähigkeit zur Bewältigung einer Aufgabe beginnt bei der Organisation der eigenen Arbeit. Das Vermögen seine eigene Arbeit zu strukturieren und zu organisieren muss stark ausgeprägt sein. Sonst besteht die Gefahr, dass das eigene „Arbeitschaos" auf die Mitarbeiter und Kollegen übertragen wird. Ein gutes Zeit- und Selbstmanagement sorgt für die notwendige Zuverlässigkeit. Die Fähigkeit, komplexe Aufgaben zu strukturieren, ist die Grundlage für die Delegation von Aufgaben. In diesem Zusammenhang umfasst die persönliche Arbeitsorganisation immer auch ein persönliches Controllingsystem. Mit diesem werden delegierte Aufgaben gesteuert und kontrolliert. Im Rahmen des Zeit- und Selbstmanagements muss ein hohes Vermögen zur Selbststeuerung vorhanden sein.

M 1: Organisationsfähigkeit

Organisationsfähigkeit ist die Gabe, Termine und Arbeitsabläufe so zu planen, zu strukturieren und zu organisieren, dass die eigene und fremde Arbeitszeit möglichst optimal genutzt wird. Organisationstalente setzen Prioritäten und schieben Pflichten nicht auf. In ihrem Aufgabenbereich sind sie diszipliniert und konzentriert bei der Arbeit. Sowohl Tagesaufgaben als auch längerfristige Tätigkeiten werden nach klaren Strukturen bearbeitet. Auch Details finden eine angemessene Beachtung. Es wird jedoch darauf geachtet, nicht zu tief in die Materie einzudringen und sich dadurch zu lange und zu intensiv mit einem Thema zu beschäftigen.

Menschen mit einer geringen Kompetenz in diesem Bereich unterschätzen die Dauer von Tätigkeiten, wodurch sie Termine häufig nicht einhalten. Sie arbeiten daher oft auf den letzten Drücker und sind immer überlastet. Ihre persönliche Arbeitsorganisation ist chaotisch. Sie führen keine längerfristige Arbeits- und Terminplanung und leben daher von heute auf morgen. Durch ihren Arbeitsstil verbreiten sie Unruhe in ihrem beruflichen Umfeld und sind weniger effektiv.

M 2: Delegationsvermögen

Bei der Fähigkeit zur Delegation wird persönliche Zuständigkeit für Aufgaben gezielt auf Mitarbeiter übertragen. Kompetenzorientiertes Delegationsvermögen setzt Wissen über die jeweiligen Stärken und Schwächen der Mitarbeiter voraus. Die zu übertragenden Aufgaben werden mit der notwendigen Sorgfalt ausgewählt. Für die Realisierung werden dem Mitarbeiter die notwendigen Handlungs- und Entscheidungsspielräume eingeräumt. Der Weg und die Art und Weise wie der Mitarbeiter die Aufgabe löst, bleibt ihm überlassen. Personen mit einem hohen Delegationsvermögen können, abhängig von den Mitarbeiterfähigkeiten, Aufgaben gezielt auswählen und übertragen. Im Controlling des Arbeitsprozesses halten sie sich zurück und lassen dem Mitarbeiter die notwendigen Freiräume.

Personen mit einem geringen Delegationsvermögen führen Aufgaben lieber selbst aus. Müssen Aufgaben übertragen werden, so überprüfen sie laufend den Arbeitsfortschritt. Sie geben den Lösungsweg vor und räumen den Mitarbeitern kaum Handlungsspielräume ein. Entscheidungen werden von ihnen getroffen. Entsprechen die Arbeitsergebnisse nicht ihren Erwartungen, werden die Mitarbeiter dafür verantwortlich gemacht. Ein schwaches Delegationsvermögen zeigt sich auch darin, dass die Rückdelegation von Aufgaben durch die Mitarbeiter toleriert wird. Die Delegationsschwäche wird hinter der Fachaufgabe versteckt.

M 3: Selbst- und Zeitmanagement

Selbstmanagement steht für die Gestaltung der eigenen Lebenssituation, der beruflichen Situation und umfasst auch das persönliche Zeitmanagement. Personen mit einer hohen Kompetenz im Selbstmanagement sind in der Lage sich selbst zu führen. Sie können für sich die richtigen Entscheidungen treffen und wissen welches Ziel sie erreichen und welchen Weg sie einschlagen möchten.

Personen mit einem guten Zeitmanagement können ihre Zeit sinnvoll einteilen, Wichtiges von Unwichtigem trennen und vernünftige Prioritäten setzen. Sie kennen ihre eigenen Motivatoren und Antriebsmechanismen und können diese kontrollieren. Ihre Fähigkeit zur Selbstbeurteilung lässt sie ihre persönlichen Stärken festigen und die Schwächen beheben. Gutes Zeit- und Selbstmanagement ermöglicht eine adäquate Aufwandsschätzung für die anstehenden Tätigkeiten. Handlungsblockaden werden überwunden und es wird sich auf das Wesentliche konzentriert. Eine hohe Kompetenz in diesem Bereich ermöglicht eine objektive Situationsanalyse der persönlichen Arbeitsorganisation.

3.2.5.2   Projektmanagement

Das Managen von Aufgaben und Projekten ist eine der wichtigsten methodischen Kompetenzen. Letztlich wird jeder Mitarbeiter eines Unternehmens am Erfolg seiner Arbeit gemessen. Die Fähigkeit sich selbst und den Mitarbeitern Ziele zu setzen gibt Richtung und Weg vor. Das Erreichen der Ziele erfordert eine systematische und methodische Vorgehensweise; Aufgaben sind zu strukturieren und ein Verständnis für komplexe Strukturen muss vorhanden sein. Ist die Handlungsorientierung schwach ausgeprägt, wird ziellos und ineffektiv gehandelt.

M 4: Komplexitätsverständnis und Aufgabenstrukturierung

Eine komplexe Situation enthält mehr Aspekte und Informationen als die Person normalerweise erfassen oder verarbeiten kann. Die einzelnen Aspekte sind auf vielfältige Weise miteinander in Ketten, Regelkreisen oder Wirkungsnetzen verbunden. Der persönliche Kenntnisstand über die einzelnen Wirkfaktoren ist unzulänglich und undurchsichtig. Nur wenn Einsichten in den inneren Zusammenhang eines Systems gewonnen werden, lassen sich Probleme auch effektiv lösen. Gelingt es einer Person komplexe Situationen zu strukturieren, erzielt sie einen Lerneffekt und kann zukünftig Zusammenhänge einfacher überblicken und besser nachvollziehen.

Strukturen erlauben auch themenfremden Personen einen schnellen Einstieg in einen neuen Themenbereich. In der beruflichen Ausbildung wird in der Hauptsache das Lösen von gut strukturierten Problemen mit einer eindeutigen Lösung gefordert. In der beruflichen Praxis stellt ein vorgegebenes, klar abgegrenztes System eher die Ausnahme dar. Vielmehr setzt die Fähigkeit zur Problemlösung voraus, isolierte Wissenselemente zu vernetzen und in Systemen zu denken.

Ein Mitarbeiter mit einer hohen Kompetenz zur Strukturierung komplexer Aufgaben erkennt im „Chaos" Ursache-Wirkungs-Zusammenhänge. Er erkennt Beziehungen zwischen Phänomenen, die nicht offensichtlich sind und kann auch unkonventionelle Lösungen entwickeln. Bekannte Phänomene kann er neu interpretieren und in einen anderen Zusammenhang stellen.

In seiner schwachen Ausprägung wird „drauflosgearbeitet". Aktivitäten sind wichtiger als Effektivität. Für auftretende Schwierigkeiten werden „Situationen" oder „andere Personen" verantwortlich gemacht. Der Mitarbeiter ist mit komplexen Aufgaben überfordert und erkennt keine grundlegenden Zusammenhänge. Mit seinen geringen Fähigkeiten folgt er vorgefertigten Denkschemata. Mögliche Konsequenzen aus neuen Strukturvorschlägen und Konzepten sind ihm fremd.

M 5: Systematisch-methodische Vorgehensweise

Menschen mit einer hohen Kompetenz in diesem Bereich sind in der Lage aus den vielfältigsten Informationen die relevanten auszufiltern. Sie analysieren die wichtigsten Informationen und legen Ziele für die Lösung der Aufgabenstellung fest. Ein weiterer Schritt umfasst das Erarbeiten und Festlegen der notwendigen Arbeitsschritte sowie die Auswahl der richtigen Arbeitsmethoden bzw. -verfahren, um das Ziel zu erreichen. Dazu zählen u.a. inhaltlich-strukturelle und methodisch-organisatorische Planungsschritte, die letztlich in einen Zeitplan münden. Es schließt sich die Umsetzung und Realisierung der ausgewählten Lösungen und Maßnahmen an.

Menschen mit einer hohen Fähigkeit in der systematischen Vorgehensweise nehmen regelmäßig Soll-Ist-Vergleiche ihrer Arbeitsprozesse vor. Dieser Kontrollschritt dient der Optimierung persönlicher Arbeitsprozesse und unterstützt die Zielerreichung. Gleichzeitig werden dadurch eigene Lernprozesse effektiv gestaltet.

Menschen mit einer geringen Kompetenz im systematisch-methodischen Vorgehen arbeiten einfach drauf los. Sie sind immer beschäftigt und wählen ihre Arbeitsmethoden und Vorgehensweise
ad hoc aus. Die Formulierung von Zielen wird selten vorgenommen und eine Kontrolle der Zielerreichung nicht durchgeführt.

M 6: Zielorientierung

Ein Ziel bezieht sich immer auf einen zukünftig zu erreichenden Soll-Zustand. Zur Zielerreichung
kann immer unter verschiedenen Handlungsvarianten gewählt werden, wobei Entscheidungen
notwendig sind, um den definierten Endzustand zu erreichen. Normalerweise werden mehrere
Ziele gleichzeitig festgelegt und verfolgt, die in sich schlüssig und widerspruchsfrei sein sollten.
Dann kann es auf der Ebene der Handlungsorientierung nicht zu Widersprüchen und Konflikten bei
der Zielerreichung kommen.

Ein Mitarbeiter mit einer hohen Zielorientierung richtet seine Aufmerksamkeit auf die relevanten
Aspekte der Aufgabe und lässt sich nicht durch andere Dinge ablenken. Er ist handlungs- und er-
gebnisorientiert und kann aus der Analyse und Aufgabenstrukturierung heraus begründete Priorit-
ten setzen. Er verfügt über Controllinginstrumente zur Steuerung von Qualität, Terminen, Ressourcen und Kosten in seinem Aufgabenbereich.

Durch Probleme und Hindernisse lässt er sich nicht von seiner Zielerreichung abschrecken. Auch
bei großen Schwierigkeiten gibt er nicht auf, sondern stellt sich auf Veränderungen und neue Situationen ein.

Im Gegensatz dazu setzt sich ein Mitarbeiter mit einer geringen Zielorientierung selbst kaum Ziele
in der täglichen Arbeit. Persönlich hat er keine längerfristigen Entwicklungsziele und ist zufrieden
mit dem was er hat. Er ist unsicher in der Aufgabenbewältigung und Zielerreichung. Durch äußere
Umstände lässt er sich leicht von seinem Ziel ablenken. Die Erreichung eines vereinbarten Ergebnisses bereitet ihm Mühe und er kann sich nur schwer auf wechselnde Bedingungen einstellen. Er
selbst verfügt über keine Controllinginstrumente zur zielorientierten Steuerung seiner Aufgaben
und Projekte.

3.2.6   Fachliche Kompetenzen

Unter der fachlichen Kompetenz sind fach-, prozess- und kundenspezifische berufliche Fähigkeiten
zu verstehen (Abb. 3.8). Neben dem Erwerb von neuem Wissen steht auch dessen Anwendung im
Mittelpunkt. Innovationen bringen dem Unternehmen einen strategischen Vorteil im Markt. Deshalb
muss der unternehmerisch denkende Mitarbeiter Markt- und Branchenkenntnisse besitzen, um
sein Wissen in neue innovative Produkte und Prozesse mit einfließen zu lassen. Eine interne und
externe Kundenorientierung ist dabei zu berücksichtigen.

Produkte und Dienstleistungen lassen sich nur effektiv entwickeln, produzieren und vermarkten,
wenn Kenntnisse der Prozesse vorhanden sind. Mit einer effektiven Umsetzung ist eine ressour-
censchonende und umweltfreundliche Handlung verbunden, die die sozialen Belange der Mitarbeiter mit berücksichtigt. Fachliche Kompetenzen sind sachorientiert („THEMA").

Kompetenzfeld	Kompetenz-cluster	Kompetenzen	
Fachliche Kompetenzen	11. Prozesse	U1 U2 U3	Prozessorientierung Prozessverantwortung Prozesscontrolling
	12. Fachwissen	U4 U5	Wissenserwerb Wissensanwendung
	13. Umwelt	U6 U7 U8 U9 U10	Umweltmanagement Umweltaudit Umweltrecht Umwelttechniken Umweltwissenschaften

Abb. 3.8: Fachliche Kompetenzen

3.2.6.1 Prozesse

Jeder Prozess im Unternehmen hat einen Eigentümer und ist zugleich Lieferant und Kunde anderer Prozesse. Für den optimalen Einsatz der zur Verfügung stehenden Ressourcen (Anlagen, Material, Personal, Finanzen) trägt der Prozesseigentümer die Verantwortung. In seiner Funktion muss er die Leistungsergebnisse, Wirtschaftlichkeit und die (interne/externe) Kundenzufriedenheit gewährleisten. Daher ist die Beherrschung des Prozesses sicher zu stellen. Über ein entsprechendes Prozesscontrolling werden die Prozesse kontinuierlich auf Verbesserungspotenziale hin untersucht.

U 1: Prozessorientierung

Jeder Prozess hat einen Input und einen Output und ist kundenorientiert (intern oder extern). Prozesskompetente Mitarbeiter kennen die Leistungsanforderungen an ihre Prozesse. Sie können die Ziele, Vorgaben und Ergebnisse transparent und nachvollziehbar erläutern. Zwischen den Teilprozessen und Tätigkeiten ergeben sich Abhängigkeiten und Schnittstellen, die zu Reibungsverlusten führen können. Die damit verbundenen Risiken und Leistungsverluste sind ihnen bekannt.

Der prozesskompetente Mitarbeiter analysiert und bewertet die Schlüsselprozesse. Er überprüft deren Effektivität und Struktur und realisiert Verbesserungen. Schnittstellenbelange zwischen den Prozessen werden im Sinne einer internen/externen Kundenorientierung bearbeitet. Die notwendigen Ressourcen zur Prozessoptimierung setzt er optimal ein.

U 2: Prozessverantwortung

Jeder Prozess hat eine prozessverantwortliche Person. Diese trägt die Verantwortung zur Überwachung der prozessspezifischen Anforderungen. Die Verantwortung umfasst die sachliche Verantwortung bzgl. der ordnungsgemäßen Durchführung der einzelnen Aufgaben und Tätigkeiten. Sie umfasst auch eine mögliche disziplinarische Verantwortung gegenüber den Mitarbeitern. Mit der Prozessverantwortung sind die Festlegung der Prozessziele, die Identifikation der kritischen Erfolgsfaktoren und die Planung der Prozessressourcen verbunden. Sie umfasst sämtliche Aufgaben Richtung Kunde (intern, extern), Lieferanten und Mitarbeitern inklusive Leistungs- und Zielvereinbarungen. Über ein entsprechendes Controllingsystem wird der Prozess gesteuert und die Zielerreichung kontrolliert.

Personen, die ihre Prozessverantwortung wahrnehmen, unterstützen die Mitarbeiter und schenken ihnen die notwendige Aufmerksamkeit. Während Anlagen abgeschrieben werden (Wertverlust), erzielen Mitarbeiter aufgrund ihrer Berufserfahrung einen Wertgewinn. Einbezogen in den Verantwortungsbereich ist auch die Beachtung der einzuhaltenden Rechtsvorschriften, z.B. aus dem Arbeits- und Umweltschutz. Der Prozessverantwortliche fördert das Bewusstsein bzgl. Gesundheit, Arbeits- und Umweltschutz und trägt vorbeugend zur Verhütung von (Arbeits)unfällen bei.

Verantwortungslose Personen nehmen ihre verschiedenen Organisations- und Überwachungspflichten nicht wahr. Sie verstoßen fahrlässig oder vorsätzlich gegen geltende Rechtsvorschriften. Ihre Verantwortungspflichten gegenüber den Mitarbeitern nehmen sie nicht wahr. Durchzuführende Pflichtunterweisungen, z.B. im Arbeits- und Umweltschutz oder Arbeiten zur Betriebssicherheit werden als überflüssig betrachtet und unterlassen.

U 3: Prozesscontrolling

Aus der Prozessplanung heraus verfügt der Prozessverantwortliche über ein Controllingsystem zur Steuerung seines Prozesses. Anhand von Leistungsparametern kann er die Erreichung seiner Prozessziele verfolgen. Kritische Erfolgsfaktoren müssen mindestens die Parameter „Kunde", „Kosten", „Qualität", „Termine" umfassen und lassen sich in Zielvereinbarungsgesprächen mit den Mitarbeitern konkretisieren. Mit den resultierenden Kennzahlen werden die Grundlagen und das Steuerungsinstrument für die Prozessleistung geschaffen.

Anhand des Prozesscontrollings kann der prozessorientierte Mitarbeiter Soll-Ist-Abweichungen identifizieren, Maßnahmen erarbeiten und deren Umsetzung einer Erfolgskontrolle unterziehen. Er gewährleistet die Prozessfähigkeit und sorgt dafür, dass der Prozess beherrscht wird. Im Zuge seiner Prozessverantwortung führt er eigenständig Prozessaudits durch. Für die Optimierung und Verbesserung seiner Prozesse verfügt der Mitarbeiter über ein Set an verschiedenen Instrumenten. Die Verfahren zur Prozessoptimierung werden von ihr im Zuge von Prozessaudits regelmäßig auf ihre Wirksamkeit überprüft.

3.2.6.2 Fachwissen

Berufsanfänger bringen aufgrund ihrer Ausbildung ein umfangreiches theoretisches Wissen mit. Dieses Wissen wurde durch die Ausbildung in Form von Fakten und Theorien vermittelt. Auch die berufliche Weiterbildung vermittelt zu aller erst Wissen.

Die Umsetzung des Wissens in praktisches Können findet im Berufsleben statt. Die Entwicklung entsprechender Fähigkeiten ist damit für den Erfolg im Berufsleben maßgebend. Wissenserwerb und -anwendung sind somit Bestandteile der individuellen Handlungsfähigkeiten.

U 4: Wissenserwerb

Wissensorientierte Personen erkennen ihre Wissenslücken und unternehmen Anstrengungen diese selbstständig zu schließen. Sie suchen Informationen zu Fragestellungen, die über ihre aktuelle Aufgabe hinausgehen. Das erworbene Wissen bringen sie auch außerhalb ihres direkten Aufgabenbereiches ein. Sie können es zielgruppengerecht darstellen und den Mitarbeitern vermitteln.

Wissensorientierte Personen sind neugierig zusätzliches Wissen zur Aufgabenbewältigung zu erwerben und sich auf Neuerungen einzustellen.

Demgegenüber vernachlässigen wissensstatische Personen die Aktualisierung ihres Fachwissens. Sie sind mit dem Status quo zufrieden und leben nur von ihrer Praxiserfahrung. Sie sind nicht in der Lage oder willens, ihr Wissen weiterzuentwickeln und entsprechende Lücken zu schließen. Noch kritischer zu beurteilen sind Personen, die ihre Wissenslücken nicht erkennen, aber selber der Ansicht sind, über das neueste Wissen zu verfügen. Sie denken nicht über den Horizont ihres Fach- und Arbeitsgebietes hinaus.

U 5: Wissensanwendung

Vom Wissenserwerb unterscheidet sich die Wissensanwendung. Es ist wie Theorie und Praxis. Anwendungsstarke Personen können das neu erworbene Wissen einsetzen und in der Praxis umsetzen. Im Zuge ihrer Arbeit können sie die erarbeiteten Vorgehensweisen, Erfahrungen und Lösungswege auf andere Aufgabenstellungen übertragen. Es ist die Bereitschaft vorhanden, das vorhandene Wissen und die gesammelten Erfahrungen mit anderen zu diskutieren und auszutauschen. Anwendungsstarke Mitarbeiter initiieren Neuerungen und können dafür Wissensquellen direkt nutzen.

Bei auftretenden Problemen sind inkompetente Personen nicht in der Lage ihr Wissen bzw. extern vorhandene Wissensquellen zur Problemlösung zu identifizieren und einzusetzen. Bei neuen Aufgabenstellungen müssen sie das Rad jedes Mal neu erfinden. Das vorhandene oder neu erworbene Wissen können sie nicht in die Praxis transferieren oder anderen vermitteln. Insgesamt sind sie in der Anwendung des vorhandenen Wissens mehr statisch als dynamisch.

3.2.6.3 Umwelt

Mit einem Umweltmanagementsystem nach DIN EN ISO 14001 bzw. EMAS werden Unternehmen in die Lage versetzt, den betrieblichen Umweltschutz systematisch aufzubauen und kontinuierlich zu entwickeln. Umweltaudits nach DIN EN ISO 19011 dienen der Überwachung und Verifizierung von Umweltmanagementsystemen. Für die Anwendung von Umweltmanagementsystemen und -audits müssen die zuständigen Mitarbeiter über die notwendigen Kompetenzen verfügen.

U6: Umweltmanagement

Mitarbeiter im Umweltbereich (z.B. Umweltmanagementbeauftragte) müssen über grundlegende Kenntnisse zum Umweltmanagement verfügen. Sie sind in der Lage ein Projekt „Umweltmanagementsystem" zu planen und im Unternehmen umzusetzen. Sie kennen und beherrschen die rechtlichen Anforderungen, die an das Unternehmen und die verantwortlichen Personen gestellt werden. Sie kennen die umweltrelevanten Prozesse und Produkte, deren Umweltaspekte bedeutende Auswirkungen auf die Umwelt haben. Über Umweltziele und -programme sorgen sie für eine kontinuierliche Verbesserung des betrieblichen Umweltschutzes. Insbesondere Mitarbeiter deren Tätigkeiten bedeutende Umweltauswirkungen haben, werden in einen wirkungsvollen Verbesserungsprozess einbezogen.

Im Hinblick auf die Umweltaspekte und -auswirkungen sowie das Umweltmanagementsystem sind die internen Kommunikationsabläufe zwischen den einzelnen Abteilungen, Führungskräften, verantwortlichen Personen und zu externen Kreisen (z.B. Behörden, Anlieger) geklärt. Die Wirksamkeit des Umweltmanagementsystems wird durch regelmäßige Überprüfungen sichergestellt.

U7: Umweltaudit

Im Rahmen eines Umweltaudits muss der interne/externe Umweltauditor über Kompetenzen in den Bereichen:

- Umweltrecht,
- Umwelttechnik,
- Umweltmanagement,
- Umweltwissenschaften

verfügen. Er legt die Ziele und den Umfang des Auditprogramms fest und sorgt dafür, dass die notwendigen Ressourcen zur Verfügung stehen. Der Umweltauditor sorgt für die Umsetzung des Auditprogramms. Die notwendigen Audittätigkeiten bereitet er vor, führt das Audit durch und leitet entsprechende Auditberichte an die verantwortlichen Personen weiter.

Der Umweltauditor verfügt über das notwendige Wissen bzgl. der Prinzipien des Umweltmanagements. Seine Kenntnisse der Umwelttechnologien und -wissenschaften versetzen ihn in die Lage, Umweltauswirkungen zu bewerten. Mit Hilfe seiner Rechtskenntnisse im Umweltbereich unterstützt er die verantwortlichen Personen in der Wahrnehmung ihrer Verantwortungen.

U8: Umweltrecht

Mitarbeiter in einer Stabsfunktion „Umweltschutz" müssen über die notwendigen Rechtskenntnisse im Umweltschutz und angrenzenden Rechtsgebieten verfügen. Dazu gehören u.a.:

- Immissionsschutz,
- Gewässerschutz,
- Kreislaufwirtschaft/Abfall,
- Gefahrstoffe,
- Arbeitsschutz.

Diese Grundkenntnisse sind um prozessspezifische Kenntnisse und Regelungen (z.B. interne Arbeitsanweisungen) und externe Vereinbarungen (z.B. Kunden) zu ergänzen. Nachweise dieser Rechtskenntnisse sind über eine entsprechende Aus-/Weiterbildung zu erbringen. Dies schließt eine entsprechende Berufserfahrung ein.

U9: Umwelttechniken

Mitarbeiter in einer Stabsfunktion „Umweltschutz" müssen über die notwendigen technologischen Kenntnisse im Umweltschutz und angrenzenden Gebieten verfügen. Dazu zählen z.B. Bewertungsmöglichkeiten im Rahmen einer Lebenszyklusanalyse bzw. einer Bewertung der Umweltleistungen des Unternehmens. Für die Prozesse und Technologien sind Kenntnisse z.B. in den Bereichen:

- Immissions- und Gewässerschutz,
- Energiemanagement,
- Gefahrstoffe und Gefahrgut,
- Arbeits- und Gesundheitsschutz,
- Messtechniken und Analytik

notwendig. Nachweise dieser Kenntnisse sind über eine entsprechende Aus-/Weiterbildung und Praxiserfahrung zu erbringen.

U10: Umweltwissenschaften

Mitarbeiter in einer Stabsfunktion „Umweltschutz" müssen über die notwendigen Kenntnisse zu Umweltaspekten und -auswirkungen verfügen. Nur dann können sie zielgerichtete Maßnahmen zur Verbesserung des betrieblichen Umweltschutzes einleiten. Von daher müssen sie über Kenntnisse zu:

- Umweltauswirkungen von Produkten/Dienstleistungen,
- Ressourceneinsatz und -einsparung,
- Treibhausgasen und -effekt,
- Ozonabbau und entsprechende Emissionen,
- Wechselwirkungen mit Ökosystemen

verfügen. Der Schutz von Mensch und Umwelt muss für sie einen entsprechenden Stellenwert einnehmen. Nachweise der Kenntnisse sind über eine entsprechende Aus-/Weiterbildung und Berufserfahrung zu erbringen.

3.2.7   Kompetenzprofil

Bei der Beobachtung und Messung von Kompetenzen lassen sich zwei grundsätzliche Möglichkeiten betrachten:

- das objektive Messverfahren und
- das subjektive Einschätzungsverfahren.

Beim objektiven Messverfahren geht es um den Versuch, Kompetenzen zu definieren und wie mathematisch-naturwissenschaftliche Größen zu messen. Kompetenzen sollen so möglichst weitgehend erklärbar gemacht werden können. Letztlich sollen Aussagen möglich sein, die aufgrund heutiger Messungen die Effektivität zukünftigen Handelns vorhersagbar machen. Maßnahmen zur Entwicklung von Kompetenzen sind dann ebenfalls objektivierbar.

Beim subjektiven Einschätzungsverfahren wird davon ausgegangen, dass solch ein objektives Verfahren nicht in allen Bereichen möglich ist. Hier geht es darum den Sinn und Inhalt von Kompetenzen zu erfassen und zu verstehen. Methodisch wird nach einem subjektiven Verfahren zur Einschätzung und Beschreibung von Kompetenzen gesucht. Auch hier wird der Versuch unternommen, eine subjektive Einschätzung mit Hilfe einer Skala zu quantifizieren. Maßnahmen zur Entwicklung von Kompetenzen behalten dann immer einen gewissen Unsicherheitsfaktor oder subjektiven Faktor bzgl. ihrer Effektivität.

Zwischen objektivem Messverfahren und subjektivem Einschätzungsverfahren besteht in den einzelnen Kompetenzen ein fließender Übergang. So ist bei fachlich-methodischen Kompetenzen eine Objektivierung leichter möglich. Andere Kompetenzen lassen sich durch eine subjektive Einschätzung leichter erfassen.

Kompetenzfaktoren		Profil								
		1	2	3	4	5	6	7	8	9
personale Kompetenzen	1. Persönliche Souveränität				●		●			
	2. Handlungssouveränität						●			
	3. Leistungsouveränität						●			
	4. Persönliche Integrität					●				
	5. Führungsfähigkeit				●					
soziale Kompetenzen	6. Teamorientierung					●				
	7. Kommunikationsfähigkeit						●			
	8. Auseinandersetzung und Konflikte						●			
meth. Komp.	9. Persönliche Arbeitsorganisation					●				
	10. Projektmanagement						●			
fachliche Kompetenzen	11. Prozesse					●				
	12. Fachwissen						●			
	13. Umwelt						●			

Abb. 3.9: Anforderungsprofil für Umweltmanagementbeauftragte

Die Qualität der Auswahl und Entwicklung von Umweltmanagementbeauftragten hängt entscheidend von der Qualität der Anforderungsanalyse in Form eines Anforderungsprofils ab. Dies liefert Aussagen über die Art und Ausprägungen der zur Erfüllung der Aufgaben notwendigen Kompetenzen. Personen, die über die notwendigen Kompetenzen verfügen, sollten in der Lage sein, sich schnell auf neue Anforderungen einstellen zu können. Sie können ihre Fähigkeiten und Qualifikationen effizient einsetzen und sie bei geänderten Anforderungen an die Position weiterentwickeln und ergänzen.

Das hier verwendete Verfahren basiert auf einer persönlichen Einschätzung der benötigten Kompetenzen für einen Umweltmanagementbeauftragten. Die einzelnen Kompetenzen wurden von ihnen diskutiert und mit hohen Werten (9 = starke Kompetenzausprägung notwendig) bis zu niedrigen Werten (1 = schwache Kompetenzausprägung notwendig) quantifiziert. Aus den beschriebenen Kompetenzen wurde für die Anforderungen an einen Umweltmanagementbeauftragten ein Anforderungsprofil (Abb. 3.9) erstellt. Es stellt einen geforderten Soll-Zustand bzgl. der notwendigen Kompetenzen dar.

Das aktuelle Kompetenzprofil des Mitarbeiters liefert einen Ist-Zustand und erlaubt eine Aussage, inwieweit er die Stellenanforderungen erfüllt und zum Unternehmenserfolg beitragen kann. Die Differenzen zwischen Anforderungsprofil (Soll) und Kompetenzprofil (Ist) führen zu Personalentwicklungsmaßnahmen für die Kompetenzentwicklung.

Neben der Berufsausbildung werden weitere wichtige Kompetenzen überwiegend im Berufsalltag und im sozialen Umfeld entwickelt. Die frühzeitige Bereitschaft zum Engagement und die Übernahme von Verantwortung prägen das Kompetenzprofil viel stärker als Veranstaltungen und Kurse. Während die gegenwärtigen Kompetenzen eines Menschen u.a. auf dessen Persönlichkeit beruhen, liegt das zukünftige Potenzial in der Aneignung und Entwicklung der anderen Kompetenzfelder. Dazu müssen die innerbetrieblichen Rahmenbedingungen in Form von:

- Wissensvermittlung (Theorie),
- Handlungsmöglichkeiten (Projekten),
- Trainingsmöglichkeiten (Verhaltenstraining),
- Personalführung (Mitarbeitergespräche)

als wesentliche Bestandteile der Personalentwicklung gegeben sein. Dann ist auf dem Weg vom Wissen über das Handeln zur Kompetenz eine erfolgreiche Bewältigung von Fach- und Projektaufgaben möglich.

3.3   Prozessorganisation

3.3.1   Einführung

Die klassische Form der Unternehmensorganisation ist die Funktionsorganisation. Zu den Funktionen (Abteilungen) zählen z.B. Marketing & Vertrieb, Forschung & Entwicklung, Fertigung, Personalmanagement und Betriebswirtschaft/Controlling (Abb. 3.10).

Bei der Prozessorganisation steht der Prozessgedanke, z.B. Kundenorientierung/-zufriedenheit, Produktplanung/-entwicklung, Auftragsabwicklung und Kundenservice an erster Stelle. Aus den strategischen Zielen des Unternehmens werden die operativen Ziele der Funktion (Abteilung) und des Prozesses abgeleitet, aus denen letztlich die Unternehmensergebnisse resultieren.

Durch den hohen Grad an Spezialisierung und der damit verbundenen Hierarchie steht bei der Funktionsorganisation häufig die Frage nach der Zuständigkeit – und nicht die Kundenorientierung – im Vordergrund. Durch die Hierarchie werden Prozessketten unterbrochen, was erheblichen Abstimmungs- und Koordinationsaufwand zwischen den einzelnen Abteilungen mit sich bringen kann. Eine Funktionsorganisation macht daher bei kleinen und mittelständischen Unternehmen Sinn, da dort die Komplexität der Abläufe nicht so zum Tragen kommt.

In einem prozessorientierten Unternehmen steht der Kunde sowohl am Anfang als auch am Ende eines Prozesses. Die Erfüllung der Kundenwünsche mündet in die Erfüllung der Prozessziele. Prozesse haben bestimmte (interne/externe) kundenbezogene Ergebnisse. Im Gegensatz zu den oft tiefen Hierarchien einer Funktionsorganisation sind bei einer Prozessorganisation eher flache Strukturen mit einem hohen Maß an Arbeitsintegration zu finden.

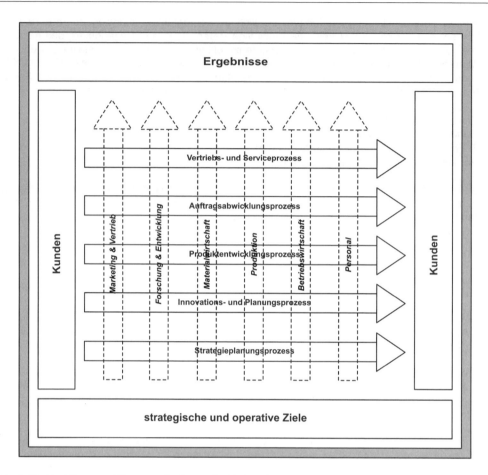

Abb. 3.10: Funktions- und Prozessorientierung im Unternehmen

3.3.2　Organisationsregeln für Prozesse

Die Gestaltung und Organisation von Prozessen hat einen großen Einfluss auf die Prozesseffizienz. Von daher sind einige einfache Organisationsregeln sinnvoller Weise zu beachten.

Kundenorientierung

Kernprozesse tragen direkt zur Wertschöpfung bei. Deshalb beginnt und endet jeder dieser Prozesse beim (internen/externen) Kunden. Der Kunde stellt die Anforderungen an die zu erfüllenden Leistungen in Form von Produkten oder Dienstleistungen. Diesem Input stehen die übergebenen Prozessergebnisse als Output gegenüber. Diese Kernprozesse orientieren sich im gesamten Prozessablauf vom Kunden bis zum Kunden.

Verantwortungen und Mitarbeiter

Es gibt keinen Prozess ohne verantwortliche Führungskraft; einen Arbeitsschritt ohne zuständigen Mitarbeiter. Die jeweiligen Verantwortungen, Zuständigkeiten und Befugnisse sind festgelegt. Der Prozessverantwortliche muss die Ziele des Prozesses erreichen und die Prozessleistung kontinuierlich verbessern. Der Prozessmitarbeiter ist für die ordnungsgemäße Durchführung der einzelnen Arbeitsschritte zuständig. Nur ein gut ausgebildeter und motivierter Mitarbeiter wird mehr Verantwortung für sein Handeln übernehmen und zur stetigen Verbesserung der einzelnen Teilprozesse beitragen.

Ablaufstrukturierung

Jeder Prozess ist in Teilprozesse und einzelne Arbeitsschritte unterteilt. Die einzelnen Abläufe im Prozess sollten logisch miteinander in Beziehung stehen und in einem Ablaufdiagramm dargestellt werden. Mit dieser Dokumentation lässt sich der Soll-Zustand des Prozesses festlegen. Aus dem Vergleich mit dem existierenden Ist-Zustand im Unternehmen ergeben sich Optimierungspotenziale für den Prozess. Nicht wertschöpfende Arbeitsschritte werden eliminiert; suboptimale Teilprozesse optimiert. Durch die Verbesserung der Ablaufstruktur lässt sich die Prozesseffizienz erhöhen.

Leistungsparameter

Jeder Prozess wird bzgl. Kundenzufriedenheit (Kunde), Termine, Qualität und Kosten gemessen. Nur dann ist eine eindeutige Steuerung und Messung des Prozesses möglich. Die Messergebnisse müssen eine Aussage über die Effizienz des jeweiligen Prozesses liefern, um Optimierungsmaßnahmen auf ihre Wirkung hin überprüfen zu können. Oft werden Maßnahmen initiiert, ohne Aufwand und Nutzen gegeneinander abzuwägen.

Lieferanten

Jeder Prozess benötigt Inputs, damit er seine Leistungen für den Kunden erbringen kann. Dieser Input wird von internen oder externen Lieferanten zur Verfügung gestellt. Damit allen Beteiligten klar ist, welche Leistungen die jeweiligen Lieferanten zu erbringen haben, sind entsprechende Vereinbarungen schriftlich abzuschließen. Die Leistungsvereinbarungen beschreiben z.B. Inhalt, Umfang, Qualität und Messgrößen der zu erbringenden Leistungen. Durch die genauen Festlegungen können erbrachte Leistungen leichter überwacht werden. Bei Nichteinhaltung der Vereinbarungen sind Sanktionen zu ergreifen.

3.3.3 Prozesse

Bei Kernprozessen stehen die Wertschöpfung des Unternehmens und die Erfüllung der Kundenwünsche im Vordergrund. Kernprozesse haben einen direkten Bezug zu den erstellten Produkten und/oder Dienstleistungen. Sekundäre Prozesse unterstützen die Kernprozesse, damit diese ihre Funktion erfüllen können.

Kundenorientierung

Ein „interner Kunde" ist der Empfänger einer Leistung eines vorangegangenen (Teil)prozesses. Der „externe Kunde" ist der Auftraggeber und Abnehmer eines Produktes und/oder einer Dienstleistung. Kunden sind somit alle Personen oder Organisationen, die Leistungen vom betrachteten Prozess empfangen. Oberstes Ziel des Unternehmens ist die Erfüllung der Kundenwünsche und es muss den Kunden zufrieden stellen. Der Kunde soll den größtmöglichen Nutzen erhalten. Dazu sind regelmäßig die Anforderungen, Bedürfnisse und Erwartungen des Kunden zu analysieren:

- Was erwarten die Kunden heute und in Zukunft von den Produkten und Dienstleistungen des Unternehmens?
- Wie lassen sich die Kundenanforderungen realisieren?
- Sind die Produkte und Dienstleistungen zweckmäßig, zuverlässig und umweltfreundlich?
- Worin liegen die Wettbewerbsvorteile und wie lassen sich diese ausbauen?

Bei allen Prozessen steht die Erfüllung der Kundenwünsche im Mittelpunkt. Je besser die Prozesse die Erwartungen eines Kunden erfüllen, desto zufriedener wird der Kunde sein. Können die Kunden selbst ihre Wünsche nicht genau spezifizieren, ist es Aufgabe des Unternehmens, sich mit den Kundenprozessen zu befassen und daraus letztendlich die Kundenbedürfnisse und Kundenerwartungen abzuleiten. Zwischen Kunden und Unternehmen besteht somit eine symbiotische Wechselwirkung, die den gemeinsamen Erfolg wechselseitig beeinflusst. Langfristige Geschäftsbeziehungen sind daher von gegenseitigem Interesse.

Strategieplanung

In diesem Prozess werden die längerfristigen strategischen Ziele des Unternehmens geplant. Ein Instrument für die Planung kann die Balanced Scorecard sein. Sie betrachtet die vier Dimensionen Kunden, Prozesse, Finanzen und Mitarbeiter (Abb. 3.11). Ein übergreifendes strategisches Ziel könnte z.B. eine umweltorientierte nachhaltige Unternehmensführung sein. Beispiele für strategische Ziele in den jeweiligen Dimensionen finden sich in der Abbildung 3.12.

Jede dieser Dimensionen enthält:

- strategische Ziele,
- Messkriterien,
- Zielgrößen,
- Maßnahmen.

Die Dimension „Kunden" enthält kundenbezogene Aspekte wie Kundenbelange, Marktentwicklungen und Fragen des Wettbewerbs. Mit der Dimension „Prozesse" werden strategische Ziele für alle Produkte und Dienstleistungen festgelegt. Der effiziente Einsatz von Ressourcen und Innovationen ermöglichen Prozessoptimierungen. Die Dimension „Finanzen" enthält die längerfristig orientierten Finanzziele des Unternehmens. Die Dimension „Mitarbeiter" umfasst alle Fragen der Personalführung, des Mitarbeitereinsatzes und der Personalentwicklung.

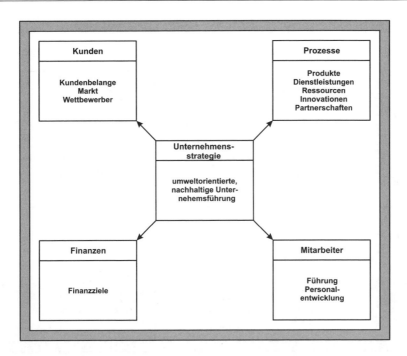

Abb. 3.11: Strategische Balanced Scorecard

Aus der Balanced Scorecard mit ihren strategischen Zielen lassen sich die operativen Ziele für jeden Prozess (jede Abteilung) ableiten (Abb. 3.12). Bezogen auf die Dimension Kunden sind Messkriterien z.B. Kundenorientierung, -zufriedenheit oder die Entwicklung des Kundenstammes, d.h. Anzahl neuer Kunden bzw. verlorener Kunden. Partnerschaften mit Lieferanten und anderen Organisationen (z.B. Hochschulen) finden sich hier wieder. Eine Zielgröße könnte lauten „Erhöhung der Anzahl neuer Kunden um 10 %/Jahr". Die notwendigen Maßnahmen finden sich in der Spalte „Maßnahmen".

Die Dimension „Prozesse" orientiert sich an den Messkriterien Qualität, Termine und Produktivität. Beispiele für Messkriterien sind Ausbeuten, Fehlerraten, Durchlaufzeiten, Termintreue, Prozesskosten und die Produktivität allgemein. Hier könnte z.B. eine Zielgröße heißen „Reduzierung der Kundenreklamationen um 5 %/Jahr".

Die Dimension „Finanzen" kann klassische betriebswirtschaftliche Faktoren wie Umsatz, Kosten, Erlöse, Rendite etc. umfassen. Eine operative Zielgröße könnte lauten „Umsatzrendite von 10 % im Geschäftssegment A".

Die vierte Dimension „Mitarbeiter" erfasst deren Potenzial in Form von Kompetenzbilanzen. Mitarbeiterzufriedenheit und Fragen der Personalentwicklung drücken sich in der Mitarbeiterorientierung aus. Eine mögliche Zielgröße ist die „Erhöhung der Mitarbeiterqualifikationen durch mindestens 3 Schulungstage/Jahr".

	strategische Ziele	Messkriterien	Zielgrößen	Maßnahmen
Kunden	verstärkte Akquisition neuer Kunden und von Folgeaufträgen	- Image, - Kundenorientierung, - Kundenzufrieden- heit, - Entwicklung des Kundenstammes, - Umgang mit Reklamationen	• Erhöhung der Anzahl neuer Kunden um 10 %/ Jahr	
Prozesse	Verbesserung der Produkt- und Dienst- leistungsqualität	- Qualität, - Termine, - Produktivität	• Reduzierung der Kundenrekla- mationen um 5 %/Jahr	
Finanzen	gleichgewichtiger Anteil aller Geschäftsfelder am Unternehmenserfolg	- Umsatz, - Kosten, - Erlöse, - Rendite	• Umsatzrendite von 10 % im Geschäfts- segment A	
Mitarbeiter	Mitarbeiter als eigenverantwortliche „Prozesseigentümer"	- Kompetenzbilanzen, - Mitarbeiter- orientierung, - Mitarbeiter- zufriedenheit, - Personalent- wicklung	• Erhöhung der Mit- arbeiterqualifika- tionen durch mindestens 3 Schulungstage/ Jahr	

Abb. 3.12: Operative Balance Scorecard

Innovations- und Planungsprozess

Im Innovationsprozess werden neue Ideen für Produkte und Dienstleistungen generiert. Lieferanten der Ideen können Kunden, Mitarbeiter, Wettbewerber, Forschungsinstitute etc. sein. Die Analyse von Kundenbedürfnissen, Marktentwicklungen, Forschungsergebnissen, Patenten oder internen Informationen resultiert in Innovationen. Kreativität ist an dieser Stelle gefragt z.B.:

- Wie können wir das Produkt umwelt- und recyclingfreundlicher gestalten?
- Wie können wir die Umweltauswirkungen bei der Herstellung und der Nutzung reduzieren?

Im Innovationsprozess findet jedoch nicht nur die Ideenfindung statt. Die Ideen sind zu bewerten, so dass nur die technisch sinnvollen, realisierbaren und wirtschaftlich profitablen Ideen weiter verfolgt werden. Die Betrachtung und Bewertung hat außerdem immer unter dem Blickwinkel „Kunde" zu erfolgen. Ergebnisse dieses Prozesses sind z.B. neue Produkte/Dienstleistungen oder neue (Prozess)technologien, die in die Produktplanung einfließen.

Der Teilprozess „Planung" baut auf dem Innovationsprozess auf und liefert am Ende u.a. einen Projektplan. Das Ergebnis des Projektes wird zu einem erheblichen Anteil (60 – 80 %) im Planungsprozess bestimmt. Der Planungsprozess kann sowohl die Einführung eines neuen Produktes, die Realisierung neuer Fertigungstechnologien oder die Konzipierung eines neuen Standortes umfassen. Aus den vorliegenden Ideen des Innovationsprozesses wird ein Anforderungsprofil mit Businessplan und Lastenheft erstellt, das anschließend in ein Pflichtenheft umgesetzt wird. Es schließt sich eine Planungs- und Realisierungsphase an, die mit der Abnahmephase durch den internen/externen Kunden endet. Die Wirtschaftlichkeit des neuen Produktes oder der neuen

Technologien sind einem Plan-Ist-Vergleich (z.B. Qualität, Kosten, Durchsatz, Produktivität) zu unterziehen.

Produktentwicklung

Die Entscheidungen im vorausgegangenen Planungsprozess werden im Produktentwicklungsprozess bearbeitet. Es kann sich dabei um vollständig neue Produkte oder um Produktänderungen handeln. Der Produktentwicklungsprozess beinhaltet zahlreiche Teilprozesse. Angefangen mit der Erstellung des Pflichtenheftes kann dies über den Bau und Test eines Prototyps bis hin zur abschließenden Produktfreigabe reichen.

In der Produktentwicklung werden wesentliche Umweltaspekte mit beeinflusst. Dies betrifft die Auswahl der verwendeten Materialien (Roh-, Hilfs-, Betriebsstoffe) und deren Relevanz für Mensch (Arbeitsschutz) und Umwelt (Umweltschutz). Wesentliche Umweltauswirkungen ergeben sich auch durch die Nutzung und das Recycling bzw. die Entsorgung nach Ende der Nutzungsphase. Die Anforderungen an die Unternehmen werden in diesen Punkten zukünftig weiter steigen:

- Bei welchen Stoffen ist der Einsatz verboten bzw. wo liegen Beschränkungen vor?
- Welche rechtlichen Entwicklungen sind bei Einsatzbeschränkungen von Stoffen absehbar?
- Wie lassen sich gefährliche Stoffe durch ungefährlichere Materialien ersetzen?
- Wie lassen sich die Produkte umweltfreundlicher herstellen?
- Wie lassen sich die Umweltauswirkungen in der Nutzungsphase reduzieren?
- Wie lässt sich das Recycling nach Ablauf der Nutzungsphase verbessern?
- Wie lässt sich eine umweltgerechte Entsorgung sicherstellen?

Der Produktentwicklungsprozess zeichnet sich durch einen hohen Grad an wiederkehrenden Teilprozessen und Tätigkeiten aus. Die einzelnen fachlichen Inhalte der jeweiligen konkreten Entwicklungsprojekte können aber jedes Mal unterschiedlich sein. Der Produktentwicklungsprozess ist somit der organisatorische Rahmen für alle Entwicklungsprojekte.

In den Produktentwicklungsprozess ist auch die Prozessentwicklung eingebunden. Hier werden die Herstellungsprozesse geplant, also alle Teilprozesse von der Serienentwicklung bis hin zur Fertigungsplanung. Spätestens in der Fertigung fallen alle Mängel in der umweltrelevanten Planung an. Daher müssen bereits in der Prozessentwicklung alle umweltrelevanten Fragestellungen beantwortet werden.

Zum Abschluss des Produktentwicklungsprozesses müssen alle notwendigen Dokumente (z.B. Genehmigungen, Zulassungen, Arbeitsanweisungen, Bedienungshinweise) für Fertigung, Einkauf, Logistik, Vertrieb und Service vorhanden sein.

Auftragsabwicklungsprozess

Als relativ großer Prozess ist die Auftragsabwicklung in mehrere Teilprozesse gegliedert. Dazu zählen Kundenauftrag, Materialwirtschaft, Fertigung, Lieferung und Rechnungswesen. Die Prozessergebnisse lassen sich über Leistungsparameter wie Produktqualität, Durchlaufzeiten, Produktivität, Prozesskosten relativ leicht erfassen und steuern.

Den externen Kunden interessiert am Ende nur das Ergebnis. Er möchte das bestellte Produkt zur gewünschten Zeit mit den gewünschten Eigenschaften und der zugesagten Qualität erhalten. Alle anderen Tätigkeiten des Auftragsabwicklungsprozesses sind unternehmensinterne Angelegenheiten. Dazu gehört neben der Prozesssteuerung auch die Prozessoptimierung, z.B. in Form von:

- Reduzierung der Durchlaufzeiten,
- Erhöhung der Prozessqualität,
- Verringerung des Lagerbestandes,
- geringerer Platzbedarf für Zwischenlagerung.

Damit verbunden sind eine Erhöhung der Termintreue, der Reduzierung der Prozesskosten und damit eine steigende Kundenzufriedenheit.

Umweltaspekte im Unternehmen machen sich sehr stark im Teilprozess „Fertigung" bemerkbar. Die Umweltbelange eines Unternehmens fallen hier in Form von Abfällen, Abwässern, Emissionen und Energieverbrauch sofort ins Auge. Dabei liegen die Verursacher in einem ganz anderen Bereich, nämlich dem Produktentwicklungsprozess. Aufgrund der Produkt- und Prozessentwicklung trägt dieser Prozess die Hauptverantwortung für die Umweltaspekte des Unternehmens. Verbesserungsmaßnahmen im betrieblichen Umweltschutz müssen deshalb hier ansetzen.

Vom Gesetzgeber wurde diese Problematik bereits vor längerer Zeit erkannt. Fragen der Abfall-, Abwasser- und Abluftbehandlung können als gelöst angesehen werden. Der Umweltfocus muss sich verstärkt auf die Produktentwicklung, -nutzung und das Produktrecycling legen. Hier werden und müssen die rechtlichen Anforderungen steigen, da die heutige Verschwendung von Ressourcen so nicht weiter gehen kann.

Vertriebs- und Serviceprozess

Das Unternehmen lebt vom Kunden und mit ihm. Der Vertriebsmitarbeiter hat in seiner Betreuungsfunktion enge Kundenkontakte und sollte daher über die Kundenbedürfnisse und -zufriedenheit informiert sein. Um den Kunden an das Unternehmen zu binden, muss ein regelmäßiger Kundenkontakt herrschen. Die Durchführung eines Kundenbesuchs, das Auftreten des Mitarbeiters und der Verlauf des Kundengesprächs entscheiden über den ersten Erfolg im Vertriebsprozess.

Auch im Vertriebsprozess wiederholen sich einzelne Tätigkeiten nach einem bestimmten Muster. Dazu gehören z.B. das Kundengespräch, die Angebotserstellung und der Auftragsabschluss. Im Zuge der Kundenbetreuung muss der Vertriebsmitarbeiter über den Stand des Auftrags oder Projektes informiert sein. Regelmäßig sollte die Kundenzufriedenheit erfasst werden, um Verbesserungen im Vertriebsprozess zu ermöglichen. Mit den Innovationsprozessen ist der Vertriebsprozess über die Analyse der Zielgruppen, des Markts und der Mitbewerber verknüpft.

Ein Unternehmen, das seine Kunden auch weiterhin binden möchte, betreut diese auch nach der Erfüllung des Auftrags im Zuge des Teilprozesses „Service". Servicemitarbeiter erbringen Dienstleistungen für den Kunden, z.B. in Form von Reparaturen oder Wartungen der Produkte. Der Servicemitarbeiter hinterlässt als Vertreter des Unternehmens einen direkten Eindruck. Entsprechend sollte sein Auftreten sein.

Kundenreklamationen, die das Unternehmen erreichen, müssen in einem Reklamationsmanagement ernst genommen werden. Beschwerden haben eine hohe Priorität und müssen kundenorientiert gelöst werden. Nichts ist für den Ruf des Unternehmens schlimmer, als wenn sich der Beschwerde führende Kunde abgewimmelt fühlt. Die Kundenzufriedenheit dürfte in solchen Fällen drastisch sinken. Kundenreklamationen sollten in einer zentralen Datenbank erfasst und vom Prozessverantwortlichen wöchentlich auf ihren Bearbeitungsstatus hin überprüft werden. Den Mitarbeitern wird dadurch deutlich die Bedeutung der Kundenorientierung vor Augen geführt.

3.4 Prozessplanung und -steuerung

3.4.1 Einführung

Für den Unternehmenserfolg und die erzielte Leistung (Performance) spielen die Mitarbeiter (People), die Produkte und die Prozesse eine wichtige Rolle. Das Zusammenspiel aller genannten Faktoren ist erforderlich, um den gewünschten Erfolg zu erzielen.

$$\text{Performance} \;=\; \text{People} \;\cdot\; \text{Product} \;\cdot\; \text{Process}$$

In diesem P^4-Konzept wird sehr schnell deutlich, dass bei einer Verschlechterung eines der drei P`s (People, Product, Process) auch die Leistung und damit der Erfolg abnehmen. Auf alle Faktoren in der Gleichung muss daher geachtet werden.

People

Ohne gut ausgebildete und engagierte Mitarbeiter kann kein Unternehmen existieren. Sie sind es, die ihre Aufgaben in den Prozessen kompetent ausführen müssen. Eine systematische und gezielte Personalentwicklung ist daher die Voraussetzung, die Effizienz der Prozesse zu erhalten und zu erhöhen. Zu den Mitarbeitern gehören auch gut ausgebildete Führungskräfte. Mitarbeiterführung kann nicht einfach nebenher laufen. Mitarbeiterführung erfordert die notwendige Handlungskompetenz, um der herausfordernden Führungsaufgabe gerecht werden zu können. Auch Führungskräfte brauchen eine solide Aus- und Weiterbildung in ihrem Berufsfeld „Führungskraft".

Product

Das Produkt oder die Dienstleistung stellen das direkte Ergebnis des Wertschöpfungsprozesses dar. Dazu muss es den Qualitätsansprüchen des Kunden entsprechen. Um Kunden zu halten und neue Kunden zu gewinnen, müssen neue innovative Produkte entwickelt werden. Sie sind für die weitere Entwicklung des Unternehmens überlebenswichtig.

Process

Menschen arbeiten im Unternehmen in Prozessen. Produkte durchlaufen im Unternehmen Prozesse. Prozesse verkörpern die zentralen Punkte der Wertschöpfung im Unternehmen. Sehr oft liegt der Fokus im Unternehmen auf den Produkten, weniger auf den Mitarbeitern und den Prozessen. Die Konsequenzen sollten eigentlich allen verantwortlichen Personen klar sein. Es ist erschreckend, wie oft mit suboptimalen und ineffizienten Prozessen gearbeitet wird. Vieles ist im Laufe der Zeit im Unternehmen zur Gewohnheit geworden. Mit einem entsprechenden Aufwand wird viel gearbeitet, um die gewünschten Leistungen zu erzielen. Ob allerdings effektiv gearbeitet wird, steht auf einem anderen Blatt. Daher besteht in Prozessen oft Handlungsbedarf, um ein effizienteres Arbeiten zu ermöglichen. Um dieses Potenzial zu entdecken, müssen Prozesse überwacht, gesteuert und optimiert werden.

3.4.2 Strategische Prozesssteuerung

Durch die strategische Prozesskontrolle und -steuerung entsteht eine Verknüpfung zwischen der Unternehmensstrategie und den Geschäftsprozessen. Die Balanced Scorecard ist dafür eine wichtige Basis. Sie enthält Messgrößen und kritische Erfolgsfaktoren, mit deren Hilfe eine Kontrolle der strategischen Ziele möglich ist. Sie führt außerdem Maßnahmen zur Zielerreichung auf. In einem rollierenden System wird die Balanced Scorecard quartalsweise überprüft und jährlich fortgeschrieben. Die Geschäftsführung steuert Abweichungen von der Zielerreichung mit entsprechenden Maßnahmen entgegen.

Durch die Systematik der Balanced Scorecard wird die Umsetzung und Kontrolle der Strategie erleichtert. Der Fokus liegt nicht mehr nur allein auf finanziellen Kennzahlen. Aufgrund ihrer klaren Struktur lässt sich die Akzeptanz der strategischen Ziele über alle Hierarchieebenen hinweg erhöhen. Die immer eingeschränkt zur Verfügung stehenden Ressourcen können strategisch gebündelt und zielorientiert eingesetzt werden. Bei der Erarbeitung der strategischen Ziele, Messkriterien und Zielgrößen sind immer mögliche Potenziale zu identifizieren, die über entsprechende Maßnahmen realisiert werden.

3.4.3 Operative Prozesssteuerung

Die operative Prozessplanung und -steuerung umfasst die Auswahl der notwendigen Leistungsparameter. Diesen kritischen Erfolgsfaktoren (Key Perfomance Indicators) kommt eine besondere Bedeutung zu. Mit ihnen wird die Effizienz und Effektivität von Prozessen gemessen. Die Parameter müssen sich aus der strategischen Prozesssteuerung ableiten lassen und relevant sein. Sie müssen für die notwendige Transparenz und Objektivität sorgen. Die zuständigen Mitarbeiter müssen die Bedeutung der Leistungsparameter erkennen. Nur dann werden sie auf Akzeptanz und Anwendung stoßen. Und zum Schluss: Die Erfassung, Auswertung und Anwendung der Parameter muss wirtschaftlich sein.

Die Prozessplanung liefert die für die Prozesssteuerung notwendigen Soll-Vorgaben (Abb. 3.13). Mit einem entsprechenden Überwachungs- und Kontrollinstrumentarium werden die Ist-Werte der Prozessausführung erfasst. Über einen Soll-Ist-Vergleich wird der Prozess gesteuert.

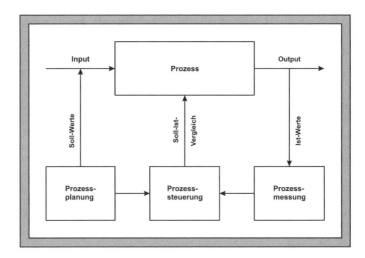

Abb. 3.13: Prozesssteuerung

Für die Messung der Prozessleistung haben sich vier globale Indikatoren heraus kristallisiert (Abb. 3.14):
- Kundenzufriedenheit,
- Kosten,
- Qualität,
- Zeit.

So müssen die Kundenzufriedenheit hoch und die Kosten gleichzeitig niedrig sein. Entsprechendes gilt für die Qualität. Der Kunde kann z.B. eine hohe Produktqualität mit niedrigen Kosten bei schneller Lieferung erwarten.

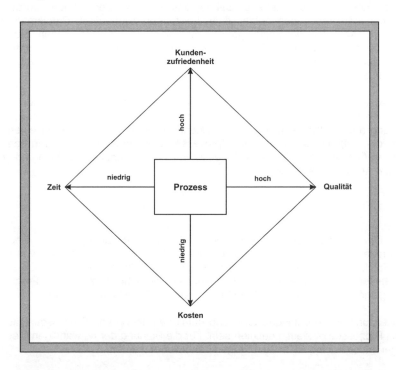

Abb. 3.14: Key Performance Indicators

Kundenzufriedenheit

Der Kundenzufriedenheit wird von vielen Unternehmen ein hoher Stellenwert zugeordnet. Unausgesprochen werden vom Kunden bestimmte Anforderungen (z.B. Qualität, Service, Liefertreue) als selbstverständlich erachtet. Werden diese Anforderungen erfüllt, hat dies keine Auswirkungen auf die Kundenzufriedenheit. Der Kunde wird erst aufmerksam, wenn diese Anforderungen nicht erfüllt werden. Er reagiert mit Unzufriedenheit.

Jeder Kunde stellt an das gewünschte Produkt oder die Dienstleistung bestimmte Leistungsanforderungen. Je nach Erfüllung der Anforderungen kann ein bestimmtes Maß an Zufriedenheit erreicht werden. Werden die Erwartungen übertroffen, führt dies zu einer höheren Zufriedenheit. Verfügt das Produkt zudem über ganz besondere Eigenschaften, steigt die Kundenzufriedenheit zusätzlich an. Werden die Leistungsanforderungen nicht erfüllt, führt dies zu einer starken Unzufriedenheit beim Kunden.

Messungen zur Kundenzufriedenheit können gezielt durch Fragebögen, Telefonumfragen oder persönliche Gespräche durchgeführt werden. Nach extern können Mitarbeiter, die in häufigem Kundenkontakt stehen, gute Quellen für eine Messung der Kundenzufriedenheit sein. Nach intern können Beschwerden, Garantiefälle, Reklamationen etc. eine sehr aufschlussreiche und zugleich kostengünstige Quelle sein.

Kosten

Die Kostenrechnung stellt eine Wirtschaftlichkeitskontrolle dar, deren Aussagekraft entscheidend von der Art der Kostenrechnung abhängt. Bei der klassischen Kostenrechnung werden die einzelnen Kosten den entsprechenden betrieblichen Leistungen zugeordnet. Problematisch ist, dass anfallende Gemeinkosten keiner Bezugsgröße direkt zugeordnet werden können. Sie werden über pauschale Schlüssel verteilt, ohne z.B. Rücksicht auf Serienfertigung oder Spezialanfertigungen zu nehmen. Besitzen die Gemeinkosten gegenüber den Einzelkosten ein Übergewicht, so entstehen weitere Probleme. Die Kostenkalkulation wird ungenauer und fehlerbehaftet.

Bei der Prozesskostenrechnung werden die Kosten umfassender und spezifischer aufgeteilt. Die entstehenden Produktkosten lassen sich verursachergerechter ermitteln. Dabei baut die Prozesskostenrechnung auf der Kostenstellen- und Kostenartenrechnung auf. Die einzelnen Tätigkeiten werden über die Teilprozesse zu den Hauptprozessen zusammengefasst. Die in den Teilprozessen anfallenden Gemeinkosten lassen sich besser in einen leistungsabhängigen und in einen leistungsneutralen Anteil unterscheiden.

Qualität

In der Praxis des Unternehmens wird viel Wert auf die Produktqualität gelegt. Im Gegensatz dazu kommt die Prozessqualität eher zu kurz. Dabei hängt die Produktqualität direkt von der Prozessqualität ab. Schließlich entstehen hochwertige Produkte nur dann, wenn die Prozesse beherrscht werden und fehlerfrei sind. Ursachen für Produktfehler sind daher immer u.a. in Prozessfehlern zu suchen. Mangelnde Qualität hat immer Kosten und Umweltbelastungen zur Folge.

Zur Gewährleistung von Produktqualität – und damit verbunden von Prozessqualität – muss die Leistung von Prozessen eindeutig definiert sein. Für die Planung der notwendigen Messungen und Auswertungen müssen eine Reihe von Fragen beantwortet werden:

- Was soll gemessen werden (Produkt-, Anlagen-, Prozessparameter)?
- Wie soll gemessen werden (Messmethode, -instrument, -größen)?
- Wo soll gemessen werden (Messwert)?
- Wann soll gemessen werden (kontinuierlich, diskontinuierlich)?
- Wie soll ausgewertet werden (z.B. Mittelwert, Standardabweichung, First Pass Yield)?
- Wer ist für die Durchführung, Auswertung, Berichterstattung zuständig bzw. verantwortlich?

Messmethoden umfassen quantitative (z.B. Stückzahlen, Konzentrationen) und qualitative (z.B. Kunden-, Mitarbeiterzufriedenheit) Methoden. Sie sind regelmäßig zu kalibrieren (quantitative Messungen) bzw. zu evaluieren (qualitative Messungen). Sorgfältige Messungen sind die Grundlage für die Produkt- bzw. Prozessqualität. Nur mit aussagekräftigen Messungen lassen sich Leistungsverbesserungen erzielen.

Bei der Planung und Durchführung von Messungen spielen „quality gates" eine wichtige Rolle. Sie stellen die „critical control points, ccp" im Prozess dar. Von daher müssen sie unbedingt sorgfältig geplant werden. Werden zu viele ccp`s gesetzt, fallen zusätzliche Messkosten an. Werden zu wenige Kontrollpunkte gesetzt, besteht die Gefahr des Fehlerschlupfes. In späteren Prozessabschnitten können so höhere Fehlerkosten entstehen.

Parameter, die Kundenzufriedenheit und Kosten umfassen, werden diskontinuierlich gemessen. So wird z.B. die externe Kundenzufriedenheit halbjährlich oder jährlich gemessen. Die Kostenkontrolle kann z.B. auf monatlicher oder quartalsmäßiger Basis erfolgen.

Parameter, die Qualität und Zeit umfassen, sollten möglichst kontinuierlich oder in kurzen Zeitabständen gemessen werden. So lässt sich die Produktqualität prinzipiell nach jeder Tätigkeit messen. Prozessparameter (z.B. Temperaturen, Konzentrationen) lassen sich oft kontinuierlich bestimmen. Um schneller und gezielter auf Abweichungen reagieren zu können, sollten kontinuierliche bzw. häufige Messintervalle angestrebt werden. Ziel muss es sein, Fehler möglichst frühzeitig zu entdecken, um rechtzeitig Gegenmaßnahmen einleiten zu können.

Eine wichtige Qualitätsangabe in Prozessen ist der „First Pass Yield, FPY". Er gibt die Anzahl an bearbeiteten Objekten an, die innerhalb einer bestimmten Zeiteinheit fehlerfrei bearbeitet wurden. Bezugsgröße ist die Gesamtheit aller bearbeiteten Objekte.

$$\text{FPY (\%)} = \frac{\Sigma \ \text{fehlerfrei bearbeitete Objekte}}{\Sigma \ \text{alle bearbeitete Objekte}} \cdot 100 \, \%$$

Die Multiplikation aller FPY's verschiedener Teilprozesse liefert die Gesamtausbeute oder „Rolled Throughput Yield, RTY" des Prozesses. Abbildung 3.15 zeigt einen schematischen Prozess mit vier Teilprozessen. Für jeden Teilprozess ist der „First Pass Yield" angegeben. Multipliziert man alle Werte miteinander, so wird eine Gesamtausbeute von

$$\text{RTY} = 0{,}98 \ \cdot \ 0{,}97 \ \cdot \ 0{,}99 \ \cdot \ 0{,}98$$

$$\text{RTY} = 0{,}922$$

$$\text{RTY (\%)} = 92{,}2 \, \%$$

erhalten. Dieses Ergebnis wird oft über eine Nacharbeit der fehlerhaft bearbeiteten Objekte verbessert; und dies kostet Geld. Warum also nicht dafür Sorge tragen, dass diese Fehler erst gar nicht auftreten?

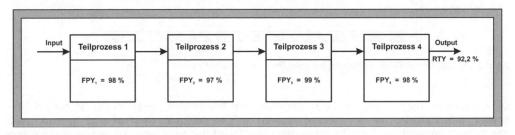

Abb. 3.15: First Pass Yield und Gesamtausbeute bei Prozessen

Eine weitere oft verwendete Qualitätsangabe ist „6 Sigma, 6σ". Mit dieser Angabe wird die Prozessleistung gemessen. In jedem Prozess werden bestimmte Messgrößen oder Parameter erfasst. Aufgrund zufälliger Fluktuationen schwanken die Messwerte um einen Mittelwert. Mathematisch werden diese Streuungen über Mittelwert ($\bar{x}$) und Standardabweichung (σ) angegeben und als

Gaußsche Fehlerverteilung dargestellt. Unter den Kurven in Abbildung 3.16 befinden sich alle Messwerte. Für beide Prozesse A und B sind die Mittelwerte $\bar{x}_A$ und $\bar{x}_B$ gleich.

Im Prozesse B ist die Streuung der Messwerte jedoch wesentlich geringer, d.h. dieser Prozess ist stabiler und damit leistungsfähiger. Produkte, die die Toleranzgrenzen im Prozess A überschreiten, müssen aufgrund von Qualitätsmängeln nachgearbeitet oder verschrottet werden. Dies erhöht zwangsläufig die Umweltauswirkungen des Prozesses.

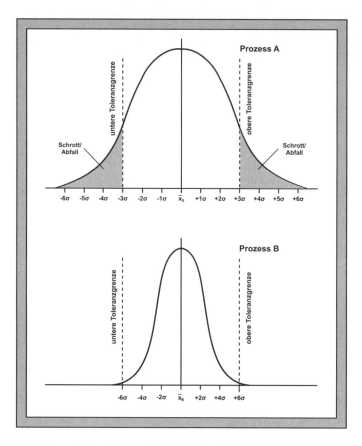

Abb. 3.16: Gaußsche Fehlerverteilung für zwei Prozesse A und B

Die 6-Sigma-Philosophie sagt nun aus, dass bei einer Million Messungen im Schnitt nur 3,4 Messungen außerhalb der Toleranzgrenzen liegen. Die Fehlerrate wird dann oft auch in ppm („parts per million") angegeben. Eine Prozessqualität von 6σ ist dann mit einer Fehlerrate von 3,4 ppm verbunden.

Zeit

Durch die Dimension Zeit werden die Prozesseffektivität und die Prozesseffizienz wesentlich beeinflusst. Eine kurze Prozesszeit ist vorteilhaft, weil damit die Flexibilität erhöht, die Kosten gesenkt und letztlich ein besseres Ergebnis erzielt werden kann. Neben der Prozesszeit ist auch die Termintreue gegenüber dem Kunden von hoher Bedeutung für ein Unternehmen. Werden Termine nicht eingehalten, entsteht nicht nur beim und mit dem Kunden ein Problem. Auch die gesamte unternehmensinterne Kosten- und Terminplanung gerät ins Wanken.

In Prozessen lässt sich die Zeit anhand verschiedener Größen wie:

- Durchlaufzeit (t_{DZ}),
- Zykluszeit (t_{ZZ}),
- statische Prozesszeit (t_{sPZ}),
- dynamische Prozesszeit (t_{dPZ}),
- Zeitdifferenz (η_Z),
- Termintreue (η_T)

messen und bewerten.

Die Durchlaufzeit t_{DZ} ermittelt die Zeit vom Start eines Prozesses bis zu seinem Ende. Parallel verlaufende Teilprozesse werden nicht berücksichtigt. Sie werden über die Zykluszeit t_{ZZ} ausgedrückt (Abb. 3.17). Im Beispiel ergeben sich für die Durchlaufzeit und Zykluszeit aller Teilprozesse und Zwischenlagerungen:

- t_{DZ} = 25 Tage,
- t_{ZZ} = 37 Tage.

Durch die Parallelisierung von Teilprozessen und Eliminierung von Zwischenlagern lässt sich die Durchlaufzeit reduzieren.

Die „statische Prozesszeit, t_{sPZ}" gibt an, wie lange die durchschnittliche Bearbeitung eines Objektes in einem Teilprozess gedauert hat. Dazu wird die benötigte Bearbeitungsdauer (Δt) aller Objekte (N_i) aufsummiert und durch die Gesamtanzahl der Objekte (ΣN_i) dividiert.

$$t_{sPZ} = \frac{\Sigma \, \Delta t \, (N_i)}{\Sigma \, N_i}$$

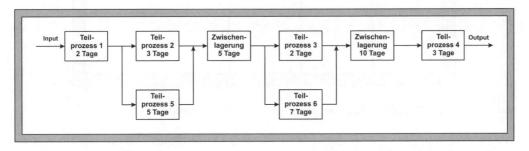

Abb. 3.17: Durchlaufzeit und Zykluszeit

Bei der „dynamischen Prozesszeit, t_{dPZ}" werden auch die begonnenen und noch nicht fertig gestellten Objekte in die Berechnung mit einbezogen. Bezugsgröße ist die „mittlere Prozessgeschwindigkeit, v_{PG}". Sie beschreibt das Verhältnis aller bearbeiteten und abgeschlossenen Objekte (ΣN_i (abgeschlossen)) innerhalb einer Messperiode (Δt).

$$V_{PG} = \frac{\Sigma \ N_i \ (abgeschlossen)}{\Delta t}$$

Für die dynamische Prozesszeit gilt dann:

$$t_{dPZ} = \frac{\Sigma \ N_i \ (in \ Arbeit)}{V_{PG}}$$

Das Beispiel in Abbildung 3.18 verdeutlicht den Unterschied zwischen der statischen und dynamischen Prozesszeit. Für die statische Prozesszeit ergibt sich:

$$t_{sPZ} = \frac{1 \ Tag \ + \ 5 \ Tage \ + \ 2 \ Tage}{3 \ Objekte}$$

$$= \ 2,7 \ Tage/Objekt$$

Objekt	Start- termin (t_s)	End- termin (t_E)	Zeitdifferenz (t_E - t_s)
1	Tag 1	Tag 2	1 Tag
2	Tag 2	Tag 7	5 Tage
3	Tag 5	-	-
4	Tag 6	Tag 8	2 Tage
5	Tag 10	-	-

Abb. 3.18: Beispiel für statische (t_{sPZ}) und dynamische (t_{dPZ}) Prozesszeiten

Für die dynamische Prozesszeit ergibt sich:

$$V_{PG} = \frac{3 \ Objekte}{10 \ Tage}$$

$$t_{dPZ} = \frac{2 \text{ Objekte (in Arbeit)}}{V_{PG}} = 6,7 \text{ Tage}$$

Während die statische Prozesszeit die mittlere Bearbeitungsdauer pro Objekt angibt, beschreibt die dynamische Prozesszeit wie schnell die zu bearbeitenden Objekte durch den Prozess laufen. Letztere liefert daher eine bessere Aussage über die Leistung des Prozesses.

Wie aus Abbildung 3.18 zu erkennen ist, enthält der Prozess mehrere Zwischenlagerungen. Zusätzlich müssen bearbeitete Objekte von einem Teilprozess zum nächsten transportiert werden. Diese Transfer- und Lagerzeiten leisten keinen Beitrag zur Wertschöpfung und sind primär zu eliminieren. Um das Leistungsniveau eines Prozesses zu messen wird die „Zeiteffizienz, η_Z" verwendet. Sie setzt die Summe der einzelnen Bearbeitungszeiten für ein Objekt (t_B) zur Durchlaufzeit (t_{DZ}) ins Verhältnis:

$$\eta_Z = \frac{\Sigma \ t_B}{t_{DZ}}$$

Eine weitere wichtige zeitliche Kenngröße ist die „Termintreue, η_T". Darunter ist die Einhaltung der im Vertrag mit dem Kunden vereinbarten Lieferzeiten zu verstehen. Gemessen wird die Termintreue durch den Anteil an Objekten, der fristgerecht abgeliefert wurde, dividiert durch die Anzahl aller bestellten Objekte.

$$\eta_T = \frac{\Sigma \ N_i \text{ (fristgerecht)}}{\Sigma \ N_i \text{ (bestellt)}}$$

Damit ergibt sich eine maximale Termintreue von 100 %. Ungenügende Termintreue kann z.B. auf geringer Prozessleistung, schlechter Terminplanung oder zu geringer Kapazität beruhen.

3.5 Prozessoptimierung

Ein wichtiger Teil der operativen Prozesssteuerung und -optimierung sind regelmäßige Prozessberichte. Sie geben einen schnellen und aktuellen Überblick zu Soll- und Istwerten, Trends und Abweichungen der einzelnen Prozesse. Der Prozessbericht muss nach Aufbereitung der entsprechenden Daten die Leistungssituation und die Leistungsentwicklung des Prozesses darstellen. Als Standard sollten in den Prozessberichten die vier Schlüsselindikatoren mit ihren abgeleiteten Größen ausgewiesen werden.

Basierend auf den Prozessberichten kann ein kontinuierlicher Verbesserungsprozess (Kaizen-Prozess) eingeleitet werden. Eine Prozessoptimierung kann an verschiedenen Punkten ansetzen, z.B. an der Prozessführung mit ihren Führungskräften und Mitarbeitern. Potenziale bieten sich hier in einer gezielten Kompetenzentwicklung. Bei der Prozessorganisation ist die Reduzierung von Transport- und Liegezeiten ein Ansatzpunkt für die Optimierung. Für die Prozesssteuerung müssen die richtigen Informationen zeitnah am benötigten Ort vorliegen. Veränderungen können auch am Produkt selber durchgeführt werden.

Primäres Ziel eines kontinuierlichen Verbesserungsprozesses muss die Erhöhung der Kundenzufriedenheit sein. Weitere Ziele können die Erhöhung der Prozess- und Produktqualität sein, in dem Schwachstellen erkannt und beseitigt werden.

Kostensenkungen kommen nicht nur dem Kunden, sondern dem Unternehmen selber in Form einer verbesserten Wettbewerbsfähigkeit und höheren Gewinnen zu gute. Durch eine Erhöhung der Zeiteffizienz kann das Unternehmen außerdem schneller auf Änderungen der Kundenbedürfnisse reagieren.

Total Quality Management (TQM)

Der kontinuierliche Verbesserungsprozess ist mit zahlreichen Managementkonzepten des Total Quality Managements (TQM) verbunden, z.B.:

- Kanban,
- Just-In-Time (JIT),
- Total Quality Management (TQM),
- Qualitätszirkel (Quality Circle),
- Verbesserungsvorschlagswesen (VV),
- Failure Mode and Effects Analyses (FMEA),
- Total Cycle Time (TCT),
- 6 Sigma (6σ),
- Statistische Prozesskontrolle (SPC),
- Quality Function Deployment (QFD),
- Plan-Do-Check-Action (PDCA-Zyklus).

Zur Vertiefung der jeweiligen Konzepte wird auf die einschlägige Literatur verwiesen.

In den beiden folgenden Abschnitten wird auf einige wichtige Qualitäts- und Managementwerkzeuge eingegangen, mit deren Hilfe eine Prozess- und Produktoptimierung möglich ist. Mit Hilfe der Qualitätswerkzeuge werden Daten und Informationen für eine Entscheidungsfindung aufgearbeitet. Die Managementwerkzeuge sind dagegen Moderationstechniken, die die Entscheidungsfindung und kreative Problemlösungsprozesse unterstützen.

3.5.1   Qualitätswerkzeuge

Durch die visuelle Darstellung von Daten und Informationen sind bei den Qualitätswerkzeugen die Informationen gut zu erkennen. Wichtige Qualitätswerkzeuge sind:

- Fehlersammellisten,
- Qualitätsregelkarten,
- Histogramme,
- Gaußsche Fehlerverteilung,
- Pareto-Diagramme,
- Korrelationsdiagramme.

Fehlersammellisten

Die Fehlersammelliste (Strichliste) ist eine sehr einfache Methode zur Fehlererfassung. Die zu erfassenden Fehler werden benannt und in einer Tabelle zusammengestellt (Abb. 3.19). In einer weiteren Spalte wird die Anzahl der Fehler notiert.

Mit relativ geringem Aufwand lassen sich Fehlerschwerpunkte identifizieren. Eine Aussage über das zeitliche Auftreten der Fehler ist dagegen nicht möglich. Bei sehr vielen verschiedenen Fehlern wird die Fehlersammelliste schnell unübersichtlich.

Nr.	Fehlerart	Anzahl der Fehler
1	falsche Beschriftung	II
2	interne Reklamationen	IIII
3	fehlende Freigabe	IIII IIII
4	fehlende Unterweisung	IIII II
5	veraltetes Datenblatt	IIII IIII II II
N	sonstige Fehler	IIII

Abb. 3.19: Fehlersammelliste

Qualitätsregelkarte

Mit der Qualitätsregelkarte wird die Prozessqualität in Abhängigkeit von der Zeit betrachtet. Aufgetragen wird das zu überwachenden Qualitätsmerkmal als Funktion eines anderen Parameters (Zeit, Stichprobe, Temperatur etc.) (Abb. 3.20). Der festgelegte Soll-Wert wird um statistische Abweichungen nach oben und unten ergänzt. Regelkarten werden im Rahmen der statistischen Prozesssteuerung (statistical process control, SPC) angewandt.

Kontinuierlich oder diskontinuierlich werden im Prozess Daten erhoben und in die Qualitätsregelkarte eingetragen. Bei Erreichung der Warngrenzen ist eine erhöhte Aufmerksamkeit notwendig; bei Überschreitung der Eingriffgrenzen ist ein Eingreifen erforderlich.

Bei der Auswertung einer Qualitätsregelkarte muss zwischen zufälligen und systematischen Fehlern unterschieden werden. Zufällige Fehler führen zu einer statistischen Streuung der Messdaten um den Soll-Wert. Systematische Fehler führen zu einer langsamen trendmäßigen Verschiebung der Messdaten des Qualitätsmerkmals.

Von einem Trend wird gesprochen, wenn mehr als 7 Werte in gleicher Richtung verlaufen. Um die Qualitätsregelkarte sinnvoll anwenden zu können, ist ein beherrschter Prozess Voraussetzung.

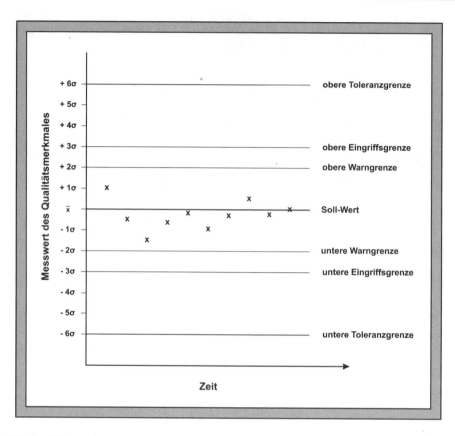

Abb. 3.20: Qualitätsregelkarte

Histogramm

Das Histogramm ist ein Balkendiagramm zur grafischen Darstellung der Häufigkeitsverteilung von Daten. Die Balkenhöhe ist proportional der Häufigkeit der Daten; die Klassenbreite (Säulenbreite) ist im Histogramm immer gleich (Abb. 3.21). Das Histogramm macht sofort deutlich, ob die erhaltenen Messwerte normal verteilt sind. Die Häufigkeitsverteilung der einzelnen Klassen streut um den häufigsten Wert. Im Beispiel ist dies die Klasse 6. Bei den Messdaten der Klasse 13 könnte es sich um Ausreißer handeln, da dieser Balken stark von der Normalverteilung abweicht. Dies ist im Einzelfall zu prüfen.

Um die Daten zu klassifizieren, muss der gesamte Messbereich ($x_{max} - x_{min}$) in eine bestimmte Anzahl von Klassen (m) unterteilt werden. Die Klassenbreite (b) berechnet sich zu

$$b = \frac{x_{max} - x_{min}}{\sqrt{N}}$$

wobei N die Gesamtanzahl der Daten ist.

3

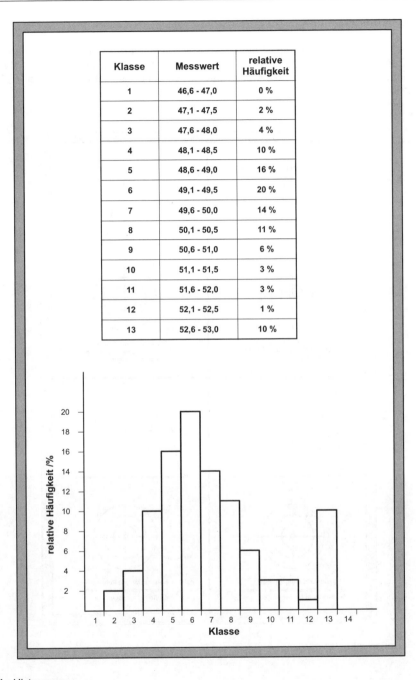

Klasse	Messwert	relative Häufigkeit
1	46,6 - 47,0	0 %
2	47,1 - 47,5	2 %
3	47,6 - 48,0	4 %
4	48,1 - 48,5	10 %
5	48,6 - 49,0	16 %
6	49,1 - 49,5	20 %
7	49,6 - 50,0	14 %
8	50,1 - 50,5	11 %
9	50,6 - 51,0	6 %
10	51,1 - 51,5	3 %
11	51,6 - 52,0	3 %
12	52,1 - 52,5	1 %
13	52,6 - 53,0	10 %

Abb. 3.21: Histogramm

Gaußsche Fehlerverteilung

Auch bei sehr sorgfältigem Arbeiten ist die Zuverlässigkeit eines Prozesses bis zu einem gewissen Grad vom Zufall abhängig und dadurch mit Fehlern behaftet. Sie lassen sich nie mit absoluter Sicherheit vermeiden. Liegen sehr viele Messwerte vor, so geht das Histogramm in eine „Gaußsche Fehlerverteilung" über.

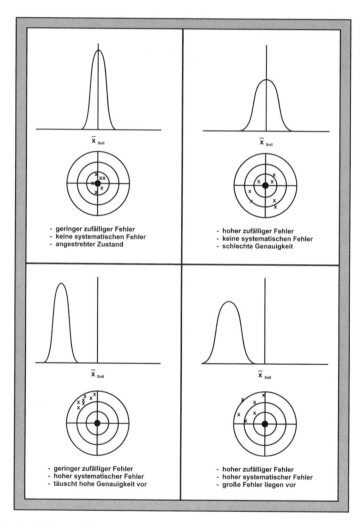

Abb. 3.22: Gaußsche Fehlerverteilung

Grundsätzlich wird zwischen systematischen und zufälligen Fehlern unterschieden (Abb. 3.22). Bei systematischen Fehlern liegen die Ergebnisse entweder oberhalb oder unterhalb des wahren Wertes. Sie können beispielsweise durch Gerätefehler wie Drift oder Methodenfehler entstehen. Bei zufälligen Fehlern wird die Präzision der Ergebnisse verschlechtert. Sie haben ihre Ursachen meist in Ungenauigkeiten bzgl. der Arbeitsweise und der Handhabung von Geräten.

Pareto-Diagramm

Im Pareto-Diagramm werden die Ergebnisse einer Untersuchung nach ihrer Häufigkeit geordnet und grafisch aufgetragen. Die Hauptfaktoren sind durch ihre Rangfolge und Größe leicht erkennbar. Abbildung 3.23 zeigt die Ergebnisse der Fehlersammelliste (Abb. 3.19) als Pareto-Diagramm.

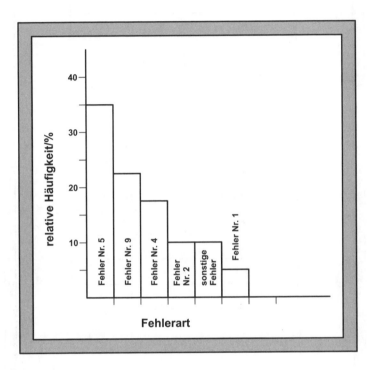

Abb. 3.23: Pareto-Diagramm

Das Pareto-Diagramm ist ein Histogramm (Balkendiagramm), bei dem die Säulen nach absteigender Größe sortiert sind. Die Hauptverursacher lassen sich so leicht identifizieren.

Korrelationsdiagramm

Das Korrelationsdiagramm stellt die Beziehung zwischen zwei Größen grafisch und mathematisch dar. Dafür werden die zueinander gehörenden Werte in ein Koordinatensystem übertragen. Zur näheren Überprüfung der Korrelationsvermutung wird mathematisch eine Regressionsgerade erstellt und der Korrelationskoeffizient (r) berechnet.

Abbildung 3.24 zeigt den gesamten biologischen Sauerstoffbedarf (BSB_5) als Funktion des Abwasservolumens. Es ergibt sich mit einem Korrelationskoeffizient von r = 0,99 ein linearer Zusammenhang zwischen beiden Größen.

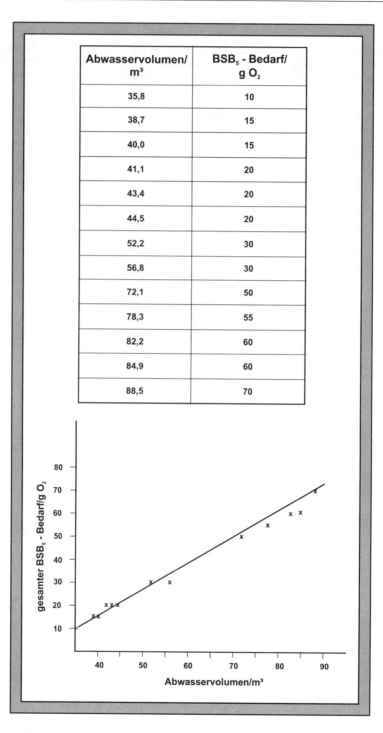

Abwasservolumen/ m³	BSB$_5$ - Bedarf/ g O$_2$
35,8	10
38,7	15
40,0	15
41,1	20
43,4	20
44,5	20
52,2	30
56,8	30
72,1	50
78,3	55
82,2	60
84,9	60
88,5	70

Abb. 3.24: Korrelationsdiagramm

Der Korrelationskoeffizient errechnet sich aus den x- und y-Werten zu:

$$r = \frac{\Sigma\ (x_i\ -\ \bar{x})\,(y_i\ -\ \bar{y})}{\sqrt{\Sigma\ (x_i\ -\ \bar{x})^2\ \cdot\ \Sigma\ (y_i\ -\ \bar{y})^2}}$$

Grundsätzlich sind fünf Arten von Korrelationsbeziehungen möglich (Abb. 3.25):

- absoluter positiver Zusammenhang (r = +1),
- schwacher positiver Zusammenhang (0 < r < 1),
- kein Zusammenhang (r = 0),
- schwacher negativer Zusammenhang (-1 < r < 0),
- absoluter negativer Zusammenhang (r = -1).

Korrelationsdiagramme sind besonders geeignet, um lineare Zusammenhänge zwischen zwei Größen zu erkennen. Die beiden Parameter sind im Idealfall linear voneinander abhängig. Bei der Prozesssteuerung oder der Überwachung der Produktqualität ist es deshalb ausreichend, nur einen Parameter zu messen. Die zweite Größe lässt sich dann mathematisch berechnen.

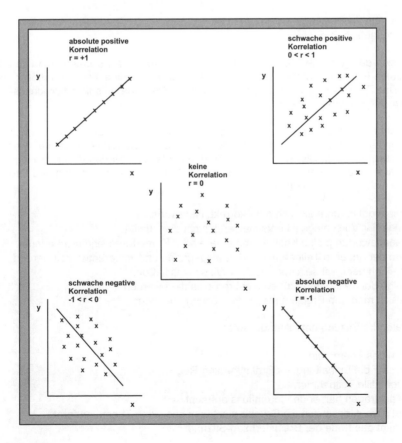

Abb. 3.25: Korrelationen

3.5.2   Managementwerkzeuge

Die Qualitätswerkzeuge liefern mit ihren Aufbereitungs- und Darstellungsmöglichkeiten die Grundlage für eine sorgfältige Prozess- und Produktanalyse. Für Analyse- und Optimierungszwecke lassen sich verschiedene Managementwerkzeuge einsetzen. Dazu gehören Moderationstechniken, wie:

- Brainstorming,
- Methode 6-3-5,
- Synetik-Methode,
- Mind Mapping,
- Ishikawa-Diagramm,
- Matrixdiagramm,
- Portfoliodiagramm.

Brainstorming

Die Brainstorming-Methode lässt sich auf zwei Grundprinzipien zurückführen:

- Quantität führt zu Qualität,
- Bewertungsaufschub der Ideen.

Dazu lässt sich der gesamte Problemlösungsprozess in vier Phasen unterteilen (Abb. 3.26). Um einen optimalen Problemlösungsprozess zu erhalten, ist eine strikte Trennung dieser vier Phasen notwendig. Das Ziel des Brainstormings ist es, so viele Ideen oder Lösungsmöglichkeiten wie möglich zu einem vorgegebenen Thema zu entwickeln.

Dies geschieht durch spontane Ideenäußerungen. Es sollte frei von Zwängen geschehen. Deswegen geht man nach bestimmten Verhaltensweisen vor, die Barrieren verringern und kreatives Verhalten unterstützen sollen. Die Vorgehensweise und die Regeln für das Brainstorming sind so weit verbreitet, dass sie als allgemeine Regeln in vielen Bereichen zu finden sind und ihre ursprüngliche Herkunft nicht mehr zu erkennen ist:

- Jede Idee, egal ob unrealistisch oder korrekt, ist erwünscht.
- Die Menge der Vorschläge ist entscheidend, nicht die Qualität.
- Eine Ideenbewertung, also Kritik, Kommentare oder Korrekturen sind nicht erlaubt.
- Die Ideen der anderen Teilnehmer dürfen aufgegriffen und weiterentwickelt werden.
- Jeder Teilnehmer lässt sein spezifisches Wissen einfließen.
- Vorschläge der Teilnehmer dürfen nicht reglementiert werden.
- Es wird sich mehr am Problem als an der Lösung orientiert.

Der Moderator der Sitzung hat folgende Aufgaben:

- Er führt in das Thema ein.
- Er achtet auf die Einhaltung der Brainstorming-Regeln.
- Er aktiviert stille Teilnehmer.
- Durch Nachfragen hält er den Ideenfluss aufrecht.
- Er achtet darauf, dass sich die Gruppe nicht vom gestellten Thema entfernt.
- Er bestimmt das Ende der Brainstorming-Sitzung.

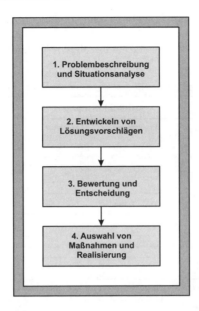

Abb. 3.26: Ablauf eines Brainstormings

Es ist ein Protokollführer zu benennen, der das Wesentliche der Sitzung festhält. Er arbeitet nicht kreativ mit. Das Protokoll kann auf Papier, Pinnwand, Tafel oder ein Flipchart geschrieben werden. Kurz vor Ende des Brainstormings werden die Stichworte noch einmal durchgelesen und Unklarheiten beseitigt. Die Teilnehmer sollten auch noch nachträglich Ideen nennen können.

Es ist nicht zu erwarten, dass das Brainstorming fertige Lösungen liefert. Es liefert nur Rohmaterial, das aufbereitet werden muss. Dies geschieht, indem das gesammelte Material strukturiert und bewertet wird. Jetzt ist auch Kritik erlaubt und sogar notwendig. Als Abschluss der Auswertung wird eine Liste mit Vorschlägen für die weitere Vorgehensweise erstellt.

Die Methode 6-3-5

Die 6-3-5-Methode (Brainwriting-Methode) ist ein Verwandter des Brainstormings. Hier sollen die Teilnehmer ebenfalls ihrer Fantasie freien Lauf lassen. Wie beim Brainstorming werden die Ideen niedergeschrieben, gesammelt und danach ausgewertet. Die Zahlen 6-3-5 bedeuten:

6: Es sollten sich höchstens 6 Teilnehmer in der Gruppe befinden.

3: Jeder Teilnehmer schreibt pro Runde 3 Ideen auf das vorgefertigte Formular.

5: Pro Runde sollten nicht mehr als 5 Minuten zur Ideenfindung vergehen.

Insgesamt werden 6 Runden durchlaufen (Abb. 3.27). Zuerst wird die Problemstellung, die vor Beginn der Sitzung allen Teilnehmern erklärt wurde, in das obere Feld des Formulars eingetragen. Ebenfalls können die Namen der Teilnehmer eingetragen werden.

Im ersten Durchgang schreibt jeder Teilnehmer seine drei Ideen zur Problemlösung in seiner Zeile nieder. Dies sollte innerhalb von 5 Minuten geschehen. Sobald jeder Teilnehmer seine drei Ideen niedergeschrieben hat werden die Blätter entgegen dem Uhrzeigersinn weitergegeben.

6-3-5 Formular			
Datum:	**Problemstellung:**	**Teilnehmer:** 1. ___ 2. ___ 3. ___ 4. ___ 5. ___ 6. ___	
Teilnehmer	**1. Idee**	**2. Idee**	**3. Idee**
1. TN — 1. Runde / 2. Runde / 3. Runde / 4. Runde / 5. Runde / 6. Runde			
2. TN — 1. Runde / 2. Runde / 3. Runde / 4. Runde / 5. Runde / 6. Runde			
3. TN — 1. Runde / 2. Runde / 3. Runde / 4. Runde / 5. Runde / 6. Runde			
4. TN — 1. Runde / 2. Runde / 3. Runde / 4. Runde / 5. Runde / 6. Runde			
5. TN — 1. Runde / 2. Runde / 3. Runde / 4. Runde / 5. Runde / 6. Runde			
6. TN — 1. Runde / 2. Runde / 3. Runde / 4. Runde / 5. Runde / 6. Runde			

Abb. 3.27: 6-3-5 Formular

Jeder Teilnehmer erhält somit ein Blatt auf dem die Ideen seines Vorgängers stehen. Der Teilnehmer kann sich die Ideen des Vorgängers ansehen, sich von ihnen inspirieren lassen, weiterentwickeln und neue Ideen dazuschreiben. Dieser Vorgang wird sechsmal wiederholt, bis jeder Teilnehmer 6 x 3 = 18 Ideen niedergeschrieben hat (Abb. 3.28).

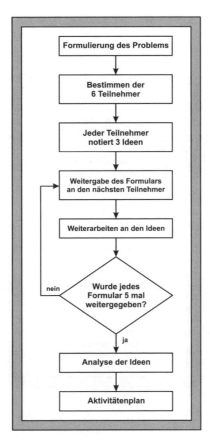

Abb. 3.28: Ablaufdiagramm der 6-3-5-Methode

Bei 6 Teilnehmern ergibt dies insgesamt 108 Ideen in 30 Minuten. Aus diesen 108 Ideen werden die besten herausgesucht. Jeder Teilnehmer wählt aus jedem Formblatt eine bestimmte Anzahl von Favoriten aus. Aufgrund der Mehrfachnennungen lassen sich schnell die besten Ideen identifizieren. Bei dieser Methode müssen nicht zwingend 6 Teilnehmer anwesend sein. Befinden sich in einem bestimmten Projekt nur 4 Teilnehmer kann die Methode ohne Bedenken in die 4-3-5-Methode abgeändert werden.

Synektik-Methode

Bei der Synektik-Methode entstehen die Ideen aus den originellen Verknüpfungen von Objekten, Begriffen und Produkten. Sie basiert auf den Prinzipien, dass Fremde vertraut machen und das Vertraute fremd machen.

Um das zu erreichen wird die Technik der Analogiebildung herangezogen. Hier werden bestimmte Eigenschaften oder Merkmale auf andere Sachverhalte, Personen oder Produkte übertragen. Beispiele sind:

- technische Probleme werden mit Beispielen aus der Natur verglichen,
- Personen nehmen die Funktion eines Objekts wahr,

- verfremdete Analogien aus Substantiv und Adjektiv (z.B. große Kleinigkeit),
- Bruch der Realität mit der Phantasie (z.B. Wasser fließt bergauf).

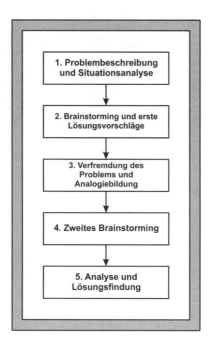

Abb. 3.29: Ablauf einer Synektik-Sitzung

Eine Synektik-Sitzung läuft in den in Abbildung 3.29 dargestellten Phasen ab. Die Synektik-Methode hat viel Ähnlichkeit mit dem Brainstorming. Ein zusätzlicher Vorteil liegt im Verfremdungsansatz durch Analogiebildung, die zu außergewöhnlichen Ideen und Lösungen führen kann.

Mind Mapping

Das menschliche Gehirn unterscheidet sich sehr stark von einem Computer. Während ein Computer auf eine lineare Art und Weise arbeitet, arbeitet das Gehirn sowohl verbindend (assoziierend) als auch linear. Es vergleicht, integriert und erstellt. Assoziation spielt in fast jeder mentalen Funktion eine dominante Rolle.

Jedes einzelne Wort und jede einzelne Idee hat zahlreiche Verbindungen die es mit anderen Ideen und Konzepten verknüpft. Mind Mapping (Abb. 3.30) ist eine sehr einfache Methode Notizen zu machen, auswendig zu lernen, zu planen und das Thema eines Textes zu organisieren. Mind Maps sind Werkzeuge, die einem helfen zu denken, zu strukturieren und zu lernen. Mind Maps helfen Informationen zu organisieren. Wegen der großen Anzahl von Assoziationen, die darin vorhanden sind, können sie sehr kreativ sein.

3

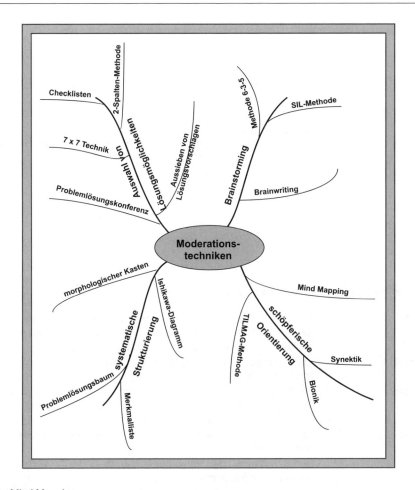

Abb. 3.30: Mind Mapping

Ishikawa-Diagramm

Im Ishikawa-Diagramm können mit einfachen Mitteln häufig Potenziale identifiziert werden. In einer ersten Brainstorming-Sitzung ermittelt das Team das Hauptthema und zeichnet dies als langen Grundpfeil horizontal von links nach rechts auf. Die Pfeilrichtung zeigt dabei auf das Thema, dessen Ursachen analysiert werden sollen. Sollte die zu analysierende Wirkung zu komplex sein, so ist das Thema in sinnvolle Teilobjekte zu unterteilen.

Seine Struktur erhält das Ishikawa-Diagramm durch Festlegung der Ursachenkategorien Mensch, Maschine, Methode und Material (Abb. 3.31). Diese Hauptursachen werden als „Gräten" in das Ishikawa-Diagramm eingezeichnet. Es ist jedoch nicht zwingend vorgeschrieben diese 4 M's einzusetzen. Je nach Problemstellung können weitere Kategorien Messung, Mitwelt (Umwelt) und Management eingeführt werden (7 M's).

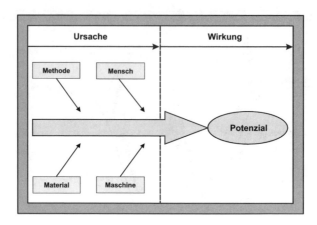

Abb. 3.31: Die 4M-Einflussgrößen

Die einzelnen Kategorien enthalten u.a.:

- Mensch: Alle am Problem beteiligten Personen, die aufgrund fehlender Erfah-
                         rungen, Fähigkeiten, Kenntnisse, persönlichem Verhalten und Ein-
                         stellung zur Arbeit als Ursache in Frage kommen.
- Maschine: Einrichtungen, Arbeitsplatzgestaltung, Anlagen, Werkzeuge und
                         sonstige Hilfs- und Betriebsmittel.
- Methode: Alle Ursachen, die durch intern vorgegebene Arbeitsabläufe, Prozes-
                         se, Organisationsstrukturen, Anweisungen, Kontroll- und Genehmi-
                         gungsverfahren entstanden sein könnten.
- Material: Alle durch die eingesetzten Roh-, Hilfs- und Betriebsstoffe auftreten-
                         den Mängel.
- Messung: Durch Fehler bei den verwendeten Mess- und Erfassungsmethoden
                         entstandene Probleme.
- Mitwelt (Umwelt):   Alle durch externe Einflüsse wie Kundenverhalten, gesetzliche Vor-
                         schriften, Konkurrenzsituation, Arbeitsmarktsituation vorhandenen
                         Ursachen.
- Management: Alle Ursachen, die durch Unternehmensprinzipien oder strategi-
                         sche/operative Entscheidungen des Managements entstanden sein
                         könnten.

Im nächsten Schritt werden zu jeder Hauptursachenkategorie die Einzelursachen und deren Nebenursachen gesucht. Bei der strukturierten Vorgehensweise werden nacheinander die 4 M's analysiert, d.h. man beginnt z.B. mit der Hauptursache Mensch und ermittelt alle dazugehörigen Ein-
zel- und Nebenursachen.

In der Brainstorming-Variante werden unstrukturierte und ohne Einschränkung mögliche Ursachen
ermittelt. Dies ist vorteilhaft, um eine breite Basis an möglichen Ideen zu schaffen. Erst nachdem
keine weiteren möglichen Ursachen gefunden werden können, sollte mit der strukturierten Vorgehensweise fortgefahren werden.

Bei der Ursachenanalyse ist es wichtig sorgfältig und vollständig vorzugehen. Zur konkreten Ursachenfindung ist der Einsatz verschiedener Fragetechniken nach der 6-W-Methode mit:

- Was?
- Wann?
- Wo?
- Warum?
- Wer?
- Wie?

sinnvoll. Die ermittelten Ursachen werden dem Ursache-Wirkungs-Diagramm an der entsprechenden Stelle hinzugefügt (Abb. 3.32).

Die zweite Vorgehensweise, die insbesondere bei der tieferen Ursachenfindung hilfreich ist, ist die Methode der „5 Warums". Bei dieser Technik nimmt man an, dass man im Durchschnitt fünfmal „Warum?" fragen muss, um die „Wurzel" eines Problems konkret zu ermitteln. Die gefundenen Ursachen erscheinen im Ishikawa-Diagramm als horizontale kleinere Gräten (Einzelursachen) an den Hauptgräten. Diese können genauer in noch kleineren Gräten (Nebenursachen) unterteilt werden.

Der Schritt ist abgeschlossen, wenn alle Ursachen und Einflussfaktoren gefunden sind, die das Ermitteln und Formulieren von Korrektur- und Verbesserungsmaßnahmen ermöglichen. Es ist jedoch zu beachten, dass an dieser Stelle lediglich Ursachen ermittelt und nicht schon Lösungsmöglichkeiten aufgezeigt werden.

Die identifizierten Ursachen müssen im nächsten Schritt analysiert werden, um die wahrscheinlichsten Ursachen zu ermitteln. Diese Ursachen werden im Diagramm visuell hervorgehoben, wobei eine Kennzeichnung nach Wichtigkeit und Bedeutung durch vorher festgelegte Symbole bzw. Farben erfolgt.

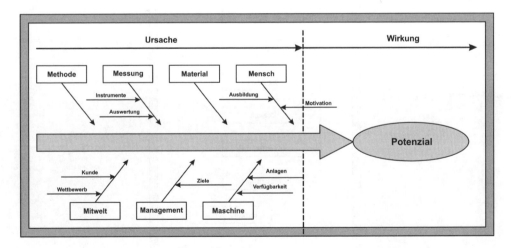

Abb. 3.32: Einzel- und Nebenursachen

Bei der Überprüfung der Ursachen werden die als am wahrscheinlichsten angenommenen Ursachen auf ihre Richtigkeit überprüft. Hat eine Ursache nicht den erwarteten Einfluss, wird die nächste, wahrscheinlichste Ursache analysiert. Dieser Prozess sollte so lange fortgesetzt werden, bis im Projektteam eine Übereinstimmung über die zentralen Einzelursachen gefunden wurde.

Aus den einzelnen Ursachen werden Maßnahmen mit ihren Vor- und Nachteilen bewertet. Zusätzlich werden auch die Qualität, die Kosten und die Einführungsdauer jeder Maßnahme ermittelt und mit in die Bewertung einbezogen.

Die Anwendung eines Liniendiagramms zur Visualisierung der Ergebnisse empfiehlt sich besonders bei der Analyse komplexer Aufgaben (Abb. 3.33). Die Vorteile eines Liniendiagramms liegen insbesondere in der Übersichtlichkeit. Durch die baumartige Struktur lässt es sich leicht von der Hauptursache zu den dazugehörigen Nebenursachen wechseln.

Bei dieser Form der Visualisierung kommt es nicht zu Platzproblemen, da das Ishikawa-Diagramm problemlos nach unten wachsen kann. Mit Hilfe eines Ishikawa-Diagramms können alle Ursachen systematisch und detailliert erfasst werden.

Ein weiterer Vorteil besteht in der universellen Verwendbarkeit, insbesondere zur Optimierung von Prozessen, Verfahren und Tätigkeiten. So ist es z.B. auch möglich, alltägliche Probleme mit diesem Verfahren zu analysieren und zu optimieren. Durch die anschauliche und vollständige Visualisierung aller denkbaren Einflussgrößen wird die Beschränkung auf nur wenige Ursachen vermieden. Durch die Gewichtung der Ursachen wird deutlich, wo eine schnelle und Erfolg versprechende Einflussnahme möglich ist.

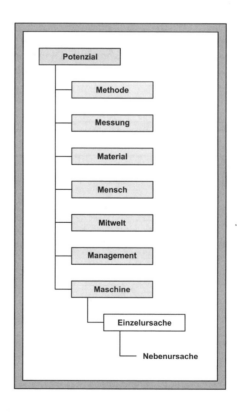

Abb. 3.33: Liniendiagramm

3

Matrixdiagramm

Das Matrixdiagramm ist ein Ursache-Wirkungsdiagramm. In ihm werden zweidimensional die Wechselwirkungen zwischen Ursachen (Problemen) und den Auswirkungen dargestellt (Abb. 3.34). Die Stärke der Wechselwirkungen wird mit Symbolen gekennzeichnet. Das Matrixdiagramm erlaubt im ersten Schritt nur die Darstellung der Wechselwirkungen. Die Wechselwirkungen müssen nicht einfacher Natur sein. Sie können und werden komplexer sein. So zeigt die Ursache U1 starke Auswirkungen auf W1 und schwächere auf W4. Umgekehrt hat die Auswirkung W1 ihre Ursache in U1 und U5. In einem weiteren Schritt sind mit Hilfe anderer Moderationstechniken Maßnahmen zu identifizieren.

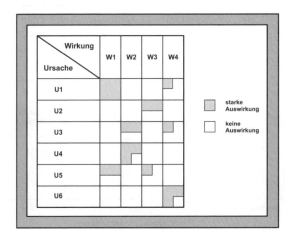

Abb. 3.34: Matrixdiagramm

Portfoliodiagramm

Die Portfoliotechnik ist ebenfalls eine zweidimensionale grafische Darstellung. Bei dem in Abbildung 3.35 gezeigten Beispiel sind die Umweltaspekte (z.B. Energie, Abfall, Wasser etc.) eines Unternehmens dargestellt. Auf der y-Achse stehen die Umweltauswirkungen des jeweiligen Umweltaspektes; auf der x-Achse die unternehmensinternen Möglichkeiten den jeweiligen Umweltaspekt zu beeinflussen. Die Portfolio-Darstellung zeigt auf einen Blick, bei welchen Umweltaspekten sinnvoller Weise Maßnahmen eingeleitet werden können.

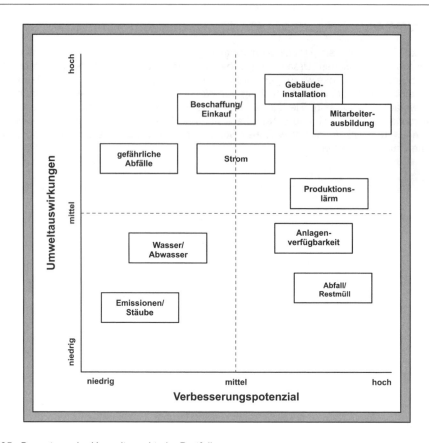

Abb. 3.35: Bewertung der Umweltaspekte im Portfolio

Im Beispiel sind dies die Umweltaspekte „Gebäudeinstallation", „Mitarbeiterausbildung" und „Produktionslärm". Es liegt ein hohes Verbesserungspotenzial vor, um die Umweltauswirkungen deutlich zu reduzieren.

3.6   Lösungsorientierte Vorgehensweise

3.6.1   Lösungszyklus

Der in Abbildung 3.36 dargestellte Lösungszyklus ist ein standardisiertes und prozessorientiertes Vorgehensmodell. Er ist universell geeignet. Mit ihm lassen sich Fachaufgaben (z.B. Produktbelange, Problemlösungen, Effizienzsteigerungen, Prozessoptimierungen) oder Führungsaufgaben (z.B. Kompetenzanalysen, Zeitmanagement, Arbeitsorganisation, Mitarbeitergespräche) systematisch bearbeiten. Der Lösungszyklus besteht aus den charakteristischen Schrittfolgen:

- Situationsanalyse („Ist-Zustand"),
- Zielvorgaben („Soll-Zustand"),
- Lösungen („Maßnahmen"),
- Erfolgskontrolle („Controlling").

Um zu einem kontinuierlichen Verbesserungsprozess zu gelangen, ist der gezeigte Ablauf spiral-förmig zu verstehen.

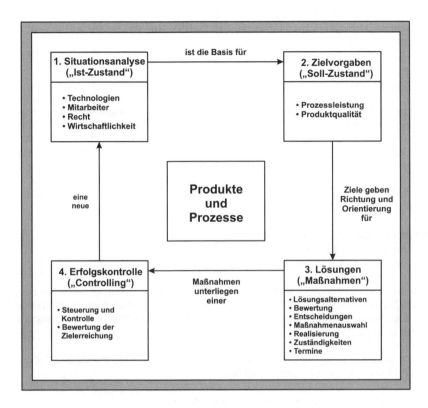

Abb. 3.36: Kontinuierlicher Verbesserungsprozess

Schritt 1: Situationsanalyse

Die Ausgangssituation sollte besser verstanden werden, in dem sie beschrieben, abgegrenzt und genauer analysiert wird. Alle für die Situation zur Verfügung stehenden Informationen (z.B. Mess-daten, Qualitätsdaten, Kosten, Mitarbeiterbefragungen) werden gesammelt und beschrieben. Was sind harte Tatsachen; wo fließen Annahmen ein? Auch Wissenslücken werden dokumentiert, da sie für die später zu treffenden Entscheidungen einen Risikofaktor darstellen.

Die Abgrenzung muss aus verschiedenen Blickwinkeln (z.B. Technik, Mitarbeiter, Finanzen, Recht) geschehen. Eine Gewichtung der „Probleme" kann durch die Unterscheidung von zentralen und untergeordneten Aufgaben oder durch die Einstufung nach Wichtigkeit und Dringlichkeit erreicht werden. Für Schlüsselfaktoren müssen die gegenseitigen, relevanten Abhängigkeiten ermittelt und zueinander in Beziehung gesetzt werden.

Schritt 2: Zielvorgaben

Prozesse und Produkte müssen mit einzuhaltenden Sollvorgaben (z.B. Prozessleistung, Produktqualität) versehen sein. Diese müssen für alle Beteiligten präzise und verständlich sein. Sie müssen vollständig sein und dürfen keine Lücken enthalten. Nur so lassen sich unerwünschte (Neben)wirkungen vermeiden.

Schritt 3: Lösungen

Abweichungen von der gewünschten Produktqualität bzw. Prozessleistung sind immer Soll-Ist-Abweichungen. Von daher sind Maßnahmen notwendig, um die Abweichungen zu beheben. Die Lösungsalternativen werden durch einige Randbedingungen stark beeinflusst. Je mehr grundsätzliche Informationen vorhanden sind, je besser die Randbedingungen geklärt sind, desto kleiner wird die Lösungsmenge und umso schneller werden realistische Lösungsalternativen gefunden.

Die Entwicklung von Alternativen ist der kreative Teil des kontinuierlichen Verbesserungsprozesses und besteht aus drei Teilschritten:

- geeignete Arbeitsmethode bestimmen,
- Ideen erzeugen und analysieren,
- besonders lösungsträchtige Ideen weiterentwickeln.

Die gefundenen Lösungsmöglichkeiten müssen prinzipiell tauglich sein und werden zunächst nicht bewertet. Wichtig ist deshalb eine Trennung von Lösungssuche (Ideenerzeugung) und Lösungsbewertung (Ideenanalyse). Eine Bewertung kann entweder summarisch oder aufgrund von Bewertungskriterien erfolgen.

Bei der summarischen Bewertung – die oft intuitiv erfolgt – werden die Alternativen als Ganzes verglichen und bewertet. Sie ist dann berechtigt, wenn:

- die Konsequenzen der Entscheidung relativ unbedeutend sind,
- die Handlung nachträglich beeinflusst werden kann,
- die Qualitätsunterschiede der vorliegenden Lösungsalternativen nicht groß sind und
- sich eine eindeutige Bevorzugung einer Lösung ergibt.

Eine Bewertung sollte anhand unterschiedlich gewichteter Kriterien vorgenommen werden. Anhand systematischer Bewertungsmethoden lassen sich Entscheidungen versachlichen. Sie leisten somit einen wichtigen Beitrag für den konstruktiven Umgang mit potenziellen Konflikten.

Die Entscheidung ist die Auswahl einer Lösungsalternative. Bei der Entscheidung für eine bestimmte Lösung muss bedacht werden, wie die zugehörigen Maßnahmen umgesetzt werden können. Es wird geplant, wie und in welcher Reihenfolge etwas geschieht und welche Auswirkungen dies hat. Um die geplanten Maßnahmen zu realisieren sind außerdem Zuständigkeiten, Termine und Abnahmekriterien festzulegen.

Beim Auftreten einer Abweichung im Ist-Zustand wird sehr oft die erstbeste Lösung genommen. Mit einem entsprechenden Aufwand wird dann der Prozessfehler behoben, ohne ihn näher zu beleuchten. Die eigentliche Fehlerursache wurde nicht erkannt und der Fehler nur oberflächlich repariert. Diese Vorgehensweise ist auf Dauer ineffektiv, kostenträchtig und trägt nicht zur Steigerung der Prozessleistung bei.

Schritt 4: Erfolgskontrolle

Während der Realisierung muss ständig eine Steuerung und Kontrolle der ausgewählten Maßnahmen erfolgen. Das Tun muss regelmäßig kritisch hinterfragt werden. Der vierte Schritt im Lösungszyklus dient somit der Steuerung ("Controlling") und Bewertung der Maßnahmen sowie der Zielerreichung. Der Soll-Ist-Abgleich bietet außerdem die Möglichkeit Lernprozesse zu initiieren.

3.6.2 Lösungsmatrix

Der Lösungszyklus lässt sich in einem zweiten Schritt zu einer zweidimensionalen Lösungsmatrix erweitern. Im (Umwelt)managementsystem treten immer wieder gleichartig gelagerte Aspekte auf (Abb. 3.37).

Jedes Unternehmen muss primär die rechtlichen Aspekte einhalten. Dazu zählen neben Gesetzen und Verordnungen auch Genehmigungsbescheide aller Art. Bzgl. deren Einhaltung sind regelmäßig Überraschungen möglich. Zu den organisatorischen Aspekten zählen u.a. Verantwortungen und Zuständigkeit. Hier fehlt es öfters am rechten Bewusstsein und der Verantwortungsverteilung zwischen Stab- und Linienfunktionen. Fachliche Aspekte stehen im Fokus der meisten Personen, da sie diese aus ihrer täglichen Arbeit kennen. Abschließend seien noch wirtschaftliche Aspekte erwähnt, die letztlich mitentscheidend für die Realisierung von Maßnahmen sind.

Rechtliche Aspekte	Organisatorische Aspekte
• Gesetze • Verordnungen • Verwaltungsvorschriften • Auflagen und Genehmigungen • Verträge • Unternehmensrichtlinien • Betriebsvereinbarungen	• Aufbau-, Ablaufkontrolle • Verantwortungen und Zuständigkeiten • Mitarbeiterorientierung • Lieferanten • Dienstleister • Kunden • Mitbewrber
Fachliche Aspekte	**Wirtschaftliche Aspekte**
• Anlagen, Verfahren, Prozesse • Risiken, Störfälle, Notfälle • Produkte • Roh-, Hilfs-, Betriebsstoffe • Abfälle, Energie • Daten, Informationen	• Gewinne/Umsatz • Kosten • Anlagenverfügbarkeiten • Produktqualitäten • Wettbewerbsvorteile • Kundenservice

Abb. 3.37: Einflussgrößen im Managementsystem

Jeder Geschäftsprozess und jeder Umweltaspekte ist im Rahmen der Lösungsmatrix (Abb. 3.38) unter diesen Gesichtspunkten zu betrachten. So sind in der Bestandsaufnahme der Umweltprüfung (Situationsanalyse) die in Abbildung 3.38 aufgeführten Aspekte zu beachten und zu erheben. Es ergeben sich vielfache Verknüpfungen untereinander, die zu bewerten sind und in den folgenden Prozessschritten Berücksichtigung finden müssen. Eindimensionale Lösungen sind in den meisten Fällen nicht zielführend. Die beispielhaft aufgeführten Aspekte sind vielmehr in einem

Netzwerk miteinander verknüpft. Die Bewertung der erhobenen und miteinander vernetzten Einflussgrößen erfordert daher eine entsprechend hohe Handlungskompetenz.

Unternehmens-aspekte / Prozess-schritte	rechtliche Aspekte	organisa-torische Aspekte	fachliche Aspekt	wirtschaft-liche Aspekte
1. Situations-analyse „Ist-Zustand"				
2. Zielvorgaben „Soll-Zustand"				
3. Lösungen in Form von „Maß-nahmen"				
4. Erfolgskon-trolle durch das Control-ling"				

Abb. 3.38: Lösungsmatrix

3.6.3   Projektplanung

Die Optimierung von Prozessen, die Verbesserung von Abläufen und Generierung von (Einspar) potenzialen ist eine immer während Aufgabe im Unternehmen. Dazu müssen die im Lösungszyklus bzw. in der Lösungsmatrix generierten Ideen in einen Projektplan übertragen werden. Er basiert auf den vier Phasen:

- Analysephase (A),
- Planungsphase (P),
- Realisierungsphase (R),
- Abnahmephase/Erfolgskontrolle (E)

und ist damit kompatibel zu den Prozessschritten des Lösungszyklus.

Die in der Analysephase erzeugten einzelnen Clusterthemen (z.B. Anlagenverfügbarkeiten, Kundenbedürfnisse, Produktqualitäten, Umweltauswirkungen) sind als Arbeitspakete näher zu beschreiben und mit Daten und Informationen zu hinterlegen. Die Situationsanalyse des vorgefundenen Ist-Zustandes und die hier gesammelten Fakten sind maßgeblich für die möglichen Lösungsalternativen und Maßnahmen.

Die in der Analysephase erhaltenen Ergebnisse werden in der Planungsphase in konkrete Maßnahmen umgesetzt. Dazu gehören eine Bewertung der möglichen Lösungsalternativen sowie eine Aufwandsschätzung und eine Risikobetrachtung. Bewertungskriterien ergeben sich wieder aus Kundenzufriedenheit, Qualität, Kosten und Zeit. Für jede Maßnahme sind Zuständigkeiten und Termine festzulegen (Abb. 3.39). Zusätzlich müssen Kriterien für die Abnahme und Erfolgskontrolle vorhanden sein. Nur dann lässt sich erkennen, ob die realisierte Maßnahme zur Zielerreichung beigetragen hat.

Hauptaufgabe der Realisierungsphase ist die Erbringungen des Leistungsergebnisses. Im Zuge des Controllings erlauben Soll-Ist-Vergleiche die zielgerichtete Durchführung von Steuerungsmaßnahmen. Da eine Planung niemals alle Faktoren umfassen kann und somit perfekt wäre, ergeben sich in der Realisierungsphase immer Abweichungen. Das setzt den Plan trotzdem nicht außer Kraft. Er zeigt immer den Weg zum Ziel mit seinen einzelnen Schritten (Arbeitspakete) auf. Als Output der Realisierungsphase ergibt sich das angestrebte Leistungsergebnis.

Thema (z.B. Energie)	Lösungen	Erfolgskontrolle
• Nr. des Arbeitspaketes • Bezeichnung des Arbeitspaketes - Kurzbeschreibung, - Daten, - Informationen	• Bewertungskriterien - Kosten, - Qualität, - Kundenzufriedenheit • Bewertungen - Alternativen, - Ergebnisse, - Entscheidungen • Wirtschaftlichkeit - Einsparpotenzial, - Kosten für die Umsetzung • Maßnahmen • Zuständigkeit(en) • Termin - Zwischentermine - Abnahmetermin	• tatsächliche Einsparungen • Lernprozesse • Folgeaktivitäten

Abb. 3.39: Arbeitspakete in der Prozessoptimierung

In der Erfolgskontrolle werden die tatsächlich erzielten Verbesserungen ermittelt. Dies geschieht anhand zuvor festgelegter Abnahmekriterien. Oft wird ein hohes Arbeitspensum mit Effektivität verwechselt. Viel Arbeit bedeutet noch lange nicht, dass die richtigen wertschöpfenden Tätigkeiten durchgeführt werden. Das muss u.a. die Erfolgskontrolle sicherstellen. Um das Controlling und die Erfolgskontrolle zu erleichtern, wird jedes Arbeitspaket mit einem Status (A, P, R, E) versehen. Zu Beginn stehen alle Arbeitspakete auf dem Status „A" (Analysephase). Mit zunehmendem Fortschritt wechselt jedes Arbeitspaket über „P" (Planung), „R" (Realisierung) zu „E" (Erfolgskontrolle).

Sämtliche Arbeitspakete lassen sich sehr gut in einer Übersicht zusammenstellen (Abb. 3.40), die beliebig ergänzt werden kann.

Thema	Arbeits- paket- nummer	Bezeichnung/ Kurzbeschreibung Arbeitspaket	Bewertungs- kriterien	Wirtschaft- lichkeit	Maß- nahmen	Zuständig- keit	Termin	Arbeits- status	Bemer- kungen
Chemi- kalien	2.1	Chemikalienlager	Rechts- sicherheit	-	Audit	Hr. Müller	yy/zz	A	
Abluft	1.3	Lösemittel- Abluftreinigung	Energie- verbrauch	xx.xx €	TNV- Optimierung	Fr. Schmidt	yy/zz	A	
Wasser	2.5	Wasserverbrauch	Verbrauchs- mengen	xx.xx €	Input-Output- Erfassung	Hr. Meier	yy/zz	P	

Abb. 3.40: Übersicht Arbeitspakete

Zur besseren Verfolgbarkeit der einzelnen Arbeitspakete wird die Übersicht in einen Balkenplan umgesetzt. Er ermöglicht eine optische Kontrolle der erzielten Fortschritte (Abb. 3.41).

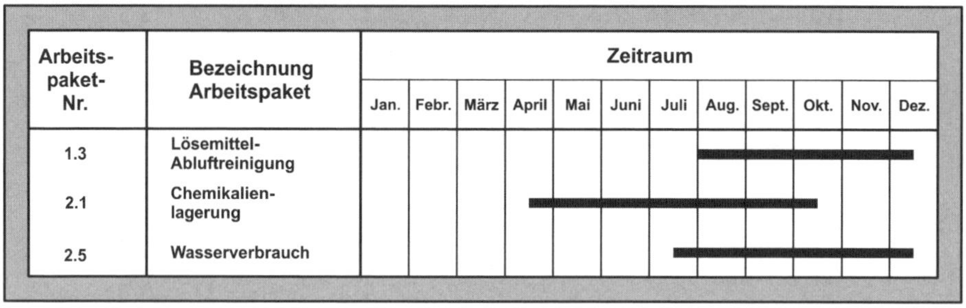

Arbeits- paket- Nr.	Bezeichnung Arbeitspaket	Zeitraum											
		Jan.	Febr.	März	April	Mai	Juni	Juli	Aug.	Sept.	Okt.	Nov.	Dez.
1.3	Lösemittel- Abluftreinigung												
2.1	Chemikalien- lagerung												
2.5	Wasserverbrauch												

Abb. 3.41: Arbeitspakete im Balkenplan

3.7   Wissensfragen

- Erläutern Sie die grundlegende Bedeutung von Prozessen im Unternehmen.

- Erstellen Sie eine einfache Prozesslandkarte für ihr Unternehmen.

- Welche Rechte und Pflichten hat der Prozessverantwortliche insbesondere unter dem Ge- sichtspunkt „Arbeits- und Umweltschutz"?

- Welche sozialen Kompetenzen benötigt ein Umweltmanagementbeauftragter (Umweltschutzbe- auftragter)?

- Welche methodischen Kompetenzen sollte ein Umweltmanagementbeauftragter (Umwelt- schutzbeauftragter) mitbringen und entwickeln?

- Wie lassen sich die fachlichen Kompetenzen eines Umweltmanagementbeauftragten entwi- ckeln?

- Erstellen Sie ihr persönliches Anforderungs- und Kompetenzprofil.

- Welche Anforderungen werden an einzelne Prozesse (z.B. Vertriebs- und Serviceprozess, Auftragsabwicklungsprozess, Produktentwicklungsprozess etc.) gestellt?

- Wie lassen sich Prozesse steuern und bewerten?

- Welche Qualitätswerkzeuge stehen für eine Prozessoptimierung zur Verfügung?

- Erläutern Sie einige Managementwerkzeuge für die Optimierung von Prozessen.

- Wie können Sie einen systematischen Lösungszyklus zur Prozesssteuerung und -optimierung einsetzen?

- Welche Einsatzmöglichkeiten bieten sich für eine Lösungsmatrix?

- Welche Möglichkeiten zur Prozessoptimierung existieren in ihrem Unternehmen?

3.8 Weiterführende Literatur

3.1 Ahlrichs, F.; Knuppertz, Th.; *Controlling von Geschäftsprozessen,* Schäffer-Poeschel, **2006,** 978-3-7910-2496-7

3.2 Binner, H.; *Integriertes Organisations- und Prozessmanagement,* Hanser, **2007,** 978-446-19174-7

3.3 Bräkling, E.; Oidtmann, K.; *Kundenorientiertes Prozessmanagement,* expert, **2005,** 978-3-8169-2528-6

3.4 Dietrich, E.; Schulze, A.; *Statistische Verfahren zur Maschinen- und Prozessqualifikation,* Hanser, **2009,** 978-3-446-41525-6

3.5 Feldbrügge, R.; Brecht-Hadraschet, B.; *Prozessmanagement leicht gemacht,* Redline Wirtschaft, **2008,** 978-636-01555-6

3.6 Fischer, F.; Scheibler, A; *Handbuch Prozessmanagement,* Hanser, **2003,** 3-446-21925-0

3.7 Fischer, G. et al.; *Qualitätsmanagement – Arbeitsschutz, Umweltmanagement und IT-Sicherheitsmanagement,* Europa-Lehrmittel, **2010,** 978-3-8085-5383-1

3.8 Fischermanns, G.; *Praxishandbuch Prozessmanagement,* Dr. Götz Schmidt, **2013,** 978-3-921313-89-3

3.9 Meinholz, H.; Förtsch, G; *Führungskraft Ingenieur,* Vieweg + Teubner, **2010,** 978-3-8348-1392-3

3.10 Scheibeler, A.; *Balanced Scorecard für KMU,* Springer, **2004,** 3-540-40484-8

3.11 Schmelzer, H; Sesselmann, W.; *Geschäftsprozessmanagement in der Praxis,* Hanser **2010,** 978-3-446-42185-1

3.12 Schulte-Zurhausen, M.; *Organisation,* Vahlen, **2002,** 3-8006-2825-2

3.13   Töpfer, A. (Hrsg.); *Six Sigma,* Springer, **2007,** 978-3-540-48591-9

3.14   Wagner, K.; Patzak, G.; *Performance Excellence – Der Praxisleitfaden zum effektiven Prozessmanagement,* Hanser, **2007,** 978-3-446-40575-2

3.15   Weis, U.; *Risikomanagement nach ISO 31000,* WEKA, **2009,** 978-3-8276-2967-8

3.16   Wittig, K.; *Prozessmanagement,* Schlembach, **2002,** 3-935340-21-4

4 Umweltmanagementsystem nach DIN EN ISO 14001

4.1 Einführung

Oberstes Ziel eines Umweltmanagementsystems ist die Verbesserung der Umweltleistung eines Unternehmens. Mindestanforderungen dafür ergeben sich aus der Einhaltung der Umweltvorschriften in Form von Gesetzen, Verordnungen, Genehmigungen etc. Dazu sind die Umweltauswirkungen aller Tätigkeiten, Produkte und Dienstleistungen zu analysieren und zu bewerten. Die Erzielung einer guten unternehmerischen Umweltleistung wird durch ein systematisches Management des betrieblichen Umweltschutzes erleichtert. Bei der Einführung eines Umweltmanagementsystems kommt es daher auf die inhaltlichen Aspekte und kontinuierlichen Verbesserungen an. Die umweltorientierte Leistung eines Unternehmens lässt sich jedoch nur dann belegen, wenn sie messbar und transparent gemacht wird.

Hier hat die DIN EN ISO 14001 einen ihrer gravierenden Mängel. Sie stellt keine Forderung nach einer quantitativen Verbesserung der betrieblichen Umweltleistung auf (direkte Zielsetzung). Sie legt vielmehr Wert auf eine kontinuierliche Verbesserung des Umweltmanagementsystems. Durch diesen Umweg der indirekten Zielsetzung soll eine Verbesserung der umweltorientierten Leistung erzielt werden. Nun kann diese indirekte Zielsetzung niemals besser wirken als eine direkte Zielsetzung und Problemlösung. Sehr wahrscheinlich wird sie immer uneffektiver und schwächer ausfallen. Es besteht die Gefahr, dass die nur eingeschränkt zur Verfügung stehenden Ressourcen falsch gelenkt werden.

Die Forderung nach Verbesserung des Umweltmanagementsystems führt oft zu einem planwirtschaftlichen Bürokratismus. So wird in der Norm selber darauf hingewiesen, dass ihre Anwendung noch keine Garantie für optimale Ergebnisse zum Schutz der Umwelt liefert. Die Einführung und die Anwendung eines Umweltmanagementsystems führen von sich aus nicht zu einer Verringerung der Umweltbelastung. Arbeiten an einem Umweltmanagementsystem werden oft mit der Absicht einer Zertifizierung aufgenommen. Eine Zertifizierungsurkunde dokumentiert jedoch nur die Einhaltung der formalen Anforderungen der Norm. Eine Aussage zur Umweltleistung wird nicht gemacht. Primär werden daher die Unternehmensressourcen auf das Bestehen der Zertifizierung und die Pflege des Umweltmanagementsystems gelenkt.

Die ziel- und leistungsorientierte Einführung und Anwendung eines Umweltmanagementsystems kann sowohl für das Unternehmen, wie auch für andere interessierte Kreise von Nutzen sein. Es wird ein Rahmen geschaffen, um ökonomische, ökologische und soziale Belange im Gleichgewicht zu halten. Der potenzielle Nutzen ergibt sich zum Beispiel aus:

- Einhaltung der geltenden gesetzlichen Bestimmungen,
- Reduzierung von Ereignissen mit Haftungsfolgen und Risikovorsorge,
- Einsatz der besten verfügbaren Technologien mit höherem Wirkungsgrad und besserer Produktausbeute,
- Integration von Forderungen des Arbeitsschutzes,
- Optimierung von Verfahrens- und Prozessabläufen mit verbesserter Ressourcennutzung,
- zukunftsorientierte Entwicklung von Produkten und Dienstleistungen mit verstärkter Vertrauensbildung beim Kunden,
- verbesserte Beziehungen zu Behörden und leichtere Erteilung von Genehmigungen und Erlaubnissen,
- Wahrung guter Beziehungen zur Öffentlichkeit und zu Anliegern,
- verbesserte Kostentransparenz und Identifizierung zusätzlicher ökonomischer Potenziale.

4.2   Grundsätze und Elemente

Das Umweltmanagementsystem nach DIN EN ISO 14001 und die zu erzielenden kontinuierlichen Verbesserungen der betrieblichen Umweltleistungen basieren auf fünf Grundsätzen:

1. Umweltpolitik und strategische Umweltziele,
2. Bestandsaufnahme der Umweltaspekte,
3. Festlegung der operativen Umweltziele,
4. Bewertung der Lösungsalternativen und Realisierung von Maßnahmen,
5. Erfolgskontrolle und Bewertung der Zielerreichung.

Mit diesen Grundsätzen können die Umweltaktivitäten des Unternehmens kontinuierlich überwacht und regelmäßig bewertet werden (Abb. 4.1). Der Prozess der kontinuierlichen Weiterentwicklung muss auf messbaren Ergebnissen beruhen. Nur so kann die Unternehmensleitung die umweltorientierte Leistung bewerten und die Umweltauswirkungen von Tätigkeiten, Verfahren, Produkten und Dienstleistungen erkennen.

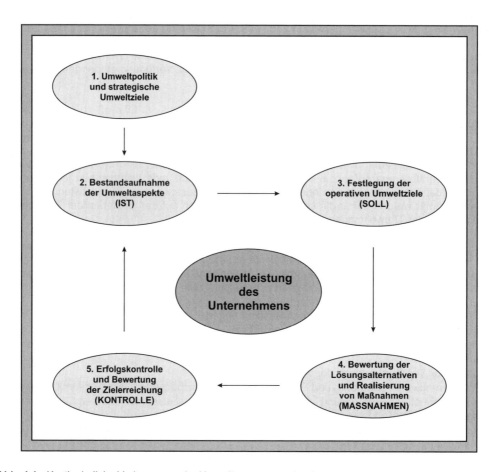

Abb. 4.1: Kontinuierliche Verbesserung im Umweltmanagementsystem

4.3   Umweltpolitik und -strategien

Die Umweltpolitik ist eine strategische Ausrichtung des Unternehmens im Umweltbereich. Sie steckt den Rahmen für Handlungen und Maßnahmen zur Erreichung der umweltbezogenen Ziele ab. Sie muss auf eine Verbesserung der Umweltleistungen aller Umweltaspekte ausgerichtet sein. Diese sind zu ermitteln und unter wirtschaftlichen, sozialen und umweltbezogenen Gesichtspunkten kontinuierlich zu verbessern.

In diesem Zusammenhang sind neben den organisatorischen und technologischen Belangen auch die rechtlichen Anforderungen zu ermitteln und einzuhalten. Aus der strategischen Zielsetzung der Umweltpolitik sind operative Ziele und Maßnahmen für eine kontinuierliche Verbesserung der Umweltleistung des Unternehmens abzuleiten.

Die folgenden Fragen sollten bei der Festlegung einer unternehmerischen, strategischen Umweltpolitik berücksichtigt werden:

- Wurde eine strategisch ausgerichtete Umweltpolitik durch die Geschäftsführung des Unternehmens verabschiedet?
- Deckt diese Umweltpolitik alle Unternehmensbelange, Umweltaspekte und -auswirkungen ab?
- Welche Verpflichtungen zur kontinuierlichen Verbesserung sind enthalten und wie werden diese erreicht?
- Wie wird die Umweltleistung des Unternehmens gesteigert?
- Wie werden die rechtlichen und anderen Verpflichtungen überwacht und erfüllt?
- Wie werden die Umweltpolitik und die erzielten Verbesserungen interessierten Kreisen bekannt gemacht?
- Welche Verpflichtungen für die Vermeidung von Umweltbelastungen sind enthalten?
- Wer ist für die Realisierung der Umweltpolitik des Unternehmens als verantwortliche Person benannt worden?

Die in der Umweltpolitik angesprochenen Gesichtspunkte hängen vom Unternehmen und seinen Tätigkeiten, Produkten und Dienstleistungen ab. Die Umweltpolitik kann daher Verpflichtungen zu folgenden Themen eingehen:

- Erfüllung der Umweltvorschriften (Gesetze, Verordnungen, Auflagen),
- Minimierung der Umweltbelastungen durch integrierte Verfahrensplanung,
- Denken in Lebenszyklen bei der Produktentwicklung,
- Minimierung der Umweltauswirkungen bei Produkten in Gebrauch und Entsorgung,
- Entwicklung von Indikatoren und Kennziffern zur Ermittlung der Umweltleistung,
- Reduzierung des Ressourcenverbrauchs und Verpflichtung zur Wiederverwendung und zum Recycling,
- Ausbildung, Schulung und Weitergabe von Umweltschutzerfahrungen,
- Integration von Lieferanten, Dienstleistern und Auftragnehmern,
- Kommunikation mit interessierten Kreisen und der Öffentlichkeit,
- Ausrichtung auf eine langfristige, tragfähige Entwicklung.

Die Umweltpolitik gilt nur innerhalb des festgelegten Anwendungsbereichs des Umweltmanagementsystems, d.h. es kann Standorte oder Unternehmensteile geben, für die sie keine Gültigkeit besitzt. Die Umweltpolitik wird allen Unternehmensangehörigen bekannt gemacht. Darüber hinaus sind alle Personen und Vertragspartner zu informieren, die für das Unternehmen oder in seinem Auftrag tätig sind. Die Information kann sich auf die im jeweiligen Fall sachdienlichen Aspekte der Umweltpolitik beschränken.

4.4   Planung

Die DIN EN ISO 14001 berücksichtigt unter diesem Grundsatz folgende Punkte:

*   rechtliche Verpflichtungen und andere Anforderungen,
*   Umweltaspekte,
*   Zielsetzungen, Einzelziele und Programme.

Unter Umweltaspekten sind diejenigen Bestandteile der Tätigkeiten, Produkte oder Dienstleistungen zu verstehen, die in Wechselwirkung mit der Umwelt treten können. Für die Ermittlung und Bewertung der Umweltaspekte muss auf die vom Unternehmen einzuhaltenden Umweltvorschriften Bezug genommen werden. Es müssen daher zuerst die gesetzlichen und anderen Forderungen ermittelt werden.

4.4.1   Rechtliche Verpflichtungen und andere Forderungen

Das Unternehmen muss Verfahren einführen und aufrechterhalten, um alle rechtlichen Anforderungen zu ermitteln. Unter andere Forderungen kann die Einhaltung von Selbstverpflichtungen der Wirtschaft, DIN-Normen, VDI-Richtlinien oder Werksnormen verstanden werden. Dazu gehören auch Abkommen und Übereinkünfte mit Behörden. Gesetzliche und andere Forderungen sind direkt den Umweltaspekten von Tätigkeiten, Verfahren, Produkten und Dienstleistungen zuzuordnen. Folgende Fragen sollten beachtet werden:

*   Wie ermittelt das Unternehmen die rechtlichen Verpflichtungen?
*   Wie werden die relevanten Rechtsinformationen an die zuständigen Mitarbeiter weitergeleitet?
*   Wie wird die Erfüllung rechtlicher Vorgaben regelmäßig geprüft?

Um die Erfüllung der rechtlichen Vorschriften zu gewährleisten, muss eine regelmäßige Ermittlung und Dokumentation durchgeführt werden. Erfahrungsgemäß gibt es bei der Einhaltung in kleinen und mittleren Unternehmen Defizite. Damit sind dann automatisch rechtliche Risiken für die Geschäftsleitung und die Mitarbeiter verbunden. Um hinsichtlich rechtlicher Forderungen ständig auf dem Laufenden zu sein, sollte ein Verzeichnis aller relevanten Gesetze und Vorschriften eingerichtet und aufrechterhalten werden. Rechtsvorschriften können in Form von:

*   allgemeinen Umweltgesetzen und Verordnungen,
*   speziellen Rechtsvorschriften für Produkte und Dienstleistungen,
*   speziellen Vorschriften und Vereinbarungen für bestimmte Branchen,
*   Genehmigungen und Auflagen für den Betrieb am Standort

existieren. Beispiele für „andere Anforderungen" sind z.B.:

*   Vereinbarungen mit Kunden und Lieferanten,
*   Selbstverpflichtungen der Wirtschaft und des Unternehmens.

Für die Ermittlung von laufenden Rechtsänderungen können verschiedene Quellen genutzt werden:

*   Gesetzesblätter der EU, des Bundes und der Länder,
*   Behörden auf allen Ebenen,
*   Industrieverbände und -vereinigungen,
*   Dienstleister und Datenbankanbieter.

Die Einhaltung der Umweltvorschriften ist Aufgabe der verantwortlichen Personen. Im internen Umweltaudit wird vom Umweltauditor ebenfalls eine Bewertung verlangt. Im Rahmen der Zertifizierung muss stichprobenartig ebenfalls eine Prüfung durchgeführt werden. Verantwortliche Personen, Umweltauditoren und Zertifizierern kommt für die Einhaltung der Rechtsvorschriften somit eine wichtige Rolle zu. Sie müssen hier ihre Kompetenz und Sachkenntnis belegen können.

4.4.2 Ermittlung und Überprüfung aller Umweltaspekte

Von allen Tätigkeiten, Verfahren, Produkten und Dienstleistungen eines Unternehmens gehen Auswirkungen auf die Umwelt aus. Die Beziehung zwischen Umweltaspekten und Umweltauswirkungen ist eine Beziehung zwischen Ursache und Wirkung. Die Ermittlung der Umweltaspekte ist ein kontinuierlicher Prozess, der vergangene, gegenwärtige und zukünftige Umweltauswirkungen (positive und negative) erfasst. Bei der Ermittlung sollte das Unternehmen da beginnen:

- wo die Erfüllung rechtlicher Vorschriften,
- die Begrenzung von Haftungsanlässen,
- die bessere Energie- und Materialausnutzung

einen offensichtlichen Nutzen bringt. Diese Informationen sind in Form eines Umweltkatasters (Abfall-, Gefahrstoff-, Wasserkataster etc.) zusammenzustellen. Das Kataster sollte folgende Punkte umfassen:

- Festlegung der Unternehmensbereiche (Kostenstelle, Abteilung, Gebäude),
- Auswahl der Tätigkeiten (Prozesse, Verfahren, Produkte, Dienstleistungen),
- Ermittlung der Umweltaspekte (z.B. Materialverbrauch, Energieeinsatz, Gefahrstoffe),
- Ermittlung der Umweltauswirkungen (z.B. Emissionen, Abfall, Abwasser),
- Bewertung und Bedeutung der Umweltauswirkungen.

Auf der Basis der Bestandsaufnahme lassen sich die Umweltaspekte identifizieren, die bedeutende Auswirkungen auf die Umwelt haben. Aus den Informationen des Umweltkatasters lassen sich die Tätigkeiten mit den größten Umwelt- und Kostenpotenzialen identifizieren. Im Zusammenhang mit Auslastungen, Anlagenlaufzeiten und Betriebsstunden werden aus den absoluten Zahlen relative Kennziffern gebildet. Diese Kenngrößen erlauben eine von der Auslastung bzw. den Produktionszahlen unabhängige Bewertung.

Wenn entsprechende Informationen vorliegen, können Verbrauchs- und Kostentendenzen betrachtet und überprüft werden. Der Detaillierungsgrad im Umweltkataster sollte nicht übertrieben werden. Wichtig ist es eine Übersicht zu erlangen, die wichtigsten Umweltaspekte und -auswirkungen zu identifizieren und Vorstellungen über das mögliche Verbesserungspotenzial zu erlangen.

Aus der Erhebung sind diejenigen Umweltaspekte zu bestimmen, die bedeutende Auswirkungen auf die Umwelt haben oder haben können. Damit stellt sich das Bewertungsproblem für Umweltfragen, in das neben rechtlichen, wissenschaftlichen auch persönliche Maßstäbe einfließen. Wie sich an vielen Beispielen zeigen lässt, müssen gegenwärtige Mehrheitsansichten nicht unbedingt richtungsweisende Zukunftsentscheidungen sein. Einige Fragen, die bei der Ermittlung von Umweltaspekten und Umweltauswirkungen zu beantworten sind:

- Welches sind die wichtigsten Umweltaspekte unserer Tätigkeiten, Verfahren, Prozesse, Produkte, Dienstleistungen?
- Welche belastenden Umweltauswirkungen rufen die Tätigkeiten, Verfahren, Prozesse, Produkte, Dienstleistungen hervor?
- Wie werden die Umweltauswirkungen neuer Projekte ermittelt und bewertet?

- Benötigt der Standort spezielle Vorkehrungen zum Schutz der Umwelt/Umgebung?
- Wie werden Veränderungen der Unternehmensabläufe die Umweltaspekte und -auswirkungen beeinflussen?
- Wie gravierend sind mögliche Umweltauswirkungen durch Prozess-Störungen oder Notfälle?
- Wie häufig sind Störfall-/Notfallsituationen in der Vergangenheit aufgetreten und zukünftig zu erwarten?

Die Bedeutung und Bewertung der Umweltauswirkungen kann von Unternehmen zu Unternehmen und von Standort zu Standort unterschiedlich ausfallen und von folgenden Punkten abhängen:

- potenzielle rechtliche Forderungen und Risiken,
- Umfang und Schwere der Umweltauswirkung,
- Wahrscheinlichkeit des Eintritts und Dauer der Umweltauswirkung,
- Schwierigkeiten und Kosten der Veränderungen,
- Wechselwirkungen zu anderen Tätigkeiten und Prozessen im Unternehmen,
- Ansehen des Unternehmens in der Öffentlichkeit,
- Bewertung der Umweltleistung in Bezug auf interne Kriterien und externe Standards.

Hat das Unternehmen noch kein Umweltmanagementsystem eingerichtet, sollte es in einem ersten Schritt durch eine Umweltprüfung die bedeutendsten Umweltaspekte und -auswirkungen ermitteln.

Folgende Minimalanforderungen sind zu berücksichtigen:

- Emissionen in die Luft,
- Einleitungen in Gewässer,
- Abfallwirtschaft,
- Bodenkontaminationen,
- Verbrauch von Rohstoffen und natürlichen Ressourcen,
- Nutzung von Energie,
- örtliche Umwelt- und Gemeinschaftsbelange.

Eine geeignete Vorgehensweise für die Umweltprüfung können:

- Fragebögen und Checklisten,
- Interviews,
- direkte Prüfungen und Messungen,
- Auswertung von Aufzeichnungen,
- Ergebnisse früherer Begehungen und Audits

umfassen. Die Umweltprüfung kann in einem ersten Schritt bestimmte Kategorien von Tätigkeiten, Produkten oder Dienstleistungen auswählen, deren Umweltaspekte sehr wahrscheinlich bedeutende Auswirkungen auf die Umwelt haben. In keinem Fall wird eine Ökobilanz verlangt.

Unternehmen können nicht nur die Umweltbelange am eigenen Standard beeinflussen, sondern auch auf ihre Zulieferer und Kunden Einfluss nehmen. Bei der kontinuierlichen Weiterentwicklung des Umweltmanagementsystems ist dies zu berücksichtigen.

4.4.3   Umweltziele und -programm

Um die Umweltsituation des Unternehmens zu verbessern und seine Umweltleistung zu steigern, muss sich das Unternehmen strategische (langfristige) und operative (kurz-, mittelfristige) Umweltziele setzen. Die Umweltziele müssen quantifiziert, messbar und mit Terminen versehen sein. Bei der Zielformulierung sind die technologischen und ökonomischen Möglichkeiten des Unternehmens zu berücksichtigen. Die Erreichung der Ziele lässt sich durch eine Erfolgskontrolle überprüfen. Leistungsindikatoren können als Bewertungsgrundlage für die Umweltleistung des Unternehmens dienen. Einige Fragen, die bei der Festlegung umweltbezogener Ziele berücksichtigt werden sollten:

- Wie spiegeln die Umweltziele die Umweltauswirkungen von Tätigkeiten, Produkten und Dienstleistungen des Unternehmens wider?
- Wie werden die von der Unternehmensleitung festgelegten Umweltziele über alle Managementebenen hinweg in Einzelziele aufgebrochen?
- Wie werden Mitarbeiter, die für die Umsetzung verantwortlich sind, in die Zielformulierung einbezogen?
- Welche Umweltindikatoren werden zur Leistungsbewertung aufgestellt?
- Wie werden die Umweltziele regelmäßig bewertet und überwacht, um die erwünschte Verbesserung der umweltorientierten Leistung zu erzielen?

Durch den Gesetzgeber werden externe Leistungskriterien für den betrieblichen Umweltschutz festgelegt. Einzuhaltende Grenzwerte sind bekannte Beispiele. Zusätzlich können interne Leistungskriterien eine Rolle spielen. Ziele und Leistungskriterien können sich auf folgende Punkte beziehen:

- Effizienz des Gefahrstoff- und Materialmanagements,
- Entwicklung von Produkten, um deren Umweltauswirkungen bei der Herstellung, im Gebrauch und in der Entsorgung zu minimieren,
- Abfallbilanzierung und neue Wege zur Weiterverwendung von Abfällen,
- Erhöhung des Recyclinganteils und der -fähigkeit,
- Energieverbräuche und Menge an CO_2-Emissionen,
- Luftreinhaltung und Reduzierung der absoluten Schadstoffmengen,
- Verbesserungen im Wasserhaushalt,
- Prozessänderungen und neue Verfahren zur Erhöhung der Produktausbeute,
- Altlasten, Bodensanierungen und Erwerb von Grundstücken,
- Not-, Störfallplanung und Reduzierung von Prozessrisiken und -auswirkungen,
- Personalentwicklung und Förderung des Umweltbewusstseins bei Mitarbeitern,
- Unterstützung von Lieferanten und Dienstleistern,
- Logistikmanagement und Reduzierung des Verkehrslärms.

Die notwendigen Maßnahmen zur Erreichung der Umweltziele werden in einem Umweltmanagementprogramm zusammengefasst. Das Programm sollte folgende Punkte umfassen:

- Unternehmensbereich (Kostenstelle, Abteilung, Gebäude, Anlagen, Prozesse),
- Maßnahmen (organisatorische, technische, Kosten, Termine, Zuständigkeiten),
- Ressourcen (Geld, Material, Mitarbeiter),
- Einsparpotenzial (Verbräuche, Kosten),
- Personal (Projektleiter, -mitarbeiter, Dienstleister),
- Termine (Prioritäten, Anfangszeitpunkt, Meilensteine, Endtermin).

Hier sind für jede einzelne Maßnahme die Verantwortlichkeiten, die Mittel und der Zeitrahmen für die Umsetzung festgelegt. Grundsätzlich sind bei neuen Produkt-, Dienstleistungs- und Verfahrensentwicklungen Umweltaspekte im Projektablauf zu berücksichtigen. Der Projektablauf umfasst Planung, Design, Produktion, Marketing und Entsorgung. Für Produkte sollten dabei Entwicklung, Materialien, Produktionsverfahren, Verwendung und Entsorgung beachtet werden. Eine Produktökobilanz oder eine Lebenszyklusanalyse ist nicht erforderlich. Bei der Entwicklung oder Veränderung technologischer Verfahren sind Planung, Design, Konstruktion, Installation, Betrieb und Stilllegung nach der besten verfügbaren Technik zu berücksichtigen. Umweltmanagementprogramme sollten dynamisch sein und regelmäßig überarbeitet werden, um Änderungen der Umweltziele zu berücksichtigen. Einige Fragen, die bei Umweltmanagementprogrammen beachtet werden sollten:

- Wie werden vom Unternehmen Umweltmanagementprogramme entwickelt?
- Wie werden im Umweltmanagementprogramm Personal, Finanzen und Termine festgelegt?
- Wie wird der Erfolg des Programms und der realisierten Maßnahmen regelmäßig bewertet?

Um die Wirksamkeit von Umweltmanagementprogrammen zu bewerten, sind neben den Umweltleistungen auch die technologischen und wirtschaftlichen Leistungen des Unternehmens zu berücksichtigen. Investitionsrechnungen liefern hier klare Aussagen über die Berücksichtigung von Umweltaspekten in den Unternehmensleistungen.

4.5   Verwirklichung und Betrieb

Zur wirkungsvollen Implementierung eines Umweltmanagementsystems und zur Durchführung der Umweltmanagementprogramme muss das Unternehmen entsprechende Instrumente entwickeln und einsetzen. Die Einführung und kontinuierliche Weiterentwicklung kann nur schrittweise erfolgen. Rechtliche Anforderungen, Umweltaspekte, Erwartungen von Kunden, Mitarbeitern und Öffentlichkeit, Nutzen für die Umwelt und das Unternehmen, Verfügbarkeit der personellen und finanziellen Ressourcen sind gegeneinander abzuwägen und beeinflussen die Umsetzung. Für die Implementierung und Durchführung eines Umweltmanagementsystems berücksichtigt die DIN EN ISO 14001 folgende Punkte:

- Ressourcen, Aufgaben, Verantwortlichkeit und Befugnis,
- Ablauflenkung,
- Notfallvorsorge und Gefahrenabwehr,
- Fähigkeit, Schulung und Bewusstsein,
- Kommunikation,
- Dokumentation,
- Lenkung von Dokumenten.

Im Zuge der Einführung ist das Umweltmanagementsystem der Teil des Managementsystems, der die Organisationsstruktur, Planungstätigkeiten, Verantwortlichkeiten, Methoden, Verfahren, Prozesse und Ressourcen zur Entwicklung, Einführung, Erfüllung und Bewertung der Umweltpolitik umfasst.

4.5.1   Ressourcen, Aufgaben, Verantwortlichkeit und Befugnis

Die erfolgreiche Einführung und Anwendung eines Umweltmanagementsystems erfordert die Festlegung der Aufgaben, Verantwortlichkeiten und Befugnisse aller Mitarbeiter. Sie beschränkt sich nicht auf die klassischen umweltrelevanten Betriebsfunktionen wie Forschung & Entwicklung, Produktion, Materialwirtschaft etc., sondern bezieht Geschäftsführung, Controlling, Stabsfunktionen, usw. ein. Um Umweltangelegenheiten wirkungsvoll zu behandeln, müssen die Umweltmanagementsystem-Elemente so gestaltet werden, dass sie sinnvoll in das Managementsystem des Unternehmens einbezogen sind.

Die Gesamtverantwortung für das Umweltmanagementsystem sollte bei einem „Beauftragten der Unternehmensleitung" liegen. Als oberster Projektleiter verfügt er über genügend Ressourcen, Fach- und Führungskompetenz, um die Umweltleistung des Unternehmens kontinuierlich zu verbessern. Regelmäßig erstattet er der Unternehmensleitung Bericht über die erzielten Fortschritte. In großen Unternehmen mit mehreren Standorten können mehrere Beauftragte ernannt werden. In kleinen und mittleren Unternehmen kann diese Verantwortung von einer Person auch im Zusammenhang mit anderen Tätigkeiten wahrgenommen werden.

Abgestuft sind die wesentlichen Verantwortlichkeiten der Führungskräfte und Mitarbeiter zu dokumentieren und mit diesen zu besprechen. Innerhalb ihrer Zuständigkeiten sollten Mitarbeiter aller Ebenen für die umweltorientierte Leistung zur Unterstützung des Umweltmanagementsystems verantwortlich sein. Einige Fragen, die bei der Verantwortung beachtet werden sollten:

- Welche Fach- und Führungskompetenz besitzt der Beauftragte der Unternehmensleitung im Umweltbereich?
- Welche Verantwortungen und Befugnisse haben Mitarbeiter, deren Arbeiten sich auf die Umwelt auswirken?
- Wie werden umweltrelevante Arbeiten identifiziert und dokumentiert?
- Wie werden den verantwortlichen Mitarbeitern ausreichend Schulungen und Ressourcen für die Implementierung und Weiterentwicklung des UM-Systems zur Verfügung gestellt?
- Wie veranlassen die Mitarbeiter Maßnahmen, um die Erfüllung der Umweltpolitik sicherzustellen?
- Wie werden geeignete Schulungen für Notfallsituationen durchgeführt?
- Welche Konsequenzen müssen die Mitarbeiter bei Nichtbefolgung gesetzlicher Vorschriften tragen?
- Wie werden freiwillige Maßnahmen und Initiativen unterstützt?

Alle Unternehmen haben unterschiedliche Organisationsstrukturen. Die Umweltverantwortlichkeiten müssen daher auf der Grundlage der jeweiligen umweltrelevanten Tätigkeiten und Prozesse festgelegt werden. Dies kann durch Organisationspläne, Stellenbeschreibungen, Verfahrensanweisungen etc. geschehen. Unabhängig von der Unternehmensorganisation lassen sich allerdings einige grundlegende Umweltverantwortungen identifizieren:

- **Geschäftsführung**
  Entwicklung der Umweltpolitik und Festlegung der Strategie, trägt die Gesamtverantwortung,
- **Umweltbeauftragter der Unternehmensleitung**
  Entwicklung der Umweltleistung des Unternehmens,
- **Führungskräfte**
  Erfüllung der rechtlichen Forderungen, Erreichung der Umweltziele und Realisierung des Umweltprogramms im Verantwortungsbereich,
- **Mitarbeiter**
  Einhaltung und Verbesserung der festgelegten Verfahren.

Für den Erfolg eines Umweltmanagementsystems müssen geeignete personelle, finanzielle und technologische Ressourcen zur Verfügung gestellt werden. Im Kräftedreieck zwischen Ökonomie – Ökologie – Arbeitsplätze sind Kosten-Nutzen-Betrachtungen und entsprechende Abwägungen notwendig. Von daher werden sich immer gewisse Einschränkungen der potenziellen Maßnahmen ergeben.

4.5.2   Ablauflenkung

Bei der Ermittlung der Umweltaspekte wurden diejenigen umweltrelevanten Abläufe und Tätigkeiten ermittelt, die bedeutende Auswirkungen auf die Umwelt haben oder haben können. Beim Aufbau der Organisationsstrukturen müssen die Verantwortlichkeiten für diese Abläufe eindeutig sein. Abläufe, die zu bedeutenden Umweltauswirkungen beitragen können, sind:

- Marketing/Vertrieb,
- Forschung und Entwicklung,
- Einkauf und Beschaffung,
- Lieferanten und Dienstleister,
- Materialhandhabung und -lagerung (Materialwirtschaft),
- Prozesse und Produktionsverfahren (Technologien),
- Material- und Ressourceneinsatz,
- Transport und Logistik,
- Kundendienst,
- Wartung und Instandhaltung,
- Errichtung und Betrieb von Gebäuden und Anlagen,
- Personalentwicklung.

Für diese Abläufe sind dokumentierte Verfahren einzuführen, wenn deren Fehlen zu einer Nichterfüllung der Umweltpolitik und der Umweltziele führen könnte. Über das eigene Unternehmen hinaus sind Umweltforderungen an Zulieferer und Auftragnehmer zu stellen. So wird im Schneeballeffekt das Umweltmanagementsystem ausgedehnt.

4.5.3   Notfallvorsorge und Gefahrenabwehr

Damit auf Unfälle und unerwartete Notfallsituationen entsprechend reagiert werden kann, müssen Notfallpläne eingeführt werden. Sie sollen negative Umweltauswirkungen auf die Atmosphäre, das Wasser und Land sowie Ökosysteme verhindern oder begrenzen. Notfallpläne können enthalten:

- Art der Gefahren und das wahrscheinliche Ausmaß einer Notfallsituation,
- Reaktionsmöglichkeiten auf einen Unfall oder eine Notfallsituation,
- Maßnahmen zur Verringerung möglicher Umweltschäden,
- Verfahren zur Auswertung des Unfalles oder Notfalles incl. möglicher Korrekturmaßnahmen,
- Evakuierungs-, Fluchtwege und Sammelpunkte,
- Notfallorganisation und -verantwortlichkeiten,
- Liste des Schlüsselpersonals,
- interner und externer Kommunikationsplan,
- Notdienste wie Feuerwehr, Krankenwagen, Polizei, Behörden,
- Informationen über Gefahrenpunkte und Gefahrstoffe,
- Schulungspläne für das bei Notfällen zuständige Personal.

Das Unternehmen muss die Notfallpläne regelmäßig erproben. Dazu gehören z. B. Brandschutz- oder Räumungsübungen. Nach Unfällen oder Notfallsituationen muss das Unternehmen seine Notfallvorsorge und -maßnahmen überprüfen. Letztlich handelt es sich bei der Notfallplanung um eine besondere Form der Ablauflenkung.

4.5.4 Fähigkeit, Schulung und Bewusstsein

Die Geschäftsführung hat eine Schlüsselfunktion bei der Mitarbeitermotivation im Umweltmanagementsystem. Sie muss primär die umweltbezogenen Ziele und Werte und Bedeutung der Umweltpolitik erläutern. Es ist die Verpflichtung der einzelnen Mitarbeiter die Vorgaben des Umweltmanagementsystems in einen wirkungsvollen Verbesserungsprozess umzusetzen. Sämtliche Mitarbeiter eines Unternehmens sollten die Umweltziele, für die sie verantwortlich sind, verstehen und umsetzen können. Insbesondere Mitarbeiter, deren Tätigkeit bedeutende Auswirkungen auf die Umwelt haben, sind hier gefordert.

Die erforderlichen Kenntnisse für umweltrelevante Arbeitsplätze sollten bei der Personalauswahl, -schulung und -entwicklung beachtet werden. Den Mitarbeitern muss bewusst werden, wie aufgrund verbesserter persönlicher Leistungen die Umweltauswirkungen ihrer Tätigkeiten verringert, sowie der Nutzen für die Umwelt gesteigert werden kann. Sie müssen entsprechende Ausbildungen, Fähigkeiten und Kompetenzen besitzen, um ihren Aufgaben und Verantwortungen zur Erreichung der Umweltziele und zur Umsetzung der Maßnahmen des Umweltprogramms nachkommen zu können. Grundsätzlich müssen ihnen die möglichen Folgen bei Abweichungen von festgelegten Arbeitsabläufen klar sein. Das betrifft insbesondere rechtliche Forderungen. Einige Fragen, die hier beachtet werden sollten:

- In welchem Umfang verstehen die Mitarbeiter die Umweltziele des Unternehmens?
- Welche Ausbildungs- und Kompetenzanforderungen sind für umweltrelevante Tätigkeiten notwendig?
- Wie wird der Schulungsbedarf für umweltrelevante Tätigkeiten ermittelt und dokumentiert?
- Wie wird die Motivation zu eigenverantwortlichem, umweltbezogenem Handeln gefördert?
- Wie erkennt das Unternehmen die Umweltleistungen der Mitarbeiter an?
- Wie wird der Schulungsbedarf für umweltrelevante Tätigkeiten ermittelt und dokumentiert?

Über eine Personalentwicklung und Qualifikationsplanung sollten Beschäftigten mit umweltrelevanten Aufgaben fachliche, methodische und soziale Kompetenz vermittelt werden. Sie müssen im Laufe der Zeit über einen geeigneten Kenntnisstand verfügen, um die Vorgaben des Umweltmanagementsystems und die Erreichung der Umweltziele wirkungsvoll und auf kompetente Weise erfüllen zu können. Für die Qualifikationsplanung und die Ermittlung des Schulungsbedarfs sind folgende Schritte notwendig:

- (umweltrelevantes) Anforderungsprofil des Arbeitsplatzes,
- Ausbildung und Kompetenzprofil des Mitarbeiters,
- Identifikation der Schulungs- und Personalentwicklungsmaßnahmen,
- Praxistransfer, Bewertung und Erfolgskontrolle der durchgeführten Schulung.

Das Niveau und die Einzelheiten der Schulung hängen von der Ausbildung und den Kenntnissen des Mitarbeiters ab. Die am Unternehmensstandort tätigen Auftragnehmer, Dienstleister und Subunternehmer müssen ebenfalls entsprechende Qualifikationsnachweise vorlegen können.

4.5.5 Kommunikation

Im Hinblick auf ihre Umweltaspekte und -auswirkungen sowie ihr Umweltmanagementsystem muss das Unternehmen interne Kommunikationsabläufe zwischen den einzelnen Abteilungen und Führungsebenen gewährleisten. Zu externen interessierten Kreisen sollten relevante Mitteilungen entgegengenommen, dokumentiert und beantwortet werden. Über den Umfang der internen und externen Berichterstattung kann das Unternehmen selber entscheiden.

Notwendige Kontakte mit Behörden bezüglich der Einhaltung von Auflagen, Genehmigungsanträgen, Notfallplanung etc. gehören sowieso zum Unternehmensalltag. Sowohl für die interne als auch für externe Umweltberichterstattung ist es wichtig, die gegenseitige Kommunikation und Information zu unterstützen. Die Informationen sollten nachprüfbar sein und ein zutreffendes Bild über die umweltorientierte Leistung des Unternehmens geben. Sie können die Mitarbeiter motivieren und das öffentliche Ansehen und die Akzeptanz fördern. Einige Fragen, die berücksichtigt werden sollten:

- Welche Informationen bzgl. der Umweltleistung des Unternehmens werden veröffentlicht?
- Wie werden Mitarbeiteranregungen entgegengenommen, bewertet und honoriert?
- Wie wird mit Anliegern und anderen Kreisen über die Umweltsituation des Unternehmens kommuniziert?
- Wie werden die Ergebnisse von Audits und Bewertungen mitgeteilt?
- Wie wird die kontinuierliche Verbesserung der Umweltleistung durch die Berichterstattung unterstützt?

Die Berichterstattung sollte die Umweltaspekte der Tätigkeiten, Produkte, Dienstleistungen etc. darlegen. Sie sollte das Bewusstsein der Mitarbeiter über Wege zur Erreichung der Umweltziele und entsprechende Realisierungsmöglichkeiten von Maßnahmen aus dem Umweltprogramm stärken. Aspekte, die in Umweltberichten berücksichtigt werden können sind:

- Organisationsschema,
- strategische Umweltpolitik und operative Umweltziele,
- Umweltmanagementprozesse,
- umweltbezogene Maßnahmen und Verbesserungspotenziale,
- Bewertung der umweltorientierten Leistung, einschließlich Rechtsicherheit,
- unabhängige Auditierung der Inhalte.

Für die Kommunikation der Umweltinformationen stehen mehrere Möglichkeiten zur Verfügung. Externe Jahresberichte, Berichte an die Behörden, Tage der offenen Tür, Informationen am schwarzen Brett, Betriebszeitung, E-Mails, Internet etc. sind nur einige der vielfältigen Medien.

4.5.6 Dokumentation

Die DIN EN ISO 14001 stellt relativ geringe Anforderungen an die Dokumentation eines Umweltmanagementsystems. Sie muss die wesentlichsten Elemente und ihre Wechselwirkungen beschreiben. Dazu gehören:

- Umweltpolitik,
- Umweltziele und -programme,
- Geltungsbereich des Umweltmanagementsystems,
- Hauptelemente des UM-Systems.

Hinweise für das Auffinden zugehöriger Dokumente sind nützlich. Anforderungen an einen formalen Aufbau in Form von Handbüchern, Prozessanweisungen etc. sind nicht gegeben. Als Unterlagen können herangezogen werden:

- Organisationspläne,
- behördliche Genehmigungen und Auflagen,
- interne Regelungen und Betriebsanweisungen,
- Betriebstagebücher und Aufzeichnungen,
- Notfallpläne für den Standort.

Ein sehr großer Teil der Dokumentation ist in den Unternehmen bereits über rechtliche Vorgaben vorhanden. Zur Erleichterung des Gebrauchs und um das Bewusstsein der Mitarbeiter zu schärfen, kann eine Neuordnung und Zusammenfassung der Dokumentation notwendig sein. Eine solche Zusammenfassung kann als Bezugsdokument für die Implementierung und Aufrechterhaltung des Umweltmanagementsystems sinnvoll sein. Insbesondere die Transparenz in den Verantwortungen und Zuständigkeiten sorgt für Aufmerksamkeit im betrieblichen Alltag. Einige Fragen, die beachtet werden sollten:

- Wie werden Umweltmanagementverfahren dokumentiert, mitgeteilt und überwacht?
- Besitzt das Unternehmen Mittel und Wege zur Aufrechterhaltung der Dokumentation?
- Wie haben Mitarbeiter Zugriff auf die Umweltmanagementsystem-Dokumentation?

Alle Dokumente müssen datiert und leicht auffindbar sein. Das Unternehmen sollte sicherstellen, dass die Unterlagen abteilungs-, funktions- oder tätigkeitsbezogen zugeordnet werden können. Die Unterlagen sind regelmäßig zu überprüfen und zu aktualisieren. So ist z. B. das Gefahrstoffverzeichnis bei wesentlichen Änderungen fortzuschreiben und mindestens einmal jährlich zu überprüfen. Auf Verlangen ist es der zuständigen Behörde vorzulegen.

4.5.7 Lenkung der Dokumente

Die Absicht dieses Normenabschnitts ist es, dass das Unternehmen Dokumente erstellt, aufrechterhält und lenkt, um die Implementierung des Umweltmanagementsystems sicherzustellen. Das Hauptaugenmerk sollte jedoch auf der umweltorientierten Leistung liegen und nicht auf einem aufwändigen Dokumentationssystem. Für den Nachweis der Funktionsfähigkeit eines Umweltmanagementsystems muss die Verbesserung der Umwelt- und der Unternehmensleistung bewertet werden.

Eine über die rechtlichen Vorgaben ausufernde Dokumentation führt durch ihren Ressourcenverbrauch zu negativen Umweltauswirkungen und einer Fehllenkung von Unternehmensressourcen. Die Leistungen eines internen/externen Projektleiters/Auditors/Zertifizierers/Umweltgutachters zeigen sich an seinen inhaltlichen Arbeiten und nicht an der starren Einhaltung und Abprüfung von Formalismen. Die Fixierung auf Dokumentationen, Pflegen von Unterlagen und Lenkung von Dokumenten führt zu einem planwirtschaftlichen Managementsystem.

Der Aufbau, die Einführung und Anwendung eines Umweltmanagementsystems muss eine Frage sofort beantworten können:

- Was ist der ökonomische, ökologische und soziale Nutzen für Unternehmen, Umwelt und Mitarbeiter?

4.6 Überprüfung

Um die Wirksamkeit des Umweltmanagementsystems zu gewährleisten, sollte das Unternehmen seine umweltorientierte Leistung messen, überwachen und bewerten. Im Einzelnen sind zu berücksichtigen:

- Überwachung und Messung,
- Bewertung der Einhaltung von Rechtsvorschriften,
- Lenkung von Aufzeichnungen,
- Internes Audit,
- Nichtkonformität, Korrektur- und Vorbeugungsmaßnahmen.

4.6.1   Überwachung und Messung

Das Unternehmen sollte über ein System zum Messen und Überwachen der Umweltleistung verfügen. Dies schließt eine Bewertung über die Einhaltung der relevanten Umweltvorschriften ein.
Von daher sind die Arbeitsabläufe und Tätigkeiten, für die Auflagen bestehen bzw. die eine bedeutende Auswirkung auf die Umwelt haben können, regelmäßig zu überwachen und zu messen.
Überwachungsgeräte müssen daher regelmäßig kalibriert und gewartet werden. Aufzeichnungen
darüber sind z. B. über Betriebstagebücher aufzubewahren. Überwachungs-, Kalibrierungsvorgän-
ge und Messungen sind zu analysieren, um den Erfolg von Maßnahmen zu erkennen und mögliche Verbesserungen zu identifizieren.

Die Ermittlung geeigneter Indikatoren für die umweltorientierte Leistung eines Unternehmens kann
in Form betrieblicher Umweltkennzahlen geschehen. Umweltleistungskennzahlen zur Beurteilung
und Steuerung der Umweltauswirkungen, Umweltmanagementkennzahlen zu organisatorischen
Leistungen und Umweltzustandskennzahlen über die Qualität der Umwelt in der Umgebung des
Unternehmens bieten entsprechende Möglichkeiten. Einige Fragen, die beachtet werden sollten:

- Wie wird die umweltorientierte Leistung regelmäßig überwacht?
- Wie wurden spezifische Indikatoren für die umweltorientierte Leistung eingeführt?
- Wie werden Mess- und Überwachungseinrichtungen regelmäßig überprüft und kalibriert?
- Mit welchem Verfahren wird periodisch die Erfüllung relevanter, gesetzlicher und anderer For-
  derungen bewertet?

4.6.2   Bewertung und Einhaltung von Rechtsvorschriften

Das Unternehmen muss ein Verfahren zur regelmäßigen Erfassung, Bewertung und Einhaltung
der Rechtsvorschriften vorweisen können. Eine reine Auflistung der Vorschriften ist nicht ausreichend. Neben der Rechtsvorschrift muss zumindest das Ausgabedatum angegeben sein. Nur
dann ist eine einfache Überprüfung der Rechtskonformität möglich. Aufgrund der Dynamik im Umweltrecht auf europäischer und nationaler Ebene ist dieses Rechtskataster mindestens vierteljährlich – besser monatlich – auf Gültigkeit zu überprüfen. Vergleichbares gilt, wenn auch in abge-
schwächter Form, für die „anderen Anforderungen". Die Rechtsvorschriften sind abteilungs- bzw.
anlagenbezogen zu zuordnen, damit die Führungskräfte ihrer Verantwortung nachkommen können.

4.6.3   Lenkung von Aufzeichnungen

Das Unternehmen muss Verfahren für umweltbezogene Aufzeichnungen führen. Grundanforde-
rungen über Aufzeichnungspflichten ergeben sich wieder aus den rechtlichen Vorgaben. Sie können jedoch weitergehende Anforderungen wie:

- Informationen über relevante Rechtsvorschriften,
- Genehmigungen,
- Umweltaspekte, -auswirkungen und -leistungen,
- Überwachungsdaten,
- Prüf-, Kalibrier- und Wartungsaktivitäten,
- Prozess- und Produktinformationen,
- Schulungsaktivitäten,
- Berichte über Vorfälle, Beschwerden und Beanstandungen,
- Informationen für und über Lieferanten/Dienstleister/Auftragnehmer,
- Informationen über Notfallvorsorge und -maßnahmen,

- Ergebnisse von Auditierungen,
- Bewertungen durch die Unternehmensleitung

enthalten. Der wirkungsvolle Umgang mit der vielfältigen und komplexen Menge an Informationen ist ein Schlüsselmerkmal für ein effizientes Umweltmanagementsystem. Ein gutes Umweltinformationssystem schließt Mittel und Wege zur Kennzeichnung, Sammlung, Registrierung und Aufbewahrung von Daten, Informationen und Berichten ein.

Einige Fragen, die berücksichtigt werden sollten:

- Welche Umweltinformationen braucht das Unternehmen?
- Welche Schlüsselindikatoren sind zu ermitteln und zu verfolgen, um die Umweltziele zu erreichen?
- Wie stellt das Umweltinformationssystem den Mitarbeitern die benötigten Informationen zur Verfügung?

4.6.4   Internes Audit

Ein Audit ist ein systematischer und dokumentierter Prozess zur objektiven Ermittlung und Bewertung von Nachweisen. Es wird festgestellt, ob das Umweltmanagementsystem eines Unternehmens die selbst festgelegten Kriterien erfüllt. Audits sind deshalb regelmäßig durchzuführen. Das Auditprogramm muss auf den bedeutenden Umweltaspekten und -auswirkungen und den Ergebnissen vorangegangener Umweltaudits basieren. In einem vollständigen Auditprogramm müssen:

- Tätigkeiten, Abteilungen und Unternehmensbereiche,
- Verantwortlichkeiten für die Leitung und Durchführung,
- Berichterstattung der Auditergebnisse,
- Kompetenzen der Auditoren,
- Art der Durchführung des Audits

geregelt sein. Die Häufigkeit von Umweltaudits hängt von der Art des Betriebes, seinen Umweltaspekten und potenziellen Umweltauswirkungen ab. Umweltaudits können durch Mitarbeiter des Unternehmens und/oder durch externe Personen ausgeführt werden. In jedem Fall sollten die Auditoren in der Lage sein, das Audit objektiv und unparteiisch durchzuführen. Die Berichterstattung der Auditergebnisse an die Unternehmensleitung zeigt den Zustand des Umweltmanagementsystems auf.

Über die Umweltpolitik hat sich die Geschäftsführung zur Einhaltung der Umweltvorschriften verpflichtet. Die Auditoren/Zertifizierer/Umweltgutachter müssen daher in den auditierten Bereichen eine inhaltliche, gesetzeskonforme Prüfung vornehmen. Eine reine Systemprüfung verstößt gegen die Sorgfaltspflichten. Zur Entlastung und Absicherung der Geschäftsführung bestätigen sie in ihrem Auditbericht die Einhaltung der Umweltvorschriften. Einige Fragen, die beachtet werden sollten:

- Werden Umweltaudits mindestens im jährlichen Abstand durchgeführt?
- Werden die Unternehmensbereiche auditiert, die bedeutende Auswirkungen auf die Umwelt haben?
- Haben die internen/externen Auditoren die notwendige fachliche Kompetenz im Umweltbereich?
- Ergeben sich aus dem Auditbericht ökonomische und ökologische Potenziale zur kontinuierlichen Verbesserung im Umweltmanagement?

4.6.5   Nichtkonformität, Korrektur- und Vorsorgemaßnahmen

Die Feststellungen, Schlussfolgerungen und Empfehlungen, die sich als Ergebnis von Überwachungen, Audits und anderen Bewertungen ergeben, sind schriftlich festzuhalten. Für die notwendigen Korrektur- und Vorsorgemaßnahmen sind Verantwortlichkeiten, Ressourcen, Termine etc. zu nennen. Die Maßnahmen müssen der Schwere des Problems, den tatsächlichen und potenziellen Abweichungen Rechnung tragen und den Umweltauswirkungen angemessen sein. Für die Untersuchung von Abweichungen sind folgende Elemente einzubeziehen:

- Bestimmung der Ursachen für Abweichungen,
- Aufzeichnung der Ergebnisse,
- Bewertung von Lösungsalternativen und Auswahl von Maßnahmen zur Verringerung der Umweltauswirkungen,
- Überprüfung und Bewertung der Wirksamkeit der Maßnahmen.

Durch ein systematisches Vorgehen ist die Wirksamkeit der Maßnahmen abzusichern. Einige Fragen, die beachtet werden sollten:

- Werden Verantwortlichkeiten für die Umsetzung von Korrektur- und Vorbeugungsmaßnahmen festgelegt?
- Werden die Ursachen für Abweichungen untersucht?
- Wie werden die umgesetzten Maßnahmen auf ihre Wirksamkeit hin überprüft?

4.7   Managementbewertung

Das Unternehmen muss sein Umweltmanagementsystem bewerten und kontinuierlich verbessern. Dadurch soll insgesamt eine Verbesserung der umweltorientierten Leistung erreicht werden. Die Bewertung sollte breit genug angelegt sein, um die Umweltauswirkungen aller Tätigkeiten, Produkte und Dienstleistungen, einschließlich ihrer Auswirkungen auf die finanzielle Leistung und mögliche Wettbewerbspositionen, zu erfassen. In die Bewertungen sollten einbezogen werden:

- Eignung der strategischen Umweltpolitik und der operativen Umweltziele,
- Einhaltung rechtlicher Verpflichtungen,
- Änderungen von Produkten, Prozessen und Verfahren,
- Fortschritte in Wissenschaft und Technologie,
- Umweltauswirkungen des Unternehmens,
- Ergebnisse von Audits,
- Anliegen interessierter Kreise und Marktpräferenzen,
- Wirksamkeit von Korrektur- und Vorbeugungsmaßnahmen,
- Maßnahmen aus dem Umweltprogramm,
- Verbesserungsvorschläge aus früheren Managementreviews.

Das Konzept der kontinuierlichen Verbesserungen ist ein wesentlicher Bestandteil eines Umweltmanagementsystems. Der kontinuierliche Verbesserungsprozess wird u.a. durch:

- Verbesserungen des Umweltmanagementsystems,
- Ursachenermittlung für Fehler und Unzulänglichkeiten,
- Pläne für Korrektur- und Verbesserungsmaßnahmen,
- Reduzierung der Umweltauswirkungen durch entsprechende Maßnahmen,
- Prozessverbesserungen und Verfahrensänderungen

erreicht. Als Ausgangsbasis für die Leistungsbewertung und den kontinuierlichen Verbesserungsprozess müssen die Umweltvorschriften jederzeit eingehalten werden. Die Einrichtung eines Umweltmanagementsystems nach DIN EN ISO 14001 bedeutet also auch hier, im kontinuierlichen Verbesserungsprozess mit den Umweltleistungen des Unternehmens über die rechtlichen Anforderungen hinauszugehen. Einige Fragen, die Berücksichtigung finden sollten:

- Wie wird das Umweltmanagementsystem regelmäßig bewertet?
- Über welche Prozesse verfügt das Unternehmen um Verbesserungsmaßnahmen zu bestimmen?
- Wie ermittelt das Unternehmen, dass Maßnahmen und Verbesserungen termingerecht umgesetzt werden und wirksam sind?

4.8   DIN EN ISO 14001-Zertifizierung

Abbildung 4.2 zeit die Entwicklung der DIN EN ISO 14001-Zertifizierung „Umweltmanagementsystem". Weltweit ist ein rasanter Anstieg zu verzeichnen und zeigt damit deren Bedeutung für eine nachhaltige Unternehmensentwicklung. Deutschlang gehört mit ca. 7.000 Zertifizierungen in 2012 zu den Top 10 der Welt (Abb. 4.3).

Jahr	2002	2003	2004	2005	2006	2007	2008	2009	2010	2011	2012
Afrika	418	626	817	1.130	1.079	1.096	1.518	1.531	1.675	1.740	2.109
Zentral-/Süd Amerika	1.418	1.691	2.955	3.411	4.355	4.260	4.413	3.748	6.999	7.105	8.202
Nordamerika	4.053	5.233	6.743	7.119	7.673	7.267	7.194	7.316	6.302	7.450	8.573
Europa	23.305	30.918	39.805	47.837	55.919	65.097	78.118	89.237	103.126	101.177	113.356
Ostasien und Pazifik	19.307	25.151	38.050	48.800	55.428	72.350	91.156	113.850	126.551	137.335	145.724
Zentral- und Südasien	636	927	1.322	1.829	2.201	2.926	3.770	4.517	4.380	4.725	4.946
Mittlerer Osten	303	450	862	1.037	1.556	1.576	2.405	2.775	2.515	2.425	2.934
Gesamt	49.440	64.996	90.554	111.163	128.211	154.572	188.574	222.974	251.548	261.957	285.844

Abb. 4.2: Zertifizierungen nach DIN EN ISO 14001 „Umweltmanagementsysteme" [4.8]

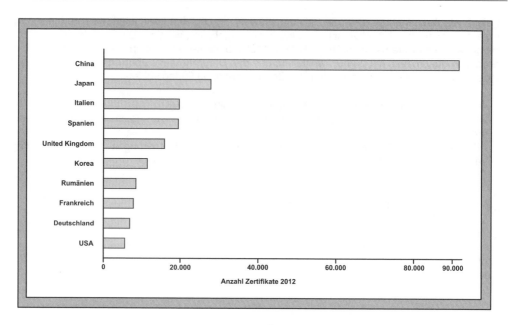

Abb. 4.3: Anzahl der länderspezifischen Zertifizierungen nach DIN EN ISO 14001 „Umweltmanagementsy--
steme" [4.8]

4.9   Wissensfragen

- Welche Grundsätze und Elemente sind in einem Umweltmanagementsystem nach DIN EN
  ISO 14001 zu berücksichtigen?

- Welche Anforderungen werden an die Umweltpolitik eines Unternehmens gestellt?

- Welche Umweltstrategien existieren in ihrem Unternehmen?

- Welche gesetzlichen und anderen Forderungen sind bei der Planung eines UM-Systems nach
  DIN EN ISO 14001 zu berücksichtigen?

- Wie sind Umweltaspekte in einem Umweltmanagementsystem nach DIN EN ISO 14001 zu
  ermitteln?

- Wie werden Umweltziele und -programme nach DIN EN ISO 14001 ermittelt und aufgestellt?

- Welche Maßnahmen zur Reduzierung der Umweltauswirkungen sind in ihrem Unternehmen
  geplant?

- Welche Aufgaben, Verantwortlichkeiten und Befugnisse sind im Rahmen eines UM-Systems
  nach DIN EN ISO 14001 festzulegen?

- Was versteht man unter Ablauflenkung in einem UM-System nach DIN EN ISO 14001?

- Welche Fähigkeiten und Schulungsanforderungen werden für Mitarbeiter in einem UM-System nach DIN EN ISO 14001 gestellt?

- Wie sind die Umweltleistungen in einem Umweltmanagementsystem nach DIN EN ISO 14001 zu überwachen und zu messen?

- Welche Anforderungen werden an die Bewertung und Einhaltung der Rechtsvorschriften in einem UM-System nach DIN EN ISO 14001 gestellt?

- Was versteht man unter einem internen Audit eines UM-Systems nach DIN EN ISO 14001?

- Welchen Sinn und Zweck erfüllt eine Managementbewertung eines UM-Systems nach DIN EN ISO 14001?

4.10 Weiterführende Literatur

4.1 Ahrens, V.; Hofmann-Kannensky M.; *Integration von Managementsystemen,* Vahlen, **2001,** 3-8006-2593-8

4.2 Albrecht, Th.; *Wertorientiertes Umweltmanagement,* Eul, **2007,** 978-3-89936-583-2

4.3 Becke, G. et al.; *Dialogorientiertes Umweltmanagement und Umweltqualifizierung,* Springer, **2000,** 3-540-67173-0

4.4 DIN EN ISO 14001; *Umweltmanagementsysteme – Anforderungen mit Anleitung zur Anwendung,* Beuth, **November 2009**

4.5 DIN EN ISO 14004; *Umweltmanagementsysteme – Allgemeiner Leitfaden über Grundsätze, Systeme und unterstützende Methoden,* Beuth, **August 2010**

4.6 DIN ISO 26000; *Leitfaden zur gesellschaftlichen Verantwortung,* Beuth, **Januar 2011**

4.7 Doktoranden-Netzwerk Öko-Audit e.V. (Hrsg.); *Umweltmanagementsysteme zwischen Anspruch und Wirklichkeit,* Springer, **1998,** 3-540-64690-6

4.8 International Standard Organization (ISO); *The ISO Survey of Certifications,* **2013**

4.9 Kostka, S., Hassan, A.; *Umweltmanagementsysteme in der chemischen Industrie,* Springer, **1997,** 3-540-62907-6

4.10 Krinn, H., Meinholz, H.; *Einführung eines Umweltmanagementsystems in kleinen und mittleren Unternehmen – Ein Arbeitsbuch,* Springer, **1997,** 3-540-62465-1

4.11 Lutz, U.; Roth, K.; *Betriebliches Umweltmanagement,* Springer, **2000,** 3-540-67929-4

4.12 Tischler, K.; *Betriebliches Umweltmanagement als Lernprozess,* Peter Lang, **1998,** 3-631-33914-3

4.13 Umweltbundesamt (UBA); *Wirtschaftsfaktor Umweltschutz – Vertiefende Analyse zu Umweltschutz und Innovation,* Texte 01/2007, **2007**

4.14   VDI 4070, Blatt 1; *Anleitung zum Nachhaltigen Wirtschaften,* Beuth, **Februar 2006**

4.15   VDI 4075, Blatt 1; *Produktionsintegrierter Umweltschutz (PIUS) – Grundlagen und An-wendungsbereich,* Beuth, **März 2005**

4.16   Zeschmann, E.-G.; Wilken M.; *Anleitung für ein Umweltmanagementsystem,* Expert, **2000,** 3-8169-1636-8

5 EG-Öko-Audit-Verordnung (EMAS)

5.1 Allgemeine Bestimmungen

Zielsetzung (Art. 1)

Es wird ein Gemeinschaftssystem für das Umweltmanagement und die Umweltbetriebsprüfung (nachstehend als „EMAS" bezeichnet) geschaffen, an dem sich Organisationen innerhalb und außerhalb der Gemeinschaft freiwillig beteiligen können.

Das Ziel von EMAS, einem wichtigen Instrument des Aktionsplans für Nachhaltigkeit in Produktion und Verbrauch und für eine nachhaltige Industriepolitik, besteht darin, kontinuierliche Verbesserungen der Umweltleistung von Organisationen zu fördern, indem die Organisationen Umweltmanagementsysteme errichten und anwenden, die Leistung dieser Systeme einer systematischen, objektiven und regelmäßigen Bewertung unterzogen wird, Informationen über die Umweltleistung vorgelegt werden, ein offener Dialog mit der Öffentlichkeit und anderen interessierten Kreisen geführt wird und die Arbeitnehmer der Organisationen aktiv beteiligt werden und eine angemessene Schulung erhalten.

Begriffsbestimmungen (Art. 2)

Für die Zwecke der EMAS-Verordnung gelten folgende Begriffsbestimmungen:

- **„Umweltpolitik":** die von den obersten Führungsebenen einer Organisation verbindlich dargelegten Absichten und Ausrichtungen dieser Organisation in Bezug auf ihre Umweltleistung, einschließlich der Einhaltung aller geltenden Umweltvorschriften und der Verpflichtung zur kontinuierlichen Verbesserung der Umweltleistung. Sie bildet den Rahmen für die Maßnahmen und für die Festlegung umweltbezogener Zielsetzungen und Einzelziele,

- **„Umweltleistung":** die messbaren Ergebnisse des Managements der Umweltaspekte einer Organisation,

- **„Einhaltung der Rechtsvorschriften":** vollständige Einhaltung der geltenden Umweltvorschriften, einschließlich der Genehmigungsbedingungen,

- **„Umweltaspekt":** derjenige Bestandteil der Tätigkeiten, Produkte oder Dienstleistungen einer Organisation, der Auswirkungen auf die Umwelt hat oder haben kann,

- **„bedeutender Umweltaspekt":** ein Umweltaspekt, der bedeutende Umweltauswirkungen hat oder haben kann,
- **„direkter Umweltaspekt":** ein Umweltaspekt im Zusammenhang mit Tätigkeiten, Produkten und Dienstleistungen der Organisation selbst, der deren direkter betrieblicher Kontrolle unterliegt,

- **„indirekter Umweltaspekt":** ein Umweltaspekt, der das Ergebnis der Interaktion einer Organisation mit Dritten sein und in angemessenem Maße von einer Organisation beeinflusst werden kann,

- **„Umweltauswirkung":** jede positive oder negative Veränderung der Umwelt, die ganz oder teilweise auf Tätigkeiten, Produkte oder Dienstleistungen einer Organisation zurückzuführen ist,

- **„Umweltprüfung"**: eine erstmalige umfassende Untersuchung der Umweltaspekte, der Umweltauswirkungen und der Umweltleistung im Zusammenhang mit den Tätigkeiten, Produkten und Dienstleistungen einer Organisation,

- **„Umweltprogramm"**: eine Beschreibung der Maßnahmen, Verantwortlichkeiten und Mittel, die zur Verwirklichung der Umweltzielsetzungen und -einzelziele getroffen, eingegangen und eingesetzt wurden oder vorgesehen sind, und der diesbezügliche Zeitplan,

- **„Umweltzielsetzung"**: ein sich aus der Umweltpolitik ergebendes und nach Möglichkeit zu quantifizierendes Gesamtziel, das sich eine Organisation gesetzt hat,

- **„Umwelteinzelziel"**: eine für die gesamte Organisation oder Teile davon geltende detaillierte Leistungsanforderung, die sich aus den Umweltzielsetzungen ergibt und festgelegt und eingehalten werden muss, um diese Zielsetzungen zu erreichen,

- **„Umweltmanagementsystem"**: der Teil des gesamten Managementsystems, der die Organisationsstruktur, Planungstätigkeiten, Verantwortlichkeiten, Verhaltensweisen, Vorgehensweisen, Verfahren und Mittel für die Festlegung, Durchführung, Verwirklichung, Überprüfung und Fortführung der Umweltpolitik und das Management der Umweltaspekte umfasst,

- **„bewährte Umweltmanagementpraktiken"**: die wirkungsvollste Art der Umsetzung des Umweltmanagementsystems durch Organisationen in einer Branche, die unter bestimmten wirtschaftlichen und technischen Voraussetzungen zu besten Umweltleistungen führen kann,

- **„wesentliche Änderung"**: jegliche Änderungen in Bezug auf Betrieb, Struktur, Verwaltung, Verfahren, Tätigkeiten, Produkte oder Dienstleistungen einer Organisation, die bedeutende Auswirkungen auf das Umweltmanagementsystem der Organisation, die Umwelt oder die menschliche Gesundheit haben oder haben können,

- **„Umweltbetriebsprüfung"**: die systematische, dokumentierte, regelmäßige und objektive Bewertung der Umweltleistung einer Organisation, des Managementsystems und der Verfahren zum Schutz der Umwelt,

- **„Betriebsprüfer"**: eine zur Belegschaft der Organisation gehörende Person oder Gruppe von Personen oder eine organisationsfremde natürliche oder juristische Person, die im Namen der Organisation handelt und insbesondere die bestehenden Umweltmanagementsysteme bewertet und prüft, ob diese mit der Umweltpolitik und dem Umweltprogramm der Organisation übereinstimmen und ob die geltenden umweltrechtlichen Verpflichtungen eingehalten werden,

- **„Umwelterklärung"**: die umfassende Information der Öffentlichkeit und anderer interessierter Kreise mit folgenden Angaben zur Organisation:
  - Struktur und Tätigkeiten,
  - Umweltpolitik und Umweltmanagementsystem,
  - Umweltaspekte und -auswirkungen,
  - Umweltprogramm, -zielsetzung und -einzelziele,
  - Umweltleistung und Einhaltung der geltenden umweltrechtlichen Verpflichtungen,

- **„aktualisierte Umwelterklärung"**: die umfassende Information der Öffentlichkeit und anderer interessierter Kreise, die Aktualisierungen der letzten validierten Umwelterklärung enthält, wozu nur Informationen über die Umweltleistung einer Organisation und die Einhaltung der für sie geltenden umweltrechtlichen Verpflichtungen gehören,

- **„Umweltgutachter":**
  - eine Konformitätsbewertungsstelle im Sinne der Verordnung (EG) Nr. 765/2008 oder jede Vereinigung oder Gruppe solcher Stellen, die gemäß der vorliegenden Verordnung akkreditiert ist; oder
  - jede natürliche oder juristische Person oder jede Vereinigung oder Gruppe solcher Personen, der eine Zulassung zur Durchführung von Begutachtungen und Validierungen gemäß der vorliegenden Verordnung erteilt worden ist,

- **„Organisation":** Gesellschaft, Körperschaft, Betrieb, Unternehmen, Behörde oder Einrichtung bzw. Teil oder Kombination hiervon, innerhalb oder außerhalb der Gemeinschaft, mit oder ohne Rechtspersönlichkeit, öffentlich oder privat, mit eigenen Funktionen und eigener Verwaltung,

- **„Standort":** ein bestimmter geografischer Ort, der der Kontrolle einer Organisation untersteht und an dem Tätigkeiten ausgeführt, Produkte hergestellt und Dienstleistungen erbracht werden, einschließlich der gesamten Infrastruktur, aller Ausrüstungen und aller Materialien. Ein Standort ist die kleinste für die Registrierung in Betracht zu ziehende Einheit,

- **„Begutachtung":** eine von einem Umweltgutachter durchgeführte Konformitätsbewertung, mit der festgestellt werden soll, ob Umweltprüfung, Umweltpolitik, Umweltmanagementsystem und interne Umweltbetriebsprüfung einer Organisation sowie deren Umsetzung den Anforderungen der EMAS-Verordnung entsprechen,

- **„Validierung":** die Bestätigung des Umweltgutachters, der die Begutachtung durchgeführt hat, dass die Informationen und Daten in der Umwelterklärung einer Organisation und die Aktualisierungen der Erklärung zuverlässig, glaubhaft und korrekt sind und den Anforderungen dieser Verordnung entsprechen,

- **„Durchsetzungsbehörden":** zuständige Behörden, die von den Mitgliedstaaten dazu bestimmt wurden, Verstöße gegen das geltende Umweltrecht aufzudecken, zu verhüten und aufzuklären sowie erforderlichenfalls Durchsetzungsmaßnahmen zu ergreifen,

- **„Umweltleistungsindikator":** ein spezifischer Parameter, mit dem sich die Umweltleistung einer Organisation messen lässt.

5.2 Registrierung von Organisationen

Vorbereitung der Registrierung (Art. 4)

Organisationen, die erstmalig eine Registrierung anstreben:

- nehmen eine Umweltprüfung aller sie betreffenden Umweltaspekte vor,
- führen auf der Grundlage der Ergebnisse dieser Umweltprüfung ein von ihnen entwickeltes Umweltmanagementsystem ein, das alle Anforderungen abdeckt und etwaige bewährte branchenspezifische Umweltmanagementpraktiken berücksichtigt,
- führen eine Umweltbetriebsprüfung durch,
- erstellen eine Umwelterklärung.

Sofern branchenspezifische Referenzdokumente für die betreffende Branche zur Verfügung stehen, erfolgt die Beurteilung der Umweltleistung der Organisation unter Berücksichtigung dieser einschlägigen Dokumente.

Die Organisationen erbringen den materiellen oder dokumentarischen Nachweis, dass sie alle für sie geltenden Umweltvorschriften einhalten. Sofern branchenspezifische Referenzdokumente für die betreffende Branche zur Verfügung stehen, erfolgt die Beurteilung der Umweltleistung der Organisation anhand dieser einschlägigen Dokumente.

Die erste Umweltprüfung, das Umweltmanagementsystem, das Verfahren für die Umweltbetriebsprüfung und seine Umsetzung werden von einem akkreditierten oder zugelassenen Umweltgutachter begutachtet und die Umwelterklärung wird von diesem validiert.

Registrierungsantrag (Art. 5)

Organisationen, die die Anforderungen erfüllen, können eine Registrierung beantragen. Der Registrierungsantrag ist bei der zuständigen Stelle zu stellen und umfasst Folgendes:

- die validierte Umwelterklärung in elektronischer oder gedruckter Form,
- die vom Umweltgutachter, der die Umwelterklärung validiert hat, unterzeichnete Erklärung,
- ein ausgefülltes Formular, das mindestens die in Anhang VI EMAS-Verordnung aufgeführten Mindestangaben enthält,
- gegebenenfalls Nachweise über die Zahlung der fälligen Gebühren.

5.3   Verpflichtungen registrierter Organisationen

Verlängerung der EMAS-Registrierung (Art. 6)

Eine registrierte Organisation muss mindestens alle drei Jahre:

- ihr gesamtes Umweltmanagementsystem und das Programm für die Umweltbetriebsprüfung und deren Umsetzung begutachten lassen,
- eine Umwelterklärung erstellen und von einem Umweltgutachter validieren lassen,
- die validierte Umwelterklärung der zuständigen Stelle übermitteln,
- der zuständigen Stelle ein ausgefülltes Formular mit wenigstens den in Anhang VI EMAS-Verordnung aufgeführten Mindestangaben übermitteln,
- gegebenenfalls eine Gebühr für die weitere Führung der Registrierung an die zuständige Stelle entrichten.

In den dazwischen liegenden Jahren muss eine registrierte Organisation:

- gemäß dem Programm für die Betriebsprüfung eine Betriebsprüfung ihrer Umweltleistung und der Einhaltung der geltenden Umweltvorschriften vornehmen,
- eine aktualisierte Umwelterklärung erstellen und von einem Umweltgutachter validieren lassen,
- der zuständigen Stelle die validierte aktualisierte Umwelterklärung übermitteln,
- der zuständigen Stelle ein ausgefülltes Formular mit wenigstens den in Anhang VI EMAS-Verordnung aufgeführten Mindestangaben übermitteln,
- gegebenenfalls eine Gebühr für die weitere Führung der Registrierung an die zuständige Stelle entrichten.

Die registrierten Organisationen veröffentlichen ihre Umwelterklärung und deren Aktualisierungen innerhalb eines Monats nach der Registrierung und innerhalb eines Monats nach der Verlängerung der Registrierung. Die registrierten Organisationen können dieser Anforderung nachkommen, indem sie die Umwelterklärung und deren Aktualisierungen auf Anfrage zugänglich machen oder Links zu Internet-Seiten einrichten, auf denen diese Umwelterklärungen zu finden sind.

Ausnahmeregelung für kleine Organisationen (Art. 7)

Auf Antrag einer kleinen Organisation verlängern die zuständigen Stellen für diese Organisation das Dreijahresintervall auf bis zu vier Jahre oder das Jahresintervall auf bis zu zwei Jahre, sofern der Umweltgutachter, der die Organisation begutachtet hat, bestätigt, dass alle nachfolgenden Bedingungen erfüllt sind:

- es liegen keine wesentlichen Umweltrisiken vor,
- die Organisation plant keine wesentlichen Änderungen und
- es liegen keine wesentlichen lokalen Umweltprobleme vor, zu denen die Organisation beiträgt.

Wesentliche Änderungen (Art. 8)

Plant eine registrierte Organisation wesentliche Änderungen, so führt sie eine Umweltprüfung dieser Änderungen, einschließlich ihrer Umweltaspekte und Umweltauswirkungen, durch. Nach der Umweltprüfung der Änderungen aktualisiert die Organisation die erste Umweltprüfung, ändert die Umweltpolitik, das Umweltprogramm und das Umweltmanagementsystem und überprüft und aktualisiert die gesamte Umwelterklärung entsprechend. Alle geänderten und aktualisierten Dokumente sind innerhalb von sechs Monaten zu begutachten und zu validieren. Nach der Validierung übermittelt die Organisation die Änderungen der zuständigen Stelle und veröffentlicht die Änderungen.

Interne Umweltbetriebsprüfung (Art. 9)

Registrierte Organisationen stellen ein Programm für die Umweltbetriebsprüfung auf, das gewährleistet, dass alle Tätigkeiten der Organisation innerhalb eines Zeitraums von höchstens drei Jahren einer internen Umweltbetriebsprüfung unterzogen werden, oder innerhalb eines Zeitraums von höchstens vier Jahren, wenn die genannte Ausnahmeregelung Anwendung findet.

Die Prüfung wird von Betriebsprüfern vorgenommen, die einzeln oder als Gruppe über die erforderlichen fachlichen Qualifikationen für die Ausführung dieser Aufgaben verfügen, und deren Unabhängigkeit gegenüber den geprüften Tätigkeiten ausreichend ist, um eine objektive Beurteilung zu gestatten.

Im Programm der Organisation für die Umweltbetriebsprüfung sind die Zielsetzungen jeder Umweltbetriebsprüfung bzw. jedes Betriebsprüfungszyklus, einschließlich der Häufigkeit der Prüfung jeder Tätigkeit, festzulegen.

Nach jeder Umweltbetriebsprüfung und nach jedem Prüfungszyklus erstellen die Betriebsprüfer einen schriftlichen Bericht. Der Betriebsprüfer teilt die Ergebnisse und Schlussfolgerungen aus der Umweltbetriebsprüfung der Organisation mit. Im Anschluss an die Umweltbetriebsprüfung erstellt die Organisation einen geeigneten Aktionsplan und setzt diesen um. Die Organisation schafft geeignete Mechanismen, die gewährleisten, dass die Ergebnisse der Umweltbetriebsprüfung in der Folge berücksichtigt werden.

Verwendung des EMAS-Logos (Art. 10)

Das EMAS-Logo darf nur von registrierten Organisationen und nur während der Gültigkeitsdauer ihrer Registrierung verwendet werden. Das Logo muss stets die Registrierungsnummer der Organisation aufweisen. Organisationen die nicht alle ihre Standorte in die Sammelregistrierung einbeziehen, müssen sicherstellen, dass in ihren Informationen für die Öffentlichkeit und bei der Verwendung des EMAS-Logos erkenntlich ist, welche Standorte von der Registrierung erfasst sind. Das EMAS-Logo darf nicht verwendet werden:

- auf Produkten oder ihrer Verpackung, oder
- in Verbindung mit Vergleichen mit anderen Tätigkeiten und Dienstleistungen oder in einer Weise, die zu Verwechslungen mit Umwelt-Produktkennzeichnungen führen kann.

Jede von einer registrierten Organisation veröffentlichte Umweltinformation darf das EMAS-Logo tragen, sofern in den Informationen auf die zuletzt vorgelegte Umwelterklärung oder aktualisierte Umwelterklärung der Organisation verwiesen wird, aus der diese Information stammt, und sie von einem Umweltgutachter als:

- sachlich richtig,
- begründet und nachprüfbar,
- relevant und im richtigen Kontext bzw. Zusammenhang verwendet,
- repräsentativ für die gesamte Umweltleistung der Organisation,
- unmissverständlich und
- wesentlich in Bezug auf die gesamten Umweltauswirkungen validiert wurde.

5.4 Vorschriften für die zuständigen Stellen

Benennung und Aufgaben der zuständigen Stellen (Art. 11)

Die Mitgliedstaaten benennen zuständige Stellen, die für die Registrierung von innerhalb der Gemeinschaft angesiedelten Organisationen gemäß dieser Verordnung verantwortlich sind.

Verpflichtungen im Zusammenhang mit dem Registrierungsverfahren (Art. 12)

Die zuständigen Stellen erstellen und führen ein Register der in ihren Mitgliedstaaten registrierten Organisationen, einschließlich der Information, auf welche Weise deren Umwelterklärung bzw. aktualisierte Umwelterklärung erhältlich ist, und bringen im Falle von Änderungen dieses Register monatlich auf den neuesten Stand. Das Register wird auf einer Internet-Seite veröffentlicht.

Aussetzung oder Streichung der Registrierung von Organisationen (Art. 15)

Ist eine zuständige Stelle der Auffassung, dass eine registrierte Organisation die Bestimmungen der EMAS-Verordnung nicht einhält, so gibt sie der Organisation Gelegenheit, zur Sache Stellung zu nehmen. Ist die Antwort der Organisation unzulänglich, so wird ihre Registrierung ausgesetzt oder gestrichen.

Erhält die zuständige Stelle von der Akkreditierungsstelle oder Zulassungsstelle einen schriftlichen Kontrollbericht, dem zufolge die Tätigkeiten des Umweltgutachters nicht ausreichen, um zu gewährleisten, dass die registrierte Organisation die Anforderungen der EMAS-Verordnung erfüllt, so wird die Registrierung ausgesetzt.

Wird eine zuständige Stelle von der zuständigen Durchsetzungsbehörde in einem schriftlichen Bericht über einen Verstoß der Organisation gegen geltende Umweltvorschriften unterrichtet, so setzt sie die Registrierung der betreffenden Organisation aus bzw. streicht den Registereintrag. Bei ihrer Entscheidung über die Aussetzung oder Streichung einer Registrierung berücksichtigt die zuständige Stelle mindestens Folgendes:

- die Umweltauswirkung der Nichteinhaltung der Verpflichtungen durch die Organisation,
- die Vorhersehbarkeit der Nichteinhaltung von Verpflichtungen durch die Organisation oder die Umstände, die dazu führen,
- die vorangegangene Nichteinhaltung von Verpflichtungen durch die Organisation und
- die besondere Situation der Organisation.

Die zuständige Stelle hört die betroffenen Beteiligten, einschließlich der Organisation, um sich die erforderlichen Entscheidungsgrundlagen für die Aussetzung der Registrierung der betreffenden Organisation oder ihre Streichung aus dem Register zu verschaffen.

Erhält die zuständige Stelle auf anderem Wege als durch einen schriftlichen Kontrollbericht der Akkreditierungsstelle oder der Zulassungsstelle den Nachweis dafür, dass die Tätigkeiten des Umweltgutachters nicht ausreichten, um zu gewährleisten, dass die Organisation die Anforderungen dieser Verordnung erfüllt, so konsultiert sie die Akkreditierungsstelle oder Zulassungsstelle, die den Umweltgutachter beaufsichtigt.

Die zuständige Stelle gibt die Gründe für die getroffenen Maßnahmen an. Die zuständige Stelle informiert die Organisation in angemessener Weise über die mit den betroffenen Beteiligten geführten Gespräche. Die Aussetzung der Registrierung einer Organisation wird rückgängig gemacht, wenn die zuständige Stelle hinreichend darüber informiert wurde, dass die Organisation die Vorschriften einhält.

5.5   Umweltgutachter

Aufgaben der Umweltgutachter (Art. 18)

Die Umweltgutachter prüfen, ob die Umweltprüfung, die Umweltpolitik, das Umweltmanagementsystem, die Umweltbetriebsprüfungsverfahren einer Organisation und deren Durchführung den Anforderungen der EMAS-Verordnung entsprechen. Der Umweltgutachter prüft Folgendes:

- die Einhaltung aller Vorschriften der EMAS-Verordnung durch die Organisation in Bezug auf die erste Umweltprüfung, das Umweltmanagementsystem, die Umweltbetriebsprüfung und ihre Ergebnisse und die Umwelterklärung oder die aktualisierte Umwelterklärung,

- die Einhaltung der geltenden gemeinschaftlichen, nationalen, regionalen und lokalen Umweltvorschriften durch die Organisation,

- die kontinuierliche Verbesserung der Umweltleistung der Organisation,

- die Zuverlässigkeit, die Glaubwürdigkeit und die Richtigkeit der Daten und Informationen in folgenden Dokumenten:
    - Umwelterklärung,
    - aktualisierte Umwelterklärung,
    - zu validierende Umweltinformationen.

Der Umweltgutachter prüft insbesondere die Angemessenheit der ersten Umweltprüfung, der Umweltbetriebsprüfung oder anderer von der Organisation angewandter Verfahren, wobei er auf jede unnötige Doppelarbeit verzichtet.

Der Umweltgutachter prüft, ob die Ergebnisse der internen Umweltbetriebsprüfung zuverlässig sind. Gegebenenfalls führt er zu diesem Zweck Stichproben durch. Bei der Begutachtung in Vorbereitung der Registrierung einer Organisation untersucht der Umweltgutachter, ob die Organisation mindestens folgende Anforderungen erfüllt:

- sie verfügt über ein voll funktionsfähiges Umweltmanagementsystem,
- es besteht ein Programm für die Umweltbetriebsprüfung, dessen Planung abgeschlossen und das bereits angelaufen ist, so dass zumindest die bedeutendsten Umweltauswirkungen erfasst sind,
- es wurde eine Managementbewertung vorgenommen und
- es wurde eine Umwelterklärung erstellt und es wurden - soweit verfügbar - branchenspezifische Referenzdokumente berücksichtigt.

Im Rahmen der Begutachtung für die Verlängerung der Registrierung untersucht der Umweltgutachter, ob die Organisation folgende Anforderungen erfüllt:

- die Organisation verfügt über ein voll funktionsfähiges Umweltmanagementsystem,
- die Organisation verfügt über ein Programm für die Umweltbetriebsprüfung, für das die operative Planung und mindestens ein Prüfzyklus abgeschlossen sind,
- die Organisation hat eine Managementbewertung vorgenommen und
- die Organisation hat eine Umwelterklärung erstellt, und es wurden - soweit verfügbar - branchenspezifische Referenzdokumente berücksichtigt.

Häufigkeit der Begutachtungen (Art. 19)

Der Umweltgutachter erstellt in Abstimmung mit der Organisation ein Programm, durch das sichergestellt wird, dass alle für die Registrierung und Verlängerung der Registrierung erforderlichen Komponenten begutachtet werden. Der Umweltgutachter validiert in Abständen von höchstens zwölf Monaten sämtliche aktualisierten Informationen der Umwelterklärung oder der aktualisierten Umwelterklärung.

Anforderungen an Umweltgutachter (Art. 20)

Umweltgutachter, die eine Akkreditierung oder Zulassung anstreben, stellen einen entsprechenden Antrag bei der Akkreditierungsstelle oder Zulassungsstelle. In dem Antrag ist der Geltungsbereich der beantragten Akkreditierung oder Zulassung gemäß der in der Verordnung (EG) Nr. 1893/2006 festgelegten Systematik der Wirtschaftszweige zu präzisieren. Der Umweltgutachter weist der Akkreditierungsstelle oder Zulassungsstelle auf geeignete Weise nach, dass er in den folgenden Bereichen über die für die beantragte Akkreditierung oder Zulassung erforderlichen Qualifikationen, einschließlich der Kenntnisse, einschlägigen Erfahrungen und technischen Fähigkeiten, verfügt:

- vorliegende EMAS-Verordnung,

- allgemeine Funktionsweise von Umweltmanagementsystemen,

- einschlägige branchenspezifische Referenzdokumente,

- Rechts- und Verwaltungsvorschriften für die zu begutachtende und zu validierende Tätigkeit,

- Umweltaspekte und -auswirkungen, einschließlich der Umweltdimension der nachhaltigen Entwicklung,

- umweltbezogene technische Aspekte der zu begutachtenden und zu validierenden Tätigkeit,

- allgemeine Funktionsweise der zu begutachtenden und zu validierenden Tätigkeit, um die Eignung des Managementsystems im Hinblick auf die Interaktion der Organisation, ihrer Tätigkeiten, Produkte und Dienstleistungen mit der Umwelt bewerten zu können, einschließlich mindestens folgender Elemente:
  - von der Organisation eingesetzte Techniken,
  - im Rahmen der Tätigkeiten verwendete Definitionen und Hilfsmittel,
  - Betriebsabläufe und Merkmale ihrer Interaktion mit der Umwelt,
  - Methoden für die Bewertung bedeutender Umweltaspekte,
  - Techniken zur Kontrolle und Verminderung von Umweltbelastungen,

- Anforderungen an die Umweltbetriebsprüfung und angewandte Methoden einschließlich der Fähigkeit, eine wirksame Kontrollprüfung eines Umweltmanagementsystems vorzunehmen, Formulierung der Erkenntnisse und Schlussfolgerungen der Umweltbetriebsprüfung in geeigneter Form sowie mündliche und schriftliche Berichterstattung, um eine klare Darstellung der Umweltbetriebsprüfung zu geben,

- Begutachtung von Umweltinformationen, Umwelterklärung und aktualisierter Umwelterklärung unter den Gesichtspunkten Datenmanagement, Datenspeicherung und Datenverarbeitung, schriftliche und grafische Darstellung von Daten zwecks Evaluierung potenzieller Datenfehler, Verwendung von Annahmen und Schätzungen,

- Umweltdimension von Produkten und Dienstleistungen einschließlich Umweltaspekte und Umweltleistung in der Gebrauchsphase und danach sowie Integrität der für umweltrelevante Entscheidungen bereitgestellten Daten.

Der Umweltgutachter muss nachweisen, dass er sich beständig auf den Fachgebieten fortbildet, und muss bereit sein, seinen Kenntnisstand von der Akkreditierungsstelle oder Zulassungsstelle bewerten zu lassen. Der Umweltgutachter muss ein externer Dritter und bei der Ausübung seiner Tätigkeit insbesondere von dem Betriebsprüfer oder Berater der Organisation unabhängig sowie unparteiisch und objektiv sein.

Der Umweltgutachter muss die Gewähr bieten, dass er keinem kommerziellen, finanziellen oder sonstigen Druck unterliegt, der sein Urteil beeinflusst oder das Vertrauen in seine Unabhängigkeit und Integrität bei der Gutachtertätigkeit in Frage stellen könnte. Er gewährleistet ferner, dass alle diesbezüglichen Vorschriften eingehalten werden.

Der Umweltgutachter verfügt im Hinblick auf die Einhaltung der Begutachtungs- und Validierungsvorschriften dieser Verordnung über dokumentierte Prüfungsmethoden und -verfahren, einschließlich Qualitätskontrollmechanismen und Vorkehrungen zur Wahrung der Vertraulichkeit.

Organisationen, die Umweltgutachtertätigkeiten ausführen, verfügen über einen Organisationsplan mit ausführlichen Angaben über die Strukturen und Verantwortungsbereiche innerhalb der Organisation sowie über eine Erklärung über den Rechtsstatus, die Besitzverhältnisse und die Finanzierungsquellen. Der Organisationsplan wird auf Verlangen zur Verfügung gestellt.

Die Einhaltung dieser Vorschriften wird durch die vor der Akkreditierung oder Zulassung erfolgende Beurteilung und durch die von der Akkreditierungsstelle oder Zulassungsstelle wahrgenommene Beaufsichtigung sichergestellt.

Zusätzliche Vorschriften für Umweltgutachter, die als natürliche Personen eigenständig Begutachtungen und Validierungen durchführen (Art. 21)

Für natürliche Personen, die als Umweltgutachter eigenständig Begutachtungen und Validierungen durchführen, gelten zusätzlich zu den Vorschriften von Artikel 20 folgende Vorschriften:

- sie müssen über alle fachlichen Qualifikationen verfügen, die für Begutachtungen und Validierungen in den Bereichen, für die sie zugelassen werden, erforderlich sind,
- eine im Umfang begrenzte Zulassung entsprechend ihrer fachlichen Qualifikation erhalten.

Bedingungen für die Begutachtung und Validierung (Art. 25)

Der Umweltgutachter übt seine Tätigkeit im Rahmen des Geltungsbereichs seiner Akkreditierung oder Zulassung und auf der Grundlage einer schriftlichen Vereinbarung mit der Organisation aus. Diese Vereinbarung:

- legt den Gegenstand der Tätigkeit fest,
- legt Bedingungen fest, die dem Umweltgutachter die Möglichkeit geben sollen, professionell und unabhängig zu handeln und
- verpflichtet die Organisation zur Zusammenarbeit im jeweils erforderlichen Umfang.

Der Umweltgutachter gewährleistet, dass die Teile der Organisation eindeutig beschrieben sind und diese Beschreibung der tatsächlichen Aufteilung der Tätigkeiten entspricht. Die Umwelterklärung muss die verschiedenen zu begutachtenden und zu validierenden Punkte klar angeben. Der Umweltgutachter nimmt eine Bewertung der aufgeführten Elemente vor. Im Rahmen der Begutachtung und Validierung prüft der Umweltgutachter die Unterlagen, besucht die Organisation, nimmt Stichprobenkontrollen vor und führt Gespräche mit dem Personal.

Die Organisation liefert dem Umweltgutachter vor seinem Besuch grundlegende Informationen über die Organisation und ihre Tätigkeiten, die Umweltpolitik und das Umweltprogramm, eine Beschreibung des in der Organisation angewandten Umweltmanagementsystems, Einzelheiten der durchgeführten Umweltprüfung oder Umweltbetriebsprüfung, den Bericht über diese Umweltprüfung oder Umweltbetriebsprüfung und über etwaige anschließend getroffene Korrekturmaßnahmen und den Entwurf einer Umwelterklärung oder einer aktualisierten Umwelterklärung. Der Umweltgutachter erstellt für die Organisation einen schriftlichen Bericht über die Ergebnisse der Begutachtung, der Folgendes umfasst:

- alle für die Arbeit des Umweltgutachters relevanten Sachverhalte,
- eine Beschreibung der Einhaltung sämtlicher Vorschriften dieser Verordnung, einschließlich Nachweise, Feststellungen und Schlussfolgerungen,
- einen Vergleich der Umweltleistungen und Einzelziele mit den früheren Umwelterklärungen und die Bewertung der Umweltleistung und der ständigen Umweltleistungsverbesserung der Organisation,
- die bei der Umweltprüfung oder der Umweltbetriebsprüfung oder dem Umweltmanagementsystem oder anderen relevanten Prozessen aufgetretenen technischen Mängel.

Im Falle der Nichteinhaltung der Bestimmungen enthält der Bericht zusätzlich folgende Angaben:

- Feststellungen und Schlussfolgerungen betreffend die Nichteinhaltung der Bestimmungen durch die Organisation und Sachverhalte, auf denen diese Feststellungen und Schlussfolgerungen basieren,

- Einwände gegen den Entwurf der Umwelterklärung oder der aktualisierten Umwelterklärung sowie Einzelheiten der Änderungen oder Zusätze, die in die Umwelterklärung oder die aktualisierte Umwelterklärung aufgenommen werden sollten.

Nach der Begutachtung validiert der Umweltgutachter die Umwelterklärung oder die aktualisierte Umwelterklärung der Organisation und bestätigt, dass sie die Anforderungen erfüllen, sofern die Ergebnisse der Begutachtung und Validierung zeigen:

- dass die Informationen und Daten in der Umwelterklärung oder der aktualisierten Umwelterklärung der Organisation zuverlässig und korrekt sind und den Vorschriften entsprechen und
- dass keine Nachweise für die Nichteinhaltung der geltenden Umweltvorschriften durch die Organisation vorliegen.

Nach der Validierung stellt der Umweltgutachter eine unterzeichnete Erklärung aus, mit der bestätigt wird, dass die Begutachtung und die Validierung im Einklang mit der EMAS-Verordnung erfolgt sind.

Begutachtung und Validierung von kleinen Organisationen (Art. 26)

Bei der Begutachtung und Validierung berücksichtigt der Umweltgutachter die besonderen Merkmale, die kleine Organisationen kennzeichnen, insbesondere:

- kurze Kommunikationswege,
- multifunktionelles Arbeitsteam,
- Ausbildung am Arbeitsplatz,
- Fähigkeit, sich schnell an Veränderungen anzupassen und
- begrenzte Dokumentierung der Verfahren.

Der Umweltgutachter führt die Begutachtung oder Validierung so durch, dass kleine Organisationen nicht unnötig belastet werden.

Der Umweltgutachter zieht objektive Belege für die Wirksamkeit des Systems heran. Insbesondere berücksichtigt er, ob die Verfahren innerhalb der Organisation in einem angemessenen Verhältnis zum Umfang und zur Komplexität des Betriebs, der Art der damit verbundenen Umweltauswirkungen sowie der Kompetenz der Beteiligten stehen.

5.6   Umweltprüfung

Die Umweltprüfung deckt folgende Bereiche ab:

Erfassung der geltenden Umweltvorschriften

Zusätzlich zur Aufstellung einer Liste der geltenden Rechtsvorschriften gibt die Organisation auch an, wie der Nachweis dafür erbracht werden kann, dass sie die verschiedenen Vorschriften einhält.

Umweltaspekte

Erfassung aller direkten und indirekten Umweltaspekte, die bedeutende Umweltauswirkungen haben und die gegebenenfalls qualitativ einzustufen und zu quantifizieren sind, und Erstellung eines

Verzeichnisses der als bedeutend ausgewiesenen Aspekte. Bei der Beurteilung der Bedeutung eines Umweltaspekts berücksichtigt die Organisation Folgendes:

- Umweltgefährdungspotenzial,
- Anfälligkeit der lokalen, regionalen oder globalen Umwelt,
- Ausmaß, Anzahl, Häufigkeit und Umkehrbarkeit der Aspekte oder der Auswirkungen,
- Vorliegen einschlägiger Umweltvorschriften und deren Anforderungen,
- Bedeutung für die Interessenträger und die Mitarbeiter der Organisation.

Direkte Umweltaspekte

Direkte Umweltaspekte sind verbunden mit Tätigkeiten, Produkten und Dienstleistungen der Organisation selbst, die deren direkter betrieblicher Kontrolle unterliegen. Alle Organisationen müssen die direkten Aspekte ihrer Betriebsabläufe prüfen. Die direkten Umweltaspekte betreffen u.a.:

- Rechtsvorschriften und zulässige Grenzwerte in Genehmigungen,
- Emissionen in die Atmosphäre,
- Ein- und Ableitungen in Gewässer,
- Erzeugung, Recycling, Wiederverwendung, Transport und Entsorgung von festen und anderen Abfällen, insbesondere von gefährlichen Abfällen,
- Nutzung und Kontaminierung von Böden,
- Nutzung von natürlichen Ressourcen und Rohstoffen (einschließlich Energie),
- Nutzung von Zusätzen und Hilfsmitteln sowie Halbfertigprodukten,
- lokale Phänomene (Lärm, Erschütterungen, Gerüche, Staub, ästhetische Beeinträchtigung, usw.),
- Verkehr (in Bezug auf Waren und Dienstleistungen),
- Risiko von Umweltunfällen und Umweltauswirkungen, die sich aus Vorfällen, Unfällen und potenziellen Notfallsituationen ergeben oder ergeben könnten,
- Auswirkungen auf die biologische Vielfalt.

Indirekte Umweltaspekte

Indirekte Umweltaspekte können das Ergebnis der Wechselbeziehung einer Organisation mit Dritten sein und in gewissem Maße von der Organisation, die die EMAS-Registrierung anstrebt, beeinflusst werden. Für nichtindustrielle Organisationen wie Kommunalbehörden oder Finanzinstitute ist es wesentlich, dass sie auch die Umweltaspekte berücksichtigen, die mit ihrer eigentlichen Tätigkeit zusammenhängen. Ein Verzeichnis, das sich auf die Umweltaspekte des Standorts und der Einrichtungen einer Organisation beschränkt, reicht nicht aus. Die indirekten Umweltaspekte betreffen u.a.:

- produktlebenszyklusbezogene Aspekte (Design, Entwicklung, Verpackung, Transport, Verwendung und Wiederverwendung/Entsorgung von Abfall),
- Kapitalinvestitionen, Kreditvergabe und Versicherungsdienstleistungen,
- neue Märkte,
- Auswahl und Zusammensetzung von Dienstleistungen (z. B. Transport- oder Gaststättengewerbe),
- Verwaltungs- und Planungsentscheidungen,
- Zusammensetzung des Produktangebots,
- Umweltleistung und -verhalten von Auftragnehmern, Unterauftragnehmern und Lieferanten.

Organisationen müssen nachweisen können, dass die bedeutenden Umweltaspekte im Zusammenhang mit ihren Beschaffungsverfahren ermittelt wurden und bedeutende Umweltauswirkungen, die sich aus diesen Aspekten ergeben, im Managementsystem berücksichtigt wurden. Die Organisation sollte bestrebt sein, dafür zu sorgen, dass die Lieferanten und alle im Auftrag der Organisation Handelnden bei der Ausführung ihres Auftrags der Umweltpolitik der Organisation genügen. Bei diesen indirekten Umweltaspekten sollte die Organisation prüfen, inwiefern sie diese Aspekte beeinflussen kann und welche Maßnahmen zur Reduzierung der Umweltauswirkungen getroffen werden können.

Beschreibung der Kriterien für die Beurteilung der Bedeutung der Umweltauswirkungen

Die Organisation muss Kriterien festlegen, anhand deren die Bedeutung der Umweltaspekte ihrer Tätigkeiten, Produkte und Dienstleistungen beurteilt wird, um zu bestimmen, welche davon bedeutenden Umweltauswirkungen haben. Die von einer Organisation festgelegten Kriterien sollten den gemeinschaftlichen Rechtsvorschriften Rechnung tragen, umfassend und nachvollziehbar sein, unabhängig nachgeprüft werden können und veröffentlicht werden. Bei der Festlegung der Kriterien für die Beurteilung der Bedeutung der Umweltaspekte einer Organisation kann u. a. Folgendes berücksichtigt werden:

- Informationen über den Zustand der Umwelt, um festzustellen, welche Tätigkeiten, Produkte und Dienstleistungen der Organisation Umweltauswirkungen haben können,
- die vorhandenen Daten der Organisation über den Material- und Energieeinsatz, Ableitungen, Abfälle und Emissionen im Hinblick auf das damit verbundene Umweltrisiko,
- Standpunkte der interessierten Kreise,
- geregelte Umwelttätigkeiten der Organisation,
- Beschaffungstätigkeiten,
- Design, Entwicklung, Herstellung, Vertrieb, Kundendienst, Verwendung, Wiederverwendung, Recycling und Entsorgung der Produkte der Organisation,
- Tätigkeiten der Organisation mit den signifikantesten Umweltkosten und Umweltnutzen.

Bei der Beurteilung der Bedeutung der Umweltauswirkungen ihrer Tätigkeiten geht die Organisation nicht nur von den normalen Betriebsbedingungen aus, sondern berücksichtigt auch die Bedingungen bei Aufnahme bzw. Abschluss der Tätigkeiten sowie Notfallsituationen, mit denen realistischerweise gerechnet werden muss. Berücksichtigt werden vergangene, laufende und geplante Tätigkeiten. Zur Umweltprüfung gehören auch die Prüfung aller angewandten Praktiken und laufenden Verfahren des Umweltmanagements, sowie die Bewertung der Reaktionen auf frühere Vorfälle.

5.7   Anforderungen an ein Umweltmanagementsystem

Die Anforderungen an ein Umweltmanagementsystem im Rahmen von EMAS entsprechen den Vorschriften der Europäischen Norm EN ISO 14001:2004. Diese Anforderungen sind in der linken Spalte der nachstehenden Tabelle aufgeführt, die Teil A bildet. Darüber hinaus müssen registrierte Organisationen eine Reihe zusätzlicher Fragen angehen, die zu verschiedenen Elementen der Europäischen Norm EN ISO 14001:2004 in direktem Zusammenhang stehen. Diese zusätzlichen Anforderungen sind in der rechten Tabellenspalte aufgeführt, die Teil B bildet.

Teil A Anforderungen an ein Umweltmanage- mentsystem im Rahmen der Europäi- schen Norm EN ISO 14001:2004	Teil B Von EMAS-Teilnehmerorganisationen anzugehende zusätzlich Fragen
Organisationen, die sich am Gemein- schaftssystem für das Umweltmanagement und die Umweltbetriebsprüfung (EMAS) beteiligen, haben die Anforderungen zu er- füllen, die in Abschnitt 4 der Europäischen Norm EN ISO 14001:2004 festgelegt sind und nachstehend vollständig wiedergege- ben werden:	
A. Anforderungen an ein Umweltmana- gementsystem	
A.1 Allgemeine Anforderungen	
Die Organisation muss in Übereinstimmung mit den Anforderungen dieser Internationa- len Norm ein Umweltmanagementsystem einführen, dokumentieren, verwirklichen, aufrechterhalten und ständig verbessern und bestimmen, wie sie diese Anforderun- gen erfüllen wird. Die Organisation muss den Anwendungsbe- reich ihres Umweltmanagementsystems festlegen und dokumentieren.	
A.2 Umweltpolitik	
Das oberste Führungsgremium muss die Umweltpolitik der Organisation festlegen und sicherstellen, dass sie innerhalb des festgelegten Anwendungsbereichs ihres Umweltmanagementsystems: • in Bezug auf Art, Umfang und Umwelt- auswirkungen ihrer Tätigkeiten, Produkte und Dienstleistungen angemessen ist, • eine Verpflichtung zur ständigen Verbes- serung und zur Vermeidung von Umwelt- belastungen enthält, • eine Verpflichtung zur Einhaltung der gel- tenden rechtlichen Verpflichtungen und anderer Anforderungen enthält, zu denen sich die Organisation bekennt und die auf deren Umweltaspekte bezogen sind, • den Rahmen für die Festlegung und Be- wertung der umweltbezogenen Zielset- zungen und Einzelziele bildet, • dokumentiert, implementiert und auf- rechterhalten wird,	

• allen Personen mitgeteilt wird, die für die Organisation oder in deren Auftrag arbeiten und • für die Öffentlichkeit zugänglich ist.	
A.3 Planung	
A.3.1 Umweltaspekte Die Organisation muss (ein) Verfahren einführen, verwirklichen und aufrechterhalten, um: • jene Umweltaspekte ihrer Tätigkeiten, Produkte und Dienstleistungen innerhalb des festgelegten Anwendungsbereichs des Umweltmanagementsystems, die sie überwachen und auf die sie Einfluss nehmen kann, unter Berücksichtigung geplanter oder neuer Entwicklungen oder neuer oder modifizierter Tätigkeiten, Produkte und Dienstleistungen zu ermitteln • jene Umweltaspekte, die bedeutende Auswirkung(en) auf die Umwelt haben oder haben können, zu bestimmen (d.h. bedeutende Umweltaspekte). Die Organisation muss diese Informationen dokumentieren und auf dem neuesten Stand halten. Die Organisation muss sicherstellen, dass die bedeutenden Umweltaspekte beim Einführen, Verwirklichen und Aufrechterhalten ihres Umweltmanagementsystems beachtet werden.	
	B.1 Umweltprüfung Die Organisationen führen eine erste Umweltprüfung gemäß Anhang I der EMAS-Verordnung zur Feststellung und Bewertung ihrer Umweltaspekte sowie zur Ermittlung geltender Umweltvorschriften durch. Organisationen von außerhalb der Gemeinschaft müssen sich auch an die Umweltvorschriften halten, die für ähnliche Organisationen in den Mitgliedsstaaten gelten, in denen sie einen Antrag stellen wollen.
A.3.2 Rechtliche Verpflichtungen und andere Anforderungen Die Organisation muss (ein) Verfahren einführen, verwirklichen und aufrechterhalten, um:	**B.2 Einhaltung von Rechtsvorschriften** Organisationen, die sich nach EMAS registrieren möchten, weisen nach, dass sie:

5

- geltende rechtliche Verpflichtungen und andere Anforderungen, zu denen sich die Organisation in Bezug auf ihre Umweltaspekte verpflichtet hat, zu ermitteln und zugänglich zu haben und
- zu bestimmen, wie diese Anforderungen auf ihre Umweltaspekte anwendbar sind.

Die Organisation muss sicherstellen, dass diese geltenden rechtlichen Verpflichtungen und andere Anforderungen, zu denen sich die Organisation verpflichtet hat, beim Einführen, Verwirklichen und Aufrechterhalten des Umweltmanagementsystems berücksichtigt werden.

- alle geltenden rechtlichen Verpflichtungen im Umweltbereich ermittelt haben und die im Rahmen der Umweltprüfung festgestellten Auswirkungen dieser Verpflichtungen auf ihre Organisationen kennen,
- für die Einhaltung der Umweltvorschriften, einschließlich Genehmigungen und zulässiger Grenzwerte in Genehmigungen, sorgen und
- über Verfahren verfügen, die es ihnen ermöglichen, diesen Verpflichtungen dauerhaft nachzukommen.

A.3.3 Zielsetzungen, Einzelziele und Programme

Die Organisation muss dokumentierte umweltbezogene Zielsetzungen und Einzelziele für relevante Funktionen und Ebenen innerhalb der Organisation einführe, verwirklichen und aufrechterhalten.

- Die Zielsetzungen und Einzelziele müssen, soweit praktikabel, messbar sein und im Einklang mit der Umweltpolitik stehen, einschließlich der Verpflichtungen zur Vermeidung von Umweltbelastungen, zur Einhaltung geltender rechtlicher Verpflichtungen und anderer Anforderungen, zu denen sich die Organisation verpflichtet hat und zur ständigen Verbesserung.

Beim Festlegen und Bewerten ihrer Zielsetzungen und Einzelziele muss eine Organisation die rechtlichen Verpflichtungen und andere Anforderungen, zu denen sie sich verpflichtet hat, berücksichtigen und deren bedeutende Umweltaspekte beachten. Sie muss außerdem ihre technologischen Optionen, ihre finanziellen, betrieblichen und geschäftlichen Anforderungen sowie die Standpunkte interessierter Kreise berücksichtigen.

Die Organisation muss (ein) Programm(e) zum Erreichen ihrer Zielsetzungen und Einzelziele einführen, verwirklichen und aufrechterhalten. Das Programm/die Programme muss/müssen enthalten:

- Festlegung der Verantwortlichkeit für das Erreichen der Zielsetzungen und Einzelziele für relevante Funktionen und Ebenen der Organisation und

B.3 Umweltleistung

Organisationen müssen nachweisen können, dass das Managementsystem und die Verfahren für die Betriebsprüfung sich in Bezug auf die in der Umweltprüfung ermittelten direkten und indirekten Aspekte an der tatsächlichen Umweltleistung der Organisation orientieren.

Die Umweltleistung der Organisation gemessen an ihren Zielsetzungen und Einzelzielen muss als Teil der Managementprüfung evaluiert werden. Die Organisation muss sich ferner verpflichten, ihre Umweltleistung kontinuierlich zu verbessern. Dabei kann sie ihre Maßnahmen auf lokale, regionale und nationale Umweltprogramme stützen.

Bei den Maßnahmen zur Verwirklichung von Zielsetzungen und Einzelzielen darf es sich nicht um Umweltziele handeln. Hat die Organisation mehrere Standorte, so muss jeder Standort, für den EMAS gilt, alle EMAS-Anforderungen, einschließlich der Verpflichtung zur kontinuierlichen Verbesserung der Umweltleistung erfüllen.

• die Mittel und den Zeitraum für ihr Erreichen.	
A.4 Verwirklichung und Betrieb	
A.4.1 Ressourcen, Aufgaben, Verantwortlichkeit und Befugnis Die Leitung der Organisation muss die Verfügbarkeit der benötigten Ressourcen für die Einführung, Verwirklichung, Aufrechterhaltung und Verbesserung des Umweltmanagementsystems sicherstellen. Die Ressourcen umfassen das erforderliche Personal und spezielle Fähigkeiten, die Infrastruktur der Organisation, technische und finanzielle Mittel. Aufgaben, Verantwortlichkeiten und Befugnisse müssen festgelegt, dokumentiert und kommuniziert werden, um wirkungsvolles Umweltmanagement zu erleichtern. Das oberste Führungsgremium der Organisation muss (einen) spezielle(n) Beauftragte(n) des Managements bestellen, welche(r), ungeachtet anderer Zuständigkeiten, festgelegte Aufgaben, Verantwortlichkeiten und Befugnisse hat/haben, um: • sicherzustellen, dass ein Umweltmanagementsystem in Übereinstimmung mit den Anforderungen dieser Internationalen Norm eingeführt, verwirklicht und aufrechterhalten wird, • über die Leistung des Umweltmanagementsystems an das oberste Führungsgremium zur Bewertung, einschließlich Empfehlungen für Verbesserungen, zu berichten.	
A.4.2 Fähigkeit, Schulung und Bewusstsein	**B.4 Mitarbeiterbeteiligung** Die Organisation sollte anerkennen, dass die aktive Einbeziehung ihrer Mitarbeiter treibende Kraft und Vorbedingung für kontinuierliche und erfolgreiche Umweltverbesserungen sowie eine der Hauptressourcen für die Verbesserung der Umweltleistung und der richtige Weg zur erfolgreichen Verankerung des Umweltmanagement- und Umweltbetriebsprüfungssystems in der Organisation ist. Der Begriff „Mitarbeiterbeteiligung" umfasst sowohl die Einbeziehung als auch die Information der einzelnen Mitarbeiter der Organisation und ihrer Vertreter. Daher sollte

auf allen Ebenen ein System der Mitarbeiterbeteiligung vorgesehen werden. Die Organisation sollte anerkennen, dass Engagement, Reaktionsfähigkeit und aktive Unterstützung seitens der Organisationsleitung Vorbedingung für den Erfolg dieser Prozesse sind. In diesem Zusammenhang wird auf den notwendigen Informationsrückfluss von der Leitung an die Mitarbeiter der Organisation verwiesen.

Die Organisation muss sicherstellen, dass jede Person, die für sie oder in ihrem Auftrag Tätigkeiten ausübt, von denen nach Feststellung der Organisation (eine) bedeutende Umweltauswirkung(en) ausgehen können (kann), durch Ausbildung, Schulung oder Erfahrung qualifiziert ist, und muss damit verbundene Aufzeichnungen aufbewahren.

Die Organisation muss den Schulungsbedarf ermitteln, der mit ihren Umweltaspekten und ihrem Umweltmanagementsystem verbunden ist. Sie muss Schulungen anbieten oder andere Maßnahmen ergreifen, um diesen Bedarf zu decken, und muss die damit verbundenen Aufzeichnungen aufbewahren.

Die Organisation muss (ein) Verfahren einführen, verwirklichen und aufrechterhalten, die sicherstellen (das sicherstellt), dass Personen, die für sie oder in ihrem Auftrag arbeiten, sich bewusst werden über:

Über diese Anforderungen hinaus müssen Mitarbeiter in den Prozess der kontinuierlichen Verbesserung der Umweltleistung der Organisation einbezogen werden, die erreicht werden soll durch:

- die erste Umweltprüfung und die Prüfung des derzeitigen Stands sowie die Erhebung und Begutachtung von Informationen,
- die Festlegung und Durchführung eines Umweltmanagement- und Umweltbetriebsprüfungssystems zur Verbesserung der Umweltleistung,
- Umweltgremien, die Informationen einholen und sicherstellen, dass Umweltbeauftragte/Vertreter der Organisationsleitung sowie Mitarbeiter der Organisation und ihre Vertreter mitwirken,
- gemeinsame Arbeitsgruppen für Umweltaktionsprogramm und Umweltbetriebsprüfung,
- die Ausarbeitung von Umwelterklärungen.

- die Wichtigkeit des Übereinstimmens mit der Umweltpolitik und den zugehörigen Verfahren und mit den Anforderungen des Umweltmanagementsystems,
- die bedeutenden Umweltaspekte und die damit verbundenen tatsächlichen oder potenziellen Auswirkungen im Zusammenhang mit ihrer Tätigkeit und die umweltbezogenen Vorteile durch verbesserte persönliche Leistung,
- ihre Aufgaben und Verantwortlichkeiten zum Erreichen der Konformität mit den Anforderungen des Umweltmanagementsystems und
- die möglichen Folgen eines Abweichens von festgelegten Abläufen.

Zu diesem Zweck sollte auf geeignete Formen der Mitarbeiterbeteiligung wie das betriebliche Vorschlagswesen oder projektbezogene Gruppenarbeit oder Umweltgremien zurückgegriffen werden. Die Organisationen nehmen Kenntnis von den Leitlinien der Kommission über bewährte Praktiken in diesem Bereich. Auf Antrag werden auch Mitarbeitervertreter einbezogen.

A.4.3 Kommunikation

Im Hinblick auf ihre Umweltaspekte und ihr Umweltmanagementsystem muss die Organisation (ein) Verfahren einführen, verwirklichen und aufrechterhalten für:

B.5 Kommunikation

Die Organisationen müssen nachweisen können, dass sie mit der Öffentlichkeit und anderen interessierten Kreisen, einschließlich Lokalgemeinschaften und Kunden, über

- die interne Kommunikation zwischen der verschiedenen Ebenen und Funktionsbereichen der Organisation,
- die Entgegennahme, Dokumentierung und Beantwortung relevanter Äußerungen externer interessierter Kreise.

Die Organisation muss entscheiden, ob sie über ihre bedeutenden Umweltaspekte extern kommunizieren will, und muss ihre Entscheidung dokumentieren. Wenn die Entscheidung fällt zu kommunizieren, muss die Organisation (eine) Methode(n) für diese externe Kommunikation einführen und verwirklichen.

die Umweltauswirkungen ihrer Tätigkeiten, Produkte und Dienstleistungen in offenem Dialog stehen, um die Belange der Öffentlichkeit und anderer interessierter Kreise in Erfahrung zu bringen.

Offenheit, Transparenz und regelmäßige Bereitstellung von Umweltinformationen sind Schlüsselfaktoren, durch die sich EMAS von anderen Systemen abhebt. Diese Faktoren helfen der Organisation auch dabei, bei interessierten Kreisen Vertrauen aufzubauen.

EMAS ist so flexibel, das Organisationen relevante Informationen an spezielle Zielgruppen richten und dabei gewährleisten können, dass sämtliche Informationen denjenigen Personen zur Verfügung stehen, die sie benötigen.

5

A.4.4 Dokumentation

Die Dokumentation des Umweltmanagementsystems muss enthalten:

- die Umweltpolitik, Zielsetzungen und Einzelziele,
- eine Beschreibung des Geltungsbereichs des Umweltmanagementsystems,
- eine Beschreibung der Hauptelemente des Umweltmanagementsystems und ihrer Wechselwirkung sowie Hinweise auf zugehörige Dokumente,
- Dokumente, einschließlich Aufzeichnungen, die von dieser Internationalen Norm gefordert werden und
- Dokumente, einschließlich Aufzeichnungen, die von der Organisation als notwendig eingestuft werden, um die effektive Planung, Durchführung und Kontrolle von Prozessen sicherzustellen, die sich auf ihre bedeutenden Umweltaspekte beziehen.

A.4.5 Lenkung von Dokumenten

Mit Dokumenten, die vom Umweltmanagementsystem und von dieser Internationalen Norm benötigt werden, muss kontrolliert umgegangen werden. Aufzeichnungen sind eine spezielle Art von Dokumenten und müssen nach den Anforderungen in A.5.4 gelenkt werden.

Die Organisation muss (ein) Verfahren einführen, verwirklichen und aufrechterhalten, um:

- Dokumente bezüglich ihrer Angemessenheit vor ihrer Herausgabe zu genehmigen,

• Dokumente zu bewerten und bei Bedarf zu aktualisieren und erneut zu genehmigen,	
• sicherzustellen, dass Änderungen und der aktuelle Überarbeitungsstatus von Dokumenten gekennzeichnet werden,	
• sicherzustellen, dass relevante Fassungen aller maßgeblichen Dokumente vor Ort verfügbar sind,	
• sicherzustellen, dass Dokumente lesbar und leicht identifizierbar bleiben,	
• sicherzustellen, dass Dokumente externer Herkunft, die von der Organisation als notwendig für die Planung und den Betrieb des Umweltmanagementsystems eingestuft wurden, gekennzeichnet sind und ihre Verteilung gelenkt wird und	
• die unbeabsichtigte Verwendung veralteter Dokumente zu verhindern und diese in geeigneter Weise zu kennzeichnen, falls sie aus irgendeinem Grund aufbewahrt werden.	
A.4.6 Ablauflenkung Die Organisation muss in Erfüllung ihrer Umweltpolitik, Zielsetzungen und Einzelziele die Abläufe ermitteln und planen, die im Zusammenhang mit den festgestellten bedeutenden Umweltaspekten stehen, um sicherzustellen, dass sie unter festgesetzten Bedingungen ausgeführt werden durch: • Einführen, Verwirklichen und Aufrechterhalten dokumentierter Verfahren, um Situationen zu regeln, in denen das Fehlen dokumentierter Verfahren zu Abweichungen von der Umweltpolitik, umweltbezogenen Zielsetzungen und Einzelzielen führen könnte, • Festlegen betrieblicher Vorgaben in den Verfahren und • Einführen, Verwirklichen und Aufrechterhalten von Verfahren in Bezug auf die ermittelten bedeutenden Umweltaspekte der von der Organisation benutzten Waren und Dienstleistungen sowie Bekanntgabe anzuwendender Verfahren und Anforderungen an Zulieferer, einschließlich Auftragnehmer.	
A.4.7 Notfallvorsorge und Gefahrenabwehr Die Organisation muss (ein) Verfahren einführen, verwirklichen und aufrechterhalten, um mögliche Notfallsituationen und mögli-	

che Unfälle zu ermitteln, die (eine) Auswirkung(en) auf die Umwelt haben können, und zu ermitteln, wie sie darauf reagiert.

Die Organisation muss auf eingetretene Notfallsituationen und Unfälle reagieren und damit verbundene ungünstige Umweltauswirkungen verhindern oder mindern.

Die Organisation muss regelmäßig ihre Maßnahmen zur Notfallvorsorge und Gefahrenabwehr überprüfen und, soweit notwendig, überarbeiten, insbesondere nach dem Eintreten von Unfällen und Notfallsituationen.

Zudem muss die Organisation diese Verfahren, sofern durchführbar, regelmäßig erproben.

A.5 Überprüfung

A.5.1 Überwachung und Messung

Die Organisation muss (ein) Verfahren einführen, verwirklichen und aufrechterhalten, um regelmäßig die maßgeblichen Merkmale ihrer Arbeitsabläufe, die eine bedeutende Auswirkung auf die Umwelt haben können, zu überwachen und zu messen. Diese(s) Verfahren muss (müssen) die Aufzeichnung von Informationen einschließen, um die Leistung, angemessene Steuerung der Arbeitsabläufe und Konformität mit den umweltbezogenen Zielsetzungen und Einzelzielen der Organisation zu überwachen.

Die Organisation muss sicherstellen, dass kalibrierte bzw. nachweislich überprüfte Überwachungs- und Messgeräte zur Anwendung kommen, deren Instandhaltung erfolgt und Aufzeichnungen darüber aufbewahrt werden.

A.5.2 Bewertung der Einhaltung von Rechtsvorschriften

Entsprechend ihrer Verpflichtung zur Einhaltung der Rechtsvorschriften muss die Organisation ein Verfahren zur regelmäßigen Bewertung der Einhaltung der einschlägigen rechtlichen Verpflichtungen einführen, verwirklichen und aufrechterhalten.

Die Organisation muss Aufzeichnungen über die Ergebnisse ihrer regelmäßigen Bewertungen aufbewahren.

Die Organisation muss die Einhaltung anderer Anforderungen, zu denen sie sich verpflichtet hat, bewerten. Die Organisation

5

darf diese Bewertung mit der Bewertung der Einhaltung der Gesetze kombinieren oder (ein) eigene(s) Verfahren einführen. Die Organisation muss Aufzeichnungen über die Ergebnisse ihrer regelmäßigen Bewertungen aufbewahren.	
A.5.3 Nichtkonformität, Korrektur- und Vorbeugemaßnahmen Die Organisation muss (ein) Verfahren zum Umgang mit tatsächlicher und potenzieller Nichtkonformität und Ergreifen von Korrektur- und Vorbeugemaßnahmen einführen, verwirklichen und aufrechterhalten. Die Verfahren müssen Anforderungen festlegen zum: • Festlegen und Korrigieren von Nichtkonformität(en) und Ergreifen von Maßnahmen zur Minderung ihrer Umweltauswirkung(en), • Ermitteln von Nichtkonformität(en), Bestimmen derer Ursache(n) und Ergreifen von Maßnahmen, um deren Wiederauftreten zu vermeiden, • Bewerten der Notwendigkeit von Maßnahmen zur Vermeidung von Nichtkonformitäten sowie Verwirklichung geeigneter Maßnahmen, um deren Auftreten zu verhindern, • Aufzeichnen der Ergebnisse von ergriffenen Korrektur- und Vorbeugemaßnahmen und • Überprüfen der Wirksamkeit von ergriffenen Korrektur- und Vorbeugemaßnahmen. Die ergriffenen Maßnahmen müssen dem Ausmaß des Problems und der damit verbundenen Umweltauswirkungen angemessen sein. Die Organisation muss sicherstellen, dass alle notwendigen Änderungen der Dokumentation des Umweltmanagementsystems vorgenommen werden.	
A.5.4 Lenkung von Aufzeichnungen Die Organisation muss, soweit zum Nachweis der Konformität mit den Anforderungen ihrer Umweltmanagementsystems und dieser Internationalen Norm beziehungsweise zur Aufzeichnung der erzielten Ergebnisse erforderlich, Aufzeichnungen erstellen und aufrechterhalten. Die Organisation muss (ein) Verfahren für die Identifizierung, Speicherung, Sicherung,	

Wiederauffindung, Zurückziehung und Vernichtung der Aufzeichnungen einführen, verwirklichen und aufrechterhalten.

Aufzeichnungen müssen lesbar, identifizierbar und auffindbar sein und bleiben.

A.5.5 Internes Audit

Die Organisation muss sicherstellen, dass interne Audits des Umweltmanagementsystems in festgelegten Abständen durchgeführt werden, um:

- Festzustellen, ob das Umweltmanagementsystem,
- Die vorgesehenen Regelungen für das Umweltmanagement einschließlich der Anforderungen dieser Internationalen Norm erfüllt,
- Ordnungsgemäß verwirklicht wurde und aufrechterhalten wird und
- Dem Management Informationen über Audit-Ergebnisse zur Verfügung zu stellen.

(Ein) Auditprogramm(e) muss (müssen) von der Organisation geplant, eingeführt, verwirklicht und aufrechterhalten werden, wobei die Umweltrelevanz der betroffenen Tätigkeit(en) und die Ergebnisse vorangegangener Audits zu berücksichtigen sind.

(Ein) Auditverfahren muss (müssen) eingeführt, verwirklicht und aufrechterhalten werden, das (die) Folgendes enthält (enthalten):

- die Verantwortlichkeiten für und Anforderungen an die Planung und Durchführung von Audits, die Aufzeichnung von Ergebnissen und die Aufbewahrung damit verbundener Aufzeichnungen,
- die Bestimmung der Auditkriterien, des Anwendungsbereichs, der Häufigkeit und der Vorgehensweise.

Die Auswahl der Auditoren und die Auditdurchführung(en) müssen Objektivität gewährleisten und die Unparteilichkeit des Auditprozesses sicherstellen.

A.6 Managementbewertung

Fas oberste Führungsgremium muss das Umweltmanagementsystem der Organisation in festgelegten Abständen bewerten, um dessen fortdauernde Eignung, Angemessenheit und Wirksamkeit sicherzustellen. Bewertungen müssen die Beurteilung der Verbesserungspotenziale und den Anpas-

5

sungsbedarf des Umweltmanagementsystems, einschließlich der Umweltpolitik, der umweltbezogenen Zielsetzungen und Einzelziele beinhalten. Aufzeichnungen der Bewertungen durch das Management müssen aufbewahrt werden. Der Input für die Bewertung muss enthalten: • Ergebnisse von internen Audits und der Beurteilung der Einhaltung von rechtlichen Verpflichtungen und anderen Anforderungen, zu denen sich die Organisation verpflichtet hat, • Äußerungen von externen interessierten Kreisen, einschließlich Beschwerden, • die Umweltleistung der Organisation, • den erreichten Erfüllungsgrad der Zielsetzungen und Einzelziele, • Status von Korrektur- und Vorbeugemaßnahmen, • Folgemaßnahmen von früheren Bewertungen durch das Management, • sich ändernde Rahmenbedingungen, einschließlich Entwicklungen bei den rechtlichen Verpflichtungen und anderen Anforderungen in Bezug auf die Umweltaspekte der Organisation und • Verbesserungsvorschläge. Die Ergebnisse von Bewertungen durch das Management müssen alle Entscheidungen und Maßnahmen in Bezug auf mögliche Änderungen der Umweltpolitik, der Zielsetzungen, der Einzelziele und anderer Elemente des Umweltmanagementsystems in Übereinstimmung mit der Verpflichtung zur ständigen Verbesserung enthalten.	

5.8 Interne Umweltbetriebsprüfung

Programm für die Umweltbetriebsprüfung und Häufigkeit der Prüfungen

Das Programm für die Umweltbetriebsprüfung gewährleistet, dass die Leitung der Organisation die Informationen erhält, die sie benötigt, um die Umweltleistung der Organisation und die Wirksamkeit des Umweltmanagementsystems zu überprüfen und nachweisen zu können, dass alles unter Kontrolle ist. Zu den Zielen gehören insbesondere die Bewertung der vorhandenen Managementsysteme und die Feststellung der Übereinstimmung mit der Politik und dem Programm der Organisation, was auch die Übereinstimmung mit den einschlägigen Umweltvorschriften einschließt. Der Umfang der Umweltbetriebsprüfungen bzw. der einzelnen Abschnitte eines Betriebsprüfungszyklus muss eindeutig festgelegt sein, wobei folgende Angaben erforderlich sind:

• die erfassten Bereiche,
• die zu prüfenden Tätigkeiten,

- die zu berücksichtigenden Umweltkriterien,
- der von der Umweltbetriebsprüfung erfasste Zeitraum.

Die Umweltbetriebsprüfung umfasst die Beurteilung der zur Bewertung der Umweltleistung notwendigen Daten. Die Umweltbetriebsprüfung oder der Betriebsprüfungszyklus, die/der sich auf alle Tätigkeiten der Organisation erstreckt, ist in regelmäßigen Abständen abzuschließen. Die Abstände betragen nicht mehr als 3 Jahre, im Fall der Ausnahmeregelung für kleine Unternehmen jedoch 4 Jahre. Die Häufigkeit, mit der eine Tätigkeit geprüft wird, hängt von folgenden Faktoren ab:

- Art, Umfang und Komplexität der Tätigkeiten,
- Bedeutung der damit verbundenen Umweltauswirkungen,
- Wichtigkeit und Dringlichkeit der bei früheren Umweltbetriebsprüfungen festgestellten Probleme,
- Vorgeschichte der Umweltprobleme.

Komplexere Tätigkeiten mit bedeutenderen Umweltauswirkungen werden häufiger geprüft. Die Organisation führt Umweltbetriebsprüfungen mindestens einmal jährlich durch, weil so der Organisationsleitung und dem Umweltgutachter nachgewiesen werden kann, dass die bedeutenden Umweltaspekte unter Kontrolle sind. Die Organisation führt Umweltbetriebsprüfungen durch in Bezug auf:

- ihre Umweltleistung und
- die Einhaltung der geltenden Umweltvorschriften durch die Organisation.

Tätigkeiten der Umweltbetriebsprüfung

Die Umweltbetriebsprüfung umfasst Gespräche mit dem Personal, die Prüfung der Betriebsbedingungen und der Ausrüstung, die Prüfung von Aufzeichnungen, der schriftlichen Verfahren und anderer einschlägiger Unterlagen mit dem Ziel einer Bewertung der Umweltleistung der jeweils geprüften Tätigkeit. Dabei wird untersucht, ob die geltenden Normen und Vorschriften eingehalten, die gesetzten Umweltzielsetzungen und -einzelziele erreicht und die entsprechenden Anforderungen erfüllt werden und ob das Umweltmanagementsystem wirksam und angemessen ist. Die Einhaltung dieser Kriterien sollte unter anderem stichprobenartig geprüft werden, um festzustellen, wie wirksam das gesamte Managementsystem funktioniert. Zur Umweltbetriebsprüfung gehören insbesondere folgende Schritte:

- Verständnis des Managementsystems,
- Beurteilung der Stärken und Schwächen des Managementsystems,
- Erfassung relevanter Nachweise,
- Bewertung der Ergebnisse der Umweltbetriebsprüfung,
- Formulierung von Schlussfolgerungen,
- Berichterstattung über die Ergebnisse und Schlussfolgerungen der Umweltbetriebsprüfung.

Berichterstattung über die Ergebnisse und Schlussfolgerungen der Umweltbetriebsprüfung

Die grundlegenden Ziele eines schriftlichen Umweltbetriebsprüfungsberichts bestehen darin:

- den Umfang der Umweltbetriebsprüfung zu dokumentieren,
- die Leitung der Organisation über den Grad der Übereinstimmung mit der Umweltpolitik der Organisation und über Fortschritte im Bereich des internen Umweltschutzes zu unterrichten,

- die Organisationsleitung über die Wirksamkeit und Zuverlässigkeit der Regelungen für die Überwachung der Umweltauswirkungen der Organisation zu unterrichten,
- gegebenenfalls die Notwendigkeit von Korrekturmaßnahmen zu belegen.

5.9   Umweltberichterstattung

Die Umweltinformationen sind klar und zusammenhängend zu präsentieren und in elektronischer oder gedruckter Form vorzulegen.

Umwelterklärung

Die Umwelterklärung enthält mindestens die nachstehenden Elemente und erfüllt die nachstehenden Mindestanforderungen:

- klare und unmissverständliche Beschreibung der Organisation, die sich nach EMAS registrieren lässt, und eine Zusammenfassung ihrer Tätigkeiten, Produkte und Dienstleistungen sowie gegebenenfalls der Beziehung zu etwaigen Mutterorganisationen,
- Umweltpolitik der Organisation und kurze Beschreibung ihres Umweltmanagementsystems,
- Beschreibung aller bedeutenden direkten und indirekten Umweltaspekte, die zu bedeutenden Umweltauswirkungen der Organisation führen, und Erklärung der Art der auf diese Umweltaspekte bezogenen Auswirkungen,
- Beschreibung der Umweltzielsetzungen und Umwelteinzelziele im Zusammenhang mit den bedeutenden Umweltaspekten und -auswirkungen,
- Zusammenfassung der verfügbaren Daten über die Umweltleistung, gemessen an den Umweltzielsetzungen und -einzelzielen der Organisation und bezogen auf ihre bedeutenden Umweltauswirkungen. Die Informationen beziehen sich auf die Kernindikatoren und andere bereits vorhandene einschlägige Indikatoren für die Umweltleistung,
- sonstige Faktoren der Umweltleistung, einschließlich der Einhaltung von Rechtsvorschriften im Hinblick auf ihre bedeutenden Umweltauswirkungen,
- Bezugnahme auf die geltenden Umweltvorschriften,
- Name und Akkreditierungs- oder Zulassungsnummer des Umweltgutachters und Datum der Validierung.

Die aktualisierte Umwelterklärung enthält mindestens diese Elemente und erfüllt die Mindestanforderungen der oben genannten Punkte.

Kernindikatoren und andere bereits vorhandene einschlägige Indikatoren für die Umweltleistung

Die Organisationen liefern in der Umwelterklärung und deren Aktualisierungen Angaben zu den nachstehend aufgeführten Kernindikatoren, soweit sie sich auf die direkten Umweltaspekte der Organisation beziehen, und zu anderen bereits vorhandenen Indikatoren für die Umweltleistung. Die Erklärungen enthalten Angaben zu den tatsächlichen Inputs/Auswirkungen. Wenn durch die Offenlegung der Daten die Vertraulichkeit kommerzieller und industrieller Informationen der Organisation verletzt wird und eine solche Vertraulichkeit durch nationale oder gemeinschaftliche Rechtsvorschriften gewährleistet wird, um berechtigte wirtschaftliche Interessen zu wahren, kann die Organisation diese Informationen an eine Messziffer koppeln, z. B. durch die Festlegung eines Bezugsjahrs (mit der Messziffer 100), auf das sich die Entwicklung des tatsächlichen Inputs bzw. der tatsächlichen Auswirkungen bezieht. Die Indikatoren müssen:

- die Umweltleistung der Organisation unverfälscht darstellen,
- verständlich und eindeutig sein,
- einen Vergleich von Jahr zu Jahr ermöglichen, damit beurteilt werden kann, wie sich die Umweltleistung der Organisation entwickelt,
- gegebenenfalls einen Vergleich zwischen verschiedenen branchenbezogenen, nationalen oder regionalen Referenzwerten (Benchmarks) ermöglichen,
- gegebenenfalls einen Vergleich mit Rechtsvorschriften ermöglichen.

Kernindikatoren gelten für alle Arten von Organisationen. Sie betreffen die Umweltleistung in folgenden Schlüsselbereichen:

- Energieeffizienz,
- Materialeffizienz,
- Wasser,
- Abfall,
- biologische Vielfalt und
- Emissionen.

Ist eine Organisation der Auffassung, dass einer oder mehrere Kernindikatoren für ihre direkten Umweltaspekte nicht wesentlich sind, muss die Organisation keine Informationen zu diesen Kernindikatoren geben. Die Organisation gibt hierfür eine Begründung, die in Bezug zu ihrer Umweltprüfung steht. Jeder Indikator setzt sich zusammen aus:

- einer Zahl A zur Angabe der gesamten jährlichen Inputs/Auswirkungen in dem betreffenden Bereich,
- einer Zahl B zur Angabe des gesamten jährlichen Outputs der Organisation und
- einer Zahl R zur Angabe des Verhältnisses A/B.

Jede Organisation liefert Angaben zu allen drei Elementen jedes Indikators. Die gesamten jährlichen Inputs/Auswirkungen in dem betreffenden Bereich (Zahl A) werden wie folgt angegeben:

- Bereich Energieeffizienz:
  - „gesamter direkter Energieverbrauch" mit Angabe des jährlichen Gesamtenergieverbrauchs, ausgedrückt in MWh oder GJ,
  - „Gesamtverbrauch an erneuerbaren Energien" mit Angabe des Anteils der Energie aus erneuerbaren Energiequellen am jährlichen Gesamtverbrauch (Strom und Wärme) der Organisation,

- Bereich Materialeffizienz:
  - „jährlicher Massenstrom der verschiedenen Einsatzmaterialien" (ohne Energieträger und Wasser), ausgedrückt in Tonnen,

- Bereich Wasser:
  - „gesamter jährlicher Wasserverbrauch", ausgedrückt in m^3,

- Bereich Abfall:
  - „gesamtes jährliches Abfallaufkommen", aufgeschlüsselt nach Abfallart und ausgedrückt in Tonnen,
  - „gesamtes jährliches Aufkommen an gefährlichen Abfällen", ausgedrückt in Kilogramm oder Tonnen,

- Bereich biologische Vielfalt:
  - „Flächenverbrauch", ausgedrückt in m^2 bebauter Fläche,

- Bereich Emissionen:
  - „jährliche Gesamtemissionen von Treibhausgasen", die mindestens die Emissionen an CO_2, CH_4, N_2O, Hydrofluorkarbonat, Perfluorkarbonat und SF_6 enthalten, ausgedrückt in Tonnen CO_2-Äquivalent,
  - „jährliche Gesamtemissionen in die Luft", die mindestens die Emissionen an SO_2, NO_X und Stäube enthalten, ausgedrückt in Kilogramm oder Tonnen.

Zusätzlich zu den oben definierten Indikatoren können die Organisationen auch andere Indikatoren verwenden, um die gesamten jährlichen Inputs/Auswirkungen in dem betreffenden Bereich anzugeben. Die Angabe des jährlichen Gesamtoutputs der Organisation (Zahl B) ist in allen Bereichen gleich, wird aber an die verschiedenen Arten von Organisationen nach Maßgabe ihrer Tätigkeitsart angepasst, und ist wie folgt anzugeben:

- Für in der Produktion tätige Organisationen (Industrie) wird die jährliche Gesamtbruttowertschöpfung, ausgedrückt in Millionen Euro (Mio. EUR), oder die jährliche Gesamtausbringungsmenge, ausgedrückt in Tonnen bzw. - bei kleinen Organisationen - der jährliche Gesamtumsatz oder die Zahl der Mitarbeiter angegeben.
- Für Organisationen in den nicht produzierenden Branchen (Verwaltung/Dienstleistungen) wird die Größe der Organisation, ausgedrückt als Zahl ihrer Mitarbeiter, angegeben.

Zusätzlich zu den oben definierten Indikatoren können die Organisationen auch andere Indikatoren verwenden, um ihren jährlichen Gesamtoutput anzugeben. Jede Organisation erstattet zudem alljährlich Bericht über ihre Leistung in Bezug auf die spezifischeren der in ihrer Umwelterklärung genannten Umweltaspekte, wobei sie - soweit verfügbar - branchenspezifische Referenzdokumente berücksichtigt.

Öffentlicher Zugang

Die Organisation muss dem Umweltgutachter nachweisen können, dass jedem, den die Umweltleistung der Organisation interessiert, problemlos und frei Zugang zu den Informationen erteilt werden kann. Die Organisation sorgt dafür, dass diese Informationen in (einer) der Amtssprache(n) des Mitgliedstaats, in dem die Organisation registriert ist, und gegebenenfalls in (einer) der Amtssprache(n) der Mitgliedstaaten, in denen sich von einer Sammelregistrierung erfasste Standorte befinden, verfügbar sind.

Lokale Rechenschaftspflicht

Organisationen, die sich nach EMAS registrieren lassen, ziehen es womöglich vor, eine Art Gesamt-Umwelterklärung zu erstellen, die verschiedene Standorte umfasst. Da in EMAS eine lokale Rechenschaftspflicht angestrebt wird, müssen die Organisationen dafür sorgen, dass die bedeutenden Umweltauswirkungen eines jeden Standorts eindeutig beschrieben und in der Gesamt-Umwelterklärung erfasst sind.

5.10   EMAS-Logo

Das EMAS-Logo kann in allen 23 Sprachen verwendet werden. Für Deutsch gilt der folgende Wortlaut „Geprüftes Umweltmanagement".

5

5.11 Wissensfragen

- Erläutern Sie die Aufgaben und Anforderungen an einen Umweltgutachter.

- Auf welche Fragen müssen die an EMAS teilnehmenden Organisationen in der Umweltprüfung eingehen?

- Welche Forderungen stellt die EMAS-Verordnung an ein Umweltmanagementsystem?

- Welche Anforderungen an die interne Umweltbetriebsprüfung sind nach EMAS zu erfüllen?

- Erläutern Sie die Anforderungen an die EMAS-Umweltberichterstattung.

- Welche Anforderungen stellt die IVU-Richtlinie an die besten verfügbaren Techniken?

- Vergleichen Sie die Norm DIN EN ISO 14001 mit der EMAS-Verordnung. Worin liegen die wesentlichen Unterschiede?

5.12 Weiterführende Literatur

5.1 Beschluss 2013/131/EU der Kommission vom 4. März 2013 über ein Nutzerhandbuch mit den Schritten, die zur Teilnahme an EMAS nach der Verordnung (EG) Nr. 1221/2009 des Europäischen Parlaments und des Rates über die freiwillige Teilnahme von Organisationen an einem Gemeinschaftssystem für Umweltmanagement und Umweltbetriebsprüfung unternommen werden müssen, **19.03.2013**

5.2 Bundesministerium für Umwelt, Naturschutz und Reaktorsicherheit (BMU); Umweltbundesamt (UBA); EMAS in Deutschland - Evaluierung 2012, **März 2013**

5.3 Ensthaler et al.; Umweltauditgesetz/EMAS-Verordnung, Schmidt, **2002,** 3-503-06613-6

5.4 Förster, M.; (Umwelt)strafrechtliche Maßnahmen im Europarecht, BWV, **2007,** 978-3-8305-1391-9

5.5 Kormann, J. (Hrsg.); Umwelthaftung und Umweltmanagement, Jehle, **1994,** 3-7825-0358-9

5.6   Langerfeldt, M.; *Das novellierte Environmental Management and Audit Scheme (EMAS)
          und sein Potenzial zur Privatisierung der umweltrechtlichen Betreiberüberwachung in
          Deutschland,* Duncker & Humblot, **2007,** 978-3-428-12353-7

5.7   Löbel, J.; Schröger, H.; Closhen, H.; *Nachhaltige Managementsysteme,* Schmidt, **2005,**
          3-503-08381-2

5.8   Organisation für wirtschaftliche Zusammenarbeit und Entwicklung (OECD); *OECD-
          Umweltausblick bis 2030,* OECD, **2010,** 978-92-64-04331-2

5.9   Storm, P.-Ch.; Lohse, S.; *EG-Umweltrecht,* Schmidt, **2007,** 978-3-503-03497-0

5.10   *Verordnung (EG) Nr. 1221/2009 des Europäischen Parlaments und des Rates vom
          25. November 2009 über die freiwillige Teilnahme von Organisationen an einem Ge-
          meinschaftssystem für Umweltmanagement und Umweltbetriebsprüfung und zur Auf-
          hebung der Verordnung (EG) Nr. 761/2001, sowie der Beschlüsse der Kommission
          2001/681/EG und 2006/193/EG,* **10.06.2013**

6 Rechtsvorschriften und betriebliche Umweltpolitik

6.1 Einführung

Die Basis eines Umweltmanagementsystems (Schritt 3) besteht aus den beiden wichtigen Komponenten:

- den Umweltvorschriften,
- der betrieblichen Umweltpolitik.

Die das Unternehmen betreffenden Umweltvorschriften und Genehmigungsbescheiden kommt eine grundlegende Bedeutung zu. Sie setzen den Rahmen für den unternehmerischen Umweltschutz. Ihre Erfüllung ist eines der zentralen Elemente unternehmerischen Handelns. Die betriebliche Umweltpolitik formuliert innerhalb des gesetzgeberischen Rahmens die unternehmerische Ausrichtung und Prioritätensetzung in Form von Umweltleitlinien. Eine erste Konkretisierung erfahren die Leitlinien in den einzelnen Elementen des Umweltmanagementsystems. Hier wird der gesetzgeberische Rahmen anhand der durch die Umweltleitlinien gesetzten Schwerpunkte ausgefüllt. In den folgenden beiden Abschnitten werden die Umweltvorschriften und die betriebliche Umweltpolitik näher betrachtet.

6.2 Umweltvorschriften

Die Unternehmen kommen bei ihren betrieblichen Aufgaben täglich mit dem Umweltrecht in Berührung. Die Gesetze aus den verschiedenen Umweltbereichen (Abfall, Abwasser, Gefahrstoffe, Energie etc.) werden durch entsprechende Verordnungen, Verwaltungsvorschriften, Normen etc. konkretisiert. Für das Unternehmen können die Rechtsvorschriften in verschiedenen Formen auftreten:

- Vorschriften, die sich auf eine bestimmte Tätigkeit oder einen bestimmten Prozess beziehen (z.B. Betriebsgenehmigungen),
- Vorschriften, die sich auf bestimmte Produkte oder Dienstleistungen des Unternehmens beziehen (z.B. Chemikalienverbotsverordnung),
- Vorschriften, die sich auf eine bestimmte Branche beziehen (z.B. Abwasserverordnung),
- Vorschriften, die den Umgang mit bestimmten Stoffen betreffen (z.B. Gefahrgutverordnungen),
- Vorschriften, die dem Schutz des Menschen und der Umwelt dienen (z.B. Gefahrstoffverordnung).

Sowohl Gesetze und Verordnungen, als auch von den Fachorganen erlassene Richtlinien (z.B. DIN-Normen, VDI-Richtlinien) sind Grundlage für die Kontrolle und Überwachung betrieblicher Vorgänge. Das Unternehmen kann sich bei verschiedenen Institutionen Hilfeleistung für die Ermittlung der zutreffenden Umweltvorschriften einholen. Diese Institutionen fungieren häufig auch als Bezugs- und Interpretationsquelle für die jeweiligen Rechtsgebiete:

- Behörden und Fachbehörden auf allen Ebenen,
- Industrieverbände und Industrievereinigungen,
- Berufsgenossenschaften,
- Industrie- und Handelskammern,
- Handwerkskammern,
- professionelle Dienstleister,
- kommerzielle Datenbankanbieter.

Die folgende Übersicht enthält die Rechtsvorschriften, die zur Grundkenntnis eines Umweltauditors gehören sollten und baut sich folgendermaßen auf:

1.   International

2.   Europäische Union
2.1   Verordnungen/Richtlinien
2.2   Entscheidungen
2.3   Empfehlungen

3.   Deutschland
3.1   Gesetze
3.2   Verordnungen
3.3   Verwaltungsvorschriften
3.4   Technische Regeln

4.   Bundesland
4.1   Gesetze
4.2   Verordnungen
4.3   Verwaltungsvorschriften

Die Einhaltung der Rechtsvorschriften ist im Umweltmanagementsystem zwingend zu gewährleisten. Dazu müssen klare Verantwortungen und Zuständigkeiten vorhanden sein. Die Rechtsvorschriften (incl. Genehmigungen) müssen den Kostenstellen (Anlagen, Prozessen) eindeutig zugewiesen werden. Da jede Kostenstelle einen Kostenstellenverantwortlichen besitzt, ist die eindeutige Zuordnung zu verantwortlichen Personen sicher gestellt. Das Rechtskataster ist mindestens einmal pro Quartal auf Novellierungen und neue Rechtsvorschriften zu überprüfen. Anhand eines Prioritätenplans muss ein jährliches Compliance-Audit durchgeführt werden. Nur dann ist eine Einhaltung der Rechtsvorschriften zu gewährleisten. Ohne Einhaltung der Gesetze, Verordnungen, Genehmigungen etc. kann es keine nachhaltige Unternehmensentwicklung geben. Einige Auszüge wichtiger rechtlicher Grundlagen finden sich in folgenden Kapiteln:

- Kap. 13:   Grundsätze der Kreislaufwirtschaft,
- Kap. 14:   Boden und Altlasten,
- Kap. 15:   Anforderungen des Immissionsschutzes,
- Kap. 16:   Rechtliche Anforderungen des Gewässerschutzes,
- Kap. 17:   Gefahrstoffe und Chemikalienrecht.

Weitere Anforderungen finden sich in den einzelnen Fachbänden der Handbuchreihe.

1. Abfall

2. Europäische Union		3. Deutschland		4. Bundesland	
2.1 Verordnungen/Richtlinien		**3.1 Gesetze**		**4.1 Gesetze**	
Abfall Richtlinie 2008/98/EG des Europäischen Parlaments und des Rates vom 19. November 2008 über Abfälle und zur Aufhebung bestimmter Richtlinien	26.05.09	**KrWG - Kreislaufwirtschaftsgesetz** Gesetz zur Förderung der Kreislaufwirtschaft und Sicherung der umweltverträglichen Bewirtschaftung von Abfällen	22.05.13	**LAbfG - Landesabfallgesetz** - Baden Württemberg -	11.12.09
Elektro- und Elektronikgeräte (RoHS) Richtlinie 2011/65/EU des Europäischen Parlaments und des Rates vom 08. Juni 2011 zur Beschränkung der Verwendung bestimmter gefährlicher Stoffe in Elektro- und Elektronikgeräten	18.12.12	**ElektroG - Elektro- und Elektronikgerätegesetz** Gesetz über das Inverkehrbringen, die Rücknahme und die umweltverträgliche Entsorgung von Elektro- und Elektronikgeräten	07.08.13		
Elektro- und Elektronikgeräte (WEEE) Richtlinie 2012/19/EU des Europäischen Parlaments und des Rates vom 04. Juli 2012 über Elektro- und Elektronik-Altgeräte	24.07.12				
Batterie-Richtlinie Richtlinie 2006/66/EG des Europäischen Parlaments und des Rates vom 06. September 2006 über Batterien und Akkumulatoren sowie Altbatterien und Altakkumulatoren und zur Aufhebung der Richtlinie 91/157/EWG	05.12.08	**BattG - Batteriegesetz** Gesetz über das Inverkehrbringen, die Rücknahme und die umweltverträgliche Entsorgung von Batterien und Akkumulatoren	24.02.12		

	23.10.08			
4.2 Verordnungen	**SAbfVO - Sonderabfallverordnung** Verordnung des Umweltministeriums Baden-Württemberg über die Entsorgung gefährlicher Abfälle zur Beseitigung			

07.08.13		24.02.12	26.10.77	24.02.12	24.02.12
AbfVerbrG - Abfallverbringungs-gesetz Gesetz zur Ausführung der Verordnung (EG) Nr. 1013/2006 des Europäischen Parlaments und des Rates vom 14. Juni 2006 über die Verbringung von Abfällen und des Basler Übereinkommens vom 22. März 1989 über die Kontrolle der grenzüberschreitenden Verbringung gefährlicher Abfälle und ihrer Entsorgung	**3.2 Verordnungen**	**NachwV - Nachweisverordnung** Verordnung über die Nachweisführung bei der Entsorgung von Abfällen	**AbfBetrBV - Verordnung über Betriebsbeauftragte für Aball**	**BefErlV - Beförderungserlaubnis-verordnung** Verordnung zur Beförderungserlaubnis	**EfbV - Entsorgungsfachbetriebe-verordnung** Verordnung über Entsorgungsfachbetriebe

21.03.13
Abfallverbringung Verordnung (EG) Nr. 1013/2006 des Europäischen Parlaments und des Rates vom 14. Juni 2006 über die Verbringung von Abfällen

6

Abfallverzeichnis	AVV - Abfallverzeichnis-Verordnung	Altöl - Verordnung	HKWAbfV - Verordnung über die Entsorgung gebrauchter halogenierter Lösemittel	ElektroStoffV - Elektro- und Elektronikgeräte-Stoff-Verordnung	BattGDV - Voerordnung zur Durchführung des Batteriegesetzes
Entscheidung 2001/573/EG des Rates vom 23. Juli 2001 zur Änderung der Entscheidung 2000/532/EG über ein Abfallverzeichnis	Verordnung über das Europäische Abfallverzeichnis				
28.07.01	24.02.12	24.02.12	20.10.06	19.04.13	12.11.09

24.02.12		24.02.12	24.02.12	24.02.12
AltfahrzeugV - Altfahrzeug-Verordnung Verordnung über die Überlassung, Rücknahme und umweltverträgliche Entsorgung von Altfahrzeugen		**VerpackV - Verpackungsverordnung** Verordnung über die Vermeidung und Verwertung von Verpackungsabfällen	**GewAbfV - Gewerbeabfallverordnung** Verordnung über die Entsorgung von gewerblichen Siedlungsabfällen und von bestimmten Bau- und Abbruchabfällen	**AltholzV - Altholzverordnung** Verordnung über Anforderungen an die Verwertung und Beseitigung von Altholz
22.05.13	29.01.08	08.02.13		
Altfahrzeuge Richtlinie 2000/53/EG des Europäischen Parlaments und des Rates vom 18. September 2000 über Altfahrzeuge	**Altfahrzeuge** Richtlinie 2005/64/EG des Europäischen Parlaments und des Rates vom 26. Oktober 2005 über die Typgenehmigung für Kraftfahrzeuge hinsichtlich ihrer Wiederverwendbarkeit, Recyclingfähigkeit und Verwertbarkeit und der Änderung der Richtlinie 70/156/EWG des Rates	**Verpackungsrichtlinie** Richtlinie 94/62/EG des Europäischen Parlaments und des Rates vom 20. Dezember 1994 über Verpackungen und Verpackungsabfälle (2005/20/EG)		

Bezeichnung	Datum
BioAbfV - Bioabfallverordnung Verordung über die Verwertung von Bioabfällen auf landwirtschaftlich, forstwirtschaftlich und gärtnerisch genutzten Böden	04.04.13
PCB-AbfallV - PCB/PCT - Abfallverordnung Verordnung über die Entsorgung polychlorierter Biphenyle, polychlorierter Terphenyle und halogenierter Monomethyldiphenylmethane	24.02.12
DepV - Deponieverordnung Verordnung über Deponien und Langzeitlager	02.05.13
4.3 Verwaltungsvorschriften	
Elektro- und Elektronik-Altgeräte Verwaltungsvorschrift über Anforderungen zur Entsorgung von Elektro- und Elektronik-Altgeräten - Baden Württemberg -	

Bezeichnung	Datum
PCB/PCT-Richtlinie Richtlinie 96/59/EG des Rates vom 16. September 1996 über die Beseitigung polychlorierter Biphenyle und polychlorierter Terphenyle (PCB/PCT)	18.07.09
Abfalldeponien Richtlinie 1999/31/EG des Rates vom 26. April 1999 über Abfalldeponien	10.12.11
2.2 Entscheidungen	
3.3 Verwaltungsvorschriften	
2.3 Empfehlungen	
3.4 Technische Regeln	
TRGS 201 Einstufung und Kennzeichnung bei Tätigkeiten mit Gefahrstoffen	24.11.11

6

19.01.12	10/2003	06.12.10	27.07.07	07/2006	25.04.12
TRGS 520 Errichtung und Betrieb von Sammelstellen und zugehörigen Zwischenlagern für Kleinmengen gefährlicher Abfälle	**TRBA 212** Thermische Abfallbehandlung: Schutzmaßnahmen	**TRBA 213** Abfallsammlung: Schutzmaßnahmen	**TRBA 214** Abfallbehandlungsanlagen einschließlich Sortieranlagen der Abfallwirtschaft	**TRBA 405** Anwendung von Messverfahren und technischen Kontrollwerten für luftgetragene Biologische Arbeitsstoffe	**TRBA 500** Grundlegende Maßnahmen bei Tätigkeiten mit biologischen Arbeitsstoffen

2. Arbeitsschutz

2. Europäische Union	3. Deutschland		4. Bundesland	
2.1 Verordnungen/Richtlinien	**3.1 Gesetze**	**3.2 Verordnungen**	**4.1 Gesetze**	**4.2 Verordnungen**
	20.04.13 — **ASiG - Gesetz über Betriebsärzte, Sicherheitsingenieure und andere Fachkräfte für Arbeitssicherheit**			
	05.02.09 — **ArbSchG - Arbeitsschutzgesetz** Gesetz über die Durchführung von Maßnahmen des Arbeitsschutzes zur Verbesserung der Sicherheit und des Gesundheitsschutzes der Beschäftigten bei der Arbeit			
14.11.12 — **Persönliche Schutzausrüstung** Richtlinie 89/686/EWG des Rates vom 21. Dezember 1989 zur Angleichung der Rechtsvorschriften der Mitgliedsstaaten für persönliche Schutzausrüstungen		04.12.96 — **PSA-Benutzungsverordnung** Verordnung über Sicherheit und Gesundheitsschutz bei der Benutzung persönlicher Schutzausrüstung bei der Arbeit		
		26.11.10 — **ArbMedVV - Verordnung zur arbeitsmedizinischen Vorsorge**		
		08.11.11 — **BetrSichV - Betriebssicherheitsverordnung** Verordnung über Sicherheit und Gesundheitsschutz bei der Bereitstellung von Arbeitsmitteln und deren Benutzung bei der Arbeit, über Sicherheit beim Betrieb überwachungsbedürftiger Anlagen und über die Organisation des betrieblichen Arbeitsschutzes		

6

	26.11.10	20.04.13	19.07.10	19.07.10	
	MuSchRiV - Mutterschutz-richtlinienverordnung Verordnung zum Schutz der Mütter am Arbeitsplatz	**JArbSchG - Jugendarbeits-schutzgesetz** Gesetz zum Schutz der arbeitenden Jugend	**ArbStättV - Arbeitsstätten-verordnung** Verordnung über Arbeitsstätten	**LärmVibrationsArbSchV - Lärm- und Vibrations-Arbeitsschutz-verordnung** Verordnung zum Schutz der Beschäftigten vor Gefährdungen durch Lärm und Vibrationen	
	27.06.07		27.06.07	21.11.08	21.11.08
	Mutterschutz Richtlinie 92/85/EWG des Rates vom 19. Oktober 1992 über die Durchführung von Maßnahmen zur Verbesserung der Sicherheit und des Gesundheitsschutzes von schwangeren Arbeitnehmerinnen, Wöchnerinnen und stillenden Arbeitnehmerinnen am Arbeitsplatz (zehnte Einzelrichtlinie im Sinne des Artikels 16 Absatz 1 der Richtlinie 89/391/EWG)		**Sicherheits- und Gesundheitskennzeichnung** Richtlinie 92/58/EWG des Rates vom 24. Juni 1992 über Mindestvorschriften für die Sicherheits- und/oder Gesundheitsschutzkennzeichnung am Arbeitsplatz (Neunte Einzelrichtlinie im Sinne von Artikel 16 Absatz 1 der Richtlinie 89/391/EWG)	**Arbeitsplatzlärm** Richtlinie 2003/10/EG des Europäischen Parlaments und des Rates vom 06. Februar 2003 über Mindestvorschriften zum Schutz von Sicherheit und Gesundheit der Arbeitnehmer vor der Gefährdung durch physikalische Einwirkungen (Lärm)	**Vibrationen am Arbeitsplatz** Richtlinie 2002/44/EG des Europäischen Parlaments und des Rates vom 25. Juni 2002 über Mindestvorschriften zum Schutz von Sicherheit und Gesundheit der Arbeitnehmer vor der Gefährdung durch physikalische Einwirkungen (Vibrationen)

4.3 Verwaltungsvorschriten

3.3 Verwaltungsvorschriften

3.4 Technische Regeln

		01/2009	09/2002	04/2008	15.09.11	15.09.11
		BGV A1 Grundsätze der Prävention	**BGV A8** Sicherheits- und Gesundheitsschutzkennzeichnung am Arbeitsplatz	**BGR 500** Betreiben von Arbeitsmitteln	**AMR 1 zu § 5 ArbMedVV** Anforderungen an das Angebot von arbeitsmedizinischen Vorsorgeuntersuchungen	**AMR 1 zu § 6 ArbMedVV** Fristen für die Aufbewahrung ärztlicher Unterlagen

2.2 Entscheidungen

2.3 Empfehlungen

11.07.13	30.10.12	11.06.13	30.10.12	28.02.13	15.08.13	25.08.10
AMR 2.1 Fristen für die Veranlassung/das Angebot von arbeitsmedizinischen Vorsorgeuntersuchungen	**AMR 3/2** Erforderliche Auskünfte/Informationsbeschaffung über die Arbeitsplatzverhältnisse	**AMR 6.2** Biomonitoring	**AMR 13.1** Tätigkeiten mit extremer Hitzebelastung, die zu einer besonderen Gefährdung führen können	**ASR A1.3** Sicherheits- und Gesundheitsschutzkennzeichnung	**ASR A2.3** Fluchtwege und Notausgänge, Flucht- und Rettungsplan	**TRBS 1112** Instandhaltung

27.05.10	02/2010	06.08.12	17.02.12	04.01.06	31.01.07	31.01.07
TRBS 1122 Änderungen und wesentliche Veränderungen von Anlagen nach § 1 Abs. 2 Satz 1 Nr. 4 BetrSichV - Ermittlung der Prüf- und Erlaubnispflicht	**TRBS 1123** Änderungen und wesentliche Veränderungen von Anlagen nach § 1 Abs. 2 Satz 1 Nr. 3 BetrSichV - Ermittlung der Prüfnotwendigkeit gemäß § 14 Abs. 1 und 2 BetrSichV	**TRBS 1201** Prüfungen von Arbeitsmitteln und überwachungsbedürftigen Anlagen	**TRBS 1203** Befähigte Personen	**TRBS 2111** Mechanische Gefährdungen - Allgemeine Anforderungen	**TRBS 2121** Gefährdung von Personen durch Absturz - Allgemeine Anforderungen	**TRBS 2141** Gefährdungen durch Dampf und Druck - Allgemeine Anforderungen

6

15.03.06	05.09.06	15.01.10	15.01.10	15.01.10	15.01.10
TRBS 2152/TRGS 720 Gefährliche explosionsfähige Atmosphäre - Allgemeines	**TRBS 2210** Gefährdung durch Wechselwirkungen	**TRLV Lärm** Teil Allgemeines	**TRLV Lärm Teil 1:** Beurteilung der Gefährdung durch Lärm	**TRLV Lärm Teil 2:** Messung von Lärm	**TRLV Lärm Teil 3:** Lärmschutzmaßnahmen

6

15.01.10	15.01.10	15.01.10	15.01.10	10/2009
TRLV Vibrationen Allgemeines	**TRLV Vibrationen Teil 1:** Beurteilung der Gefährdung durch Vibrationen	**TRLV Vibrationen Teil 2:** Messung von Vibrationen	**TRLV Vibrationen Teil 3:** Vibrationsschutzmaßnahmen	**VDI 4068, Blatt 1:** Befähigte Personen - Qualifikationsmerkmale für die Auswahl Befähigter Personen und Weiterbildungsmaßnahmen

3. Biostoffe

2. Europäische Union	3. Deutschland	4. Bundesland
2.1 Verordnungen/Richtlinien	**3.1 Gesetze**	**4.1 Gesetze**
Biologische Arbeitsstoffe Richtlinie 2000/54/EG des Europäischen Parlaments und des Rates vom 18. September 2000 über den Schutz der Arbeitnehmer gegen Gefährdung durch biologische Arbeitsstoffe bei der Arbeit — 17.10.00		
	3.2 Verordnungen	**4.2 Verordnungen**
	BioStoffV - Biostoffverordnung Verordnung über Sicherheit und Gesundheitsschutz bei Tätigkeiten mit biologischen Arbeitsstoffen — 15.07.13	
2.2 Entscheidungen	**3.3 Verwaltungsvorschriften**	**4.3 Verwaltungsvorschriften**
	3.4 Technische Regeln	
2.3 Empfehlungen	**TRBA 400** Handlungsanleitung zur Gefährdungsbeurteilung bei Tätigkeiten mit biologischen Arbeitsstoffe — 04/2006	

25.04.12	08/2011	06/2010
TRBA 500 Allgemeine Hygienemaßnahmen: Mindestanforderungen	**BGI 762** Keimbelastung wassergemischter Kühlschmierstoffe	**BGI 853** Betriebsanweisungen nach der Biostoffverordnung

4. Boden und Altlasten

2. Europäische Union	3. Deutschland	4. Bundesland
2.1 Verordnungen/Richtlinien	3.1 Gesetze **BBodSchG - Bundes-Boden-schutzgesetz** Gesetz zum Schutz vor schädlichen Boden-veränderungen und zur Sanierung von Alt-lasten — 24.02.12	4.1 Gesetze
2.2 Entscheidungen	3.2 Verordnungen **BBodSchV - Bundes-Boden-schutz- und Altlastenverordnung** — 24.02.12	4.2 Verordnungen
2.3 Empfehlungen	3.3 Verwaltungsvorschriften	4.3 Verwaltungsvorschriften
	3.4 Technische Regeln	

5. Energie

2. Europäische Union	3. Deutschland	4. Bundesland
2.1 Verordnungen/Richtlinien	**3.1 Gesetze**	**4.1 Gesetze**
14.11.12		
Energieeffizienz Richtlinie 2006/32/EG des Europäischen Parlaments und des Rates vom 05. April 2006 über Endenergieeffizienz und Energiedienstleistungen und zur Aufhebung der Richtlinie 93/76/EWG des Rates		
	04.11.10	
	EDL-G Gesetz über Energiedienstleistungen und andere Energieeffizienzmaßnahmen	
	04.07.13	
	EnEG - Energieeinspargesetz Gesetz zur Einsparung von Energie in Gebäuden	
	22.12.11	
	EEWärmeG - Erneuerbare-Energien-Wärmegesetz Gesetz zur Förderung Erneuerbarer Energien im Wärmebereich	
	20.12.12	
	EEG - Erneuerbare-Energien-Gesetz Gesetz für den Vorrang Erneuerbarer Energien	
	07.08.13	
	KWKG - Kraft-Wärme-Kopplungsgesetz Gesetz für die Erhaltung, die Modernisierung und den Ausbau der Kraft-Wärme-Kopplung	

6

	31.05.13	4.2 Verordnungen	04.07.13	22.12.11	26.11.12	24.02.12
	EVPG - Energieverbrauchsrelevante Produkte-Gesetz Gesetz über die umweltgerechte Gestaltung energieverbrauchsrelevanter Produkte	**3.2 Verordnungen**	**EnEV - Energieeinsparverordnung** Verordnung über energiesparenden Wärmeschutz und energiesparende Anlagentechnik bei Gebäuden	**BioSt-NachV - Biomassestrom-Nachhaltigkeitsverordnung** Verordnung über Anforderungen an eine nachhaltige Herstellung von flüssiger Biomasse zur Stromerzeugung	**Biokraft-NachV - Biokraftstoff-Nachhaltigkeitsverordnung** Verordnung über Anforderungen an eine nachhaltige Herstellung von Biokraftstoffen	**BiomasseV - Biomasseverordnung** Verordnung über die Erzeugung von Strom aus Biomasse
	14.11.12		20.03.08	10.06.13		
	Ökodesign-Richtlinie Richtlinie 2009/125/EG des Europäischen Parlaments und des Rates vom 21. Oktober 2009 zur Schaffung eines Rahmens für die Festlegung von Anforderungen an die umweltgerechte Gestaltung energieverbrauchs-relevanter Produkte		**Warmwasser** Richtlinie 92/42/EWG des Rates vom 21. Mai 1992 über die Wirkungsgrade von mit flüssigen oder gasförmigen Brennstoffen beschickten neuen Warmwasserheizkessel	**Erneuerbare Energien** Richtlinie 2009/28/EG des Europäischen Parlaments und des Rates vom 23. April 2009 zur Förderung der Nutzung von Energie aus erneuerbaren Quellen und zur Änderung und anschließenden Aufhebung der Richtlinie 2001/177/EG und 2003/30/EG		

6. Gefahrgut

2. Europäische Union	3. Deutschland		4. Bundesland	
2.1 Verordnungen/Richtlinien	3.1 Gesetze	3.2 Verordnungen	4.1 Gesetze	4.2 Verordnungen
Gefahrguttransport Richtlinie 2006/89/EG der Kommission vom 03. November 2006 zur sechsten Anpassung der Richtlinie 94/55/EG des Rates zur Angleichung der Rechtsvorschriften der Mitgliedstaaten für den Gefahrguttransport auf der Straße an den technischen Fortschritt — 04.11.06	**GGBefG - Gefahrgutbeförderungsgesetz** Gesetz über die Beförderung gefährlicher Güter — 07.08.13	**GGVSEB - Gefahrgutverordnung Straße, Eisenbahn und Binnenschifffahrt** Verordnung über die innerstaatliche und grenzüberschreitende Beförderung gefährlicher Güter auf der Straße, mit Eisenbahnen und auf Binnengewässern — 22.01.13		
Eisenbahnbeförderung Richtlinie 96/49/EG des Rates vom 23. Juli 1996 zur Angleichung der Rechtsvorschriften der Mitgliedstaaten für die Eisenbahnbeförderung gefährlicher Güter — 04.11.06				
Kontrolle von Gefahrguttransporten Richtlinie 95/50/EG des Rates vom 06. Oktober 1995 über einheitliche Verfahren für die Kontrolle von Gefahrguttransporten auf der Straße — 21.06.08		**GGKontrollV - Verordnung über die Kontrollen von Gefahrguttransporten auf der Straße und in den Unternehmen** — 31.06.06		

6

		4.3 Verwaltungsvorschriften	
Sicherheitsberater Richtlinie 96/35/EG des Rates vom 03. Juni 1996 über die Bestellung und die berufliche Befähigung von Sicherheitsberatern für die Beförderung gefährlicher Güter auf Straße, Schiene oder Binnenwasserstraßen	19.06.96	**GbV - Gefahrgutbeauftragtenverordnung** Verordnung über die Bestellung von Gefahrgutbeauftragten und die Schulung der beauftragten Personen im Unternehmen und Betrieben	19.12.12
2.2 Entscheidungen		**3.3 Verwaltungsvorschriften**	
2.3 Empfehlungen		**3.4 Technische Regeln**	
		Anlage A und B zum ADR Anlage A und B des Europäischen Übereinkommens vom 30.09.1957 über die internationale Beförderung gefährlicher Güter auf der Straße (ADR): Allgemeine Vorschriften und Vorschriften für gefährliche Stoffe und Gegenstände und Ordnung für die internationale Eisenbahnbeförderung gefährlicher Güter (RID)	20.03.13

7. Gefahrstoffe und Biozide

2. Europäische Union		3. Deutschland	4. Bundesland
2.1 Verordnungen/Richtlinien		3.1 Gesetze	4.1 Gesetze
		28.08.13	
		ChemG - Chemikaliengesetz Gesetz zum Schutz vor gefährlichen Stoffen	
10.06.13			
REACH Verordnung (EG) Nr. 1907/2006 des Europä-ischen Parlaments und des Rates vom 18. Dezember 2006 zur Registrierung, Be-wertung, Zulassung und Beschränkung che-mischer Stoffe (REACH), zur Schaffung einer Europäischen Chemikalienagentur, zur Ände-rung der Richtlinie 1999/45/EG und zur Auf-hebung der Verordnung (EWG) Nr. 793/93 des Rates, der Verordnung (EG) Nr. 1488/94 der Kommission, der Richtlinie 76/769/EWG des Rates sowie der Richtlinie 91/155/EWG, 93/67/EWG, 93/105/EG und 2002/21/EG der Kommission			
20.07.12			
Verordnung (EG) Nr. 440/2008 der Kom-mission vom 30. Mai 2008 zur Festlegung von Prüfmethoden gemäß der Verordnung (EG) Nr. 1907/2006 des Europäischen Par-laments und des Rates zur Registrierung, Bewertung, Zulassung und Beschränkung chemischer Stoffe (REACH)			
10.06.13			
CLP/GHS Verordnung (EG) Nr. 1272/2008 des Euro-päischen Parlaments und des Rates vom 16. Dezember 2008 über die Einstufung, Kennzeichnung und Verpackung von Stoffen und Gemischen, zur Änderung und Aufhe-bung der Richtlinien 67/548/EWG und 1999/45/EG und zur Änderung der Verord-nung (EG) Nr. 1907/2006			

6

	4.2 Verordnungen			
		15.07.13	24.02.12	
	3.2 Verordnungen	**GefStoffV - Gefahrstoffverordnung** Verordnung zum Schutz vor Gefahrstoffen	**ChemVerbotsV - Chemikalien-Verbotsverordnung** Verordnung über Verbote und Beschränkungen des Inverkehrbringens gefährlicher Stoffe, Zubereitungen und Erzeugnisse nach dem Chemikaliengesetz	
28.06.12			**27.06.07**	**09.02.06**
Persistente organische Schadstoffe (POP) Verordnung (EG) Nr. 850/2004 des Europäischen Parlaments und des Rates vom 29. April 2004 über persistente organische Schadstoffe und zur Änderung der Richtlinie 79/117/EWG			**Gefährdung durch chemische Arbeitsstoffe** Richtlinie 98/24/EG des Rates vom 07. April 1998 zum Schutz von Gesundheit und Sicherheit der Arbeitnehmer vor der Gefährdung durch chemische Arbeitsstoffe bei der Arbeit	Richtlinie 91/322/EWG der Kommission vom 29. Mai 1991 zur Festsetzung von Richtgrenzwerten zur Durchführung der Richtlinie 80/1107/EWG des Rates über den Schutz der Arbeitnehmer vor der Gefährdung durch chemische, physikalische und biologische Arbeitsstoffe bei der Arbeit

6

Bezeichnung	Datum	Beschreibung
Karzinogene oder Mutagene	04.08.07	Richtlinie 2004/37/EG des Europäischen Parlaments und des Rates vom 29. April 2004 über den Schutz der Arbeitnehmer gegen Gefährdung durch Karzinogene oder Mutagene bei der Arbeit (Sechste Einzelrichtlinie im Sinne von Artikel 16 Absatz 1 der Richtlinie 89/391/EWG des Rates)
Biozide	31.07.13	Richtlinie 98/8/EG des Europäischen Parlaments und des Rates vom 16. Februar 1998 über das Inverkehrbringen von Biozid-Produkten

2.2 Entscheidungen

4.3 Verwaltungsvorschriften

3.3 Verwaltungsvorschriften

2.3 Empfehlungen

3.4 Technische Regeln

Bezeichnung	Datum	Beschreibung
TRGS 200	24.11.11	Einstufung und Kennzeichnung von Stoffen, Zubereitungen und Erzeugnissen
Bekanntmachung 220	19.06.13	Sicherheitsdatenblatt
TRGS 400	02.07.12	Gefährdungsbeurteilung für Tätigkeiten mit Gefahrstoffen

14.02.11	14.02.11	16.02.09	23.01.12	15.03.12	15.01.10	04.07.08
TRGS 401 Gefährdung durch Hautkontakt für Ermittlung - Beurteilung - Maßnahmen	**TRGS 402** Ermitteln und Beurteilen der Gefährdung bei Tätigkeiten mit Gefahrstoffen: Inhalative Exposition	**TRBA/TRGS 406** Sensibilisierende Stoffe für die Atemwege	**BekGS 408** Anwendung der GefStoffV und TRGS mit dem Inkrafttreten der CLP-Verordnung	**BekGS 409** Nutzung der REACH-Informationen für den Arbeitsschutz	**TRGS 420** Verfahrens- und stoffspezifische Kriterien (VSK) für die Gefährdungsbeurteilung	**TRGS 500** Schutzmaßnahmen

18.03.13	15.01.13	05.01.12	22.09.08	04.02.13	21.05.10	04.02.13
TRGS 510 Lagerung von Gefahrstoffen in ortsbeweglichen Behältern	**TRGS 555** Betriebsanweisung und Informationen der Beschäftigten	**TRGS 560** Luftrückführung beim Umgang mit krebserzeugenden Gefahrstoffen	**TRGS 600** Substitution	**TRGS 900** Arbeitsplatzgrenzwerte	**BekGS 901** Kriterien zur Ableitung von Arbeitsplatzgrenzwerten	**TRGS 903** Biologische Grenzwerte

04.07.08	23.03.07	19.12.11	02.07.12	03/2002	11/2001
TRGS 905 Verzeichnis krebserzeugender, erbgutverändernder oder fortpflanzungsgefährdender Stoffe	**TRGS 906** Verzeichnis krebserzeugender Tätigkeiten oder Verfahren nach § 3 Abs. 2 Nr. 3 GefStoffV	**TRGS 907** Verzeichnis sensibilisierender Stoffe	**BekGS 910** Risikowerte und Expositions-Risiko-Beziehungen für Tätigkeiten mit krebserzeugenden Gefahrstoffen	**VDI 3975, Blatt 1** Lagerung von Gefahrstoffen - Planung und Genehmigung	**VDI 3975, Blatt 2** Lagerung von Gefahrstoffen - Organisation

8. Gewässerschutz

2. Europäische Union	3. Deutschland	4. Bundesland
2.1 Verordnungen/Richtlinien	**3.1 Gesetze**	**4.1 Gesetze**
24.08.13 **Wasserpolitik** Richtlinie 2000/60/EG des Europäischen Parlaments und des Rates vom 23. Oktober 2000 zur Schaffung eines Ordnungsrahmens für Maßnahmen der Gemeinschaft im Bereich der Wasserpolitik Wasser-Rahmen-Richtlinie (WRRL)	07.08.13 **WHG - Wasserhaushaltsgesetz** Gesetz zur Ordnung des Wasserhaushalts	25.01.12 **WG - Wassergesetz für Baden-Württemberg**
	3.2 Verordnungen	**4.2 Verordnungen**
04.03.06 **Gewässer** Richtlinie 2006/11/EG des Europäischen Parlaments und des Rates vom 15. Februar 2006 betreffend die Verschmutzung infolge der Ableitung bestimmter gefährlicher Stoffe in die Gewässer der Gemeinschaft	02.05.13 **AbwV - Abwasserverordnung** Verordnung über Anforderungen an das Einleiten von Abwasser in Gewässer	25.04.07 **IndVO - Indirekteinleiterverordnung** Verordnung des Umweltministeriums über das Einleiten von Abwasser in öffentliche Abwasseranlagen - Baden-Württemberg -
21.11.08 **Kommunales Abwasser** Richtlinie 91/271/EWG des Rates vom 21. Mai 1991 über die Behandlung von kommunalem Abwasser	02.05.13 **IZÜV - Industriekläranlagen-Zulassungs- und Überwachungsverordnung** Verordnung zur Regelung des Verfahrens bei Zulassung und Überwachung industrieller Abwasserbehandlungsanlagen und Gewässerbenutzun	25.04.07 **EKVO - Eigenkontrollverordnung** Verordnung des Umweltministeriums über die Eigenkontrolle von Abwasseranlagen - Baden-Württemberg -
	31.03.10 **Verordnung über Anlagen zum Umgang mit wassergefährdenden Stoffen**	25.01.12 **VAwS - Anlagenverordnung wassergefährdender Stoffe** Verordnung des Umweltministeriums über Anlagen zum Umgang mit wassergefährdenden Stoffen und über Fachbetriebe - Baden-Württemberg -

6

20.05.03						
Abwasserverordnung Abfallverbrennung Verordnung des Ministeriums für Umwelt und Verkehr über abwasserrechtliche Anforderungen an Abwasser aus der Abgasreinigung bei der Abfallverbrennung - Baden-Württemberg -			**4.3 Verwaltungsvorschriften**			
	09.11.10	02.08.13		06/2011	01/1997	26.11.10
	GrwV - Grundwasserverordnung Verordnung zum Schutz des Grundwassers	**TrinkwV - Trinkwasserverordnung** Verordnung über die Qualität von Wasser für den menschlichen Gebrauch	**3.3 Verwaltungsvorschriften**	**VwVwS - Verwaltungsvorschrift wassergefährdende Stoffe** Allgemeine Verwaltungsvorschrift zum Wasserhaushaltsgesetz über die Einstufung wassergefährdender Stoffe in Wassergefährdungsklassen	**3.4 Technische Regeln**	**BGV C5 Abwassertechnische Anlagen**
						TRBA 220 Sicherheit und Gesundheit bei Tätigkeiten mit biologischen Arbeitsstoffen in abwassertechnischen Anlagen
	18.07.09					
	Trinkwasser Richtlinie 98/83/EG des Rates vom 03. November 1998 über die Qualität von Wasser für den menschlichen Gebrauch - Trinkwasser-Richtlinie	**2.2 Entscheidungen**		**2.3 Empfehlungen**		

9. Immissionsschutz

2. Europäische Union		3. Deutschland		4. Bundesland	
2.1 Verordnungen/Richtlinien		**3.1 Gesetze**		**4.1 Gesetze**	
18.07.09	**Schadstoffregister** Verordnung (EG) Nr. 166/2006 des Europäischen Parlaments und des Rates vom 18. Januar 2006 über die Schaffung eines Schadstofffreisetzungs- und -verbringungsregisters	02.07.13	**BImSchG - Bundes-Immissionsschutzgesetz** Gesetz zum Schutz vor schädlichen Umwelteinwirkungen durch Luftverunreinigungen, Geräusche, Erschütterungen und ähnliche Vorgänge		
		27.04.02	**Gesetz zu dem Protokoll von Kyoto vom 11. Dezember 1997 zum Rahmenübereinkommen der Vereinten Nationen über Klimaänderungen (Kyoto-Protokoll)**		
05.06.09	**Treibhausgashandel** Richtlinie 2003/87/EG des Europäischen Parlaments und des Rates vom 13. Oktober 2003 über ein System für den Handel mit Treibhausgasemissionszertifikaten in der Gemeinschaft und zur Änderung der Richtlinie 96/61/EG des Rates	07.08.13	**TEHG - Treibhausgas-Emissionshandelsgesetz** Gesetz über den Handel mit Berechtigungen zur Emission von Treibhausgasen		
2.1 Verordnungen		**3.2 Verordnungen**		**4.2 Verordnungen**	
21.11.08	**Treibhausgase** Verordnung (EG) Nr. 842/2006 des Europäischen Parlaments und des Rates vom 17. Mai 2006 über bestimmte fluorierte Treibhausgase	24.02.12	**ChemKlimaSchutzV - Chemikalien-Klimaschutzverordnung** Verordnung zum Schutz des Klimas vor Veränderungen durch den Eintrag bestimmter fluorierter Treibhausgase		

6

24.04.13	10.04.13	26.01.10	02.05.13	02.05.13	02.05.13
ChemOzonSchichtV - Chemikalien-Ozonschichtverordnung Verordnung über Stoffe, die die Ozonschicht schädigen	**ChemVOCFarbV - Lösemittelhaltige Farben- und Lack-Verordnung**	**1. BImSchV** Verordnung über kleine und mittlere Feuerungsanlagen	**2. BImSchV** Verordnung zur Emissionsbegrenzung von leichtflüchtigen halogenierten organischen Verbindungen	**4. BImSchV** Verordnung über genehmigungsbedürftige Anlagen	**5. BImSchV** Verordnung über Immissionsschutz- und Störfallbeauftragte
19.08.10	20.11.10				
Ozonabbau Verordnung (EG) Nr. 1005/2009 des Europäischen Parlaments und des Rates vom 16. September 2009 über Stoffe, die zum Abbau der Ozonschicht führen	**Farben- und Lacke-Richtlinie** Richtlinie 2004/42/EG des Europäischen Parlaments und des Rates vom 21. April 2004 über die Begrenzung der Emissionen flüchtiger organischer Verbindungen aufgrund Verwendung organischer Lösemittel in bestimmten Farben und Lacken in Produktion der Fahrzeugreparaturlackierung sowie zur Änderung der Richtlinie 1999/13/EG				

18.12.75	02.05.13	02.05.13	14.08.13	02.05.13	02.05.13
7. BImSchV Verordnung zur Auswurfbegrenzung von Holzstaub	**9. BImSchV** Verordnung über das Genehmigungsverfahren	**11. BImSchV** Verordnung über Emissionserklärungen	**12. BImSchV** Störfall-Verordnung	**13. BImSchV** Verordnung über Großfeuerungs- und Gasturbinenanlagen	**17. BImSchV** Verordnung über die Verbrennung und die Mitverbrennung von Abfällen
			04.07.12		
			Seveso-Richtlinie Richtlinie 2012/18/EU des Europäischen Parlaments und des Rates vom 04. Juli 2012 zur Beherrschung der Gefahren schwerer Unfälle mit gefährlichen Stoffen, zur Änderung und anschließenden Aufhebung der Richtlinie 96/82/EG des Rates		

6

	27.04.09	02.05.13	08.11.11		24.07.02	26.08.98
	30. BImSchV Verordnung über Anlagen zur biologischen Behandlung von Abfällen	**31. BImSchV (VOC-Verordnung)** Verordnung zur Begrenzung der Emissionen flüchtiger organischer Verbindungen bei der Verwendung organischer Lösemittel in bestimmten Anlagen	**32. BImSchV** Geräte- und Maschinenlärmverordnung	**3.3 Verwaltungsvorschriften**	**TA Luft** Technische Anleitung zur Reinhaltung der Luft	**TA Lärm** Technische Anleitung zum Schutz gegen Lärm

4.3 Verwaltungsvorschriften

2.2 Entscheidungen

10. Umweltmanagement/-schutz

3. Deutschland

3.1 Gesetze

07.08.13

UAG - Umweltauditgesetz
Gesetz zur Ausführung der Verordnung (EG) Nr. 761/2001 des Europäischen Parlaments und des Rates vom 19. März 2001 über die freiwillige Beteiligung von Organisationen an einem Gemeinschaftssystem für das Umweltmanagement und die Umweltbetriebsprüfung (EMAS)

2. Europäische Union

2.1 Verordnungen/Richtlinien

10.06.13

EMAS-Verordnung
Verordnung (EG) Nr. 1221/2009 des Europäischen Parlaments und des Rates vom 25. November 2009 über die freiwillige Teilnahme von Organisationen an einem Gemeinschaftssystem für Umweltmanagement und Umweltbetriebsprüfung und zur Aufhebung der Verordnung (EG) Nr. 761/2001, sowie der Beschlüsse der Kommission 2001/681/EG und 2006/193/EG

1. International

Stand	Norm	Titel
11/2009	DIN EN ISO 14001	Umweltmanagementsysteme - Anforderungen mit Anleitung
08/2010	DIN EN ISO 14004	Umweltmanagementsysteme - Allgemeiner Leitfaden über Grundsätze, Systeme und unterstützende Methoden
08/2010	DIN EN ISO 14015	Umweltmanagement - Umweltbewertung von Standorten und Organisationen (UBSO)
02/2000	DIN EN ISO 14031	Umweltleistungsbewertung
11/2009	DIN EN ISO 14040	Umweltmanagement - Ökobilanz - Grundsätze und Rahmenbedingungen
10/2006	DIN EN ISO 14044	Umweltmanagement - Ökobilanz - Anforderungen und Anleitungen

23.11.07	23.07.13				
UmweltHG - Umwelthaftungsgesetz	**USchadG - Umweltschadensgesetz** Gesetz über die Vermeidung und Sanierung von Umweltschäden	**3.2 Verordnungen**		**3.3 Verwaltungsvorschriften**	

23.04.09			24.02.12		
Umwelthaftungs/-schaden Richtlinie 2004/35/EG des Europäischen Parlaments und des Rates vom 21. April 2004 über Umwelthaftung zur Vermeidung und Sanierung von Umweltschäden			**IED-Richtlinie** Richtlinie 2010/75/EU des Europäischen Parlaments und des Rates vom 24. November 2010 über Industrieemissionen	**2.2 Entscheidungen**	

12/2011
DIN EN ISO 19011 **Umweltaudit** Leitfaden für Audits von Qualitätsmanagement- und/oder Umweltmanagementsystemen

3.4 Technische Regeln

12/2001	09/2001	02/2006	03/2005
VDI 3800 Ermittlung der Aufwendungen für Maßnahmen zum betrieblichen Umweltschutz	**VDI 4050** Betriebliche Kennzahlen für das Umweltmanagement - Leitfaden zu Aufbau, Einführung und Nutzung	**VDI 4070, Blatt 1** Anleitung zum nachhaltigen Wirtschaften	**VDI 4075, Blatt 1** Produktionsintegrierter Umweltschutz - Grundlagen und Anwendungsbereich

2.3 Empfehlungen

10.07.03

Umweltleistungskennzahlen
Empfehlung 2003/532/EG der Kommission vom 10. Juli 2003 über Leitlinien zur Durchführung der Verordnung (EG) Nr. 761/2001 des Europäischen Parlaments und des Rates über die freiwillige Beteiligung von Organisationen an einem Gemeinschaftssystem für das Umweltmanagement und die Umweltbetriebsprüfung (EMAS) in Bezug auf die Auswahl und Verwendung von Umweltleistungskennzahlen

6

Als weitere Hilfestellung können so genannte interne Leistungskriterien oder Umweltkennziffern dienen. Sie finden immer dann Anwendung, wenn die externen Leistungskriterien (Umweltgesetze) nicht ausreichen, oder für das Unternehmen nicht zutreffen. Mit Hilfe von internen Leistungskriterien kann ein Unternehmen die Einhaltung der in der Umweltpolitik formulierten Grundsätze wirkungsvoll unterstützen. Die Organisationsbereiche, für die diese Leistungskriterien formuliert und festgelegt werden können, sind beispielsweise alle Managementebenen, Zulieferer, Auftragnehmer und Dienstleister, Vertragspartner und Produktionsverantwortliche. Die Themenbereiche können dabei sein:

- umweltbezogene Kommunikation und Beziehungen zu Behörden und Öffentlichkeit,
- Maßnahmenplanung und Unfallvorsorge,
- umweltbezogene Bewusstseinsbildung und Schulung,
- umweltbezogene Messung und kontinuierliche Verbesserung,
- Vermeidung von Umweltbelastungen und Ressourcenschonung.

6.3 Die betriebliche Umweltpolitik

Die Umweltpolitik ist eines der zentralen Elemente innerhalb eines Umweltmanagementsystems im Unternehmen. Sie stellt eine langfristige, umweltbezogene Zielsetzung des Unternehmens dar und füllt so den gesetzlichen Handlungsrahmen in Umweltfragen. Die Festlegung der Umweltpolitik sollte daher als einer der ersten Schritte bei der Einführung eines Umweltmanagementsystems erfolgen.

Es ist dabei zu beachten, dass die Umweltpolitik generell von der obersten Geschäftsleitung in schriftlicher Form zu verfassen ist. Die Umweltpolitik muss allen Mitarbeitern im Unternehmen bekannt gemacht werden, und muss darüber hinaus auch der interessierten Öffentlichkeit zugänglich sein. Die betriebliche Umweltpolitik als strategisches Ziel muss vom Unternehmen regelmäßig überprüft und eventuell angepasst werden.

Mit der Umweltpolitik verpflichtet sich ein Unternehmen zur Einhaltung aller einschlägigen Umweltvorschriften sowie zur kontinuierlichen Verbesserung der Umweltsituation am Standort. Um diese Verpflichtungen einhalten zu können, werden in der Umweltpolitik Handlungsgrundsätze als Leitlinien formuliert. Mit diesen Handlungsgrundsätzen wird berücksichtigt, dass alle Tätigkeiten, Produkte und Dienstleistungen eines Unternehmens Auswirkungen auf die Umwelt haben können. Dementsprechend sollten bei der Erstellung einer Umweltpolitik einige Gesichtspunkte beachtet werden.

Die Umweltpolitik sollte sich an der bestehenden Unternehmensphilosophie bzw. den Grundwerten und Einstellungen des Unternehmens orientieren. Sie sollte mit anderen Politiken (bezüglich Qualität, Arbeits- und Gesundheitsschutz) abgestimmt werden. Sie sollte die Forderungen und Ansprüche von interessierten Kreisen, sowie besondere regionale Gegebenheiten berücksichtigen und die Kommunikation mit der Öffentlichkeit fördern. Die Umweltpolitik muss die ausdrückliche Verpflichtung zur Einhaltung der relevanten Umweltvorschriften, Verpflichtungen und Erfüllung von Umweltkriterien, sowie die Verpflichtung zur kontinuierlichen Verbesserung der Umweltsituation enthalten. Hierbei gilt die Vermeidung von Umweltbelastungen als vorrangiges Ziel.

Die umweltpolitischen Handlungsgrundsätze des Unternehmens können sich beispielsweise an folgenden Punkten orientieren:

- Förderung des Verantwortungsbewusstseins für die Umwelt bei allen Arbeitnehmern,
- frühzeitige Beurteilung von Umweltauswirkungen jeder neuen Tätigkeit, jedes neuen Verfahrens und jedes neuen Produktes,

- Beurteilung und Überwachung der Umweltauswirkungen aller Unternehmenstätigkeiten,
- Vermeidung, Verminderung und Beseitigung aller Umweltbelastungen sowie die Erhaltung der Ressourcen,
- Vermeidung unfallbedingter Emissionen von Stoffen oder Energie,
- Festlegung und Anwendung von Verfahren zur Kontrolle der Übereinstimmung mit der Umweltpolitik,
- Festlegung von Verfahren und Maßnahmen bei Nichteinhaltung von Umweltpolitik und Umweltzielen,
- Ausarbeitung von Verfahren in Zusammenarbeit mit Behörden, um die Auswirkungen von etwaigen unfallbedingten Ableitungen möglichst gering zu halten,
- offener Dialog mit der Öffentlichkeit zum Verständnis der Umweltauswirkungen der Tätigkeit des Unternehmens,
- Kundenberatung über die Umweltaspekte im Zusammenhang mit Handhabung, Verwendung und Endlagerung der Produkte,
- treffen von Vorkehrungen zur Gewährleistung der Anwendung gleicher Umweltnormen bei auf dem Betriebsgelände arbeitenden Vertragspartnern.

Unsere Umweltpolitik

1. Der Schutz und Erhalt unserer natürlichen Lebensgrundlagen ist ein vorrangiges Ziel unseres Unternehmens. Wir fördernd das Umweltbewusstsein aller Mitarbeiter.

2. Forschung und Entwicklung betreiben wir unter Umweltschutzaspekten. Neue Technologien werden vorbeugend auf mögliche Umweltbelastungen hin untersucht.

3. Durch den wirtschaftlich vertretbaren Einsatz der besten verfügbaren Techniken erreichen wir eine kontinuierliche Verbesserung unseres Umweltschutzes.

4. Mit Ressourcen gehen wir sparsam um. Umweltbelastungen reduzieren wir auf ein Mindestmaß. Der Wiederverwertung von Materialen und der energetischen Verwertung geben wir den Vorrang vor der Beseitigung.

5. Die Auswirkungen unserer Tätigkeiten auf die Umwelt werden regelmäßig von uns selbst und den Behörden überwacht. Die Einhaltung der für uns geltenden Umweltvorschriften sehen wir als Minimalforderung an.

6. Zusammen mit den Behörden arbeiten wir Maßnahmen und Verfahren für mögliche Notfälle aus.

7. Die Effizienz unserer Maßnahmen und das Erreichen unserer Umweltziele überprüfen wir durch turnusgemäß durchzuführenden interne Umweltaudits.

8. Von unseren Lieferanten und Dienstleistern erwarten wir die gleichen Umweltmaßstäbe, wie wir sie für uns gesetzt haben.

9. Das Informieren der Öffentlichkeit ist für uns eine Selbstverständlichkeit. Im Rahmen unseres jährlichen Umweltberichtes geben wir Rechenschaft über unser Verhalten.

Abb. 6.1: Beispiel für eine betriebliche Umweltpolitik

6.4 Wissensfragen

- Welche Bedeutung kommt den Umweltvorschriften im Umweltmanagementsystem zu?

- Welche Bedeutung kommt der Umweltpolitik im Umweltmanagementsystem zu?

6.5 Weiterführende Literatur

6.1   Förster, M.; *(Umwelt-)strafrechtliche Maßnahmen im Europarecht,* BWV, **2007,** 978-3-8305-1391-9

6.2   Hansmann, K.; Sellner, D.; *Grundzüge des Umweltrechts,* Schmidt, **2007,** 978-3-503-10603-5

6.3   Kramer, M. (Hrsg.); *Integratives Umweltmanagement,* Gabler, **2010,** 978-3-8349-1947-2

6.4   Kröger, D.; Klauß, I.; *Umweltrecht – Schnell erfasst,* Springer, **2007,** 978-3-540-72745-3

6.5   Nusser, J.; *Zweckbestimmungen in Umweltschutzgesetzen,* Nomos, **2007,** 978-3-8329-2506-2

6.6   Raschauer, Nr.; Wessely, W. (Hrsg.); *Handbuch Umweltrecht,* facultas.wuv, **2010,** 978-3-7089-0567-9

6.7   Sanden, J.; *Fälle und Lösungen zum Umweltrecht,* Boorberg, **2005,** 3-415-03571-9

6.8   Schendel, F.A.; Giesberts, L.; Büge, D. (Hrsg.); *Umwelt und Betrieb – Rechtshandbuch für die betriebliche Praxis,* lexxion, **2012,** 978-3-86965-192-7

6.9   Storm, P.-Ch.; *Umweltrecht – Einführung,* Erich Schmidt, **2002,** 3-503-06612-8

6.10   Tollmann, C.; *Die umweltrechtliche Zustandsverantwortlichkeit: Rechtsgrund und Reichweite,* Duncker & Humblot, **2007,** 978-3-428-12250-9

6.11   Walz, R. et al.; *Innovationsdynamik und Wettbewerbsfähigkeit Deutschlands in grünen Zukunftsmärkten,* Umweltbundesamt, Texte 03/08, **2008**

7 Umweltmanagement

7.1 Umweltprüfung und Umweltaspekte

Ein Unternehmen, das die Umweltsituation am Standort nachhaltig durch die Einführung eines Umweltmanagementsystems verbessern möchte, muss sich zunächst über die gegenwärtige Umweltsituation des Unternehmens informieren. Dies kann durch eine erste Bestandsaufnahme im Rahmen einer Umweltprüfung (Schritt 4) geschehen. Bei dieser Umweltprüfung untersucht das Unternehmen alle erfassbaren Tätigkeiten, Dienstleistungen und Produkte auf ihre mögliche Umweltrelevanz. Dabei hat das Unternehmen ein Verfahren zu entwickeln, welches erlaubt, aus den untersuchten Umwelt- und Unternehmensbereichen diejenigen Umweltaspekte zu ermitteln und zu bewerten, die eine bedeutende Auswirkung auf die Umwelt haben können. Für die Erhebungen und die spätere Bewertung müssen folgende Punkte Berücksichtigung finden:

- Rechtliche Aspekte wie:
    - Gesetze, Verordnungen, Verwaltungsvorschriften,
    - Auflagen, Genehmigungen, Grenzwerte,
    - unternehmensinterne Vorgaben, Strategien, Betriebsvereinbarungen,
    - Versicherungsverträge.

- Organisatorische Aspekte wie:
    - Aufbau-, Ablaufkontrolle, Verantwortungen,
    - Handbücher, Prozessanweisungen,
    - Mitarbeiterorientierung und -zufriedenheit,
    - Lieferanten, Dienstleister und Subunternehmer.

- Fachliche Aspekte wie:
    - Stand der Technik, Anlagen, Verfahren und Prozesse,
    - Risiken, Störfälle, Notfälle,
    - Produkte, Produktnutzung, Produktrecycling,
    - Materialien, Abfälle, Gefahrstoffe,
    - Mengen, Gefährdungspotenziale.

- Wirtschaftliche Aspekte wie:
    - Gewinne, Rentabilität, Kosten, Verluste,
    - Ausbeuten, Wirkungsgrade,
    - Anlagenverfügbarkeiten,
    - Produktqualitäten.

Um effektiv alle Tätigkeiten und Prozesse im Unternehmen erfassen zu können, bedarf es einer sorgfältigen Planung der Umweltprüfung von Seiten der Projektleitung. Je intensiver und gründlicher die Bestandsaufnahme im Zuge der ersten Umweltprüfung erfolgt, desto besser:

- ist der Überblick über die betrieblichen Umweltbelange,
- lassen sich Schwachstellen identifizieren und Handlungsbedarf festlegen,
- können betriebliche Abläufe optimiert werden,
- lassen sich Umweltziele formulieren und Maßnahmen für das Umweltprogramm festlegen,
- und einfacher sind die Verantwortungen und Aufgaben im Umweltmanagementsystem zu dokumentieren.

So ist zu Beginn ein Rahmenplan zu erstellen. Dieser Rahmenplan enthält eine Übersicht über alle zu untersuchenden Abteilungen und Bereiche mit den betreffenden Tätigkeiten, Dienstleistungen,

Prozessen und Produkten. Weiterhin wird in diesem Rahmenplan der zeitliche Ablauf der Umweltprüfung sowie der finanzielle und personelle Aufwand fixiert. Es ist darauf zu achten, dass diejenigen Personen, die die Umweltprüfung in einem bestimmten Bereich durchführen, für diesen Bereich kompetent, jedoch unabhängig sind. So kann eine objektive Untersuchung gewährleistet werden.

Der Projektleiter hat sicherzustellen, dass alle Ergebnisse der Umweltprüfung schriftlich fixiert und dokumentiert werden. Die einzelnen Umweltaspekte, die im Rahmen einer Umweltprüfung auf ihre möglichen Umweltauswirkungen hin untersucht werden sollten, sind:

- Roh-, Hilfs-, und Betriebsstoffe im Hinblick auf Bewirtschaftung, Einsparung, Auswahl und Transport,
- Energie im Hinblick auf Energiemanagement, Energieeinsparungen und Auswahl von Energiequellen,
- Bewirtschaftung von Wasser, Wassereinsparung, Abwasserbehandlung und Kanalisation,
- Abfälle und Wertstoffe im Hinblick auf Vermeidung, Recycling, Wiederverwendung, Transport und Endlagerung,
- Emissionen und Immissionen (z.B. Abluft, Gerüche, Lärm, Erschütterungen, Staub) im Hinblick auf Ausmaß, Kontrolle und Verringerung,
- Kontaminierung von Erdreich, Altlasten und Bodenversiegelung,
- Marketing und Vertrieb der Produkte und Dienstleistungen,
- Entwicklung und Produktplanung im Hinblick auf Design, Verpackung, Verwendung, Recycling und Entsorgung,
- Technologien und Produktionsverfahren im Hinblick auf die Auswahl neuer Verfahren und die Änderung bestehender Verfahren,
- Lieferanten und Auftragnehmer im Hinblick auf deren betrieblichen Umweltschutz,
- Einkauf, Materialwirtschaft und Lagerwesen,
- Transport, Logistik und Distribution der Materialien, Produkte und Dienstleistungen,
- Personal im Hinblick auf Information, Ausbildung und Motivation,
- internes und externes Berichtswesen über ökologische Fragestellungen.

Die Untersuchung der jeweiligen Bereiche geschieht top-down, von oben nach unten, vom Groben zum Detail. Diese Vorgehensweise zur Untersuchung verringert die Komplexität und lässt die wesentlichen Aspekte leichter erkennen. Um sich nicht in Detailfragen zu verlieren, muss sehr bewusst Wesentliches von Unwesentlichem getrennt werden.

Der Zusammenstellung des Projektteams kommt für die Erhebung und Bewertung eine besondere Bedeutung zu. Von den Betroffenen werden die Arbeiten oft als Bedrohung ihrer Tätigkeit und – besonders bei Identifizierung von Handlungsbedarf – als persönliche Kritik empfunden. Neben den guten Fachkenntnissen der einzelnen Teammitglieder (Betriebsorganisation, Umweltrecht, Verfahrenstechnik, Ökonomie) müssen sie eine hohe soziale Kompetenz besitzen.

Die Integration der Betroffenen in die Untersuchung muss selbstverständlich sein. So sollte ein kompetenter Mitarbeiter des untersuchten Teilsystems Mitglied im Projektteam sein. Alle von der Durchführung betroffenen Mitarbeiter sollten von der Umweltprüfung ausreichend informiert werden. Der verantwortliche Projektleiter muss unter diesen Gesichtspunkten eine objektive Durchführung und Bewertung gewährleisten.

Die Festlegung des Prüfungsumfanges und der Prüfungskriterien gewährleistet ein umfassendes Verständnis über die ausgewählten Tätigkeiten und Prozesse. Soll z.B. der Umweltbereich Abfall untersucht werden (Prüfungsumfang), so sind:

- die geltenden Umweltvorschriften,
- die zu erfassenden organisatorischen Bereiche mit ihrer Aufbau- und Ablaufkontrolle (Verantwortungen, Zuständigkeiten, innerbetriebliche Regelungen, Entsorgungs- und Verwertungswege),
- der Stand der Technik (Abfallvermeidung, Trennungssysteme, Verwertungsmöglichkeiten, Beseitigungsverfahren, Produktionsverfahren),
- und die wirtschaftlichen Gegebenheiten (Produktausbeuten, Entsorgungskosten, Abfallmengen)

vor der eigentlichen Prüfung zu recherchieren und aufzubereiten. Aus den so gewonnenen Informationen ergeben sich die Prüfungsschwerpunkte, die Prüfungstiefe und die Prüfungsziele.

In der Bestandsaufnahme geht es um die Sammlung von Informationen, Daten und Unterlagen, die für die Lösung der Aufgabenstellung wichtig sind. In Verbindung mit der untersuchten Tätigkeit sind die zugehörigen Umweltaspekte und Umweltauswirkungen zu ermitteln. Mit dem Begriff Umwelt-aspekt wird das Element einer Tätigkeit, eines Prozesses, einer Dienstleistung oder Produktes verstanden, das in irgendeiner Weise eine Auswirkung auf die Umwelt haben kann.

Diese Auswirkung kann positive oder negative Folgen für die Umwelt haben. Einfach formuliert sind Umweltaspekte die Ursachen für mögliche Auswirkungen. Der Begriff der Umweltauswirkung bezeichnet dementsprechend die Veränderung, die sich in der Umwelt als Folge eines Umweltaspektes ereignet. Beispiele für die Beziehung zwischen Tätigkeiten, Umweltaspekten und Umweltauswirkungen können sein:

- Tätigkeit: Umgang mit gefährlichen Stoffen (Gefahrstoffe).
  Umweltaspekt: Die Stoffe könnten verschüttet werden.
  Umweltauswirkung: Kontamination von Boden und Wasser.

- Tätigkeit: Wartung von Kraftfahrzeugen im Fuhrpark (Abluft).
  Umweltaspekt: Abgasemissionen überprüfen.
  Umweltauswirkung: Reduzierung der Luftverunreinigungen.

- Tätigkeit: Entwicklung eines neuen Produktes.
  Umweltaspekt: Bau- und Demontagestruktur des Produktes.
  Umweltauswirkung: Entsorgungsmöglichkeiten nach Ablauf der Nutzungsphase.

- Tätigkeit: Erhöhung der Produktausbeuten.
  Umweltaspekt: Instabile Prozessführung aufgrund unzureichender Prozesstechnik.
  Umweltauswirkung: Erhöhte Verschrottungsrate und Abfallanfall.

Die Bestandsaufnahme sollte vergangene (z.B. Gefahr von Altlasten), gegenwärtige (z.B. laufender Anlagenbetrieb) und zukünftige (z.B. neue Produktplanungen) Aspekte umfassen. Für besonders umweltrelevante Risiken und Unfallgefahren sind im Hinblick auf deren Verhütung und Begrenzung der Umweltauswirkungen besondere Verfahren und Verhaltensanweisungen gefordert. Für die eigentliche Bestandsaufnahme und Erhebung stehen eine Reihe von Techniken zur Verfügung. Fragebögen erlauben eine standardisierte Vorgehensweise, um die Auswirkungen der einzelnen Tätigkeiten auf die Umwelt zu untersuchen und zu bewerten.

Die Fragen sind bewusst „offen" zu formulieren, so dass eine einfache „ja/nein"-Beantwortung nicht möglich ist. Die zu untersuchenden Bereiche sollten möglichst von allen Seiten beleuchtet werden. Dazu ist eine intensive Auseinandersetzung der Mitarbeiter des Unternehmens und der Teammitglieder mit dem jeweiligen Sachverhalt notwendig. Durch diese Vorgehensweise lässt sich der bereits vorhandene Standard im betrieblichen Umweltschutz von verschiedenen Seiten ermitteln und beleuchten. Fragebögen können jedoch niemals den gesamten Prüfungsumfang abdecken. Dies gilt besonders für die rechtlichen Aspekte der Umweltprüfung im Teilsystem. Interviews mit betroffenen Mitarbeitern und Begehungen vor Ort ergänzen die Erhebungen über Fragebögen.

Die Analyse und Bewertung setzt sich kritisch mit dem erhobenen Ist-Zustand auseinander. Sie ermittelt die Stärken und Schwächen des untersuchten Teilsystems mit seinen verschiedenen Prozessen/Abläufen und Aufgaben. Die Ursache-Wirkungs-Zusammenhänge müssen klar herausgearbeitet werden. Es sind mehrere Alternativen einer systematischen Bewertung zu unterziehen und auf Lösungsmöglichkeiten hin zu untersuchen. Die Aufbereitung der erhobenen Informationen und Daten stellt dem Projektteam eine Bewertungsgrundlage zur Verfügung. Es ist folgendes zu berücksichtigen:

- Die erhobenen Informationen und Daten müssen in Bezug auf die Erfüllung der gesetzlichen Vorschriften sowie der innerbetrieblichen Vorgaben überprüft werden.
- Die bestehende Organisation des betrieblichen Umweltschutzes ist im Hinblick auf ein Umweltmanagementsystem nach ISO 14001 bzw. nach EMAS-Verordnung zu überprüfen.
- Die erhobenen Informationen und Daten werden nach Art, Umfang und Herkunft ausgewertet.
- Der Zusammenhang zwischen den Informationen und Daten und den Umweltaspekten sollte hergestellt werden. Damit verbunden werden die wichtigsten Umweltauswirkungen identifiziert.
- Es ist ein Vergleich zum Stand der besten verfügbaren Technik unter wirtschaftlichen Gesichtspunkten zu ermöglichen.

Erst nach der Bewertung lassen sich Ziele für das Teilsystem formulieren. In diesem Sinne sind Ziele vorweggenommene Vorstellungen über einen zu erreichenden Soll-Zustand. Er wird z.B. in einem Abfallwirtschaftskonzept formuliert. Die Unterschiede zwischen dem erhobenen Ist-Zustand und dem in der Zielformulierung festgelegten Soll-Zustand sind durch entsprechende Maßnahmen im Laufe der Zeit abzubauen.

Zum Abschluss der Umweltprüfung wird vom verantwortlichen Projektleiter ein Prüfungsbericht verfasst. Er enthält alle erhobenen Sachverhalte, Ergebnisse und Schlussfolgerungen. In einer kurzen Zusammenfassung für die Geschäftsleitung des Unternehmens weist er auf etwaige Risiken, wirtschaftliches Einsparpotenzial, Übereinstimmung mit den Prüfungskriterien, hin. Der Bericht über die Umweltprüfung:

- informiert alle Beteiligten über den erhobenen Ist-Zustand,
- legt Schwachstellen und Verbesserungspotenzial offen,
- unterbreitet Maßnahmen und Prioritäten für das Umweltprogramm,
- bildet die Grundlage für den Aufbau des Umweltmanagementsystems,
- enthält alle Informationen für die Umwelterklärung,
- liefert jederzeit allen Beteiligten eine gemeinsame Diskussionsplattform,
- und ist Handlungsgrundlage für die folgenden Umweltbetriebsprüfungen.

Nach Abstimmung mit den betroffenen Funktionen wird der Prüfungsbericht von den verantwortlichen Personen abgezeichnet. Er bietet dann eine mächtige Grundlage für die kontinuierliche Verbesserung des betrieblichen Umweltschutzes. Einige Fragen und Checklisten, die in der Vorbereitung und Durchführung der Umweltprüfung hilfreich sein können, sind im Folgenden zusammengestellt.

7.2 Praxiserfahrungen zur Bestandsaufnahme

Dieses Kapitel dient der systematischen Bestandsaufnahme zu relevanten Themen bei der Einführung eines Umweltmanagementsystems. Zu den einzelnen Punkten werden zuerst einige Praxiserfahrungen beschrieben. Ergänzend lässt sich durch Checklisten die IST-Situation des Unternehmens intensiver beleuchten. Beide Aspekte – Praxiserfahrungen und Checklisten – bieten dem Anwender Unterstützungsmöglichkeiten bei der Einführung und dem Aufbau eines Umweltmanagementsystems.

7.2.1 Umweltmanagementsystem

Die Entscheidung des Unternehmens ein Umweltmanagementsystem einzuführen hängt häufig von Kundenforderungen ab. Damit sie ihren Lieferantenstatus aufrechterhalten können, werden die Unternehmen zur Einführung verpflichtet. Dies ist seitens des Kunden meistens mit einer kurzen Zeitvorgabe verbunden. Deshalb wird oft nur darauf hingearbeitet, die Normanforderungen zu erfüllen und ein Zertifikat zu erlangen. Die mit dem Projekt verbundenen Chancen und Möglichkeiten für das Unternehmen werden dadurch häufig vernachlässigt.

Um diese Chancen nutzen zu können, ist eine detaillierte und strukturierte Aufnahme des IST-Zustandes notwendig. Nur durch eine gute Bestandsaufnahme lassen sich Schwachstellen im Unternehmen erkennen. Durch die Einführung des Umweltmanagementsystems werden diese behoben und Optimierungspotenziale erkannt. Gleichzeitig lässt sich die Rechtssicherheit für das Unternehmen und die verantwortlichen Personen gewährleisten. Für diese anspruchsvollen und vielfältigen Aufgaben ist es notwendig, dem zu bestellenden Umweltmanagementbeauftragten als Projektleiter qualifizierte Mitarbeiter in einer Projektgruppe zur Seite zu stellen.

Die Bestandsaufnahme ist eine umfangreiche Tätigkeit. Wird sie strukturiert durchgeführt und dokumentiert, lassen sich aus ihr relativ leicht die Verbesserungspotenziale incl. der rechtlichen Anforderungen an das Unternehmen ableiten. Aus diesen Grunddaten kann anschließend das unternehmensspezifische Umweltmanagementsystem aufgebaut werden, das die Tätigkeiten und Belange des Unternehmens widerspiegelt und allen Abteilungen und Mitarbeitern von Nutzen ist.

Aus der Praxis heraus muss immer wieder festgestellt werden, dass diese Arbeiten in ihrem Umfang und ihrer Tragweite, insbesondere was die zeitliche Erarbeitung betrifft, enorm unterschätzt werden. Bei der Einführung eines Umweltmanagementsystems ist deshalb eine gute Projektplanung, -steuerung und -umsetzung durch den Projektleiter unerlässlich.

Im Rahmen eines Umweltmanagementsystems sind folgende Fragencluster zu beantworten:

- betriebliche Organisation,
- Umweltschutzbeauftragter,
- Umweltpolitik/-strategie,
- Umweltziele und -programm,
- Umweltmanagementaudit.

Betriebliche Organisation

- Welches Mitglied der Geschäftsleitung ist für Umweltfragen verantwortlich?
- Beschreiben Sie kurz die einzelnen Systemelemente Ihres Umweltmanagementsystems sowie die Wechselwirkungen der Systemelemente untereinander.

- Wie wird der Umweltschutz in den einzelnen Unternehmensbereichen integriert und welchen Stellenwert hat er?
- Wie sind die Zuständigkeiten und Verantwortlichkeiten innerhalb des Umweltmanagementsystems geregelt?
- Wer wurde als Managementvertreter zur Aufrechterhaltung des Umweltmanagementsystems bestellt?
- Wer ist für die Erstellung des Umweltmanagementhandbuchs verantwortlich?
- Wer ist für die regelmäßige Bewertung und Überarbeitung verantwortlich?
- Wie setzt sich eine Arbeitsgruppe oder ein regelmäßig tagender Umweltausschuss zusammen?
- Wie ist die regelmäßige Durchführung von Umweltmanagementreviews/Umweltmanagementaudits geregelt?
- Welche Erfahrungen liegen mit bisher durchgeführten Reviews vor?
- Wie informieren Sie sich über Entwicklungen in betrieblichen Umweltbelangen (Gesetze, Verordnungen, neue Techniken etc.)?

Umweltschutzbeauftragter

- Für welche Aufgaben haben Sie Betriebsbeauftragte (externe oder interne) bestellt?
- Über welche Sachkunde und Zuverlässigkeit verfügt der bestellte Mitarbeiter?
- Welche Ausbildung und Betriebszugehörigkeit besitzt der beauftragte Mitarbeiter?
- Welche Umweltschutzaufgaben werden von diesen Mitarbeitern wahrgenommen? Liegen Aufgabenbeschreibungen für diese Mitarbeiter vor?
- Welche weiteren Funktionen übt der Betriebsbeauftragte neben seiner Umweltschutztätigkeit noch aus?
- Wie wird sichergestellt, dass bei Doppelbenennungen (z.B. Abteilungsleiter in der Produktion und gleichzeitig Umweltschutzbeauftragter) keine Interessenkonflikte entstehen können?
- Wie ist die regelmäßige Fortbildung der Betriebsbeauftragten sichergestellt?
- Wie wird sichergestellt, dass die verschiedenen Funktionen/Abteilungen die Beratung und Mitwirkung durch den Betriebsbeauftragten ausreichend wahrnehmen?
- Welche notwendigen Arbeitsmittel werden dem Betriebsbeauftragten für die Erfüllung seiner Umweltschutzaufgaben zur Verfügung gestellt?

Umweltpolitik/-strategie

- Welche Leitlinien für einen betrieblichen Umweltschutz (Umweltpolitik) existieren in Ihrem Unternehmen?
- Wie stehen, Ihrer Ansicht nach, die Führungskräfte der angestrebten Umweltpolitik gegenüber?
- Wie vermitteln Sie allen Mitarbeitern die Bedeutung der betrieblichen Umweltpolitik?
- Welche Rolle spielt die Einhaltung der Umweltpolitik an umweltrelevanten Arbeitsplätzen?
- Wie sichert die Umweltpolitik die kontinuierliche Verbesserung der Umweltsituation in Ihrem Betrieb?

Umweltziele und Umweltprogramm

- Welche konkreten Zielsetzungen sind aus den Leitlinien der Politik abgeleitet worden?
- Wie tragen die Ziele zur kontinuierlichen Verbesserung des betrieblichen Umweltschutzes bei?
- Wie wird sichergestellt, dass die aus den Zielsetzungen abgeleiteten Maßnahmen im Rahmen eines Umweltprogramms tatsächlich umgesetzt werden und einer Erfolgskontrolle unterliegen?

- Welche Umweltschutzmaßnahmen wurden in den letzten 3 – 5 Jahren durchgeführt?
- Welche Umweltaktivitäten sind für die nächsten 3 – 5 Jahre geplant?
- Welche Verbesserungen ließen sich Ihrer Einschätzung nach in einem absehbaren Zeitraum realisieren?
- Welche Mittel (Personal, Kapital, Zeit) stehen für die Umsetzung der Maßnahmen zur Verfügung?

Umweltmanagement-Audit

- Verfügt Ihr Unternehmen über ein Programm zur regelmäßigen internen Auditierung des Umweltmanagementsystems?
- Sind in dem Programm die Verantwortlichkeiten, Verfahren und Ziele der Auditierung deutlich festgelegt?
- Wird die Unternehmensführung über die Ergebnisse der Audits informiert? Durch wen?
- Wie und durch wen wird das Umweltmanagementsystem gemäß der Verpflichtung zur kontinuierlichen Verbesserung aktualisiert und sich ändernden Umständen angepasst?

7.2.2 Unterlagenprüfung und Dokumentation

Bei der Einführung eines Umweltmanagementsystems steht bei der Überprüfung der Unterlagen die Rechtskonformität an erster Stelle. Dies sind z.B.:

- Rechtsvorschriften,
- Inhalte von Genehmigungsbescheiden,
- Bescheide zu Anlagenanzeigen,
- sonstige Behördenauflagen.

Weiterhin sind zu überprüfen:

- Kundenforderungen,
- Forderungen von Banken und Versicherungen,
- Forderungen von interessierten Kreisen.

In diesen Unterlagen stehen Bestimmungen, die das Unternehmen aus Rechtsgründen einzuhalten bzw. zu denen sich das Unternehmen selbst verpflichtet hat.

Aus den Vorgabedokumenten (SOLL-Vorgaben) ergeben sich weitreichende Verpflichtungen, deren Einhaltung zu dokumentieren ist. Nur durch eine ordnungsgemäße Führung dieser Dokumente lässt sich nachweisen, dass Rechtsvorschriften, Behörden- und Kundenvorgaben etc. umgesetzt und eingehalten werden.

Zur Sicherstellung ihrer Einhaltung müssen diese Unterlagen strukturiert zusammengestellt werden. Dazu dienen u.a.:

- Rechtskataster,
- Auflistungen von Nebenbestimmungen aus Genehmigungen, Anzeigen und Behördenauflagen,
- Forderungen von Versicherungen (z.B. Brandschutz),
- Führung von Abfallnachweisen (Abfallregister),
- Gefahrstoffverzeichnisse,
- Betriebstagebücher,

- Emissionsmessungen,
- Schulungsnachweise,
- weitere Messprotokolle und Unterlagen.

Die Sicherstellung der Rechtskonformität ist eine anspruchsvolle und komplexe Aufgabe und in ihrer Tragweite für das Unternehmen, die verantwortlichen Führungskräfte und die zuständigen Mitarbeiter nicht zu unterschätzen.

Für die Aufrechterhaltung eines ordnungsgemäßen betrieblichen Umweltschutzes ist eine gute Dokumentation der betrieblichen Belange notwendig. Dazu zählen u.a. Fragen bzgl.:

- Daten und Anweisungen,
- Aufsichtsämter und Behörden,
- Umweltvorschriften,
- betriebliche Umweltaufzeichnungen,
- Umweltberichte und -erklärungen.

Daten und Anweisungen

- Welche umweltrelevanten Daten und Informationen werden im Unternehmen bisher erhoben und dokumentiert (Emissionen, Wasser, Energie etc.)?
- Wie und von wem werden diese Daten genutzt?
- Existieren aktuelle Arbeits- und Prozessanweisungen?

Aufsichtsämter und Behörden

- Mit welchen Behörden hatte Ihr Unternehmen bereits Kontakt?
- Wie wird Ihr Betrieb von der Behörde im Bereich des Umweltschutzes überprüft?
- Liegen Genehmigungsbescheide für genehmigungsbedürftige Anlagen vor?
- Wer ist für die Einholung und Änderung der Anlagen-Genehmigungen verantwortlich?
- Wie wird sichergestellt, dass die in Ihrem Betrieb vorhandenen Umweltschutzeinrichtungen die Anforderungen immer erfüllen?

Umweltvorschriften

- Wie informieren Sie sich regelmäßig über neuere Gesetze und Verordnungen im Umwelt-schutz?
- Existiert eine vollständige Übersicht über die für Ihren Standort gültigen Gesetze, Verordnun-gen bzw. behördlichen Auflagen?
- Wie wird die ständige Aktualisierung dieser Übersicht „Umweltvorschriften" sichergestellt?
- Wie und von wem werden die Rechtsvorschriften den einzelnen Betriebsbereichen zugeord-net?
- Wie stellen Sie die Einhaltung der für Ihr Unternehmen geltenden Umweltvorschriften sicher?

Betriebliche Umweltschutzaufzeichnungen

- Gibt es eine Zusammenstellung aller Dokumente, die für den Umweltschutz Bedeutung haben?

- Wie stellen Sie sicher, dass alle wichtigen Kataster zu den Umweltbereichen Abfälle/Rohstoffe, Abwasser, Emissionen (Abluft), Lärm, Gefahrstoffe, Energien, Wasserverbrauch ordnungsgemäß geführt werden?
- Wie stellen Sie sicher, dass alle Aufzeichnungen (Kataster, Messergebnisse etc.) regelmäßig aus den jeweiligen Abteilungen zur „zentralen Stelle" (Umweltschutzbeauftragter) gelangen?
- Wie stellen Sie die Einhaltung der gesetzlichen Aufbewahrungsfristen für Messdaten etc. sicher?
- Wie und wo werden die Daten zur Kalibrierung von Messgeräten erfasst (Verfahren, Ergebnisse, Bewertung von Abweichungen etc.)?

Umweltberichte und Umwelterklärungen

- Welche Umwelterklärungen/-berichte liegen in Ihrem Unternehmen vor?
- Aus welchen Betriebsdaten werden die zusammenfassenden Zahlenangaben ermittelt?
- Wer ist für die Erhebung, Aufbereitung und Qualität der Umweltdaten des Unternehmens verantwortlich?
- Wie haben sich die Umweltdaten über die letzten 5 Jahre entwickelt?

7.2.3 Messungen und Korrekturmaßnahmen

Aus Gesetzen, Verordnungen und Auflagen resultiert sehr häufig, dass ausgewählte Parameter (z.B. Einhaltung von Grenzwerten) gemessen werden müssen. Dazu muss sichergestellt werden, dass die vorgeschriebenen Parameter erfasst und die Messergebnisse nachvollziehbar und reproduzierbar sind. Die notwendigen Mess- und Prüfmittel müssen kalibriert, überwacht und instandgehalten werden.

Damit dies gewährleistet werden kann, sind für die Tätigkeiten verantwortliche Personen zu benennen. Die mit Messaufgaben betrauten Mitarbeiter müssen entsprechend den durchzuführenden Tätigkeiten ausgebildet sein und regelmäßig geschult werden.

Bei Abweichungen von Sollwerten sind die entsprechend festgelegten Korrekturmaßnahmen durchzuführen. Wenn die gleiche Abweichung häufiger auftritt sind weitergehende Vorbeugemaßnahmen abzuleiten und umzusetzen. Durch die sich anschließende Wirksamkeitskontrolle ist der Erfolg der Korrektur- und Vorbeugemaßnahmen zu überprüfen.

Umweltrelevante Daten und Informationen sind regelmäßig zu erfassen. Bei Abweichungen von den Soll-Vorgaben sind Korrekturmaßnahmen einzuleiten. In diesem Zusammenhang spielen folgende Fragencluster eine Rolle:

- betriebliche Organisation,
- Überwachung und Messung,
- Abweichungen und Umweltstörfälle.

Betriebliche Organisation

- Wie sind die Zuständigkeiten und Verantwortlichkeiten im Falle von Überwachung und Messung sowie Korrekturmaßnahmen festgelegt?
- Wie stellen Sie sicher, dass die bei Kontrollen und Überwachungen ermittelten Soll-Ist-Abweichungen durch geeignete Korrekturmaßnahmen behoben werden?

- Welche Verfahren gibt es, die die Festlegung und Durchführung von Maßnahmen zur Ursachenbeseitigung von Fehlern festlegen?
- Wie stellen Sie die Wirksamkeit der beschlossenen Korrekturmaßnahmen sicher?

Überwachung und Messung

- Wer ist für die Beschaffung, Kalibrierung, Überwachung und Instandhaltung der Prüfmittel verantwortlich?
- Wie ist die ordnungsgemäße Überwachung, Kalibrierung und Instandhaltung aller Prüfmittel und Prüfhilfsmittel (inklusive Software) garantiert?
- Wie und wo ist der Anlass (gesetzlich, behördlich, intern etc.) und der Inhalt (Prüfparameter, Häufigkeit) einer Messung dokumentiert?
- Wie werden Messergebnisse dokumentiert?
- Wie wird mit als fehlerhaft erkannten Prüfmitteln verfahren?
- Wie werden die mit fehlerhaften Prüfmitteln ermittelten Daten überprüft und deren Auswirkungen auf die Ergebnisse bewertet?

Abweichungen und Umweltstörfall

- Wer hat bei Betriebsstörungen/Störfällen/Notfällen die Verantwortung und die Entscheidungsbefugnis?
- Welche Alarm- oder Notfallpläne für Betriebsstörungen existieren an Ihrem Standort?
- Welche besonderen Verfahren wurden zusammen mit den Behörden ausgearbeitet, um die Auswirkungen von Störfällen möglichst gering zu halten?
- Wie wird sichergestellt, dass alle festgestellten Umweltschäden bezüglich ihrer Ursachen systematisch untersucht werden?
- Wie ist sichergestellt, dass bei Betriebsstörungen oder Störfällen die möglicherweise betroffene Nachbarschaft oder Öffentlichkeit unverzüglich sachgerecht informiert wird?
- Wie ist sichergestellt, dass alle Maßnahmen zum Schutz vor freigesetzten Stoffen, Vorkehrungen für den Brandfall (Zurückhalten von Löschwasser etc.) getroffen werden?
- Welche speziellen Sicherheitseinrichtungen sind z.B. in Form von Brandfrüherkennungs-/Löscheinrichtungen in der Nähe von Lagern und Umschlagsplätzen vorhanden?
- Existieren Verfahren mit denen Notfallsituationen schnell erkannt werden und die erforderlichen Maßnahmen eingeleitet werden können?
- Werden Notfallsituationen regelmäßig geprobt und die Erkenntnisse in den Notfallanweisungen verarbeitet?

7.2.4   Vertrieb und Service

Für viele kleine und mittelständische Unternehmen stehen Fragen des Marketings sehr stark im Hintergrund. Technologische und wirtschaftliche Aspekte stehen eindeutig im Vordergrund. Dies lässt sich auch durch die Arbeiten an einem Umweltmanagementsystem kaum verändern.

Nachhaltige Unternehmensführung wird zukünftig immer mehr an Stellenwert gewinnen. Entsprechend muss sich der Vertrieb positionieren. Von daher sind Fragen zu:

- betrieblicher Organisation,
- Kundenbetreuung und
- Verkaufsförderung

relevant.

Betriebliche Organisation

- Welche umweltrelevanten Aspekte werden bei der Angebots- und Vertragsprüfung berücksichtigt?
- Wie werden die Innen- und Außendienstmitarbeiter hinsichtlich umweltrelevanter Produktmerkmale informiert und geschult?
- Welche konkreten Vorgaben gibt es, um die Umweltphilosophie des Unternehmens nach außen hin zu vertreten?
- Wie werden Öffentlichkeit und Kunden regelmäßig über umweltrelevante Aspekte der Produkte/Dienstleistungen informiert?
- Welche Studien zur Umweltrelevanz der Produkte/Dienstleistungen wurden angefertigt?

Kundenbetreuung

- Welche Serviceleistungen zur Erhöhung der Produktlebensdauer bieten Sie an? Wie werden Ihre Kunden über diese Serviceleistungen informiert?
- Wie wird in Gebrauchsanweisungen und Betriebsanleitungen für das Produkt auf Umweltfragen eingegangen?
- Wie werden Verbesserungsvorschläge bezüglich Entsorgung und Umweltschutz von Seiten des Kunden im Unternehmen umgesetzt?
- Werden dem Kunden Entsorgungsmöglichkeiten aufgezeigt?
- Welches Konzept zur Weiter-/Wiederverwendung Ihrer Produkte bieten Sie Ihren Kunden an?
- Wie berücksichtigen Sie ökologische Belange bei der Akquisition von Aufträgen?

Verkaufsförderung

- Welche Rolle spielen Umweltschutzgedanken bei der Festlegung der Markenpolitik?
- Welche Hinweise auf Umweltaspekte finden sich auf den Produktverpackungen bzw. den Gebrauchsanweisungen?
- Wie werden Umweltschutzaspekte bei der Handelspromotion berücksichtigt?
- Wieweit spielt Umweltschutz beim Sponsoring des Unternehmens eine Rolle?
- Wie wird sichergestellt, dass keine umweltschädigenden Engagements übernommen werden?
- Welche Informationen über Umweltaktivitäten und Umweltauswirkungen sind in der Pressearbeit des Unternehmens festgelegt?

7.2.5 Produktentwicklung

Bei der Produktentwicklung stehen die Kundenwünsche und der Markt im Vordergrund. Für die Zukunftsorientierung eines Unternehmens spielen jedoch Punkte wie

- Produkthaftung,
- Produktlebenszyklus,
- Nachhaltigkeit mit Schließung von Stoffkreisläufen (Recycling),

eine immer größer werdende Rolle. Aus den genannten Gründen muss bei der Entwicklung des Produktes der gesamte Lebenszyklus betrachtet werden. Fragen der Material- und Energieeffizienz sind zu berücksichtigen. Daher kann sich die Entwicklung nicht nur auf das Produkt beschränken, sondern muss auch die gesamte Prozesskette im Unternehmen mit all ihren Technologien und Tätigkeiten einbeziehen.

Über den Herstellungsprozess hinaus sind nicht nur die Auswirkungen der unternehmensinternen Tätigkeit zu berücksichtigen. Eine der größten Herausforderungen der Zukunft liegt in der Rückgewinnung von Stoffen und Einsatzmaterialien nach dem Gebrauch der Produkte sowie die umweltverträgliche Verwertung bzw. Beseitigung der Reststoffe.

Diese Fakten sind ganzheitlich zu betrachten, da die Verknappung von Ressourcen und die Rücknahme von Altprodukten durch entsprechende rechtliche Vorgaben verstärkt auf die Unternehmen zu kommt und dies somit zu einem wirtschaftlichen Faktor wird. Hier stehen viele Unternehmen noch am Anfang.

Zur Reduzierung des Material- und Energieverbrauchs kommt einer umweltorientierten Produktentwicklung ein hoher Stellenwert zu. Verstärkt werden entsprechend Entwicklungen durch rechtliche Rahmenbedingungen des Gesetzgebers. Fragen die zu beantworten sind beziehen sich auf:

- betriebliche Organisation,
- Planung und Konstruktion
- Materialien und Produkte.

Betriebliche Organisation

- Wie und durch wen werden die Umweltauswirkungen neuer Produkte innerhalb der Entwicklung beurteilt?
- Wie wird Ihr Unternehmen von Ökodesign-Anforderungen betroffen sein?
- Wie bereiten Sie sich schon heute bei der Entwicklung neuer Produkte auf etwaige Rücknahmevorschriften vor?
- Wie wird bei der Entwicklung auf die generelle Vermeidung oder Verminderung von Produktionsabfällen geachtet?
- Wie wird sichergestellt, dass bei Konstruktion und Planung alle Möglichkeiten zur Kreislaufführung ausgeschöpft werden?
- Welche ökologischen Produktinformationen werden bei der Entwicklung eines neuen Produktes erarbeitet?
- Wie wird bei der Erstellung von Pflichtenheften auf Berücksichtigung von Umweltaspekten geachtet?
- Wie stellen Sie sicher, dass die Kriterien für Umweltverträglichkeit und Materialauswahl jedem verantwortlichen Mitarbeiter im Bereich Entwicklung bekannt sind?
- Wie werden unvollständige und/oder unklare Umweltanforderungen an das Produkt mit dem Betriebsbeauftragten für Umweltschutz geklärt?
- Wie werden Pläne über neue Entwicklungsvorhaben der aktuellen und zukünftig absehbaren Umweltgesetzgebung und dem fortgeschrittenen Stand der Technik angepasst?

Planung und Konstruktion

- Können Sie an konkreten Fällen zeigen, dass bei Konstruktion und Planung die Umweltschutzanforderungen berücksichtigt wurden? Inwiefern bezieht sich die Erfüllung der Umweltschutzanforderungen sowohl auf das Produkt als auch auf das Produktionsverfahren?
- Wie werden die Produkte unter ganzheitlichen Aspekten konzipiert, d.h. Berücksichtigung der ökologischen Anforderungen von der Entwicklung über Produktion und Verwendung bis zur Entsorgung (ganzheitliche Prozessbetrachtung)?

- Wie und von wem werden Forschungs-, Entwicklungs- und Konstruktionsergebnisse auf umweltgefährdende Aspekte überprüft?
- Wie wird sichergestellt, dass auch bei Produktänderungen ökologische Gesichtspunkte berücksichtigt werden?
- Wie und durch wen wird geprüft, welche Auswirkungen bestimmte Inhaltsstoffe, Rezepturen oder Verpackungsmaterialien auf die Umwelt haben?
- Werden bei der Produktentwicklung umweltgefährdende Materialien durch umweltfreundliche Rohstoffe und Materialien ersetzt? Welche umweltrelevanten Materialien konnten in den letzten 5 Jahren ersetzt werden?

Materialien und Produkte

- Wie ist sichergestellt, dass Produkte, die den festgeschriebenen Umweltschutzanforderungen nicht genügen, ausgesondert werden, so dass sie keinesfalls weiterverwendet oder benutzt werden können?
- Wie stellen Sie sicher, dass durch diese Produkte keine Gefährdungen für Mensch und Umwelt entstehen können (Lagerung, Handhabung, Entsorgung)?
- In welchem Maß sind die von Ihnen hergestellten Produkte umweltfreundlich und recyclingfähig?
- Lässt sich das Produkt in recyclebare Komponenten demontieren oder zerlegen? Welche Komponenten Ihres Produkts können recycelt werden?
- Welche Einsatzmaterialien für Ihr Produkt können recycelt werden?
- Welche Vorbehandlungen und Behandlungsprozesse sind für ein Produkt-/Materialrecycling notwendig?
- Wie überprüfen Sie die Umweltrelevanz der Roh-, Hilfs- und Betriebsstoffe (RHB-Stoffe)?
- Gibt es eine Zusammenstellung von Stoffen oder Produkten, die generell nicht eingesetzt werden dürfen? Um welche Stoffe oder Produkte handelt es sich?
- Wie hoch sind Ihre Produktausbeuten?

7.2.6   Technologien und Produktion

Bei der Auswahl neuer Technologien stehen hauptsächlich die Kriterien „Produktqualität" und „Lieferfähigkeit" für die Beschaffung im Vordergrund. Ein weiterer wichtiger Punkt sind die Beschaffungskosten. Aus diesen Gründen wird häufig wenig Wert auf mögliche Primärmaßnahmen zur Reduzierung der Umweltauswirkungen gelegt. Da häufig zusätzliche Ausgaben für nachgeschaltete „Reparaturmaßnahmen" nicht in die Gesamtbetrachtung der Technologieauswahl und -beschaffung mit einbezogen werden, erfolgt keine ganzheitliche Kostenbetrachtung. Weitere Aspekte wie:

- höhere Material- und Energieeffizienz,
- verbesserte Arbeitsschutzmaßnahmen,
- Vermeidung schwer zu reinigender Abwässer,
- Verminderung gefährlicher Abfälle,

spielen meist ebenfalls eine untergeordnete Rolle. Erst im laufenden Betrieb werden auftretende Probleme nach alter Manier durch kostenträchtige End-off-Pipe-Lösungen behoben.

Material- und energieeffiziente Technologien und Produktionsverfahren tragen wesentlich zu einem umweltorientierten Betrieb bei. Wichtige Fragen beziehen sich auf die:

- betriebliche Organisation,
- Herstellungsverfahren und Anlagen

Betriebliche Organisation

- Wie und von wem werden etwaige Umweltauswirkungen im Voraus für jedes neue oder geänderte Verfahren beurteilt?
- Wie berücksichtigen Sie Umweltaspekte bei der Einführung neuer Technologien?
- Welche umweltfreundlichen Technologien haben Sie in den letzten 5 Jahren eingeführt?
- Wie informieren Sie sich über mögliche Umweltschutzmaßnahmen und Verbesserungen für Ihre Produktionsverfahren?
- Wie, von wem und nach welchen Kriterien werden alle bisher eingesetzten Technologien und Fertigungsverfahren auf ihre Umweltverträglichkeit hin überprüft?
- Über welche Marktinformationen zum Stand der Technik verfügen Sie?
- Besteht eine Auflistung umweltrelevanter Produktions- und Fertigungsverfahren nach Art, Standort, Genehmigung etc., z.B. in Form eines Anlagenkatasters?
- Welche Lastenhefte zur Beschaffung umweltfreundlicher Technologien existieren?
- Wie berücksichtigen Sie Umweltaspekte bei der Inbetriebnahme von Anlagen?

Herstellungsverfahren und Anlagen

- Welche technischen Verfahren setzen Sie zur Herstellung des Produktes ein? In welchem Maß sind die Herstellungsprozesse umweltbelastend?
- Wie können Produktionsverfahren umweltfreundlicher gestaltet werden? Welche umweltfreundlicheren Produktionsverfahren kämen für Ihr Produkt in Betracht?
- Welche Überwachungs- und Instandhaltungspläne liegen für alle umweltrelevanten Anlagen und Einrichtungen vor?
- Wie informieren Sie sich über mögliche Umweltschutzmaßnahmen und Verbesserungen für Ihre Produktionsverfahren?
- Von wem wird die regelmäßige Überwachung und Instandhaltung durchgeführt und wie wird sie dokumentiert?
- Wie schulen Sie Mitarbeiter, die umweltrelevante Anlagen betreuen?
- Existiert ein RI-Fließbild aller Rohrleitungen?
- Existiert ein Layout Ihrer Fertigungseinrichtungen?
- Welche Schadstoffe/Abfälle setzen die Produktionsabteilungen frei? An welchen Anlagen treten in Ihrem Betrieb diese Umweltbelastungen auf?
- Wie können die an Ihrem Standort verwendeten Anlagen oder Anlagenteile nach Ablauf der Nutzungsdauer umweltgerecht recycelt oder entsorgt werden?

7.2.7   Materialwirtschaft und Logistik

Die umweltorientierte Beschaffung von Materialien, Hilfs- und Betriebsstoffen spielt eine immer wichtiger werdende Rolle. So sprechen Kunden beispielsweise Verbote bzgl. des Einsatzes bestimmter Stoffe aus. Teilweise müssen die eingesetzten Hilfs- und Betriebsstoffe speziell vom Kunden freigegeben werden. Neben den Kundenvorgaben tritt der Arbeits-, Gesundheits- und

Umweltschutz immer stärker in den Vordergrund. So sind besonders gefährliche Stoffe durch weniger gefährliche Materialien zu ersetzen.

Die zu beschaffenden Materialmengen wirken sich auf die Kapitalbindung und die Lagerhaltung im Unternehmen aus. Handelt es sich bei den Materialien um gefährliche Stoffe oder Erzeugnisse, sind rechtliche Auflagen bei der Lagerung einzuhalten. So können gerade die Gefahrstoffläger anzeige- oder genehmigungspflichtig werden. Dies verursacht sowohl einen höheren administrativen als auch technischen Aufwand. Durch die Erfassung der für eine reibungslose Produktion benötigten Mengen kann eine Festlegung für die minimalen und maximalen Lagermengen ermittelt werden. Eine Optimierung der Beschaffungskosten ist in vielen Fällen angezeigt.

Was die Kunden von unserem Unternehmen erwarten, erwarten wir auch von unseren Lieferanten. Sie müssen kompetente Ansprechpartner benennen und die Umwelt- und Arbeitssicherheitsstandards einhalten. Sie sind zur Einführung entsprechender Managementsysteme zu verpflichten.

Viele Anlagen unterliegen einer Überwachungs- oder Prüfpflicht, die häufig durch externe Dienstleister abgedeckt wird. Im Beschaffungsprozess müssen die zugrunde liegenden Fach- bzw. Sachkundenachweise für diese Tätigkeiten bekannt sind. Es dürfen nur solche Dienstleister beauftragt werden, die diese Nachweise erbringen können. Um dies sicherstellen, ist eine enge Zusammenarbeit zwischen den Fachleuten des eigenen Unternehmens (z.B. Fachkraft für Arbeitssicherheit, Gewässerschutzbeauftragten, Immissionsschutzbeauftragten) und dem Bereich Beschaffung notwendig.

Die Logistik ist verantwortlich dafür, dass Produkte unbeschädigt und fristgerecht beim Kunden ankommen. Somit spielt die Auswahl der geeigneten Verpackungen eine grundlegende Rolle. Es ist abzuwägen, wie viel Verpackung notwendig ist und welche Verpackungsmaterialen für das Produkt geeignet sind. Andererseits muss auch beachtet werden, dass Verpackungen nach dem Ende ihrer Bestimmung zu Abfällen werden. Eine ordnungsgemäße Entsorgung verursacht somit entsprechende Kosten. Seit Jahren versucht man diesem Sachverhalt durch den Einsatz von Mehrwegverpackungen gerecht zu werden. In wie weit dieses Einsparpotenzial ausgeschöpft ist, ist im Rahmen der betrieblichen Weiterentwicklung zum Thema Ressourcenschonung zu überprüfen.

Der Just-in-time-Gedanke prägt das wirtschaftliche Handeln. Damit die Kunden zum gewünschten Termin beliefert werden können bedarf es einer Betrachtung der gesamten unternehmensinternen Prozessabläufe vom Auftragseingang über die Arbeitsvorbereitung, die Produktfertigung, das Lagerwesen bis hin zum Versand. Um eine erfolgreiche Prozessoptimierung durchführen zu können, ist der gesamte Ablauf ganzheitlich und abteilungsübergreifend zu bewerten. So lassen sich z.B. Qualitätsdaten, Durchlaufzeiten oder innerbetriebliche Lagerbestände im Sinne des Kanban als Parameter zur Prozessoptimierung heranziehen.

Zur Herstellung von Produkten und der dazu notwendigen Fertigungsverfahren müssen Roh-, Hilfs-, Betriebsstoffe (RHB-Stoffe) und Anlagen beschafft werden. Lieferanten sind daher in eine umweltorientierte Betriebsführung zu integrieren. In diesem Zusammenhang müssen folgende Cluster berücksichtigt werden:

- Bedarfsdeckung,
- Lieferanten,
- Verpackung
- Transport und Versand.

Bedarfsdeckung

- Welche Unterlagen existieren, die Angaben über Umweltanforderungen an das zu beschaffende Produkt/die Dienstleistung enthalten?
- In welchem Maß hat der Umweltschutzbeauftragte Mitspracherecht bei der Beschaffung umweltrelevanter Produkte, Stoffe und Dienstleistungen?
- Welche konkreten Einkaufsbedingungen gibt es für gefährliche oder umweltgefährdende Stoffe?
- Gibt es eine Zusammenstellung von Stoffen oder Produkten, die generell nicht bestellt werden dürfen? Welches sind diese Stoffe?
- Welche Kriterien wurden für einen umweltgerechten Einkauf festgelegt?

Lieferanten

- Nach welchen umweltrelevanten Kriterien werden Ihre Lieferanten ausgewählt?
- In welchem Maß spielen Umweltschutzaspekte bei der Lieferantenauswahl eine Rolle?
- Existiert eine Liste mit Lieferanten, welche Verpackungen zurücknehmen?
- In welchem Maß werden bereits vorliegende Erfahrungen mit den Lieferanten (z.B. Qualität, Liefertreue) in die Beurteilung einbezogen?
- Wie und von wem werden die Lieferantenverträge auf umweltrelevante Aspekte überprüft und welches sind die Prüfkriterien?
- Wie wird verfahren, wenn Lieferanten die Umweltvorschriften offensichtlich nicht einhalten?
- Wie stellen Sie sicher, dass Konsequenzen getroffen werden, wenn Lieferanten auch nach wiederholten Beanstandungen den bestehenden Umweltschutzanforderungen nicht nachkommen?
- Wie informieren Sie Ihre Lieferanten über die Umweltpolitik Ihres Unternehmens?
- Welche Anforderungskataloge an Lieferanten existieren?

Verpackung

- Wie ist sichergestellt, dass alle von Ihnen verwendeten Verpackungsmaterialien eindeutig identifiziert werden können?
- Welche von Ihnen verwendeten Verpackungsmaterialien können nicht einer stofflichen Verwertung zugeführt werden?
- Welche Maßnahmen ergreifen Sie, um Sekundärverpackungen, die sich nicht vermeiden lassen, möglichst durch Mehrwegverpackungen zu ersetzen?
- Wie stellen Sie sicher, dass die Anforderungen der Verpackungsverordnung für Transportverpackungen, Umverpackungen und Verkaufsverpackungen umgesetzt werden?
- Welche Produkte können Sie in Mehrwegbehältern ausliefern? Welche Produkte liefern Sie in Einweggebinden aus?

Transport und Versand

- Welche Transportarten benötigen Sie für Ihre betrieblichen Aktivitäten?
- Wie und von wem werden die einzelnen Transportarten auf ihr Umweltpotenzial und auf mögliche Alternativen hin untersucht?
- Wer hat letztendlich die Entscheidungsbefugnis über die Wahl des Transportmittels?
- Wie wird sichergestellt, dass alle gesetzlichen Auflagen für den internen und externen Transport, insbesondere die Regelungen der Gefahrgutverordnung eingehalten werden?

- Wie und von wem werden die beauftragten Transportunternehmen auf Kompetenz und Seriosität geprüft?
- Wer ist für die ordnungsgemäße Ausstellung der Transportpapiere und deren Kontrolle verantwortlich?

7.2.8   Personal und Schulung

Hochwertige Produkte mit schlecht qualifizierten Mitarbeitern zu produzieren, wird auf Dauer zum Scheitern verurteilt sein, stellt doch das Know-how der Mitarbeiter ein wichtiges Unternehmenskapital dar. Schon bei der Mitarbeiterauswahl ist es notwendig, die für den Arbeitsplatz benötigten Qualifikationen zu erfassen und bei der Besetzung der Arbeitsstelle zu berücksichtigen. Mitarbeiter mit einer niedrigeren Qualifikation können die geforderten Tätigkeiten nur erfüllen, wenn die fehlenden Kenntnisse durch entsprechende Weiterbildungsmaßnahmen vermittelt werden.

Neben rechtlich vorgeschriebenen Schulungsinhalten (z.B. Arbeitsschutz) sind die Mitarbeiter auch im Umweltschutz entsprechend zu qualifizieren. Ihnen muss die Bedeutung ihrer Tätigkeiten und deren Auswirkungen auf die Umwelt bewusst gemacht werden.

So ergeben sich vielfältige Anforderungen an die Schulungs- und Weiterbildungsmaßnahmen. Um diese Anforderungen im Unternehmen strukturiert umsetzen zu können, bietet sich der Aufbau einer Qualifikationsmatrix an. Der Aufbau dieser Matrix erfordert eine enge Zusammenarbeit zwischen Führungskräften, Mitarbeitern und der Personalabteilung.

Durch die Einführung von Mitarbeitergesprächen mit Zielvereinbarung und Förderung des Entwicklungspotenzials der Mitarbeiter kann deren Weiterentwicklung gezielt unterstützt werden. Das entsprechende Personalentwicklungskonzept ist arbeitsplatz- und mitarbeiterspezifisch zu entwickeln und umzusetzen.

Nur mit motivierten Mitarbeitern lässt sich eine zukunftsweisende, nachhaltige Entwicklung des Unternehmens bewerkstelligen. Dazu müssen die Mitarbeiter für ihr jeweiliges Aufgabengebiet unterwiesen und geschult werden. Folgende Fragencluster sind zu bearbeiten:

- Mitarbeiter,
- Schulung.

Mitarbeiter

- Wie werden Umweltschutzbelange in ein Verbesserungsvorschlagswesen einbezogen?
- Wie versuchen Sie bei Ihren Mitarbeitern in allen Bereichen das Verantwortungsbewusstsein für die Umwelt zu fördern?
- Wie informieren Sie Ihre Mitarbeiter über den betrieblichen Umweltschutz?
- Wie motivieren Sie Ihre Mitarbeiter zu umweltbewusstem Verhalten am Arbeitsplatz?
- Welche Anweisungen für umweltrelevante Tätigkeiten sind am jeweiligen Arbeitsplatz der Abteilung verfügbar?
- Wie stehen die Mitarbeiter dem Umweltschutz gegenüber?

Schulung

- Wie ist sichergestellt, dass die gesetzlich vorgeschriebenen Mitarbeiterschulungen innerhalb der vorgeschriebenen Zeiträume durchgeführt werden?

- Nennen Sie die Mindestanforderungen an Kenntnissen und die Ausbildungsinhalte für diese Zielgruppen?
- Nach welchen Kriterien und von wem wird der Schulungsbedarf in Belangen des Umweltschutzes ermittelt?
- Existiert ein Schulungsplan, aus dem sich die folgenden Angaben – Mitarbeiter, Kostenstelle/Tätigkeit, Schulungsinhalt, Datum, Dauer – ermitteln lassen?
- Von wem werden die erforderlichen internen bzw. externen Schulungen durchgeführt?
- Welche Schulungszertifikate liegen vor?
- Wie werden neue Mitarbeiter über den Umweltschutz und die Umweltpolitik im Unternehmen informiert?

7.2.9   Betriebswirtschaft

Die Betriebswirtschaft steuert die Finanzlage und -entwicklung eines Unternehmens. Wichtige Fragen beziehen sich auf die:

- betriebliche Organisation,
- Kosten Finanzen.

Betriebliche Organisation

- Wer ist für das (Umwelt)-Controlling im Unternehmen verantwortlich?
- Welche Informationen werden im Rahmen des Controllings erhoben?
- Woher stammen die Daten und Zahlenangaben?
- Wer ist für die Datenerfassung, Qualitätskontrolle und Aufbereitung zuständig?
- Welche Planzahlen liegen vor?
- Welche Maßnahmen werden bei Soll-Ist-Abweichungen ergriffen?

Kosten/Finanzen

- Über welches Budget verfügt ihr Unternehmen, das ausschließlich für den Umweltschutz vorgesehen ist?
- Wie werden die (wesentlichen) Verursacher von Umweltkosten im Unternehmen ermittelt?
- Wie werden die Kosten (z.B. Abfall, Energie) verursachergerecht umgelegt?
- Wie werden die durch Qualitätsmängel verursachten Verluste erfasst?
- Wie hoch sind ihre Kosten wegen mangelnder Produktqualität?
- Welche Einsparungen wurden in den letzten Jahren durch Verbesserungsvorschläge erzielt?

7.2.10   Gefahrstoffe/Biologische Arbeitsstoffe/Gefahrgut

Gefahrstoffe spielen im Unternehmen die zentrale Rolle bzgl. umweltrelevanter Fragestellungen. Sie sind in der Regel Auslöser für wesentliche Umweltauswirkungen, da Gefahrstoffe alle Unternehmensprozesse von der Beschaffung bis hin zur Entsorgung beeinflussen.

Bereits bei der Auswahl von Roh-, Betriebs- und Hilfsstoffen ist auf die Gefährlichkeit der ausgewählten Materialien zu achten. Vor der Beschaffung muss geprüft werden, ob eine Notwendigkeit zum Einsatz von Gefahrstoffen mit hohem Gefährdungspotenzial besteht. Wenn möglich, sind Stoffe mit einem niedrigerem Gefährdungspotenzial zu verwenden. Um Wildwuchs beim Einsatz gefährlicher Stoffe zu vermeiden, wurde in den Unternehmen vielfach ein Gefahrstofffreigabeprozess etabliert.

Das Gefährdungsrisiko beginnt bereits im Wareneingang und setzt sich über die Lagerung, die Verwendung bis hin zur Entsorgung fort. Je nach Gefährdungsmerkmalen unterliegen die Gefahrstoffläger einer Mengenlimitierung, d.h. ab bestimmten Lagermengen sind besondere Schutzmaßnahmen vorzusehen. Diese Maßnahmen sind mit Anzeige-, Genehmigungs- und Prüfpflichten gekoppelt.

Bei der Verwendung von Gefahrstoffen steht neben dem Umweltschutz der Schutz der Mitarbeiter im Vordergrund. Zu deren Schutz sind neben technischen und organisatorischen Maßnahmen auch das zur Verfügung stellen und Tragen von persönlicher Schutzausrüstung, Überwachungsmessungen am Arbeitsplatz und arbeitsmedizinische Vorsorgeuntersuchungen umzusetzen. Diese Anforderungen bedeuten für das Unternehmen erhöhte Aufwendungen, die sehr häufig durch Gefahrstoffe mit niedrigerem Gefährdungspotenzial reduziert werden können.

Nach Gebrauch der Gefahrstoffe müssen diese entsorgt werden. Aufgrund ihrer Eigenschaften werden sie häufig zu gefährlichen Abfällen, so dass sowohl an die Zwischenlagerung als auch an die Entsorgung entsprechende Anforderungen zu stellen sind. Werden alle genannten Faktoren sorgfältig beachtet, ist es oft sinnvoll und hilfreich sich bereits im Vorfeld genauere Überlegungen bzgl. Auswahl und Einsatz von Gefahrstoffen zu machen.

Eines der größten Probleme im Umweltschutz von Unternehmen stellt der unkontrollierte Einsatz von Gefahrstoffen dar. Von daher bedürfen sie einer besonderen Aufmerksamkeit. Notwendige Fragen befassen sich mit folgenden Aspekten:

- betriebliche Organisation,
- Gefahrstoffeinsatz und -verwendung,
- Gefahrstofflagerung,
- Biologische Arbeitsstoffe,
- Gefahrgut.

Betriebliche Organisation

- Wer ist für die Einhaltung der Gefahrstoffverordnung verantwortlich? Das betrifft den Umgang mit Gefahrstoffen sowie die innerbetriebliche Freigabe, den Einkauf, und die Lagerung von Gefahrstoffen.
- Wer erstellt Betriebsanweisungen?
- Für welchen Anteil aller eingesetzten Gefahrstoffe/Chemikalien existieren aktuelle Sicherheitsdatenblätter? Wie ist eine regelmäßige Aktualisierung der Sicherheitsdatenblätter gewährleistet und wer veranlasst die Aktualisierung?
- Wer ist bei der Entwicklung eines neuen Produktes dafür verantwortlich, dass eingesetzte Gefahrstoffe/Chemikalien bewertet werden?
- Wer ist beim Einsatz eines neuen oder geänderten Verfahrens dafür verantwortlich, dass eingesetzte Gefahrstoffe/Chemikalien bewertet werden?
- Wie ist sichergestellt, dass die eingesetzten Gefahrstoffe möglichst durch weniger gefährliche Stoffe ersetzt werden?
- Wer ist für die Lagerentnahme von Gefahrstoffen verantwortlich?
- In welcher Form und wie oft werden Mitarbeiter im Umgang mit Gefahrstoffen unterwiesen und geschult? Wer ist dafür verantwortlich?
- Wie wird sichergestellt, dass aus Gesundheitsgründen von den Mitarbeitern beim Umgang mit Gefahrstoffen/Chemikalien ein generelles Ess-, Trink- und Rauchverbot eingehalten wird?

- Wie werden die arbeitsmedizinischen Pflicht- und Angebotsuntersuchungen organisiert und durchgeführt?
- Enthalten die Prozessanweisungen/Arbeitsanweisungen Hinweise über Gefahrstoffe und sind diese für alle Mitarbeiter verständlich und zu jeder Zeit verfügbar?
- In welchen Zeitabständen und von wem werden Sicherheitsbegehungen durchgeführt (Teilnehmer, Bereiche/Abteilungen)?

Gefahrstoffeinsatz und -verwendung

- Führen Sie ein Gefahrstoffverzeichnis (Bezeichnung, Einstufung, Mengenbereiche im Betrieb, Arbeitsbereiche), in denen mit dem Gefahrstoff umgegangen wird?
- Überprüfen Sie gemäß der Substitutionsverpflichtung die Verwendung der Gefahrstoffe? Welche Maßnahmen zur Reduzierung oder zum Ersatz der eingesetzten Gefahrstoffe/Chemikalien ergreifen Sie?
- Wie wird der Einsatz von krebserzeugenden, erbgutverändernden, fortpflanzungsgefährdenden Gefahrstoffen (CMR-Stoffe) reduziert?
- Wie wird sichergestellt, dass Behälter/Gefäße für Gefahrstoffe/Chemikalien mit allen erforderlichen Angaben zum Umgang und zur Lagerung gekennzeichnet sind?
- Wer ist für die Handhabung der Kennzeichnung verantwortlich?
- Welche Sicherheitsvorkehrungen sind für die Verpackung von Gefahrstoffen vorgesehen?
- Wie werden bei auftretenden Gefahren durch Gefahrstoffe/Chemikalien Schutzmaßnahmen unverzüglich eingeleitet?
- Welche Hygienemaßnahmen sind im Umgang mit Gefahrstoffen einzuhalten?

Gefahrstofflagerung

- Wo werden in Ihrem Betrieb Gefahrstoffe/Chemikalien gelagert?
- Wie stellen Sie sicher, dass alle Lagerorte, an denen sich Gefahrstoffe befinden, eindeutig gekennzeichnet sind?
- Welche speziellen Sicherheitseinrichtungen existieren für die einzelnen Gefahrstoffläger?
- Wer hat Zugang zu den Gefahrstofflägern?
- Wie und durch wen wird sichergestellt, dass nur die unbedingt notwendige Menge an Gefahrstoffen vorrätig ist?
- Wie und durch wen wird sichergestellt, dass entnommene Mengen eindeutig erfasst werden?
- Welche gesetzlich vorgeschriebenen Mengenschwellen und Zusammenlagerungsverbote existieren für alle eingelagerten Gefahrstoffe? Wie wird die Beachtung dieser rechtlichen Vorschrift sichergestellt?
- Wie stellen Sie eine getrennte Lagerung von Neuware und Reststoffen sicher?
- Wie wird sichergestellt, dass die Lagerung von Gefahrstoffen an allen Stellen im Betrieb und zu jeder Zeit nach dem „Stand der Technik" erfolgt?
- Welche vorbeugenden Brandschutzmaßnahmen wurden getroffen um sicherzustellen, dass durch den Brand von Gefahrstoffen keine unkontrollierbaren Gefahrensituationen entstehen können?
- Welche verbindlichen Vorschriften gibt es für den internen Transport von Gefahrstoffen?

Biologische Arbeitsstoffe

- Welche Tätigkeiten unterliegen der Biostoffverordnung?
- Welche „gezielten" und „nicht gezielten" Tätigkeiten werden durchgeführt?

- Welche Hygienemaßnahmen werden ergriffen?
- Welche technischen, organisatorischen und personellen Schutzmaßnahmen werden ergriffen?
- Welche Ergebnisse liefert die Gefährdungsbeurteilung?
- Wie und nach welchen Unterlagen wird die Unterweisung der Mitarbeiter durchgeführt?

Gefahrgut

- Welche gefährlichen Güter werden transportiert?
- Wie wird den Anforderungen des Gefahrgutrechts entsprochen?
- Wer ist als Gefahrgutbeauftragter bzw. verantwortliche Person bestellt?
- Wie werden der Gefahrgutbeauftragte und die verantwortlichen (beauftragten) Personen geschult?
- Wie werden die Mitarbeiterschulungen durchgeführt?
- Wie werden die Gefahrguteinrichtungen regelmäßig geprüft?
- Welche Schulungs-, Prüfnachweise und Berichte liegen vor?

7.2.11 Lärm und Vibrationen

Lärm spielt im Alltag eine allgegenwärtige Rolle. Da Menschen ständig Lärmeinwirkungen ausgesetzt sind, wird das Thema Lärm/Vibrationen in Rechtsvorschriften sowohl im unternehmensinternen Bereich (Schutz der Mitarbeiter) als auch im unternehmensexternen Bereich (Nachbarschaft) berücksichtigt. Hier steht bei allen betroffenen Gruppen der Gesundheitsschutz im Vordergrund.

Lärm- und Vibrationsbelastungen lassen sich am einfachsten an ihrer Wurzel behandeln, d.h. dass schon bei der Beschaffung von Anlagen und Technologien muss ein gezieltes Augenmerk auf diese Themen gerichtet werden. Sekundärmaßnahmen zur Minderung von Lärm und Vibrationen sind in der Regel mit einem hohen technischen Aufwand, wie Schallschutzkabinen, räumliche Schalldämmmaßnahmen etc. verbunden und damit kostenträchtig.

Lärm- und Vibrationsbelastungen führen nicht erst ab Erreichen der gesetzlichen Grenzwerte zu körperlichen Beeinträchtigungen. Sie können schon unterhalb der Grenzwerte Konzentrationsstörungen und somit auch eine verminderte Leistungsfähigkeit beim Mitarbeiter auslösen. Psychosomatische Erkrankungen und Ausfallzeiten der Mitarbeiter sind häufig auf solche Belastungen zurückzuführen.

Sind Nachbarn von Lärm und/oder Vibrationen betroffen, schalten diese häufig die zuständigen Behörden ein. Bei berechtigten Beschwerden sind umfangreiche und teilweise teure Maßnahmen zur Beseitigung der Ursachen vom Unternehmen umzusetzen. Eine vorbeugende Betrachtung dieses Umweltaspektes trägt somit frühzeitig zur Vermeidung späterer Nachteile bei.

Lärm, Erschütterungen und Vibrationen sind schwer einzudämmende Umweltaspekte. Von daher müssen sie vorbeugend untersucht und bereits frühzeitig durch eine entsprechende Gestaltung der Prozesse minimiert werden. Es sind:

- betriebliche Organisation,
- Lärmaufkommen und
- Prozesse und Technologien

zu berücksichtigen.

Betriebliche Organisation

- Wer ist für den Immissionsschutz, insbesondere den Lärm betreffend, verantwortlich?
- Wie stellen Sie sicher, dass alle wichtigen Lärm-/Vibrationsquellen identifiziert und gemessen werden?
- Durch wen wird die regelmäßige Überwachung der Lärmemissionen sichergestellt?
- Welche Eigenkontrollen werden im Rahmen des Immissionsbereiches „Lärm/Vibrationen" durchgeführt?
- Wie stellen Sie sicher, dass die Mitarbeiter, die die Messungen durchführen über die nötige Fachkenntnis verfügen?
- Wer ist für die ordnungsgemäße Dokumentation der Lärm-/Vibrationsmessungen verantwortlich?
- Werden relevante Lärmemissionen behördlich überwacht? Liegen behördliche Auflagen vor? Wenn ja, welche?

Lärmaufkommen

- Welche relevanten Lärm-/Vibrationsquellen existieren in Ihrem Unternehmen?
- Sind diese in Form eines Katasters (Kostenstelle, Anlage, gemessener Schalldruckpegel, zulässiger Schalldruckpegel etc.) erfasst?
- Welche Maßnahmen wurden ergriffen, um Lärm/Erschütterungen/Vibrationen zu reduzieren?
- Gab es Grenzwertüberschreitungen in den letzten 3 Jahren? Wenn ja, welche?
- Gab es Beschwerden von Nachbarn über Lärmbelästigungen?
- Gibt es in Ihrem Betrieb lärmbedingte Erkrankungen von Mitarbeitern?

Prozesse und Technologien

- Welche Schutzmaßnahmen bzw. Technologien haben Sie eingeführt, um Lärm/Vibrationen auf den zulässigen Pegel zu begrenzen?
- Wie stellen Sie sicher, dass dieser Pegel auch wirklich eingehalten wird?
- Welche weiteren Lärmschutzmaßnahmen sind geplant?
- Wie schützen Sie Ihre Mitarbeiter gegen entsprechende Emissionen?
- Wie wird bei der Konzeption, Planung oder Entwicklung einer neuen Anlage auf entsprechende Reduktion der Lärm-/Vibrationspegel geachtet?
- Wie und durch wen ist die regelmäßige Wartung aller Anlagen und Anlagenteile, die starken Lärm/Vibrationen verursachen können, sichergestellt?
- Wie wird sichergestellt, dass der durch defekte Anlagen oder Anlagenteile entstehende Lärm sofort behoben wird?
- Welche Lärmmessungen finden auch außerhalb des Betriebsgeländes statt?

7.2.12 Energie

Beim Einsatz von Energie spielen Kosten die entscheidende Rolle. Um die Energieeffizienz des Unternehmens zu erhöhen, ist eine Erfassung des Ausgangszustandes im Energiesektor notwendig. Häufig existieren nur wenige Messstellen, so dass eine detaillierte Bewertung der Hauptenergieverbrauchsstellen schwierig ist. Hier ist es notwendig, sich eine Übersicht über die betriebliche Situation zu verschaffen und eventuell weitere Messstellen aufzubauen. Durch eine sorgfältige Planung erhält man so eine gute Datenbasis, aus der sich Optimierungspotenziale ableiten lassen.

Viele Unternehmen scheuen den anfangs notwendigen Aufwand, mit dem sich die notwendige Transparenz herstellen lässt.

Ein weiterer Punkt der bei der betrieblichen Energiesituation unterschätzt wird, ist die Bedeutung des Beschaffungsprozesses. Oft werden Anlagen unter dem Gesichtspunkt geringer Investitionskosten beschafft. Aus ökologischer Sicht ist es jedoch notwendig sich verstärkt mit den Energieverbräuchen und den laufenden Betriebskosten der Anlagen auseinander zu setzen. Ebenso besteht die Notwendigkeit sich mit Fragen der Instandhaltung und Wartung zu beschäftigen. Diese Arbeiten gewährleisten, dass die Anlagen in einem energetisch optimalen Zustand betrieben werden.

Nicht zuletzt spielt das Mitarbeiterverhalten beim Anlagenbetrieb eine wichtige Rolle. Durch prozessorientiertes Mitarbeiterverhalten lassen sich oft Energiekosten einsparen, ohne dass das Unternehmen Investitionen tätigen muss. Das Zusammenspiel von Investitionen, Überprüfung der Unternehmensprozesse und die Motivation von Mitarbeitern führen regelmäßig zur Reduzierung der Energieverbräuche und damit auch der Kosten. Gleichzeitig sorgt diese Vorgehensweise für ein nachhaltiges Wirtschaften des Unternehmens.

Der Energieverbrauch eines Betriebes ist direkt mit dem weltweiten Klimawandel verbunden. Jedes Unternehmen kann durch energieeffiziente Maßnahmen einen Beitrag in Richtung Nachhaltigkeit leisten. Fragen aus den Bereichen:

* betriebliche Organisation,
* Energieverbrauch,
* Prozesse und Technologien, sowie
* Inspektion und Wartung

sind zu beantworten.

Betriebliche Organisation

* Wie sind die Verantwortlichkeiten im Bereich der Energiewirtschaft (Strom, Wärme, Öl, Gas etc.) geregelt?
* Welche Programme und Maßnahmenkataloge zur Senkung des Energieverbrauches gibt es?
* Wie stellen Sie sicher, dass alle Mitarbeiter zum Thema der rationellen Energienutzung ausreichend informiert und geschult werden?
* Welche Anweisungen über den schonenden Umgang mit Energie existieren für die Mitarbeiter des Unternehmens?
* Wie und durch wen sind die kontinuierliche Überwachung der Energieverbräuche sowie die ordnungsgemäße Dokumentation geregelt?
* Wie stellen Sie sicher, dass der mit den Messungen betraute Mitarbeiter über die nötige Fachkenntnis verfügt?
* Welche Messstellen existieren, um die tatsächlichen Energieverbräuche zu erfassen?

Energieverbrauch

* Gibt es eine Dokumentation über die Energieverbräuche (Strom, Gas, Öl etc.) und die wesentlichen Verbraucher z.B. in Form eines Energiekatasters.
* Welches sind die größten Energieverbraucher in Ihrem Unternehmen?
* Wie und durch wen wurde geprüft, ob durch Einführung alternativer Technologien oder anderer Maßnahmen die Energieverbräuche reduziert werden können?

- Welche Energieträger werden von Ihrem Unternehmen hauptsächlich genutzt?
- Wie und durch wen wurde geprüft, ob auf ressourcenschonendere oder erneuerbare Energieträger umgestellt werden kann?
- Wie können sie die Energieeffizienz ihres Unternehmens und der jeweiligen Prozesse belegen?
- Wie lässt sich die Energieeffizienz steigern?

Prozesse und Technologien

- In welchem Maß spielt die Energieeinsparung bei der Planung, der Konstruktion und der Implementierung von Anlagen und Gebäuden eine Rolle?
- Wie und durch wen wurden mögliche Einsparungspotenziale z.B. durch den Einsatz erneuerbarer Energiequellen, durch Gebäudeisolation sowie den Einsatz anderer bzw. neuerer Verfahrenstechniken untersucht?
- Welche Möglichkeiten zur Nutzung von Prozesswärme existieren?

Inspektion und Wartung

- Wie und durch wen ist die regelmäßige Inspektion und Wartung aller Messgeräte zur Energieüberwachung sichergestellt?
- Wie stellen Sie sicher, dass insbesondere ältere Anlagen und Anlagenteile kontinuierlich auf ihre Energieverbräuche kontrolliert werden?
- Wie stellen Sie sicher, dass überhöhte Energieverbräuche durch defekte oder stark veraltete Anlagen oder Anlagenteile so schnell wie möglich behoben werden?

7.2.13 Wasser/Abwasser

Der sparsame Umgang mit der Ressource Wasser hat sich über die letzten Jahre in den Unternehmen etabliert. In der Praxis treten jedoch ganz andere Schwierigkeiten auf. Oft werden im Bereich der Abwasserbehandlung mit ihren anspruchsvollen Aufgaben Mitarbeiter ohne entsprechende berufliche Qualifikation beschäftigt. Hier ist es zwingend notwendig, diese Mitarbeiter so zu qualifizieren, dass sie ihre Tätigkeiten mit der notwendigen Sorgfalt durchführen können.

Entsprechende naturwissenschaftliche und technische Kenntnisse spielen hier eine entscheidende Rolle. Neben dem Anlagenbetrieb werden die Mitarbeiter häufig auch mit der Überwachung und Messung des einzuleitenden Abwassers betraut. Gerade bei der Wasseranalytik reicht eine kurze Einweisung nicht aus. Neben der Vermittlung des notwendigen Grundlagenwissens muss den Mitarbeitern auch die Bedeutung der Qualitätssicherung in der Abwasseranalytik vermittelt werden.

Der Verbrauch von Wasser und der Anfall von mehr oder minder stark belastetem Abwasser gehören zu jeder wirtschaftlichen Unternehmensführung. Zur Schonung der Wasserressourcen sind daher Maßnahmen zu ergreifen. Fragen aus den Bereichen:

- betriebliche Organisation,
- Abwasseranfall und -behandlung,
- Prozesse und Technologien, sowie
- Wartung und Inspektion

sind für die Verbesserung der betrieblichen Wasserwirtschaft hilfreich.

Betriebliche Organisation

- Wer ist für die Wasser-/Abwasserwirtschaft im Unternehmen verantwortlich?
- Welche Eigenkontrollen werden im Rahmen des Umweltbereiches „Wasser/Abwasser" durchgeführt?
- Wer ist für die vorschriftsmäßige, kontinuierliche Überwachung der Abwasserströme verantwortlich?
- Wie stellen Sie sicher, dass die mit der Abwasserüberwachung betrauten Mitarbeiter ausreichend informiert und geschult sind?
- Welche Arbeitsanweisungen und Informationen über den Umgang mit wassergefährdenden Stoffen sind im Unternehmen vorhanden?
- Ist Ihr Betrieb Direkteinleiter oder Indirekteinleiter? Welche behördlichen Auflagen bestehen in Bezug auf die Reinigung und Einleitung von Abwasser?
- Wer ist für die Führung und Dokumentation eines Betriebstagebuches im Rahmen der Abwasserbehandlung verantwortlich? Wer kontrolliert und unterzeichnet regelmäßig das Betriebstagebuch?
- Wie stellen Sie sicher, dass in allen Bereichen grundsätzlich sparsam mit Wasser umgegangen wird?
- Wie oft und von wem werden die Messgeräte, Analysengeräte und Abwasserbehandlungsanlagen auf ordnungsgemäßen Zustand überprüft und instand gehalten?
- Über welche Fachkenntnisse verfügen die verantwortlichen Mitarbeiter? Welche Weiterbildungsmaßnahmen haben diese Mitarbeiter in den letzten 5 Jahren besucht?

Abwasseranfall und Behandlung

- Welche Abwasserströme fallen im Betrieb an bzw. verlassen den Betrieb? Existiert ein Abwasserkataster mit Entstehungsort, Art, Menge etc.:
  - Anlage/Prozess,
  - Kostenstelle,
  - Frischwasserherkunft, -menge,
  - Menge Einleitung,
  - Analysen vor und nach der Behandlung?
- Welche internen Abwasserbehandlungen existieren im Betrieb?
- Werden Abwasserströme getrennt behandelt?
- Auf welche Parameter/Zusammensetzung wird das Abwasser regelmäßig intern untersucht?
- Aus welchen Prozessen stammen die Inhaltsstoffe des Abwassers?
- Welche Analysen werden von internen bzw. externen Stellen durchgeführt?
- Gab es Grenzwertüberschreitungen in den letzten 3 Jahren? Wenn ja, welche?
- Wie werden die durch die Abwasseraufbereitung entstehenden Abfälle/Reststoffe/Sonderabfällen entsorgt?
- Wird Regenwasser getrennt von Labor- und Prozessabwässern abgeleitet?
- Wie und durch wen wird die öffentliche Kläranlage über die Abwasserzusammensetzung, den Einsatz wassergefährdender Stoffe und mögliche im Unglücksfall entstehende Stoffe informiert?
- Werden die Input- und Outputströme auf Plausibilität geprüft, um Einsparpotenziale zu identifizieren?

Prozesse und Technologien

- Wo und in welchen Mengen verwenden Sie Wasser im Betrieb? Herkunftsbereich (wie eigener Brunnen, öffentliche Trinkwasserversorgung, Oberflächenwasser etc.), Verwendungsarten (Trinkwasser, Kühlwasser, Anlagen, Mengen).
- Existiert ein Kataster (z.B. Gefahrstoffkataster), aus dem die Lager- und Einsatzorte von wassergefährdenden Stoffen entnommen werden können?
- Welche wassergefährdenden Stoffe können gegen weniger wassergefährdende Stoffe ersetzt werden?
- In welchem Maß wird bei der Anschaffung einer neuen Anlage, der Erweiterung bestehender Anlagen, der Planung neuer Prozesse und der Einführung neuer Produkte die Wasser-/Abwasserseite berücksichtigt?
- Wie stellen Sie sicher, dass die Anlagen zum Lagern, Abfüllen, Herstellen, Behandeln und Einsatz von wassergefährdenden Stoffen nach dem Stand der Technik betrieben werden?
- In welchem Maß werden Kreislaufverfahren und Wiederaufbereitungsverfahren angewandt?
- Wie und durch wen werden weitere Möglichkeiten zur Wassereinsparung und zur Verringerung der Schadstofffracht im Abwasser geprüft?

Wartung und Inspektion

- Wie und durch wen ist die regelmäßige Wartung der Abwasseranlagen geregelt?
- Wie stellen Sie sicher, dass das betriebsinterne Kanalnetz dicht ist? Liegt ein Kanalkataster o.ä. vor?
- Welche Rohrleitungen/Tanks existieren? Wie wird ihre Dichtigkeit sichergestellt?
- Welche Auffangräume für Fassläger und Container sind vorhanden?
- Wie stellen Sie sicher, dass entdeckte Leckagen sofort behoben werden?
- Wie wurde sichergestellt, dass alle Flächen, auf denen eine Verschüttung möglich ist, aus undurchdringlichen Materialien bestehen?
- Welche Rückhaltekapazitäten sind für eventuelle Betriebsstörungen (z.B. Löschwasser) vorhanden?

7.2.14 Abfall/Wertstoffe

Das Abfallrecht beschäftigt sich nicht nur mit der ordnungsgemäßen Abfallentsorgung. Heute steht vielmehr die Ressourcenschonung und Kreislaufführung der eingesetzten Materialien immer stärker im Vordergrund. Unternehmen müssen verstärkt einer ganzheitlichen Produktverantwortung von der Entwicklung über die Herstellung bis zur Entsorgung nachkommen können.

Schon im Entwicklungsprozess sind Abfallvermeidungsstrategien zu berücksichtigen und im Fertigungsprozess umzusetzen. Die umweltschonende Produktgestaltung verbunden mit einer abfallarmen Prozessorientierung wird daher für die Unternehmen immer wichtiger. Nach Ablauf der Nutzungsphase müssen sie entsprechende Recyclingstrategien umsetzen können.

Das Abfallrecht nimmt die Abfallerzeuger sehr stark in die Pflicht. Er bleibt für seinen Abfall bis zur endgültigen und ordnungsgemäßen Entsorgung in der Verantwortung. Die Unternehmen stellen deshalb entsprechend hohe Anforderungen an Entsorgungsunternehmen. Häufig haben sie interne Regelungen, nur mit zertifizierten Entsorgungsfachbetrieben zusammen zu arbeiten.

Dem Wunsch nach einer hochwertigen und gesetzeskonformen Entsorgung der Abfälle stehen jedoch die Kostenaspekte entgegen. Um diesen gegenläufigen Anforderungen gerecht zu werden, darf die Auswahl des Entsorgers nicht alleine dem Einkauf überlassen werden. Hier kommt es öfters zu unternehmensinternen Konflikten. In den Entscheidungsprozess ist unbedingt der Abfallbeauftragte mit einzubinden. Nur er verfügt über die notwendigen Kenntnisse, damit die ordnungsgemäße Entsorgung kostengünstig durchgeführt werden kann.

Ein Teil der eingesetzten Roh-, Hilfs- und Betriebsstoffen (RHB-Stoffe) wird prozesstechnisch bedingt zu Abfällen. Eine ordnungsgemäße betriebliche Abfallwirtschaft muss daher vom Unternehmen gewährleistet werden. Fragen aus den Bereichen:

* betriebliche Organisation,
* Abfallanfall und -erfassung,
* Entsorgung und Verwertung, sowie
* Prozesse und Technologien

sind zu beantworten.

Betriebliche Organisation

* Wer ist für die Entsorgung der gefährlichen Abfälle, die Beantragung von Entsorgungsnachweisen und die Ausstellung der Abfallbegleitscheine verantwortlich?
* Wie und durch wen wird die Zusammensetzung der gefährlichen Abfälle geprüft?
* Welche Auflagen/Bescheide der zuständigen Behörde liegen vor?
* Von wem wird das Abfallregister geführt? Wie sind Vollständigkeit und regelmäßige Aktualisierung des Abfallregisters sichergestellt?
* Wie wird sichergestellt, dass alle Rückstände (gefährliche Abfälle und nicht gefährliche Abfälle) zentral erfasst, bewertet und mit Abfallschlüsselnummern versehen werden?
* Existiert ein Konzept zur Abfallvermeidung? Erläutern Sie die innerbetrieblichen Regelungen und Abläufe.
* Wie stellen Sie sicher, dass die Mitarbeiter zur Abfall-/Reststoffthematik ausreichend informiert und geschult werden?
* Liegen alle erforderlichen Nachweise über Abfälle zur Beseitigung und zur Verwertung vor?

Abfallanfall und Abfallerfassung

* Wird regelmäßig eine Abfallbilanz bzw. ein Abfallregister über Art, Entstehungsort, Menge und Verbleib erstellt?
* Welche betrieblichen gefährlichen und nicht gefährlichen Abfälle fallen bei welchen Prozessen in welchen Mengen an?
* Wie werden Vollständigkeit und die regelmäßige Aktualisierung des Abfallregisters sichergestellt?
* Welche Einsatzmaterialien werden nach ihrem Gebrauch zu gefährlichen Abfällen?
* Durch wen wurde geprüft, ob diese Einsatzmaterialien durch weniger umweltgefährdende Materialien substituiert werden können?
* Wie stellen Sie die getrennte Erfassung von gefährlichen und nicht gefährlichen Abfällen nach Stoffzusammensetzung und Stoffeigenschaft sicher?
* Wer ist für die regelmäßige Inspektion der Bereitstellungsläger für die Abfälle verantwortlich?
* Wie werden die Mitarbeiter über die getrennte Erfassung von Abfällen unterwiesen?
* Wird die durch Produktionsausschuss verursachte Abfallmenge erfasst?

Entsorgung und Verwertung

- Zeigen Sie, auf welche Art und Weise die gefährlichen und nicht gefährlichen Abfälle von der Entstehung bis hin zur Übergabe an den Entsorger überwacht werden!
- Erläutern Sie den Verbleib der Abfälle/gefährliche Abfälle nachdem sie den Betrieb verlassen haben und legen Sie entsprechende Dokumente vor.
- Welche internen oder externen Verwertungsmöglichkeiten von gefährlichen und nicht gefährlichen Abfällen gibt es?
- Wie stellen Sie sicher dass die Verwertung verbleibender Rückstände als Wertstoffe systematisch überprüft wird?
- Welche gefährliche und nicht gefährliche Abfälle werden auf dem Betriebsgelände behandelt oder deponiert?
- Wer überprüft, ob alle dafür notwendigen Regelungen und Genehmigungen vorhanden sind?
- Wer transportiert und entsorgt die Abfälle? Mit welchen Entsorgern sind entsprechende Verträge abgeschlossen? Wie und von wem werden diese Verträge regelmäßig auf umweltrelevante Aspekte überprüft?

Prozesse und Technologien

- Welche vorbeugenden Maßnahmen zur Vermeidung von Abfällen/Sonderabfällen/Reststoffen erfolgen bei der Entwicklung neuer Produkte, neuer Fertigungsverfahren bzw. neuer Herstellungsprozesse?
- Wie werden absehbare rechtliche Entwicklungen in der Forschung, Entwicklung und Planung neuer Verfahren bzw. neuer Produkte berücksichtigt?
- Welche Maßnahmen zur Verminderung der gefährlichen und nicht gefährlichen Abfälle haben Sie in den letzten fünf Jahren durchgeführt? Wie sieht die Erfolgsbilanz aus?
- Wie lassen sich durch eine Produktions- und Prozessumstellung gefährliche und nicht gefährliche Abfälle vermeiden?

7.2.15 Abluft/Emissionen

Im Immissionsschutz werden Anforderungen an den Betrieb genehmigungsbedürftiger Anlagen und nicht genehmigungsbedürftiger Anlagen gestellt. Da sie keinen Immissionsschutzbeauftragten bestellen müssen, ist dieser Unterschied vielen Unternehmen nicht bekannt. Hier bietet die Einführung eines Umweltmanagementsystems eine gute Grundlage zur Überprüfung der betrieblichen Situation und somit zur Gewährleistung der Rechtskonformität.

Betreiber von genehmigungsbedürftigen Anlagen sind sich häufig nicht bewusst, dass jede Anlagenänderung gegenüber der Behörde anzuzeigen ist. Wenn es sich bei den Änderungen zudem um eine wesentliche Änderung handelt, muss dies durch die Behörde genehmigt werden. Ansonsten kommt es zu einem illegalen Anlagenbetrieb. Um diesem Sachverhalt gerecht zu werden, ist eine enge Zusammenarbeit zwischen Anlagenbetreiber und Immissionsschutzbeauftragten notwendig. Er muss frühzeitig in den Entscheidungsprozess bei der Einführung neuer Verfahren und Anlagen mit einbezogen werden.

Nicht genehmigungsbedürftige Anlagen unterliegen ebenfalls immissionsschutzrechtlichen Vorschriften. So existieren Vorgaben für kleine und mittlere Feuerungsanlagen, für den Einsatz halogenierter Lösemittel zur Oberflächenreinigung oder für die Verwendung leichtflüchtiger organischer Verbindungen. Neben dem technischen Aufbau der Anlagen werden Anforderungen an den Anlagenbetrieb und die Anlagenüberwachung geregelt. Entsprechende Betriebstagebücher müssen vorliegen.

Abluftemissionen tragen zu regionalen und globalen Umweltproblemen bei. Von daher sind Unternehmensprozesse zu ihrer Minimierung zu installieren. Fragen aus den Bereichen:

- betriebliche Organisation,
- Emissionen und Abluftbehandlung,
- Prozesse und Technologien, sowie
- Wartung und Inspektion

sind bei diesem Umweltaspekt zu beantworten.

Betriebliche Organisation

- Wer ist für den Bereich der Emissionsmessungen und Emissionsbegrenzungen verantwortlich?
- Wer ist für die Dokumentation der Messungen und das Führen der Betriebstagebücher verantwortlich?
- Wie stellen Sie sicher, dass Mitarbeiter, die Messungen durchführen und dokumentieren, ausreichend informiert und geschult sind?
- Von welchen Anlagen/Anlagenteilen gehen die meisten umweltrelevanten Emissionen aus?
- Welche behördlichen Auflagen bestehen für die Emissionsüberwachung?

Emissionen und Abluft

- Welche Abluftströme verlassen den Betrieb? Existiert ein Emissionskataster nach Entstehungsort, Parameter und abgeleiteten Konzentrationen?
- Welche Emissionsmessungen werden wie oft und von wem durchgeführt?
- Welche internen Abluftbehandlungsanlagen existieren in Ihrem Betrieb?
- Gab es Grenzwertüberschreitungen in den letzten 3 Jahren? Wenn ja, welche?
- Wie werden die durch die Abluftreinigung entstehenden Abfälle/Reststoffe/gefährliche Abfälle (z.B. Kohlefilter) entsorgt?

Prozesse und Technologien

- Wie stellen Sie sicher, dass schädliche Umwelteinwirkungen durch belastete Abluft generell verhindert werden, sofern sie nach dem Stand der Technik vermeidbar sind?
- Wie stellen Sie sicher, dass die nach dem Stand der Technik unvermeidbaren schädlichen Umwelteinwirkungen durch belastete Abluft auf ein Mindestmaß beschränkt werden?
- Welche umweltrelevanten Stoffe werden hauptsächlich emittiert? Werden die Grenzwerte für diese emittierten Stoffe immer eingehalten?
- Welche der entstehenden Stoffe können durch Verfahrensänderung vermieden oder vermindert werden?
- Welche Vorrichtungen werden eingesetzt oder geplant, um die zukünftige Einhaltung der Grenzwerte sicherstellen?
- Gab es in der Vergangenheit Nachbarbeschwerden oder behördliche Eingriffe? Wie wurde damit umgegangen?

Wartung und Inspektion

- Wie und durch wen ist die regelmäßige Wartung der Abluftanlagen geregelt?
- Welche Abluftführungen existieren und wie stellen Sie ihre Dichtigkeit fest?

7.2.16 Boden/Altlasten

Altlasten spielen in manchen Unternehmen eine Rolle. So führte der Einsatz von halogenierten Lösemitteln in der Vergangenheit zu Altlasten, die sich nicht nur auf den Boden sondern auch auf das Grundwasser auswirken. Zum Schutz des Grundwassers und des Bodens müssen diese Altlasten heute kostenaufwendig saniert werden.

Durch die Forderungen zur integrierten Vermeidung und Verminderung von Umweltbelastungen werden die Unternehmen angehalten, sich bewusst mit diesem Thema zu beschäftigen. Die europäische Industrieemissions-Richtlinie (IED-Richtlinie) fordert die betroffenen Unternehmen auf, vor dem Betrieb der Anlage einen Bericht über den Ausgangszustand am Standort zu erstellen. Die entsprechenden Anforderungen sollen gewährleisten, dass während des Betriebs und nach Stilllegung der Anlage der Ausgangszustand aufrechterhalten bzw. wieder hergestellt werden kann.

Auch Unternehmen, die nicht unter die IED-Richtlinie fallen, können Altlasten nur vermeiden, wenn ihre Mitarbeiter ordnungsgemäß mit den eingesetzten Gefahrstoffen umgehen und die Anlagen sicher bedienen können. Dies erfordert einen guten Ausbildungs- und Wissensstand. Wenn von den Vorgaben abgewichen wird müssen sie die möglichen Umweltauswirkungen kennen.

Manchmal sind am Standort des Unternehmens Bodenbelastungen festzustellen. Über die

- betriebliche Organisation,
- Standortbeschaffenheit und
- Altlastensanierung

ist diese Belastung zu beheben.

Betriebliche Organisation

- Wer ist für den Bodenschutz und die Altlastenüberwachung verantwortlich?
- Seit wann besteht Ihr Betrieb auf dem jetzigen Betriebsgelände? Welche anderen industriellen oder gewerblichen Tätigkeiten gab es bereits auf diesem Betriebsgelände?
- Ist Ihnen bekannt, ob auf diesem Gelände Altlasten existieren und ob bisher Sanierungsmaßnahmen vorgenommen wurden? Liegen entsprechende Gutachten vor?
- Ist Ihnen bekannt, ob es in der näheren Umgebung Ihres Standortes Bodenverunreinigungen gibt?
- Welche Materialien (z.B. CKW's, PCB), die zu einer Altlast führen können, haben Sie in der Vergangenheit eingesetzt? In welchen Bereichen und in welchen Mengen werden derartige Materialien heute noch eingesetzt?
- Wie und durch wen wurde geprüft, ob diese Materialien nicht durch weniger umweltgefährdende Materialien substituiert werden können?
- Welche umweltgefährdenden Stoffe (Asbest, PCB-Kondensatoren etc.) wurden beim Bau Ihres Betriebes eingesetzt?

Standortbeschaffenheit

- Wie groß ist die versiegelte Fläche des Standortes?
- Wie ist die Lage Ihres Betriebes in Bezug auf Geologie, Hydrologie, Schutzgebiete?
- Gibt es auf Ihrem Gelände Aufschüttungen, Verfüllungen, Abgrabungen etc.?
- Gibt es Wasserschutzgebiete in der näheren Umgebung Ihres Standortes?

Altlastensanierung

- Wer ist für die Durchführung regelmäßiger Messungen verantwortlich, insbesondere im Fall von bekannten Oberflächen- oder Grundwasserschäden?
- Wie stellen Sie sicher, dass alle erforderlichen Schritte stattfinden (Gutachten, Sanierungsmaßnahmen, Einbindung der Behörden etc.) für eine Altlastensanierung stattfinden?
- Gab es seit Bestehen des Betriebes an diesem Standort Betriebsstörungen, Vorfälle oder Unfälle, die zu einer Kontaminierung von Boden und/oder Grundwasser führten oder hätten führen können?

7.2.17 Materialien

Die Auswahl von Materialen bei der Produktentwicklung wirken sich im gesamten Lebenszyklus der Produkte aus. Hier werden die Weichen für umweltfreundliche Produkte und später zum umweltgerechten Entsorgung der entstehenden Abfälle gestellt. Hierbei sind folgende Fragestellungen wichtig:

- Welche Verfahren werden benutzt, um sicherzustellen, dass alle in der Produktion eingesetzten umweltrelevanten Stoffe erfasst werden, so dass „Wildwuchs" ausgeschlossen werden kann?
- Nach welchen Verfahren wird systematisch nach alternativen, umweltfreundlicheren Einsatzstoffen gesucht?
- Welche Verfahren gibt es, um Beeinträchtigungen der Umwelt durch die eingesetzten Materialien zu verhindern?
- Wie wird die Kennzeichnung aller Einsatzstoffe und Produkte geregelt, um eine eindeutige Identifikation zu garantieren?
- Nach welchen Richtlinien und Prüfvorgaben (Bestellvorschriften, Normen) werden angelieferte Waren auf einzuhaltende Umweltschutzanforderungen überprüft?
- Wie wird sichergestellt, dass zugelieferte Produkte/Stoffe erst dann verwendet oder verarbeitet werden, wenn diese geprüft wurden? Wer ist für die Eingangsprüfung verantwortlich?
- Welche Vorbehandlungen und Behandlungsprozesse sind für ein Materialrecycling notwendig?
- Wie berücksichtigen sie die Umweltrelevanz ihrer eingesetzten Materialien?
- Wie können sie die Materialeffizienz ihrer Unternehmens und der zugehörigen Prozesse belegen?
- Wie lässt sich die Materialeffizienz steigern?

7.3 Umweltmanagementsystem

7.3.1 Einführung

Die Existenz eines Menschen ist unwiderrufbar mit einer Wechselwirkung zu seiner Umwelt verbunden. Er lebt von ihr, beeinflusst sie und verändert sie mit jedem Atemzug, wobei dies ist kein statischer, sondern ein dynamischer Prozess ist. Umweltschutz bedeutet deshalb nicht Bewahrung des Status quo, sondern welches Maß an Umweltänderungen können und wollen wir uns erlauben. Die Veränderungen beziehen soziale, technologische und ökonomische Systeme mit ein. Jahrzehntelanger technologischer und wirtschaftlicher Aufschwung haben gewaltige Wandlungsprozesse und Fortschritte, aber auch negative Veränderungen hervorgebracht. Dies führte zu einem Bewusstseinswandel in breiten Teilen der Bevölkerung. Der Mensch hat keinen Freibrief zur gnadenlosen Ausbeutung von Mitmenschen und Umwelt, sondern gegenüber beiden heute und zukünftig eine Verantwortung. Das Grundgesetz berücksichtigt in seinen Artikeln 2 und 20a eine entsprechende Schutzbedürftigkeit von Mensch und Umwelt.

Art. 2:

„(1) Jeder hat das Recht auf die freie Entfaltung seiner Persönlichkeit, soweit er nicht die Rechte anderer verletzt und nicht gegen die verfassungsmäßige Ordnung oder das Sittengesetz verstößt.
(2) Jeder hat das Recht auf Leben und körperliche Unversehrtheit. Die Freiheit der Person ist unverletzlich. In diese Rechte darf nur auf Grund eines Gesetzes eingegriffen werden."

Art. 20a:

„Der Staat schützt auch in Verantwortung für die künftigen Generationen die natürlichen Lebensgrundlagen im Rahmen der verfassungsmäßigen Ordnung durch die Gesetzgebung und nach Maßgabe von Gesetz und Recht durch die vollziehende Gewalt und die Rechtsprechung."

Die auftretenden Probleme hängen eng mit der neuzeitlichen Denkweise und der Dynamisierung von Technologie und Ökonomie zusammen. Sie geben immer stärker den Ton an und gewinnen zunehmend an Einfluss und Macht. Zwar wissen wir absolut gesehen immer mehr, jedoch sind wir gleichzeitig bzgl. der Folgen unseres Tuns ziemlich unwissend. Wir denken überwiegend in linearen Wirkungsketten und nicht in verzweigten Wirkungsnetzen. Das Denken und Arbeiten in Netzwerken kann die Nebenfolgen unserer Handlungen verringern. Prinzipiell sind alle Folgen unserer Maßnahmen jedoch nicht vorhersehbar und bestimmbar. In unserem linearen Denken und in der Hektik unserer heutigen Gesellschaft reparieren wir kurzfristig auftretende Missstände und schaffen womöglich neue, langfristig wirkende Probleme. Trotzdem besteht auch heute noch ein wachsender, erheblicher Bedarf im Bereich des Umweltschutzes. Energieerzeugung mit oder ohne Sonnenenergie, Wärmeversorgung, Produktentwicklung, -verantwortung und -recycling sind nur einige der immer wichtiger werdenden Betätigungsfelder. Aber auch diese Technologien werden Auswirkungen auf den Menschen und die Umwelt haben und zu entsprechenden Veränderungen führen.

Heute unterliegen wir vielfach noch der Funktionalität technokratischer Abläufe, wohlstandsorientierter Konsummuster und einem naiven Materialismus. Regelmäßige Berichte über Rentabilität, Gewinne und Wachstum des Bruttosozialproduktes sind seine Kennzeichen. Sie werden als Sinn des Lebens herausgestellt, um die Sinnleere und Orientierungslosigkeit der Menschen und ihrer Gesellschaft zu übertünchen. Ohne eine – bewusst oder unbewusst – geprägte ethische Grundlage kann der Mensch jedoch keine Verantwortung gegenüber seinen Mitmenschen und der Umwelt übernehmen. Denn Verantwortungsfähigkeit setzt stets Orientierungsvermögen und Wissen voraus. Jeder Mensch nimmt über seine Tätigkeiten auch Verantwortungen wahr. Dies gilt besonders für alle Personen, die andere Menschen führen, betreuen oder ausbilden. Für eine langfristig wirkende Versöhnung von Menschen und Umwelt sind daher ethische Grundlagen unverzichtbar.

Um das Thema Verantwortung im Unternehmen durchleuchten zu können, muss man sich erst einmal ein Bild der verschiedenen Einflussfaktoren interner sowie externer Art machen. Entscheidend sind hier die Normen der Gesellschaft und die sich wandelnde Organisation im Unternehmen. Wer ist für was verantwortlich ist eine der vielen Fragen, die heute gerade auch im betrieblichen Arbeits- und Umweltschutz eine sehr große Rolle spielt. Die Situation für Unternehmen hat sich im Laufe der Zeit immer wieder gewandelt. Während zum Beispiel die technische Sicherheit und der Arbeitsschutz schon immer zur Führungsverantwortung gehörten, kommen heute neue Verantwortungsfelder auf die Führungsebene zu. Ausgelöst durch gesellschaftliche Entwicklungen, neue Wertvorstellungen und ein sensibilisiertes Umweltbewusstsein ist der Druck auf das einzelne Unternehmen gestiegen.

Die Unternehmen werden dazu angehalten gegebene Rahmenbedingungen einzuhalten und sich ihrer Verantwortung gegenüber den Menschen und der Umwelt bewusst zu sein. Dies beinhaltet unter anderem, dass die natürlichen Ressourcen geschont werden, dass bei der Produktentwicklung schon auf Sparsamkeit und Umweltverträglichkeit geachtet wird und in der Produktion, sowie später beim Verbraucher so wenig wie möglich Abfall entsteht. Vermeidung und Verwertung stehen hier im Vordergrund. Nun ist es allerdings nicht nur so, dass die Unternehmen unter der steigenden Verantwortung zu leiden hätten, sondern sie können auch davon profitieren. Arbeitet ein Betrieb besonders umweltfreundlich und macht er eine gute Öffentlichkeitsarbeit, im Sinne von Transparenz, steigt sein Produkt in der Gunst des Verbrauchers. Außerdem sind gerade im Betriebsablauf durch bewusste Ressourcenschonung, Einsparungen zu erreichen.

Rahmenbedingungen der Umweltgesetzgebung

Im System Unternehmen sind auch die Teilsysteme Arbeitsschutz und Umweltschutz zu einer komplexen Führungsaufgabe geworden. Die Schnittstellen zwischen Mitarbeitern/Technik/Unternehmensumfeld/Gesellschaft müssen vom Management durch technische und organisatorische Maßnahmen bewältigt werden. Zur Lösung dieser Aufgaben braucht das Unternehmen eine geeignete Systemstruktur sowie motivierte und gut ausgebildete Mitarbeiter. Aufbau- und ablauforganisatorische Maßnahmen, Einrichtung eines Managementsystems, Festlegung von Verantwortungs- und Zuständigkeitsbereichen, kontinuierliche Weiterbildung der Mitarbeiter sind einige der Möglichkeiten.

Seit vielen Jahren wurde von Seiten des Gesetzgebers und der Unternehmen vieles im Umweltschutz verbessert. Auch die Industrie hat erkannt, dass die Verringerung der Umweltauswirkungen neben einer Sicherung der wirtschaftlichen Zukunft ein wichtiges Unternehmensziel für die Zukunft ist. Eine Vielzahl von Grenzwerten für die Freisetzung von Substanzen in die Umwelt wurden strenger festgelegt oder überhaupt erst definiert. Sie sollen einen verbesserten Schutz der Umwelt ermöglichen. Eine weitere Strategie zur Verringerung von negativen Umweltauswirkungen ist die Stärkung der Position der Geschädigten gegenüber den Verursachern durch die Gesetzgebung. Ziel dieser Politik ist es modernere Technologien zu etablieren, um in Zukunft weitere negative Umweltauswirkungen zu verringern. Damit verbunden sollen die Kosten verringert und auch die wirtschaftliche Zukunft gesichert werden.

Die Rahmenbedingungen für den betrieblichen Umweltschutz und der entsprechenden Betriebsorganisation werden durch das Umweltrecht gesetzt. Danach hat die Umweltpolitik der Europäischen Union (EU) zum Ziel:

- die Umwelt zu erhalten, zu schützen und ihre Qualität zu verbessern,
- zum Schutze der menschlichen Gesundheit beizutragen und
- eine umsichtige und rationelle Verwendung der natürlichen Ressourcen zu gewährleisten.

Die Tätigkeit der Europäischen Union im Umweltbereich hat Umweltbeeinträchtigungen vorzubeugen und die Umweltverschmutzung nach dem Verursacherprinzip zu bekämpfen. Umgesetzt werden diese Forderungen durch EU-Verordnungen und EU-Richtlinien. Verordnungen gelten unmittelbar in jedem Unionsstaat. Richtlinien geben Ziele und Rahmenbedingungen vor. Sie überlassen jedoch jedem Mitgliedsstaat die Wege und Mittel zur Zielerreichung.

Auf nationaler Ebene wird der Umweltschutz in verschiedenen Fachgesetzen geregelt. Die Gesetze, Verordnungen, Verwaltungsvorschriften etc. sollen die verschiedenen Umweltmedien (Luft, Wasser, Boden) präventiv schützen. Bestimmte umweltgefährdende Tätigkeiten wie der Betrieb einer Anlage, das Einleiten von Abwässern oder die Deponierung von Abfällen sind ohne behördliche Genehmigung und Kontrolle verboten. Auf Verordnungsebene werden die gesetzlichen Vorgaben konkretisiert und der technischen Entwicklung angepasst. Die Verpflichtung zur Bestellung der verschiedenen Betriebsbeauftragten im Umweltschutz wird ebenfalls geregelt.

So bestehen nach BImSchG spezielle Vorgaben für die Betriebsorganisation und den Betriebsbeauftragten für Immissionsschutz. Den zuständigen Behörden ist die Person zu benennen, die die Betreiberpflichten für die genehmigungsbedürftige Anlage übernimmt. Gleichzeitig ist mitzuteilen wie die Anordnungen und Vorschriften eingehalten werden und der Schutz vor schädlichen Umwelteinwirkungen gewährleistet wird. Ähnliche Regelungen existieren für die Betriebsbeauftragten für Abfall und Gewässerschutz, den Störfall-, Gefahrgut- und Strahlenschutzbeauftragten.

Umweltschutz und Arbeitssicherheit sind im betrieblichen Alltag eng miteinander verknüpft. So fordert z.B. die Gefahrstoffverordnung definitiv den Schutz des Menschen und der Umwelt. Der Schutz der Umwelt dient damit präventiv dem Schutz der menschlichen Gesundheit und des menschlichen Lebens. Den verschiedenen Überwachungsbehörden kommt zur wirkungsvollen Kontrolle und Einhaltung der Umweltgesetzgebung deshalb eine besondere Verantwortung zu.

7.3.2   Verantwortungen im betrieblichen Umweltschutz

Jeder Mensch trägt für seine Handlungen eine Verantwortung. Dies betrifft sowohl den privaten wie auch den beruflichen Bereich. Unter Verantwortung ist hier die Pflicht zu verstehen, für seine Handlungen und die Erfüllung einer Aufgabe Rechenschaft abzulegen und die sich daraus ergebenden Konsequenzen zu tragen. Handlungen umfassen Aktivitäten, aber auch Unterlassungen. Neben der persönlichen Verantwortung (Eigenverantwortung) tragen bestimmte Personenkreise eine zusätzliche Verantwortung (Fremdverantwortung). Es handelt sich hier um die Führungskräfte, die für das Tun oder Lassen ihrer Mitarbeiter zusätzliche Verantwortung tragen. Je höher die Position eines Mitarbeiters im Unternehmen ist, desto mehr Fremdverantwortung trägt er innerhalb des Unternehmens. Letztlich ist die Geschäftsführung für alle Unternehmensaktivitäten verantwortlich. Verantwortung lässt sich durch folgende Fragen umreißen:

- Wer ordnet an und verlangt eine Berichterstattung?
- Wer führt die Anordnung aus?
- Was ist die Maßnahme?
- Weswegen wird die Maßnahme durchgeführt?
- Welche Folgen ergeben sich aus der Handlung?
- Wann wurde die Maßnahme zeitlich durchgeführt?

Kern ist die Verantwortung von Personen. Die Übertragung und die Übernahme von Verantwortung setzen einige Bedingungen voraus. Die Verantwortung übertragende Person muss die Kompetenz zur Delegation und zur Festlegung von Handlungszielen besitzen. Sie besitzt die Kompetenz für Planung, Entscheidung, Anordnung, Realisierung und Kontrolle. Sie muss den Aufgaben übernehmenden Mitarbeiter fachgerecht auswählen und bei der Aufgabendurchführung überwachen. Ein entsprechendes originäres Delegationsrecht besitzen normalerweise nur Führungskräfte der obersten Leitungsebene wie Geschäftsführer, Vorstände etc. Alle anderen Verantwortungsbereiche sind daraus abgeleitet.

Die Verantwortung übernehmende Person muss entsprechende Handlungsfähigkeiten und -freiräume besitzen. Sie besitzt die Kompetenz und die Qualifikation eigenverantwortlich den vorgegebenen Handlungsspielraum zielgerichtet zu nutzen und die übertragenen Aufgaben zu realisieren. Aus den Verantwortlichkeiten leiten sich verschiedene rechtliche Risiken für die Mitarbeiter und das Unternehmen ab. Dies bezieht sich auf:

- das Unternehmen als Arbeitsstätte,
- die Organisation der Aufgaben und deren Abläufe,
- die Verantwortung gegenüber Mensch und Umwelt,
- die Sicherheit von Produkten.

Die Organisationsverantwortung umfasst die Verpflichtung, die sichere Abwicklung der betrieblichen Aufgaben und Abläufe zu gewährleisten. Dies gelingt z.B. über geeignete Organisationsformen der Aufbau- und Ablauforganisation. Vielfach wird in diesem Zusammenhang neben den Möglichkeiten zur Delegation (top-down) die Pflicht zur regelmäßigen Berichterstattung (bottom-up) stark vernachlässigt. Dies kann im Risikofall zu einem Organisationsverschulden führen.

Die Umweltverantwortung umfasst den Schutz von Menschen, Sachen und Umwelt vor schädigenden Einflüssen. Sie wird durch zahlreiche Umweltgesetze, -verordnungen etc. geregelt. Die Produktverantwortung umfasst die sichere Funktionsweise, den umweltbewussten Betrieb während der Nutzungsphase und die umweltgerechte Entsorgung des Produktes nach Ablauf der Nutzung.

Während die bisherige Beschreibung die physischen Verantwortungsbereiche umfasst, lässt sich aus juristischer Sicht eine andere Einteilung wählen. So werden die Verantwortungen von Personen und Unternehmen über:

- das Verwaltungsrecht,
- das Zivilrecht,
- das Strafrecht,
- das Ordnungswidrigkeitsrecht

geregelt. Das Verwaltungsrecht umfasst Tätigkeitsbereiche der öffentlichen Verwaltung. Dazu gehören z.B. das Immissionsschutz-, Abfall-, Wasser- und Chemikalienrecht. Im Zivilrecht werden Rechtsbeziehungen zwischen natürlichen Personen, Personen- und Kapitalgesellschaften geregelt. Das Strafrecht umfasst alle Rechtsvorschriften, die Inhalt und Umfang der staatlichen Strafbefugnis (Geld- und/oder Freiheitsstrafe) bestimmen, während das Ordnungswidrigkeitsrecht den Inhalt und Umfang von Geldbußen bestimmt.

Die aus dem Verwaltungsrecht resultierenden Pflichten richten sich an das Unternehmen. Für den Betrieb einer genehmigungsbedürftigen Anlage oder als Hersteller von Produkten ist das Unternehmen als Betreiber verantwortlich. Handlungsfähig wird das Unternehmen jedoch erst durch Personen in Form des Firmeninhabers, der Geschäftsführung oder des Vorstandes. Dadurch stellt sich die Frage nach der zivilrechtlichen Verantwortung.

Unter zivilrechtlichem Blickwinkel richtet sich die Verantwortung für die Arbeitsstätte, die Umwelt und das Produkt sowohl an das Unternehmen wie auch die dort tätigen Personen. Entsprechend ihres Arbeitsbereiches und ihrer Position in der Unternehmenshierarchie tragen die Geschäftsleitung und die Mitarbeiter eine abgestufte Verantwortung. Rechtliche Regelungen finden sich im Bürgerlichen Gesetzbuch, dem Umwelthaftungsgesetz wie auch im Produkthaftungsgesetz. Aufgrund ihrer herausragenden Position hat die Leitung des Unternehmens eine umfassende Verantwortung für alle Tätigkeiten und Aufgaben. Sie muss entsprechende Maßnahmen treffen um einen sicheren und umweltgerechten Betrieb von der Produktentwicklung über die Herstellung, den Vertrieb bis zur Produktnutzung zu gewährleisten. Dies bezieht die auf dem Betriebsgelände tätig werdende Lieferanten, Dienstleister und Subunternehmer ein. Handelt die Geschäftsleitung nachweisbar rechtswidrig und schuldhaft, trägt sie die zivilrechtliche Verantwortung. Sie ist deshalb gut beraten Sorgfalt zu legen auf:

- organisatorische Gestaltung der Betriebsabläufe,
- Festlegung der Verantwortungs- und Aufgabenbereiche,

- Qualifikation und Leistungsfähigkeit der Mitarbeiter,
- Information und Unterrichtung über maßgebende interne und externe Vorschriften,
- regelmäßige Kontrolle und Dokumentation der Betriebsabläufe,
- Erfolgskontrolle bei notwendigen Korrekturmaßnahmen.

Mit zunehmender Komplexität der Aufgabe und Schwierigkeitsgrad der Tätigkeit muss die Qualifikation des Mitarbeiters ansteigen. Mit zunehmenden Kenntnissen kann sich die Frequenz der Kontrollen verringern. Bei Unregelmäßigkeiten oder der Änderung von Betriebsabläufen ist jedoch eine stärkere Überwachung angebracht. Neben der Geschäftsleitung ist jeder Mitarbeiter zivilrechtlich verantwortlich. Das Maß dieser Verantwortung hängt von seiner Position im Unternehmen und seinem Aufgabenbereich ab. Mitarbeiter in höheren Positionen tragen daher eine größere Verantwortung als Mitarbeiter in niedrigeren Positionen. Aufgrund der Unternehmensorganisation lassen sich drei Funktionen unterscheiden:

- Linienverantwortliche,
- Stabsfunktionen,
- Ausführungsstellen.

Linienverantwortliche sind Mitarbeiter mit Führungsverantwortung. Sie haben fachliche Entscheidungs- und Weisungsbefugnisse gegenüber den ihnen unterstellten Mitarbeitern. Im Rahmen ihres Aufgaben- und Kompetenzbereiches müssen sie die ordnungsgemäße Durchführung von Tätigkeiten und Abläufen regeln. Bei Verletzung ihrer Pflichten machen sie sich schadenersatzpflichtig. Mitarbeiter in Stabsfunktionen sind normalerweise beratend tätig. Sie besitzen keine direkten Entscheidungs- und Weisungsbefugnisse. Sie unterstützen die Linienfunktionen und bereiten relevante Entscheidungen vor.

Aufgrund ihrer herausgehobenen Stellung müssen sich die Linienverantwortlichen auf die Richtigkeit der Informationen und Empfehlungen verlassen können. Ausführende Mitarbeiter arbeiten nach Weisung und besitzen keinen oder nur einen sehr kleinen Entscheidungsspielraum. Sie sind zivilrechtlich nur dann verantwortlich, wenn sie bewusst gegen Betriebs-, Bedienungs- oder Arbeitsanweisungen verstoßen.

Im Gegensatz zum Verwaltungs- und Zivilrecht richtet sich das Strafrecht ausschließlich an Personen und ihrer persönlichen Verantwortung. Wie im zivilrechtlichen Bereich gibt es auch hier eine Abstufung der Verantwortung zwischen der Geschäftsleitung und den Mitarbeitern in ausführenden Funktionen. Sowohl Handlungen wie auch Unterlassungen können entsprechende Folgen nach sich ziehen. Relevant sind beispielsweise die vorsätzliche Verunreinigung von Gewässern, das Inverkehrbringen unsicherer Produkte oder das Unterlassen von Investitionen um Anlagen auf den vorgeschriebenen Stand der Technik zu bringen. Die Geschäftsleitung nimmt immer die Unternehmerpflichten wahr. Sie kann jedoch einen Teil ihrer Aufgaben, Rechte und Pflichten delegieren.

Ob jemand einen Betrieb ganz oder teilweise leitet, lässt sich dem Organigramm des Unternehmens entnehmen. Mit dieser Leitungsfunktion ist automatisch die Übertragung von Verantwortung und Leitungsaufgaben verbunden. Diese Übertragung von Unternehmerpflichten auf Betriebsleiter kann schriftlich, mündlich oder aber auch stillschweigend erfolgen. Soll demgegenüber ein Mitarbeiter mit entsprechenden Pflichten beauftragt werden, so muss eine ausdrückliche schriftliche oder mündliche Beauftragung erfolgen. Betriebsleiter und Mitarbeiter müssen die ihnen übertragenen Aufgaben und Pflichten eigenverantwortlich erfüllen können. Durch die Delegation ist die Geschäftsleitung nicht von ihrer Verantwortung befreit. Sie hat von der organisatorischen Gestaltung der Betriebsabläufe bis zur Erfolgskontrolle bei notwendigen Korrekturmaßnahmen eine entsprechende Sorgfaltspflicht zu erfüllen. Überwachungspflichten verbleiben ebenfalls bei ihr und sind regelmäßig auszuüben.

Beiden Seiten kommt außerdem eine Berichts- und Informationspflicht zu. Mitarbeiter mit Linienverantwortung, denen keine Unternehmerpflichten übertragen wurden, können wegen Unterlassungen zur Verantwortung gezogen werden. Erkennen Sie einen unsicheren Anlagenbetrieb, müssen Sie die Gefahren beseitigen oder beseitigen lassen. Stabsfunktionen machen sich durch falsche Informationen oder Beratung strafbar. Das gilt auch, wenn Sie ihren Beratungs,- Kontroll-, Aufklärungs- und Berichtspflichten nicht nachkommen. Ausführende können aufgrund ihres mangelnden Entscheidungsspielraums nicht zur Verantwortung gezogen werden, es sei denn, der Auftrag wird entgegen der Anweisung durchgeführt. Für Ordnungswidrigkeiten können sowohl das Unternehmen wie auch die Geschäftsleitung verantwortlich sein. Wie beim Strafrecht gilt dies in hierarchisch abgestufter Form auch für die Linienverantwortlichen, Stabsfunktionen und ausführenden Mitarbeiter.

7.3.3 Straftaten gegen die Umwelt

Dieser Abschnitt enthält einen Überblick über einige Aspekte aus dem Strafgesetzbuch in Bezug auf Straftaten gegen die Umwelt.

Gewässerverunreinigung (§ 324)

Wer unbefugt ein Gewässer verunreinigt oder sonst dessen Eigenschaften nachteilig verändert, wird mit Freiheitsstrafe bis zu fünf Jahren oder mit Geldstrafe bestraft. Der Versuch ist strafbar. Handelt der Täter fahrlässig, so ist die Strafe Freiheitsstrafe bis zu drei Jahren oder Geldstrafe.

Bodenverunreinigung (§ 324a)

Wer unter Verletzung verwaltungsrechtlicher Pflichten Stoffe in den Boden einbringt, eindringen lässt oder freisetzt und diesen dadurch:

- in einer Weise, die geeignet ist, die Gesundheit eines anderen, Tiere, Pflanzen oder andere Sachen von bedeutendem Wert oder ein Gewässer zu schädigen oder
- in bedeutendem Umfang verunreinigt oder sonst nachteilig verändert

wird mit Freiheitsstrafe bis zu fünf Jahren oder mit Geldstrafe bestraft. Der Versuch ist strafbar. Handelt der Täter fahrlässig, so ist die Strafe Freiheitsstrafe bis zu drei Jahren oder Geldstrafe.

Luftverunreinigung (§ 325)

Wer beim Betrieb einer Anlage, insbesondere einer Betriebsstätte oder Maschine, unter Verletzung verwaltungsrechtlicher Pflichten Veränderungen der Luft verursacht, die geeignet sind, außerhalb des zur Anlage gehörenden Bereichs die Gesundheit eines anderen, Tiere, Pflanzen oder andere Sachen von bedeutendem Wert zu schädigen, wird mit Freiheitsstrafe bis zu fünf Jahren oder mit Geldstrafe bestraft. Der Versuch ist strafbar.

Wer beim Betrieb einer Anlage, insbesondere einer Betriebsstätte oder Maschine, unter Verletzung verwaltungsrechtlicher Pflichten Schadstoffe in bedeutendem Umfang in die Luft außerhalb des Betriebsgeländes freisetzt, wird mit Freiheitsstrafe bis zu fünf Jahren oder mit Geldstrafe bestraft. Handelt der Täter fahrlässig, so ist die Strafe Freiheitsstrafe bis zu drei Jahren oder Geldstrafe.

Verursachen von Lärm, Erschütterungen und nichtionisierenden Strahlen (§ 325a)

Wer beim Betrieb einer Anlage, insbesondere einer Betriebsstätte oder Maschine, unter Verletzung verwaltungsrechtlicher Pflichten Lärm verursacht, der geeignet ist, außerhalb des zur Anlage gehörenden Bereichs die Gesundheit eines anderen zu schädigen, wird mit Freiheitsstrafe bis zu drei Jahren oder mit Geldstrafe bestraft. Handelt ein Täter fahrlässig, so ist die Freiheitsstrafe bis zu zwei Jahren oder Geldstrafe.

Wer beim Betrieb einer Anlage, insbesondere einer Betriebsstätte oder Maschine, unter Verletzung verwaltungsrechtlicher Pflichten, die dem Schutz vor Lärm, Erschütterungen oder nichtionisierenden Strahlen dienen, die Gesundheit eines anderen, ihm nicht gehörende Tiere oder fremde Sachen von bedeutendem Wert gefährdet, wird mit Freiheitsstrafe bis zu fünf Jahren oder mit Geldstrafe bestraft. Handelt der Täter fahrlässig, so ist die Strafe Freiheitsstrafe bis zu drei Jahren oder Geldstrafe.

Unerlaubter Umgang mit Abfällen (§ 326)

Wer unbefugt Abfälle, die:

*   Gifte oder Erreger von auf Menschen oder Tiere übertragbaren gemeingefährlichen Krankheiten enthalten oder hervorbringen können,
*   für den Menschen krebserzeugend, fortpflanzungsgefährdend oder erbgutverändernd sind,
*   explosionsgefährlich, selbstentzündlich oder nicht nur geringfügig radioaktiv sind oder
*   nach Art, Beschaffenheit oder Menge geeignet sind:
    -   nachhaltig ein Gewässer, die Luft oder den Boden zu verunreinigen oder sonst nachteilig zu verändern oder
    -   einen Bestand von Tieren oder Pflanzen zu gefährden, außerhalb einer dafür zugelassenen Anlage oder unter wesentlicher Abweichung von einem vorgeschriebenen oder zugelassenen Verfahren sammelt, befördert, behandelt, verwertet, lagert, ablagert, ablässt, beseitigt, handelt, makelt oder sonst bewirtschaftet,

wird mit Freiheitsstrafe bis zu fünf Jahren oder mit Geldstrafe bestraft. Ebenso wird bestraft, wer Abfälle illegal verbringt oder ohne die erforderliche Genehmigung in den aus dem oder durch den Geltungsbereich dieses Gesetzes verbringt. Handelt der Täter fahrlässig, so ist die Strafe Freiheitsstrafe bis zu drei Jahren oder Geldstrafe.

Wer radioaktive Abfälle unter Verletzung verwaltungsrechtlicher Pflichten nicht abliefert, wird mit Freiheitsstrafe bis zu drei Jahren oder mit Geldstrafe bestraft. Handelt der Täter fahrlässig, so ist die Strafe Freiheitsstrafe bis zu einem Jahr oder Geldstrafe.

Unerlaubtes Betreiben von Anlagen (§ 327)

Mit Freiheitsstrafe bis zu drei Jahren oder mit Geldstrafe wird bestraft, wer:

*   eine genehmigungsbedürftige Anlage oder eine sonstige Anlage im Sinne des Bundes-Immissionsschutzgesetzes, deren Betrieb zum Schutz vor Gefahren untersagt worden ist,
*   eine genehmigungsbedürftige Rohrleitungsanlage zum Befördern wassergefährdender Stoffe im Sinne des Gesetzes über die Umweltverträglichkeitsprüfung,
*   eine Abfallentsorgungsanlage im Sinne des Kreislaufwirtschaftsgesetzes ohne die nach dem jeweiligen Gesetz erforderliche Genehmigung oder Planfeststellung oder entgegen einer auf dem jeweiligen Gesetz beruhenden vollziehbaren Untersagung betreibt, oder

- eine Abwasserbehandlungsanlage nach § 60 Wasserhaushaltsgesetz.

Handelt der Täter fahrlässig, so ist die Strafe Freiheitsstrafe bis zu zwei Jahren oder Geldstrafe.

Unerlaubter Umgang mit radioaktiven Stoffen und anderen gefährlichen Stoffen und Gütern (§ 328)

Mit Freiheitsstrafe bis zu fünf Jahren oder mit Geldstrafe wird bestraft, wer unter Verletzung verwaltungsrechtlicher Pflichten:

- beim Betrieb einer Anlage, insbesondere einer Betriebsstätte oder technischen Einrichtung, radioaktive Stoffe oder gefährliche Stoffe und Gemische lagert, bearbeitet, verarbeitet oder sonst verwendet oder
- gefährliche Güter befördert, versendet, verpackt oder auspackt, verlädt oder entlädt, entgegennimmt oder anderen überlässt

und dadurch die Gesundheit eines anderen, Tiere oder Pflanzen, Gewässer, die Luft oder den Boden oder fremde Sachen von bedeutendem Wert gefährdet. Der Versuch ist strafbar. Handelt der Täter fahrlässig, so ist die Strafe Freiheitsstrafe bis zu drei Jahren oder Geldstrafe.

Gefährdung schutzbedürftiger Gebiete (§ 329)

Wer entgegen einer auf Grund des Bundes-Immissionsschutzgesetzes erlassenen Rechtsverordnung über ein Gebiet, das eines besonderen Schutzes vor schädlichen Umwelteinwirkungen durch Luftverunreinigungen oder Geräusche bedarf oder in dem während austauscharmer Wetterlagen ein starkes Anwachsen schädlicher Umwelteinwirkungen durch Luftverunreinigungen zu befürchten ist, Anlagen innerhalb des Gebiets betreibt, wird mit Freiheitsstrafe bis zu drei Jahren oder mit Geldstrafe bestraft. Ebenso wird bestraft, wer innerhalb eines solchen Gebiets Anlagen entgegen einer vollziehbaren Anordnung betreibt, die auf Grund einer bezeichneten Rechtsverordnung ergangen ist. Handelt ein Täter fahrlässig, so ist die Strafe Freiheitsstrafe bis zu zwei Jahren oder Geldstrafe.

Wer entgegen einer zum Schutz eines Wasser- oder Heilquellenschutzgebietes erlassenen Rechtsvorschrift oder vollziehbaren Untersagung:

- betriebliche Anlagen zum Umgang mit wassergefährdenden Stoffen betreibt,
- Rohrleitungsanlagen zum Befördern wassergefährdender Stoffe betreibt oder solche Stoffe befördert oder
- im Rahmen eines Gewerbebetriebes Kies, Sand, Ton oder andere feste Stoffe abbaut

wird mit Freiheitsstrafe bis zu drei Jahren oder mit Geldstrafe bestraft. Betriebliche Anlage ist auch die Anlage in einem öffentlichen Unternehmen. Handelt der Täter fahrlässig, so ist die Strafe Freiheitsstrafe bis zu zwei Jahren oder Geldstrafe.

Wer entgegen einer zum Schutz eines Naturschutzgebietes, einer als Naturschutzgebiet einstweilig sichergestellten Fläche oder eines Nationalparks erlassenen Rechtsvorschrift oder vollziehbaren Untersagung:

- Bodenschätze oder andere Bodenbestandteile abbaut oder gewinnt,
- Abgrabungen oder Aufschüttungen vornimmt,
- Gewässer schafft, verändert oder beseitigt,

- Moore, Sümpfe, Brüche oder sonstige Feuchtgebiete entwässert,
- Wald rodet,
- Tiere einer im Sinne des Bundesnaturschutzgesetzes besonders geschützten Art tötet, fängt, diesen nachstellt oder deren Gelege ganz oder teilweise zerstört oder entfernt,
- Pflanzen einer im Sinne des Bundesnaturschutzgesetzes besonders geschützten Art beschädigt oder entfernt oder
- ein Gebäude errichtet und dadurch den jeweiligen Schutzzweck nicht unerheblich beeinträchtigt

wird mit Freiheitsstrafe bis zu fünf Jahren oder mit Geldstrafe bestraft. Handelt der Täter fahrlässig, so ist die Strafe Freiheitsstrafe bis zu drei Jahren oder Geldstrafe.

Besonders schwerer Fall einer Umweltstraftat (§ 330)

In besonders schweren Fällen wird eine vorsätzliche Tat nach den §§ 324 bis 329 mit Freiheitsstrafe von sechs Monaten bis zu zehn Jahren bestraft. Ein besonders schwerer Fall liegt in der Regel vor, wenn der Täter:

- ein Gewässer, den Boden oder ein Schutzgebiet im Sinne des § 329 Strafgesetzbuch derart beeinträchtigt, dass die Beeinträchtigung nicht, nur mit außerordentlichem Aufwand oder erst nach längerer Zeit beseitigt werden kann,
- die öffentliche Wasserversorgung gefährdet,
- einen Bestand von Tieren oder Pflanzen einer streng geschützten Art nachhaltig schädigt oder
- aus Gewinnsucht handelt.

Wer durch eine vorsätzliche Tat nach den §§ 324 bis 329:

- einen anderen Menschen in die Gefahr des Todes oder einer schweren Gesundheitsschädigung oder eine große Zahl von Menschen in die Gefahr einer Gesundheitsschädigung bringt wird mit Freiheitsstrafe von einem Jahr bis zu zehn Jahren oder
- den Tod eines anderen Menschen verursacht, wird mit Freiheitsstrafe nicht unter 3 Jahren bestraft.

In minder schweren Fällen ist auf Freiheitsstrafe von sechs Monaten bis zu fünf Jahren bzw. von einem Jahr bis zu zehn Jahren zu erkennen.

Schwere Gefährdung durch Freisetzen von Giften (§ 330a)

Wer Stoffe, die Gifte enthalten oder hervorbringen können, verbreitet oder freisetzt und dadurch die Gefahr des Todes oder einer schweren Gesundheitsschädigung eines anderen Menschen oder die Gefahr einer Gesundheitsschädigung einer großen Zahl von Menschen verursacht, wird mit Freiheitsstrafe von einem Jahr bis zu zehn Jahren bestraft. In minder schweren Fällen ist auf Freiheitsstrafe von sechs Monaten bis zu fünf Jahren zu erkennen.

Wer die Gefahr fahrlässig verursacht, wird mit Freiheitsstrafe bis zu fünf Jahren oder mit Geldstrafe bestraft. Wer leichtfertig handelt und die Gefahr fahrlässig verursacht, wird mit Freiheitsstrafe bis zu drei Jahren oder mit Geldstrafe bestraft. Verursacht der Täter durch die Tat den Tod eines anderen Menschen, so ist die Strafe Freiheitsstrafe nicht unter drei Jahren. In minder schweren Fällen ist auf Freiheitsstrafe von einem Jahr bis zu zehn Jahren zu erkennen.

7.3.4   Umwelthaftungsgesetz

Anlagenhaftung bei Umwelteinwirkungen (§ 1)

Wird durch eine Umwelteinwirkung, die von einer im Anhang 1 des Umwelthaftungsgesetzes genannten Anlage ausgeht, jemand getötet, sein Körper oder seine Gesundheit verletzt oder eine
Sache beschädigt, so ist der Inhaber der Anlage verpflichtet, dem Geschädigten den daraus entstehenden Schaden zu ersetzen.

Haftung für nicht betriebene Anlagen (§ 2)

Geht die Umwelteinwirkung von einer noch nicht fertig gestellten Anlage aus und beruht sie auf
Umständen, die die Gefährlichkeit der Anlage nach ihrer Fertigstellung begründen, so haftet der
Inhaber der noch nicht fertig gestellten Anlage. Geht die Umwelteinwirkung von einer nicht mehr
betriebenen Anlage aus und beruht sie auf Umständen, die die Gefährlichkeit der Anlage vor der
Einstellung des Betriebs begründet haben, so haftet derjenige, der im Zeitpunkt der Einstellung
des Betriebs Inhaber der Anlage war.

Begriffsbestimmungen (§ 3)

Ein Schaden entsteht durch eine Umwelteinwirkung, wenn er durch Stoffe, Erschütterungen, Geräusche, Druck, Strahlen, Gase, Dämpfe, Wärme oder sonstige Erscheinungen verursacht wird,
die sich in Boden, Luft oder Wasser ausgebreitet haben. Anlagen sind ortsfeste Einrichtungen wie
Betriebsstätten und Lager. Zu den Anlagen gehören auch Maschinen, Geräte, Fahrzeuge und
sonstige ortsveränderliche technische Einrichtungen und Nebeneinrichtungen, die mit der Anlage
oder einem Anlagenteil in einem räumlichen oder betriebstechnischen Zusammenhang stehen und
für das Entstehen von Umwelteinwirkungen von Bedeutung sein können.

Ausschluss der Haftung (§ 4)

Die Ersatzpflicht besteht nicht, soweit der Schaden durch höhere Gewalt verursacht wurde.

Beschränkung der Haftung bei Sachschäden (§ 5)

Ist die Anlage bestimmungsgemäß betrieben worden, so ist die Ersatzpflicht für Sachschäden
ausgeschlossen, wenn die Sache nur unwesentlich oder in einem Maße beeinträchtigt wird, das
nach den örtlichen Verhältnissen zumutbar ist.

Ursachenvermutung (§ 6)

Ist eine Anlage nach den Gegebenheiten des Einzelfalles geeignet, den entstandenen Schaden zu
verursachen, so wird vermutet, dass der Schaden durch diese Anlage verursacht ist. Die Eignung
im Einzelfall beurteilt sich nach dem Betriebsablauf, den verwendeten Einrichtungen, der Art und
Konzentration der eingesetzten und freigesetzten Stoffe, den meteorologischen Gegebenheiten,
nach Zeit und Ort des Schadenseintritts und nach dem Schadensbild sowie allen sonstigen Gegebenheiten, die im Einzelfall für oder gegen die Schadensverursachung sprechen.

Dies gilt nicht, wenn die Anlage bestimmungsgemäß betrieben wurde. Ein bestimmungsgemäßer Betrieb liegt vor, wenn die besonderen Betriebspflichten eingehalten worden sind und auch keine Störung des Betriebs vorliegt.

Besondere Betriebspflichten sind solche, die sich aus verwaltungsrechtlichen Zulassungen, Auflagen und vollziehbaren Anordnungen und Rechtsvorschriften ergeben, soweit sie die Verhinderung von solchen Umwelteinwirkungen bezwecken, die für die Verursachung des Schadens in Betracht kommen.

Sind in der Zulassung, in Auflagen, in vollziehbaren Anordnungen oder in Rechtsvorschriften zur Überwachung einer besonderen Betriebspflicht Kontrollen vorgeschrieben, so wird die Einhaltung dieser Betriebspflicht vermutet, wenn die Kontrollen in dem Zeitraum durchgeführt wurden, in dem die in Frage stehende Umwelteinwirkung von der Anlage ausgegangen sein kann, und diese Kontrollen keinen Anhalt für die Verletzung der Betriebspflicht ergeben haben, oder im Zeitpunkt der Geltendmachung des Schadensersatzanspruchs die in Frage stehende Umwelteinwirkung länger als zehn Jahre zurückliegt.

Auskunftsanspruch des Geschädigten gegen den Inhaber einer Anlage (§ 8)

Liegen Tatsachen vor, die die Annahme begründen, dass eine Anlage den Schaden verursacht hat, so kann der Geschädigte vom Inhaber der Anlage Auskunft verlangen, soweit dies zur Feststellung, dass ein Anspruch auf Schadensersatz nach dem Umwelthaftungsgesetz besteht, erforderlich ist. Verlangt werden können nur Angaben über die verwendeten Einrichtungen, die Art und Konzentration der eingesetzten oder freigesetzten Stoffe und die sonst von der Anlage ausgehenden Wirkungen sowie die besonderen Betriebspflichten.

Der Anspruch besteht insoweit nicht, als die Vorgänge aufgrund gesetzlicher Vorschriften geheim zu halten sind oder die Geheimhaltung einem überwiegenden Interesse des Inhabers der Anlage oder eines Dritten entspricht. Der Geschädigte kann vom Inhaber der Anlage Gewährung von Einsicht in vorhandene Unterlagen verlangen, soweit die Annahme begründet ist, dass die Auskunft unvollständig, unrichtig oder nicht ausreichend ist, oder wenn die Auskunft nicht in angemessener Frist erteilt wird.

Auskunftsanspruch des Geschädigten gegen Behörden (§ 9)

Liegen Tatsachen vor, die die Annahme begründen, dass eine Anlage den Schaden verursacht hat, so kann der Geschädigte von Behörden, die die Anlage genehmigt haben oder überwachen, oder deren Aufgabe es ist, Einwirkungen auf die Umwelt zu erfassen, Auskunft verlangen, soweit dies zur Feststellung, dass ein Anspruch auf Schadensersatz nach dem Umwelthaftungsgesetz besteht, erforderlich ist. Die Behörde ist zur Erteilung der Auskunft nicht verpflichtet, soweit durch sie die ordnungsgemäße Erfüllung der Aufgaben der Behörde beeinträchtigt würde, das Bekannt werden des Inhalts der Auskunft dem Wohle des Bundes oder eines Landes Nachteile bereiten würde oder soweit die Vorgänge nach einem Gesetz oder ihrem Wesen nach, namentlich wegen der berechtigten Interessen der Beteiligten oder dritter Personen, geheim gehalten werden müssen.

Auskunftsanspruch des Inhabers einer Anlage (§ 10)

Wird gegen den Inhaber einer Anlage ein Anspruch aufgrund des Umwelthaftungsgesetzes geltend gemacht, so kann er von dem Geschädigten und von dem Inhaber einer anderen Anlage Auskunft und Einsichtsgewährung oder von den Behörden Auskunft verlangen, soweit dies zur

Feststellung des Umfangs seiner Ersatzpflicht gegenüber dem Geschädigten oder seines Ausgleichsanspruchs gegen den anderen Inhaber erforderlich ist.

Haftungshöchstgrenzen (§ 15)

Der Ersatzpflichtige haftet für Tötung, Körper- und Gesundheitsverletzung insgesamt nur bis zu einem Höchstbetrag von 85 Millionen Euro und für Sachbeschädigungen ebenfalls insgesamt nur bis zu einem Höchstbetrag von 85 Millionen Euro, soweit die Schäden aus einer einheitlichen Umwelteinwirkung entstanden sind. Übersteigen die mehreren auf Grund der einheitlichen Umwelteinwirkung zu leistenden Entschädigungen die jeweiligen Höchstbeträge, so verringern sich die einzelnen Entschädigungen in dem Verhältnis, in dem ihr Gesamtbetrag zum Höchstbetrag steht.

7.3.5   Aufbau- und Ablauforganisation

Damit ein Unternehmen funktionieren kann, müssen vielfältige Aufgaben und Tätigkeiten ausgeführt werden. Dazu sind u.a.:

- Kundenanforderungen,
- gesellschaftliche Belange,
- gesetzliche Bestimmungen,
- ökologische Aspekte

zu berücksichtigen. Um eine effektive Erfüllung der Aufgaben zu gewährleisten müssen sie systematisch strukturiert und abgearbeitet werden. Da das Unternehmen ein offenes System ist, ist die Strukturierung der Aufgaben und Arbeitsinhalte nicht starr. Sie unterliegt vielmehr dynamischen Veränderungen. Die Organisation des Unternehmens muss sich immer wieder diesen Änderungen anpassen. In der optimalen Gestaltung der Arbeitsinhalte und -strukturen liegt somit ein wesentlicher Faktor für den Unternehmenserfolg. Die Zusammenfassung der festgelegten Arbeitsinhalte erfolgt über eine Stellenbildung. Sie ist dem ausführenden Mitarbeiter zugeordnet und wird manchmal über eine Stellenbeschreibung präzisiert. Die Strukturierung der einzelnen Stellen und die Festlegung der Verantwortungsbereiche erfolgt in Form der Aufbauorganisation. Hier sind die Stellen bestimmten Organisationseinheiten zugeordnet. Eine vielfach gewählte Darstellungsform für die Aufbauorganisation ist das Organigramm (Abb. 7.1).

Die Aufbauorganisation legt die Weisungs- und Berichtslinien und damit die Zusammenarbeit der einzelnen Organisationseinheiten fest. Die Beziehungen zwischen den verschiedenen Stellen und Abteilungen müssen soweit geregelt sein, dass sie zielorientiert zusammenarbeiten können. In der Vergangenheit war die Aufbauorganisation stark funktional nach Vertrieb, Materialwirtschaft, Forschung, Produktion etc. strukturiert. Dies führte zu einer funktionellen Aufgabenzerlegung und Ausrichtung der Mitarbeiter an die Anweisungen des direkten Vorgesetzten. Die strikt hierarchische Regelung von Weisungsbefugnissen und Kontrolle führt zu Reibungsverlusten und der Schnittstellenproblematik zwischen den einzelnen Organisationseinheiten.

Heute orientiert sich die Gestaltung der Verantwortungsbereiche an den Arbeitsinhalten eines Prozesses. Die Orientierung am Material- und Informationsfluss verringert die Zahl der Schnittstellen und führt zur Organisation nach Geschäftsprozessen. Damit verbunden ist eine Verlagerung von Kompetenzen und Verantwortungen auf die Geschäftsbereichsorganisationen. Die Kundenorientierung hat sich aufgrund dieser Organisationsstruktur verstärkt. Zukünftig werden prozessorientierte Verantwortungsbereiche noch stärker durch sich am Kunden ausrichtende problemlösungsorientierte Verantwortungen ersetzt. Die jeweiligen organisatorischen Einheiten sind dann für die Lösung des Kundenproblems und die Weiterentwicklung des Geschäftsfeldes verantwortlich.

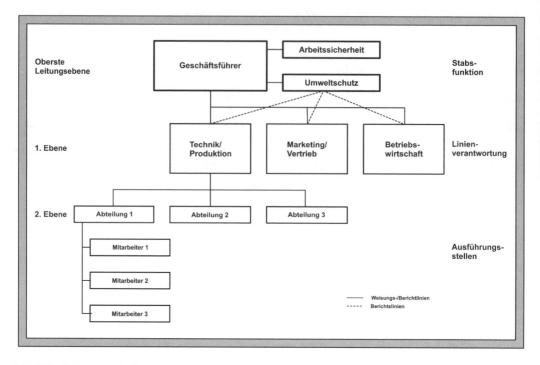

Abb. 7.1: Aufbauorganisation

Die Zusammenarbeit der einzelnen Organisationseinheiten und die Regelung der betrieblichen Abläufe und Tätigkeiten geschehen durch die Ablauforganisation. Um eine effiziente Unternehmensleistung zu erhalten, verkettet sie z.B. mit Hilfe von Organisationswerkzeugen wie Kanban oder Just-in-Time einzelne Arbeitsschritte. Im Bereich des betrieblichen Umweltschutzes werden als Organisationswerkzeuge z.B.:

- Verfahrensrichtlinien für die einzelnen Organisationseinheiten,
- Dokumentationen der umweltrelevanten Abläufe in einem Umweltmanagementhandbuch,
- Notfallpläne für den Gefahrenfall

verwendet.

Für die Darstellung der betrieblichen Abläufe eignen sich grundsätzlich drei Formen. Einfachste Darstellungsform ist die Aufgabenbeschreibung in Form von Anweisungen. Eine weitere Möglichkeit ist die Darstellung als Zuständigkeits- und Verantwortungsmatrix. Neben den einzelnen Abläufen zeigt die Matrix die Verantwortungs-, Mitarbeits- und Informationspflichten auf. Gleichzeitig werden in der Ablaufstrukturierung die Schnittstellen zwischen verschiedenen Abteilungen und Bereichen transparent. Die dritte ausführliche Darstellung besteht in strukturierten Ablaufdiagrammen. Mittels dieser drei Darstellungsformen lassen sich interne und externe Anforderungen an den betrieblichen Umweltschutz leichter erfüllen und ihre Ausführung dokumentieren. Sie stellen für die verantwortlichen Personen ein Hilfsmittel dar, um ihrer Organisationsverantwortung nachzukommen.

Betriebsbeauftragte für Umweltschutz

Der Unternehmer hat im Umweltschutz verschiedene Betriebsbeauftragte zu bestellen:

- Betriebsbeauftragte für Abfall,
- Betriebsbeauftragte für Immissionsschutz,
- Störfallbeauftragte,
- Betriebsbeauftragte für Gewässerschutz,
- Beauftragter für das Umweltmanagement.

Dadurch wird er zu einer innerbetrieblichen Organisation des betrieblichen Arbeits- und Umweltschutzes veranlasst. Normalerweise sind die Betriebsbeauftragten als Stabsfunktion tätig. Die verschiedenen Beauftragtenfunktionen können bei ausreichender Qualifikation auch von einer Person ausgeführt werden. Die Verbindung von Stabsfunktion einerseits und gleichzeitiger Linienverantwortung andererseits sollte möglichst vermieden werden, da Interessenskonflikte nicht ausgeschlossen werden können.

Aus der Verpflichtung zur Bestellung eines Betriebsbeauftragten resultieren für das Unternehmen einige Pflichten. So sind die Aufgaben, Befugnisse und innerbetrieblichen Entscheidungsbereiche schriftlich festzulegen. Dies ist der zuständigen Behörde anzuzeigen. Zum Teil ist der Betriebsrat einzuschalten, was grundsätzlich empfehlenswert ist. Der Betriebsbeauftragte muss vor der Einführung neuer Verfahren, Technologien und Produkten eine Möglichkeit zur Stellungnahme besitzen. Damit ist er direkt in Investitionsentscheidungen eingebunden. Mögliche Bedenken muss er unmittelbar der Geschäftsleitung vortragen können. Diese darf ihn aufgrund seiner Aufgaben und Anregungen nicht benachteiligen. Sie muss ihn vielmehr bei der Erfüllung seiner Tätigkeit unterstützen und ihm die dafür notwendigen Ressourcen zur Verfügung stellen. Da der Betriebsbeauftragte ein Instrument der innerbetrieblichen Eigenkontrolle ist, kommt seiner Position eine besondere Vertrauensgrundlage zu. Ohne diese Grundlage ist eine offene Zusammenarbeit zwischen Geschäftsleitung, Umweltbeauftragtem und Mitarbeitern schwer realisierbar.

Für seine Tätigkeiten muss der Beauftragte fachkundig und zuverlässig sein. Für die verschiedenen Tätigkeitsfelder ergeben sich vergleichbare Aufgaben und Funktionen:

- Aufklärungs- und Informationspflicht,
- Beratungspflicht,
- Kontroll- und Überwachungspflicht,
- Mitwirkungs- und Initiativpflicht,
- Berichtspflicht.

Der Betriebsbeauftragte muss die Mitarbeiter und die Geschäftsleitung über schädliche betriebliche Umweltaspekte informieren. Er hat sie über neuere gesetzliche, technische und wissenschaftliche Entwicklungen zu beraten. Um die Einhaltung der Rechtsvorschriften und Genehmigungen zu gewährleisten, muss er die entsprechenden Einrichtungen kontrollieren. Um eine kontinuierliche Verbesserung des betrieblichen Umweltschutzes zu erreichen, initiiert er die Entwicklung und Einführung umweltfreundlicherer Produkte und Verfahren. Regelmäßig, jedoch mindestens einmal jährlich berichtet er über die Situation des Unternehmens. Damit der Betriebsbeauftragte seinen vielfältigen Aufgaben nachkommen kann, muss er sich regelmäßig weiterbilden. Eine Übertragung der Beauftragtenfunktion auf Externe ist wenig sinnvoll, da diese aufgrund des knappen Zeitbudgets keine informellen Strukturen aufbauen können. Sinnvoller ist dagegen die regelmäßige externe Auditierung der betrieblichen Abläufe.

Neben den vom Betriebsbeauftragten durchgeführten operativen Aufgaben treten immer mehr strategische Umweltschutzaufgaben in den Vordergrund. Hier liegt das Ziel in der Integration des

Umweltschutzes in alle betrieblichen Abläufe. Das klassische Beauftragtenwesen dürfte vielfach nicht in der Lage sein diese strategischen Aufgaben zu erfüllen. Dies gelingt eher durch den Beauftragten für das Umweltmanagement. In der folgenden Abbildung 7.2 ist ein Ernennungsschreiben wiedergegeben.

Beauftragter für das Umweltmanagement

Herr/Frau (Name, Vorname)   _____

wird mit Wirkung vom   _____

für das Unternehmen (Name, Sitz, Werk)   _____

                                              _____

zum/zur Betriebsbeauftragten für das Umweltmanagement bestellt.

Das Ziel der Tätigkeit ist die Anwendung, Aufrechterhaltung und Weiterentwicklung unseres Umweltmanagementsystems, um damit eine dauerhafte Sicherung unseres firmeninternen Umweltschutzes zu gewährleisten.

Er/sie nimmt folgende Aufgaben wahr:

- Weiterentwicklung umweltpolitischer Ziele unseres Unternehmens.
- Beobachtung umweltbezogener gesellschafts- und marktpolitischer Entwicklungen.
- Entwicklung entsprechender ablauf- und aufbauorganisatorischer Konzepte.
- Planung und Begleitung von Umweltaudits.
- Bearbeitung umweltschutzbezogener Anfragen zum Umweltmanagementsystem.
- Mithilfe bei der Erstellung des jährlichen Umweltberichts.
- Erarbeitung und Überwachung des Umweltprogramms.
- Unterstützung der einzelnen Unternehmensbereiche in Umweltschutzfragen.

Im Rahmen ihrer/seiner Tätigkeit ist sie/er befugt:

- Erforderliche Informationen und Unterlagen aus allen Unternehmensbereichen anzufordern.
- Personal in Absprache mit dem jeweiligen Leiter der Einrichtung in Anspruch zu nehmen.
- Notwendige Stellungnahmen zu umweltrelevanten Entscheidungen abzugeben.

_____   _____
            Datum, Ort   Unternehmer/Bevollmächtigter

_____   _____
Beauftragter für das Umweltmanagement   Betriebsrat

Abb. 7.2: Ernennungsschreiben für den Beauftragten für das Umweltmanagement

7.3.6 Dokumentationen

Das Umweltmanagementsystem ist derjenige Teil des gesamten übergreifenden Managementsystems, das die Organisationsstruktur, Verantwortungen und Zuständigkeiten, Verhaltensweisen und förmlichen Verfahren, Abläufe und Mittel für die Festlegung, Umsetzung und Durchführung der Umweltvorschriften und der betrieblichen Umweltpolitik einschließt. Beim Aufbau eines Umweltmanagementsystems (Schritt 6) geht es um die Verwirklichung der Umweltstrategien und der gesetzten Ziele. Übergeordnetes Ziel ist die kontinuierliche Verbesserung des betrieblichen Umweltschutzes.

Innerhalb eines funktionierenden Umweltmanagementsystems müssen die Verantwortlichkeiten, sowie die jeweiligen Aufgaben und Befugnisse klar definiert und beschrieben werden. Insbesondere gilt dies für diejenigen Personen im Unternehmen, die in Schlüsselfunktionen die umweltrelevanten Tätigkeiten und Prozesse leiten, durchführen und überwachen. Je nach Organisationsstruktur wird die Umweltverantwortlichkeit auf der Grundlage der jeweiligen Arbeitsprozesse von der Geschäftsleitung festgelegt, dokumentiert und im Unternehmen bekannt gemacht.

Zu den Aufgaben der Geschäftsleitung innerhalb eines Umweltmanagementsystems gehören die Implementierung und Überwachung des Umweltmanagementsystems, sowie die Bereitstellung der dafür erforderlichen Mittel, wie Finanzen und geeignetes Personal. Zu diesem Zweck bestellt die Geschäftsleitung einen oder mehrere Beauftragte. Hierzu sollten Personen mit höheren Funktionen und genügend Autorität, fachlicher Kompetenz und ausreichenden Ressourcen gewählt werden.

Durch die Bestellung von Betriebsbeauftragten kann die Geschäftsleitung sicherstellen, dass die Forderungen an das Umweltmanagementsystem aufrechterhalten werden. Dies muss dann in Übereinstimmung mit den Rechtsvorschriften und den Anforderungen internationaler Normen geschehen. Der Beauftragte muss der Geschäftsleitung regelmäßig über die Leistungen des Umweltmanagementsystems Bericht erstatten. Er ist weiterhin dafür verantwortlich, dass die Mitarbeiter aller Ebenen im Unternehmen ihre Aufgaben und Verantwortlichkeiten innerhalb des Umweltmanagementsystems kennen und wahrnehmen.

Typische Beispiele für eine Verantwortungszuordnung können sein:

Umweltverantwortung	Verantwortliche Person
Festlegung der Gesamtrichtung, Umweltstrategie	Sprecher der Geschäftsleitung; Vorstand; Leitender Beauftragter
Sicherstellung der Erfüllung der gesetzlichen Forderungen	Betriebsleiter/Abteilungsleiter
Sicherstellung der kontinuierlichen Verbesserung	Alle Manager/Leitende Personen

Das Unternehmen sollte dokumentierte Anweisungen und Verfahren einführen und aufrechterhalten, in denen die Art und Weise, wie eine umweltrelevante Tätigkeit durchzuführen ist, beschrieben wird. Diese Anweisungen und Verfahren legen neben den betrieblichen Vorgaben auch fest, welche Mitarbeiter diese Tätigkeiten ausüben. Organisatorisch betrachtet geht es darum, die Aufbauorganisation und die Ablauforganisation festzulegen. Erstere behandelt den statischen Aspekt des Systems, letztere den dynamischen Aspekt in Form der Aufgabenfolgen. Im System müssen somit die Organisationsstrukturen und die Ablaufregelungen zur Verfügung stehen. Zu den Strukturen gehören Organigramme, Schnittstellenmatrizen, Stellenbeschreibungen etc.

Es sollten Verfahren für Lieferanten, Dienstleister und Auftragnehmer eingerichtet und aufrechterhalten werden, um die Beschaffungsvorgänge und Tätigkeiten entsprechend den ökologischen Anforderungen aus der Umweltstrategie und den Umweltzielen durchführen zu können. Für alle vom Unternehmen in Anspruch genommenen Dienstleistungen und Tätigkeiten sowie alle benutzten Güter, wie z.B. Rohstoffe und Halbfertigwaren, sollten Verfahren entwickelt und implementiert werden, die eine Bewertung und eine Kontrolle nach ökologischen Gesichtspunkten erlauben. Die Kriterien, die das Unternehmen im Umweltschutz gemäß den gesetzlichen Ansprüchen und der Umweltstrategie zu erfüllen hat, können in schriftlicher Form als betriebliche Norm festgelegt werden.

Ebenso grundlegend wichtig wie eine sorgfältige Dokumentation ist eine funktionierende Kommunikation. Es muss von Seiten der Geschäftsleitung auf einen regelmäßigen und umfassenden Informationsaustausch zwischen den einzelnen Organisationseinheiten, sowie auf eine regelmäßige Berichterstattung an den verantwortlichen Beauftragten oder die Geschäftsleitung geachtet werden. Dies kann ein Unternehmen beispielsweise durch die Einrichtung von Arbeitsgruppen erreichen.

Zum Bereich der Aufbau- und Ablauflenkung im Umweltmanagementsystem gehört auch die Planung von Vorsorge- und Verhütungsmaßnahmen für etwaige Notfälle bzw. Unfälle im Unternehmen. So muss das Unternehmen Verfahren einführen und aufrechterhalten, um Unfallsituationen frühzeitig erkennen, bewerten und entsprechende Gegenmaßnahmen einleiten zu können. Unter Unfall- bzw. Notfallsituationen werden allgemein unbeabsichtigte Freisetzungen von Schad- bzw. Giftstoffen in die Umwelt verstanden.

Eine effektive Notfallplanung kann bei Bedarf in Zusammenarbeit mit Behörden oder Schutzdiensten (z.B. Feuerwehr) erfolgen. Bei der Erstellung von Notfallplänen müssen alle Vorfälle berücksichtigt werden, die sich als Folge von anormalen Betriebsbedingungen und Unfällen ereignen können. Dabei müssen die spezifischen Einflüsse von unfallbedingten Freisetzungen auf die Umwelt und das Ökosystem beachtet werden. Idealerweise enthalten die ausgearbeiteten Notfallpläne Informationen über die Notfallorganisation und die Verantwortlichkeiten, eine Liste des Schlüsselpersonals, Einzelheiten zu Notdiensten sowie einen internen und externen Kommunikationsplan. In den Plänen sollten die einzelnen Maßnahmen für verschiedene Arten von Notfällen beschrieben sein. Wenn im Unternehmen Gefahrstoffe verwendet werden, müssen die Informationen über die möglichen Auswirkungen auf Mensch und Umwelt im Falle einer Freisetzung enthalten sein.

Um ein Umweltmanagementsystem implementieren, aufrechterhalten und verbessern zu können, ist es notwendig, dass sich die Mitarbeiter auf allen Ebenen des Unternehmens über ihre Verantwortung und die Umweltrelevanz ihrer Tätigkeit bewusst werden. Sie müssen die Umweltrelevanz der Aufgaben verstehen und entsprechenden Vorgaben einhalten. Dazu gehört, dass sie die Bedeutung von Umweltstrategie, Umweltzielen und die Anforderungen des Umweltmanagementsystems erfassen. Sie müssen die möglichen Auswirkungen ihrer Tätigkeit auf die Umwelt verstehen und den ökologischen Nutzen eines verbesserten betrieblichen Umweltschutzes durch eine Verbesserung der persönlichen Leistung erkennen. Die Mitarbeiter müssen sich also jederzeit ihrer Rolle bei der Implementierung und Aufrechterhaltung eines Umweltmanagementsystems bewusst sein.

Das Unternehmen muss die Einhaltung der Umweltvorschriften und der in Umweltpolitik und Umweltprogramm definierten Anforderungen sicherstellen können. Dazu sind die maßgeblichen Merkmale aller umweltrelevanten Arbeitsabläufe regelmäßig zu überwachen und zu messen. Diese regelmäßigen Überwachungen und Messungen sind als Schlüsselfunktionen im Umweltmanagementsystem anzusehen, da so Erfolge registriert und Misserfolge korrigiert werden können. Das Unternehmen sollte hierbei folgende Punkte beachten:

- Die für die Kontrolle erforderlichen Informationen müssen ermittelt und dokumentiert werden.
- Die dafür notwendigen Verfahren müssen spezifiziert und dokumentiert werden.
- Die für die Überwachung notwendigen Geräte müssen kalibriert und gewartet werden. Alle Mess- und Überwachungsergebnisse sind zu protokollieren und aufzubewahren.
- Es müssen Akzeptanzkriterien und Korrekturmaßnahmen, für den Fall, dass unbefriedigende Ergebnisse erzielt werden, definiert und dokumentiert werden.
- Für den Fall, dass bisher angewandte Kontrollsysteme schlecht funktioniert haben, müssen die Informationen aus diesen früheren Kontrollmaßnahmen auf ihre Brauchbarkeit hin beurteilt und dokumentiert werden.

Wenn sich im Rahmen dieser Kontrollen herausstellen sollte, dass die Umweltstrategie, die Umweltziele oder das Umweltprogramm nicht eingehalten werden, dann muss das Unternehmen:

- den Grund für die Nichteinhaltung ermitteln,
- einen entsprechenden Aktionsplan aufstellen,
- vorbeugende Maßnahmen, deren Umfang den aufgetretenen Risiken entspricht, einleiten,
- Kontrollen durchführen, um die Wirksamkeit der ergriffenen Vorbeugemaßnahmen zu gewährleisten und
- alle Verfahrensänderungen festhalten und dokumentieren, die sich aus den Korrekturmaßnahmen ergeben.

Für die Kontrolle und Überwachung der umweltorientierten Leistung sollte das Unternehmen auf objektive, nachprüfbare und vergleichbare Indikatoren zurückgreifen. Diese Indikatoren sollten für die jeweiligen Tätigkeiten bezeichnend sein, mit der Umweltstrategie im Einklang stehen, praktisch anwendbar und wirtschaftlich sowie technologisch sinnvoll sein.

Alle umweltbezogenen Ergebnisse aus den Kontrollmaßnahmen müssen aufgezeichnet und aufbewahrt werden. Diese Aufzeichnungen sind wesentlich für den fortlaufenden Betrieb eines Umweltmanagementsystems. In diesen Aufzeichnungen sollten folgende Informationen enthalten sein:

- rechtliche Forderungen und Genehmigungen,
- Umweltaspekte und Umweltauswirkungen,
- Schulungsaktivitäten,
- Prüf-, Kalibrier-, Wartungsaktivitäten und Überwachungsdaten,
- Einzelheiten zu Fehlern wie Vorfälle, Beschwerden und Folgemaßnahmen,
- Produktkennzeichnungen in Bezug auf Zusammensetzungen und Eigenschaften,
- Informationen für Lieferanten und Auftragnehmer,
- Umweltaudits und -bewertungen.

Innerhalb des Umweltmanagementsystems muss ein Unternehmen für eine sorgfältige Erstellung und Aufrechterhaltung von Aufzeichnungen und Dokumenten, die den Umweltschutz betreffen, sorgen. Diese Aufzeichnungen sind vom Unternehmen derart zu gestalten, dass die Einhaltung der Anforderungen des Umweltmanagementsystems belegt werden kann. Es muss daraus hervorgehen können, inwieweit die gesetzten Umweltziele erreicht werden konnten.

Eine angepasste Dokumentation beschreibt deshalb die Umweltstrategie des Unternehmens, die Umweltziele und das zur Erreichung dieser Ziele verfasste Umweltprogramm. Es müssen alle relevanten Tätigkeiten, Abläufe und Verfahren im Unternehmen, sowie die jeweiligen Zuständigkeiten und Verantwortlichkeiten übersichtlich dargestellt werden. Darüber hinaus muss das Unternehmen die einzelnen Elemente des Umweltmanagementsystems beschreiben und die Wechselwirkungen zwischen diesen Systemelementen aufzeigen. Innerhalb eines sorgfältig geführten Dokumentationssystems sind Hinweise für das Auffinden zugehöriger Dokumente und Aufzeichnungen zu geben.

Eine derart aufgebaute Dokumentation kann zur Unterstützung der Eigenverantwortung und Motivation der Mitarbeiter im Unternehmen dienen. Wenn den Mitarbeitern im Unternehmen ihre jeweiligen Aufgaben im betrieblichen Umweltschutz, sowie alle dafür erforderlichen Maßnahmen, die ihre Tätigkeiten betreffen, bewusst sind, können sie aktiv und innovativ an der Verbesserung der Umweltsituation im Unternehmen mitwirken. Zu diesem Zweck sollte ein Verfahren eingeführt werden, mit dem ein Unternehmen sicherstellen kann, dass:

- alle Dokumente auffindbar sind,
- befugtes und qualifiziertes Personal regelmäßig alle Dokumente bewertet und wenn nötig überarbeitet,
- in der jeweiligen Funktionseinheit des Unternehmens die relevanten Dokumente in den aktuellen Fassungen verfügbar sind,
- ungültige Dokumente sofort an allen Stellen entfernt werden und durch gültige ersetzt werden,
- ein unbeabsichtigter Gebrauch von ungültigen Dokumenten verhindert werden kann und
- alle Dokumente, auch ungültige, aus rechtlichen Gründen oder zur Erhaltung des Wissensstandes über eine festgelegte Dauer aufbewahrt werden.

7.4   Darstellungsmöglichkeiten von Prozessanweisungen

7.4.1   Einführung

Prozessanweisungen dienen der strukturierten Darstellung von Arbeitsabläufen. Im Bereich des Arbeits- und Umweltschutzes sollen sie folgende Punkte gewährleisten:

- Erfüllung der rechtlichen und behördlichen Anforderungen und damit
- Minimierung der Risiken für die verantwortlichen Personen,
- Festlegung der Verantwortungen und Zuständigkeiten,
- Anwendung von „Stand der Technik",
- Sicherstellung der Anlagenverfügbarkeiten,
- Realisierung von ökonomischen und ökologischen Aspekten,
- Kosteneinsparungen.

Die Ablauforganisation legt die einzelnen Tätigkeiten fest und verknüpft sie zu einem größeren Ablauf. Diese Organisation der einzelnen Arbeitsschritte resultiert in einer effizienteren Leistung. Im Zuge der Ablauforganisation und ihrer Dokumentation in Form von Prozessanweisungen sind eine Reihe von Fragen für die Erstellung hilfreich:

ZIEL:	Was ist das Ziel des Ablaufes und seiner Dokumentation?
TÄTIGKEITEN:	Welche Tätigkeiten sind im gesamten Ablauf durchzuführen?
VERANTWORTUNG:	Wer ist für die ordnungsgemäße Durchführung der Tätigkeiten zuständig?
ZUSAMMENARBEIT:	Welche Abteilungen sind in die Tätigkeit/den Ablauf einzubeziehen?
AUSFÜHRUNG:	Wie sind die einzelnen Tätigkeiten/Abläufe auszuführen?
ERGEBNIS:	Wer ist wann und wie oft über die Ausführung und Ergebnisse zu informieren?

Je nach Strukturierungstiefe der Abläufe ergeben sich unter Umständen relativ komplizierte Strukturen. Bei der Darstellung ist einerseits zwischen Detaillierungsgrad und Genauigkeit der Beschreibung, andererseits zwischen dem Dokumentationsaufwand und dem Aufwand zur Pflege des gesamten Systems zu gewichten. Je nach Komplexität und gewünschter Aussagekraft lassen sich drei Darstellungsformen unterscheiden:

- Beschreibung der einzelnen Tätigkeiten,
- Darstellung in Form einer Verantwortungsmatrix,
- Struktur- und Flussdiagramme.

7.4.2 Tätigkeitsbeschreibung

Die einfachste Darstellungsform ist eine Beschreibung der einzelnen Tätigkeiten in einem logischen Zusammenhang. Ziele, Tätigkeiten, Verantwortungen lassen sich so relativ gut darstellen. Ein praktisches Beispiel findet sich in der folgenden Prozessanweisung für den Bereich Abfall.

Praxisbeispiel Prozessanweisung „Abfall"

1. Ziele

Mit dem Kreislaufwirtschaftsgesetz und seinen Verordnungen sind die rechtlichen Grundlagen für eine ordnungsgemäße Abfallwirtschaft gelegt. In der Zielhierarchie von Vermeidung, Vorbereitung zur Wiederverwendung, Recycling, sonstige Verwertung (insbesondere energetische Verwertung und Verfüllung), Beseitigung sind ökologische und ökonomische Aspekte zu berücksichtigen. Da die Entsorgung immer mit Kosten verbunden ist, kommt den firmeninternen Vermeidungs- und Verwertungsmöglichkeiten eine besondere Bedeutung zu. Letztlich bedeutet dies, alle Tätigkeiten und Verfahren unter Umweltgesichtspunkten zu betrachten, zu bewerten und der Aufbereitung und Wiederverwertung den Vorzug zu geben.

2. Aufgaben und Verantwortungen

2.1 Abfallbilanz	Abfallbeauftragter
2.2 Abfallsammlung	Erzeuger
2.3 Abfallentsorgung	Technischer Dienst, Erzeuger

3. Abläufe

3.1 Abfallbilanz

Für die Erstellung der Abfallbilanz ist der Beauftragte für Abfall zuständig. Hier werden sämtliche relevanten Daten aus dem Abfallbereich erfasst, um Transparenz zu gewinnen, Entsorgungskosten verursacherspezifisch umzulegen und grundlegende Daten für Maßnahmen zur Verfügung zu haben. Die Abfallbilanz enthält Angaben zu folgenden Punkten:

- Abfallschlüsselnummer,
- Abfallart,
- Abfall zur Verwertung/zur Beseitigung,
- Anfallstelle (KSt., Anlage),
- Menge pro Zeiteinheit,
- Kosten,
- Bemerkungen.

3.2 Abfallsammlung

Für die ordnungsgemäße Sammlung der Abfälle an den Entstehungsorten sind die Erzeuger verantwortlich. Es sind folgende Punkte zu berücksichtigen:

- Abfälle sind möglichst sortenrein zu sammeln,
- gefährliche Abfälle dürfen nicht mit nicht gefährlichen Abfällen vermischt werden,
- die Sammlung darf nur in geeigneten und entsprechend gekennzeichneten Behältern erfolgen,
- die Sammelstellen müssen dem Stand der Technik entsprechen.

3.3 Abfallentsorgung

Für eine ordnungsgemäße Abfallentsorgung sind der Erzeuger und der Technische Dienst verantwortlich. Der Erzeuger kennzeichnet die zur Abholung bereitgestellten Abfälle nach:

- Abfallschlüsselnummer,
- Bezeichnung,
- Menge,
- Anfallstelle,
- Gefahrensymbole/Kennzeichnung.

Der „Technische Dienst" führt den Abfall der Entsorgung zu. Mit der Entsorgung darf erst begonnen werden, wenn die erforderlichen Genehmigungen vorliegen. Zur rechtlichen Absicherung sind primär zertifizierte Entsorgungsfachbetriebe zu beauftragen. Der Technische Dienst sammelt die:

- Originalnachweise,
- Begleit-, Übernahmescheine,
- Rechnungen

und führt das Abfallnachweisbuch. Der interne Erzeuger erhält die Unterlagen in Kopie.

7.4.3   Verantwortungsmatrix

Eine anschaulichere Art der Dokumentation ist die Darstellung der Tätigkeiten, Verantwortungen und Zusammenarbeit in Form einer Verantwortungsmatrix (Abb. 7.3). Durch eine ergänzende Beschreibung der Ziele, Ausführungen und Ergebnisse erhält man eine gute Beschreibung des gesamten Ablaufs.

Der notwendige Beschreibungsaufwand ist größer als im ersten Beispiel. Auch hier können komplexe, logische Verknüpfungen im gesamten Ablauf nicht dargestellt werden. Die folgende Prozessanweisung Abfall liefert einen direkten Vergleich zur einfachsten Darstellungsform der Tätigkeitsbeschreibung.

Praxisbeispiel Prozessanweisung „Abfälle"

1. Zielsetzungen

Die betriebliche Abfallwirtschaft ist ein wesentliches Element innerhalb der Umweltmanagementsystems. Als oberstes Ziel der betrieblichen Abfallwirtschaft ist zunächst die Vermeidung von Abfällen sowie die Verminderung der Schädlichkeit und der Menge zu nennen. Ist eine weitere Verminderung nicht möglich, so ist eine hochwertige Abfallverwertung der Beseitigung von Abfällen vorzuziehen.

Ohne Kenntnisse der Abfallmengen und -zusammensetzung sowie der Anfallorte ist es nicht möglich, Reduzierungspotenziale zu erkennen und Maßnahmen einzuleiten. Um mittel- bis langfristig Projekte zur Vermeidung und Reduzierung zu initiieren, Verwertungs- und Beseitigungskapazitäten zu planen und die nötigen Mittel bereitzustellen, benötigt man Transparenz im Abfallbereich und aussagekräftige Planungsunterlagen in Form von Registern, Betriebstagebüchern, Abfallhandbüchern.

Die Abfallwirtschaft darf jedoch nicht als „Endstation" der Verschiebung betrieblicher Umweltprobleme gesehen werden. Die Menge und Zusammensetzung eines Abfalls wird in der Regel durch die Auswahl der Roh-, Hilfs- und Betriebsstoffe und/oder den Produktionsprozess bedingt. Auch die Abluft- und Abwasserreinigung hat Einfluss auf die Abfallseite. Daher müssen die Bereiche „Instandhaltung", „Entwicklung" und „Materialwirtschaft" intensiv in den Arbeitsbereich des betrieblichen Abfallmanagements mit einbezogen werden.

2. Verantwortung

Im Schnittstellenplan „Abfälle/Wertstoffe" wurden folgende umweltrelevanten Abläufe identifiziert:

Abläufe / Bereich	Geschäftsführung	Marketing/Vertrieb	Entwicklung	Qualitätsmanagement	Instandhaltung	Materialwirtschaft	Produktion	EDV	Umweltschutz/ Arbeitssicherheit	Logistik	Betriebswirtschaft/ Controlling	Kundendienst	Personal
1. Konzept zur Abfallvermeidung					M	M	M		V				
2. Abfallregister					I	M	M		V				
3. Dokumentation/Abfallhandbuch					I		M		V				
4. Überwachung von Sammlung und Entsorgung					I		M		V				
5. Jahresbericht	I					M	M		V				

Abb. 7.3: Verantwortungsmatrix – **V** = Verantwortlich **M** = Mitarbeit **I** = Information

3. Abläufe

Die umweltrelevanten Abläufe sind im Folgenden kurz beschrieben:

Ablauf 1: Konzept zur Abfallvermeidung

Im Rahmen eines Konzeptes zur Abfallvermeidung wird der Umweltbereich „Abfall" genau analysiert und bewertet. Dies geschieht mit dem Ziel, Abfälle zu vermeiden bzw. zu vermindern, Verwertungspotenziale besser zu nutzen, Schadstoffe im Abfall zu eliminieren bzw. zu minimieren sowie Entsorgungskosten zu sparen. Bei der Erstellung eines Konzeptes zur Abfallvermeidung müssen folgende Punkte berücksichtigt werden:

- Art, Menge und Verbleib der zu entsorgenden Abfälle
  Die Daten zu Art (Abfallschlüsselnummer, Zusammensetzung) und Menge der einzelnen Abfälle werden in einem Abfallregister erfasst. Der Verbleib des Abfalls ist über den Entsorger bzw. Verwerter bekannt und wird ebenfalls im Register erfasst.
- Maßnahmen zur Vermeidung, Verwertung und zur Beseitigung
  Darstellung und Erläuterung der bereits umgesetzten sowie geplanten Maßnahmen sowie die geplanten und gewünschten Lösungen. Grundlage sind auch hier die im Register erhobenen Daten, die Daten aus dem Umweltbereich Gefahrstoffe sowie die Projekte des Bereiches „Instandhaltung" zur Verfahrensoptimierung, Gefahrstoffsubstitution, Abfallreduzierung bzw. -vermeidung.
- Notwendigkeit der Abfallbeseitigung
  Ausführliche Begründung der Notwendigkeit der Abfallbeseitigung. Begründung, warum keine Kreislaufführung bzw. kein internes oder externes Recycling praktiziert wird bzw. nicht möglich ist.
- Entsorgungssicherheit
  Überprüfung der Entsorgungsverträge und Nachweis einer mehrjährigen vertraglich gesicherten Entsorgung der entsprechenden Abfälle.
- Produkte nach der Nutzungsphase
  Erläuterung der umweltfreundlichen Entsorgbarkeit aller im Unternehmen hergestellten Produkte. Darstellung von Rücknahmegarantien, Recyclingmöglichkeiten sowie die für das jeweilige Produkt empfohlenen Entsorgungswege.

7

- Information der Öffentlichkeit im Rahmen einer Umwelterklärung/eines Umweltberichts.
  Die Öffentlichkeit wird im Rahmen der Umwelterklärung/Umweltbericht ausführlich über die Abfallsituation des Unternehmens informiert.

Ablauf 2: Abfallregister

Im Abfallregister werden sämtliche relevanten Daten aus dem Abfallbereich erfasst. Die Daten werden vom Abfallbeauftragten aus dem Nachweisbuch zusammengefasst. Das Register wird mit dem Ziel erstellt, Transparenz im Abfallbereich zu gewinnen, Entsorgungskosten verursacherspezifisch umzulegen und Abfallbilanzen zu erstellen. Das Register liefert somit die grundlegenden Daten zur Erstellung eines Konzeptes zur Abfallvermeidung. Es enthält Angaben zu folgenden Punkten:

- Abfallschlüsselnummer,
- Abfallart,
- Abfall zur Verwertung/zur Beseitigung,
- Anfallstelle (KSt., Anlage),
- Menge pro Zeiteinheit: (Gesamtmenge im Betrieb, Menge je Anfallstelle)
- Kosten,
- Bemerkungen.

Ablauf 3: Dokumentation/Abfallhandbuch

Im Abfallhandbuch sind alle im Betrieb anfallenden Abfälle, gefährliche Abfälle und nicht gefährliche Abfälle sowie die genaue Regelung der innerbetrieblichen Sammlung und der Verwertung bzw. Beseitigung aufgeführt. Für jede einzelne Abfallart sind folgende Punkte zu beschreiben:

- Definition,
- interne Sammlung,
- Annahmezeiten,
- Vermeidung,
- Entsorgung.

Die Angaben im Abfallhandbuch sind gleichzeitig Schulungsgrundlage für die Mitarbeiter.

Ablauf 4: Überwachung von Sammlung und Entsorgung

Der Abfallbeauftragte veranlasst und kontrolliert die sachgerechte Sammlung der Abfälle im Betrieb und überwacht den gesamten Weg der Abfälle von ihrer Entstehung in der Kostenstelle bis zu ihrer Entsorgung bzw. Verwertung. Durch die Erfassung aller Abfallarten und -mengen in den Kostenstellen bzw. Anfallstellen ergibt sich die nötige Transparenz für entsprechende Maßnahmen zur Vermeidung bzw. Reduzierung von Abfällen.

Die im Betrieb anfallenden Abfälle unterschiedlichster Art und Herkunft müssen ordnungsgemäß getrennt gesammelt und einer Verwertung bzw. Beseitigung zugeführt werden. Bei der innerbetrieblichen Sammlung von Abfällen sowie bei deren Verwertung oder Beseitigung müssen folgende Punkte berücksichtigt werden:

- Alle Abfälle sind nach Art getrennt zu sammeln. Dadurch ergeben sich bessere Verwertungsmöglichkeiten.
- Gefährliche Abfälle dürfen nicht mit nicht gefährlichen Abfällen vermischt werden. Bei einer Vermischung muss die gesamte Menge als gefährlicher Abfall entsorgt werden.
- Für die innerbetriebliche Sammlung sind Sammelstellen einzurichten. Diese sind deutlich als solche zu kennzeichnen.

Die Sammlung darf nur in zugelassenen und entsprechend gekennzeichneten Behältern erfolgen. Die Zuverlässigkeit von Beförderern und Entsorgern ist in regelmäßigen Abständen durch den Abfallbeauftragten zu überprüfen.

Ablauf 5: Jahresbericht

Der Jahresbericht enthält eine Zusammenfassung aller relevanten Daten aus dem Bereich „Abfall". Hierzu zählen eine Aufstellung aller Abfallmengen, ein Vergleich des Abfallaufkommens zum Vorjahr, eine Bewertung der Abfallsituation sowie die Formulierung geplanter Maßnahmen und Ziele. Die Daten aus dem Jahresbericht gehen in das entsprechende Kapitel der Umwelterklärung/des Umweltberichts ein.

7.4.4   Struktur- und Flussdiagramme

Eine umfassende Darstellungsmöglichkeit komplexer Abläufe bieten Flussdiagramme (Abb. 6.4). Einerseits lassen sich Tätigkeiten in ihren Verknüpfungen, Ausführungen und Ergebnissen gut darstellen, jedoch geht andererseits die Übersicht bezüglich Verantwortung und Zusammenarbeit verloren. Ein praktisches Beispiel findet sich in der folgenden Prozessanweisung für den Bereich Gefahrstoffe.

Praxisbeispiel Prozessanweisung

1. Ziele

Der Umgang mit Gefahrstoffen ist in der Gefahrstoffverordnung (GefStoffV) geregelt. Die GefStoffV beinhaltet sowohl den Arbeits- und Gesundheitsschutz als auch den Schutz der Umwelt. Sie ist somit als Schnittstelle zwischen Arbeitssicherheit und Umweltschutz zu sehen.

In der Gefahrstoffverordnung werden Maßnahmen zum Schutz der Arbeitnehmer und der Umwelt ergriffen, welche die Einführung, den Umgang, die Lagerung und die Kennzeichnung von Gefahrstoffen betreffen. Im Rahmen unseres Umweltmanagementsystems gelten diese Maßnahmen und Vorschriften jedoch nicht ausschließlich für die in der Gefahrstoffverordnung genannten Stoffe sondern für alle umweltgefährdenden Stoffe und Materialien.

Gefahrstoffmanagement im Rahmen des Umweltmanagementsystems bedeutet eine umweltorientierte Planung und Kontrolle der Stoff- und Materialflüsse im Unternehmen. Es umfasst die Bewertung von Stoffen und Materialien vor dem Einsatz im Unternehmen im Rahmen eines Freigabeverfahrens, die regelmäßige Kontrolle der eingesetzten Stoffe sowie des Umgangs mit diesen Stoffen und die regelmäßige Prüfung der verwendeten Verfahrenstechnologien nach dem fortgeschrittenen Stand der Technik.

2. Abläufe

2.1 Waren- und Versuchsmuster

Bei Warenmustern ist besondere Aufmerksamkeit gefordert! Der Besteller/Empfänger/Anwender muss sicherstellen, dass keine Gefahren für Mensch und Umwelt bei der versuchsweisen Anwendung dieses Stoffes ausgehen. Auch bei Warenmustern muss ein Sicherheitsdatenblatt vorhanden sein! Der Besteller/Empfänger/Anwender trägt sämtliche Konsequenzen. Er ist für die ordnungsgemäße Anwendung, Überwachung und Entsorgung nicht verbrauchter Mengen verantwortlich.

2.2 Freigabe Gefahrstoffe

Für den vorsorgenden Umweltschutz ist die Beurteilung von Stoffen vor der ersten Bestellung und Anwendung ein entscheidender Punkt. Der Stoff wird hinsichtlich der Gefahren für Mensch und Umwelt bewertet. Nach dieser Bewertung durch die verantwortlichen Mitarbeiter der Freigabestelle wird der Stoff freigegeben oder gesperrt. Für die Freigabe neuer Gefahrstoffe muss ein entsprechender Freigabeantrag gestellt werden. Nach Erfüllung des Freigabeantrages wird eine Artikelnummer für den Gefahrstoff vergeben. Erst danach darf der Einkauf den entsprechenden Gefahrstoff bestellen.

2.3 Substitution

Nach der Gefahrstoffverordnung ist der Einsatz von Gefahrstoffen zu überprüfen. Es ist zu prüfen, ob die eingesetzten Gefahrstoffe durch umweltverträgliche Stoffe ersetzt werden können. Neben dieser stofflichen Seite ist darüber hinaus zu prüfen, ob durch eine Änderung des Herstellungsverfahrens bzw. des Produktdesigns auf die Verwendung der Gefahrstoffe verzichtet werden kann. Die Ergebnisse der Prüfungen müssen schriftlich festgehalten werden, um sie auf Verlangen der zuständigen Behörde vorzulegen.

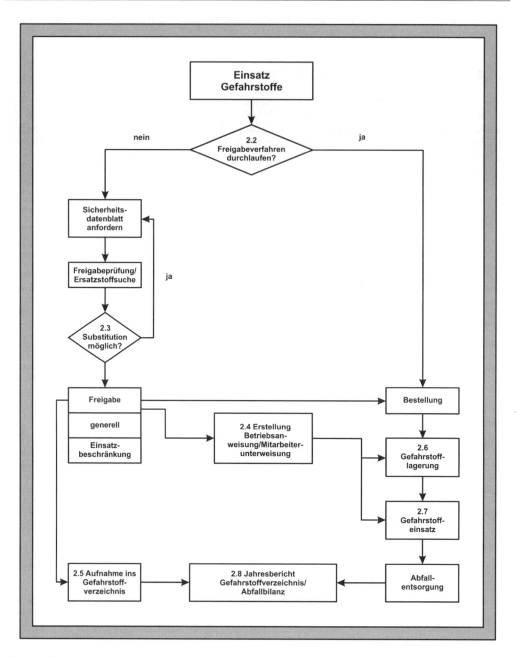

Abb. 7.4: Einsatz von Gefahrstoffen

2.4 Betriebsanweisung

Sie ist für jeden Gefahrstoff zu erstellen, wobei das Sicherheitsdatenblatt meist die Grundlage für die Betriebsanweisung bildet. Unterstützung bei der Erstellung wird durch den Bereich „Umweltschutz/Arbeitssicherheit" gegeben. Die Vorgesetzten haben die Verpflichtung, die Betriebsanweisungen auszuhängen und fehlende Betriebsanweisungen anzufordern. Die Mitarbeiter müssen von ihnen geschult werden und sie haben die sachgemäße Anwendung von Gefahrstoffen zu beachten. Im Rahmen der rechtlich vorgeschriebenen Sicherheitsunterweisung, die mindestens einmal jährlich durchzuführen ist, dient die Betriebsanweisung als Schulungsunterlage.

2.5 Gefahrstoffverzeichnis

Das Gefahrstoffverzeichnis gibt einen vollständigen Überblick über die im Betrieb vorhandenen und eingesetzten Gefahrstoffe sowie die als umweltrelevant eingestuften Materialien. Es liefert die grundlegenden Daten für die Substitutionsverpflichtung sowie zur Durchführung weiterer definierter Projekte inklusive derer Erfolgskontrolle. Gesetzliche Grundlage für die Erstellung eines Gefahrstoffverzeichnisses ist die Gefahrstoffverordnung, wonach der Arbeitgeber verpflichtet ist, ein Verzeichnis aller Gefahrstoffe, mit denen Arbeitnehmer umgehen, zu führen. Aufgrund der Vorgaben ist das Gefahrstoffverzeichnis mindestens einmal jährlich zum Ende des Geschäftsjahres von „Umweltschutz/Arbeitssicherheit" zu überarbeiten. Das Gefahrstoffverzeichnis enthält Angaben zu folgenden Punkten:

- Artikel-Nr.,
- interne Bezeichnung,
- chemische Bezeichnung,
- Gefahrenkennzeichen,
- WGK,
- Angaben über die Brennbarkeit,
- Einsatzorte im Betrieb (Kostenstelle, Arbeitsbereich oder Anlage),
- Lagerorte im Betrieb,
- Mengen (Gesamtmenge, Menge im Arbeitsbereich, am Einsatzort),
- Bemerkungen.

2.6 Lagerung

Bei der Lagerung von Gefahrstoffen ist in erster Linie darauf zu achten, dass die Gefahren, die beim Lagern ausgehen, zu minimieren sind. Es sind folgende Punkte zu beachten:

- getrennte Lagerung von Stoffen mit verschiedenen Gefährdungseigenschaften hinsichtlich ihrer chemischen Charakteristik,
- getrennte Lagerung von Stoffen, die unterschiedliche Löschmittel erfordern,
- Auffangräume/Auffangwannen für die Chemikalien, um einen Eintrag in die Umwelt zu vermeiden,
- der Boden des Lagers muss mit einem entsprechend der gelagerten Stoffe geeignetem Material versiegelt sein,
- für den Brandfall sind Löschmitteleinrichtungen vorzusehen,
- für kleine Mengen ausgetretener Stoffe müssen zum Aufsaugen bzw. Binden geeignete Chemikalienbinder vorhanden sein,
- die Raumluft des Lagers muss abgesaugt werden,
- alle elektrischen Einrichtungen des Lagers müssen, wo notwendig, explosionsgeschützt sein.

Die Beschäftigten sind vom Lagerverantwortlichen bzw. vom Vorgesetzten hinsichtlich der Gefahren, die von dem entsprechenden Lager ausgehen können, zu unterweisen. Die Lager sollten nur von unterwiesenen Personen betreten werden. Die Ein- und Abgänge in den Lagern müssen dokumentiert werden. Dadurch sind zu jedem Zeitpunkt die aktuellen Lagerbestände abfragbar.

2.7 Einsatz und Überwachung

Dies betrifft auch die ordnungsgemäße Lagerung vor Ort. Vor dem Einsatz von Gefahrstoffen hat der Vorgesetzte sichergestellt, dass alle technischen und organisatorischen Voraussetzungen erfüllt sind, um die Einhaltung des Arbeitsplatzgrenzwertes (AGW) bzw. des Biologischen Grenzwertes (BGW) zu gewährleisten. Im Rahmen der Freigabe neuer Gefahrstoffe hat der Antragsteller sichergestellt, dass am Arbeitsplatz eine Gefährdung ausgeschlossen ist. Zur Überwachung dienen der AGW und der BGW. Zu Beginn des Ersteinsatzes neuer Gefahrstoffe ist vom Bereich „Umweltschutz/Arbeitssicherheit" eine entsprechende Beurteilung durchzuführen oder entsprechende Messungen zu veranlassen.

2.8 Jahresbericht

Der Jahresbericht enthält eine Zusammenfassung aller relevanten Daten aus dem Gefahrstoffbereich. Hierzu zählen eine Auflistung aller in den verschiedenen Arbeitsbereichen des Betriebes eingesetzten Gefahrstoffe, ein mengenmäßiger Vergleich des Gefahrstoffeinsatzes zum Vorjahr, eine Bewertung der Gefahrstoffsituation sowie die Formulierung geplanter Ziele und Maßnahmen. Die Daten aus dem Jahresbericht gehen in das entsprechende Kapitel der Umwelterklärung/des Umweltberichts ein.

7.5 Umweltmanagementhandbuch

7.5.1 Einführung

Im Zuge der Einführung eines Umweltmanagementsystems sind einige Dokumentationen vorzunehmen. Dazu zählen die Umweltpolitik, das Managementhandbuch, Prozessanweisungen und Arbeitsanweisungen. Auf der Basis der in Abbildung 7.5 vorgestellten Grundstruktur eines (integrierten) Managementsystems, lassen sich integrierte Handbücher, Prozessanweisungen/Richtlinien und Betriebs-/Arbeitsanweisungen für alle Geschäftsprozesse des Unternehmens erstellen. Bezogen auf das Systemelement „Umweltmanagement" als Teilsystem des unternehmerischen Managementsystems lassen sich die einzelnen Systemelemente:

- Führung,
- Geschäftsprozesse,
- unterstützende Funktionen,
- Forderungen,
- Information und Ergebnisse

konkreter beschreiben und erfassen. Die Geschäftsführung legt die Umweltpolitik und die strategischen Projektziele idealer Weise bereits zu einem frühen Zeitpunkt fest. In regelmäßigen Zeitabständen wird sie überprüft und gegebenenfalls angepasst. Das Umweltmanagementhandbuch beschreibt das Rahmenkonzept des betrieblichen Umweltschutzes. Es kann sehr knapp ausfallen. Die Umweltverfahrensanweisungen sind Ausführungsrichtlinien und enthalten Zielsetzungen, Verantwortungen und Realisierungsmöglichkeiten für umweltrelevante Prozesse. Wo notwendig, ist der operative Umweltschutz in konkreten Handlungsweisen für die Mitarbeiter in Form von Umweltarbeitsanweisungen niedergelegt. Während die Umweltprüfung bzw. das Umweltaudit den Ist-Zustand im betrieblichen Umweltschutz erheben, legen Managementhandbuch, Prozessanweisungen und Arbeitsanweisungen fest, wie Prozesse, Tätigkeiten und Aufgaben durchgeführt werden sollen. Die Dokumentationen legen somit einen einzuhaltenden Soll-Zustand fest.

1. Führung	2. Geschäftsprozesse	4. Forderungen	5. Informationen und Ergebnisse
• Umweltpolitik und Strategien, • Organisationsstruktur und Verantwortlichkeit, • Umweltziele und Umweltprogramm, • Mitarbeiterkenntnisse, • Managementbewertung	• Geschäftsführung, • Marketing und Kundenbeziehungen, • Forschung und Entwicklung, • Materialwirtschaft und Lieferanten, • Produktion und Dienstleistungen, • Vertrieb und Logistik	• Rechtvorschriften, • Umweltbereiche, • Umweltaspekte, • Umweltauswirkungen, • Notfallvorsorge	• Messung, Überwachung, Datenanalyse, • Aufzeichnungen, • Verbesserungen, • Umweltaudit, • Kommunikation und Umweltbericht, • Dokumentationen/ Dokumentenlenkung
	3. Unterstützende Funktionen		
	• Ressourcen		

Abb. 7.5: Bestandteile des Umweltmanagementsystems

7.5.2 Praxishandbuch

Systemelement „Führung"

1. Grundlagen

Unser Unternehmen trägt Eigenverantwortung für die Bewältigung der Umweltfolgen seiner Tätigkeiten und wir wollen daher in diesem Bereich zu einem aktiven Konzept kommen. Diese Verantwortung verlangt von unserem Unternehmen die Festlegung und Umsetzung einer betrieblichen Umweltpolitik (Strategie), von Umweltzielen/-programmen, den Aufbau eines wirksamen Umweltmanagementsystems und die regelmäßige Durchführung von Umweltaudits. Unser Unternehmen will eine gute umweltorientierte Leistung erzielen und nachweisen, indem wir die Auswirkungen unserer Tätigkeiten und Produkte/Dienstleistungen auf die Umwelt prüfen. Die Einhaltung aller einschlägigen Umweltvorschriften ist für uns selbstverständlich. Darüber hinaus verpflichten wir uns zu einer kontinuierlichen Verbesserung des betrieblichen Umweltschutzes.

Bei der Anwendung unseres Umweltmanagementsystems beziehen wir die Mitarbeiter unseres Unternehmens ein. Wir unterrichten sie über die für ihren Arbeitsplatz notwendigen Anforderungen und bilden sie entsprechend aus. Die Unterrichtung der Öffentlichkeit über die Umweltaspekte unserer Tätigkeiten geschieht über unseren Umweltbericht. Er ist ein wesentlicher Bestandteil guten Umweltmanagements. Unser Unternehmen hat einen Beauftragten für das Umweltmanagement bestellt. Er hat die Befugnis und Verantwortung, die Anwendung und Aufrechterhaltung des Umweltmanagementsystems zu gewährleisten. Über die Leistungen im betrieblichen Umweltschutz berichtet er in regelmäßigen Abständen an die Geschäftsführung. Für die Implementierung und Überwachung des Umweltmanagementsystems stellt sie die benötigten Mittel bereit. Zu den Mitteln gehören auch das erforderliche Personal, Technologien und Finanzmittel.

2. Verantwortungen

Im Schnittstellenplan „Führung" wurden folgende umweltrelevanten Abläufe identifiziert:

Bereich / Ablauf	Geschäftsführung	Marketing/Vertrieb	Forschung/Entwicklung	Qualitätsmanagement	Instandhaltung	Materialwirtschaft	Produktion	EDV	Umweltschutz/ Arbeitsschutz	Logistik	Betriebswirschaft/ Controlling	Kundendienst	Personal
1. Umweltpolitik und -strategien	V			M					M				
2. Organisationsstruktur und Verantwortlichkeiten	V			M					M				
3. Umweltziele und -programme	V	M	M	M	M	M	M	M	M	M	M	M	M
4. Mitarbeiterkenntnisse	Verantwortlich sind alle Vorgesetzten im Rahmen ihres Aufgabengebietes												
5. Managementbewertung	V			M					M				

Abb. 7.6: Schnittstellenplan „Führung"

3. Abläufe

Ablauf 1: Umweltpolitik und -strategien

Die Umweltstrategie bestimmt die Entwicklungsrichtung des Umweltschutzes und legt die Grundsätze für die Handlungen aller Mitarbeiter unseres Unternehmens fest. Aus der Umweltstrategie ergeben sich für uns die Umweltziele und die notwendigen Maßnahmen zur Zielerreichung. Die Umweltpolitik unseres Unternehmens beruht auf den nachstehenden Handlungsgrundsätzen:

- Mitarbeiter mit umweltrelevanten Tätigkeiten werden regelmäßig geschult.
- Für neue Tätigkeiten, Produkte und Verfahren werden die Umweltauswirkungen zukunftsorientiert beurteilt.
- Wir überwachen und prüfen regelmäßig die Auswirkungen unserer gegenwärtigen Tätigkeiten auf die Umwelt.
- Es werden bevorzugt umweltfreundliche Technologien eingesetzt.
- Wir unternehmen die notwendigen und möglichen technologischen und wirtschaftlichen Maßnahmen, um die Umweltbelastungen zu vermeiden oder auf ein Minimum zu beschränken.
- Zusammen mit den Behörden und Gefahrenabwehrkräften arbeiten wir Verfahren und Vorgehensweisen aus, um unfallbedingte Emissionen zu vermeiden. Die Verfahren werden regelmäßig erprobt und kritisch bewertet.
- Wir setzen Verfahren, Messungen und Versuche ein, um die Einhaltung unserer Umweltpolitik zu gewährleisten. Entsprechende Ergebnisse werden regelmäßig bewertet.
- Stellen wir Abweichungen von unseren Vorgaben fest, werden umgehend Korrekturmaßnahmen eingeleitet.
- Mit Mitarbeitern und den Anliegern wird ein offener Dialog über die Umweltauswirkungen unserer Tätigkeiten geführt. Dazu veröffentlichen wir regelmäßige Umweltberichte.
- Unsere Kunden erhalten alle notwendigen Informationen bzgl. der Umweltrelevanz unserer Produkte in Zusammenhang mit Verwendung und Entsorgung.
- Wir halten unsere Lieferanten und Dienstleister dazu an, ein Umweltmanagementsystem zu implementieren.
- In regelmäßigen Abständen überprüfen wir die Umweltrelevanz aller unserer Tätigkeiten. Auf diese Weise identifizieren wir kontinuierlich entsprechendes Verbesserungspotenzial. Darüber hinaus wird die Umweltstrategie unseres Unternehmens in regelmäßigen Zeitabständen überprüft und angepasst.

Ablauf 2: Organisationsstruktur und Verantwortlichkeiten

Das Umweltmanagementsystem unseres Unternehmens ist der Teil des gesamten übergreifenden Managementsystems, das die Organisationsstrukturen, Zuständigkeiten, Verhaltensweisen, förmlichen Verfahren, Abläufe und Mittel für die Festlegung und Durchführung der Umweltpolitik, der Umweltziele und des Umweltprogramms einschließt. Es basiert auf folgenden 5 Grundsätzen:

- Verpflichtung und Politik
- Planung
- Implementierung
- Messung und Bewertung
- Systembewertung und -verbesserung.

Unser Unternehmen verpflichtet sich zur Festlegung einer Umweltpolitik. Wir erstellen einen Plan, um über unsere Umweltziele und -programme eine Erfüllung der Umweltpolitik zu ermöglichen. Für eine wirkungsvolle Implementierung stellen wir die notwendigen Ressourcen zur Verfügung. Die sich aus der Anwendung und Umsetzung ergebende umweltorientierte Leistung wird regelmäßig gemessen, überwacht und bewertet. Im Zuge von Audits und Reviews bewerten wir regelmäßig unser Umweltmanagementsystem und verbessern es kontinuierlich. Mit diesen Grundsätzen kann das Umweltmanagementsystem als ein organisatorischer Rahmen betrachtet werden, der den Umweltaktivitäten unseres Unternehmens eine wirkungsvolle Richtung gibt. Mit unserem Beauftragten für das Umweltmanagement gewährleisten wir die Anwendung und Aufrechterhaltung des Systems. Er hat die dafür notwendigen Befugnisse.

Ablauf 3: Umweltziele und -programm

Unser Unternehmen legt seine Umweltziele auf allen betroffenen Unternehmensebenen fest. Sie gewährleisten die Erfüllung unserer Verpflichtungen zur stetigen Verbesserung des betrieblichen Umweltschutzes. Wo immer dies in der Praxis möglich ist, sind sie quantifiziert und mit Zeitvorgaben versehen. Entsprechende Indikatoren dienen als Grundlage für die Ermittlung der umweltorientierten Leistung. Bei der Festlegung und Bewertung der Umweltziele werden die gesetzlichen und unternehmensinternen Forderungen berücksichtigt. Die technologischen, finanziellen und personellen Rahmenbedingungen und Ressourcen sind bei der Festlegung der Umweltziele einzubeziehen. Zur Verwirklichung der Umweltziele hat unser Unternehmen ein Umweltprogramm aufgestellt. Es umfasst u.a.:

- die Festlegung der Verantwortung für die Erreichung der Ziele in jedem Aufgabenbereich und auf jeder Ebene,
- die Mittel, mit denen diese Ziele erreicht werden sollen,
- den Zeitrahmen für ihre Verwirklichung.

Bei der Entwicklung von neuen/geänderten Produkten, Dienstleistungen und/oder Verfahren werden gesonderte Umweltprogramme aufgestellt. In ihnen wird festgelegt:

- die angestrebten Umweltziele,
- die Instrumente für die Verwirklichung dieser Ziele,
- die bei Änderungen im Projektverlauf anzuwendenden Verfahren,
- die erforderlichenfalls anzuwendenden Korrekturmaßnahmen.

Ablauf 4: Mitarbeiterkenntnisse

Eine kontinuierliche Weiterentwicklung des betrieblichen Umweltmanagements und der Umweltleistungen ist nur gewährleistet, wenn sich die Mitarbeiter auf allen Ebenen bewusst sind über:

- die Bedeutung der betrieblichen Umweltpolitik/-strategie,
- die Erreichung der Umweltziele,
- die möglichen Auswirkungen ihrer Arbeit auf die Umwelt,
- den ökologischen und ökonomischen Nutzen eines verbesserten betrieblichen Umweltschutzes,
- ihre Rolle im Umweltmanagementsystem,
- die Folgen, wenn sie von festgelegten Arbeitsabläufen abweichen.

Unser Unternehmen ermittelt die Kompetenzen und den notwendigen Ausbildungsbedarf für alle Mitarbeiter, die mit umweltrelevanten Tätigkeiten betraut sind. Einschlägige Ausbildungsmaßnahmen werden von den direkten Vorgesetzten veranlasst. Die für umweltrelevante Arbeitsplätze erforderlichen Kenntnisse und Fertigkeiten werden bei der Personalauswahl und -einstellung berücksichtigt. Unser Unternehmen stellt auch sicher, dass Auftragnehmer, die an unserem Standort tätig sind, über die entsprechenden Nachweise, Kenntnisse und Fertigkeiten verfügen, um die notwendigen Arbeiten in umweltverantwortlicher Weise durchführen zu können.

Ablauf 5: Managementbewertung

Das Konzept der kontinuierlichen Verbesserung ist Bestandteil unseres Umweltmanagementsystems. Es wird durch regelmäßiges Bewerten der umweltorientierten Leistung gegenüber der Umweltstrategie und den Umweltzielen erreicht. Unser kontinuierlicher Verbesserungsprozess umfasst:

7

- Ergebnisse von internen Audits und der Beurteilung der Einhaltung von rechtlichen Verpflichtungen und anderen Anforderungen, zu denen sich die Organisation verpflichtet,
- Äußerungen von externen interessierten Kreisen, einschließlich Beschwerden,
- die Umweltleistung der Organisation,
- den erreichten Erfüllungsgrad der Zielsetzungen und Einzelziele,
- Status von Korrektur- und Vorbeugemaßnahmen,
- Folgemaßnahmen von früheren Bewertungen durch das Management,
- sich ändernde Rahmenbedingungen, einschließlich Entwicklungen bei den rechtlichen Verpflichtungen und anderen Anforderungen in Bezug auf die Umweltaspekte der Organisation und
- Verbesserungsvorschläge.

4. Mitgeltende Unterlagen

- Umweltpolitik,
- Umweltziele/-programm,
- Schulungsplan,
- Ernennungsschreiben „Umweltmanagementbeauftragter".

Systemelement „Geschäftsprozesse"

1. Grundlagen

Eine wirkungsvolle Implementierung unseres Umweltmanagementsystems wird durch eine effiziente Aufbau- und Ablauforganisation gewährleistet. Hier sind die Aufgaben, Verantwortlichkeiten, Zuständigkeiten und Befugnisse festgelegt und klar definiert. Dies bezieht sich auf Tätigkeiten und Verfahren, die sich auf die Umwelt auswirken können und die für unser Unternehmen relevant sind. Die Planung und Kontrolle geschieht durch:

- dokumentierte Arbeitsanweisungen, in denen festgelegt ist, wie die Tätigkeit durchgeführt werden muss,
- Überwachung und Kontrolle der relevanten verfahrenstechnischen Aspekte,
- Genehmigung und Freigabe geplanter Versuche und Verfahren.

Die Planung unserer umweltrelevanten Geschäftsprozesse stellt sicher, dass sie unter festgesetzten Bedingungen ausgeführt werden.

2. Verantwortungen

Im Schnittstellenplan „Geschäftsprozesse" wurden folgende umweltrelevanten Abläufe identifiziert:

Abb. 7.7: Schnittstellenplan „Geschäftsprozesse"

3. Abläufe

Ablauf 1: Geschäftsprozesse

Unser Unternehmen berücksichtigt im Zuge der Ablauflenkung die verschiedenen Vorgänge und Tätigkeiten, die zu bedeutenden Umweltauswirkungen beitragen können. Es sind folgende Geschäftsprozesse:

- Geschäftsführung,
- Marketing & Kundenbeziehungen,
- Forschung & Entwicklung,
- Materialwirtschaft & Lieferanten,
- Produktion & Dienstleistungen,
- Vertrieb & Logistik.

Die verantwortlichen Führungskräfte tragen im Rahmen ihres jeweiligen Aufgabengebietes zur Vermeidung von Umweltbelastungen und zur Schonung von Ressourcen bei. Das gilt insbesondere bei neuen Investitionsprojekten, Prozessänderungen und neuen Produkten/Dienstleistungen.

Ablauf 2: Verantwortungen und Befugnisse

Die erfolgreiche Anwendung unseres Umweltmanagementsystems erfordert die Verpflichtung aller Mitarbeiter und aller Führungskräfte. Letzteren kommt in unserem Unternehmen eine besondere Vorbildfunktion zu. Umweltbezogene Verantwortlichkeiten sind in unserem Unternehmen nicht auf die mit Umweltfragen befassten Funktionen beschränkt, sondern schließen alle Betriebsbereiche ein. Daher sind alle Vorgesetzten im Rahmen ihres Aufgabenbereiches für die Einhaltung der Umweltvorschriften und die Erfüllung der Umweltziele verantwortlich. Diese Verpflichtung beginnt bei der Geschäftsführung. Die Meister in unserem Unternehmen sind als Vorgesetzte der untersten Ebene in ihrem Aufgabenbereich für den ordnungsgemäßen Umgang mit umweltrelevanten Anlagen und Tätigkeiten zuständig und verantwortlich. Sie weisen die ihnen anvertrauten Mitarbeiter in die arbeitsplatzspezifischen Belange unseres Umweltmanagementsystems ein.

4. Mitgeltende Unterlagen

- PA „Eigenkontrolle",
- PA „Marketing & Kundenbeziehungen",
- PA „Forschung & Entwicklung",
- PA „Materialwirtschaft & Lieferanten",
- PA „Produktion & Dienstleistungen",
- PA „Vertrieb & Logistik".

Systemelement „Unterstützende Funktionen"

1. Grundlagen

Unser Unternehmen stellt ausreichende Ressourcen für die Bewältigung der Umweltfolgen unserer Tätigkeiten zur Verfügung. Wo immer möglich und wirtschaftlich sinnvoll setzen wir die besten verfügbaren Technologien ein. Um unfallbedingte Schäden zu verhüten verfügen wir über einen umfassenden Gefahrenabwehrplan. Durch seine regelmäßige Anwendung und Überprüfung gewährleistet er auch, dass unser Unternehmen keinen unerwarteten, katastrophalen Produktionsausfall hinnehmen muss, der die Existenz gefährdet. Im Zuge unserer regelmäßigen Umweltaudits wird der gesamte Systemablauf und dessen Anwendung überprüft. Damit haben wir eine Basis für einen kontinuierlichen Verbesserungsprozess gelegt.

2. Verantwortungen

Im Schnittstellenplan „Unterstützende Funktionen" wurden folgende umweltrelevanten Abläufe identifiziert:

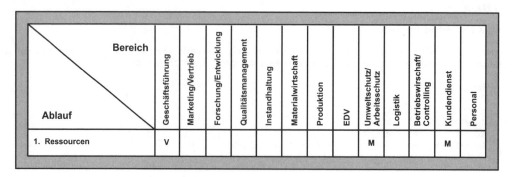

Bereich ⟍ Ablauf	Geschäftsführung	Marketing/Vertrieb	Forschung/Entwicklung	Qualitätsmanagement	Instandhaltung	Materialwirtschaft	Produktion	EDV	Umweltschutz/ Arbeitsschutz	Logistik	Betriebswirtschaft/ Controlling	Kundendienst	Personal
1. Ressourcen	V								M			M	

Abb. 7.8: Schnittstellenplan „Unterstützende Funktionen"

3. Abläufe

Ablauf 1: Ressourcen

Die Geschäftsleitung stellt die geeigneten personellen, technologischen und finanziellen Ressourcen für die Implementierung, Aufrechterhaltung und Weiterentwicklung des Umweltmanagementsystems zur Verfügung. Der effiziente Einsatz zur Erreichung der Umweltziele wird vom Beauftragten für das Umweltmanagement und das betriebswirtschaftliche Controlling unterstützt. Der Ressourceneinsatz dient primär der Erfüllung rechtlicher Auflagen. Sekundär muss für unser Unternehmen die Wirtschaftlichkeit der eingeleiteten Maßnahmen zur Verbesserung der Umweltleistungen gegeben sein.

4. Mitgeltende Unterlagen

z.Z. keine weiteren mitgeltenden Unterlagen

Systemelement „Forderungen"

1. Grundlagen

Unser Unternehmen ermittelt jene Aspekte der Tätigkeiten, Produkte und Dienstleistungen, die sich auf die Umwelt auswirken können und die wir beeinflussen können. Aus unseren Untersuchungen heraus bestimmen wir diejenigen Umweltaspekte, die bedeutenden Auswirkungen auf die Umwelt haben und berücksichtigen sie in unserem Zielsystem. Bei diesem Verfahren werden die Kosten und der Zeitaufwand für die Analyse ebenso berücksichtigt, wie die Verfügbarkeit verlässlicher Daten.

Die Ermittlungen der Umweltaspekte ist ein laufender Prozess, der Erfahrungen aus der Vergangenheit, den Gegebenheiten der Gegenwart mit zukünftigen, potenziellen Anforderungen verknüpft. Aus den erhobenen Umweltaspekten heraus, lassen sich die Umweltauswirkungen bestimmen. Die Beziehung zwischen Umweltaspekten und Umweltauswirkungen ist dabei eine Beziehung zwischen Ursache und Wirkung.

2. Verantwortungen

Im Schnittstellenplan „Forderungen" wurden folgende umweltrelevanten Abläufe identifiziert:

Bereich / Ablauf	Geschäftsführung	Marketing/Vertrieb	Forschung/Entwicklung	Qualitätsmanagement	Instandhaltung	Materialwirtschaft	Produktion	EDV	Umweltschutz/ Arbeitsschutz	Logistik	Betriebswirtschaft/ Controlling	Kundendienst	Personal
1. Rechtsvorschriften									V				
2. Umweltaspekte	Verantwortlich sind alle Vorgesetzten im Rahmen ihres Aufgabengebietes												
3. Umweltauswirkungen			M	M	M	M	M		V				
4. Notfallvorsorge	M				M	M	M		V				

Abb. 7.9: Schnittstellenplan „Gesetzliche und andere Forderungen"

3. Abläufe

Ablauf 1: Rechtsvorschriften

Von unserem Unternehmen werden alle rechtlichen Forderungen im betrieblichen Umweltschutz ermittelt und den betroffenen Betriebseinheiten zugänglich gemacht. Dazu zählen:

- EU-Verordnungen und -Richtlinien,
- nationale Gesetze und Verordnungen,
- Verwaltungsvorschriften,
- Auflagen und Genehmigungen,
- Normen und technische Richtlinien.

Diese Umweltvorschriften müssen in direktem Zusammenhang mit unseren Tätigkeiten, Produkten und Dienstleistungen stehen. Der Beauftragte für das Umweltmanagement führt ein entsprechendes Verzeichnis.

Ablauf 2: Umweltaspekte

Die umweltrelevanten Aspekte unserer Tätigkeiten, Produkte und Dienstleistungen werden vielfach durch Rechtsvorschriften des Gesetzgebers geregelt. Für unser Unternehmen schließt dies direkte und indirekte Umweltaspekte ein:

Direkte Umweltaspekte sind:

- Emissionen in die Atmosphäre,
- Ableitungen in Gewässer,
- Vermeidung, Verwertung, Entsorgung von Abfällen,
- Nutzung von Böden,
- Nutzung von Ressourcen und Materialien,
- Energieverbräuche,
- Lärm,
- Verkehr,
- Gefahren potenzieller Notfallsituationen,
- Auswirkungen auf die Biovielfalt.

Indirekte Umweltaspekte sind:

- produktbezogene Auswirkungen,
- Auswahl von Dienstleistungen,
- Verwaltungs- und Planungsentscheidungen,
- Umweltschutz und Umweltverhalten von Lieferanten.

Ablauf 3: Umweltauswirkungen

Unser Unternehmen prüft alle Aspekte seiner Tätigkeiten und entscheidet dann anhand von selbst festgelegten Kriterien welche Umweltaspekte wesentliche Auswirkungen auf die Umwelt haben. Sie sind die Grundlage für die Festlegung von Umweltzielen. Die notwendigen Maßnahmen zur Erreichung der Ziele sind im Umweltprogramm zusammengefasst. Unser Unternehmen berücksichtigt bei der Bewertung sowohl direkte wie indirekte Umweltaspekte.

Als Entscheidungsbasis für die jährlichen Umweltziele und Maßnahmen ist es für uns wichtig, ein einfaches Bewertungs-verfahren zur Bewertung der Umweltauswirkungen zur Verfügung zu haben. Daher gehen wir bei der Bewertung der Umweltauswirkungen von folgenden Kriterien aus:

- Daten über den Material- und Energieeinsatz; Flächen- und Ressourcenverbrauch,
- Daten über Abwasser, Abfälle, Emissionen,
- Wirkungskategorien auf die Umwelt (z.B. Treibhauseffekt, Gewässerschutz, Lärmbelästigungen),
- Standpunkte der interessierten Kreise und Organisationen,
- Rechtsvorschriften,
- Produktverwendung,
- Beschaffungstätigkeiten und Dienstleistungen,
- Kosten

mit denen wir die folgenden 3 Prioritäten bilden:

3:      wesentliche Umweltauswirkung = hohe Priorität
2:      Umweltauswirkung mit mittlerer Priorität
1:      keine unmittelbare Umweltauswirkung = niedrige Priorität

Ablauf 4: Notfallvorsorge

Für die Gefahrenabwehr beim Eintreten eines Notfalles sind die Vorgesetzten unseres Unternehmens in ihrem Verant-wortungsbereich zuständig. Sie wissen, welche potenziellen Gefahren von ihrem Bereich ausgehen können und welche Sicherheitsmaßnahmen zu ergreifen sind. Sie erhalten Unterstützung durch den Umweltschutzbeauftragten und die Fachkraft für Arbeitssicherheit. Unsere Mitarbeiter werden im Rahmen der jährlichen Sicherheitsunterweisung regelmä-ßig zu den betreffenden Aspekten geschult.

Sollte es trotzdem zu einem Notfall mit einer damit verbundenen unmittelbaren Gefahrensituation kommen, wird durch unser Notrufsystem die Feuerwehr alarmiert. Für den ablaufenden Informations- und Koordinationsplan ist der Leiter „Umweltschutz/Arbeitssicherheit" zuständig. Er informiert intern den Vorstand und die betroffenen Bereichsleiter, die Werksfeuerwehr und den Technischen Notdienst. Extern werden – soweit notwendig – Polizei, Behörden, Kommune und Berufsgenossenschaft benachrichtigt.

Bei mittelbaren Gefahrensituationen erfolgt die Meldung im Rahmen unserer Aufbau- und Ablauforganisation. Die ent-scheidungsberechtigte Führungsebene veranlasst die notwendigen Maßnahmen, kontrolliert deren Umsetzung und Wirksamkeit und führt die notwendigen Dokumentationen durch.

4. Mitgeltende Unterlagen

- PA „Umweltvorschriften",
- PA „Gefahrstoffe/Materialien",
- PA „Abfälle/Wertstoffe",
- PA „Energie",
- PA „Abluft/Emissionen",
- PA „Wasser/Abwasser",
- PA „Lärm",

- PA „Boden/Altlasten",
- Gefährdungsanalyse.

Systemelement „Informationen und Ergebnisse"

1. Grundlagen

Messen, Überwachen und Bewerten sind Schlüsselaktivitäten in unserem Umweltmanagementsystem, die sicherstellen, dass unser Unternehmen die selbst gestellten Anforderungen an den betrieblichen Umweltschutz einhält und die angestrebten Umweltziele erreicht. Dies beinhaltet für jede Tätigkeit und jeden Unternehmensbereich die:

- Ermittlung und Dokumentation der für die Kontrolle erforderlichen Informationen,
- Spezifizierung und Dokumentation der für die Kontrolle anzuwendenden Verfahren,
- Definition und Dokumentation von Akzeptanzkriterien,
- Maßnahmen, die bei Abweichungen von den Vorgaben zu ergreifen sind.

2. Verantwortungen

Im Schnittstellenplan „Information und Ergebnisse" wurden folgende umweltrelevante Abläufe identifiziert:

Ablauf \ Bereich	Geschäftsführung	Marketing/Vertrieb	Forschung/Entwicklung	Qualitätsmanagement	Instandhaltung	Materialwirtschaft	Produktion	EDV	Umweltschutz/ Arbeitsschutz	Logistik	Betriebswirschaft/ Controlling	Kundendienst	Personal
1. Messung, Überwachung, Datenanalyse	Verantwortlich sind alle Vorgesetzten im Rahmen ihres Aufgabengebietes												
2. Aufzeichnungen	Verantwortlich sind alle Vorgesetzten im Rahmen ihres Aufgabengebietes												
3. Verbesserungen	Verantwortlich sind alle Vorgesetzten im Rahmen ihres Aufgabengebietes												
4. Kommunikation und Umweltbericht									V				
5. Dokumentation des Umweltmanagementsystem				M					V				
6. Umweltaudit									V				

Abb. 7.10: Schnittstellenplan „Informationen und Ergebnisse"

3. Abläufe

Ablauf 1: Messung, Überwachung, Datenanalyse

Unser Unternehmen verfügt über Systeme zum Messen und Überwachen der maßgeblichen Merkmale unserer Arbeitsabläufe und Tätigkeiten, die eine bedeutende Auswirkung auf die Umwelt haben können. In Bezug auf unsere umweltbezogenen Zielsetzungen zeichnen wir mit unserem Umweltinformationssystem notwendige Informationen auf, um die erreichten Umweltleistungen, und die Konformität mit den relevanten Umweltschutzgesetzen, -verordnungen und -auflagen nachzuweisen. Überwachungsgeräte werden regelmäßig kalibriert und gewartet. Die Ergebnisse werden regelmäßig analysiert, um einerseits Erfolgsfaktoren zu ermitteln und andererseits Tätigkeiten und Prozesse festzustellen, die Korrekturmaßnahmen und Verbesserungen benötigen.

Ablauf 2: Aufzeichnungen

Die Aufzeichnungen im Umweltmanagementsystem müssen den Forderungen der relevanten Zielgruppen gerecht werden. Entsprechend den rechtlichen Anforderungen werden sie regelmäßig überprüft und aufbewahrt. Ergänzend sind nachfolgend die Informationen aufgeführt, die den einzelnen Zielgruppen zur Verfügung stehen oder gestellt werden können.

Zielgruppe	Umweltaufzeichnungen
Geschäftsführung	Mengen und Kosten in Verbindung mit umweltrelevanten Stoffen, Trenddaten, Risikopotenziale; Managementhandbuch
Führungskräfte	Mengen und Kosten in Verbindung mit umweltrelevanten Stoffen, Trenddaten, Risikopotenziale für ihren Verantwortungsbereich; relevante Prozessanweisungen und Arbeitsanweisungen
Umweltmanagement-beauftragter	Zugriff auf alle umweltrelevanten Detailinformationen der Stoffe, Prozesse und Produkte entsprechend ihres Einsatzbereiches, zugehörige Arbeitsanweisungen
Fachkraft für Arbeits-sicherheit	Zugriff auf alle umweltrelevanten Detailinformationen der Stoffe, Prozesse und Produkte entsprechend ihres Einsatzbereiches, zugehörige Arbeitsanweisungen
Mitarbeiter	Stoff- und Prozessdaten mit zugehöriger Arbeitsanweisung, Umweltlexikon für Begriffserklärungen
Behörden	Abluft-, Abfall-, Abwasserdaten; Nachweise
Lieferanten	Umweltanforderungen des Unternehmens an den Lieferanten
Kunden	Umwelteigenschaften der Produkte; Umweltrelevanz des Herstellungsprozesses; Produktrücknahme, Entsorgungs- und Recyclingmöglichkeiten nach der Nutzung
Beförderer/ Entsorger	Stoffeigenschaften und -zusammensetzungen, Nachweise
Öffentlichkeit	Umweltprogramm, Umweltpolitik, Umweltbericht; umweltrelevante Stoffe, Abluft-, Abfall-, Abwasserdaten, Energieeinsatz

Ablauf 3: Verbesserungen

Die Feststellungen, Schlussfolgerungen und Empfehlungen, die als Ergebnis von Überwachungen, Audits etc. erreicht wurden, werden dokumentiert und die notwendigen Verbesserungsmaßnahmen ermittelt. Im Falle der Nichteinhaltung von Vorgaben sind:

- die Ursachen von Abweichungen zu ermitteln,
- die notwendigen Korrekturmaßnahmen und Aktionspläne aufzustellen,
- entsprechende Vorbeugemaßnahmen einzuleiten und Kontrollen durchzuführen,
- alle Verfahrensänderungen festzuhalten, die sich aus den Korrekturmaßnahmen ergeben.

Die verantwortlichen Personen müssen die ergriffenen Maßnahmen systematisch verfolgen, um ihre Wirksamkeit abzusichern.

Ablauf 4: Kommunikation und Umweltbericht

Unser Unternehmen legt intern und extern seine Umweltaktivitäten dar. Wir schaffen somit Transparenz über Fragen und Belange bzgl. der Umweltaspekte und Umweltauswirkungen unserer Tätigkeiten, Produkte und Dienstleistungen. Für die Mitarbeiter unseres Unternehmens und weiterer Interessenten stellen wir geeignete Informationen in Form eines Umweltberichts zusammen. Die enthaltenen Angaben umfassen mindestens:

- eine Beschreibung der Tätigkeiten unseres Unternehmens am Standort,
- unsere Umweltziele und -programme,
- eine Beurteilung aller wichtigen Umweltfragen in Zusammenhang mit den betreffenden Tätigkeiten,
- eine Zusammenfassung der wichtigsten Zahlenangaben,
- eine Bewertung der erzielten Umweltleistungen.

Ablauf 5: Dokumentation des Umweltmanagementsystems

In Form dieses Managementhandbuches, von Prozessanweisungen und Arbeitsanweisungen sowie weiterer „Mitgeltender Unterlagen" werden die wesentlichsten Elemente des Umweltmanagementsystems und seiner Wechselwirkungen beschrieben. Eine maßvolle Dokumentation unterstützt die Mitarbeiter bei der Bewertung des Systems, der Erreichung der Umweltziele und der Verbesserung der umweltorientierten Leistungen. Im Wesentlichen dient die Dokumentation dazu die:

- Umweltpolitik, -ziele und -programme darzustellen,
- Schlüsselfunktionen, Verantwortlichkeiten und Zuständigkeiten zu beschreiben,
- Wechselwirkungen der einzelnen Systemelemente zu beschreiben,
- Aufzeichnungen zu erstellen, die die Einhaltung der Anforderungen an das Umweltmanagementsystem belegen und dokumentieren.

Die Dokumente im Umweltmanagementsystem sind so zu erstellen, dass:

- sie leicht aufgefunden werden können,
- die gültigen Fassungen an allen relevanten Stellen verfügbar sind,
- ungültige Dokumente sofort entfernt werden.

Das Hauptaugenmerk unseres Unternehmens liegt jedoch auf der wirkungsvollen Anwendung des Umweltmanagementsystems und nicht auf einem aufwendigen Dokumentenlenkungssystem.

7

Ablauf 6: Umweltaudit

Zur Überprüfung der Wirksamkeit unseres Umweltmanagementsystems führen wir regelmäßig Umweltaudits durch. Das zugehörige Auditprogramm und die Auditplanung umfassen:

- Tätigkeiten und Unternehmensbereiche, die im Umweltaudit zu berücksichtigen sind,
- Häufigkeit von Umweltaudits,
- Verantwortlichkeiten für die Leitung und Durchführung,
- Berichterstattung der Auditergebnisse.

Auf jeden Fall werden im Umweltaudit die nachfolgenden Gesichtspunkte berücksichtigt:

- Beurteilung, Verringerung der Auswirkungen der betreffenden Tätigkeit auf die verschiedenen Umweltbereiche,
- Energiemanagement, Energieeinsparungen und Auswahl von Energiequellen,
- Bewirtschaftung, Einsparung, Auswahl und Transport von Rohstoffen,
- Wasserbewirtschaftung und -einsparung,
- Vermeidung, Recycling, Wiederverwendung, Transport und Endlagerung von Abfällen,
- Bewertung, Kontrolle und Verringerung der Lärmbelästigung innerhalb und außerhalb des Standorts,
- Auswahl neuer und Änderungen bei bestehenden Produktionsverfahren,
- Produktplanung (Design, Verpackung, Transport, Verwendung und Endlagerung),
- betrieblicher Umweltschutz und Praktiken bei Auftragnehmern, Unterauftragnehmern und Lieferanten,
- Verhütung und Begrenzung umweltschädigender Unfälle,
- besondere Verfahren bei umweltschädigenden Unfällen,
- Information und Ausbildung des Personals in Bezug auf ökologische Fragestellungen,
- externe Information über ökologische Fragestellungen.

4. Mitgeltende Unterlagen

- PA „Umweltinformationen",
- Betriebstagebücher,
- Umweltbericht,
- PA „Umweltaudit".

7.6 Umweltziele und -programm

Ziele sind vorweggenommene Vorstellungen über einen zu erreichenden Soll-Zustand. Die notwendigen Grundlagen, um diesen Soll-Zustand der betrieblichen Umweltsituation festzulegen haben sich aus der Schritt 4 „Umweltprüfung" ergeben. Der Vergleich des dort erfassten Ist-

Zustandes der betrieblichen Umweltsituation mit dem gewünschten Soll-Zustand ergibt erste Maßnahmen für ein Umweltprogramm. Die Realisierung der Maßnahmen und ihre Erfüllung muss regelmäßig einer Erfolgskontrolle unterzogen werden. Die erzielten Ergebnisse sind – wo immer möglich – zu messen. Die in der Umweltprüfung bzw. bei späteren Umweltbetriebsprüfungen/ Umweltaudits identifizierter Verbesserungspotenziale können nicht alle gleichzeitig umgesetzt werden. Es sind Prioritäten zu setzen:

- **Priorität 1** umfasst alle Maßnahmen, die sich aus der Gefährdung von Mitarbeitern ergeben,
- **Priorität 2** ist die Behebung von Schwachstellen, die gegen Umweltvorschriften verstoßen und daher für die verantwortlichen und zuständigen Personen ein Risiko darstellen,
- **Priorität 3** umfasst alle Maßnahmen mit wirtschaftlichem Verbesserungspotenzial.

Die Erfüllung dieser Maßnahmen führt im ersten Schritt zu einer Verbesserung der betrieblichen Umweltsituation. Es werden jedoch noch keine kontinuierlichen Verbesserungen erzielt. Diese lassen sich erst erreichen, wenn aus der Umweltpolitik des Unternehmens heraus strategische Weichen gesetzt und Ziele formuliert werden.

Dazu ein Beispiel:

Die „normale" Produktentwicklung führt durch Materialauswahl, entsprechenden Fertigungsverfahren etc. zu einer Reihe von Umweltproblemen. Diese werden heute in end-off-pipe-Manier gelöst. Die Fertigung steht dabei im Fokus der Problemlösungen. Es kommt letztlich zu einer suboptimalen Verbesserung der Umweltleistungen. Die „umweltgerechte" Produktentwicklung berücksichtigt bereits in der Produktplanung die möglichen Umweltauswirkungen im gesamten Produktlebenszyklus. Hier werden strategische Weichen für einen optimalen betrieblichen Umweltschutz gestellt. Um die in der Umweltpolitik eingegangene Verpflichtung zur kontinuierlichen Verbesserung der Umweltsituation zu gewährleisten, muss das Unternehmen die Zielsetzung im Umweltschutz sowie die dafür erforderlichen Maßnahmen detailliert in Einzelzielen formulieren (Schritt 5).

Die als Umweltziele bezeichneten Einzelziele im Umweltschutz sind vom Unternehmen für alle betroffenen Unternehmensbereiche auf allen Ebenen festzulegen. Dabei ist zu beachten, dass die Umweltziele mit der festgelegten Umweltpolitik übereinstimmen und im Rahmen des Umweltprogramms umgesetzt werden müssen. Sie müssen so formuliert werden, dass die kontinuierliche Verbesserung der Umweltsituation am Unternehmensstandort greifbar wird. Das heißt, die angestrebten Verbesserungen müssen quantitativ erfassbar und mit Zeitvorgaben versehen werden. Dies kann durch die Einführung von Indikatoren erreicht werden.

Ein Indikator ist ein Parameter, der den Fortschritt bei der Umsetzung der Umweltziele messbar bzw. erfassbar macht. Das kann beispielsweise:

- die Menge des verwendeten Rohmaterials oder der Energie,
- die Menge an freigesetzten Emissionen,
- die Menge an produziertem Abfall, bezogen auf die Menge fertig gestellter Produkte,
- die Effizienz des Material- und Energieverbrauches,
- der Anteil des recycelten Abfalls und der recycelbare Materialanteil bei der Verpackung und
- Investitionen in den Umweltschutz sowie die Zahl der Beanstandungen von Seiten der Behörden und der Öffentlichkeit sein.

Die Umweltziele können dann nach folgendem Beispiel formuliert werden:

Zielsetzung
- Verminderung des Energieverbrauchs im Unternehmen zur Schonung von Ressourcen (Umweltpolitik).

Einzelziel/Umweltziel
- Reduktion des Energieverbrauchs im Unternehmen um 10 % gegenüber dem Vorjahr (Umweltprogramm).

Indikator
- Erfassung der verbrauchten Menge an Brennstoffen und Elektrizität je Unternehmenseinheit/ Produktionseinheit (Maßnahmen).

Die Umweltziele können auf diese Weise über die ganze Organisation definiert oder auf einzelne Tätigkeiten bezogen werden. Wenn das Unternehmen die Umweltziele für alle Bereiche formuliert hat, werden diese zu ihrer Verwirklichung in einem Umweltprogramm für den Standort festgeschrieben. Innerhalb des Umweltprogramms werden die Verantwortungen zur Erreichung der Umweltziele für jeden Aufgabenbereich, der Zeitrahmen, sowie die dafür erforderlichen finanziellen und personellen Mittel festgelegt. Bei der Planung von neuen Vorhaben im Sinne von Projekten oder Entwicklungen muss das Unternehmen ein gesondertes Umweltprogramm erstellen. In diesem Umweltprogramm muss das Unternehmen die angestrebten Umweltziele, die Instrumente für die Verwirklichung der Ziele, die anzuwendenden förmlichen Verfahren und die erforderlichenfalls zu ergreifenden Korrekturmaßnahmen festlegen.

Um eine „kontinuierliche Verbesserung" der Umweltsituation zu erreichen, gilt es in erster Linie, die absoluten Umweltbelastungen zu minimieren. Spezifische Schadstoffmengen sind nicht aussagekräftig genug, da die Umweltauswirkungen stets von der Produktionsmenge abhängig sind. So können die Schadstoffmengen/Einheiten im Rahmen von Verbesserungsmaßnahmen zwar relativ sinken, aufgrund einer steigenden Zahl produzierter Einheiten die absoluten Schadstoffmengen jedoch steigen. Trotz umweltverantwortlichen Handelns im Unternehmen können sich somit bei steigender Produktion die Umweltauswirkungen verschlechtern. Spezifische Angaben sind jedoch ebenfalls von Bedeutung, da sie den Wirkungsgrad von Prozessen widerspiegeln. Sowohl spezifische als auch absolute Umweltbelastungen zeigen Umweltpotenziale zur kontinuierlichen Verbesserung auf. Letztere ist jedoch nur über die Minimierung der absoluten Schadstoffmengen zu erreichen. Eine Ausweitung der Produktion bedingt daher verstärkte Anforderungen zur Verringerung der Umweltbelastungen.

Das Umweltprogramm kann als Hilfe zur Verbesserung der umweltorientierten Leistung im Unternehmen betrachtet werden. Es sollte daher dynamisch gestaltet sein. Das heißt, das Unternehmen muss auch hier ein Verfahren einführen, das eine regelmäßige Überarbeitung und gegebenenfalls eine Anpassung an Veränderungen im Unternehmen garantiert. Im Einzelnen sollte das betriebliche Umweltprogramm folgende Elemente beinhalten:

Ist-Zustand

Welcher Handlungsbedarf wurde in der Umweltprüfung/-betriebsprüfung anhand welcher Kriterien identifiziert? Es sollte beschrieben und begründet werden, warum dieser Punkt in das Umweltprogramm übernommen wurde.

Ziel

Der zu erreichende Soll-Zustand stellt das angestrebte Ziel dar. Der neue Zustand enthält die potenziellen Verbesserungen. Diese sind – wo immer möglich – zu quantifizieren. Da die Einhaltung der Umweltvorschriften einen Mindeststandard darstellt, gehen die im Umweltprogramm hinterlegten Umweltziele immer über diese Mindestanforderungen hinaus.

Maßnahmen

Sie beschreiben, welche technischen oder organisatorischen Aktivitäten ergriffen werden, um das formulierte Ziel zu erreichen. Für die interne und/oder externe Erfolgskontrolle muss ein Zeitrahmen für die Realisierung vorgegeben werden. Besonders bei einer Vielzahl von Projekten ist auf die zur Verfügung stehenden finanziellen und personellen Mittel zu achten. Umweltauswirkungen sind in dem Umfang zu verringern, wie es sich mit der wirtschaftlich vertretbaren Anwendung der besten verfügbaren Technik erreichen lässt. Aus den unternehmensinternen Wirtschaftlichkeitsberechnungen muss daher hervorgehen, welche Kosten-Nutzen-Relationen diese Maßnahme hervorruft. Umgekehrt heißt dies, es muss begründet werden können, warum in der Bestandsaufnahme bzw. im Umweltaudit identifizierter Handlungsbedarf nicht ins Umweltprogramm übernommen wurde.

Zuständigkeit/Termine

Um eine termingerechte Realisierung der festgelegten Maßnahmen zu erreichen, ist eine verantwortliche Person für die Durchführung zu benennen. Bei größeren Aufgaben (Projekten) ist dies der Projektleiter. Weiterhin können die Personen oder Abteilungen genannt werden, die an der Realisierung mitwirken.

Erfolgskontrolle

Je nach Aufwand der Maßnahme bzw. des Projektes ist wie im Projektmanagement ein Berichtswesen sinnvoll. Für die erfolgreiche Umsetzung wird zum Abschluss eine Erfolgskontrolle durchgeführt. In ihr werden u. a. die Zielerreichung, der Aufwand und die Kosten-Nutzen-Relationen überprüft. Im Umweltbericht werden die einzelnen Maßnahmen einer externen Erfolgskontrolle unterzogen und somit die Umweltleistungen des Unternehmens transparent gemacht.

Abbildung 7.11 zeigt einen Auszug aus einem Umweltprogramm für den Unternehmensbereich „Produktion".

	PRODUKTION						
Bereich/ Kostenstelle	Ist-Zustand	Ziel	Maßnahmen	Zuständigkeit	Termin	Kosten	Erfolgs- kontrolle
Gleitschleifen	Wirkungsgrad der Umkehrosmose ist schlecht	Trinkwasser- Reduktion um 5 % in diesem Bereich	Anlage wird ersetzt; vorbereitende Maßnahmen laufen				
Produktion	Auffangwannen • für KSS-Anlage • Entfettung • Elektropolier- bäder	Verbesserung des Arbeits- und Umwelt- schutzes, Verbesserung der Sauberkeit	Bei Umzug/Neuauf- stellung von Anlagen - wo technisch möglich - Auffangwannen installieren				
Polierraum	Absaugleistung im Polierbereich muss verbessert werden	Weitere Verbesserung Luftreinhaltung	Neue Anlage wird installiert				
Produktion	Ölnebel in der Raumluft	Luftreinhaltung	Zentrale Absaugung für alle Anlagen wegen Ölnebel installieren				

Abb. 7.11: Umweltprogramm

7.7   Wissensfragen

• Erläutern Sie die Verantwortungen im betrieblichen Umweltschutz.

• Geben Sie einen Überblick zu Straftaten gegen die Umwelt (mit Beispielen).

• Erläutern Sie einige Anforderungen des Umwelthaftungsgesetzes.

• Welche Bedeutung kommt der Aufbau- und Ablauforganisation im Unternehmen zu?

• Erläutern Sie grundlegende Rechte, Pflichten und Aufgaben der Betriebsbeauftragten für Umweltschutz.

• Welche Anforderungen werden an die Dokumentationen im Umweltmanagementsystem gestellt?

• Beschreiben Sie verschiedene Formen, mit denen sich Prozessanweisungen darstellen lassen.

• Erläutern Sie die Bedeutung der Umweltprüfung und -aspekte.

• Erläutern Sie die Bedeutung von Umweltzielen und -programmen.

7.8   Weiterführende Literatur

7.1   Bartholmes, Th.; *Umweltrechtliche Verantwortlichkeit als mittelbarer Verursacher von Umwelteinwirkungen,* Schmidt, **2005,** 3-503-09074-6

7.2   Baumann, W.; Kössler, W.; Promberg, K.; *Betriebliche Umweltmanagementsysteme,* Linde, **2005,** 3-7073-0795-6

7.3   Baumast, A.; Pape, J. (Hrsg.); *Betriebliches Umweltmanagement,* Ulmer, **2009,** 978-3-8001-5995-6

7.4   Bias, M. et al.; *Integriertes Management – Ein Leitfaden für kleine und mittlere Unternehmen,* Bayrisches Staatsministerium für Wirtschaft, Infrastruktur, Verkehr und Technologie, München, **2003**

7.5   Brennecke, V.; Krug, S.; Winkler, C.; *Effektives Umweltmanagement,* Springer, **1998** 3-540-62904-1

7.6   Bühlmann, R.; Heutzer, A.; *Erfolgskontrolle von Umweltmaßnahmen,* Springer, **2000** 3-540-66473-4

7.7   Dyckhoff, H.; Souren, R.; *Nachhaltige Unternehmensführung,* Springer, **2008,** 978-3-540-74052-0

7.8   Engelfried, J.; *Nachhaltiges Umweltmanagement,* Oldenburg, **2011,** 978-3-486-59815-5

7.9   Förster, M.; *Integrierte Managementsysteme,* Kovac, **2003,** 3-8300-0829-5

7.10   Fischer, G. et al.; *Qualitätsmanagement, Arbeitsschutz und Umweltmanagement,* Europa Lehrmittel, **2008,** 978-3-8085-5382-4

7.11   Kamiske, G. et al.; *Management des betrieblichen Umweltschutzes,* Vahlen, **1999**

7.12   Krinn, H.; Meinholz, H.; *Einführung eines Umweltmanagementsystems in kleinen und mittleren Unternehmen,* Springer, **1997,** 3-540-62465-1

7.13   Löbel, J.; Schröger, H.; Closhen, H.; *Nachhaltige Managementsysteme,* Schmidt, **2005,** 3-503-08381-2

7.14   Müller-Christ, G.; *Umweltmanagement,* Vahlen, **2001,** 3-8006-2646-2

7.15   Pfeiffer, J.; *Strukturelle Integration von Umweltmanagementsystemen in gewerblichen Betrieben,* Hampp, **2001,** 3-87988-614-8

7.16   *StGB – Strafgesetzbuch;* **04.07.2013**

7.17   Tollmann, C.; *Die umweltrechtliche Zustandsverantwortlichkeit: Rechtsgrund und Reichweite,* Duncker & Humblot, **2007,** 978-3-428-12250-9

7.18   *UmweltHG – Umwelthaftungsgesetz;* **23.11.2007**

7.19   VDI-Kompetenzfeld Betrieblicher Umweltschutz und Umweltmanagement (Hrsg.); *Wett-*
        bewerbssicherung durch zukunftsorientiertes Management, VDI-Berichte 1625, **2001**,
        3-18-091625-7

7.20   Vorbach, St.; *Prozessorientiertes Umweltmanagement,* Deutscher Universitäts-Verlag,
        2000, 3-8244-7144-2

7.21   Walter, K.; *Wettbewerbsvorteile durch Umweltmanagement,* VDM, **2005,**
        3-86550-047-1

7.22   Wiesendahl, St.; *Technische Normung in der Europäischen Union,* Schmidt, **2007,**
        978-3-503-09761-6

7.23   Zabel, H.-U. (Hrsg.); *Betriebliches Umweltmanagement – nachhaltig und interdisziplinär,*
        Schmidt, **2002,** 3-503-07007-9

7.24   Zukünftige Technologien Consulting der VDI Technologiezentrum GmbH (Hrsg.); *Mehr
        Wissen – weniger Ressourcen Potenziale für eine ressourceneffiziente Wirtschaft,* **April
        2009**

7

8 Umweltcontrolling und -berichte

8.1 Einführung

Eine zielgerichtete Verbesserung der betrieblichen Umweltsituation ist nur möglich, wenn die umweltrelevanten Informationen systematisch erfasst und aufbereitet werden. Die grundlegenden Anforderungen an ein betriebliches Umweltinformationssystem resultieren aus den Vorgaben der Umweltgesetze, -verordnungen etc., d. h. den Umweltvorschriften. Neben diesen rechtlichen Anforderungen sind technologische Aspekte (z.B. Aussagen über Produktionsanlagen) und organisatorische Anforderungen (z.B. Aussagen zum Umweltmanagementsystem) mit zu berücksichtigen. Die strukturierte und kontinuierliche Erfassung umweltrelevanter Daten liefert eine Basis für das operationelle Tagesgeschäft. Für die kontinuierliche Verbesserung der betrieblichen Umweltsituation muss ein Umweltinformationssystem Unterstützung bei der Planung und Umsetzung von Maßnahmen des Umweltprogramms bieten.

Dazu gehören die Möglichkeiten von Schwachstellenanalysen und die Erfolgskontrolle durchgeführter Maßnahmen mittels Soll-Ist-Vergleiche. Die umweltrelevanten Informationen sind so aufzubereiten, dass sie den Forderungen der relevanten Zielgruppen gerecht werden. Adressaten können Geschäftsführung, Führungskräfte, Betriebsbeauftragte oder Mitarbeiter des Unternehmens sein. Aber auch externe, interessierte Kreise sind zu berücksichtigen. Dazu gehören immer die Überwachungsbehörden, Lieferanten und Kunden, Banken, Versicherungen und die Öffentlichkeit im Zuge einer Umweltberichterstattung.

Die Unternehmensführung und die Führungskräfte benötigen übersichtlich aufbereitete Informationen um Trends und Risikopotenziale für ihren Verantwortungsbereich erkennen zu können. Die Umweltauswirkungen verschiedener Alternativen müssen für diesen Personenkreis erkennbar sein. Auf der anderen Seite benötigen die verschiedenen Betriebsbeauftragten für Umweltschutz und die Sicherheitsfachkräfte Zugriff auf alle umweltrelevanten Detailinformationen zu Stoffen, Prozessen und Produkten. Sie überwachen die Einhaltung der rechtlichen Vorgaben und führen Schwachstellen und Risikoanalysen durch. Da Forschung und Entwicklung bereits weit im Vorfeld direkt die Umweltrelevanz neuer Produkte und indirekt auch die der zugehörigen Fertigungsprozesse beeinflusst, sind Informationen über Stoffe, Prozesse, recyclinggerechte Konstruktion etc. unentbehrlich.

Anhand der vorhandenen Informationen beschäftigt sich das Beschaffungswesen mit der Suche nach umweltverträglicheren Substitutionsprodukten. Eine entsprechende Datei zur Lieferanten- und Produktbewertung erleichtert das Auswahlverfahren. Ablauforganisatorisch bedingt fallen die meisten Umweltprobleme im Produktionsbereich an, obwohl die eigentlichen Verursacher in anderen Betriebsfunktionen zu suchen sind. Die Optimierung der gesamten Produktionskette benötigt Querschnittsinformationen über Material- und Energieeinsatz, Anlagen und deren Auslastung, Nutzungsgrade und Angaben über Wartungsintervalle, Wirkungsgrade von Prozessen, Emissionen etc.

Gegenüber den Kunden können Informationen zu den Umwelteigenschaften der Produkte, der Umweltrelevanz des Herstellungsprozesses, den Entsorgungs- und Recyclingmöglichkeiten nach Ablauf der Nutzungsdauer gegeben werden. Behörden sind Informationen bezüglich der rechtlich vorgegebenen Auskünfte zu Emissionserklärungen, Gefahrstoffverzeichnissen, verantwortliche Personen etc. zur Verfügung zu stellen. In diesem Zusammenhang ist das Unternehmen auch zur Überwachung seiner Entsorger angehalten und muss entsprechende Nachweise führen. Soweit die Unternehmensführung verdichtete Umweltinformationen benötigt, sind für einen Umweltbericht ausgewählte Informationen über die Umweltsituation des Unternehmens zur Verfügung zu stellen.

8.2   Umweltleistungskennzahlen

In Umweltleistungskennzahlen werden umfangreiche Umweltdaten zu wenigen wesentlichen Schlüsselinformationen zusammengefasst. Dies erleichtert den Organisationen die Quantifizierung und die Berichterstattung über ihre Umweltleistung. Eine weitere wichtige Funktion von Umweltkennzahlen liegt darin, dass sie den Organisationen beim Management ihrer Umweltaspekte und Umweltauswirkungen hilfreich sind. Für ein System von Umweltindikatoren gilt:

- Kennzahlen und Indikatoren sollen einen Vergleich ermöglichen und Änderungen der Umweltleistung aufzeigen,
- Ausgewogenheit zwischen problematischen (schlechten) und aussichtsreichen (guten) Bereichen,
- Kennzahlen und Indikatoren sollen auf gleichen Kriterien beruhen und über vergleichbare Zeitabschnitte oder Zeiträume betrachtet werden,
- Kennzahlen und Indikatoren sollen ausreichend häufig aktualisiert werden, damit auch Maßnahmen getroffen werden können,
- Kennzahlen und Indikatoren sollen klar und verständlich sein.

In der Regel werden bei der Bewertung der Umweltleistung einer Organisation und der Berichterstattung darüber drei Kategorien von Umweltkennzahlen unterschieden (Abb. 8.1).

Operative Leistungskennzahlen (OPIs)			Management-Leistungskennzahlen (MPIs)		Umweltschutzindikatoren (ECIs)	
Input-Kennzahlen	Kennzahlen für technische Anlagen und Ausstattung	Output-Kennzahlen	System-kennzahlen	Funktions-bereichs-kennzahlen	Indikatoren für Umweltmedien	Indikatoren für die Bio- und Anthroposphäre
Material	Design	hergestellte Produkte	Umsetzung von Politiken und Programmen	Verwaltung und Planung	Luft	Flora
Energie	Installation	erbrachte Dienstleistungen	Konformität	Beschaffung und Investitionen	Wasser	Fauna
Dienstleistungen, die den operativen Bereich unterstützen	Betrieb	Abfälle	Finanzielle Leistung	Gesundheit und Sicherheit	Boden	Menschen
Produkte, die den operativen Bereich unterstützen	Wartung	Emissionen	Einbeziehung der Arbeitnehmer	Beziehungen zur Öffentlichkeit		Ästhetik, Erbe und Kultur
	Bodennutzung					
	Verkehr					

Abb. 8.1: Kategorien von Umweltleistungskennzahlen [Empfehlung 2003/532/EG, **2003**]

Operative Leistungskennzahlen (OPIs)

beziehen sich auf die Aspekte, die mit dem Betrieb einer Organisation, also ihren operativen Tätigkeiten, den Produkten oder Dienstleistungen, zusammenhängen z.B. Emissionen, stoffliche Verwertung von Produkten und Rohstoffen, Kraftstoffverbrauch der Fahrzeuge oder Energienutzung. Zu den operativen Leistungskennzahlen gehören die Input-Kennzahlen, die Kennzahlen für technische Anlagen und Ausstattung und die Output-Kennzahlen. Sie beziehen sich vor allem auf die Planung, Steuerung und Überwachung der Umweltauswirkungen, die sich aus der Betriebstätigkeit der Organisation ergeben. Operative Leistungskennzahlen sind außerdem ein Instrument zur Kommunikation von Umweltdaten in Form von Umweltberichten oder Umwelterklärungen. Durch die Einbeziehung von Kostenaspekten dienen sie überdies als Grundlage des Umweltkostenmanagements.

Managementleistungskennzahlen (MPIs)

beziehen sich auf die Anstrengungen der Organisationsleitung zur Schaffung der für ein erfolgreiches Umweltmanagement notwendigen Infrastruktur und umfassen z.B. Umweltprogramme, Zielsetzungen und Einzelziele, Schulungen, Anreizsysteme, Häufigkeit von Betriebsprüfungen, Standortbesichtigungen, Leitungsentscheidungen und Beziehungen zur Öffentlichkeit. Diese Kennzahlen dienen als interne Steuerungs- und Informationskennzahlen, sind allein jedoch nicht ausreichend, um einen genauen Überblick über die Umweltleistung der Organisation zu geben.

Umweltzustandsindikatoren (ECIs)

geben Auskunft über die Umweltqualität in der Umgebung der Organisation und den örtlichen, regionalen oder globalen Zustand der Umwelt. Dazu zählen z.B. die Wasserqualität eines nahe gelegenen Sees, Luftqualität in der Region, die Konzentration von Treibhausgasen oder die Anreicherung bestimmter Schadstoffe im Boden. Trotz ihrer großen Vielfalt können sie dazu dienen, die Aufmerksamkeit der Organisationsleitung auf die Umweltaspekte zu lenken, von denen wesentliche Umweltauswirkungen ausgehen. Der Zustand der Umweltmedien (Luft, Wasser, Boden) und der daraus resultierenden Umweltprobleme hängen meist von verschiedensten Einflüssen ab z.B. von Emissionen anderer Organisationen, privater Haushalte oder des Verkehrs. Daten über den Zustand der Umweltmedien werden in der Regel von staatlichen Stellen gemessen und registriert. Aus diesen Daten werden spezielle Umweltindikatorensysteme für die wichtigsten Umweltprobleme abgeleitet. In Verbindung mit umweltpolitischen Zielsetzungen dienen solche Umweltindikatoren den Organisationen als Orientierungshilfe für die Festlegung ihrer eigenen Kennzahlen und Zielsetzungen. Das gilt insbesondere, wenn eine Organisation an ihrem Standort einer der Hauptverursacher eines Umweltproblems ist z.B. bei Lärmbelastungen durch einen Flughafen oder örtlicher Wasserverschmutzung durch einen großen Direkteinleiter. Gerade in diesen Fällen eignen sich Umweltzustandsindikatoren zur Ermittlung der Umweltauswirkungen der Organisation.

Bei Organisationen mit nur geringen Umweltauswirkungen und einem recht einfachen Umweltmanagementsystem kommt es in der Regel vor allem auf die Kennzahlen an, die sich auf die operative Umweltleistung beziehen.

8.3   Auswahl von Umweltkennzahlen

Bei der Auswahl von Umweltleistungskennzahlen für einen bestimmten Umweltaspekt sollte sich die Organisation folgende Fragen stellen:

*   Was sind die wichtigsten Umweltaspekte und Umweltauswirkungen der Organisation?
*   Wo können die größten Verbesserungen erreicht werden?
*   Wo können Umweltverbesserungen gleichzeitig zu Kostensenkungen führen?

Die ausgewählten Umweltindikatoren und Umweltkennzahlen sollen den umweltpolitischen Prioritäten entsprechen:

- Wie weit beeinflusst die Organisation die lokale oder regionale Umweltsituation im Zusammen-
  hang mit ihren Umweltaspekten?
- Welche Umweltprobleme beherrschen die aktuelle politische Diskussion?
- Welche externen Forderungen betreffen die Organisation?

Abbildung 8.2 zeigt ein Flussdiagramm des Entscheidungsprozesses zur Auswahl von Umweltleistungskennzahlen.

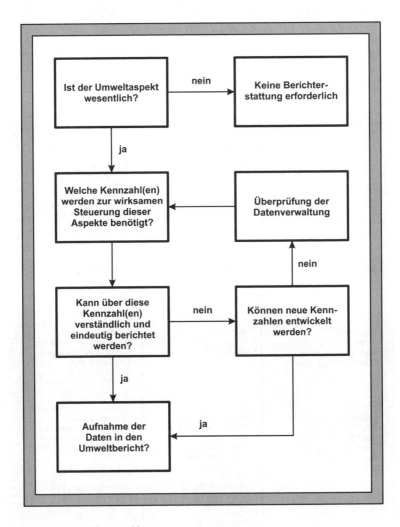

Abb. 8.2: Auswahl von Umweltkennzahlen

Kennzahlen sollen die Umweltleistung der Organisation unverfälscht darstellen

Es ist wichtig, dass die Organisation ihre Umweltleistung richtig bewerten kann. Die Kennzahlen sollen daher die Umweltleistung möglichst genau wiedergeben und alle Umweltaspekte und Umweltauswirkungen ausgewogen darstellen. Wenn z.B. eine Organisation ihren Abluft- und Abwasserausstoß verringert, dadurch aber mehr feste Deponieabfälle erzeugt, so soll sie auf den Gesamtnutzen für die Umwelt eingehen und darüber berichten. Dabei sind auch finanzielle Auswirkungen zu beachten, denn auch die Deponiekosten müssen berücksichtigt werden, um die Kosten und Vorteile solcher Maßnahmen richtig einschätzen zu können.

Nachfolgend werden Beispiele für Kennzahlen, Indikatoren und Maßeinheiten aufgeführt, die sich für eine Verwendung im Umweltbericht eignen (Abb. 8.3 – 8.9). Zusätzlich zu den absoluten Kenn-

Input-Kennzahlen		
Kategorie	**Beispiele für Kennzahlen**	**Beispiele für Maßeinheiten**
Material	• Roh- und Ausgangs-stoffe, • Betriebs- und Hilfsstoffe, • Grundwasser, • Oberflächenwasser, • fossile Kraftstoffe	• Tonnen pro Jahr, • Tonnen pro Produkt-tonnen pro Jahr, • Tonnen gefährlicher/ schädlicher Stoffe pro Jahr, • Tonnen gefährlicher/ schädlicher Stoffe pro Produkttonnen pro Jahr, • Kubikmeter pro Jahr, • Kubikmeter pro Produkt-tonnen
Energie	• Strom, • Erdgas, • Erdöl, • erneuerbare Energien	• Megawattstunden pro Jahr, • Kilowattstunden pro Produkttonnen
Produkte (in Abstimmung mit Funktionsbereich „Beschaffung und Investitionen")	• Vorprodukte, • Hilfsprodukte, • Bürobedarf	• Tonnen pro Jahr, • Kilogramm gefährlicher/ schädlicher Stoffe pro Produkttonnen, • Anzahl/Anteil der Produkte mit Umwelt-zeichen (pro Jahr),
Dienstleistungen (in Abstimmung mit Funktionsbereich „Beschaffung und Investitionen")	• Reinigung, • Abfallentsorgung, • Gartenpflege, • Verpflegung, • Kommunikation, • Bürodienste, • Verkehr, • Dienstreisen, • Weiterbildung, • Verwaltung, • Planung, • Finanzdienste	• Tonnen pro Jahr, • Kilogramm gefährlicher/ schädlicher Stoffe pro Dienstleistungseinheit (pro Jahr), • Anzahl/Anteil der Dienstleistungen mit Umweltzeichen (pro Jahr)

Abb. 8.3: Input-Kennzahlen

zahlen der Umweltauswirkungen können mit den Messwerten auch Umweltauswirkungen pro Produkt- oder Dienstleistungseinheit, Umsatz, Bruttoverkauf oder Bruttomehrwert (Ökoeffizienz-Indikatoren) oder die Umweltauswirkung pro Mitarbeiter dargestellt werden.

Kennzahlen für technische Anlagen und Ausstattung		
Kategorie	**Beispiele für Kennzahlen**	**Beispiele für Maßeinheiten**
Design	• Gebäude, • Anlagen, • Ausrüstungen	• Wärmeverluste der Gebäude in Watt pro Quadratmeter und Kelvin, • Anteil der Ausrüstungen mit wiederverwendbaren Teilen (pro Jahr)
Installation	• Gebäude, • Anlagen, • Ausrüstungen	• Anteil der zur Wiederverwendung ausgelegten Maschinenteile (pro Jahr), • Anteile oder Anzahl der Ausrüstungen mit Umweltzeichen oder Umwelterklärungen (pro Jahr)
Betrieb	• Gebäude, • Anlagen, • Ausrüstungen	• Betriebsstunden bestimmter Maschinen- oder Ausrüstungsteile pro Jahr, • Tonnen der zum Betrieb eingesetzten Stoffe, Materialien oder Produkte pro Jahr
Wartung	• Gebäude, • Anlagen, • Ausrüstungen, • Transportfahrzeuge	• Wartungsstunden bestimmter Anlagen oder Ausrüstungen pro Jahr, • Tonnen der zur Wartung eingesetzten Stoffe, Materialien oder Produkte pro Jahr
Bodennutzung	• natürliche Lebensräume, • Grünflächen, • gepflasterte Flächen	• Quadratkilometer (pro Jahr)
Verkehr	• Kraftstoffverbrauch, • Fahrzeugabgase, • Dienstreisen nach Beförderungsart (Flug, PKW, Bus, Bahn)	• Kraftstoffverbrauch des Fuhrparks in Tonnen pro Jahr, • Treibhausgasemission des Fuhrparks in Tonnen pro Jahr, • Masse oder Anzahl der vom Fuhrpark abgegebenen feinen und ultrafeinen Partikel, • Personenkilometer (pro Jahr)

Abb. 8.4: Kennzahlen für technische Anlagen und Ausstattung

Kennzahlen und Indikatoren sollen verständlich und unzweideutig sein

Sowohl im Interesse der Glaubwürdigkeit als auch der Managementkontrolle ist es wichtig, dass die Kennzahlen oder Indikatoren keinen falschen Eindruck erwecken oder das Zielpublikum irreführen. Die Kennzahlen und Indikatoren sollen für den Nutzer klar und verständlich sein und dessen Informationsbedürfnissen entsprechen. Sie sollen kohärent sein und sich auf wesentliche Daten konzentrieren. Für die Berichterstattung werden Daten häufig zusammengefasst und standardisiert. Dies ermöglicht zwar eine prägnante Darstellung, es muss aber darauf geachtet werden, dass das Endergebnis leicht nachvollziehbar bleibt.

So ist die Darstellung eines internen Index für das hauseigene Recycling nicht unbedingt verständlich, wenn nicht mit einfachen Worten erklärt wird, wie dieser Index ermittelt wurde. Das Abstellen der Daten auf ein Ausgangsjahr eignet sich unter Umständen für einen jährlichen Vergleich, spiegelt aber nicht unbedingt alle Aspekte der Umweltleistung wieder. So kommt es auch darauf an, dass die Auswirkungen von Übernahmen und Entflechtungen deutlich dargestellt werden, und dass das Zielpublikum den absoluten Stellenwert des betreffenden Aspekts, über den berichtet wird, beurteilen kann.

Output-Kennzahlen		
Kategorie	**Beispiele für Kennzahlen**	**Beispiele für Maßeinheiten**
Emissionen	• Luftemissionen wie Treibhausgase, • flüchtige organische Verbindungen, • feine und ultrafeine Partikel usw., • Abwässer, wie Einleitung von gefährlichen Stoffen, • Prozesswasser und Kühlwasser, • Abfall z.B. gefährliche und nicht gefährlicihe Abfälle, • Schlamm, • Hitze, • Lärm	• Tonnen pro Jahr, • Kilogramm pro Produkttonnen, • Kubikmeter pro Jahr, • Kubikmeter pro Produkttonnen, • Kilogramm der Stoffe pro Kubikmeter des Abwassers, • Anteil des recyclingfähigen Abfalls (pro Jahr), • Megajoule pro Jahr, • Megajoule pro Produkttonnen, • Dezibel (an bestimmten Orten)
Produkte (Design, Entwicklung, Verpackung, Nutzung, Wiederverwertung, Entsorgung)	• Stoffe in Produkten, • Verpackungsmaterialien, • Energieverbrauch der Vorrichtungen	• Tonnen gefährlicher/ schädlicher Stoffe pro Jahr (und Produkteinheit), • Masseanteil der zur Wiederverwendung ausgelegten Produktteile pro Jahr, • Anzahl und Anteil der Produkte mit Umweltzeichen (pro Jahr), • Tonnen Verpackungsmaterial pro Jahr
Dienstleistungen (Design, Entwicklung, Betrieb)	• Reinigung, • Abfallentsorgung, • Gartenpflege, • Verpflegung, • Kommunikation, • Bürodienste, • Verkehr, • Dienstreisen, • Weiterbildung, • Verwaltung, • Planung, • Finanzdienste	• Dienstleistungseinheit und Jahr, • Kraftstoffverbrauch in Litern pro Dienstleistungseinheit und Jahr, • Anzahl und Anteil der Dienstleistungen mit Umweltzeichen (pro Jahr)

Abb. 8.5: Output-Kennzahlen

8

Systemkennzahlen		
Kategorie	**Beispiele für Kennzahlen**	**Beispiele für Maßeinheiten**
Umsetzung von Politiken und Programmen	• Umweltzielsetzungen und -einzelziele, • Arbeitsbedingungen, • Datenverwaltung	• Anteil der erfüllten Zielsetzungen und Einzelziele pro Jahr, • Anteil der Abteilungen/Arbeitsplätze mit festgelegten Umweltanforderungen (pro Jahr), • Anteil der in die Umweltmessung und Datenverwaltung integrierten Abteilungen/Arbeitsplätze (pro Jahr)
Konformität	• Betriebsprüfungen, • Einhaltung freiwilliger Umweltverpflichtungen	• Anteil der geprüften Abteilungen/Arbeitsplätze pro Jahr, • Anzahl der erreichten Einzelziele aus freiwilligen Verpflichtungen (pro Jahr)
Finanzielle Leistung	• Ressourceneinsparungen	• Euro pro Jahr
Einbeziehung der Arbeitnehmer	• Umweltschonung, • Anhörung und Verbesserungsvorschläge der Arbeitnehmer	• Schulungstage pro Arbeitnehmer und Jahr, • Gesamtanteil der Schulungen pro Jahr, • Anzahl der Sitzungen mit Beschäftigten/Personalvertretern pro Jahr, • Anzahl der Vorschläge pro Mitarbeiter und Jahr, • Anzahl/Anteil der umgesetzten Vorschläge pro Jahr

Abb. 8.6: Systemkennzahlen

Kennzahlen und Indikatoren sollen einen Vergleich von Jahr zu Jahr gestatten

Dadurch wird sichergestellt, dass die Entwicklung der Umweltleistung einer Organisation leicht verfolgt werden kann. Wie wichtig die Auswahl der richtigen Kennzahlen zu Beginn der Berichterstattung ist, wird beim Vergleich von Jahr zu Jahr deutlich. Ändern sich die Parameter für einen bestimmten Umweltaspekt oder eine Auswirkung, so ist es meist schwierig festzustellen, ob Verbesserungen erreicht wurden. Wird der Energieverbrauch z.B. im Jahr 1 als Gesamtverbrauch, in Jahr 2 aber als Energieverbrauch pro Produkttonne ausgewiesen, so ist kein Vergleich zwischen den beiden Jahren möglich. Deshalb sollen die Organisationen bei der Auswahl der Kennzahlen darauf achten, dass die zeitliche Kontinuität und Vergleichbarkeit gewahrt wird. Um Verwirrung zu vermeiden, sollten zu den Kennzahlen auch stets die absoluten Zahlen angegeben werden. Organisationen sollten sich auch bewusst sein, dass zur möglichst genauen Darstellung der jährlichen Leistungsentwicklung absolute Jahresmittelwerte und gegebenenfalls deren Abweichungen angegeben werden sollten. Ist dies nicht sinnvoll, sollte ein Durchschnittsjahr oder ein langjähriger Durchschnitt als Bezugsjahr gewählt werden. Außergewöhnliche Spitzenjahre eignen sich also nicht als Bezugsjahr.

Funktionskennzahlen		
Kategorie	**Beispiele für Kennzahlen**	**Beispiele für Maßeinheiten**
Verwaltung und Planung	• direkte und indirekte Umweltaspekte und Auswirkungen von Planungsentscheidungen, • Politiken, • Bodennutzungsplanung, • Engagement auf grünen Märkten	• Anzahl der strategischen Entwicklungen, für die Umweltverträglichkeitsprüfungen durchgeführt werden (pro Jahr), • Anteil der Böden, die natürliche Lebensräume oder Grünflächen bleiben oder werden sollen (pro Jahr), • Gesamtwert (in Euro) oder Anteil der auf grünen Märkten verkauften Produkte
Beschaffung und Investitionen (in Abstimmung mit Input-Kennzahlen für Produkte und Dienstleistungen)	• Umweltleistung von Lieferanten und Vertragspartnern, • Investitionen in Umweltvorhaben, usw.	• Anzahl/Anteil der Lieferanten und Vertragspartner mit einer Umweltpolitik oder Managementsystemen, • Gesamtwert (in Euro) oder Anteil der Kapitalinvestitionen in Umweltvorhaben pro Jahr
Sicherheit und Gesundheitsschutz am Arbeitsplatz	• Umweltunfälle, • Erkrankungen, • Innenraum-Luftqualität, • Lärm	• Anzahl der Mitarbeiterunfälle pro Jahr, • Krankheitstage pro Mitarbeiter und Jahr, • Konzentration schädlicher Stoffe in Milligramm pro Liter oder Teile pro Million (ppm), • örtlicher Geräuschpegel in Dezibel
Beziehungen zur Öffentlichkeit	• Gespräche mit Interessengruppen (Sitzungen, aktive Teilnahme an Veranstaltungen), • externe Anfragen nach der Umwelterklärung	• Anzahl der Gespräche in Personentagen pro Jahr, • Anzahl der externen Anfragen pro Jahr, • Anzahl der externen Web-Abfragen pro Jahr

Abb. 8.7: Funktionskennzahlen

Kennzahlen und Indikatoren sollen branchenbezogene, nationale oder regionale Benchmark-Vergleiche ermöglichen

Eine Grundvoraussetzung für solche Gegenüberstellungen ist, dass die Daten nach gleichen Kriterien erhoben wurden, damit es nicht zu einem Vergleich von „Äpfeln mit Birnen" kommt. Beim Energieverbrauch wäre beispielsweise die Frage zu klären, ob über den Primär- oder Sekundärenergieverbrauch berichtet werden soll. Die Organisation muss also darauf achten, dass die Festlegung ihrer Kennzahlen nach einem „gemeinsamen Standard" erfolgt. Solche „gemeinsamen Standards" werden bisweilen von Forschungseinrichtungen, Wirtschaftsverbänden, Nichtregierungsorganisationen oder von örtlichen, regionalen oder nationalen Behörden festgelegt. Die Organisationen sollten solche Benchmarking-Vorgaben kennen und bei der Berichterstattung über die betreffenden Aspekte solche Kennzahlen wählen, die damit direkt vergleichbar sind. Gibt es mehrere Benchmarking-Systeme, so sollte sich die Organisation für das System entscheiden, das sich am besten für ihre Branche eignet.

Indikatoren für Umweltmedien		
Kategorie	Beispiele für Kennzahlen	Beispiele für Maßeinheiten
Luft	• Vorhandensein bestimmter Stoffe in der Luft z.B. Schwefel, Stickstoffoxide, Ozon, flüchtige organische Verbindungen, feine und ultrafeine Partikel, usw.	• Milligramm pro Liter, • Teile je Million (ppm)
Wasser	• Vorhandensein bestimmter Stoffe in Flüssen, Seen und im Grundwasser z.B. Nährstoffe, Schwermetalle, organische Verbindungen	• Milligramm pro Liter
Boden	• natürliche Lebensräume, • Schutzgebiete, • Bodenbelastung durch Schwermetalle, • Pestizide und Nährstoffe	• Anteil der Gebiete (pro Jahr), • Veränderung in Quadratkilometern pro Jahr, • Quadratmeter/ Kubikmeter belasteter Böden pro Kubikmeter (pro Jahr)

Abb. 8.8: Indikatoren für Umweltmedien

Kennzahlen und Indikatoren sollen einen Vergleich mit Rechtsvorschriften ermöglichen

Sowohl für die interne Organisationsführung als auch im Interesse ihrer Glaubwürdigkeit nach außen sollten Organisationen in der Lage sein darzustellen, auf welche Art und Weise sie die Rechtsvorschriften einhalten. Soweit es für den jeweiligen Aspekt solche Vorschriften gibt, sollten die Organisationen die gesetzlichen Vorgaben zusammen mit ihrer Leistung in der gleichen Tabelle oder im gleichen Diagramm darstellen.

Indikatoren für die Bio- und Antroposphäre		
Kategorie	Beispiele für Kennzahlen	Beispiele für Maßeinheiten
Flora	• ausgestorbene und bedrohte Arten	• Anzahl/Anteil im Vergleich zu natürlichen Lebensräumen
Fauna	• ausgestorbene und bedrohte Arten	• Anzahl/Anteil im Vergleich zu natürlichen Lebensräumen
Menschen	• Lebenserwartung der örtlichen Bevölkerung, • umweltbedingte Erkrankungen der örtlichen Bevölkerung, • Schadstoffbelastung des Bluts der örtlichen Bevölkerung (z.B. Blei)	• Lebenserwartung in Jahren, • Anteil der örtlichen Bevölkerung mit bestimmten (chronischen) Erkrankungen, • Milligramm der Schadstoffe pro Liter
Ästhetik, Erbe und Kultur	• Naturdenkmäler	• Quadratkilometer

Abb. 8.9: Indikatoren für die Bio- und Anthroposphäre

8.4 Umweltkennzahlensystem

Der folgende Vorschlag für Umweltkennzahlen berücksichtigt die bisher genannten Punkte und stellt die Grundlage für das betriebliche Umweltkennzahlensystem eines ausgewählten Unternehmens dar.

Ausgehend von den absoluten Werten für Produktionsfaktoren und Umweltaspekte wie:

- Materialien
- Energie
- Wasser
- Boden

- Abfall
- Abwasser
- Emissionen
- Altlasten

werden mit möglichen Bezugsgrößen spezifische Kennzahlen gebildet, die die wesentlichen umweltrelevanten Aspekte der betrieblichen Tätigkeit berücksichtigen. Mögliche Bezugsgrößen sind in Abbildung 8.10 dargestellt.

Unternehmen	Produkte	Bezugsgrößen
Standort	Produkt	Umsatz
Prozess	Komponente	Wertschöpfung
Anlage	Einzelteil	Stückzahlen
Arbeitsplatz		Mitarbeiter
		Flächen

Abb. 8.10: Bezugsgrößen für ein Kennzahlensystem

8.4.1 Absolute Kennzahlen

Ein Bestandteil im Umweltkennzahlensystem ist die Darstellung der absoluten Werte (Abb. 8.11). Diese sind für den Vergleich über bestimmte Zeiträume von Bedeutung und werden zur Bildung der spezifischen Kennzahlen benötigt.

Produktions-faktoren	Unternehmen	Umweltaspekte
Material: • Eisen/Stahl, • Gussteile, • Aluminium, • Kraftstoff, • Glysantin, • Bremsflüssigkeit, • Fette/Öle, • technische Gase, • Laugen/Säuren, • Lösemittel, • Farben/Lacke Energie: • elektrische Energie, • Erdgas, • Fernwärme, • Heizöl EL, • Heizöl S, • Kohle Wasser: • Fremdwasser, • Eigenbezug Boden: • Werksgelände, • bebaute Flächen, • Grünflächen	Unternehmen Standort Prozess Anlage Arbeitsplatz	Abfall: • gefährliche Abfälle, • Lackschlämme, • Abwasserschlämme, • Emulsionen, • Altöl, • Wertstoffe, • Metallschrott, • Papier/Pappe, • Holz, • Gewerbeabfall Abwasser: • Sanitärabwasser, • Produktionsab- wasser, • direkt/indirekt, • Frachten Abluft: • Schwefeldioxid, • Stickoxide, • Kohlendioxid, • Staub, • Lösemitteln, • weitere Emissionen Altlasten Lärm

Abb. 8.11: Verzeichnis der zu erhebenden Daten zur Bildung von absoluten Kennzahlen

Die absoluten Kennzahlen sind maßgeblich für die Bewertung der Umweltauswirkungen im „System Erde". Je nach Bedarf können sie unternehmens-, standort-, prozess-, anlagen- oder arbeitsplatzbezogen erfasst werden. Abbildung 8.12 zeigt die gesamten CO_2-Emissionen eines Unternehmensstandortes; Abbildung 8.13 die absoluten Abfallmengen (incl. gefährlicher Abfälle).

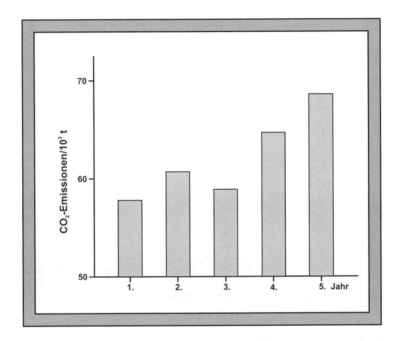

Abb. 8.12: Absolute CO_2-Emissionen eines Unternehmensstandortes

Im gezeigten Beispiel bleiben die absoluten CO_2-Emissionen in den ersten drei Jahren relativ konstant. Aufgrund von Produktionssteigerungen nehmen sie im 4. und 5. Jahr stark zu. Damit erhöhen sich die Umweltauswirkungen des Unternehmens und dessen Beitrag zum Klimawandel.

Ein vergleichbares Bild liefern die anfallenden absoluten Abfallmengen (Abb. 8.13). In den ersten beiden Jahren bleiben die Abfallmengen konstant und sinken im 3. Jahr leicht ab. Aufgrund höherer Produktionsmengen steigen sie im 4. und 5. Jahr deutlich an.

8

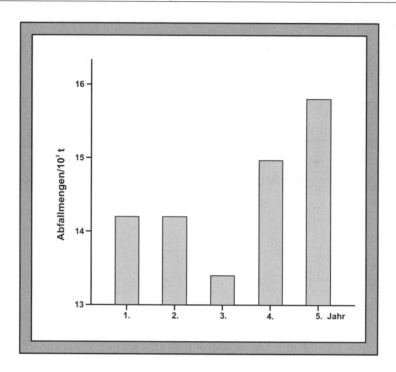

Abb. 8.13: Absolute Abfallmengen eines Unternehmensstandortes

8.4.2   Spezifische Kennzahlen

Spezifischen Kennzahlen setzen die absoluten Werte „Produktionsfaktoren" bzw. „Umweltaspekte" ins Verhältnis zu den Betriebsgrößen „Unternehmen", „Produkte" und „Bezugsgrößen". Aus den verschiedenen Größen lassen sich alle nur denkbaren Variationen (Abb. 8.14) bilden. Ausgehend von den hier dargestellten Größen ergeben sich eine Vielzahl von Kombinationsmöglichkeiten zur Darstellung der Umweltleistung des Unternehmens, Standortes, Prozesses etc. bzw. der Auswirkungen der Produktion eines Produkts, Aggregats oder Einzelteils. Die Möglichkeiten sind vielfältig und müssen nach den innerbetrieblichen Notwendigkeiten festgelegt werden.

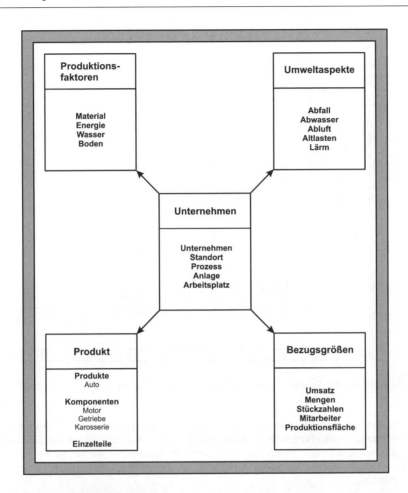

Abb. 8.14: Bildung von spezifischen Kennzahlen

Grundlage für die spezifischen Kennzahlen der Abbildungen 8.15 – 8.16 sind die absoluten Werte der Abbildungen 8.12 und 8.13. Als Bezugsgröße wurden Massen an hergestellten Produkten gewählt.

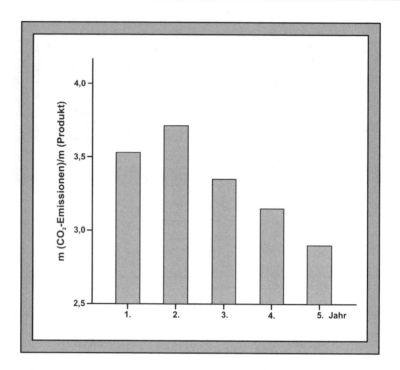

Abb. 8.15: Spezifische CO_2-Emissionen eines Unternehmensstandortes

Im Beispiel bleiben die spezifischen CO_2-Emissionen in den ersten beiden Jahren relativ konstant. Aufgrund steigender Produktionsmengen und einer besseren Auslastung nehmen sie in den darauf folgenden Jahren deutlich ab. Die Effizienz der Unternehmensprozesse hat sich somit erhöht, was aufgrund der absoluten CO_2-Emissionen jedoch nicht zu einer Reduzierung der Umweltauswirkungen geführt hat.

Ein vergleichbares Bild liefern die anfallenden spezifischen Abfallmengen (Abb. 8.16). In den ersten beiden Jahren bleiben die spezifischen Werte konstant, während sie in den Folgejahren deutlich sinken.

Für die spezifischen Kennzahlen spielt auch die Auslastung der Prozesse eine wichtige Rolle. Unabhängig von der Auslastung tragen Prozesse einen fixen Anteil zu den Umweltauswirkungen bei, der durch einen variablen, auslastungsabhängigen Anteil ergänzt wird. Bei spezifischen Kennzahlen ist diese Abhängigkeit für interessierte Kreise nur schwer zu erkennen. Für die Bewertung der Umweltauswirkungen zählen letztlich nur die absoluten Werte.

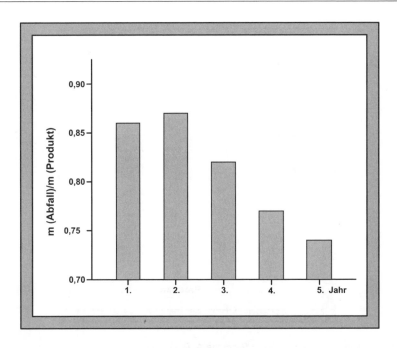

Abb. 8.16: Spezifische Abfallmenge eines Unternehmensstandortes

8.4.3   Effizienzkennzahlen

Zur weiteren Beschreibung der Umweltleistung von Unternehmen, Standorten etc. eignen sich folgende Effizienzkennzahlen.

Materialeffizienz

Die Materialeffizienz ist besonders hinsichtlich der Schonung der natürlichen Ressourcen ein wichtiger Bestandteil des Umweltkennzahlensystems. Die Materialeffizienz ergibt sich wie folgt:

$$\eta_{Material} = 1 - \frac{m_{Abfall}}{m_{Input}}$$

Wenn m_{Abfall} pro eingesetzter Masse $m_{Material}$ kleiner wird, dann wird die Materialeffizienz η_M größer (Abb. 8.17). Maximale Zielgröße ist $\eta_M = 1$, d.h. 100 %-ige Materialnutzung.

8

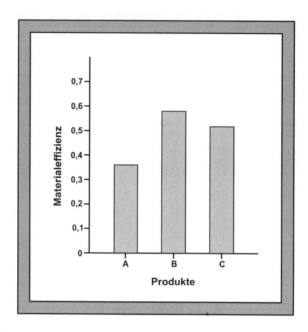

Abb. 8.17: Materialeffizienz verschiedener Produkte A, B, C

Kosteneffizienz

Weiterer Bestandteil des Umweltkennzahlensystems ist die Umweltkosteneffizienz η_K, d.h. das Verhältnis der Umweltkosten zu den gesamten Produktionskosten. Bezugsgrößen wie Standort, Produkte etc. sind frei wählbar.

$$\eta_{Kosten} = 1 - \frac{Umweltkosten}{Gesamtkosten}$$

Sinken die Umweltkosten, so verbessert sich die Kosteneffizienz (Abb. 8.18). Die maximale Zielgröße η_K wird dann 1.

Umweltkennzahlen besitzen durchaus das Potenzial, um die betriebliche Umweltsituation zu verbessern. Sie sind sehr gut geeignet, Abweichungen der Umweltleistung des Unternehmens oder des Standorts intern zu messen. Sie eignen sich auch ideal zur internen Zielformulierung für den Standort. Vergleiche verschiedener Standorte eines Unternehmens und der dort zur Anwendung kommenden gleichen Technologien, Prozesse oder Verfahren (z.B. Lackiererei) sind möglich. Sie erfordern aber einen großen Aufwand bei der Datenerfassung und Bewertung. Vergleiche zwischen verschiedenen Technologien, Prozessen und Verfahren (z.B. Lackiererei vs. Presswerk) sind nicht möglich.

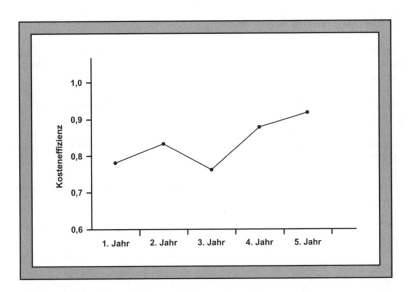

Abb. 8.18: Entwicklung der Kosteneffizienz an einem Standort

Das Register der Umweltkennzahlen kann nur von verantwortlichen Personen für den jeweiligen Standort festgelegt werden. Gleiches gilt für die Kriterien zur Datenerfassung. Beide müssen entsprechend den Standortbedingungen definiert werden. Vergleiche mit externen Mitbewerbern anderer Unternehmen sind nahezu unmöglich, da die hierfür benötigten Daten nie in einem ausreichenden Maße und mit entsprechender Genauigkeit zur Verfügung stehen werden. Der Vergleich verschiedenartiger Produkte ist aufgrund der Komplexität nicht möglich. Die Aggregierung aller Produktparameter und -einflüsse zu einer einzigen – zum Vergleich geeigneten – Produktkennzahl, ist nicht möglich.

8.5 Wissensfragen

- Welche Kategorien von Umweltleistungskennzahlen kennen Sie?

- Nennen Sie Beispiele für Input-Umweltkennzahlen im Umweltmanagementsystem.

- Nennen sie Beispiele für Umweltkennzahlen die bei technischen Anlagen Anwendung finden könnten.

- Nennen Sie Beispiele für Output-Umweltkennzahlen im Umweltmanagementsystem.

- Nennen Sie Beispiele für Umweltmanagementsystem-Kennzahlen im Umweltmanagementsystem.

- Nennen Sie Beispiele für Funktionsbereichskennzahlen im Umweltmanagementsystem.

- Erstellen Sie ein Umweltkennzahlensystem.

8.6 Weiterführende Literatur

8.1 Bundesministerium für Umwelt, Naturschutz und Reaktorsicherheit (BMU); Umweltbundesamt (UBA); *Umweltwirtschaftsbericht 2011 – Daten und Fakten für Deutschland*, **September 2011**

8.2 Bundesumweltministerium, Umweltbundesamt; *Handbuch Umweltcontrolling*, Vahlen, **1995,** 3-8006-1929-6

8.3 Bundesumweltministerium, Umweltbundesamt; *Leitfaden Betriebliche Umweltkennzahlen,* **1997**

8.4 Bundesumweltministerium, Umweltbundesamt; *Leitfaden Betriebliches Umweltkostenmanagement,* **2003**

8.5 DIN EN ISO 14031; *Umweltleistungsbewertung – Leitlinien,* Beuth, **Januar 2012**

8.6 DIN EN ISO 14040; *Umweltmanagement – Ökobilanz – Grundsätze und Rahmenbedingungen,* Beuth, **November 2009**

8.7 DIN EN ISO 14044; *Umweltmanagement – Ökobilanz – Anforderungen und Anleitungen,* Beuth, **Oktober 2006**

8.8 DIN-Fachbericht 107; *Umweltmanagement – Ökobilanz – Anwendungsbeispiele zu ISO 14041 zur Festlegung des Ziels und des Untersuchungsrahmens sowie zur Sachbilanz,* Beuth, **2001,** 3-410-15078-1

8.9 Deutsches Institut für Normung (DIN); *Umweltmanagement-Ökobilanz,* Beuth, **2001,** 3-410-15078-1

8.10 Dietrich, E.; Schulze, A.; Weber, St.; *Kennzahlensystem für die Beurteilung in der industriellen Produktion,* Hanser, **2007,** 978-3-446-41053-4

8.11 *Empfehlung 2003/532/EG der Kommission vom 10. Juli 2003 über Leitlinien zur Durchführung der Verordnung (EG) Nr. 761/2001 des Europäischen Parlaments und des Rates über die freiwillige Beteiligung von Organisationen an einem Gemeinschaftssystem für das Umweltmanagement und die Umweltbetriebsprüfung (EMAS) in Bezug auf die Auswahl und Verwendung von Umweltleistungskennzahlen,* **23.07.2003**

8.12 Gastl, R.; *Kontinuierliche Verbesserung im Umweltmanagement,* vdf, **2005,** 3-7281-3034-6

8.13 Gleich, R.; Bartels, P.; Breisig, V. (Hrsg.); *Nachhaltigkeitscontrolling – Konzepte, Instrumente und Fallbeispiele für die Umsetzung,* Haufe-Lexware, **2012,** 978-3-648-03219-0

8.14   Orthmann, F.; *Effizienzsteigerung im Umweltschutz*, Deutscher Universitäts-Verlag, **2002,** 3-8244-0615-2

8.15   Sandmacher, T.; *Das Umweltinformationsinstrument Ökobilanz (LCA)*, Lang, **2002,** 3-631-39292-3

8.16   Schmitz, St.; Paulini, I.; *Bewertung von Ökobilanzen*, Umweltbundesamt, Texte 92/99, **1999**

8.17   Steven, M.; Schwarz, E.; Letmathe, P.; *Umweltberichterstattung und Umwelterklärung nach der EG-Öko-Audit-Verordnung*, Springer, **1997**, 3-540-62011-7

8.18   Theden, Ph.; Colsman, H.; *Qualitätstechniken – Werkzeuge zur Problemlösung und ständigen Verbesserung*, Hanser, **2005,** 978-3-446-40044-3

8.19   VDI 4050; *Betriebliche Kennzahlen für das Umweltmanagement – Leitfaden zu Aufbau, Einführung und Nutzung*, Beuth, **September 2001**

8

9 Umweltaudits und Zertifizierung von Umwelt- managementsystemen

9.1 Einführung

Die Norm DIN EN ISO 19011 „Leitfaden für Audits von Managementsystemen" gibt u.a. eine Anleitung für:

- das Management von Auditprogrammen,
- die Durchführung interner oder externer Audits von Umweltmanagementsystemen sowie
- die Qualifikation und Bewertung von Auditoren.

Die folgenden Ausführungen befassen sich schwerpunktmäßig mit Umweltaudits und den Anforderungen an Umweltauditoren.

Ein Audit stellt ein wichtiges und wirksames Werkzeug der Geschäftsführung dar, um die Eignung des eigenen Qualitäts- und Umweltmanagementsystems regelmäßig zu beurteilen. Audits liefern den objektiven Nachweis über vorhandene Schwachstellen und legen Abhilfemaßnahmen fest, überwachen deren Verwirklichung und optimieren somit die Qualität und den Umweltschutz entsprechender Tätigkeiten und Prozesse.

Auditergebnisse spielen eine wichtige Rolle für das Management und sind daher in die Bewertung des Qualitäts- und Umweltmanagementsystem mit einzubeziehen. Korrekturmaßnahmen sind durchzuführen, wenn Abläufe nicht eingehalten werden. Audits sollen auch Potenziale für Verbesserungsmaßnahmen aufzeigen. In diesem Zusammenhang sind Mitarbeiter zu schulen und bzgl. der veränderten Abläufe zu unterweisen. Prozessänderungen müssen sich auch in verständlichen Arbeitsanweisungen wieder finden.

Einzelne Unternehmen haben den Nutzen eines Audits zur Optimierung von Prozessen und Abläufen erkannt und Audit- und Review-Systeme als wesentlichen Bestandteil der Unternehmensstrategie eingeführt. Audits sind heute integrierte Bestandteile einer modernen Unternehmensführung. Das Audit kann sozusagen als die vorbeugende Instandhaltung der Organisation bezeichnet werden. Wird dieses Werkzeug richtig eingesetzt, dient es der Lenkung, der Kontrolle und der Korrektur des Managementsystems und garantiert den Erfolg eines Unternehmens.

Jede Auditierung stützt sich auf eine Reihe von Prinzipien. Diese machen das Audit zu einem wirksamen und zuverlässigen Werkzeug zur Unterstützung der Unternehmenspolitik und -führung. Durch das Audit werden Informationen bereitgestellt, auf deren Grundlage ein Betrieb handeln kann, um die Qualität und die Leistung im Umweltmanagement zu verbessern. Die Einhaltung dieser Prinzipien ist eine Voraussetzung, um zu relevanten und ausreichenden Auditschlussfolgerungen zu kommen. Diese Prinzipien sollen sicherstellen, dass Auditoren unabhängig voneinander unter gleichen Umständen zu gleichen Schlussfolgerungen gelangen.

Die Feststellungen und Schlussfolgerungen eines Audits spiegeln die untersuchten Tätigkeiten wieder. Es wird wahrheitsgetreu über unterschiedliche Auffassungen zwischen Auditteam und auditiertem Unternehmen berichtet. Die während des Audits erlangten Erkenntnisse finden sich alle im Auditbericht wieder.

Die Auditoren lassen gemäß der Bedeutung der Aufgabe Sorgfalt walten. Sie erfüllen das in sie gesetzte Vertrauen. Eine wichtige Voraussetzung ist das Vorhandensein der erforderlichen Qualifikation und ihr Urteilsvermögen.

Auditoren sind unabhängig von der Tätigkeit die auditiert wird, d.h. sie haben keine direkte Verantwortung in den zu auditierenden Bereichen. Sie sind frei von Voreingenommenheit und Interessenkonflikten. Auditoren sind während des ganzen Auditprozesses objektiv. Sie müssen unparteiisch sein. Daher beruhen ihre Erkenntnisse und Folgerungen nur auf erhobenen Nachweisen. Diese Nachweise sind eindeutig überprüfbar. In einem systematischen Auditprozess sind sie die Grundlage um zu objektiven und nachvollziehbaren Schlussfolgerungen zu kommen. Es ist jedoch zu beachten, dass für einen Audit immer nur Stichproben untersucht werden. Daher müssen diese Stichproben mit der notwendigen Sorgfalt ausgewählt werden. Aufgrund ihrer Erfahrungen müssen die Auditoren erkennen in welchen Unternehmensbereichen und bei welchen Umweltaspekten am ehesten Abweichungen auftreten können.

9.2   Auditprogramm

Das Unternehmen sollte ein effizientes und wirksames Auditprogramm besitzen. Dieses Auditprogramm muss den Status und die Bedeutung der zu auditierenden Tätigkeiten und Bereiche sowie die Ergebnisse früherer Audits berücksichtigen. Ferner sind der Auditumfang, die Audithäufigkeit und die Auditmethoden festzulegen. Die Art und die Anzahl von Audits sind angemessen zu planen und die Ressourcen für die Durchführung zu ermitteln und bereitzustellen. Bei kleineren und mittleren Unternehmen sollte das Auditprogramm im Verhältnis zu den betrieblichen Aktivitäten stehen und den Gegebenheiten angepasst sein. Die Verantwortlichen für das Auditprogramm sind von der Geschäftsleitung bestellt worden und sollen:

- die Zielsetzung und den Umfang des Auditprogramms festlegen,
- die Verantwortlichkeiten und Ressourcen benennen,
- die Umsetzung des Auditprogramms sicherstellen,
- gewährleisten, dass angemessene Aufzeichnungen zum Auditprogramm geführt werden,
- das Auditprogramm überwachen, bewerten und verbessern.

Wichtig bei der Gestaltung des Auditprogramms ist die Zielsetzung, dass Verbesserungspotenziale zu identifizieren sind.

Zielsetzung

Um die Planung und die Durchführung von Audits zu ermöglichen, müssen Auditziele festgelegt werden. Diese Ziele können auf folgenden Punkten beruhen:

- Prioritäten der Unternehmensleitung,
- Anforderungen des Managementsystems,
- Erfüllung von rechtlichen Vorschriften und vertragliche Anforderungen,
- Notwendigkeit der Lieferantenbeurteilung,
- Kundenanforderungen und Markterfordernissen,
- Ermittlung organisatorischer, technischer, personenbezogener Verbesserungspotenziale.

Umfang

Der Umfang eines Auditprogramms kann variieren und wird durch:

- Häufigkeit, Umfang, Ziel und Dauer jedes durchzuführenden Audits,
- Größe, Art und Komplexität des zu auditierenden Unternehmens,
- rechtliche und vertragliche Anforderungen,

- Erfordernisse einer Zertifizierung,
- Ergebnisse früherer Audits und Reviews,
- erhebliche Änderungen in der Aufbau- und Ablauforganisation,
- bedeutsame Änderungen in den Prozess- und Verfahrensabläufen

beeinflusst.

Verantwortlichkeiten

Die Verantwortung für das Auditprogramm sollte einer oder mehreren Personen übertragen werden, die über ein allgemeines Verständnis der Auditprinzipien, der Qualifikation von Auditoren und der Auditmethoden verfügen. Sie sollten über Managementfähigkeiten sowie über ein technisches und wirtschaftliches Verständnis hinsichtlich der zu auditierenden Tätigkeiten verfügen. Die verantwortlichen Personen sollen das Auditprogramm festlegen, verwirklichen, bewerten und verbessern. Für das Auditprogramm haben sie die notwendigen Ressourcen festzulegen und bereitzustellen.

Ressourcen

Bei der Festlegung von finanziellen und personellen Ressourcen für das Auditprogramm sind folgende Punkte zu berücksichtigen:

- Planungen, die erforderlich sind, um Audits zu entwickeln,
- Realisierung und kontinuierliche Verbesserung von Audits,
- Qualifikation von Auditoren und Auditteamleitern,
- Dauer und Umfang von Audits,
- Realisierung von Folgemaßnahmen.

Umsetzung und Aufzeichnungen

Es sind Aufzeichnungen zu führen, die die Umsetzung des Auditprogramms belegen. Diese Aufzeichnungen berücksichtigen die Zielsetzung, den Umfang, die Verantwortlichkeiten und die zur Verfügung stehenden Ressourcen. Nachweise liegen in Form von:

- Auditplänen,
- Auditberichten,
- Aufzeichnungen zu Folgemaßnahmen,
- Qualifikation der Auditoren

vor.

Überwachung und Bewertung

Die Umsetzung des Auditprogramms sollte überwacht und in angemessenen Abständen bewertet werden. Es ist abzuschätzen ob die Ziele erreicht wurden und welche Möglichkeiten für eine Verbesserung existieren. Die Bewertung sollte mit Hilfe von Leistungsindikatoren vorgenommen werden, die z.B. Folgendes messen:

- die Kenntnisse und Fähigkeiten des Auditors bzw. des Auditteams, den Auditplan zu verwirklichen,
- Übereinstimmung mit den Planungen,
- Zeit und Aufwand die benötigt werden, um Korrekturmaßnahmen zum Auditprogramm abzuschließen.

Ergebnisse der Bewertung von Auditprogrammen können zu Korrektur- und Vorbeugungsmaßnahmen und zur Verbesserung des Auditprogramms führen.

9.3 Auditdurchführung

Bevor ein Audit durchgeführt werden kann, müssen bestimmte Voraussetzungen erfüllt sein. Die Unternehmensleitung muss sich mit der Aufgabenstellung und mit der Zielsetzung des Audits identifizieren und sie als Bestandteil ihrer Umweltpolitik betrachten. Der Auditumfang beschreibt z.B. Standorte, Abteilungen, Tätigkeiten und Prozesse, die zu auditieren sind. Die notwendigen Auditkriterien werden als Referenz verwendet und umfassen Rechtsvorschriften, Technische Regeln und Normen, innerbetriebliche Anforderungen etc. Abbildung 9.1 zeigt einen schematischen Ablauf zur Durchführung eines Audits.

9.3.1 Veranlassen des Audits

Die verantwortlichen Personen für das Auditprogramm benennen den Auditleiter für das konkret geplante Audit. Die Benennung des Auditleiters sollte in Abstimmung mit den zu auditierenden Bereichen erfolgen. So lassen sich bereits im Vorfeld mögliche Kompetenzprobleme vermeiden.

9

Auditziele festlegen

Für jedes Audit sind im Vorfeld Ziele festzulegen, die mit diesem verfolgt werden. Die Ziele sind mit der Unternehmensleitung abzustimmen und bei Bedarf anzupassen. Beispiele für Ziele sind:

- Prüfung der Übereinstimmung des Managementsystems mit externen und internen Vorgaben,
- Beurteilung der Eignung des Managementsystems zur Erreichung von Zielen,
- Festlegen von Möglichkeiten zur Verbesserung des Managementsystems.

Wird ein kombiniertes Audit (z.B. QM/UM) durchgeführt, muss der Auditleiter sicherstellen, dass Auditziele, Auditumfang und Auditkriterien sowie die Zusammensetzung des Auditteams für ein solches Audit geeignet sind.

Durchführbarkeit prüfen

Der Auditleiter prüft die Durchführbarkeit des Audits unter Berücksichtigung folgender Faktoren:

- Sind Informationen für die Planung und Durchführung des Audits ausreichend vorhanden?
- Ist die Bereitschaft der zu auditierenden Bereiche vorhanden?
- Sind Zeit und notwendige Ressourcen vorhanden?

Ergibt diese Prüfung ein unzulässiges Ergebnis, wird vom Auditleiter in Absprache mit dem Auftraggeber eine Alternative festgelegt. Ein Audit sollte nie generell abgesagt werden.

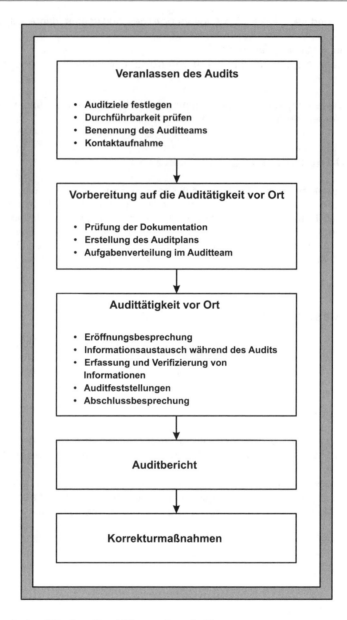

Abb. 9.1: Schematischer Ablauf zur Durchführung eines Audits

Benennung des Auditteams

Das Auditteam wird auf der Basis des Auditumfangs, der Auditkriterien und der Auditziele festgelegt. Bei der Festlegung des Auditteams sind folgende Aspekte zu berücksichtigen:

- Ziele, Umfang, Kriterien und Dauer des Audits,
- notwendige Gesamtqualifikation des Auditteams,

- Anforderungen seitens Zertifizierungsgesellschaften,
- Unabhängigkeit des Auditteams von den zu auditierenden Bereichen,
- Kooperationsfähigkeit des Auditteams.

Sollte die erforderliche Gesamtqualifikation des Auditteams nicht gegeben sein, so ist das Auditteam durch weitere Sachkundige (z.B. externe Stellen) zu ergänzen.

Kontaktaufnahme

Nachdem das Auditteam zusammengestellt ist erfolgt der erste Kontakt hinsichtlich des Audits mit dem zu auditierenden Bereich. Dieser kann formell oder informell sein und sollte vom Auditleiter hergestellt werden. Zweck des ersten Kontakts ist es:

- Informationen über Terminplanung und Zusammensetzung des Auditteams zu geben,
- Zugang zu relevanten Dokumenten und Aufzeichnungen zu erhalten,
- Vorbereitungen für das Audit zu treffen.

9.3.2 Vorbereitung auf die Audittätigkeit vor Ort

Prüfung der Dokumentation

Vor der Auditierung von Prozessen und Abläufen sind die gültigen Dokumentationen zu prüfen. Dadurch informieren sich die Auditoren über die Abläufe im jeweiligen Bereich. Im Vorfeld wird die Übereinstimmung der Dokumentation mit dem Managementsystem sichergestellt. Zur Dokumentation gehören in der Regel:

- Handbücher,
- Prozessanweisungen,
- Rechtsvorschriften (Gesetze, Verordnungen, Technische Regeln),
- Nachweisdokumente (Aufzeichnungen, Checklisten, Prüfunterlagen, Verträge).

Bei Abweichungen im Rahmen der Dokumentenprüfung sollte das Audit vor Ort so lange verschoben werden, bis der Bereich diese Mängel beseitigt hat.

Erstellung des Auditplans

Der Auditleiter erstellt einen Auditplan für die durchzuführenden Audittätigkeiten. Der Auditplan sollte ausreichend flexibel sein, um Änderungswünsche der zu auditierenden Bereiche berücksichtigen zu können. Der Auditplan enthält folgende Punkte:

- Auditziele,
- Auditkriterien und relevante Bezugsdokumente,
- Auditumfang (Ort, Bereiche, Abteilungen, Prozesse, Tätigkeiten),
- Termine und Dauer der Audittätigkeiten,
- benötigte Ressourcen und Unterlagen von Seiten der zu auditierenden Bereiche,
- Vertreter der auditierten Bereiche für das Audit.

Der Auditzeitplan sollte von der Unternehmensleitung geprüft und freigegeben werden und dem zu auditierenden Bereich im Vorfeld übermittelt werden.

Aufgabenverteilung im Auditteam

Arbeitsdokumente werden vom Auditteam vorbereitet und angewendet, um die Audittätigkeiten zu dokumentieren. Das können Checklisten, Stichprobenpläne, Formulare und Protokolle sein. Das Auditteam legt die Audittätigkeiten und -verantwortungen entsprechend den Qualifikationen der beteiligten Auditoren fest. Die Auditoren prüfen die für ihre Auditaufgaben relevanten Informationen anhand ihrer Arbeitsunterlagen. Der Gebrauch von Checklisten und Formularen sollte den Umfang der Audittätigkeiten nicht bürokratisch einschränken. Im Mittelpunkt sollte stets das Gespräch mit dem auditierten Bereich stehen. Auditaufzeichnungen sind aufzubewahren und vertraulich zu behandeln.

9.3.3 Audittätigkeiten vor Ort

Eröffnungsbesprechung

Die Eröffnungsbesprechung findet stets mit der Leitung der zu auditierenden Bereiche statt. Es werden folgende Punkte behandelt:

- Vorstellung der Teilnehmer und ihrer Aufgaben,
- Besprechung des Auditplans,
- kurze Beschreibung des Auditablaufs,
- Berücksichtigung möglicher Änderungswünsche der Bereiche,
- Berücksichtigung vertraulicher Informationen,
- Berücksichtigung relevanter Arbeitsschutz-, Notfall- und Sicherheitsverfahren für das Auditteam.

Informationsaustausch während des Audits

Das Auditteam sollte sich in regelmäßigen Abständen während des Audits treffen, um Informationen auszutauschen, den Fortschritt des Audits zu bewerten und möglicherweise Änderungen in der Aufgabenverteilung vorzunehmen. Der Auditleiter ist Ansprechpartner für die Information der Audit(zwischen)ergebnisse an die Leitung des Bereichs. Feststellungen mit dringendem Handlungsbedarf (z.B. Gefahr im Verzug) sind unverzüglich an die Leitung der Bereiche zu übermitteln. Ergeben die Auditfeststellung ein Nichterreichen der Auditziele ist es Aufgabe des Auditleiters die weitere Vorgehensweise mit der Leitung des Bereichs abzustimmen. Dies kann von einer Änderung des Auditplans bis hin zum Abbruch des Audits reichen.

Erfassung und Verifizierung von Informationen

Methoden zur Erfassung von Informationen während des Audits sind:

- Befragung der Mitarbeiter aller Hierarchieebenen,
- Beobachtung von Umsetzungstätigkeiten innerhalb der Prozesse und Abläufe,
- Erfassung der Arbeitsumgebung und -bedingungen,
- Erhebung von Dokumenten wie Besprechungsprotokollen, Auditberichten, Aufzeichnungen,
- Aufzeichnungen von Daten, Analysen und Leistungsindikatoren,
- Auswertungen bzgl. Reklamationen, Fehlerkosten, Lieferantenbewertungen.

Die Befragung der Mitarbeiter steht im Mittelpunkt der Informationserfassung. Gespräche sind so zu führen, dass sie an die jeweilige Situation angepasst und frei sind. Das reine Abfragen von

Checklisten ist nicht besonders sinnvoll. Checklisten sollten lediglich als „roter Faden" für die Gespräche und als Dokumentationshilfsmittel dienen. Das Gespräch sollte während der üblichen Arbeitszeit und am Arbeitsplatz des Mitarbeiters erfolgen. Ihm ist der Grund der Befragung zu erläutern. Eine Prüfungs- und Stresssituation ist möglichst zu vermeiden. Der Mitarbeiter soll in seinen Worten die relevanten Abläufe beschreiben. Die Ergebnisse des Gesprächs werden zusammengefasst und mit dem Mitarbeiter besprochen.

Auditfeststellungen

Die Informationen aus einem Audit werden den Auditkriterien gegenübergestellt und bewertet. Auditfeststellungen ergeben entweder eine Konformität oder eine Abweichung zu den Auditkriterien. Ziel ist das Aufzeigen und Umsetzen von Verbesserungspotenzialen in den auditierten Prozessen. Die Feststellungen zu einem Audit sind zusammenfassend zu dokumentieren. Die Zusammenfassung erfolgt unter Einbeziehung aller Auditoren eines Auditteams. Positive Feststellungen werden ebenfalls aufgeführt. Abweichungen aus einem Audit sind bzgl. ihrer Bedeutung zu klassifizieren und mit Prioritäten zu versehen. Feststellungen zu Abweichungen sind mit dem Leiter des auditierten Bereichs zu besprechen. Dadurch werden eine höhere Akzeptanz und ein besseres Verständnis für die Feststellungen erreicht.

Abschlussbesprechung

Der Auditleiter hat die Pflicht festgestellte Abweichungen an die Bereichsleitung zu berichten. Ziel der Abschlussbesprechung ist es, Feststellungen und Schlussfolgerungen aus dem Audit so darzulegen, dass sie von den auditierten Bereichen verstanden und akzeptiert werden. Auf dieser Grundlage ist auf mögliche Korrektur- und Vorbeugemaßnahmen einzugehen. Verantwortlich für die Umsetzung entsprechender Maßnahmen ist der Bereich selber.

Form und Umfang der Abschlussbesprechung sollte unbedingt von der Größe der auditierten Organisationseinheit abhängig gemacht werden. Eine kurze Mitteilung an den Bereichsleiter kann bei kleinen Unternehmen durchaus ausreichend sein. Nur stattfinden sollte die Abschlussbesprechung in allen Fällen um den offiziellen Charakter des Audits beizubehalten. Im Rahmen von Zertifizierungsaudits ist es dem Zertifizierungsauditor nicht gestattet, in die Umsetzung von Korrekturmaßnahmen einbezogen zu werden. Er bekäme dadurch beratende Funktion.

9.3.4   Auditbericht

Verantwortlich für die Abfassung des Auditberichts ist der Auditleiter. Er ist für die Genauigkeit und Vollständigkeit des Berichts verantwortlich. Eine knappe und präzise Form ist anzustreben. Vollständigkeit, Eindeutigkeit und Klarheit dürfen darunter aber nicht leiden. Der Empfängerkreis ist auf die Unternehmensleitung und diejenigen zu beschränken, die die Maßnahmen treffen oder informiert sein müssen. Der Auditbericht enthält mindestens:

- Auftraggeber,
- Auditziele und -umfang,
- Auditleiter und -team,
- Auditkriterien und -feststellungen,
- Schlussfolgerungen und Maßnahmen.

9.3.5   Korrekturmaßnahmen

Wenn kritische Abweichungen festgestellt werden, sind unverzüglich Korrekturmaßnahmen einzuleiten. Der beurteilte Bereich muss innerhalb der vereinbarten Zeit zum Auditbericht und den vorgeschlagenen Korrekturmaßnahmen Stellung beziehen. Er muss den Zeitraum für die Umsetzung der Korrekturmaßnahmen angeben. Es ist die Aufgabe des Auditleiters die termingerechte Umsetzung der Korrekturmaßnahmen in Form eines nachfolgenden Audits zu überwachen.

9.4   Qualifikation der Auditoren

Damit ein Auditor bzw. Auditleiter seine Aufgabe erfüllen kann, muss er über eine fundierte Ausbildung verfügen. Zur Erhaltung und Entwicklung seiner Qualifikation muss er sich regelmäßig weiterbilden. Es muss gewährleistet sein, dass Auditoren:

- gewisse persönlichen Eigenschaften aufweisen,
- Kenntnisse und Fähigkeiten haben, Audits erfolgreich durchzuführen.

Ausbildung, Arbeitserfahrung, Auditorenschulung und Auditerfahrung sind die Mittel, mit denen eine Person die erforderlichen Kenntnisse und Fähigkeiten erwerben kann, um Auditor zu werden.

Die persönlichen Eigenschaften sind von grundlegender Bedeutung. Der Auditor sollte aufgeschlossen sein, über die nötige persönliche Reife, ein gesundes Urteilsvermögen, analytische Fähigkeiten besitzen und über Beharrlichkeit verfügen. Ein Auditor muss die zu auditierende Tätigkeit situationsgerecht und realistisch erfassen können. Komplexe Verhältnisse muss er sinnvoll strukturieren und in überschaubare Vorgänge zerlegen. Innerhalb der Gesamtorganisation muss er das Zusammenspiel der einzelnen Abteilungen und Prozesse verstehen.

9.4.1   Kenntnisse und Fähigkeiten

Um Umweltmanagementaudits durchführen zu können, müssen Umweltauditoren über grundlegende Kenntnisse und Fähigkeiten auf den folgenden Gebieten verfügen.

Auditprinzipien, -verfahren und -techniken

Damit soll sichergestellt werden, dass Audits in konsequenter und systematischer Weise durchgeführt werden. Der Auditor sollte vor allem in der Lage sein:

- Auditprinzipien, -verfahren und -techniken anzuwenden,
- Audits sorgfältig zu planen und zu organisieren,
- Audits wirkungsvoll durchzuführen,
- Prioritäten für die wesentlichen Angelegenheiten zu setzen,
- Informationen durch wirksames Befragen, Zuhören, Beobachten und Auswerten von Dokumenten zu erfassen,
- die Korrektheit von erfassten Informationen zu verifizieren,
- die Angemessenheit und Eignung der Auditnachweise zur Unterstützung von Auditfeststellungen und -schlussfolgerungen zu bestätigen,
- Auditberichte zu erstellen.

Managementsysteme

Um den Auditumfang zu verstehen und Auditkriterien anzuwenden zu können, sind Kenntnisse über die Funktionsweise von Managementsystemen notwendig. Dazu gehören insbesondere:

- die Wechselwirkungen zwischen den Bestandteilen des Managementsystems zu verstehen,
- Kenntnis über Normen zu Umweltmanagementsystemen zu besitzen,
- Managementsysteme in verschiedenen Wirtschaftszweigen anwenden zu können.

Organisationsstrukturen

Kenntnisse auf diesem Gebiet sind notwendig, um die innerbetrieblichen Abläufe zu verstehen. Dazu gehören Kenntnisse über:

- Größe, Aufbau, Funktionsbereiche und Beziehungen im Unternehmen,
- Struktur der Aufbau- und Ablauforganisation,
- allgemeine Geschäftsprozesse und darauf bezogene Terminologie,
- kulturelle und soziale Gepflogenheiten des auditierten Unternehmens.

Rechtsvorschriften

Auditoren und Auditleiter müssen über die das Unternehmen betreffenden Rechtsvorschriften Bescheid wissen. Im Umweltbereich zählen dazu Kenntnisse über die Vorschriften in den Bereichen:

- International

- Europäische Union
  - Verordnungen,
  - Richtlinien,
  - Entscheidungen,
  - Empfehlungen.

- Deutschland
  - Gesetze,
  - Verordnungen,
  - Verwaltungsvorschriften,
  - Technische Regeln.

- Bundesland
  - Gesetze,
  - Verordnungen,
  - Verwaltungsvorschriften.

Spezifische Fähigkeiten im Umweltaudit

Zusätzlich zu den allgemeinen Kenntnissen und Fähigkeiten müssen Auditoren von Umweltmanagementsystemen über Kenntnisse und Fähigkeiten auf dem Gebiet des Umweltschutzes verfügen. Sie müssen umweltbezogene Methoden und Techniken beherrschen, um Umweltmanagementsysteme zu prüfen und zu angemessenen Auditfeststellungen und Auditschlussfolgerungen zu gelangen. Kenntnisse und Fähigkeiten auf diesen Gebieten müssen einschließen:

- branchenspezifische Terminologie,
- Umweltmerkmale von Prozessen und Produkten,
- Prinzipien des Umweltmanagements und deren Anwendung,
- Werkzeuge des Umweltmanagements wie Bewertung von Umweltaspekten, Umweltleistungen etc.,
- Auswirkungen der Tätigkeiten auf die Umweltmedien wie Luft, Wasser, Boden,
- Auswirkungen auf den Menschen,
- Kenntnisse zu Umweltwissenschaften, -technologien, -schutz,
- Ressourcenmanagement,
- umfassende Rechtskenntnisse im Umweltschutz.

Dies bezieht sich u.a. auf die Geschäftsprozesse:

- Auftragsabwicklung & Produktion,
- Betriebswirtschaft
- Innovationen & Technologien,
- Materialwirtschaft & Logistik,
- Personalwesen,
- Produktentwicklung,
- Vertrieb und Service

und Umweltaspekte wie:

- Abfälle, Wertstoffe, Produktrecycling,
- Abluft, Emissionen,
- Boden, Altlasten,
- Energie,
- Lärm,
- Materialien, Gefahrstoffe, Biozide,
- Wasser, Abwasser, Kanalisation.

9.4.2   Ausbildung und Bewertung von Auditoren

Auditoren

Der Umweltauditor benötigt eine entsprechende Berufsausbildung. Er muss 5 Jahre Berufserfahrung in einer technischen, leitenden oder anderen beruflichen Funktion gesammelt haben, wobei Urteilsvermögen, Problemlösungen und Kommunikation mit anderem Leitungspersonal oder Kunden erforderlich sind. Ein Teil der Arbeitserfahrung (mindestens 2 Jahre) muss im Umweltmanagement vorliegen.

Auditoren müssen sich einer mindestens 40-stündigen Auditorenschulung unterziehen, die zur Entwicklung der notwendigen Kenntnisse und Fähigkeiten beiträgt. Die Schulung kann durch das eigene Unternehmen oder durch externe Organisationen erfolgen und ist nachzuweisen. Auditoren müssen Auditerfahrung bei verschiedenen Audittätigkeiten gesammelt haben. Dazu sind für einen Auditor vier vollständigen Audits und mindestens 20 Tage Auditerfahrung notwendig. Die Audits sind innerhalb von drei Jahren abzuschließen.

Die Qualifikation von Auditoren ist einer regelmäßigen Bewertung zu unterziehen. Der Bewertungsumfang hängt von der Komplexität der Aufgabe ab. Um eine Bewertung vornehmen zu können, sind entsprechende:

- Kompetenzfelder,
- Bewertungskriterien und
- Bewertungsmethoden

festzulegen. In Abbildung 9.2 ist eine mögliche Bewertung für Auditoren zusammengestellt.

Kompetenzfeld	Bewertungskriterien	Bewertungsmethoden
Berufsausbildung	• Lehre, • Studium	• Zeugnis, • Zertifikate
Berufserfahrung	• Aufgaben, Fachkennt- nisse, • methodische Quali- fikation, • Arbeitsergebnisse, • Weiterbildung, • Führungspositionen, • Unternehmen	• Bewertung der Fach-/ Projektaufgabe, • Erfahrung als Projekt- leiter, • Leistungsbeurteilungen, • Schulungen, Prüfungen, • Verantwortungsbereiche, • Dauer der Zugehörigkeit, • Arbeitszeugnisse
Umweltschutz	• Kenntnisse/Erfahrungen: - Umweltmanagement, - Umwelttechnologien, - Umweltrecht	• Arbeitsunterlagen, • Berufserfahrung, • Lehrgänge, • Prüfungen z.B.: - Umweltfachkraft (IHK), - Technischer Umweltfachwirt (IHK)
Auditerfahrungen	• Auditprinzipien, • Auditprogrammen, • Auditverfahren, • Auditdurchführung	• Lehrgänge, Prüfungen, • Beurteilungsgespräche, • Kundenumfragen, • Begleitung bei Audits

Abb. 9.2: Bewertung von Auditoren

Auditleiter

Für den Auditleiter sind mindestens drei weitere Audits und mindestens 15 Tage Auditerfahrung als Auditleiter erforderlich. Die Audits sind innerhalb von zwei Jahren abzuschließen.

Die ständige fachliche Weiterentwicklung zielt auf die Aufrechterhaltung und Verbesserung von Kenntnissen, Fähigkeiten und persönlichen Eigenschaften ab. Dies kann mit einer Reihe von Maßnahmen erreicht werden wie z.B. Schulung, Teilnahme an Arbeitskreisen, Seminaren. Auditoren müssen ihre ständige fachliche Entwicklung nachweisen können und regelmäßig Audits durchführen. Nur so können Sie ihre Fähigkeiten zum Auditieren von Umweltmanagementsystemen aufrechterhalten.

9.5   Checkliste für ein Umweltmanagementsystem nach DIN EN ISO 14001

Der folgende Abschnitt enthält eine Checkliste zur Zertifizierung eines Umweltmanagementsystems. Sie umfasst folgende Norm-Elemente:

- 4.1   Allgemeine Forderungen,

- 4.2   Umweltpolitik,

- 4.3.1 Umweltaspekte,

- 4.3.2 Gesetzliche und andere Forderungen,

- 4.3.3 Zielsetzungen und Einzelziele,

- 4.3.3 Umweltmanagementprogramm(e),

- 4.4.1 Organisationsstruktur und Verantwortlichkeit,

- 4.4.2 Schulung, Bewusstsein und Kompetenz,

- 4.4.3 Kommunikation,

- 4.4.4 Dokumentation des Umweltmanagementsystems,

- 4.4.5 Lenkung der Dokumente,

- 4.4.6 Ablauflenkung,

- 4.4.7 Notfallvorsorge und -maßnahmen,

- 4.5.1 Überwachung und Messung,

- 4.5.2 Abweichungen, Korrektur- und Vorsorgemaßnahmen,

- 4.5.3 Aufzeichnungen,

- 4.5.4 Umweltmanagementsysten-Audit,

- 4.6   Bewertung durch oberste Leitung.

Element 4.1: Allgemeine Forderungen

Bereich:		Auditleiter:		Auditdatum:	
Prozess:		Auditteam:			
Kostenstelle:					
Frage:	Feststellungen (vorheriges Audit)	Überprüfung (jetziges Audit)	Maßnahmen	Zuständig-keit/Termin
Für welche Organisationseinheiten wurde ein Umweltmanagementsystem eingeführt?				
Wie wird das UM-System aufrecht-halten und weiterentwickelt?				
Wie wurden die Anforderungen der Norm DIN EN ISO 14001 - Verpflichtung und Politik, - Planung, - Implementierung und Durch-führung, - Messung und Bewertung, - Systembewertung und -ver-besserung berücksichtigt?				

9

Element 4.2: Umweltpolitik

Bereich: | Auditleiter: | Auditdatum:

Prozess: | Auditteam:

Kostenstelle:

Frage:	Feststellungen (vorheriges Audit)	Überprüfung (jetziges Audit)	Maßnahmen	Zuständigkeit/Termin
Wie hat die Unternehmensleitung die Umweltpolitik festgelegt?				
Wie angemessen ist die Umweltpolitik in Bezug auf Art, Umfang, Umweltauswirkungen ihrer Tätigkeiten, Produkte, Dienstleistungen?				
Welche Verpflichtungen zur kontinuierlichen Verbesserung und zur Verhütung von Umweltbelastungen sind enthalten?				
Welcher Verpflichtungen zur Einhaltung der relevanten Umweltgesetze und -vorschriften sind enthalten?				
Welche anderen Umweltforderungen sind zu berücksichtigen?				
Wie findet die Festlegung und Bewertung umweltbezogener Zielsetzungen und Einzelziele Eingang in die Umweltpolitik?				

Element 4.2: Umweltpolitik

Bereich:	Auditleiter:		Auditdatum:	
Prozess:	Auditteam:			
Kostenstelle:				
Frage:	Feststellungen (vorheriges Audit)	Überprüfung (jetziges Audit)	Maßnahmen	Zuständig-keit/Termin
Wie wird sie dokumentiert, implementiert und aufrechterhalten?				
Wie wird sie allen Mitarbeitern, Kunden, Lieferanten und der Öffentlichkeit zugänglich gemacht?				

Element 4.3.1: Umweltaspekte

Bereich:	Auditleiter:			
Prozess:	Auditteam:		Auditdatum:	
Kostenstelle:				
Frage:	**Feststellungen (vorheriges Audit)**	**Überprüfung (jetziges Audit)**	**Maßnahmen**	**Zuständigkeit/Termin**
Wie werden jene Umweltaspekte hinsichtlich ihrer Tätigkeiten, Produkte, Dienstleistungen ermittelt, die das Unternehmen überwachen kann?				
Auf welche Umweltaspekte kann das Unternehmen Einfluss ausüben? Hierzu zählen z.B. Emissionen, Abwasser, Abfall, Bodenkontaminationen, Material- und Energieverbrauch, Lärmemissionen.				
Welche Umweltaspekte können bedeutende Auswirkungen auf die Umwelt haben?				
Wie werden die Umweltaspekte bewertet?				
Wie werden bedeutende Umweltaspekte bei der Festlegung umweltbezogener Ziele berücksichtigt?				
Wie hält das Unternehmen die notwendigen Informationen auf dem neuesten Stand?				

Element 4.3.2: Gesetzliche und andere Forderungen

Bereich:	Auditleiter:	Auditdatum:		
Prozess:	Auditteam:			
Kostenstelle:				
Frage:	**Feststellungen (vorheriges Audit)**	**Überprüfung (jetziges Audit)**	**Maßnahmen**	**Zuständigkeit/Termin**
Wie ermittelt das Unternehmen gesetzliche und andere Forderungen?				
Wie werden diese Informationen zugänglich gemacht?				
Wie verpflichtet sich das Unternehmen zur Einhaltung der Forderungen?				
Welche Forderungen sind für die Umweltaspekte ihrer Tätigkeiten, Produkte, Dienstleistungen relevant?				
Wie werden die Rechtsvorschriften den betroffenen Abteilungen/Anlagen zugeordnet?				
Wie erden die zuständigen/verantwortlichen Personen über Entwicklungen/Änderungen im rechtlichen Bereich informiert?				

9

Element 4.3.3: Zielsetzungen und Einzelziele

Bereich:	Auditleiter:	Auditdatum:		
Prozess:	Auditteam:			
Kostenstelle:				
Frage:	Feststellungen (vorheriges Audit)	Überprüfung (jetziges Audit)	Maßnahmen	Zuständigkeit/Termin
Für welche Abteilungen werden dokumentierte, umweltbezogene Ziele festgelegt und aufrechterhalten?				
Wie werden die relevanten Abteilungen und Unternehmenseinheiten identifiziert?				
Wie werden die gesetzlichen und anderen Forderungen bei der Festlegung und Bewertung der Ziele berücksichtigt?				
Wie fließen die bedeutendsten Umweltaspekte in die Zielfindung ein?				
Wie berücksichtigt das Unternehmen finanzielle, betriebliche und geschäftlich Rahmenbedingungen?				

Element 4.3.3: Zielsetzungen und Einzelziele

Bereich:	Auditleiter:			
Prozess:	Auditteam:		Auditdatum:	
Kostenstelle:				
Frage:	**Feststellungen (vorheriges Audit)**	**Überprüfung (jetziges Audit)**	**Maßnahmen**	**Zuständigkeit/Termin**
Welche technologischen Optionen stehen zur Verfügung?				
In welchem Zusammenhang stehen die Umweltziele zur Umweltpolitik?				
Wie werden durch Erreichung der Umweltziele die Umweltbelastungen reduziert?				
Welche quantitativen/qualitativen Ziele und Zeitvorgaben enthalten die Umweltziele?				

9

Element 4.3.3: Umweltmanagementprogramm(e)

Bereich:	Auditleiter:	Auditdatum:		
Prozess:	Auditteam:			
Kostenstelle:				
Frage:	Feststellungen (vorheriges Audit)	Überprüfung (jetziges Audit)	Maßnahmen	Zuständigkeit/Termin
Wie werden die Umweltziele durch ein entsprechendes Umweltprogramm erreicht?				
Wie sind die Verantwortungen zur Erreichung der Ziele festgelegt?				
Welche Mittel und Zeiträume stehen für die Verwirklichung zur Verfügung?				
Welche Umweltprogramme existieren für neue und modifizierte Tätigkeiten, Produkte, Dienstleistungen?				
Wie werden die Maßnahmen des Umweltprogramms einer Erfolgskontrolle unterzogen?				

Element 4.4.1.: Organisationsstruktur und Verantwortlichkeit

Bereich:	Auditleiter:			
Prozess:	Auditteam:		Auditdatum:	
Kostenstelle:				
Frage:	**Feststellungen (vorheriges Audit)**	**Überprüfung (jetziges Audit)**	**Maßnahmen**	**Zuständig-keit/Termin**
Wie sind die Aufgaben, Verantwortlich-keiten und Befugnisse festgelegt und bekannt gemacht worden?				
Welche Aufbauorganisation existiert im Umweltschutz?				
Welche Mittel hat die Unternehmens-leitung für die Implementierung und Überwachung des Umweltmanage-mentsystems bereitgestellt?				
Welche Technologien, Personal- und Finanzmittel sowie spezielle Fähig-keiten stehen zur Verfügung?				
Wie werden umweltrelevante Probleme erkannt und gelöst?				
Wer wurde als Beauftragter für das Umweltmanagementsystem bestellt?				

9

Element 4.4.1.: Organisationsstruktur und Verantwortlichkeit

Bereich:	Auditleiter:	Auditdatum:		
Prozess:	Auditteam:			
Kostenstelle:				
Frage:	Feststellungen (vorheriges Audit)	Überprüfung (jetziges Audit)	Maßnahmen	Zuständigkeit/Termin
Welche gesetzlich geforderten Betriebsbeauftragten sind bestellt und geschult worden?				
Wie wird sichergestellt, dass die Forderungen an das Umweltmanagementsystem nach DIN EN ISO 14001 eingeführt und aufrechterhalten werden?				

Element 4.4.2: Schulung, Bewusstsein und Kompetenz

Bereich:	Auditleiter:			
Prozess:	Auditteam:		Auditdatum:	
Kostenstelle:				
Frage:	**Feststellungen (vorheriges Audit)**	**Überprüfung (jetziges Audit)**	**Maßnahmen**	**Zuständigkeit/Termin**
Wie wird der Schulungsbedarf im betrieblichen Umweltschutz ermittelt?				
Welche Mitarbeiter, deren Tätigkeit bedeutende Auswirkungen auf die Umwelt haben können, haben entsprechende Schulungen erhalten?				
Wie ist sichergestellt, dass die Bedeutung der Umweltpolitik und des Umweltmanagementsystems verstanden werden?				
Wie werden Mitarbeitern die Umweltauswirkungen ihrer Tätigkeiten vermittelt?				
Wie erkennen die Mitarbeiter, dass aufgrund verbesserter persönlicher Leistungen der Nutzen für die Umwelt steigt?				

9

Element 4.4.2: Schulung, Bewusstsein und Kompetenz

Bereich:	Auditleiter:		Auditdatum:	
Prozess:	Auditteam:			
Kostenstelle:				
Frage:	Feststellungen (vorheriges Audit)	Überprüfung (jetziges Audit)	Maßnahmen	Zuständig-keit/Termin
Welche Aufgaben und Verantwortlich-keiten der Mitarbeiter liegen vor, da-mit die Umweltpolitik und die Forderungen des Umweltmanagementsystems ein-gehalten werden?				
Wie werden die Notfallvorsorge und zugehörige Maßnahmen gewähr-leistet?				
Über welche Kompetenzen verfügen Mitarbeiter, deren Aufgaben bedeu-tende Auswirkungen auf die Umwelt haben?				

Element 4.4.3: Kommunikation

Bereich:		Auditleiter:		Auditdatum:	
Prozess:		Auditteam:			
Kostenstelle:					
Frage:	Feststellungen (vorheriges Audit)	Überprüfung (jetziges Audit)	Maßnahmen	Zuständigkeit/Termin
Welche Abläufe bzgl. der internen Kommunikation umweltrelevanter Aspekte existieren im Unternehmen?				
Wie werden von externen Kreisen Anfragen entgegengenommen, bearbeitet und beantwortet?				
Wie werden die Entscheidungen dokumentiert?				
Wie werden Mitarbeiter über wichtige Entwicklungen im betrieblichen Umweltschutz informiert?				

9

Element 4.4.4: Dokumentation des Umweltmanagementsystems

Bereich:	Auditleiter:	Auditdatum:		
Prozess:	Auditteam:			
Kostenstelle:				
Frage:	Feststellungen (vorheriges Audit)	Überprüfung (jetziges Audit)	Maßnahmen	Zuständig- keit/Termin
Welche Umweltinformationen werden dokumentiert?				
Wie werden die Elemente des Um- weltmanagementsystems und ihre Wechselwirkungen beschrieben?				
Welche Hinweise zum Auffinden um- weltrelevanter Dokumente existieren?				

Element 4.4.5: Lenkung der Dokumente

Bereich:

Prozess:

Kostenstelle:

Auditleiter:

Auditteam:

Auditdatum:

Frage:	Feststellungen (vorheriges Audit)	Überprüfung (jetziges Audit)	Maßnahmen	Zuständig-keit/Termin
Welche Verfahren zur Dokumenten-lenkung existieren?				
Wie können umweltrelevante Doku-mente identifiziert und aufgefunden werden?				
Welches befugte Personal bewertet und überarbeitet die Dokumente?				
Welche gültigen Fassungen relevan-ter Dokumente sind an allen Stellen ver-fügbar, an denen umweltrelevante Tätigkeiten ausgeübt werden?				
Wie werden ungültige Dokumente ent-fernt?				
Wie wird der unbeabsichtigte Ge-brauch ungültiger Dokumente ver-hindert?				

9

Element 4.4.5: Lenkung der Dokumente

Bereich:	Auditleiter:		
Prozess:	Auditteam:	Auditdatum:	
Kostenstelle:			
Frage:	Feststellungen (vorheriges Audit)	Überprüfung (jetziges Audit)	Maßnahmen	Zuständig-keit/Termin
Wie werden ungültige Dokumente, die aus rechtlichen Gründen aufbewahrt werden müssen, gekennzeichnet?				
Wie lange werden umweltrelevante Dokumente aufbewahrt?				
Welche Verfahren existieren für die Erstellung und Änderung von Dokumenten?				

Element 4.4.6: Ablauflenkung

Bereich:	Auditleiter:		Auditdatum:
Prozess:	Auditteam:		
Kostenstelle:			

Frage:	Feststellungen (vorheriges Audit)	Überprüfung (jetziges Audit)	Maßnahmen	Zuständigkeit/Termin
Welche Abläufe und Tätigkeiten besitzen wesentliche Umweltauswirkungen?				
Wie werden diese Abläufe geplant und unter festgelegten Bedingungen betrieben?				
Wie werden Ziele für diese Abläufe und Tätigkeiten festgelegt und realisiert?				
Wie werden die notwendigen Verfahren dokumentiert?				
Wie werden die betrieblichen Vorgaben festgelegt?				
Welche bedeutenden Umweltaspekte haben die eingesetzten Güter und Dienstleistungen?				
Welche Forderungen existieren an Zulieferer und Auftragnehmer?				

9

Element 4.4.7: Notfallvorsorge und -maßnahmen

Bereich:		Auditleiter:		Auditdatum:	
Prozess:		Auditteam:			
Kostenstelle:					
Frage:	Feststellungen (vorheriges Audit)	Überprüfung (jetziges Audit)		Maßnahmen	Zuständig-keit/Termin
Wie werden mögliche Unfälle und Not-fallsituationen ermittelt?					
Wie wird bei entsprechenden Vorkom-mnissen reagiert, um die Umweltaus-wirkungen zu verhindern oder zu be-grenzen?					
Wie wird die Notfallvorsorge insbeson-dere nach Unfällen überprüft und ange-passt?					
Wie werden Verfahren zur Notfallvor-sorge regelmäßig erprobt?					
Welche Alarm- und Gefahrenplanung existiert?					

Element 4.5.1: Überwachung und Messung

Bereich:	Auditleiter:		
Prozess:	Auditteam:		Auditdatum:
Kostenstelle:			
Frage:	Feststellungen (vorheriges Audit)	Überprüfung (jetziges Audit)	Maßnahmen	Zuständigkeit/Termin
Wie werden die maßgeblichen Merkmale umweltrelevanter Arbeitsabläufe und Tätigkeiten regelmäßig überwacht und gemssen?				
Wie werden die erreichten Leistungen und die umweltrelevanten Abläufe mit den Umweltzielen verglichen?				
Wie werden Überwachungsgeräte kalibriert und gewartet?				
Wie werden Aufzeichnungen aufbewahrt?				
Wie wird die Erfüllung der relevanten gesetzlichen Umweltvorschriften regelmäßig bewertet?				
Wie werden Betriebsbegehungen dokumentiert?				
Welchen Berichtspflichten haben die Betriebsbeauftragten nachzukommen?				

9

Element 4.5.2: Abweichungen, Korrektur- und Vorsorgemaßnahmen

Bereich:

Prozess:

Kostenstelle:

Auditleiter:

Auditteam:

Auditdatum:

Frage:	Feststellungen (vorheriges Audit)	Überprüfung (jetziges Audit)	Maßnahmen	Zuständigkeit/Termin
Wie werden Abweichungen untersucht und behandelt?				
Wer trägt dafür die Verantwortung?				
Wie werden Maßnahmen zur Beseitigung etwaiger Auswirkungen ergriffen?				
Wer veranlasst Korrektur- und Vorsorgemaßnahmen und überprüft ihre Erledigung?				
Wie wird die Angemessenheit von Korrektur- und Vorsorgemaßnahmen festgestellt?				
Wie werden Veränderungen, die sich aus solchen Maßnahmen ergeben, aufgezeichnet und dokumentiert?				

Element 4.5.3: Aufzeichnungen

Bereich:

Prozess:

Kostenstelle:

Auditleiter:

Auditteam:

Auditdatum:

Frage:	Feststellungen (vorheriges Audit)	Überprüfung (jetziges Audit)	Maßnahmen	Zuständig- keit/Termin
Wie werden umweltbezogene Aufzeichnungen gekennzeichnet, gepflegt und dokumentiert?				
Wie werden Schulungen von Mitarbeitern dokumentiert?				
Wie werden Ergebnisse von Umweltaudits und -bewertungen festgehalten?				
Wie identifizierbar und rückverfolgbar sind umweltbezogene Aufzeichnungen zu den jeweiligen Tätigkeiten?				
Wie werden Aufzeichnungen aufbewahrt und gegen Beschädigung/Verlust geschützt?				
Welche Aufbewahrungszeiten wurden festgelegt?				
Wie werden umweltbezogene Aufzeichnungen gehandhabt?				

9

Element 4.5.4: Umweltmanagementsystem-Audit

Bereich:	Auditleiter:			
Prozess:	Auditteam:		Auditdatum:	
Kostenstelle:				
Frage:	Feststellungen (vorheriges Audit)	Überprüfung (jetziges Audit)	Maßnahmen	Zuständig-keit/Termin
Welche Programme zur regelmäßigen Auditierung von Umweltmanagement-systemen existieren?				
Wie wird festgestellt, ob das Umwelt-managementsystem die Anforderungen der DIN EN ISO 14001 erfüllt?				
Wie wird die ordnungsgemäße Imple-mentierung und Aufrechterhaltung des Umweltmanagementsystems festge-legt?				
Welche Informationen erhält die Unter-nehmensleitung über die Ergebnisse von Umweltaudits?				
Wie ist das Auditprogramm auf die Um-weltrelevanz der betreffenden Tätig-keiten abgestellt?				

Element 4.5.4: Umweltmanagementsystem-Audit

Bereich:

Prozess:

Kostenstelle:

Auditleiter:

Auditteam:

Auditdatum:

Frage:	Feststellungen (vorheriges Audit)	Überprüfung (jetziges Audit)	Maßnahmen	Zuständig-keit/Termin
Wie werden die Ergebnisse vorangegangener Umweltaudits berücksichtigt?				
Wie werden Anwendungsbereich, Häufigkeit und Methoden der Auditierung bestimmt?				
Wie sind die Verantwortungen für die Durchführung von Umweltaudits geregelt?				
Wer erstellt den Auditbericht und informiert die Unternehmensleitung?				

9

Element 4.6: Bewertung durch die oberste Leitung

Bereich:	Auditleiter:		Auditdatum:	
Prozess:	Auditteam:			
Kostenstelle:				
Frage:	Feststellungen (vorheriges Audit)	Überprüfung (jetziges Audit)	Maßnahmen	Zuständig-keit/Termin
Wie bewertet die Unternehmensleitung regelmäßig die Eignung und Wirksamkeit des Umweltmanagementsystems?				
Wie werden die zur Bewertung notwendigen Informationen gesammelt?				
Wie wird die Bewertung dokumentiert?				
Wie werden Änderungen der Umweltpolitik und der Umweltziele berücksichtigt?				
Wie wird die Verpflichtung zur kontinuierlichen Verbesserung angesprochen?				
Wie werden notwendige Änderungen am Umweltmanagementsystem umgesetzt?				

9.6 Wissensfragen

- Erläutern Sie die Anforderungen an ein Umweltauditprogramm

- Erläutern Sie den grundsätzlichen Ablauf zur Durchführung eines Umweltaudits.

- Welche Vorbereitungen sind für eine Umweltaudittätigkeit vor Ort notwendig?

- Wie laufen Umweltaudittätigkeiten vor Ort ab?

- Welche Anforderungen werden an einen Umweltauditbericht gestellt?

- Über welche Kenntnisse und Fähigkeiten müssen Umweltauditoren verfügen?

- Welche Anforderungen werden an die Ausbildung und Qualifikation von Umweltauditoren gestellt?

9.7 Weiterführende Literatur

9.1 DIN EN ISO 19011; *Leitfaden für Audits von Qualitätsmanagement- und/oder Umweltmanagementsystemen,* Beuth, **Dezember 2011**

9.2 DQS Deutsche Gesellschaft zur Zertifizierung von Managementsystemen mbH; *DQS-Auditprotokoll QS-9000,* Beuth, **1997**

9.3 Ewer, W.; Lechelt, R.; Theuer, A.; *Handbuch Umweltaudit,* Beck, **1998**, 3-406-41896-1

9.4 Fachverlag Deutscher Wirtschaft; *Der Umweltschutz-Berater,* **2004**, 3-87156-100-2

9.5 Langerfeldt, M*.; Berufsausübungs- und -zulassungsregelungen für Betriebsprüfer und Umweltgutachter,* Nomos, **2002**, 3-7890-7664-3

9.6 Pfeufer, H.-J.; Schreiber, F.; Rau, W.; *Internes Audit,* Hanser, **2007**, 978-3-446-40742-8

9.7 Schickert, J.; *Der Umweltgutachter der EG-Umwelt-Audit-Verordnung,* Duncker & Humblot, **2001**, 3-428-10404-8

9.8 Tischler, K.; *Betriebliches Umweltmanagement als Lernprozess,* Peter Lang, **1998**, 3-631-33914-3

9.9 *UAG - Umweltauditgesetz; Gesetz zur Ausführung der Verordnung (EG) 1221/2009 des Europäischen Parlaments und des Rates vom 25. November 2009 über die freiwillige Teilnahme von Organisationen an einem Gemeinschaftssystem für das Umweltmanagement und die Umweltbetriebsprüfung (EMAS),* **07.08.2013**

9.10 v. Ahsen, A.; *Integriertes Qualitäts- und Umweltmanagement,* DUV, **2006**, 3-8350-0283-X

9.11 Wloka, M.; *Leitfaden zur Auditierung von Managementsystemen,* Beuth, **2012**, 978-3-410-22388-7

9

10   Arbeitsschutzmanagementsystem

10.1   Einführung

Managementsysteme müssen u.a. dem Schutz von Mensch und Umwelt dienen. Daher zählen Arbeitschutzmanagementsysteme (AMS) zu den wichtigen Bestandteilen eines integrierten Managementsystems (IMS). Durch ein systematisches Arbeitsschutzmanagement lässt sich der Arbeitsschutz präventiv verbessern. Zur Sicherheit der Mitarbeiter werden vorbeugend und vorausschauend Arbeitsschutzmaßnahmen ergriffen. Sie ermöglichen eine mitarbeitergerechte Gestaltung der Arbeitsplätze und dienen der Gesundheit der Mitarbeiter. Sichere Arbeitsplätze und Prozesse reduzieren die Zahl der Arbeitsunfälle und tragen zum wirtschaftlichen Erfolg des Unternehmens bei.

Das Arbeitsschutzmanagementsystem integriert die entsprechenden rechtlichen, technischen, organisatorischen und persönlichen Anforderungen in alle Unternehmensabläufe und -prozesse. Primäres Ziel ist die Gewährleistung der Gesundheit und Sicherheit der Mitarbeiter.

In diesem Zusammenhang ist die Motivation der Mitarbeiter ein sehr wichtiger Faktor. Die Beschäftigten dürfen ein Arbeitsschutzmanagementsystem nicht als Einschränkung ihrer Person erleben. Sie müssen es als Instrument für ihren persönlichen Schutz erkennen.

Ein entsprechendes AM-System muss die:

- Einhaltung der Arbeitsschutzvorschriften gewährleisten,
- Integration der einzelnen Arbeitsschutzelement in alle Unternehmensprozesse sicherstellen,
- kontinuierliche Verbesserung der Arbeitsschutzleistung ermöglichen und nachweisen,
- und damit einen Beitrag zum wirtschaftlichen Erfolg des Unternehmens liefern.

Der Arbeitgeber trägt die Verantwortung für die Einhaltung der entsprechenden Rechtsvorschriften. Er muss seine Geschäftsprozesse so gestalten, dass entsprechende Sicherheitsanforderungen jederzeit erfüllt werden. Er hat die Mitarbeiter entsprechend zu unterweisen und auf die Einhaltung der internen und externen Anforderungen zu verpflichten. Dies gilt auch für Mitarbeiter anderer Unternehmen, die sich als Dienstleister, Lieferanten, etc. auf dem Betriebsgelände aufhalten.

Analog der im Umweltmanagementsystem gezeigten Struktur lassen sich auch hier die einzelnen Systemelemente:

- Führung,
- Geschäftsprozesse,
- unterstützende Funktionen,
- Forderungen,
- Informationen und Ergebnisse

konkreter beschreiben und erfassen. In den folgenden Abschnitten werden einzelne Bestandteile des Arbeitsschutzmanagementsystems näher beschrieben.

10.1.1   Führung

Es ist Aufgabe der Geschäftsführung, die Grundlage für die erfolgreiche Einführung eines Arbeitsschutzmanagementsystems zu legen. Dazu gehören die Formulierung der Arbeitsschutzpolitik, die Ernennung der verantwortlichen Mitarbeiter und die Bewertung des Managementsystems.

Arbeitsschutzpolitik

Der erste Schritt auf dem Weg zu einem Arbeitsschutzmanagementsystem ist die Festlegung der Politik bezüglich des Arbeitsschutzes und der Anlagensicherheit (Arbeitsschutzpolitik). Diese Politik definiert die Strategie für den Arbeitsschutz und die Anlagensicherheit und ist Basis für jedes weitere Vorgehen beim Aufbau des Managementsystems für diese Bereiche. Die organisatorischen Strukturen, die zur Umsetzung der Arbeitsschutzpolitik notwendig sind, werden ebenfalls festgelegt. Die Arbeitsschutzpolitik muss im Rahmen der Bewertung und der kontinuierlichen Verbesserung des Managementsystems überprüft und gegebenenfalls angepasst werden.

Zuständigkeit und Verantwortung

Im Rahmen der organisatorischen Strukturierung des Arbeitsschutzmanagementsystems werden auch die Zuständigkeiten innerhalb des Unternehmens festgelegt und bekannt gegeben. Die Hauptverantwortung wird dem Beauftragten für das Arbeitsschutzmanagementsystem übertragen, der von der Geschäftsführung ernannt wird. Die Aufgabe des Beauftragten ist es, die Entwicklung, Gestaltung, Einführung und Anwendung des Managementsystems mitzugestalten und zu überwachen. Außerdem werden den Führungskräften Zuständigkeiten für die Bereiche Arbeitsschutz und Anlagensicherheit übertragen. Diese verantwortlichen Personen sowie der Beauftragte erhalten die für ihre Arbeit notwendigen Befugnisse von der Geschäftsführung. Wie die Arbeitsschutzpolitik muss auch die Struktur des Arbeitsschutzmanagementsystems im Rahmen der Bewertung und der kontinuierlichen Verbesserung des Managementsystems - falls erforderlich - angepasst werden.

Arbeitsschutzziele

Auf der Basis der Arbeitsschutzpolitik werden konkrete Ziele im Bereich des Arbeitsschutzes sowie der Anlagensicherheit entwickelt. Zur Erfüllung dieser Ziele müssen die dafür erforderlichen Maßnahmen festgelegt werden. Die Einhaltung dieser Ziele wird von den für die Bereiche Arbeitsschutz und Anlagensicherheit verantwortlichen Personen sowie in Überprüfungen und Audits überwacht.

Qualifikation und Schulung

Das Unternehmen muss sicherstellen, dass jeder Beschäftigte ausreichend qualifiziert und in der Lage ist, die ihm zugewiesene Tätigkeit zu erfüllen. Außerdem wird anhand der Strategie für den Arbeitsschutz und die Anlagensicherheit festgelegt, welche Schulungsinhalte den Beschäftigten vermittelt werden sollen. Die Inhalte sind davon abhängig, welche betrieblichen Gefahren und Risiken für den Beschäftigten bei Ausübung seiner Tätigkeit bestehen. In einer solchen Schulung sollen die folgenden Aspekte vermittelt werden:

- Die Bedeutung der Arbeitsschutzpolitik und ihrer Strategien für das Unternehmen und jeden Beschäftigten.
- Die Relevanz der den Beschäftigten gestellten Aufgaben und der ihnen übertragenen Verantwortung für das Erreichen der Arbeitsschutzziele.
- Die möglichen und tatsächlichen Folgen von Fehlverhalten für die eigene Gesundheit und die Gesundheit Dritter, sowie für die Sicherheit von Anlagen und Anwohnern.

Zur Durchführung dieser Schulungsmaßnahmen wird ein Schulungsplan erstellt. Die Unterweisungen bzw. Schulungen werden durch Aufzeichnungen über Inhalt, Dauer und Teilnehmer der Schulungsmaßnahme dokumentiert.

Mitwirkung, Rechte und Pflichten der Mitarbeiter

Die Beschäftigen werden durch geeignete Verfahren an der Weiterentwicklung des Arbeitsschutz-managementsystems und an der Verhinderung und Beseitigung von Gefährdungen am Arbeits-platz beteiligt. Der Arbeitgeber ist verpflichtet, alle nach dem Stand der Technik erforderliche Maß-nahmen zu ergreifen, um die Sicherheit und den Schutz der Gesundheit des Beschäftigten zu si-chern und zu verbessern. Weiterhin muss dem Beschäftigten die Möglichkeit gegeben werden, Vorschläge zum Arbeitsschutz und der Anlagensicherheit unterbreiten zu können. Der Beschäftigte muss ausreichend geschult werden und hat das Recht, sich bei berechtigter Begründung arbeits-medizinisch untersuchen zu lassen.

Es ist sowohl das Recht als auch die Pflicht des Beschäftigten, bei unmittelbarer, erheblicher Ge-fahr den gefährdeten Arbeitsbereich zu verlassen. Der Beschäftigte ist außerdem verpflichtet, sein Verhalten an der Arbeitsschutzpolitik sowie an den Arbeitsschutzzielen auszurichten und sich an Vorgaben zu halten. Hierzu zählt beispielsweise die ordnungsgemäße Verwendung von Arbeitsmit-teln, Betriebseinrichtungen, Schutzvorrichtungen, etc. In Betriebs- und Arbeitsordnungen können solche Vorgaben für verbindlich erklärt werden.

Managementreview

Die Leistungen und Erfolge des Arbeitsschutzmanagementsystems werden mindestens einmal jährlich ermittelt und dokumentiert. Der Beauftragte für das Arbeitsschutzmanagementsystem er-stattet darüber der Geschäftsführung Bericht. Weitere Grundlagen sind die Ergebnisse der inter-nen Überprüfung und Überwachung sowie der durchgeführten Audits. Das Managementreview dient der Überwachung und Bewertung des Systems und es sollte Maßnahmen zur Verbesserung des Systems und gegebenenfalls für eine Anpassung der Arbeitschutzpolitik und der organisatori-schen Strukturen ergeben.

10.1.2   Geschäftsprozesse

Der zweite wichtige Gesichtspunkt bei der Einführung eines Arbeitsschutzmanagementsystems ist dessen Eingliederung in den geschäftlichen Ablauf.

Sicherheitsrelevante Arbeiten, Abläufe und Prozesse

Alle Arbeiten, Abläufe und Prozesse, bei denen eine Gefährdung für den Beschäftigten oder für Dritte auftreten kann, müssen mit Hilfe eines geeigneten Verfahrens systematisch und kontinuier-lich erfasst und beschrieben werden. Dabei wird der Normalbetrieb ebenso betrachtet wie außer-betriebliche Zustände. Außerbetriebliche Zustände können die Errichtung und Inbetriebnahme der Anlage sein, die für deren Normalbetrieb notwendigen Instandhaltungsarbeiten oder die Beseiti-gung von Einrichtungen und Anlagen.

Beurteilung von Gefährdungen

Die Gefährdungen, die von Arbeiten, Abläufen, Prozessen und Anlagen ausgehen, müssen mit Hilfe eines geeigneten Verfahrens beurteilt werden. Die Beurteilung wird hinsichtlich der Aspekte von Sicherheit und Gesundheitsschutz erstellt und muss sowohl den bestimmungsgemäßen als auch den gestörten Betrieb berücksichtigen. Die Beurteilung muss außerdem Aussagen und Ab-schätzungen über die zu erwartende Dauer der Gefährdung, das Schadensausmaß, die Eintrittswahrscheinlichkeit und die Möglichkeit zur Entdeckung und Beseitigung vor Eintritt eines Schadenfalles enthalten. Die Risiken, die sich gegebenenfalls aus den Gefährdungen ergeben müssen ebenfalls entsprechend beurteilt werden.

Maßnahmen zur Minimierung von Gefährdungen und Risiken

Die Gefährdungen und Risiken für Beschäftigte und Dritte müssen mit Hilfe eines geeigneten Verfahrens verhütet und begrenzt werden. Für den Fall, dass eine Gefährdung der Sicherheit und Gesundheit für den Beschäftigten nicht ausgeschlossen werden kann, müssen alle notwendigen Maßnahmen getroffen werden, um deren Dauer und Eintrittswahrscheinlichkeit zu verringern. In jedem Falle muss jedoch ein Gesundheitsschaden für den Beschäftigten oder Dritten ausgeschlossen sein. Basis für die Maßnahmen, die zur Minimierung von Gefährdungen und Risiken ergriffen werden, sind:

- der Stand der Technik,
- Arbeitsmedizin und Hygienemaßnahmen und
- sonstige gesicherte arbeitswissenschaftliche Erkenntnisse.

Falls Gefährdungen oder Risiken für Beschäftigte und Dritte nicht auszuschließen sind, so müssen diese dokumentiert werden. Für die betroffenen Arbeiten, Abläufe und Prozesse müssen in solch einem Fall Verfahrens- und Arbeitsanweisungen erstellt und den Beschäftigten mitgeteilt werden. Folgende Gesichtspunkte sind in Verfahrens- und Arbeitsanweisungen einzubeziehen:

- Arbeitsumwelt, d.h. physische und psychische Belastungen am Arbeitsplatz,
- betriebliche Gefahrenquellen und Gefahrenquellen bei der Erbringung von Dienstleistungen,
- erforderliche Schutzmaßnahmen und Schutzmittel,
- Gefährdungen, die von Anlagen auf Dritte ausgehen können,
- persönliche und fachliche Eignung der Beschäftigten,
- ergonomische Anforderungen,
- Forderungen an extern bezogene Güter und Dienstleistungen,
- Zuständigkeiten und die Verantwortlichkeiten in Führungs- und Fachfunktionen,
- Maßnahmen für sicherheitsgerechtes Verhalten aller Beschäftigen.

Durch diese Vorgehensweise der Minimierung von Gefährdungen kann sichergestellt werden, dass die Arbeiten, Abläufe und Prozesse des Unternehmens mit der Arbeitsschutzpolitik übereinstimmen.

Regelungen für Betriebsstörungen und Notfälle

Nicht auszuschließende Betriebsstörungen und Notfälle, die Auswirkungen auf Sicherheit und Gesundheit von Beschäftigen oder Dritten haben könnten, müssen mit Hilfe eines geeigneten Verfahrens ermittelt werden. Solche Betriebsstörungen und Notfälle sind beispielsweise Brände, Explosionen, Ein- oder Abstürze sowie Maschinenunfälle oder der Austritt von Gefahrstoffen. Es müssen Maßnahmen festgelegt werden, die geeignet sind, diese Szenarien zu begrenzen und zu beseitigen. Dazu zählen:

- Notfallpläne, die - soweit erforderlich - den zuständigen Behörden und externen Rettungsdiensten bekannt gegeben und mit diesen abgestimmt werden,
- Festlegungen für die Erste Hilfe, Rettungsketten, Brandbekämpfung, Meldeketten,
- Regelmäßige Übungen für interne/externe Hilfs- und Rettungskräfte,
- Schulungen und Unterweisungen für die Mitarbeiter.

Arbeitskreise und Ausschüsse

Erforderliche innerbetriebliche Ausschüsse und Arbeitskreise werden von der Geschäftsführung benannt und eingesetzt. Ein solcher Ausschuss ist beispielsweise der Arbeitschutzausschuss. Arbeitskreise sind für spezielle Aufgaben im Rahmen des Arbeitsschutzmanagementsystems zuständig. Sie werden daher im Rahmen des Projektes zeitlich befristet eingesetzt.

10.1.3   Unterstützende Funktionen

Um die Umsetzung des Arbeitsschutzmanagementsystems in allen betroffenen Geschäftsfeldern zu gewährleisten, müssen bei der Definition der Systemelemente auch solche für unterstützende Bereiche und Geschäftsprozesse berücksichtigt werden.

Planung und Beschaffung

Bei der Planung und Gestaltung von Arbeiten, Prozessen, Anlagen, Maschinen und Räumlichkeiten ebenso wie bei der Beschaffung von Waren, Vorprodukten und Dienstleistungen müssen die Aspekte des Arbeitsschutzes und der Anlagensicherheit berücksichtigt werden. Dies betrifft rechtliche und weitere Verpflichtungen ebenso wie ergonomische und sonstige gesundheitliche Gesichtspunkte. Um dies sicherzustellen muss das Unternehmen ein geeignetes Verfahren festlegen, das bei diesen Planungs- und Beschaffungstätigkeiten zur Anwendung kommt.

Arbeitsmedizinische Betreuung und Vorsorge

Das Unternehmen muss mit Hilfe eines geeigneten Verfahrens sicherstellen, dass den Beschäftigten eine ausreichende arbeitsmedizinische und arbeitshygienische Betreuung zukommt. Dazu gehören insbesondere die arbeitsmedizinischen Vorsorgeuntersuchungen, deren Umfang sich an den Gefahren für Sicherheit und Gesundheit orientiert, denen die Beschäftigten bei der Ausübung ihrer Tätigkeit ausgesetzt sind. Bei der Ermittlung des Bedarfs an arbeitsmedizinischer und arbeitshygienischer Betreuung müssen die einschlägigen Vorschriften ebenso berücksichtigt werden wie besondere physische oder psychische Belastungen der Beschäftigten.

Aktionsprogramme und Gesundheitsförderung

Um das Bewusstsein des Beschäftigten bezüglich Sicherheit und Gesundheitsschutz zu stärken sollen Aktionsprogramme zum Thema Arbeitsschutz und Anlagensicherheit durchgeführt werden. Die Inhalte solcher Aktionsprogramme sind Informationen über Sicherheits- und Gesundheitsaspekte sowie über Maßnahmen zur betrieblichen Gesundheitsförderung. Beispiele dafür sind Informationen über Verhalten am Arbeitsplatz, sicheres Heben und Tragen von Lasten, verkehrsgerechtes Verhalten oder Ähnliches. Dies soll die Beschäftigten zu sicherheits- und gesundheitsbewusstem Verhalten sowohl bei der Arbeit als auch während der Freizeit motivieren.

10.1.4   Externe Forderungen

Nachfolgend werden sowohl gesetzlich als auch freiwillig auferlegte Forderungen, die im Rahmen des Arbeitsschutzmanagementsystems gestellt werden, beschrieben:

Rechtliche Vorschriften und weitere Verpflichtungen

Die öffentlich-rechtlichen Verpflichtungen, die im Rahmen des Arbeitsschutzmanagementsystems von Unternehmen berücksichtigt werden müssen, ergeben sich aus folgenden Quellen:

- Gesetze und Verordnungen,
- Unfallverhütungsvorschriften,
- Technische Regeln, Normen und Richtlinien,
- Verwaltungsvorschriften,
- Vorgaben von Überwachungsbehörden.

Das Unternehmen muss mit Hilfe eines geeigneten Verfahrens sicherstellen, dass diese Verpflichtungen ermittelt, umgesetzt und fortlaufend aktualisiert werden. Bei der Ermittlung dieser Verpflichtungen spielen Art und Umfang der Tätigkeiten, die betrieblichen Gefahren und Risiken sowie die Unternehmensstruktur eine Rolle. Weitere Verpflichtungen, die nicht öffentlich-rechtlich sind ergeben sich beispielsweise aus Tarif-, Arbeits- oder Werkverträgen sowie aus Normen oder technischen Regelwerken der Fachverbände. Diese und selbst auferlegte Verpflichtungen müssen ebenso wie die öffentlich-rechtlichen Verpflichtungen eingehalten werden.

10.1.5 Informationen und Ergebnisse

Für den reibungslosen Ablauf jedes Managementsystems ist ein geregelter Informationsfluss sowie die Überwachung und Dokumentation der Ergebnisse unabdingbar. Die Systemelemente, die diese Bereiche betreffen, werden im Folgenden erläutert:

Leistungsüberwachung und -überprüfung

Die Einhaltung der öffentlich-rechtlichen und weiteren Verpflichtungen müssen mit Hilfe einer geeigneten Verfahrens überprüft und kontinuierlich überwacht werden. Gleiches gilt intern für die Einhaltung der Festlegungen des Arbeitsschutzmanagementsystems. Zu diesen Verfahren der Überwachung zählt die Besichtigung von Arbeitsplätzen, Arbeitsbereichen und Anlagen durch die Führungskräfte, die Fachkraft für Arbeitssicherheit, den Betriebsarzt sowie den Betriebsrat.

Neben dem Normalbetrieb müssen die außerbetrieblichen Zustände berücksichtigt werden. Im Rahmen der Überprüfung und Überwachung sind regelmäßige Gefährdungsbeurteilungen durchzuführen. Die Verfahren der Überprüfung und Überwachung sowie die resultierenden Maßnahmen werden in regelmäßigen Abständen durch Audits überprüft.

Korrekturmaßnahmen und kontinuierliche Verbesserung

Bei Abweichungen von Soll-Vorgaben, die im Rahmen des Arbeitsschutzes und der Anlagensicherheit aufgetreten sind, müssen die Ursachen analysiert und bewertet werden. Es müssen anschließend Alternativen entwickelt, Korrekturmaßnahmen durchgeführt und deren Wirkung verfolgt werden. Aus den Aufzeichnungen, die über diese Korrekturmaßnahmen gemacht werden, ergeben sich Schwerpunkte und Themen für die Überprüfung und Überwachung. Die sorgfältige Analyse der Ursachen für auftretende Abweichungen hilft ihre Wiederholung zu vermeiden und kann Gefährdungsschwerpunkte im Unternehmen aufzeigen.

10

Interne System- und Complianceaudits

In regelmäßigen Abständen führt das Unternehmen zur unabhängigen, systematisierten und dokumentierten Überprüfung des Arbeitsschutzmanagementsystems Audits durch. Diese ergänzen die zuvor beschriebene Überprüfung und Überwachung des Systems. Die Abstände zwischen den Audits dürfen drei Jahre nicht überschreiten. Folgende Sachverhalte werden im Rahmen eines solchen Audits überprüft:

- die Eignung der Arbeitsschutzpolitik für Arbeitssicherheit und Gesundheitsschutz,
- die Eignung der daraus abgeleiteten strategischen Ziele und der erforderlichen Maßnahmen,
- der Aufbau und die Leistungen des Arbeitsschutzes,
- die Einhaltung von Rechtsvorschriften und weiteren Forderungen.

Stichprobenartig wird außerdem geprüft:

- die Abläufe, die in Verfahrensanweisungen festgelegt sind,
- die Verfahren zur Überprüfung und Überwachung und der daraus abgeleiteten Maßnahmen,
- das Wissen der Mitarbeiter und das Verhalten der Führungskräfte.

Audits zum Arbeitsschutzmanagementsystem umfassen einen Systemteil sowie einen Complianceteil. Im Systemteil werden die Eignung, der Umfang und die Leistung des Arbeitschutzmanagementsystems überprüft. Im Complianceteil hingegen wird geprüft, ob der Ist-Zustand in der Organisation mit dem Soll-Zustand hinsichtlich der öffentlich-rechtlichen und weiteren Verpflichtungen übereinstimmt.

Vor der Durchführung der Audits muss ein Auditplan erstellt werden, in dem Regelungen für das Auditverfahren und die Dokumentation des Audits festgelegt werden. Der Auditplan muss folgende Punkte beinhalten, die:

- personelle Zusammensetzung des Auditteams,
- Qualifikation der Auditoren,
- Bestellung des Auditleiters,
- Häufigkeit der Audits,
- Form und Umfang der Audits und der Auditberichte,
- Termine und den zeitlichen Ablauf des Audits,
- Auditmethoden und Zuständigkeiten für die Durchführung und Erstellung der Dokumentation.

Die Audits sollten durch Personen durchgeführt werden, die vom betreffenden Betriebsteil möglichst unabhängig sind. Die Grundlage für die Audits sollten Fragenkataloge sein, die den Prüfumfang abdecken und eine einheitliche Grundlage für die Durchführung der Audits sicherstellen. Der Auditbericht muss möglichst umgehend erstellt und der Geschäftsführung vorgelegt werden. Der Bericht muss beinhalten:

- Mängel des Arbeitsschutzmanagementsystems,
- notwendige Korrekturmaßnahmen,
- Fristen zur Mängelbeseitigung.

Die Geschäftsführung bewertet darauf aufbauend das Managementsystem und leitet die erforderlichen Korrekturmaßnahmen ein. Die Wirksamkeit dieser Korrekturmaßnahmen muss durch Nachprüfungen, Teilaudits oder Folgeaudits sichergestellt werden.

Dokumentation und Lenkung von Dokumenten

Das Unternehmen muss festlegen, welche Struktur, Form, Inhalte und Umfang die Dokumente, die im Rahmen des Arbeitsschutzmanagementsystems erstellt werden, haben sollen und wie deren Lenkung erfolgt. Im Handbuch zum Arbeitsschutzmanagementsystem wird angegeben, welche unternehmenspolitischen Vorgaben für Arbeitssicherheit und Gesundheitsschutz gelten. Es enthält die grundsätzliche Beschreibung des Arbeitsschutzmanagementsystems anhand der Systemelemente. In Verfahrensanweisungen wird beschrieben, wie im Rahmen des Arbeitsschutzmanagementsystems festgelegte Verfahren durchgeführt werden und wie Ziele und Programme umgesetzt werden. Arbeitsanweisungen sind tätigkeitsbezogene Anweisungen, in denen die Durchführung konkreter Arbeiten beschrieben wird.

Durch Aufzeichnungen muss Folgendes belegt werden:

- Leistung und Wirksamkeit des Arbeitsschutzmanagementsystems,
- Erfüllung der öffentlich-rechtlichen und weiteren Verpflichtungen,
- Durchführung und Ergebnisse von Überprüfungen und Überwachungen,
- die eingeleiteten und durchgeführten Korrekturmaßnahmen,
- Zustand der Anlagen, Betriebseinrichtungen, etc.

Durch das Dokumentationssystem wird eine exakte Beschreibung von Aufbau und Abläufen sowie der Nachweis von Leistungen des Arbeitsschutzmanagementsystems durch dokumentierte Prüfergebnisse gewährleistet. Zur Lenkung der Dokumente muss ein Verfahren festgelegt werden, das Aktualität, Zugriffsbefugnisse, Verteilung und Aufbewahrung der Dokumente regelt.

Interne und externe Kommunikation und Zusammenarbeit

Das Unternehmen muss mit Hilfe eines geeigneten Verfahrens den Informationsfluss und die Zusammenarbeit sicherstellen und fördern. So soll gewährleistet werden, dass Informationen und Wissen dorthin gelangen, wo sie benötigt werden. Dies betrifft den Austausch zwischen Führungskräften, Beschäftigten und besonderen Funktionsträgern im Arbeitsschutz. Die Geschäftsführung legt außerdem ein Verfahren für die Kommunikation mit externen Stellen fest.

10.2 Arbeitsschutzgesetz (ArbSchG)

Zielsetzung und Anwendungsbereich (§ 1)

Dieses Gesetz dient dazu, Sicherheit und Gesundheitsschutz der Beschäftigten bei der Arbeit durch Maßnahmen des Arbeitsschutzes zu sichern und zu verbessern. Es gilt in allen Tätigkeitsbereichen.

Befugnisse der zuständigen Behörden (§ 2)

Die zuständige Behörde kann vom Arbeitgeber oder von den verantwortlichen Personen die zur Durchführung ihrer Überwachungsaufgabe erforderlichen Auskünfte und die Überlassung von entsprechenden Unterlagen verlangen. Die mit der Überwachung beauftragten Personen sind befugt, zu den Betriebs- und Arbeitszeiten Betriebsstätten, Geschäfts- und Betriebsräume zu betreten, zu besichtigen und zu prüfen sowie in die geschäftlichen Unterlagen der auskunftspflichtigen Person Einsicht zu nehmen, soweit dies zur Erfüllung ihrer Aufgaben erforderlich ist.

Außerdem sind sie befugt, Betriebsanlagen, Arbeitsmittel und persönliche Schutzausrüstungen zu prüfen, Arbeitsverfahren und Arbeitsabläufe zu untersuchen, Messungen vorzunehmen und insbesondere arbeitsbedingte Gesundheitsgefahren festzustellen und zu untersuchen, auf welche Ursachen ein Arbeitsunfall, eine arbeitsbedingte Erkrankung oder ein Schadensfall zurückzuführen ist.

Sie sind berechtigt, die Begleitung durch den Arbeitgeber oder eine von ihm beauftragte Person zu verlangen. Der Arbeitgeber oder die verantwortlichen Personen haben die mit der Überwachung beauftragten Personen bei der Wahrnehmung ihrer Befugnisse zu unterstützen. Die zuständige Behörde kann im Einzelfall anordnen:

- welche Maßnahmen der Arbeitgeber und die verantwortlichen Personen oder die Beschäftigten zur Erfüllung der Pflichten zu treffen haben, die sich aus diesem Gesetz und den aufgrund dieses Gesetzes erlassenen Rechtsverordnungen ergeben,
- welche Maßnahmen der Arbeitgeber und die verantwortlichen Personen zur Abwendung einer besonderen Gefahr für Leben und Gesundheit der Beschäftigten zu treffen haben.

10.2.1 Pflichten des Arbeitgebers

Grundpflichten des Arbeitgebers (§ 3)

Der Arbeitgeber ist verpflichtet, die erforderlichen Maßnahmen des Arbeitsschutzes unter Berücksichtigung der Umstände zu treffen, die die Sicherheit und die Gesundheit der Beschäftigten bei der Arbeit beeinflussen. Er hat die Maßnahmen auf ihre Wirksamkeit zu überprüfen und erforderlichenfalls sich ändernden Gegebenheiten anzupassen. Dabei hat er eine Verbesserung von Sicherheit und Gesundheitsschutz der Beschäftigten anzustreben. Zur Planung und Durchführung der Maßnahmen hat der Arbeitgeber unter Berücksichtigung der Art der Tätigkeiten und der Zahl der Beschäftigten:

- für eine geeignete Organisation zu sorgen und die erforderlichen Mittel bereitzustellen sowie
- Vorkehrungen zu treffen, dass die Maßnahmen erforderlichenfalls bei allen Tätigkeiten und eingebunden in die betrieblichen Führungsstrukturen beachtet werden und die Beschäftigten ihren Mitwirkungspflichten nachkommen können.

Allgemeine Grundsätze (§ 4)

Der Arbeitgeber hat bei Maßnahmen des Arbeitsschutzes von folgenden allgemeinen Grundsätzen auszugehen:

- die Arbeit ist so zu gestalten, dass eine Gefährdung für Leben und Gesundheit möglichst vermieden und die verbleibende Gefährdung möglichst gering gehalten wird,
- Gefahren sind an ihrer Quelle zu bekämpfen,
- bei den Maßnahmen sind der Stand von Technik, Arbeitsmedizin und Hygiene sowie sonstige gesicherte arbeitswissenschaftliche Erkenntnisse zu berücksichtigen,
- Maßnahmen sind mit dem Ziel zu planen, Technik, Arbeitsorganisation, sonstige Arbeitsbedingungen, soziale Beziehungen und Einfluss der Umwelt auf den Arbeitsplatz sachgerecht zu verknüpfen,
- individuelle Schutzmaßnahmen sind nachrangig zu anderen Maßnahmen,
- spezielle Gefahren für besonders schutzbedürftige Beschäftigtengruppen sind zu berücksichtigen,
- den Beschäftigten sind geeignete Anweisungen zu erteilen,

- mittelbar oder unmittelbar geschlechtsspezifisch wirkende Regelungen sind nur zulässig, wenn dies aus biologischen Gründen zwingend geboten ist.

Beurteilung der Arbeitsbedingungen (§ 5)

Der Arbeitgeber hat durch eine Beurteilung der für die Beschäftigten mit ihrer Arbeit verbundenen Gefährdung zu ermitteln, welche Maßnahmen des Arbeitsschutzes erforderlich sind. Der Arbeitgeber hat die Beurteilung je nach Art der Tätigkeit vorzunehmen. Bei gleichartigen Arbeitsbedingungen ist die Beurteilung eines Arbeitsplatzes oder einer Tätigkeit ausreichend. Eine Gefährdung kann sich insbesondere ergeben durch:

- die Gestaltung und die Einrichtung der Arbeitsstätte und des Arbeitsplatzes,
- physikalische, chemische und biologische Einwirkungen,
- die Gestaltung, die Auswahl und den Einsatz von Arbeitsmittel, insbesondere von Arbeitsstoffen, Maschinen, Geräten und Anlagen sowie den Umgang damit,
- die Gestaltung von Arbeits- und Fertigungsverfahren, Arbeitsabläufen und Arbeitszeit und deren Zusammenwirken,
- unzureichende Qualifikation und Unterweisung der Beschäftigten.

Dokumentation (§ 6)

Der Arbeitgeber muss über die je nach Art der Tätigkeiten und der Zahl der Beschäftigten erforderlichen Unterlagen verfügen, aus denen das Ergebnis der Gefährdungsbeurteilung, die von ihm festgelegt Maßnahmen des Arbeitsschutzes und das Ergebnis ihrer Überprüfung ersichtlich sind. Bei gleichartiger Gefährdungssituation ist es ausreichend, wenn die Unterlagen zusammengefasste Angaben enthalten. Soweit in sonstigen Rechtsvorschriften nichts anderes bestimmt ist, gilt dies nicht für Arbeitgeber mit zehn oder weniger Beschäftigten. Die zuständige Behörde kann, wenn besondere Gefährdungssituationen gegeben sind, anordnen, dass Unterlagen verfügbar sein müssen. Bei der Feststellung der Zahl der Beschäftigten sind Teilzeitbeschäftigte mit einer regelmäßigen wöchentlichen Arbeitszeit von nicht mehr als 20 Stunden mit 0,5 und nicht mehr als 30 Stunden mit 0,75 zu berücksichtigen. Unfälle in seinem Betrieb, bei denen ein Beschäftigter getötet oder so verletzt wird, dass er stirbt oder für mehr als drei Tage völlig oder teilweise arbeits- oder dienstunfähig wird, hat der Arbeitgeber zu erfassen.

Übertragung von Aufgaben (§ 7)

Bei der Übertragung von Aufgaben auf Beschäftigte hat der Arbeitgeber je nach Art der Tätigkeiten zu berücksichtigen, ob die Beschäftigten befähigt sind, die für die Sicherheit und den Gesundheitsschutz bei der Aufgabenerfüllung zu beachtenden Bestimmungen und Maßnahmen einzuhalten.

Zusammenarbeit mehrerer Arbeitgeber (§ 8)

Werden Beschäftigte mehrerer Arbeitgeber an einem Arbeitsplatz tätig, sind die Arbeitgeber verpflichtet, bei der Durchführung der Sicherheits- und Gesundheitsschutzbestimmungen zusammenzuarbeiten. Soweit dies für die Sicherheit und den Gesundheitsschutz der Beschäftigten bei der Arbeit erforderlich ist, haben die Arbeitgeber je nach Art der Tätigkeiten insbesondere sich gegenseitig und ihre Beschäftigten über die mit den Arbeiten verbundenen Gefahren für Sicherheit und Gesundheit der Beschäftigten zu unterrichten und Maßnahmen zur Verhütung dieser Gefahren abzustimmen. Der Arbeitgeber muss sich je nach Art der Tätigkeit vergewissern, dass die Beschäftigten anderer Arbeitgeber, die in seinem Betrieb tätig werden, hinsichtlich der Gefahren für ihre Sicherheit und Gesundheit während ihrer Tätigkeit in seinem Betrieb angemessene Anweisungen erhalten haben.

Besondere Gefahren (§ 9)

Der Arbeitgeber hat Maßnahmen zu treffen, damit nur Beschäftigte Zugang zu besonders gefährlichen Arbeitsbereichen haben, die zuvor geeignete Anweisungen erhalten haben. Der Arbeitgeber hat Vorkehrungen zu treffen, dass alle Beschäftigten, die einer unmittelbaren erheblichen Gefahr ausgesetzt sind oder sein können, möglichst frühzeitig über diese Gefahr und die getroffenen oder zu treffenden Schutzmaßnahmen unterrichtet sind. Bei unmittelbarer erheblicher Gefahr für die eigene Sicherheit oder die Sicherheit anderer Personen müssen die Beschäftigten die geeigneten Maßnahmen zur Gefahrenabwehr und Schadensbegrenzung selbst treffen können, wenn der zuständige Vorgesetzte nicht erreichbar ist. Dabei sind die Kenntnisse der Beschäftigten und die vorhandenen technischen Mittel zu berücksichtigen. Den Beschäftigten dürfen aus ihrem Handeln keine Nachteile entstehen, es sei denn, sie haben vorsätzlich oder grob fahrlässig ungeeignete Maßnahmen getroffen. Der Arbeitgeber hat Maßnahmen zu treffen, die es den Beschäftigten bei unmittelbaren erheblicher Gefahr ermöglichen, sich durch sofortiges Verlassen der Arbeitsplätze in Sicherheit zu bringen. Den Beschäftigten dürfen hierdurch keine Nachteile entstehen. Hält die unmittelbare erhebliche Gefahr an, darf der Arbeitgeber die Beschäftigte nur in besonders begründeten Ausnahmefällen auffordern, ihre Tätigkeit wieder aufzunehmen.

Erste Hilfe und sonstige Notfallmaßnahmen (§ 10)

Der Arbeitgeber hat entsprechend der Art der Arbeitsstätte und der Tätigkeiten sowie der Zahl der Beschäftigten die Maßnahmen zu treffen, die zur Ersten Hilfe, Brandbekämpfung und Evakuierung der Beschäftigten erforderlich sind. Dabei hat er der Anwesenheit anderer Personen Rechnung zu tragen. Er hat auch dafür zu sorgen, dass im Notfall die erforderlichen Verbindungen zu außerbetrieblichen Stellen insbesondere in den Bereichen der Ersten Hilfe, der medizinischen Notversorgung, der Bergung und der Brandbekämpfung eingerichtet sind. Der Arbeitgeber hat diejenigen Beschäftigten zu benennen, die Aufgaben der Ersten Hilfe, Brandbekämpfung und Evakuierung der Beschäftigten übernehmen. Anzahl, Ausbildung und Ausrüstung der benannten Beschäftigten müssen in einem angemessenen Verhältnis zur Zahl der Beschäftigten und zu den bestehenden besonderen Gefahren stehen. Vor der Benennung hat der Arbeitgeber den Betriebs- oder Personalrat zu hören.

Arbeitsmedizinische Vorsorge (§ 11)

Der Arbeitgeber hat den Beschäftigten auf ihren Wunsch unbeschadet der Pflichten aus anderen Rechtsvorschriften zu ermöglichen, sich je nach den Gefahren für ihre Sicherheit und Gesundheit bei der Arbeit regelmäßig arbeitsmedizinisch untersuchen zu lassen, es sei denn, aufgrund der Beurteilung der Arbeitsbedingungen und der getroffenen Schutzmaßnahmen ist nicht mit einem Gesundheitsschaden zu rechnen.

Unterweisung (§ 12)

Der Arbeitgeber hat die Beschäftigten über Sicherheit und Gesundheitsschutz bei der Arbeit während ihrer Arbeitszeit ausreichend und angemessen zu unterweisen. Die Unterweisung umfasst Anweisungen und Erläuterungen, die eigens auf den Arbeitsplatz oder den Aufgabenbereich der Beschäftigten ausgerichtet sind. Die Unterweisung muss bei der Einstellung, bei Veränderungen im Aufgabenbereich, der Einführung neuer Arbeitsmittel oder einer neuen Technologie vor Aufnahme der Tätigkeit der Beschäftigten erfolgen. Die Unterweisung muss an die Gefährdungsentwicklung angepasst sein und erforderlichenfalls regelmäßig wiederholt werden.

Verantwortliche Personen (§ 13)

Verantwortlich für die Erfüllung der sich ergebenden Pflichten sind neben dem Arbeitgeber:

- sein gesetzlicher Vertreter,
- das vertretungsberechtigte Organ einer juristischen Person,
- der vertretungsberechtigte Gesellschafter einer Personenhandelsgesellschaft,
- Personen, die mit der Leitung eines Unternehmens oder eines Betriebes beauftragt sind, im Rahmen der ihnen übertragenen Aufgaben und Befugnisse,
- sonstige nach einer aufgrund dieses Gesetzes erlassenen Rechtsverordnung oder nach einer Unfallverhütungsvorschrift beauftragte Personen im Rahmen ihrer Aufgaben und Befugnisse.

Der Arbeitgeber kann zuverlässige und fachkundige Person schriftlich damit beauftragen, ihm obliegende Aufgaben nach diesem Gesetz in eigener Verantwortung wahrzunehmen.

10.2.2 Pflichten und Rechte der Beschäftigten

Pflichten der Beschäftigten (§ 15)

Die Beschäftigten sind verpflichtet, nach ihren Möglichkeiten sowie gemäß der Unterweisung und Weisung des Arbeitgebers für ihre Sicherheit und Gesundheit bei der Arbeit Sorge zu tragen. Entsprechend haben die Beschäftigten auch für die Sicherheit und Gesundheit der Personen zu sorgen, die von ihren Handlungen oder Überlassungen bei der Arbeit betroffen sind. Die Beschäftigten haben insbesondere Maschinen, Geräte, Werkzeuge, Arbeitsstoffe, Transportmittel und sonstige Arbeitsmittel sowie Schutzvorrichtungen und die ihnen zur Verfügung gestellte persönliche Schutzausrüstung bestimmungsgemäß zu verwenden.

Besondere Unterstützungspflichten (§ 16)

Die Beschäftigten haben dem Arbeitgeber oder dem zuständigen Vorgesetzten jede von ihnen festgestellte unmittelbare erhebliche Gefahr für die Sicherheit und Gesundheit sowie jeden an den Schutzsystemen festgestellten Defekt unverzüglich zu melden. Die Beschäftigten haben gemeinsam mit dem Betriebsarzt und der Fachkraft für Arbeitssicherheit den Arbeitgeber darin zu unterstützen die Sicherheit und den Gesundheitsschutz der Beschäftigten bei der Arbeit zu gewährleisten und seine Pflichten entsprechend den behördlichen Auflagen zu erfüllen. Unbeschadet ihrer Pflicht sollen die Beschäftigten von ihnen festgestellte Gefahren für Sicherheit und Gesundheit und Mängel an den Schutzsystemen auch der Fachkraft für Arbeitssicherheit, dem Betriebsarzt oder dem Sicherheitsbeauftragten mitteilen.

Rechte der Beschäftigten (§ 17)

Die Beschäftigten sind berechtigt, dem Arbeitgeber Vorschläge zu allen Fragen der Sicherheit und des Gesundheitsschutzes bei der Arbeit zu machen. Sind Beschäftigte aufgrund konkreter Anhaltspunkte der Auffassung, dass die vom Arbeitgeber getroffenen Maßnahmen und bereitgestellten Mittel nicht ausreichen, um die Sicherheit und den Gesundheitsschutz bei der Arbeit zu ge-

10

währleisten, und hilft der Arbeitgeber darauf gerichteten Beschwerden von Beschäftigten nicht ab, können sich diese an die zuständige Behörde wenden.

10.2.3 Arbeitsstättenverordnung (ArbStättV)

Ziel, Anwendungsbereich (§ 1)

Die Verordnung dient der Sicherheit und dem Gesundheitsschutz der Beschäftigten beim Einrichten und Betreiben von Arbeitsstätten.

Begriffsbestimmungen (§ 2)

Arbeitsplätze sind Bereiche von Arbeitsstätten, in denen sich Beschäftigte bei der von ihnen auszuübenden Tätigkeit regelmäßig über einen längeren Zeitraum oder im Verlauf der täglichen Arbeitszeit nicht nur kurzfristig aufhalten müssen. Arbeitsräume sind die Räume, in denen Arbeitsplätze innerhalb von Gebäuden dauerhaft eingerichtet sind. Zur Arbeitsstätte gehören auch:

- Verkehrswege, Fluchtwege, Notausgänge,
- Lager-, Maschinen- und Nebenräume,
- Sanitärräume (Umkleide-, Wasch- und Toilettenräume),
- Pausen- und Bereitschaftsräume,
- Erste-Hilfe-Räume,
- Unterkünfte.

Gefährdungsbeurteilung (§ 3)

Bei der Beurteilung der Arbeitsbedingungen nach § 5 des Arbeitsschutzgesetzes hat der Arbeitgeber zunächst festzustellen, ob die Beschäftigten Gefährdungen beim Einrichten und Betreiben der Arbeitsstätten ausgesetzt sind oder ausgesetzt sein können. Ist dies der Fall, hat er alle möglichen Gefährdungen der Gesundheit und Sicherheit der Beschäftigten zu beurteilen. Entsprechend dem Ergebnis der Gefährdungsbeurteilung hat der Arbeitgeber Schutzmaßnahmen gemäß den Vorschriften dieser Verordnung einschließlich ihres Anhangs nach dem Stand der Technik, Arbeitsmedizin und Hygiene festzulegen. Sonstige gesicherte arbeitswissenschaftliche Erkenntnisse sind zu berücksichtigen.

Der Arbeitgeber hat sicherzustellen, dass die Gefährdungsbeurteilung fachkundig durchgeführt wird. Verfügt der Arbeitgeber nicht selbst über die entsprechenden Kenntnisse, hat er sich fachkundig beraten zu lassen.

Der Arbeitgeber hat die Gefährdungsbeurteilung unabhängig von der Zahl der Beschäftigten vor Aufnahme der Tätigkeiten zu dokumentieren. In der Dokumentation ist anzugeben, welche Gefährdungen am Arbeitsplatz auftreten können und welche Maßnahmen durchgeführt werden müssen.

Einrichten und Betreiben von Arbeitsstätten (§ 3a)

Der Arbeitgeber hat dafür zu sorgen, dass Arbeitsstätten so eingerichtet und betrieben werden, dass von ihnen keine Gefährdungen für die Sicherheit und die Gesundheit der Beschäftigten ausgehen. Dabei hat er den Stand der Technik zu berücksichtigen. Bei Einhaltung der genannten Regeln ist davon auszugehen, dass die in der Verordnung gestellten Anforderungen diesbezüglich erfüllt sind. Wendet der Arbeitgeber die Regeln nicht an, muss er durch andere Maßnahmen die gleiche Sicherheit und den gleichen Gesundheitsschutz der Beschäftigten erreichen.

Beschäftigt der Arbeitgeber Menschen mit Behinderungen, hat er Arbeitsstätten so einzurichten und zu betreiben, dass die besonderen Belange dieser Beschäftigten im Hinblick auf Sicherheit und Gesundheitsschutz berücksichtigt werden. Dies gilt insbesondere für die barrierefreie Gestaltung von Arbeitsplätzen sowie von zugehörigen Türen, Verkehrswegen, Fluchtwegen, Notausgängen, Treppen, Orientierungssystemen, Waschgelegenheiten und Toilettenräumen.

Besondere Anforderungen an das Betreiben von Arbeitsstätten (§ 4)

Der Arbeitgeber hat die Arbeitsstätte instand zu halten und dafür zu sorgen, dass festgestellte Mängel unverzüglich beseitigt werden. Können Mängel, mit denen eine unmittelbare erhebliche Gefahr verbunden ist, nicht sofort beseitigt werden, ist die Arbeit insoweit einzustellen.

Der Arbeitgeber hat dafür zu sorgen, dass Arbeitsstätten den hygienischen Erfordernissen entsprechend gereinigt werden. Verunreinigungen und Ablagerungen, die zu Gefährdungen führen können, sind unverzüglich zu beseitigen.

Der Arbeitgeber hat Sicherheitseinrichtungen zur Verhütung oder Beseitigung von Gefahren, insbesondere Sicherheitsbeleuchtungen, Feuerlöscheinrichtungen, Signalanlagen, Notaggregate und Notschalter sowie raumlufttechnische Anlagen, in regelmäßigen Abständen sachgerecht zu warten und auf ihre Funktionsfähigkeit prüfen zu lassen.

Verkehrswege, Fluchtwege und Notausgänge müssen ständig freigehalten werden, damit sie jederzeit benutzt werden können. Der Arbeitgeber hat Vorkehrungen zu treffen, dass die Beschäftigten bei Gefahr sich unverzüglich in Sicherheit bringen und schnell gerettet werden können. Der Arbeitgeber hat einen Flucht- und Rettungsplan aufzustellen, wenn Lage, Ausdehnung und Art der Benutzung der Arbeitsstätte dies erfordern. Der Plan ist an geeigneten Stellen in der Arbeitsstätte auszulegen oder auszuhängen. In angemessenen Zeitabständen ist entsprechend dieses Planes zu üben.

10

Der Arbeitgeber hat Mittel und Einrichtungen zur Ersten Hilfe zur Verfügung zu stellen und diese regelmäßig auf ihre Vollständigkeit und Verwendungsfähigkeit prüfen zu lassen.

Nichtraucherschutz (§ 5)

Der Arbeitgeber hat die erforderlichen Maßnahmen zu treffen, damit die nicht rauchenden Beschäftigten in Arbeitsstätten wirksam vor den Gesundheitsgefahren durch Tabakrauch geschützt sind.

Sicherheits- und Gesundheitsschutzkennzeichnung

Es sind Sicherheits- und Gesundheitsschutzkennzeichnungen einzusetzen, wenn Risiken für Sicherheit und Gesundheit nicht durch technische oder organisatorische Maßnahmen vermieden oder ausreichend begrenzt werden können. Die Ergebnisse der Gefährdungsbeurteilung sind dabei zu berücksichtigen. Die Kennzeichnung ist an geeigneten Stellen deutlich erkennbar anzubringen.

Maßnahmen gegen Brände

Arbeitsstätten müssen je nach:

- Abmessung und Nutzung,
- der Brandgefährdung vorhandener Einrichtungen und Materialien,
- der größtmöglichen Anzahl anwesender Personen

mit einer ausreichenden Anzahl geeigneter Feuerlöscheinrichtungen und erforderlichenfalls Brandmeldern und Alarmanlagen ausgestattet sein. Nicht selbsttätige Feuerlöscheinrichtungen müssen als solche dauerhaft gekennzeichnet, leicht zu erreichen und zu handhaben sein. Selbsttätig wirkende Feuerlöscheinrichtungen müssen mit Warneinrichtungen ausgerüstet sein, wenn bei ihrem Einsatz Gefahren für die Beschäftigten auftreten können.

Fluchtwege und Notausgänge

Fluchtwege und Notausgänge müssen:

- sich in Anzahl, Anordnung und Abmessung nach der Nutzung, der Einrichtung und den Abmessungen der Arbeitsstätte sowie nach der höchstmöglichen Anzahl der dort anwesenden Personen richten,
- auf möglichst kurzem Weg ins Freie oder, falls dies nicht möglich ist, in einen gesicherten Bereich führen,
- in angemessener Form und dauerhaft gekennzeichnet sein.

Sie sind mit einer Sicherheitsbeleuchtung auszurüsten, wenn das gefahrlose Verlassen der Arbeitsstätte für die Beschäftigten, insbesondere bei Ausfall der allgemeinen Beleuchtung, nicht gewährleistet ist. Türen im Verlauf von Fluchtwegen oder Türen von Notausgängen müssen:

- sich von innen ohne besondere Hilfsmittel jederzeit leicht öffnen lassen, solange sich Beschäftigte in der Arbeitsstätte befinden,
- in angemessener Form und dauerhaft gekennzeichnet sein.

Türen von Notausgängen müssen sich nach außen öffnen lassen. In Notausgängen, die ausschließlich für den Notfall konzipiert und ausschließlich im Notfall benutzt werden, sind Karussell- und Schiebetüren nicht zulässig.

Lärm

In Arbeitsstätten ist der Schalldruckpegel so niedrig zu halten, wie es nach der Art des Betriebes möglich ist. Der Schalldruckpegel am Arbeitsplatz in Arbeitsräumen ist in Abhängigkeit von der Nutzung und den zu verrichtenden Tätigkeiten so weit zu reduzieren, dass keine Beeinträchtigungen der Gesundheit der Beschäftigten entstehen.

Erste-Hilfe-Räume

Erste-Hilfe-Räume müssen an ihren Zugängen als solche gekennzeichnet und für Personen mit Rettungstransportmitteln leicht zugänglich sein. Sie sind mit den erforderlichen Einrichtungen und Materialien zur Ersten Hilfe auszustatten. An einer deutlich gekennzeichneten Stelle müssen Anschrift und Telefonnummer der örtlichen Rettungsdienste angegeben sein. Erste-Hilfe-Ausstattung ist darüber hinaus überall dort aufzubewahren, wo es die Arbeitsbedingungen erfordern. Sie muss leicht zugänglich und einsatzbereit sein. Die Aufbewahrungsstellen müssen als solche gekennzeichnet und gut erreichbar sein.

10.2.4 Notfallvorsorge

Zu den grundlegenden Sicherheitspflichten eines Unternehmens gehört die Aufstellung betrieblicher Alarm- und Gefahrenabwehrpläne. Sie haben den Schutz der Beschäftigten, der Einsatzkräfte (Feuerwehr, Rettungsdienst, etc.) und Dritter (Subunternehmer, Dienstleister, Besucher, etc.) sicherzustellen. Bei der anlagenbezogenen Planung sind die Auswirkungen auf Nachbarschaft und Umwelt mit zu berücksichtigen. Es gilt immer der Grundsatz „Personenschutz geht vor Objektschutz". In der betrieblichen Gefahrenabwehrplanung sind die organisatorischen und technischen Maßnahmen zu beschreiben, die in einer Gefahrensituation bzw. bei einem Notfall zu ergreifen sind. Er basiert auf anlagen-, verfahrens- und stoffspezifischen Gefahrensituationen z.B. durch:

- Freisetzung von Stoffen/Chemikalien,
- Auswirkungen eines Brandes,
- Auswirkungen von Explosionen.

Die Wirkungen der in der Anlage vorhandenen Stoffe und deren Ausbreitung in der Luft, in Gewässern oder im Boden sind zu berücksichtigen. Dies schließt auch Folgen und Schäden nach einer möglichen Freisetzung, einem Brand oder einer Explosion ein. Der Betreiber einer Anlage hat anhand geeigneter Bedienungs- und Sicherheitsanweisungen die Mitarbeiter zu schulen. Die schriftlichen Anweisungen (z.B. Betriebshandbücher, Brandschutzordnungen) müssen Angaben zu:

- anlagen-, verfahrens- und stoffspezifisches Gefahrenpotenzial,
- sicherheitstechnischen Einrichtungen, Schutzausrüstungen und deren Standort,
- erforderlichen Schutzmaßnahmen und Verhaltensregeln im Gefahrfall enthalten.

Die Beschäftigten anderer Unternehmen (Subunternehmer, Dienstleister, etc.), die auf dem Betriebsgelände tätig sind, sind über die organisatorischen und technischen Maßnahmen der betrieblichen Alarm- und Gefahrenabwehrplanung zu informieren. Dazu hat der Betreiber der Anlage dem betreffenden Unternehmer die notwendigen Hinweise zu geben. Der Betreiber hat letztlich dafür Sorge zu tragen, dass die Beschäftigten betriebsfremder Unternehmen angemessene Informationen und Anweisungen für den Gefahrfall erhalten.

Mit den zuständigen Behörden ist eine Abstimmung der betrieblichen Alarm- und Gefahrenabwehrpläne vorzunehmen. Nur so ist eine inner- und außerbetriebliche Zusammenarbeit zur wirksamen Gefahrenabwehr gewährleistet. Gemeinsame Besprechungen und Betriebsbegehungen, auch unter Beteiligung der Feuerwehr, sorgen für ein besseres gemeinsames Verständnis und reduzieren die Reibungsverluste zwischen innerbetrieblicher und außerbetrieblicher Alarm- und Gefahrenabwehrplanung. Nach der Aufstellung und der Fortschreibung der betrieblichen Alarm- und Gefahrenabwehrplanung ist allen im Verteiler genannten Stellen eine aktuelle Fassung zu übermitteln.

Der Anlagenbetreiber hat bei Vorliegen neuer Erkenntnisse, mindestens aber alle drei Jahre, die in der Planung enthaltenen Angaben zu überprüfen, zu ergänzen und fortzuschreiben. Bei Eintritt eines Notfalles sind die Anlieger und die Öffentlichkeit über die Auswirkungen und die ergriffenen Maßnahmen zu informieren.

Ein Alarm- und Gefahrenabwehrplan lässt sich wie folgt gliedern:

- allgemeine Angaben zum Unternehmen,
- Anlagenverzeichnis,
- Gefahrenabwehr,
- Alarmplan und Warnungen,
- Informationen der Behörden und der Öffentlichkeit.

In den folgenden Abschnitten werden nähere Erläuterungen zu den einzelnen Punkten gegeben:

Betriebliche Alarm- und Gefahrenabwehrpläne

Das Deckblatt des betrieblichen Alarm- und Gefahrenabwehrplanes enthält Angaben mit:

- postalischer Anschrift,
- Telefon-/Telefax-Nr. der Zentrale,
- Angabe der inner-/außerbetrieblichen Empfänger (Verteiler),
- Nachweis über Änderungen (Änderungsdienst).

Objekte (Anlagen, Gebäude, etc.) sind kurz und verständlich zu beschreiben. Ihr Zweck ist zu erläutern. Ein Ortsplan zeigt die Einbettung in die Nachbarschaft. In den Lageplan kann der Anwendungsbereich des betrieblichen Alarm- und Gefahrenabwehrplanes mit den zugehörigen Anlagen und Betrieben (Gefährdungsbereiche) gekennzeichnet werden. Den außerbetrieblichen Gefahrenabwehrkräften (z.B. Feuerwehr) werden so die Zufahrtsmöglichkeiten aufgezeigt. Angaben über Anzahl und Aufenthaltsort der während der normalen Betriebszeiten am Ort Beschäftigten dienen zur Vorbereitung eventueller Rettungsmaßnahmen. Sie ersetzen nicht die notwendige Anwesenheitskontrolle durch die verantwortlichen Personen am festgelegten Sammelort.

Feuerwehrplan

Damit die Gefahrenabwehrkräfte im Gefahrfall effizient entsprechende Abwehrmaßnahmen treffen können, ist ein Feuerwehrplan zu erstellen. Er enthält feuerwehrrelevante Angaben über die Einsatzobjekte. Die zugehörigen Pläne sind so detailliert darzustellen, wie es für die Begrenzung der Notfallauswirkungen notwendig ist. So enthält der Feuerwehrplan z.B. Angaben über:

- Grundrisse der einzelnen Gebäude,
- Straßen auf dem Betriebsgelände,
- Zugänge zu den Gebäuden,
- Brandmeldeanlagen,
- Standorte der Hydranten,
- Querschnitte/Druck der Löschwasserleitungen,
- ortsfeste Löschanlagen (Sprinkleranlage),
- Sammelplätze.

Weiterhin müssen Gefahrenschwerpunkte in den Feuerwehrplan eingezeichnet werden. Dies sind insbesondere Anlagen in denen z.B. mit:

- Radioisotopen,
- gefährlichen Stoffen,
- Hochdruckapparaturen

umgegangen wird.

Anlagenkataster

Über diese Anlagen ist ein Anlagenkataster zu führen. Es enthält Angaben zu:

- Maschinen-/Inventarnummer,
- Kostenstelle,
- Anlage/Prozess,
- Genehmigungsbescheid,
- Inbetriebnahme,
- Einsatzstoffe/Nebenprodukte.

Gefahrstoffverzeichnis

Gefährliche Bereiche sind gegen unbefugtes Betreten zu sichern. Bei gefährlichen Anlagen (z.B. Reaktoren, Rektifikationsanlagen, etc.) sind Notabfahrpläne zu erstellen. Sie enthalten Anweisungen und Verfahrensbeschreibungen zur Not-/Schnellabschaltung. Anlagen mit besonderem Gefahrenpotenzial sind nach ihrer Inbetriebnahme einer regelmäßigen Überprüfung zu unterziehen. Wird mit gefährlichen Stoffen gearbeitet muss ein Gefahrstoffverzeichnis vorliegen. Grundlage dafür sind die entsprechenden Sicherheitsdatenblätter und weitere betriebsinterne Stoffinformationen. Das Gefahrstoffverzeichnis enthält Angaben zu:

- Artikel-Nr.,
- interne Bezeichnung,
- chemische Bezeichnung,
- Gefahrenkennzeichnungen,
- Mengen (Plan/Ist),
- Einsatzorte im Betrieb/Kostenstellen,
- Anlage/Prozess/Arbeitsbereich,
- Bemerkungen.

Abwasserkanalplan

Ein Abwasserkataster bzw. ein Betriebstagebuch liefert Aussagen zu Art, Menge und Zusammensetzung des Abwassers im Normalbetrieb. Hinweise über mögliche Reaktionen der gefährlichen Stoffe z.B. mit Löschwasser sind anzugeben. Um das Eindringen von Löschwasser zu verhindern, ist ein Abwasserkanalplan zu erstellen. In diesem sind die Abwässerkanäle und die Übergabestelle in das öffentliche Kanalnetz bzw. in den Vorfluter verzeichnet. Der Plan enthält Angaben zu:

- Absperrvorrichtungen,
- Kanal- und Bodenabläufe,
- Verschlussmöglichkeiten von Abläufen,
- Löschwasserrückhaltung mit Volumenangabe.

Energieversorgung

Für die Energieversorgung ist ein Übersichtsplan über den Verlauf und den Inhalt der Versorgungsleitungen zu erstellen. Diese sind entsprechend zu kennzeichnen. Der Plan enthält Angaben zu:

10

- elektrischer Energie,
- Notstromversorgung,
- Wärmeträger und Dampf (Druck und Temperatur),
- Druckluft und Inertgase (z.B. N_2, CO_2; Druck),
- Heizgas/Erdgas (Druck),
- Absperreinrichtungen.

Sicherheitseinrichtungen

Aus dem Feuerwehrplan müssen ebenfalls die Sicherheitseinrichtungen hervorgehen. Ein zugehöriger Lageplan gibt Hinweise auf die Lage und Funktion der Alarm- und Warneinrichtungen. Dazu zählen:

- Notabschalteeinrichtungen,
- Rauch- und Wärmeabzugsanlagen,
- Feuermeldeeinrichtungen,
- Nottelefone,
- Sirenen/Lautsprecheranlagen.

Flucht- und Rettungsplan

Um die sichere Evakuierung eines Gebäudes zu gewährleisten, muss nach § 55 Arbeitsstättenverordnung ein Flucht- und Rettungsplan aufgestellt werden. Er hängt deutlich sichtbar in Fluren und Treppenhäusern. Er ermöglicht es den Anwesenden, das Gebäude schnell und sicher zu verlassen und den vereinbarten Sammelort aufzusuchen. Der Flucht- und Rettungsplan muss folgende Angaben enthalten:

- Grundriss des Geschosses/Gebäudes, in dem sich die Personen befinden,
- deutliche Markierung des Standortes im Geschoss/Gebäude,
- Einzeichnung der Flucht- und Rettungswege,
- Einzeichnung von Sammelplätzen.

Für die Kennzeichnung der Gefahrenschwerpunkte, der Sicherheitseinrichtungen, der Fluchtwege, etc. sind DIN-Symbole zu verwenden.

Notfallszenarien

Auf der Basis der vorhandenen Informationen (Feuerwehrplan, Anlagenkataster, Gefahrstoffverzeichnis, etc.) lassen sich Notfallszenarien über die Auswirkungen durch:

- Freisetzung von Stoffen,
- Brände,
- Explosionen

aufstellen. Bei der direkten Freisetzung von Stoffen ist deren Ausbreitung in:

- der Atmosphäre (Luft),
- Gewässern (Oberflächengewässer, Kanalisation, Grundwasser),
- Böden

zu betrachten. Das größte Gefahrenpotenzial geht in der Regel durch Brände von Gebäuden oder -abschnitten aus. Um hier für Laboratorien und Chemikalienläger eine brandschutzrelevante Lagerung zu gewährleisten, gilt Folgendes:

- Zusammenlagerungsverbote für bestimmte Stoffe,
- Lagerung entsprechend den Wassergefährdungsklassen und der Gefährlichkeit,
- Begrenzung der Lagermengen,
- mögliche Reaktionen der Stoffe bei höheren Temperaturen berücksichtigen,
- mögliche Reaktionen der Stoffe mit Löschmitteln/Löschwasser berücksichtigen,
- automatische Gefahrenmeldeanlagen,
- stationäre bzw. automatische Löschanlagen.

Durch bauliche Brandschutzmaßnahmen wie:

- Sicherheitsabstände,
- Brandschutztüren,
- Brandschutzisolierungen,
- Einstufung der Bauteile nach Baustoff- und Feuerwiderstandsklassen,
- ausreichende Löschwasserversorgung,
- Löschwasserrückhaltebecken,
- Rauch- und Wärmeabzugsanlagen,
- Brandmeldeanlagen

sind entsprechende Vorkehrungen zu treffen. Für Objekte mit besonderem Gefahrenpotenzial ist regelmäßig eine Überprüfung sinnvoll. Bauliche Mängel, technische Ausrüstungsgegenstände zur Gefahrenbekämpfung, sowie organisatorische Fragen zur Zusammenarbeit der Gefahrenabwehrkräfte sind zu behandeln.

Gefahrenabwehrkräfte

Um dem von den Anlagen ausgehenden Gefahrenpotenzial begegnen zu können, muss eine Übersicht zu den inner- und außerbetrieblichen Gefahrenabwehrkräften vorhanden sein. Zu den werksinternen Stellen zählen:

- Alarmzentrale,
- Werkschutz/Pförtner,
- Feuerwehr/Brandschutzbeauftragter,
- Sanitätsdienst,
- Spezielle Fachkräfte:
  - Umweltschutzbeauftragter,
  - Sicherheitsingenieur,
  - Strahlenschutzbeauftragter,
- Geschäftsleitung/Betriebsleitung,
- Fachabteilungen (Technische Dienste, Personal).

Seitens der Geschäftsleitung muss sichergestellt sein, dass jederzeit eine verantwortliche und entscheidungsbefugte Person erreichbar ist. Zu den innerbetrieblichen Einsatzkräften sind folgende Angaben zu machen:

- Personalliste,
- Qualifikation/Ausbildungsstand,
- Standort,

- Zeiten der Besetzung, Schichtstärke,
- Aufgaben und Zuständigkeiten.

Diese Angaben sind mit den zuständigen Behörden und den außerbetrieblichen Gefahrenabwehrkräften abzustimmen. Nur so ist im Gefahrfall eine ausreichende Unterstützung durch externe Kräfte zu gewährleisten. Im Rahmen der erforderlichen Abstimmung des betrieblichen Alarm- und Gefahrenabwehrplanes zwischen dem Betreiber und den für Katastrophenschutz und allgemeine Gefahrenabwehr zuständigen Behörden sowie der Verpflichtung des Betreibers, in einem Notfall die für die Gefahrenabwehr zuständigen Behörden und die Einsatzkräfte unverzüglich, umfassend und sachkundig zu beraten, sind die abstimmungsbedürftigen Punkte zu klären. Die getroffenen Vereinbarungen insbesondere zu:

- Einweisung, Information und Beratung externer Kräfte,
- Einsatzleitung bei gemeinsamem Einsatz interner und externer Kräfte,
- Auskünfte an Presse, Rundfunk und Fernsehen,
- für den Einsatz erforderliche Daten über das Werk

sind im Alarm- und Gefahrenabwehrplan festzuhalten. Gemeinsame Übungen zwischen den inner- und außerbetrieblichen Gefahrenabwehrkräften (Feuerwehren) verbessern die notwendige Zusammenarbeit für den Notfall. Betriebsinterne technische Einrichtungen und Ausrüstungen ermöglichen eine schnelle Kommunikation und einen effektiven Einsatz. Dazu sollte ein Überblick über die Einsatzmittel und die Ausrüstungen vorhanden sein. Dies betrifft auch die Warneinrichtungen für die Beschäftigten. Hier sind Angaben zu deren Funktion zu machen. Vorhandene Messgeräte ermöglichen eine Beurteilung von Umweltbeeinträchtigungen.

Betriebliche Alarmpläne

Nach dem Erkennen einer Gefahrensituation bzw. eines Notfalles muss die betriebliche Alarmplanung gewährleisten, dass eine schnelle Meldung an die zuständigen internen oder externen Stellen erfolgt. Betriebliche Alarmpläne enthalten konkrete Handlungsanweisungen, um die Weitergabe aller Meldungen bei:

- Personenschäden,
- Bränden/Explosionen,
- Freisetzung von Stoffen/Chemikalien,
- Störungen des bestimmungsgemäßen Betriebes

sicherzustellen. Im Alarmfall darf keine Zeit verloren werden. Daher ist der Alarmierungsablauf regelmäßig zu prüfen und zu üben. Die Erreichbarkeit der innerbetrieblichen Alarmzentrale, die Funktionsfähigkeit einer automatischen Brandmeldeanlage oder die Alarmierung externer Einsatzkräfte (Polizei, Feuerwehr, Notarzt, etc.) muss sichergestellt sein. Eine Alarmmeldung sollte folgende Mindestangaben enthalten:

- Welche Person (Name, Standort, Telefon) meldet die Gefahr?
- Wo (Ort) trat die Gefahr auf?
- Wann (Zeitpunkt) trat die Gefahr auf?
- Was (Stofffreisetzung, Brand, Explosion) ist passiert?
- Wie viele Verletzte sind zu beklagen?
- Welche Verletzungen liegen vor?
- Wie viele Personen befinden sich noch im Gefahrenbereich?
- Welche Gefahren existieren für die Umgebung (andere Anlagen, Gebäudeteile, Nachbarschaft)?
- Welche Gefahren existieren für die Umwelt?

Um die Annahme entsprechender Meldungen zu ermöglichen, sind Alarmadressen zusammenzu-stellen (Abb. 10.1).

	Name:	Telefon:	
		dienstlich:	privat:
Zentrale Meldestelle			
Leiter der Einrichtung (Geschäftsführer)			
Beauftragter Umweltmanagement			
Werkfeuerwehr			
Betriebsleiter			
Störfallbeauftragter			
Gewässerschutzbeauftragter			
Immissionsschutzbeauftragter			
Betriebsarzt			
Fachkraft für Arbeitssicherheit			
Strahlenschutzbeauftragter			
Anlagenschutz (Hausmeister)			
Feuerwehr			
Medizinischer Rettungsdienst			
Polizei			
zuständige Behörden			
Elektrizitätsversorgungsunternehmen			
Stadtwerke			
Firmen in der Nachbarschaft			
Besonders gefährdete Einrichtungen (z.B. Kintergärten, Schulen, etc.)			

Abb. 10.1: Alarmadressen

An einzelnen Anlagen, Gebäuden oder Einrichtungen ist es sinnvoll einen gesonderten Alarmplan auszuhängen, damit im Notfall sofort die erforderlichen Rufnummern und Ansprechpartner zu fin-den sind (Abb. 10.2).

Anlage Nr.:			
Verhalten im Stör- oder Notfall:			
Meldung über:			
Leckage	**Brand**	**Explosion auslaufender Flüssigkeiten**	
Unfall	**Sonstiges**		

Inhalt der Meldung:
- Wo ist es passiert?
- Was ist passiert?
- Wann ist es passiert?
- Wer meldet?
- Gibt es Verletzte? Wie viele?

Ort	Name Vertreter	Telefon dienstlich: Telefon privat:
Zentrale Meldestelle		
Werkschutz		
Feuerwehr		
Polizei		
Betriebsleiter		
Immissionsschutzbeauftragter		
Störfallbeauftragter		
Fachkraft für Arbeitssicherheit		
Betriebsarzt		
Gewässerschutzbeauftragter		
Nachbaranlagen		
zuständige Behörden		
Gesundheitsamt		
Berufsgenossenschaft		
Treffpunkt der Werksleitung		
Sammelplatz der Belegschaft		
Datum:	Stand:	

Abb. 10.2: Muster für Alarmplan für einzelne Anlagen oder Gebäude

Ein Alarmierungsschema (Abb. 10.3) gewährleistet die zielgerichtete Information der inner- und außerbetrieblichen Einsatzkräfte. Im Rahmen des Personenschutzes kommt dem sicherheitsgerechten Verhalten der Beschäftigten und Dritter (Subunternehmer, Dienstleister, etc.) besondere Bedeutung zu. Entsprechende Alarmordnungen sind an exponierten Stellen im Betrieb auszuhängen. Sie enthalten die notwendigen Informationen über das Verhalten im Gefahrfall, wie:

- Warnung der Beschäftigten,
- Warnung Dritter, die sich auf dem Betriebsgelände aufhalten,
- Festlegung der Sammelstellen für Beschäftigte und Dritte,
- Angaben, wo Dritte und deren Beschäftigungsorte auf dem Betriebsgelände registriert sind,
- Benutzung von Flucht- und Rettungswegen,
- Warnung der Nachbarschaft.

Im Notfall sind eine Reihe von Maßnahmen notwendig. Dazu zählen:

- Alarmierung entsprechend Alarmplan,
- Warnung der Beschäftigten und Dritter, die sich auf dem Betriebsgelände aufhalten,
- Einrichtung von Einsatzleitungen,
- Sofortmaßnahmen wie
  - persönlicher Schutz von Beschäftigten und Einsatzkräften,
  - Anwesenheitskontrolle,
  - Gefahrenumfang bestimmen,
  - Gefahrenbereich räumen und absperren,
  - Stoffabsperrungen und Anlagenabschaltungen,
  - Schutz von Nachbargebäuden und -anlagen,
  - Entscheidung über weitergehende Alarmierung und Warnung,
  - Notversorgung (Energie, Medien) gewährleisten,
  - Versorgung der Verletzten,
  - Bekämpfungsmaßnahmen einleiten.

Diese Sofortmaßnahmen sind je nach Gefahrensituation durch eine Reihe von Sondermaßnahmen zu ergänzen. Der Ausbildungsstand der Einsatzkräfte muss gewährleisten, dass Maßnahmen:

- bei der Freisetzung gefährlicher/umweltrelevanter Stoffe,
- bei Bränden,
- bei Gefahren durch radioaktive Materialien,
- bei Gefährdungen von Gewässern,
- bei Gefährdungen von Böden

beherrscht werden. Regelmäßige Notfallübungen bilden eine gute Grundlage für im Ernstfall zu ergreifende Maßnahmen.

Mitarbeiterschulungen

Um Fehlverhalten von Personen vorzubeugen, die im Zusammenhang mit dem Anlagenbetrieb tätig werden oder die Aufgaben entsprechend der betrieblichen Alarm- und Gefahrenabwehrplanung wahrzunehmen haben, hat der Anlagenbetreiber geeignete Bedienungs- und Sicherheitsanweisungen zu erstellen und das Personal zu schulen. Die Bedienungs- und Sicherheitsanweisungen, zu denen auch eine Brandschutzordnung gehört, sollen schriftlich festgelegt und regelmäßig fortgeschrieben werden.

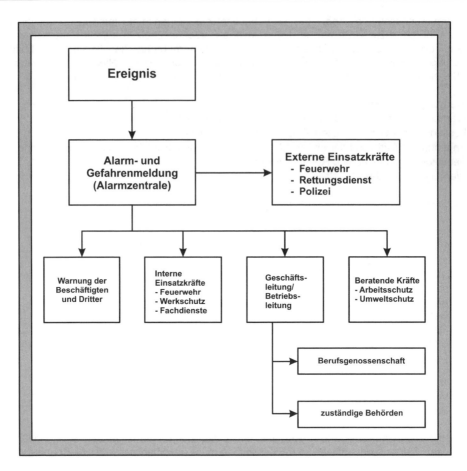

Abb. 10.3: Alarmierungsschema

Die Schulung des Personals ist vor Aufnahme der Tätigkeit und danach in Abständen, die ein Jahr nicht überschreiten dürfen, vorzunehmen. Die schriftlichen Betriebsanweisungen (z.B. in Betriebs-handbüchern) müssen für die Gefahrenabwehr wichtige Informationen enthalten, insbesondere:

- Hinweise auf anlagen-, verfahrens- und stoffspezifische sowie umgebungsbedingte Gefahren,
- Angaben zu sicherheitstechnischen Einrichtungen, Schutzausrüstungen und deren Standort,
- Anweisungen zu erforderlichen Schutzmaßnahmen und zu Verhaltensregeln bei Störungen des bestimmungsgemäßen Betriebs oder Störfällen.

Die Betreiber von Anlagen haben die betroffenen Beschäftigten über die für sie in den betrieblichen Alarm- und Gefahrenabwehrplänen für den Notfall enthaltenen Verhaltensregeln zu unterweisen.

In höchstens jährlichen Abständen (ASR A2.3) müssen mit den Beschäftigten Übungen über das Verhalten bei Störungen des bestimmungsgemäßen Betriebs und Notfällen und die zu ergreifenden Gefahrenabwehr- und Hilfsmaßnahmen abgehalten werden. Über Übungen ist ein schriftlicher Nachweis zu führen. Schwerpunkte der Schulungen und Unterweisungen sind Betriebsgefahren, einzuhaltende Sicherheitsbestimmungen und Verhaltensregeln bei Störungen des bestimmungsgemäßen Betriebs und bei Notfällen. Inhalt und Zeitpunkt der Schulungen und Unterweisungen sind schriftlich festzuhalten und von den Unterwiesenen durch Unterschrift zu bestätigen.

Der Betreiber hat für den Fall, dass Beschäftigte betriebsfremder Unternehmen auf dem Betriebsgelände tätig sind, die betreffenden Unternehmer über die Maßnahmen, die sich aus dem betrieblichen Alarm- und Gefahrenabwehrplan ergeben, zu informieren. Der Betreiber hat dafür Sorge zu tragen, dass die in seinem Betrieb zum Einsatz kommenden Beschäftigten betriebsfremder Unternehmen ihren Aufgaben entsprechend angemessene Informationen und Anweisungen hinsichtlich des betrieblichen Alarm- und Gefahrenabwehrplanes erhalten haben.

Informationen der Behörden und der Öffentlichkeit

Auskünfte über einen Alarmfall sollten sachgerecht sein und auf keinen Fall Mutmaßungen über mögliche Ursachen enthalten. Sie würden eventuell ein falsches Bild liefern und Ermittlungen der Behörden vorgreifen. Auskünfte sind stets schriftlich festzuhalten. Um eine unnötige Beunruhigung der Bevölkerung durch Falschmeldungen zu vermeiden ist entsprechende Vorsorge zu treffen. Im Alarmfall sind die Medien sofort und sachlich richtig zu informieren. Anfragen aus der Bevölkerung müssen entgegengenommen und sachlich sowie ausreichend beantwortet werden können. Dazu ist es notwendig und sinnvoll folgende Informationen für die Öffentlichkeit bereitzuhalten.

Name, Anschrift und Angaben zur Firma. Aus den Angaben zum Standort muss eine eindeutige räumliche Zuordnung der Anlage, von welcher der Alarmfall ausging, möglich sein. Ein Lageplan erleichtert die Zuordnung. Für Informationen über den Alarmfall und Rückfragen sollte namentlich eine Person oder Stelle benannt sein. Sie kann allgemeine Informationen zur Anlage und zum Gefahrenpotenzial geben.

Eine kurze Beschreibung der Anlage erläutert deren Zweck. Angaben zum technischen Verfahren, der eingesetzten Stoffe sowie der Produkte sind nützlich. Werden eine große Anzahl von Stoffen eingesetzt, so sollten die gefährlichsten und mengenmäßig bedeutsamsten Materialien genannt werden. Entsprechende Angaben können dem Gefahrstoffverzeichnis und den zugehörigen Sicherheitsdatenblättern entnommen werden.

Es sind notwendige Informationen über die Gefahr und deren Auswirkungen auf Mensch und Umwelt zu geben. So sind Angaben zu Personenschäden, Bränden, Stofffreisetzungen, Explosion, etc. notwendig. Mögliche Auswirkungen auf die Umwelt wie Luft-, Wasser- oder Bodenverunreinigungen sind abzuschätzen. Gegebenenfalls sind die Auswirkungen und das betroffene Gebiet näher zu erläutern. In einer Gefahrensituation sind den Anliegern und der Bevölkerung eindeutige Verhaltensmaßregeln zu geben. Es sind folgende Punkte zu berücksichtigen:

* Hinweise zu Alarmsignalen,
* Zugänglichkeit zu Informationen,
* Nachbarschaftshilfe,
* Verhalten in Wohnungen,
* Verhalten bei Evakuierungen,
* Entwarnung durch Behörden.

Der genaue Wortlaut der Hinweise muss zwischen dem Anlagenbetreiber und den zuständigen Behörden abgestimmt sein. Es muss der Bevölkerung vermittelt werden, dass am Standort geeignete Maßnahmen getroffen werden, und die notwendigen Ausrüstungen zur Behebung der Gefahrensituation vorhanden sind.

10

Vorbeugender Brandschutz

Die Schäden, die durch den Störfall Brand entstehen, können ein erschreckend großes Ausmaß annehmen, obwohl die Ursache oft nur eine Kleinigkeit war. In Betrieben können durch Brände insbesondere:

- die Menschen,
- die baulichen Anlagen,
- die Arbeitsplätze,
- die technischen Betriebsanlagen und -einrichtungen,
- die erwirtschafteten Güter bzw. Leistungen sowie
- das für die Betriebsführung wichtige und in entsprechenden Unterlagen festgehaltene Wissen

gefährdet, geschädigt oder vernichtet werden. Brände in Betrieben können aber auch die Nachbarschaft beeinträchtigen. Aufgrund des Verursacherprinzips kann dann der Betrieb für die dort entstandenen Schäden haftbar gemacht werden. Die Notwendigkeit vorbeugender Brandschutzmaßnahmen zur Verhinderung oder Abwehr betrieblicher Störfälle ergibt sich vor allem aus:

- dem wirtschaftlichen Erfordernis, Belastungen des Betriebes durch Störfälle zu vermeiden und die Störfallauswirkungen gering zu halten,
- den Zwang aus Rechtsvorschriften und
- dem Streben nach einer möglichst niedrigen, aber risikogerechten Versicherungsprämie.

Die Belastungen des Betriebes ergeben sich aus Wertverlusten bei Betriebsanlagen und Produktionsgütern sowie aus der meistens mit diesen Störfällen verbundenen Betriebsunterbrechung. Gerade die Betriebsunterbrechung kann bis zur Beseitigung der Folgen von Bränden lange Zeit dauern und dadurch Arbeitsplätze gefährden sowie zu geschäftlichen Nachteilen führen.

Der Schutz des menschlichen Lebens - vor allem der Arbeitnehmer - und auch der Umwelt liegt nicht nur im Interesse der Betriebe. Diese beiden Schutzgüter sind in besonderem Maße Anliegen der Allgemeinheit und daher durch Rechtsvorschriften geschützt.

10.3 Fachkräfte für Arbeitssicherheit nach Arbeitssicherheitsgesetz (ASiG)

Grundsatz (§ 1)

Der Arbeitgeber hat Betriebsärzte und Fachkräfte für Arbeitssicherheit zu bestellen. Diese sollen ihn beim Arbeitsschutz und bei der Unfallverhütung unterstützen. Damit soll erreicht werden, dass:

- die dem Arbeitsschutz und der Unfallverhütung dienenden Vorschriften den besonderen Betriebsverhältnissen entsprechend angewandt werden,
- gesicherte arbeitsmedizinische und sicherheitstechnische Erkenntnisse zur Verbesserung des Arbeitsschutzes und der Unfallverhütung verwirklicht werden können,
- die dem Arbeitsschutz und der Unfallverhütung dienenden Maßnahmen einen möglichst hohen Wirkungsgrad erreichen.

Bestellung von Fachkräften für Arbeitssicherheit (§ 5)

Der Arbeitgeber hat Fachkräfte für Arbeitssicherheit (Sicherheitsingenieure, -techniker, -meister) schriftlich zu bestellen und ihnen Aufgaben zu übertragen, soweit dies erforderlich ist im Hinblick auf:

- die Betriebsart und die damit für die Arbeitnehmer verbundenen Unfall- und Gesundheitsgefahren,
- die Zahl der beschäftigten Arbeitnehmer und die Zusammensetzung der Arbeitnehmerschaft,
- die Betriebsorganisation, insbesondere im Hinblick auf die Zahl und Art der für den Arbeitsschutz und die Unfallverhütung verantwortlichen Personen,
- die Kenntnisse und die Schulung des Arbeitgebers oder der verantwortlichen Personen in Fragen des Arbeitsschutzes.

Der Arbeitgeber hat dafür zu sorgen, dass die von ihm bestellten Fachkräfte für Arbeitssicherheit ihre Aufgaben erfüllen. Er hat sie bei der Erfüllung ihrer Aufgaben zu unterstützen. Insbesondere ist er verpflichtet, ihnen, soweit dies zur Erfüllung ihrer Aufgaben erforderlich ist, Hilfspersonal sowie Räume, Einrichtungen, Geräte und Mittel zur Verfügung zu stellen. Er hat sie über den Einsatz von Personen zu unterrichten, die mit einem befristeten Arbeitsvertrag beschäftigt oder ihm zur Arbeitsleistung überlassen sind.

Der Arbeitgeber hat den Fachkräften für Arbeitssicherheit die zur Erfüllung ihrer Aufgaben erforderliche Fortbildung unter Berücksichtigung der betrieblichen Belange zu ermöglichen. Ist die Fachkraft für Arbeitssicherheit als Arbeitnehmer eingestellt, so ist sie für die Zeit der Fortbildung unter Fortentrichtung der Arbeitsvergütung von der Arbeit freizustellen. Die Kosten der Fortbildung trägt der Arbeitgeber.

Aufgaben der Fachkräfte für Arbeitssicherheit (§ 6)

Die Fachkräfte für Arbeitssicherheit haben die Aufgabe, den Arbeitgeber beim Arbeitsschutz und bei der Unfallverhütung in allen Fragen der Arbeitssicherheit einschließlich der menschengerechten Gestaltung der Arbeit zu unterstützen. Sie haben insbesondere:

- den Arbeitgeber und die sonst für den Arbeitsschutz und die Unfallverhütung verantwortlichen Personen zu beraten, insbesondere bei:
  - der Planung, Ausführung und Unterhaltung von Betriebsanlagen und von sozialen und sanitären Einrichtungen,
  - der Beschaffung von technischen Arbeitsmitteln und der Einführung von Arbeitsverfahren und Arbeitsstoffen,
  - der Auswahl und Erprobung von Körperschutzmitteln,
  - der Gestaltung der Arbeitsplätze, des Arbeitsablaufs, der Arbeitsumgebung und in sonstigen Fragen der Ergonomie,
  - der Beurteilung der Arbeitsbedingungen,

- die Betriebsanlagen und die technischen Arbeitsmittel insbesondere vor der Inbetriebnahme und Arbeitsverfahren insbesondere vor ihrer Einführung sicherheitstechnisch zu überprüfen,

- die Durchführung des Arbeitsschutzes und der Unfallverhütung zu beobachten und im Zusammenhang damit:
  - die Arbeitsstätten in regelmäßigen Abständen zu begehen und festgestellte Mängel dem Arbeitgeber oder der sonst für den Arbeitsschutz und die Unfallverhütung verantwortlichen

10

Person mitzuteilen, Maßnahmen zur Beseitigung dieser Mängel vorzuschlagen und auf deren Durchführung hinzuwirken,
- auf die Benutzung der Körperschutzmittel zu achten,
- Ursachen von Arbeitsunfällen zu untersuchen, die Untersuchungsergebnisse zu erfassen und auszuwerten und dem Arbeitgeber Maßnahmen zur Verhütung dieser Arbeitsunfälle vorzuschlagen,

• darauf hinzuwirken, dass sich alle im Betrieb Beschäftigten den Anforderungen des Arbeitsschutzes und der Unfallverhütung entsprechend verhalten, insbesondere sie über die Unfall- und Gesundheitsgefahren, denen sie bei der Arbeit ausgesetzt sind, sowie über die Einrichtungen und Maßnahmen zur Abwendung dieser Gefahren zu belehren und bei der Schulung der Sicherheitsbeauftragten mitzuwirken.

Anforderungen an Fachkräfte für Arbeitssicherheit (§ 7)

Der Arbeitgeber darf als Fachkräfte für Arbeitssicherheit nur Personen bestellen, die den nachstehenden Anforderungen genügen:

• Der Sicherheitsingenieur muss berechtigt sein, die Berufsbezeichnung Ingenieur zu führen und über die zur Erfüllung der ihm übertragenen Aufgaben erforderliche sicherheitstechnische Fachkunde verfügen.
• Der Sicherheitstechniker oder -meister muss über die zur Erfüllung der ihm übertragenen Aufgaben erforderliche sicherheitstechnische Fachkunde verfügen.

Fachkräfte für Arbeitssicherheit sind bei der Anwendung ihrer arbeitsmedizinischen und sicherheitstechnischen Fachkunde weisungsfrei. Sie dürfen wegen der Erfüllung der ihnen übertragenen Aufgaben nicht benachteiligt werden. Fachkräfte für Arbeitssicherheit unterstehen unmittelbar dem Leiter des Betriebs.

Zusammenarbeit mit dem Betriebsrat (§ 9)

Fachkräfte für Arbeitssicherheit haben bei der Erfüllung ihrer Aufgaben mit dem Betriebsrat zusammenzuarbeiten. Fachkräfte für Arbeitssicherheit haben den Betriebsrat über wichtige Angelegenheiten des Arbeitsschutzes und der Unfallverhütung zu unterrichten. Sie haben ihm den Inhalt eines Vorschlages mitzuteilen, den sie dem Arbeitgeber machen. Sie haben den Betriebsrat auf sein Verlangen in Angelegenheiten des Arbeitsschutzes und der Unfallverhütung zu beraten. Die Fachkräfte für Arbeitssicherheit sind mit Zustimmung des Betriebsrats zu bestellen und abzuberufen. Das gleiche gilt, wenn deren Aufgaben erweitert oder eingeschränkt werden sollen.

Arbeitsschutzausschuss (§ 11)

Soweit in einer sonstigen Rechtsvorschrift nichts anderes bestimmt ist, hat der Arbeitgeber in Betrieben mit mehr als zwanzig Beschäftigten einen Arbeitsschutzausschuss zu bilden. Dieser Ausschuss setzt sich zusammen aus:

• dem Arbeitgeber oder einem von ihm Beauftragten,
• zwei vom Betriebsrat bestimmten Betriebsratsmitgliedern,
• Betriebsärzten,
• Fachkräften für Arbeitssicherheit und
• Sicherheitsbeauftragten.

Der Arbeitsschutzausschuss hat die Aufgabe, Anliegen des Arbeitsschutzes und der Unfallverhütung zu beraten. Der Arbeitsschutzausschuss tritt mindestens einmal vierteljährlich zusammen.

10.4 Betriebssicherheitsverordnung (BetrSichV)

10.4.1 Allgemeine Vorschriften

Anwendungsbereich (§ 1)

Die Betriebssicherheitsverordnung gilt für die Bereitstellung von Arbeitsmitteln durch Arbeitgeber sowie für die Benutzung von Arbeitsmitteln durch Beschäftigte bei der Arbeit. Sie gilt auch für überwachungsbedürftige Anlagen im Sinne des § 2 Nummer des Produktsicherheitsgesetzes, soweit es sich um:

- Dampfkesselanlagen,
- Druckbehälteranlagen außer Dampfkesseln,
- Füllanlagen,
- Rohrleitungen unter innerem Überdruck für entzündliche, leichtentzündliche, hochentzündliche, ätzende, giftige oder sehr giftige Gase, Dämpfe oder Flüssigkeiten,
- Aufzugsanlagen,
- Anlagen in explosionsgefährdeten Bereichen,
- Anlagen, soweit entzündliche, leichtentzündliche oder hochentzündliche Flüssigkeiten gelagert oder abgefüllt werden, für:
  - Lageranlagen mit einem Gesamtrauminhalt von mehr als 10.000 Litern,
  - Füllstellen mit einer Umschlagkapazität von mehr als 1.000 Litern je Stunde,
  - Tankstellen und Flugfeldbetankungsanlagen sowie
  - Entleerstellen mit einer Umschlagkapazität von mehr als 1.000 Litern je Stunde

handelt.

Begriffsbestimmungen (§ 2)

Arbeitsmittel sind Werkzeuge, Geräte, Maschinen oder Anlagen. Anlagen setzen sich aus mehreren Funktionseinheiten zusammen, die zueinander in Wechselwirkung stehen und deren sicherer Betrieb wesentlich von diesen Wechselwirkungen bestimmt wird.

Bereitstellung umfasst alle Maßnahmen, die der Arbeitgeber zu treffen hat, damit den Beschäftigten entsprechende Arbeitsmittel zur Verfügung gestellt werden können. Bereitstellung umfasst auch Montagearbeiten wie den Zusammenbau eines Arbeitsmittels einschließlich der für die sichere Benutzung erforderlichen Installationsarbeiten.

Benutzung umfasst alle ein Arbeitsmittel betreffenden Maßnahmen wie Erprobung, Ingangsetzen, Stillsetzen, Gebrauch, Instandsetzung und Wartung, Prüfung, Sicherheitsmaßnahmen bei Betriebsstörung, Um- und Abbau und Transport.

Betrieb überwachungsbedürftiger Anlagen umfasst die Prüfung durch zugelassene Überwachungsstellen oder befähigte Personen und die Benutzung ohne Erprobung vor erstmaliger Inbetriebnahme, Abbau und Transport.

10

Änderung einer überwachungsbedürftigen Anlage ist jede Maßnahme, bei der die Sicherheit der Anlage beeinflusst wird. Als Änderung gilt auch jede Instandsetzung, welche die Sicherheit der Anlage beeinflusst.

Wesentliche Veränderung einer überwachungsbedürftigen Anlage ist jede Änderung, welche die überwachungsbedürftige Anlage soweit verändert, dass sie in den Sicherheitsmerkmalen einer neuen Anlage entspricht.

Befähigte Person ist eine Person, die durch ihre Berufsausbildung, ihre Berufserfahrung und ihre zeitnahe berufliche Tätigkeit über die erforderlichen Fachkenntnisse zur Prüfung der Arbeitsmittel verfügt. Sie unterliegt bei ihrer Prüftätigkeit keinen fachlichen Weisungen und darf wegen dieser Tätigkeit nicht benachteiligt werden.

Explosionsgefährdeter Bereich ist ein Bereich, in dem gefährliche explosionsfähige Atmosphäre auftreten kann. Ein Bereich, in dem explosionsfähige Atmosphäre nicht in einer solchen Menge zu erwarten ist, dass besondere Schutzmaßnahmen erforderlich werden, gilt nicht als explosionsgefährdeter Bereich.

Lageranlagen sind Räume oder Bereiche, ausgenommen Tankstellen, in Gebäuden oder im Freien, die dazu bestimmt sind, dass in ihnen entzündliche, leichtentzündliche oder hochentzündliche Flüssigkeiten in ortsfesten oder ortsbeweglichen Behältern gelagert werden.

Füllanlagen sind:

- Anlagen, die dazu bestimmt sind, dass in ihnen Druckbehälter zum Lagern von Gasen mit Druckgasen aus ortsbeweglichen Druckgeräten befüllt werden,
- Anlagen, die dazu bestimmt sind, dass in ihnen ortsbewegliche Druckgeräte mit Druckgasen befüllt werden, und
- Anlagen, die dazu bestimmt sind, dass in ihnen Land-, Wasser- oder Luftfahrzeuge mit Druckgasen befüllt werden.

Füllstellen sind ortsfeste Anlagen, die dazu bestimmt sind, dass in ihnen Transportbehälter mit entzündlichen, leichtentzündlichen oder hochentzündlichen Flüssigkeiten befüllt werden.

Entleerstellen sind Anlagen oder Bereiche, die dazu bestimmt sind, dass in ihnen mit entzündlichen, leichtentzündlichen oder hochentzündlichen Flüssigkeiten gefüllte Transportbehälter entleert werden.

Gefährdungsbeurteilung (§ 3)

Der Arbeitgeber hat bei der Gefährdungsbeurteilung nach dem Arbeitsschutzgesetz und unter Berücksichtigung der Gefahrstoffverordnung die notwendigen Maßnahmen für die sichere Bereitstellung und Benutzung der Arbeitsmittel zu ermitteln. Dabei hat er insbesondere die Gefährdungen zu berücksichtigen, die mit der Benutzung des Arbeitsmittels selbst verbunden sind und die am Arbeitsplatz durch Wechselwirkungen der Arbeitsmittel untereinander oder mit Arbeitsstoffen oder der Arbeitsumgebung hervorgerufen werden.

Kann nach den Bestimmungen der Gefahrstoffverordnung die Bildung gefährlicher explosionsfähiger Atmosphären nicht sicher verhindert werden, hat der Arbeitgeber zu beurteilen:

- die Wahrscheinlichkeit und die Dauer des Auftretens gefährlicher explosionsfähiger Atmosphären,

- die Wahrscheinlichkeit des Vorhandenseins, der Aktivierung und des Wirksamwerdens von Zündquellen einschließlich elektrostatischer Entladungen und
- das Ausmaß der zu erwartenden Auswirkungen von Explosionen.

Für Arbeitsmittel sind insbesondere Art, Umfang und Fristen erforderlicher Prüfungen zu ermitteln. Ferner hat der Arbeitgeber die notwendigen Voraussetzungen zu ermitteln und festzulegen, welche die Personen erfüllen müssen, die von ihm mit der Prüfung oder Erprobung von Arbeitsmitteln zu beauftragen sind.

Anforderungen an die Bereitstellung und Benutzung der Arbeitsmittel (§ 4)

Der Arbeitgeber hat die nach den allgemeinen Grundsätzen des Arbeitsschutzgesetzes erforderlichen Maßnahmen zu treffen, damit den Beschäftigten nur Arbeitsmittel bereitgestellt werden, die für die am Arbeitsplatz gegebenen Bedingungen geeignet sind und bei deren bestimmungsgemäßer Benutzung Sicherheit und Gesundheitsschutz gewährleistet sind. Ist es nicht möglich, demgemäß Sicherheit und Gesundheitsschutz der Beschäftigten in vollem Umfang zu gewährleisten, hat der Arbeitgeber geeignete Maßnahmen zu treffen, um eine Gefährdung so gering wie möglich zu halten. Dies gilt entsprechend für die Montage von Arbeitsmitteln, deren Sicherheit vom Zusammenbau abhängt.

Der Arbeitgeber hat sicherzustellen, dass Arbeitsmittel nur benutzt werden, wenn sie für die vorgesehene Verwendung geeignet sind. Bei der Festlegung der Maßnahmen sind für die Bereitstellung und Benutzung von Arbeitsmitteln auch die ergonomischen Zusammenhänge zwischen Arbeitsplatz, Arbeitsmittel, Arbeitsorganisation, Arbeitsablauf und Arbeitsaufgabe zu berücksichtigen. Dies gilt insbesondere für die Körperhaltung, die Beschäftigte bei der Benutzung der Arbeitsmittel einnehmen müssen.

10

Explosionsgefährdete Bereiche (§ 5)

Der Arbeitgeber hat explosionsgefährdete Bereiche unter Berücksichtigung der Ergebnisse der Gefährdungsbeurteilung in Zonen einzuteilen.

- **Zone 0**:
  ist ein Bereich, in dem gefährliche explosionsfähige Atmosphäre als Gemisch aus Luft und brennbaren Gasen, Dämpfen oder Nebeln ständig, über lange Zeiträume oder häufig vorhanden ist.
- **Zone 1**:
  ist ein Bereich, in dem sich bei Normalbetrieb gelegentlich eine gefährliche explosionsfähige Atmosphäre als Gemisch aus Luft und brennbaren Gasen, Dämpfen oder Nebeln bilden kann.
- **Zone 2**:
  ist ein Bereich, in dem bei Normalbetrieb eine gefährlich explosionsfähige Atmosphäre als Gemisch aus Luft und brennbaren Gasen, Dämpfen oder Nebeln normalerweise nicht oder aber nur kurzzeitig auftritt.
- **Zone 20**:
  ist ein Bereich, in dem gefährliche explosionsfähige Atmosphäre in Form einer Wolke aus in der Luft enthaltenem brennbaren Staub ständig, über lange Zeiträume oder häufig vorhanden ist.
- **Zone 21**:
  ist ein Bereich, in dem sich bei Normalbetrieb gelegentlich eine gefährliche explosionsfähige Atmosphäre in Form einer Wolke aus in der Luft enthaltenem brennbarem Staub bilden kann.

- **Zone 22**:
  ist ein Bereich, in dem bei Normalbetrieb eine gefährliche explosionsfähige Atmosphäre in Form einer Wolke aus in der Luft enthaltenem brennbaren Staub normalerweise nicht oder aber nur kurzzeitig auftritt.

Explosionsschutzdokument (§ 6)

Der Arbeitgeber hat unabhängig von der Zahl der Beschäftigten im Rahmen seiner Pflichten sicherzustellen, dass ein Dokument (Explosionsschutzdokument) erstellt und auf dem neuesten Stand gehalten wird. Aus dem Explosionsschutzdokument muss insbesondere hervorgehen:

- dass die Explosionsgefährdungen ermittelt und einer Bewertung unterzogen worden sind,
- dass angemessene Vorkehrungen getroffen werden, um die Ziele des Explosionsschutzes zu erreichen,
- welche Bereiche in Zonen eingeteilt wurden und
- für welche Bereiche die Mindestvorschriften gelten.

Das Explosionsschutzdokument ist vor Aufnahme der Arbeit zu erstellen. Es ist zu überarbeiten, wenn Veränderungen, Erweiterungen oder Umgestaltungen der Arbeitsmittel oder des Arbeitsablaufes vorgenommen werden.

Unbeschadet der Einzelverantwortung jedes Arbeitgebers nach dem Arbeitsschutzgesetz und der Gefahrstoffverordnung koordiniert der Arbeitgeber, der die Verantwortung für die Bereitstellung und Benutzung der Arbeitsmittel trägt, die Durchführung aller die Sicherheit und den Gesundheitsschutz der Beschäftigten betreffenden Maßnahmen und macht in seinem Explosionsschutzdokument genauere Angaben über das Ziel, die Maßnahmen und die Bedingungen der Durchführung dieser Koordinierung.

Mindestvorschriften (Anhang 4)

Für Arbeiten in explosionsgefährdeten Bereichen muss der Arbeitgeber die Beschäftigten ausreichend und angemessen hinsichtlich des Explosionsschutzes unterweisen. Arbeiten in explosionsgefährdeten Bereichen sind gemäß den schriftlichen Anweisungen des Arbeitgebers auszuführen. Ein Arbeitsfreigabesystem ist anzuwenden bei:

- gefährlichen Tätigkeiten und
- Tätigkeiten, die durch Wechselwirkung mit anderen Arbeiten gefährlich werden können.

Die Arbeitsfreigabe ist vor Beginn der Arbeiten von einer hierfür verantwortlichen Person zu erteilen. Während der Anwesenheit von Beschäftigten in explosionsgefährdeten Bereichen ist eine angemessene Aufsicht gemäß den Grundsätzen der Gefährdungsbeurteilung zu gewährleisten.

Explosionsgefährdete Bereiche sind an ihren Zugängen mit Warnzeichen zu kennzeichnen. In explosionsgefährdeten Bereichen sind Zündquellen, wie zum Beispiel das Rauchen und die Verwendung von offenem Feuer und offenem Licht zu verbieten. Ferner ist das Betreten von explosionsgefährdeten Bereichen durch Unbefugte, zu verbieten. Auf das Verbot muss deutlich erkennbar und dauerhaft hingewiesen sein.

Treten innerhalb eines explosionsgefährdeten Bereichs mehrere Arten von brennbaren Gasen, Dämpfen, Nebeln oder Stäuben auf, so müssen die Schutzmaßnahmen auf das größtmögliche Gefährdungspotenzial ausgelegt sein.

Anlagen, Geräte, Schutzsysteme und die dazugehörigen Verbindungsvorrichtungen dürfen nur in Betrieb genommen werden, wenn aus dem Explosionsschutzdokument hervorgeht, dass sie in explosionsgefährdeten Bereichen sicher verwendet werden können.

Es sind alle erforderlichen Vorkehrungen zu treffen, um sicherzustellen, dass der Arbeitsplatz, die Arbeitsmittel und die dazugehörigen Verbindungsvorrichtungen, die den Arbeitnehmern zur Verfügung gestellt werden, so konstruiert, errichtet, zusammengebaut und installiert werden und so gewartet und betrieben werden, dass die Explosionsgefahr so gering wie möglich gehalten wird und, falls es doch zu einer Explosion kommen sollte, die Gefahr einer Explosionsübertragung innerhalb des Bereichs des betreffenden Arbeitsplatzes oder des Arbeitsmittels kontrolliert oder so gering wie möglich gehalten wird.

Bei solchen Arbeitsplätzen sind geeignete Maßnahmen zu treffen, um die Gefährdung der Beschäftigten durch die physikalischen Auswirkungen der Explosion so gering wie möglich zu halten. Erforderlichenfalls sind die Beschäftigten vor Erreichen der Explosionsbedingungen optisch und akustisch zu warnen und zurückzuziehen. Bei der Bewertung von Zündquellen sind auch gefährliche elektrostatische Entladungen zu beachten und zu vermeiden.

Explosionsgefährdete Bereiche sind mit Flucht- und Rettungswegen sowie Ausgängen in ausreichender Zahl so auszustatten, dass diese von den Beschäftigten im Gefahrenfall schnell, ungehindert und sicher verlassen und Verunglückte jederzeit gerettet werden können. Soweit nach der Gefährdungsbeurteilung erforderlich, sind Fluchtmittel bereitzustellen und zu warten, um zu gewährleisten, dass die Beschäftigten explosionsgefährdete Bereiche bei Gefahr schnell und sicher verlassen können.

Vor der erstmaligen Nutzung von Arbeitsplätzen in explosionsgefährdeten Bereichen muss die Explosionssicherheit der Arbeitsplätze einschließlich der vorgesehenen Arbeitsmittel und der Arbeitsumgebung sowie der Maßnahmen zum Schutz von Dritten überprüft werden. Sämtliche zur Gewährleistung des Explosionsschutzes erforderlichen Bedingungen sind aufrechtzuerhalten. Diese Überprüfung ist von einer befähigten Person durchzuführen, die über besondere Kenntnisse auf dem Gebiet des Explosionsschutzes verfügt. Das Ergebnis dieser Überprüfung ist zu dokumentieren und dem Explosionsschutzdokument beizulegen.

Wenn sich aus der Gefährdungsbeurteilung die Notwendigkeit dazu ergibt:

- und ein Energieausfall zu einer Gefahrenausweitung führen kann, muss es bei Energieausfall möglich sein, die Geräte und Schutzsysteme unabhängig vom übrigen Betriebssystem in einem sicheren Betriebszustand zu halten,
- müssen im Automatikbetrieb laufende Geräte und Schutzsysteme, die vom bestimmungsgemäßen Betrieb abweichen, unter sicheren Bedingungen von Hand abgeschaltet werden können. Derartige Eingriffe dürfen nur von beauftragten Beschäftigten durchgeführt werden,
- müssen gespeicherte Energien beim Betätigen der Notabschalteinrichtungen so schnell und sicher wie möglich abgebaut oder isoliert werden, damit sie ihre gefahrbringende Wirkung verlieren.

Anforderungen an die Beschaffenheit der Arbeitsmittel (§ 7)

Der Arbeitgeber darf den Beschäftigten nur Arbeitsmittel bereitstellen, die während der gesamten Benutzungsdauer den Anforderungen entsprechen. Ist die Benutzung eines Arbeitsmittels mit einer besonderen Gefährdung für die Sicherheit oder Gesundheit der Beschäftigten verbunden, hat der Arbeitgeber die erforderlichen Maßnahmen zu treffen, damit die Benutzung des Arbeitsmittels den hierzu beauftragten Beschäftigten vorbehalten bleibt.

Unterrichtung und Unterweisung (§ 9)

Bei der Unterrichtung der Beschäftigten nach § 81 des Betriebsverfassungsgesetzes und § 14 des Arbeitsschutzgesetzes hat der Arbeitgeber die erforderlichen Vorkehrungen zu treffen damit den Beschäftigten:

- angemessene Informationen, insbesondere zu den sie betreffenden Gefahren, die sich aus den in ihrer unmittelbaren Arbeitsumgebung vorhandenen Arbeitsmitteln ergeben, auch wenn sie diese Arbeitsmittel nicht selbst benutzen, und
- soweit erforderlich, Betriebsanweisungen für die bei der Arbeit benutzten Arbeitsmittel

in für sie verständlicher Form und Sprache zur Verfügung stehen. Die Betriebsanweisungen müssen mindestens Angaben über die Einsatzbedingungen, über absehbare Betriebsstörungen und über die bezüglich der Benutzung des Arbeitsmittels vorliegenden Erfahrungen enthalten. Bei der Unterweisung nach § 12 des Arbeitsschutzgesetzes hat der Arbeitgeber die erforderlichen Vorkehrungen zu treffen, damit:

- die Beschäftigten die Arbeitsmittel benutzen eine angemessene Unterweisung insbesondere über die mit der Benutzung verbundenen Gefahren erhalten und
- die mit der Durchführung von Instandsetzungs-, Wartungs- und Umbauarbeiten beauftragten Beschäftigten eine angemessene spezielle Unterweisung erhalten.

Prüfung der Arbeitsmittel (§ 10)

Der Arbeitgeber hat sicherzustellen, dass die Arbeitsmittel, deren Sicherheit von den Montagebedingungen abhängt, nach der Montage und vor der ersten Inbetriebnahme sowie nach jeder Montage auf einer neuen Baustelle oder an einem neuen Standort geprüft werden. Die Prüfung hat den Zweck, sich von der ordnungsgemäßen Montage und der sicheren Funktion dieser Arbeitsmittel zu überzeugen. Die Prüfung darf nur von hierzu befähigten Personen durchgeführt werden.

Unterliegen Arbeitsmittel Schäden verursachenden Einflüssen die zu gefährlichen Situationen führen können, hat der Arbeitgeber die Arbeitsmittel entsprechend den ermittelten Fristen durch hierzu befähigte Personen überprüfen und erforderlichenfalls erproben zu lassen. Der Arbeitgeber hat Arbeitsmittel einer außerordentlichen Überprüfung durch hierzu befähigte Personen unverzüglich zu unterziehen, wenn außergewöhnliche Ereignisse stattgefunden haben, die schädigende Auswirkungen auf die Sicherheit des Arbeitsmittels haben können. Außergewöhnliche Ereignisse können insbesondere Unfälle, Veränderungen an den Arbeitsmitteln, längere Zeiträume der Nichtbenutzung der Arbeitsmittel oder Naturereignisse sein. Die Maßnahmen sind mit dem Ziel durchzuführen, Schäden rechtzeitig zu entdecken und zu beheben sowie die Einhaltung des sicheren Betriebs zu gewährleisten. Der Arbeitgeber hat sicherzustellen, dass Arbeitsmittel nach Änderungs- oder Instandsetzungsarbeiten, welche die Sicherheit der Arbeitsmittel beeinträchtigen können, durch befähigte Personen auf ihren sicheren Betrieb geprüft werden. Der Arbeitgeber hat sicherzustellen, dass die Prüfungen auch den Ergebnissen der Gefährdungsbeurteilung genügen.

Aufzeichnungen (§ 11)

Der Arbeitgeber hat die Ergebnisse der Prüfungen aufzuzeichnen. Die Aufzeichnungen sind über einen angemessenen Zeitraum aufzubewahren, mindestens bis zur nächsten Prüfung. Werden Arbeitsmittel außerhalb des Unternehmens verwendet, ist ihnen ein Nachweis über die Durchführung der letzten Prüfung beizufügen.

10.4.2 Überwachungsbedürftige Anlagen

Betrieb (§ 12)

Überwachungsbedürftige Anlagen müssen nach dem Stand der Technik montiert, installiert und betrieben werden. Überwachungsbedürftige Anlagen dürfen erstmalig und nach wesentlichen Veränderungen nur in Betrieb genommen werden:

- wenn sie den Anforderungen der Verordnungen nach § 8 Abs. 1 des Produktsicherheitsgesetzes entsprechen oder
- wenn solche Rechtsvorschriften keine Anwendung finden, sie den sonstigen Rechtsvorschriften, mindestens dem Stand der Technik, entsprechen.

Überwachungsbedürftige Anlagen dürfen nach einer Änderung nur wieder in Betrieb genommen werden, wenn sie hinsichtlich der von der Änderung betroffenen Anlagenteile dem Stand der Technik entsprechen.

Wer eine überwachungsbedürftige Anlage betreibt, hat diese in ordnungsgemäßem Zustand zu erhalten, zu überwachen, notwendige Instandsetzungs- oder Wartungsarbeiten unverzüglich vorzunehmen und die den Umständen nach erforderlichen Sicherheitsmaßnahmen zu treffen. Eine überwachungsbedürftige Anlage darf nicht betrieben werden, wenn sie Mängel aufweist, durch die Beschäftigte oder Dritte gefährdet werden können.

Prüfung vor Inbetriebnahme (§ 14)

Eine überwachungsbedürftige Anlage darf erstmalig und nach einer wesentlichen Veränderung nur in Betrieb genommen werden, wenn die Anlage unter Berücksichtigung der vorgesehenen Betriebsweise durch eine zugelassene Überwachungsstelle auf ihren ordnungsgemäßen Zustand hinsichtlich der Montage, der Installation, den Aufstellungsbedingungen und der sicheren Funktion geprüft worden ist.

Nach einer Änderung darf eine überwachungsbedürftige Anlage nur wieder in Betrieb genommen werden, wenn die Anlage hinsichtlich ihres Betriebs auf ihren ordnungsgemäßen Zustand durch eine zugelassene Überwachungsstelle geprüft worden ist, soweit der Betrieb oder die Bauart der Anlage durch die Änderung beeinflusst wird.

Bei überwachungsbedürftigen Anlagen, die für einen ortsveränderlichen Einsatz vorgesehen sind und nach der ersten Inbetriebnahme an einem neuen Standort aufgestellt werden, können die Prüfungen durch eine befähigte Person vorgenommen werden.

Ist ein Gerät, ein Schutzsystem oder eine Sicherheits-, Kontroll- oder Regelvorrichtung hinsichtlich eines Teils, von dem der Explosionsschutz abhängt, instand gesetzt worden, so darf es erst wieder in Betrieb genommen werden, nachdem die zugelassene Überwachungsstelle festgestellt hat, dass es in den für den Explosionsschutz wesentlichen Merkmalen den Anforderungen entspricht und nachdem sie hierüber eine Bescheinigung erteilt oder das Gerät, das Schutzsystem oder die Sicherheits-, Kontroll- oder Regelvorrichtung mit einem Prüfzeichen versehen hat.

Die Prüfungen dürfen auch von befähigten Personen eines Unternehmens durchgeführt werden, soweit diese Personen von der zuständigen Behörde für die Prüfung der durch dieses Unternehmen instand gesetzten Geräte, Schutzsysteme oder Sicherheits-, Kontroll- oder Regelvorrichtungen anerkannt sind. Dies gilt nicht, wenn ein Gerät, ein Schutzsystem oder eine Sicherheits-, Kontroll- oder Regelvorrichtung nach der Instandsetzung durch den Hersteller einer Prüfung unterzo-

10

gen worden ist und der Hersteller bestätigt, dass das Gerät, das Schutzsystem oder die Si-
cherheits-, Kontroll- oder Regelvorrichtung in den für den Explosionsschutz wesentlichen Merkmalen den Anforderungen entspricht.

Wiederkehrende Prüfungen (§ 15)

Eine überwachungsbedürftige Anlage und ihre Anlagenteile sind in bestimmten Fristen wiederkeh-
rend auf ihren ordnungsgemäßen Zustand hinsichtlich des Betriebs durch eine zugelassene Überwachungsstelle zu prüfen. Der Betreiber hat die Prüffristen der Gesamtanlage und der Anlagenteile auf der Grundlage einer sicherheitstechnischen Bewertung innerhalb von sechs Monaten nach
der Inbetriebnahme der Anlage zu ermitteln. Eine sicherheitstechnische Bewertung ist nicht erforderlich soweit sie im Rahmen einer Gefährdungsbeurteilung bereits erfolgt ist.

Unfall- und Schadensanzeige (§ 18)

Der Betreiber hat der zuständigen Behörde unverzüglich:

- jeden Unfall, bei dem ein Mensch getötet oder verletzt worden ist, und
- jeden Schadensfall, bei dem Bauteile oder sicherheitstechnische Einrichtungen versagt haben
  oder beschädigt worden sind,

anzuzeigen. Die zuständige Behörde kann vom Betreiber verlangen, dass dieser das anzuzeigende Ereignis auf seine Kosten durch eine möglichst im gegenseitigen Einvernehmen bestimmte
zugelassene Überwachungsstelle sicherheitstechnisch beurteilen lässt und ihr die Beurteilung
schriftlich vorlegt. Die sicherheitstechnische Beurteilung hat sich insbesondere auf die Feststellung
zu erstrecken:

- worauf das Ereignis zurückzuführen ist,
- ob sich die überwachungsbedürftige Anlage nicht in ordnungsgemäßem Zustand befand und
  ob nach Behebung des Mangels eine Gefährdung nicht mehr besteht und
- ob neue Erkenntnisse gewonnen worden sind, die andere oder zusätzliche Schutzvorkehrungen erfordern.

Prüfbescheinigungen (§ 19)

Über das Ergebnis der vorgeschriebenen oder angeordneten Prüfungen sind Prüfbescheinigungen
zu erteilen. Soweit die Prüfung von befähigten Personen durchgeführt wird, ist das Ergebnis aufzuzeichnen. Bescheinigungen und Aufzeichnungen sind am Betriebsort der überwachungsbedürftigen Anlage aufzubewahren und der zuständigen Behörde auf Verlangen vorzuzeigen.

Mängelanzeige (§ 20)

Hat die zugelassene Überwachungsstelle bei einer Prüfung Mängel festgestellt, durch die Beschäftigte oder Dritte gefährdet werden, so hat sie dies der zuständigen Behörde unverzüglich mitzuteilen.

10.5 Sicherheits- und Gesundheitsschutzkennzeichnung nach ASR A1.3

10.5.1 Einführung

Die Technischen Regeln für Arbeitsstätten (ASR) geben den Stand der Technik, Arbeitsmedizin und Arbeitshygiene sowie sonstige gesicherte arbeitswissenschaftliche Erkenntnisse für das Einrichten und Betreiben von Arbeitsstätten wieder.

Bei Einhaltung der Technischen Regeln kann der Arbeitgeber insoweit davon ausgehen, dass die entsprechenden Anforderungen erfüllt sind. Wählt der Arbeitgeber eine andere Lösung, muss er damit mindestens die gleiche Sicherheit und den gleichen Gesundheitsschutz für die Beschäftigten erreichen.

Die ASR A1.3 konkretisiert die Anforderungen für die Sicherheits- und Gesundheitsschutzkennzeichnung in Arbeitsstätten. Nach § 3a der Arbeitsstättenverordnung sind Sicherheits- und Gesundheitsschutzkennzeichnungen dann einzusetzen, wenn die Risiken für Sicherheit und Gesundheit anders nicht zu vermeiden oder ausreichend zu minimieren sind.

Die Notwendigkeit einer Sicherheits- und Gesundheitsschutzkennzeichnung und von Flucht- und Rettungsplänen sowie von Sicherheitsleitsystemen ist im Rahmen der Gefährdungsbeurteilung zu prüfen.

Die Kennzeichnungsarten (z.B. Leuchtzeichen, Handzeichen, Sicherheitszeichen) sind entsprechend der Gefährdungsbeurteilung auszuwählen.

Verschiedene Kennzeichnungsarten dürfen gemeinsam verwendet werden, wenn im Rahmen der Gefährdungsbeurteilung festgestellt wird, dass eine Kennzeichnungsart allein zur Vermittlung der Sicherheitsaussage nicht ausreicht. Bei gleicher Wirkung kann zwischen verschiedenen Kennzeichnungsarten gewählt werden.

Die Wirksamkeit einer Kennzeichnung darf nicht durch eine andere Kennzeichnung oder durch sonstige betriebliche Gegebenheiten beeinträchtigt werden (z.B. keine Verwendung von Schallzeichen bei starkem Umgebungslärm).

Die Beschäftigten sind vor Arbeitsaufnahme und danach in regelmäßigen Zeitabständen über die Bedeutung der eingesetzten Sicherheits- und Gesundheitsschutzkennzeichnung zu unterweisen. Insbesondere ist über die Bedeutung selten eingesetzter Kennzeichnungen zu informieren. Die Unterweisung sollte jährlich erfolgen, sofern sich nicht aufgrund der Ergebnisse der Gefährdungsbeurteilung andere Zeiträume ergeben. Darüber hinaus muss auch bei Änderungen der eingesetzten Sicherheits- und Gesundheitsschutzkennzeichnung eine Unterweisung erfolgen.

Der Arbeitgeber hat durch regelmäßige Kontrolle und gegebenenfalls erforderliche Instandhaltungsarbeiten dafür zu sorgen, dass Einrichtungen für die Sicherheits- und Gesundheitsschutzkennzeichnung wirksam sind. Dies gilt insbesondere für Leucht- und Schallzeichen, langnachleuchtende Materialien sowie technische Einrichtungen zur verbalen Kommunikation (z.B. Lautsprecher, Telefone). Die zeitlichen Abstände der Kontrollen sind im Rahmen der Gefährdungsbeurteilung festzulegen.

10.5.2 Kennzeichnung

Sicherheitszeichen und Zusatzzeichen

Sicherheitszeichen und Zusatzzeichen müssen den festgelegten Gestaltungsgrundsätzen nach Abbildung 10.4 und 10.5 entsprechen.

Geome-trische Formen	Bedeu-tung	Sicher-heits-farbe	Kontrast-farbe zur Sicher-heitsfarbe	Farbe des gra-fischen Symbols	Anwendungs-beispiele
Kreis mit Dia-gonalbalken	Verbot	rot	weiß	schwarz	- Rauchen ver-boten - kein Trink-wasser - Berühren verboten
Kreis	Gebot	blau	weiß	weiß	- Augenschutz benutzen - Schutzklei-dung benutzen - Hände waschen
gleichseitiges Dreieck	Warnung	gelb	schwarz	schwarz	- Warnung vor heißer Ober-fläche - Warnung vor Biogefährdung - Warnung vor elektrischer Spannung
Quadrat	Gefahr-losigkeit	grün	weiß	weiß	- Erste Hilfe - Notausgang - Sammelstelle
Quadrat	Brand-schutz	rot	weiß	weiß	- Brandmelde-telefon - Mittel und Ge-räte zur Brand-bekämpfung - Feuerlöscher

Abb. 10.4: Kombination von geometrischer Form und Sicherheitsfarbe und ihre Bedeutung für Sicherheitszeichen

Geometrische Formen	Bedeutung	Hintergrundfarbe	Kontrastfarbe zur Hintergrundfarbe	Farbe der zusätzlichen Sicherheitsinformation
	Zusatzinformationen	weiß	schwarz	beliebig
Rechteck		Farbe des Sicherheitszeichens	schwarz oder weiß	

Abb. 10.5: Geometrische Form, Hintergrundfarben und Kontrastfarben für Zusatzzeichen

Sicherheitszeichen sind deutlich erkennbar und dauerhaft anzubringen. Verbots-, Warn- und Gebotszeichen müssen sichtbar, unter Berücksichtigung etwaiger Hindernisse am Zugang zum Gefahrenbereich angebracht werden.

Ist eine Sicherheitsbeleuchtung nicht vorhanden, muss auf Fluchtwegen die Erkennbarkeit der dort notwendigen Rettungs- und Brandschutzzeichen durch Verwendung von langnachleuchtenden Materialien auch bei Ausfall der Allgemeinbeleuchtung für den Zeitraum der Flucht in einen gesicherten Bereich erhalten bleiben.

Sicherheitszeichen müssen aus solchen Werkstoffen bestehen, die gegen die Umgebungseinflüsse am Anbringungsort widerstandsfähig sind. Bei der Auswahl der Werkstoffe sind unter anderem mechanische Einwirkungen, feuchte Umgebung, chemische Einflüsse, Lichtbeständigkeit, Versprödung von Kunststoffen sowie Feuerbeständigkeit zu berücksichtigen.

Sicherheitsmarkierungen für Hindernisse und Gefahrstellen

Die Kennzeichnung von Hindernissen und Gefahrstellen ist durch gelbschwarze und rotweiße Streifen (Sicherheitsmarkierungen) deutlich erkennbar und dauerhaft auszuführen. Die Streifen sind in einem Neigungswinkel von etwa 45° anzuordnen. Das Breitenverhältnis der Streifen beträgt 1 : 1. Die Kennzeichnung soll den Ausmaßen der Hindernisse oder Gefahrstellen entsprechen. Gelbschwarze Streifen sind vorzugsweise für ständige Hindernisse und Gefahrstellen zu verwenden (z.B. Stellen, an denen besondere Gefahren des Anstoßens, Quetschens, Stürzens bestehen). Bei langnachleuchtender Ausführung wird die Erkennbarkeit der Hindernisse bei Ausfall der Allgemeinbeleuchtung erhöht.

Rotweiße Streifen sind vorzugsweise für zeitlich begrenzte Hindernisse und Gefahrstellen zu verwenden (z.B. Baugruben).

10.5.3 Verbotszeichen

Die Sicherheitsfarbe für Verbotszeichen ist ROT. In Abbildung 10.6 sind konkrete Verbotszeichen angegeben.

P001 Allgemeines Verbotszeichen	P002 Rauchen verboten	P003 Keine offene Flamme; Feuer, offene Zündquelle und Rauchen verboten
P004 Für Fußgänger verboten	P005 Kein Trinkwasser	P006 Für Flurförderzeuge verboten
P007 Kein Zutritt für Personen mit Herzschrittmachern oder implantierten Defibrillatoren	P010 Berühren verboten	P011 Mit Wasser löschen verboten
P012 Keine schwere Last	P013 Eingeschaltete Mobiltelefone	P014 Kein Zutritt für Personen mit Implantaten aus Metall

P015 Hineinfassen verboten	P016 Mit Wasser spritzen verboten	P020 Aufzug im Brandfall nicht benutzen
P021 Mitführen von Hunden verboten	P022 Essen und Trinken verboten	P023 Abstellen oder Lagern verboten
P024 Betreten der Fläche verboten	P027 Personenbe-förderung verboten	P028 Benutzen von Handschuhen verboten
P031 Schalten verboten	D-P006 Zutritt für Unbefugte verboten	D-P022 Besteigen für Unbefugte verboten

10

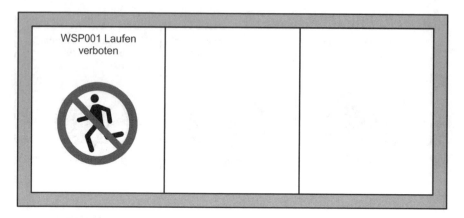

Abb. 10.6: Verbotszeichen

10.5.4 Warnzeichen

Die Sicherheitsfarbe für Warnzeichen ist GELB. In der Abbildung 10.7 sind konkrete Warnzeichen angegeben.

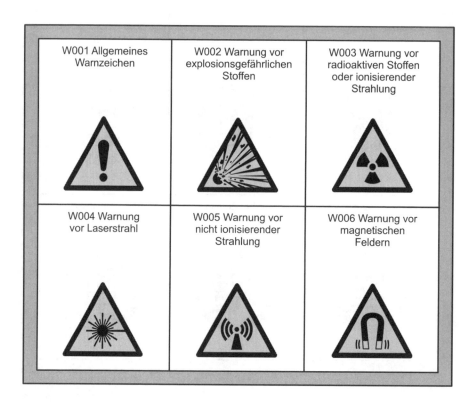

W007 Warnung vor Hindernissen am Boden	W008 Warnung vor Absturzgefahr	W009 Warnung vor Biogefährdung
W010 Warnung vor niedriger Temperatur/Frost	W011 Warnung vor Rutschgefahr	W012 Warnung vor elektrischer Spannung
W014 Warnung vor Flurförderzeugen	W015 Warnung vor schwebender Last	W016 Warnung vor giftigen Stoffen
W017 Warnung vor heißer Oberfläche	W018 Warnung vor automatischem Anlauf	W019 Warnung vor Quetschgefahr

10

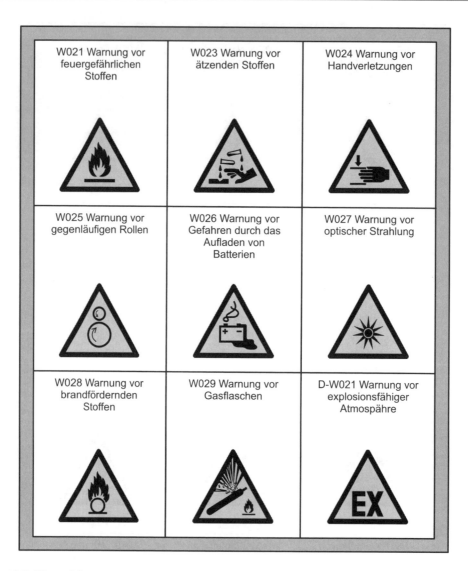

Abb. 10.7: Warnzeichen

10.5.5 Gebotszeichen

Die Sicherheitsfarbe für Gebotszeichen ist BLAU. In Abbildung 10.8 sind konkrete Gebotszeichen angegeben.

M001 Allgemeines Gebotszeichen	M003 Gehörschutz benutzen	M004 Augenschutz benutzen
M008 Fußschutz benutzen	M009 Handschutz benutzen	M010 Schutzkleidung benutzen
M011 Hände waschen	M012 Handlauf benutzen	M013 Gesichtsschutz benutzen
M014 Kopfschutz benutzen	M015 Warnweste benutzen	M017 Atemschutz benutzen

10

Abb. 10.8: Gebotszeichen

10.5.6 Rettungszeichen

Die Sicherheitsfarbe für Rettungszeichen (Gefahrlosigkeit) ist GRÜN. In Abbildung 10.9 sind konkrete Rettungszeichen angegeben.

E001 Rettungsweg/ Notausgang (links)	E002 Rettungsweg/ Notausgang (rechts)	E003 Erste Hilfe
E004 Notruftelefon	E007 Sammelstelle	E009 Arzt
E010 Automatisierter Externer Defibrilator (AED)	E011 Augenspül- einrichtung	E012 Notdusche
E013 Krankentrage	E016 Notausstieg mit Fluchtleiter	E017 Rettungs- ausstieg

10

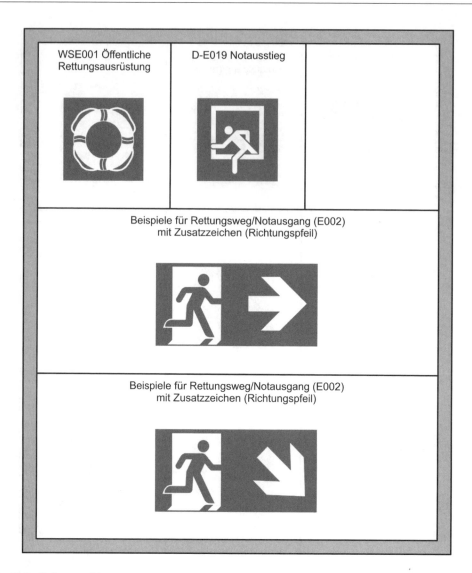

Abb. 10.9: Rettungszeichen

10.5.7 Brandschutzzeichen

Die Sicherheitsfarbe für Brandschutzzeichen ist ROT. In Abbildung 10.10 sind konkrete Brandschutzzeichen angegeben.

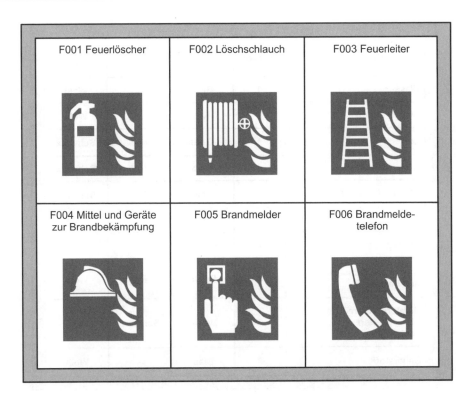

Abb. 10.10: Brandschutzzeichen

10.5.8 Kennzeichnung von Behältern und Rohrleitungen mit Gefahrstoffen

Behälter und Rohrleitungen, in denen gefährliche Stoffe, Zubereitungen oder Biozid-Produkte nach der Gefahrstoffverordnung verwendet werden, sind gemäß Gefahrstoffverordnung zu kennzeichnen.

Kennzeichnungen sind deutlich sichtbar und dauerhaft anzubringen. Hierbei können Schilder, Aufkleber oder aufgemalte Kennzeichen verwendet werden. Rohrleitungen, in denen kennzeichnungspflichtige Stoffe und Zubereitungen transportiert werden, sind in ausreichender Häufigkeit (z.B. Anfang, Ende, Wanddurchführungen) und in unmittelbarer Nähe der gefahrenträchtigen Stellen, wie Armaturen, Schiebern, Anschluss- und Abfüllstellen, zumindest mit der Stoffbezeichnung und dem Gefahrensymbol zu versehen.

Orte, Räume oder umschlossene Bereiche, die für die Lagerung erheblicher Mengen gefährlicher Stoffe oder Zubereitungen verwendet werden, sind mit einem geeigneten Warnzeichen zu versehen oder mit den Gefahrensymbolen zu kennzeichnen, sofern die einzelnen Verpackungen oder Behälter nicht bereits mit einer ausreichenden Kennzeichnung versehen sind.

Durchflussstoffe in Rohrleitungen sind nach ihren Eigenschaften in Gruppen eingeteilt, deren Farben in Abbildung 10.11 festgelegt sind.

Durchflussstoff	Gruppe	Gruppen-farbe	Zusatz-farbe	Schrift-farbe
Wasser	1	Grün	-	Weiß
Wasserdampf	2	Rot	-	Weiß
Luft	3	Grau	-	Schwarz
Brennbare Gase	4	Gelb	Rot	Schwarz
Nichtbrennbare Gase	5	Gelb	Schwarz	Schwarz
Säuren	6	Orange	-	Schwarz
Laugen	7	Violett	-	Weiß
Brennbare Flüssigkeiten und Feststoffe	8	Braun	Rot	Weiß
Nichtbrennbare Flüssigkeiten und Feststoffe	9	Braun	Schwarz	Weiß
Sauerstoff	0	Blau	-	Weiß

Abb. 10.11: Zuordnung der Farben zu Durchflussstoffen [10.42]

Gruppenfarbe und Zusatzfarbe bilden die Basis der Kennzeichnung von Durchflussstoffen in Rohrleitungen. Der Durchflussstoff selber sowie die Durchflussrichtung sind ebenfalls anzugeben.

10.6   Checklisten zum Arbeitsschutz

Für die Gewährleistung eines ordnungsgemäßen betrieblichen Arbeitsschutzes sind folgende Punkte zu berücksichtigen:

- betriebliche Organisation,
- Verantwortung,
- Gefährdungsbeurteilung,
- Dokumentation,
- Überwachung,
- Ressourcen,
- Arbeitsmittel,
- Arbeitsplatz,
- Anlagen,
- persönliche Schutzausrüstungen,
- sozialer Arbeitsschutz.

Betriebliche Organisation

- Welche unternehmenspolitischen Leitlinien gibt es zum Arbeitsschutz?
- Welche Arbeitsschutzziele existieren am Standort?
- Wer ist Mitglied im Arbeitsschutzausschuss?
- Wer ist Mitglied in der Arbeitnehmervertretung (Betriebsrat, Personalrat)?
- Wie informieren Sie sich über aktuelle Entwicklungen im Arbeitsschutz?
- Wie ist die regelmäßige Durchführung von Arbeitsschutzaudits und -reviews geregelt?
- Welche Personen führen die Arbeitsschutzaudits spätestens im Dreijahresrhythmus durch?
- Wer führt die jährlichen Betriebsbegehungen durch?

Verantwortung

- Wie sind die Verantwortungen und Zuständigkeiten im Arbeitsschutz geregelt?
- Wie tragen die Führungskräfte zur Wahrnehmung ihrer Verantwortung im Arbeitsschutz bei?
- Wer ist als Fachkraft für Arbeitssicherheit bestellt?
- Über welche Sachkunde und Betriebserfahrung verfügt die Fachkraft für Arbeitssicherheit?
- Welche weiteren beauftragten Personen (Betriebsarzt, Sicherheitsbeauftragte, Umweltbeauftragte, etc.) sind bestellt?
- Wie ist die regelmäßige Fortbildung der bestellten Personen sichergestellt?
- Wie wird sichergestellt, dass die verschiedenen Abteilungen die Beratung und Mitwirkung der bestellten Personen wahrnehmen?
- Wie werden die eigenen Mitarbeiter bzgl. Arbeitsschutz unterwiesen?
- Wie werden Mitarbeiter von Fremdfirmen in die Arbeitsschutzbelange des Unternehmens eingewiesen?
- Wer trägt bei Betriebsstörungen/Störfällen/Notfällen die Verantwortung und hat die Entscheidungsbefugnis?
- Wie werden im Notfall Feuerwehr, Rettungsdienste, Polizei, Behörden benachrichtigt?

Gefährdungsbeurteilung

- Welche Prozesse, Anlagen und Tätigkeiten werden einer Gefährdungsbeurteilung unterzogen?
- Wie werden Gefährdungen durch elektrischen Strom, Vibrationen/Erschütterungen, Gefahrstoffe, heiße Oberflächen, etc. vermieden?
- Wie werden Arbeitsunfälle, Beinahe-Unfälle, berufliche Erkrankungen, etc. in der Gefährdungsbeurteilung berücksichtigt?
- Wie werden die verschiedenen Mitarbeitergruppen (eigene Mitarbeiter, Fremdfirmen, Jugendliche, werdende Mütter, etc.) in der Gefährdungsanalyse berücksichtigt?
- Wie werden die Ergebnisse der Gefährdungsanalyse dokumentiert und den Mitarbeitern zur Kenntnis gebracht?
- Welche Korrekturmaßnahmen ergeben sich aufgrund der Gefährdungsanalyse?
- Wie wird die Wirksamkeit der notwendigen Korrekturmaßnahmen sichergestellt und bewertet?
- Wie werden bei der Planung von Prozessen, der Beschaffung von Anlagen, dem Betrieb von Maschinen, bei Instandhaltungstätigkeiten, etc. Aspekte der Gefährdungsbeurteilung berücksichtigt?
- Wie wird eine Gefährdung an Einzelarbeitsplätzen vermieden?

10

Dokumentation

- Existiert eine vollständige Übersicht über die arbeitsschutzrelevanten Gesetze, Verordnungen und Technischen Regeln?
- Wer ist für die Einholung und Änderung von Anlagengenehmigungen verantwortlich?
- Welche Berichte zum Arbeitsschutz liegen vor?
- Wie sieht ihre Unfallstatistik aus?
- Welche Dokumentationen zum Managementsystem (Handbuch, Prozess-, Arbeitsanweisungen) existieren?
- Welche Prüfberichte und Prüfbescheinigungen liegen vor?
- Welche Berichte zur Gefährdungsbeurteilung liegen vor?
- Wie sehen ihre Flucht- und Rettungspläne aus?
- Welche Alarm- und Notfallpläne existieren für Betriebsstörungen?
- Haben Sie einen aktuellen Feuerwehrplan?
- Welche arbeitsschutzrelevanten Daten werden erhoben?

Überwachung

- Welche arbeitsmedizinische Pflicht- und Angebotsuntersuchungen werden durchgeführt?
- Welche Räumungsübungen führen Sie regelmäßig durch?
- Wie wird ihr Unternehmen von den Aufsichtsbehörden im Rahmen des Arbeitsschutzes überprüft?
- Wie informieren Sie sich regelmäßig über neuere Rechtsvorschriften im Arbeitsschutz?
- Wie sind die Zuständigkeiten und Verantwortlichkeiten für Überwachungstätigkeiten und Messungen festgelegt?
- Wie ist die ordnungsgemäße Überwachung und Instandhaltung aller Prüf- und Messmittel garantiert?
- Welche Verfahren existieren, um Notfallsituationen rechtzeitig zu erkennen und gezielt die erforderlichen Gegenmaßnahmen einleiten zu können?

Ressourcen

- Welche Ressourcen (Personal, Material, Finanzen) stehen für den Arbeitsschutz zur Verfügung?
- Wie weisen Sie die Einsatzzeiten der Fachkraft für Arbeitssicherheit und anderer bestellter Personen nach?
- Welche Arbeitsschutzmaßnahmen wurden in den letzten 3 -5 Jahren realisiert?

Arbeitsmittel

- Wie ist sichergestellt, dass die verwendeten Arbeitsmittel den jeweiligen sicherheitstechnischen Anforderungen entsprechen?
- Wie werden die Mitarbeiter im Umgang mit Arbeitsmitteln unterwiesen?
- Welche Wartungs- und Prüfpläne existieren für Arbeitsmittel in allen Arbeitsbereichen?
- Welche Prüfberichte liegen vor?
- Wie werden beim manuellen Heben und Tragen von Lasten Gesundheitsgefährdungen vermieden?

Arbeitsplatz

- Wie überprüfen die Mitarbeiter regelmäßig ihr direktes Arbeitsumfeld?
- Welche regelmäßigen Begehungen führend die verantwortlichen Führungskräfte durch?
- Welche Maßnahmen werden getroffen, um die Arbeitsbereich gemäß der Arbeitsstättenverordnung/-richtlinien zu überwachen?
- Wie ergonomisch sind die Arbeitsplätze gestaltet?
- Welche Sicherheits-, Gefahrenkennzeichnungen, etc. existieren?
- Wie wird die Funktion von Rettungswegen, Notausgängen, Warneinrichtungen, etc. sichergestellt?
- Wie werden die Prüfmodalitäten für Sicherheitseinrichtungen, lüftungstechnischen Anlagen, Feuerlöscheinrichtungen, etc. eingehalten?
- Welche Sozial- und Sanitärräume stehen zur Verfügung?
- Wie wird die Leistung von „Erster Hilfe" sichergestellt?
- Welche Sicherungsmaßnahmen werden bei Baustellen ergriffen?

Anlagen

- Werden folgende Anlagen und Einrichtungen im Unternehmen betrieben:
  - Anlagen für brennbare Flüssigkeiten,
  - Anlagen mit Laser-, Röntgenstrahlung,
  - Aufzugsanlagen,
  - Be- und Entlüftungsanlagen,
  - Beleuchtungsanlagen,
  - Betrieb von Kranen und Hebewerkzeugen,
  - Bildschirmgeräte,
  - Druckbehälter,
  - Gasflaschen,
  - Flurförderfahrzeuge,
  - Heiz- und Kühlanlagen,
  - Rohrleitungen,
  - Schweiß- und Schneidgeräte,
  - Tore?

- Wer ist für den jeweiligen Anlagenbetrieb verantwortlich?
- Wie werden die zuständigen Mitarbeiter unterwiesen?
- Welche Rechts- und Prüfvorschriften sind einzuhalten?
- Welche Genehmigungen/Nachweise liegen für den jeweiligen Betrieb vor?
- Wie wird der sichere Anlagenbetrieb nach dem Stand der Technik gewährleistet?
- Wie sind die jeweiligen Anlagen (z.B. Rohrleitungen) gekennzeichnet?
- Welche anderen Anlagen unterliegen der Störfallverordnung?
- Welche Alarm-, Gefahrenabwehr-, Notfallpläne existieren?
- Welche Gefährdungsbeurteilungen/Sicherheitsanalysen wurden durchgeführt?
- Welche Unterlagen und Prüfberichte liegen über den Anlagenbetrieb vor?
- Wie und von wem werden Instandsetzungsarbeiten mit der notwendigen Qualifikation durchgeführt?
- Wie werden die dem Brandschutz dienenden Anlagen regelmäßig überprüft?

10

Persönliche Schutzausrüstungen

- Welche persönlichen Schutzausrüstungen (Schutzbrille, -helm, -handschuhe, -kleidung, Augen-, Gesichts- Gehör-, Fußschutz, etc.) müssen von den Mitarbeitern arbeitsplatzspezifisch getragen werden?
- Durch welche technischen und organisatorischen Maßnahmen lässt sich der Einsatz von persönlichen Schutzausrüstungen reduzieren?
- Wie werden die Mitarbeiter in der sachgerechten Nutzung von persönlichen Schutzausrüstungen unterwiesen?
- Welchen sicherheitstechnischen Prüfmodalitäten werden die persönlichen Schutzausrüstungen unterzogen?
- Wie wird eine arbeitsmedizinische Betreuung und Vorsorge gewährleistet?
- Für welche Tätigkeiten müssen Hautschutzmittel zur Verfügung gestellt werden?
- Wie werden technische, organisatorische und verhaltensorientierte Schutzmaßnahmen regelmäßig überprüft?

Sozialer Arbeitsschutz

- Welche Arbeitszeitregelungen existieren für Nach-, Schicht-, Sonn- und Feiertagsarbeit?
- Welche Abweichungen gibt es bzgl. der werktäglichen Arbeitszeit von 8 Stunden?
- Wie werden die Arbeitszeitregelungen für Jugendliche eingehalten?
- Welche Gefährdungsbeurteilungen liegen arbeitsplatzspezifisch für den Einsatz Jugendlicher vor?
- Wie werden die Beschäftigungsverbote für Frauen, werdende/stillende Mütter eingehalten?
- Welche Schutzmaßnahmen werden für werdende oder stillende Mütter getroffen?
- Welche behinderten Personen werden an welchem Arbeitsplatz beschäftigt?

10.7 Wissensfragen

- Erläutern Sie die Systemelemente eines Arbeitsschutzmanagementsystems.

- Erläutern Sie das Systemelement „Führung" im Arbeitsschutzmanagementhandbuch.

- Erläutern Sie das Systemelement „Geschäftsprozesse" im Arbeitschutzmanagementhandbuch.

- Welche Pflichten hat der Arbeitgeber im Arbeitsschutz einzuhalten?

- Über welche Rechte und Pflichten verfügen die Beschäftigten im Arbeitsschutz?

- Beschreiben Sie einige Anforderungen der Arbeitsstättenverordnung.

- Welche Anforderungen werden an die betriebliche Notfallvorsorge gestellt?

- Welche Anforderungen und Aufgaben werden an Fachkräfte für Arbeitssicherheit gestellt?

- Welche Präventionsgrundsätze hat der Unternehmer einzuhalten?

- Welche Präventionsgrundsätze haben die Versicherten einzuhalten?

- Wie ist der betriebliche Arbeitsschutz zu organisieren?

- Wie ist die Sicherheits- und Gesundheitskennzeichnung am Arbeitsplatz durchzuführen?

10.8 Weiterführende Literatur

10.1 AMR 2.1; *Fristen für die Veranlassung/das Angebot von arbeitsmedizinischen Vorsorgeuntersuchungen,* **11.07.2013**

10.2 ArbMedVV - Verordnung zur arbeitsmedizinischen Vorsorge; **26.11.2010**

10.3 ArbSchG - Arbeitsschutzgesetz; *Gesetz über die Durchführung von Maßnahmen des Arbeitsschutzes zur Verbesserung der Sicherheit und des Gesundheitsschutzes der Beschäftigten bei der Arbeit,* **05.02.2009**

10.4 ArbStättV - Arbeitsstättenverordnung; *Verordnung über Arbeitsstätten,* **19.07.2010**

10.5 ASiG - Arbeitssicherheitsgesetz; *Gesetz über Betriebsärzte, Sicherheitsingenieure und andere Fachkräfte für Arbeitssicherheit,* **20.04.2013**

10.6 ASR A1.3; *Sicherheits- und Gesundheitsschutzkennzeichnung,* **28.02.2013**

10.7 ASR A2.3; *Fluchtwege und Notausgänge, Flucht- und Rettungsplan,* **15.08.2013**

10.8 Bauer, M.; Engeldinger, A.; *Arbeits- und Gesundheitsschutz in klein- und mittelständischen Unternehmen (KMU),* Deutscher Wirtschaftsdienst, **2005,** 3-87156-508-3

10.9 Bayrisches Staatsministerium für Arbeit und Sozialordnung, Familie und Gesundheit; *Managementsysteme für Arbeitsschutz und Anlagensicherheit, Band 1 - 4,* München, **2000**

10.10 BetrSichV - Betriebssicherheitsverordnung; *Verordnung über Sicherheit und Gesundheitsschutz bei der Bereitstellung von Arbeitsmitteln und deren Benutzung bei der Arbeit, über Sicherheit beim Betrieb überwachungsbedürftiger Anlagen und über die Organisation des betrieblichen Arbeitsschutzes,* **08.11.2011**

10.11 BGI 527; *Unterweisung - Bestandteil des betrieblichen Arbeitsschutzes,* **07/2012**

10.12 BGI 587; *Arbeitsschutz will gelernt sein - Ein Leitfaden für Sicherheitsbeauftragte,* **01/2013**

10.13 BGR 500; *Betreiben von Arbeitsmitteln,* **04/2008**

10.14 BGV A1; *Grundsätze der Prävention,* **01/2009**

10.15 BGV A8; *Sicherheits- und Gesundheitsschutzkennzeichnung am Arbeitsplatz,* **09/2002**

10.16 Büchner, W.; *Gefährdungsbeurteilung, Prüfung der Arbeitsmittel,* Technik & Information, **2005,** 3-928535-65-X

10

10.17   Bundesanstalt für Arbeitsschutz und Arbeitsmedizin (BAuA); *Ratgeber zur Gefähr-dungsbeurteilung - Handbuch für Arbeitsschutzfachleute*, BAuA, **2010**, 978-3-88261-677-4

10.18   Deutsches Institut für Normung (DIN) e. V.; *BS OHSAS 18001:2007 Arbeitsschutzma-nagementsysteme - Spezifikation mit Einleitung zur Anwendung*, Beuth, **2007**

10.19   Hamacher, W. et al.; *Indikatoren und Parameter zur Bewertung der Qualität des Ar-beitsschutzes im Hinblick auf Arbeitsschutzmanagementsysteme*, Verlag für neue Wis-senschaft, **2004**, 3-89701-866-7

10.20   JArbSchG - Jugendarbeitsschutzgesetz; *Gesetz zum Schutze der arbeitenden Jugend*, **20.04.2013**

10.21   Kollmer, N.; *Arbeitsstättenverordnung (ArbStättV)*, Beck, **2009**, 978-3-406-58384-1

10.22   Kraft, H.; *Betriebssicherheit auf einen Blick*, Beuth, **2005**, 3-410-16065-5

10.23   Länderausschuss für Arbeitsschutz und Sicherheitstechnik (LASI); *Arbeitsschutzmana-gementsysteme - Handlungshilfe zur freiwilligen Einführung und Anwendung von Ar-beitsschutzmanagementsystemen (AMS) für kleine und mittlere Unternehmen (KMU) - LV 22*, 3-936415-20-X

10.24   Länderausschuss für Arbeitsschutz und Sicherheitstechnik (LASI); *Arbeitsschutzmana-gementsysteme - Spezifikation zur freiwilligen Einführung, Anwendung und Weiterent-wicklung von Arbeitsschutzmanagementsystemen (AMS)*, Düsseldorf, **2006**, 3-936415-19-6

10.25   Länderausschuss für Arbeitsschutz und Sicherheitstechnik (LASI); *Leitlinien zum Gerä-te- und Produktsicherheitsgesetz*, LASI-Veröffentlichung - LV 46, **Mai 2006**

10.26   Länderausschuss für Arbeitsschutz und Sicherheitstechnik (LASI); *Leitlinien zur Ar-beitsstättenverordnung*, **25.04.2005**

10.27   Länderausschuss für Arbeitsschutz und Sicherheitstechnik (LASI); *Leitlinien zur Be-triebssicherheitsverordnung*, **26.08.2005**

10.28   Merdian, J.; *Arbeitsschutzaudits*, Beuth, **2011**, 978-3-410-21388-6

10.29   Merdian, J.; *Arbeitssicherheitsaudits im Arbeitsschutzmanagementsystem*, Beuth, **2007**, 978-3-410-16390-9

10.30   MuSchRiV - Mutterschutzrichtlinienverordnung, *Verordnung zum Schutz der Mütter am Arbeitsplatz*, **26.11.2010**

10.31   Pieper, R.; *Arbeitsschutzrecht (ArbSchR)*, Bund, **2009**, 978-3-7663-3852-5

10.32   PSA-BV - PSA-Benutzungsverordnung; *Verordnung über Sicherheit und Gesundheits-schutz bei der Benutzung persönlicher Schutzausrüstung bei der Arbeit*, **04.12.1996**

10.33   Schliephacke, J.; *Führungswissen Arbeitssicherheit*, Erich Schmidt, **2008**, 978-3-503-11233-3

10.34   Schünemann, J.; Lenz, K.; *Pflichtenheft Arbeitsschutzrecht,* Ecomed, **2009,**
        978-3-609-61185-3

10.35   Schulze, Th.; *Stand und Perspektive modernen Arbeitsschutzes,* VDI, **2001,**
        3-18-313916-2

10.36   Spitaler, F.; *Gefährdungsbeurteilung,* ecomed, **2005,** 3-609-66331-6

10.37   Stratnig, H.; *Partizipatives Arbeitssystem-Audit zu Sicherheit und Gesundheit,* PZH
        Produktionstechnisches Zentrum, **2005,** 3-936888-97-3

10.38   Traupe, A. et al.; *Monographie Arbeitsschutzmanagementsystem - Systemkonzept und
        Lösung für eine praxisnahe Implementierung,* Berufsgenossenschaft der Feinmechanik
        und Elektrotechnik, **2001**

10.39   TRBS 1112; *Instandhaltung,* **25.08.2010**

10.40   TRBS 1201; *Prüfungen von Arbeitsmitteln und überwachungsbedürftigen Anlagen,*
        06.08.2012

10.41   TRBS 1203; *Befähigte Personen,* **17.02.2012**

10.42   TRGS 201; *Einstufung und Kennzeichnung bei Tätigkeiten mit Gefahrstoffen,* **Oktober
        2011**

10.43   VDI 4068, Blatt 1; *Befähigte Personen - Qualifikationsmerkmale für die Auswahl Befä-
        higter Personen und Weiterbildungsmaßnahmen,* Beuth, **Oktober 2009**

10

11 Energiemanagementsystem nach DIN EN ISO 50001

11.1 Einführung

Die internationale Norm DIN EN ISO 50001 „Energiemanagementsysteme" übernimmt eine wichtige Rolle zur Verminderung der Umweltbelastungen. Im Zuge der Diskussionen zu anstehenden Klimaveränderungen soll sie die Energieeffizienz und -leistung von Organisationen verbessern. Ein systematisches Energiemanagement kann sowohl einen Beitrag zum Umweltschutz als auch zur wirtschaftlichen Situation des Unternehmens liefern.

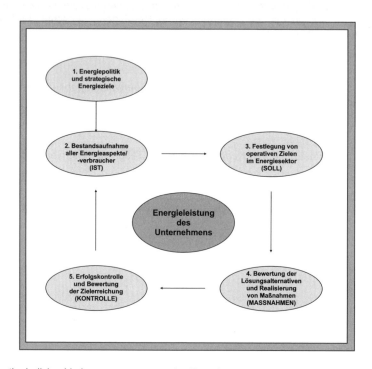

Abb. 11.1: Kontinuierlicher Verbesserungsprozess im Energiemanagementsystem

Das Energiemanagement nach DIN EN ISO 50001 und die zu erzielenden kontinuierlichen Verbesserungen der energiebezogenen Leistungen basieren auf fünf Grundsätzen:

1. Energiepolitik und strategische Energieziele,
2. Bestandsaufnahme aller Energieaspekte/-verbraucher,
3. Festlegung von operativen Zielen im Energiesektor,
4. Bewertung der Lösungsalternativen und Realisierung von Maßnahmen,
5. Erfolgskontrolle und Bewertung der Zielerreichung.

Mit diesen Grundsätzen können die Energieleistung und -effizienz des Unternehmens kontinuierlich überwacht und regelmäßig bewertet werden (Abb. 11.1). Der Prozess der kontinuierlichen Weiterentwicklung muss auf messbaren Ergebnissen beruhen und sich über Energieleistungskennzahlen (energy performance indicators, EnPI's) darstellen lassen. Nur so kann die Unternehmensleitung die energieorientierte Leistung bewerten und die Energieverbräuche für die einzelnen Aspekte (Anlagen, Prozesse, Gebäude, Produkte, Dienstleistungen) erkennen.

11.2 Verantwortung des Managements

Top-Management

Das oberste Management muss seine Unterstützung für ein Energiemanagement klar und deutlich darlegen. Dazu gehören die:

- Festlegung einer Energiepolitik,
- Benennung eines Managementbeauftragten,
- Bereitstellung der benötigten Ressourcen,
- Sicherstellung der strategischen und operativen Energieziele,
- Zukunftsorientierung der energiebezogenen Leistungen und die Aussagekraft entsprechender Kennzahlen,
- regelmäßige Durchführung von Managementreviews.

Beauftragter des Managements

Die erfolgreiche Einführung eines Energiemanagementsystems und die kontinuierliche Weiterentwicklung der Energieeffizienz erfordert die Festlegung der Aufgaben, Verantwortlichkeiten und Befugnisse der Mitarbeiter. Die Aufgaben umfassen alle energierelevanten Unternehmensfunktionen, d.h. letztlich sind alle Kostenstellen und Mitarbeiter davon betroffen. Die Gesamtverantwortung für das Energiemanagement des Unternehmens sollte bei einem Beauftragten der Unternehmensleitung liegen. Als oberster Projektleiter verfügt er über genügend Ressourcen, Fach- und Führungskompetenz, um zusammen mit seinem Projektteam die energiebezogenen Leistungen des Unternehmens kontinuierlich zu verbessern. Regelmäßig erstattet er der Unternehmensleitung Bericht über die erzielten Fortschritte.

Abgestuft sind die wesentlichen Verantwortlichkeiten der Führungskräfte und Mitarbeiter zu dokumentieren und mit diesen zu besprechen. Innerhalb ihrer Zuständigkeiten sollten Mitarbeiter aller Ebenen für die Energieeffizienz verantwortlich sein. In diesem Zusammenhang sollten folgende Fragen beachtet werden:

- Welche Fach- und Führungskompetenz besitzt der Beauftragte der Unternehmensleitung im Energiebereich?
- Welche Verantwortungen und Befugnisse haben die zuständigen Mitarbeiter?
- Welche Ressourcen werden für das Energiemanagement zur Verfügung gestellt?
- Wie werden die verantwortlichen Mitarbeiter über Energieaspekte des Unternehmens geschult?
- Welche Möglichkeiten haben Mitarbeiter, um freiwillige Maßnahmen zu initiieren und Verbesserungsvorschläge zu unterbreiten?

Personen, deren Tätigkeiten erheblichen Einfluss auf den Energiebereich haben, müssen aufgrund der energierelevanten Tätigkeiten und Prozesse identifiziert werden. Dies kann durch Organisationspläne, Stellenbeschreibungen, Verfahrensanweisungen, etc. geschehen. Unabhängig von der Unternehmensorganisation lassen sich allerdings einige grundlegende Verantwortungen im Energiebereich identifizieren:

11

- **Geschäftsführung**
  Entwicklung der Energiepolitik und Festlegung der Strategie,
- **Beauftragter des Managements**
  Projektleiter zur Entwicklung der energiebezogenen Leistungen des Unternehmens,
- **Führungskräfte**
  Erfüllung der rechtlichen Forderungen, Erreichung der Energieziele und Realisierung des Aktionsplans zum Energiemanagement,
- **Mitarbeiter**
  Einhaltung und Verbesserung der festgelegten Verfahren.

Für den Erfolg des Energiemanagementsystems müssen geeignete personelle, finanzielle und technologische Ressourcen zur Verfügung gestellt werden. Im Kräftedreieck zwischen Ökonomie, Ökologie und sozialer Verantwortung sind Kosten-Nutzen-Betrachtungen und entsprechende Abwägungen notwendig. Von daher werden sich immer gewisse Einschränkungen bei den potenziellen Maßnahmen ergeben.

11.3   Energiepolitik und -strategien

Die Energiepolitik ist eine strategische Ausrichtung des Unternehmens im Bereich der Ressource „Energie". Diese Strategie steckt den Rahmen für Handlungen und Maßnahmen zur Erreichung der energiebezogenen Ziele ab. Sie muss auf eine Verbesserung der energiebezogenen Leistung aller Energieaspekte ausgerichtet sein. Diese sind zu ermitteln und unter wirtschaftlichen und umweltbezogenen Gesichtspunkten kontinuierlich zu verbessern. In diesem Zusammenhang sind neben den ablauforganisatorischen und technologischen Belangen auch die rechtlichen Anforderungen zu ermitteln und einzuhalten.

Aus den strategischen Energiezielen sind operative Ziele und Maßnahmen abzuleiten. Das Unternehmen stellt zur Zielerreichung die notwendigen wirtschaftlichen, technologischen und personellen Ressourcen zur Verfügung. Mit Hilfe eines Energiekatasters lassen sich Energieleistungskennzahlen ermitteln und Prioritäten festlegen. Im Rahmen eines Energieprogramms führt das Unternehmen eine regelmäßige Überprüfung seiner energiebezogene Ziele durch und überprüft die Wirksamkeit der ergriffenen Maßnahmen. Um Multiplikatoreneffekte zu ermöglichen, werden gegenüber Mitarbeitern, Kunden, Lieferanten, Geschäftspartnern die Ziele, Maßnahmen und Erfolge dargestellt.

Die folgenden Fragen sollten bei der Festlegung einer unternehmerischen, strategischen Energiepolitik berücksichtigt werden:

- Wurde eine strategisch ausgerichtete Energiepolitik durch die Geschäftsführung des Unternehmens verabschiedet?
- Deckt diese Energiepolitik alle Unternehmensbelange (z.B. Gebäude, Anlage, Prozesse, Produkte, Dienstleister) ab?
- Welche Verpflichtungen zur kontinuierlichen Verbesserung sind enthalten und wie werden diese erreicht?
- Wie wird die Energieeffizienz und -leistung gemessen und gesteigert?
- Wie trägt der Erwerb energieeffizienter Produkte/Dienstleistungen zur Verbesserung der energiebezogenen Leistung bei?
- Wie werden die rechtlichen und andere Verpflichtungen überwacht und erfüllt?
- Wie werden die Energiepolitik und die erzielten Verbesserungen interessierter Kreise (z.B. Kunden, Mitarbeitern, Geschäftspartner) bekannt gemacht?
- Wie wird die Strategie im Energiesektor regelmäßig von der Geschäftsführung geprüft?

11.4   Energieplanung

Die DIN EN ISO 50001 berücksichtigt unter diesem Grundsatz folgende Punkte:

* rechtliche Vorschriften und andere Anforderungen,
* energetische Bewertung,
* energetische Ausgangsbasis,
* Energieleistungskennzahlen,
* strategische und operative Energieziele sowie Aktionspläne zum Energiemanagement.

Rechtliche Verpflichtungen und andere Anforderungen

Grundsätzlich muss das Unternehmen alle rechtlichen Verpflichtungen ermitteln, die es einzuhalten hat. Das gilt auch für den Energiesektor. „Andere Forderungen" können z.B. DIN-Normen, VDI-Richtlinien, Selbstverpflichtungen der Wirtschaft und Vereinbarungen mit Kunden und Lieferanten sein. Dazu gehören auch Abkommen und Übereinkünfte mit Behörden. Rechtliche Verpflichtungen und andere Anforderungen und die zugehörigen Energieaspekte können Tätigkeiten, Verfahren, Produkte und Dienstleistungen zugeordnet werden. Folgende Fragen sollten beachtet werden:

* Wie ermittelt das Unternehmen die rechtlichen Verpflichtungen?
* Wie werden die relevanten Rechtsinformationen an die zuständigen Mitarbeiter weitergeleitet?
* Wie wird die Erfüllung der rechtlichen Vorgaben regelmäßig geprüft?

Um die Erfüllung der rechtlichen Vorschriften zu gewährleisten, muss eine regelmäßige Ermittlung und Dokumentation durchgeführt werden. Es sollte ein Verzeichnis aller relevanten Gesetze und Vorschriften eingerichtet und aufrechterhalten werden. Rechtsvorschriften können in Form von:

* allgemeinen Gesetzen und Verordnungen,
* speziellen Rechtsvorschriften für Produkte und Dienstleistungen,
* speziellen Vorschriften und Vereinbarungen für bestimmte Branchen,
* Genehmigungen und Auflagen für den Betrieb am Standort

existieren. Für die Ermittlung von laufenden Rechtsänderungen können verschiedene Quellen genutzt werden z.B.:

* Gesetzesblätter der EU, des Bundes und der Länder,
* Behörden auf allen Ebenen,
* Industrieverbände und -vereinigungen,
* Dienstleister und Anbieter von Datenbanken.

Die Einhaltung der Rechtsvorschriften ist Aufgabe der verantwortlichen Personen. Der gesamte Prozess „Rechtliche Verpflichtungen und andere Anforderungen" wird im internen Audit überprüft.

Energetische Ausgangsbasis, Bewertung und Energieleistungskennzahlen

Für alle Tätigkeiten, Verfahren, Prozesse, Produkte und Dienstleistungen eines Unternehmens wird Energie benötigt. Ohne Energie läuft nichts. Der Einsatz von Energie in jeglicher Form hat direkte Auswirkungen auf die Umwelt. Die Ermittlung der Energieaspekte ist ein kontinuierlicher Prozess, der vergangene, gegenwärtige und zukünftige Auswirkungen erfasst.

11

Der erste Schritt zu einer kontinuierlichen Verbesserung aller Energieaspekte besteht in einer Bestandsaufnahme aller Energieverbraucher. Diese Informationen sind in Form eines Energiekatasters zusammenzustellen. Das Kataster sollte folgende Punkte umfassen:

- Unternehmensbereich (Kostenstelle, Abteilung, Gebäude, Anlagen, Prozesse),
- Energieträger (Heizöl, Erdgas, Kohle, Strom, Dampf),
- Energieverbräuche (Mengen, Zählerstände, Betriebsstunden),
- Energiekosten (Rechnungen).

Aus der Erhebung lassen sich die Energieaspekte identifizieren, die den höchsten Energieverbrauch und die bedeutendsten Auswirkungen haben. Unter Berücksichtigung der Energiekosten und der Beiträge des Energieverbrauchs zur Umweltbelastung (z.B. Treibhauseffekt) lassen sich mit dem Energiekataster die größten Potenziale für Energieeinsparungen identifizieren. Die Erfassung der Energieverbräuche über Mengen und Kosten sollte möglichst über Kostenstellen oder Unternehmensbereiche erfolgen. Den zugehörigen Anlagen, Einrichtungen, Prozessen und Gebäuden werden die vergangenen und aktuellen Energieverbräuche zugeordnet.

Im Zusammenhang mit Auslastungen, Anlagenlaufzeiten und Betriebsstunden werden aus den absoluten Energieverbräuchen und -kosten relative Kenngrößen gebildet. Diese Energiekennziffern erlauben eine von der Auslastung bzw. den Produktionszahlen unabhängige Bewertung. Wenn entsprechende Informationen vorliegen, können Verbrauchs- und Kostentendenzen betrachtet und überprüft werden. Der Detaillierungsgrad der Untersuchungen sollte nicht übertrieben werden. Wichtig ist es einen Übersicht zu erlangen, die wichtigsten Energieverbraucher zu identifizieren und Vorstellungen über das mögliche Energieeinsparpotenzial zu erhalten.

In diesem Zusammenhang stellen sich folgende Fragen:

- Welcher Ist-Zustand liegt generell im Energiesektor vor?
- Wie lassen sich die Energieverbräuche messen, analysieren und bewerten?
- Welche Energieleistungskennzahlen sind aussagekräftig und weiter zu entwickeln?
- Wie wird sich der Energieverbrauch zukünftig entwickeln?

Energieziele und Aktionspläne zum Energiemanagement

Um die energetische Situation des Unternehmens zu verbessern und seine Energieeffizienz zu steigern, müssen strategische (langfristige) und operative (kurz-, mittelfristige) Energieziele gesetzt werden. Diese Ziele müssen möglichst quantifiziert, messbar und mit Terminen versehen sein. Bei der Festlegung der Ziele sind die technologischen und ökonomischen Möglichkeiten des Unternehmens zu berücksichtigen. Die Zielerreichung ist durch eine regelmäßige Erfolgskontrolle zu überprüfen. Leistungsindikatoren können dabei als Bewertungsgrundlage dienen. Bei der Festlegung energiebezogener Ziele sollten folgende Fragen berücksichtigt werden:

- Wie werden die von der Unternehmensleitung festgelegten Energieziele über alle Managementebenen hinweg in Einzelziele aufgebrochen?
- Wie werden die für die Umsetzung verantwortlichen Mitarbeiter in die Zielentwicklung einbezogen?
- Welche Energieleistungskennzahlen werden zur Leistungsbewertung aufgestellt?
- Wie werden die Energieziele regelmäßig bewertet und überwacht, um die erwünschte Verbesserung der energieorientierten Leistung zu erzielen?

Die notwendigen Maßnahmen zur Erreichung der Energieziele werden in einem Aktionsplan zum Energiemanagement zusammengefasst. Der Aktionsplan sollte folgende Punkte umfassen:

- Unternehmensbereich (Kostenstelle, Abteilung, Gebäude, Anlagen, Prozesse),
- Maßnahmen (organisatorische, technische),
- Ressourcen (Geld, Material, Mitarbeiter),
- Einsparpotenzial (Verbräuche, Kosten, ROI),
- Personal (Projektleiter, -mitarbeiter),
- Termine (Prioritäten, Anfangszeitpunkt, Meilensteine, Endtermin).

Hier sind für jede einzelne Maßnahme die Verantwortlichkeiten, Mittel und der Zeitrahmen für die Umsetzung festgelegt. Grundsätzlich sind bei neuen Produkt- und Verfahrensentwicklungen die Energieaspekte im Projektablauf zu berücksichtigen. Der Projektablauf umfasst Planung, Design, Produktion, Marketing und Entsorgung. Für Produkte sollte der energetische Aspekt bei Entwicklung, Materialeinsatz, Produktionsverfahren, Produktverwendung und -entsorgung beachtet werden. Bei der Entwicklung oder Veränderung technologischer Verfahren sind Planung, Design, Konstruktion, Installation, Betrieb und Stilllegung nach der besten verfügbaren Technik zu berücksichtigen.

Aktionspläne zum Energiemanagement sollten dynamisch sein und regelmäßig überarbeitet werden. Die Erfolgskontrolle der Zielerreichung darf sich nie auf einen einzelnen Aspekt (z.B. Energie) beschränken. Sie ist immer ganzheitlich unter ökonomischen, sozialen und ökologischen Gesichtspunkten durchzuführen. Dann liefert sie eine gute Ausgangsbasis für den nächsten Zyklus im kontinuierlichen Verbesserungsprozess.

Einige Fragen, die bei der Erstellung von Aktionsplänen zum Energiemanagement beachtet werden sollten:

- Wie werden vom Unternehmen Aktionspläne zum Energiemanagement entwickelt?
- Wie werden in diesem Aktionsplan Personal, Finanzen und Termine festgelegt?
- Wie wird der Erfolg des Aktionsplans regelmäßig bewertet?

11.5 Einführung und Umsetzung

Zur wirkungswollen Einführung eines Energiemanagementsystems und zur Durchführung der Aktionspläne zum Energiemanagement muss das Unternehmen entsprechende Instrumente entwickeln und einsetzen. Dazu berücksichtigt die DIN EN ISO 50001 folgende Punkte:

- Fähigkeiten, Schulung und Bewusstsein,
- Kommunikation,
- Dokumentation des Energiemanagementsystems,
- Ablauflenkung und Auslegung,
- Beschaffung von Energiedienstleistungen, Produkten, Einrichtungen und Energie.

Die Einführung und kontinuierliche Weiterentwicklung eines Energiemanagementsystems kann nur schrittweise erfolgen. Der Nutzen für die Umwelt und das Unternehmen, die Verfügbarkeit der personellen und finanziellen Ressourcen sind gegeneinander abzuwägen und beeinflussen die Umsetzung.

Fähigkeiten, Schulung und Bewusstsein

Die Geschäftsführung hat eine Schlüsselfunktion bei der Mitarbeitermotivation im Energiemanagementsystem. Sie muss die energiebezogenen Ziele und die Bedeutung der Energiepolitik erläutern. Die Mitarbeiter sind verpflichtet, die Vorgaben des Energiemanagementsystems in einen wirkungsvollen Verbesserungsprozess umzusetzen. Sämtliche Mitarbeiter eines Unternehmens sollten die Energieziele, für die sie verantwortlich sind, verstehen und umsetzen können. Insbesondere Mitarbeiter, deren Tätigkeiten bedeutende Auswirkungen auf den Energiebereich haben, sind hier gefordert.

Die erforderlichen Kenntnisse für energierelevante Arbeitsplätze sollten bei der Personalauswahl, -schulung und -entwicklung beachtet werden. Den entsprechenden Mitarbeitern muss bewusst werden, wie aufgrund ihrer persönlichen Leistungen die Energieeffizienz in ihrem Tätigkeitsbereich gesteigert werden kann. Sie müssen entsprechende Ausbildungen, Fähigkeiten und Kompetenzen besitzen, um ihren Aufgaben und Verantwortungen zur Erreichung der Umweltziele und zur Umsetzung der Maßnahmen des Energiemanagementprogramms nachkommen zu können.

Grundsätzlich müssen ihnen die möglichen ökonomischen und ökologischen Folgen bei Abweichungen von festgelegten Arbeitsabläufen klar sein. Einige Fragen, die hier beachtet werden sollten:

- In welchem Umfang verstehen die Mitarbeiter die Energieziele und die Aktionspläne zum Energiemanagement des Unternehmens?
- Welche Ausbildungs- und Kompetenzanforderungen sind für energierelevante Tätigkeiten notwendig?
- Wie wird der Schulungsbedarf für energierelevante Tätigkeiten ermittelt und dokumentiert?
- Wie wird die Motivation zu eigenverantwortlichem Handeln gefördert?
- Wie erkennt das Unternehmen den Beitrag der Mitarbeiter zur Steigerung der energiebezogenen Leistungen an?

Über eine Qualifikationsplanung und systematische Personalentwicklung sollten den Mitarbeitern die notwendigen fachlichen, methodischen und sozialen Kompetenzen vermittelt werden. Im Laufe der Zeit müssen sie die Vorgaben des Energiemanagementsystems und die Erreichung der Energieziele selbstständig und wirkungsvoll umsetzen können. Für die Ermittlung des Schulungsbedarfs sind folgende Schritte notwendig:

- Anforderungsprofil des Arbeitsplatzes,
- Ausbildung und Kompetenzprofil des Mitarbeiters,
- Identifikation der Schulungs- und Personalentwicklungsmaßnahmen,
- Praxistransfer, Bewertung und Erfolgskontrolle der durchgeführten Schulung.

Das Niveau und die Einzelheiten der Schulung hängen von der Ausbildung und den Kenntnissen des Mitarbeiters ab. Sie ergeben sich aus dem Vergleich des Anforderungsprofils des Arbeitplatzes mit dem Kompetenzprofil des Mitarbeiters. Die für das Unternehmen tätigen Auftragnehmer, Dienstleister und Subunternehmer müssen ebenfalls entsprechende Qualifikationsnachweise vorlegen.

Kommunikation

Im Hinblick auf die energetischen Aspekte im Unternehmen müssen zwischen den einzelnen Abteilungen, den Führungsebenen und den Mitarbeitern Kommunikationsabläufe existieren. Über den Umfang der internen – und einer möglichen externen – Berichterstattung kann das Unternehmen selber entscheiden. Mögliche Informationen können umfassen:

- strategische und operative Energieziele,
- Energieverbräuche und jährliche Trends,
- Maßnahmen und potenzielle Verbesserungen,
- ökonomische und ökologische Vorteile.

Die intern (und extern) veröffentlichten Informationen sollten nachprüfbar sein und ein zutreffendes Bild über die energiebezogene Leistungen des Unternehmens liefern. Sie sollten die Mitarbeiter zu weiteren Verbesserungsvorschlägen motivieren und sie an den Erfolgen angemessen beteiligen. Einige Fragen, die berücksichtigt werden sollten:

- Welche Informationen bzgl. Energie werden vom Unternehmen veröffentlicht?
- Wie werden Mitarbeiteranregungen entgegengenommen, bewertet und honoriert?
- Wie werden Auditergebnisse und andere Bewertungen mitgeteilt?
- Wie wird die kontinuierliche Verbesserung der energiebezogenen Leistungen durch die Berichterstattung unterstützt?

Die Berichterstattung sollte die energetischen Aspekte der Tätigkeiten, Produkte, Prozesse und Dienstleistungen darlegen. Sie sollte das Bewusstsein der Mitarbeiter über Wege zur Erreichung der Energieziele und entsprechende Realisierungsmöglichkeiten von Maßnahmen aus dem Aktionsplan zum Energiemanagement stärken. Für die Kommunikation des Energieberichts stehen vielfältige Medien (Jahresberichte, Informationen am schwarzen Brett, Emails, etc.) zur Verfügung.

Dokumentation

Die DIN EN ISO 50001 stellt relativ geringe Anforderungen an die Dokumentation eines Energiemanagementsystems. Der Umfang der Dokumentation muss nutzbringend für das Unternehmen sein und keinen Selbstzweck erfüllen. Wesentliche Inhalte können z.B. sein:

- Organigramm des Unternehmens,
- Energiepolitik und operative Energieziele,
- Tätigkeiten, Prozesse und Verfahren mit hoher Energierelevanz,
- technische Dokumentationen zu Versorgungseinrichtungen,
- Instandhaltungs- und Wartungspläne,
- Betriebsanleitung für Normalbetrieb und Notfallpläne,
- Energiekataster und Energieleistungskennzahlen.

Durch diese Informationen wird die Transparenz gefördert, wobei das Hauptaugenmerk auf einer Verbesserung der energiebezogenen Leistungen liegen sollte und nicht auf einem aufwändig gepflegten Dokumentationssystem. Die Leistungen eines internen/externen Projektleiters/Auditors/ Zertifizierers zeigen sich an seinen inhaltlichen Arbeiten und nicht an der starren Einhaltung und Abprüfung von Formalismen. Die Fixierung auf Dokumentationen, Pflegen von Unterlagen und Lenkung von Dokumenten führt zu einem planwirtschaftlichen und unflexiblen Managementsystem. Der Aufbau, die Einführung und Anwendung eines Energiemanagementsystems muss eine Frage sofort beantworten können:

- Was ist der ökonomische, ökologische und soziale Nutzen für Unternehmen, Umwelt und Mitarbeiter?

11.6   Ablauflenkung und Auslegung neuer Projekte

Bei der Ablauflenkung werden die energierelevanten Aspekte ermittelt, die bedeutende Auswirkungen auf den Energieverbrauch haben oder haben können. Innerhalb der Organisationsstrukturen müssen die Verantwortlichen für diese Abläufe eindeutig bekannt sein. Abläufe, die zu bedeutenden Energieaspekten beitragen können, sind u.a.:

- Forschung und Entwicklung,
- Einkauf und Beschaffung von Einrichtungen und Materialien,
- Lieferanten und Dienstleister,
- Materialhandhabung und -lagerung,
- Auslegung und Betrieb von Prozessen und Produktionsverfahren,
- Transport und Logistik,
- Wartung und Instandhaltung,
- Errichtung und Betrieb von Gebäuden und Anlagen,
- Mitarbeiter und Personalentwicklung.

Folgende Fragen sind zu beantworten:

- Was sind die energieintensivsten Abläufe und Prozesse?
- Welche operativen Energieziele und Aktionspläne lassen sich für die energieintensivsten Bereiche aufstellen?
- Welche Prozesskriterien und Energieleistungskennzahlen lassen sich formulieren?
- Wie lassen sich neue oder veränderte Anlagen, Einrichtungen oder Prozesse unter energiebezogenen Gesichtspunkten optimieren?

Für diese Abläufe sind dokumentierte Verfahren einzuführen, wenn deren Fehlen zu einer Nichterfüllung der Energiepolitik und der Energieziele führen könnte.

Bei neuen oder veränderten Anlagen, Einrichtungen und Prozessen sind im Zuge des Projektmanagements entsprechende Auswirkungen auf das Energiemanagementsystem zu prüfen. Solche Projekte müssen zu einer Verbesserung der energiebezogenen Leistung und damit zu einer Verminderung der Umweltbelastung führen.

Beschaffung von Energiedienstleistungen, Produkten, Einrichtungen und Energie

Über das eigene Unternehmen hinaus sind im Beschaffungsprozess Forderungen an Zulieferer und Auftragnehmer zu stellen. So wird im Schneeballeffekt das Energiemanagementsystem ausgedehnt. Diese Forderungen beziehen sich auf Energiedienstleistungen bzw. auf den Einkauf von Energie.

Einmal erworbene Anlagen oder Produkte lassen sich energetisch kaum oder nur schwer verbessern. Im Beschaffungsprozess muss daher besonderes Augenmerk auf die Energieeffizienz neuer Anlagen, Einrichtungen, DV-System, Produkte, etc. gelegt werden.

11.7   Überprüfung

Um die Wirksamkeit des Energiemanagementsystems zu gewährleisten, sollte das Unternehmen seine energieorientierte Leistung messen, überwachen und bewerten. Im Einzelnen sind zu berücksichtigen:

- Überwachung, Messung und Analyse,
- Bewertung der Einhaltung der Rechtsvorschriften,
- Lenkung von Aufzeichnungen,
- interne Auditierung des Energiemanagementsystems,
- Nichtkonformität, Korrektur- und Vorbeugungsmaßnahmen.

Überwachung, Messung und Analyse

Das Unternehmen muss über ein System zum Messen und Überwachen der Energieverbräuche verfügen. Von daher sind Arbeitsabläufe und Tätigkeiten, die eine bedeutende Auswirkung auf den Energieverbrauch haben können, regelmäßig zu überwachen. Mess- und Überwachungsgeräte sind regelmäßig zu kalibrieren und zu warten. Aufzeichnungen darüber sind z.B. in Betriebstagebüchern aufzubewahren. Überwachungs-, Kalibriervorgänge und Messungen sind zu analysieren, um den Erfolg von Maßnahmen zu erkennen und mögliche Verbesserungen zu identifizieren.

Die Ermittlung geeigneter Indikatoren zur energetischen Leistung kann in Form betrieblicher Energy Performance Indicators (EnPI's) geschehen. Diese Energieindikatoren lassen sich als relative Kennziffern für alle Energiearten (z.B. Heizöl, Erdgas, Dampf, Strom) auf Produktionsmengen, Gebäudeflächen, etc. erstellen. Einige Fragen, die in diesem Zusammenhang beachtet werden sollten:

- Wie werden die Energieverbräuche gemessen und überwacht?
- Welche spezifischen Indikatoren zur Messung der energetischen Leistung existieren?
- Wie werden Mess- und Überwachungseinrichtungen regelmäßig überprüft und kalibriert?
- Welche Konsequenzen werden aus der Analyse der Verbrauchsdaten gezogen?

Bewertung der Einhaltung von Rechtsvorschriften

Das Unternehmen muss ein Verfahren zur regelmäßigen Bewertung und Einhaltung der Rechtsvorschriften auch im Energiesektor vorweisen können. Dazu zählen auch die „anderen Anforderung". Idealerweise wird dieses Rechtskataster in einem Umweltmanagementsystem geführt, da Energieverbräuche direkte Auswirkungen auf die Umwelt haben.

Lenkung von Aufzeichnungen

Das Unternehmen muss Verfahren für energiebezogene Aufzeichnungen führen. Dies kann z.B. umfassen:

- strategische und operative Ziele im Energiesektor,
- Maßnahmen aus dem Energiemanagementsystem,
- Informationen zu relevanten Rechtsvorschriften und anderen Anforderungen,
- Schulungsaktivitäten,
- Berichte zu Energieverbräuchen und Energieleistungskennzahlen zu Prozessen, Anlagen und Verfahren,
- Aufzeichnungen zu Prüf-, Kalibrier- und Wartungsaktivitäten,
- Informationen für und über Lieferanten, Dienstleistern und Auftragnehmern,
- Beschaffungsrichtlinien für energierelevante Einrichtungen, Anlagen und Produkte,
- Ergebnisse von Auditierungen,
- Bewertungen durch die Unternehmensleitung.

Der effektive Umgang mit der vielfältigen und komplexen Menge an Informationen ist ein Schlüsselelement für ein effizientes Energiemanagementsystem. Ein gutes Informationssystem schließt Mittel und Wege zur Kennzeichnung, Sammlung, Registrierung und Aufbewahrung von Daten, Informationen und Berichten ein.

Einige Fragen, die berücksichtigt werden sollten:

- Welche Aufzeichnungen zu Energieaspekten hat bzw. braucht das Unternehmen?
- Welche Schlüsselindikatoren sind zu ermitteln und zu verfolgen, um die Energieziele zu erreichen?
- Wie stellt das Informationssystem den Mitarbeitern die benötigten Informationen zur Verfügung?

Interne Auditierung des Energiemanagementsystems

Ein Audit ist ein systematischer und dokumentierter Prozess zur objektiven Ermittlung und Bewertung von Nachweisen. Es wird festgestellt, ob das Energiemanagementsystem des Unternehmens die selbst festgelegten Kriterien erfüllt. Audits sind deshalb regelmäßig durchzuführen. Das Auditprogramm muss auf den bedeutenden Energieaspekten des Unternehmens und den Ergebnissen vorangegangener Audits basieren. In einem vollständigen Auditprogramm müssen:

- Tätigkeiten und Bereiche,
- Verantwortlichkeiten für die Leitung und Durchführung,
- Berichterstattung von Auditergebnissen,
- Kompetenz der Auditoren,
- Art der Durchführung des Audits

geregelt sein. Die Häufigkeit der Audits hängt von der Art des Betriebes, seinen Energieaspekten und potenziellen Auswirkungen ab. Audits können durch Mitarbeiter des Unternehmens und/oder durch externe Personen ausgeführt werden. In jedem Fall sollten die Auditoren in der Lage sein, das Audit objektiv und unparteiisch durchzuführen. Die Berichterstattung der Auditergebnisse an die Unternehmensleitung zeigt den Zustand des Energiemanagementsystems auf.

Einige Fragen, die beachtet werden sollten:

- Werden Audits mindestens in jährlichem Zeitabstand durchgeführt?
- Werden die Unternehmensbereiche auditiert, die bedeutende Auswirkungen auf den Energieverbrauch haben?
- Haben die internen/externen Auditoren die notwendige fachliche Kompetenz im Energiebereich?
- Ergeben sich aus dem Auditbericht ökonomische und ökologische Potenziale zur kontinuierlichen Verbesserung im Energiemanagement?

Nichtkonformität, Korrektur- und Vorbeugungsmaßnahmen

Die Feststellungen, Schlussfolgerungen und Empfehlungen, die sich als Ergebnis aus Audits, Überwachungen und anderen Bewertungen ergeben, sind schriftlich festzuhalten. Für die notwendigen Korrektur- und Vorbeugungsmaßnahmen sind Verantwortlichkeiten, Ressourcen, Termine, etc. zu nennen. Die Maßnahmen müssen den tatsächlichen und potenziellen Abweichungen entsprechend angemessen sein. Für die Untersuchung von Abweichungen sind folgende Aspekte einzubeziehen:

- Bestimmung der Ursachen für Abweichungen,
- Aufzeichnung der Ergebnisse,
- Bewertung von Lösungsalternativen und Auswahl von Maßnahmen,
- Überprüfung und Bewertung der Wirksamkeit der Maßnahmen.

Durch ein systematisches Vorgehen ist die Wirksamkeit der ergriffenen Maßnahmen sicherzustellen. Einige Fragen, die beachtet werden sollten:

- Werden Verantwortlichkeiten für die Umsetzung von Korrektur- und Vorbeugungsmaßnahmen festgelegt?
- Werden die Ursachen für Abweichungen untersucht?
- Wie werden die umgesetzten Maßnahmen auf ihre Wirksamkeit überprüft?

11.8   Managementbewertung (Management-Review)

Das Unternehmen muss sein Energiemanagementsystem bewerten und kontinuierlich verbessern. Dadurch soll insgesamt eine Verbesserung der Energieeffizienz erreicht werden. Die Bewertung sollte breit genug angelegt sein, um die energetischen Aspekte aller Tätigkeiten, Prozesse, Verfahren und Dienstleistungen zu erfassen. In die Bewertung sollten einbezogen werden:

- Eignung der strategischen Energiepolitik und der operativen Energieziele,
- Einhaltung der rechtlichen Verpflichtungen,
- Änderungen von Prozessen, Verfahren und Produkten,
- Fortschritte in Wissenschaft und Technologie,
- Energieeffizienz des Unternehmens,
- Ergebnisse von Audits,
- Wirksamkeit von Korrektur- und Vorbeugungsmaßnahmen,
- Maßnahmen aus Aktionsplänen zum Energiemanagement,
- Verbesserungsvorschläge aus früheren Managementreviews.

Das Konzept der kontinuierlichen Verbesserungen ist ein wesentlicher Bestandteil eines Energiemanagementsystems. Der kontinuierliche Verbesserungsprozess wird u.a. durch:

- Verbesserungen des Energiemanagementsystems,
- Ursachenermittlung für Fehler und Unzulänglichkeiten,
- Pläne für Korrektur- und Verbesserungsmaßnahmen,
- Steigerung der Energieeffizienz durch Maßnahmen,
- Prozessverbesserungen und Verfahrensänderungen

erreicht. Die Einrichtung eines Energiemanagementsystems nach DIN EN ISO 50001 bedeutet, im kontinuierlichen Verbesserungsprozess die Energieeffizienz des Unternehmens laufend zu verbessern. Einige Fragen, die beachtet werden sollten:

- Wie überprüft die Unternehmensleitung die Wirksamkeit des Energiemanagementsystems?
- Wie werden die strategische Umweltpolitik und operative Energieziele angepasst?
- Wie wird die Energieeffizienz des Unternehmens verbessert?

11.9   ISO 50001-Zertifizierung

Abbildung 11.2 zeigt die Entwicklung der ISO 50001-Zertifizierungen „Energiemanagement". Weltweit halten sich die Zahlen noch in Grenzen, da die zugehörige Norm erst 2011 verabschiedet wurde. Deutschland ist mit ca. 1.100 Zertifizierungen in 2012 weltweit Spitzenreiter (Abb. 11.3). Dies ist dem Bestreben der Unternehmen nach Steuerrückerstattungen im Strom- und Energiesektor zu verdanken.

Jahr	2011	2012
Gesamt	459	1.981
Afrika	0	13
Zentral-/Süd-Amerika	11	7
Nordamerika	1	4
Europa	364	1.758
Ostasien und Pazifik	49	134
Zentral-/Südasien	26	47
Mittlerer Osten	8	18

Abb. 11.2: Zertifizierungen nach ISO 50001 „Energiemanagement" [11.11]

Die 10 führenden Länder bei der ISO 50001-Zertifizierung 2012		
1	Deutschland	1.115
2	Spanien	120
3	Dänemark	85
4	Schweden	72
5	Italien	66
6	Rumänien	54
7	Indien	45
8	Thailand	41
9	Taiwan	37
10	Frankreich	35

Abb. 11.3: Anzahl der länderspezifischen Zertifizierungen nach ISO 50001 „Energiemanagement" [11.11]

11.10 Checkliste für ein Energiemanagementsystem nach DIN EN ISO 50001

Der folgende Abschnitt enthält eine Checkliste zur Zertifizierung eines Energiemanagementsystems. Sie umfasst folgende Norm-Elemente:

- 4.1 Allgemeine Anforderungen,
- 4.2.1 Top-Management,
- 4.2.2 Beauftragter des Managements,
- 4.3 Energiepolitik,
- 4.4.1 Energieplanung – Allgemeines,
- 4.4.2 Rechtliche Vorschriften und andere Anforderungen,
- 4.4.3 Energetische Bewertung,
- 4.4.4 Energetische Ausgangsbasis,
- 4.4.5 Energieleistungskennzahlen,
- 4.4.6 Strategische und operative Energieziele sowie Aktionspläne zum Energiemanagement,
- 4.5.2 Fähigkeiten, Schulung und Bewusstsein,
- 4.5.3 Kommunikation,
- 4.5.4 Dokumentation,
- 4.5.5 Ablauflenkung,
- 4.5.6 Auslegung,
- 4.5.7 Beschaffung von Energiedienstleistungen, Produkten, Einrichtungen und Energie,
- 4.6.1 Überwachung, Messung und Analyse,
- 4.6.2 Bewertung der Einhaltung rechtlicher Vorschriften und anderer Anforderungen,
- 4.6.3 Interne Auditierung des Energiemanagementsystems,
- 4.6.4 Nichtkonformität, Korrektur- und Vorbeugemaßnahmen,
- 4.6.5 Lenkung von Aufzeichnungen,
- 4.7 Managementbewertung (Management-Review).

11

Element 4.1: Allgemeine Anforderungen

Bereich:		Auditleiter:			
Prozess:		Auditteam:		Auditdatum:	
Kostenstelle:					
Frage:	**Feststellungen (vorheriges Audit)**	**Überprüfung (jetziges Audit)**	**Maßnahmen**	**Zuständigkeit/Termin**	
Für welche Organisationseinheiten wurde ein Energiemanagementsystem eingeführt?					
Wie wird das EnMS aufrechterhalten und weiterentwickelt?					
Wie wird die kontinuierliche Verbesserung der energiebezogenen Leistungen sichergestellt?					
Wie wurden die Anforderungen der Norm DIN EN ISO 50001 – Energiepolitik, – Energieplanung, – Einführung und Umsetzung, – Überprüfung, – Managementbewertung berücksichtigt?					

Element 4.2.1: Top-Management

Bereich:	Auditleiter:	
Prozess:	Auditteam:	Auditdatum:
Kostenstelle:		

Frage:	Feststellungen (vorheriges Audit)	Überprüfung (jetziges Audit)	Maßnahmen	Zuständigkeit/Termin
Wie kommt das Top-Management seiner Verpflichtung zur Unterstützung des Energiemanagementsystems nach?				
Welche Bedeutung kommt der Energiepolitik zu?				
Wer wurde zum Managementbeauftragten bestellt?				
Wer arbeitet im Energiemanagement-Team mit?				
Welche Ressourcen werden für das Energiemanagementsystem und der Verbesserung der energiebezogenen Leistungen zur Verfügung gestellt?				
Wie werden die strategischen und operativen Energieziele festgelegt und kommuniziert?				

11

Element 4.2.1: Top-Management

Bereich:	Auditleiter:		Auditdatum:	
Prozess:	Auditteam:			
Kostenstelle:				
Frage:	Feststellungen (vorheriges Audit)	Überprüfung (jetziges Audit)	Maßnahmen	Zuständig-keit/Termin
Welche Energieleistungskennzahlen (EnPI's) existieren?				
Wie wird die energiebezogene Leistung in der strategischen Planung berücksichtigt?				
Welche Ergebnisse ergeben sich aus dem letzten Management-Review?				
Wie wird die Bedeutung des Energiemanagements im Unternehmen kommuniziert?				

Element 4.2.2 Beauftragter des Managements

Bereich:	Auditleiter:	Auditdatum:		
Prozess:	Auditteam:			
Kostenstelle:				
Frage:	Feststellungen (vorheriges Audit)	Überprüfung (jetziges Audit)	Maßnahmen	Zuständig-keit/Termin
Wer wurde als Beauftragter für das Energiemanagementssystem bestellt?				
Wie wird an das Top-Management bzgl. der energiebezogenen Leistung und der Weiterentwicklung des Energiemanagementsystems berichtet?				
Wie werden die Energiemanagementaktivitäten zur Erfüllung der Energiepolitik geplant?				
Wie sind die Verantwortlichkeiten und Befugnisse im EnMS festgelegt und kommuniziert worden?				
Welche Kriterien wurden zur Überwachung des EnMS und dessen Wirksamkeit festgelegt?				
Wie wird das Bewusstsein bzgl. der Energiepolitik und der strategischen Energieziele gefördert?				

11

Element 4.3 Energiepolitik

Bereich:	Auditleiter:			
Prozess:	Auditteam:		Auditdatum:	
Kostenstelle:				
Frage:	Feststellungen (vorheriges Audit)	Überprüfung (jetziges Audit)	Maßnahmen	Zuständig-keit/Termin
Wie hat die Unternehmensleitung die Energiepolitik festgelegt?				
Wie angemessen ist die Energiepolitik in Bezug auf Art, Umfang, Auswirkungen des Energieverbrauchs und -einsatzes auf Tätigkeiten, Produkte, Dienstleistungen?				
Welche Verpflichtungen zur kontinuierlichen Verbesserung der energiebezogenen Leistung sind enthalten?				
Welche Verpflichtungen zur Einhaltung der relevanten Gesetze und Vorschriften sind enthalten?				

Element 4.3 Energiepolitik

Bereich:	Auditleiter:		Auditdatum:	
Prozess:	Auditteam:			
Kostenstelle:				
Frage:	Feststellungen (vorheriges Audit)	Überprüfung (jetziges Audit)	Maßnahmen	Zuständig-keit/Termin
Welche Ressourcen stehen zur Erreichung der strategischen und operativen Ziele zur Verfügung?				
Wie findet die Festlegung und Überprüfung der strategischen und operativen Energieziele statt?				
Wie wird die Beschaffung energieeffizienter Produkte und Dienstleistungen unterstützt?				
Wie wird die Energiepolitik allen Mitarbeitern, Kunden, Lieferanten und der Öffentlichkeit zugänglich gemacht?				

11

Element 4.4.1 Energieplanung - Allgemeines

Bereich:	Auditleiter:			
Prozess:	Auditteam:		Auditdatum:	
Kostenstelle:				
Frage:	Feststellungen (vorheriges Audit)	Überprüfung (jetziges Audit)	Maßnahmen	Zuständig-keit/Termin
Wie werden jene Energieaspekte hinsichtlich ihrer Tätigkeiten, Produkte, Dienstleistungen ermittelt, die das Unternehmen überwachen kann?				
Welche Energieaspekte können bedeutende Auswirkungen auf die Umwelt haben?				
Wie werden die Energieaspekte bewertet?				
Wie werden bedeutende Energieaspekte bei der Festlegung energiebezogener Ziele berücksichtigt?				

Element 4.4.2 Rechtliche Vorschriften und andere Anforderungen

Bereich:	Auditleiter:		Auditdatum:	
Prozess:	Auditteam:			
Kostenstelle:				
Frage:	Feststellungen (vorheriges Audit)	Überprüfung (jetziges Audit)	Maßnahmen	Zuständig-keit/Termin
Wie ermittelt das Unternehmen rechtliche und andere Anforderungen bzgl. Energieeinsatz, -verbrauch und -effizienz?				
Wie werden die rechtlichen Vorschriften regelmäßig überprüft?				
Wie überprüft das Unternehmen regelmäßig die Einhaltung der Anforderungen?				
Welche Auswirkungen haben rechtliche Vorschriften auf das Energiemanagementsystem?				
Welche Forderungen sind für die Energieaspekte ihrer Tätigkeiten, Produkte, Dienstleistungen relevant?				

11

Element 4.4.3 Energetische Bewertung

Bereich:	Auditleiter:	Auditdatum:		
Prozess:	Auditteam:			
Kostenstelle:				
Frage:	Feststellungen (vorheriges Audit)	Überprüfung (jetziges Audit)	Maßnahmen	Zuständigkeit/Termin
Wie werden Energieeinsatz und -verbrauch gemessen und analysiert?				
Welche energieintensiven Anlagen, Verfahren und Prozesse werden betrieben?				
Wie wird die energiebezogene Leistung bestimmt? Was sind die größten Einflussfaktoren?				
Welche Möglichkeiten zur Verbesserung der energiebezogenen Leistung ergeben sich aus dem Bewertungsverfahren?				
Wie wird sich der zukünftige Energieeinsatz und -verbrauch entwickeln?				
Wie wird die energetische Bewertung regelmäßig aktualisiert?				

Element 4.4.4 Energetische Ausgangsbasis

Bereich:	Auditleiter:			
Prozess:	Auditteam:			
Kostenstelle:	Auditdatum:			
Frage:	Feststellungen (vorheriges Audit)	Überprüfung (jetziges Audit)	Maßnahmen	Zuständig-keit/Termin
Welche IST-Situation hat sich aus der erstmaligen Untersuchung des Energiesektors ergeben (Situationsanalyse)?				

Element 4.4.5 Energieleistungskennzahlen

Bereich:	Auditleiter:			
Prozess:	Auditteam:			
Kostenstelle:	Auditdatum:			
Frage:	Feststellungen (vorheriges Audit)	Überprüfung (jetziges Audit)	Maßnahmen	Zuständig-keit/Termin
Welche Energieleistungskennzahlen existieren?				

11

Element 4.4.6 Strategische und operative Energieziele sowie Aktionspläne zum Energiemanagement

Bereich:	Auditleiter:			
Prozess:		Auditdatum:		
Kostenstelle:	Auditteam:			
Frage:	Feststellungen (vorheriges Audit)	Überprüfung (jetziges Audit)	Maßnahmen	Zuständigkeit/Termin
Für welche Funktionen werden dokumentierte strategische und operative Energieziele festgelegt und aufrechterhalten?				
In welchem Zusammenhang stehen die Energieziele zur Energiepolitik?				
Wie werden die gesetzlichen und anderen Forderungen bei der Festlegung und Bewertung der Ziele berücksichtigt?				
Wie berücksichtigt das Unternehmen finanzielle, betriebliche und geschäftliche Rahmenbedingungen?				

Element 4.4.6 Strategische und operative Energieziele sowie Aktionspläne zum Energiemanagement

Bereich:	Auditleiter:			
Prozess:	Auditteam:		Auditdatum:	
Kostenstelle:				
Frage:	Feststellungen (vorheriges Audit)	Überprüfung (jetziges Audit)	Maßnahmen	Zuständigkeit/Termin
Welche Aktionspläne zur Erreichung der Energieziele existieren?				
Welche quantitativen/qualitativen Ziele und Zeitvorgaben enthalten die Energieziele?				
Wie sind die Verantwortungen zur Erreichung der Ziele festgelegt?				
Welche Mittel und Zeiträume stehen für die Verwirklichung zur Verfügung?				

11

Element 4.5.2 Fähigkeiten, Schulung und Bewusstsein

Bereich:	Auditleiter:		Auditdatum:	
Prozess:	Auditteam:			
Kostenstelle:				
Frage:	Feststellungen (vorheriges Audit)	Überprüfung (jetziges Audit)	Maßnahmen	Zuständigkeit/Termin
Wie wird der Schulungsbedarf im betrieblichen Energiemanagement ermittelt?				
Welche Mitarbeiter, deren Tätigkeit bedeutende Auswirkungen auf Energieeinsatz und -verbrauch haben können, wurden entsprechend geschult?				
Wie ist sichergestellt, dass die Bedeutung der Energiepolitik und des Energiemanagementsystems verstanden werden?				
Wie wird den Mitarbeitern die Auswirkungen ihrer Tätigkeiten vermittelt und welchen Beitrag können sie zur Verbesserung der energiebezogenen Leistung beitragen?				

Element 4.5.2 Fähigkeiten, Schulung und Bewusstsein

Bereich:	Auditleiter:		
Prozess:	Auditteam:	Auditdatum:	
Kostenstelle:			
Frage:	Feststellungen (vorheriges Audit)	Überprüfung (jetziges Audit)	Maßnahmen	Zuständigkeit/Termin
Wie erkennen die Mitarbeiter, dass aufgrund verbesserter persönlicher Leistungen der Nutzen für die Umwelt und das Unternehmen steigt?				
Welche Aufgaben und Verantwortlichkeiten der Mitarbeiter liegen vor, damit die Energiepolitik und die Forderungen des Energiemanagementsystem eingehalten werden?				

11

Element 4.5.3 Kommunikation

Bereich:	Auditleiter:	Auditdatum:		
Prozess:	Auditteam:			
Kostenstelle:				
Frage:	**Feststellungen (vorheriges Audit)**	**Überprüfung (jetziges Audit)**	**Maßnahmen**	**Zuständig-keit/Termin**
Welche Abläufe bzgl. der internen Kommunikation energierelevanter Aspekte existieren im Unternehmen?				
Wie werden Verbesserungsvorschläge zum Energiemanagementsystem berücksichtigt?				
Wie werden die Mitarbeiter über die Verbesserung der energiebezogenen Leistungen informiert?				
Wie werden von externen Kreisen Anfragen entgegengenommen, bearbeitet und beantwortet?				

Element 4.5.4 Dokumentation

Bereich:	Auditleiter:		
Prozess:	Auditteam:		Auditdatum:
Kostenstelle:			
Frage:	Feststellungen (vorheriges Audit)	Überprüfung (jetziges Audit)	Maßnahmen	Zuständig-keit/Termin
Welche Informationen zum Energie-managementsystem werden doku-mentiert?				
Welche Hinweise zum Auffinden energierelevanter Dokumente existieren?				
Welche Verfahren zur Dokumenten-lenkung existieren?				
Wie können energierelevante Doku-mente identifiziert und aufgefunden werden?				
Welches befugte Personal bewertet und überarbeitet die Dokumente?				

11

Element 4.5.4 Dokumentation

Bereich:	Auditleiter:		
Prozess:	Auditdatum:		
Kostenstelle:	Auditteam:		
Frage:	Feststellungen (vorheriges Audit)	Überprüfung (jetziges Audit)	Maßnahmen	Zuständigkeit/Termin
Welche gültigen Fassungen relevanter Dokumente sind an allen Stellen verfügbar, an denen energierelevante Tätigkeiten ausgeübt werden?				
Wie wird der unbeabsichtigte Gebrauch ungültiger Dokumente verhindert?				
Wie werden ungültige Dokumente, die aus rechtlichen Gründen aufbewahrt werden müssen, gekennzeichnet?				
Wie lange werden energierelevante Dokumente aufbewahrt?				
Welche Verfahren existieren für die Erstellung und Änderung von Dokumenten?				

Element 4.5.5 Ablauflenkung

Bereich:	Auditleiter:			
Prozess:	Auditteam:		Auditdatum:	
Kostenstelle:				
Frage:	Feststellungen (vorheriges Audit)	Überprüfung (jetziges Audit)	Maßnahmen	Zuständig-keit/Termin
Welche Abläufe und Tätigkeiten besitzen wesentliche Auswirkungen auf den Energieeinsatz und -verbrauch?				
Wie werden Instandhaltungsaktivitäten ermitteln und berücksichtigt?				
Wie werden diese Abläufe geplant und unter festgelegten Bedingungen betrieben?				
Wie werden Ziele für diese Abläufe und Tätigkeiten festgelegt und realisiert?				
Wie werden die notwendigen Verfahren dokumentiert und den Mitarbeitern kommuniziert?				

11

Element 4.5.6 Auslegung

Bereich:	Auditleiter:		Auditdatum:	
Prozess:	Auditteam:			
Kostenstelle:				
Frage:	Feststellungen (vorheriges Audit)	Überprüfung (jetziges Audit)	Maßnahmen	Zuständig-keit/Termin
Wie werden die betrieblichen Vorga-ben für Anlagen, Verfahren und Pro-zesse festgelegt?				
Wie werden neue und geänderte An-lagen, Verfahren und Prozesse ausge-legt, so dass es zu einer Verbesserung der energiebezogenen Leistung kommt?				

Element 4.5.7 Beschaffung von Energiedienstleistungen, Produkten, Einrichtungen und Energie

Bereich:	Auditleiter:		
Prozess:	Auditteam:		Auditdatum:
Kostenstelle:			
Frage:	Feststellungen (vorheriges Audit)	Überprüfung (jetziges Audit)	Maßnahmen	Zuständig-keit/Termin
Welche Forderungen existieren an Zu-lieferer und Auftragnehmer?				
Wie werden im Beschaffungsvorgang die energetischen Auswirkungen von Produkten, Einrichtungen und Energie-dienstleistungen berücksichtigt?				

11

Element 4.6.1 Überwachung, Messung und Analyse
Element 4.6.2 Bewertung der Einhaltung rechtlicher Vorschriften und anderer Anforderungen

Bereich:	Auditleiter:			
Prozess:	Auditteam:		Auditdatum:	
Kostenstelle:				
Frage:	Feststellungen (vorheriges Audit)	Überprüfung (jetziges Audit)	Maßnahmen	Zuständig-keit/Termin
Wie werden die maßgeblichen Merkmale energierelevanter Arbeitsabläufe und Tätigkeiten regelmäßig überwacht und gemessen?				
Wie werden die erreichten Leistungen und die energierelevanten Abläufe mit den Energiezielen verglichen?				
Wie werden Überwachungsgeräte kalibriert und gewartet?				
Wie wird die Wirksamkeit des Aktionsplans zur Erreichung der Energieziele bewertet?				
Wie wird die Erfüllung der relevanten gesetzlichen Vorschriften regelmäßig bewertet?				
Wie werden Betriebsbegehungen dokumentiert?				
Welchen Berichtspflichten haben die Betriebsbeauftragten bzw. der Managementbeauftragte nachzukommen?				

Element 4.6.3 Interne Auditierung des Energiemanagementsystems

Bereich:	Auditleiter:	
Prozess:	Auditteam:	Auditdatum:
Kostenstelle:		

Frage:	Feststellungen (vorheriges Audit)	Überprüfung (jetziges Audit)	Maßnahmen	Zuständigkeit/Termin
Welche Programme zur regelmäßigen Auditierung des Energiemanagementsystems existieren?				
Wie wird festgestellt, ob das Energiemanagementsystem die Anforderungen der DIN EN ISO 50001 erfüllt?				
Wie wird die ordnungsgemäße Implementierung und Aufrechterhaltung des Energiemanagementsystems festgestellt?				
Welche Informationen erhält die Unternehmensleitung über die Ergebnisse der internen Auditierung?				

11

Element 4.6.3 Interne Auditierung des Energiemanagementsystems

Bereich:	Auditleiter:			
Prozess:	Auditteam:		Auditdatum:	
Kostenstelle:				
Frage:	**Feststellungen (vorheriges Audit)**	**Überprüfung (jetziges Audit)**	**Maßnahmen**	**Zuständigkeit/Termin**
Wie ist das Auditprogramm auf die Energierelevanz der betreffenden Tätigkeiten abgestellt?				
Wie werden die Ergebnisse vorangegangener Energieaudits berücksichtigt?				
Wie werden Anwendungsbereich, Häufigkeit und Methoden der Auditierung bestimmt?				
Wie sind die Verantwortungen für die Durchführung von Energieaudits geregelt?				
Wer erstellt den Auditbericht und informiert die Unternehmensleitung?				

Element 4.6.4 Nichtkonformitäten, Korrektur- und Vorbeugemaßnahmen

Bereich:	Auditleiter:		Auditdatum:	
Prozess:	Auditteam:			
Kostenstelle:				
Frage:	Feststellungen (vorheriges Audit)	Überprüfung (jetziges Audit)	Maßnahmen	Zuständigkeit/Termin
Wie werden Abweichungen vom Energiemanagementsystem untersucht und behandelt?				
Wer trägt dafür die Verantwortung?				
Wie werden Maßnahmen zur Beseitigung etwaiger Auswirkungen ergriffen?				
Wer veranlasst Korrektur- und Vorsorgemaßnahmen und überprüft ihre Umsetzung?				
Wie wird die Wirksamkeit von Korrektur- und Vorbeugemaßnahmen festgestellt?				
Wie werden Veränderungen, die sich aus solchen Maßnahmen ergeben, aufgezeichnet und dokumentiert?				
Wie werden etwaige notwendige Änderungen am Energiemanagementsystem vorgenommen?				

11

Element 4.6.5 Lenkung von Aufzeichnungen

Bereich:	Auditleiter:			
Prozess:		Auditdatum:		
Kostenstelle:	Auditteam:			
Frage:	Feststellungen (vorheriges Audit)	Überprüfung (jetziges Audit)	Maßnahmen	Zuständigkeit/Termin
Wie werden energiebezogene Aufzeichnungen gekennzeichnet, gepflegt und dokumentiert?				
Wie werden Schulungen von Mitarbeitern dokumentiert?				
Wie werden Ergebnisse von internen Audits und -bewertungen festgehalten?				
Wie identifizierbar und rückverfolgbar sind energiebezogene Aufzeichnungen zu den jeweiligen Tätigkeiten?				
Wie werden Aufzeichnungen aufbewahrt und gegen Beschädigung/Verlust geschützt?				
Welche Aufbewahrungszeiten wurden festgelegt?				
Wie werden energiebezogene Aufzeichnungen in Ordnung gehalten?				

Element 4.7 Managementbewertung (Management-Review)

Bereich:	Auditleiter:		Auditdatum:	
Prozess:	Auditteam:			
Kostenstelle:				
Frage:	Feststellungen (vorheriges Audit)	Überprüfung (jetziges Audit)	Maßnahmen	Zuständig- keit/Termin
Wie bewertet die Unternehmensleitung regelmäßig die Eignung und Wirksamkeit des Energiemanagementsystems?				
Wie werden vorangegangene Auditergebnisse im Review berücksichtigt?				
Wie werden die zur Bewertung notwendigen Informationen gesammelt?				
Wie wird die Bewertung der energiebezogenen Leistung dokumentiert?				
Wie werden Änderungen der Energiepolitik und der Energieziele berücksichtigt?				
Wie wird die Verpflichtung zur kontinuierlichen Verbesserung der energiebezogenen Leistung überprüft?				
Wie werden notwendige Änderungen am Energiemanagementsystem umgesetzt?				

11

11.11   Wissensfragen

- Welche Grundsätze und Elemente sind in einem Energiemanagementsystem nach DIN EN 16001 zu berücksichtigen?

- Welche Anforderungen werden an die energiepolitischen Strategien eines Unternehmens gestellt?

- Welche gesetzlichen und anderen Forderungen sind bei der Planung eines Energiemanagementsystems zu berücksichtigen?

- Wie ist ein Energiemanagementsystem im Unternehmen zu verwirklichen und umzusetzen?

- Wie sind die Leistungen in einem Energiemanagementsystem nach DIN EN 16001 zu überprüfen?

- Welchen Sinn und Zweck erfüllt die Managementbewertung eines Energiemanagementsystems nach DIN EN 16001?

11.12   Weiterführende Literatur

11.1   Biokraft-NachV – Biokraftstoff-Nachhaltigkeitsverordnung; *Verordnung über Anforderungen an eine nachhaltige Herstellung von Biokraftstoffen,* **26.11.2012**

11.2   BiomasseV – Biomasseverordnung; *Verordnung über die Erzeugung von Strom aus Biomasse,* **24.02.2012**

11.3   BioSt-NachV – Biomassestrom-Nachhaltigkeitsverordnung; *Verordnung über Anforderungen an eine nachhaltige Herstellung von flüssiger Biomasse zur Stromerzeugung,* **22.12.2011**

11.4   DIN EN ISO 50001; *Energiemanagementsysteme – Anforderungen mit Anleitung zur Anwendung,* Beuth, **Dezember 2011**

11.5   EBPG – Energiebetriebene-Produkte-Gesetz; *Gesetz über die umweltbezogene Gestaltung von energiebetriebener Produkte,* **31.05.2013**

11.6   EEG – Erneuerbare-Energien-Gesetz; *Gesetz für den Vorrang Erneuerbarer Energien,* **20.12.2012**

11.7   EEWärmeG – Erneuerbare-Energien-Wärmegesetz; *Gesetz zur Förderung Erneuerbarer Energien im Wärmebereich,* **22.12.2011**

11.8   EnEG – Energieeinsparungsgesetz; *Gesetz zur Einsparung von Energie in Gebäuden,* **04.07.2013**

11.9   EnEV – Energieeinsparverordnung: *Verordnung über energiesparenden Wärmeschutz und energiesparende Anlagentechnik bei Gebäuden,* **04.07.2013**

11.10   European Communities (EC); *EMAS Energy Efficiency Toolkit for Small and Medium sizes Enterpreises,* EC, **2004,** 92-894-8196-X

11.11   International Standard Organization (ISO); *The ISO Survey of Certifications,* **2013**

11.12   *Richtlinie 2006/32/EG des Europäischen Parlaments und des Rates vom 05. April 2006 über Endenergieeffizienz und Energiedienstleistungen und zur Aufhebung der Richtlinie 93/76/EWG des Rates,* **04.11.2012**

11.13   *Richtlinie 2009/28/EG des Europäischen Parlaments und des Rates vom 23. April 2009 zur Förderung der Nutzung von Energie aus erneuerbaren Quellen und zur Änderung und anschließenden Aufhebung der Richtlinien 2001/77/EG und 2003/30/EG,* **10.06.2013**

11.14   *Richtlinie 2009/125/EG des Europäischen Parlaments und des Rates vom 21. Oktober 2009 zur Schaffung eines Rahmens für die Festlegung von Anforderungen an die umweltgerechte Gestaltung energieverbrauchsrelevanter Produkte (Ökodesign-Richtlinie),* **14.11.2012**

11

12 Industrieemissions-Richtlinie (IED) und BVT-Merkblätter

12.1 Integrierte Vermeidung und Verminderung der Umweltverschmutzungen

Gesonderte Konzepte, die lediglich der Verminderung der Emissionen jeweils in Luft, Wasser oder Boden dienen, können dazu führen, dass die Verschmutzung von einem Umweltmedium auf ein anderes verlagert wird, anstatt die Umwelt insgesamt zu schützen. Deswegen empfiehlt es sich, ein integriertes Konzept für die Vermeidung und Verminderung von Emissionen in Luft, Wasser und Boden, für die Abfallwirtschaft, für Energieeffizienz und für die Verhütung von Unfällen aufzustellen. Ein solcher Ansatz wird zudem dazu beitragen, durch die Angleichung der Umweltbilanzanforderungen an Industrieanlagen in der Union gleiche Wettbewerbsbedingungen zu schaffen.

Die Genehmigung sollte alle Maßnahmen enthalten, die für ein hohes Schutzniveau für die Umwelt als Ganzes erforderlich sind und mit denen sichergestellt wird, dass die Anlage im Einklang mit den allgemeinen Prinzipien der Grundpflichten der Betreiber betrieben wird. Die Genehmigung sollte darüber hinaus Emissionsgrenzwerte für Schadstoffe oder äquivalente Parameter bzw. äquivalente technische Maßnahmen, angemessene Vorschriften für den Boden- und Grundwasserschutz sowie Überwachungsvorschriften aufweisen. Den Genehmigungsauflagen sollten die besten verfügbaren Techniken zugrunde liegen.

Um die besten verfügbaren Techniken zu bestimmen und um Ungleichgewichte in der Union beim Umfang der Emissionen aus Industrietätigkeiten zu beschränken, sollten im Wege eines Informationsaustauschs mit Interessenvertretern Referenzdokumente für die besten verfügbaren Techniken („BVT-Merkblätter") erstellt, überprüft und gegebenenfalls aktualisiert werden. Die zentralen Elemente der BVT-Merkblätter („BVT-Schlussfolgerungen") werden im Rahmen des Ausschussverfahrens festgelegt.

Diesbezüglich sollte die Kommission im Wege des Ausschussverfahrens Leitlinien für die Erhebung von Daten sowie für die Ausarbeitung der BVT-Merkblätter und die entsprechenden Qualitätssicherungsmaßnahmen festlegen. BVT-Schlussfolgerungen sollten bei der Festlegung der Genehmigungsauflagen als Referenz dienen. Andere Informationsquellen können diese ergänzen. Die Kommission sollte sich bemühen, die BVT-Merkblätter spätestens acht Jahre nach Veröffentlichung der Vorgängerversion zu aktualisieren.

Um Entwicklungen bei den besten verfügbaren Techniken oder anderen Änderungen an einer Anlage Rechnung zu tragen, sollten die Genehmigungsauflagen regelmäßig überprüft und erforderlichenfalls auf den neuesten Stand gebracht werden, insbesondere dann, wenn neue oder aktualisierte BVT-Schlussfolgerungen festgelegt wurden.

Gegenstand (Art. 1)

Die IVU-Richtlinie regelt die integrierte Vermeidung und Verminderung der Umweltverschmutzung infolge industrieller Tätigkeiten. Sie sieht auch Vorschriften zur Vermeidung und, sofern dies nicht möglich ist, zur Verminderung von Emissionen in Luft, Wasser und Boden und zur Abfallvermeidung vor, um ein hohes Schutzniveau für die Umwelt insgesamt zu erreichen.

Begriffsbestimmungen (Art. 3)

Im Sinne dieser Richtlinie bezeichnet der Ausdruck:

- **„Umweltverschmutzung":** die durch menschliche Tätigkeiten direkt oder indirekt bewirkte Freisetzung von Stoffen, Erschütterungen, Wärme oder Lärm in Luft, Wasser oder Boden, die der menschlichen Gesundheit oder der Umweltqualität schaden oder zu einer Schädigung von Sachwerten bzw. zu einer Beeinträchtigung oder Störung von Annehmlichkeiten und anderen legitimen Nutzungen der Umwelt führen können,
- **„Emission":** die von Punktquellen oder diffusen Quellen der Anlage ausgehende direkte oder indirekte Freisetzung von Stoffen, Erschütterungen, Wärme oder Lärm in die Luft, das Wasser oder den Boden,
- **„Emissionsgrenzwert":** die im Verhältnis zu bestimmten spezifischen Parametern ausgedrückte Masse, die Konzentration und/oder das Niveau einer Emission, die in einem oder mehreren Zeiträumen nicht überschritten werden dürfen,
- **„Umweltqualitätsnorm":** die Gesamtheit von Anforderungen, die zu einem gegebenen Zeitpunkt in einer gegebenen Umwelt oder einem bestimmten Teil davon nach den Rechtsvorschriften der Union erfüllt werden müssen,
- **„allgemeine bindende Vorschriften":** Emissionsgrenzwerte oder andere Bedingungen, zumindest auf Sektorebene, die zur direkten Verwendung bei der Formulierung von Genehmigungsauflagen festgelegt werden,
- **„beste verfügbare Techniken":** den effizientesten und fortschrittlichsten Entwicklungsstand der Tätigkeiten und entsprechenden Betriebsmethoden, der bestimmte Techniken als praktisch geeignet erscheinen lässt, als Grundlage für die Emissionsgrenzwerte und sonstige Genehmigungsauflagen zu dienen, um Emissionen in und Auswirkungen auf die gesamte Umwelt zu vermeiden oder, wenn dies nicht möglich ist, zu vermindern,
- **„BVT-Merkblatt":** ein Dokument, das für bestimmte Tätigkeiten erstellt wird und insbesondere die angewandten Techniken, die derzeitigen Emissions- und Verbrauchswerte, die für die Festlegung der besten verfügbaren Techniken sowie der BVT-Schlussfolgerungen berücksichtigten Techniken sowie alle Zukunftstechniken beschreibt.
- **„BVT-Schlussfolgerungen":** ein Dokument, das die Teile eines BVT-Merkblatts mit den Schlussfolgerungen zu den besten verfügbaren Techniken, ihrer Beschreibung, Informationen zur Bewertung ihrer Anwendbarkeit, den mit den besten verfügbaren Techniken assoziierten Emissionswerten, den dazugehörigen Überwachungsmaßnahmen, den dazugehörigen Verbrauchswerten sowie gegebenenfalls einschlägigen Standortsanierungsmaßnahmen enthält,
- **„mit den besten verfügbaren Techniken assoziierte Emissionswerte":** den Bereich von Emissionswerten, die unter normalen Betriebsbedingungen unter Verwendung einer besten verfügbaren Technik oder einer Kombination von besten verfügbaren Techniken entsprechend der Beschreibung in den BVT-Schlussfolgerungen erzielt werden, ausgedrückt als Mittelwert für einen vorgegebenen Zeitraum unter spezifischen Referenzbedingungen,
- **„Zukunftstechnik":** eine neue Technik für eine industrielle Tätigkeit, die bei gewerblicher Nutzung entweder ein höheres allgemeines Umweltschutzniveau oder zumindest das gleiche Umweltschutzniveau und größere Kostenersparnisse bieten könnte als bestehende beste verfügbare Techniken,
- **„Umweltinspektionen":** alle Maßnahmen, einschließlich Besichtigungen vor Ort, Überwachung der Emissionen und Überprüfung interner Berichte und Folgedokumente, Überprüfung der Eigenkontrolle, Prüfung der angewandten Techniken und der Eignung des Umweltmanagements der Anlage, die von der zuständigen Behörde oder in ihrem Namen zur Prüfung und Förderung der Einhaltung der Genehmigungsauflagen durch die Anlagen und gegebenenfalls zur Überwachung ihrer Auswirkungen auf die Umwelt getroffen werden.

12

Genehmigungspflicht (Art. 4)

Die Mitgliedstaaten treffen die erforderlichen Maßnahmen, um sicherzustellen, dass keine Anlage, Feuerungsanlage, Abfallverbrennungsanlage oder Abfallmitverbrennungsanlage ohne eine Genehmigung betrieben wird.

Erteilung einer Genehmigung (Art. 5)

Unbeschadet sonstiger Anforderungen aufgrund einzelstaatlichen Rechts oder Unionsrechts erteilt die zuständige Behörde eine Genehmigung, wenn die Anlage den Anforderungen dieser Richtlinie entspricht.

Die Mitgliedstaaten treffen die erforderlichen Maßnahmen für eine vollständige Koordinierung der Genehmigungsverfahren und der Genehmigungsauflagen, wenn bei diesen Verfahren mehrere zuständige Behörden oder mehr als ein Betreiber mitwirken oder wenn mehr als eine Genehmigung erteilt wird, um ein wirksames integriertes Konzept aller für diese Verfahren zuständigen Behörden sicherzustellen.

Vorfälle und Unfälle (Art. 7)

Unbeschadet der Richtlinie 2004/35/EG des Europäischen Parlaments und des Rates vom 21. April 2004 über Umwelthaftung zur Vermeidung und Sanierung von Umweltschäden treffen die Mitgliedstaaten bei allen Vorfällen oder Unfällen mit erheblichen Umweltauswirkungen die erforderlichen Maßnahmen, um sicherzustellen, dass:

- der Betrieb die zuständige Behörde unverzüglich unterrichtet,
- der Betreiber unverzüglich die Maßnahmen zur Begrenzung der Umweltauswirkungen und zur Vermeidung weiterer möglicher Vorfälle und Unfälle ergreift,
- die zuständige Behörde den Betreiber dazu verpflichtet, alle weiteren geeigneten Maßnahmen zu treffen, die ihres Erachtens zur Begrenzung der Umweltauswirkungen und zur Vermeidung weiterer möglicher Vorfälle und Unfälle erforderlich sind.

Nichteinhaltung der Anforderungen (Art. 8)

Die Mitgliedstaaten treffen die erforderlichen Maßnahmen, um sicherzustellen, dass die Genehmigungsauflagen eingehalten werden. Bei einer Nichteinhaltung der Genehmigungsauflagen stellen die Mitgliedstaaten Folgendes sicher:

- der Betreiber informiert unverzüglich die zuständige Behörde,
- der Betreiber ergreift unverzüglich die erforderlichen Maßnahmen, um sicherzustellen, dass die Einhaltung der Anforderungen so schnell wie möglich wieder hergestellt wird,
- die zuständige Behörde verpflichtet den Betreiber, alle weiteren geeigneten Maßnahmen zu treffen, die ihres Erachtens erforderlich sind, um die Einhaltung der Anforderungen wieder herzustellen.

Wenn ein Verstoß gegen die Genehmigungsauflagen eine unmittelbare Gefährdung der menschlichen Gesundheit verursacht oder eine unmittelbare erhebliche Gefährdung der Umwelt darstellt, wird der weitere Betrieb der Anlage, Feuerungsanlage, Abfallverbrennungsanlage, Abfallmitverbrennungsanlage oder des betreffenden Teils der Anlage ausgesetzt, bis die erneute Einhaltung der Anforderungen sichergestellt ist.

Allgemeine Prinzipien der Grundpflichten der Betreiber (Art. 11)

Die Mitgliedstaaten treffen die erforderlichen Maßnahmen, damit die Anlage nach folgenden Prinzipien betrieben wird:

- es werden alle geeigneten Vorsorgemaßnahmen gegen Umweltverschmutzungen getroffen,
- die besten verfügbaren Techniken werden angewandt,
- es werden keine erheblichen Umweltverschmutzungen verursacht,
- die Erzeugung von Abfällen wird gemäß der Richtlinie 2008/98/EG vermieden,
- falls Abfälle erzeugt werden, werden sie entsprechend der Prioritätenfolge und im Einklang mit der Richtlinie 2008/98/EG zur Wiederverwendung vorbereitet, recycelt, verwertet oder, falls dies aus technischen oder wirtschaftlichen Gründen nicht möglich ist, beseitigt, wobei Auswirkungen auf die Umwelt vermieden oder vermindert werden,
- Energie wird effizient verwendet,
- es werden die notwendigen Maßnahmen ergriffen, um Unfälle zu verhindern und deren Folgen zu begrenzen,
- bei einer endgültigen Stilllegung werden die erforderlichen Maßnahmen getroffen, um jegliche Gefahr einer Umweltverschmutzung zu vermeiden und einen zufrieden stellenden Zustand des Betriebsgeländes wiederherzustellen.

Genehmigungsantrag (Art. 12)

Die Mitgliedstaaten treffen die erforderlichen Maßnahmen, damit ein Genehmigungsantrag eine Beschreibung von Folgendem enthält:

- Anlage sowie Art und Umfang ihrer Tätigkeiten,
- Roh- und Hilfsstoffe, sonstige Stoffe und Energie, die in der Anlage verwendet oder erzeugt werden,
- Quellen der Emissionen aus der Anlage,
- Zustand des Anlagengeländes,
- gegebenenfalls einen Bericht über den Ausgangszustand,
- Art und Menge der vorhersehbaren Emissionen aus der Anlage in jedes einzelne Umweltmedium sowie Feststellung vor erheblichen Auswirkungen der Emissionen auf die Umwelt,
- vorgesehene Technologie und sonstige Techniken zur Vermeidung der Emissionen aus der Anlage oder, sofern dies nicht möglich ist, Verminderung derselben,
- Maßnahmen zur Vermeidung, zur Vorbereitung, zur Wiederverwendung, zum Recycling und zur Verwertung der von der Anlage erzeugten Abfälle,
- sonstige vorgesehene Maßnahmen zur Erfüllung der Vorschriften bezüglich der allgemeinen Prinzipien der Grundpflichten der Betreiber gemäß Artikel 11,
- vorgesehene Maßnahmen zur Überwachung der Emissionen in die Umwelt,
- die wichtigsten vom Antragsteller geprüften Alternativen zu den vorgeschlagenen Technologien, Techniken und Maßnahmen in einer Übersicht.

BVT-Merkblätter und Informationsaustausch (Art. 13)

Zur Erstellung, Überprüfung und erforderlichenfalls Aktualisierung der BVT-Merkblätter organisiert die Kommission einen Informationsaustausch zwischen den Mitgliedstaaten, den betreffenden Industriezweigen, den Nichtregierungsorganisationen, die sich für den Umweltschutz einsetzen, und der Kommission.

Es findet ein Informationsaustausch insbesondere über folgende Themen statt:

12

- Leistungsfähigkeit der Anlagen und Techniken in Bezug auf Emissionen, gegebenenfalls ausgedrückt als kurz- und langfristige Mittelwerte sowie assoziierte Referenzbedingungen, Rohstoffverbrauch und Art der Rohstoffe, Wasserverbrauch, Energieverbrauch und Abfallerzeugung,
- angewandte Techniken, zugehörige Überwachung, medienübergreifende Auswirkungen, wirtschaftliche Tragfähigkeit und technische Durchführbarkeit sowie Entwicklungen bei diesen Aspekten,
- beste verfügbare Techniken und Zukunftstechniken, die nach der Prüfung ermittelt worden sind.

BVT-Merkblätter	Datum
Zement-, Kalk- und Magnesiumoxidindustrie	Mai 2010
Zell- und Papierindustrie	Dezember 2001
Tierschlachtanlagen/Anlagen zur Verarbeitung von tierischen Nebenprodukten (VTN)	November 2003
Textilindustrie	Juli 2003
Stahlverarbeitung	Dezember 2001
Mineralöl- und Gasraffinerien	Februar 2003
Ökonomische und medienübergreifende Effekte	Juni 2005
Oberflächenbehandlung von Metallen und Kunststoffen	September 2005
Oberflächenbehandlung unter Verwendung von organischen Lösemitteln	August 2007
Nichteisenmetallindustrie	Dezember 2001
Nahrungsmittel-, Getränke- und Milchindustrie	Dezember 2005
Management von Bergbauabfällen und Taubgestein	Juli 2004
Lederindustrie	Februar 2003
Lagerung gefährlicher Substanzen und staubender Güter	Januar 2005
Keramikindustrie	August 2007
Intensivhaltung von Geflügel und Schweinen	Juli 2003
Industrielle Kühlsysteme	Dezember 2001
Herstellung von Polymeren	Oktober 2006
Herstellung organischer Grundchemikalien	Februar 2002

BVT-Merkblätter	Datum
Herstellung organischer Feinchemikalien	Dezember 2005
Herstellung anorganischer Spezialchemikalien	August 2007
Anorganische Grundchemikalien - Feststoffe und andere -	August 2007
Herstellung anorganischer Grundchemikalien: Ammoniak, Säuren und Düngemittel	August 2007
Großfeuerungsanlagen	Juli 2006
Glasherstellung	2013
Gießereiindustrie	Juli 2004
Energieeffizienz	Februar 2009
Eisen- und Stahlerzeugung	2013
Chloralkaliindustrie	Dezember 2001
Referenzdokument über allgemeine Überwachungs-grundsätze	Juli 2003
Abwasser- und Abgasbehandlung/-management in der chemischen Industrie	Februar 2003
Abfallverbrennung	Juli 2005
Abfallbehandlungsanlagen	August 2006

Abb. 12.1: Beste verfügbare Technik (BVT)

Genehmigungsauflagen (Art. 14)

Die Mitgliedstaaten sorgen dafür, dass die Genehmigung alle Maßnahmen umfasst, die zur Erfüllung der Genehmigungsvoraussetzungen notwendig sind. Diese Maßnahmen umfassen mindestens Folgendes:

- Emissionsgrenzwerte für die Schadstoffe der Liste in Anhang II, und für sonstige Schadstoffe, die von der betreffenden Anlage unter Berücksichtigung der Art der Schadstoffe und der Gefahr einer Verlagerung der Verschmutzung von einem Medium auf ein anderes in relevanter Menge emittiert werden können,

- angemessene Auflagen zum Schutz des Bodens und des Grundwassers sowie Maßnahmen zur Überwachung und Behandlung der von der Anlage erzeugten Abfälle,

- angemessene Anforderungen für die Überwachung der Emissionen, in denen:
  - die Messmethodik, die Messhäufigkeit und das Bewertungsverfahren festgelegt ist,

- eine Verpflichtung, der zuständigen Behörde regelmäßig – mindestens jährlich – Folgendes vorzulegen:
  - Informationen auf der Grundlage der Ergebnisse der genannten Emissionsüberwachung und sonstige erforderliche Daten, die der zuständigen Behörde die Prüfung der Einhaltung der Genehmigungsauflagen ermöglichen; und
  - eine Zusammenfassung der Ergebnisse der Emissionsüberwachung, die einen Vergleich mit den mit den besten verfügbaren Techniken assoziierten Emissionswerten ermöglicht,

- angemessene Anforderungen für die regelmäßige Wartung und für die Überwachung der Maßnahmen zur Vermeidung der Verschmutzung von Boden und Grundwasser sowie angemessene Anforderungen für die wiederkehrende Überwachung von Boden und Grundwasser auf die relevanten gefährlichen Stoffe, die wahrscheinlich vor Ort anzutreffen sind, unter Berücksichtigung möglicher Boden- und Grundwasserverschmutzungen auf dem Gelände der Anlage,

- Maßnahmen im Hinblick auf von den normalen Betriebsbedingungen abweichende Bedingungen, wie das An- und Abfahren, das unbeabsichtigte Austreten von Stoffen, Störungen, kurzzeitiges Abfahren sowie die endgültige Stilllegung des Betriebs,

- Vorkehrungen zur weitest gehenden Verminderung der weiträumigen oder grenzüberschreitenden Umweltverschmutzung,

- Bedingungen für die Überprüfung der Einhaltung der Emissionsgrenzwerte oder einen Verweis auf die geltenden anderweitig genannten Anforderungen.

Die BVT-Schlussfolgerungen dienen als Referenzdokument für die Festlegung der Genehmigungsauflagen.

Die zuständige Behörde darf strengere Genehmigungsauflagen vorgeben, als sie mit der Verwendung der in den BVT-Schlussfolgerungen beschriebenen besten verfügbaren Techniken einzuhalten sind. Die Mitgliedstaaten können Regeln festlegen, nach denen die zuständige Behörde solche strengeren Auflagen vorgeben kann.

Legt die zuständige Behörde Genehmigungsauflagen auf der Grundlage einer besten verfügbaren Technik fest, die in keiner der einschlägigen BVT-Schlussfolgerungen beschrieben ist, so gewährleistet sie, dass:

- diese Technik unter besonderer Berücksichtigung der in Anhang III aufgeführten Kriterien bestimmt wird; und
- die Anforderungen des Artikels 15 erfüllt werden.

Liegen für eine Tätigkeit oder einen Typ eines Produktionsprozesses, die bzw. der innerhalb einer Anlage durchgeführt wird, keine BVT-Schlussfolgerungen vor oder decken diese Schlussfolgerungen nicht alle potenziellen Umweltauswirkungen der Tätigkeit oder des Prozesses ab, so legt die zuständige Behörde nach vorheriger Konsultation des Betreibers auf der Grundlage der besten verfügbaren Techniken, die sie für die betreffenden Tätigkeiten oder Prozesse bestimmt hat, die Genehmigungsauflagen fest, wobei sie den Kriterien des Anhangs III besonders Rechnung trägt.

Emissionsgrenzwerte, äquivalente Parameter und äquivalente technische Maßnahmen (Art. 15)

Die Emissionsgrenzwerte für Schadstoffe gelten an dem Punkt, an dem die Emissionen die Anlage verlassen, wobei eine etwaige Verdünnung vor diesem Punkt bei der Festsetzung der Grenzwerte nicht berücksichtigt wird.

Bei der indirekten Einleitung von Schadstoffen in das Wasser kann die Wirkung einer Kläranlage bei der Festsetzung der Emissionsgrenzwerte der betreffenden Anlage berücksichtigt werden, sofern ein insgesamt gleichwertiges Umweltschutzniveau sichergestellt wird und es nicht zu einer höheren Belastung der Umwelt kommt.

Die zuständige Behörde legt Emissionsgrenzwerte fest, mit denen sichergestellt wird, dass die Emissionen unter normalen Betriebsbedingungen die mit den besten verfügbaren Techniken assoziierten Emissionswerte, wie sie in den Entscheidungen über die BVT-Schlussfolgerungen festgelegt sind, nicht überschreiten, und trifft hierzu eine der beiden folgenden Maßnahmen:

- Festlegung von Emissionsgrenzwerten, die die mit den besten verfügbaren Techniken assoziierten Emissionswerte nicht überschreiten. Diese Emissionsgrenzwerte werden für die gleichen oder kürzere Zeiträume und unter denselben Referenzbedingungen ausgedrückt wie die mit den besten verfügbaren Techniken assoziierten Emissionswerte; oder
- Festlegung von Emissionsgrenzwerten, die in Bezug auf Werte, Zeiträume und Referenzbedingungen von den aufgeführten Emissionsgrenzwerten abweichen. Die zuständige Behörde bewertet mindestens jährlich die Ergebnisse der Emissionsüberwachung, um sicherzustellen, dass die Emissionen unter normalen Betriebsbedingungen die mit den besten verfügbaren Techniken assoziierten Emissionswerte nicht überschritten haben.

Abweichend kann die zuständige Behörde in besonderen Fällen weniger strenge Emissionsgrenzwerte festlegen. Solche Ausnahmeregelungen dürfen nur angewandt werden, wenn eine Bewertung ergibt, dass die Erreichung der mit den besten verfügbaren Techniken assoziierten Emissionswerte entsprechend der Beschreibung in den BVT-Schlussfolgerungen aus den folgenden Gründen gemessen am Umweltnutzen zu unverhältnismäßig höheren Kosten führen würde:

- geografischer Standort und lokale Umweltbedingungen der betroffenen Anlage; oder
- technische Merkmale der betroffenen Anlage.

Die zuständige Behörde dokumentiert die Gründe für die Ergebnisse der Analyse sowie die Begründung der festgelegten Auflagen im Anhang der Genehmigungsauflagen. Die zuständige Behörde stellt in jedem Fall sicher, dass keine erheblichen Umweltverschmutzungen verursacht werden und ein hohes Schutzniveau für die Umwelt insgesamt erreicht wird.

Umweltqualitätsnormen (Art. 18)

Erfordert eine Umweltqualitätsnorm strengere Auflagen, als durch die Anwendung der besten verfügbaren Techniken zu erfüllen sind, so werden unbeschadet anderer Maßnahmen, die zur Einhaltung der Umweltqualitätsnormen ergriffen werden können, zusätzliche Auflagen in der Genehmigung vorgesehen.

Entwicklungen bei den besten verfügbaren Techniken (Art. 19)

Die Mitgliedstaaten sorgen dafür, dass die zuständige Behörde die Entwicklungen bei den besten verfügbaren Techniken und die Veröffentlichung neuer oder aktualisierter BVT-Schlussfolgerungen verfolgt oder darüber unterrichtet wird und macht die diesbezüglichen Informationen der betroffenen Öffentlichkeit zugänglich.

Änderungen der Anlagen durch die Betreiber (Art. 20)

Die Mitgliedstaaten treffen die erforderlichen Maßnahmen, damit der Betreiber der zuständigen Behörde beabsichtigte Änderungen der Beschaffenheit oder der Funktionsweise oder eine Erweiterung der Anlage, die Auswirkungen auf die Umwelt haben können, mitteilt. Gegebenenfalls aktualisiert die zuständige Behörde die Genehmigung.

Die Mitgliedstaaten treffen die erforderlichen Maßnahmen, um zu gewährleisten, dass keine vom Betreiber geplante, wesentliche Änderung ohne eine zuvor erteilte Genehmigung durchgeführt wird. Jede Änderung der Beschaffenheit oder der Funktionsweise oder Erweiterung einer Anlage gilt als wesentlich, wenn die Änderung oder Erweiterung für sich genommen die Kapazitätsschwellenwerte in Anhang I erreicht.

Überprüfung und Aktualisierung der Genehmigungsauflagen durch die zuständige Behörde (Art. 21)

Die Mitgliedstaaten treffen die erforderlichen Maßnahmen, damit die zuständige Behörde alle Genehmigungsauflagen regelmäßig überprüft und gegebenenfalls im Hinblick auf die Einhaltung der Bestimmungen diese Auflagen auf den neuesten Stand bringt.

Auf Anfrage der zuständigen Behörde übermittelt der Betreiber ihr alle für die Überprüfung der Genehmigungsauflagen erforderlichen Informationen, insbesondere Ergebnisse der Emissionsüberwachung und sonstige Daten, die ihr einen Vergleich des Betriebs der Anlage mit den besten verfügbaren Techniken gemäß der Beschreibung in den geltenden BVT-Schlussfolgerungen und mit den besten verfügbaren Techniken assoziierten Emissionswerten ermöglichen.

Innerhalb von vier Jahren nach der Veröffentlichung von Entscheidungen über BVT-Schlussfolgerungen zur Haupttätigkeit einer Anlage stellt die zuständige Behörde sicher, dass:

- alle Genehmigungsauflagen für die betreffende Anlage überprüft und erforderlichenfalls auf den neuesten Stand gebracht werden,
- die betreffende Anlage diese Genehmigungsauflagen einhält.

Bei der Überprüfung wird allen für die betreffende Anlage geltenden und seit der Ausstellung oder letzten Überprüfung der Genehmigung neuen oder aktualisierten BVT-Schlussfolgerungen Rechnung getragen.

Wird eine Anlage von keinen BVT-Schlussfolgerungen erfasst, so werden die Genehmigungsauflagen überprüft und erforderlichenfalls aktualisiert, wenn Entwicklungen bei den besten verfügbaren Techniken eine erhebliche Verminderung der Emissionen ermöglichen.

Die Genehmigungsauflagen werden zumindest in folgenden Fällen überprüft und erforderlichenfalls aktualisiert:

- die durch die Anlage verursachte Umweltverschmutzung ist so stark, dass die in der Genehmigung festgelegten Emissionsgrenzwerte überprüft oder in der Genehmigung neue Emissionsgrenzwerte vorgesehen werden müssen,
- die Betriebssicherheit erfordert die Anwendung anderer Techniken,
- es muss eine neue oder überarbeitete Umweltqualitätsnorm eingehalten werden.

Umweltinspektionen (Art. 23)

Die Mitgliedstaaten führen ein System für Umweltinspektionen von Anlagen ein, das die Prüfung der gesamten Bandbreite an Auswirkungen der betreffenden Anlagen auf die Umwelt umfasst. Die Mitgliedstaaten stellen sicher, dass die Betreiber den zuständigen Behörden jede notwendige Unterstützung dabei gewähren, etwaige Vor-Ort-Besichtigungen und Probenahmen durchzuführen und die zur Erfüllung ihrer Pflichten im Rahmen dieser Richtlinie erforderlichen Informationen zu sammeln.

Die Mitgliedstaaten stellen sicher, dass alle Anlagen auf nationaler, regionaler oder lokaler Ebene durch einen Umweltinspektionsplan abgedeckt sind, und sorgen dafür, dass dieser Plan regelmäßig überprüft und gegebenenfalls aktualisiert wird. Jeder Umweltinspektionsplan umfasst Folgendes:

- eine allgemeine Bewertung der wichtigen Umweltprobleme,
- den räumlichen Geltungsbereich des Inspektionsplans,
- ein Verzeichnis der in den Geltungsbereich des Plans fallenden Anlagen,
- Verfahren für die Aufstellung von Programmen für routinemäßige Umweltinspektionen,
- Verfahren für nicht routinemäßige Umweltinspektionen,
- gegebenenfalls Bestimmungen für die Zusammenarbeit zwischen verschiedenen Inspektionsbehörden.

Auf der Grundlage der Inspektionspläne erstellt die zuständige Behörde regelmäßig Programme für routinemäßige Umweltinspektionen, in denen auch die Häufigkeit der Vor-Ort-Besichtigungen für die verschiedenen Arten von Anlagen angegeben ist. Der Zeitraum zwischen zwei Vor-Ort-Besichtigungen richtet sich nach einer systematischen Beurteilung der mit der Anlage verbundenen Umweltrisiken und darf ein Jahr bei Anlagen der höchsten Risikostufe und drei Jahre bei Anlagen der niedrigsten Risikostufe nicht überschreiten. Wurde bei einer Inspektion festgestellt, dass eine Anlage in schwerwiegender Weise gegen die Genehmigungsauflagen verstößt, so erfolgt innerhalb der nächsten sechs Monaten nach dieser Inspektion eine zusätzliche Vor-Ort-Besichtigung.

Die systematische Beurteilung der Umweltrisiken stützt sich mindestens auf folgende Kriterien:

- potenzielle und tatsächliche Auswirkungen der betreffenden Anlagen auf die menschliche Gesundheit und auf die Umwelt unter Berücksichtigung der Emissionswerte und -typen, der Empfindlichkeit der örtlichen Umgebung und des Unfallrisikos,
- bisherige Einhaltung der Genehmigungsauflagen,
- Teilnahme des Betreibers am Unionssystem für das Umweltmanagement und die Umweltbetriebsprüfung (EMAS).

Nicht routinemäßige Umweltinspektionen werden durchgeführt, um bei Beschwerden wegen ernsthaften Umweltbeeinträchtigungen, bei ernsthaften umweltbezogenen Unfällen und Vorfällen und bei Verstößen gegen die Vorschriften sobald wie möglich und gegebenenfalls vor der Ausstellung, Erneuerung oder Aktualisierung einer Genehmigung Untersuchungen vorzunehmen.

Nach jeder Vor-Ort-Besichtigung erstellt die zuständige Behörde einen Bericht mit den relevanten Feststellungen bezüglich der Einhaltung der Genehmigungsauflagen durch die betreffende Anlage und Schlussfolgerungen zur etwaigen Notwendigkeit weiterer Maßnahmen. Der Bericht wird dem betreffenden Betreiber binnen zwei Monaten nach der Vor-Ort-Besichtigung übermittelt. Die zuständige Behörde macht den Bericht der Öffentlichkeit binnen vier Monaten nach der Vor-Ort-Besichtigung zugänglich.

Zukunftstechniken (Art. 27)

Die Mitgliedstaaten fördern gegebenenfalls die Entwicklung und Anwendung von Zukunftstechniken. Dies gilt insbesondere für die in den BVT-Merkblättern bestimmten Zukunftstechniken. Die Kommission legt Leitlinien zur Unterstützung der Mitgliedstaaten bei der Förderung der Entwicklung und Anwendung von Zukunftstechniken fest.

Schadstoffliste (Anhang II)

Die Genehmigung umfasst alle Maßnahmen bzgl. der Emissionsgrenzwerte für die folgenden Schadstoffe:

- **Luft:**

    - Schwefeloxide und sonstige Schwefelverbindungen,
    - Stickstoffoxide und sonstige Stickstoffverbindungen,
    - Kohlenmonoxid,
    - flüchtige organische Verbindungen,
    - Metalle und Metallverbindungen,
    - Staub, einschließlich Feinpartikel,
    - Asbest (Schwebeteilchen und Fasern),
    - Chlor und Chlorverbindungen,
    - Fluor und Fluorverbindungen,
    - Arsen und Arsenverbindungen,
    - Zyanide,
    - Stoffe und Gemische mit nachgewiesenermaßen karzinogenen, mutagenen oder sich möglicherweise auf die Fortpflanzung auswirkenden Eigenschaften, die sich über die Luft auswirken,
    - Polychlordibenzodioxine und Polychlordibenzofurane

- **Wasser:**

    - halogenorganische Verbindungen und Stoffe, die im wässrigen Milieu halogenorganische Verbindungen bilden,
    - phosphororganische Verbindungen,
    - zinnorganische Verbindungen,
    - Stoffe und Gemische mit nachgewiesenermaßen in wässrigem Milieu oder über wässriges Milieu übertragbaren karzinogenen, mutagenen oder sich möglicherweise auf die Fortpflanzung auswirkenden Eigenschaften,
    - persistente Kohlenwasserstoffe sowie beständige und bioakkumulierbare organische Giftstoffe,
    - Zyanide,
    - Metall und Metallverbindungen,

- Arsen und Arsenverbindungen,
- Biozide und Pflanzenschutzmittel,
- Schwebstoffe,
- Stoffe, die zur Eutrophierung beitragen (insbesondere Nitrate und Phosphate),
- Stoffe die sich ungünstig auf den Sauerstoffgehalt auswirken (und sich mittels Parametern wie BSB und CSB, usw. messen lassen),
- Stoffe, die in Anhang X der Richtlinie 2000/60/EG aufgeführt sind.

Kriterien für die Ermittlung der besten verfügbaren Techniken (Anhang III)

Die Kriterien für die Ermittlung der besten verfügbaren Techniken basieren auf folgenden Punkten:

- Einsatz abfallarmer Technologien,
- Einsatz weniger gefährlicher Stoffe,
- Förderung der Rückgewinnung und Wiederverwertung der bei den einzelnen Verfahren erzeugten und verwendeten Stoffe und gegebenenfalls der Abfälle,
- vergleichbare Verfahren, Vorrichtungen und Betriebsmethoden, die mit Erfolg im industriellen Maßstab erprobt wurden,
- Fortschritte in der Technologie und in den wissenschaftlichen Erkenntnissen,
- Art, Auswirkungen und Menge der jeweiligen Emissionen,
- Zeitpunkt der Inbetriebnahme der neuen oder der bestehenden Anlagen,
- für die Einführung einer besseren verfügbaren Technik erforderliche Zeit,
- Verbrauch an Rohstoffen und Art der bei den einzelnen Verfahren verwendeten Rohstoffe (einschließlich Wasser) sowie Energieeffizienz,
- die Notwendigkeit, die Gesamtwirkung der Emissionen und die Gefahren für die Umwelt so weit wie möglich zu vermeiden oder zu verringern,
- die Notwendigkeit, Unfällen vorzubeugen und deren Folgen für die Umwelt zu verringern,
- von internationalen Organisationen veröffentlichte Informationen.

Äquivalenzfaktoren für Dibenzodioxine und Dibenzofurane (Anhang VI)

Zur Bestimmung der kumulierten Werte sind die Massenkonzentrationen folgender Dibenzodioxine und Dibenzofurane mit folgenden Äquivalenzfaktoren zu multiplizieren, bevor sie zusammengezählt werden:

12

	Toxischer Äquivalenzfaktor
2,3,7,8 – Tetrachlordibenzodioxin (TCDD)	1
1,2,3,7,8 – Pentachlordibenzodioxin (PeCDD)	0,5
1,2,3,4,7,8 – Hexachlordibenzodioxin (HxCDD)	0,1
1,2,3,6,7,8 – Hexachlordibenzodioxin (HxCDD)	0,1
1,2,3,7,8,9 – Hexachlordibenzodioxin (HxCDD)	0,1
1,2,3,4,6,7,8 – Heptachlordibenzodioxin (HpCDD)	0,01
Octachlordibenzodioxin (OCDD)	0,001
2,3,7,8 – Tetrachlordibenzofuran (TCDF)	0,1
2,3,4,7,8 – Pentachlordibenzofuran (PeCDF)	0,5
1,2,3,7,8 – Pentachlordibenzofuran (PeCDF)	0,05
1,2,3,4,7,8 – Hexachlordibenzofuran (HxCDF)	0,1
1,2,3,6,7,8 – Hexachlordibenzofuran (HxCDF)	0,1
1,2,3,7,8,9 – Hexachlordibenzofuran (HxCDF)	0,1
2,3,4,6,7,8 – Hexachlordibenzofuran (HxCDF)	0,1
1,2,3,4,6,7,8 – Heptachlordibenzofuran (HpCDF)	0,01
1,2,3,4,7,8,9 – Heptachlordibenzofuran (HpCDF)	0,01
Octachlordibenzofuran (OCDF)	0,001

12.2   Wissensfragen

• Welche Bedeutung besitzen die BVT-Merkblätter?

• Welche Anforderungen stellt die IVU-Richtlinie an die besten verfügbaren Techniken?

• Welche Emissionen sind bei der Anlagengenehmigung zu berücksichtigen?

12.3   Weiterführende Literatur

12.1   *Durchführungsbeschluss 2013/163/EU der Kommission vom 26. März 2013 über Schlussfolgerungen zu den besten verfügbaren Techniken (BVT) gemäß der Richtlinie 2010/75/EU des Europäischen Parlaments und des Rates über Industrieemissionen in Bezug auf die Herstellung von Zement, Kalk und Magnesiumoxid,* **09.04.2013**

12.2   *Richtlinie 2010/75/EU des Europäischen Parlaments und des Rates vom 24. November 2010 über Industrieemissionen – integrierte Vermeidung und Verminderung der Umweltverschmutzung,* **17.12.2010**

12.3   Umweltbundesamt (UBA); *BVT-Merkblätter und Durchführungsbeschlüsse,* **2013**

13 Kreislaufwirtschaftsrecht

13.1 Allgemeine Vorschriften des Kreislaufwirtschaftsgesetzes (KrWG)

Zweck des Gesetzes (§ 1)

Zweck des Gesetzes ist es, die Kreislaufwirtschaft zur Schonung der natürlichen Ressourcen zu fördern und den Schutz von Mensch und Umwelt bei der Erzeugung und Bewirtschaftung von Abfällen sicherzustellen.

Geltungsbereich (§ 2)

Die Vorschriften dieses Gesetzes gelten für die:

- Vermeidung von Abfällen,
- Verwertung von Abfällen,
- Beseitigung von Abfällen und
- sonstigen Maßnahmen der Abfallbewirtschaftung.

Begriffsbestimmungen (§ 3)

„Abfälle" sind alle Stoffe oder Gegenstände, derer sich ihr Besitzer entledigt, entledigen will oder entledigen muss. Abfälle zur Verwertung sind Abfälle, die verwertet werden; Abfälle, die nicht verwertet werden, sind Abfälle zur Beseitigung. Für die Beurteilung der Zweckbestimmung ist die Auffassung des Erzeugers oder Besitzers unter Berücksichtigung der Verkehrsanschauung zugrunde zu legen.

Der **„Besitzer"** muss sich Stoffen oder Gegenständen entledigen, wenn diese nicht mehr entsprechend ihrer ursprünglichen Zweckbestimmung verwendet werden, aufgrund ihres konkreten Zustandes geeignet sind, gegenwärtig oder zukünftig das Wohl der Allgemeinheit, insbesondere die Umwelt, zu gefährden und deren Gefährdungspotenzial nur durch eine ordnungsgemäße und schadlose Verwertung oder gemeinwohlverträgliche Beseitigung ausgeschlossen werden kann.

„Gefährlich" sind die Abfälle, die durch Rechtsverordnung nach § 48 KrWG oder aufgrund einer solchen Rechtsverordnung bestimmt worden sind. **„Nicht gefährlich"** sind alle übrigen Abfälle.

„Inertabfälle" sind mineralische Abfälle die:

- keinen wesentlichen physikalischen, chemischen oder biologischen Veränderungen unterliegen,
- sich nicht auflösen, nicht brennen und nicht in anderer Weise physikalisch oder chemisch reagieren,
- sich nicht biologisch abbauen und
- andere Materialien, mit denen sie in Kontakt kommen, nicht in einer Weise beeinträchtigen, die zu nachteiligen Auswirkungen auf Mensch und Umwelt führen könnte.

Die gesamte Auslaugbarkeit und der Schadstoffgehalt der Abfälle sowie die Ökotoxizität des Sickerwassers müssen unerheblich sein und dürfen insbesondere nicht die Qualität von Oberflächen- oder Grundwasser gefährden.

„**Bioabfälle**" sind biologisch abbaubare pflanzliche, tierische oder aus Pilzmaterialien bestehende:

- Garten- und Parkabfälle,
- Landschaftspflegeabfälle,
- Nahrungs- und Küchenabfälle aus Haushaltungen, aus dem Gaststätten- und Cateringgewerbe, aus dem Einzelhandel und vergleichbare Abfälle aus Nahrungsmittelverarbeitungsbetrieben sowie
- Abfälle aus sonstigen Herkunftsbereichen, die den genannten Abfällen nach Art, Beschaffenheit oder stofflichen Eigenschaften vergleichbar sind.

„**Erzeuger**" von Abfällen ist jede natürliche oder juristische Person:

- durch deren Tätigkeit Abfälle anfallen (**„Ersterzeuger"**) oder
- die Vorbehandlungen, Mischungen oder sonstige Behandlungen vornimmt, die eine Veränderung der Beschaffenheit oder der Zusammensetzung dieser Abfälle bewirken (**„Zweiterzeuger"**).

„**Besitzer**" von Abfällen ist jede natürliche oder juristische Person, die die tatsächliche Sachherrschaft über Abfälle hat.

„**Sammler**" von Abfällen ist jede natürliche oder juristische Person, die gewerbsmäßig oder im Rahmen wirtschaftlicher Unternehmen, das heißt, aus Anlass einer anderweitigen gewerblichen oder wirtschaftlichen Tätigkeit, die nicht auf die Sammlung von Abfällen gerichtet ist, Abfälle sammelt.

„**Beförderer**" von Abfällen ist jede natürliche oder juristische Person, die gewerbsmäßig oder im Rahmen wirtschaftlicher Unternehmen, das heißt, aus Anlass einer anderweitigen gewerblichen oder wirtschaftlichen Tätigkeit, die nicht auf die Beförderung von Abfällen gerichtet ist, Abfälle befördert.

„**Händler**" von Abfällen ist jede natürliche oder juristische Person, die gewerbsmäßig oder im Rahmen wirtschaftlicher Unternehmen, das heißt, aus Anlass einer anderweitigen gewerblichen oder wirtschaftlichen Tätigkeit, die nicht auf das Handeln mit Abfällen gerichtet ist, oder öffentlicher Einrichtungen in eigener Verantwortung Abfälle erwirbt und weiterveräußert. Die Erlangung der tatsächlichen Sachherrschaft über die Abfälle ist hierfür nicht erforderlich.

„**Makler**" von Abfällen ist jede natürliche oder juristische Person, die gewerbsmäßig oder im Rahmen wirtschaftlicher Unternehmen, das heißt, aus Anlass einer anderweitigen gewerblichen oder wirtschaftlichen Tätigkeit, die nicht auf das Makeln von Abfällen gerichtet ist, oder öffentlicher Einrichtungen für die Bewirtschaftung von Abfällen für Dritte sorgt. Die Erlangung der tatsächlichen Sachherrschaft über die Abfälle ist hierfür nicht erforderlich.

„**Abfallbewirtschaftung**" sind die Bereitstellung, die Überlassung, die Sammlung, die Beförderung, die Verwertung und die Beseitigung von Abfällen, einschließlich der Überwachung dieser Verfahren, der Nachsorge von Beseitigungsanlagen sowie der Tätigkeiten, die von Händlern und Maklern vorgenommen werden.

„**Sammlung**" ist das Einsammeln von Abfällen, einschließlich deren vorläufiger Sortierung und vorläufiger Lagerung zum Zweck der Beförderung zu einer Abfallbehandlungsanlage.

„**Getrennte Sammlung**" ist eine Sammlung, bei der ein Abfallstrom nach Art und Beschaffenheit des Abfalls getrennt gehalten wird, um eine bestimmte Behandlung zu erleichtern oder zu ermöglichen.

Eine „**gemeinnützige Sammlung**" von Abfällen ist eine Sammlung, die durch eine steuerbefreite Körperschaft, Personenvereinigung oder Vermögensmasse getragen wird und der Beschaffung von Mitteln zur Verwirklichung ihrer gemeinnützigen, mildtätigen oder kirchlichen Zwecke dient. Um eine gemeinnützige Sammlung von Abfällen handelt es sich auch dann, wenn die Körperschaft, Personenvereinigung oder Vermögensmasse einen gewerblichen Sammler mit der Sammlung beauftragt und dieser den Veräußerungserlös nach Abzug seiner Kosten und eines angemessenen Gewinns vollständig an die Körperschaft, Personenvereinigung oder Vermögensmasse auskehrt.

Eine „**gewerbliche Sammlung**" von Abfällen ist eine Sammlung, die zum Zweck der Einnahmeerzielung erfolgt. Die Durchführung der Sammeltätigkeit auf der Grundlage vertraglicher Bindungen zwischen dem Sammler und der privaten Haushaltung in dauerhaften Strukturen steht einer gewerblichen Sammlung nicht entgegen.

„**Kreislaufwirtschaft**" sind die Vermeidung und Verwertung von Abfällen.

„**Vermeidung**" ist jede Maßnahme, die ergriffen wird, bevor ein Stoff, Material oder Erzeugnis zu Abfall geworden ist, und dazu dient, die Abfallmenge, die schädlichen Auswirkungen des Abfalls auf Mensch und Umwelt oder den Gehalt an schädlichen Stoffen in Materialien und Erzeugnissen zu verringern. Hierzu zählen insbesondere die anlageninterne Kreislaufführung von Stoffen, die abfallarme Produktgestaltung, die Wiederverwendung von Erzeugnissen oder die Verlängerung ihrer Lebensdauer sowie ein Konsumverhalten, das auf den Erwerb von abfall- und schadstoffarmen Produkten sowie die Nutzung von Mehrwegverpackungen gerichtet ist.

„**Wiederverwendung**" ist jedes Verfahren, bei dem Erzeugnisse oder Bestandteile, die keine Abfälle sind, wieder für denselben Zweck verwendet werden, für den sie ursprünglich bestimmt waren.

„**Abfallentsorgung**" sind Verwertungs- und Beseitigungsverfahren, einschließlich der Vorbereitung vor der Verwertung oder Beseitigung.

„**Verwertung**" ist jedes Verfahren, als dessen Hauptergebnis die Abfälle innerhalb der Anlage oder in der weiteren Wirtschaft einem sinnvollen Zweck zugeführt werden, indem sie entweder andere Materialien ersetzen, die sonst zur Erfüllung einer bestimmten Funktion verwendet worden wären, oder indem die Abfälle so vorbereitet werden, dass sie diese Funktion erfüllen.

13

„**Vorbereitung zur Wiederverwendung**" ist jedes Verwertungsverfahren der Prüfung, Reinigung oder Reparatur, bei dem Erzeugnisse oder Bestandteile von Erzeugnissen, die zu Abfällen geworden sind, so vorbereitet werden, dass sie ohne weitere Vorbehandlung wieder für denselben Zweck verwendet werden können, für den sie ursprünglich bestimmt waren.

„**Recycling**" ist jedes Verwertungsverfahren, durch das Abfälle zu Erzeugnissen, Materialien oder Stoffen entweder für den ursprünglichen Zweck oder für andere Zwecke aufbereitet werden. Es schließt die Aufbereitung organischer Materialien ein, nicht aber die energetische Verwertung und die Aufbereitung zu Materialien, die für die Verwendung als Brennstoff oder zur Verfüllung bestimmt sind.

„**Beseitigung**" ist jedes Verfahren, das keine Verwertung ist, auch wenn das Verfahren zur Nebenfolge hat, dass Stoffe oder Energie zurückgewonnen werden.

„Deponien" sind Beseitigungsanlagen zur Ablagerung von Abfällen oberhalb der Erdoberfläche (oberirdische Deponien) oder unterhalb der Erdoberfläche (Untertagedeponien). Zu den Deponien zählen auch betriebsinterne Abfallbeseitigungsanlagen für die Ablagerung von Abfällen, in denen ein Erzeuger von Abfällen die Abfallbeseitigung am Erzeugungsort vornimmt.

„Stand der Technik" ist der Entwicklungsstand fortschrittlicher Verfahren, Einrichtungen oder Betriebsweisen, der die praktische Eignung einer Maßnahme zur Begrenzung von Emissionen in Luft, Wasser und Boden, zur Gewährleistung der Anlagensicherheit, zur Gewährleistung einer umweltverträglichen Abfallentsorgung oder sonst zur Vermeidung oder Verminderung von Auswirkungen auf die Umwelt zur Erreichung eines allgemein hohen Schutzniveaus für die Umwelt insgesamt gesichert erscheinen lässt. Bei der Bestimmung des Standes der Technik sind insbesondere die in Abbildung 13.1 aufgeführten Kriterien zu berücksichtigen.

Kriterien zur Bestimmung des Standes der Technik	
1.	Einsatz abfallarmer Technologie
2.	Einsatz weniger gefährlicher Stoffe
3.	Förderung der Rückgewinnung und Wiederverwertung der bei den einzelnen Verfahren erzeugten und verwendeten Stoffe und gegebenenfalls der Abfälle
4.	vergleichbare Verfahren, Vorrichtungen und Betriebsmethoden die mit Erfolg im Betrieb erprobt wurden
5.	Fortschritte in der Technologie und in den wissenschaftlichen Erkenntnissen
6.	Art, Auswirkungen und Menge der jeweiligen Emissionen
7.	Zeitpunkt der Inbetriebnahme der neuen oder der bestehenden Anlagen
8.	für die Einführung einer besseren verfügbaren Technik erforderliche Zeit
9.	Verbrauch an Rohstoffen und die Art der bei den einzelnen Verfahren verwendeten Rohstoffen (einschließlich Wasser) sowie Energieeffizienz
10.	Notwendigkeit, die Gesamtwirkung der Emissionen und die Gefahren für den Menschen und die Umwelt so weit wie möglich zu vermeiden oder zu verringern
11.	Notwendigkeit, Unfällen vorzubeugen und deren Folgen für den Menschen und die Umwelt zu verringern
12.	Informationen, die von der Europäischen Kommission gemäß Artikel 17 Abs. 2 der Richtlinie 2008/1/EG des Europäischen Parlaments und des Rates vom 15. Januar 2008 über die integrierte Vermeidung und Verminderung der Umweltverschmutzungen, die durch die Richtlinie 2009/31/EG geändert worden sind oder von internationalen Organisationen veröffentlicht werden.

Abb. 13.1: Kriterien zur Bestimmung des Standes der Technik

Nebenprodukte (§ 4)

Fällt ein Stoff oder Gegenstand bei einem Herstellungsverfahren an, dessen hauptsächlicher Zweck nicht auf die Herstellung dieses Stoffes oder Gegenstandes gerichtet ist, ist er als Nebenprodukt und nicht als Abfall anzusehen, wenn:

- sichergestellt ist, dass der Stoff oder Gegenstand weiter verwendet wird,
- eine weitere, über ein normales industrielles Verfahren hinausgehende Vorbehandlung hierfür nicht erforderlich ist,
- der Stoff oder Gegenstand als integraler Bestandteil eines Herstellungsprozesses erzeugt wird und
- die weitere Verwendung rechtmäßig ist. Dies ist der Fall, wenn der Stoff oder Gegenstand alle für seine jeweilige Verwendung anzuwendenden Produkt-, Umwelt- und Gesundheitsschutzanforderungen erfüllt und insgesamt nicht zu schädlichen Auswirkungen auf Mensch und Umwelt führt.

Die Bundesregierung wird ermächtigt, durch Rechtsverordnung Kriterien zu bestimmen, nach denen bestimmte Stoffe oder Gegenstände als Nebenprodukt anzusehen sind und Anforderungen zum Schutz von Mensch und Umwelt festzulegen.

Ende der Abfalleigenschaft (§ 5)

Die Abfalleigenschaft eines Stoffes oder Gegenstandes endet, wenn dieser ein Verwertungsverfahren durchlaufen hat und so beschaffen ist, dass:

- er üblicherweise für bestimmte Zwecke verwendet wird,
- ein Markt für ihn oder eine Nachfrage nach ihm besteht,
- er alle für seine jeweilige Zweckbestimmung geltenden technischen Anforderungen sowie alle Rechtsvorschriften und anwendbaren Normen für Erzeugnisse erfüllt sowie
- seine Verwendung insgesamt nicht zu schädlichen Auswirkungen auf Mensch oder Umwelt führt.

Die Bundesregierung wird ermächtigt, durch Rechtsverordnung die Bedingungen näher zu bestimmen, unter denen für bestimmte Stoffe und Gegenstände die Abfalleigenschaft endet und Anforderungen zum Schutz von Mensch und Umwelt, insbesondere durch Grenzwerte für Schadstoffe, festzulegen.

13.2   Grundsätze und Pflichten der Erzeuger und Besitzer von Abfällen

Abfallhierarchie (§ 6)

Maßnahmen der Vermeidung und der Abfallbewirtschaftung stehen in folgender Rangfolge:

- Vermeidung,
- Vorbereitung zur Wiederverwendung,
- Recycling,
- sonstige Verwertung, insbesondere energetische Verwertung und Verfüllung,
- Beseitigung.

Ausgehend von der Rangfolge soll diejenige Maßnahme Vorrang haben, die den Schutz von Mensch und Umwelt bei der Erzeugung und Bewirtschaftung von Abfällen unter Berücksichtigung des Vorsorge- und Nachhaltigkeitsprinzips am besten gewährleistet. Für die Betrachtung der Auswirkungen auf Mensch und Umwelt ist der gesamte Lebenszyklus des Abfalls zugrunde zu legen. Hierbei sind insbesondere zu berücksichtigen:

13

- die zu erwartenden Emissionen,
- das Maß der Schonung der natürlichen Ressourcen,
- die einzusetzende oder zu gewinnende Energie sowie
- die Anreicherung von Schadstoffen in Erzeugnissen, in Abfällen zur Verwertung oder in daraus gewonnenen Erzeugnissen.

Die technische Möglichkeit, die wirtschaftliche Zumutbarkeit und die sozialen Folgen der Maßnahme sind zu beachten.

Grundpflichten der Kreislaufwirtschaft (§ 7)

Die Erzeuger oder Besitzer von Abfällen sind zur Verwertung ihrer Abfälle verpflichtet. Die Verwertung von Abfällen hat Vorrang vor deren Beseitigung. Der Vorrang entfällt, wenn die Beseitigung der Abfälle den Schutz von Mensch und Umwelt am besten gewährleistet. Der Vorrang gilt nicht für Abfälle, die unmittelbar und üblicherweise durch Maßnahmen der Forschung und Entwicklung anfallen.

Die Verwertung von Abfällen, insbesondere durch ihre Einbindung in Erzeugnisse, hat ordnungsgemäß und schadlos zu erfolgen. Die Verwertung erfolgt ordnungsgemäß, wenn sie im Einklang mit den Vorschriften des KrWG und anderen öffentlich-rechtlichen Vorschriften steht. Sie erfolgt schadlos, wenn nach der Beschaffenheit der Abfälle, dem Ausmaß der Verunreinigungen und der Art der Verwertung Beeinträchtigungen des Wohls der Allgemeinheit nicht zu erwarten sind, insbesondere keine Schadstoffanreicherung im Wertstoffkreislauf erfolgt.

Die Pflicht zur Verwertung von Abfällen ist zu erfüllen, soweit dies technisch möglich und wirtschaftlich zumutbar ist, insbesondere für einen gewonnenen Stoff oder gewonnene Energie ein Markt vorhanden ist oder geschaffen werden kann. Die Verwertung von Abfällen ist auch dann technisch möglich, wenn hierzu eine Vorbehandlung erforderlich ist. Die wirtschaftliche Zumutbarkeit ist gegeben, wenn die mit der Verwertung verbundenen Kosten nicht außer Verhältnis zu den Kosten stehen, die für eine Abfallbeseitigung zu tragen wären.

Rangfolge und Hochwertigkeit der Verwertungsmaßnahmen (§ 8)

Bei der Erfüllung der Verwertungspflicht hat diejenige Verwertungsmaßnahme Vorrang, die den Schutz von Mensch und Umwelt nach der Art und Beschaffenheit des Abfalls am besten gewährleistet. Zwischen mehreren gleichrangigen Verwertungsmaßnahmen besteht ein Wahlrecht des Erzeugers oder Besitzers von Abfällen. Bei der Ausgestaltung der durchzuführenden Verwertungsmaßnahme ist eine den Schutz von Mensch und Umwelt am besten gewährleistende, hochwertige Verwertung anzustreben.

Die Bundesregierung bestimmt durch Rechtsverordnung für bestimmte Abfallarten:

- den Vorrang oder Gleichrang einer Verwertungsmaßnahme und
- Anforderungen an die Hochwertigkeit der Verwertung.

Durch Rechtsverordnung kann insbesondere bestimmt werden, dass die Verwertung des Abfalls entsprechend seiner Art, Beschaffenheit, Menge und Inhaltsstoffe durch mehrfache, hintereinander geschaltete stoffliche und anschließende energetische Verwertungsmaßnahmen (Kaskadennutzung) zu erfolgen hat.

Soweit der Vorrang oder Gleichrang der energetischen Verwertung nicht in einer Rechtsverordnung festgelegt wird, ist anzunehmen, dass die energetische Verwertung einer stofflichen Verwertung gleichrangig ist, wenn der Heizwert des einzelnen Abfalls, ohne Vermischung mit anderen Stoffen, mindestens 11.000 Kilojoule pro Kilogramm beträgt. Die Bundesregierung überprüft auf der Grundlage der abfallwirtschaftlichen Entwicklung bis zum 31. Dezember 2016, ob und inwieweit der Heizwert zur effizienten und rechtssicheren Umsetzung der Abfallhierarchie noch erforderlich ist.

Getrennthalten von Abfällen zur Verwertung, Vermischungsverbot (§ 9)

Soweit dies zur Erfüllung der Anforderungen erforderlich ist, sind Abfälle getrennt zu halten und zu behandeln.

Die Vermischung, einschließlich der Verdünnung, gefährlicher Abfälle mit anderen Kategorien von gefährlichen Abfällen oder mit anderen Abfällen, Stoffen oder Materialien ist unzulässig. Eine Vermischung ist ausnahmsweise dann zulässig, wenn:

- sie in einer nach dem KrWG oder nach dem Bundes-Immissionsschutzgesetz hierfür zugelassenen Anlage erfolgt,
- die Anforderungen an eine ordnungsgemäße und schadlose Verwertung eingehalten und schädliche Auswirkungen der Abfallbewirtschaftung auf Mensch und Umwelt durch die Vermischung nicht verstärkt werden sowie
- das Vermischungsverfahren dem Stand der Technik entspricht.

Soweit gefährliche Abfälle in unzulässiger Weise vermischt worden sind, sind diese zu trennen, soweit dies erforderlich ist, um eine ordnungsgemäße und schadlose Verwertung sicherzustellen, und die Trennung technisch möglich und wirtschaftlich zumutbar ist.

Anforderungen an die Kreislaufwirtschaft (§ 10)

Die Bundesregierung wird ermächtigt, durch Rechtsverordnung:

- die Einbindung oder den Verbleib bestimmter Abfälle in Erzeugnisse/Erzeugnissen nach Art, Beschaffenheit oder Inhaltsstoffen zu beschränken oder zu verbieten,

- Anforderungen an das Getrennthalten, die Zulässigkeit der Vermischung sowie die Beförderung und Lagerung von Abfällen festzulegen,

- Anforderungen an das Bereitstellen, Überlassen, Sammeln und Einsammeln von Abfällen durch Hol- und Bringsysteme, jeweils auch in einer einheitlichen Wertstofftonne oder durch eine einheitliche Wertstofferfassung in vergleichbarer Qualität gemeinsam mit gleichartigen Erzeugnissen oder mit auf dem gleichen Wege zu verwertenden Erzeugnissen, festzulegen,

- für bestimmte Abfälle, deren Verwertung aufgrund ihrer Art, Beschaffenheit oder Menge in besonderer Weise geeignet ist, Beeinträchtigungen des Wohls der Allgemeinheit herbeizuführen, nach Herkunftsbereich, Anfallstelle oder Ausgangsprodukt festzulegen, dass diese:
  - nur in bestimmter Menge oder Beschaffenheit oder nur für bestimmte Zwecke in Verkehr gebracht oder verwertet werden dürfen,
  - mit bestimmter Beschaffenheit nicht in Verkehr gebracht werden dürfen,

- Anforderungen an die Verwertung von mineralischen Abfällen in technischen Bauwerken festzulegen.

13

Durch Rechtsverordnung können auch Verfahren zur Überprüfung bestimmt werden, insbesondere:

- dass Nachweise oder Register zu führen und vorzulegen sind,
- dass die Entsorger von Abfällen diese bei Annahme oder Weitergabe in bestimmter Art und Weise zu überprüfen und das Ergebnis dieser Prüfung in den Nachweisen oder Registern zu verzeichnen haben,
- dass die Beförderer und Entsorger von Abfällen ein Betriebstagebuch zu führen haben, in dem bestimmte Angaben zu den Betriebsabläufen zu verzeichnen sind, die nicht schon in die Register aufgenommen werden,
- dass die Erzeuger, Besitzer oder Entsorger von Abfällen bei Annahme oder Weitergabe der Abfälle auf die Anforderungen, die sich aus der Rechtsverordnung ergeben, hinzuweisen oder die Abfälle oder die für deren Beförderung vorgesehenen Behältnisse in bestimmter Weise zu kennzeichnen haben,
- die Entnahme von Proben, der Verbleib und die Aufbewahrung von Rückstellproben und die hierfür anzuwendenden Verfahren,
- die Analyseverfahren, die zur Bestimmung von einzelnen Stoffen oder Stoffgruppen erforderlich sind,
- dass der Verpflichtete mit der Durchführung der Probenahme und der Analysen einen von der zuständigen Landesbehörde bekannt gegebenen Sachverständigen, eine von dieser Behörde bekannt gegebene Stelle oder eine sonstige Person, die über die erforderliche Sach- und Fachkunde verfügt, zu beauftragen hat,
- welche Anforderungen an die Sach- und Fachkunde der Probenehmer zu stellen sind sowie
- dass Nachweise, Register und Betriebstagebücher elektronisch zu führen und Dokumente in elektronischer Form vorzulegen sind.

Durch Rechtsverordnung kann vorgeschrieben werden, dass derjenige, der bestimmte Abfälle, an deren schadlose Verwertung aufgrund ihrer Art, Beschaffenheit oder Menge besondere Anforderungen zu stellen sind, in Verkehr bringt oder verwertet:

- dies anzuzeigen hat,
- dazu einer Erlaubnis bedarf,
- bestimmten Anforderungen an seine Zuverlässigkeit genügen muss oder
- seine notwendige Sach- oder Fachkunde in einem näher festzulegenden Verfahren nachzuweisen hat.

Kreislaufwirtschaft für Bioabfälle und Klärschlämme (§ 11)

Soweit dies zur Erfüllung der Anforderungen erforderlich ist, sind Bioabfälle spätestens ab dem 1. Januar 2015 getrennt zu sammeln.

Die Bundesregierung wird ermächtigt, durch Rechtsverordnung zur Förderung der Verwertung von Bioabfällen und Klärschlämmen insbesondere festzulegen:

- welche Abfälle als Bioabfälle oder Klärschlämme gelten,
- welche Anforderungen an die getrennte Sammlung von Bioabfällen zu stellen sind,
- ob und auf welche Weise Bioabfälle und Klärschlämme zu behandeln, welche Verfahren hierbei anzuwenden und welche anderen Maßnahmen hierbei zu treffen sind,
- welche Anforderungen an die Art und Beschaffenheit der unbehandelten, der zu behandelnden und der behandelten Bioabfälle und Klärschlämme zu stellen sind sowie
- dass bestimmte Arten von Bioabfällen und Klärschlämmen nach Ausgangsstoff, Art, Beschaffenheit, Herkunft, Menge, Art oder Zeit der Aufbringung auf den Boden, Beschaffenheit des

Bodens, Standortverhältnissen und Nutzungsart nicht, nur in bestimmten Mengen, nur in einer bestimmten Beschaffenheit oder nur für bestimmte Zwecke in Verkehr gebracht oder verwertet werden dürfen.

Durch Rechtsverordnung können Anforderungen für die gemeinsame Verwertung von Bioabfällen und Klärschlämmen mit anderen Abfällen, Stoffen oder Materialien festgelegt werden.

Durch Rechtsverordnung können auch Verfahren zur Überprüfung der dort festgelegten Anforderungen an die Verwertung von Bioabfällen und Klärschlämmen bestimmt werden, insbesondere:

- Untersuchungspflichten hinsichtlich der Wirksamkeit der Behandlung, der Beschaffenheit der unbehandelten und behandelten Bioabfälle und Klärschlämme, der anzuwendenden Verfahren oder der anderen Maßnahmen,
- Untersuchungsmethoden, die zur Überprüfung der Maßnahmen erforderlich sind,
- Untersuchungen des Bodens.

Durch Rechtsverordnung kann vorgeschrieben werden, dass derjenige, der bestimmte Bioabfälle oder Klärschlämme, an deren schadlose Verwertung aufgrund ihrer Art, Beschaffenheit oder Menge besondere Anforderungen zu stellen sind, in Verkehr bringt oder verwertet:

- dies anzuzeigen hat,
- dazu einer Erlaubnis bedarf,
- bestimmten Anforderungen an seine Zuverlässigkeit genügen muss oder
- seine notwendige Sach- oder Fachkunde in einem näher festzulegenden Verfahren nachzuweisen hat.

Pflichten der Anlagenbetreiber (§ 13)

Die Pflichten der Betreiber von genehmigungsbedürftigen und nicht genehmigungsbedürftigen Anlagen nach dem Bundes-Immissionsschutzgesetz, diese so zu errichten und zu betreiben, dass Abfälle vermieden, verwertet oder beseitigt werden, richten sich nach den Vorschriften des Bundes-Immissionsschutzgesetzes.

Förderung des Recyclings und der sonstigen stofflichen Verwertung (§ 14)

Zum Zweck des ordnungsgemäßen, schadlosen und hochwertigen Recyclings sind Papier-, Metall-, Kunststoff- und Glasabfälle spätestens ab dem 1. Januar 2015 getrennt zu sammeln, soweit dies technisch möglich und wirtschaftlich zumutbar ist.

Die Vorbereitung zur Wiederverwendung und das Recycling von Siedlungsabfällen sollen spätestens ab dem 1. Januar 2020 mindestens 65 Gewichtsprozent insgesamt betragen.

Die Vorbereitung zur Wiederverwendung, das Recycling und die sonstige stoffliche Verwertung von nicht gefährlichen Bau- und Abbruchabfällen mit Ausnahme von in der Natur vorkommenden Materialien, die in der Anlage zur Abfallverzeichnisverordnung mit dem Abfallschlüssel 17 05 04 gekennzeichnet sind, sollen spätestens ab dem 1. Januar 2020 mindestens 70 Gewichtsprozent betragen. Die sonstige stoffliche Verwertung schließt die Verfüllung, bei der Abfälle als Ersatz für andere Materialien genutzt werden, ein. Die Bundesregierung überprüft diese Zielvorgabe vor dem Hintergrund der bauwirtschaftlichen Entwicklung und der Rahmenbedingungen für die Verwertung von Bauabfällen bis zum 31. Dezember 2016.

13

13.3   Abfallbeseitigung

Grundpflichten der Abfallbeseitigung (§ 15)

Die Erzeuger oder Besitzer von Abfällen, die nicht verwertet werden, sind verpflichtet, diese zu beseitigen. Durch die Behandlung von Abfällen sind deren Menge und Schädlichkeit zu vermindern. Energie oder Abfälle, die bei der Beseitigung anfallen, sind hochwertig zu nutzen.

Abfälle sind so zu beseitigen, dass das Wohl der Allgemeinheit nicht beeinträchtigt wird. Eine Beeinträchtigung liegt insbesondere dann vor, wenn:

- die Gesundheit der Menschen beeinträchtigt wird,
- Tiere oder Pflanzen gefährdet werden,
- Gewässer oder Böden schädlich beeinflusst werden,
- schädliche Umwelteinwirkungen durch Luftverunreinigungen oder Lärm herbeigeführt werden,
- die Ziele oder Grundsätze und sonstigen Erfordernisse der Raumordnung nicht beachtet oder die Belange des Naturschutzes, der Landschaftspflege sowie des Städtebaus nicht berücksichtigt werden oder
- die öffentliche Sicherheit oder Ordnung in sonstiger Weise gefährdet oder gestört wird.

Anforderungen an die Abfallbeseitigung (§ 16)

Die Bundesregierung wird ermächtigt, durch Rechtsverordnung entsprechend dem Stand der Technik Anforderungen an die Beseitigung von Abfällen nach Herkunftsbereich, Anfallstelle sowie nach Art, Menge und Beschaffenheit festzulegen, insbesondere:

- Anforderungen an das Getrennthalten und die Behandlung von Abfällen,
- Anforderungen an das Bereitstellen, Überlassen, Sammeln und Einsammeln, die Beförderung, Lagerung und Ablagerung von Abfällen.

Durch Rechtsverordnung kann vorgeschrieben werden, dass derjenige, der bestimmte Abfälle, an deren Behandlung, Sammlung, Einsammlung, Beförderung, Lagerung und Ablagerung aufgrund ihrer Art, Beschaffenheit oder Menge besondere Anforderungen zu stellen sind, in Verkehr bringt oder beseitigt:

- dies anzuzeigen hat,
- dazu einer Erlaubnis bedarf, bestimmten Anforderungen an seine Zuverlässigkeit genügen muss oder
- seine notwendige Sach- oder Fachkunde in einem näher festzulegenden Verfahren nachzuweisen hat.

Überlassungspflichten (§ 17)

Erzeuger oder Besitzer von Abfällen aus privaten Haushaltungen sind verpflichtet, diese Abfälle den nach Landesrecht zur Entsorgung verpflichteten juristischen Personen (öffentlich-rechtliche Entsorgungsträger) zu überlassen, soweit sie zu einer Verwertung auf den von ihnen im Rahmen ihrer privaten Lebensführung genutzten Grundstücken nicht in der Lage sind oder diese nicht beabsichtigen. Dies gilt auch für Erzeuger und Besitzer von Abfällen zur Beseitigung aus anderen Herkunftsbereichen, soweit sie diese nicht in eigenen Anlagen beseitigen. Die Befugnis zur Beseitigung der Abfälle in eigenen Anlagen besteht nicht, soweit die Überlassung der Abfälle an den öffentlich-rechtlichen Entsorgungsträger aufgrund überwiegender öffentlicher Interessen erforderlich ist.

Die Überlassungspflicht besteht nicht für Abfälle:

- die einer Rücknahme- oder Rückgabepflicht aufgrund einer Rechtsverordnung unterliegen, soweit nicht die öffentlich-rechtlichen Entsorgungsträger an der Rücknahme mitwirken; hierfür kann insbesondere eine einheitliche Wertstofftonne oder eine einheitliche Wertstofferfassung in vergleichbarer Qualität vorgesehen werden, durch die werthaltige Abfälle aus privaten Haushaltungen in effizienter Weise erfasst und einer hochwertigen Verwertung zugeführt werden,
- die in Wahrnehmung der Produktverantwortung freiwillig zurückgenommen werden, soweit dem zurücknehmenden Hersteller oder Vertreiber ein Freistellungs- oder Feststellungsbescheid erteilt worden ist,
- die durch gemeinnützige Sammlung einer ordnungsgemäßen und schadlosen Verwertung zugeführt werden,
- die durch gewerbliche Sammlung einer ordnungsgemäßen und schadlosen Verwertung zugeführt werden, soweit überwiegende öffentliche Interessen dieser Sammlung nicht entgegenstehen

13.4   Produktverantwortung

Produktverantwortung (§ 23)

Wer Erzeugnisse entwickelt, herstellt, be- oder verarbeitet oder vertreibt, trägt zur Erfüllung der Ziele der Kreislaufwirtschaft die Produktverantwortung. Erzeugnisse sind möglichst so zu gestalten, dass bei ihrer Herstellung und ihrem Gebrauch das Entstehen von Abfällen vermindert wird und sichergestellt ist, dass die nach ihrem Gebrauch entstandenen Abfälle umweltverträglich verwertet oder beseitigt werden.

Die Produktverantwortung umfasst insbesondere:

- die Entwicklung, die Herstellung und das Inverkehrbringen von Erzeugnissen, die mehrfach verwendbar, technisch langlebig und nach Gebrauch zur ordnungsgemäßen, schadlosen und hochwertigen Verwertung sowie zur umweltverträglichen Beseitigung geeignet sind,
- den vorrangigen Einsatz von verwertbaren Abfällen oder sekundären Rohstoffen bei der Herstellung von Erzeugnissen,
- die Kennzeichnung von schadstoffhaltigen Erzeugnissen, um sicherzustellen, dass die nach Gebrauch verbleibenden Abfälle umweltverträglich verwertet oder beseitigt werden, den Hinweis auf Rückgabe-, Wiederverwendungs- und Verwertungsmöglichkeiten oder -pflichten und Pfandregelungen durch Kennzeichnung der Erzeugnisse sowie
- die Rücknahme der Erzeugnisse und der nach Gebrauch der Erzeugnisse verbleibenden Abfälle sowie deren nachfolgende umweltverträgliche Verwertung oder Beseitigung.

Die Bundesregierung bestimmt durch Rechtsverordnungen welche Verpflichteten die Produktverantwortung wahrzunehmen haben. Sie legt zugleich fest, für welche Erzeugnisse und in welcher Art und Weise die Produktverantwortung wahrzunehmen ist.

Anforderungen an Verbote, Beschränkungen und Kennzeichnungen (§ 24)

Zur Festlegung von Anforderungen nach § 23 KrWG wird die Bundesregierung ermächtigt, durch Rechtsverordnung zu bestimmen, dass:

13

- bestimmte Erzeugnisse, insbesondere Verpackungen und Behältnisse, nur in bestimmter Beschaffenheit oder für bestimmte Verwendungen, bei denen eine umweltverträgliche Verwertung oder Beseitigung der anfallenden Abfälle gewährleistet ist, in Verkehr gebracht werden dürfen,
- bestimmte Erzeugnisse nicht in Verkehr gebracht werden dürfen, wenn bei ihrer Entsorgung die Freisetzung schädlicher Stoffe nicht oder nur mit unverhältnismäßig hohem Aufwand verhindert werden könnte und die umweltverträgliche Entsorgung nicht auf andere Weise sichergestellt werden kann,
- bestimmte Erzeugnisse nur in bestimmter, die Abfallentsorgung spürbar entlastender Weise in Verkehr gebracht werden dürfen, insbesondere in einer Form, die die mehrfache Verwendung oder die Verwertung erleichtert,
- bestimmte Erzeugnisse in bestimmter Weise zu kennzeichnen sind, um insbesondere die Erfüllung der Pflichten zur Rücknahme zu sichern oder zu fördern,
- bestimmte Erzeugnisse wegen des Schadstoffgehalts der nach dem bestimmungsgemäßen Gebrauch in der Regel verbleibenden Abfälle nur mit einer Kennzeichnung in Verkehr gebracht werden dürfen, die insbesondere auf die Notwendigkeit einer Rückgabe an die Hersteller, Vertreiber oder bestimmte Dritte hinweist,
- für bestimmte Erzeugnisse an der Stelle der Abgabe oder des Inverkehrbringens Hinweise auf die Wiederverwendbarkeit oder den Entsorgungsweg der Erzeugnisse zu geben oder die Erzeugnisse entsprechend zu kennzeichnen sind,
- für bestimmte Erzeugnisse, für die eine Rücknahme- oder Rückgabepflicht verordnet wurde, an der Stelle der Abgabe oder des Inverkehrbringens auf die Rückgabemöglichkeit hinzuweisen ist oder die Erzeugnisse entsprechend zu kennzeichnen sind,
- bestimmte Erzeugnisse, für die die Erhebung eines Pfandes verordnet wurde, entsprechend zu kennzeichnen sind, gegebenenfalls mit Angabe der Höhe des Pfandes.

Anforderungen an Rücknahme- und Rückgabepflichten (§ 25)

Zur Festlegung von Anforderungen nach § 23 KrWG wird die Bundesregierung ermächtigt, durch Rechtsverordnung zu bestimmen, dass Hersteller oder Vertreiber:

- bestimmte Erzeugnisse nur bei Eröffnung einer Rückgabemöglichkeit abgeben oder in Verkehr bringen dürfen,
- bestimmte Erzeugnisse zurückzunehmen und die Rückgabe durch geeignete Maßnahmen sicherzustellen haben, insbesondere durch die Einrichtung von Rücknahmesystemen, die Beteiligung an Rücknahmesystemen oder durch die Erhebung eines Pfandes,
- bestimmte Erzeugnisse an der Abgabe- oder Anfallstelle zurückzunehmen haben,
- gegenüber dem Land, der zuständigen Behörde, dem öffentlich-rechtlichen Entsorgungsträger, einer Industrie- und Handelskammer oder, mit dessen Zustimmung, gegenüber einem Zusammenschluss von Industrie- und Handelskammern Nachweis zu führen haben über die in Verkehr gebrachten Produkte und deren Eigenschaften, über die Rücknahme von Abfällen, über die Beteiligung an Rücknahmesystemen und über Art, Menge, Verwertung und Beseitigung der zurückgenommenen Abfälle sowie
- Belege beizubringen, einzuhalten, aufzubewahren, auf Verlangen vorzuzeigen sowie bei einer Behörde, einem öffentlich-rechtlichen Entsorgungsträger, einer Industrie- und Handelskammer oder, mit dessen Zustimmung, bei einem Zusammenschluss von Industrie- und Handelskammern zu hinterlegen haben.

Durch Rechtsverordnung kann zur Festlegung von Anforderungen nach § 23 KrWG sowie zur ergänzenden Festlegung von Pflichten sowohl der Erzeuger und Besitzer von Abfällen als auch der öffentlich-rechtlichen Entsorgungsträger im Rahmen der Kreislaufwirtschaft weiter bestimmt werden:

- wer die Kosten für die Rücknahme, Verwertung und Beseitigung der zurückzunehmenden Erzeugnisse zu tragen hat,
- dass die Besitzer von Abfällen diese den verpflichteten Herstellern, Vertreibern oder eingerichteten Rücknahmesystemen zu überlassen haben,
- auf welche Art und Weise die Abfälle überlassen werden, einschließlich der Maßnahmen zum Bereitstellen, Sammeln und Befördern sowie der Bringpflichten der Besitzer von Abfällen. Für die genannten Tätigkeiten kann auch eine einheitliche Wertstofftonne oder eine einheitliche Wertstofferfassung in vergleichbarer Qualität vorgesehen werden,
- dass die öffentlich-rechtlichen Entsorgungsträger durch Erfassung der Abfälle als ihnen übertragene Aufgabe bei der Rücknahme mitzuwirken und die erfassten Abfälle den Verpflichteten zu überlassen haben.

Freiwillige Rücknahme (§ 26)

Das Bundesministerium für Umwelt, Naturschutz und Reaktorsicherheit wird ermächtigt, durch Rechtsverordnung Zielfestlegungen für die freiwillige Rücknahme von Abfällen zu treffen, die innerhalb einer angemessenen Frist zu erreichen sind.

Hersteller und Vertreiber, die Erzeugnisse und die nach Gebrauch der Erzeugnisse verbleibenden Abfälle freiwillig zurücknehmen, haben dies der zuständigen Behörde vor Beginn der Rücknahme anzuzeigen, soweit die Rücknahme gefährliche Abfälle umfasst.

Die für die Anzeige zuständige Behörde soll auf Antrag den Hersteller oder Vertreiber, der von ihm hergestellte oder vertriebene Erzeugnisse nach deren Gebrauch als gefährliche Abfälle in eigenen Anlagen oder Einrichtungen oder in Anlagen oder Einrichtungen von ihm beauftragter Dritter freiwillig zurücknimmt, von Pflichten zur Nachweisführung nach § 50 KrWG über die Entsorgung gefährlicher Abfälle bis zum Abschluss der Rücknahme der Abfälle sowie von Verpflichtungen nach § 54 KrWG freistellen, wenn:

- die freiwillige Rücknahme erfolgt, um die Produktverantwortung im Sinne des § 23 KrWG wahrzunehmen,
- durch die Rücknahme die Kreislaufwirtschaft gefördert wird und
- die umweltverträgliche Verwertung oder Beseitigung der Abfälle gewährleistet bleibt.

Die Rücknahme gilt spätestens mit der Annahme der Abfälle an einer Anlage zur weiteren Entsorgung, ausgenommen Anlagen zur Zwischenlagerung der Abfälle, als abgeschlossen, soweit in der Freistellung kein früherer Zeitpunkt bestimmt wird.

Die Freistellung gilt für die Bundesrepublik Deutschland, soweit keine beschränkte Geltung beantragt oder angeordnet wird. Die für die Freistellung zuständige Behörde übersendet je eine Kopie des Freistellungsbescheides an die zuständigen Behörden der Länder, in denen die Abfälle zurückgenommen werden.

Erzeuger, Besitzer, Beförderer oder Entsorger von gefährlichen Abfällen sind bis zum Abschluss der Rücknahme von den Nachweispflichten nach § 50 KrWG befreit, soweit sie die Abfälle an einen Hersteller oder Vertreiber zurückgeben oder in dessen Auftrag entsorgen, der für solche Abfälle von Nachweispflichten freigestellt ist. Die zuständige Behörde kann die Rückgabe oder Entsorgung von Bedingungen abhängig machen, sie zeitlich befristen oder Auflagen für sie vorsehen, soweit dies erforderlich ist, um die umweltverträgliche Verwertung und Beseitigung sicherzustellen.

13

13.5   Ordnung und Durchführung der Abfallbeseitigung

Ordnung der Abfallbeseitigung (§ 28)

Abfälle dürfen zum Zweck der Beseitigung nur in den dafür zugelassenen Anlagen oder Einrichtungen (Abfallbeseitigungsanlagen) behandelt, gelagert oder abgelagert werden. Abweichend ist die Behandlung von Abfällen zur Beseitigung auch in solchen Anlagen zulässig, die überwiegend einem anderen Zweck als der Abfallbeseitigung dienen und die einer Genehmigung nach § 4 des Bundes-Immissionsschutzgesetzes bedürfen. Die Lagerung oder Behandlung von Abfällen zur Beseitigung in den diesen Zwecken dienenden Abfallbeseitigungsanlagen ist auch zulässig, soweit diese nach dem Bundes-Immissionsschutzgesetz aufgrund ihres geringen Beeinträchtigungspotenzials keiner Genehmigung bedürfen. Flüssige Abfälle, die kein Abwasser sind, können unter den Voraussetzungen des § 55 des Wasserhaushaltsgesetzes mit Abwasser beseitigt werden.

Durchführung der Abfallbeseitigung (§ 29)

Die zuständige Behörde kann dem Betreiber einer Abfallbeseitigungsanlage, der Abfälle wirtschaftlicher als die öffentlich-rechtlichen Entsorgungsträger beseitigen kann, auf seinen Antrag die Beseitigung dieser Abfälle übertragen. Die Übertragung kann insbesondere mit der Auflage verbunden werden, dass der Antragsteller alle Abfälle, die in dem von den öffentlich-rechtlichen Entsorgungsträgern erfassten Gebiet angefallen sind, gegen Erstattung der Kosten beseitigt, wenn die öffentlich-rechtlichen Entsorgungsträger die verbleibenden Abfälle nicht oder nur mit unverhältnismäßigem Aufwand beseitigen können. Dies gilt nicht, wenn der Antragsteller darlegt, dass es unzumutbar ist, die Beseitigung auch dieser verbleibenden Abfälle zu übernehmen.

Die zuständige Behörde kann den Abbauberechtigten oder den Unternehmer eines Mineralgewinnungsbetriebs sowie den Eigentümer, Besitzer oder in sonstiger Weise Verfügungsberechtigten eines zur Mineralgewinnung genutzten Grundstücks verpflichten, die Beseitigung von Abfällen in freigelegten Bauen in seiner Anlage oder innerhalb seines Grundstücks zu dulden, während der üblichen Betriebs- oder Geschäftszeiten den Zugang zu ermöglichen und dabei, soweit dies unumgänglich ist, vorhandene Betriebsanlagen oder Einrichtungen oder Teile derselben zur Verfügung zu stellen. Die dem Verpflichteten entstehenden Kosten hat der Beseitigungspflichtige zu erstatten. Kommt eine Einigung über die Erstattung der Kosten nicht zustande, werden sie auf Antrag durch die zuständige Behörde festgesetzt. Der Vorrang der Mineralgewinnung gegenüber der Abfallbeseitigung darf nicht beeinträchtigt werden. Für die aus der Abfallbeseitigung entstehenden Schäden haftet der Duldungspflichtige nicht.

13.6   Abfallwirtschaftspläne und Abfallvermeidungsprogramme

Abfallwirtschaftspläne (§ 30)

Die Länder stellen für ihr Gebiet Abfallwirtschaftspläne nach überörtlichen Gesichtspunkten auf. Die Abfallwirtschaftspläne stellen Folgendes dar:

- die Ziele der Abfallvermeidung, der Abfallverwertung, insbesondere der Vorbereitung zur Wiederverwendung und des Recyclings, sowie der Abfallbeseitigung,
- die bestehende Situation der Abfallbewirtschaftung,
- die erforderlichen Maßnahmen zur Verbesserung der Abfallverwertung und Abfallbeseitigung einschließlich einer Bewertung ihrer Eignung zur Zielerreichung sowie

- die Abfallentsorgungsanlagen, die zur Sicherung der Beseitigung von Abfällen sowie der Verwertung von gemischten Abfällen aus privaten Haushaltungen einschließlich solcher, die dabei auch in anderen Herkunftsbereichen gesammelt werden, im Inland erforderlich sind.

Die Abfallwirtschaftspläne enthalten mindestens:

- Angaben über Art, Menge und Herkunft der im Gebiet erzeugten Abfälle und der Abfälle, die voraussichtlich aus dem oder in das deutsche Hoheitsgebiet verbracht werden, sowie eine Abschätzung der zukünftigen Entwicklung der Abfallströme,
- Angaben über bestehende Abfallsammelsysteme und bedeutende Beseitigungs- und Verwertungsanlagen, einschließlich spezieller Vorkehrungen für Altöl, gefährliche Abfälle oder Abfallströme, für die besondere Bestimmungen gelten,
- eine Beurteilung der Notwendigkeit neuer Sammelsysteme, der Stilllegung bestehender oder der Errichtung zusätzlicher Abfallentsorgungsanlagen,
- ausreichende Informationen über die Ansiedlungskriterien zur Standortbestimmung und über die Kapazität künftiger Beseitigungsanlagen oder bedeutender Verwertungsanlagen,
- allgemeine Abfallbewirtschaftungsstrategien, einschließlich geplanter Abfallbewirtschaftungstechnologien und -verfahren, oder Strategien für Abfälle, die besondere Bewirtschaftungsprobleme aufwerfen.

Abfallwirtschaftspläne können weiterhin enthalten:

- Angaben über organisatorische Aspekte der Abfallbewirtschaftung, einschließlich einer Beschreibung der Aufteilung der Verantwortlichkeiten zwischen öffentlichen und privaten Akteuren, die die Abfallbewirtschaftung durchführen,
- eine Bewertung von Nutzen und Eignung des Einsatzes wirtschaftlicher und anderer Instrumente zur Bewältigung verschiedener Abfallprobleme unter Berücksichtigung der Notwendigkeit, ein reibungsloses Funktionieren des Binnenmarkts aufrechtzuerhalten,
- den Einsatz von Sensibilisierungskampagnen sowie Informationen für die Öffentlichkeit oder eine bestimmte Verbrauchergruppe,
- Angaben über geschlossene kontaminierte Abfallbeseitigungsstandorte und Maßnahmen für deren Sanierung.

Abfallvermeidungsprogramme (§ 33)

Der Bund erstellt ein Abfallvermeidungsprogramm. Die Länder können sich an der Erstellung des Abfallvermeidungsprogramms beteiligen. In diesem Fall leisten sie für ihren jeweiligen Zuständigkeitsbereich eigenverantwortliche Beiträge, Diese Beiträge werden in das Abfallvermeidungsprogramm des Bundes aufgenommen.

Soweit die Länder sich nicht an einem Abfallvermeidungsprogramm des Bundes beteiligen, erstellen sie eigene Abfallvermeidungsprogramme.

Das Abfallvermeidungsprogramm:

- legt die Abfallvermeidungsziele fest. Die Ziele sind darauf gerichtet, das Wirtschaftswachstum und die mit der Abfallerzeugung verbundenen Auswirkungen auf Mensch und Umwelt zu entkoppeln,
- stellt die bestehenden Abfallvermeidungsmaßnahmen dar und bewertet die Zweckmäßigkeit der in Abbildung 13.2 angegebenen oder anderer geeigneter Abfallvermeidungsmaßnahmen,
- legt, soweit erforderlich, weitere Abfallvermeidungsmaßnahmen fest und

- gibt zweckmäßige, spezifische, qualitative oder quantitative Maßstäbe für festgelegte Abfallvermeidungsmaßnahmen vor, anhand derer die bei den Maßnahmen erzielten Fortschritte
überwacht und bewertet werden. Als Maßstab können Indikatoren oder andere geeignete spezifische qualitative oder quantitative Ziele herangezogen werden.

**Maßnahmen, die sich auf die Rahmenbedingungen im Zusammenhang mit
der Abfallerzeugung auswirken können:**

- Einsatz von Planungsmaßnahmen oder sonstigen wirtschaftlichen Instrumenten,
die die Effizienz der Ressourcennutzung fördern,

- Förderung einschlägiger Forschung und Entwicklung mit dem Ziel, umweltfreund-
lichere und weniger abfallintensive Produkte und Technologien hervorzubringen,
sowie Verbreitung und Einsatz dieser Ergebnisse aus Forschung und Entwicklung,

- Entwicklung wirksamer und aussagekräftiger Indikatoren für die Umweltbelastungen im Zusammenhang mit der Abfallerzeugung als Beitrag zur Vermeidung
der Abfallerzeugung auf sämtlichen Ebenen, vom Produktvergleich auf Gemein-
schaftsebene über Aktivitäten kommunaler Behörden bis hin zu nationalen
Maßnahmen

**Maßnahmen, die sich auf die Konzeptions-, Produktions- und Vertriebs-
phase auswirken können.**

- Förderung von Ökodesign (systematische Einbeziehung von Umweltaspekten in
das Produktdesign mit dem Ziel, die Umweltbilanz des Produkts über den gesamten Lebenszyklus hinweg zu verbessern),

- Bereitstellung von Informationen über Techniken zur Abfallvermeidung im Hinblick
auf einen erleichterten Einsatz der besten verfügbaren Techniken in der Industrie,

- Schulungsmaßnahmen für die zuständigen Behörden hinsichtlich der Einbeziehung der Abfallvermeidungsanforderungen bei der Erteilung von Genehmigungen
aufgrund des KrWG sowie des Bundes-Immissionsschutzgesetzes und der auf
Grundlage des Bundes-Immissionsschutzgesetzes erlassenen Rechtsver-
verordnungen,

- Einbeziehung von Maßnahmen zur Vermeidung der Abfallerzeugung in Anlagen, die
keiner Genehmigung nach § 4 des Bundes-Immissionsschutzgesetzes bedürfen.
Hierzu könnten gegebenenfalls Maßnahmen zur Bewertung der Abfallvermeidung
und zur Aufstellung von Plänen gehören,

- Sensibilisierungsmaßnahmen oder Unterstützung von Unternehmen bei der
Finanzierung oder der Entscheidungsfindung. Besonders wirksam dürften derartige
Maßnahmen sein, wenn sie sich gezielt an kleine und mittlere Unternehmen richten,
auf diese zugeschnitten sind und auf bewährte Netzwerke des Wirtschaftslebens
zurückgreifen,

- Rückgriff auf freiwillige Vereinbarungen, Verbraucher- und Herstellergremien oder
branchenbezogene Verhandlungen, damit die jeweiligen Unternehmen oder
Branchen eigene Abfallvermeidungspläne oder -ziele festlegen oder abfallintensive
Produkte oder Verpackungen verbessern,

- Förderung anerkannter Umweltmanagementsysteme.

> **Maßnahmen, die sich auf die Verbrauchs- und Nutzungsphase aus-wirken können:**
>
> - Wirtschaftliche Instrumente wie zum Beispiel Anreize für umweltfreundlichen Einkauf oder die Einführung eines vom Verbraucher zu zahlenden Aufpreises für einen Verpackungsartikel oder Verpackungsteil, der sonst unentgeltlich bereitgestellt werden würde,
>
> - Sensibilisierungsmaßnahmen und Informationen für die Öffentlichkeit oder eine bestimmte Verbrauchergruppe,
>
> - Förderung von Ökozeichen,
>
> - Vereinbarungen mit der Industrie, wie der Rückgriff auf Produktgremien etwa nach dem Vorbild der integrierten Produktpolitik, oder mit dem Einzelhandel über die Bereitstellung von Informationen über Abfallvermeidung und umweltfreund-liche Produkte,
>
> - Einbeziehung von Kriterien des Umweltschutzes und der Abfallvermeidung in Ausschreibungen des öffentlichen und privaten Beschaffungswesens im Sinne des Handbuchs für eine umweltgerechte öffentliche Beschaffung, das von der Kommission veröffentlicht wurde,
>
> - Förderung der Wiederverwendung und Reparatur geeigneter entsorgter Produkte oder ihrer Bestandteile, vor allem durch den Einsatz pädagogischer, wirtschaft-licher, logistischer oder anderer Maßnahmen wie Unterstützung oder Einrich-tung von akkreditierten Zentren und Netzen für Reparatur und Wiederverwen-dung, insbesondere in dicht besiedelten Regionen.

Abb. 13.2: Abfallvermeidungsmaßnahmen in den verschiedenen Lebensphasen

Die Abfallvermeidungsprogramme sind erstmals zum 12. Dezember 2013 zu erstellen, alle sechs Jahre auszuwerten und bei Bedarf fortzuschreiben. Bei der Aufstellung oder Änderung von Abfall-vermeidungsprogrammen ist die Öffentlichkeit von der zuständigen Behörde zu beteiligen.

13.7 Überwachung

Allgemeine Überwachung (§ 47)

Die zuständige Behörde überprüft in regelmäßigen Abständen und in angemessenem Umfang Erzeuger von gefährlichen Abfällen, Anlagen und Unternehmen, die Abfälle entsorgen, sowie Sammler, Beförderer, Händler und Makler von Abfällen. Die Überprüfung der Tätigkeiten der Sammler und Beförderer von Abfällen erstreckt sich auch auf den Ursprung, die Art, die Menge und den Bestimmungsort der gesammelten und beförderten Abfälle.

Auskunft über Betrieb, Anlagen, Einrichtungen und sonstige der Überwachung unterliegende Ge-genstände haben den Bediensteten und Beauftragten der zuständigen Behörde auf Verlangen zu erteilen:

- Erzeuger und Besitzer von Abfällen,
- zur Abfallentsorgung Verpflichtete,
- Betreiber sowie frühere Betreiber von Unternehmen oder Anlagen, die Abfälle entsorgen oder entsorgt haben, auch wenn diese Anlagen stillgelegt sind, sowie
- Sammler, Beförderer, Händler und Makler von Abfällen.

13

Betreiber von Verwertungs- und Abfallbeseitigungsanlagen oder von Anlagen, in denen Abfälle mitverwertet oder mitbeseitigt werden, haben diese Anlagen den Bediensteten oder Beauftragten der zuständigen Behörde zugänglich zu machen, die zur Überwachung erforderlichen Arbeitskräfte, Werkzeuge und Unterlagen zur Verfügung zu stellen und nach Anordnung der zuständigen Behörde Zustand und Betrieb der Anlage auf eigene Kosten prüfen zu lassen.

Für alle zulassungspflichtigen Deponien stellen die zuständigen Behörden in ihrem Zuständigkeitsbereich Überwachungspläne und Überwachungsprogramme auf. Zur Überwachung gehören insbesondere auch die Überwachung der Errichtung, Vor-Ort-Besichtigungen, die Überwachung der Emissionen und die Überprüfung interner Berichte, Folgedokumente sowie Messungen und Kontrollen, die Überprüfung der Eigenkontrolle, die Prüfung der angewandten Techniken und der Eignung des Umweltmanagement der Deponie.

Abfallbezeichnung, gefährliche Abfälle (§ 48)

An die Entsorgung sowie die Überwachung gefährlicher Abfälle sind nach Maßgabe des KrWG besondere Anforderungen zu stellen. Zur Umsetzung von Rechtsakten der Europäischen Union wird die Bundesregierung ermächtigt, durch Rechtsverordnung die Bezeichnung von Abfällen sowie gefährliche Abfälle zu bestimmen und die Bestimmung gefährlicher Abfälle durch die zuständige Behörde im Einzelfall zuzulassen.

Registerpflichten (§ 49)

Die Betreiber von Anlagen oder Unternehmen, die Abfälle in einem Verfahren nach Abbildung 13.3 oder Abbildung 13.4 entsorgen (Entsorger von Abfällen), haben ein Register zu führen, in dem folgende Angaben verzeichnet sind:

*   die Menge, die Art und der Ursprung sowie
*   die Bestimmung, die Häufigkeit der Sammlung, die Beförderungsart sowie die Art der Verwertung oder Beseitigung, einschließlich der Vorbereitung vor der Verwertung oder Beseitigung, soweit diese Angaben zur Gewährleistung einer ordnungsgemäßen Abfallbewirtschaftung von Bedeutung sind.

Entsorger, die Abfälle behandeln oder lagern haben die erforderlichen Angaben, insbesondere die Bestimmung der behandelten oder gelagerten Abfälle, auch für die weitere Entsorgung zu verzeichnen, soweit dies erforderlich ist, um aufgrund der Zweckbestimmung der Abfallentsorgungsanlage eine ordnungsgemäße Entsorgung zu gewährleisten.

Die Pflicht, ein Register zu führen, gilt auch für die Erzeuger, Besitzer, Sammler, Beförderer, Händler und Makler von gefährlichen Abfällen. Auf Verlangen der zuständigen Behörde sind die Register vorzulegen oder Angaben aus diesen Registern mitzuteilen.

In ein Register eingetragene Angaben oder eingestellte Belege über gefährliche Abfälle haben die Erzeuger, Besitzer, Händler, Makler und Entsorger von Abfällen mindestens drei Jahre, die Beförderer von Abfällen mindestens zwölf Monate jeweils ab dem Zeitpunkt der Eintragung oder Einstellung in das Register gerechnet aufzubewahren, soweit eine Rechtsverordnung keine längere Frist vorschreibt.

Beseitigungsverfahren	
D1	Ablagerung in oder auf dem Boden (z.B. Deponien)
D2	Behandlung im Boden (z.B. biologischer Abbau von flüssigen oder schlammigen Abfällen im Erdreich)
D3	Verpressung (z.B. Verpressung pumpfähiger Abfälle in Bohrlöcher, Salzdome oder natürliche Hohlräume)
D4	Oberflächenaufbringung (z.B. Ableitung flüssiger oder schlammiger Abfälle in Gruben, Teiche oder Lagunen)
D5	Speziell angelegte Deponien (z.B. Ablagerung in abgedichteten, getrennten Räumen, die gegeneinander und gegen die Umwelt verschlossen oder isoliert werden)
D6	Einleitung in ein Gewässer mit Ausnahme von Meeren und Ozeanen
D7	Einleitung in Meere und Ozeane einschließlich Einbringung in den Meeresboden
D8	Biologische Behandlung, die nicht an anderer Stelle beschrieben ist und durch die Endverbindungen oder Gemische entstehen, die mit einem der in D1 bis D12 aufgeführten Verfahren entsorgt werden
D9	Chemisch-physikalische Behandlung, die nicht an anderer Stelle beschrieben ist und durch die Endverbindungen oder Gemische entstehen, die mit einem der in D1 bis D12 aufgeführten Verfahren entsorgt werden (z.B. Verdampfen, Trocknen, Kalzinieren)
D10	Verbrennung an Land
D11	Verbrennung auf See (nach EU-Recht und internationalen Übereinkünften verbotenes Verfahren)
D12	Dauerlagerung (z.B. Lagerung von Behältern in einem Bergwerk)
D13	Vermengen oder Vermischen vor Anwendung eines der in D1 bis D12 aufgeführten Verfahren
D14	Neuverpacken vor Anwendung eines der in D1 bis D13 aufgeführten Verfahren
D15	Lagerung bis zur Anwendung eines der in D1 bis D14 aufgeführten Verfahren (ausgenommen zeitweilige Lagerung bis zum Sammlung auf dem Gelände der Entstehung der Abfällen)

Abb. 13.3: Beseitigungsverfahren für Abfälle

13

Verwertungsverfahren	
R1	Hauptverwendung als Brennstoff oder andere Mittel der Energieerzeugung
R2	Rückgewinnung und Regenerierung von Lösemittel
R3	Recycling und Rückgewinnung organischer Stoffe, die nicht als Lösemittel verwendet werden (einschließlich der Kompostierung und sonstiger biologischer Umwandlungsverfahren)
R4	Recycling und Rückgewinnung von Metallen und Metallverbindungen
R5	Recycling und Rückgewinnung von anderen anorganischen Stoffen
R6	Regenerierung von Säuren und Basen
R7	Wiedergewinnung von Bestandteilen, die der Bekämpfung der Verunreinigungen dienen
R8	Wiedergewinnung von Katalysatorenbestandteilen
R9	Erneute Ölraffination oder andere Wiederverwendungen von Öl
R10	Aufbringung auf den Boden zum Nutzen der Landwirtschaft oder zur ökologischen Verbesserung
R11	Verwendung von Abfällen, die bei einem der in R1 bis R10 aufgeführten Verfahren gewonnen werden
R12	Austausch von Abfällen, um sie einem der in R1 bis R11 aufgeführten Verfahren zu unterziehen
R13	Ansammlung von Abfällen, um sie einem der in R1 bis R12 aufgeführten Verfahren zu unterziehen (ausgenommen zeitweilige Lagerung bis zur Sammlung auf dem Gelände der Entstehung der Abfälle)

Abb. 13.4: Verwertungsverfahren für Abfälle

Nachweispflichten (§ 50)

Die Erzeuger, Besitzer, Sammler, Beförderer und Entsorger von gefährlichen Abfällen haben sowohl der zuständigen Behörde gegenüber als auch untereinander die ordnungsgemäße Entsorgung gefährlicher Abfälle nachzuweisen. Der Nachweis wird geführt:

- vor Beginn der Entsorgung in Form einer Erklärung des Erzeugers, Besitzers, Sammlers oder Beförderers von Abfällen zur vorgesehenen Entsorgung, einer Annahmeerklärung des Abfallentsorgers sowie der Bestätigung der Zulässigkeit der vorgesehenen Entsorgung durch die zuständige Behörde und
- über die durchgeführte Entsorgung oder Teilabschnitte der Entsorgung in Form von Erklärungen der Verpflichteten über den Verbleib der entsorgten Abfälle.

Die Nachweispflichten gelten nicht für die Entsorgung gefährlicher Abfälle, welche die Erzeuger oder Besitzer von Abfällen in eigenen Abfallentsorgungsanlagen entsorgen, wenn diese Entsorgungsanlagen in einem engen räumlichen und betrieblichen Zusammenhang mit den Anlagen oder Stellen stehen, in denen die zu entsorgenden Abfälle angefallen sind. Die Registerpflichten nach § 49 KrWG bleiben unberührt.

Die Nachweispflichten gelten nicht bis zum Abschluss der Rücknahme oder Rückgabe von Erzeugnissen oder der nach Gebrauch der Erzeugnisse verbleibenden gefährlichen Abfälle, die einer verordneten Rücknahme oder Rückgabe nach § 25 KrWG unterliegen. Eine Rücknahme oder Rückgabe von Erzeugnissen und der nach Gebrauch der Erzeugnisse verbleibenden Abfälle gilt spätestens mit der Annahme an einer Anlage zur weiteren Entsorgung, ausgenommen Anlagen zur Zwischenlagerung der Abfälle, als abgeschlossen, soweit die Rechtsverordnung, welche die Rückgabe oder Rücknahme anordnet, keinen früheren Zeitpunkt bestimmt.

Anforderungen an Nachweise und Register (§ 52)

Die Bundesregierung wird ermächtigt, durch Rechtsverordnung die näheren Anforderungen an die Form, den Inhalt sowie das Verfahren zur Führung und Vorlage der Nachweise, Register und der Mitteilung bestimmter Angaben aus den Registern festzulegen sowie die verpflichteten Anlagen oder Unternehmen zu bestimmen. Durch Rechtsverordnung kann auch bestimmt werden, dass:

- der Nachweis nach § 50 KrWG nach Ablauf einer bestimmten Frist als bestätigt gilt oder eine Bestätigung entfällt, soweit jeweils die ordnungsgemäße Entsorgung gewährleistet bleibt,
- auf Verlangen der zuständigen Behörde oder eines früheren Besitzers Belege über die Durchführung der Entsorgung der Behörde oder dem früheren Besitzer vorzulegen sind,
- für bestimmte Kleinmengen, die nach Art und Beschaffenheit der Abfälle auch unterschiedlich festgelegt werden können, oder für einzelne Abfallbewirtschaftungsmaßnahmen, Abfallarten oder Abfallgruppen bestimmte Anforderungen nicht oder abweichende Anforderungen gelten, soweit jeweils die ordnungsgemäße Entsorgung gewährleistet bleibt,
- die zuständige Behörde unter dem Vorbehalt des Widerrufs auf Antrag oder von Amts wegen Verpflichtete ganz oder teilweise von der Führung von Nachweisen oder Registern freistellen kann, soweit die ordnungsgemäße Entsorgung gewährleistet bleibt,
- die Register in Form einer sachlich und zeitlich geordneten Sammlung der vorgeschriebenen Nachweise oder der Belege, die in der Entsorgungspraxis gängig sind, geführt werden,
- die Nachweise und Register bis zum Ablauf bestimmter Fristen aufzubewahren sind sowie
- bei der Beförderung von Abfällen geeignete Angaben zum Zweck der Überwachung mitzuführen sind.

Sammler, Beförderer, Händler und Makler von Abfällen (§ 53)

Sammler, Beförderer, Händler und Makler von Abfällen haben die Tätigkeit ihres Betriebes vor Aufnahme der Tätigkeit der zuständigen Behörde anzuzeigen, es sei denn, der Betrieb verfügt über eine Erlaubnis nach § 54 KrWG. Die zuständige Behörde bestätigt dem Anzeigenden unverzüglich schriftlich den Eingang der Anzeige. Zuständig ist die Behörde des Landes, in dem der Anzeigende seinen Hauptsitz hat.

Der Inhaber eines Betriebes sowie die für die Leitung und Beaufsichtigung des Betriebes verantwortlichen Personen müssen zuverlässig sein. Der Inhaber, soweit er für die Leitung des Betriebes verantwortlich ist, die für die Leitung und Beaufsichtigung des Betriebes verantwortlichen Personen und das sonstige Personal müssen über die für ihre Tätigkeit notwendige Fach- und Sachkunde verfügen.

Die zuständige Behörde kann die angezeigte Tätigkeit von Bedingungen abhängig machen, sie zeitlich befristen oder Auflagen für sie vorsehen, soweit dies zur Wahrung des Wohls der Allgemeinheit erforderlich ist. Sie kann Unterlagen über den Nachweis der Zuverlässigkeit und der Fach- und Sachkunde vom Anzeigenden verlangen. Sie hat die angezeigte Tätigkeit zu untersagen, wenn Tatsachen bekannt sind, aus denen sich Bedenken gegen die Zuverlässigkeit des Inhabers oder der für die Leitung und Beaufsichtigung des Betriebes verantwortlichen Personen ergeben, oder wenn die erforderliche Fach- oder Sachkunde nicht nachgewiesen wurde.

Die Bundesregierung wird ermächtigt, durch Rechtsverordnung für die Anzeige und Tätigkeit der Sammler, Beförderer, Händler und Makler von Abfällen, für Sammler und Beförderer von Abfällen insbesondere unter Berücksichtigung der Besonderheiten der jeweiligen Verkehrsträger, Verkehrswege oder der jeweiligen Beförderungsart:

- Vorschriften zu erlassen über die Form, den Inhalt und das Verfahren zur Erstattung der Anzeige, über Anforderungen an die Zuverlässigkeit, die Fach- und Sachkunde und deren Nachweis,
- anzuordnen, dass das Verfahren zur Erstattung der Anzeige elektronisch zu führen ist und Dokumente in elektronischer Form vorzulegen sind,
- bestimmte Tätigkeiten von der Anzeigepflicht auszunehmen, soweit eine Anzeige aus Gründen des Wohls der Allgemeinheit nicht erforderlich ist, sowie
- Anforderungen an die Anzeigepflichtigen und deren Tätigkeit zu bestimmen, die sich aus Rechtsvorschriften der Europäischen Union ergeben.

Sammler, Beförderer, Händler und Makler von gefährlichen Abfällen (§ 54)

Sammler, Beförderer, Händler und Makler von gefährlichen Abfällen bedürfen der Erlaubnis. Die zuständige Behörde hat die Erlaubnis zu erteilen, wenn:

- keine Tatsachen bekannt sind, aus denen sich Bedenken gegen die Zuverlässigkeit des Inhabers oder der für die Leitung und Beaufsichtigung des Betriebes verantwortlichen Personen ergeben, sowie
- der Inhaber, soweit er für die Leitung des Betriebes verantwortlich ist, die für die Leitung und Beaufsichtigung des Betriebes verantwortlichen Personen und das sonstige Personal über die für ihre Tätigkeit notwendige Fach- und Sachkunde verfügen.

Von der Erlaubnispflicht ausgenommen sind:

- öffentlich-rechtliche Entsorgungsträger sowie
- Entsorgungsfachbetriebe im Sinne von § 56 KrWG, soweit sie für die erlaubnispflichtige Tätigkeit zertifiziert sind.

Die Bundesregierung wird ermächtigt, durch Rechtsverordnung für die Erlaubnispflicht und Tätigkeit der Sammler, Beförderer, Händler und Makler von gefährlichen Abfällen, für Sammler und Beförderer von gefährlichen Abfällen, insbesondere unter Berücksichtigung der Besonderheiten der jeweiligen Verkehrsträger, Verkehrswege oder Beförderungsart:

- Vorschriften zu erlassen über die Antragsunterlagen, die Form, den Inhalt und das Verfahren zur Erteilung der Erlaubnis, die Anforderungen an die Zuverlässigkeit, Fach- und Sachkunde sowie deren Nachweis, die Fristen, nach denen das Vorliegen der Voraussetzungen erneut zu überprüfen ist,
- anzuordnen, dass das Erlaubnisverfahren elektronisch zu führen ist und Dokumente in elektronischer Form vorzulegen sind,
- bestimmte Tätigkeiten von der Erlaubnispflicht auszunehmen, soweit eine Erlaubnis aus Gründen des Wohls der Allgemeinheit nicht erforderlich ist,
- Anforderungen an die Erlaubnispflichtigen und deren Tätigkeit zu bestimmen, die sich aus Rechtsvorschriften der Europäischen Union ergeben, sowie
- anzuordnen, dass bei der Beförderung von Abfällen geeignete Unterlagen zum Zweck der Überwachung mitzuführen sind.

Kennzeichnung der Fahrzeuge (§ 55)

Sammler und Beförderer haben Fahrzeuge, mit denen sie Abfälle in Ausübung ihrer Tätigkeit auf öffentlichen Straßen befördern, vor Antritt der Fahrt mit zwei rückstrahlenden weißen Warntafeln zu versehen (A-Schilder). Dies gilt nicht für Sammler und Beförderer, die im Rahmen wirtschaftlicher Unternehmen Abfälle sammeln oder befördern.

13.8 Abfallbeförderung gemäß Beförderungserlaubnisverordnung (BefErlV)

13.8.1 Allgemeine Vorschriften

Erlaubnispflicht, Anwendungsbereich (§ 1)

Diese Verordnung gilt für Erlaubnisse von Sammlern und Beförderern gefährlicher Abfälle gemäß § 54 des Kreislaufwirtschaftsgesetzes. Die Vorschriften der Verordnung gelten nicht:

- für die Sammlung und Beförderung von gefährlichen Abfällen zur Verwertung, die vom Hersteller oder Vertreiber freiwillig oder aufgrund einer Rechtsverordnung zurückgenommen werden,
- für die Sammlung und Beförderung von Altfahrzeugen im Rahmen der Überlassung von Altfahrzeugen gemäß Altfahrzeug-Verordnung.

Begriffsbestimmungen (§ 2)

„Betriebsinhaber" sind diejenigen natürlichen oder juristischen Personen oder die nicht rechtsfähigen Personenvereinigungen, die den Sammlungs- oder Beförderungsbetrieb betreiben.

Für die Leitung und Beaufsichtigung des Betriebes „verantwortliche Personen" sind diejenigen natürlichen Personen, die vom Betriebsinhaber mit der fachlichen Leitung, Überwachung und Kontrolle der vom Betrieb durchgeführten Sammlungs- oder Beförderungstätigkeiten insbesondere im Hinblick auf die Beachtung der hierfür geltenden Vorschriften und Anordnungen bestellt worden sind.

„Sonstiges Personal" sind Arbeitnehmer und andere im Betrieb beschäftigte Personen, die bei der Ausführung der Sammlungs- oder Beförderungstätigkeit mitwirken.

13.8.2 Anforderungen an die Fach- und Sachkunde des Sammlers und Beförderers

Fachkunde der für die Leitung und Beaufsichtigung des Betriebes verantwortlichen Personen (§ 3)

Die für die Leitung und Beaufsichtigung eines Betriebes zur Sammlung und Beförderung von Abfällen zur Beseitigung oder gefährlichen Abfällen zur Verwertung verantwortlichen Personen müssen die für ihren Tätigkeitsbereich erforderliche Fachkunde besitzen. Die Fachkunde erfordert:

- während einer zweijährigen praktischen Tätigkeit erworbene Kenntnisse über die Sammlung oder Beförderung von Abfällen und
- die Teilnahme an einem oder mehreren von der zuständigen Behörde anerkannten Lehrgängen, in denen Kenntnisse entsprechend der Abbildung 13.5 vermittelt worden sind.

13

**Anforderungen an die Fachkunde
nach Beförderungserlaubnisverordnung**

Die Kenntnisse müssen sich auf folgende Bereiche erstrecken:

• sach- und fachgerechte Sammlung und Beförderung von Abfällen unter besonderer Berücksichtigung der abfallrelevanten Transporttechniken und Kennzeichnung von Fahrzeugen und Behältern

• schädliche Umwelteinwirkungen und sonstige Gefahren, erhebliche Nachteile und
  erhebliche Belästigungen, die von Abfällen ausgehen können, und Maßnahmen zu
  ihrer Verhinderung oder Beseitigung

• Art und Beschaffenheit von gefährlichen Abfällen

• Vorschriften des Abfallrechts und des für die Sammlungs- und Beförderungstätigkeit geltenden sonstigen Umweltrechts

• Bezüge zum Güterkraftverkehrs- und Gefahrgutrecht

• Vorschriften der betrieblichen Haftung

Abb. 13.5: Anforderungen an die Fachkunde

Als Voraussetzung für die Fachkunde sind auch anzuerkennen:

• der Abschluss eines Studiums auf den Gebieten des Ingenieurwesens, der Chemie, der Biologie oder der Physik an einer Hochschule, eine technische Fachschulausbildung, die Qualifikation als Meister oder eine abgeschlossene kaufmännische Berufsausbildung auf einem Fachgebiet, dem der Betrieb hinsichtlich seiner Betriebsvorgänge zuzuordnen ist, und
• während einer einjährigen praktischen Tätigkeit erworbene Kenntnisse über die Sammlung und
  Beförderung von Abfällen.

Die Teilnahme an einem anerkannten Lehrgang bleibt unberührt.

Die Ausbildung in anderen als den genannten Fachgebieten kann anerkannt werden, wenn diese
Ausbildung im Hinblick auf die Aufgabenstellung im Einzelfall als gleichwertig anzusehen ist. Die
Berufserfahrung in anderen genannten Tätigkeitsgebieten kann anerkannt werden, wenn die auf-
grund der praktischen Tätigkeit erworbenen Kenntnisse im Hinblick auf die Aufgabenstellung im
Einzelfall als gleichwertig anzusehen sind.

Von der Erfüllung der genannten Fachkundevoraussetzungen kann abgesehen werden, wenn die
für die Leitung und Beaufsichtigung des Betriebes verantwortliche Person:

• am 7. Oktober 1996 seit mindestens drei Jahren im Betrieb Aufgaben wahrgenommen hat, die
  mit denen einer für die Leitung und Beaufsichtigung des Betriebes verantwortlichen Person
  vergleichbar sind und
• die ordnungsgemäße Erfüllung dieser Aufgaben gewährleistet ist.

Die Anforderungen an die Fortbildung bleiben unberührt.

Anforderungen an das sonstige Personal (§ 4)

Das sonstige Personal muss die für die jeweils wahrgenommene Sammlungs- und Beförderungstätigkeit erforderliche Sachkunde besitzen. Die Sachkunde erfordert eine betriebliche Einarbeitung auf der Grundlage eines Einarbeitungsplanes.

Anforderungen an beauftragte Dritte (§ 5)

Mit der Ausführung einer Sammlungs- oder Beförderungstätigkeit darf der Sammler und Beförderer einen Dritten nur beauftragen, wenn dieser die jeweils wahrgenommene Sammlungs- oder Beförderungstätigkeit gemäß § 53 KrWG angezeigt hat oder, falls für die beauftragte Tätigkeit notwendig, im Besitz einer Erlaubnis gemäß § 54 KrWG ist.

Anforderungen an die Fortbildung (§ 6)

Die für die Leitung und Beaufsichtigung des Sammlungs- oder Beförderungsbetriebes verantwortlichen Personen sowie das sonstige Personal müssen durch geeignete Fortbildung über den für die Tätigkeit erforderlichen aktuellen Wissensstand verfügen. Die für die Leitung und Beaufsichtigung verantwortlichen Personen haben regelmäßig, mindestens alle drei Jahre, an Lehrgängen teilzunehmen. Die Fortbildungsmaßnahmen erstrecken sich auf die in Abbildung 13.5 genannten Sachgebiete. Hinsichtlich des sonstigen Personals hat der Betriebsinhaber den Fortbildungsbedarf zu ermitteln.

13.8.3 Antrag und Unterlagen, Beförderungserlaubnis

Antrag und Unterlagen (§ 7)

Der Antrag auf Erteilung einer Beförderungserlaubnis ist schriftlich unter Verwendung eines Vordrucks bei der zuständigen Behörde zu stellen. Dem Antrag sind die Unterlagen beizufügen, die zur Prüfung der Erlaubnisvoraussetzungen erforderlich sind. Hierzu zählen insbesondere:

- für den Antragsteller (Betriebsinhaber)
  - die Gewerbeanmeldung,
  - der Handeisregisterauszug,
  - das Führungszeugnis,
  - die Auskunft aus dem Gewerbezentralregister,
  - der Nachweis einer Kraftfahrzeug-Haftpflichtversicherung einschließlich einer auf den Sammlungs- und Beförderungsvorgang bezogenen Umwelthaftpflichtversicherung,
  - soweit eine Zwischenlagerung oder eine andere, nicht zum Gebrauch eines Kraftfahrzeuges gehörende Tätigkeit vorgenommen werden soll, zusätzlich der Nachweis einer Betriebshaftpflichtversicherung und einer auf diese Tätigkeit bezogenen Umwelthaftpflichtversicherung,

- für den gesetzlichen Vertreter des Betriebsinhabers, bei juristischen Personen oder nicht rechtsfähigen Personenvereinigungen die nach Gesetz, Satzung oder Gesellschaftsvertrag zur Vertretung oder Geschäftsführung Berechtigten:
  - das Führungszeugnis,
  - die Auskunft aus dem Gewerbezentralregister,

- für die für die Leitung und Beaufsichtigung des Betriebes verantwortlichen Personen:
  - das Führungszeugnis,
  - die Auskunft aus dem Gewerbezentralregister,
  - Nachweise über die Fachkunde.

Beförderungserlaubnis (§ 8)

Die Beförderungserlaubnis berechtigt den Sammler und Beförderer, Abfälle im Bundesgebiet zu sammeln und zu befördern. Sie ist nicht übertragbar. Die Beförderungserlaubnis kann mit Auflagen verbunden werden, soweit dies zur Wahrung des Wohls der Allgemeinheit, insbesondere zur Sicherstellung der Erlaubnisvoraussetzungen, erforderlich ist. Der Sammler und Beförderer muss den Auflagen nachkommen. Die zuständige Behörde hat den Antragsteller insbesondere zu verpflichten, ihr die Veränderung von Umständen mitzuteilen, die für die Erfüllung der Erlaubnisvoraussetzungen erheblich sind. Der Sammler und Beförderer hat eine Ausfertigung der Beförderungserlaubnis oder der die Erlaubnis nach § 54 KrWG bei der Beförderung mitzuführen.

13.9   Entsorgungsfachbetriebe

Zertifizierung von Entsorgungsfachbetrieben (§ 56)

Entsorgungsfachbetriebe wirken an der Förderung der Kreislaufwirtschaft und der Sicherstellung des Schutzes von Mensch und Umwelt bei der Erzeugung und Bewirtschaftung von Abfällen nach Maßgabe der hierfür geltenden Rechtsvorschriften mit.

Entsorgungsfachbetrieb ist ein Betrieb, der:

- gewerbsmäßig, im Rahmen wirtschaftlicher Unternehmen oder öffentlicher Einrichtungen Abfälle sammelt, befördert, lagert, behandelt, verwertet, beseitigt, mit diesen handelt oder makelt und
- in Bezug auf eine oder mehrere der genannten Tätigkeiten durch eine technische Überwachungsorganisation oder eine Entsorgergemeinschaft als Entsorgungsfachbetrieb zertifiziert ist.

Das Zertifikat darf nur erteilt werden, wenn der Betrieb die für die ordnungsgemäße Wahrnehmung seiner Aufgaben erforderlichen Anforderungen an seine Organisation, seine personelle, gerätetechnische und sonstige Ausstattung, seine Tätigkeit sowie die Zuverlässigkeit und Fach- und Sachkunde seines Personals erfüllt. In dem Zertifikat sind die zertifizierten Tätigkeiten des Betriebes, insbesondere bezogen auf seine Standorte und Anlagen sowie die Abfallarten, genau zu bezeichnen. Das Zertifikat ist zu befristen. Die Gültigkeitsdauer darf einen Zeitraum von 18 Monaten nicht überschreiten. Das Vorliegen der Voraussetzungen wird mindestens jährlich von der technischen Überwachungsorganisation oder der Entsorgergemeinschaft überprüft.

Mit Erteilung des Zertifikats ist dem Betrieb von der technischen Überwachungsorganisation oder Entsorgergemeinschaft die Berechtigung zum Führen eines Überwachungszeichens zu erteilen, das die Bezeichnung „Entsorgungsfachbetrieb" in Verbindung mit dem Hinweis auf die zertifizierte Tätigkeit und die das Überwachungszeichen erteilende technische Überwachungsorganisation oder Entsorgergemeinschaft aufweist. Ein Betrieb darf das Überwachungszeichen nur führen, soweit und solange er als Entsorgungsfachbetrieb zertifiziert ist.

Technische Überwachungsorganisation und Entsorgergemeinschaft haben sich für die Überprüfung der Betriebe Sachverständiger zu bedienen, die die für die Durchführung der Überwachung erforderliche Zuverlässigkeit, Unabhängigkeit sowie Fach- und Sachkunde besitzen.

Entfallen die Voraussetzungen für die Erteilung des Zertifikats, hat die technische Überwachungsorganisation oder die Entsorgergemeinschaft dem Betrieb das von ihr erteilte Zertifikat und die Berechtigung zum Führen des Überwachungszeichens zu entziehen sowie den Betrieb aufzufordern, das Zertifikat zurückzugeben und das Überwachungszeichen nicht weiterzuführen. Kommt der Betrieb dieser Aufforderung innerhalb einer von der technischen Überwachungsorganisation oder Entsorgergemeinschaft gesetzten Frist nicht nach, kann die zuständige Behörde dem Betrieb das erteilte Zertifikat und die Berechtigung zum Führen des Überwachungszeichens entziehen sowie die sonstige weitere Verwendung der Bezeichnung „Entsorgungsfachbetrieb" untersagen.

Anforderungen an Entsorgungsfachbetriebe, technische Überwachungsorganisationen und Entsorgergemeinschaften (§ 57)

Die Bundesregierung wird ermächtigt, durch Rechtsverordnung Anforderungen an Entsorgungsfachbetriebe, technische Überwachungsorganisationen und Entsorgergemeinschaften zu bestimmen. In der Rechtsverordnung können insbesondere:

- Anforderungen an die Organisation, die personelle, gerätetechnische und sonstige Ausstattung und die Tätigkeit eines Entsorgungsfachbetriebes bestimmt sowie ein ausreichender Haftpflichtversicherungsschutz gefordert werden,
- Anforderungen an den Inhaber und die im Entsorgungsfachbetrieb beschäftigten Personen, insbesondere Mindestanforderungen an die Fach- und Sachkunde und die Zuverlässigkeit sowie an deren Nachweis, bestimmt werden,
- Anforderungen an die Tätigkeit der technischen Überwachungsorganisationen, insbesondere Mindestanforderungen an den Überwachungsvertrag sowie dessen Abschluss, Durchführung, Auflösung und Erlöschen, bestimmt werden,
- Anforderungen an die Tätigkeit der Entsorgergemeinschaften, insbesondere an deren Bildung, Auflösung, Organisation und Arbeitsweise, einschließlich der Bestellung, Aufgaben und Befugnisse der Prüforgane sowie Mindestanforderungen an die Mitglieder dieser Prüforgane, bestimmt werden,
- Mindestanforderungen an die für die technischen Überwachungsorganisationen oder für die Entsorgergemeinschaften tätigen Sachverständigen sowie deren Bestellung, Tätigkeit und Kontrolle bestimmt werden,
- Anforderungen an das Überwachungszeichen und das zugrunde liegende Zertifikat, insbesondere an die Form und den Inhalt, sowie Anforderungen an ihre Erteilung, ihre Aufhebung, ihr Erlöschen und ihren Entzug bestimmt werden,
- die besonderen Voraussetzungen, das Verfahren, die Erteilung und Aufhebung der Zustimmung zum Überwachungsvertrag durch die zuständige Behörde geregelt werden sowie der Anerkennung der Entsorgergemeinschaften durch die zuständige Behörde geregelt werden. Dabei kann die Anerkennung der Entsorgergemeinschaften bei drohenden Beschränkungen des Wettbewerbes widerrufen werden,
- die näheren Anforderungen an den Entzug des Zertifikats und der Berechtigung zum Führen des Überwachungszeichens sowie an die Untersagung der sonstigen weiteren Verwendung der Bezeichnung „Entsorgungsfachbetrieb" durch die zuständige Behörde bestimmt werden sowie
- für die erforderlichen Erklärungen, Nachweise, Benachrichtigungen oder sonstigen Daten die elektronische Führung und die Vorlage von Dokumenten in elektronischer Form angeordnet werden.

13

13.10 Betriebsorganisation, Betriebsbeauftragter für Abfall und Erleichterungen für auditierte Unternehmensstandorte

Mitteilungspflichten zur Betriebsorganisation (§ 58)

Besteht bei Kapitalgesellschaften das vertretungsberechtigte Organ aus mehreren Mitgliedern oder sind bei Personengesellschaften mehrere vertretungsberechtigte Gesellschafter vorhanden, so ist der zuständigen Behörde anzuzeigen, wer von ihnen nach den Bestimmungen über die Geschäftsführungsbefugnis für die Gesellschaft die Pflichten des Betreibers einer genehmigungsbedürftigen Anlage im Sinne des § 4 des Bundes-Immissionsschutzgesetzes oder die Pflichten des Besitzers im Sinne des § 27 KrWG wahrnimmt, die ihm nach diesem Gesetz und nach den aufgrund dieses Gesetzes erlassenen Rechtsverordnungen obliegen. Die Gesamtverantwortung aller Organmitglieder oder Gesellschafter bleibt hiervon unberührt.

Der Betreiber einer genehmigungsbedürftigen Anlage im Sinne des § 4 des Bundes-Immissionsschutzgesetzes, der Besitzer im Sinne des § 27 KrWG oder im Rahmen ihrer Geschäftsführungsbefugnis die anzuzeigende Person hat der zuständigen Behörde mitzuteilen, auf welche Weise sichergestellt ist, dass die Vorschriften und Anordnungen, die der Vermeidung, Verwertung und umweltverträglichen Beseitigung von Abfällen dienen, beim Betrieb beachtet werden.

Bestellung eines Betriebsbeauftragten für Abfall (§ 59)

Betreiber von genehmigungsbedürftigen Anlagen im Sinne des § 4 des Bundes-Immissionsschutzgesetzes, Betreiber von Anlagen, in denen regelmäßig gefährliche Abfälle anfallen, Betreiber ortsfester Sortier-, Verwertungs- oder Abfallbeseitigungsanlagen sowie Besitzer im Sinne des § 27 KrWG haben unverzüglich einen oder mehrere Betriebsbeauftragte für Abfall (Abfallbeauftragte) zu bestellen, sofern dies im Hinblick auf die Art oder die Größe der Anlagen erforderlich ist wegen der:

- in den Anlagen anfallenden, verwerteten oder beseitigten Abfälle,
- technischen Probleme der Vermeidung, Verwertung oder Beseitigung oder
- Eignung der Produkte oder Erzeugnisse, die bei oder nach bestimmungsgemäßer Verwendung Probleme hinsichtlich der ordnungsgemäßen und schadlosen Verwertung oder umweltverträglichen Beseitigung hervorrufen.

Das Bundesministerium für Umwelt, Naturschutz und Reaktorsicherheit bestimmt durch Rechtsverordnung die Anlagen, deren Betreiber Abfallbeauftragte zu bestellen haben. Die zuständige Behörde kann anordnen, dass Betreiber von Anlagen, für die die Bestellung eines Abfallbeauftragten nicht durch Rechtsverordnung vorgeschrieben ist, einen oder mehrere Abfallbeauftragte zu bestellen haben, soweit sich im Einzelfall die Notwendigkeit der Bestellung. Ist nach § 53 des Bundes-Immissionsschutzgesetzes ein Immissionsschutzbeauftragter oder nach § 64 des Wasserhaushaltsgesetzes ein Gewässerschutzbeauftragter zu bestellen, so können diese auch die Aufgaben und Pflichten eines Abfallbeauftragten wahrnehmen.

Aufgaben des Betriebsbeauftragten für Abfall (§ 60)

Der Abfallbeauftragte berät den Betreiber und die Betriebsangehörigen in Angelegenheiten, die für die Abfallvermeidung und Abfallbewirtschaftung bedeutsam sein können. Er ist berechtigt und verpflichtet:

- den Weg der Abfälle von ihrer Entstehung oder Anlieferung bis zu ihrer Verwertung oder Beseitigung zu überwachen,
- die Einhaltung der Vorschriften des KrWG und der aufgrund dieses Gesetzes erlassenen Rechtsverordnungen sowie die Erfüllung erteilter Bedingungen und Auflagen zu überwachen, insbesondere durch Kontrolle der Betriebsstätte und der Art und Beschaffenheit der in der Anlage anfallenden, verwerteten oder beseitigten Abfälle,
- er ist verpflichtet in regelmäßigen Abständen, Mitteilung über festgestellte Mängel und Vorschläge zur Mängelbeseitigung zu unterbreiten,
- die Betriebsangehörigen aufzuklären über Beeinträchtigungen des Wohls der Allgemeinheit, welche von den Abfällen ausgehen können, die in der Anlage anfallen, verwertet oder beseitigt werden und über Einrichtungen und Maßnahmen zur Verhinderung von Beeinträchtigungen des Wohls der Allgemeinheit unter Berücksichtigung der für die Vermeidung, Verwertung und Beseitigung von Abfällen geltenden Gesetze und Rechtsverordnungen,
- bei genehmigungsbedürftigen Anlagen im Sinne des § 4 des Bundes-Immissionsschutzgesetzes oder solchen Anlagen, in denen regelmäßig gefährliche Abfälle anfallen, zudem hinzuwirken auf die Entwicklung und Einführung umweltfreundlicher und abfallarmer Verfahren, einschließlich Verfahren zur Vermeidung, ordnungsgemäßen und schadlosen Verwertung oder umweltverträglichen Beseitigung von Abfällen, sowie umweltfreundlicher und abfallarmer Erzeugnisse, einschließlich Verfahren zur Wiederverwendung, Verwertung oder umweltverträglichen Beseitigung nach Wegfall der Nutzung, sowie
- bei der Entwicklung und Einführung umweltfreundlicher und abfallarmer Verfahren und Erzeugnisse mitzuwirken, insbesondere durch Begutachtung der Verfahren und Erzeugnisse unter den Gesichtspunkten der Abfallbewirtschaftung,
- bei Anlagen, in denen Abfälle verwertet oder beseitigt werden, zudem auf Verbesserungen des Verfahrens hinzuwirken.

Der Abfallbeauftragte erstattet dem Betreiber jährlich einen schriftlichen Bericht über die getroffenen und beabsichtigten Maßnahmen.

Auf das Verhältnis zwischen dem zur Bestellung Verpflichteten und dem Abfallbeauftragten finden § 55 und die §§ 56 bis 58 des Bundes-Immissionsschutzgesetzes entsprechende Anwendung. Das Bundesministerium für Umwelt, Naturschutz und Reaktorsicherheit wird ermächtigt, durch Rechtsverordnung vorzuschreiben, welche Anforderungen an die Fachkunde und Zuverlässigkeit des Abfallbeauftragten zu stellen sind. Abbildung 13.6 enthält ein Ernennungsschreiben für den Betriebsbeauftragten für Abfall.

Betriebsbeauftragter für Abfall

Herr/Frau (Name, Vorname)   _____

wird mit Wirkung vom   _____

für das Unternehmen (Name, Sitz, Werk)   _____

                                                   _____

zum/zur Betriebsbeauftragten für Abfall gemäß §§ 59 KrWG bestellt.

Er/sie nimmt gemäß § 60 KrWG folgende Aufgaben wahr:

- Überwachung der Abfälle von ihrer Entstehung oder Anlieferung bis zu ihrer Verwertung
  oder Beseitigung.

- Überwachung der Einhaltung der Vorschriften des KrWG, der aufgrund dieses
  Gesetzes erlassenen Rechtsvorschriften sowie der erteilten Bedingungen und Auflagen.

- Beratung des Betreibers und der Betriebsangehörigen in Angelegenheiten, die für die
  Kreislaufwirtschaft bedeutsam sein können.

- Hinwirkung auf die Entwicklung, Einführung und Begutachtung umweltfreundlicher
  Produkte und Verfahren.

- Jährliche Berichterstattung über die getroffenen und beabsichtigten Maßnahmen.

Der/die Betriebsbeauftragte für Abfall berichtet Herrn/Frau

_____

als Verantwortliche(r) der Geschäftsleitung.

Je eine Kopie dieser Bestellungsurkunde erhalten die zuständige Behörde,
der Betriebsrat und die Personalabteilung unseres Unternehmens.

_____   _____
        Datum, Ort   Unternehmer/Bevollmächtigter

_____   _____
     Abfallbeauftragte/r   Betriebsrat

Abb. 13.6: Ernennungsschreiben „Betriebsbeauftragter für Abfall"

13.11 Abfallverzeichnisverordnung (AVV)

Anwendungsbereich (§ 1)

Diese Verordnung gilt für die Bezeichnung von Abfall und die Einstufung von Abfällen nach ihrer Gefährlichkeit.

Gefährlichkeit von Abfällen (§ 3)

Die mit einem Sternchen (*) versehenen gefährlichen Abfallarten im Abfallverzeichnis sind gefährlich im Sinne des § 48 des Kreislaufwirtschaftsgesetzes. Von als gefährlich eingestuften Abfällen wird angenommen, dass sie eine oder mehrere der der Richtlinie 2008/98/EG des Europäischen Parlaments und des Rates vom 19. November 2008 über gefährliche Abfälle aufgeführten Eigenschaften und hinsichtlich der dort aufgeführten Eigenschaften H3 bis H8, H10 und H11 eines oder mehrere der folgenden Merkmale aufweisen:

- Flammpunkt ≤ 55 °C,
- Gesamtkonzentration von ≥ 0,1 % an einem oder mehreren als sehr giftig eingestuften Stoffen,
- Gesamtkonzentration von ≥ 3 % an einem oder mehreren als giftig eingestuften Stoffen,
- Gesamtkonzentration von ≥ 25 % an einem oder mehreren als gesundheitsschädlich eingestuften Stoffen,
- Gesamtkonzentration von ≥ 1 % an einem oder mehreren nach R35 als ätzend eingestuften Stoffen,
- Gesamtkonzentration von ≥ 5 % an einem oder mehreren nach R34 als ätzend eingestuften Stoffen,
- Gesamtkonzentration von ≥ 10 % an einem oder mehreren nach R41 als reizend eingestuften Stoffen,
- Gesamtkonzentration von ≥ 20 % an einem oder mehreren nach R36, R37, R38 als reizend eingestuften Stoffen,
- Konzentration von ≥ 0,1 % an einem als krebserzeugend bekannten Stoff der Kategorie 1 oder 2,
- Konzentration von ≥ 1 % an einem als krebserzeugend bekannten Stoff der Kategorie 3,
- Konzentration von ≥ 0,5 % an einem nach R60 oder R61 als fortpflanzungsgefährdend eingestuften Stoff der Kategorie 1 oder 2,
- Konzentration von ≥ 5 % an einem nach R62 oder R63 als fortpflanzungsgefährdend eingestuften Stoff der Kategorie 3,
- Konzentration von ≥ 0,1 % an einem nach R46 als erbgutverändernd eingestuften Stoff der Kategorie 1 oder 2,
- Konzentration von ≥ 1 % an einem nach R40 als erbgutverändernd eingestuften Stoff der Kategorie 3.

Die Einstufung sowie die R-Nummern beziehen sich auf die Richtlinie 67/548/EWG zur Angleichung der Rechts- und Verwaltungsvorschriften für die Einstufung, Verpackung und Kennzeichnung gefährlicher Stoffe.

13

Abfallarten (Anlage)

Die verschiedenen Abfallarten im Verzeichnis (Abb. 13.7) sind vollständig definiert durch den sechsstelligen Abfallschlüssel und die entsprechenden zwei- bzw. vierstelligen Kapitelüberschriften. Deshalb ist ein Abfall im Verzeichnis in den folgenden vier Schritten zu bestimmen:

1. Bestimmung der Herkunft der Abfälle in den Kapiteln 01 bis 12 bzw. 17 bis 20 und des entsprechenden sechsstelligen Abfallschlüssels (ausschließlich der auf 99 endenden Schlüssel dieser Kapitel). Eine bestimmte Anlage muss ihre Abfälle je nach der Tätigkeit gegebenenfalls auf mehrere Kapitel aufteilen. So kann z.B. ein Automobilhersteller seine Abfälle je nach Prozessstufe unter Kapitel 12 (Abfälle aus Prozessen der mechanischen Formgebung und Oberflächenbearbeitung von Metallen), 11 (anorganische metallhaltige Abfälle aus der Metallbearbeitung und -beschichtung) und 08 (Abfälle aus der Anwendung von Überzügen) finden. Anmerkung: Getrennt gesammelte Verpackungsabfälle (einschließlich Mischverpackungen aus unterschiedlichen Materialien) werden nicht in 20 01, sondern in 15 01 eingestuft.

2. Lässt sich in den Kapiteln 01 bis 12 und 17 bis 20 kein passender Abfallschlüssel finden, dann müssen zur Bestimmung des Abfalls die Kapitel 13, 14 und 15 geprüft werden.

3. Trifft keiner dieser Abfallschlüssel zu, dann ist der Abfall gemäß Kapitel 16 zu bestimmen.

4. Fällt der Abfall auch nicht unter Kapitel 16, dann ist der auf 99 endende Schlüssel (Abfälle a. n. g.) in dem Teil des Verzeichnisses zu verwenden, der der in Schritt 1 bestimmten abfallerzeugenden Tätigkeit entspricht.

Für die Zwecke dieser Verordnung bedeutet „gefährlicher Stoff" jeder Stoff, der gemäß der Gefahrstoffverordnung als gefährlich eingestuft wurde oder künftig so eingestuft wird, „Schwermetall" bedeutet jede Verbindung von Antimon, Arsen, Kadmium, Chrom (VI), Kupfer, Blei, Quecksilber, Nickel, Selen, Tellur, Thallium und Zinn sowie diese Stoffe in metallischer Form, sofern sie als gefährliche Stoffe eingestuft sind.

01	Abfälle, die beim Aufsuchen, Ausbeuten und Gewinnen sowie bei der physikalischen und chemischen Behandlung von Bodenschätzen entstehen
02	Abfälle aus Landwirtschaft, Gartenbau, Teichwirtschaft, Forstwirtschaft, Jagd und Fischerei sowie der Herstellung und Verarbeitung von Nahrungsmittel
03	Abfälle aus der Holzbearbeitung und der Herstellung von Platten, Möbeln, Zellstoffen, Papier und Pappe
04	Abfälle aus der Leder-, Pelz- und Textilindustrie
05	Abfälle aus der Erdölraffination, Erdgasreinigung und Kohlepyrolyse
06	Abfälle aus anorganisch-chemischen Prozessen
07	Abfälle aus organisch-chemischen Prozessen
08	Abfälle aus HZVA von Beschichtungen (Farben, Lacke, Email), Klebstoffen, Dichtmassen und Druckfarben
09	Abfälle aus der fotografischen Industrie
10	Abfälle aus thermischen Prozessen
11	Abfälle aus der chemischen Oberflächenbearbeitung und Beschichtung von Metallen und anderen Werkstoffen; Nichteisen-Hydrometallurgie
12	Abfälle aus Prozessen der mechanischen Formgebung sowie der physikalischen und mechanischen Oberflächenbehandlung von Metallen und Kunststoffen
13	Ölabfälle und Abfälle aus flüssigen Brennstoffen (außer Speiseöle und Ölabfälle, die unter 05, 12 und 19 fallen)
14	Abfälle aus organischen Lösemitteln, Kühlmitteln und Treibgasen (außer 07 und 08)
15	Verpackungsabfall, Aufsaugmassen, Wischtücher, Filtermaterialien und Schutzkleidung (a.n.g.)
16	Abfälle, die nicht anderswo im Verzeichnis aufgeführt sind
17	Bau- und Abbruchabfälle (einschließlich Aushub von verunreinigten Standorten)
18	Abfälle aus der humanmedizinischen oder tierärztlichen Versorgung und Forschung (ohne Küchen- und Restaurantabfälle, die nicht aus der unmittelbaren Krankenpflege stammen)
19	Abfälle aus Abfallbehandlungsanlagen, öffentlichen Abwasserbehandlungsanlagen sowie der Aufbereitung von Wasser für den menschlichen Gebrauch und Wasser für industrielle Zwecke
20	Siedlungsabfälle (Haushaltsabfälle und ähnliche gewerbliche und industrielle Abfälle sowie Abfälle aus Einrichtungen), einschließlich getrennt gesammelter Fraktionen

Abb. 13.7: Verzeichnis von Abfällen

13.12 Nachweisverordnung (NachwV)

Anwendungsbereich (§ 1)

Die Verordnung gilt für die Führung von Nachweisen und Registern über die Entsorgung von gefährlichen und nicht gefährlichen Abfällen elektronisch oder unter Verwendung von Formblättern durch:

- Erzeuger oder Besitzer von Abfällen (Abfallerzeuger),
- Einsammler oder Beförderer von Abfällen (Abfallbeförderer) und
- Betreiber von Anlagen oder Unternehmen, welche Abfälle in einem Verfahren nach Abbildung 13.3 oder Abbildung 13.4 des Kreislaufwirtschaftsgesetzes entsorgen (Abfallentsorger).

13.12.1 Nachweisführung über die Entsorgung von Abfällen

Kreis der Nachweispflichtigen und Form der Nachweisführung (§ 2)

Zur Nachweisführung verpflichtet sind Abfallerzeuger, Abfallbeförderer und Abfallentsorger, soweit eine Pflicht zur Führung von Nachweisen nach:

- § 50 des Kreislaufwirtschaftsgesetzes über die Entsorgung gefährlicher Abfälle oder
- § 51 des Kreislaufwirtschaftsgesetzes über die Entsorgung nicht gefährlicher Abfälle auf Anordnung der zuständigen Behörde

besteht. Von der Nachweispflicht ausgenommen sind Abfallerzeuger, wenn bei ihnen nicht mehr als insgesamt zwei Tonnen gefährlicher Abfälle (Kleinmengen) jährlich anfallen. Die Pflichten zur Führung der Übernahmescheine nach § 12 NachwV sowie nach § 16 NachwV bleiben unberührt. Die Verfahren und Inhalte zur Führung der Nachweise gelten für die elektronische Nachweisführung und unter Verwendung von Formblättern, soweit nichts anderes bestimmt ist.

Entsorgungsnachweis (§ 3)

Wer nachweispflichtige Abfälle zur Entsorgung in eine Abfallentsorgungsanlage bringen oder solche Abfälle dort annehmen will, hat vor Beginn der Abfallentsorgung die Zulässigkeit der vorgesehenen Entsorgung durch einen Entsorgungsnachweis unter Verwendung der hierfür vorgesehenen Formblätter zu belegen. Der Entsorgungsnachweis besteht aus dem Deckblatt Entsorgungsnachweise, der verantwortlichen Erklärung des Abfallerzeugers einschließlich der Deklarationsanalyse und der Annahmeerklärung des Abfallentsorgers (Nachweiserklärungen) sowie, soweit keine Freistellung von der Pflicht zur Einholung einer Bestätigung nach § 5 NachwV vorliegt, der Bestätigung der für die zur Entsorgung vorgesehenen Anlage (Entsorgungsanlage) zuständigen Behörde.

Der Abfallerzeuger hat vor Zuleitung der Nachweiserklärungen an die für die Entsorgungsanlage zuständige Behörde das Deckblatt „Entsorgungsnachweise" sowie den Teil „Verantwortliche Erklärung" einschließlich der „Deklarationsanalyse" des Entsorgungsnachweises auszufüllen und dem Abfallentsorger zuzuleiten. Eine Deklarationsanalyse ist nicht erforderlich, soweit die Art, Beschaffenheit und die den Abfall bestimmenden Parameter und Konzentrationswerte bekannt sind oder das Verfahren, bei dem der Abfall anfällt, und im Falle der Vorbehandlung des Abfalls, die Art der Vorbehandlung des Abfalls angegeben wird und sich aus diesen Angaben die Art, Beschaffenheit und Zusammensetzung in einem für die weitere Durchführung des Nachweisverfahrens ausreichenden Umfang ergeben. Die Angaben sind im Feld „Weitere Angaben" des Formblattes „Deklarationsanalyse" einzutragen.

Der Abfallentsorger hat vor Zuleitung der Nachweiserklärungen an die für die Entsorgungsanlage zuständige Behörde den Teil „Annahmeerklärung" auszufüllen und eine Ablichtung dem Abfallerzeuger zuzuleiten. Das Original der Nachweiserklärungen übersendet der Abfallentsorger mit dem Teil „Behördliche Bestätigung" der für die Entsorgungsanlage zuständigen Behörde.

Der Abfallerzeuger kann mit der Abgabe der verantwortlichen Erklärung einen Vertreter bevollmächtigen. Die Vollmacht ist schriftlich zu erteilen und auf Verlangen der für den Erzeuger oder der für den Entsorger zuständigen Behörde vorzulegen. Im Formblatt „Deckblatt Entsorgungsnachweise DEN" sind sowohl der Abfallerzeuger als auch der bevollmächtigte Vertreter anzugeben.

Eingangsbestätigung (§ 4)

Die für den Abfallentsorger zuständige Behörde hat dem Abfallerzeuger und dem Abfallentsorger innerhalb von zwölf Kalendertagen den Eingang der Nachweiserklärungen unter Angabe des Eingangsdatums zu bestätigen (Eingangsbestätigung), sofern sie nicht bereits innerhalb dieser Frist die Zulässigkeit der vorgesehenen Entsorgung gemäß § 5 NachwV bestätigt. Sie hat nach Eingang unverzüglich zu prüfen, ob die Nachweiserklärungen den Anforderungen entsprechen. Entsprechen die Nachweiserklärungen nicht den Anforderungen, so hat die für den Abfallentsorger zuständige Behörde den Abfallerzeuger und den Abfallentsorger unverzüglich aufzufordern, die Nachweiserklärungen innerhalb einer angemessenen Frist zu ergänzen oder weitere für die Prüfung erforderliche Unterlagen vorzulegen.

Bestätigung des Entsorgungsnachweises (§ 5)

Die für die Entsorgungsanlage zuständige Behörde bestätigt innerhalb von 30 Kalendertagen nach Eingang der Nachweiserklärungen die Zulässigkeit der vorgesehenen Entsorgung, wenn:

- die Abfälle in der vorgesehenen Entsorgungsanlage behandelt, stofflich oder energetisch verwertet, gelagert oder abgelagert werden,
- die Ordnungsgemäßheit und Schadlosigkeit der Verwertung oder die Gemeinwohlverträglichkeit der Beseitigung der Abfälle gewährleistet ist und
- im Falle einer Lagerung der Abfälle die weitere Entsorgung durch entsprechende Entsorgungsnachweise bereits festgelegt ist.

Der Lauf der Frist wird durch eine Aufforderung zur Ergänzung der Nachweiserklärungen oder zur Vorlage weiterer Unterlagen nach § 4 NachwV unterbrochen, soweit die Ergänzung oder die weiteren Unterlagen zur Bearbeitung der Nachweiserklärungen unerlässlich sind. Mit Eingang der ergänzten Nachweiserklärungen oder der weiteren Unterlagen bei der Behörde wird eine neue Frist in Gang gesetzt.

Bei der Entscheidung über die Zulässigkeit der Entsorgung ist nicht zu prüfen, ob es sich bei der vorgesehenen Entsorgungsmaßnahme um eine Verwertung oder Beseitigung von Abfällen handelt oder die im Übrigen aus dem Kreislaufwirtschaftsgesetz und sonstigen Rechtsvorschriften des Bundes und der Länder folgenden Pflichten des Abfallerzeugers eingehalten sind.

Die Bestätigung gilt längstens fünf Jahre. Sie kann unter Bedingungen erteilt und mit Auflagen verbunden werden sowie einen kürzeren Geltungszeitraum vorsehen. Trifft die für die Entsorgungsanlage zuständige Behörde innerhalb der bestimmten Frist keine Entscheidung über die beantragte Bestätigung, so gilt die Bestätigung als erteilt.

13

Handhabung nach Entscheidung (§ 6)

Die für die Entsorgungsanlage zuständige Behörde übersendet das Original des bestätigten Entsorgungsnachweises dem Abfallerzeuger sowie eine Ablichtung dem Abfallentsorger. Das Original des Entsorgungsnachweises verbleibt beim Abfallerzeuger, der eine Ablichtung spätestens vor Beginn der Entsorgung der für ihn zuständigen Behörde zuzuleiten hat.

Gilt die Bestätigung nach § 5 NachwV als erteilt, so hat der Abfallerzeuger vor Übersendung der Nachweiserklärungen an die für ihn zuständige Behörde auf der ihm nach § 3 NachwV übersandten Ablichtung der Nachweiserklärungen den Ablauf der Frist nach § 5 NachwV zu vermerken. Er übersendet spätestens vor Beginn der Entsorgung die Ablichtung der Nachweiserklärungen sowie der Eingangsbestätigung nach § 4 der für ihn zuständigen Behörde.

Der Abfallerzeuger hat dem Abfallbeförderer eine Ablichtung des Entsorgungsnachweises zu übergeben oder, soweit die Bestätigung nach § 5 NachwV als erteilt gilt, eine Ablichtung der Nachweiserklärungen sowie der Eingangsbestätigung nach § 4 NachwV. Der Beförderer, auch jeder weitere Beförderer, hat die genannten Unterlagen bei der Beförderung mitzuführen und diese Unterlagen auf Verlangen den zur Kontrolle und Überwachung Befugten vorzulegen.

Erfolgt die Beförderung mittels schienengebundener Fahrzeuge, so entfällt die Pflicht zur Mitführung von Unterlagen. In diesem Fall hat der Abfallbeförderer in geeigneter Weise sicherzustellen, dass bei einem Wechsel des Abfallbeförderers die genannten Unterlagen übergeben werden.

Wird die Bestätigung abgelehnt, fertigt die für die Entsorgungsanlage zuständige Behörde für sich eine Ablichtung der Originalunterlagen an. Sie übersendet die Originalunterlagen unmittelbar an den Abfallerzeuger sowie eine Ablichtung an die für den Abfallerzeuger zuständige Behörde und den Abfallentsorger. Der Laufweg der einzelnen Bestandteile des Entsorgungsnachweises ist in Abb. 13.8 dargestellt.

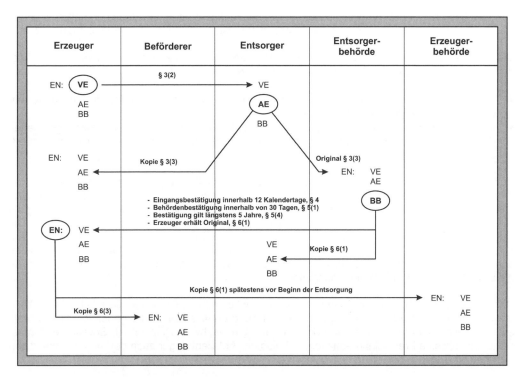

Abb. 13.8: Prozessablauf Entsorgungsnachweis (EN)

Freistellung und Privilegierung (§ 7)

Die Pflicht zur Erteilung einer Eingangsbestätigung nach § 4 NachwV und zur Einholung einer Bestätigung nach § 5 NachwV entfällt, soweit der Abfallentsorger für die von ihm betriebene Abfallentsorgungsanlage und dort durchzuführende Behandlung, stoffliche oder energetische Verwertung, Lagerung oder Ablagerung:

- als Entsorgungsfachbetrieb zertifiziert,
- auf Antrag durch die zuständige Behörde von der Bestätigungspflicht freigestellt worden ist oder
- die betriebene Abfallentsorgungsanlage zu einem nach der Verordnung (EG) Nr. 761/2001 vom 19. März 2001 über die freiwillige Beteiligung von Organisationen an einem Gemeinschaftssystem für das Umweltmanagement und die Umweltbetriebsprüfung (EMAS) und nach dem Umweltauditgesetz in das EMAS-Register eingetragenen Standort oder Teilstandort eines Unternehmens gehört, eine Eintragung ist der zuständigen Behörde mitzuteilen.

Die Freistellung gilt nur, wenn im Überwachungszertifikat die zertifizierten Tätigkeiten des Betriebes bezogen auf seine Standorte und Anlagen einschließlich der jeweiligen Abfallarten und dazugehörigen Abfallschlüssel bezeichnet sind. Hat der Entsorgungsfachbetrieb seine Fachbetriebstätigkeit nach § 2 der Entsorgungsfachbetriebeverordnung beschränkt, so sind im Überwachungszertifikat zusätzlich die von der Fachbetriebstätigkeit umfassten Abfälle nach ihrem jeweiligen Herkunftsbereich sowie die umfassten Verwertungs- oder Beseitigungsverfahren zu bezeichnen. Die Freistellung gilt nur, wenn in der für gültig erklärten Umwelterklärung Angaben zur Abfallentsorgungsanlage und zu den Abfallschlüsseln der in der Anlage entsorgten Abfälle enthalten sind und diese Angaben mit den entsprechenden Angaben aus den Nachweiserklärungen übereinstimmen.

Die zuständige Behörde hat auf Antrag unter Verwendung der hierfür vorgesehenen Formblätter den Abfallentsorger von der Bestätigungspflicht freizustellen, wenn:

- die Einhaltung der in § 5 NachwV genannten Voraussetzungen hinsichtlich der im Antrag auf-gelisteten Abfälle gewährleistet ist und
- keine Anhaltspunkte vorliegen oder Tatsachen bekannt sind, dass der Abfallentsorger gegen die ihm bei der Entsorgung oder im Rahmen der Überwachung obliegenden Pflichten verstößt oder verstoßen hat.

Soweit die Bestätigungspflicht entfällt, übersendet der Abfallentsorger die nach § 3 NachwV zu erbringenden Nachweiserklärungen vor Beginn der vorgesehenen Entsorgung an die für die Ent-sorgungsanlage zuständige Behörde. Der Abfallerzeuger übersendet vor Beginn der Entsorgung eine Ablichtung der vollständigen Nachweiserklärungen an die für ihn zuständige Behörde. Die Nachweiserklärungen gelten längstens fünf Jahre ab dem Datum der Annahmeerklärung des Ab-fallentsorgers. Die für die Entsorgungsanlage zuständige Behörde kann in entsprechender Anwen-dung des § 5 NachwV eine kürzere Geltungsdauer der Nachweiserklärungen sowie Auflagen für die Durchführung der Tätigkeiten bestimmen.

Der Abfallentsorger hat dem Abfallerzeuger unverzüglich mitzuteilen, wenn die erteilte Freistellung unwirksam wird, die Voraussetzungen der Freistellung entfallen sind oder gegenüber dem Abfall-entsorger eine Anordnung oder ein Widerruf nach § 8 NachwV ergangen ist. Soweit die Voraus-setzungen für eine Freistellung entfallen, hat dies der Abfallentsorger auch der für ihn zuständigen Behörde mitzuteilen.

Sammelentsorgungsnachweis (§ 9)

Abweichend von § 3 NachwV kann der Nachweis über die Zulässigkeit der vorgesehenen Entsor-gung vom Einsammler durch einen Sammelentsorgungsnachweis geführt werden, wenn die einzu-sammelnden Abfälle:

- denselben Abfallschlüssel haben,
- den gleichen Entsorgungsweg haben,
- in ihrer Zusammensetzung den im Sammelentsorgungsnachweis genannten Maßgaben für die Sammelcharge entsprechen und
- die bei dem einzelnen Abfallerzeuger am jeweiligen Standort anfallende Abfallmenge 20 Ton-nen je Abfallschlüssel und Kalenderjahr nicht übersteigt.

Im Falle der Einsammlung von Altölen oder Althölzern kann der Nachweis über die Zulässigkeit der Entsorgung durch den die Altölsammelkategorie oder die Altholzkategorie prägenden Abfallschlüs-sel geführt werden.

Auf die Führung des Sammelentsorgungsnachweises findet die NachwV entsprechende Anwen-dung mit der Maßgabe, dass die den Abfallerzeuger nach diesen Bestimmungen treffenden Pflich-ten entsprechend durch den Einsammler zu erfüllen sind.

Soweit der Einsammlungsbereich die Grenzen des Landes überschreitet, in dem die für den Ein-sammler zuständige Behörde ihren Sitz hat, hat der Einsammler den Sammelentsorgungsnach-weis oder bei Entfallen der Bestätigungspflicht die Nachweiserklärungen spätestens vor Beginn der Einsammlung zusätzlich auch den zuständigen Behörden der anderen Länder zur Kenntnis zu geben.

Der Einsammler hat über die Zulässigkeit der vorgesehenen Entsorgung auch dann einen Sammelentsorgungsnachweis zu führen, wenn die Erzeuger der eingesammelten Abfälle nach § 2 NachwV von Nachweispflichten ausgenommen sind. Der Sammelentsorgungsnachweis ist nicht übertragbar.

Der Laufweg der einzelnen Bestandteile des Entsorgungsnachweises ist in Abbildung 13.9 dargestellt.

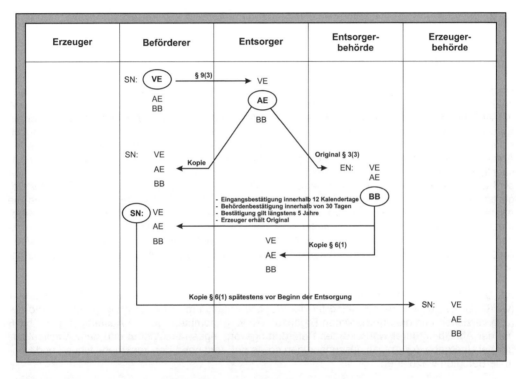

Abb. 13.9: Prozessablauf Sammelentsorgungsnachweis

13.12.2 Nachweisführung über die durchgeführte Entsorgung

Begleitschein (§ 10)

Der Nachweis über die durchgeführte Entsorgung nachweispflichtiger Abfälle wird mit Hilfe der Begleitscheine unter Verwendung der hierfür vorgesehenen Formblätter der Abbildung 13.16 geführt.

Bei der Übergabe von Abfällen aus dem Besitz eines Abfallerzeugers ist für jede Abfallart ein gesonderter Satz von Begleitscheinen zu verwenden, der aus sechs Ausfertigungen besteht. Die Zahl der auszufüllenden Ausfertigungen verringert sich, sobald Abfallerzeuger oder Abfallbeförderer und Abfallentsorger ganz oder teilweise personengleich sind. Bei einem Wechsel des Abfallbeförderers ist die Übergabe der Abfälle dem Übergebenden vom übernehmenden Abfallbeförderer mittels Übernahmeschein in entsprechender Anwendung des § 12 NachwV oder in anderer geeigneter Weise zu bescheinigen.

Von den Ausfertigungen der Begleitscheine sind:

- die Ausfertigungen 1 (weiß) und 5 (altgold) als Belege für das Register des Abfallerzeugers,
- die Ausfertigungen 2 (rosa) und 3 (blau) zur Vorlage an die zuständige Behörde,
- die Ausfertigung 4 (gelb) als Beleg für das Register des Abfallbeförderers, bei einem Wechsel des Abfallbeförderers für das Register des letzten Abfallbeförderers,
- die Ausfertigung 6 (grün) als Beleg für das Register des Abfallentsorgers

bestimmt.

Ausfüllen und Handhabung der Begleitscheine (§ 11)

Nach Maßgabe der für sie bestimmten Aufdrucke auf den Ausfertigungen hat der Abfallerzeuger spätestens bei Übergabe, der Beförderer oder der Einsammler spätestens bei Übernahme sowie der Abfallentsorger spätestens bei Annahme der Abfälle die Begleitscheine auszufüllen. Liegt ein Entsorgungsnachweis für die Entsorgung von Altölen oder Althölzern mit mehr als einem Abfallschlüssel vor, hat der Abfallerzeuger im Abfallschlüsselfeld des Begleitscheins den prägenden Abfallschlüssel einzutragen und im Mehrzweckfeld „Frei für Vermerke" die Abfallschlüssel der tatsächlich auf der Grundlage dieses Begleitscheins entsorgten Abfälle. Zu bezeichneten Zwecken sind die Begleitscheine als Begleitscheinsatz im Durchschreibeverfahren zu verwenden. Der Begleitscheinsatz beginnt mit der Ausfertigung 2 (rosa). Es folgen in numerischer Reihenfolge die Ausfertigungen 3 (blau) bis 6 (grün). Als letzte Ausfertigung wird die Ausfertigung 1 (weiß) angefügt. Der Abfallerzeuger, der Einsammler oder der Beförderer füllt entsprechend den Anforderungen die für ihn bestimmten Aufdrucke der Ausfertigung 1 (weiß) aus, in dem er die entsprechenden Aufdrucke der Ausfertigung 2 (rosa) ausfüllt und die Angaben bis zur Ausfertigung 1 (weiß) durchschreibt.

Bei Übernahme der Abfälle übergibt der Abfallbeförderer dem Abfallerzeuger die Ausfertigung 1 (weiß) der Begleitscheine als Beleg für das Register, nachdem er die ordnungsgemäße Beförderung versichert und die erforderlichen Ergänzungen vorgenommen hat. Die Ausfertigungen 2 bis 6 hat der Abfallbeförderer während des Beförderungsvorganges mitzuführen und dem Abfallentsorger bei Übergabe der Abfälle auszuhändigen sowie auf Verlangen den zur Überwachung und Kontrolle Befugten vorzulegen.

Spätestens zehn Kalendertage nach Annahme der Abfälle vom Abfallbeförderer übergibt oder übersendet der Abfallentsorger die Ausfertigungen 2 (rosa) und 3 (blau) der für die Entsorgungsanlage zuständigen Behörde als Beleg über die Annahme der Abfälle, die Ausfertigung 4 (gelb) übergibt oder übersendet er dem Abfallbeförderer, die Ausfertigung 5 (altgold) dem Abfallerzeuger als Beleg zu deren Registern. Die Ausfertigung 6 (grün) behält der Abfallentsorger als Beleg für sein Register.

Spätestens zehn Kalendertage nach Erhalt übersendet die für die Entsorgungsanlage zuständige Behörde die Ausfertigung 2 (rosa) an die für den Abfallerzeuger zuständige Behörde; im Falle der Sammelentsorgung erfolgt die Übersendung an die für das jeweilige Einsammlungsgebiet zuständige Behörde.

Erfolgt die Beförderung mittels schienengebundener Fahrzeuge, so entfällt die Pflicht zur Mitführung der genannten Ausfertigungen während des Beförderungsvorganges. In diesem Fall hat der

Beförderer sicherzustellen, dass bei einem Wechsel des Beförderers die genannten Ausfertigungen übergeben werden.

Der Laufweg der einzelnen Begleitscheine ist in Abbildung 13.10 dargestellt.

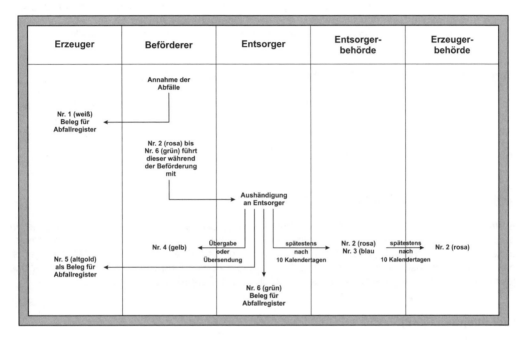

Abb. 13.10: Prozessablauf Begleitscheinverfahren nach § 11 NachwV

Übernahmeschein bei Sammelentsorgung (§ 12)

Bei der Verwendung eines Sammelentsorgungsnachweises oder der Nachweiserklärungen bei Entfallen der Bestätigungspflicht nach § 9 NachwV wird der Nachweis über die durchgeführte Entsorgung mit Hilfe der Übernahmescheine unter Verwendung der hierfür vorgesehenen Formblätter, die im Durchschreibverfahren als Übernahmescheinsatz zu verwenden sind, und der Begleitscheine im Sinne des § 10 NachwV geführt. Auf dem Übernahmeschein finden die Bestimmungen des § 10 NachwV entsprechende Anwendung.

Der Übernahmeschein besteht aus zwei Ausfertigungen. Davon sind:

- die Ausfertigung 1 (weiß) als Beleg für das Register des Abfallerzeugers,
- die Ausfertigung 2 (gelb) als Beleg für das Register des Einsammlers

bestimmt.

Der Abfallerzeuger sowie der Einsammler haben die Übernahmescheine nach Maßgabe der für ihn bestimmten Aufdrucke auf den Ausfertigungen spätestens bei Übernahme der Abfälle durch den Einsammler auszufüllen. Liegt ein Sammelentsorgungsnachweis für die Entsorgung von Altölen oder Althölzern mit mehr als einem Abfallschlüssel vor, haben der Einsammler und der Abfallerzeuger im Abfallschlüsselfeld des Übernahmescheins den prägenden Abfallschlüssel einzutragen und im Mehrzweckfeld „Frei für Vermerke" die Abfallschlüssel der tatsächlich auf der Grundlage dieses Übernahmescheins übernommenen Abfälle.

Bei der Übernahme der Abfälle übergibt der Einsammler dem Abfallerzeuger die Ausfertigung 1 (weiß) des Übernahmescheins als Beleg für dessen Register. Die Ausfertigung 2 (gelb) hat der Einsammler während des Beförderungsvorganges mitzuführen, auf Verlangen den zur Überwachung und Kontrolle Befugten vorzulegen und nach Übergabe der Abfälle an den Abfallentsorger zusammen mit der Ausfertigung 4 (gelb) des Begleitscheins in sein Register einzustellen.

Handhabung des Begleitscheins bei Sammelentsorgung (§ 13)

Der Einsammler hat mit Beginn der Einsammlung nach Maßgabe des § 11 NachwV die Begleitscheine auszufüllen und sich dabei als Abfallbeförderer einzutragen sowie insbesondere die Sammelentsorgungsnachweisnummer anzugeben. Der Einsammler hat im Erzeugerfeld ausschließlich eine fiktive Erzeugernummer einzutragen. Diese beginnt mit dem Landeskenner gemäß den Vorgaben des § 28 NachwV, es folgt ein „S", in die restlichen Felder werden Nullen eingetragen. Vor Übergabe der Abfälle hat er in das Mehrzweckfeld des Begleitscheines „Frei für Vermerke" die Nummern der Übernahmescheine einzutragen, aus denen sich die Sammelladung zusammensetzt. Das weitere Verfahren richtet sich nach den Bestimmungen über die Begleitscheine.

Erstreckt sich die Einsammlung über die Grenzen eines Landes hinaus, so ist für jedes Land, in dem gesammelt wird, ein separater Begleitschein zu führen. Die Kennung des Einsammlungsgebietes ist, wie beschrieben, einzutragen. Nach Annahme der Abfälle durch den Abfallentsorger ist die Begleitscheinausfertigung 2 (rosa) in entsprechender Anwendung von § 11 NachwV der für das jeweilige Land, in dem gesammelt wurde, der zuständigen Behörde zuzuleiten.

Kleinmengen (§ 16)

Den Nachweis über die ordnungsgemäße Entsorgung von Kleinmengen gefährlicher Abfälle im Sinne des § 2 NachwV hat der Abfallerzeuger und der Abfallentsorger durch die Führung eines Übernahmescheins entsprechend den Bestimmungen des § 12 NachwV zu führen.

13.12.3 Elektronische Nachweisführung

Grundsatz (§ 17)

Die zur Führung von Nachweisen über die Entsorgung gefährlicher Abfälle Verpflichteten sowie die zuständigen Behörden haben die zur Nachweisführung erforderlichen Erklärungen, Vermerke zum Fristablauf, Bestätigungen und Entscheidungen, Ablichtungen, Anträge und Freistellungen elektronisch zu übermitteln, mit einer qualifizierten elektronischen Signatur im Sinne des Signaturgesetzes zu versehen sowie die für den Empfang erforderlichen Zugänge zu eröffnen, soweit nicht eine andere Form der Übermittlung unter Verwendung von Formblättern ausdrücklich zugelassen wird.

Der Abfallbeförderer hat zu gewährleisten, dass die Angaben aus dem Begleitschein und Übernahmeschein, einschließlich der Angabe des Firmennamens und der Anschrift des Abfallentsorgers, während des Beförderungsvorganges mitgeführt und jederzeit dem zur Überwachung und Kontrolle Befugten entsprechend den Bestimmungen des § 11 und § 12 NachwV vorgelegt werden können. Weiterer Begleitpapiere bedarf es nach dieser Verordnung nicht. Die Pflicht wird auch dann erfüllt, wenn der Abfallbeförderer den zur Überwachung und Kontrolle Befugten die geforderten Angaben mittels der elektronisch zu führenden Nachweise zur Verfügung stellt.

Signatur, Übermittlung (§ 19)

Die zur Nachweisführung Verpflichteten sowie die zuständigen Behörden haben die zu übermittelnden elektronischen Dokumente mit einer qualifizierten elektronischen Signatur unter Angabe des Unterzeichnenden in Klarschrift in der zeitlichen Abfolge zu versehen, welche für die zur Nachweisführung erforderliche Abgabe von Erklärungen, Erstattung von Anzeigen, Fertigung von Vermerken, Erteilung von Bestätigungen und Entscheidungen, Übergabe oder Übersendung von Ausfertigungen oder Ablichtungen, Stellung von Anträgen sowie Erteilung von Freistellungen vorgesehen ist. Insbesondere haben Abfallerzeuger, Abfallbeförderer und Abfallentsorger:

- gemäß § 3 NachwV vor Einholung einer Bestätigung nach § 5 NachwV oder Erstattung einer Anzeige nach § 7 NachwV die den Nachweiserklärungen entsprechenden elektronischen Dokumente sowie

- die den Begleitscheinen entsprechenden elektronischen Dokumente spätestens zu den für das Ausfüllen, die Übergabe oder die Übersendung der Begleitscheine gemäß § 11 NachwV vorgesehenen Zeitpunkten

qualifiziert elektronisch zu signieren.

13.12.4 Registerführung über die Entsorgung von Abfällen

Kreis der Registerpflichtigen (§ 23)

Zur Führung von elektronischen Registern und unter Verwendung von Formblättern nach den Bestimmungen dieses Abschnitts verpflichtet sind Erzeuger, Einsammler, Beförderer und Entsorger von Abfällen, soweit eine Pflicht zur Führung von Registern nach:

- § 49 des Kreislaufwirtschaftsgesetzes oder
- § 51 des Kreislaufwirtschaftsgesetzes auf Anordnung der zuständigen Behörde

besteht.

Führung der Register (§ 24)

Die Register bestehen aus einer den Anforderungen des § 49 des Kreislaufwirtschaftsgesetzes sowie der NachwV entsprechend sachlich und zeitlich geordneten Darstellung der registerpflichtigen Entsorgungsvorgänge.

Die Register über nachweispflichtige Abfälle werden geführt, indem:

- die Abfallerzeuger, Einsammler und Abfallentsorger die für sie bestimmten Ausfertigungen der Begleitscheine, insoweit der Abfallerzeuger die für ihn bestimmten Ausfertigungen 5 (altgold) und 1 (weiß) einander ohne Rücksicht auf die zeitliche Reihenfolge zugeordnet, spätestens innerhalb von zehn Kalendertagen nach Erhalt den jeweiligen Entsorgungsnachweisen, und Sammelentsorgungsnachweisen in zeitlicher Reihenfolge zuordnen,
- die Einsammler darüber hinaus die für ihn bestimmten Ausfertigungen der Übernahmescheine spätestens zehn Kalendertage nach Erhalt den jeweiligen für ihn bestimmten Ausfertigungen der Begleitscheine in zeitlicher Reihenfolge zuordnen und
- die Abfallbeförderer die für sie bestimmten Ausfertigungen der Begleitscheine spätestens zehn Kalendertage nach Erhalt und nach Abfallarten getrennt und in zeitlicher Reihenfolge ordnen

und abheften und in die Register einstellen. Ist der Abfallerzeuger zugleich Abfallbeförderer, so hat er die Ausfertigungen 4 und 5 (gelb und altgold) des Begleitscheins, ist er zugleich Abfallentsorger, so hat er nur die Ausfertigung 6 (grün) abzuheften und in sein Register einzustellen. Entsorgt der Abfallbeförderer die Abfälle selbst, so hat er die Ausfertigung 6 (grün) abzuheften und in sein Register einzustellen.

Die Erzeuger von Kleinmengen gefährlicher Abfälle, die Abfallerzeuger, die gefährliche Abfälle einem Einsammler übergeben sowie die Abfallentsorger, welche Kleinmengen gefährlicher Abfälle annehmen, führen die Register, indem sie die für sie bestimmten Ausfertigungen der Übernahmescheine spätestens zehn Kalendertage nach Erhalt nach Abfallarten getrennt und in zeitlicher Reihenfolge geordnet abheften und in die Register einstellen. Dies gilt entsprechend, soweit die zuständige Behörde die Pflicht zur Führung von Übernahmescheinen nach § 51 des Kreislaufwirtschaftsgesetzes angeordnet hat.

Abfallentsorger, die zur Führung von Nachweisen nicht verpflichtet sind, registrieren die Anlieferungen von Abfällen, indem sie für jede Abfallart und jede Entsorgungsanlage ein eigenes Verzeichnis erstellen, in welchem sie:

- als Überschrift den Abfallschlüssel dieser Abfallart laut Abfallverzeichnis-Verordnung, den Firmennamen und die Anschrift, die Bezeichnung und Anschrift der Entsorgungsanlage und (soweit vorhanden) die Entsorgernummer angeben und
- unterhalb dieser Angaben fortlaufend für jede angenommene Abfallcharge spätestens zehn Kalendertage nach ihrer Annahme ihre Menge und das Datum ihrer Annahme angeben und diese Angaben unterschreiben.

Die Angaben und die Unterschrift können in Praxisbelegen, insbesondere Liefer- oder Wiegescheinen, enthalten sein, wenn diese den Abfall erkennen lassen und den genannten Angaben sachlich und zeitlich geordnet zugeordnet werden. Die Abfallentsorger können für die Erfassung der genannten Angaben auch das Formblatt „Annahmeerklärung AE" und das Formblatt „Begleitschein" verwenden. Soweit Abfallentsorger die Register elektronisch führen, müssen sie die Register unter Zugrundelegung dieser Formblätter führen.

Abfallentsorger, die Abfälle behandeln und lagern und zur Führung von Nachweisen nicht verpflichtet sind, registrieren zusätzlich jede Abgabe von behandelten und gelagerten Abfällen. Die Registrierungspflichten gelten nicht für Abfallentsorger, welche:

- die behandelten oder gelagerten Abfälle in eigenen, in einem engen räumlichen Zusammenhang mit der Behandlung oder Lagerung stehenden Entsorgungsanlagen verwerten oder beseitigen oder
- infolge des Einsatzes von Abfällen in Produktionsprozessen lediglich nicht gefährliche Abfälle in mengenmäßig unbedeutendem Umfang erzeugen.

Dies gilt nicht für Abfallentsorger, welche in ihren Anlagen Abfälle im Hauptzweck verwerten oder beseitigen.

Abfallerzeuger, die zur Führung von Nachweisen nicht verpflichtet sind, registrieren jede Abgabe von Abfällen, indem sie für jede Abfallart und jede Anfallstelle des Abfalls ein eigenes Verzeichnis erstellen, in welchem sie:

- als Überschrift den Abfallschlüssel dieser Abfallart laut Abfallverzeichnis-Verordnung, den Firmennamen und die Anschrift, die Bezeichnung und Anschrift der Anfallstelle des Abfalls und (soweit vorhanden) die Erzeugernummer angeben und

- unterhalb dieser Angaben fortlaufend für jede abgegebene Abfallcharge spätestens zehn Kalendertage nach ihrer Abgabe ihre Menge, das Datum ihrer Abgabe und die die Abfallcharge übernehmende Person angeben und diese Angaben unterschreiben.

Die Abfallerzeuger können für die Erfassung der genannten Angaben auch das Formblatt „Deckblatt Entsorgungsnachweise DEN" in Verbindung mit dem Formblatt „Verantwortliche Erklärung VE Aufdruck 1" und das Formblatt „Begleitschein" verwenden. Soweit Abfallerzeuger die Register elektronisch führen, müssen sie die Register unter Zugrundelegung dieser Formblätter führen, wobei im elektronischen Begleitschein die die Abfallcharge übernehmende Person im Feld „Frei für Vermerke" anzugeben ist.

Abfallbeförderer, die zur Führung von Nachweisen nicht verpflichtet sind, registrieren jede Beförderung von Abfällen, indem sie für jede Abfallart ein eigenes Verzeichnis erstellen, in welchem sie:

- als Überschrift den Abfallschlüssel dieser Abfallart laut Abfallverzeichnis-Verordnung, den Firmennamen und die Anschrift und (soweit vorhanden) die Beförderernummer angeben und
- unterhalb dieser Angaben fortlaufend spätestens zehn Kalendertage nach Abschluss der Beförderung für jede übergebene Abfallcharge ihre Menge und das Datum ihrer Übergabe angeben und diese Angaben unterschreiben.

Die Abfallbeförderer können für die Erfassung der genannten Angaben auch das Formblatt „Deckblatt Entsorgungsnachweise DEN" in Verbindung mit dem Formblatt „Verantwortliche Erklärung VE Aufdruck 2" und das Formblatt „Begleitschein" verwenden. Soweit Abfallbeförderer die Register elektronisch führen, müssen sie die Register unter Zugrundelegung dieser Formblätter führen.

Dauer der Registrierung, elektronische Registrierung (§ 25)

Die zur Einrichtung und Führung der Register Verpflichteten haben die in die Register einzustellenden Belege oder Angaben drei Jahre, jeweils vom Datum ihrer Einstellung in das Register an gerechnet, in dem Register aufzubewahren oder zu belassen. Der Zulassungsbescheid für die Abfallentsorgungsanlage kann eine längere Dauer bestimmen.

Die Register über nachweispflichtige Abfälle sind elektronisch zu führen, soweit für die in die Register einzustellenden Nachweise die elektronische Nachweisführung zwingend bestimmt ist. Im Übrigen können die Register elektronisch geführt werden. Werden die Register elektronisch geführt, so sind die Belege oder Angaben in entsprechender Anwendung des § 24 NachwV dauerhaft und geordnet zu speichern.

Dies gilt für die vom Einsammler in sein Register einzustellenden Ausfertigungen des Übernahmescheins auch dann, wenn der Übernahmeschein nach § 21 NachwV unter Verwendung der hierfür vorgesehenen Formblätter geführt wird.

13

13.12.5 Gemeinsame Bestimmungen

Befreiung, Anordnung von Nachweis- und Registerpflichten (§ 26)

Die zuständige Behörde kann einen nach § 49 oder § 50 des Kreislaufwirtschaftsgesetzes Verpflichteten auf Antrag oder von Amts wegen ganz oder teilweise unter dem Vorbehalt des Widerrufs von der Führung von Nachweisen oder Registern freistellen, soweit hierdurch eine Beeinträchtigung des Wohls der Allgemeinheit nicht zu befürchten ist. Die zuständige Behörde kann die Erbringung anderer geeigneter Nachweise verlangen.

Die zuständige Behörde kann gegenüber einem nach § 49 des Kreislaufwirtschaftsgesetzes zur Führung von Registern über die Entsorgung nicht gefährlicher Abfälle Verpflichteten die Registrierung weiterer Angaben anordnen.

Nachweisführung in besonderen Fällen (§ 27)

Wer Abfälle, für die er Nachweise führen muss, von einem anderen übernimmt, der hinsichtlich dieser Abfälle nicht zur Führung von Nachweisen verpflichtet ist, hat auch dessen Namen und Anschrift auf den für ihn bestimmten und auf den von ihm weiter zu übermittelnden oder weiter zu gebenden Ausfertigungen oder Dokumenten der nach dieser Verordnung zu führenden Nachweise anzugeben. Wer Abfälle einem anderen übergibt, der insoweit nicht zur Führung von Nachweisen verpflichtet ist, hat dessen Namen und Anschrift in den nach dieser Verordnung zu führenden Nachweisen anzugeben.

Ist wegen anderen genannten Besonderheiten eine uneingeschränkte Bestimmung über die Führung von Nachweisen nicht möglich, so hat der betroffene Nachweispflichtige die Nachweise in einer von der zuständigen Behörde bestimmten Weise zu verwenden. Sind mehrere Behörden zuständig, so treffen diese die Entscheidung im Einvernehmen.

Vergabe von Kennnummern (§ 28)

Die zur Führung von Nachweisen und Registern erforderlichen Identifikations-, Erzeuger-, Beförderer- und Entsorgernummern werden durch die zuständige Behörde erteilt.

Die zur Unterscheidung der einzelnen Nachweisvorgänge erforderlichen Nummern sowie die Freistellungsnummern erteilt die für den Entsorger zuständige Behörde. Die im Falle der Ersetzung von Einzelnachweisen nach § 50 des Kreislaufwirtschaftsgesetzes erforderliche Registriernummer erteilt die für den Erzeuger zuständige Behörde. Die zuständige Behörde kann zulassen, dass die erforderlichen Kennnummern von einem Dritten, insbesondere einem freigestellten Entsorger, erteilt werden. Die zu erteilenden Kennnummern erhalten in den ersten beiden Stellen folgende Kennbuchstaben:

1. „EN" für Entsorgungsnachweis,
2. „SN" für Sammelentsorgungsnachweis,
3. „FR" für Freistellung,
4. „RE" für Register.

In die dritte Stelle ist die Landeskennung aufzunehmen:

- A   Schleswig-Holstein,
- B   Hamburg,
- C   Niedersachsen,
- D   Bremen,
- E   Nordrhein-Westfahlen,
- F   Hessen,
- G   Rheinland-Pfalz,
- H   Baden-Württemberg,
- I   Bayern,
- K   Saarland,
- L   Berlin,
- M   Mecklenburg-Vorpommern,

- N   Sachsen-Anhalt,
- P   Brandenburg,
- R   Thüringen,
- S   Sachsen.

Die Formblätter sind wie folgt zu verwenden:

- Zur Führung des Entsorgungsnachweises (§ 3 NachwV) sowie des Sammelentsorgungsnachweises (§ 9 NachwV) die Formblätter:
  - Deckblatt Entsorgungsnachweise (DEN),
  - Verantwortliche Erklärung (VE),
  - Deklarationsanalyse (DA),
  - Annahmeerklärung (AE),
  - Behördenbestätigung (BB),

- zur Führung des Entsorgungsnachweises ohne behördliche Bestätigung (§ 7 NachwV) die Formblätter:
  - Deckblatt Entsorgungsnachweise (DEN),
  - Verantwortliche Erklärung (VE),
  - Deklarationsanalyse (DA),
  - Annahmeerklärung (AE),

- zur Freistellung (§ 7 NachwV) die Formblätter:
  - Deckblatt Antrag (DAN),
  - Annahmeerklärung (AE),
  - Behördenbestätigung (BB),

- zur Führung des Nachweises über die durchgeführte Entsorgung (§§ 10, 12 NachwV) die Formblätter:
  - Begleitschein,
  - Übernahmeschein,

- zur Führung der Register (§ 24 NachwV) die Formblätter:
  - Deckblatt Entsorgungsnachweise (DEN),
  - Verantwortliche Erklärung (VE),
  - Annahmeerklärung (AE),
  - Begleitschein.

13.13   Entsorgungsfachbetriebeverordnung (EfbV)

Anwendungsbereich (§ 1)

Diese Verordnung regelt die Anforderungen an Entsorgungsfachbetriebe, die nach § 56 des Kreislaufwirtschaftsgesetzes mit einer technischen Überwachungsorganisation einen Überwachungsvertrag abgeschlossen haben oder die Berechtigung erlangen wollen, das Überwachungszeichen einer anerkannten Entsorgergemeinschaft zu führen. Sie regelt darüber hinaus die Überwachung und Zertifizierung von Entsorgungsfachbetrieben auf der Grundlage eines mit einer technischen Überwachungsorganisation geschlossenen Überwachungsvertrages. Für die Überwachung und Zertifizierung von Entsorgungsfachbetrieben durch Entsorgergemeinschaften findet die Richtlinie für die Tätigkeit und Anerkennung von Entsorgergemeinschaften Anwendung.

Entsorgungsfachbetrieb, Begriffsbestimmungen (§ 2)

Entsorgungsfachbetrieb kann ein Betrieb werden, der:

- gewerbsmäßig oder im Rahmen wirtschaftlicher Unternehmen oder öffentlicher Einrichtungen Abfälle einsammelt, befördert, lagert, behandelt, verwertet oder beseitigt,
- aufgrund seiner organisatorischen, personellen und technischen Ausstattung in der Lage ist, die genannten Tätigkeiten selbständig wahrzunehmen und
- hinsichtlich einer oder mehrerer der genannten Tätigkeiten die in der Verordnung genannten Anforderungen an Organisation, Ausstattung und Tätigkeit sowie an die Zuverlässigkeit, Fach- und Sachkunde des Inhabers und der im Betrieb beschäftigten Personen erfüllt.

Der Entsorgungsfachbetrieb kann seine Fachbetriebstätigkeit beschränken auf:

- bestimmte Abfallarten oder Abfälle aus bestimmten Herkunftsbereichen,
- bestimmte Verwertungs- oder Beseitigungsverfahren oder
- bestimmte Standorte.

Die Verwendung der Bezeichnung „Entsorgungsfachbetrieb" ist verboten:

- für Standorte, für die ein Unternehmen kein wirksames Überwachungszertifikat einer technischen Überwachungsorganisation nach § 14 EfbV oder einer nach § 56 des Kreislaufwirtschaftsgesetzes anerkannten Entsorgergemeinschaft besitzt,
- für Anlagen, für die ein Unternehmen kein wirksames Zertifikat besitzt,
- für Tätigkeiten, für die ein Unternehmen kein wirksames Zertifikat besitzt.

Betriebsinhaber sind diejenigen natürlichen oder juristischen Personen oder die nicht rechtsfähige Personenvereinigung, die den Entsorgungsbetrieb betreiben. Für die Leitung und Beaufsichtigung des Betriebes verantwortliche Personen sind diejenigen natürlichen Personen, die vom Betriebsinhaber mit der fachlichen Leitung, Überwachung und Kontrolle der vom Betrieb durchgeführten abfallwirtschaftlichen Tätigkeiten, insbesondere im Hinblick auf die Beachtung der hierfür geltenden Vorschriften und Anordnungen, bestellt worden sind. Sonstiges Personal im Sinne dieser Verordnung sind Arbeitnehmer und andere im Betrieb beschäftigte Personen, die bei der Ausführung der abfallwirtschaftlichen Tätigkeiten mitwirken.

Anforderungen an die Betriebsorganisation (§ 3)

Die Organisation des Entsorgungsfachbetriebes ist so auszugestalten, dass die erforderliche Überwachung und Kontrolle der vom Betrieb durchgeführten abfallwirtschaftlichen Tätigkeiten sichergestellt ist. Bei der Gestaltung der Organisation sind insbesondere der Zweck, die Tätigkeit und die Größe des Betriebes, die Tätigkeit der im Betrieb beschäftigten Personen und die Art, insbesondere Gefährlichkeit, Beschaffenheit und Menge der Abfälle, auf die sich die Tätigkeit bezieht, zu berücksichtigen. Für die im Betrieb vorgenommenen abfallwirtschaftlichen Tätigkeiten sind Verantwortung und Entscheidungs- und Mitwirkungsbefugnisse:

- des Betriebsinhabers oder bei juristischen Personen oder nicht rechtsfähigen Personenvereinigungen der nach Gesetz, Satzung oder Gesellschaftsvertrag zur Vertretung oder Geschäftsführung Berechtigten,
- der für die Leitung und Beaufsichtigung verantwortlichen Personen,
- der Betriebsbeauftragten, die nach Umwelt- oder Gefahrgutvorschriften im Betrieb zu bestellen sind, sowie
- des sonstigen Personals

festzulegen und in Form von Funktionsbeschreibungen und Organisationsplänen darzustellen. Soweit es die sach- und fachgerechte Durchführung der im Betrieb vorgenommenen abfallwirtschaftlichen Tätigkeiten erfordert, sind für diese Tätigkeiten Arbeitsabläufe durch Arbeitsanweisungen festzulegen.

Anforderungen an die personelle Ausstattung (§ 4)

Der Entsorgungsfachbetrieb hat für jeden Standort mindestens eine für die Leitung und Beaufsichtigung des Betriebes verantwortliche Person zu bestellen. Der Betriebsinhaber kann selbst die Stelle einer verantwortlichen Person einnehmen. Hat ein Entsorgungsfachbetrieb mehrere Standorte oder sind mehrere Entsorgungsfachbetriebe Teile des gleichen Unternehmens, so kann für diese eine gemeinsame verantwortliche Person bestellt werden, wenn hierdurch eine sachgemäße Erfüllung der genannten Aufgaben nicht gefährdet wird.

Der Entsorgungsfachbetrieb muss neben den für die Leitung und Beaufsichtigung des Betriebes verantwortlichen Personen über ausreichend sonstiges Personal verfügen. Diese Voraussetzung ist erfüllt, wenn mit dem vorhandenen Personal ein sach- und fachgerechter Betriebsablauf sichergestellt werden kann. Der Nachweis der ausreichenden Personalstärke erfolgt auf der Grundlage eines Einsatzplanes. Dabei sind übliche Ausfälle einzelner Personen durch Urlaub, Krankheit und Fortbildungsmaßnahmen zu berücksichtigen.

Betriebstagebuch (§ 5)

Der Entsorgungsfachbetrieb hat für jeden Standort zum Nachweis einer sach- und fachgerechten Durchführung der abfallwirtschaftlichen Tätigkeiten ein Betriebstagebuch zu führen. Das Betriebstagebuch hat alle für den Nachweis eines ordnungsgemäßen Verbleibs der Abfälle wesentlichen Daten zu enthalten, insbesondere:

- Angaben über Art, Menge, Herkunft und Verbleib der vom Entsorgungsfachbetrieb eingesammelten, beförderten, gelagerten, behandelten, verwerteten oder beseitigten Abfälle einschließlich der Dokumentation der durchgeführten Leistung,
- besondere Vorkommnisse, insbesondere Betriebsstörungen, die Auswirkungen auf die ordnungsgemäße Entsorgung haben können, einschließlich der möglichen Ursachen und erfolgter Abhilfemaßnahmen,
- die Dokumentation einer fehlenden Übereinstimmung des übernommenen Abfalls mit den Angaben des Abfallerzeugers sowie die Angabe der getroffenen Maßnahmen,
- die Angabe der mit dem Vorgang des Einsammelns, Beförderns, Lagerns, Behandelns, Verwertens oder Beseitigens beauftragten Person sowie im Falle der Beauftragung eines nicht zertifizierten Betriebes gemäß § 7 EfbV der jeweilige Umfang der Beauftragung und
- die Ergebnisse von anlagen- und stoffbezogenen Kontrolluntersuchungen einschließlich Funktionskontrollen (Eigen- und Fremdkontrollen).

Das Betriebstagebuch ist von der für die Leitung und Beaufsichtigung des Betriebes verantwortlichen Person regelmäßig zu überprüfen. Es kann mittels elektronischer Datenverarbeitung oder in Form von Einzelblättern für verschiedene Tätigkeitsbereiche oder Betriebsteile geführt werden, wenn die Blätter täglich zusammengefasst werden. Es ist dokumentensicher anzulegen und vor unbefugtem Zugriff zu schützen. Das Betriebstagebuch muss jederzeit einsehbar sein und in Klarschrift vorgelegt werden können. Das Betriebstagebuch ist fünf Jahre lang aufzubewahren.

Versicherungsschutz (§ 6)

Der Entsorgungsfachbetrieb muss über einen für seine abfallwirtschaftlichen Tätigkeiten ausreichenden Versicherungsschutz verfügen. Art und Umfang des erforderlichen Versicherungsschutzes sind auf der Grundlage einer betrieblichen Risikoabschätzung zu bestimmen. Der Versicherungsschutz muss:

- bei Betrieben, die Abfälle lagern, behandeln, verwerten oder beseitigen, mindestens eine Umwelthaftpflichtversicherung und eine Betriebshaftpflichtversicherung,
- bei Betrieben, die Abfälle einsammeln oder befördern, Kraftfahrzeug-Haftpflichtversicherungen einschließlich einer auf den Einsammlungs- und Beförderungsvorgang bezogenen Umwelthaftpflichtversicherung

umfassen.

Anforderungen an die Tätigkeit (§ 7)

Der Entsorgungsfachbetrieb hat die für seine abfallwirtschaftliche Tätigkeit geltenden öffentlich-rechtlichen Vorschriften zu beachten. Der Betriebsinhaber hat den Nachweis zu erbringen, dass die für die Tätigkeit des Entsorgungsfachbetriebes erforderlichen behördlichen Entscheidungen, insbesondere Planfeststellungen, Genehmigungen, Zulassungen, Erlaubnisse und Bewilligungen, vorliegen und die mit ihnen verbundenen Auflagen und sonstigen Anordnungen der zuständigen Behörden erfüllt werden.

Der Entsorgungsfachbetrieb darf im Rahmen der zertifizierten Tätigkeit einen Dritten nur dann beauftragen, wenn dieser hinsichtlich der übernommenen Tätigkeit ebenfalls als Entsorgungsfachbetrieb zertifiziert ist oder die entsprechenden Voraussetzungen erfüllt. Die Verantwortlichkeit des Entsorgungsfachbetriebes für die ordnungsgemäße Ausführung der Tätigkeiten bleibt hiervon unberührt. Der Entsorgungsfachbetrieb darf Dritte, die hinsichtlich ihrer jeweiligen Tätigkeiten nicht als Entsorgungsfachbetrieb zertifiziert sind, in einem insgesamt unerheblichen Umfang mit der Ausführung von zertifizierten Tätigkeiten beauftragen. Der Entsorgungsfachbetrieb hat in jedem Fall durch eine sorgfältige Auswahl und ausreichende Kontrolle eine fach- und sachgerechte Ausführung dieser Tätigkeiten sicherzustellen. Dies setzt insbesondere voraus, dass:

- der Entsorgungsfachbetrieb sich vor der Beauftragung vergewissert, dass:
    - der Dritte bei dieser Tätigkeit die Voraussetzungen erfüllt,
    - beim Dritten die erforderliche Überwachung und Kontrolle der durchzuführenden Tätigkeit sichergestellt ist,
    - der Dritte und sein Personal die für diese Tätigkeit notwendige Zuverlässigkeit, Sach- und Fachkunde besitzen,

- der Versicherungsschutz des Entsorgungsfachbetriebes sich auch auf die Tätigkeit des Dritten erstreckt oder der Dritte ihm einen eigenen, ausreichenden Versicherungsschutz nachweist,

- vertraglich oder in anderer Weise verbindlich festgelegt ist, in welcher Weise die jeweilige Tätigkeit ausgeführt werden soll und wo die Abfälle verbleiben sollen,

- der Entsorgungsfachbetrieb gegenüber dem Dritten vertraglich zu Weisungen hinsichtlich der Art und Weise der ordnungsgemäßen Ausführung der jeweiligen Tätigkeit berechtigt ist,

- dem Entsorgungsfachbetrieb vertraglich entsprechende Kontrollbefugnisse eingeräumt werden und

- der Dritte sich verpflichtet, nach § 5 EfbV entsprechende Nachweise über die Durchführung seiner Tätigkeit und des ordnungsgemäßen Verbleibs der Abfälle zu führen und dem Entsorgungsfachbetrieb unaufgefordert eine Kopie dieser Nachweise zu überlassen.

Anforderungen an den Betriebsinhaber (§ 8)

Der Betriebsinhaber muss zuverlässig sein. Die Zuverlässigkeit erfordert, dass der Betriebsinhaber, seine gesetzlichen Vertreter und bei juristischen Personen oder nicht rechtsfähigen Personenvereinigungen die nach Gesetz, Satzung oder Gesellschaftsvertrag zur Vertretung oder Geschäftsführung Berechtigten aufgrund ihrer persönlichen Eigenschaften, ihres Verhaltens und ihrer Fähigkeiten zur ordnungsgemäßen Erfüllung der ihnen obliegenden Aufgaben geeignet sind. Die erforderliche Zuverlässigkeit ist in der Regel nicht gegeben, wenn eine der genannten Personen:

- wegen Verletzung der Vorschriften:
  - des Strafrechts über gemeingefährliche Delikte oder Delikte gegen die Umwelt,
  - des Immissionsschutz-, Abfall-, Wasser-, Natur- und Landschaftsschutz-, Chemikalien-, Gentechnik- oder Atom- und Strahlenschutzrechts,
  - des Lebensmittel-, Arzneimittel-, Pflanzenschutz- oder Seuchenrechts,
  - des Gewerbe- oder Arbeitsschutzrechts,
  - des Betäubungsmittel-, Waffen- oder Sprengstoffrechts

mit einer Geldbuße in Höhe von mehr als fünftausend Euro oder mit einer Strafe belegt worden ist oder

- wiederholt oder grob pflichtwidrig gegen entsprechende Vorschriften verstoßen hat.

Zum Nachweis der Zuverlässigkeit sind bei der erstmaligen Überprüfung und bei einem Wechsel der genannten Personen, oder wenn eine Überprüfung der Zuverlässigkeit aus anderen Gründen erforderlich ist, ein Führungszeugnis und eine Auskunft aus dem Gewerbezentralregister vorzulegen.

Anforderungen an die für die Leitung und Beaufsichtigung des Betriebes verantwortlichen Personen (§ 9)

Die für die Leitung und Beaufsichtigung des Betriebes verantwortlichen Personen müssen zuverlässig sein. Die für die Leitung und Beaufsichtigung des Betriebes verantwortlichen Personen müssen die für ihren Tätigkeitsbereich erforderliche Fachkunde besitzen. Die Fachkunde erfordert:

- den Abschluss eines Studiums auf den Gebieten des Ingenieurwesens, der Chemie, der Biologie oder der Physik an einer Hochschule, eine technische Fachschulausbildung oder die Qualifikation als Meister auf einem Fachgebiet, dem der Betrieb hinsichtlich seiner Anlagen- und Verfahrenstechnik oder seiner Betriebsvorgänge zuzuordnen ist,
- während einer zweijährigen praktischen Tätigkeit erworbene Kenntnisse über die abfallwirtschaftliche Tätigkeit, für die eine Leitungs- oder Beaufsichtigungsfunktion beabsichtigt ist, und
- die Teilnahme an einem oder mehreren von der zuständigen Behörde anerkannten Lehrgängen, in denen Kenntnisse vermittelt worden sind, die für die Aufgaben der genannten Personen erforderlich sind.

Soweit unter Berücksichtigung der in § 3 EfbV genannten Umstände die ordnungsgemäße Erfüllung der Aufgaben der für die Leitung und Beaufsichtigung des Betriebes verantwortlichen Personen gewährleistet ist, kann als Voraussetzung für die Fachkunde auch anerkannt werden:

- eine abgeschlossene Berufsausbildung in einem Fachgebiet, dem der Betrieb hinsichtlich seiner Anlagen- und Verfahrenstechnik oder seiner Betriebsvorgänge zuzuordnen ist, und zusätzlich
- während einer vierjährigen praktischen Tätigkeit erworbene Kenntnisse über die abfallwirtschaftliche Tätigkeit, für die eine Leitungs- oder Beaufsichtigungsfunktion beabsichtigt ist.

Fachkunde

Die Kenntnisse müssen sich auf folgende Bereiche erstrecken:

- anlagen-, verfahrenstechnische und sonstige Maßnahmen der Vermeidung, der ordnungsgemäßen und schadlosen Verwertung und der gemeinwohlverträglichen Beseitigung von Abfällen,
- schädliche Umwelteinwirkungen und sonstige Gefahren, erhebliche Nachteile und erhebliche Belästigungen, die von Abfällen ausgehen können, und Maßnahmen zu ihrer Verhinderung oder Beseitigung,
- Art und Beschaffenheit von gefährlichen Abfällen,
- Vorschriften des Abfallrechts und des für die abfallwirtschaftlichen Tätigkeiten geltenden sonstigen Umweltrechts,
- Bezüge zum Gefahrgutrecht,
- Vorschriften der betrieblichen Haftung.

Anforderungen an das sonstige Personal (§ 10)

Das sonstige Personal muss zuverlässig sein und eine für die jeweils wahrgenommene Tätigkeit erforderliche Sachkunde besitzen. Hinsichtlich der Zuverlässigkeit findet § 8 EfbV entsprechende Anwendung. Die Sachkunde erfordert eine betriebliche Einarbeitung auf der Grundlage eines Einarbeitungsplanes.

Anforderungen an die Fortbildung (§ 11)

Der Betriebsinhaber hat dafür Sorge zu tragen, dass die für die Leitung und Beaufsichtigung des Betriebes verantwortlichen Personen sowie das sonstige Personal durch geeignete Fortbildung über den für die Tätigkeit erforderlichen aktuellen Wissensstand verfügen. Die für die Leitung und Beaufsichtigung verantwortlichen Personen haben regelmäßig, mindestens alle zwei Jahre, an Lehrgängen im Sinne des § 9 EfbV teilzunehmen. Die Fortbildungsmaßnahmen erstrecken sich auf die genannten Sachgebiete. Hinsichtlich des sonstigen Personals hat der Betriebsinhaber den Fortbildungsbedarf zu ermitteln.

Überwachung des Betriebes (§ 13)

Die technische Überwachungsorganisation muss sich im Überwachungsvertrag verpflichten:

- die in der Verordnung festgelegten Anforderungen an die Organisation, Ausstattung und Tätigkeit des Betriebes, die Zuverlässigkeit, Fach- und Sachkunde des Betriebsinhabers, der für die Leitung und Beaufsichtigung des Betriebes verantwortlichen Personen und des sonstigen Personals vor der erstmaligen Zertifizierung, nach wesentlichen Änderungen des Betriebes, im Übrigen jährlich zu überprüfen,

- den Verlauf und das Ergebnis der Prüfung gegenüber dem Betrieb schriftlich zu dokumentieren,
- soweit aufgrund der Prüfung festgestellt wird, dass die in dieser Verordnung genannten Anforderungen nicht erfüllt sind, dem Betrieb gegenüber die festgestellten Mängel konkret zu bezeichnen und
- alle Unterlagen und Informationen einschließlich Inhalt und Ergebnissen von Gesprächen, Untersuchungen und Prüfungen, von denen die technische Überwachungsorganisation oder die von ihr beauftragten Sachverständigen im Rahmen der Durchführung des Überwachungsvertrages Kenntnis erlangt haben, vertraulich zu behandeln und Dritten gegenüber nicht zugänglich zu machen.

Der Betrieb muss sich verpflichten:

- den beauftragten Sachverständigen der technischen Überwachungsorganisation alle für die Prüfung der in dieser Verordnung genannten Anforderungen benötigten Informationen, Unterlagen und Nachweise zur Verfügung zu stellen,
- den beauftragten Sachverständigen der technischen Überwachungsorganisation, soweit dies zur Prüfung der in dieser Verordnung genannten Anforderungen erforderlich ist, das Betreten des Grundstücks, der Geschäfts- oder Betriebsräume, die Einsicht in Unterlagen und die Vornahme von technischen Ermittlungen und Prüfungen zu gestatten sowie Arbeitskräfte und Werkzeuge zur Verfügung zu stellen und
- der technischen Überwachungsorganisation alle Änderungen im Betrieb, die für die Erfüllung der in dieser Verordnung genannten Anforderungen erheblich sind, unverzüglich anzuzeigen.

Die technische Überwachungsorganisation ist verpflichtet, bei der Überprüfung neben den einschlägigen Rechtsvorschriften auch die hierzu ergangenen amtlich veröffentlichten Verwaltungsvorschriften des Bundes und der Länder zu berücksichtigen.

Zertifizierung des Entsorgungsfachbetriebes (§ 14)

Soweit aufgrund der Prüfung nach § 13 EfbV festgestellt wurde, dass die genannten Anforderungen erfüllt sind, und die zuständige Behörde dem Überwachungsvertrag zugestimmt hat, ist die technische Überwachungsorganisation verpflichtet, dem Betrieb ein schriftliches Überwachungszertifikat mit folgenden Angaben auszustellen:

- Name und Sitz des Betriebes und seiner zertifizierten Standorte,
- die Bezeichnung der zertifizierten Tätigkeiten des Betriebes bezogen auf seine Standorte und Anlagen, im Falle des § 2 EfbV unter Angabe der jeweiligen Abfallarten, Herkunftsbereiche, Verwertungs- oder Beseitigungsverfahren,
- Angabe des Namens der technischen Überwachungsorganisation, das Datum der Ausstellung und die Unterschrift des beauftragten Sachverständigen und des Leiters der technischen Überwachungsorganisation oder seines Beauftragten.

Das Überwachungszertifikat ist zu befristen. Die Gültigkeitsdauer darf einen Zeitraum von 18 Monaten nicht überschreiten. Mit dem Überwachungszertifikat ist dem Betrieb ein Überwachungszeichen zu erteilen. Das Überwachungszeichen muss die Bezeichnung „Entsorgungsfachbetrieb" in Verbindung mit dem Hinweis auf die zertifizierte Tätigkeit und die das Überwachungszeichen erteilende technische Überwachungsorganisation aufweisen.

13

13.14   Wissensfragen

- Erläutern Sie einige allgemeine Vorschriften des Kreislaufwirtschaftsgesetzes.

- Welche Grundsätze und Pflichten haben Erzeuger und Besitzer von Abfällen zu erfüllen?

- Wie ist eine sichere Abfallbeseitigung zu gewährleisten?

- Welche Anforderungen werden an die Produktverantwortung gestellt?

- Erläutern Sie die Anforderungen an Abfallwirtschaftspläne und -vermeidungsprogramme.

- Wie ist die Abfallentsorgung zu überwachen?

- Welche Anforderungen werden an die Beförderung von Abfällen gestellt?

- Erläutern Sie die Anforderungen an Entsorgungsfachbetriebe.

- Erläutern Sie die Bedeutung des Betriebsbeauftragten für Abfall.

- Welche Einstufungsmerkmale sind für gefährliche Abfälle maßgebend?

- Erläutern Sie die Nachweisführung für die Entsorgung von Abfällen.

- Welche Anforderungen werden an die Nachweisführung über die durchgeführte Entsorgung gestellt?

- Erläutern Sie die Registerführung über die Entsorgung von Abfällen.

13.15   Weiterführende Literatur

13.1   AVV – Abfallverzeichnis-Verordnung; *Verordnung über das Europäische Abfallver-zeichnis,* **24.02.2012**

13.2   Becker, R.; Donnevert, G.; Römbke, J.; *Biologische Testverfahren zur ökotoxikologi-schen Charakterisierung von Abfällen,* Umweltbundesamt, **2007**

13.3   BefErlV – Beförderungserlaubnisverordnung; *Verordnung zur Beförderungserlaubnis,* **24.02.2012**

13.4   Bund/Länder-Arbeitsgemeinschaft Abfall (LAGA*); Vollzugshilfe „Entsorgungsfachbetrie-be",* Erich Schmidt, **2006,** 978-3-503-09013-6

13.5   DIN 19747; *Untersuchung von Feststoffen – Probenvorbehandlung, -vorbereitung und -aufarbeitung für chemische, biologische und physikalische Untersuchungen,* Beuth, **Juli 2009**

13.6   Edelbluth, P.; *Gewährleistungsaufsicht,* Nomos, **2008,** 978-3-8329-3170-4

13.7 EfbV – Entsorgungsfachbetriebeverordnung; *Verordnung über Entsorgungsfachbetrie-be,* **24.02.2012**

13.8 Fricke, K. et al; *Kosten- und Ressourceneffizienz in der Abfallwirtschaft,* ORBIT e.V., **2007,** 3-935974-13-2

13.9 Giegrich, J.; Liebich, A.; Fehrenbach, H.; *Ableitung von Kriterien zur Beurteilung einer hochwertigen Verwertung gefährlicher Abfälle,* Umweltbundesamt, **2007**

13.10 Hendler, R.; *Abfallrecht in Bewegung,* Schmidt, **2008,** 978-3-503-10039-2

13.11 KrWG – Kreislaufwirtschaftsgesetz, *Gesetz zur Förderung der Kreislaufwirtschaft und Sicherung der umweltverträglichen Bewirtschaftung von Abfällen,* **22.05.2013**

13.12 Lenz, K.; *Pflichtenheft Abfallrecht,* Ecomed, **2009,** 978-3-609-68207-8

13.13 NachwV – Nachweisverordnung; *Verordnung über die Nachweisführung bei der Ent-sorgung von Abfällen,* **24.02.2012**

13.14 Pichl, Th.; Süselbeck, G.; *Abfall-Entsorgungs-Trainer,* Storck, **2009,** 978-3-86897-0055-5

13.15 Richly, W.; *Mess- und Analyseverfahren,* Vogel, **1992,** 3-8023-0299-0

13.16 Rüdiger, J.; *Nachweisverordnung,* Erich Schmidt, **2009,** 978-3-503-11469-6

13.17 VDI 4413; *Entsorgungslogistik in produzierenden Unternehmen,* Beuth, **November 2003**

13

14 Boden und Altlasten

14.1 Bundesbodenschutzgesetz (BBodSchG)

Zweck und Grundsätze des Gesetzes (§ 1)

Zweck dieses Gesetzes ist es, nachhaltig die Funktionen des Bodens zu sichern oder wiederherzustellen. Hierzu sind schädliche Bodenveränderungen abzuwehren, der Boden und Altlasten sowie hierdurch verursachte Gewässerverunreinigungen zu sanieren und Vorsorge gegen nachteilige Einwirkungen auf den Boden zu treffen. Bei Einwirkungen auf den Boden sollen Beeinträchtigungen seiner natürlichen Funktionen sowie seiner Funktion als Archiv der Natur- und Kulturgeschichte so weit wie möglich vermieden werden.

Pflichten zur Gefahrenabwehr (§ 4)

Jeder, der auf den Boden einwirkt, hat sich so zu verhalten, dass schädliche Bodenveränderungen nicht hervorgerufen werden. Der Grundstückseigentümer und der Inhaber der tatsächlichen Gewalt über ein Grundstück sind verpflichtet, Maßnahmen zur Abwehr der von ihrem Grundstück drohenden schädlichen Bodenveränderungen zu ergreifen.

Der Verursacher einer schädlichen Bodenveränderung oder Altlast sowie dessen Gesamtrechtsnachfolger, der Grundstückseigentümer und der Inhaber der tatsächlichen Gewalt über ein Grundstück sind verpflichtet, den Boden und Altlasten sowie durch schädliche Bodenveränderungen oder Altlasten verursachte Verunreinigungen von Gewässern so zu sanieren, dass dauerhaft keine Gefahren, erheblichen Nachteile oder erheblichen Belästigungen für den einzelnen oder die Allgemeinheit entstehen. Hierzu kommen bei Belastungen durch Schadstoffe neben Dekontaminations- auch Sicherungsmaßnahmen in Betracht, die eine Ausbreitung der Schadstoffe langfristig verhindern. Soweit dies nicht möglich oder unzumutbar ist, sind sonstige Schutz- und Beschränkungsmaßnahmen durchzuführen. Zur Sanierung ist auch verpflichtet, wer aus handelsrechtlichem oder gesellschaftsrechtlichem Rechtsgrund für eine juristische Person einzustehen hat, der ein Grundstück, das mit einer schädlichen Bodenveränderung oder einer Altlast belastet ist, gehört, und wer das Eigentum an einem solchen Grundstück aufgibt.

Sind schädliche Bodenveränderungen oder Altlasten nach dem 1. März 1999 eingetreten, sind Schadstoffe zu beseitigen, soweit dies im Hinblick auf die Vorbelastung des Bodens verhältnismäßig ist. Dies gilt für denjenigen nicht, der zum Zeitpunkt der Verursachung aufgrund der Erfüllung der für ihn geltenden gesetzlichen Anforderungen darauf vertraut hat, dass solche Beeinträchtigungen nicht entstehen werden, und sein Vertrauen unter Berücksichtigung der Umstände des Einzelfalles schutzwürdig ist.

Der frühere Eigentümer eines Grundstücks ist zur Sanierung verpflichtet, wenn er sein Eigentum nach dem 1. März 1999 übertragen hat und die schädliche Bodenveränderung oder Altlast hierbei kannte oder kennen musste. Dies gilt für denjenigen nicht, der beim Erwerb des Grundstücks darauf vertraut hat, dass schädliche Bodenveränderungen oder Altlasten nicht vorhanden sind, und sein Vertrauen unter Berücksichtigung der Umstände des Einzelfalles schutzwürdig ist.

Werte und Anforderungen (§ 8)

Die Bundesregierung wird ermächtigt, Vorschriften über die Erfüllung der sich aus § 4 BBodSchG ergebenden boden- und altlastenbezogenen Pflichten sowie die Untersuchung und Bewertung von

Verdachtsflächen, schädlichen Bodenveränderungen, altlastverdächtigen Flächen und Altlasten zu erlassen. Hierbei können insbesondere Werte, bei deren Überschreiten unter Berücksichtigung der Bodennutzung eine einzelfallbezogene Prüfung durchzuführen und festzustellen ist, ob eine schädliche Bodenveränderung oder Altlast vorliegt (Prüfwerte), Werte für Einwirkungen oder Belastungen, bei deren Überschreiten unter Berücksichtigung der jeweiligen Bodennutzung in der Regel von einer schädlichen Bodenveränderung oder Altlast auszugehen ist und Maßnahmen erforderlich sind (Maßnahmenwerte), Anforderungen an die Abwehr schädlicher Bodenveränderungen; hierzu gehören auch Anforderungen an den Umgang mit ausgehobenem, abgeschobenem und behandeltem Bodenmaterial, die Sanierung des Bodens und von Altlasten, insbesondere an die Bestimmung des zu erreichenden Sanierungsziels, den Umfang von Dekontaminations- und Sicherungsmaßnahmen, die langfristig eine Ausbreitung von Schadstoffen verhindern, sowie Schutz- und Beschränkungsmaßnahmen festgelegt werden.

Die Bundesregierung wird ermächtigt, zur Erfüllung der sich aus § 7 BBodSchG ergebenden Pflichten sowie zur Festlegung von Anforderungen an die damit verbundene Untersuchung und Bewertung von Flächen mit der Besorgnis einer schädlichen Bodenveränderung Vorschriften zu erlassen, insbesondere über Bodenwerte, bei deren Überschreiten unter Berücksichtigung von geogenen oder großflächig siedlungsbedingten Schadstoffgehalten in der Regel davon auszugehen ist, dass die Besorgnis einer schädlichen Bodenveränderung besteht (Vorsorgewerte), zulässige Zusatzbelastungen und Anforderungen zur Vermeidung oder Verminderung von Stoffeinträgen.

Gefährdungsabschätzung und Untersuchungsanordnungen (§ 9)

Liegen der zuständigen Behörde Anhaltspunkte dafür vor, dass eine schädliche Bodenveränderung oder Altlast vorliegt, so soll sie zur Ermittlung des Sachverhalts die geeigneten Maßnahmen ergreifen. Werden die in einer Rechtsverordnung nach § 8 BBodSchG festgesetzten Prüfwerte überschritten, soll die zuständige Behörde die notwendigen Maßnahmen treffen, um festzustellen, ob eine schädliche Bodenveränderung oder Altlast vorliegt. Im Rahmen der Untersuchung und Bewertung sind insbesondere Art und Konzentration der Schadstoffe, die Möglichkeit ihrer Ausbreitung in die Umwelt und ihrer Aufnahme durch Menschen, Tiere und Pflanzen sowie die Nutzung des Grundstücks nach § 4 BBodSchG zu berücksichtigen. Der Grundstückseigentümer und, wenn dieser bekannt ist, auch der Inhaber der tatsächlichen Gewalt sind über die getroffenen Feststellungen und über die Ergebnisse der Bewertung auf Antrag schriftlich zu unterrichten.

Besteht aufgrund konkreter Anhaltspunkte der hinreichende Verdacht einer schädlichen Bodenveränderung oder einer Altlast, kann die zuständige Behörde anordnen, dass die in § 4 BBodSchG genannten Personen die notwendigen Untersuchungen zur Gefährdungsabschätzung durchzuführen haben. Die zuständige Behörde kann verlangen, dass Untersuchungen von Sachverständigen oder Untersuchungsstellen nach § 18 BBodSchG durchgeführt werden.

Information der Betroffenen (§ 12)

Die nach § 9 BBodSchG zur Untersuchung der Altlast und die nach § 4 BBodSchG zur Sanierung der Altlast Verpflichteten haben die Eigentümer der betroffenen Grundstücke, die sonstigen betroffenen Nutzungsberechtigten und die betroffene Nachbarschaft (Betroffenen) von der bevorstehenden Durchführung der geplanten Maßnahmen zu informieren. Die zur Beurteilung der Maßnahmen wesentlichen vorhandenen Unterlagen sind zur Einsichtnahme zur Verfügung zu stellen. Enthalten Unterlagen Geschäfts- oder Betriebsgeheimnisse, muss ihr Inhalt, soweit es ohne Preisgabe des Geheimnisses geschehen kann, so ausführlich dargestellt sein, dass es den Betroffenen möglich ist, die Auswirkungen der Maßnahmen auf ihre Belange zu beurteilen.

14

Sanierungsuntersuchungen und Sanierungsplanung (§ 13)

Bei Altlasten, bei denen wegen der Verschiedenartigkeit der nach § 4 BBodSchG erforderlichen Maßnahmen ein abgestimmtes Vorgehen notwendig ist oder von denen aufgrund von Art, Ausbreitung oder Menge der Schadstoffe in besonderem Maße schädliche Bodenveränderungen oder sonstige Gefahren für den einzelnen oder die Allgemeinheit ausgehen, soll die zuständige Behörde von einem nach § 4 Abs. BBodSchG zur Sanierung Verpflichteten die notwendigen Untersuchungen zur Entscheidung über Art und Umfang der erforderlichen Maßnahmen (Sanierungsuntersuchungen) sowie die Vorlage eines Sanierungsplans verlangen, der insbesondere:

- eine Zusammenfassung der Gefährdungsabschätzung und der Sanierungsuntersuchungen,
- Angaben über die bisherige und künftige Nutzung der zu sanierenden Grundstücke,
- die Darstellung des Sanierungsziels und die hierzu erforderlichen Dekontaminations-, Sicherungs-, Schutz-, Beschränkungs- und Eigenkontrollmaßnahmen sowie die zeitliche Durchführung dieser Maßnahmen

enthält. Die Bundesregierung wird ermächtigt, Vorschriften über die Anforderungen an Sanierungsuntersuchungen sowie den Inhalt von Sanierungsplänen zu erlassen. Die zuständige Behörde kann verlangen, dass die Sanierungsuntersuchungen sowie der Sanierungsplan von einem Sachverständigen nach § 18 BBodSchG erstellt werden. Mit dem Sanierungsplan kann der Entwurf eines Sanierungsvertrages über die Ausführung des Plans vorgelegt werden, der die Einbeziehung Dritter vorsehen kann.

Die zuständige Behörde kann den Plan, auch unter Abänderungen oder mit Nebenbestimmungen, für verbindlich erklären. Ein für verbindlich erklärter Plan schließt andere die Sanierung betreffende behördliche Entscheidungen mit Ausnahme von Zulassungsentscheidungen für Vorhaben, die nach § 3 in Verbindung mit der Anlage zu § 3 BBodSchG des Gesetzes über die Umweltverträglichkeitsprüfung oder Kraft Landesrechts einer Umweltverträglichkeitsprüfung unterliegen, mit ein, soweit sie im Einvernehmen mit der jeweils zuständigen Behörde erlassen und in dem für verbindlich erklärten Plan die mit eingeschlossenen Entscheidungen aufgeführt werden.

Behördliche Überwachung, Eigenkontrolle (§ 15)

Altlasten und altlastverdächtige Flächen unterliegen, soweit erforderlich, der Überwachung durch die zuständige Behörde. Bei Altstandorten und Altablagerungen bleibt die Wirksamkeit von behördlichen Zulassungsentscheidungen sowie von nachträglichen Anordnungen durch die Anwendung dieses Gesetzes unberührt.

Liegt eine Altlast vor, so kann die zuständige Behörde von dem nach § 4 BBodSchG Verpflichteten, soweit erforderlich, die Durchführung von Eigenkontrollmaßnahmen, insbesondere Boden- und Wasseruntersuchungen, sowie die Einrichtung und den Betrieb von Messstellen verlangen. Die Ergebnisse der Eigenkontrollmaßnahmen sind aufzuzeichnen und fünf Jahre lang aufzubewahren. Die zuständige Behörde kann eine längerfristige Aufbewahrung anordnen, soweit dies im Einzelfall erforderlich ist. Die zuständige Behörde kann Eigenkontrollmaßnahmen auch nach Durchführung von Dekontaminations-, Sicherungs- und Beschränkungsmaßnahmen anordnen. Sie kann verlangen, dass die Eigenkontrollmaßnahmen von einem Sachverständigen nach § 18 BBodSchG durchgeführt werden.

Die Ergebnisse der Eigenkontrollmaßnahmen sind von dem nach § 4 BBodSchG Verpflichteten der zuständigen Behörde auf Verlangen mitzuteilen. Sie hat diese Aufzeichnungen und die Ergebnisse ihrer Überwachungsmaßnahmen fünf Jahre lang aufzubewahren.

Sachverständige und Untersuchungsstellen (§ 18)

Sachverständige und Untersuchungsstellen, die Aufgaben nach diesem Gesetz wahrnehmen, müssen die für diese Aufgaben erforderliche Sachkunde und Zuverlässigkeit besitzen sowie über die erforderliche gerätetechnische Ausstattung verfügen. Die Länder können Einzelheiten der an Sachverständige und Untersuchungsstellen zu stellenden Anforderungen, Art und Umfang der von ihnen wahrzunehmenden Aufgaben, die Vorlage der Ergebnisse ihrer Tätigkeit und die Bekanntgabe von Sachverständigen, regeln.

Landesrechtliche Regelungen (§ 21)

Die Länder können bestimmen, dass über die altlastverdächtigen Flächen und Altlasten hinaus bestimmte Verdachtsflächen von der zuständigen Behörde zu erfassen und von den Verpflichteten der zuständigen Behörde mitzuteilen sind sowie, dass bei schädlichen Bodenveränderungen, von denen aufgrund von Art, Ausbreitung oder Menge der Schadstoffe in besonderem Maße Gefahren, erhebliche Nachteile oder erhebliche Belästigungen für den einzelnen oder die Allgemeinheit ausgehen, Sanierungsuntersuchungen sowie die Erstellung von Sanierungsplänen und die Durchführung von Eigenkontrollmaßnahmen verlangt werden können. Die Länder können darüber hinaus Gebiete, in denen flächenhaft schädliche Bodenveränderungen auftreten oder zu erwarten sind, und die dort zu ergreifenden Maßnahmen bestimmen sowie weitere Regelungen über gebietsbezogene Maßnahmen des Bodenschutzes treffen.

14.2 Bodenschutz- und Altlastenverordnung (BBodSchV)

Anwendungsbereich (§ 1)

Diese Verordnung gilt für:

- die Untersuchung und Bewertung von Verdachtsflächen, altlastverdächtigen Flächen, schädlichen Bodenveränderungen und Altlasten sowie für die Anforderungen an die Probennahme, Analytik und Qualitätssicherung,
- Anforderungen an die Gefahrenabwehr durch Dekontaminations- und Sicherungsmaßnahmen sowie durch sonstige Schutz- und Beschränkungsmaßnahmen,
- ergänzende Anforderungen an Sanierungsuntersuchungen und Sanierungspläne bei bestimmten Altlasten,
- Anforderungen zur Vorsorge gegen das Entstehen schädlicher Bodenveränderungen nach § 7 des Bundes-Bodenschutzgesetzes einschließlich der Anforderungen an das Auf- und Einbringen von Materialien nach § 6 des Bundes-Bodenschutzgesetzes,
- die Festlegung von Prüf- und Maßnahmenwerten sowie von Vorsorgewerten einschließlich der zulässigen Zusatzbelastung nach § 8 des Bundes-Bodenschutzgesetzes.

14

Untersuchung (§ 3)

Anhaltspunkte für das Vorliegen einer Altlast bestehen bei einem Altstandort insbesondere, wenn auf Grundstücken über einen längeren Zeitraum oder in erheblicher Menge mit Schadstoffen umgegangen wurde und die jeweilige Betriebs-, Bewirtschaftungs- oder Verfahrensweise oder Störungen des bestimmungsgemäßen Betriebs nicht unerhebliche Einträge solcher Stoffe in den Boden vermuten lassen. Bei Altablagerungen sind diese Anhaltspunkte insbesondere dann gegeben, wenn die Art des Betriebs oder der Zeitpunkt der Stilllegung den Verdacht nahe legen, dass Abfälle nicht sachgerecht behandelt, gelagert oder abgelagert wurden. Anhaltspunkte für das Vorliegen einer schädlichen Bodenveränderung ergeben sich insbesondere durch allgemeine oder konkrete Hinweise auf:

- den Eintrag von Schadstoffen über einen längeren Zeitraum und in erheblicher Menge über die Luft oder Gewässer oder durch eine Aufbringung erheblicher Frachten an Abfällen oder Abwässer auf Böden,
- eine erhebliche Freisetzung naturbedingt erhöhter Gehalte an Schadstoffen in Böden,
- erhöhte Schadstoffgehalte in Nahrungs- oder Futterpflanzen am Standort,
- das Austreten von Wasser mit erheblichen Frachten an Schadstoffen aus Böden oder Altablagerungen,
- erhebliche Bodenabträge und -ablagerungen durch Wasser oder Wind.

Liegen Anhaltspunkte vor, soll die Verdachtsfläche oder altlastverdächtige Fläche nach der Erfassung zunächst einer orientierenden Untersuchung unterzogen werden.

Konkrete Anhaltspunkte, die den hinreichenden Verdacht einer schädlichen Bodenveränderung oder Altlast begründen, liegen in der Regel vor, wenn Untersuchungen eine Überschreitung von Prüfwerten ergeben oder wenn aufgrund einer Bewertung nach § 4 BBodSchV eine Überschreitung von Prüfwerten zu erwarten ist. Besteht ein hinreichender Verdacht soll eine Detailuntersuchung durchgeführt werden.

Bei Detailuntersuchungen soll auch festgestellt werden, ob sich aus räumlich begrenzten Anreicherungen von Schadstoffen innerhalb einer Verdachtsfläche oder altlastverdächtigen Fläche Gefahren ergeben und ob und wie eine Abgrenzung von nicht belasteten Flächen geboten ist. Von einer Detailuntersuchung kann abgesehen werden, wenn die von schädlichen Bodenveränderungen oder Altlasten ausgehenden Gefahren, erheblichen Nachteile oder erheblichen Belästigungen nach Feststellung der zuständigen Behörde mit einfachen Mitteln abgewehrt oder sonst beseitigt werden können.

Soweit aufgrund der örtlichen Gegebenheiten oder nach den Ergebnissen von Bodenluftuntersuchungen Anhaltspunkte für die Ausbreitung von flüchtigen Schadstoffen aus einer Verdachtsfläche oder altlastverdächtigen Fläche in Gebäude bestehen, soll eine Untersuchung der Innenraumluft erfolgen.

Bewertung (§ 4)

Liegen der Gehalt oder die Konzentration eines Schadstoffes unterhalb des jeweiligen Prüfwertes, ist insoweit der Verdacht einer schädlichen Bodenveränderung oder Altlast ausgeräumt. Wird ein Prüfwert am Ort der Probennahmen überschritten, ist im Einzelfall zu ermitteln, ob die Schadstoffkonzentration im Sickerwasser am Ort der Beurteilung den Prüfwert übersteigt. Maßnahmen im Sinne des § 2 des Bundes-Bodenschutzgesetzes können bereits dann erforderlich sein, wenn im Einzelfall alle bei der Ableitung eines Prüfwertes angenommenen ungünstigen Umstände zusammentreffen und der Gehalt oder die Konzentration eines Schadstoffes geringfügig oberhalb des jeweiligen Prüfwertes liegt.

Zur Bewertung der von Verdachtsflächen oder altlastverdächtigen Flächen ausgehenden Gefahren für das Grundwasser ist eine Sickerwasserprognose zu erstellen. Wird eine Sickerwasserprognose auf Untersuchungen gestützt, ist im Einzelfall insbesondere abzuschätzen und zu bewerten, inwieweit zu erwarten ist, dass die Schadstoffkonzentration im Sickerwasser den Prüfwert am Ort der Beurteilung überschreitet.

Die Ergebnisse der Detailuntersuchung sind nach dieser Verordnung unter Beachtung der Gegebenheiten des Einzelfalls, insbesondere auch anhand von Maßnahmenwerten, daraufhin zu bewerten, inwieweit Maßnahmen nach § 2 des Bundes-Bodenschutzgesetzes erforderlich sind.

Liegen im Einzelfall Erkenntnisse aus Grundwasseruntersuchungen vor, sind diese bei der Bewertung im Hinblick auf Schadstoffeinträge in das Grundwasser zu berücksichtigen. Wenn erhöhte Schadstoffkonzentrationen im Sickerwasser oder andere Schadstoffausträge auf Dauer nur geringe Schadstofffrachten und nur lokal begrenzt erhöhte Schadstoffkonzentrationen in Gewässern erwarten lassen, ist dieser Sachverhalt bei der Prüfung der Verhältnismäßigkeit von Untersuchungs- und Sanierungsmaßnahmen zu berücksichtigen. Wasserrechtliche Vorschriften bleiben unberührt.

Eine schädliche Bodenveränderung besteht nicht bei Böden mit naturbedingt erhöhten Gehalten an Schadstoffen allein aufgrund dieser Gehalte, soweit diese Stoffe nicht durch Einwirkungen auf den Boden in erheblichem Umfang freigesetzt wurden oder werden. Bei Böden mit großflächig siedlungsbedingt erhöhten Schadstoffgehalten kann ein Vergleich dieser Gehalte mit den im Einzelfall ermittelten Schadstoffgehalten in die Gefahrenbeurteilung einbezogen werden.

Sanierungsmaßnahmen, Schutz- und Beschränkungsmaßnahmen (§ 5)

Dekontaminationsmaßnahmen sind zur Sanierung geeignet, wenn sie auf technisch und wirtschaftlich durchführbaren Verfahren beruhen, die ihre praktische Eignung zur umweltverträglichen Beseitigung oder Verminderung der Schadstoffe gesichert erscheinen lassen. Dabei sind auch die Folgen des Eingriffs insbesondere für Böden und Gewässer zu berücksichtigen. Nach Abschluss einer Dekontaminationsmaßnahme ist das Erreichen des Sanierungsziels gegenüber der zuständigen Behörde zu belegen.

Sicherungsmaßnahmen sind zur Sanierung geeignet, wenn sie gewährleisten, dass durch die im Boden oder in Altlasten verbleibenden Schadstoffe dauerhaft keine Gefahren, erheblichen Nachteile oder erheblichen Belästigungen für den einzelnen oder die Allgemeinheit entstehen. Hierbei ist das Gefahrenpotenzial der im Boden verbleibenden Schadstoffe und deren Umwandlungsprodukte zu berücksichtigen. Die Wirksamkeit von Sicherungsmaßnahmen ist gegenüber der zuständigen Behörde zu belegen und dauerhaft zu überwachen. Als Sicherungsmaßnahme kommt auch eine geeignete Abdeckung schädlich veränderter Böden oder Altlasten mit einer Bodenschicht oder eine Versiegelung in Betracht.

Soll abgeschobenes, ausgehobenes oder behandeltes Material im Rahmen der Sanierung im Bereich derselben schädlichen Bodenveränderung oder Altlast oder innerhalb des Gebietes eines für verbindlich erklärten Sanierungsplans wieder auf- oder eingebracht oder umgelagert werden, sind die Anforderungen nach § 4 des Bundes-Bodenschutzgesetzes zu erfüllen.

Sanierungsuntersuchung und Sanierungsplanung (§ 6)

Bei Sanierungsuntersuchungen ist insbesondere auch zu prüfen, mit welchen Maßnahmen eine Sanierung im Sinne des § 4 des Bundes-Bodenschutzgesetzes erreicht werden kann, inwieweit Veränderungen des Bodens nach der Sanierung verbleiben und welche rechtlichen, organisatorischen und finanziellen Gegebenheiten für die Durchführung der Maßnahmen von Bedeutung sind.

Bei der Erstellung eines Sanierungsplans sind die Maßnahmen nach § 13 des Bundes-Bodenschutzgesetzes textlich und zeichnerisch vollständig darzustellen. In dem Sanierungsplan ist darzulegen, dass die vorgesehenen Maßnahmen geeignet sind, dauerhaft Gefahren, erhebliche Nachteile oder erhebliche Belästigungen für den einzelnen oder die Allgemeinheit zu vermeiden.

Darzustellen sind insbesondere auch die Auswirkungen der Maßnahmen auf die Umwelt und die voraussichtlichen Kosten sowie die erforderlichen Zulassungen, auch soweit ein verbindlicher Sanierungsplan nach § 13 des Bundes-Bodenschutzgesetzes diese nicht einschließen kann.

14.3   Untersuchungsumfang

Bei altlastverdächtigen Altablagerungen richten sich der Untersuchungsumfang und die Probennahme, insbesondere hinsichtlich der Untersuchungen auf Deponiegas, leichtflüchtige Schadstoffe, abgelagerte Abfälle und des Übergangs von Schadstoffen in das Grundwasser, nach den Erfordernissen des Einzelfalles. Bei der Untersuchung zum Wirkungspfad Boden – Mensch sind als Nutzungen:

- Kinderspielflächen,
- Wohngebiete,
- Park- und Freizeitanlagen,
- Industrie- und Gewerbegrundstücke

und bei der Untersuchung zum Wirkungspfad Boden – Nutzpflanze die Nutzungen:

- Ackerbau, Nutzgarten,
- Grünland

zu unterscheiden. Bei Untersuchungen zum Wirkungspfad Boden – Grundwasser ist nicht nach der Art der Bodennutzung zu unterscheiden.

Orientierende Untersuchungen von Verdachtsflächen und altlastverdächtigen Altstandorten sollen insbesondere auch auf die Feststellung und die Einschätzung des Umfangs von Teilbereichen mit unterschiedlich hohen Schadstoffgehalten ausgerichtet werden. Bei altlastverdächtigen Altablagerungen sind in der Regel Untersuchungen von Deponiegas und auf leichtflüchtige Schadstoffe sowie Untersuchungen insbesondere auch hinsichtlich des Übergangs von Schadstoffen in das Grundwasser durchzuführen.

Bei der Detailuntersuchung sollen auch die für die Wirkungspfade maßgeblichen Expositionsbedingungen, insbesondere die für die verschiedenen Wirkungspfade bedeutsamen mobilen oder mobilisierbaren Anteile der Schadstoffgehalte, geklärt werden. Es soll auch festgestellt werden, ob sich aus räumlich begrenzten Anreicherungen von Schadstoffen innerhalb einer Verdachtsfläche oder altlastverdächtigen Fläche Gefahren ergeben und ob und wie eine Abgrenzung von nicht belasteten Flächen geboten ist.

Das Vorgehen bei der Probennahme richtet sich insbesondere nach den im Einzelfall berührten Wirkungspfaden, der Flächengröße, der aufgrund der Erfassungsergebnisse vermuteten vertikalen und horizontalen Schadstoffverteilung sowie der gegenwärtigen, der planungsrechtlich zulässigen und der früheren Nutzung. Das Vorgehen bei der Probennahme ist zu begründen und zu dokumentieren. Die Anforderungen des Arbeitsschutzes sind zu beachten. Untersuchungsflächen sollen für die Probennahme in geeignete Teilflächen gegliedert werden. Die Teilung soll aufgrund eines unterschiedlichen Gefahrenverdachts, einer unterschiedlichen Bodennutzung, der Geländeform oder der Bodenbeschaffenheit sowie von Auffälligkeiten, wie z.B. einer unterschiedlichen Vegetationsentwicklung, oder anhand von Erkenntnissen aus der Erfassung erfolgen.

Soll die räumliche Verteilung der Schadstoffe ermittelt werden, ist die zu untersuchende Fläche oder Teilfläche grundsätzlich unter Zuhilfenahme eines Rasters repräsentativ zu beproben. Soweit aus Vorkenntnissen, bei altlastverdächtigen Altstandorten insbesondere nach den Ergebnissen der

Erfassung, eine Hypothese über die räumliche Verteilung der Schadstoffe abgeleitet werden kann, ist diese bei der Festlegung der Probenahmestellen und des Rasters zu berücksichtigen. Für die Festlegung von Probenahmestellen können auch Ergebnisse aus einer geeigneten Vor-Ort-Analytik herangezogen werden.

Vermutete Schadstoffanreicherungen sind gezielt zu beproben. Die Beprobung ist, insbesondere hinsichtlich Zahl und räumlicher Anordnung der Probenahmestellen, so vorzunehmen, dass der Gefahrenverdacht geklärt, eine mögliche Gefahr bewertet werden und eine räumliche Abgrenzung von Schadstoffanreicherungen erfolgen kann. Bei der Festlegung der Beprobungstiefen für die Wirkungspfade Boden – Mensch und Boden – Nutzpflanze sollen für die Untersuchung auf anorganische und schwerflüchtige organische Schadstoffe die in Abbildung 14.1 genannten Beprobungstiefen zugrunde gelegt werden.

Wirkungspfad	Nutzung	Beprobungs-tiefe
Boden - Mensch	Kinderspielfläche, Wohngebiet	0 - 10 cm 10 - 35 cm
	Park- und Freizeitanlagen	0 - 10 cm
	Industrie- und Gewerbegrundstücke	0 - 10 cm
Boden - Nutzpflanzen	Ackerbau, Nutzgarten	0 - 30 cm 30 - 60 cm
	Grünland	0 - 10 cm 10 - 30 Cm

Abb. 14.1: Beprobungstiefe

Wirkungspfad Boden – Mensch

Im Rahmen der Festlegung der Probenahmestellen und der Beprobungstiefe sollen auch Ermittlungen zu den im Einzelfall vorliegenden Expositionsbedingungen vorgenommen werden, insbesondere über:

- die tatsächliche Nutzung der Fläche (Art, Häufigkeit, Dauer),
- die Zugänglichkeit der Fläche,
- die Versiegelung der Fläche und über den Aufwuchs,
- die Möglichkeit der inhalativen Aufnahme von Bodenpartikeln,
- die Relevanz weiterer Wirkungspfade.

Wirkungspfad Boden – Nutzpflanzen

Bei landwirtschaftlich einschließlich gartenbaulich genutzten Böden mit annähernd gleichmäßiger Bodenbeschaffenheit und Schadstoffverteilung soll auf Flächen bis 10 Hektar in der Regel für jeweils 1 Hektar, mindestens aber von 3 Teilflächen eine Mischprobe entsprechend den Beprobungstiefen entnommen werden. Bei Flächen unter 5000 m² kann auf eine Teilung verzichtet werden. Für Flächen größer 10 Hektar sollen mindestens jedoch 10 Teilflächen beprobt werden. In Nutzgärten erfolgt die Probennahme in der Regel durch Entnahme einer grundstücksbezogenen Mischprobe für jede Beprobungstiefe und im Übrigen in Anlehnung an die Regeln der Probennahme auf Ackerflächen.

Wirkungspfad Boden – Grundwasser

Beim Wirkungspfad Boden – Grundwasser ist zur Feststellung der vertikalen Schadstoffverteilung die ungesättigte Bodenzone bis unterhalb einer mutmaßlichen Schadstoffanreicherung oder eines auffälligen Bodenkörpers zu beproben. Die Beprobung erfolgt horizont- oder schichtspezifisch. Im Untergrund dürfen Proben aus Tiefenintervallen bis max. 1 m entnommen werden. In begründeten Fällen ist die Zusammenfassung engräumiger Bodenhorizonte bzw. -schichten bis max. 1 m Tiefenintervall zulässig. Auffälligkeiten sind zu beurteilen und gegebenenfalls gesondert zu beproben. Die Beprobungstiefe soll reduziert werden, wenn erkennbar wird, dass bei Durchbohrung von wasserstauenden Schichten im Untergrund eine hierdurch entstehende Verunreinigung des Grundwassers zu besorgen ist. Ist das Durchbohren von wasserstauenden Schichten erforderlich, sind besondere Sicherungsmaßnahmen zu ergreifen.

14.4   Maßnahmen-, Prüf- und Vorsorgewerte

14.4.1   Wirkungspfad „Boden – Mensch"

Abgrenzung der Nutzungen

Für die Bewertung sind folgende Nutzungen zu betrachten:

- Kinderspielflächen,
- Aufenthaltsbereiche für Kinder, die ortsüblich zum Spielen genutzt werden, ohne den Spielsand von Sandkästen. Amtlich ausgewiesene Kinderspielplätze sind ggf. nach Maßstäben des öffentlichen Gesundheitswesens zu bewerten,
- Wohngebiete,
- dem Wohnen dienende Gebiete einschließlich Hausgärten oder sonstige Gärten entsprechender Nutzung, auch soweit sie nicht im Sinne der Baunutzungsverordnung planungsrechtlich dargestellt oder festgesetzt sind, ausgenommen Park- und Freizeitanlagen, Kinderspielflächen sowie befestigte Verkehrsflächen,
- Park- und Freizeitanlagen,
- Anlagen für soziale, gesundheitliche und sportliche Zwecke, insbesondere öffentliche und private Grünanlagen sowie unbefestigte Flächen, die regelmäßig zugänglich sind und vergleichbar genutzt werden,
- Industrie- und Gewerbegrundstücke,
- unbefestigte Flächen von Arbeits- und Produktionsstätten, die nur während der Arbeitszeit genutzt werden.

Maßnahmenwerte nach § 8 des Bundes-Bodenschutzgesetzes für die direkte Aufnahme von Dioxinen/Furanen auf Kinderspielflächen, in Wohngebieten, Park- und Freizeitanlagen und Industrie- und Gewerbegrundstücken finden sich in Abbildung 14.2 (TM = Trockenmasse).

Maßnahmenwerte [ng I-TEq/kg TM]				
Stoff	Kinderspiel-flächen	Wohngebiete	Park- und Frei-zeitanlagen	Industrie- und Gewerbe-grund
Dioxine/ Furane (PCDD/F)	100	1.000	1.000	10.000
I-TE: Internationale Toxizitätsäquivalente				

Abb. 14.2: Maßnahmenwerte für den Wirkungspfad „Boden – Mensch"

Prüfwerte nach § 8 des Bundes-Bodenschutzgesetzes für die direkte Aufnahme von Schadstoffen auf Kinderspielflächen, in Wohngebieten, Park- und Freizeitanlagen und Industrie- und Gewerbe-grundstücken finden sich in Abbildung 14.3.

Prüfwerte [mg/kg TM]				
Stoff	Kinderspiel-flächen	Wohngebiete	Park- und Frei-zeitanlagen	Industrie- und Gewerbe-grund
Arsen	25	50	125	140
Blei	200	400	1.000	2.000
Cadmium	10	20	50	60
Cyanide	50	50	50	100
Chrom	200	400	1.000	1.000
Nickel	70	140	350	900
Quecksilber	10	20	50	80
Aldrin	2	4	10	-
Benzo(a)pyren	2	4	10	12
DDT	40	80	200	-
Hexachlor-benzol	4	8	20	200
Hexachlor-cyclohexan (HCH-Gemisch oder β-HCH)	5	10	25	400
Pentachlor-phenol	50	100	250	250
Polychlorierte Biphenyle (PCB's)	0,4	0,8	2	40

Abb. 14.3: Prüfwerte für den Wirkungspfad „Boden – Mensch"

14

14.4.2 Wirkungspfad „Boden – Nutzpflanzen"

Abgrenzung der Nutzungen

Für die Bewertung sind folgende Nutzungen zu betrachten:

- Ackerbau
  Flächen zum Anbau wechselnder Ackerkulturen einschließlich Gemüse und Feldfutter, hierzu zählen auch erwerbsgärtnerisch genutzte Flächen,
- Nutzgarten
  Hausgarten-, Kleingarten- und sonstige Gartenflächen, die zum Anbau von Nahrungspflanzen genutzt werden,
- Grünland
  Flächen unter Dauergrünland.

Prüf- und Maßnahmenwerte nach § 8 des Bundes-Bodenschutzgesetzes für den Schadstoffübergang Boden – Nutzpflanze auf Ackerbauflächen und in Nutzgärten im Hinblick auf die Pflanzenqualität finden sich in Abbildung 14.4.

Stoff	Methode*)	Prüfwert [mg/kg TM]	Maßnahmen-wert [mg/kg TM]
Arsen	KW	200	-
Cadmium	AN	-	0,04/0,1
Blei	AN	0,1	-
Quecksilber	KW	5	-
Thallium	AN	0,1	-
Benzo(a)pyren	-	1	-

*) Extraktionsverfahren für Arsen und Schwermetalle: AN = Ammoniumnitrat, KW = Königswasser

Abb. 14.4: Prüf- und Maßnahmenwerte auf Ackerbauflächen/Nutzgärten

Maßnahmenwerte nach § 8 Bundes-Bodenschutzgesetzes für den Schadstoffübergang Boden – Nutzpflanze auf Grünlandflächen im Hinblick auf die Pflanzenqualität finden sich in Abbildung 14.5.

Stoff	Maßnahmenwert [mg/kg TM]
Arsen	50
Blei	1.200
Cadmium	20
Kupfer	1.300
Nickel	1.900
Quecksilber	2
Thallium	15
Polychlorierte Biphenyle (PCB's)	0,2

Abb. 14.5: Maßnahmenwerte für Grünland

Prüfwerte nach § 8 des Bundes-Bodenschutzgesetzes für den Schadstoffübergang Boden-Pflanze auf Ackerbauflächen im Hinblick auf Wachstumsbeeinträchtigungen bei Kulturpflanzen finden sich in Abbildung 14.6.

Stoff	Prüfwert [mg/kg TM]
Arsen	0,4
Kupfer	1
Nickel	1,5
Zink	2

Abb. 14.6: Prüfwerte für Kulturpflanzen (Ackerbau)

14.4.3 Wirkungspfad „Boden – Grundwasser"

Prüfwerte zur Beurteilung des Wirkungspfads Boden – Grundwasser nach § 8 des Bundes-Bodenschutzgesetzes finden sich in Abbildung 14.7.

Anorganische Stoffe	Prüfwert [µg/L]
Antimon	10
Arsen	10
Blei	25
Cadmium	5
Chrom gesamt	50
Chromat	8
Kobalt	50
Kupfer	50
Molybdän	50
Nickel	50
Quecksilber	1
Selen	10
Zink	500
Zinn	40
Cyanid, gesamt	50
Cyanid, leicht freisetzbar	10
Fluorid	750
Organische Stoffe	**Prüfwert [µg/L]**
Mineralölkohlenwasserstoffe	200
BTEX	20
Benzol	1
LHKW	10
Aldrin	0,1
DDT	0,1
Phenol	20
PCB, gesamt	0,05
PAK, gesamt	0,20
Naphthalin	2

Abb. 14.7: Prüfwerte für den Wirkungspfad „Boden – Grundwasser"

Vorsorgewerte für Böden nach § 8 des Bundes-Bodenschutzgesetzes finden sich in Abbildung 14.8 und Abbildung 14.9.

Böden	Cad-mium	Blei	Chrom	Kupfer	Queck-silber	Nickel	Zink
Bodenart Ton	1,5	100	100	60	1	70	200
Bodenart Lehm/Schluff	1	70	60	40	0,5	50	150
Bodenart Sand	0,4	40	30	20	0,1	15	60
Böden mit natur-bedingt und groß-flächig siedlungs-bedingt erhöhten Hintergrundge-halten	unbedenklich, soweit eine Freisetzung der Schadstoffe oder zusätzliche Einträge nach § 9 Abs. 2 und 3 dieser Verordnung keine nachteiligen Auswirkungen auf die Bodenfunktionen erwarten lassen						

Abb. 14.8: Vorsorgewerte für Metalle (in mg/kg Trockenmasse, Feinboden, Königswasseraufschluss)

Böden	Polychlorierte Biphenyle (PCB's)	Benzo(a)pyren	Polycyclische aromatische Kohlenwasser-stoffe (PAK's)
Humusgehalt > 8%	0,1	1	10
Humusgehalt ≤ 8%	0,05	0,3	3

Abb.: 14.9: Vorsorgewerte für organische Stoffe (in mg/kg Trockenmasse, Feinboden)

Zulässige zusätzliche jährliche Frachten an Schadstoffen über alle Wirkungspfade nach § 8 des Bundes-Bodenschutzgesetzes (in Gramm je Hektar) finden sich in Abbildung 14.10.

Element	Fracht [g/ha x a]
Blei	400
Cadmium	6
Chrom	300
Kupfer	360
Nickel	100
Quecksilber	1,5
Zink	1.200

14

Abb. 14.10: Schadstofffrachten

14.5 Sanierungsuntersuchung und -planung

14.5.1 Sanierungsuntersuchungen

Mit Sanierungsuntersuchungen bei Altlasten sind die zur Erfüllung der Pflichten nach § 4 des Bundes-Bodenschutzgesetzes geeigneten, erforderlichen und angemessenen Maßnahmen zu ermitteln. Die hierfür in Betracht kommenden Maßnahmen sind unter Berücksichtigung von Maßnahmenkombinationen und von erforderlichen Begleitmaßnahmen darzustellen. Die Prüfung muss insbesondere:

- die schadstoff-, boden-, material- und standortspezifische Eignung der Verfahren,
- die technische Durchführbarkeit,
- den erforderlichen Zeitaufwand,
- die Wirksamkeit im Hinblick auf das Sanierungsziel,
- eine Kostenschätzung sowie das Verhältnis von Kosten und Wirksamkeit,
- die Auswirkungen auf die Betroffenen im Sinne von § 12 des Bundes-Bodenschutzgesetzes und auf die Umwelt,
- das Erfordernis von Zulassungen,
- die Entstehung, Verwertung und Beseitigung von Abfällen,
- den Arbeitsschutz,
- die Wirkungsdauer der Maßnahmen und deren Überwachungsmöglichkeiten,
- die Erfordernisse der Nachsorge und
- die Nachbesserungsmöglichkeiten

umfassen. Die Prüfung soll unter Verwendung vorhandener Daten, sowie aufgrund sonstiger gesicherter Erkenntnisse durchgeführt werden. Soweit solche Informationen insbesondere zur gesicherten Abgrenzung belasteter Bereiche oder zur Beurteilung der Eignung von Sanierungsverfahren im Einzelfall nicht ausreichen, sind ergänzende Untersuchungen zur Prüfung der Eignung eines Verfahrens durchzuführen. Die Ergebnisse der Prüfung und das danach vorzugswürdige Maßnahmenkonzept sind darzustellen.

14.5.2 Sanierungsplan

Ein Sanierungsplan soll die für eine Verbindlichkeitserklärung nach § 13 des Bundes-Bodenschutzgesetzes erforderlichen Angaben und Unterlagen enthalten. Die Darstellung der Ausgangslage, insbesondere hinsichtlich:

- der Standortverhältnisse (u.a. geologische, hydrogeologische Situation; bestehende und planungsrechtlich zulässige Nutzung),
- der Gefahrenlage (Zusammenfassung der Untersuchungen im Hinblick auf Schadstoffinventar nach Art, Menge und Verteilung, betroffene Wirkungspfade, Schutzgüter und -bedürfnisse),
- der Sanierungsziele,
- der getroffenen behördlichen Entscheidungen und der geschlossenen öffentlich-rechtlichen Verträge, insbesondere auch hinsichtlich des Maßnahmenkonzeptes, die sich auf die Erfüllung der nach § 4 des Bundes-Bodenschutzgesetzes zu erfüllenden Pflichten auswirken, und
- der Ergebnisse der Sanierungsuntersuchungen.

Die textliche und zeichnerische Darstellung der durchzuführenden Maßnahmen und Nachweis ihrer Eignung, insbesondere hinsichtlich:

- des Einwirkungsbereichs der Altlast und der Flächen, die für die vorgesehenen Maßnahmen benötigt werden,

- des Gebietes des Sanierungsplans,

- der Elemente und des Ablaufs der Sanierung im Hinblick auf:
  - den Bauablauf,
  - die Erdarbeiten (insbesondere Aushub, Separierung, Wiedereinbau, Umlagerungen im Bereich des Sanierungsplans),
  - die Abbrucharbeiten,
  - die Zwischenlagerung von Bodenmaterial und sonstigen Materialien,
  - die Abfallentsorgung beim Betrieb von Anlagen,
  - die Verwendung von Böden und die Ablagerung von Abfällen auf Deponien und
  - die Arbeits- und Immissionsschutzmaßnahmen,

- der fachspezifischen Berechnungen zu:
  - on-site-Bodenbehandlungsanlagen,
  - in-situ-Maßnahmen,
  - Anlagen zur Fassung und Behandlung von Deponiegas oder Bodenluft,
  - Grundwasserbehandlungsanlagen,
  - Anlagen und Maßnahmen zur Fassung und Behandlung insbesondere von Sickerwasser,

- der zu behandelnden Mengen und der Transportwege bei Bodenbehandlung in off-site-Anlagen,

- der technischen Ausgestaltung von Sicherungsmaßnahmen und begleitenden Maßnahmen, insbesondere von:
  - Oberflächen-, Vertikal- und Basisabdichtungen,
  - Oberflächenabdeckungen,
  - Zwischen- bzw. Bereitstellungslagern,
  - begleitenden passiven pneumatischen, hydraulischen oder sonstigen Maßnahmen (z.B. Baufeldentwässerung, Entwässerung des Aushubmaterials, Einhausung, Abluftfassung und -behandlung) und

- der behördlichen Zulassungserfordernisse für die durchzuführenden Maßnahmen.

Die Darstellung der Eigenkontrollmaßnahmen zur Überprüfung der sachgerechten Ausführung und Wirksamkeit der vorgesehenen Maßnahmen, insbesondere:

- das Überwachungskonzept hinsichtlich:
  - des Bodenmanagements bei Auskofferung, Separierung und Wiedereinbau,
  - der Boden- und Grundwasserbehandlung, der Entgasung oder der Bodenluftabsaugung,
  - des Arbeits- und Immissionsschutzes,
  - der begleitenden Probennahme und Analytik und

- das Untersuchungskonzept für Materialien und Bauteile bei der Ausführung von Bauwerken.

Die Darstellung der Eigenkontrollmaßnahmen im Rahmen der Nachsorge einschließlich der Überwachung, insbesondere hinsichtlich:

- des Erfordernisses und der Ausgestaltung von längerfristig zu betreibenden Anlagen oder Einrichtungen zur Fassung oder Behandlung von Grundwasser, Sickerwasser, Oberflächenwasser, Bodenluft oder Deponiegas sowie Anforderungen an deren Überwachung und Instandhaltung,

- der Maßnahmen zur Überwachung (z.B. Messstellen) und
- der Funktionskontrolle im Hinblick auf die Einhaltung der Sanierungserfordernisse und Instandhaltung von Sicherungsbauwerken oder -einrichtungen.

Abschließend ist eine Darstellung des Zeitplans und der Kosten aufzuführen.

14.6   Biologische Verfahren zur Boden- und Altlastensanierung

14.6.1   Beurteilung der biologischen Sanierbarkeit von Böden

Um die biologische Sanierbarkeit von Böden zu beurteilen, ist es sehr wichtig, die genauen Bodenparameter zu kennen. Dazu müssen unbedingt mehrere Bodenproben von der kontaminierten Fläche genommen werden, und sowohl die Boden- sowie die physikochemischen und biologischen Parameter untersucht werden. Unabhängig ob später eine On-site- oder In-situ-Sanierung durchgeführt werden soll, ist eine mikrobiologische Untersuchung zur Charakterisierung der am Standort vorkommenden Mikroorganismenpopulation als auch die Bestimmung deren Abbaupotenzials für Schadstoffe an dem Bodenmaterial vorzunehmen. Die Bedingungen eines Bodens am Standort bestimmen häufig über die biologische Abbaubarkeit von Kontaminanten und sind damit der limitierende Faktor für die Anwendung von biologischen Sanierungsverfahren. In vielen Fällen können limitierende Faktoren wie Wassergehalt und pH-Wert positiv beeinflusst werden. In Extremfällen kann die Bodenklassifizierung allerdings bereits für den Ausschluss bestimmter Verfahrensvarianten sorgen, wenn z.B. die Partikelverteilung keine ausreichende Diffusion zulässt.

Kontaminierte Böden können sich in verschiedenen Zonen des Untergrundes befinden. In vertikaler Gliederung von oben nach unten können sie in der ungesättigten Bodenzone, im Bereich des Kapillarsaums bzw. in der gesättigten Bodenzone vorkommen. Jede dieser Zonen hat spezifische Eigenschaften, welche insbesondere bei In-situ-Verfahren eine entscheidende Rolle für die Art der Behandlung spielen. Gaswechsel, Diffusion und Wassergehalte können in den jeweiligen Zonen sehr unterschiedlich sein. Heterogenitäten durch verdichtete und lockerere Bereiche in Böden führen generell zu Kanalbildungen und damit zu geringerer Effektivität bei In-situ-Behandlungsmethoden.

Korngröße

Die Korngrößenverteilung der Partikel in einem Boden ist maßgeblich für die Bezeichnung der Bodenart und zugleich ein wesentlicher Faktor für die Auswahl eines Sanierungsverfahrens. Im Allgemeinen sind grobe, unverdichtete Materialien wie Sand und Kies leicht zu behandeln. Die Gasdurchlässigkeit und die Wasserwegsamkeit eines Bodens oder Aquifermaterials sind wesentlich vom Feinkornanteil abhängig. Darüber hinaus hat die Korngrößenverteilung einen starken Einfluss auf den Wassergehalt und die Wasserhaltekapazität eines Bodens und damit automatisch auch auf die mikrobielle Aktivität im Boden.

Partikeldichte

Die Partikeldichte wird durch das spezifische Gewicht eines Bodenpartikels beschrieben. Unterschiede in der Partikeldichte sind für viele Trennprozesse (Flockulation und Sedimentation) insbesondere bei der Bodenwäsche eine wesentliche Grundvoraussetzung. Das spezifische Gewicht eines Bodens entscheidet zudem auch über eine spätere Nutzbarkeit des sanierten Bodens. Mineralische Böden, denen während der Sanierung hohe Anteile an organischen Zuschlagstoffen beigemischt wurden, lassen sich nicht mehr als Baugrund nutzen.

Porenanteil und Permeabilität

Boden ist ein poröses Medium bestehend aus einer mineralischen Feststoffmatrix und dem dazwischen liegenden Porenraum. Der Porenanteil ist daher ein Maß für die Lagerungsdichte eines Bodenmaterials, welche die Wasserhaltekapazität, den Wassergehalt, und damit auch die Gaswegsamkeit bestimmt. Die Permeabilität ist ein Begriff aus der Hydrogeologie und bezeichnet das hydraulische Vermögen von Lockergesteinen (Böden) Wasser bzw. Grundwasser zu leiten. Diese Eigenschaft wird im Wesentlichen vom Porenraum insgesamt und der Porengröße bestimmt. Die Eigenschaft eines Materials, für Wasser unter bestimmten Druckverhältnissen durchfließbar zu sein, bezeichnet man als hydraulische Leitfähigkeit oder Durchlässigkeit. Der so genannte Durchlässigkeitsbeiwert oder Durchlässigkeitskoeffizient kf [m/s] charakterisiert den Widerstand, den ein durchflossenes Gestein dem Fluid entgegen bringt. Der Durchlässigkeitskoeffizient ist insbesondere bei In-situ-Sanierungen von wesentlicher Bedeutung.

Aggregation

Generell ist zu beachten, dass sich bei der Bodenvorbehandlung bzw. bei dynamischen Bodenbehandlungsverfahren in Abhängigkeit von der Bodenart und Bindigkeit Probleme durch die Bildung von Pellets und Agglomeraten ergeben können. Diese Pelletbildung oder Aufbauagglomeration erfolgt durch Abrollvorgänge, welche sich aufgrund rotierender Bewegungsvorgänge von feuchtem Bodenmaterial ergeben. Dabei treffen Bodenpartikel aufeinander und haften zunächst durch Flüssigkeitsbrücken aneinander. Mit fortschreitender Umwälzung und zunehmender Pelletgröße kommt es zur Verdichtung, welche im Wesentlichen durch Kapillarkräfte verursacht wird. Kollidierende Pellets können aneinander haften und zu größeren Agglomeraten anwachsen. Ebenso kann sich beim Abrollen von Pellets feuchtes Feinmaterial anlagern, was ebenfalls zu einem fortwährenden Aufbau von größeren Pellets führt. Solche Aggregate sind in der Regel so verdichtet, dass der Stofftransport insbesondere der Gastransport zur Versorgung der Mikroorganismen extrem limitiert ist und von Anaerobiose im Innern von Partikeln > 3 mm ausgegangen werden kann. In derart verdichtetem Bodenmaterial kommt es generell zu einer Reduzierung der mikrobiellen Aktivität. Die Bildung der Pellets wird hauptsächlich vom Boden vom Wassergehalt und den Bewegungsabläufen im Reaktor beeinflusst. Bei gegebenem Bodenmaterial kommt dem Wassergehalt eine besondere Bedeutung zu, da erst oberhalb eines bestimmten Wassergehaltes die Pelletbildung in Abhängigkeit von der dynamischen Behandlungsdauer zunimmt. Für die mikrobielle Aktivität ist jedoch ein minimaler Wassergehalt notwendig, so dass der Optimierung hier enge Grenzen gesetzt sein können. Die Zugabe von organischem Material wie Kompost verringert im Allgemeinen die Neigung zur Pelletbildung in bindigen Böden.

Schadstoffmatrizes, Begleitkontaminationen

Kontaminierte Böden sind in der Regel komplexe, mehrphasige Systeme, in denen Bodenluft (Gasphase), Porenwasser (wässrige Phase), organische und mineralische Feststoffe (feste Phase) und möglicherweise Ölphasen (organische Phase) nebeneinander in unterschiedlichen Konzentrationen vorkommen. Diese vier Phasen können auf vielfältige Weise miteinander in Wechselwirkung treten. Dabei hat die Art, in der die Stoffe mit dem Boden in Kontakt kommen, entscheidenden Einfluss auf deren Bioverfügbarkeit. Da Schadstoffe in der Regel als Gemische aus mehreren Komponenten in einer Kontamination vorkommen, kann davon ausgegangen werden, dass einige der Komponenten deutlich schwerer mikrobiell abbaubar sind als andere und damit eine höhere Persistenz aufweisen.

14

Bioverfügbarkeit von Schadstoffen in verschiedenen Matrizes

Die Matrizes von Schadstoffen in organischen Phasen haben entscheidenden Einfluss auf die Verteilung in den Bodenporen. An ihren Grenzflächen zur Wasserphase unterliegen sie Veränderungen oder Alterungsprozessen, die den Stofftransport wesentlich reduzieren können. Die Grenzflächen determinieren die Bioverfügbarkeit der Einzelkomponenten und damit auch einen möglichen biologischen Abbau. Die Sorption von Schadstoffen an organische Bodenmatrizes wie z.B. Huminstoffe allein kann die Bildung von nicht mehr abbaubaren/bioverfügbaren Restkonzentrationen nicht erklären. Ein Abbau von Schadstoffen in der Wasserphase verschiebt normalerweise das Verteilungsverhältnis. Sinkende Konzentrationen in der Wasserphase ziehen zur Wiederherstellung des Verteilungsgleichgewichtes weitere Desorption nach sich. Damit werden die Verbindungen immer wieder nachgeliefert. Durch den mikrobiellen Abbau werden in derartigen Schadstoffgemischen in Böden mit zunehmendem Alter der Kontamination schwerer abbaubare Substanzen angereichert. Neben Effekten der Bioverfügbarkeit führt dies in der Regel zu persistierenden Restkonzentrationen. Im Extremfall kann eine Restkontamination nach vollständiger Biodegradation der metabolisierbaren Schadstoffe aus biologisch nahezu inerten Verbindungen bestehen.

Anthropogene Begleitstoffe

In vielen Untersuchungen zum Schadstoffabbau wird vorausgesetzt, dass sich künstlich zugesetzte Schadstoffe wie die Altlast-Schadstoffe verhalten. Insbesondere bei PAK-Schadensfällen ist diese Grundvoraussetzung jedoch oftmals nicht gegeben. Die mangelnde Desorbierbarkeit bzw. Bioverfügbarkeit von PAK in vielen Altlastböden kann auf das Vorhandensein von Kohle- und Kokspartikeln zurückgeführt werden. Insbesondere deshalb, weil an vielen ehemaligen Gaswerksstandorten feinkörniges Kohle- und Schlackematerial zur Verfestigung flüssiger Destillationsrückstände benutzt wurde, um eine Deponierung auf dem Gelände zu ermöglichen. Vor diesem Hintergrund sollte insbesondere bei PAK-Schadensfällen das Vorhandensein von Kohle- und Kokspartikeln mit einer speziellen Untersuchung überprüft werden, da in den meisten Böden derartige Partikel nicht ohne weiteres zu erkennen sind.

Huminstoffgehalt

Mit dem Huminstoffgehalt wird der sich zersetzende Teil natürlicher organischer Substanz in Böden bezeichnet. Huminstoffe werden aus verrottendem Material von verschiedenen Organismen (Pflanzen, Tiere und Mikroorganismen) gebildet. Im Allgemeinen wird eine komplexe Mischung aus natürlich vorkommenden, schwer abbaubaren, gelb bis braun gefärbten, kolloidalen Substanzen im Boden als Humus bezeichnet. Huminstoffmoleküle können sich zu größeren Aggregaten mit Fragmenten der Biomasse und anorganischen Bestandteilen der Bodenmatrix (Tonminerale) zusammenlagern. Durch Zugabe von organischen Zuschlagstoffen bei Sanierungsmaßnahmen, wie Rindenmulch, Kiefernborke oder Kompost kann der Humusgehalt stark erhöht werden. Dies ist bei Wiederverwendung des Bodenmaterials im Landschaftsbau ein erwünschter Effekt, der jedoch bei einer künftigen Nutzung als Baugrund von extremem Nachteil sein kann.

14.6.2 Biologische Verfahren zur Bodensanierung

Im Folgenden sollen die Grundlagen der Humifizierung von Schadstoffen, die Steuerung der biologischen Aktivität sowie verschiedene Verfahren zur biologischen Bodensanierung angesprochen und erläutert werden. Biologische Bodensanierungsverfahren werden in:

- Ex-situ-Techniken (mit Bodenaushub) und
- In-situ-Techniken (ohne Bodenaushub)

eingeteilt, wobei Ex-situ-Sanierungen je nach Ort der Behandlungsanlage als:

- On-site-Verfahren (am Sanierungsort) oder
- Off-site-Verfahren (außerhalb des Sanierungsortes)

zur Anwendung kommen. Zu den Ex-situ-Techniken gehören die Mietentechnik, Reaktorverfahren sowie Kombinationsverfahren. Zu den In-situ-Techniken zählen Infiltrations- und Belüftungsverfahren, sowie Verfahren der Bioremediation, mit deren Hilfe Schadstoffe in der gesättigten und ungesättigten Zone biologisch abgebaut werden.

14.6.2.1 Steuerung der biologischen Aktivität und ihre Wirkungen

Mikroorganismen benötigen bestimmte physiko-chemische Bedingungen (Temperatur, Wasser- und Sauerstoffgehalte, pH-Wert, usw.), um ihre Stoffwechselaktivität (Wachstum und Vermehrung, Schadstoffabbau) zu entfalten. Die jeweilige Aktivität erfolgt nur dann mit den maximalen Raten, wenn sich die Bedingungen hierzu in einem optimalen Bereich befinden. Liegen die jeweiligen Standortbedingungen wesentlich über oder unter den optimalen Werten, so ist dadurch die Stoffwechselaktivität und damit auch der Schadstoffabbau wesentlich verlangsamt oder erfolgt gar nicht mehr. Im Folgenden werden einzelne Parameter mit ihren optimalen Bereichen im Einzelnen dargestellt.

Die Temperatur beeinflusst biologische Prozesse in vielfältiger Weise. Steigende Temperaturen steigern die Reaktionsraten, die Diffusion, die Löslichkeit und Flüchtigkeit von Substanzen und verringern die Viskosität von Flüssigkeiten. Erniedrigt wird dagegen die Löslichkeit von Gasen in Wasser, was insbesondere beim Sauerstoff für die mikrobielle Aktivität wesentlich ist. Generell gilt jedoch, dass abgesehen von thermophilen Prozessen die höchsten mikrobiellen Umsatzraten bei 25 – 35 °C erreicht werden. Biologische und nicht biologische Reaktionen unterscheiden sich durch ihre verschiedenen Temperaturabhängigkeiten. Bei nicht biologisch katalysierten Reaktionen ist die Beziehung zur Temperatur linear, während sie bei biologischen Prozessen das beschriebene Optimum hat.

Böden besitzen in der Regel eine Pufferkapazität, d.h. sie können Schwankungen in der H_3O^+-Ionenkonzentration in gewissen Grenzen ausgleichen. In schwach gepufferten Böden oder Grundwässern kann der pH-Wert bereits durch mikrobiell gebildetes CO_2 und dessen Löslichkeit im Porenwasser abgesenkt werden, was zu einer Veränderung der mikrobiellen Aktivität führen kann. Optimale pH-Werte liegen für die meisten Schadstoffe abbauenden Bakterien im Bereich zwischen 6,5 und 7,5.

Abhängig vom Porenraum eines Bodens und seinem Feinkornanteil ist der Wassergehalt entscheidend für die Gaswegsamkeit und die mikrobielle Aktivität eines Bodens verantwortlich. Durch die Partikelverteilung und die Porengröße wird die Eigenschaft der Wasserhaltekapazität (WHK_{max}) eines Bodens beeinflusst. Die Wasserhaltekapazität gibt an, wie viel Wasser ein Boden entgegen der Schwerkraft halten kann, ohne dass Sickerwasser austritt. Der Boden übt infolge der Adsorptions- und Kapillarkräfte eine bestimmte Saugspannung auf das Bodenwasser aus, das folglich unter entsprechender Wasserspannung steht. Diese kann als Druck angegeben werden.

Unterhalb einer Wasserspannung von etwa 20 bar wird Wasser überhaupt erst für Organismen verfügbar. Generell begünstigen hohe Wassergehalte unterhalb der Sättigung (Porenraum vollständig mit Wasser gefüllt) die mikrobielle Aktivität und damit biologische Verfahren zur Behandlung. Daraus ergibt sich ein Optimum für die mikrobielle Aktivität bei möglichst hohen Wassergehalten verbunden mit einem möglichst hohen Gasanteil am Porenraum. Dann ist eine gute Ver-

14

sorgung mit Sauerstoff und ein guter Abtransport von CO_2 gegeben. In vielen Experimenten wurde ein Maximum der mikrobiellen Aktivität bei Werten zwischen 50 und 60 % der WHK_{max} beobachtet.

Bei Wassersättigung von Böden (Überschreiten der Wasserhaltekapazität) sinkt die Gaswegsamkeit rapide ab und ein Austausch findet ohne externe Durchmischung nur noch über Diffusion statt. Mit höheren Gehalten an organischem Kohlenstoff und entsprechender aerober mikrobieller Aktivität führt deren Sauerstoffzehrung sofort zu anaeroben Verhältnissen und sinkenden Redoxpotenzialen. Generell geht man davon aus, dass auch in aeroben Böden im Innern von Partikeln mit einem Durchmesser von > 3 mm anaerobe Verhältnisse herrschen. Sinkt der Sauerstoffgehalt der Bodenlösung unter 1 mg/L, so setzt eine Sukzession der anaeroben Prozesse ein.

Das Redoxpotenzial beschreibt das Oxidations-Reduktions-Potenzial eines Mediums in Bezug auf chemische Reaktionen. Das Redoxpotenzial ist ein Maß für die Tendenz von Verbindungen oder Elementen, Elektronen abzugeben bzw. aufzunehmen. Redoxpotenziale von Böden sind im Wesentlichen abhängig von der Tiefe unter der Oberfläche, dem pH-Wert der Bodenlösungen, der Diffusionsrate von Sauerstoff in den Boden hinein und über die mikrobielle Aktivität auch vom Gehalt an biochemisch umsetzbaren organischen Substanzen.

Bestimmte Stoffwechselleistungen von Mikroorganismen sind abhängig vom jeweiligen Redoxpotenzial der Umgebung (Boden, Gewässer). Bei der Oxidation von organischen Verbindungen durch Mikroorganismen wird der Kohlenstoff oxidiert, die freiwerdende Energie zum Wachstum der Organismen genutzt. Der freiwerdende Wasserstoff und die Elektronen werden auf andere Moleküle übertragen, deren Verfügbarkeit entscheidend durch das Redoxpotenzial beeinflusst wird. Diese Moleküle sind z.B. anorganische Verbindungen wie O_2, NO_3 oder CO_2 bei Atmungsprozessen oder Abbauprodukte der Substrate wie z.B. bei Gärungen.

Mikrobielle Biomasse setzt sich im Mittel aus etwa 50 % Kohlenstoff, 20 % Sauerstoff, 14 % Stickstoff, 8 % Wasserstoff, 3 % Phosphor, je 1 % Schwefel und Kalium zusammen. Diese Elemente müssen daher für ein optimales Wachstum von Mikroorganismen im Boden in entsprechender Menge vorhanden sein oder dem Boden von außen zugeführt werden. Zu den wichtigsten Nährstoffen im Boden gehören C, N, P, und K. Neben den Makroelementen C, O, H, N, und P sind weitere Spurenelemente wie S, K, Mg, Ca, Fe, Na, Cl, Zn, Mn, Md, Se, Co, Cu, Ni, u.a. für das Wachstum und die Aktivität von Mikroorganismen essenziell. In Böden sind diese Elemente jedoch in der Regel in ausreichenden Mengen vorhanden bzw. als Begleitstoffe in Kunstdüngern enthalten, so dass auf eine Bestimmung und eine Zudosierung verzichtet werden kann.

In der Praxis können beim mikrobiellen Abbau von organischen Schadstoffen N, P, und K limitierend sein, sofern es sich um vollständig metabolisierbare Schadstoffe handelt. Daher muss der Nährstoffgehalt dieser Elemente geprüft und ggf. eingestellt werden. Organische Nährstoffe sind in der Regel dann limitierend, wenn die Schadstoffe von Mikroorganismen nur cometabolisch abgebaut werden können. Sie werden bei Sanierungen im Wesentlichen als komplexe, wenig selektiv auf das Wachstum von Mikroorganismen wirkende Substrate eingesetzt, welche zugleich auch die anderen Elemente mit abdecken. Solche Substrate sind z.B. Kompost, Rindenmulch, Stroh, Rübenhackschnitzel oder andere Abfallstoffe aus der Landwirtschaft wie z.B. Melasse, Gülle.

14.6.2.2 Mietentechnik

Seit etwa Mitte der achtziger Jahre hat sich die Mietentechnik in Deutschland etabliert und kann heute als vielfach erprobtes und bewährtes Bodenreinigungsverfahren angesehen werden. Die Mietentechnik kommt vornehmlich in stationären Bodenbehandlungsanlagen zum Einsatz und weist inzwischen den größten Verbreitungsgrad unter allen Bodensanierungsverfahren auf. Dies trifft sowohl für die Kapazität der Anlagen, den Bodendurchsatz als auch für die Verwertungsquote der behandelten Böden zu.

Unter dem Begriff „Mietentechnik" sind Verfahren zu verstehen, die in Form von angelegten Bodenmieten zu einem biologischen Abbau von Schadstoffen führen. Bei den Mieten handelt es sich um Haufwerke unterschiedlicher Form und Größe, zu denen die Böden aufgeschüttet werden. Die Mieten werden in der Regel als Boden- oder Regenerationsmieten bezeichnet.

Bei der Mietentechnik wird der Abbau von Schadstoffen durch Mikroorganismen gefördert. Dazu werden in den Bodenmieten die limitierenden Faktoren aufgehoben. Außerdem wird durch das Aufschichten der Mieten dafür gesorgt, dass der Boden homogenisiert wird, das heißt, dass die Verfügbarkeit der Schadstoffe für die beteiligten Mikroorganismen verbessert wird. Die beteiligten Mikroorganismen sind entweder Pilze oder Bakterien, die teilweise bereits im Boden vorhanden sind. Dabei spricht man von „autochthonen Mikroorganismen".

Sind im Boden keine Bakterien dieser Art, müssen sie in Form von Kulturen dem Boden zugesetzt werden. Verfahrenstechnisch gesehen, ist die Mietentechnik vergleichbar mit der Komposttechnik, jedoch mit einer deutlich geringeren biologischen Aktivität. Die Durchführung der Mietentechnik erfolgt in Hallen, Zelten bzw. auf gedichtetem Untergrund (Abb. 14.11).

Als Ex-situ-Sanierungsverfahren setzt die Mietentechnik einen Aushub des kontaminierten Bodens voraus. Der kontaminierte Boden muss somit zugänglich sein und sollte nicht bebaut sein, es sei denn, das Sanierungskonzept sieht den Abriss der entsprechenden Gebäude vor. Liegen ausreichende Platzverhältnisse vor und ist beabsichtigt, den gereinigten Boden nach der biologischen Behandlung an gleicher Stelle wiedereinzubauen, bietet sich bei ausreichenden Bodenmengen eine Sanierung vor Ort an (on-site). Eine Bodenreinigung außerhalb des Ortes, an dem der kontaminierte Boden anfällt (off-site), wird in der Regel in ortsfesten Bodenreinigungsanlagen durchgeführt.

Eine wesentliche Voraussetzung für die Bodenbehandlung im Mietenverfahren ist ein optimaler Wassergehalt des Bodens. Einen weiteren wichtigen Einfluss auf die Behandlung hat die jeweilige Korngrößenverteilung der Böden. Wegen ihres hohen Sorptionsvermögens in Bezug auf die Schadstoffe eignen sich lehmige und tonige Böden nur mit Einschränkungen für die Mietentechnik und sollten vorab geprüft werden, ob sie biologisch behandelbar sind. Eine weitere Einflussgröße der biologischen Bodenbehandlung stellt der Anteil organischer Substanz dar.

Ebenfalls Einfluss auf die biologische Behandlung hat der pH-Wert des Bodens. Bei den meisten Böden treten pH-Werte zwischen 6 und 8 auf. Stark abweichende pH-Werte hemmen biologische Aktivitäten und damit den Schadstoffabbau im Boden. Deshalb ist in solchen Fällen eine Neutralisation des Bodens erforderlich. Die Einstellung eines optimalen pH-Wertes stellt somit eine wichtige Regulationsmöglichkeit bei der biologischen Bodensanierung dar.

Grundvoraussetzung für die Art der Schadstoffe, die mit der Mietentechnik behandelbar sind, ist deren biologische Abbaubarkeit. Bedingt durch die Verfahrensführung zielt die Mietentechnik auf die Behandlung aerob abbaubarer Schadstoffe ab, unabhängig davon, welche Art der Belüftung gewählt wird. Eine Ausnahme stellen modifizierte Mietenverfahren dar, die durch Menge und Zusammensetzung der Zuschlagstoffe eine anaerobe bzw. zweistufige (anaerobe – aerobe) Verfahrensführung erlauben.

Bei der Mietentechnik ist eine mechanische Bodenvorbehandlung nötig, bei welcher einerseits Störstoffe wie Schrott, grober Bauschutt oder Holzreste entfernt werden muss, andererseits wird der Boden dadurch homogenisiert. Falls die entfernten Störstoffe ebenfalls belastet sind, können sie auf behandelbare Korngrößen (30 bis 50 mm) zerkleinert dem Boden zugesetzt werden. Allerdings sollte der Bauschuttanteil in einer Bodenmiete 30 Gewichts-% nicht überschreiten. Die Bodenvorbehandlung wird in der Regel mit der Einarbeitung von Zuschlagstoffen kombiniert.

14

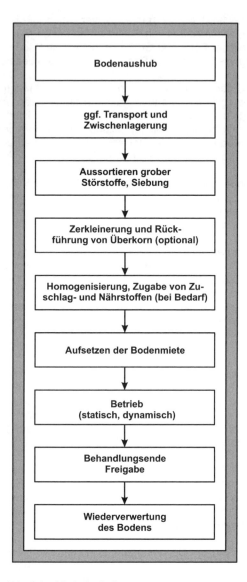

Abb. 14.11: Schematischer Ablauf der Mietentechnik

Der Mietenaufbau wird wesentlich durch die eingesetzte Maschinentechnik und das jeweilige Belüftungsverfahren bestimmt. Je nach Form der Bodenmiete wird zwischen Tafel- (Rechteck)-mieten, trapezförmigen und pyramidenförmigen Mieten unterschieden. Bodenmieten werden entsprechend der Maschinentechnik und den Platzverhältnissen auch in Form von unmittelbar benachbarten Mietensträngen angelegt. Die Höhe der Bodenmieten beträgt bis zu 3 Metern, in Ausnahmefällen werden Hochmieten mit über 3 Metern Höhe angelegt. Unter den Begriffen „Biobeete" bzw. „Beetverfahren" kommen auch flache Mietenverfahren zum Einsatz. Hier besteht allerdings ein erhöhter Platzbedarf.

Da die in der Mietentechnik eingesetzten Mikroorganismen die Schadstoffe in der Regel aerob umsetzen, ist die Belüftung sehr wichtig. Es wird zwischen aktiver und passiver Belüftung unterschieden. Bei der passiven Belüftung werden Belüftungsschichten in die Miete eingebaut. Diese bestehen aus gröberem Material, wie z.B. Holzhackschnitzeln. Die aktive Belüftung kann entweder durch Zwangsbelüftung oder durch dynamische Belüftung realisiert werden. Dabei wird der Miete mit technischen Einbauten Luftsauerstoff zugeführt. Zum Einsatz kommen Luftlanzen, Drainrohre oder Siebböden.

Je nach Anordnung der Gebläsevorrichtungen unterscheidet man zwischen Druck- und Saugbelüftung. Bei Vorliegen leichtflüchtiger Komponenten bietet die Saugbelüftung Vorteile, da Emissionen dadurch vermieden werden können, da der Sauganlage ein Abluftfilter nachgeschaltet wird. Bei dynamischen Belüftungsverfahren wird die Miete regelmäßig gewendet bzw. umgesetzt. Dabei wird Umgebungsluft in den Boden eingetragen. Diese Art der Belüftung wird in der Praxis am häufigsten angewandt.

Der Wassergehalt eines Bodens ist eine entscheidende Größe in Bezug auf die biologische Aktivität. Es gibt zwei Arten der Bewässerung von Bodenmieten:

- Trockenmieten (Trockenrotteverfahren) und
- Nassmieten (Mieten mit Prozesswasserkreislauf).

Bei Trockenmieten wird zu Beginn der Behandlung ein, der natürlichen Bodenfeuchte entsprechender, Wassergehalt eingestellt. Dieser bleibt während der Behandlungsdauer erhalten und wird regelmäßig überprüft. Gegebenenfalls wird der Wassergehalt beim Wenden oder Umsetzen der Miete neu eingestellt. Wenn während des Betriebes der Miete eine Berieselung mit Wasser vorgesehen ist, spricht man von Nassmieten. Das abfließende Wasser wird mit Hilfe von Drainageleitungen gefasst und gegebenenfalls gereinigt. Wenn das gereinigte Wasser wieder zur Berieselung verwendet wird, spricht man von einem Prozesswasserkreislauf. Aufgrund der nötigen Einbauten (Drainrohre) wird das Nassmietenverfahren nur bei statischen Mieten verwendet.

Wenn bei den Voruntersuchungen festgestellt wurde, dass zu wenige oder gar keine Mikroorganismen im Boden vorhanden sind, muss die Bodenmiete mit mikrobiologischen Kulturen beimpft werden. Diese Maßnahme muss auch dann ergriffen werden, wenn Schadstoffe im Boden vorliegen, die nur durch die Zugabe von Spezialkulturen biologisch abgebaut werden. Bei der Zugabe von Kulturen in Bodenmieten ist zu berücksichtigen, dass sich die zugesetzten Mikroorganismen in der neuen Umgebung etablieren müssen, zumal sie sich in Konkurrenz mit der autochthonen Mikroflora, d.h. den bereits im Boden vorhandenen Mikroorganismen, befinden. Grundsätzlich ist deshalb die Optimierung der natürlich vorhandenen Mikroflora der Beimpfung mit Spezialkulturen vorzuziehen. In Einzelfällen kann aus den oben dargelegten Gründen allerdings eine Beimpfung sinnvoll sein.

Unter Zuschlag- und Strukturstoffen sind Stoffe zu verstehen, die dem Boden zu Beginn der Behandlung zugesetzt werden. Sie führen zu einer lockeren Bodenstruktur und einer guten Belüftung. Zum Einsatz kommen Rindenprodukte, Stroh, Kompost, usw. Außer der lockeren Struktur bekommt der Boden dadurch auch noch organische Substanz zugeführt, die die biologische Aktivität fördert. Bei der Zugabe von Struktur- und Zuschlagstoffen ist zu beachten, dass die zu erreichenden Zielwerte nicht durch eine bloße Verdünnung oder Vermischung mit geringer belastetem Material oder mit anderen unbelasteten Stoffen eingestellt werden.

Der Mangel an Nährstoffen ist einer der limitierenden Faktoren beim biologischen Schadstoffabbau im Boden. Die Kenntnis der Nährstoffgehalte im zu behandelnden Boden ist deshalb von Bedeutung. Wie bereits erwähnt, gehören zu den wichtigsten Nährstoffen organische und anorganische Kohlenstoff-, Stickstoff- und Phosphorverbindungen. Zum einen sollten diese Nährstoffe in ausreichenden Gehalten vorliegen, zum anderen ein günstiges Verhältnis der Nährstoffgehalte unterein-

14

ander eingestellt werden. Dieses so genannte C:N:P-Verhältnis sollte zwischen 100:15:2 bis 100:10:1 Gewichtseinheiten liegen, kann aber in Einzelfällen auch weiter variieren. Nährstoffe können sowohl in flüssiger als auch fester Form z.B. als Pulver oder Granulat, dem Boden zugesetzt werden. Zum Einsatz kommen unter anderem handelsübliche Dünger. Auch so genannte „Fertilizer" mit Langzeit-Dünge-Effekt kommen in der Bodensanierung zur Anwendung.

14.6.2.3 Reaktorverfahren

Unter Reaktorverfahren der biologischen Bodensanierung sind Technologien zu verstehen, die in geschlossenen Systemen (Bioreaktoren) zu einem biologischen Schadstoffabbau führen. Je nach Wassergehalt des zu behandelnden Bodens wird zwischen Feststoff- und Suspensionsreaktoren unterschieden.

Der biologische Abbau von Schadstoffen in Bioreaktoren wird analog der Mietentechnik grundsätzlich dadurch erreicht, dass Limitationsfaktoren für den Abbau aufgehoben werden. In Bioreaktoren lässt sich dieses Ziel allerdings schneller und effektiver erreichen als in Bodenmieten, weil erstens ein wesentlich höherer Durchmischungsgrad von Boden und Zusatzstoffen erreicht werden kann, und zweitens ein geschlossenes System besser kontrollierbar und damit steuerbar ist.

Standortverhältnisse

Grundsätzlich lassen sich Reaktorverfahren vor Ort (on-site) als auch außerhalb des Ortes, an dem der kontaminierte Boden anfällt, (off-site) einsetzen. Die Wahl des Standortes hängt von verschiedenen Kriterien ab. Zum einen entscheiden die Platzverhältnisse vor Ort darüber, ob alle notwendigen Anlagenteile und gegebenenfalls Einhausungen untergebracht werden können. Ein weiteres Kriterium stellt die Menge des zu behandelnden Bodens dar. Für die Behandlung von Kleinmengen bietet sich eine Off-site-Behandlung durch Bioreaktoren in einer stationären Bodenreinigungsanlage an. Werden Bioreaktoren on-site eingesetzt, ist zu berücksichtigen, dass diese technisch anspruchsvollen Verfahren eine ausreichende Infrastruktur und Betreuung (Messtechnik, Personal, etc.) erfordern. Schließlich wird die Wahl des Standortes auch dadurch bestimmt, ob ein Wiedereinbau des gereinigten Bodens vor Ort beabsichtigt ist.

Bodeneigenschaften

Reaktorverfahren werden sowohl für die Behandlung von erdfeuchten Böden als auch von Bodenschlämmen bzw. -suspensionen eingesetzt. Die Behandlung von Böden in Feststoffreaktoren erfordert Wassergehalte zwischen 50 und 70 % der maximalen Wasserhaltekapazität und ist damit vergleichbar mit den Anforderungen in der Mietentechnik. Liegen höhere Wassergehalte vor, bieten Feststoffreaktoren die Möglichkeit, den Feuchtegehalt des Bodens durch Nutzung der Belüftungseinrichtungen herabzusetzen, so dass auf eine separate Vortrocknung des Bodens verzichtet werden kann.

Schadstoffe

Die biologische Abbaubarkeit der zu behandelnden Schadstoffe ist selbstverständlich auch bei Reaktorverfahren grundlegende Voraussetzung für die Anwendung dieser Technik. Im Vergleich zur Mietentechnik lässt sich bei Reaktorverfahren das Spektrum behandelbarer Schadstoffe durch die vielfältigen Möglichkeiten der Verfahrensführung deutlich erweitern. Bioreaktoren zielen in besonderer Weise auf die Behandlung von Schadstoffen ab, deren physikalische Eigenschaften in konventionellen Verfahren Probleme bereiten (Abb. 14.12).

So sind Bodenkontaminationen, die eine sehr geringe Wasserlöslichkeit aufweisen, normalerweise einem biologischen Abbau nicht oder nur unzureichend zugänglich, insbesondere wenn es sich um feinkörnige Böden handelt (eingeschränkte Bioverfügbarkeit). Suspensionsreaktoren tragen diesem Problem Rechnung, indem sie für einen permanenten Kontakt zwischen schadstoffbelasteten Bodenpartikeln und der umgebenden wässrigen Phase sorgen und damit den Stoffübergang begünstigen. Bioreaktoren eignen sich auch für die Behandlung von Schadstoffen mit hoher Flüchtigkeit. Durch die geschlossene Bauweise verbleiben die Stoffe in der Gasphase des Reaktors bzw. werden gezielt abgesaugt und über Abluftfilter gereinigt. Reaktorverfahren erlauben somit eine vollständige Emissionskontrolle.

Neben den Schadstoffeigenschaften spielt die Verteilung und Konzentration der Schadstoffe im zu behandelnden Boden eine wichtige Rolle. Durch die Mischtechnik führen Reaktorverfahren zu einer raschen Egalisierung der Schadstoffgehalte im Boden. Dies gilt insbesondere für Suspensionsreaktoren, die auch zu einer Auflösung von festen Schadstoffmatrizes (z.B. Einschlüsse, Kristalle) führen können. Durch die Egalisierung werden lokale Kontaminationsherde aufgelöst, die oberhalb des physiologischen Konzentrationsbereichs liegen, und damit die Voraussetzungen für einen gleichmäßigen biologischen Schadstoffabbau geschaffen.

Limitierende Faktoren	Aufhebung der Limitation
Sauerstoffmangel	Erhöhung des Sauerstoffpartialdrucks durch intensive Belüftung, optimierte Begasungstechnik bzw. Verwendung von reinem (technischem) Sauerstoff
Nährstoffmangel	Zugabe von Nährstoffkomponenten und schneller Ausgleich kleinräumiger Nährstoffdefizite durch geeignete Mischereinbauten
physikalische Milieufaktoren	Konditionierung durch Einstellung von pH-Wert, Feuchtigkeit (Mischaggregate), Temperatur (Heizelemente, Wärmetauscher)
Verfügbarkeit der Schadstoffe	Erhöhung des Stoffübergangs in die wässrige Phase durch Erhöhung des Wassergehaltes und kontinuierlicher Durchmischung (Mischaggregate)
Fehlen/Mangel an schadstoffabbauenden Mikroorganismen	Beimpfung mit vorgezogenen Kulturen (Bioaugmentation)

Abb. 14.12: Aufhebung von Limitationsfaktoren in Bioreaktoren

14

Bioreaktoren haben eine Reihe von Gemeinsamkeiten bzgl. ihres Aufbaus:

- Reaktorbehälter zur Aufnahme des Bodens (bzw. der Bodensuspension),
- Mischaggregate zur Homogenisierung des Bodens und Verteilung von Zusatzstoffen,
- Begasungseinrichtungen zur Versorgung mit Sauerstoff, ggf. auch mit Inertgasen,
- Abluftfilter zur Reinigung kontaminierter Prozessabluft,
- Dosiereinrichtungen für die Zugabe von Additiven (Nährstoffe, etc.),
- Temperiereinrichtungen zur Erzeugung und Kontrolle der gewünschten Temperaturen.

Der Bioreaktor muss hinsichtlich der Aufgabenstellung konzipiert werden. Durch die geschlossene Bauweise und den hohen Homogenisierungsgrad der zu behandelnden Böden lassen sich in Bioreaktoren relevante Parameter messtechnisch gut erfassen. Die Erfassung dieser Daten kann entweder durch Einzelmessungen oder kontinuierlich durch Online-Messungen erfolgen. Verfügt ein Bioreaktor über eine Prozesssteuerung, lassen sich darüber hinaus wichtige Parameter auf vorgegebene Sollwerte hin regeln und dadurch optimale Abbaubedingungen einstellen.

Bodenvorbereitung

Eine Vorbereitung des zu sanierenden Bodenmaterials erfolgt nach den Erfordernissen der gewählten Reaktortechnik und kann folgende Arbeitsschritte umfassen:

- Fraktionierung des Materials (Trennung nach Korngröße),
- Aussortierung von Fremdstoffen (Kunststoffe, Metall, etc.),
- Konditionierung des Materials (z.B. Einstellung des Wassergehalts, des pH-Wertes, etc.),
- ggf. auch Beimpfung (z.B. Zugabe von Belebtschlamm, etc.).

Bei der Bearbeitung des kontaminierten Bodens sind Maßnahmen hinsichtlich des Arbeits- und Immissionsschutzes zu beachten.

Feststoffreaktoren

In Feststoffreaktoren werden erdfeuchte Böden behandelt, so dass kein freies Wasser in Form von Sicker- oder Prozesswässern auftritt. Der Feuchtegehalt beträgt dabei in der Regel zwischen 50 und 70 % der maximalen Wasserhaltekapazität der zu behandelnden Böden. Es konnte gezeigt werden, dass die Einstellung des Wassergehaltes entscheidenden Einfluss auf die biologische Aktivität im Boden hat. Bei geringen Feuchtigkeiten (unter 50 % der maximalen Wasserhaltekapazität) steht den schadstoffabbauenden Mikroorganismen nicht genügend Wasser zur Verfügung, während bei hohen Feuchtigkeiten die Sauerstoffversorgung der Mikroorganismen limitiert ist. Die Einteilung von Feststoffreaktoren erfolgt nach dem jeweiligen Bauprinzip.

Drehtrommel- bzw. Drehrohrreaktoren

Zur Anwendung kommen zum einen Drehtrommel- bzw. Drehrohrreaktoren. Die Reaktoren bestehen aus einer Drehtrommel mit fest eingebauten Mischeinrichtungen und können ein Fassungsvermögen bis zu 100 m^3 haben. Prinzipiell lassen sich Drehtrommelanlagen sowohl chargenweise (Batch-Betrieb) als auch kontinuierlich betreiben.

Wannen- und Röhrenreaktoren

Im Gegensatz zu Drehtrommelanlagen verfügen Wannen- und Röhrenreaktoren über ein festes (statisches) Reaktorgehäuse und mobile Mischeinrichtungen. Wannenreaktoren bestehen aus einzelnen Segmenten (modularer Aufbau) und lassen sich somit der erforderlichen Behandlungskapazität anpassen. Durch Deckelung der Segmente ist das System geschlossen. Ein Mischaggregat mit vertikal angeordneten Rührwellen durchläuft den gesamten Wannenreaktor und führt zu einem hohen Homogenisierungsgrad des Bodens. Röhrenreaktoren verfügen dagegen über eine bewegliche Schnecke, die den Boden im Reaktorinneren bewegt und dadurch homogenisiert.

Flachbettreaktoren

Als weiterer Reaktortyp kommen Flachbettreaktoren zum Einsatz. Sie bestehen aus einem oder mehreren flachen Containern, die stapelbar sind und somit mobil eingesetzt werden können. Zur Homogenisierung des Bodens verfügen die einzelnen Container über mehrere parallele horizontale Rührwellen. Die Belüftung erfolgt über Begasungsschläuche am Containerboden. Optional lässt sich der zu behandelnde Boden zudem über einen Wasserkreislauf bewässern (Sprinkleranlage, gelochter Containerboden, Auffangwanne). In Einzelfällen sind weitere Reaktortypen zur biologischen Sanierung kontaminierter Böden erprobt bzw. eingesetzt worden. Dazu zählen vertikale Reaktoren in einer Bauweise, die aus der Betontechnik (Chargenmischer) bzw. aus der Silotechnik (Silofermenter, Siloreaktoren) bekannt ist. Vertikalreaktoren bieten einen vergleichsweise einfachen Aufbau, sind jedoch nur begrenzt einsetzbar (Verdichtungsproblematik).

Suspensionsreaktoren

Im Gegensatz zu Feststoffreaktoren werden in Suspensions- oder slurry-Reaktoren durch Zugabe von Wasser oder wässrigen Medien Bodenschlämme eingesetzt. Dadurch wird die maximale Wasserhaltekapazität des Bodens deutlich überschritten. Suspensionsreaktoren werden meist mit Feststoffanteilen zwischen 30 und 50 Gew.-% betrieben. Bodensuspensionen mit höheren Feststoffgehalten sind technisch schwer zu handhaben, niedrigere Feststoffgehalte sind dagegen in der Regel unwirtschaftlich. Verfahrenstechnisch bieten Bodensuspensionen im Vergleich zu Feststoffverfahren zwei wesentliche Vorteile. Erstens führen sie zu äußerst homogenen Gemischen, deren Behandlung entsprechend gut kontrollierbar und steuerbar ist. Zweitens lassen sich in Suspensionsverfahren feinkörnige, bindige und schlecht durchlässige Böden bzw. Bodenfraktionen biologisch reinigen, die als Feststoff nicht oder nur unzureichend behandelbar sind.

Nachteilig erweist sich ein erhöhter Aufwand bei der Herstellung von Bodensuspensionen und insbesondere bei der Entwässerung der Suspension nach erfolgter Behandlung (z.B. durch den Einsatz von Filterpressen, Siebbandpressen, etc.). Die Einteilung von Suspensionsreaktoren erfolgt nach dem jeweiligen Verfahrensprinzip, wobei allerdings auch Kombinationen verschiedener Verfahrensprinzipien in einem Reaktortyp vorliegen können. Rührreaktoren bestehen aus einem statischen Gehäuse und einem Rührsystem, das zum einen die Bodensuspension in Schwebe hält, zum anderen für eine gleichmäßige Verteilung der Luftzufuhr bzw. der dosierten Zusatzstoffe in der Suspension sorgt. Die Reaktoren können beispielsweise als Rührkesselsysteme mit einer zentralen Rührwelle ausgelegt sein. Zur Anwendung kommen auch Wannenreaktoren mit einem modularen Aufbau, wie bereits unter „Feststoffreaktoren", beschrieben, wobei allerdings für Suspensionen andere Rührertypen, Begasungs- und Dosierungseinrichtungen als für Feststoffe verwendet werden.

Schlaufen- und Wirbelschichtreaktoren

Neben Rührreaktoren werden für die Behandlung von Bodensuspensionen auch Schlaufenreaktoren und Wirbelschichtreaktoren eingesetzt. Um die Bodenpartikel in Schwebe zu halten und einen hohen Durchmischungsgrad mit den zugesetzten Additiven zu erzielen, erfolgt eine Kreislaufführung der Suspension. Bei Schlaufenreaktoren entsteht das Strömungsbild einer Schlaufe, bedingt durch den Einbau eines konzentrischen Leitrohres im Reaktorinneren. Bei Wirbelschichtreaktoren dagegen wird eine Kreislaufführung erreicht, indem die Suspension aus dem oberen Teil des Reaktors (Reaktorkopf) abgezogen wird und über eine Pumpe unten wieder zugeführt wird. Befinden sich am Boden von Schlaufen- oder Wirbelschichtreaktoren Belüftungseinrichtungen, lässt sich ein Absetzen von Bodenpartikeln durch aufsteigende Luft-(Gas-)blasen vermeiden. Hierbei spricht man vom Airlift-Prinzip.

14

Betriebsweisen

Prinzipiell lassen sich Bioreaktoren sowohl in Gegenwart von Sauerstoff (aerob) als auch in Abwesenheit von Sauerstoff (anaerob) betreiben. Durch die Steuerbarkeit von Bioreaktoren ist außerdem eine zwei- oder mehrstufige Verfahrensführung möglich (z.B. anaerob/aerob Behandlung). Dadurch führen Bioreaktoren im Vergleich zur konventionellen aeroben Mietentechnik zu einer deutlichen Erweiterung des Spektrums behandelbarer Schadstoffe. Der Eintrag von Sauerstoff in Bioreaktoren zur Erzeugung aerober Verhältnisse kann auf verschiedene Weise erfolgen. Bei Feststoffreaktoren sorgen im allgemeinen Mischaggregate für einen regelmäßigen oder sogar kontinuierlichen Kontakt des Bodens mit Luftsauerstoff.

Bei Suspensionsreaktoren dagegen erfolgt der Eintrag von Sauerstoff über Zuluftleitungen mit Gasverteilern, Injektionsdüsen oder Begasungsmembranen, wobei sowohl Druckluft als auch technischer Sauerstoff zum Einsatz kommen können. In einigen Fällen erfolgt eine externe Begasung über separate Blasensäulen, die mit dem Bioreaktor verschaltet sind. Zur Erzeugung anaerober Verhältnisse in Bioreaktoren erfolgt eine Begasung der Reaktoren mit Inertgas (z.B. Stickstoff), so dass dadurch Sauerstoffreste aus dem System ausgetrieben werden. Dazu können prinzipiell die gleichen Begasungseinheiten verwendet werden, über die im aeroben Betrieb Sauerstoff zugeführt wird. Eine weitere Möglichkeit zur Erzeugung anaerober Bedingungen besteht darin, den Reaktor unter Luftabschluss zu halten und den im System befindlichen Sauerstoff durch biologische Sauerstoffzehrung zu verbrauchen.

14.6.2.4 In-Situ-Sanierung

Unter biologischer In-situ-Sanierung sind Verfahren zu verstehen, bei denen der kontaminierte Boden (ungesättigte Bodenzone) oder der kontaminierte Grundwasserleiter (gesättigte Bodenzone) in ihren natürlichen Lagerungsverhältnissen verbleiben. Ein Aushub des kontaminierten Bodens ist somit bei In-situ-Sanierungsverfahren auszuschließen.

In-situ-Verfahren verwenden sowohl physikalische, chemische als auch auf biologische Verfahren. Physikalische und chemische Prozesse führen zu einer Entfernung, Umwandlung oder Immobilisierung (Fällung, Sorption) der Schadstoffe im Untergrund. Biologische Prozesse können nicht nur abbaubare Schadstoffe eliminieren, sondern auch physikalisch-chemische Prozesse initiieren oder unterstützen. Umgekehrt treten biologische Abbaureaktionen als „Sekundäreffekte" beim Einsatz physikalischer oder chemischer Verfahren auf. Insofern handelt es sich bei biologischen In-situ-Verfahren eher um Verfahrenskombinationen, die von konventionellen Techniken abgeleitet werden.

Standort- und Untergrundverhältnisse

In-situ-Verfahren finden in erster Linie dort eine Anwendung, wo die Zugänglichkeit kontaminierter Bodenbereiche eingeschränkt ist. Dieses ist der Fall, wenn sich auf dem kontaminierten Standort Gebäude, Anlagen, Kanalsysteme, Rohrleitungen oder andere infrastrukturelle Einrichtungen befinden, die geschützt werden sollen. Der Einsatz von In-situ-Verfahren erfordert die Kenntnis der Untergrundverhältnisse am kontaminierten Standort, insbesondere Abfolge und Mächtigkeiten der geologischen Schichten sowohl in vertikaler als auch horizontaler Richtung. Für die Behandlung der ungesättigten Zone ist darüber hinaus die Kenntnis folgender Bodenfaktoren von Bedeutung:

- Bodenstruktur (Aggregierung, Vorhandensein von Makroporen),
- Bodentextur (Korngrößenverteilung),
- Porosität,

- Wassergehalt,
- Gehalt an organischer Substanz.

Durch diese Faktoren wird einerseits die Luftdurchlässigkeit, andererseits das Sorptionsverhalten des Bodens beeinflusst. Belüftungsverfahren für die ungesättigte Bodenzone erfordern eine ausreichende Luftdurchlässigkeit im gesamten zu dekontaminierenden Bodenkörper. Für die Behandlung der gesättigten Bodenzone ist das Verständnis des hydrogeologischen Systems von Bedeutung. Dieses beinhaltet:

- horizontale/vertikale Schichtenabfolge,
- die hydraulischen Durchlässigkeiten der wasserführenden Schichten,
- Grundwasserfließregime,
- die geo- und hydrochemischen Milieubedingungen im Grundwasser,
- potenzielle Sorbentien (z.B. Ton, organische Substanz).

Infiltrationsverfahren

Bei diesen Verfahren werden über Verrieselung, Lanzen, Pegel und Brunnen Additive in die tieferen Bodenzonen infiltriert, die geeignet sind, den biologischen Abbau zu stimulieren bzw. limitierende Bedingungen für einen Schadstoffabbau im Untergrund aufzuheben. Beim Zusatz von Additiven für In-situ-Verfahren ist generell zu berücksichtigen, dass neben den dargestellten Wirkungen unerwünschte Nebeneffekte auftreten können. So kann der Eintrag von Sauerstoffverbindungen zu einer Oxidation und Ausfällung von Eisen-, Mangan- und anderen Metallverbindungen im Untergrund führen, was einerseits zu einer unerwünschten Sauerstoffzehrung führt, andererseits technische Probleme verursachen kann.

Ebenso sollten Nährstoffe und Detergentien sorgfältig dosiert werden, um zusätzliche Belastungen des Grundwassers zu vermeiden. Übermäßiges Bakterienwachstum durch Nährstoffzugaben kann zur Verstopfung der Porenräume führen. Bei der Zugabe von Mikroorganismen ist eine gleichmäßige Verbreitung wegen deren Tendenz zur Immobilisierung innerhalb des Kontaminationskörpers häufig nicht erreichbar. Auch besteht das Problem, dass sich zugesetzte Mikroorganismen in Konkurrenz zur autochthonen Mikroflora befinden und sich in der neuen Umgebung unter Umständen nicht etablieren können.

Für die In-situ-Sanierung der wasserungesättigten Bodenzone wird aus dem Aquifer entnommenes Wasser mit Additiven versetzt und in die ungesättigte Bodenzone infiltriert. Die Infiltration erfolgt – je nach Ausdehnung der Kontamination – entweder über einzelne oder über ein Leitungssystem verbundene Filterrohre bzw. Brunnen. Durch tiefenverstellbare Einsatzrohre lässt sich der kontaminierte Bodenkörper abschnittsweise mit Additiven versorgen, wodurch unterschiedlich kontaminierte Tiefenbereiche gezielter angegangen werden können. Dadurch, dass die Infiltration und Wasserentnahme in verschiedenen Bodenschichten stattfinden, entsteht kein geschlossener Kreislauf. Es ist deshalb darauf zu achten, die Menge des Infiltrationsmediums zu begrenzen, um eine infiltrationsbedingte Ausbreitung der Kontamination durch Sickervorgänge zu vermeiden.

Für die In-situ-Sanierung der wassergesättigten Bodenzone erfolgt eine Kreislaufführung des Infiltrationsmediums. Dazu wird zunächst Wasser infiltriert und nach Durchströmung des kontaminierten Bereichs wieder entnommen. Entnommenes, kontaminiertes Wasser wird on-site behandelt (z.B. mit einer biologischen Reinigungsstufe) und in den Untergrund reinfiltriert. Bei der Infiltration können wieder Additive zugesetzt werden, die den biologischen Abbau im Kontaminationskörper induzieren.

14

Belüftungsverfahren

Belüftungsverfahren kommen dann zum Einsatz, wenn der Sauerstoffgehalt im Boden limitierend für Mikroorganismen ist. Die Techniken, die zur Belüftung des Untergrundes verwendet werden, leiten sich von Verfahren ab, die auf ein Strippen flüchtiger Kontaminanten aus der Bodenluft und aus belastetem Grundwasser abzielen. Belüftungsmaßnahmen lassen sich sowohl kontinuierlich als auch diskontinuierlich durchführen. Auf diese Weise kommt es zu einer Induktion des aeroben Schadstoffabbaus. Auch bei den Belüftungsverfahren muss zwischen gesättigten und ungesättigten Bodenzonen unterschieden werden.

Im einfachsten Fall wird Druckluft in den Bodenkörper eingeblasen (Bioventing). Dazu werden Belüftungslanzen oder -pegel installiert, die in den Kontaminationsbereich hineinragen. Je nach Bodenstruktur und Anordnung der Pegel verteilt sich der mit der Luft eingebrachte Sauerstoff und führt zu einer Stimulierung des aeroben Schadstoffabbaus. Indirekt wird eine Belüftung des Bodens auch bei der Bodenluftabsaugung erreicht.

Die Bodenluftabsaugung gehört zu den pneumatischen Verfahren, die auf dem Austrag von Schadstoffen aus dem Untergrund über den Luftpfad basieren. Durch die Absaugung wird eine Bodenluftströmung induziert, die zu einer Versorgung des kontaminierten Bereichs mit Umgebungsluft führt. Eine Bodenluft-Kreislaufführung entsteht bei der Kombination beider Verfahren. Dadurch kann eine gut kontrollierbare Sauerstoffversorgung erzielt werden. Diese ist bei flüchtigen Schadstoffkomponenten obligatorisch. Grundsätzlich ist der Schadstoffgehalt in der Bodenluft zu überwachen sowie die Emission von Schadstoffen an der Bodenoberfläche zu kontrollieren.

Hier kommen Verfahren zur Anwendung, bei denen Druckluft in den gesättigten Bereich eingeblasen wird. Dazu werden Brunnen installiert und in geeigneter Weise verfiltert, so dass die Pressluft den Kontaminationskörper über kegelförmig ausgebildete Belüftungszonen möglichst vollständig erreicht. Das hat zwei wesentliche Effekte.

Zum einen wird eine Schadstoffdesorption und -strippung durch die Luftströmung im Aquifer erreicht, zum anderen wird ein biologischer Abbau der Schadstoffe über die Sauerstoffversorgung induziert. Diese als Air-Sparging bezeichneten Verfahren werden in der Regel in Kombination mit einer Bodenluftabsaugung der ungesättigten Bodenzone eingesetzt. Auf diese Weise kann eine kontrollierte Luftströmung in der ungesättigten Bodenzone sichergestellt und eine Schadstoffverfrachtung in Umgebungsbereiche vermieden werden.

Der Erfolg von Belüftungsmaßnahmen hängt wesentlich von den Untergrundeigenschaften ab, insbesondere der Dichte und Gasdurchlässigkeit des Bodens. Prinzipiell kann der Eintrag von Druckluft in kontaminierte Grundwasserbereiche zur Verdriftung von Schadstoffen in unbelastete Zonen des Aquifers führen. Bei einem Eintrag von Sauerstoff in den Aquifer ist weiterhin zu beachten, dass es zu Ausfällungen in Form von Eisen- und Manganoxiden kommen kann.

Schadstoffe

Wesentliche Grundvoraussetzungen für Kontaminationen, die mit biologischen In-situ-Verfahren behandelt werden sollen, sind die biologische Abbaubarkeit (mit Ausnahme von Schwermetallen, die lediglich aus dem Boden extrahiert werden), und die Bioverfügbarkeit aller Schadstoffe. Schadstoffe mit stark eingeschränkter Bioverfügbarkeit kommen für biologische In-situ-Verfahren nicht in Frage. Je nach Verfahren kommen bei biologischen In-situ-Sanierungen unterschiedliche Abbaubedingungen zum Tragen. Belüftungsverfahren und Infiltrationsverfahren mit Sauerstoffträgern zielen auf die Behandlung aerob abbaubarer Schadstoffe ab.

Werden dagegen Nitratverbindungen oder organische Substrate in den Untergrund eingebracht, so lassen sich auch anaerob abbaubare Schadstoffe behandeln. Werden bei Vorliegen flüchtiger Verbindungen Belüftungsverfahren eingesetzt, so ist dafür zu sorgen, dass sich die Stoffe durch die Belüftungsmaßnahmen nicht unkontrolliert ausbreiten (Monitoringprogramm, technische Schutzmaßnahmen wie z.B. Absaugpegel). Als weitere Einflussgröße für biologische In-situ-Verfahren spielt die räumliche Verteilung der Schadstoffe im Untergrund eine Rolle. Hier ist insbesondere die relative Lage der Kontamination zum Grundwasser zu nennen, die ggf. technische Schutzmaßnahmen erforderlich macht (Schutzinfiltrationen, Spundwände, usw.).

14.6.3 Erfolgs- und Qualitätskontrolle

Empfohlene Methoden bei der Qualitäts- und Erfolgskontrolle

Alle Sanierungsstufen bei der Altlastensanierung erfordern eine Qualitätssicherung. Zu jeder Maßnahme müssen entsprechende Parameter definiert und erfasst werden. Nur dann ist eine angemessene Bearbeitung und Erfolgskontrolle möglich. Das Zusammenwirken von einzelnen Leistungsträgern bei der Altlastensanierung ist entscheidend für dessen „Qualität". Die Qualitätssicherung bzw. Qualitätskontrolle ist erst auf Basis vorhandener Regelwerke bzw. Vorschriften/Festlegungen für einzelne Leistungen möglich. Daher zeichnet sich ein Projekt im Bereich der Sanierung durch folgende Qualitätsmerkmale aus:

- phasenweise Bearbeitung der Problemstellung unter stetiger Zielanpassung und Zielkontrolle bei klarer inhaltlicher Zieldefinition sowie
- eine qualitätsgerechte Projektdurchführung (eine eindeutige Projektorganisation mit transparenten Projektabläufen, -struktur, -zuständigkeiten, -controlling sowie Zusammenarbeit mit dem Auftraggeber und mit den Partnern) und
- eine qualitätsgerechte „Produktherstellung" bzw. nachvollziehbare, auswertbare und überprüfbare Ergebnisdarstellung.

Eine Erfolgskontrolle basierend auf diesen Prinzipien setzt so eine Projektkoordination voraus, die eine reibungslose Zusammenarbeit der Projektbeteiligten und eine einheitliche Vorgehensweise sowie einen reproduzierbaren Ablauf der Erprobung von mehreren Sanierungsverfahren ermöglicht. Darüber hinaus wird das Ziel verfolgt, die Maßnahmen der wissenschaftlichen Begleitung von der Probennahme bis zur Ergebnisbewertung einschließlich Berichterstellung entsprechend den gültigen Regelwerken bzw. den internen Projektfestlegungen nachvollziehbar zu dokumentieren.

Testdurchführung und Ergebnisbewertung

Die Auswahl der zu prüfenden Bodenfunktionen zur Erfolgskontrolle von Sanierungen kann sich an der zukünftigen Nutzung der sanierten Böden/Bodenmaterialien orientieren, um unverhältnismäßige Untersuchungskosten zu vermeiden (Abb. 14.13). Werden z.B. inerte Unterböden In-situ saniert, ist eine Folgenutzung als Oberboden mit Lebensraumfunktion für Pflanzen und Bodentiere in der Regel nicht vorzusehen, entsprechende Testverfahren entfallen dann.

14

Bodennutzung	Bodenfunktion		
	Rückhalte-funktion	Lebensraumfunktion	
	Wasserpfad	Pflanzen-standort	Boden-biozönose
Böden	Prüfung einer biologischen Wirksamkeit		
1. unter versiegelten Flächen	nein	nein	nein
2. nicht versiegelte, gewerblich genutzte Fläche	ja	nein	nein
3. Deponieabdeckung	ja	ja	nein
4. Grün-, Park- und Freizeitflächen	ja	ja	ja
5. Flächen mit gärt-nerischer oder landwirtschaftlicher Nutzung	ja	ja	ja
Biologische Test-systeme	aquatische Tests	terrestrische Tests	

Abb. 14.13: Auswahl geeigneter Testverfahren in Abhängigkeit von der geplanten Nutzung

Wird ein (saniertes) Material so eingebaut, dass es mit der Umwelt nicht in Wechselwirkung tritt (z.B. unter versiegelten Flächen ohne Grundwasserkontakt), kann auf ökotoxikologische Testver-fahren verzichtet werden. Ein Screening der potenziellen Toxizität eines solchen Materials wird aber dennoch empfohlen, um zukünftige Folgenutzungen planen zu können. Soll saniertes Materi-al wieder eingebaut oder als durchwurzelbare Bodenschicht eingesetzt werden, erweitert sich ent-sprechend der geplanten Nutzung das Spektrum der anzuwendenden Tests. In einem ersten Schritt wird eine Testbatterie mit Eluattests durchgeführt und in einem zweiten Schritt durch „ter-restrische" Testverfahren ergänzt.

Anwendung ökotoxikologischer Testverfahren zur Erfolgskontrolle von Bodensanierungen

Besondere Bedeutung hat die über den Wasserpfad mobilisierbare Fraktion der Schadstoffe. Sie kann nicht nur mit dem Sickerwasser ausgewaschen werden und das Grund- bzw. Trinkwasser kontaminieren, sondern weist auch das höchste akute Wirkpotenzial für Mikroorganismen, Pflan-zen und Bodentiere auf. Die ökotoxikologische Überprüfung sanierter Bodenmaterialien sollte des-halb mit Testverfahren an Bodeneluaten beginnen, um die Rückhaltefunktion zu beurteilen. Emp-fohlen wird eine Batterie an aquatischen Biotests. Wird hier bereits ein erhöhtes ökotoxikologi-sches Potenzial festgestellt, kommt aus Gründen des Grundwasserschutzes ein Wiedereinbau auf unversiegelten Flächen nicht in Frage. Weitere Testverfahren zur Lebensraumfunktion können dann entfallen. Sind die untersuchten Bodeneluate toxikologisch unbedenklich und ist somit das Risiko für einen Schadstoffaustrag in das Grundwasser gering, ist unter Beachtung der vorgesehenen Bodennutzung prinzipiell ein unversiegelter Wiedereinbau des Materials möglich (Abb. 14.14).

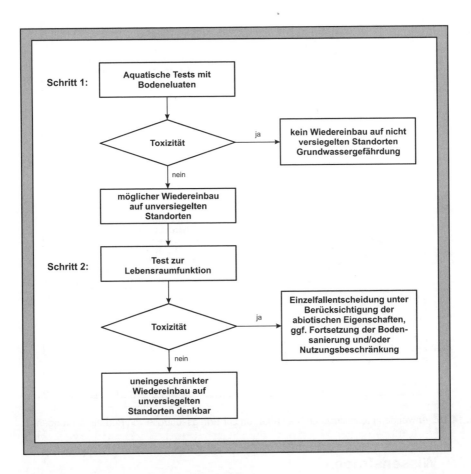

Abb. 14.14: Anwendung ökotoxikologischer Testverfahren

Soll saniertes Material als Lebensraum für Pflanzen und Bodenorganismen dienen, ist eine Überprüfung der Lebensraumfunktion notwendig (Abb. 14.15).

Auch hier richtet sich der Umfang des Testprogramms nach der geplanten Folgenutzung. Je nach toxikologischem Befund müssen dann in Einzelfallentscheidungen Nutzungsbeschränkungen festgelegt werden. Sind alle Befunde unbedenklich, ist eine uneingeschränkte Verwendung des Materials möglich.

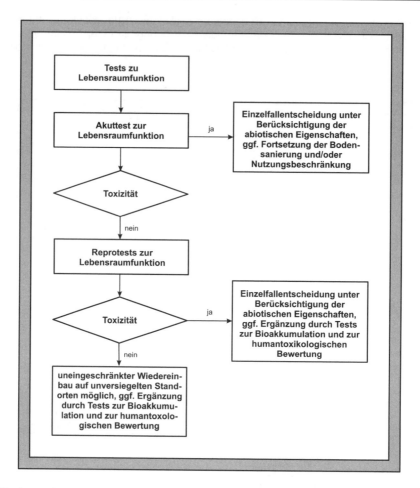

Abb. 14.15: Anwendung terrestrischer Testverfahren zur Erfolgskontrolle von Bodensanierungen

14.7   Wissensfragen

- Welche wesentlichen Anforderungen stellt das Bundesbodenschutzgesetz an den Schutz des Bodens?

- Welche wesentlichen Anforderungen stellt die Bundesbodenschutz- und Altlastenverordnung an die Sanierung von Altlasten?

- Erläutern Sie den Untersuchungsumfang zum Schutz von Böden.

- Welche Maßnahmen-, Prüf- und Vorsorgewerte sind für die verschiedenen Kompartimente zu berücksichtigen?

- Erläutern sie Sanierungsuntersuchung und -planung für die Altlastensanierung.

- Beschreiben Sie die wichtigsten Verfahren zur biologischen Boden- und Altlastensanierung.

14.8 Weiterführende Literatur

14.1 Umweltbundesamt; *Leitfaden Biologische Verfahren zur Bodensanierung,* **2000**

14.2 BBodSchG – Bundes-Bodenschutzgesetz; *Gesetz zum Schutz vor schädlicher Boden-veränderungen und zur Sanierung von Altlasten,* **24.02.2012**

14.3 BBodSchV – Bundes-Bodenschutz- und Altlastenverordnung; **24.02.2012**

14.4 Brauer, H (Hrsg.); *Handbuch des Umweltschutzes und der Umweltschutztechnik, Bd. 5 Sanierender Umweltschutz,* **1997,** 3-540-58062-X

14.5 DIN 19747; *Untersuchung von Feststoffen – Probenvorbehandlung, -vorbereitung und - aufarbeitung für chemische, biologische und physikalische Untersuchungen,* Beuth, **Juli 2009**

14.6 DIN EN ISO 15175; *Bodenbeschaffenheit – Ermittlung von Kennwerten des Bodens hin-sichtlich des Wirkungspfades Boden – Grundwasser,* Beuth, **September 2011**

14.7 Rommel, P.; Rommel, J.; Schneider, J.; *Literaturstudie zum Transfer von organischen Schadstoffen im System Boden/Pflanze und Boden/Sickerwasser,* Landesanstalt für Umweltschutz Baden-Württemberg, **Juli 1998**

14.8 VDI 3865 Blatt 2; *Messen organischer Bodenverunreinigungen – Techniken für die akti-ve Entnahme von Bodenluftproben,* **Januar 1998**

14.9 VDI 3865 Blatt 4; *Messen organischer Bodenverunreinigungen – Gaschromatographi-sche Bestimmung von niedrig siedenden organischen Verbindungen in Bodenluft durch Direktmessung,* **Dezember 2000**

14.10 VDI 3897; *Emissionsminderung – Anlagen zur Bodenluftabsaugung und zum Grund-wasserstrippen,* Beuth, **Dezember 2007**

14.11 VDI 3898; *Trockenmechanische, physikalisch-chemische, thermische und biologische Bodenbehandlungsanlagen,* Beuth, **Januar 2013**

14.12 Win, T. et al; *Erarbeitung und Validierung eines standardisierten Analyseverfahrens für die Bestimmung von LHKW und BTEX in Boden, Bereitstellung eines Referenzmaterials und Überprüfung des Verfahrens in einem Ringversuch,* Bundesanstalt für Materialfor-schung (BAM), **2005,** 3-86509-436-8

14

15 Immissionsschutzrecht

15.1 Allgemeine Vorschriften des Bundesimmissionsschutzgesetzes (BImSchG)

Zweck des Gesetzes (§ 1)

Zweck dieses Gesetzes ist es, Menschen, Tiere und Pflanzen, den Boden, das Wasser, die Atmosphäre sowie Kultur- und sonstige Sachgüter vor schädlichen Umwelteinwirkungen zu schützen und dem Entstehen schädlicher Umwelteinwirkungen vorzubeugen. Soweit es sich um genehmigungsbedürftige Anlagen handelt, dient dieses Gesetz auch:

- der integrierten Vermeidung und Verminderung schädlicher Umwelteinwirkungen durch Emissionen in Luft, Wasser und Boden unter Einbeziehung der Abfallwirtschaft, um ein hohes Schutzniveau für die Umwelt insgesamt zu erreichen, sowie
- dem Schutz und der Vorsorge gegen Gefahren,
- erhebliche Nachteile und erhebliche Belästigungen, die auf andere Weise herbeigeführt werden.

Geltungsbereich (§ 2)

Die Vorschriften dieses Gesetzes gelten für:

- die Errichtung und den Betrieb von Anlagen,
- das Herstellen, Inverkehrbringen und Einführen von Anlagen, Brennstoffen und Treibstoffen, Stoffen und Erzeugnissen aus Stoffen,
- die Beschaffenheit, die Ausrüstung, den Betrieb und die Prüfung von Kraftfahrzeugen und ihren Anhängern und von Schienen-, Luft- und Wasserfahrzeugen sowie von Schwimmkörpern und schwimmenden Anlagen und
- den Bau öffentlicher Straßen, sowie von Eisenbahnen, Magnetschwebebahnen und Straßenbahnen.

Begriffsbestimmungen (§ 3)

Schädliche Umwelteinwirkungen im Sinne dieses Gesetzes sind Immissionen, die nach Art, Ausmaß oder Dauer geeignet sind, Gefahren, erhebliche Nachteile oder erhebliche Belästigungen für die Allgemeinheit oder die Nachbarschaft herbeizuführen.

Immissionen im Sinne dieses Gesetzes sind auf Menschen, Tiere und Pflanzen, den Boden, das Wasser, die Atmosphäre sowie Kultur- und sonstige Sachgüter einwirkende Luftverunreinigungen, Geräusche, Erschütterungen, Licht, Wärme, Strahlen und ähnliche Umwelteinwirkungen.

Emissionen im Sinne dieses Gesetzes sind die von einer Anlage ausgehenden Luftverunreinigungen, Geräusche, Erschütterungen, Licht, Wärme, Strahlen und ähnliche Erscheinungen.

Luftverunreinigungen im Sinne dieses Gesetzes sind Veränderungen der natürlichen Zusammensetzung der Luft, insbesondere durch Rauch, Ruß, Staub, Gase, Aerosole, Dämpfe oder Geruchsstoffe.

Anlagen im Sinne dieses Gesetzes sind:

- Betriebsstätten und sonstige ortsfeste Einrichtungen,
- Maschinen, Geräte und sonstige ortsveränderliche technische Einrichtungen sowie Fahrzeuge, soweit sie nicht der Vorschrift des § 38 BImSchG unterliegen und
- Grundstücke, auf denen Stoffe gelagert oder abgelagert oder Arbeiten durchgeführt werden, die Emissionen verursachen können, ausgenommen öffentliche Verkehrswege.

Ein **Betriebsbereich** ist der gesamte unter der Aufsicht eines Betreibers stehende Bereich, in dem gefährliche Stoffe in einer oder mehreren Anlagen tatsächlich vorhanden oder vorgesehen sind oder vorhanden sein werden, soweit davon auszugehen ist, dass die genannten gefährlichen Stoffe bei einem außer Kontrolle geratenen industriellen chemischen Verfahren anfallen.

Stand der Technik im Sinne dieses Gesetzes ist der Entwicklungsstand fortschrittlicher Verfahren, Einrichtungen oder Betriebsweisen, der die praktische Eignung einer Maßnahme zur Begrenzung von Emissionen in Luft, Wasser und Boden, zur Gewährleistung der Anlagensicherheit, zur Gewährleistung einer umweltverträglichen Abfallentsorgung oder sonst zur Vermeidung oder Verminderung von Auswirkungen auf die Umwelt zur Erreichung eines allgemein hohen Schutzniveaus für die Umwelt insgesamt gesichert erscheinen lässt. Bei der Bestimmung des Standes der Technik sind insbesondere die im Anhang des BImSchG aufgeführten Kriterien zu berücksichtigen.

BVT-Merkblatt im Sinne des BImSchG ist ein Dokument, das aufgrund des Informationsaustausches nach Artikel 13 der Richtlinie 2010/75/EU des Europäischen Parlaments und des Rates vom 24. November 2010 über Industrieemissionen (integrierte Vermeidung und Verminderung der Umweltverschmutzung) für bestimmte Tätigkeiten erstellt wird und insbesondere die angewandten Techniken, die derzeitigen Emissions- und Verbrauchswerte, alle Zukunftstechniken sowie die Techniken beschreibt, die für die Festlegung der besten verfügbaren Techniken sowie der BVT-Schlussfolgerungen berücksichtigt wurden.

BVT-Schlussfolgerungen enthalten:

- die besten verfügbaren Techniken, ihrer Beschreibung und Informationen zur Bewertung ihrer Anwendbarkeit,
- die mit den besten verfügbaren Techniken assoziierten Emissionswerte,
- die zugehörigen Überwachungsmaßnahmen,
- die zugehörigen Verbrauchswerte sowie
- die gegebenenfalls einschlägigen Standortsanierungsmaßnahmen.

Emissionsbandbreiten sind die mit den besten verfügbaren Techniken assoziierten Emissionswerte. Die mit den besten verfügbaren Techniken assoziierten Emissionswerte sind der Bereich von Emissionswerten, die unter normalen Betriebsbedingungen unter Verwendung einer besten verfügbaren Technik oder einer Kombination von besten verfügbaren Techniken entsprechend der Beschreibung in den BVT-Schlussfolgerungen erzielt werden, ausgedrückt als Mittelwert für einen vorgegebenen Zeitraum unter spezifischen Referenzbedingungen.

Zukunftstechniken sind neue Techniken für Anlagen nach der Industrieemissions-Richtlinie, die bei gewerblicher Nutzung entweder ein höheres allgemeines Umweltschutzniveau oder zumindest das gleiche Umweltschutzniveau und größere Kostenersparnisse bieten könnten als der bestehende Stand der Technik.

15

Kriterien zur Bestimmung des Standes der Technik (Anhang zu § 3)

Bei der Bestimmung des Standes der Technik sind unter Berücksichtigung der Verhältnismäßigkeit zwischen Aufwand und Nutzen möglicher Maßnahmen sowie des Grundsatzes der Vorsorge und der Vorbeugung, jeweils bezogen auf Anlagen einer bestimmten Art, insbesondere folgende Kriterien zu berücksichtigen:

- Einsatz abfallarmer Technologie,
- Einsatz weniger gefährlicher Stoffe,
- Förderung der Rückgewinnung und Wiederverwertung der bei den einzelnen Verfahren erzeugten und verwendeten Stoffe und gegebenenfalls der Abfälle,
- vergleichbare Verfahren, Vorrichtungen und Betriebsmethoden, die mit Erfolg im Betrieb erprobt wurden,
- Fortschritte in der Technologie und in den wissenschaftlichen Erkenntnissen,
- Art, Auswirkungen und Menge der jeweiligen Emissionen,
- Zeitpunkte der Inbetriebnahme der neuen oder der bestehenden Anlagen,
- für die Einführung einer besseren verfügbaren Technik erforderliche Zeit,
- Verbrauch an Rohstoffen und Art der bei den einzelnen Verfahren verwendeten Rohstoffe (einschließlich Wasser) sowie Energieeffizienz,
- Notwendigkeit, die Gesamtwirkung der Emissionen und die Gefahren für den Menschen und die Umwelt so weit wie möglich zu vermeiden oder zu verringern,
- Notwendigkeit, Unfällen vorzubeugen und deren Folgen für den Menschen und die Umwelt zu verringern,
- Informationen, die von der Kommission der Europäischen Gemeinschaften über die integrierte Vermeidung und Verminderung der Umweltverschmutzung oder von internationalen Organisationen veröffentlicht werden.

15.2   Anlagengenehmigung

15.2.1   Genehmigungsbedürftige Anlagen

Genehmigung (§ 4)

Die Errichtung und der Betrieb von Anlagen, die aufgrund ihrer Beschaffenheit oder ihres Betriebes in besonderem Maße geeignet sind, schädliche Umwelteinwirkungen hervorzurufen oder in anderer Weise die Allgemeinheit oder die Nachbarschaft zu gefährden, erheblich zu benachteiligen oder erheblich zu belästigen, sowie von ortsfesten Abfallentsorgungsanlagen zur Lagerung oder Behandlung von Abfällen, die nicht gewerblichen Zwecken dienen und nicht im Rahmen wirtschaftlicher Unternehmungen Verwendung finden, bedürfen der Genehmigung nur, wenn sie in besonderem Maße geeignet sind, schädliche Umwelteinwirkungen durch Luftverunreinigungen oder Geräusche hervorzurufen.

Pflichten der Betreiber genehmigungsbedürftiger Anlagen (§ 5)

Genehmigungsbedürftige Anlagen sind so zu errichten und zu betreiben, dass zur Gewährleistung eines hohen Schutzniveaus für die Umwelt insgesamt:

- Schädliche Umwelteinwirkungen und sonstige Gefahren, erhebliche Nachteile und erhebliche Belästigungen für die Allgemeinheit und die Nachbarschaft nicht hervorgerufen werden können,

- Vorsorge gegen schädliche Umwelteinwirkungen und sonstige Gefahren, erhebliche Nachteile und erhebliche Belästigungen getroffen wird, insbesondere durch die dem Stand der Technik entsprechen Maßnahmen,
- Abfälle vermieden, nicht zu vermeidende Abfälle verwertet und nicht zu verwertende Abfälle ohne Beeinträchtigung des Wohls der Allgemeinheit beseitigt werden. Abfälle sind nicht zu vermeiden, soweit die Vermeidung technisch nicht möglich oder nicht zumutbar ist. Die Vermeidung ist unzulässig, soweit sie zu nachteiligeren Umweltauswirkungen führt als die Verwertung. Die Verwertung und Beseitigung von Abfällen erfolgt nach den Vorschriften des Kreislaufwirtschafts- und Abfallgesetzes und den sonstigen für die Abfälle geltenden Vorschriften,
- Energie sparsam und effizient verwendet wird.

Genehmigungsbedürftige Anlagen sind so zu errichten, zu betreiben und stillzulegen, dass auch nach einer Betriebseinstellung:

- von der Anlage oder dem Anlagengrundstück keine schädlichen Umwelteinwirkungen oder sonstige Gefahren, erhebliche Nachteile oder erhebliche Belästigungen für die Allgemeinheit und die Nachbarschaft hervorgerufen werden können,
- vorhandene Abfälle ordnungsgemäß und schadlos verwertet oder ohne Beeinträchtigung des Wohls der Allgemeinheit beseitigt werden und
- die Wiederherstellung eines ordnungsgemäßen Zustandes des Anlagengrundstücks gewährleistet ist.

Wurden nach dem 7. Januar 2013 aufgrund des Betriebs einer Anlage nach der Industrieemissions-Richtlinie erhebliche Bodenverschmutzungen oder erhebliche Grundwasserverschmutzungen durch relevante gefährliche Stoffe im Vergleich zu dem im Bericht über den Ausgangszustand angegebenen Zustand verursacht, so ist der Betreiber nach Einstellung des Betriebs der Anlage verpflichtet, soweit dies verhältnismäßig ist, Maßnahmen zur Beseitigung dieser Verschmutzungen zu ergreifen, um das Anlagengrundstück in jenen Ausgangszustand zurückzuführen.

Teilgenehmigung (§ 8)

Auf Antrag kann eine Genehmigung für die Errichtung einer Anlage oder eines Teils einer Anlage oder für die Errichtung und den Betrieb eines Teils einer Anlage erteilt werden, wenn:

- ein berechtigtes Interesse an der Erteilung einer Teilgenehmigung besteht,
- die Genehmigungsvoraussetzungen für den beantragten Gegenstand der Teilgenehmigung vorliegen und
- eine vorläufige Beurteilung ergibt, dass der Errichtung und dem Betrieb der gesamten Anlage keine von vornherein unüberwindlichen Hindernisse im Hinblick auf die Genehmigungsvoraussetzungen entgegenstehen.

Zulassung vorzeitigen Beginns (§ 8a)

In einem Verfahren zur Erteilung einer Genehmigung kann die Genehmigungsbehörde auf Antrag vorläufig zulassen, dass bereits vor Erteilung der Genehmigung mit der Errichtung einschließlich der Maßnahmen, die zur Prüfung der Betriebstüchtigkeit der Anlage erforderlich sind, begonnen wird, wenn:

- mit einer Entscheidung zu Gunsten des Antragsstellers gerechnet werden kann,
- ein öffentliches Interesse oder ein berechtigtes Interesse des Antragstellers an dem vorzeitigen Beginnt besteht und

15

- der Antragsteller sich verpflichtet, alle bis zur Entscheidung durch die Errichtung der Anlage verursachten Schäden zu ersetzen und, wenn das Vorhaben nicht genehmigt wird, den früheren Zustand wiederherzustellen.

Vorbescheid (§ 9)

Auf Antrag kann durch Vorbescheid über einzelne Genehmigungsvoraussetzungen sowie über den Standort der Anlage entschieden werden, sofern die Auswirkungen der geplanten Anlage ausreichend beurteilt werden können und ein berechtigtes Interesse an der Erteilung eines Vorbescheides besteht.

Genehmigungsverfahren (§ 10)

Das Genehmigungsverfahren setzt einen schriftlichen Antrag voraus. Dem Antrag sind die zur Prüfung erforderlichen Zeichnungen, Erläuterungen und sonstigen Unterlagen beizufügen. Reichen die Unterlagen für die Prüfung nicht aus, so hat sie der Antragsteller auf Verlangen der zuständigen Behörde innerhalb einer angemessenen Frist zu ergänzen. Erfolgt die Antragstellung in elektronischer Form, kann die zuständige Behörde Mehrfertigungen sowie die Übermittlung der dem Antrag beizufügenden Unterlagen auch in schriftlicher Form verlangen.

Der Antragsteller, der beabsichtigt, eine Anlage nach der Industrieemissions-Richtlinie zu betreiben, in der relevante gefährliche Stoffe verwendet, erzeugt oder freigesetzt werden, hat mit den Unterlagen einen Bericht über den Ausgangszustand vorzulegen, wenn und soweit eine Verschmutzung des Bodens oder des Grundwassers auf dem Anlagengrundstück durch die relevanten gefährlichen Stoffe möglich ist. Die Möglichkeit einer Verschmutzung des Bodens oder des Grundwassers besteht nicht, wenn aufgrund der tatsächlichen Umstände ein Eintrag ausgeschlossen werden kann.

Soweit Unterlagen Geschäfts- oder Betriebsgeheimnisse enthalten, sind die Unterlagen zu kennzeichnen und getrennt vorzulegen. Ihr Inhalt muss, soweit es ohne Preisgabe des Geheimnisses geschehen kann, so ausführlich dargestellt sein, dass es Dritten möglich ist, zu beurteilen, ob und in welchem Umfang sie von den Auswirkungen der Anlage betroffen werden können.

Sind die Unterlagen vollständig, so hat die zuständige Behörde das Vorhaben in ihrem amtlichen Veröffentlichungsblatt und außerdem in örtlichen Tageszeitungen, die im Bereich des Standortes der Anlage verbreitet sind, öffentlich bekannt zu machen. Der Antrag und die Unterlagen sind, nach der Bekanntmachung einen Monat zur Einsicht auszulegen. Bis zwei Wochen nach Ablauf der Auslegungsfrist können Einwendungen gegen das Vorhaben schriftlich erhoben werden. Mit Ablauf der Einwendungsfrist sind alle Einwendungen ausgeschlossen, die nicht auf besonderen privatrechtlichen Titeln beruhen.

Die für die Erteilung der Genehmigung zuständige Behörde (Genehmigungsbehörde) holt die Stellungnahmen der Behörden ein, deren Aufgabenbereich durch das Vorhaben berührt wird. Soweit für das Vorhaben selbst oder für weitere damit unmittelbar in einem räumlichen oder betrieblichen Zusammenhang stehende Vorhaben, die Auswirkungen auf die Umwelt haben können und die für die Genehmigung Bedeutung haben, eine Zulassung nach anderen Gesetzen vorgeschrieben ist, hat die Genehmigungsbehörde eine vollständige Koordinierung der Zulassungsverfahren sowie der Inhalts- und Nebenbestimmungen sicherzustellen.

Nach Ablauf der Einwendungsfrist hat die Genehmigungsbehörde die rechtzeitig gegen das Vorhaben erhobenen Einwendungen mit dem Antragsteller und denjenigen, die Einwendungen erhoben haben, zu erörtern. Einwendungen, die auf besonderen privatrechtlichen Titeln beruhen, sind auf den Rechtsweg vor den ordentlichen Gerichten zu verweisen.

Über den Genehmigungsantrag ist nach Eingang des Antrags und der einzureichenden Unterlagen innerhalb einer Frist von sieben Monaten, in vereinfachten Verfahren innerhalb einer Frist von drei Monaten, zu entscheiden. Die zuständige Behörde kann die Frist um jeweils drei Monate verlängern, wenn dies wegen der Schwierigkeit der Prüfung oder aus Gründen, die dem Antragsteller zuzurechnen sind, erforderlich ist. Die Fristverlängerung soll gegenüber dem Antragsteller begründet werden. Der Genehmigungsbescheid ist schriftlich zu erlassen, schriftlich zu begründen und dem Antragsteller und den Personen, die Einwendungen erhoben haben, zuzustellen.

Die Zustellung des Genehmigungsbescheids an die Personen, die Einwendungen erhoben haben, kann durch öffentliche Bekanntmachung ersetzt werden. In diesem Fall ist eine Ausfertigung des gesamten Bescheides vom Tage nach der Bekanntmachung an zwei Wochen zur Einsicht auszulegen. Mit dem Ende der Auslegungsfrist gilt der Bescheid auch gegenüber Dritten, die keine Einwendungen erhoben haben, als zugestellt; darauf ist in der Bekanntmachung hinzuweisen. Nach der öffentlichen Bekanntmachung können der Bescheid und seine Begründung bis zum Ablauf der Widerspruchsfrist von den Personen, die Einwendungen erhoben haben, schriftlich angefordert werden.

Bei Anlagen nach der Industrieemissions-Richtlinie sind folgende Unterlagen im Internet öffentlich bekannt zu machen:

- der Genehmigungsbescheid mit Ausnahme in Bezug genommener Antragsunterlagen und des Bericht über den Ausgangszustand sowie
- die Bezeichnung des für die betreffende Anlage maßgeblichen BVT-Merkblatts.

Nebenbestimmungen zur Genehmigung (§ 12)

Die Genehmigung kann unter Bedingungen erteilt und mit Auflagen verbunden werden. Für den Fall, dass Emissionswerte für bestimmte Emissionen und Anlagenarten nicht mehr dem Stand der Technik entsprechen oder eine Verwaltungsvorschrift für die jeweilige Anlagenart keine Anforderungen vorsieht, ist bei der Festlegung von Emissionsbegrenzungen für Anlagen nach der Industrieemissions-Richtlinie in der Genehmigung sicherzustellen, dass die Emissionen unter normalen Betriebsbedingungen die in den BVT-Schlussfolgerungen genannten Emissionsbandbreiten nicht überschreiten.

Abweichend kann die zuständige Behörde weniger strenge Emissionsbegrenzungen festlegen, wenn:

- eine Bewertung ergibt, dass wegen technischer Merkmale der Anlage die Anwendung der in den BVT-Schlussfolgerungen genannten Emissionsbandbreiten unverhältnismäßig wäre, oder
- in Anlagen Zukunftstechniken für einen Gesamtzeitraum von höchstens neun Monaten erprobt oder angewendet werden sollen, sofern nach dem festgelegten Zeitraum die Anwendung der betreffenden Technik beendet wird oder in der Anlage mindestens die mit den besten verfügbaren Techniken assoziierten Emissionsbandbreiten erreicht werden.

Bei der Festlegung der Emissionsbegrenzungen sind insbesondere mögliche Verlagerungen von nachteiligen Auswirkungen von einem Schutzgut auf ein anderes zu berücksichtigen; ein hohes Schutzniveau für die Umwelt insgesamt ist zu gewährleisten.

Die Genehmigung kann auf Antrag für einen bestimmten Zeitraum erteilt werden. Sie kann mit einem Vorbehalt des Widerrufs erteilt werden, wenn die genehmigungsbedürftige Anlage lediglich

Erprobungszwecken dienen soll. Die Genehmigung kann mit Einverständnis des Antragstellers mit dem Vorbehalt nachträglicher Auflagen erteilt werden, soweit hierdurch hinreichend bestimmte, in der Genehmigung bereits allgemein festgelegte Anforderungen an die Einrichtung oder den Betrieb der Anlage in einem Zeitpunkt nach Erteilung der Genehmigung näher festgelegt werden sollen. Die Teilgenehmigung kann für einen bestimmten Zeitraum oder mit dem Vorbehalt erteilt werden, dass sie bis zur Entscheidung über die Genehmigung widerrufen oder mit Auflagen verbunden werden kann.

Genehmigung und andere behördlichen Entscheidungen (§ 13)

Die Genehmigung schließt andere die Anlage betreffende behördliche Entscheidungen ein, insbesondere öffentlich-rechtliche Genehmigungen, Zulassungen, Verleihungen, Erlaubnisse und Bewilligungen mit Ausnahme von Planfeststellungen, Zulassungen bergrechtlicher Betriebspläne, behördlichen Entscheidungen aufgrund atomrechtlicher Vorschriften und wasserrechtlichen Erlaubnissen und Bewilligungen des Wasserhaushaltsgesetzes.

Änderung genehmigungsbedürftiger Anlagen (§ 15)

Die Änderung der Lage, der Beschaffenheit oder des Betriebs einer genehmigungsbedürftigen Anlage ist, sofern eine Genehmigung nicht beantragt wird, der zuständigen Behörde mindestens einen Monat, bevor mit der Änderung begonnen werden soll, schriftlich anzuzeigen. Der Anzeige sind Unterlagen beizufügen, soweit diese für die Prüfung erforderlich sein können, ob das Vorhaben genehmigungsbedürftig ist. Die zuständige Behörde hat dem Träger des Vorhabens den Eingang der Anzeige und der beigefügten Unterlagen unverzüglich schriftlich zu bestätigen. Sie teilt dem Träger des Vorhabens nach Eingang der Anzeige unverzüglich mit, welche zusätzlichen Unterlagen sie zur Beurteilung der Voraussetzungen benötigt.

Die zuständige Behörde hat unverzüglich, spätestens innerhalb eines Monats nach Eingang der Anzeige und der erforderlichen Unterlagen, zu prüfen, ob die Änderung einer Genehmigung bedarf. Der Träger des Vorhabens darf die Änderung vornehmen, sobald die zuständige Behörde ihm mitteilt, dass die Änderung keiner Genehmigung bedarf oder sich innerhalb der bestimmten Frist nicht geäußert hat. Beabsichtigt der Betreiber, den Betrieb einer genehmigungsbedürftigen Anlage einzustellen, so hat er dies unter Angabe des Zeitpunktes der Einstellung der zuständigen Behörde unverzüglich anzuzeigen. Der Anzeige sind Unterlagen über die vom Betreiber vorgesehenen Maßnahmen zur Erfüllung der sich ergebenden Pflichten beizufügen.

Wesentliche Änderung genehmigungsbedürftiger Anlagen (§ 16)

Die Änderung der Lage, der Beschaffenheit oder des Betriebs einer genehmigungsbedürftigen Anlage bedarf der Genehmigung, wenn durch die Änderung nachteilige Auswirkungen hervorgerufen werden können und diese erheblich sein können (wesentliche Änderung). Eine Genehmigung ist nicht erforderlich, wenn durch die Änderung hervorgerufene nachteilige Auswirkungen offensichtlich gering sind und die Erfüllung der sich ergebenden Anforderungen sichergestellt ist.

Die zuständige Behörde soll von der öffentlichen Bekanntmachung des Vorhabens sowie der Auslegen des Antrags und der Unterlagen absehen, wenn der Träger des Vorhabens dies beantragt und erhebliche nachteilige Auswirkungen auf Schutzgüter nicht zu besorgen sind. Dies ist insbesondere dann der Fall, wenn erkennbar ist, das die Auswirkungen durch die getroffenen oder vom Träger der Vorhabens vorgesehenen Maßnahmen ausgeschlossen werden oder die Nachteile im Verhältnis zu den jeweils vergleichbaren Vorteilen gering sind. Betrifft die wesentliche Änderung eine in einem vereinfachten Verfahren zu genehmigende Anlage, ist auch die wesentliche Änderung im vereinfachten Verfahren zu genehmigen.

Nachträgliche Anordnungen (§ 17)

Zur Erfüllung der sich aus diesem Gesetz und der aufgrund dieses Gesetzes erlassenen Rechtsverordnungen ergebenden Pflichten können nach Erteilung der Genehmigung sowie nach einer angezeigten Änderung Anordnungen getroffen werden. Wird nach Erteilung der Genehmigung sowie nach einer angezeigten Änderung festgestellt, dass die Allgemeinheit oder die Nachbarschaft nicht ausreichend vor schädlichen Umwelteinwirkungen oder sonstigen Gefahren, erheblichen Nachteilen oder erheblichen Belästigungen geschützt ist, soll die zuständige Behörde nachträgliche Anordnungen treffen.

Die zuständige Behörde darf eine nachträgliche Anordnung nicht treffen, wenn sie unverhältnismäßig ist, vor allem wenn der mit der Erfüllung der Anordnung verbundene Aufwand außer Verhältnis zu dem mit der Anordnung angestrebten Erfolg steht; dabei sind insbesondere Art, Menge und Gefährlichkeit der von der Anlage ausgehenden Emissionen und der von ihr verursachten Immissionen sowie die Nutzungsdauer und technische Besonderheiten der Anlage zu berücksichtigen.

Die zuständige Behörde kann weniger strenge Emissionsbegrenzungen festlegen, wenn:

- wegen technischer Merkmale der Anlage die Anwendung der in den BVT-Schlussfolgerungen genannten Emissionsbandbreiten unverhältnismäßig wäre und die Behörde dies begründet oder
- in Anlagen Zukunftstechniken für einen Gesamtzeitraum von höchstens neun Monaten erprobt oder angewendet werden sollen, sofern nach dem festgelegten Zeitraum die Anwendung der betreffenden Technik beendet wird oder in der Anlage mindestens die mit den besten verfügbaren Techniken assoziierten Emissionsbandbreiten erreicht werden.

Die zuständige Behörde soll von nachträglichen Anordnungen absehen, soweit in einem vom Betreiber vorgelegten Plan technische Maßnahmen an dessen Anlagen oder an Anlagen Dritter vorgesehen sind, die zu einer weitergehenden Verringerung der Emissionsfrachten führen als die Summe der Minderungen, die durch den Erlass nachträglicher Anordnungen zur Erfüllung der sich aus diesem Gesetz oder den aufgrund dieses Gesetzes erlassenen Rechtsverordnungen ergebenden Pflichten bei den beteiligten Anlagen erreichbar wäre.

Dieses gilt nicht, soweit der Betreiber bereits zur Emissionsminderung aufgrund einer nachträglichen Anordnung oder einer Auflage verpflichtet ist oder eine nachträgliche Anordnung getroffen werden soll. Der Ausgleich ist nur zwischen denselben oder in der Wirkung auf die Umwelt vergleichbaren Stoffen zulässig.

Erlöschen der Genehmigung (§ 18)

Die Genehmigung erlischt, wenn:

- innerhalb einer von der Genehmigungsbehörde gesetzten angemessenen Frist nicht mit der Errichtung oder dem Betrieb der Anlage begonnen oder
- eine Anlage während eines Zeitraums von mehr als drei Jahren nicht mehr betrieben worden ist.

Die Genehmigung erlischt ferner, soweit das Genehmigungserfordernis aufgehoben wird.

Vereinfachtes Verfahren (§ 19)

Durch Rechtsverordnung kann vorgeschrieben werden, dass die Genehmigung von Anlagen bestimmter Art oder bestimmten Umfangs in einem vereinfachten Verfahren erteilt wird, sofern dies nach Art, Ausmaß und Dauer der von diesen Anlagen hervorgerufenen schädlichen Umwelteinwirkungen und sonstigen Gefahren, erheblichen Nachteilen und erheblichen Belästigungen mit dem Schutz der Allgemeinheit und der Nachbarschaft vereinbar ist.

Im dem vereinfachten Verfahren sind § 10 Abs. 2, 3, 4, 6, 8 und 9 sowie die §§ 11 und 14 des BImSchG nicht anzuwenden. Abbildung 15.1 zeigt einen Überblick von förmlichen und vereinfachten Genehmigungsverfahren.

Förmliches Genehmigungsverfahren gemäß 4. BImSchV		Vereinfachtes Genehmigungsverfahren gemäß 4. BImSchV
Genehmigungsverfahren wird nach § 10 BImSchG durchgeführt		Genehmigungsverfahren wird nach § 19 BImSchG durchgeführt
Abs. 1	schriftlicher Antrag an die zuständige Behörde	wie förmliches Verfahren
Abs. 3	Antragsunterlagen werden durch die Behörde der Öffentlichkeit für einen Monat zugänglich gemacht	keine öffentliche Auslegung der Antragsunterlagen
	Einspruchsfrist bis 2 Wochen nach Ende der Auslegungsfrist	keine Einspruchsfrist
Abs. 4	Form der Bekanntmachung	keine Bekanntmachung
Abs. 5	Genehmigungsbehörde holt fachliche Stellungnahme bei den Fachbehörden ein	wie förmliches Verfahren
Abs. 6	erhobene Einwendungen sind von der Genehmigungsbehörde mit den Antragstellern zu erörtern	kein Erörterungstermin
Abs. 6a	Entscheidung über die Genehmigung ist innerhalb von 7 Monaten (evtl. + 3 Monate Verlängerungsfrist) zu fällen	Entscheidung über die Genehmigung ist innerhalb von 3 Monaten (evtl. + 3 Monate Verlängerungsfrist) zu fällen
Abs. 7	Der Genehmigungsbescheid wird schriftlich erlassen	wie förmliches Verfahren

Abb. 15.1: Überblick über die Genehmigungsverfahren

Untersagung, Stilllegung und Beseitigung (§ 20)

Kommt der Betreiber einer genehmigungsbedürftigen Anlage einer Auflage, einer vollziehbaren nachträglichen Anordnung oder einer abschließend bestimmten Pflicht aus einer Rechtsverordnung nicht nach und betreffen die Auflage, die Anordnung oder die Pflicht die Beschaffenheit oder den Betrieb der Anlage, so kann die zuständige Behörde den Betrieb ganz oder teilweise bis zur Erfüllung der Auflage, der Anordnung oder der Pflichten untersagen.

Die zuständige Behörde hat den Betrieb ganz oder teilweise zu untersagen, wenn ein Verstoß gegen die Auflage, Anordnung oder Pflicht eine unmittelbare Gefährdung der menschlichen Gesundheit verursacht oder eine unmittelbare erhebliche Gefährdung der Umwelt darstellt.

Die zuständige Behörde hat die Inbetriebnahme oder Weiterführung einer genehmigungsbedürftigen Anlage, die Betriebsbereich oder Teil eines Betriebsbereichs ist und gewerblichen Zwecken dient oder im Rahmen wirtschaftlicher Unternehmungen Verwendung findet, ganz oder teilweise zu untersagen, solange und soweit die von dem Betreiber getroffenen Maßnahmen zur Verhütung schwerer Unfälle oder zur Begrenzung der Auswirkungen derartiger Unfälle eindeutig unzureichend sind. Die zuständige Behörde kann die Inbetriebnahme oder Weiterführung einer Anlage ganz oder teilweise untersagen, wenn der Betreiber die vorgeschriebenen Mitteilungen, Berichte oder sonstigen Informationen nicht fristgerecht übermittelt.

Die zuständige Behörde soll anordnen, dass eine Anlage, die ohne die erforderliche Genehmigung errichtet, betrieben oder wesentlich geändert wird, stillzulegen oder zu beseitigen ist. Sie hat die Beseitigung anzuordnen, wenn die Allgemeinheit oder die Nachbarschaft nicht auf andere Weise ausreichend geschützt werden kann.

Die zuständige Behörde kann den weiteren Betrieb einer genehmigungsbedürftigen Anlage durch den Betreiber oder einen mit der Leitung des Betriebes Beauftragten untersagen, wenn Tatsachen vorliegen, welche die Unzuverlässigkeit dieser Personen in Bezug auf die Einhaltung von Rechtsvorschriften zum Schutz vor schädlichen Umwelteinwirkungen dartun, und die Untersagung zum Wohl der Allgemeinheit geboten ist. Dem Betreiber der Anlage kann auf Antrag die Erlaubnis erteilt werden, die Anlage durch eine Person betreiben zu lassen, die die Gewähr für den ordnungsgemäßen Betrieb der Anlage bietet. Die Erlaubnis kann mit Auflagen verbunden werden.

15.2.2 Nicht genehmigungsbedürftige Anlagen

Pflichten der Betreiber nicht genehmigungsbedürftiger Anlagen (§ 22)

Nicht genehmigungsbedürftige Anlagen sind so zu errichten und zu betreiben, dass:

- schädliche Umwelteinwirkungen verhindert werden, die nach dem Stand der Technik vermeidbar sind,
- nach dem Stand der Technik unvermeidbare schädliche Umwelteinwirkungen auf ein Mindestmaß beschränkt werden und
- die beim Betrieb der Anlagen entstehenden Abfälle ordnungsgemäß beseitigt werden können.

15

Anforderungen an die Errichtung, die Beschaffenheit und den Betrieb nicht genehmigungsbedürftiger Anlagen (§ 23)

Die Bundesregierung wird ermächtigt, nach Anhörung der beteiligten Kreise durch Rechtsverordnung mit Zustimmung des Bundesrates vorzuschreiben, dass die Errichtung, die Beschaffenheit und der Betrieb nicht genehmigungsbedürftiger Anlagen bestimmten Anforderungen zum Schutz der Allgemeinheit und der Nachbarschaft vor schädlichen Umwelteinwirkungen und, soweit diese Anlagen gewerblichen Zwecken dienen oder im Rahmen wirtschaftlicher Unternehmungen Verwendung finden und Betriebsbereiche oder Bestandteile von Betriebsbereichen sind, vor sonstigen Gefahren zur Verhütung schwerer Unfälle und zur Begrenzung der Auswirkungen derartiger Unfälle für Mensch und Umwelt sowie zur Vorsorge gegen schädliche Umwelteinwirkungen genügen müssen, insbesondere dass:

- die Anlagen bestimmten technischen Anforderungen entsprechen müssen,
- die von Anlagen ausgehenden Emissionen bestimmte Grenzwerte nicht überschreiten dürfen,
- die Betreiber von Anlagen Messungen von Emissionen und Immissionen nach in der Rechtsverordnung näher zu bestimmenden Verfahren vorzunehmen haben oder von einer in der Rechtsverordnung zu bestimmenden Stelle vornehmen lassen müssen,
- die Betreiber bestimmter Anlagen der zuständigen Behörde unverzüglich die Inbetriebnahme oder eine Änderung einer Anlage, die für die Erfüllung von in der Rechtsverordnung vorgeschriebenen Pflichten von Bedeutung sein kann, anzuzeigen haben,
- die Betreiber von Anlagen, die Betriebsbereiche oder Bestandteile von Betriebsbereichen sind, innerhalb einer angemessenen Frist vor Errichtung, vor Inbetriebnahme oder vor einer Änderung dieser Anlagen, die für die Erfüllung von in der Rechtsverordnung vorgeschriebenen Pflichten von Bedeutung sein kann, dies der zuständigen Behörde anzuzeigen haben und
- bestimmte Anlagen nur betrieben werden dürfen, nachdem die Bescheinigung eines von der nach Landesrecht zuständigen Behörde bekannt gegebenen Sachverständigen vorgelegt worden ist, dass die Anlage den Anforderungen der Rechtsverordnung oder einer Bauartzulassung entspricht.

In der Rechtsverordnung können auch die Anforderungen bestimmt werden, denen Sachverständige hinsichtlich ihrer Fachkunde, Zuverlässigkeit und gerätetechnischen Ausstattung genügen müssen.

Untersagung (§ 25)

Kommt der Betreiber einer Anlage einer vollziehbaren behördlichen Anordnung nicht nach, so kann die zuständige Behörde den Betrieb der Anlage ganz oder teilweise bis zur Erfüllung der Anordnung untersagen.

Die zuständige Behörde hat die Inbetriebnahme oder Weiterführung einer nicht genehmigungsbedürftigen Anlage, die Betriebsbereich oder Teil eines Betriebsbereichs ist und gewerblichen Zwecken dient oder im Rahmen wirtschaftlicher Unternehmungen Verwendung findet, ganz oder teilweise zu untersagen, solange und soweit die von dem Betreiber getroffenen Maßnahmen zur Verhütung schwerer Unfälle oder zur Begrenzung der Auswirkungen derartiger Unfälle eindeutig unzureichend sind. Die zuständige Behörde kann die Inbetriebnahme oder die Weiterführung einer Anlage ganz oder teilweise untersagen, wenn der Betreiber vorgeschriebenen Mitteilungen, Berichte oder sonstigen Informationen nicht fristgerecht übermittelt.

Wenn die von einer Anlage hervorgerufenen schädlichen Umwelteinwirkungen das Leben oder die Gesundheit von Menschen oder bedeutende Sachwerte gefährden, soll die zuständige Behörde die Errichtung oder den Betrieb der Anlage ganz oder teilweise untersagen, soweit die Allgemeinheit oder die Nachbarschaft nicht auf andere Weise ausreichend geschützt werden kann.

15.3 Ermittlung von Emissionen und Immissionen nach BImSchG

Messungen aus besonderem Anlass (§ 26)

Die zuständige Behörde kann anordnen, dass der Betreiber einer genehmigungsbedürftigen Anlage oder einer nicht genehmigungsbedürftigen Anlage Art und Ausmaß der von der Anlage ausgehenden Emissionen sowie die Immissionen im Einwirkungsbereich der Anlage durch eine der von der nach Landesrecht zuständigen Behörde bekannt gegebenen Stelle ermitteln lässt, wenn zu befürchten ist, dass durch die Anlage schädliche Umwelteinwirkungen hervorgerufen werden. Die zuständige Behörde ist befugt, Einzelheiten über Art und Umfang der Ermittlungen sowie über die Vorlage des Ermittlungsergebnisses vorzuschreiben.

Emissionserklärung (§ 27)

Der Betreiber einer genehmigungsbedürftigen Anlage ist verpflichtet, der zuständigen Behörde innerhalb einer von ihr zu setzenden Frist oder zu dem in der Rechtsverordnung festgesetzten Zeitpunkt Angaben zu machen über Art, Menge, räumliche und zeitliche Verteilung der Luftverunreinigungen, die von der Anlage in einem bestimmten Zeitraum ausgegangen sind, sowie über die Austrittsbedingungen (Emissionserklärung); er hat die Emissionserklärung nach Maßgabe der Rechtsverordnung entsprechend dem neuesten Stand zu ergänzen.

Der Inhalt der Emissionserklärung ist Dritten auf Antrag bekannt zu geben. Einzelangaben der Emissionserklärung dürfen nicht veröffentlicht oder Dritten bekannt gegeben werden, wenn aus diesen Rückschlüsse auf Betriebs- oder Geschäftsgeheimnisse gezogen werden können. Bei Abgabe der Emissionserklärung hat der Betreiber der zuständigen Behörde mitzuteilen und zu begründen, welche Einzelangaben der Emissionserklärung Rückschlüsse auf Betriebs- oder Geschäftsgeheimnisse erlauben.

Erstmalige und wiederkehrende Messungen bei genehmigungsbedürftigen Anlagen (§ 28)

Die zuständige Behörde kann bei genehmigungsbedürftigen Anlagen:

- nach der Inbetriebnahme oder einer Änderung und
- nach Ablauf eines Zeitraums von jeweils drei Jahren

Anordnungen treffen. Hält die Behörde wegen Art, Menge und Gefährlichkeit der von der Anlage ausgehenden Emissionen Ermittlungen für erforderlich, so soll sie auf Antrag des Betreibers zulassen, dass diese Ermittlungen durch den Immissionsschutzbeauftragten durchgeführt werden, wenn dieser hierfür die erforderliche Fachkunde, Zuverlässigkeit und gerätetechnische Ausstattung besitzt.

Kontinuierliche Messungen (§ 29)

Die zuständige Behörde kann bei genehmigungsbedürftigen Anlagen anordnen, dass statt durch Einzelmessungen bestimmte Emissionen oder Immissionen unter Verwendung aufzeichnender Messgeräte fortlaufend ermittelt werden. Bei Anlagen mit erheblichen Emissionsmassenströmen luftverunreinigender Stoffe sollen unter Berücksichtigung von Art und Gefährlichkeit dieser Stoffe Anordnungen getroffen werden, soweit eine Überschreitung der in Rechtsvorschriften, Auflagen

15

oder Anordnungen festgelegten Emissionsbegrenzungen nach der Art der Anlage nicht ausgeschlossen werden kann. Die zuständige Behörde kann bei nicht genehmigungsbedürftigen Anlagen anordnen, dass statt durch Einzelmessungen bestimmte Emissionen oder Immissionen unter Verwendung aufzeichnender Messgeräte fortlaufend ermittelt werden, wenn dies zur Feststellung erforderlich ist, ob durch die Anlage schädliche Umwelteinwirkungen hervorgerufen werden.

Anordnung sicherheitstechnischer Prüfungen (§ 29a)

Die zuständige Behörde kann anordnen, dass der Betreiber einer genehmigungsbedürftigen Anlage einen der von der nach Landesrecht zuständigen Behörde bekannt gegebenen Sachverständigen mit der Durchführung bestimmter sicherheitstechnischer Prüfungen sowie Prüfungen von sicherheitstechnischen Unterlagen beauftragt. In der Anordnung kann die Durchführung der Prüfungen durch den Störfallbeauftragten, eine zugelassene Überwachungsstelle nach § 14 des Gerätesicherheitsgesetzes oder einen in einer für Anlagen nach § 2 des Gerätesicherheitsgesetzes erlassenen Rechtsverordnung genannten Sachverständigen gestattet werden, wenn diese hierfür die erforderliche Fachkunde, Zuverlässigkeit und gerätetechnische Ausstattung besitzen. Das Gleiche gilt für einen nach § 36 der Gewerbeordnung bestellten Sachverständigen, der eine besondere Sachkunde im Bereich sicherheitstechnischer Prüfungen nachweist. Die zuständige Behörde ist befugt, Einzelheiten über Art und Umfang der sicherheitstechnischen Prüfungen sowie über die Vorlage des Prüfungsergebnisses vorzuschreiben. Prüfungen können angeordnet werden:

- für einen Zeitpunkt während der Errichtung oder sonst vor der Inbetriebnahme der Anlage,
- für einen Zeitpunkt nach deren Inbetriebnahme,
- in regelmäßigen Abständen,
- im Falle einer Betriebseinstellung oder
- wenn Anhaltspunkte dafür bestehen, dass bestimmte sicherheitstechnische Anforderungen nicht erfüllt werden.

Der Betreiber hat die Ergebnisse der sicherheitstechnischen Prüfungen der zuständigen Behörde spätestens einen Monat nach Durchführung der Prüfungen vorzulegen; er hat diese Ergebnisse unverzüglich vorzulegen, sofern dies zur Abwehr gegenwärtiger Gefahren erforderlich ist.

Auskunftspflicht des Betreibers (§ 31)

Der Betreiber einer Anlage nach der Industrieemissions-Richtlinie hat nach Maßgabe der Nebenbestimmungen der Genehmigung oder aufgrund von Rechtverordnungen der zuständigen Behörde jährlich Folgendes vorzulegen:

- eine Zusammenfassung der Ergebnisse der Emissionsüberwachung,
- sonstige Daten, die erforderlich sind, um die Einhaltung der Genehmigungsanforderungen zu überprüfen.

Wird bei einer Anlage nach der Industrieemissions-Richtlinie festgestellt, dass Anforderungen nicht eingehalten werden, hat der Betreiber dies der zuständigen Behörde unverzüglich mitzuteilen. Der Betreiber einer Anlage nach der Industrieemissions-Richtlinie hat bei allen Ereignissen mit schädlichen Umwelteinwirkungen die zuständige Behörde unverzüglich zu unterrichten.

Der Betreiber der Anlage hat das Ergebnis und die Aufzeichnungen der Messgeräte fünf Jahre lang aufzubewahren.

15.4 Lärm

15.4.1 Schutz der Arbeitnehmer

Nach der Richtlinie 2003/10/EG des Europäischen Parlaments und des Rates vom 6. Februar 2003 über Mindestvorschriften zum Schutz von Sicherheit und Gesundheit der Arbeitnehmer vor der Gefährdung durch physikalische Einwirkungen (Lärm) gilt Folgendes:

Begriffsbestimmungen (Artikel 2)

Für diese Richtlinie gelten folgende Definitionen der als Gefahrenindikator verwendeten physikalischen Größen:

- Spitzenschalldruck (p_{peak}): Höchstwert des momentanen C-frequenzbewerteten Schalldrucks,
- Tages-Lärmexpositionspegel ($L_{EX,8h}$) (in dB(A)): der über die Zeit gemittelte Lärmexpositionspegel für einen nominalen Achtstundentag. Erfasst werden alle am Arbeitsplatz auftretenden Schallereignisse einschließlich impulsförmigen Schalls,
- Wochen-Lärmexpositionspegel ($L_{EX,8h}$): der über die Zeit gemittelte Tages-Lärmexpositionspegel für eine nominale Woche mit fünf Achtstundentagen.

Expositionsgrenzwerte und Auslösewerte (Artikel 3)

Über die Richtlinie 2003/10/EG werden die Expositionsgrenzwerte und die Auslösewerte in Bezug auf die Tages-Lärmexpositionspegel und den Spitzenschalldruck wie folgt festgesetzt:

- Expositionsgrenzwerte: $L_{EX,8h}$ = 87 dB(A) bzw. p_{peak} = 200 Pa
- Obere Auslösewerte: $L_{EX,8h}$ = 85 dB(A) bzw. p_{peak} = 140 Pa
- Untere Auslösewerte: $L_{EX,8h}$ = 80 dB(A) bzw. p_{peak} = 112 Pa

Bei der Feststellung der effektiven Exposition der Arbeitnehmer unter Anwendung der Expositionsgrenzwerte wird die dämmende Wirkung des persönlichen Gehörschutzes des Arbeitnehmers berücksichtigt. Bei den Auslösewerten wird die Wirkung eines solchen Gehörschutzes nicht berücksichtigt.

Ermittlung und Bewertung der Risiken durch den Arbeitgeber (Artikel 4)

Im Rahmen seiner Pflichten nimmt der Arbeitgeber eine Bewertung und erforderlichenfalls eine Messung des Lärms vor, dem die Arbeitnehmer ausgesetzt sind. Die Methoden und Geräte müssen den vorherrschenden Bedingungen angepasst sein, insbesondere unter Berücksichtigung der Merkmale des zu messenden Schalls, der Dauer der Einwirkung, der Umgebungsbedingungen und der Merkmale der Messgeräte. Die verwendeten Methoden können auch eine Stichprobenerhebung umfassen, die für die persönliche Exposition eines Arbeitnehmers repräsentativ sein muss. Die Bewertungen und Messungen müssen in angemessenen Zeitabständen sachkundig geplant und durchgeführt werden.

Bei der Risikobewertung berücksichtigt der Arbeitgeber insbesondere Folgendes:

- Ausmaß, Art und Dauer der Exposition, einschließlich der Exposition gegenüber impulsförmigem Schall,
- Expositionsgrenzwerte und Auslösewerte,

15

- alle Auswirkungen auf die Gesundheit und Sicherheit von Arbeitnehmern, die besonders gefährdeten Risikogruppen angehören,
- alle Auswirkungen auf die Gesundheit und Sicherheit der Arbeitnehmer durch Wechselwirkungen zwischen Lärm und arbeitsbedingten ototoxischen Substanzen sowie zwischen Lärm und Vibrationen, soweit dies technisch durchführbar ist,
- alle indirekten Auswirkungen auf die Gesundheit und Sicherheit der Arbeitnehmer durch Wechselwirkungen zwischen Lärm und Warnsignalen bzw. anderen Geräuschen, die beachtet werden müssen, um die Unfallgefahr zu verringern,
- die Angaben des Herstellers der Arbeitsmittel über Lärmemissionen gemäß den einschlägigen Gemeinschaftsrichtlinien,
- die Verfügbarkeit alternativer Arbeitsmittel, die so ausgelegt sind, dass die Lärmerzeugung verringert wird,
- die Ausdehnung der Exposition gegenüber Lärm über die normale Arbeitszeit hinaus unter der Verantwortung des Arbeitgebers,
- einschlägige Informationen auf der Grundlage der Gesundheitsüberwachung, sowie im Rahmen des Möglichen, veröffentlichte Informationen,
- die Verfügbarkeit von Gehörschutzeinrichtungen mit einer angemessenen dämmenden Wirkung.

Der Arbeitgeber muss im Besitz einer Risikobewertung sein und ermitteln, welche Maßnahmen zu treffen sind. Die Risikobewertung ist regelmäßig zu aktualisieren, insbesondere wenn bedeutsame Veränderungen eingetreten sind, so dass sie veraltet sein könnte, oder wenn sich eine Aktualisierung aufgrund der Ergebnisse der Gesundheitsüberwachung als erforderlich erweist.

Maßnahmen zur Vermeidung oder Verringerung der Exposition (Artikel 5)

Unter Berücksichtigung des technischen Fortschritts und der Verfügbarkeit von Mitteln zur Begrenzung der Gefährdung am Entstehungsort muss die Gefährdung aufgrund der Einwirkung von Lärm am Entstehungsort ausgeschlossen oder so weit wie möglich verringert werden. Die Verringerung dieser Gefährdung stützt sich auf die allgemeinen Grundsätze der Gefahrenverhütung. Dabei ist insbesondere Folgendes zu berücksichtigen:

- alternative Arbeitsverfahren, welche die Notwendigkeit einer Exposition gegenüber Lärm verringern,

- die Auswahl geeigneter Arbeitsmittel, die unter Berücksichtigung der auszuführenden Arbeit möglichst geringen Lärm erzeugen, einschließlich der Möglichkeit, den Arbeitnehmern Arbeitsmittel zur Verfügung zu stellen, für welche Gemeinschaftsvorschriften mit dem Ziel oder der Auswirkung gelten, die Exposition gegenüber Lärm zu begrenzen,

- Gestaltung und Auslegung der Arbeitsstätten und Arbeitsplätze,

- angemessene Unterrichtung und Unterweisung der Arbeitnehmer in der ordnungsgemäßen Handhabung der Arbeitsmittel zur weitest gehenden Verringerung ihrer Lärmexposition,

- technische Lärmminderung:
  - Luftschallminderung z.B. durch Abschirmungen, Kapselungen, Abdeckungen mit schallabsorbierendem Material,
  - Körperschallminderung z B. durch Körperschalldämmung oder Körperschallisolierung,

- angemessene Wartungsprogramme für Arbeitsmittel, Arbeitsplätze und Arbeitsplatzsysteme,

- arbeitsorganisatorische Lärmminderung:
  - Begrenzung von Dauer und Ausmaß der Exposition,
  - zweckmäßige Arbeitspläne mit ausreichenden Ruhezeiten.

Auf der Grundlage der Risikobewertung muss der Arbeitgeber, sobald die oberen Auslösewerte überschritten werden, ein Programm mit technischen und/oder organisatorischen Maßnahmen zur Verringerung der Exposition gegenüber Lärm ausarbeiten und durchführen. Auf der Grundlage der Risikobewertung werden Arbeitsplätze, an denen Arbeitnehmer Lärmpegeln ausgesetzt sein können, welche die oberen Auslösewerte überschreiten, mit einer geeigneten Kennzeichnung versehen. Die betreffenden Bereiche werden ferner abgegrenzt und der Zugang zu ihnen wird eingeschränkt, wenn dies technisch möglich und aufgrund des Expositionsrisikos gerechtfertigt ist.

Persönlicher Schutz (Artikel 6)

Können die mit einer Lärmexposition verbundenen Risiken nicht durch andere Maßnahmen vermieden werden, so wird den Arbeitnehmern ein geeigneter, ordnungsgemäß angepasster persönlicher Gehörschutz unter folgenden Bedingungen zur Verfügung gestellt und von ihnen benutzt:

- Wenn die Exposition gegenüber Lärm die unteren Auslösewerte überschreitet, stellt der Arbeitgeber den Arbeitnehmern persönlichen Gehörschutz zur Verfügung.
- Wenn die Exposition gegenüber Lärm die oberen Auslösewerte erreicht oder überschreitet, ist persönlicher Gehörschutz zu verwenden.
- Der persönliche Gehörschutz ist so auszuwählen, dass durch ihn die Gefährdung des Gehörs beseitigt oder auf ein Mindestmaß verringert wird.

Der Arbeitgeber unternimmt alle Anstrengungen, um für die Verwendung des Gehörschutzes zu sorgen, und ist für die Prüfung der Wirksamkeit der getroffenen Maßnahmen verantwortlich.

Begrenzung der Exposition (Artikel 7)

Unter keinen Umständen dürfen festgestellte Expositionen der Arbeitnehmer die Expositionsgrenzwerte überschritten werden. Wird ungeachtet der zur Umsetzung dieser Richtlinie ergriffenen Maßnahmen eine Exposition festgestellt, die über den Expositionsgrenzwerten liegt, so werden vom Arbeitgeber:
- unverzüglich Maßnahmen ergriffen, um die Exposition auf einen Wert unter den Expositionsgrenzwerten zu verringern,
- die Gründe für die Überschreitung des Expositionsgrenzwerts ermittelt,
- die Schutz- und Vorbeugemaßnahmen angepasst, um ein erneutes Überschreiten der Expositionsgrenzwerte zu verhindern.

Unterrichtung und Unterweisung der Arbeitnehmer (Artikel 8)

Der Arbeitgeber stellt sicher, dass die Arbeitnehmer, die bei der Arbeit einer Lärmbelastung in Höhe der unteren Auslösewerte oder darüber ausgesetzt sind, und/oder ihre Vertreter Informationen und eine Unterweisung im Zusammenhang mit den durch die Exposition gegenüber Lärm entstehenden Risiken erhalten, die sich insbesondere auf Folgendes erstrecken:

- die Art derartiger Risiken,
- die ergriffenen Maßnahmen zur Beseitigung oder zur Minimierung der Gefährdung durch Lärm, einschließlich der Umstände, unter denen die Maßnahmen angewandt werden,

- die festgelegten Expositionsgrenzwerte und Auslösewerte,
- die Ergebnisse der Bewertungen und Messungen des Lärms zusammen mit einer Erläuterung ihrer Bedeutung und potenziellen Gefahr,
- die korrekte Verwendung des Gehörschutzes,
- das Erkennen und Melden der Anzeichen von Gehörschädigungen,
- die Voraussetzungen, unter denen die Arbeitnehmer Anspruch auf Gesundheitsüberwachung haben, und den Zweck der Gesundheitsüberwachung,
- sichere Arbeitsverfahren zur Minimierung der Exposition gegenüber Lärm.

Anhörung und Beteiligung der Arbeitnehmer (Artikel 9)

Die Anhörung und Beteiligung der Arbeitnehmer und/oder ihrer Vertreter erfasst:

- die Bewertung von Risiken und die Ermittlung der zu treffenden Maßnahmen,
- die Maßnahmen zur Beseitigung oder zur Minimierung der Gefährdung durch Lärm,
- die Auswahl persönlicher Gehörschutzeinrichtungen.

Gesundheitsüberwachung (Artikel 10)

Ein Arbeitnehmer, der über den oberen Auslösewerten liegendem Lärm ausgesetzt ist, hat Anspruch darauf, dass sein Gehör von einem Arzt oder unter der Verantwortung eines Arztes von einer anderen entsprechend qualifizierten Person gemäß den einzelstaatlichen Rechtsvorschriften und/oder Gepflogenheiten untersucht wird. Vorbeugende audiometrische Untersuchungen stehen auch denjenigen Arbeitnehmern zur Verfügung, die über den unteren Auslösewerten liegendem Lärm ausgesetzt sind, wenn die Bewertung und die Messung auf ein Gesundheitsrisiko hindeuten. Ziel der Untersuchungen ist es, eine Frühdiagnose jeglichen lärmbedingten Gehörverlusts zu stellen und die Funktion des Gehörs zu erhalten.

Die Mitgliedstaaten treffen Vorkehrungen, um sicherzustellen, dass für jeden Arbeitnehmer, der der Gesundheitsüberwachung unterliegt, persönliche Gesundheitsakten geführt und auf dem neuesten Stand gehalten werden. Die Gesundheitsakten enthalten eine Zusammenfassung der Ergebnisse der Gesundheitsüberwachung. Die Akten sind so zu führen, dass eine Einsichtnahme zu einem späteren Zeitpunkt unter Wahrung des Arztgeheimnisses möglich ist. Der zuständigen Behörde ist auf Verlangen eine Kopie der entsprechenden Akten zu übermitteln. Der einzelne Arbeitnehmer erhält auf Verlangen Einsicht in seine persönlichen Gesundheitsakten.

15.4.2 Lärm- und Vibrations-Arbeitsschutzverordnung

Anwendungsbereich (§ 1)

Diese Verordnung gilt zum Schutz der Beschäftigten vor tatsächlichen oder möglichen Gefährdungen ihrer Gesundheit und Sicherheit durch Lärm oder Vibrationen bei der Arbeit.

Begriffsbestimmungen (§ 2)

Lärm im Sinne dieser Verordnung ist jeder Schall, der zu einer Beeinträchtigung des Hörvermögens oder zu einer sonstigen mittelbaren oder unmittelbaren Gefährdung von Sicherheit und Gesundheit der Beschäftigten führen kann.

Der Tages-Lärmexpositionspegel ($L_{EX,8h}$) ist der über die Zeit gemittelte Lärmexpositionspegel bezogen auf eine Achtstundenschicht. Er umfasst alle am Arbeitsplatz auftretenden Schallereignisse.

Der Wochen-Lärmexpositionspegel ($L_{EX,40h}$) ist der über die Zeit gemittelte Tages-Lärmexpositionspegel bezogen auf eine 40-Stundenwoche.

Der Spitzenschalldruckpegel ($L_{pC,peak}$) ist der Höchstwert des momentanen Schalldruckpegels.

Vibrationen sind alle mechanischen Schwingungen, die durch Gegenstände auf den menschlichen Körper übertragen werden und zu einer mittelbaren oder unmittelbaren Gefährdung von Sicherheit und Gesundheit der Beschäftigten führen können. Dazu gehören insbesondere:

- mechanische Schwingungen, die bei Übertragung auf das Hand-Arm-System des Menschen Gefährdungen für die Gesundheit und Sicherheit der Beschäftigten verursachen oder verursachen können (Hand-Arm-Vibrationen), insbesondere Knochen- oder Gelenkschäden, Durchblutungsstörungen oder neurologische Erkrankungen und
- mechanische Schwingungen, die bei Übertragung auf den gesamten Körper Gefährdungen für die Gesundheit und Sicherheit der Beschäftigten verursachen oder verursachen können (Ganzkörper-Vibrationen), insbesondere Rückenschmerzen und Schädigungen der Wirbelsäule.

Der Tages-Vibrationsexpositionswert A(8) ist der über die Zeit nach Anhang der Verordnung für Hand-Arm-Vibrationen und für Ganzkörper-Vibrationen gemittelte Vibrationsexpositionswert bezogen auf eine Achtstundenschicht.

Der Stand der Technik ist der Entwicklungsstand fortschrittlicher Verfahren, Einrichtungen oder Betriebsweisen, der die praktische Eignung einer Maßnahme zum Schutz der Gesundheit und zur Sicherheit der Beschäftigten gesichert erscheinen lässt. Bei der Bestimmung des Standes der Technik sind insbesondere vergleichbare Verfahren, Einrichtungen oder Betriebsweisen heranzuziehen, die mit Erfolg in der Praxis erprobt worden sind. Gleiches gilt für die Anforderungen an die Arbeitsmedizin und die Arbeitshygiene.

Gefährdungsbeurteilung (§ 3)

Bei der Beurteilung der Arbeitsbedingungen nach § 5 des Arbeitsschutzgesetzes hat der Arbeitgeber zunächst festzustellen, ob die Beschäftigten Lärm oder Vibrationen ausgesetzt sind oder ausgesetzt sein könnten. Ist dies der Fall, hat er alle hiervon ausgehenden Gefährdungen für die Gesundheit und Sicherheit der Beschäftigten zu beurteilen. Dazu hat er die auftretenden Expositionen am Arbeitsplatz zu ermitteln und zu bewerten. Der Arbeitgeber kann sich die notwendigen Informationen beim Hersteller oder Inverkehrbringer von Arbeitsmitteln oder bei anderen ohne weiteres zugänglichen Quellen beschaffen. Lässt sich die Einhaltung der Auslöse- und Expositionsgrenzwerte nicht sicher ermitteln, hat er den Umfang der Exposition durch Messungen festzustellen. Entsprechend dem Ergebnis der Gefährdungsbeurteilung hat der Arbeitgeber Schutzmaßnahmen nach dem Stand der Technik festzulegen.

Die Gefährdungsbeurteilung umfasst insbesondere:

- bei Exposition der Beschäftigten durch Lärm:
  - Art, Ausmaß und Dauer der Exposition durch Lärm,
  - die Auslösewerte und die Expositionswerte,
  - die Verfügbarkeit alternativer Arbeitsmittel und Ausrüstungen, die zu einer geringeren Exposition der Beschäftigten führen (Substitutionsprüfung),

15

- Erkenntnisse aus der arbeitsmedizinischen Vorsorge sowie allgemein zugängliche, veröffentlichte Informationen hierzu,
- die zeitliche Ausdehnung der beruflichen Exposition über eine Achtstundenschicht hinaus,
- die Verfügbarkeit und Wirksamkeit von Gehörschutzmitteln,
- Auswirkungen auf die Gesundheit und Sicherheit von Beschäftigten, die besonders gefährdeten Gruppen angehören und
- Herstellerangaben zu Lärmemissionen,

- bei Exposition der Beschäftigten durch Vibrationen:
  - Art, Ausmaß und Dauer der Exposition durch Vibrationen, einschließlich besonderer Arbeitsbedingungen, wie zum Beispiel Tätigkeiten bei niedrigen Temperaturen,
  - die Expositionsgrenzwerte und Auslösewerte,
  - die Verfügbarkeit und die Möglichkeit des Einsatzes alternativer Arbeitsmittel und Ausrüstungen, die zu einer geringeren Exposition der Beschäftigten führen (Substitutionsprüfung),
  - Erkenntnisse aus der arbeitsmedizinischen Vorsorge sowie allgemein zugängliche, veröffentlichte Informationen hierzu,
  - die zeitliche Ausdehnung der beruflichen Exposition über eine Achtstundenschicht hinaus,
  - Auswirkungen auf die Gesundheit und Sicherheit von Beschäftigten, die besonders gefährdeten Gruppen angehören und
  - Herstellerangaben zu Vibrationsemissionen.

Die mit der Exposition durch Lärm oder Vibrationen verbundenen Gefährdungen sind unabhängig voneinander zu beurteilen und in der Gefährdungsbeurteilung zusammenzuführen. Mögliche Wechsel- oder Kombinationswirkungen sind bei der Gefährdungsbeurteilung zu berücksichtigen. Dies gilt insbesondere bei Tätigkeiten mit gleichzeitiger Belastung durch Lärm, arbeitsbedingten ototoxischen Substanzen oder Vibrationen, soweit dies technisch durchführbar ist. Zu berücksichtigen sind auch mittelbare Auswirkungen auf die Gesundheit und Sicherheit der Beschäftigten, zum Beispiel durch Wechselwirkungen zwischen Lärm und Warnsignalen oder anderen Geräuschen, deren Wahrnehmung zur Vermeidung von Gefährdungen erforderlich ist. Bei Tätigkeiten, die eine hohe Konzentration und Aufmerksamkeit erfordern, sind störende und negative Einflüsse infolge einer Exposition durch Lärm oder Vibrationen zu berücksichtigen.

Der Arbeitgeber hat die Gefährdungsbeurteilung unabhängig von der Zahl der Beschäftigten zu dokumentieren. In der Dokumentation ist anzugeben, welche Gefährdungen am Arbeitsplatz auftreten können und welche Maßnahmen zur Vermeidung oder Minimierung der Gefährdung der Beschäftigten durchgeführt werden müssen. Die Gefährdungsbeurteilung ist zu aktualisieren, wenn maßgebliche Veränderungen der Arbeitsbedingungen dies erforderlich machen oder wenn sich eine Aktualisierung aufgrund der Ergebnisse der arbeitsmedizinischen Vorsorge als notwendig erweist.

Messungen (§ 4)

Der Arbeitgeber hat sicherzustellen, dass Messungen nach dem Stand der Technik durchgeführt werden. Dazu müssen:

- Messverfahren und -geräte den vorhandenen Arbeitsplatz- und Expositionsbedingungen angepasst sein; dies betrifft insbesondere die Eigenschaften des zu messenden Lärms oder der zu messenden Vibrationen, die Dauer der Einwirkung und die Umgebungsbedingungen und
- die Messverfahren und -geräte geeignet sein, die jeweiligen physikalischen Größen zu bestimmen, und die Entscheidung erlauben, ob die festgesetzten Auslöse- und Expositionsgrenzwerte eingehalten werden.

Die durchzuführenden Messungen können auch eine Stichprobenerhebung umfassen, die für die persönliche Exposition eines Beschäftigten repräsentativ ist. Der Arbeitgeber hat die Dokumentation über die ermittelten Messergebnisse mindestens 30 Jahre in einer Form aufzubewahren, die eine spätere Einsichtnahme ermöglicht.

Messungen zur Ermittlung der Exposition durch Vibrationen sind zusätzlich nach den Anforderungen des Anhangs der Verordnung durchzuführen.

Fachkunde (§ 5)

Der Arbeitgeber hat sicherzustellen, dass die Gefährdungsbeurteilung nur von fachkundigen Personen durchgeführt wird. Verfügt der Arbeitgeber nicht selbst über die entsprechenden Kenntnisse, hat er sich fachkundig beraten zu lassen. Fachkundige Personen sind insbesondere der Betriebsarzt und die Fachkraft für Arbeitssicherheit. Der Arbeitgeber darf mit der Durchführung von Messungen nur Personen beauftragen, die über die dafür notwendige Fachkunde und die erforderlichen Einrichtungen verfügen.

Auslösewerte bei Lärm (§ 6)

Die Auslösewerte in Bezug auf den Tages-Lärmexpositionspegel und den Spitzenschalldruckpegel betragen:

- Obere Auslösewerte: $L_{EX,8h}$ = 85 dB(A) bzw. $L_{pC,peak}$ = 137 dB(C),
- Untere Auslösewerte: $L_{EX,8h}$ = 80 dB(A) bzw. $L_{pC,peak}$ = 135 dB(C).

Bei der Anwendung der Auslösewerte wird die dämmende Wirkung eines persönlichen Gehörschutzes der Beschäftigten nicht berücksichtigt.

Maßnahmen zur Vermeidung und Verringerung der Lärmexposition (§ 7)

Der Arbeitgeber hat die festgelegten Schutzmaßnahmen nach dem Stand der Technik durchzuführen, um die Gefährdung der Beschäftigten auszuschließen oder so weit wie möglich zu verringern. Dabei ist folgende Rangfolge zu berücksichtigen:

- Die Lärmemission muss am Entstehungsort verhindert oder so weit wie möglich verringert werden. Technische Maßnahmen haben Vorrang vor organisatorischen Maßnahmen.
- Diese Maßnahmen haben Vorrang vor der Verwendung von Gehörschutz.

Zu den Maßnahmen gehören insbesondere:

- alternative Arbeitsverfahren, welche die Exposition der Beschäftigten durch Lärm verringern,
- Auswahl und Einsatz neuer oder bereits vorhandener Arbeitsmittel unter dem vorrangigen Gesichtspunkt der Lärmminderung,
- die lärmmindernde Gestaltung und Einrichtung der Arbeitsstätten und Arbeitsplätze,
- technische Maßnahmen zur Luftschallminderung, beispielsweise durch Abschirmungen oder Kapselungen, und zur Körperschallminderung, beispielsweise durch Körperschalldämpfung oder -dämmung oder durch Körperschallisolierung,
- Wartungsprogramme für Arbeitsmittel, Arbeitsplätze und Anlagen,

15

- arbeitsorganisatorische Maßnahmen zur Lärmminderung durch Begrenzung von Dauer und Ausmaß der Exposition und Arbeitszeitpläne mit ausreichenden Zeiten ohne belastende Exposition.

Der Arbeitgeber hat Arbeitsbereiche, in denen einer der oberen Auslösewerte für Lärm ($L_{EX,8h}$, $L_{pC,peak}$) erreicht oder überschritten wird, als Lärmbereich zu kennzeichnen und, falls technisch möglich, abzugrenzen. In diesen Bereichen dürfen Beschäftigte nur tätig werden, wenn das Arbeitsverfahren dies erfordert.

Wird einer der oberen Auslösewerte überschritten, hat der Arbeitgeber ein Programm mit technischen und organisatorischen Maßnahmen zur Verringerung der Lärmexposition auszuarbeiten und durchzuführen.

Gehörschutz (§ 8)

Werden die unteren Auslösewerte trotz Durchführung der Maßnahmen nicht eingehalten, hat der Arbeitgeber den Beschäftigten einen geeigneten persönlichen Gehörschutz zur Verfügung zu stellen.

Der persönliche Gehörschutz ist vom Arbeitgeber so auszuwählen, dass durch seine Anwendung die Gefährdung des Gehörs beseitigt oder auf ein Minimum verringert wird. Dabei muss unter Einbeziehung der dämmenden Wirkung des Gehörschutzes sichergestellt werden, dass der auf das Gehör des Beschäftigten einwirkende Lärm die maximal zulässigen Expositionswerte $L_{EX,8h}$ = 85 dB(A) bzw. $L_{pC,peak}$ = 137 dB(C) nicht überschreitet.

Erreicht oder überschreitet die Lärmexposition am Arbeitsplatz einen der oberen Auslösewerte hat der Arbeitgeber dafür Sorge zu tragen, dass die Beschäftigten den persönlichen Gehörschutz bestimmungsgemäß verwenden.

Der Zustand des ausgewählten persönlichen Gehörschutzes ist in regelmäßigen Abständen zu überprüfen. Stellt der Arbeitgeber dabei fest, dass die Anforderungen nicht eingehalten werden, hat er unverzüglich die Gründe für diese Nichteinhaltung zu ermitteln und Maßnahmen zu ergreifen, die für eine dauerhafte Einhaltung der Anforderungen erforderlich sind.

Expositionsgrenzwerte und Auslösewerte für Vibrationen (§ 9)

Für Hand-Arm-Vibrationen beträgt:

- der Expositionsgrenzwert A(8) = 5 m/s^2 und
- der Auslösewert A(8) = 2,5 m/s^2.

Die Exposition der Beschäftigten gegenüber Hand-Arm-Vibrationen wird nach Anhang der Verordnung ermittelt und bewertet.

Für Ganzkörper-Vibrationen beträgt

- der Expositionsgrenzwert A(8) = 1,15 m/s^2 in X- und Y-Richtung und A(8) = 0,8 m/s^2 in Z-Richtung und
- der Auslösewert A(8) = 0,5 m/s^2.

Die Exposition der Beschäftigten gegenüber Ganzkörper-Vibrationen wird nach Anhang der Verordnung ermittelt und bewertet.

Maßnahmen zur Vermeidung und Verringerung der Exposition durch Vibrationen (§ 10)

Der Arbeitgeber hat die festgelegten Schutzmaßnahmen nach dem Stand der Technik durchzuführen, um die Gefährdung der Beschäftigten auszuschließen oder so weit wie möglich zu verringern. Dabei müssen Vibrationen am Entstehungsort verhindert oder so weit wie möglich verringert werden. Technische Maßnahmen zur Minderung von Vibrationen haben Vorrang vor organisatorischen Maßnahmen.

Zu den Maßnahmen gehören insbesondere:

- alternative Arbeitsverfahren, welche die Exposition gegenüber Vibrationen verringern,
- Auswahl und Einsatz neuer oder bereits vorhandener Arbeitsmittel, die nach ergonomischen Gesichtspunkten ausgelegt sind und unter Berücksichtigung der auszuführenden Tätigkeit möglichst geringe Vibrationen verursachen, beispielsweise schwingungsgedämpfte handgehaltene oder handgeführte Arbeitsmaschinen, welche die auf den Hand-Arm-Bereich übertragene Vibration verringern,
- die Bereitstellung von Zusatzausrüstungen, welche die Gesundheitsgefährdung aufgrund von Vibrationen verringern, beispielsweise Sitze, die Ganzkörper-Vibrationen wirkungsvoll dämpfen,
- Wartungsprogramme für Arbeitsmittel, Arbeitsplätze und Anlagen sowie Fahrbahnen,
- die Gestaltung und Einrichtung der Arbeitsstätten und Arbeitsplätze,
- die Schulung der Beschäftigten im bestimmungsgemäßen Einsatz und in der sicheren und vibrationsarmen Bedienung von Arbeitsmitteln,
- die Begrenzung der Dauer und Intensität der Exposition,
- Arbeitszeitpläne mit ausreichenden Zeiten ohne belastende Exposition und
- die Bereitstellung von Kleidung für gefährdete Beschäftigte zum Schutz vor Kälte und Nässe.

Der Arbeitgeber hat dafür Sorge zu tragen, dass bei der Exposition der Beschäftigten die Expositionsgrenzwerte nicht überschritten werden. Werden die Expositionsgrenzwerte trotz der durchgeführten Maßnahmen überschritten, hat der Arbeitgeber unverzüglich die Gründe zu ermitteln und weitere Maßnahmen zu ergreifen, um die Exposition auf einen Wert unterhalb der Expositionsgrenzwerte zu senken und ein erneutes Überschreiten der Grenzwerte zu verhindern.

Werden die Auslösewerte überschritten, hat der Arbeitgeber ein Programm mit technischen und organisatorischen Maßnahmen zur Verringerung der Exposition durch Vibrationen auszuarbeiten und durchzuführen.

Unterweisung der Beschäftigten (§ 11)

Können bei Exposition durch Lärm die unteren Auslösewerte oder bei Exposition durch Vibrationen die Auslösewerte erreicht oder überschritten werden, stellt der Arbeitgeber sicher, dass die betroffenen Beschäftigten eine Unterweisung erhalten, die auf den Ergebnissen der Gefährdungsbeurteilung beruht und die Aufschluss über die mit der Exposition verbundenen Gesundheitsgefährdungen gibt. Sie muss vor Aufnahme der Beschäftigung und danach in regelmäßigen Abständen, jedoch immer bei wesentlichen Änderungen der belastenden Tätigkeit, erfolgen.

Der Arbeitgeber stellt sicher, dass die Unterweisung in einer für die Beschäftigten verständlichen Form und Sprache erfolgt und mindestens folgende Informationen enthält:

- die Art der Gefährdung,
- die durchgeführten Maßnahmen zur Beseitigung oder zur Minimierung der Gefährdung unter Berücksichtigung der Arbeitsplatzbedingungen,
- die Expositionsgrenzwerte und Auslösewerte,
- die Ergebnisse der Ermittlungen zur Exposition zusammen mit einer Erläuterung ihrer Bedeutung und der Bewertung der damit verbundenen möglichen Gefährdungen und gesundheitlichen Folgen,
- die sachgerechte Verwendung der persönlichen Schutzausrüstung,
- die Voraussetzungen, unter denen die Beschäftigten Anspruch auf arbeitsmedizinische Vorsorge haben, und deren Zweck,
- die ordnungsgemäße Handhabung der Arbeitsmittel und sichere Arbeitsverfahren zur Minimierung der Expositionen,
- Hinweise zur Erkennung und Meldung möglicher Gesundheitsschäden.

Um frühzeitig Gesundheitsstörungen durch Lärm oder Vibrationen erkennen zu können, hat der Arbeitgeber sicherzustellen, dass ab dem Überschreiten der unteren Auslösewerte für Lärm und dem Überschreiten der Auslösewerte für Vibrationen die betroffenen Beschäftigten eine allgemeine arbeitsmedizinische Beratung erhalten.

Arbeitsmedizinische Vorsorge(§ 13)

Für den Bereich der arbeitsmedizinischen Vorsorge gilt die Verordnung zur arbeitsmedizinischen Vorsorge, die im Anhang Anlässe für Pflicht- und Angebotsuntersuchungen enthält, in der jeweils geltenden Fassung.

Ergibt die Überwachung des Gehörs, dass ein Arbeitnehmer an einer bestimmbaren Gehörschädigung leidet, so überprüft ein Arzt oder, falls dieser es als erforderlich erachtet, ein Spezialist, ob die Schädigung möglicherweise das Ergebnis der Einwirkung von Lärm bei der Arbeit ist. Trifft dies zu, so gilt Folgendes:

- Der Arbeitnehmer wird von dem Arzt oder einer anderen entsprechend qualifizierten Person über die ihn persönlich betreffenden Ergebnisse unterrichtet.

- Der Arbeitgeber:
  - überprüft die vorgenommene Risikobewertung,
  - überprüft die Maßnahmen zur Vermeidung oder Verringerung der Gefährdung,
  - berücksichtigt den Rat des Arbeitsmediziners oder einer anderen entsprechend qualifizierten Person oder der zuständigen Behörde und führt alle erforderlichen Maßnahmen zur Vermeidung oder Verringerung der Gefährdung durch, wozu auch die Möglichkeit zählt, dem Arbeitnehmer eine andere Tätigkeit zuzuweisen, bei der kein Risiko einer weiteren Exposition besteht,
  - trifft Vorkehrungen für eine systematische Gesundheitsüberwachung und sorgt für eine Überprüfung des Gesundheitszustands aller anderen Arbeitnehmer, die in ähnlicher Weise exponiert waren.

15.4.3 Technische Anleitung zum Schutz gegen Lärm (TA Lärm)

Anwendungsbereich

Die Technische Anleitung dient dem Schutz der Allgemeinheit und der Nachbarschaft vor schädlichen Umwelteinwirkungen durch Geräusche sowie der Vorsorge gegen schädliche Umwelteinwirkungen durch Geräusche. Sie gilt für Anlagen, die als genehmigungsbedürftige oder nicht genehmigungsbedürftige Anlagen den Anforderungen des Zweiten Teils des Bundes-Immissionsschutzgesetzes (BImSchG) unterliegen, mit Ausnahme folgender Anlagen:

- Sportanlagen, die der Sportanlagenlärmschutzverordnung (18. BImSchV) unterliegen,
- sonstige nicht genehmigungsbedürftige Freizeitanlagen sowie Freiluftgaststätten,
- nicht genehmigungsbedürftige landwirtschaftliche Anlagen,
- Schießplätze, auf denen mit Waffen ab Kaliber 20 mm geschossen wird,
- Tagebaue und die zum Betrieb eines Tagebaus erforderlichen Anlagen,
- Baustellen,
- Seehafenumschlagsanlagen,
- Anlagen für soziale Zwecke.

Die Vorschriften dieser Technischen Anleitung sind zu beachten:

- für genehmigungsbedürftige Anlagen bei.
  - der Prüfung der Anträge auf Erteilung einer Genehmigung zur Errichtung und zum Betrieb einer Anlage (§ 6 BImSchG) sowie zur Änderung der Lage, der Beschaffenheit oder des Betriebs einer Anlage (§ 16 BImSchG),
  - der Prüfung der Anträge auf Erteilung einer Teilgenehmigung oder eines Vorbescheids, (§§ 8 und 9 BImSchG),
  - der Entscheidung über nachträgliche Anordnungen (§ 17 BImSchG) und
  - der Entscheidung über die Anordnung erstmaliger oder wiederkehrender Messungen (§ 28 BImSchG),

- für nicht genehmigungsbedürftige Anlagen bei:
  - der Prüfung der Einhaltung des § 22 BImSchG im Rahmen der Prüfung von Anträgen auf öffentlich-rechtliche Zulassungen nach anderen Vorschriften, insbesondere von Anträgen in Baugenehmigungsverfahren,
  - Entscheidungen über Anordnungen und Untersagungen im Einzelfall (§§ 24 und 25 BImSchG),

- für genehmigungsbedürftige und nicht genehmigungsbedürftige Anlagen bei der Entscheidung über Anordnungen zur Ermittlung von Art und Ausmaß der von einer Anlage ausgehenden Emissionen sowie der Immissionen im Einwirkungsbereich der Anlage (§ 26 BImSchG).

15.4.3.1 Nicht genehmigungsbedürftige Anlagen

Grundpflichten des Betreibers

Nicht genehmigungsbedürftige Anlagen sind nach § 22 BImSchG so zu errichten und zu betreiben, dass:

- schädliche Umwelteinwirkungen durch Geräusche verhindert werden, die nach dem Stand der Technik vermeidbar sind und

- nach dem Stand der Technik zur Lärmminderung unvermeidbare schädliche Umwelteinwirkungen durch Geräusche auf ein Mindestmaß beschränkt werden.

Anforderungen bei unvermeidbaren schädlichen Umwelteinwirkungen

Als Maßnahmen kommen hierfür insbesondere in Betracht:

- organisatorische Maßnahmen im Betriebsablauf (z.B. keine lauten Arbeiten in den Tageszeiten mit erhöhter Empfindlichkeit),
- zeitliche Beschränkungen des Betriebs, etwa zur Sicherung der Erholungsruhe am Abend und in der Nacht,
- Einhaltung ausreichender Schutzabstände zu benachbarten Wohnhäusern oder anderen schutzbedürftigen Einrichtungen,
- Ausnutzen natürlicher oder künstlicher Hindernisse zur Lärmminderung,
- Wahl des Aufstellungsortes von Maschinen oder Anlagenteilen.

15.4.3.2 Anforderungen an bestehende Anlagen

Nachträgliche Anordnungen bei genehmigungsbedürftigen Anlagen

Bei der Prüfung der Verhältnismäßigkeit nach § 17 BImSchG hat die zuständige Behörde von den geeigneten Maßnahmen diejenige zu wählen, die den Betreiber am wenigsten belastet. Die zu erwartenden positiven und negativen Auswirkungen für den Anlagenbetreiber, für die Nachbarschaft und die Allgemeinheit sowie das öffentliche Interesse an der Durchführung der Maßnahme oder ihrem Unterbleiben zu ermitteln und zu bewerten. Dabei sind insbesondere zu berücksichtigen:

- Ausmaß der von der Anlage ausgehenden Emissionen und Immissionen,
- vorhandene Fremdgeräusche,
- Ausmaß der Überschreitungen der Immissionsrichtwerte durch die zu beurteilende Anlage,
- Ausmaß der Überschreitungen der Immissionsrichtwerte durch die Gesamtbelastung,
- Gebot zur gegenseitigen Rücksichtnahme,
- Anzahl der betroffenen Personen,
- Auffälligkeit der Geräusche,
- Stand der Technik zur Lärmminderung,
- Aufwand im Verhältnis zur Verbesserung der Immissionssituation im Einwirkungsbereich der Anlage,
- Betriebsdauer der Anlage seit der Neu- oder Änderungsgenehmigung der Anlage,
- technische Besonderheiten der Anlage,
- Platzverhältnisse am Standort.

Eine nachträgliche Anordnung darf ebenfalls nicht getroffen werden, wenn sich eine Überschreitung der Immissionsrichtwerte aus einer Erhöhung oder erstmaligen Berücksichtigung der Vorbelastung ergibt, die Zusatzbelastung weniger als 3 dB(A) beträgt und die Immissionsrichtwerte um nicht mehr als 5 dB(A) überschritten sind.

Mehrere zu einer schädlichen Umwelteinwirkung beitragende Anlagen unterschiedlicher Betreiber

Tragen mehrere Anlagen unterschiedlicher Betreiber relevant zum Entstehen schädlicher Umwelteinwirkungen bei, so hat die Behörde die Entscheidung über die Auswahl der zu ergreifenden Abhilfemaßnahmen und der Adressaten entsprechender Anordnungen nach pflichtgemäßem Ermessen unter Beachtung des Verhältnismäßigkeitsgrundsatzes zu treffen. Als dabei zu berücksichtigende Gesichtspunkte kommen insbesondere in Betracht:

- der Inhalt eines bestehenden oder speziell zur Lösung der Konfliktsituation erstellten Lärmminderungsplans nach § 47a BImSchG,
- die Wirksamkeit der Minderungsmaßnahmen,
- der für die jeweilige Minderungsmaßnahme notwendige Aufwand,
- die Höhe der Verursachungsbeiträge,
- Vorliegen und Grad eines etwaigen Verschuldens.

Ist mit der alsbaldigen Fertigstellung eines Lärmminderungsplans nach § 47a BImSchG zu rechnen, der für die Entscheidung von maßgebender Bedeutung sein könnte, und erfordern Art und Umfang der schädlichen Umwelteinwirkungen nicht sofortige Abhilfemaßnahmen, so kann die Behörde die Entscheidung im Hinblick auf die Erstellung des Lärmminderungsplans für eine angemessene Zeit aussetzen.

15.4.3.3 Immissionsrichtwerte

Immissionsrichtwerte für Immissionsorte außerhalb von Gebäuden

Die Immissionsrichtwerte für den Beurteilungspegel betragen für Immissionsorte außerhalb von Gebäuden:

	tags	nachts
in Industriegebieten	70 dB(A)	
in Gewerbegebieten	65 dB(A)	50 dB(A)
in Kerngebieten, Dorfgebieten und Mischgebieten	60 dB(A)	45 dB(A)
in allgemeinen Wohngebieten und Kleinsiedlungsgebieten	55 dB(A)	40 dB(A)
in reinen Wohngebieten	50 dB(A)	35 dB(A)
in Kurgebieten, für Krankenhäuser und Pflegeanstalten	45 dB(A)	35 dB(A)

Einzelne kurzzeitige Geräuschspitzen dürfen die Immissionsrichtwerte am Tage um nicht mehr als 30 dB(A) und in der Nacht um nicht mehr als 20 dB(A) überschreiten.

Immissionsrichtwerte für Immissionsorte innerhalb von Gebäuden

Bei Geräuschübertragungen innerhalb von Gebäuden oder bei Körperschallübertragung betragen die Immissionsrichtwerte für den Beurteilungspegel für betriebsfremde schutzbedürftige Räume, unabhängig von der Lage des Gebäudes in einem der genannten Gebiete:

- tags   35 dB(A),
- nachts   25 dB(A).

15

Einzelne kurzzeitige Geräuschspitzen dürfen die Immissionsrichtwerte um nicht mehr als 10 dB(A) überschreiten. Weitergehende baurechtliche Anforderungen bleiben unberührt.

Beurteilungszeiten

Die Immissionsrichtwerte beziehen sich auf folgende Zeiten:

* tags   06.00 – 22.00 Uhr,
* nachts   22.00 – 06.00 Uhr.

Die Nachtzeit kann bis zu einer Stunde hinausgeschoben oder vorverlegt werden, soweit dies wegen der besonderen örtlichen oder wegen zwingender betrieblicher Verhältnisse unter Berücksichtigung des Schutzes vor schädlichen Umwelteinwirkungen erforderlich ist. Eine achtstündige Nachtruhe der Nachbarschaft im Einwirkungsbereich der Anlage ist sicherzustellen. Die Immissionsrichtwerte gelten während des Tages für eine Beurteilungszeit von 16 Stunden. Maßgebend für die Beurteilung der Nacht ist die volle Nachtstunde (z.B. 1.00 bis 2.00 Uhr) mit dem höchsten Beurteilungspegel, zu dem die zu beurteilende Anlage relevant beiträgt.

Gemengelagen

Wenn gewerblich, industriell oder hinsichtlich ihrer Geräuschauswirkungen vergleichbar genutzte und zum Wohnen dienende Gebiete aneinandergrenzen (Gemengelage), können die für die zum Wohnen dienenden Gebiete geltenden Immissionsrichtwerte auf einen geeigneten Zwischenwert der für die aneinandergrenzenden Gebietskategorien geltenden Werte erhöht werden, soweit dies nach der gegenseitigen Pflicht zur Rücksichtnahme erforderlich ist. Die Immissionsrichtwerte für Kern-, Dorf- und Mischgebiete sollen dabei nicht überschritten werden. Es ist vorauszusetzen, dass der Stand der Lärmminderungstechnik eingehalten wird. Für die Höhe des Zwischenwertes ist die konkrete Schutzwürdigkeit des betroffenen Gebietes maßgeblich.

Wesentliche Kriterien sind die Prägung des Einwirkungsgebiets durch den Umfang der Wohnbebauung einerseits und durch Gewerbe- und Industriebetriebe andererseits, die Ortsüblichkeit eines Geräusches und die Frage, welche der unverträglichen Nutzungen zuerst verwirklicht wurde. Liegt ein Gebiet mit erhöhter Schutzwürdigkeit nur in einer Richtung zur Anlage, so ist dem durch die Anordnung der Anlage auf dem Betriebsgrundstück und die Nutzung von Abschirmungsmöglichkeiten Rechnung zu tragen.

15.5   Betriebsorganisation

15.5.1 Anforderungen nach Bundesimmissionsschutzgesetz

Überwachung (§ 52)

Die zuständigen Behörden haben die Durchführung dieses Gesetzes und der auf dieses Gesetz gestützten Rechtsverordnungen zu überwachen. Sie haben Genehmigungen regelmäßig zu überprüfen und soweit erforderlich durch nachträgliche Anordnungen auf den neuesten Stand zu bringen. Eine Überprüfung wird in jedem Fall vorgenommen, wenn:

* Anhaltspunkte dafür bestehen, dass der Schutz der Nachbarschaft und der Allgemeinheit nicht ausreichend ist und deshalb die in der Genehmigung festgelegten Begrenzungen der Emissionen überprüft oder neu festgesetzt werden müssen,

- wesentliche Veränderungen des Standes der Technik eine erhebliche Verminderung der Emissionen ermöglichen,
- eine Verbesserung der Betriebssicherheit erforderlich ist, insbesondere durch die Anwendung anderer Techniken, oder
- neue umweltrechtliche Vorschriften dies fordern.

Bei Anlagen nach der Industrieemissions-Richtlinie ist innerhalb von 4 Jahren nach der Veröffentlichung von BVT-Schlussfolgerungen zur Haupttätigkeit:

- eine Überprüfung und gegebenenfalls Aktualisierung der Genehmigung vorzunehmen und
- sicherzustellen, dass die betreffende Anlage die Genehmigungsanforderungen und der Nebenbestimmungen einhält.

Als Teil jeder Überprüfung der Genehmigung hat die zuständige Behörde die Festlegung weniger strenger Emissionsbegrenzungen zu bewerten.

Die zuständige Behörde hat mindestens jährlich die Ergebnisse der Emissionsüberwachung zu bewerten, um sicherzustellen, dass die Emissionen unter normalen Betriebsbedingungen die in den BVT-Schlussfolgerungen festgelegten Emissionsbandbreiten nicht überschreiten.

Die zuständigen Behörden haben zur regelmäßigen Überwachung von Anlagen nach der Industrieemissions-Richtlinie in ihrem Zuständigkeitsbereich Überwachungspläne und Überwachungsprogramme aufzustellen. Zur Überwachung gehören insbesondere Vor-Ort-Besichtigungen, Überwachung der Emissionen und Überprüfung interner Berichte und Folgedokumente, Überprüfung der Eigenkontrolle, Prüfung der angewandten Techniken und der Eignung des Umweltmanagements der Anlage zur Sicherstellung der Anforderungen.

Überwachungspläne, Überwachungsprogramme für Anlagen nach der Industrieemissions-Richtlinie (§ 52a)

Überwachungspläne haben Folgendes zu enthalten:

- den räumlichen Geltungsbereich des Plans,
- eine allgemeine Bewertung der wichtigen Umweltprobleme im Geltungsbereich des Plans,
- ein Verzeichnis der in den Geltungsbereich des Plans fallenden Anlagen,
- Verfahren für die Aufstellung von Programmen für die regelmäßige Überwachung,
- Verfahren für die Überwachung aus besonderem Anlass sowie
- soweit erforderlich, Bestimmungen für die Zusammenarbeit zwischen verschiedenen Überwachungsbehörden.

Auf der Grundlage der Überwachungspläne erstellen oder aktualisieren die zuständigen Behörden regelmäßig Überwachungsprogramme, in denen auch die Zeiträume angegeben sind, in denen Vor-Ort-Besichtigungen stattfinden müssen. In welchem zeitlichen Abstand Anlagen vor Ort besichtigt werden müssen, richtet sich nach einer systematischen Beurteilung der mit der Anlage verbundenen Umweltrisiken insbesondere anhand der folgenden Kriterien:

- mögliche und tatsächliche Auswirkungen der betreffenden Anlage auf die menschliche Gesundheit und auf die Umwelt unter Berücksichtigung der Emissionswerte und -typen, der Empfindlichkeit der örtlichen Umgebung und des von der Anlage ausgehenden Unfallrisikos,
- bisherige Einhaltung der Genehmigungsanforderungen,
- Eintragung eines Unternehmens in ein Verzeichnis über die freiwillige Teilnahme von Organisationen an einem Gemeinschaftssystem für Umweltmanagement und Umweltbetriebsprüfung.

15

Der Abstand zwischen zwei Vor-Ort-Besichtigungen darf die folgenden Zeiträume nicht überschreiten:

- ein Jahr bei Anlagen, die der höchsten Risikostufe unterfallen, sowie
- drei Jahre bei Anlagen, die der niedrigsten Risikostufe unterfallen.

Wurde bei einer Überwachung festgestellt, dass der Betreiber einer Anlage in schwerwiegender Weise gegen die Genehmigung verstößt, hat die zuständige Behörde innerhalb von sechs Monaten nach der Feststellung des Verstoßes eine zusätzliche Vor-Ort-Besichtigung durchzuführen.

Die zuständigen Behörden führen bei Beschwerden wegen ernsthafter Umweltbeeinträchtigungen, bei Ereignissen mit erheblichen Umweltauswirkungen und bei Verstößen gegen die Vorschriften dieses Gesetzes oder der aufgrund dieses Gesetzes erlassenen Rechtsverordnungen eine Überwachung durch.

Nach jeder Vor-Ort-Besichtigung einer Anlage erstellt die zuständige Behörde einen Bericht mit den relevanten Feststellungen über die Einhaltung der Genehmigungsanforderungen und der Nebenbestimmungen sowie mit Schlussfolgerungen, ob weitere Maßnahmen notwendig sind. Der Bericht ist dem Betreiber innerhalb von zwei Monaten nach der Vor-Ort-Besichtigung durch die zuständige Behörde zu übermitteln. Der Bericht ist der Öffentlichkeit nach den Vorschriften über den Zugang zu Umweltinformationen innerhalb von vier Monaten nach der Vor-Ort-Besichtigung zugänglich zu machen.

Mitteilungspflichten zur Betriebsorganisation (§ 52b)

Besteht bei Kapitalgesellschaften das vertretungsberechtigte Organ aus mehreren Mitgliedern oder sind bei Personengesellschaften mehrere vertretungsberechtigte Gesellschafter vorhanden, so ist der zuständigen Behörde anzuzeigen, wer von ihnen nach den Bestimmungen über die Geschäftsführungsbefugnis für die Gesellschaft die Pflichten des Betreibers der genehmigungsbedürftigen Anlage wahrnimmt, die ihm nach diesem Gesetz und nach den aufgrund dieses Gesetzes erlassenen Rechtsverordnungen und allgemeinen Verwaltungsvorschriften obliegen. Die Gesamtverantwortung aller Organmitglieder oder Gesellschafter bleibt hiervon unberührt.

Der Betreiber der genehmigungsbedürftigen Anlage oder im Rahmen ihrer Geschäftsführungsbefugnis anzuzeigende Person hat der zuständigen Behörde mitzuteilen, auf welche Weise sichergestellt ist, dass die dem Schutz vor schädlichen Umwelteinwirkungen und vor sonstigen Gefahren, erheblichen Nachteilen und erheblichen Belästigungen dienenden Vorschriften und Anordnungen beim Betrieb beachtet werden.

Bestellung eines Betriebsbeauftragten für Immissionsschutz (§ 53)

Betreiber genehmigungsbedürftiger Anlagen haben einen oder mehrere Betriebsbeauftragte für Immissionsschutz (Immissionsschutzbeauftragte) zu bestellen, sofern dies im Hinblick auf die Art oder die Größe der Anlagen wegen der:

- von den Anlagen ausgehenden Emissionen,
- technischen Probleme der Emissionsbegrenzung oder
- Eignung der Erzeugnisse, bei bestimmungsgemäßer Verwendung schädliche Umwelteinwirkungen durch Luftverunreinigungen, Geräusche oder Erschütterungen hervorzurufen

erforderlich ist. Das Bundesministerium für Umwelt, Naturschutz und Reaktorsicherheit bestimmt nach Anhörung der beteiligten Kreise durch Rechtsverordnung mit Zustimmung des Bundesrates die genehmigungsbedürftigen Anlagen, deren Betreiber Immissionsschutzbeauftragte zu bestellen haben. Die zuständige Behörde kann anordnen, dass Betreiber genehmigungsbedürftiger Anlagen, für die die Bestellung eines Immissionsschutzbeauftragten nicht durch Rechtsverordnung vorgeschrieben ist, sowie Betreiber nicht genehmigungsbedürftiger Anlagen einen oder mehrere Immissionsschutzbeauftragte zu bestellen haben, soweit sich im Einzelfall die Notwendigkeit der Bestellung ergibt.

Aufgaben (§ 54)

Der Immissionsschutzbeauftragte berät den Betreiber und die Betriebsangehörigen in Angelegenheiten, die für den Immissionsschutz bedeutsam sein können. Er ist berechtigt und verpflichtet:

- auf die Entwicklung und Einführung umweltfreundlicher Verfahren, einschließlich Verfahren zur Vermeidung oder ordnungsgemäßen und schadlosen Verwertung der beim Betrieb entstehenden Abfälle oder deren Beseitigung als Abfall sowie zur Nutzung von entstehender Wärme, umweltfreundlicher Erzeugnisse, einschließlich Verfahren zur Wiedergewinnung und Wiederverwendung, hinzuwirken,
- bei der Entwicklung und Einführung umweltfreundlicher Verfahren und Erzeugnisse mitzuwirken, insbesondere durch Begutachtung der Verfahren und Erzeugnisse unter dem Gesichtspunkt der Umweltfreundlichkeit,
- soweit dies nicht Aufgabe des Störfallbeauftragten ist, die Einhaltung der Vorschriften dieses Gesetzes und der aufgrund dieses Gesetzes erlassenen Rechtsverordnungen und die Erfüllung erteilter Bedingungen und Auflagen zu überwachen, insbesondere durch Kontrolle der Betriebsstätte in regelmäßigen Abständen, Messungen von Emissionen und Immissionen, Mitteilung festgestellter Mängel und Vorschläge über Maßnahmen zur Beseitigung dieser Mängel,
- die Betriebsangehörigen über die von der Anlage verursachten schädlichen Umwelteinwirkungen aufzuklären sowie über die Einrichtungen und Maßnahmen zu ihrer Verhinderung unter Berücksichtigung der sich aus diesem Gesetz oder Rechtsverordnungen aufgrund dieses Gesetzes ergebenden Pflichten.

Der Immissionsschutzbeauftragte erstattet dem Betreiber jährlich einen Bericht über die getroffenen und beabsichtigten Maßnahmen.

Pflichten des Betreibers (§ 55)

Der Betreiber hat den Immissionsschutzbeauftragten schriftlich zu bestellen und die ihm obliegenden Aufgaben genau zu bezeichnen. Der Betreiber hat die Bestellung des Immissionsschutzbeauftragten und die Bezeichnung seiner Aufgaben sowie Veränderungen in seinem Aufgabenbereich und dessen Abberufung der zuständigen Behörde unverzüglich anzuzeigen. Dem Immissionsschutzbeauftragten ist eine Abschrift der Anzeige auszuhändigen. Der Betreiber hat den Betriebs- oder Personalrat vor der Bestellung des Immissionsschutzbeauftragten unter Bezeichnung der ihm obliegenden Aufgaben zu unterrichten. Entsprechendes gilt bei Veränderungen im Aufgabenbereich des Immissionsschutzbeauftragten und bei dessen Abberufung.

Der Betreiber darf zum Immissionsschutzbeauftragten nur bestellen, wer die zur Erfüllung seiner Aufgaben erforderliche Fachkunde und Zuverlässigkeit besitzt. Werden der zuständigen Behörde Tatsachen bekannt, aus denen sich ergibt, dass der Immissionsschutzbeauftragte nicht die zur Erfüllung seiner Aufgaben erforderliche Fachkunde oder Zuverlässigkeit besitzt, kann sie verlangen, dass der Betreiber einen anderen Immissionsschutzbeauftragten bestellt. Das Bundesministerium für Umwelt, Naturschutz und Reaktorsicherheit wird ermächtigt, nach Anhörung der beteilig-

15

ten Kreise durch Rechtsverordnung mit Zustimmung des Bundesrates vorzuschreiben, welche Anforderungen an die Fachkunde und Zuverlässigkeit des Immissionsschutzbeauftragten zu stellen sind.

Werden mehrere Immissionsschutzbeauftragte bestellt, so hat der Betreiber für die erforderliche Koordinierung in der Wahrnehmung der Aufgaben, insbesondere durch Bildung eines Ausschusses für Umweltschutz, zu sorgen. Entsprechendes gilt, wenn neben einem oder mehreren Immissionsschutzbeauftragten Betriebsbeauftragte nach anderen gesetzlichen Vorschriften bestellt werden. Der Betreiber hat ferner für die Zusammenarbeit der Betriebsbeauftragten mit den im Bereich des Arbeitsschutzes beauftragten Personen zu sorgen.

Der Betreiber hat den Immissionsschutzbeauftragten bei der Erfüllung seiner Aufgaben zu unterstützen und ihm insbesondere, soweit dies zur Erfüllung seiner Aufgaben erforderlich ist, Hilfspersonal sowie Räume, Einrichtungen, Geräte und Mittel zur Verfügung zu stellen und die Teilnahme an Schulungen zu ermöglichen.

Stellungnahme zu Entscheidungen des Betreibers (§ 56)

Der Betreiber hat vor Entscheidungen über die Einführung von Verfahren und Erzeugnissen sowie vor Investitionsentscheidungen eine Stellungnahme des Immissionsschutzbeauftragten einzuholen, wenn die Entscheidungen für den Immissionsschutz bedeutsam sein können. Die Stellungnahme ist so rechtzeitig einzuholen, dass sie bei den Entscheidungen angemessen berücksichtigt werden kann; sie ist derjenigen Stelle vorzulegen, die über die Einführung von Verfahren und Erzeugnissen sowie über die Investition entscheidet.

Vortragsrecht (§ 57)

Der Betreiber hat durch innerbetriebliche Organisationsmaßnahmen sicherzustellen, dass der Immissionsschutzbeauftragte seine Vorschläge oder Bedenken unmittelbar der Geschäftsleitung vortragen kann, wenn er sich mit dem zuständigen Betriebsleiter nicht einigen konnte und er wegen der besonderen Bedeutung der Sache eine Entscheidung der Geschäftsleitung für erforderlich hält. Kann der Immissionsschutzbeauftragte sich über eine von ihm vorgeschlagene Maßnahme im Rahmen seines Aufgabenbereichs mit der Geschäftsleitung nicht einigen, so hat diese den Immissionsschutzbeauftragten umfassend über die Gründe ihrer Ablehnung zu unterrichten.

Benachteiligungsverbot, Kündigungsschutz (§ 58)

Der Immissionsschutzbeauftragte darf wegen der Erfüllung der ihm übertragenen Aufgaben nicht benachteiligt werden. Ist der Immissionsschutzbeauftragte Arbeitnehmer des zur Bestellung verpflichteten Betreibers, so ist die Kündigung des Arbeitsverhältnisses unzulässig, es sei denn, dass Tatsachen vorliegen, die den Betreiber zur Kündigung aus wichtigem Grund ohne Einhaltung einer Kündigungsfrist berechtigen. Nach der Abberufung als Immissionsschutzbeauftragter ist die Kündigung innerhalb eines Jahres, vom Zeitpunkt der Beendigung der Bestellung an gerechnet, unzulässig, es sei denn, dass Tatsachen vorliegen, die den Betreiber zur Kündigung aus wichtigem Grund ohne Einhaltung einer Kündigungsfrist berechtigen.

Bestellung eines Störfallbeauftragten (§ 58a)

Betreiber genehmigungsbedürftiger Anlagen haben einen oder mehrere Störfallbeauftragte zu bestellen, sofern dies im Hinblick auf die Art und Größe der Anlage wegen der bei einer Störung des bestimmungsgemäßen Betriebs auftretenden Gefahren für die Allgemeinheit und die Nachbarschaft erforderlich ist. Die Bundesregierung bestimmt nach Anhörung der beteiligten Kreise durch Rechtsverordnung mit Zustimmung des Bundesrates die genehmigungsbedürftigen Anlagen, deren Betreiber Störfallbeauftragte zu bestellen haben. Die zuständige Behörde kann anordnen, dass Betreiber genehmigungsbedürftiger Anlagen, für die die Bestellung eines Störfallbeauftragten nicht durch Rechtsverordnung vorgeschrieben ist, einen oder mehrere Störfallbeauftragte zu bestellen haben, soweit sich im Einzelfall die Notwendigkeit der Bestellung ergibt.

Aufgaben des Störfallbeauftragten (§ 58b)

Der Störfallbeauftragte berät den Betreiber in Angelegenheiten, die für die Sicherheit der Anlage bedeutsam sein können. Er ist berechtigt und verpflichtet:

- auf die Verbesserung der Sicherheit der Anlage hinzuwirken,
- dem Betreiber unverzüglich ihm bekannt gewordene Störungen des bestimmungsgemäßen Betriebs mitzuteilen, die zu Gefahren für die Allgemeinheit und die Nachbarschaft führen können,
- die Einhaltung der Vorschriften dieses Gesetzes und der aufgrund dieses Gesetzes erlassenen Rechtsverordnungen sowie die Erfüllung erteilter Bedingungen und Auflagen im Hinblick auf die Verhinderung von Störungen des bestimmungsgemäßen Betriebs der Anlage zu überwachen, insbesondere durch Kontrolle der Betriebsstätte in regelmäßigen Abständen, Mitteilung festgestellter Mängel und Vorschläge zur Beseitigung dieser Mängel,
- Mängel, die den vorbeugenden und abwehrenden Brandschutz sowie die technische Hilfeleistung betreffen, unverzüglich dem Betreiber zu melden.

Der Störfallbeauftragte erstattet dem Betreiber jährlich einen Bericht über die getroffenen und beabsichtigten Maßnahmen. Darüber hinaus ist er verpflichtet, die von ihm ergriffenen Maßnahmen zur Erfüllung seiner Aufgaben schriftlich aufzuzeichnen. Er muss diese Aufzeichnungen mindestens fünf Jahre aufbewahren.

Pflichten und Rechte des Betreibers gegenüber dem Störfallbeauftragten (§ 58c)

Der Betreiber hat vor Investitionsentscheidungen sowie vor der Planung von Betriebsanlagen und der Einführung von Arbeitsverfahren und Arbeitsstoffen eine Stellungnahme des Störfallbeauftragten einzuholen, wenn diese Entscheidungen für die Sicherheit der Anlage bedeutsam sein können. Die Stellungnahme ist so rechtzeitig einzuholen, dass sie bei den Entscheidungen angemessen berücksichtigt werden kann. Sie ist derjenigen Stelle vorzulegen, die die Entscheidungen trifft. Der Betreiber kann dem Störfallbeauftragten für die Beseitigung und die Begrenzung der Auswirkungen von Störungen des bestimmungsgemäßen Betriebs, die zu Gefahren für die Allgemeinheit und die Nachbarschaft führen können oder bereits geführt haben, Entscheidungsbefugnisse übertragen.

15.5.2 Verordnung über Immissionsschutz- und Störfallbeauftragte (5. BImSchV)

Pflicht zur Bestellung (§ 1)

Betreiber der im Anhang 1 zur 5. BImSchV bezeichneten genehmigungsbedürftigen Anlagen haben einen betriebsangehörigen Immissionsschutzbeauftragten zu bestellen. Betreiber genehmigungsbedürftiger Anlagen, die Betriebsbereich oder Teil eines Betriebsbereichs nach der Störfall-Verordnung sind, haben einen betriebsangehörigen Störfallbeauftragten zu bestellen. Die zuständige Behörde kann auf Antrag des Betreibers gestatten, dass die Bestellung eines Störfallbeauftragten unterbleibt, wenn offensichtlich ausgeschlossen ist, dass von der betreffenden genehmigungsbedürftigen Anlage die Gefahr eines Störfalls ausgehen kann. Der Betreiber kann dieselbe Person zum Immissionsschutz- und Störfallbeauftragten bestellen, soweit hierdurch die sachgemäße Erfüllung der Aufgaben nicht beeinträchtigt wird.

Mehrere Beauftragte (§ 2)

Die zuständige Behörde kann anordnen, dass der Betreiber einer Anlage mehrere Immissionsschutz- oder Störfallbeauftragte zu bestellen hat. Die Zahl der Beauftragten ist so zu bemessen, dass eine sachgemäße Erfüllung der in den §§ 54 und 58b des Bundes-Immissionsschutzgesetzes bezeichneten Aufgaben gewährleistet ist.

Gemeinsamer Beauftragter (§ 3)

Werden von einem Betreiber mehrere Anlagen betrieben, so kann er für diese Anlagen einen gemeinsamen Immissionsschutz- oder Störfallbeauftragten bestellen, wenn hierdurch eine sachgemäße Erfüllung der in den §§ 54 und 58b des Bundes-Immissionsschutzgesetzes bezeichneten Aufgaben nicht gefährdet wird.

Beauftragter für Konzerne (§ 4)

Die zuständige Behörde kann einem Betreiber oder mehreren Betreibern von Anlagen, die unter der einheitlichen Leitung eines herrschenden Unternehmens zusammengefasst sind (Konzern), auf Antrag die Bestellung eines Immissionsschutz- oder Störfallbeauftragten für den Konzernbereich gestatten, wenn:

- das herrschende Unternehmen den Betreibern gegenüber zu Weisungen hinsichtlich der in § 54, § 56, § 58b und 58c des Bundes-Immissionsschutzgesetzes genannten Maßnahmen berechtigt ist und
- der Betreiber für seine Anlage eine oder mehrere Personen bestellt, deren Fachkunde und Zuverlässigkeit eine sachgemäße Erfüllung der Aufgaben eines betriebsangehörigen Immissionsschutz- oder Störfallbeauftragten gewährleistet.

Nicht betriebsangehörige Beauftragte (§ 5)

Betreibern von Anlagen soll die zuständige Behörde auf Antrag die Bestellung eines oder mehrerer nicht betriebsangehöriger Immissionsschutzbeauftragter gestatten, wenn hierdurch eine sachgemäße Erfüllung der in § 54 des Bundes-Immissionsschutzgesetzes bezeichneten Aufgaben nicht gefährdet wird. Betreibern von Anlagen kann die zuständige Behörde auf Antrag die Bestellung eines oder mehrerer nicht betriebsangehöriger Störfallbeauftragter gestatten, wenn hierdurch eine sachgemäße Erfüllung der in § 58b des Bundes-Immissionsschutzgesetzes bezeichneten Aufgaben nicht gefährdet wird.

Ausnahmen (§ 6)

Die zuständige Behörde hat auf Antrag den Betreiber einer Anlage von der Verpflichtung zur Bestellung eines Immissionsschutz- oder Störfallbeauftragten zu befreien, wenn die Bestellung im

Einzelfall aus den in § 53 und § 58a des Bundes-Immissionsschutzgesetzes genannten Gesichtspunkten nicht erforderlich ist.

Anforderungen an die Fachkunde (§ 7)

Die Fachkunde im Sinne des § 55 und des § 58c des Bundes-Immissionsschutzgesetzes erfordert:

- den Abschluss eines Studiums auf den Gebieten des Ingenieurwesens, der Chemie oder der Physik an einer Hochschule,
- die Teilnahme an einem oder mehreren von der nach Landesrecht zuständigen obersten Landesbehörde oder der nach Landesrecht bestimmten Behörde anerkannten Lehrgängen, in denen Kenntnisse entsprechend dem Anhang II zur 5. BImSchV vermittelt worden sind, die für die Angaben des Beauftragten erforderlich sind und
- während einer zweijährigen praktischen Tätigkeit erworbene Kenntnisse über die Anlage, für die der Beauftragte bestellt werden soll, oder über Anlagen, die im Hinblick auf die Aufgaben des Beauftragten vergleichbar sind.

Voraussetzung der Fachkunde in Einzelfällen (§ 8)

Soweit im Einzelfall eine sachgemäße Erfüllung der gesetzlichen Aufgaben der Beauftragten gewährleistet ist, kann die zuständige Behörde auf Antrag des Betreibers als Voraussetzung der Fachkunde anerkennen:

- eine technische Fachschulausbildung oder im Falle des Immissionsschutzbeauftragten die Qualifikation als Meister auf einem Fachgebiet, dem die Anlage hinsichtlich ihrer Anlagen- und Verfahrenstechnik oder ihres Betriebs zuzuordnen ist und zusätzlich
- während einer mindestens vierjährigen praktischen Tätigkeit erworbene Kenntnisse, wobei jeweils mindestens zwei Jahre lang Aufgaben der in § 54 oder § 58b des Bundes-Immissionsschutzgesetzes bezeichneten Art wahrgenommen worden sein müssen.

Die zuständige Behörde kann die Ausbildung in anderen als den genannten Fachgebieten anerkennen, wenn die Ausbildung in diesem Fach im Hinblick auf die Aufgabenstellung im Einzelfall als gleichwertig anzusehen ist.

Anforderungen an die Fortbildung (§ 9)

Der Betreiber hat dafür Sorge zu tragen, dass der Beauftragte regelmäßig, mindestens alle zwei Jahre, an Fortbildungsmaßnahmen teilnimmt. Fortbildungsmaßnahmen erstrecken sich auf die in Anhang II zur 5. BImSchV genannten Sachbereiche. Auf Verlangen der zuständigen Behörde ist die Teilnahme des Beauftragten an im Betrieb durchgeführten Fortbildungsmaßnahmen oder an Lehrgängen nachzuweisen.

Anforderungen an die Zuverlässigkeit (§ 10)

Die Zuverlässigkeit im Sinne des § 55 und des § 58c des Bundes-Immissionsschutzgesetzes erfordert, dass der Beauftragte aufgrund seiner persönlichen Eigenschaften, seines Verhaltens und seiner Fähigkeiten zur ordnungsgemäßen Erfüllung der ihm obliegenden Aufgaben geeignet ist. Die erforderliche Zuverlässigkeit ist in der Regel nicht gegeben, wenn der Immissionsschutzbeauftragte oder der Störfallbeauftragte wegen Verletzung der Vorschriften:

- des Strafrechts über gemeingefährliche Delikte oder Delikte gegen die Umwelt,
- des Immissionsschutz-, Abfall-, Wasser-, Natur- und Landschaftsschutz-, Chemikalien-, Gentechnik- oder Atom- und Strahlenschutzrechts,
- des Lebensmittel-, Arzneimittel-, Pflanzenschutz- oder Seuchenrechts,
- des Gewerbe- oder Arbeitsschutzrechts,
- des Betäubungsmittel-, Waffen- und Sprengstoffrechts

mit einer Geldbuße in Höhe von mehr als fünfhundert Euro oder einer Strafe belegt worden ist, wiederholt und grob pflichtwidrig gegen Vorschriften verstoßen hat oder seine Verpflichtungen als Immissionsschutzbeauftragter, als Störfallbeauftragter oder als Betriebsbeauftragter nach anderen Vorschriften verletzt hat.

Fachkunde von Immissionsschutzbeauftragten (Anhang II A)

Die Kenntnisse müssen sich auf folgende Bereiche erstrecken:

- Anlagen- und Verfahrenstechnik unter Berücksichtigung des Standes der Technik,
- Überwachung und Begrenzung von Emissionen sowie Verfahren zur Ermittlung und Bewertung von Immissionen und schädlichen Umwelteinwirkungen,
- vorbeugender Brand- und Explosionsschutz,
- umwelterhebliche Eigenschaften von Erzeugnissen einschließlich Verfahren zur Wiedergewinnung und Wiederverwertung,
- chemische und physikalische Eigenschaften von Schadstoffen,
- Vermeidung sowie ordnungsgemäße und schadlose Verwertung von Reststoffen oder deren Beseitigung als Abfall,
- Energieeinsparung, Nutzung entstehender Wärme in der Anlage, im Betrieb oder durch Dritte,
- Vorschriften des Umweltrechts, insbesondere des Immissionsschutzrechts.

Während der praktischen Tätigkeit soll die Fähigkeit vermittelt werden, Stellungnahmen zu Investitionsentscheidungen und der Einführung neuer Verfahren und Erzeugnisse abzugeben und die Betriebsangehörigen über Belange des Immissionsschutzes zu informieren.

Fachkunde von Störfallbeauftragten (Anhang II B)

Die Kenntnisse müssen sich auf folgende Bereiche erstrecken:

- Anlagen- und Verfahrenstechnik unter Berücksichtigung des Standes der Sicherheitstechnik,
- chemische, physikalische, human- und ökotoxikologische Eigenschaften der Stoffe und Zubereitungen, die in der Anlage bestimmungsgemäß vorhanden sind oder bei einer Störung entstehen können sowie deren mögliche Auswirkungen im Störfall,
- betriebliche Sicherheitsorganisation,
- Verhinderung von Störfällen und Begrenzung von Störfallauswirkungen,
- vorbeugender Brand- und Explosionsschutz,
- Anfertigung, Fortschreibung und Beurteilung von Sicherheitsanalysen (Grundkenntnisse) sowie von betrieblichen Alarm- und Gefahrenabwehrplänen,
- Beurteilung sicherheitstechnischer Unterlagen und Nachweise zur Errichtung, Betriebsüberwachung, Wartung, Instandhaltung und Betriebsunterbrechung von Anlagen,
- Überwachung, Beurteilung und Begrenzung von Emissionen und Immissionen bei Störungen des bestimmungsgemäßen Betrieb,

- Vorschriften des Umweltrechts, insbesondere des Immissionsschutzrechts, des Rechts der technischen Sicherheit und des technischen Arbeitsschutzes, des Gefahrstoffrechts sowie des Katastrophenschutzrechts,
- Information der Öffentlichkeit nach § 11a der Störfall-Verordnung.

Betriebsbeauftragter für Immissionsschutz

Herr/Frau (Name, Vorname) _____

wird mit Wirkung vom _____

für das Unternehmen (Name, Sitz, Werk) _____

_____

zum/zur Betriebsbeauftragten für Immissionsschutz gemäß § 53 Bundesimmissionsschutz-gesetz (BImSchG) bestellt.

Er/sie nimmt gemäß § 54 BImSchG folgende Aufgaben wahr:

- Mitwirkung bei der Entwicklung und Einführung umweltfreundlicher Produkte und Verfahren.

- Überwachung der Einhaltung der Vorschriften des BImSchG und der auf Grund dieses Gesetzes erlassenen Rechtsverordnungen sowie erteilten Bedingungen und Auflagen.

- Beratung des Betreibers und der Betriebsangehörigen in Angelegenheiten, die für den Immissionsschutz bedeutsam sein können.

- Jährlicher Bericht über die getroffenen Maßnahmen.

Der Betriebsbeauftragte für Immissionsschutz berichtet Herrn/Frau

_____

als Verantwortliche(r) der Geschäftsleitung.

Je eine Kopie dieser Bestellurkunde erhalten die zuständige Behörde, der Betriebsrat und die Personalabteilung unseres Unternehmens.

_____	_____
Datum, Ort	Unternehmer/Bevollmächtigter
_____	_____
Immissionsschutzbeauftragter	Betriebsrat

Abb.: 15.2: Ernennungsschreiben für den Immissionsschutzbeauftragten

15

Während der praktischen Tätigkeit soll auch die Fähigkeit vermitteln werden, Stellungnahmen zu Investitionsentscheidungen und zur Planung von Betriebsanlagen sowie der Einführung von Arbeitsverfahren und Arbeitsstoffen abzugeben. Abbildung 15.2 enthält ein Ernennungsschreiben für Immissionsschutzbeauftragte.

15.6 Wissensfragen

- Erläutern Sie die Kriterien zur Bestimmung des Standes der Technik nach BImSchG.

- Welche Pflichten hat der Betreiber genehmigungsbedürftiger Anlagen?

- Welche Anforderungen werden an ein Genehmigungsverfahren nach Bundesimmissions-schutzgesetz gestellt?

- Erläutern Sie die Bedeutung der Verordnung über genehmigungsbedürftige Anlagen nach BImSchG.

- Erläutern Sie wichtige Aspekte der Verordnung über das Genehmigungsverfahren nach BImSchG.

- Welche Anforderungen werden zum Schutz der Arbeitnehmer gegen Lärm gestellt?

- Welche wesentlichen Anforderungen stellt die Lärm- und Vibrations-Arbeitsschutzverordnung.

- Erläutern Sie die TA Lärm.

- Erläutern Sie die Aufgaben, Rechte und Pflichten des Immissionsschutzbeauftragten.

15.7 Weiterführende Literatur

15.1   BGV B3; *Lärm,* **01/2005**

15.2   BImSchG – Bundes-Immissionsschutzgesetz; *Gesetz zum Schutz vor schädlichen Umwelteinwirkungen durch Luftverunreinigungen, Geräusche, Erschütterungen und ähnliche Vorgänge,* **02.07.2013**

15.3   2. BImSchV; *Verordnung zur Emissionsbegrenzung von leichtflüchtigen halogenierten organischen Verbindungen,* **02.05.2013**

15.4   4. BImSchV; *Verordnung über genehmigungsbedürftige Anlagen,* **02.05.2013**

15.5   5. BImSchV; *Verordnung über Immissionsschutz- und Störfallbeauftragte,* **02.05.2013**

15.6   9. BImSchV; *Verordnung über das Genehmigungsverfahren,* **02.05.2013**

15.7   31. BImSchV; *Verordnung zur Begrenzung der Emissionen flüchtiger organischer Verbindungen bei der Verwendung organischer Lösemittel in bestimmten Anlagen – VOC-Verordnung,* **02.05.2013**

15.8   ChemKlimaschutzV – Chemikalien-Klimaschutzverordnung; *Verordnung zum Schutz des Klimas vor Veränderungen durch den Eintrag bestimmter fluorierter Treibhausgase,* **24.02.2012**

15.9   ChemOzonSchichtV – Chemikalien-Ozonschichtverordnung; *Verordnung über Stoffe, die die Ozonschicht schädigen,* **24.04.2013**

15.10   LärmVibrationsArbSchV – Lärm- und Vibrations-Arbeitsschutzverordnung; *Verordnung zum Schutz der Beschäftigten vor Gefährdungen durch Lärm und Vibrationen,* **18.12.2008**

15.11   TRLV Lärm; *Teil: Allgemeines,* **15.01.2010**

15.11   TRLV Vibrationen; *Allgemeines,* **15.01.2010**

15

16 Rechtliche Anforderungen des Gewässerschutzes

16.1 Wasserhaushaltsgesetz (WHG)

16.1.1 Allgemeine Bestimmungen

Zweck (§ 1)

Zweck dieses Gesetzes ist es, durch eine nachhaltige Gewässerbewirtschaftung die Gewässer als Bestandteil des Naturhaushalts, als Lebensgrundlage des Menschen, als Lebensraum für Tiere und Pflanzen sowie als nutzbares Gut zu schützen.

Anwendungsbereich (§ 2)

- oberirdische Gewässer,
- Küstengewässer,
- Grundwasser.

Es gilt auch für Teile dieser Gewässer.

Kriterien zur Bestimmung des Standes der Technik (Anlage 1)

Bei der Bestimmung des Standes der Technik sind unter Berücksichtigung der Verhältnismäßigkeit zwischen Aufwand und Nutzen möglicher Maßnahmen sowie des Grundsatzes der Vorsorge und der Vorbeugung, jeweils bezogen auf Anlagen einer bestimmten Art, insbesondere folgende Kriterien zu berücksichtigen:

- Einsatz abfallarmer Technologie,
- Einsatz weniger gefährlicher Stoffe,
- Förderung der Rückgewinnung und Wiederverwertung der bei den einzelnen Verfahren erzeugten und verwendeten Stoffe und gegebenenfalls der Abfälle,
- vergleichbare Verfahren, Vorrichtungen und Betriebsmethoden, die mit Erfolg im Betrieb erprobt wurden,
- Fortschritte in der Technologie und in den wissenschaftlichen Erkenntnissen,
- Art, Auswirkungen und Menge der jeweiligen Emissionen,
- Zeitpunkte der Inbetriebnahme der neuen oder der bestehenden Anlagen,
- die für die Einführung einer besseren verfügbaren Technik erforderliche Zeit,
- Verbrauch an Rohstoffen und Art der bei den einzelnen Verfahren verwendeten Rohstoffe (einschließlich Wasser) sowie Energieeffizienz,
- Notwendigkeit, die Gesamtwirkung der Emissionen und die Gefahren für den Menschen und die Umwelt so weit wie möglich zu vermeiden oder zu verringern,
- Notwendigkeit, Unfällen vorzubeugen und deren Folgen für den Menschen und die Umwelt zu verringern,
- Informationen, die von der Kommission der Europäischen Gemeinschaften gemäß der Richtlinie 2008/1/EG über die integrierte Vermeidung und Verminderung der Umweltverschmutzung oder von internationalen Organisationen veröffentlicht werden.

Allgemeine Sorgfaltspflichten (§ 5)

Jede Person ist verpflichtet, bei Maßnahmen, mit denen Einwirkungen auf ein Gewässer verbunden sein können, die nach den Umständen erforderliche Sorgfalt anzuwenden, um:

- eine nachteilige Veränderung der Gewässereigenschaften zu vermeiden,
- eine mit Rücksicht auf den Wasserhaushalt gebotene sparsame Verwendung des Wassers sicherzustellen,
- die Leistungsfähigkeit des Wasserhaushalts zu erhalten und
- eine Vergrößerung und Beschleunigung des Wasserabflusses zu vermeiden.

Jede Person, die durch Hochwasser betroffen sein kann, ist im Rahmen des ihr Möglichen und Zumutbaren verpflichtet, geeignete Vorsorgemaßnahmen zum Schutz vor nachteiligen Hochwasserfolgen und zur Schadensminderung zu treffen, insbesondere die Nutzung von Grundstücken den möglichen nachteiligen Folgen für Mensch, Umwelt oder Sachwerte durch Hochwasser anzupassen.

16.1.2 Bewirtschaftung von Gewässern

Allgemeine Grundsätze der Gewässerbewirtschaftung (§ 6)

Die Gewässer sind nachhaltig zu bewirtschaften, insbesondere mit dem Ziel:

- ihre Funktions- und Leistungsfähigkeit als Bestandteil des Naturhaushalts und als Lebensraum für Tiere und Pflanzen zu erhalten und zu verbessern, insbesondere durch Schutz vor nachteiligen Veränderungen von Gewässereigenschaften,
- Beeinträchtigungen auch im Hinblick auf den Wasserhaushalt der direkt von den Gewässern abhängenden Landökosysteme und Feuchtgebiete zu vermeiden und unvermeidbare, nicht nur geringfügige Beeinträchtigungen so weit wie möglich auszugleichen,
- sie zum Wohl der Allgemeinheit und im Einklang damit, auch im Interesse Einzelner zu nutzen,
- bestehende oder künftige Nutzungsmöglichkeiten insbesondere für die öffentliche Wasserversorgung zu erhalten oder zu schaffen,
- möglichen Folgen des Klimawandels vorzubeugen,
- an oberirdischen Gewässern so weit wie möglich natürliche und schadlose Abflussverhältnisse zu gewährleisten und insbesondere durch Rückhaltung des Wassers in der Fläche der Entstehung von nachteiligen Hochwasserfolgen vorzubeugen,
- zum Schutz der Meeresumwelt beizutragen.

Die nachhaltige Gewässerbewirtschaftung hat ein hohes Schutzniveau für die Umwelt insgesamt zu gewährleisten. Dabei sind mögliche Verlagerungen nachteiliger Auswirkungen von einem Schutzgut auf ein anderes sowie die Erfordernisse des Klimaschutzes zu berücksichtigen.

Gewässer, die sich in einem natürlichen oder naturnahen Zustand befinden, sollen in diesem Zustand erhalten bleiben und nicht naturnah ausgebaute natürliche Gewässer sollen so weit wie möglich wieder in einen naturnahen Zustand zurückgeführt werden, wenn überwiegende Gründe des Wohls der Allgemeinheit dem nicht entgegenstehen.

Erlaubnis, Bewilligung (§ 8)

Die Benutzung eines Gewässers bedarf der Erlaubnis oder der Bewilligung, soweit nicht durch das WHG oder aufgrund dieses Gesetzes erlassener Vorschriften etwas anderes bestimmt ist.

Keiner Erlaubnis oder Bewilligung bedürfen Gewässerbenutzungen, die der Abwehr einer gegenwärtigen Gefahr für die öffentliche Sicherheit dienen, sofern der drohende Schaden schwerer wiegt als die mit der Benutzung verbundenen nachteiligen Veränderungen von Gewässereigenschaften. Die zuständige Behörde ist unverzüglich über die Benutzung zu unterrichten.

Keiner Erlaubnis oder Bewilligung bedürfen ferner bei Übungen und Erprobungen für Zwecke der Verteidigung oder der Abwehr von Gefahren für die öffentliche Sicherheit:

- das vorübergehende Entnehmen von Wasser aus einem Gewässer,
- das Wiedereinleiten des Wassers in ein Gewässer mittels beweglicher Anlagen und
- das vorübergehende Einbringen von Stoffen in ein Gewässer,

wenn durch diese Benutzungen andere nicht oder nur geringfügig beeinträchtigt werden und keine nachteilige Veränderung der Gewässereigenschaften zu erwarten ist. Die Gewässerbenutzung ist der zuständigen Behörde rechtzeitig vor Beginn der Übung oder der Erprobung anzuzeigen. Ist bei der Erteilung der Erlaubnis oder der Bewilligung nichts anderes bestimmt worden, geht die Erlaubnis oder die Bewilligung mit der Wasserbenutzungsanlage oder, wenn sie für ein Grundstück erteilt worden ist, mit diesem auf den Rechtsnachfolger über.

Benutzungen (§ 9)

Benutzungen sind:

- das Entnehmen und Ableiten von Wasser aus oberirdischen Gewässern,
- das Aufstauen und Absenken von oberirdischen Gewässern,
- das Entnehmen fester Stoffe aus oberirdischen Gewässern, soweit sich dies auf die Gewässereigenschaften auswirkt,
- das Einbringen und Einleiten von Stoffen in Gewässer,
- das Entnehmen, Zutagefördern, Zutageleiten und Ableiten von Grundwasser.

Als Benutzungen gelten auch:

- das Aufstauen, Absenken und Umleiten von Grundwasser durch Anlagen, die hierfür bestimmt oder geeignet sind,
- Maßnahmen, die geeignet sind, dauernd oder in einem nicht nur unerheblichen Ausmaß nachteilige Veränderungen der Wasserbeschaffenheit herbeizuführen.

Inhalt der Erlaubnis und der Bewilligung (§ 10)

Die Erlaubnis gewährt die Befugnis, die Bewilligung das Recht, ein Gewässer zu einem bestimmten Zweck in einer nach Art und Maß bestimmten Weise zu benutzen. Erlaubnis und Bewilligung geben keinen Anspruch auf Zufluss von Wasser in einer bestimmten Menge und Beschaffenheit.

Erlaubnis-, Bewilligungsverfahren (§ 11)

Erlaubnis und Bewilligung können für ein Vorhaben, das nach dem Gesetz über die Umweltverträglichkeitsprüfung einer Umweltverträglichkeitsprüfung unterliegt, nur in einem Verfahren erteilt werden, das den Anforderungen des genannten Gesetzes entspricht. Die Bewilligung kann nur in einem Verfahren erteilt werden, in dem die Betroffenen und die beteiligten Behörden Einwendungen geltend machen können.

Voraussetzungen für die Erteilung der Erlaubnis und der Bewilligung (§ 12)

Die Erlaubnis und die Bewilligung sind zu versagen, wenn:

- schädliche, auch durch Nebenbestimmungen nicht vermeidbare oder nicht ausgleichbare Gewässerveränderungen zu erwarten sind oder
- andere Anforderungen nach öffentlich-rechtlichen Vorschriften nicht erfüllt werden.

Im Übrigen steht die Erteilung der Erlaubnis und der Bewilligung im pflichtgemäßen Ermessen (Bewirtschaftungsermessen) der zuständigen Behörde.

Inhalts- und Nebenbestimmungen der Erlaubnis und der Bewilligung (§ 13)

Inhalts- und Nebenbestimmungen sind auch nachträglich sowie auch zu dem Zweck zulässig, nachteilige Wirkungen für andere zu vermeiden oder auszugleichen. Die zuständige Behörde kann durch Inhalts- und Nebenbestimmungen insbesondere:

- Anforderungen an die Beschaffenheit einzubringender oder einzuleitender Stoffe stellen,

- Maßnahmen anordnen, die:
    - in einem Maßnahmenprogramm nach § 82 WHG enthalten oder zu seiner Durchführung erforderlich sind,
    - geboten sind, damit das Wasser mit Rücksicht auf den Wasserhaushalt sparsam verwendet wird,
    - der Feststellung der Gewässereigenschaften vor der Benutzung oder der Beobachtung der Gewässerbenutzung und ihrer Auswirkungen dienen,
    - zum Ausgleich einer auf die Benutzung zurückzuführenden nachteiligen Veränderung der Gewässereigenschaften erforderlich sind,

- die Bestellung verantwortlicher Betriebsbeauftragter vorschreiben, soweit nicht die Bestellung eines Gewässerschutzbeauftragten nach § 64 WHG vorgeschrieben ist oder angeordnet werden kann,

- dem Benutzer angemessene Beiträge zu den Kosten von Maßnahmen auferlegen, die eine Körperschaft des öffentlichen Rechts getroffen hat oder treffen wird, um eine mit der Benutzung verbundene Beeinträchtigung des Wohls der Allgemeinheit zu vermeiden oder auszugleichen.

Besondere Vorschriften für die Erteilung der Bewilligung (§ 14)

Die Bewilligung darf nur erteilt werden, wenn die Gewässerbenutzung:

- dem Benutzer ohne eine gesicherte Rechtsstellung nicht zugemutet werden kann,
- einem bestimmten Zweck dient, der nach einem bestimmten Plan verfolgt wird, und
- keine Benutzung im Sinne des § 9 WHG ist, ausgenommen das Wiedereinleiten von nicht nachteilig verändertem Triebwasser bei Ausleitungskraftwerken.

Die Bewilligung wird für eine bestimmte angemessene Frist erteilt, die in besonderen Fällen 30 Jahre überschreiten darf.

Ist zu erwarten, dass die Gewässerbenutzung auf das Recht eines Dritten nachteilig einwirkt und erhebt dieser Einwendungen, so darf die Bewilligung nur erteilt werden, wenn die nachteiligen Wir-

16

kungen durch Inhalts- oder Nebenbestimmungen vermieden oder ausgeglichen werden. Ist dies nicht möglich, so darf die Bewilligung gleichwohl erteilt werden, wenn Gründe des Wohls der Allgemeinheit dies erfordern.

Dies gilt auch, wenn ein Dritter ohne Beeinträchtigung eines Rechts nachteilige Wirkungen dadurch zu erwarten hat, dass:

- der Wasserabfluss, der Wasserstand oder die Wasserbeschaffenheit verändert,
- die bisherige Nutzung seines Grundstücks beeinträchtigt,
- seiner Wassergewinnungsanlage Wasser entzogen oder
- die ihm obliegende Gewässerunterhaltung erschwert

wird. Geringfügige und solche nachteiligen Wirkungen, die vermieden worden wären, wenn der Betroffene die ihm obliegende Gewässerunterhaltung ordnungsgemäß durchgeführt hätte, bleiben außer Betracht. Die Bewilligung darf auch dann erteilt werden, wenn der aus der beabsichtigten Gewässerbenutzung zu erwartende Nutzen den für den Betroffenen zu erwartenden Nachteil erheblich übersteigt.

Hat der Betroffene gegen die Erteilung der Bewilligung Einwendungen erhoben und lässt sich zur Zeit der Entscheidung nicht feststellen, ob und in welchem Maße nachteilige Wirkungen eintreten werden, so ist die Entscheidung über die deswegen festzusetzenden Inhalts- oder Nebenbestimmungen und Entschädigungen einem späteren Verfahren vorzubehalten.

Konnte der Betroffene nachteilige Wirkungen bis zum Ablauf der Frist zur Geltendmachung von Einwendungen nicht voraussehen, so kann er verlangen, dass dem Gewässerbenutzer nachträglich Inhalts- oder Nebenbestimmungen auferlegt werden. Können die nachteiligen Wirkungen durch nachträgliche Inhalts- oder Nebenbestimmungen nicht vermieden oder ausgeglichen werden, so ist der Betroffene zu entschädigen.

Der Antrag ist nur innerhalb einer Frist von drei Jahren nach dem Zeitpunkt zulässig, zu dem der Betroffene von den nachteiligen Wirkungen der Bewilligung Kenntnis erhalten hat. Er ist ausgeschlossen, wenn nach der Herstellung des der Bewilligung entsprechenden Zustands 30 Jahre vergangen sind.

Gehobene Erlaubnis (§ 15)

Die Erlaubnis kann als gehobene Erlaubnis erteilt werden, wenn hierfür ein öffentliches Interesse oder ein berechtigtes Interesse des Gewässerbenutzers besteht. Für die gehobene Erlaubnis gelten § 11 Absatz 2 und § 14 Absatz 3 bis 5 WHG entsprechend.

Zulassung vorzeitigen Beginns (§ 17)

In einem Erlaubnis- oder Bewilligungsverfahren kann die zuständige Behörde auf Antrag zulassen, dass bereits vor Erteilung der Erlaubnis oder der Bewilligung mit der Gewässerbenutzung begonnen wird, wenn:

- mit einer Entscheidung zugunsten des Benutzers gerechnet werden kann,
- an dem vorzeitigen Beginn ein öffentliches Interesse oder ein berechtigtes Interesse des Benutzers besteht und
- der Benutzer sich verpflichtet, alle bis zur Entscheidung durch die Benutzung verursachten Schäden zu ersetzen und, falls die Benutzung nicht erlaubt oder bewilligt wird, den früheren Zustand wiederherzustellen.

Die Zulassung des vorzeitigen Beginns kann jederzeit widerrufen werden.

Widerruf der Erlaubnis und der Bewilligung (§ 18)

Die Erlaubnis ist widerruflich. Die Bewilligung darf aus den in § 49 des Verwaltungsverfahrensgesetzes genannten Gründen widerrufen werden. Die Bewilligung kann ferner ohne Entschädigung ganz oder teilweise widerrufen werden, wenn der Inhaber der Bewilligung:

- die Benutzung drei Jahre ununterbrochen nicht ausgeübt oder ihren Umfang nach erheblich unterschritten hat,
- den Zweck der Benutzung so geändert hat, dass er mit dem Plan nicht mehr übereinstimmt.

Anmeldung alter Rechte und alter Befugnisse (§ 21)

Alte Rechte und alte Befugnisse, die bis zum 28. Februar 2010 noch nicht im Wasserbuch eingetragen oder zur Eintragung in das Wasserbuch angemeldet worden sind, können bis zum 1. März 2013 bei der zuständigen Behörde zur Eintragung in das Wasserbuch angemeldet werden. Alte Rechte und alte Befugnisse, die nicht angemeldet worden sind, erlöschen am 1. März 2020, soweit das alte Recht oder die alte Befugnis nicht bereits zuvor aus anderen Gründen erloschen ist.

Rechtsverordnungen zur Gewässerbewirtschaftung (§ 23)

Die Bundesregierung wird ermächtigt, nach Anhörung der beteiligten Kreise durch Rechtsverordnung mit Zustimmung des Bundesrates, auch zur Umsetzung bindender Rechtsakte der Europäischen Gemeinschaften und zwischenstaatlicher Vereinbarungen, Vorschriften zum Schutz und zur Bewirtschaftung der Gewässer zu erlassen, insbesondere nähere Regelungen über:

- Anforderungen an die Gewässereigenschaften,
- die Ermittlung, Beschreibung, Festlegung und Einstufung sowie Darstellung des Zustands von Gewässern,
- Anforderungen an die Benutzung von Gewässern, insbesondere an das Einbringen und Einleiten von Stoffen,
- Anforderungen an die Erfüllung der Abwasserbeseitigungspflicht,
- Anforderungen an die Errichtung, den Betrieb und die Benutzung von Abwasseranlagen und sonstigen in diesem Gesetz geregelten Anlagen,
- den Schutz der Gewässer gegen nachteilige Veränderungen ihrer Eigenschaften durch den Umgang mit wassergefährdenden Stoffen,
- die Festsetzung von Schutzgebieten sowie Anforderungen, Gebote und Verbote, die in den festgesetzten Gebieten zu beachten sind,
- die Überwachung der Gewässereigenschaften und die Überwachung der Einhaltung der Anforderungen, die durch das WHG oder aufgrund des WHG erlassener Rechtsvorschriften festgelegt worden sind,
- Messmethoden und Messverfahren einschließlich Verfahren zur Gewährleistung der Vergleichbarkeit von Bewertungen der Gewässereigenschaften im Rahmen der flussgebietsbezogenen Gewässerbewirtschaftung (Interkalibrierung) sowie die Qualitätssicherung analytischer Daten,
- die durchzuführenden behördlichen Verfahren,
- die Beschaffung, Bereitstellung und Übermittlung von Informationen sowie Berichtspflichten.

16

Erleichterungen für EMAS-Standorte (§ 24)

Die Bundesregierung wird ermächtigt, zur Förderung der privaten Eigenverantwortung für EMAS-Standorte durch Rechtsverordnung mit Zustimmung des Bundesrates Erleichterungen zum Inhalt der Antragsunterlagen in wasserrechtlichen Verfahren sowie überwachungsrechtliche Erleichterungen vorzusehen, soweit die entsprechenden Anforderungen der Verordnung (EG) Nr. 761/2001 des Europäischen Parlaments und des Rates vom 19. März 2001 über die freiwillige Beteiligung von Organisationen an einem Gemeinschaftssystem für das Umweltmanagement und die Umweltbetriebsprüfung (EMAS), gleichwertig mit den Anforderungen sind, die zur Überwachung und zu den Antragsunterlagen nach den wasserrechtlichen Vorschriften vorgesehen sind. Dabei können insbesondere Erleichterungen zu:

- Kalibrierungen, Ermittlungen, Prüfungen und Messungen,
- Messberichten sowie sonstigen Berichten und Mitteilungen von Ermittlungsergebnissen,
- Aufgaben von Gewässerschutzbeauftragten und
- zur Häufigkeit der behördlichen Überwachung

vorgesehen werden.

Gemeingebrauch (§ 25)

Jede Person darf oberirdische Gewässer in einer Weise und in einem Umfang benutzen, wie dies nach Landesrecht als Gemeingebrauch zulässig ist, soweit nicht Rechte anderer dem entgegenstehen und soweit Befugnisse oder der Eigentümer- oder Anliegergebrauch anderer nicht beeinträchtigt werden. Der Gemeingebrauch umfasst nicht das Einbringen und Einleiten von Stoffen in oberirdische Gewässer. Die Länder können den Gemeingebrauch erstrecken auf:

- das schadlose Einleiten von Niederschlagswasser,
- das Einbringen von Stoffen in oberirdische Gewässer für Zwecke der Fischerei, wenn dadurch keine signifikanten nachteiligen Auswirkungen auf den Gewässerzustand zu erwarten sind.

Eigentümer- und Anliegergebrauch (§ 26)

Eine Erlaubnis oder eine Bewilligung ist, soweit durch Landesrecht nicht etwas anderes bestimmt ist, nicht erforderlich für die Benutzung eines oberirdischen Gewässers durch den Eigentümer oder die durch ihn berechtigte Person für den eigenen Bedarf, wenn dadurch andere nicht beeinträchtigt werden und keine nachteilige Veränderung der Wasserbeschaffenheit, keine wesentliche Verminderung der Wasserführung sowie keine andere Beeinträchtigung des Wasserhaushalts zu erwarten sind. Der Eigentümergebrauch umfasst nicht das Einbringen und Einleiten von Stoffen in oberirdische Gewässer.

Erlaubnisfreie Benutzungen des Grundwassers (§ 46)

Keiner Erlaubnis oder Bewilligung bedarf das Entnehmen, Zutagefördern, Zutageleiten oder Ableiten von Grundwasser:

- für den Haushalt, für den landwirtschaftlichen Hofbetrieb, für das Tränken von Vieh außerhalb des Hofbetriebs oder in geringen Mengen zu einem vorübergehenden Zweck,
- für Zwecke der gewöhnlichen Bodenentwässerung landwirtschaftlich, forstwirtschaftlich oder gärtnerisch genutzter Grundstücke

soweit keine signifikanten nachteiligen Auswirkungen auf den Wasserhaushalt zu besorgen sind. Keiner Erlaubnis bedarf ferner das Einleiten von Niederschlagswasser in das Grundwasser durch schadlose Versickerung.

Bewirtschaftungsziele für das Grundwasser (§ 47)

Das Grundwasser ist so zu bewirtschaften, dass:

- eine Verschlechterung seines mengenmäßigen und seines chemischen Zustands vermieden wird,
- alle signifikanten und anhaltenden Trends ansteigender Schadstoffkonzentrationen aufgrund der Auswirkungen menschlicher Tätigkeiten umgekehrt werden,
- ein guter mengenmäßiger und ein guter chemischer Zustand erhalten oder erreicht werden. Zu einem guten mengenmäßigen Zustand gehört insbesondere ein Gleichgewicht zwischen Grundwasserentnahme und Grundwasserneubildung.

Die Bewirtschaftungsziele sind bis zum 22. Dezember 2015 zu erreichen. Fristverlängerungen sind zulässig.

Reinhaltung des Grundwassers (§ 48)

Eine Erlaubnis für das Einbringen und Einleiten von Stoffen in das Grundwasser darf nur erteilt werden, wenn eine nachteilige Veränderung der Wasserbeschaffenheit nicht zu besorgen ist. Durch Rechtsverordnung kann auch festgelegt werden, unter welchen Voraussetzungen die Anforderung, insbesondere im Hinblick auf die Begrenzung des Eintrags von Schadstoffen, als erfüllt gilt. Stoffe dürfen nur so gelagert oder abgelagert werden, dass eine nachteilige Veränderung der Grundwasserbeschaffenheit nicht zu besorgen ist. Das Gleiche gilt für das Befördern von Flüssigkeiten und Gasen durch Rohrleitungen.

16.1.3 Abwasserbeseitigung

Begriffsbestimmungen für die Abwasserbeseitigung (§ 54)

Abwasser ist:

- das durch häuslichen, gewerblichen, landwirtschaftlichen oder sonstigen Gebrauch in seinen Eigenschaften veränderte Wasser und das bei Trockenwetter damit zusammen abfließende Wasser (Schmutzwasser) sowie
- das von Niederschlägen aus dem Bereich von bebauten oder befestigten Flächen gesammelt abfließende Wasser (Niederschlagswasser).

Als Schmutzwasser gelten auch die aus Anlagen zum Behandeln, Lagern und Ablagern von Abfällen austretenden und gesammelten Flüssigkeiten. Abwasserbeseitigung umfasst das Sammeln, Fortleiten, Behandeln, Einleiten, Versickern, Verregnen und Verrieseln von Abwasser sowie das Entwässern von Klärschlamm in Zusammenhang mit der Abwasserbeseitigung. Zur Abwasserbeseitigung gehört auch die Beseitigung des in Kleinkläranlagen anfallenden Schlamms.

BVT-Merkblatt ist ein Dokument, das aufgrund des Informationsaustausches nach Artikel 13 der Richtlinie 2010/75/EU des Europäischen Parlaments und des Rates vom 24. November 2010 über Industrieemissionen (integrierte Vermeidung und Verminderung der Umweltverschmutzung) für bestimmte Tätigkeiten erstellt wird und insbesondere die angewandten Techniken, die derzeitigen

16

Emissions- und Verbrauchswerte sowie die Techniken beschreibt, die für die Festlegung der besten verfügbaren Techniken sowie der BVT-Schlussfolgerungen berücksichtigt wurden.

BVT-Schlussfolgerungen sind ein von der Europäischen Kommission erlassenes Dokument, das die Teile eines BVT-Merkblatts mit den Schlussfolgerungen in Bezug auf Folgendes enthält:

- die besten verfügbaren Techniken, ihre Beschreibung und Informationen zur Bewertung ihrer Anwendbarkeit,
- die mit den besten verfügbaren Techniken assoziierten Emissionswerte,
- die zugehörigen Überwachungsmaßnahmen,
- die zugehörigen Verbrauchswerte sowie
- die gegebenenfalls einschlägigen Standortsanierungsmaßnahmen.

Emissionsbandbreiten sind die mit den besten verfügbaren Techniken assoziierten Emissionswerte.

Die mit den besten verfügbaren Techniken assoziierten Emissionswerte sind der Bereich von Emissionswerten, die unter normalen Betriebsbedingungen unter Verwendung einer besten verfügbaren Technik oder einer Kombination von besten verfügbaren Techniken entsprechend der Beschreibung in den BVT-Schlussfolgerungen erzielt werden, ausgedrückt als Mittelwert für einen vorgegebenen Zeitraum unter spezifischen Referenzbedingungen.

Grundsätze der Abwasserbeseitigung (§ 55)

Abwasser ist so zu beseitigen, dass das Wohl der Allgemeinheit nicht beeinträchtigt wird. Dem Wohl der Allgemeinheit kann auch die Beseitigung von häuslichem Abwasser durch dezentrale Anlagen entsprechen. Niederschlagswasser soll ortsnah versickert, verrieselt oder direkt oder über eine Kanalisation ohne Vermischung mit Schmutzwasser in ein Gewässer eingeleitet werden, soweit dem weder wasserrechtliche noch sonstige öffentlich-rechtliche Vorschriften noch wasserwirtschaftliche Belange entgegenstehen.

Flüssige Stoffe, die kein Abwasser sind, können mit Abwasser beseitigt werden, wenn eine solche Entsorgung der Stoffe umweltverträglicher ist als eine Entsorgung als Abfall und wasserwirtschaftliche Belange nicht entgegenstehen.

Pflicht zur Abwasserbeseitigung (§ 56)

Abwasser ist von den juristischen Personen des öffentlichen Rechts zu beseitigen, die nach Landesrecht hierzu verpflichtet sind (Abwasserbeseitigungspflichtige). Die Länder können bestimmen, unter welchen Voraussetzungen die Abwasserbeseitigung anderen als den genannten Abwasserbeseitigungspflichtigen obliegt. Die zur Abwasserbeseitigung Verpflichteten können sich zur Erfüllung ihrer Pflichten Dritter bedienen.

Einleiten von Abwasser in Gewässer (§ 57)

Eine Erlaubnis für das Einleiten von Abwasser in Gewässer (Direkteinleitung) darf nur erteilt werden, wenn:

- die Menge und Schädlichkeit des Abwassers so gering gehalten wird, wie dies bei Einhaltung der jeweils in Betracht kommenden Verfahren nach dem Stand der Technik möglich ist,

- die Einleitung mit den Anforderungen an die Gewässereigenschaften und sonstigen rechtlichen Anforderungen vereinbar ist und
- Abwasseranlagen oder sonstige Einrichtungen errichtet und betrieben werden, die erforderlich sind, um die Einhaltung der Anforderungen sicherzustellen.

Durch Rechtsverordnung können an das Einleiten von Abwasser in Gewässer Anforderungen festgelegt werden, die dem Stand der Technik entsprechen. Die Anforderungen können auch für den Ort des Anfalls des Abwassers oder vor seiner Vermischung festgelegt werden.

Nach Veröffentlichung einer BVT-Schlussfolgerung ist unverzüglich zu gewährleisten, dass Anlagen die Einleitungen unter normalen Betriebsbedingung die in den BVT-Schlussfolgerungen genannten Emissionsbandbreiten nicht überschreiten. Wenn in besonderen Fällen wegen technischer Merkmale der betroffenen Anlagenart die Einhaltung der Emissionsbandbreiten unverhältnismäßig wäre, können in der Rechtsverordnung für die Anlagenart geeignete Emissionswerte festgelegt werden, die im Übrigen dem Stand der Technik entsprechen müssen. Bei der Festlegung der abweichenden Anforderungen ist zu gewährleisten, dass die in den Anhängen V bis VII der Richtlinie 2010/75/EU festgelegten Emissionsgrenzwerte nicht überschritten werden, keine erheblichen nachteiligen Auswirkungen auf den Gewässerzustand hervorgerufen werden und zu einem hohen Schutzniveau für die Umwelt insgesamt beigetragen wird. Die Notwendigkeit abweichender Anforderungen ist zu begründen.

Für vorhandene Abwassereinleitungen ist:

- innerhalb eines Jahres nach Veröffentlichung von BVT-Schlussfolgerungen zur Haupttätigkeit eine Überprüfung und gegebenenfalls Anpassung der Rechtsverordnung vorzunehmen und
- innerhalb von vier Jahren nach Veröffentlichung von BVT-Schlussfolgerungen zur Haupttätigkeit sicherzustellen, dass die betreffenden Einleitungen oder Anlagen die Emissionsgrenzwerte der Rechtsverordnung einhalten. Dabei gelten die Emissionsgrenzwerte als im Einleitungsbescheid festgesetzt, soweit der Bescheid nicht weitergehende Anforderungen im Einzelfall festlegt.

Sollte die Anpassung der Abwassereinleitung wegen technischer Merkmale der betroffenen Anlage unverhältnismäßig sein, soll die zuständige Behörde einen längeren Zeitraum festlegen.

Entsprechen vorhandene Einleitungen nicht den Anforderungen so hat der Betreiber die erforderlichen Anpassungsmaßnahmen innerhalb angemessener Fristen durchzuführen.

Einleiten von Abwasser in öffentliche Abwasseranlagen (§ 58)

Das Einleiten von Abwasser in öffentliche Abwasseranlagen (Indirekteinleitung) bedarf der Genehmigung durch die zuständige Behörde, soweit an das Abwasser in einer Rechtsverordnung Anforderungen für den Ort des Anfalls des Abwassers oder vor seiner Vermischung festgelegt sind. Durch Rechtsverordnung kann bestimmt werden:

- unter welchen Voraussetzungen die Indirekteinleitung anstelle einer Genehmigung nur einer Anzeige bedarf,
- dass die Einhaltung der Anforderungen auch durch Sachverständige überwacht wird.

Weitergehende Rechtsvorschriften der Länder bleiben unberührt. Ebenfalls unberührt bleiben Rechtsvorschriften der Länder, nach denen die Genehmigung der zuständigen Behörde durch eine Genehmigung des Betreibers einer öffentlichen Abwasseranlage ersetzt wird.

16

Eine Genehmigung für eine Indirekteinleitung darf nur erteilt werden, wenn:

- die nach der Rechtsverordnung für die Einleitung maßgebenden Anforderungen einschließlich der allgemeinen Anforderungen eingehalten werden,
- die Erfüllung der Anforderungen an die Direkteinleitung nicht gefährdet wird und
- Abwasseranlagen oder sonstige Einrichtungen errichtet und betrieben werden, die erforderlich sind, um die Einhaltung der Anforderungen sicherzustellen.

Entsprechen vorhandene Indirekteinleitungen nicht den Anforderungen, so sind die erforderlichen Maßnahmen innerhalb angemessener Fristen durchzuführen. Eine Genehmigung kann auch unter dem Vorbehalt des Widerrufs erteilt werden.

Einleiten von Abwasser in private Abwasseranlagen (§ 59)

Dem Einleiten von Abwasser in öffentliche Abwasseranlagen stehen Abwassereinleitungen Dritter in private Abwasseranlagen, die der Beseitigung von gewerblichem Abwasser dienen, gleich.

Die zuständige Behörde kann Abwassereinleitungen von der Genehmigungsbedürftigkeit freistellen, wenn durch vertragliche Regelungen zwischen dem Betreiber der privaten Abwasseranlage und dem Einleiter die Einhaltung der Anforderungen sichergestellt ist.

Abwasseranlagen (§ 60)

Abwasseranlagen sind so zu errichten, zu betreiben und zu unterhalten, dass die Anforderungen an die Abwasserbeseitigung eingehalten werden. Im Übrigen dürfen Abwasseranlagen nur nach den allgemein anerkannten Regeln der Technik errichtet, betrieben und unterhalten werden.

Entsprechen vorhandene Abwasseranlagen nicht den Anforderungen, so sind die erforderlichen Maßnahmen innerhalb angemessener Fristen durchzuführen.

Die Errichtung, der Betrieb und die wesentliche Änderung einer Abwasserbehandlungsanlage bedürfen einer Genehmigung.

Sofern eine Genehmigung nicht beantragt wird, hat der Betreiber die Änderung der Lage, der Beschaffenheit oder des Betriebs einer Anlage der zuständigen Behörde mindestens einen Monat bevor mit der Änderung begonnen werden soll, schriftlich anzuzeigen, wenn die Änderung Auswirkungen auf die Umwelt haben kann. Der Betreiber der Anlage darf die Änderung vornehmen, sobald die zuständige Behörde ihm mitgeteilt hat, dass die Änderung keiner Genehmigung bedarf oder wenn die zuständige Behörde sich innerhalb eines Monats nach Zugang der Mitteilung nicht geäußert hat.

Kommt der Betreiber einer Anlage, die die Voraussetzungen nicht erfüllt nicht nach und wird hierdurch eine unmittelbare Gefahr für die menschliche Gesundheit oder die Umwelt herbeigeführt, so hat die zuständige Behörde den Betrieb der Anlage oder den Betrieb des betreffenden Teils der Anlage bis zur Erfüllung der Nebenbestimmung oder der abschließend bestimmten Pflicht zu untersagen.

Wird eine Anlage ohne die erforderliche Genehmigung betrieben oder wesentlich geändert, so ordnet die zuständige Behörde die Stilllegung der Anlage an.

Eine Zulassung, die vor dem 2. Mai 2013 nach landesrechtlichen Vorschriften für Abwasserbehandlungsanlagen erteilt worden ist, gilt als Genehmigung. Bis zum 7. Juli 2015 müssen alle genannten Anlagen den Anforderungen nach § 60 entsprechen.

Die Länder können regeln, dass die Errichtung, der Betrieb und die wesentliche Änderung von Abwasseranlagen einer Anzeige oder Genehmigung bedürfen. Genehmigungserfordernisse nach anderen öffentlich-rechtlichen Vorschriften bleiben unberührt.

Selbstüberwachung bei Abwassereinleitungen und Abwasseranlagen (§ 61)

Wer Abwasser in ein Gewässer oder in eine Abwasseranlage einleitet, ist verpflichtet, das Abwasser nach Maßgabe einer Rechtsverordnung oder der die Abwassereinleitung zulassenden behördlichen Entscheidung durch fachkundiges Personal zu untersuchen oder durch eine geeignete Stelle untersuchen zu lassen (Selbstüberwachung).

Wer eine Abwasseranlage betreibt, ist verpflichtet, ihren Zustand, ihre Funktionsfähigkeit, ihre Unterhaltung und ihren Betrieb sowie Art und Menge des Abwassers und der Abwasserinhaltsstoffe selbst zu überwachen. Er hat nach Maßgabe einer Rechtsverordnung hierüber Aufzeichnungen anzufertigen, aufzubewahren und auf Verlangen der zuständigen Behörde vorzulegen.

Durch Rechtsverordnung können insbesondere Regelungen über die Ermittlung der Abwassermenge, die Häufigkeit und die Durchführung von Probenahmen, Messungen und Analysen einschließlich der Qualitätssicherung, Aufzeichnungs- und Aufbewahrungspflichten sowie die Voraussetzungen getroffen werden, nach denen keine Pflicht zur Selbstüberwachung besteht.

16.1.4 Umgang mit wassergefährdenden Stoffen

Anforderungen an den Umgang mit wassergefährdenden Stoffen (§ 62)

Anlagen zum Lagern, Abfüllen, Herstellen und Behandeln wassergefährdender Stoffe sowie Anlagen zum Verwenden wassergefährdender Stoffe im Bereich der gewerblichen Wirtschaft und im Bereich öffentlicher Einrichtungen müssen so beschaffen sein und so errichtet, unterhalten, betrieben und stillgelegt werden, dass eine nachteilige Veränderung der Eigenschaften von Gewässern nicht zu besorgen ist.

Das Gleiche gilt für Rohrleitungsanlagen, die:

- den Bereich eines Werksgeländes nicht überschreiten,
- Zubehör einer Anlage zum Umgang mit wassergefährdenden Stoffen sind oder
- Anlagen verbinden, die in engem räumlichen und betrieblichen Zusammenhang miteinander stehen.

Für Anlagen zum Umschlagen wassergefährdender Stoffe sowie zum Lagern und Abfüllen von Jauche, Gülle und Silagesickersäften sowie von vergleichbaren in der Landwirtschaft anfallenden Stoffen gilt entsprechendes mit der Maßgabe, dass der bestmögliche Schutz der Gewässer vor nachteiligen Veränderungen ihrer Eigenschaften erreicht wird.

Anlagen dürfen nur entsprechend den allgemein anerkannten Regeln der Technik beschaffen sein sowie errichtet, unterhalten, betrieben und stillgelegt werden.

Wassergefährdende Stoffe sind feste, flüssige und gasförmige Stoffe, die geeignet sind, dauernd oder in einem nicht nur unerheblichen Ausmaß nachteilige Veränderungen der Wasserbeschaffenheit herbeizuführen.

16

Durch Rechtsverordnung können nähere Regelungen erlassen werden über:

- die Bestimmung der wassergefährdenden Stoffe und ihre Einstufung entsprechend ihrer Gefährlichkeit sowie über eine hierbei erforderliche Mitwirkung des Umweltbundesamtes und anderer Stellen,
- Anforderungen an die Beschaffenheit von Anlagen,
- Pflichten bei der Errichtung, der Unterhaltung, dem Betrieb, einschließlich des Befüllens und Entleerens durch Dritte, und der Stilllegung von Anlagen, insbesondere Anzeigepflichten sowie
- Pflichten zur Überwachung und zur Beauftragung von Sachverständigen und Fachbetrieben mit der Durchführung bestimmter Tätigkeiten,
- Anforderungen an Sachverständige und Fachbetriebe, insbesondere im Hinblick auf Fachkunde, Zuverlässigkeit und gerätetechnische Ausstattung.

Weitergehende landesrechtliche Vorschriften für besonders schutzbedürftige Gebiete bleiben unberührt.

Eignungsfeststellung (§ 63)

Anlagen zum Lagern, Abfüllen oder Umschlagen wassergefährdender Stoffe dürfen nur errichtet und betrieben werden, wenn ihre Eignung von der zuständigen Behörde festgestellt worden ist. Eine Eignungsfeststellung kann auch für Anlagenteile oder technische Schutzvorkehrungen erteilt werden. Für die Errichtung von Anlagen, Anlagenteilen und technischen Schutzvorkehrungen gilt entsprechendes.

Vorstehendes gilt nicht:

- für Anlagen zum Lagern und Abfüllen von Jauche, Gülle und Silagesickersäften sowie von vergleichbaren in der Landwirtschaft anfallenden Stoffen,

- wenn wassergefährdende Stoffe:
    - kurzzeitig in Verbindung mit dem Transport bereitgestellt oder aufbewahrt werden und die Behälter oder Verpackungen den Vorschriften und Anforderungen für den Transport im öffentlichen Verkehr genügen,
    - in Laboratorien in der für den Handgebrauch erforderlichen Menge bereitgehalten werden.

Durch Rechtsverordnung kann bestimmt werden, unter welchen Voraussetzungen darüber hinaus keine Eignungsfeststellung erforderlich ist.

Die Eignungsfeststellung entfällt für Anlagen, Anlagenteile oder technische Schutzvorkehrungen:

- die nach den Vorschriften des Bauproduktengesetzes oder anderen Rechtsvorschriften zur Umsetzung von Richtlinien der Europäischen Gemeinschaften, deren Regelungen über die Brauchbarkeit auch Anforderungen zum Schutz der Gewässer umfassen, in Verkehr gebracht werden dürfen und das Kennzeichen der Europäischen Gemeinschaften (CE-Kennzeichen) das sie tragen, nach diesen Vorschriften zulässige Klassen und Leistungsstufen nach Maßgabe landesrechtlicher Vorschriften aufweist,
- bei denen nach den bauordnungsrechtlichen Vorschriften über die Verwendung von Bauprodukten, Bauarten oder Bausätzen auch die Einhaltung der wasserrechtlichen Anforderungen sichergestellt wird,

- die nach immissionsschutzrechtlichen Vorschriften unter Berücksichtigung der wasserrechtlichen Anforderungen der Bauart nach zugelassen sind oder einer Bauartzulassung bedürfen oder
- für die eine Genehmigung nach baurechtlichen Vorschriften erteilt worden ist, sofern bei Erteilung der Genehmigung die wasserrechtlichen Anforderungen zu berücksichtigen sind.

16.1.5 Gewässerschutzbeauftragter

Bestellung von Gewässerschutzbeauftragten (§ 64)

Gewässerbenutzer, die an einem Tag mehr als 750 Kubikmeter Abwasser einleiten dürfen, haben unverzüglich einen oder mehrere Betriebsbeauftragte für Gewässerschutz (Gewässerschutzbeauftragte) zu bestellen (Abb. 16.1).
Die zuständige Behörde kann anordnen, dass:

- die Einleiter von Abwasser in Gewässer, für die eine Pflicht zur Bestellung von Gewässerschutzbeauftragten nicht besteht,
- die Einleiter von Abwasser in Abwasseranlagen,
- die Betreiber von Anlagen,
- die Betreiber von Rohrleitungsanlagen

einen oder mehrere Gewässerschutzbeauftragte zu bestellen haben. Ist nach § 53 des Bundes-Immissionsschutzgesetzes ein Immissionsschutzbeauftragter oder nach § 59 des Kreislaufwirtschaftsgesetzes ein Abfallbeauftragter zu bestellen, so kann dieser auch die Aufgaben und Pflichten eines Gewässerschutzbeauftragten nach diesem Gesetz wahrnehmen.

Aufgaben von Gewässerschutzbeauftragten (§ 65)

Gewässerschutzbeauftragte beraten den Gewässerbenutzer und die Betriebsangehörigen in Angelegenheiten, die für den Gewässerschutz bedeutsam sein können. Sie sind berechtigt und verpflichtet:

- die Einhaltung von Vorschriften, Nebenbestimmungen und Anordnungen im Interesse des Gewässerschutzes zu überwachen, insbesondere durch regelmäßige Kontrolle der Abwasseranlagen im Hinblick auf die Funktionsfähigkeit, den ordnungsgemäßen Betrieb sowie die Wartung, durch Messungen des Abwassers nach Menge und Eigenschaften, sowie durch Aufzeichnungen der Kontroll- und Messergebnisse. Sie haben dem Gewässerbenutzer festgestellte Mängel mitzuteilen und Maßnahmen zu ihrer Beseitigung vorzuschlagen,

- auf die Anwendung geeigneter Abwasserbehandlungsverfahren einschließlich der Verfahren zur ordnungsgemäßen Verwertung oder Beseitigung der bei der Abwasserbehandlung entstehenden Reststoffe hinzuwirken,

- auf die Entwicklung und Einführung von:
  - innerbetrieblichen Verfahren zur Vermeidung oder Verminderung des Abwasseranfalls nach Art und Menge,
  - umweltfreundlichen Produktionen hinzuwirken,

16

- die Betriebsangehörigen über die in dem Betrieb verursachten Gewässerbelastungen sowie über die Einrichtungen und Maßnahmen zu ihrer Verhinderung unter Berücksichtigung der wasserrechtlichen Vorschriften aufzuklären.

Gewässerschutzbeauftragte erstatten dem Gewässerbenutzer jährlich einen schriftlichen Bericht über die getroffenen und beabsichtigten Maßnahmen. Bei EMAS-Standorten ist ein jährlicher Bericht nicht erforderlich, soweit sich gleichwertige Angaben aus dem Bericht über die Umweltbetriebsprüfung ergeben und die Gewässerschutzbeauftragten den Bericht mitgezeichnet haben und mit dem Verzicht auf die Erstellung eines gesonderten jährlichen Berichts einverstanden sind.

Die zuständige Behörde kann im Einzelfall die aufgeführten Aufgaben der Gewässerschutzbeauftragten:

- näher regeln,
- erweitern, soweit es die Belange des Gewässerschutzes erfordern,
- einschränken, wenn dadurch die ordnungsgemäße Selbstüberwachung nicht beeinträchtigt wird.

Weitere anwendbare Vorschriften (§ 66)

Auf das Verhältnis zwischen dem Gewässerbenutzer und den Gewässerschutzbeauftragten finden die §§ 55 bis 58 des Bundes-Immissionsschutzgesetzes entsprechende Anwendung.

Betriebsbeauftragter für Gewässerschutz

Herr/Frau (Name, Vorname)   _____

wird mit Wirkung vom   _____

für das Unternehmen (Name, Sitz, Werk)   _____

_____

zum/zur Betriebsbeauftragten für Gewässerschutz gemäß § 64 Wasserhaushaltsgesetz (WHG) bestellt.

Er/sie nimmt gemäß § 65 WHG folgende Aufgaben wahr:

- Die Einhaltung von Vorschriften, Nebenbestimmungen und Anforderungen im Interesse des Gewässerschutzes zu überwachen, insbesondere durch regelmäßige Kontrollen der Abwasseranlage sowie dem Benutzer festgestellte Mängel mitzuteilen und Maßnahmen zu ihrer Beseitigung vorzuschlagen.

- Auf die Anwendung geeigneter Abwasserbehandlungsverfahren einschließlich der Verfahren zur ordnungsgemäßen Verwertung oder Beseitigung der bei der Abwasserbehandlung entstehenden Reststoffe hinzuwirken.

- Auf die Entwicklung und Einführung von innerbetrieblichen Verfahren zur Vermeidung und Verminderung des Abwasseranfalls nach Art und Menge sowie umweltfreundlichen Produkten hinzuwirken.

- Den Benutzer und die Betriebsangehörigen in Angelegenheiten, die für den Gewässerschutz bedeutsam sein können, zu beraten.

- Dem Benutzer jährlich einen Bericht über die getroffenen und beabsichtigten Maßnahmen zu erstatten.

Der Betriebsbeauftragte für Gewässerschutz berichtet Herrn/Frau

_____

als Verantwortliche(r) der Geschäftsleitung.

Je eine Kopie dieser Bestellurkunde erhalten die zuständige Behörde, der Betriebsrat und die Personalabteilung unseres Unternehmens.

_____	_____
Datum, Ort	Unternehmer/Bevollmächtigter
_____	_____
Gewässerschutzbeauftragter	Betriebsrat

Abb. 16.1: Ernennungsschreiben für den Gewässerschutzbeauftragten

16

16.2   Abwasserverordnung (AbwV)

16.2.1 Anforderungen

Anwendungsbereich (§ 1)

Die Abwasserverordnung bestimmt die Anforderungen, die bei der Erteilung einer Erlaubnis für das Einleiten von Abwasser in Gewässer aus den in den Anhängen bestimmten Herkunftsbereichen mindestens festzusetzen sind.

Anforderungen nach der Verordnung sind in die Erlaubnis nur für diejenigen Parameter aufzunehmen, die im Abwasser zu erwarten sind. Weitergehende Anforderungen nach anderen Rechtsvorschriften bleiben unberührt.

Allgemeine Anforderungen (§ 3)

Soweit in den Anhängen der Abwasserverordnung nichts anderes bestimmt ist, darf eine Erlaubnis für das Einleiten von Abwasser in Gewässer nur erteilt werden, wenn die Schadstofffracht nach Prüfung der Verhältnisse im Einzelfall so gering gehalten wird, wie dies durch Einsatz wassersparender Verfahren bei Wasch- und Reinigungsvorgängen, Indirektkühlung und dem Einsatz von schadstoffarmen Betriebs- und Hilfsstoffen möglich ist.

Die Anforderungen der Verordnung dürfen nicht durch Verfahren erreicht werden, bei denen Umweltbelastungen in andere Umweltmedien wie Luft oder Boden entgegen dem Stand der Technik verlagert werden. Als Konzentrationswerte festgelegte Anforderungen dürfen nicht entgegen dem Stand der Technik durch Verdünnung erreicht werden.

Sind Anforderungen vor der Vermischung festgelegt, darf eine Vermischung zum Zwecke der gemeinsamen Behandlung zugelassen werden, wenn insgesamt mindestens die gleiche Verminderung der Schadstofffracht je Parameter wie bei getrennter Einhaltung der jeweiligen Anforderungen erreicht wird.

Sind Anforderungen für den Ort des Anfalls von Abwasser festgelegt, ist eine Vermischung erst zulässig, wenn diese Anforderungen eingehalten werden. Werden Abwasserströme, für die unterschiedliche Anforderungen gelten, gemeinsam eingeleitet, ist für jeden Parameter die jeweils maßgebende Anforderung durch Mischungsrechnung zu ermitteln.

Analysen- und Messverfahren (§ 4)

Die in der Anlage und den Anhängen der AbwV (Abb. 16.2) genannten Deutschen Einheitsverfahren zur Wasser-, Abwasser- und Schlammuntersuchung, DIN-, DIN EN-, DIN EN ISO-Normen und technische Regeln der Wasserchemischen Gesellschaft werden vom Beuth Verlag GmbH, Berlin, und von der Wasserchemischen Gesellschaft in der Gesellschaft Deutscher Chemiker, Wiley-VCH Verlag, Weinheim (Bergstraße), herausgegeben.

Die genannten Verfahrensvorschriften sind beim Deutschen Patentamt in München archivmäßig gesichert niedergelegt. In der Erlaubnis können andere, gleichwertige Verfahren festgesetzt werden.

Anhang	Bereich	Datum
Anhang 1	Häusliches und kommunales Abwasser	17.06.2004
Anhang 2	Braunkohle-Brikettfabrikation	17.06.2004
Anhang 3	Milchverarbeitung	17.06.2004
Anhang 4	Ölsaatenaufbereitung, Speisefett- und Speiseölraffination	17.06.2004
Anhang 5	Herstellung von Obst- und Gemüseprodukten	17.06.2004
Anhang 6	Herstellung von Erfrischungsgetränken und Getränkeabfüllung	17.06.2004
Anhang 7	Fischverarbeitung	17.06.2004
Anhang 8	Kartoffelverarbeitung	17.06.2004
Anhang 9	Herstellung von Beschichtungsstoffen und Lackharzen	17.06.2004
Anhang 10	Fleischwirtschaft	17.06.2004
Anhang 11	Brauereien	17.06.2004
Anhang 12	Herstellung von Alkohol und alkoholischen Getränken	17.06.2004
Anhang 13	Holzfaserplatten	17.06.2004
Anhang 14	Trocknung pflanzlicher Produkte für die Futtermittelindustrie	17.06.2004
Anhang 15	Herstellung von Hautleim, Gelatine und Knochenleim	17.06.2004
Anhang 16	Steinkohlenaufbereitung	17.06.2004
Anhang 17	Herstellung keramischer Erzeugnisse	17.06.2004
Anhang 18	Zuckerherstellung	17.06.2004
Anhang 19	Zellstofferzeugung	17.06.2004
Anhang 20	Verarbeitung tierischer Nebenprodukte	19.10.2007
Anhang 21	Mälzereien	17.06.2004
Anhang 22	Chemische Industrie	17.06.2004
Anhang 23	Anlagen zur biologischen Behandlung von Abfällen	17.06.2004
Anhang 24	Eisen-, Stahl- und Tempergießerei	17.06.2004
Anhang 25	Lederherstellung, Pelzveredelung, Lederfaserstoffherstellung	17.06.2004
Anhang 26	Steine und Erde	17.06.2004
Anhang 27	Behandlung von Abfällen durch chemische und physikalische Verfahren (CP-Anlagen) sowie Altölaufbereitung	17.06.2004

16

Anhang	Bereich	Datum
Anhang 28	Herstellung von Papier und Pappe	17.06.2004
Anhang 29	Eisen- und Stahlerzeugung	17.06.2004
Anhang 31	Wasseraufbereitung, Kühlsysteme, Dampferzeugung	17.06.2004
Anhang 32	Verarbeitung von Kautschuk und Latizes, Herstellung und Verarbeitung von Gummi	17.06.2004
Anhang 33	Wäsche von Abgasen aus der Verbrennung von Abfällen	17.06.2004
Anhang 36	Herstellung von Kohlenwasserstoffen	17.06.2004
Anhang 37	Herstellung anorganischer Pigmente	17.06.2004
Anhang 38	Textilherstellung, Textilveredelung	17.06.2004
Anhang 39	Nichteisenmetallherstellung	17.06.2004
Anhang 40	Metallbearbeitung, Metallverarbeitung	17.06.2004
Anhang 41	Herstellung und Verarbeitung von Glas und künstlichen Mineralfasern	17.06.2004
Anhang 42	Alkalichloridelektrolyse	17.06.2004
Anhang 43	Herstellung von Chemiefasern, Folien und Schwammtuch nach dem Viskoseverfahren sowie von Celluloseacetat- fasern	17.06.2004
Anhang 45	Erdölverarbeitung	17.06.2004
Anhang 46	Steinkohleverkokung	17.06.2004
Anhang 47	Wäsche von Rauchgasen aus Feuerungsanlagen	17.06.2004
Anhang 48	Verwendung bestimmter gefährlicher Stoffe	17.06.2004
Anhang 49	Mineralölhaltiges Abwasser	17.06.2004
Anhang 50	Zahnbehandlung	17.06.2004
Anhang 51	Oberirdische Ablagerung von Abfällen	17.06.2004
Anhang 52	Chemische Reinigung	17.06.2004
Anhang 53	Fotografische Prozesse (Silberhalogenid-Fotografie)	17.06.2004
Anhang 54	Herstellung von Halbleiterbauelementen	17.06.2004
Anhang 55	Wäschereien	17.06.2004
Anhang 56	Herstellung von Druckformen, Druckerzeugnissen und grafischen Erzeugnissen	17.06.2004
Anhang 57	Wollwäschereien	17.06.2004

Abb. 16.2: Anhänge der Abwasserverordnung

Bezugspunkt der Anforderungen (§ 5)

Die Anforderungen beziehen sich auf die Stelle, an der das Abwasser in das Gewässer eingeleitet wird, und, soweit in den Anhängen zu der Verordnung bestimmt, auch auf den Ort des Anfalls des Abwassers oder den Ort vor seiner Vermischung. Der Einleitungsstelle steht der Ablauf der Abwasseranlage, in der das Abwasser letztmalig behandelt wird, gleich. Ort vor der Vermischung ist auch die Einleitungsstelle in eine öffentliche Abwasseranlage.

Einhaltung der Anforderungen (§ 6)

Ist ein nach der AbwV festgesetzter Wert nach dem Ergebnis einer Überprüfung im Rahmen der staatlichen Überwachung nicht eingehalten, gilt er dennoch als eingehalten, wenn die Ergebnisse dieser und der vier vorausgegangenen staatlichen Überprüfungen in vier Fällen den jeweils maßgebenden Wert nicht überschreiten und kein Ergebnis den Wert um mehr als 100 Prozent übersteigt. Überprüfungen, die länger als drei Jahre zurückliegen, bleiben unberücksichtigt.

Für die Einhaltung eines in der wasserrechtlichen Zulassung festgesetzten Wertes ist die Zahl der in der Verfahrensvorschrift genannten signifikanten Stellen des zugehörigen Analysen- und Messverfahrens zur Bestimmung des jeweiligen Parameters maßgebend. Die in den Anhängen der AbwV festgelegten Werte berücksichtigen die Messunsicherheiten der Analysen- und Probenahmeverfahren.

Ein in der wasserrechtlichen Zulassung festgesetzter Wert für den Chemischen Sauerstoffbedarf (CSB) gilt auch als eingehalten, wenn der vierfache Wert des gesamten organisch gebundenen Kohlenstoffs (TOC), bestimmt in Milligramm je Liter, diesen Wert nicht überschreitet. Ein in der wasserrechtlichen Zulassung festgesetzter Wert für die Giftigkeit gegenüber Fischeiern, Daphnien, Algen und Leuchtbakterien gilt auch als eingehalten, wenn die Überschreitung dieses festgesetzten Wertes auf dem Gehalt an Sulfat und Chlorid beruht.

16.2.2 Metallbearbeitung (Anhang 40)

Anwendungsbereich

Dieser Anhang gilt für Abwasser, dessen Schadstofffracht im Wesentlichen aus den folgenden Herkunftsbereichen einschließlich der zugehörigen Vor-, Zwischen- und Nachbehandlung stammt:

- Galvanik,
- Beizerei,
- Anodisierbetrieb,
- Brüniererei,
- Feuerverzinkerei, Feuerverzinnerei,
- Härterei,
- Leiterplattenherstellung,
- Batterieherstellung,
- Emaillierbetrieb,
- mechanische Werkstätte,
- Gleitschleiferei,
- Lackierbetrieb.

16

Dieser Anhang gilt nicht für Abwasser aus Kühlsystemen und aus der Betriebswasseraufbereitung sowie für Niederschlagswasser.

Allgemeine Anforderungen

Die Schadstofffracht ist so gering zu halten, wie dies durch folgende Maßnahmen möglich ist:

- Behandlung von Prozessbädern mittels geeigneter Verfahren wie Membranfiltration, Ionenaustauscher, Elektrolyse, thermische Verfahren, um eine möglichst lange Standzeit der Prozessbäder zu erreichen,
- Rückhalten von Badinhaltsstoffen mittels geeigneter Verfahren wie verschleppungsarmer Warentransport, Spritzschutz, optimierte Badzusammensetzung,
- Mehrfachnutzung von Spülwasser mittels geeigneter Verfahren wie Kaskadenspülung, Kreislaufspültechnik mittels Ionenaustauscher,
- Rückgewinnen oder Rückführen von dafür geeigneten Badinhaltsstoffen aus Spülbädern in die Prozessbäder,
- Rückgewinnen von Ethylendiamintetraessigsäure (EDTA) und ihren Salzen aus chemischen Kupferbädern und deren Spülbädern.

Anforderungen an das Abwasser für die Einleitungsstelle

An das Abwasser aus einem der genannten Herkunftsbereiche werden für die Einleitungsstelle in das Gewässer folgende Anforderungen gestellt (Abb. 16.3).

Herkunftsbereiche		1	2	3	4	5	6	7	8	9	10	11	12
		Qualifizierte Stichprobe oder 2-Stunden-Mischprobe											
Aluminium	mg/L	3	3	3	-	-	-	-	-	2	3	3	3
Stickstoff aus Ammonium-verbindungen	mg/L	100	30	-	30	30	50	50	50	20	30	-	-
Chemischer Sauerstoffbedarf	mg/L	400	100	100	200	200	400	600	200	100	400	400	300
Eisen	mg/L	3	3	-	3	3	-	3	3	3	3	3	3
Fluorid	mg/L	50	20	50	-	50	-	50	-	50	30	-	-
Stickstoff aus Nitrit	mg/L	-	5	5	5	-	5	-	-	5	5	-	-
Kohlenwasser-stoffe	mg/L	10	10	10	10	10	10	10	10	10	10	10	10
Phosphor	mg/L	2	2	2	2	2	2	2	2	2	2	2	2
Giftigkeit gegenüber Fischeiern	G_{Ei}	6	4	2	6	6	6	6	6	4	6	6	6

Abb. 16.3: Anforderungen an das Abwasser für die Einleitungsstelle

Anforderungen an das Abwasser vor Vermischung

An das Abwasser aus einem der genannten Herkunftsbereiche werden vor der Vermischung mit anderem Abwasser folgende Anforderungen gestellt (Abb. 16.4).

Herkunftsbereiche		1	2	3	4	5	6	7	8	9	10	11	12
		Qualifizierte Stichprobe oder 2-Stunden-Mischprobe											
AOX	mg/L	1	1	1	1	1	1	1	1	1	1	1	1
Arsen	mg/L	0,1	-	-	-	-	-	0,1	0,1	-	-	-	-
Barium	mg/L	-	-	-	-	-	2	-	-	-	-	-	-
Blei	mg/L	0,5	-	-	-	0,5	-	0,5	0,5	0,5	0,5	-	0,5
Cadmium	mg/L	0,2	-	-	-	0,1	-	-	0,2	0,2	0,1	-	0,2
	kg/t	0,3	-	-	-	-	-	-	1,5	-	-	-	-
freies Chlor	mg/L	0,5	0,5	-	0,5	-	0,5	-	-	-	0,5	-	-
Chrom	mg/L	0,5	0,5	0,5	0,5	-	-	0,5	-	0,5	0,5	0,5	0,5
Chrom (VI)	mg/L	0,1	0,1	0,1	0,1	-	-	0,1	-	0,1	0,1	-	0,1
Cyanid, leicht freisetzbar	mg/L	0,2	-	-	-	-	1	0,2	-	-	0,2	-	-
Cobalt	mg/L	-	-	1	-	-	-	-	-	1	-	-	-
Kupfer	mg/L	0,5	0,5	-	-	-	-	0,5	0,5	0,5	0,5	0,5	0,5
Nickel	mg/L	0,5	0,5	-	0,5	-	-	0,5	0,5	0,5	0,5	0,5	0,5
Quecksilber	mg/L	-	-	-	-	-	-	-	0,05	-	-	-	-
	kg/t	-	-	-	-	-	-	-	0,03	-	-	-	-
Selen	mg/L	-	-	-	-	-	-	-	-	1	-	-	-
Silber	mg/L	0,1	-	-	-	-	-	0,1	0,1	-	-	-	-
Sulfid	mg/L	1	1	-	1	-	-	1	1	1	-	-	-
Zinn	mg/L	2	-	2	-	2	-	2	-	-	-	-	-
Zink	mg/L	2	2	2	-	2	-	-	2	2	2	2	2

Abb. 16.4: Anforderungen an das Abwasser vor der Vermischung

Die Anforderungen an AOX und Freies Chlor sowie alle Anforderungen bei Chargenanlagen beziehen sich auf die Stichprobe. Bei chemisch-reduktiver Nickelabscheidung gilt für Nickel ein Wert von 1 mg/L. Beim Galvanisieren von Glas gelten nur die Anforderungen für Kupfer und Nickel. Bei Primärzellenfertigung (Herkunftsbereich 8) gilt für Cadmium ein Wert von 0,1 mg/L. Die Anforderung an AOX in den Herkunftsbereichen Galvanik und mechanische Werkstätten gilt auch als eingehalten, wenn:

- die in der Produktion eingesetzten Hydrauliköle, Befettungsmittel und Wasserverdränger keine organischen Halogenverbindungen enthalten,

- die in der Produktion und bei der Abwasserbehandlung eingesetzte Salzsäure keine höhere Verunreinigung durch organische Halogenverbindungen und Chlor aufweist, als nach DIN 19610 für Salzsäure zur Aufbereitung von Betriebswasser zulässig ist,

- die bei der Abwasserbehandlung eingesetzten Eisen- und Aluminiumsalze keine höhere Belastung an organischen Halogenverbindungen aufweisen als 100 Milligramm, bezogen auf ein Kilogramm Eisen bzw. Aluminium in den eingesetzten Behandlungsmitteln,

- nach Prüfung der Möglichkeit im Einzelfall
  - cyanidische Bäder durch cyanidfreie ersetzt sind,
  - Cyanide ohne Einsatz von Natriumhypochlorit entgiftet werden und
  - nur Kühlschmierstoffe eingesetzt werden, in denen organische Halogenverbindungen nicht enthalten sind.

Anforderungen an das Abwasser für den Ort des Anfalls

Das Abwasser darf nur diejenigen halogenierten Lösemittel enthalten, die nach der Zweiten Verordnung zur Durchführung des Bundes-Immissionsschutzgesetzes in der jeweiligen Fassung eingesetzt werden dürfen. Diese Anforderung gilt auch als eingehalten, wenn der Nachweis erbracht wird, dass nur zugelassene halogenierte Lösemittel eingesetzt werden. Im Übrigen ist für LHKW (Summe aus Trichlorethen; Tetrachlorethen; 1,1,1-Trichlorethen; Dichlormethan – gerechnet als Chlor) ein Wert von 0,1 mg/L in der Stichprobe einzuhalten.

Für quecksilberhaltiges Abwasser ist ein Wert von 0,05 mg/L Quecksilber in der qualifizierten Stichprobe oder der 2-Stunden-Mischprobe einzuhalten. Das Abwasser aus Entfettungsbädern, Entmetallisierungsbädern und Nickelbädern darf kein EDTA enthalten. Für das Abwasser aus cadmiumhaltigen Bädern einschließlich Spülen ist ein Wert von 0,2 mg/L Cadmium in der qualifizierten Stichprobe oder der 2-Stunden-Mischprobe einzuhalten. Ort des Anfalls des Abwassers ist der Ablauf der Vorbehandlungsanlage für den jeweiligen Parameter.

16.3   Indirekteinleiterverordnung (IndVO) am Beispiel Baden-Württemberg

Anforderungen nach der Abwasserverordnung (§ 2)

Bei Abwasser, für das in der Abwasserverordnung (AbwV) für den Ort des Anfalls des Abwassers oder vor seiner Vermischung Anforderungen festgelegt sind, gelten diese und die allgemeinen Anforderungen und Regelungen der Abwasserverordnung auch für Indirekteinleiter. Soweit keine Anforderungen zu stellen sind, ist die Schadstofffracht des Abwassers so gering zu halten, wie dies bei Einhaltung des Standes der Technik möglich ist, sofern in der nachgeschalteten öffentlichen Abwasseranlage die geforderte Schadstoffreduzierung nicht erreicht wird.

Genehmigungspflicht (§ 5)

Abwasser, für das Anforderungen bestimmt sind, darf nur mit Genehmigung der unteren Wasserbehörde in öffentliche Abwasseranlagen eingeleitet werden. Die Genehmigungspflicht entfällt, wenn das Abwasser vor seiner Einleitung in die öffentliche Abwasseranlage:

- in einer nach § 45e WG Baden-Württemberg genehmigten Anlage behandelt wird und in dieser Genehmigung die Anforderungen an die Einleitung des Abwassers nach §§ 2 oder 3 festgelegt sind, oder
- in einer nach § 45e WG Baden-Württemberg genehmigungsfreien, aber nach anderen Vorschriften zugelassenen Anlage behandelt wird und nach dieser Zulassung die Anforderungen nach §§ 2 oder 3 aufgrund der Behandlung als eingehalten gelten, oder
- die in Abbildung 16.5 für die Stoffe und Stoffgruppen genannten Konzentrationen oder Frachten unterschreitet.

Einleitungsverbote, Einleitungsbeschränkungen und Überwachungsregelungen nach kommunalem Satzungsrecht bleiben unberührt.

Stoff oder Stoffgruppe	Konzentration mg/L	Fracht g/h
adsorbierbare organische gebundene Halogene (AOX) in der Originalprobe, angegeben als Chlorid	0,5	10
Arsen in der Originalprobe	0,05	1
Blei in der Originalprobe	0,2	8
Cadmium in der Originalprobe	0,02	0,4
Chlor, gesamt	0,2	4
chlorierte Kohlenwasserstoffe (Trichlorethan, Trichlorethen, Tetrachlorethen und Trichlormethan)	0,1	0,2
	in der Summe der Einzelstoffe	
Chrom in der Originalprobe	0,2	8
Cyanid, leicht freisetzbar	0,1	2
Kupfer in der Originalprobe	0,3	12
Nickel in der Originalprobe	0,2	6
Quecksilber in der Originalprobe	0,005	0,1
Silber in der Originalprobe	0,1	6
Zink in der Originalprobe	0,5	20

Abb. 16.5: Schwellenwerte für die Genehmigungspflicht

Die Schwellenwerte beziehen sich auf die nach § 4 AbwV maßgeblichen Analysen- und Messverfahren oder gleichwertige Untersuchungsmethoden. Die Schwellenwerte für die Schadstofffracht in Gramm/Stunde werden aus der qualifizierten Stichprobe für das in einer Stunde anfallende Abwasser hochgerechnet.

16

16.4   Die Eigenkontrollverordnung für Baden-Württemberg

Überwachung von Einleitungen und Abwasseranlagen, Eigenkontrolle, Verringerung der Schadstofffrachten (§ 83 Wassergesetz Baden-Württemberg)

Wer Stoffe in Gewässer oder in eine öffentliche Abwasseranlage einleitet oder einbringt oder zum Zweck der Beseitigung versickert, verregnet, verrieselt oder sonst aufbringt, hat diese Stoffe nach Anordnung der Wasserbehörde durch anerkannte Sachverständige oder sachverständige Stellen untersuchen zu lassen.

Wer Abwasseranlagen betreibt, hat diese regelmäßig zu überprüfen und mit Überwachungseinrichtungen auszurüsten, mit denen er die Leistung der Anlagen und die Beschaffenheit und Menge des Abwassers feststellen kann (Eigenkontrolle). Die Wasserbehörde kann die Eigenkontrolle von gewerblichen Betrieben auf die für die Menge und Beschaffenheit des Abwassers erhebliche Produktion, die dortigen Einsatzstoffe, den Ort des Anfalls des Abwassers oder den Abwasserteilstrom vor der Vermischung erstrecken und anordnen, dass ein Verzeichnis der für die Beschaffenheit des Abwassers und die Schadstofffrachten erheblichen innerbetrieblich verwendeten Einsatzstoffe zu führen ist. Die Ergebnisse der Eigenkontrolle sollen bei der behördlichen Überwachung berücksichtigt werden.

Wer öffentliche Kanalisationen betreibt, hat ein Verzeichnis der Betriebe zu führen, von deren Abwasseranfall nach Beschaffenheit und Menge ein erheblicher Einfluss auf die Abwasseranlagen, deren Wirksamkeit, Betrieb oder Unterhaltung oder auf das Gewässer zu erwarten ist (Indirekteinleiterkataster). Die Betriebe sind verpflichtet, die erforderlichen Angaben zu machen. Das Verzeichnis ist der Wasserbehörde auf Verlangen zu übermitteln.

Geltungsbereich (§ 1)

Die Eigenkontrolle von Abwasseranlagen und des von Einleitungen aus Abwasseranlagen beeinflussten Gewässers bestimmt sich nach dieser Verordnung. Ausgenommen sind:

- Abwasserbehandlungsanlagen für häusliches Abwasser, bei denen der Abwasseranfall 8 m^3 täglich nicht übersteigt,
- Abwasseranlagen zum Anschluss von häuslichem Abwasser an öffentliche Kanalisationen (Hausanschlüsse) und
- Leichtstoffabscheider, die für einen Abwasserdurchfluss unter 10 L/s ausgelegt sind.

Eigenkontrolle (§ 2)

Wer Abwasseranlagen betreibt, hat Prüfungen, Untersuchungen, Messungen und Auswertungen durchzuführen und die hierzu erforderlichen Kontrolleinrichtungen und Geräte zu verwenden. Der Betreiber einer Abwasseranlage kann sich zur Erfüllung seiner Pflichten Dritter bedienen. Bei Betriebsstandorten, die in ein Standortverzeichnis nach der EG-Öko-Audit-Verordnung eingetragen sind, kann die Eigenkontrolle, insbesondere hinsichtlich von Prüfungen, Auswertungen und Dokumentationen, auch im Rahmen von Umweltbetriebsprüfungen erfolgen, wenn die Bestimmungen dieser Verordnung eingehalten werden. Auf Angaben in einer Umwelterklärung kann Bezug genommen werden.

Mit der Eigenkontrolle wird die Einhaltung der die Abwasseranlage und die Einleitung betreffenden wasserrechtlichen Vorschriften und Verpflichtungen nachgewiesen. Die Wasserbehörden haben darüber zu wachen, dass die Eigenkontrolle den Bestimmungen der Eigenkontrollverordnung entspricht.

Betriebsdokumentation und Mitteilungspflichten (§ 3)

Die Ergebnisse der Eigenkontrolle sowie Störungen und besondere Vorkommnisse sind zu dokumentieren (Betriebsdokumentation). Die Betriebsdokumentation kann mit Hilfe der elektronischen Datenverarbeitung erstellt werden und ist der Wasserbehörde und der technischen Fachbehörde auf Verlangen vorzulegen.

Die Betriebsdokumentation ist mindestens vierteljährlich vom Gewässerschutzbeauftragten zu bestätigen. Ist ein solcher nicht bestellt, ist die Betriebsdokumentation von einem Mitglied der Geschäftsleitung oder einem leitenden Angestellten, bei Körperschaften des öffentlichen Rechts vom vertretungsberechtigten Organ oder seinem Vertreter, zu bestätigen.

Der Betreiber einer Abwasseranlage hat Störungen und besondere Vorkommnisse, die eine erhebliche Beeinträchtigung der Reinigungsleistung oder eine wesentliche nachteilige Veränderung des Gewässers besorgen lassen, der unteren Wasserbehörde unverzüglich anzuzeigen und zu dokumentieren. Bei Indirekteinleitungen ist zusätzlich die beseitigungspflichtige Körperschaft zu benachrichtigen.

Ausnahmen (§ 4)

Die Wasserbehörde soll von den Bestimmungen der Eigenkontrollverordnung im Einzelfall Ausnahmen zulassen, wenn eine gleichwertige Eigenkontrolle gewährleistet ist. Dies gilt insbesondere dann, wenn durch den Anlagenbetreiber besondere Maßnahmen zur Qualitätssicherung durchgeführt werden, oder für Betriebsstandorte, die in ein Standortverzeichnis nach der EG-Öko-Audit-Verordnung eingetragen sind.

16.4.1 Anforderungen an kommunale Abwasseranlagen

Kanalisationen

Kanalisationen sind regelmäßig daraufhin zu überprüfen, ob sie den allgemein anerkannten Regeln der Technik entsprechen. Die Überprüfungen und erforderlichen Sanierungen sind nach wasserwirtschaftlichen Dringlichkeiten durchzuführen. Die Überprüfungen sind spätestens vor Ablauf der in Abbildung 16.6 genannten Fristen durchzuführen. Die Fristen für die Wiederholungsprüfungen beginnen am 1. Januar 2001, es sei denn es wurde eine Ausnahme erteilt. In diesem Fall beginnen die Fristen für die Wiederholungsprüfung mit Abschluss der Erstinspektion. Bei Anwendung von methodischen Zustandsprognosen kann die Wasserbehörde Ausnahmen von den Fristen zulassen, insbesondere diese verlängern.

Regenwasserbehandlungs- und Regenwasserentlastungsanlagen

Die Eigenkontrolle umfasst die Sichtkontrolle von Einlauf, Überläufen und Ablauf der Anlagen auf Ablagerungen und Verstopfungen und die Funktionskontrolle der technischen Ausrüstung, Messgeräten und Drosseleinrichtungen. Die Kontrollen sollen insbesondere nach Belastung der Anlagen durch Regenereignisse, mindestens jedoch bei Regenüberlaufbecken zweimonatlich, bei sonstigen Anlagen vierteljährlich, durchgeführt werden. An der Einleitungsstelle in das Gewässer

16

sind vierteljährlich Sichtkontrollen auf Auffälligkeiten, wie z.B. Ablagerungen, An- und Abschwemmungen, Geruch und Färbung, durchzuführen.

Lage/Zustand \ Art	Wasserschutz-gebiet	saniert oder schadensfrei	nicht saniert
Misch- und Schmutzwasserkanäle	10 Jahre (Zone I u. II) 15 Jahre (Zone III)	15 Jahre	10 Jahre
Regenwasserkanäle für behandlungsbedürftiges Niederschlagswasser	15 Jahre	20 Jahre	15 Jahre

Abb. 16.6: Fristen für die Wiederholungsprüfung

Probenahme Abwasserbehandlungsanlagen

Probenahmen, Messungen und Untersuchungen sind unabhängig von Zulaufbedingungen und Witterungsverhältnissen durchzuführen. Abwasserproben sind an folgenden Stellen zu entnehmen:

- im Zulauf nach der Rechenanlage oder nach dem Sandfang,
- im Ablauf der Vorklärung, ohne dass Rücklaufschlamm- oder Rezirkulationsströme erfasst werden,
- im Ablauf in der Regel nach der letzten Behandlungseinheit.

Rückstau darf an den Probenahmestellen nicht auftreten. Bei Abwasserbehandlungsanlagen ab einer Ausbaugröße von 5001 Einwohnerwerten (EW) sind in der Regel die Abwasserproben im Zu- und Ablauf volumen- oder durchflussproportional über 24 Stunden zu entnehmen. Bei Abwasseranlagen bis 5000 Einwohnerwerten genügen zeitversetzte qualifizierte Stichproben. Bei der biologischen Stufe und der Nachklärung sind die Abwasserproben bei allen Größenklassen, jeweils zu verschiedenen Tageszeiten, als Stichproben zu entnehmen.

Untersuchungsparameter und Untersuchungsverfahren

Neben den Analysen- und Messverfahren nach der Anlage zu § 4 der Verordnung über Anforderungen an das Einleiten von Abwasser in Gewässer (Abwasserverordnung) können auch andere geeignete Analyse- und Messverfahren, z.B. Schnellanalyseverfahren und Betriebsmethoden angewendet werden, wenn mit diesen die Einhaltung der wasserrechtlichen Anforderungen sicher beurteilt werden kann. Bei der ablaufbezogenen Eigenkontrolle ist jedoch mindestens einmal pro Jahr eine Abwasserprobe nach einem Verfahren nach der Anlage nach § 4 der Abwasserverordnung zu untersuchen (Parallelprobe).

Bestimmung von Einzelparametern

Sofern im wasserrechtlichen Bescheid keine abweichenden Vorgaben festgelegt sind, kann wie folgt untersucht werden:

Aus der nicht abgesetzten, homogenisierten Abwasserprobe:

- CSB, TOC, N_{ges} und P_{ges}

Aus der Originalabwasserprobe:

- pH-Wert, Temperatur und Sauerstoffgehalt mit Messgerät

Aus der filtrierten Abwasserprobe:

- NH_4-N, NO_3-N und NO_2-N

Bei kontinuierlicher Bestimmung durch fest eingebaute, selbstschreibende Messgeräte ist das Messgerät mindestens monatlich zu überprüfen und zu justieren.

Qualitätssicherung

Probenahmen und Analysen sind unter Beachtung der Regelungen für die analytische Qualitätssicherung (AQS) durchzuführen. Messungen sind auf Plausibilität zu prüfen, die Plausibilitätsprüfungen sind zu dokumentieren.

Rückstellproben

Wer eine Abwasserbehandlungsanlage betreibt, hat aus dem Zulauf und dem Ablauf der Anlage Abwasserrückstellproben zu entnehmen. Die Rückstellproben sind bei Anlagen ab einer Ausbaugröße von 5001 Einwohnerwerten täglich im Zu- und Ablauf der Anlage volumen- oder durchflussproportional über 24 Stunden zu entnehmen und fünf Tage unter Lichtausschluss bei einer Lagertemperatur unter 5 °C aufzubewahren. Die Rückstellproben sind zu kennzeichnen (Bezeichnung der Anlage, Probenehmer, Entnahmestelle, -datum und -zeit).

Abwasserdurchflussmessung

Die Abwasserdurchflussmessung erfolgt:

- bei Anlagen ab 100 EW bis 999 EW mit Hilfe eines Messwehres z.B. als fester Einbau oder Steckschieber,
- bei Anlagen ab 1000 EW durch Messgeräte mit selbstschreibendem Anzeigegerät und uhrzeitsynchronem Zählwerk oder magnetisch-induktive Durchflussmesseinrichtung (MID) bzw. gleichwertige Verfahren. Die Messeinrichtung ist mindestens vierteljährlich zu überprüfen und zu justieren und zudem mindestens alle fünf Jahre durch einen Sachverständigen oder Sachkundigen überprüfen zu lassen.

Die für Durchflussmessungen erforderlichen Messstellen sind möglichst so anzuordnen, dass nur das behandelte Abwasser ohne interne Teilströme erfasst wird.

16

Indirekteinleiterkataster

Das Indirekteinleiterkataster besteht aus Angaben über die Betriebe nach § 83 Abs. 3 WG Baden-Württemberg, insbesondere über den Namen der Betriebe, der Verantwortlichen, die Art und den Umfang der Produktion, die eingeleitete Abwassermenge, die Art der Abwasservorbehandlungsanlage sowie die Hauptabwasserinhaltsstoffe. Die Betriebe sind in einem Übersichtsplan, der die öffentlichen Abwasseranlagen enthält, zu kennzeichnen. Das Indirekteinleiterkataster ist jährlich zu aktualisieren.

Betriebsdokumentation

Die Betriebsdokumentation umfasst die Ergebnisse der Eigenkontrolle. Sie ist 3 Jahre aufzubewahren. Daneben sind folgende Angaben aufzunehmen:

- täglicher Schwankungsbereich der kontinuierlich zu messenden Abwasserparameter,
- Zeitpunkt der Überprüfung der Messgeräte mit Angabe der Prüfungsergebnisse, der vorgenommenen Auswechselungen und Reparaturen,
- Zeitpunkt der Kontrollen durch Behörden, amtlich anerkannte Sachverständige oder Sachkundige,
- Ergebnisse der Gewässerbeobachtung.

Bei Abwasseranlagen mit einer Ausbaugröße größer als 5000 EW sind Abwasseranfall, chemischer Sauerstoffbedarf, Gesamtstickstoff, Ammoniumstickstoff und Nitratstickstoff in Form eines Leistungsbildes aufzutragen. Dies gilt auch für Phosphor bei Anlagen, die für die Phosphorelimination ausgestattet sind. Das Leistungsbild soll über ein Kalenderjahr bilanziert werden.

16.4.2 Anforderungen an industrielle Abwasseranlagen

Regenwasserbehandlungs- und Regenwasserentlastungsanlagen

Die Eigenkontrolle umfasst die Sichtkontrolle von Einlauf, Überläufen und Ablauf der Anlagen auf Ablagerungen und Verstopfungen und die Funktionskontrolle der technischen Ausrüstung, Messgeräte und Drosseleinrichtungen. Die Kontrollen sollen insbesondere nach Belastung der Anlagen durch Regenereignisse, mindestens jedoch bei Regenüberlaufbecken zweimonatlich, bei sonstigen Anlagen vierteljährlich, durchgeführt werden.

Kontrolle des Oberflächengewässers bei Direkteinleitern

An der Einleitungsstelle sind monatlich, bei Regenwassereinleitungen vierteljährlich, Sichtkontrollen auf Auffälligkeiten, wie z.B. Ablagerungen, An-/Abschwemmungen, Geruch, Färbung, durchzuführen.

Einsatzstoffliste

Wer eine Abwasserbehandlungsanlage betreibt, hat bei der Überprüfung der Anlage die für deren Reinigungsleistung sowie gegebenenfalls die für andere Anlagen oder das von ihr beeinflusste Gewässer erheblichen Schadstoffe und Schadstofffrachten zu untersuchen. Um diese feststellen zu können, sind neben den anlagen- und ablaufbezogenen Eigenkontrollen an den innerbetrieblichen Anfallstellen die in der Produktion eingesetzten abwasserrelevanten Stoffe und die bei der

Abwasserbehandlung eingesetzten Stoffe, wenn ihre jährliche Verbrauchsmenge 10 kg und mehr beträgt, in einer Einsatzstoffliste zu erfassen. Die Einsatzstoffliste muss mindestens folgende Angaben enthalten:

- Einsatzbereiche,
- Einsatzstoff (Handelsname, chemische Bezeichnung),
- Einsatzbereich, Produktionsprozess, Abwasseranfallstelle,
- Verbrauch (kg/a),
- Biologische Abbaubarkeit/Eliminierbarkeit (%-Angabe mit zugehörigem Testverfahren),
- Sicherheitsdatenblatt.

Dokumentationen aus anderen Bereichen können mit einbezogen werden, sofern die oben angeführten, relevanten Angaben jederzeit aggregierbar und zugänglich sind. Die Einsatzstoffliste ist bei einer wesentlichen Änderung, mindestens jedoch jährlich, zu aktualisieren.

Abwasserherkunftsliste

Ferner sind ab einem täglichen Abwasseranfall von 100 m^3 folgende Überprüfungen an den Abwasseranfallstellen durchzuführen:

- Abwasseranfall nach Art, Beschaffenheit, Menge und spezifischer Abwasserfracht,
- Betriebsvorgänge, bei denen spezifisch belastetes Abwasser oder Kühlwasser anfällt,
- Besonderheiten, Mängel, mögliche Abhilfemaßnahmen.

Die Ergebnisse der Überprüfungen sind in einer Abwasserherkunftsliste mit Namen des Prüfenden und Datum der Prüfung zu erfassen. Die Abwasserherkunftsliste ist bei einer wesentlichen Änderung, mindestens jedoch jährlich, zu aktualisieren. Dabei sind insbesondere Verbesserungsmöglichkeiten zur Abwassertrennung und zur Teilstrombehandlung sowie mögliche Maßnahmen zur Vermeidung und Verminderung der Schadstofffrachten zu prüfen. Das Ergebnis der Prüfung ist zu dokumentieren.

Anlagenbezogene Eigenkontrollen

Die Einteilung der Größenklassen und die Zuordnung der Abwasserbehandlungsanlagen erfolgt nach der im wasserrechtlichen Bescheid zugelassenen Abwassermenge. Ist diese nicht in einem Bescheid festgelegt, ist die hydraulische Kapazität der Anlage zu Grunde zu legen. Es existieren folgende Größenklassen:

- < 10 m^3/d,
- 10 – 100 m^3/d,
- > 100 m^3/d.

Die Probenentnahme erfolgt als zeitversetzte, d.h. zu unterschiedlichen Tageszeiten entnommene, qualifizierte Stichprobe, sofern im wasserrechtlichen Bescheid keine davon abweichenden Regelungen getroffen sind. Die Eigenkontrolluntersuchungen und -messungen können abweichend von der Anlage zu § 4 der Abwasserverordnung auch mit anderen geeigneten Verfahren der Erfolgskontrolle, zum Beispiel Schnellanalyseverfahren, durchgeführt werden, wenn diese zu Ergebnissen führen, mit denen die Einhaltung der jeweiligen wasserrechtlichen Anforderungen sicher beurteilt werden kann. Bei den ablaufbezogenen Eigenkontrollen ist in diesen Fällen zur Prüfung der Plausibilität jedoch mindestens einmal pro Jahr eine Abwasserprobe zusätzlich auch nach einem Verfahren nach Abwasserverordnung in der jeweils gültigen Fassung zu untersuchen (Parallelprobe).

Die Parallelprobe kann auch eine im Rahmen der amtlichen Überwachung entnommene und untersuchte Probe sein.

Täglich ist eine Kontrolle der einzelnen Behandlungsanlagen einschließlich deren Bestandteile auf ordnungsgemäße Funktion und Betriebsweise durchzuführen. Bei nicht einsehbaren Abwasserkanälen, -leitungen oder -becken, die der Fortleitung oder Sammlung von Abwasser dienen, ist vor dem Endkontrollschacht eine Prüfung auf Dichtheit alle 5 Jahre, nach dem Endkontrollschacht alle 10 Jahre durchzuführen. Hiervon ausgenommen sind biologische Behandlungsanlagen sowie Amalgamabscheider. Bei den einzelnen Anlagentypen sind anlagenbezogene Eigenkontrollen in der sich aus der Kontrollverordnung ergebenden Häufigkeit vorzunehmen. Dazu zählen folgende Anlagen:

- Emulsionsspaltanlagen,
- Cyanid-, Nitrit- und Chromatbehandlung,
- Neutralisationsanlagen,
- Metallbehandlungsanlagen,
- Fällungs- und Flockungsanlagen,
- Absetzanlagen,
- Filtrationsanlagen,
- Membranfiltration,
- Leicht-/Schwerstoffabscheider
- Fettabscheider,
- biologische Anlagen,
- Schlammentwässerung/-entsorgung.

Ablaufbezogene Eigenkontrollen

Im Ablauf der Abwasserbehandlungsanlage sind die folgenden Abwasserparameter:

- Abwasserdurchfluss,
- pH-Wert,
- Temperatur,
- absetzbare Stoffe,
- BSB_5,
- CSB oder TOC,
- NH_4-N, NO_3-N, NO_2-N,
- Chrom (VI),
- freies Chlor,
- Cyanid,
- P_{ges}, Fluorid, Sulfat, Sulfid, Sulfit,
- Aluminium, Arsen, Barium, Blei, Cadmium, Chrom ges., Cobalt, Eisen, Kupfer, Nickel, Quecksilber, Selen, Silber, Zink, Zinn,
- AOX, leichtflüchtige halogenierte KW,
- Benzol und Derivate,
- Kohlenwasserstoffe (KW)

oder Teile hiervon zu untersuchen, soweit die wasserrechtliche Genehmigung Anforderungen zu den genannten Parametern enthält. Gelten Anforderungen aufgrund der Umsetzung innerbetrieblicher Maßnahmen im Sinne der Abwasserverordnung als eingehalten, entfallen die ablaufbezogenen Eigenkontrollen für diese Parameter.

Bedarf die Anlage keiner Genehmigung und keiner Erlaubnis, sind die Parameter zu untersuchen, für die Mindestanforderungen im Abwasser zu erwarten sind. Diese Untersuchungen entfallen, wenn die Abwasserbehandlungsanlage eine bauaufsichtliche Zulassung hat, nach dieser eingebaut und betrieben wird und regelmäßig, mindestens jedoch jährlich, entsprechend dieser Zulassung gewartet wird.

Rückstellproben

Abwasserrückstellproben sind bei Direkteinleitern mit einem täglichen Abwasseranfall von 10 m^3 und mehr aus dem Ablauf der Abwasserbehandlungsanlagen volumenproportional über 24 Stunden zu entnehmen und unter Lichtausschluss bei einer Lagertemperatur unter 5 °C für 5 Tage aufzubewahren. Die Rückstellproben sind zu kennzeichnen (Bezeichung der Anlage, Entnehmer, Entnahmestelle, -datum und -zeit).

Durchflussmessung

Bei Direkteinleitung ist der Abwasserdurchfluss durch Messgeräte mit selbstschreibendem Anzeigegerät und uhrzeitsynchronem Zählwerk oder magnetisch-induktive Durchflussmesseinrichtung (MID) oder gleichwertige Verfahren zu bestimmen. Die Messeinrichtung ist mindestens vierteljährlich zu überprüfen und zu justieren und zudem mindestens alle 5 Jahre durch einen Sachverständigen oder durch einen Sachkundigen überprüfen zu lassen. Der Mengenschreiber ist dauernd, auch bei Betriebsunterbrechungen, zu betreiben. Bei Einleitung in das öffentliche Kanalnetz kann der Abwasseranfall durch Wasserzähler auf der Frischwasserseite ermittelt werden.

Betriebsdokumentation

In die Betriebsdokumentation sind die Ergebnisse:

- der Prüfungen an Kanälen,
- Regenwasserbehandlungsanlagen,
- Regenwasserentlastungsanlagen,
- am Oberflächengewässer,
- Einsatzstoffliste und Abwasserherkunftsliste,
- anlagenbezogener Eigenkontrollen,
- ablaufbezogener Eigenkontrollen,
- Durchflussmessung

aufzunehmen. Ferner sind insbesondere folgende Angaben zu dokumentieren:

- Art und Menge der bei der innerbetrieblichen Behandlung der zu entsorgenden Schlämme oder Konzentrate eingesetzten Hilfsmittel,
- Daten zur Entsorgung der Schlämme oder Konzentrate entsprechend den Abfallentsorgungs-Regelwerken,
- Zeitpunkt der Überprüfung der Messgeräte mit Angabe der Prüfungsergebnisse, der vorgenommenen Auswechslungen und Reparaturen,
- Zeitpunkt von Reinigungs- und Wartungsarbeiten an Anlagenteilen, die für den Betrieb der Abwasserbehandlungsanlage bedeutsam sind,
- Zeitpunkt der Kontrollen durch Behörden.

16

Die Betriebsdokumentation ist mindestens 3 Jahre aufzubewahren. Die in der Betriebsdokumentation erfassten Daten von Abwasserleitungen und -schächten sind bis zum Abschluss der Wiederholungsprüfungen aufzubewahren.

16.5 Verordnung über Anlagen zum Umgang mit wassergefährdenden Stoffen – Baden-Württemberg (VAwS)

Grundsatzanforderungen (§ 3)

Für alle der Anlagenverordnung wassergefährdende Stoffe unterliegenden Anlagen gelten folgende Anforderungen:

- Anlagen müssen so beschaffen sein und so betrieben werden, dass wassergefährdende Stoffe nicht austreten können. Sie müssen dicht, standsicher und gegen die zu erwartenden mechanischen, thermischen und chemischen Einflüsse hinreichend widerstandsfähig sein. Einwandige unterirdische Behälter sind unzulässig.
- Undichtheiten aller Anlagenteile, die mit wassergefährdenden Stoffen in Berührung stehen, müssen schnell und zuverlässig erkennbar sein.
- Austretende wassergefährdende Stoffe müssen schnell und zuverlässig erkannt, zurückgehalten sowie ordnungsgemäß und schadlos verwertet oder beseitigt werden. Die Anlagen müssen mit einem dichten und beständigen Auffangraum ausgerüstet werden, sofern sie nicht doppelwandig und mit Leckanzeigegerät versehen sind.
- Im Schadensfall anfallende Stoffe, die mit ausgetretenen wassergefährdenden Stoffen verunreinigt sein können, müssen zurückgehalten sowie ordnungsgemäß und schadlos verwertet oder beseitigt werden.
- Auffangräume dürfen keine Abläufe haben.
- Es ist grundsätzlich eine Betriebsanweisung mit Überwachungs-, Instandhaltungs- und Alarmplan zu erstellen und einzuhalten.

Allgemein anerkannte Regeln der Technik (§ 5)

Als allgemein anerkannte Regeln der Technik gelten insbesondere die technischen Vorschriften und Baubestimmungen, die die oberste Wasserbehörde oder die oberste Baurechtsbehörde durch öffentliche Bekanntmachung eingeführt hat. Bei der Bekanntmachung kann die Wiedergabe des Inhalts der technischen Vorschriften und Baubestimmungen durch einen Hinweis auf ihre Fundstelle ersetzt werden.

Als allgemein anerkannte Regeln der Technik gelten auch gleichwertige Baubestimmungen und technische Vorschriften anderer Mitgliedstaaten der Europäischen Gemeinschaften.

Gefährdungspotenzial, Gefährdungsstufen (§ 6)

Die Anforderungen an Anlagen zum Umgang mit wassergefährdenden Stoffen, vor allem hinsichtlich der Anordnung, des Aufbaus, der Schutzvorkehrungen und der Überwachung, richten sich nach ihrem Gefährdungspotenzial. Das Gefährdungspotenzial hängt insbesondere ab vom Volumen der Anlage und der Gefährlichkeit der in der Anlage vorhandenen wassergefährdenden Stoffe sowie der hydrogeologischen Beschaffenheit und Schutzbedürftigkeit des Aufstellungsortes. Die Gefährdungsstufe einer Anlage bestimmt sich nach der Wassergefährdungsklasse (WGK) der in der Anlage enthaltenen Stoffe und deren Volumen oder Masse nach Maßgabe der nachstehenden Abbildung 16.7. Bei flüssigen Stoffen ist das Volumen, bei gasförmigen und festen die Masse anzusetzen. Für Anlagen mit Stoffen, deren WGK nicht sicher bestimmt ist, wird die Gefährdungsstufe nach WGK 3 ermittelt.

Volumen in m³ bzw. Masse in t	WGK 1	WGK 2	WGK 3
bis 0,1	Stufe A	Stufe A	Stufe A
mehr als 0,1 bis 1	Stufe A	Stufe A	Stufe B
mehr als 1 bis 10	Stufe A	Stufe B	Stufe C
mehr als 10 bis 100	Stufe A	Stufe C	Stufe D
mehr als 100 bis 1000	Stufe B	Stufe D	Stufe D
mehr als 1000	Stufe C	Stufe D	Stufe D

Abb. 16.7: Gefährdungsstufen

Allgemeine Betriebs- und Verhaltensvorschriften (§ 8)

Wer eine Anlage betreibt, hat diese bei Schadensfällen und Betriebsstörungen unverzüglich außer Betrieb zu nehmen, wenn er eine Gefährdung oder Schädigung eines Gewässers nicht auf andere Weise verhindern oder unterbinden kann. Soweit erforderlich ist die Anlage zu entleeren.

Kennzeichnungspflicht (§ 9)

Anlagen sind mit deutlich lesbaren, dauerhaften Kennzeichnungen zu versehen, aus denen sich ergibt, mit welchen Stoffen in den Anlagen umgegangen werden darf. Eine Kennzeichnung ist nicht erforderlich, wenn die Art der Stoffe nach den Umständen offenkundig ist.

Anlagen in Schutzgebieten, Überschwemmungsgebieten und hochwassergefährdeten Gebieten (§ 10)

Im Fassungsbereich (Zone I) und in der engeren Zone (Zone II) von Schutzgebieten sind Anlagen unzulässig. In der weiteren Zone (Zone III) von Schutzgebieten sind Anlagen mit folgenden Rauminhalten unzulässig (Abb. 16.8).

WGK	Oberirdische Anlagen	Unterirdische Anlagen
1	ohne Begrenzung zulässig	mehr als 1000 m³
2	mehr als 100 m³	mehr als 40 m³
3	mehr als 10 m³	mehr als 1 m³

Abb. 16.8: Unzulässige Anlagen in Zone III

Bei Tankstellen sind unterirdische Anlagen zum Lagern von Kraftstoffen auch der Wassergefähr-dungsklasse 3 bis zu einem Rauminhalt von 40 m³ zulässig. Es dürfen in der weiteren Zone von Schutzgebieten nur Anlagen verwendet werden, die mit einem Auffangraum ausgerüstet sind, so-fern sie nicht doppelwandig ausgeführt und mit einem Leckanzeigegerät ausgerüstet sind. Der Auffangraum muss das in der Anlage vorhandene Volumen wassergefährdender Stoffe aufnehmen können, das bei Betriebsstörungen ohne Berücksichtigung automatischer Sicherheitssysteme oder entsprechender Gegenmaßnahmen maximal freigesetzt werden kann. Bei Tankstellen kann zur Bestimmung des Rückhaltevolumens beim Befüllen der Lagerbehälter die Verwendung von Abfall-schlammsicherungen (ASS) mit berücksichtigt werden.

Gegen das Austreten von wassergefährdenden Stoffen infolge Hochwassers, insbesondere durch Auftrieb, Überflutung oder Beschädigung durch Treibgut, müssen gesichert sein:

- Anlagen in überschwemmungs- und hochwassergefährdeten Gebieten, für die keine oder ge-ringere als gegen fünfzigjährliche Hochwasserereignisse erforderliche Schutzmaßnahmen be-stehen,
- Anlagen der Gefährdungsstufe B, C und D in überschwemmungs- und hochwassergefährdeten Gebieten, für die Schutzeinrichtungen gegen ein fünfzigjährliches bis zu einem geringer als hundertjährlichem Hochwasserereignis bestehen, im Falle der Neuerrichtung oder der wesent-lichen Veränderung,
- Anlagen der Gefährdungsstufe D in überschwemmungs- und hochwassergefährdeten Gebie-ten für die Schutzeinrichtungen gegen ein mindestens hundertjährliches Hochwasserereignis bestehen, im Falle der Neuerrichtung.

Der Betreiber kann die Anforderungen auch dadurch erfüllen, dass er geeignete technische, orga-nisatorische oder bauliche Maßnahmen zum Hochwasserschutz seines Gebäudes, seines Betrie-bes oder Betriebsgeländes durchführt. Die Maßnahmen sind in einem schriftlichen Konzept darzu-stellen, das auch Angaben über den Zeitraum der Umsetzung der Maßnahmen enthalten soll.

Anlagenkataster (§ 11)

Für Anlagen der Gefährdungsstufe D hat der Betreiber stets ein Anlagenkataster zu erstellen. Bei anderen Anlagen kann die Wasserbehörde ein Anlagenkataster im Einzelfall verlangen, wenn von der Anlage erhebliche Gefahren für ein Gewässer ausgehen können. Das Anlagenkataster muss folgende Angaben umfassen:

- eine Beschreibung der Anlage, ihre wesentlichen Merkmale sowie der wassergefährdenden Stoffe nach Art und Menge, die bei bestimmungsgemäßem Betrieb in der Anlage vorhanden sein können,
- eine Beschreibung der für den Gewässerschutz bedeutsamen Gefahrenquellen in der Anlage und der Vorkehrungen und Maßnahmen zur Vermeidung von Gewässerschäden bei Betriebs-störungen in der Anlage.

Das Anlagenkataster ist fortzuschreiben. Der Betreiber hat das Anlagenkataster ständig gesichert bereitzuhalten und der Wasserbehörde auf Verlangen eine Ausfertigung vorzulegen. Die Wasser-behörde kann, insbesondere bei erheblichem Umfang des Anlagenkatasters, verlangen, dass das Anlagenkataster mit Mitteln der automatischen Datenverarbeitung erfasst, gespeichert und über-mittelt wird.

Bei offenkundig unvollständigen oder sonst mangelhaften Anlagenkatastern kann die Wasserbe-hörde verlangen, dass der Betreiber einen Sachverständigen mit der Prüfung und, falls der Betrei-ber nicht dazu in der Lage ist, auch mit der Erstellung des Anlagenkatasters beauftragt. Sind für Anlagen Genehmigungen oder Zulassungen nach anderen Rechtsvorschriften erforderlich und enthalten die entsprechenden Unterlagen die genannten Angaben vollständig, ist kein Anlagenkataster zu führen. Diese Angaben sind in einem besonderen Teil der Unterlagen zusammenzufassen.

Anlagen zum Lagern, Abfüllen und Umschlagen flüssiger und gasförmiger Stoffe (§ 13)

Anlagen zum Lagern, Abfüllen und Umschlagen flüssiger und gasförmiger Stoffe sind in der Regel einfach oder herkömmlich, wenn sie der Gefährdungsstufe A entsprechen. Andere Anlagen zum Lagern, Abfüllen und Umschlagen flüssiger Stoffe sind einfach oder herkömmlich hinsichtlich ihres technischen Aufbaus, wenn:

- die Lagerbehälter doppelwandig sind oder als oberirdische einwandige Behälter in einem flüssigkeitsdichten Auffangraum stehen,
- Undichtheiten der Behälterwände durch ein Leckanzeigegerät selbsttätig angezeigt werden, ausgenommen bei oberirdischen Behältern im Auffangraum, und
- Auffangräume so bemessen sind, dass das dem Rauminhalt des Behälters entsprechende Lagervolumen zurückgehalten werden kann. Dient der Auffangraum mehreren oberirdischen Behältern, so ist für seine Bemessung nur der Rauminhalt des größten Behälters maßgebend. Dabei müssen aber mindestens 10 % des Gesamtvolumens der Anlage zurückgehalten werden können.

Kommunizierende Behälter gelten als ein Behälter, hinsichtlich ihrer Einzelteile, wenn diese technischen Vorschriften oder Baubestimmungen entsprechen, die für die Beurteilung der Eigenschaft einfach oder herkömmlich eingeführt sind.

Anlagen zum Lagern, Abfüllen und Umschlagen fester Stoffe (§ 14)

Anlagen zum Lagern, Abfüllen und Umschlagen fester Stoffe sind einfach oder herkömmlich, wenn sie der Gefährdungsstufe A entsprechen. Andere Anlagen zum Lagern, Abfüllen und Umschlagen fester wassergefährdender Stoffe sind einfach oder herkömmlich, wenn die Anlagen eine gegen die Stoffe unter allen Betriebs- und Witterungsbedingungen beständige und undurchlässige Bodenfläche haben und die Stoffe:

- in dauernd dicht verschlossenen, gegen Beschädigung geschützten und gegen Witterungseinflüsse und die Stoffe beständigen Behältern, Verpackungen oder Abdeckungen oder
- in geschlossenen Räumen gelagert, abgefüllt oder umgeschlagen werden. Geschlossenen Räumen stehen überdachte Plätze gleich, die gegen Witterungseinflüsse durch Überdachung und seitlichen Abschluss so geschützt sind, dass die Stoffe nicht austreten können.

Verfahren zur Eignungsfeststellung und Bauartzulassung (§ 15)

Die Eignungsfeststellung wird auf Antrag für eine einzelne Anlage, eine Bauartzulassung auf Antrag für serienmäßig hergestellte Anlagen erteilt. Den Anträgen sind die zur Beurteilung der Anlage erforderlichen Unterlagen und Pläne, insbesondere bau- oder gewerberechtliche Zulassungen, beizufügen. Zum Nachweis der Eignung ist ein Gutachten einer sachverständigen Person beizufügen, es sei denn, die Wasserbehörde verzichtet darauf.

Als Nachweis gelten auch Prüfbescheinigungen und Gutachten von in anderen Mitgliedstaaten der Europäischen Gemeinschaften zugelassenen Prüfstellen oder sachverständigen Personen, wenn

16

die Prüfergebnisse der Wasserbehörde zur Verfügung stehen oder zur Verfügung gestellt werden können und die Prüfanforderungen denen dieser Verordnung gleichwertig sind.

Befüllen und Betrieb der Anlagen (§ 20)

Behälter in Anlagen zum Lagern und Abfüllen wassergefährdender Stoffe dürfen nur mit festen Leitungsanschlüssen und nur unter Verwendung einer Überfüllsicherung, die rechtzeitig vor Erreichen des zulässigen Flüssigkeitsstands den Füllvorgang selbsttätig unterbricht oder akustischen Alarm auslöst, befüllt werden. Dies gilt nicht für einzeln benutzte oberirdische Behälter mit einem Rauminhalt von nicht mehr als 1000 L, wenn sie mit einer selbsttätig schließenden Zapfpistole befüllt werden. Gleiches gilt für das Befüllen ortsbeweglicher Behälter in Abfüllanlagen.

Feste Leitungsanschlüsse und eine Überfüllsicherung sind entbehrlich, wenn sichergestellt wird, dass auf andere Weise ein Überfüllen ausgeschlossen ist. Behälter in Anlagen zum Lagern von Heizöl EL, Dieselkraftstoff und Ottokraftstoffen dürfen aus Straßentankwagen und Aufsetztanks nur unter Verwendung einer selbsttätig schließenden Abfüllsicherung befüllt werden. Abtropfende Flüssigkeiten sind aufzufangen.

Überwachung durch sachverständige Personen (§ 22)

Sachverständige Personen sind die von anerkannten Organisationen für die Prüfung bestellten Personen. Die Organisationen werden von der obersten Wasserbehörde anerkannt. Organisationen können anerkannt werden, wenn sie:

- nachweisen, dass die von ihnen für die Prüfung bestellten Personen:
    - aufgrund ihrer Ausbildung, ihrer Kenntnisse und ihrer durch praktische Tätigkeit gewonnenen Erfahrungen die Gewähr dafür bieten, dass sie die Prüfungen ordnungsgemäß durchführen,
    - zuverlässig sind und
    - hinsichtlich der Prüftätigkeit unabhängig sind, insbesondere kein Zusammenhang zwischen der Prüftätigkeit und anderen Leistungen besteht,

- Grundsätze darlegen, die bei den Prüfungen zu beachten sind,

- die ordnungsgemäße Durchführung der Prüfungen stichprobenweise kontrollieren,

- die bei den Prüfungen gewonnenen Erkenntnisse sammeln, auswerten und die sachverständigen Personen in einem regelmäßigen Erfahrungsaustausch darüber unterrichten,

- den Nachweis über das Bestehen einer Haftpflichtversicherung für die Tätigkeit ihrer sachverständigen Personen für Gewässerschäden mit einer Deckungssumme von mindestens 2,5 Millionen Euro erbringen und

- erklären, dass sie das Land Baden-Württemberg und die anderen Länder, in denen die sachverständigen Personen Prüfungen vornehmen, von jeder Haftung für die Tätigkeit ihrer sachverständigen Personen freistellen.

Die Anerkennung kann auf bestimmte Prüfbereiche beschränkt und befristet werden. Als Organisationen können auch Gruppen anerkannt werden, die in selbstständigen organisatorischen Einheiten eines Unternehmens zusammengefasst und hinsichtlich ihrer Prüftätigkeit nicht weisungsgebunden sind.

Die für die Prüfung bestellten sachverständigen Personen sind verpflichtet, ein Prüftagebuch zu führen, aus dem sich mindestens Art, Umfang und Zeitaufwand der jeweiligen Prüfung ergeben. Das Prüftagebuch ist der Wasserbehörde auf Verlangen vorzulegen. Die Anerkennungsbehörde kann von anerkannten Organisationen verlangen, dass sie die Bestellung neuer Sachverständiger anzeigen oder die Bestellung eines Sachverständigen aufheben, insbesondere, wenn dieser wiederholt Anlagenprüfungen fehlerhaft durchführt oder die Voraussetzungen nicht mehr vorliegen.

Überprüfung von Anlagen (§ 23)

Der Betreiber hat durch sachverständige Personen überprüfen zu lassen:

- unterirdische Anlagen und Anlagenteile,
- oberirdische Anlagen für flüssige und gasförmige Stoffe der Gefährdungsstufe C und D, in Schutzgebieten der Stufe B, C und D,
- Anlagen, für welche Prüfungen in einer Eignungsfeststellung oder Bauartzulassung vorgeschrieben sind. Sind darin kürzere Prüffristen festgelegt, gelten diese.

Der Betreiber hat darüber hinaus durch sachverständige Personen überprüfen zu lassen:

- oberirdische Anlagen für flüssige und gasförmige Stoffe der Gefährdungsstufe B,
- oberirdische Anlagen für feste Stoffe der Gefährdungsstufe C und D, in Schutzgebieten der Stufe B, C und D.

Der Betreiber hat der sachverständigen Person vor der Prüfung oder dem Fachbetrieb vor den die Prüfung ersetzenden Arbeiten die für die Anlage erteilten behördlichen Bescheide sowie die vom Hersteller ausgehändigten Bescheinigungen vorzulegen. Die sachverständige Person hat über jede durchgeführte Prüfung der unteren Wasserbehörde und dem Betreiber unverzüglich einen Prüfbericht vorzulegen. Der Fachbetrieb stellt dem Anlagenbetreiber eine Bescheinigung über die ordnungsgemäße Ausführung der eine Prüfung ersetzenden Arbeiten aus. Diese ist vom Betreiber aufzubewahren und der Wasserbehörde auf Verlangen vorzulegen.

Ausnahmen von der Fachbetriebspflicht (§ 24)

Tätigkeiten, die nicht von Fachbetrieben ausgeführt werden müssen, sind:

- alle Tätigkeiten an:
  - Anlagen zum Umgang mit festen und gasförmigen wassergefährdenden Stoffen,
  - Anlagen zum Umgang mit Lebensmitteln und Genussmitteln,
  - Anlagen zum Umgang mit wassergefährdenden Flüssigkeiten der Gefährdungsstufen A und B,
  - Feuerungsanlagen,

- Tätigkeiten an Anlagen oder Anlagenteilen die keine unmittelbare Bedeutung für die Sicherheit der Anlagen zum Umgang mit wassergefährdenden Stoffen haben. Dazu gehören vor allem folgende Tätigkeiten:
  - Herstellen von baulichen Einrichtungen für den Einbau von Anlagen, Grob- und Vormontagen von Anlagen und Anlagenteilen,
  - Herstellen von Räumen oder Erdwällen für die spätere Verwendung als Auffangraum,
  - Ausheben von Baugruben für alle Anlagen,
  - Aufbringen von Isolierungen, Anstrichen und Beschichtungen, sofern diese nicht Schutzvorkehrungen sind,

16

- Einbauen, Aufstellen, Instandhalten und Instandsetzen von Elektroinstallationen einschließlich Mess-, Steuer- und Regelanlagen,

- Instandsetzen, Instandhalten und Reinigen von Anlagen und Anlagenteilen zum Umgang mit wassergefährdenden Stoffen im Zuge der Herstellungs-, Behandlungs- und Verwendungsverfahren, wenn die Tätigkeiten von eingewiesenem betriebseigenem Personal nach Betriebsvorschriften, die den Anforderungen des Gewässerschutzes genügen, durchgeführt werden,

- Tätigkeiten, die in einer Eignungsfeststellung, einer Bauartzulassung oder in einer anderen Zulassung näher festgelegt und beschrieben sind.

Nachweis der Fachbetriebseigenschaft (§ 26)

Fachbetriebe haben auf Verlangen gegenüber der Wasserbehörde, in deren Bezirk sie tätig werden, die Fachbetriebseigenschaft nachzuweisen. Der Nachweis ist geführt, wenn der Fachbetrieb:

- eine Bestätigung einer baurechtlich anerkannten Überwachungs- oder Gütegemeinschaft vorlegt, wonach er zur Führung von Gütezeichen dieser Gemeinschaft für die Ausübung bestimmter Tätigkeiten berechtigt ist oder
- eine Bestätigung einer Technischen Überwachungsorganisation über den Abschluss eines Überwachungsvertrags vorlegt.

Anforderungen an Anlagen

Lageranlagen für wassergefährdende flüssige Stoffe müssen die in der folgenden Abbildung 16.9 genannten Anforderungen erfüllen. F_x beschreibt die Anforderungen an die Befestigung und Abdichtung von Bodenflächen; R_x an das Rückhaltevermögen für austretende wassergefährdende Flüssigkeiten und I_x die Anforderungen an die infrastrukturellen, organisatorischen oder technischen Maßnahmen.

Rauminhalt der Lageranlage in m³	Wassergefährdungsklasse		
	1	2	3
bis 0,1	$F_0+R_0+I_0$	$F_0+R_0+I_0$	$F_0+R_0+I_0$
mehr als 0,1 bis 1	$F_0+R_0+I_0$	$F_0+R_0+I_0$	$F_1+R_2+I_0$
mehr als 1 bis 10	$F_1+R_0+I_1$	$F_1+R_1+I_1$	$F_2+R_2+I_0$
mehr als 10 bis 100	$F_1+R_1+I_1$	$F_1+R_1+I_2/$ $F_2+R_1+I_1$	$F_2+R_2+I_0$
mehr als 100	$F_1+R_1+I_2/$ $F_2+R_1+I_1$	$F_2+R_2+I_0$	$F_2+R_2+I_0$

Abb. 16.9: Anforderungen an oberirdische Lageranlagen

Bei Fass- und Gebindelagern, deren größter Behälter einen Rauminhalt von 20 L nicht überschreitet (Kleingebindelager), genügt R_0, wenn die Stoffe entweder in geschlossenen Räumen oder im Freien in dauernd dicht verschlossenen, gegen Beschädigung geschützten und gegen Witterungseinflüsse beständigen Gefäßen oder Verpackungen gelagert werden und die Schadensbeseitigung mit einfachen betrieblichen Mitteln möglich und in der Betriebsanweisung dargelegt ist.

Anforderungen an die Befestigung und Abdichtung von Bodenflächen:

F_0: Keine weiteren Anforderungen an die Befestigung und Abdichtung der Fläche über die betrieblichen Anforderungen an Standfestigkeit und Zugänglichkeit hinaus.

F_1: Wie bei F_0, aber stoffundurchlässige (dichte) Fläche.

F_2: Wie bei F_1, aber mit Nachweis der Dichtheit und Beständigkeit. Kann bei Anlagen mit einer Vielzahl unterschiedlicher wassergefährdenden Stoffe dieser Nachweis nicht geführt werden, so kann F_2 durch F_1 in Verbindung mit I_1 und zusätzlichen Sicherheitsmaßnahmen (z.B. Auffangvorrichtungen für Tropfverluste bei Pumpen) ersetzt werden.

Anforderungen an das Rückhaltevermögen für austretende wassergefährdende Flüssigkeiten:

R_0: Kein Rückhaltevermögen über die betrieblichen Anforderungen hinaus. Tropfverluste müssen zurückgehalten werden.

R_1: Rückhaltevermögen entsprechend dem Rauminhalt wassergefährdender Flüssigkeiten, der bis zum Wirksamwerden geeigneter Sicherheitsvorkehrungen auslaufen kann.

R_2: Rückhaltevermögen entsprechend dem Rauminhalt wassergefährdender Flüssigkeiten, der bei Betriebsstörungen ohne Berücksichtigung geeigneter Gegenmaßnahmen freigesetzt werden kann.

R_3: Rückhaltevermögen ersetzt die Doppelwandigkeit mit Leckanzeige.

Anforderungen an die infrastrukturellen, organisatorischen oder technischen Maßnahmen:

I_0: Keine Anforderungen an die Infrastruktur über die betrieblichen Anforderungen hinaus. Leckagen müssen erkannt werden können.

I_1: Überwachung durch selbsttätige Störmeldeeinrichtungen in Verbindung mit ständig besetzter Betriebsstätte oder Überwachung mittels regelmäßiger Kontrollgänge sowie Aufzeichnung der Abweichungen vom bestimmungsgemäßen Betrieb.

I_2: Erstellung eines Alarm- und Maßnahmenplanes, der in Abstimmung mit den zuständigen Stellen wirksame Maßnahmen und Vorkehrungen zur Vermeidung von Gewässerschäden beschreibt.

Bei Fass- und Gebindelagern für wassergefährdende flüssige Stoffe wird das Rückhaltevermögen R_1 oder R_2 als Vom-Hundert-Anteil (v. H.) der Gesamtlagermenge (V_{ges}) nach Abbildung 16.10 ermittelt.

16

V_{ges} in m^3	Rauminhalt R$_1$ oder R$_2$
bis 100	10 v.H. von V_{ges}, wenigstens den Rauminhalt des größten Gefäßes
mehr als 100 bis 1000	3 v.H. von V_{ges}, wenigstens jedoch 10 m^3
mehr als 1000	2 v.H. von V_{ges}, wenigstens jedoch 30 m^3

Abb. 16.10: Rückhaltevermögen für Fass- und Gebindelager

Anforderungen an Abfüll- und Umschlaganlagen

Anlagen zum Abfüllen und Umschlagen wassergefährdender, flüssiger Stoffe müssen die in Abbildung 16.11 genannten Anforderungen erfüllen.

betriebliche Vorgänge	Wassergefährdungsklasse		
	1	2	3
Befüllung und Entleeren von ortsbeweglichen Behältern	$F_1+R_1+I_0$	$F_2+R_1+I_0$	$F_2+R_1+I_0$
Umladen von Flüssigkeiten in Verpackungen, die den gefahrgutrechtlichen Anforderungen nicht genügen oder nicht gleichwertig sind	$F_1+R_0+I_1$	$F_1+R_1+I_1$	$F_1+R_1+I_2$
Umladen von Flüssigkeiten in Verpackungen, die den gefahrgutrechtlichen Anforderungen genügen oder gleichwertig sind	$F_0+R_0+I_0$	$F_1+R_0+I_2$	$F_1+R_0+I_2$

Abb. 16.11: Anforderungen an oberirdische Abfüll- und Umschlaganlagen

Anlagen zum Herstellen, Behandeln und Verwenden wassergefährdender flüssiger Stoffe müssen die in Abbildung 16.12 genannten Anforderungen erfüllen:

Rauminhalt der Lageranlage in m³	Wassergefährdungsklasse		
	1	2	3
bis 0,1	$F_0+R_0+I_0$	$F_0+R_0+I_0$	$F_0+R_0+I_0$
mehr als 0,1 bis 1	$F_1+R_1+I_1$	$F_1+R_1+I_1$	$F_1+R_2+I_1/$ $F_2+R_2+I_0$
mehr als 1 bis 10	$F_1+R_1+I_1$	$F_1+R_1+I_1$	$F_2+R_2+I_1$
mehr als 10 bis 100	$F_1+R_1+I_1$	$F_2+R_2+I_1+I_2$	$F_2+R_2+I_1+I_2$
mehr als 100 bis 1000	$F_2+R_1+I_1+I_2$	$F_2+R_2+I_1+I_2$	$F_2+R_2+I_1+I_2$
mehr als 1000	$F_2+R_2+I_1+I_2$	$F_2+R_2+I_1+I_2$	$F_2+R_2+I_1+I_2$

Abb. 16.12: Anforderungen an HBV-Anlagen

16.6 Wissensfragen

- Welche Kriterien werden an den Stand der Technik im Gewässerschutz gestellt?

- Was ist bei der Bewirtschaftung von Gewässern zu berücksichtigen?

- Wie ist die Abwasserbeseitigung geregelt?

- Was ist beim Umgang mit wassergefährdenden Stoffen zu beachten?

- Beschreiben Sie Aufgaben, Rechte und Pflichten des Gewässerschutzbeauftragten.

- Erläutern Sie die Abwasserverordnung an einem Beispiel.

- Welche Anforderungen stellt die Eigenkontrollverordnung?

- Wie werden wassergefährdende Stoffe eingestuft?

- Erläutern Sie die Anforderungen der VAwS-Verordnung.

16.7 Weiterführende Literatur

16.1   AbwV – Abwasserverordnung; *Verordnung über Anforderungen an das Einleiten von Abwasser in Gewässer*, **02.05.2013**

16.2   Albrecht, J.; *Umweltqualitätsziele im Gewässerschutzrecht*, Dunckler & Humblot, **2007**, 978-3-428-12447-3

16.3   Berufsgenossenschaftliche Vorschriften (BGV); *C5 Abwassertechnische Anlagen*, **01/1997**

16

16.4   Bonhoff, K.; *Gefahrstoffe: Abluft-Abwasser-Abfall*, Erich Schmidt, **2001,** 3-503-05763-3

16.5   Borkowski, K.; Janssen-Overath, A., *Handbuch für den Gewässerschutzbeauftragten*, Deutscher Wirtschaftsdienst, **2003,** 3-87156-516-4

16.6   Buschbaum, H.; *Genehmigungsanforderungen an Abwassereinleitungen*, Dr. Kovač, **2005,** 3-8300-1849-5

16.7   EKVO – Eigenkontrollverordnung; *Verordnung des Ministeriums für Umwelt und Verkehr Baden-Württemberg über die Eigenkontrolle von Abwasseranlagen*, **25.04.2007**

16.8   Gräf, R.; Honnen, W.; Dirschken, J.; *Der Gewässerschutzbeauftragte*, expert, **2003,** 3-8169-2064-0

16.9   IndVO – Indirekteinleiterverordnung; *Verordnung des Umweltministeriums über das Einleiten von Abwasser in öffentliche Abwasseranlagen*, **25.04.2007**

16.10   TRBA 220; *Sicherheit und Gesundheit bei Tätigkeiten mit biologischen Arbeitsstoffen in abwassertechnischen Anlagen*, **26.11.2010**

16.11   *Verordnung über Anlagen zum Umgang mit wassergefährdenden Stoffen*, **31.03.2010**

16.12   VAwS – Anlagenverordnung wassergefährdende Stoffe; *Verordnung des Umweltministeriums Baden-Württemberg über Anlagen zum Umgang mit wassergefährdenden Stoffen und über Fachbetriebe*, **25.01.2012**

16.13   VwVwS – Verwaltungsvorschrift wassergefährdende Stoffe; *Allgemeine Verwaltungsvorschrift zum Wasserhaushaltsgesetz über die Einstufung wassergefährdender Stoffe in Wassergefährdungsklassen*, **06/2011**

16.14   WG – *Wassergesetz Baden-Württemberg*; **25.01.2012**

16.15   WHG – Wasserhaushaltsgesetz; *Gesetz zur Ordnung des Wasserhaushalts*, **07.08.2013**

17 Chemikalienrecht

17.1 Chemikaliengesetz (ChemG)

Zweck des Gesetzes (§ 1)

Zweck des Gesetzes ist es, den Menschen und die Umwelt vor schädlichen Einwirkungen gefährlicher Stoffe und Zubereitungen zu schützen, insbesondere sie erkennbar zu machen, sie abzuwenden und ihrem Entstehen vorzubeugen.

Begriffsbestimmungen (§ 3)

Im Sinne des Chemikaliengesetzes sind:

- **Stoff:**
  chemisches Element und seine Verbindungen in natürlicher Form oder gewonnen durch ein Herstellungsverfahren, einschließlich der zur Wahrung seiner Stabilität notwendigen Zusatzstoffe und der durch das angewandte Verfahren bedingten Verunreinigungen, aber mit Ausnahme von Lösungsmitteln, die von dem Stoff ohne Beeinträchtigung seiner Stabilität und ohne Änderung seiner Zusammensetzung abgetrennt werden können,
- **Gemische:**
  Gemische oder Lösungen, die aus zwei oder mehr Stoffen bestehen,
- **Erzeugnis:**
  Gegenstand, der bei der Herstellung eine spezifische Form, Oberfläche oder Gestalt erhält, die in größerem Maße als die chemische Zusammensetzung seine Funktion bestimmt,
- **Einstufung:**
  eine Zuordnung zu einem Gefährlichkeitsmerkmal,
- **Hersteller:**
  eine natürliche oder juristische Person oder eine nicht rechtsfähige Personenvereinigung, die einen Stoff, eine Zubereitung oder ein Erzeugnis herstellt oder gewinnt,
- **Einführer:**
  eine natürliche oder juristische Person oder eine nicht rechtsfähige Personenvereinigung, die einen Stoff, eine Zubereitung oder ein Erzeugnis in den Geltungsbereich des Chemikaliengesetzes verbringt. Kein Einführer ist, wer lediglich einen Transitverkehr unter zollamtlicher Überwachung durchführt, soweit keine Be- oder Verarbeitung erfolgt,
- **Inverkehrbringen:**
  die Abgabe an Dritte oder die Bereitstellung für Dritte,
- **Verwenden:**
  Gebrauchen, Verbrauchen, Lagern, Aufbewahren, Be- und Verarbeiten, Abfüllen, Umfüllen, Mischen, Entfernen, Vernichten und innerbetriebliches Befördern.

Bestimmungen mit den aufgeführten Begriffen in Verordnungen der Europäischen Gemeinschaft (EG-Verordnungen) bleiben unberührt.

Gefährliche Stoffe und gefährliche Zubereitungen (§ 3a)

Gefährliche Stoffe oder gefährliche Zubereitungen sind Stoffe oder Zubereitungen, die:

- explosionsgefährlich,
- brandfördernd,
- hochentzündlich,
- leichtentzündlich,
- entzündlich,
- sehr giftig,
- giftig,
- gesundheitsschädlich,
- ätzend,
- reizend,
- sensibilisierend,
- krebserzeugend,
- fortpflanzungsgefährdend,
- erbgutverändernd,
- umweltgefährlich

sind. Ausgenommen sind gefährliche Eigenschaften ionisierender Strahlen. Umweltgefährlich sind Stoffe oder Zubereitungen, die selbst oder deren Umwandlungsprodukte geeignet sind, die Beschaffenheit des Naturhaushaltes, von Wasser, Boden oder Luft, Klima, Tieren, Pflanzen oder Mikroorganismen derart zu verändern, dass dadurch sofort oder später Gefahren für die Umwelt herbeigeführt werden können.

17.2   Chemikalienverbots-Verordnung (ChemVerbotsV)

Die Verbote der Chemikalien-Verbotsverordnung gelten für folgende Verbindungen bzw. Verbindungsklassen:

1. DDT,
2. Asbest,
3. Formaldehyd,
4. Dioxine und Furane,
5. gefährliche flüssige Stoffe und Zubereitungen,
6. Benzol,
7. aromatische Amine,
8. Bleikarbonate und -sulfate,
9. Quecksilberverbindungen,
10. Arsenverbindungen,
11. zinnorganische Verbindungen,
12. Di-µ-oxo-di-n-butyl-stanniohydroxyboran,
13. Polychlorierte Biphenyle und Terphenyle sowie Monomethyltetrachlordiphenylmethan, Monomethyldichlordiphenylmethan und Monomethyldibromdiphenylmethan,
14. Vinylchlorid,
15. Pentachlorphenol,
16. aliphatische Chlorkohlenwasserstoffe,
17. Teeröle,
18. Cadmium,
19. aufgehoben,
20. krebserzeugende, erbgutverändernde und fortpflanzungsgefährdende Stoffe,

21. entzündliche, leichtentzündliche und hochentzündliche Stoffe,
22. Hexachlorethan,
23. biopersistente Fasern,
24. kurzkettige Chlorparaffine,
25. Flammschutzmittel,
26. Azofarbstoffe,
27. Alkylphenole,
28. chromathaltiger Zement,
29. polyzyklische aromatische Kohlenwasserstoffe (PAK),
30. Toluol,
31. 1,2,4-Trichlorbenzol,
32. Perfluoroctansulfonate (PFOS).

So ist bei manchen Stoffen das Inverkehrbringen generell bei Überschreitung einer Konzentrationsgrenze verboten, bei anderen sind nur einige Anwendungsbereiche eingeschränkt. Voraussetzung zur Anwendung dieser Ausnahmen im genau bezeichneten Umfang ist, dass ein ausreichender Schutz für Mensch und Umwelt getroffen wird und eine geordnete Entsorgung gewährleistet ist.

Beim Inverkehrbringen von Stoffen, Zubereitungen und Erzeugnissen, die einer Verbotsausnahme unterliegen, sind bestimmte Handlungspflichten zu beachten. Nähere Erläuterungen finden sich im Anhang der Chemikalien-Verbotsverordnung.

Abbildung 17.1 zeigt ein Beispiel für aliphatische chlorierte Kohlenwasserstoffe (CKW's); Abbildung 17.2 für entzündliche, leichtentzündliche und hochentzündliche Stoffe.

Stoffe/Zubereitungen	Verbote	Ausnahmen
1. Tetrachlormethan (Tetrachlorkohlenstoff) 2. 1,1,2,2-Tetrachlorethan 3. 1,1,1,2-Tetrachlorethan 4. Pentachlorethan 5. Trichlormethan (Chloroform) 6. 1,1,2-Trichlorethan 7. 1,1-Dichlorethylen 8. 1,1,1-Trichlorethan	• Stoffe nach Spalte 1 • Stoffe, Zubereitungen und Erzeugnisse mit einem Massengehalt der Stoffe nach Spalte 1 Nr. 1 bis 4 von 0,1 % oder darüber oder • Stoffe und Zubereitungen mit einem Massengehalt der Stoffe nach Spalte 1 Nr. 5 bis 8 von 0,2 % oder darüber, dürfen nicht in den Verkehr gebracht werden	Das Verbot nach Spalte 2 gilt nicht für das Inverkehrbringen von Stoffen oder Zubereitungen zur Verwendung bei industriellen Verfahren in geschlossenen Anlagen

Abb. 17.1: ChemVerbotsV am Beispiel von aliphatischen Chlorkohlenwasserstoffen (CKW's)

17

Stoffe/Zubereitungen	Verbote	Ausnahmen
Stoffe, die nach der Gefahrstoffverordnung als entzündlich, leichtentzündlich oder hochentzündlich einzustufen sind	• Stoffe nach Spalte 1 sowie • Zubereitungen, die Stoffe nach Spalte 1 enthalten, dürfen in Aerosolpackungen für Unterhaltungs- und Dekorationszwecken, zum Beispiel zur Erzeugung von - metallischen Glanzeffekten für Festlichkeiten, - künstlichem Schnee und Reif, - sich verflüchtigenden Schäumen und Flocken, - künstlichen Spinngeweben, - Geräuschen und Horntönen zu Vergnügungszwecken, - Luftschlagen, nicht an den privaten Endverbraucher abgegeben werden.	Das Verbot nach Spalte 2 gilt nicht für Erzeugnisse, die in Artikel 9a der Richtlinie 75/324/EWG genannt sind und den dort aufgeführten Anforderungen entsprechen

Abb. 17.2: ChemVerbotsV am Beispiel von entzündlichen, leichtentzündlichen und hochentzündlichen Stoffen

Generelle Ausnahmen

Grundsätzlich gelten die Verbote des Inverkehrbringens nicht für:

- Forschungszwecke,
- wissenschaftliche Lehr- und Ausbildungszwecke,
- Analysezwecke, in den dafür erforderlichen Mengen, sowie für die
- ordnungsgemäße Abfallentsorgung.

Das Inverkehrbringen der Stoffe, Zubereitungen oder Erzeugnisse die der Chemikalienverbots-Verordnung unterliegen wird nicht als Ordnungswidrigkeit, sondern als Straftat geahndet.

Erlaubnis- und Anzeigepflicht (§ 2)

Wer gewerbsmäßig oder selbständig im Rahmen einer wirtschaftlichen Unternehmung Stoffe oder Zubereitungen in den Verkehr bringt, die nach der Gefahrstoffverordnung mit den Gefahrensymbolen T (giftig) oder T^+ (sehr giftig) zu kennzeichnen sind, bedarf der Erlaubnis der zuständigen Behörde. Die Erlaubnis erhält, wer:

- die Sachkunde nachgewiesen hat,
- die erforderliche Zuverlässigkeit besitzt und
- mindestens 18 Jahre alt ist.

Unternehmen erhalten für ihre Einrichtungen und Betriebe die Erlaubnis, wenn sie über betriebsangehörige Personen verfügen, die die genannten Anforderungen erfüllen. Bei Unternehmen mit mehreren Betrieben muss in jeder Betriebsstätte eine Person vorhanden sein. Jeder Wechsel dieser Personen ist der zuständigen Behörde unverzüglich anzuzeigen.

Die Erlaubnis kann auf einzelne gefährliche Stoffe und Zubereitungen oder auf Gruppen von gefährlichen Stoffen und Zubereitungen beschränkt werden. Sie kann unter Auflagen erteilt werden. Auflagen können auch nachträglich angeordnet werden. Keiner Erlaubnis bedürfen:

- Apotheken,
- Hersteller, Einführer und Händler, die Stoffe und Zubereitungen nur an Wiederverkäufer, berufsmäßige Verwender oder öffentliche Forschungs-, Untersuchungs- oder Lehranstalten abgeben.

Informations- und Aufzeichnungspflichten bei der Abgabe an Dritte (§ 3)

Stoffe und Zubereitungen, die nach der Gefahrstoffverordnung mit den Gefahrensymbolen:

- T (giftig),
- T^+ (sehr giftig),
- O (brandfördernd),
- F^+ (hochentzündlich) oder
- mit dem Gefahrensymbol X_n (gesundheitsschädlich) und den R-Sätzen R40, R62, R63 oder R68

zu kennzeichnen sind, dürfen nur abgegeben werden, wenn:

- der Abgebende die Identität (Name und Anschrift) des Erwerbers und, falls der Erwerber eine andere Person zur Abholung beauftragt hat (Abholender), deren Identität bei gleichzeitiger Vorlage der Auftragsbestätigung, aus der Verwendungszweck und Identität des Erwerbers hervorgehen, festgestellt hat,

- dem Abgebenden bekannt ist oder er sich durch den Erwerber hat bestätigen lassen, dass dieser:
  - als Handelsgewerbetreibender für sehr giftige und giftige Stoffe und Zubereitungen im Besitz einer Erlaubnis ist oder das Inverkehrbringen angezeigt hat oder Stoffe sowie Zubereitungen, die nach der Gefahrstoffverordnung mit den Gefahrensymbolen O (brandfördernd) oder F^+ (hochentzündlich) oder mit dem Gefahrensymbol X_n (gesundheitsschädlich) und den R-Sätzen R40, R62, R63 oder R68 zu kennzeichnen sind, an den privaten Endverbraucher nur durch eine im Betrieb beschäftigte Person abgeben lässt, die die genannten Voraussetzungen erfüllt, oder
  - als Endabnehmer diese Stoffe und Zubereitungen in erlaubter Weise verwenden will, und keine Anhaltspunkte für eine unerlaubte Weiterveräußerung oder Verwendung bestehen,

- der Erwerber, sofern es sich um eine natürliche Person handelt, mindestens 18 Jahre alt ist,
- der Erwerber, sofern er ein Begasungsmittel nach der Gefahrstoffverordnung erwerben will, die Erlaubnis der Gefahrstoffverordnung vorgelegt hat und

17

- der Abgebende den Erwerber über die mit dem Verwenden des Stoffes oder der Zubereitung verbundenen Gefahren, die notwendigen Vorsichtsmaßnahmen beim bestimmungsgemäßen Gebrauch und für den Fall des unvorhergesehenen Verschüttens oder Freisetzens über die ordnungsgemäße Entsorgung unterrichtet hat.

Sachkunde (§ 5)

Die erforderliche Sachkunde hat nachgewiesen, wer:

- die von der zuständigen Behörde durchgeführte Prüfung bestanden hat,
- die Approbation als Apotheker besitzt,
- die Berechtigung hat, die Berufsbezeichnung Apothekerassistent oder Pharmazieingenieur zu führen,
- die Erlaubnis zur Ausübung der Tätigkeit unter der Berufsbezeichnung pharmazeutisch-technischer Assistent oder Apothekenassistent besitzt,
- die Abschlussprüfung nach der Verordnung über die Berufsausbildung zum Drogist/zur Drogistin bestanden hat,
- die Prüfung zum anerkannten Abschluss Geprüfter Schädlingsbekämpfer/Geprüfte Schädlingsbekämpferin bestanden hat,
- im Rahmen eines Hochschulstudiums ausweislich des Zeugnisses der Zwischenprüfung oder der Abschlussprüfung nach Teilnahme an entsprechenden Lehrveranstaltungen eine Prüfung bestanden hat oder
- nach früheren Vorschriften eine Prüfung bestanden hat.

Die Prüfung der Sachkunde erstreckt sich auf die allgemeinen Kenntnisse über die wesentlichen Eigenschaften der Stoffe und Zubereitungen, über die mit ihrer Verwendung verbundenen Gefahren und auf die Kenntnis der einschlägigen Vorschriften.

Sie kann auf einzelne gefährliche Stoffe und Zubereitungen, die einzelne gefährliche Stoffe enthalten, beschränkt werden. Sie kann auch unter Berücksichtigung nachgewiesener fachlicher Vorkenntnisse auf die Kenntnis der einschlägigen Vorschriften beschränkt werden.

17.3 Gefahrstoffverordnung (GefStoffV)

17.3.1 Zielsetzung, Anwendungsbereich und Begriffsbestimmungen

Zielsetzung und Anwendungsbereich (§ 1)

Ziel dieser Verordnung ist es, den Menschen und die Umwelt vor stoffbedingten Schädigungen zu schützen durch:

- Regelungen zur Einstufung, Kennzeichnung und Verpackung gefährlicher Stoffe und Zubereitungen,
- Maßnahmen zum Schutz der Beschäftigten und anderer Personen bei Tätigkeiten mit Gefahrstoffen und
- Beschränkungen für das Herstellen und Verwenden bestimmter gefährlicher Stoffe, Zubereitungen und Erzeugnisse.

Sofern nicht ausdrücklich etwas anderes bestimmt ist, gilt diese Verordnung nicht für:

- biologische Arbeitsstoffe im Sinne der Biostoffverordnung und
- private Haushalte.

Begriffsbestimmungen (§ 2)

Eine „**Tätigkeit**" ist jede Arbeit, bei der Stoffe, Zubereitungen oder Erzeugnissen, einschließlich Herstellung, Mischung, Ge- und Verbrauch, Lagerung, Aufbewahrung, Be- und Verarbeitung, Ab- und Umfüllung, Entfernung, Entsorgung und Vernichtung. Zu den Tätigkeiten zählen auch das innerbetriebliche Befördern sowie Bedien- und Überwachungsarbeiten.

„**Lagern**" ist das Aufbewahren zur späteren Verwendung sowie zur Abgabe an andere. Es schließt die Bereitstellung zur Beförderung ein, wenn die Beförderung nicht binnen 24 Stunden nach der Bereitstellung oder am darauf folgenden Werktag erfolgt. Ist dieser Werktag ein Samstag, so endet die Frist mit Ablauf des nächsten Werktages.

Der „**Arbeitsplatzgrenzwert**" ist der Grenzwert für die zeitlich gewichtete durchschnittliche Konzen-tration eines Stoffes in der Luft am Arbeitsplatz in Bezug auf einen gegebenen Referenzzeit-raum. Er gibt an, bei welcher Konzentration eines Stoffes akute oder chronische schädliche Auswirkungen auf die Gesundheit von Beschäftigten im Allgemeinen nicht zu erwarten sind.

Der „**biologische Grenzwert**" ist der Grenzwert für die toxikologisch-arbeitsmedizinisch abgeleitete Konzentration eines Stoffes, seines Metaboliten oder eines Beanspruchungsindikators im entsprechenden biologischen Material. Er gibt an, bis zu welcher Konzentration die Gesundheit von Beschäftigten im Allgemeinen nicht beeinträchtigt wird.

Der „**Stand der Technik**" ist der Entwicklungsstand fortschrittlicher Verfahren, Einrichtungen oder Betriebsweisen, der die praktische Eignung einer Maßnahme zum Schutz der Gesundheit und zur Sicherheit der Beschäftigten gesichert erscheinen lässt. Bei der Bestimmung des Stands der Technik sind insbesondere vergleichbare Verfahren, Einrichtungen oder Betriebsweisen heranzu-ziehen, die mit Erfolg in der Praxis erprobt worden sind. Gleiches gilt für die Anforderungen an die Arbeitsmedizin und die Arbeitsplatzhygiene.

„**Fachkundig**" ist, wer zur Ausübung einer in dieser Verordnung bestimmten Aufgabe befähigt ist. Die Anforderungen an die Fachkunde sind abhängig von der jeweiligen Art der Aufgabe. Zu den Anforderungen zählen eine entsprechende Berufsausbildung, Berufserfahrung oder eine zeitnah ausgeübte entsprechende berufliche Tätigkeit sowie die Teilnahme an spezifischen Fortbildungs-maßnahmen.

„**Sachkundig**" ist, wer seine bestehende Fachkunde durch Teilnahme an einem behördlich anerkannten Sachkundelehrgang erweitert hat. In Abhängigkeit vom Aufgabengebiet kann es zum Erwerb der Sachkunde auch erforderlich sein, den Lehrgang mit einer erfolgreichen Prüfung abzuschließen. Sachkundig ist ferner, wer über eine von der zuständigen Behörde als gleichwertig anerkannte oder in dieser Verordnung als gleichwertig bestimmte Qualifikation verfügt.

17.3.2 Gefahrstoffinformation

Gefährlichkeitsmerkmale (§ 3)

Stoffe und Zubereitungen sind:

- explosionsgefährlich, wenn sie in festem, flüssigem, pastenförmigem oder gelatinösem Zustand auch ohne Beteiligung von Luftsauerstoff exotherm und unter schneller Entwicklung von Gasen reagieren können und unter festgelegten Prüfbedingungen detonieren, schnell deflagrieren oder beim Erhitzen unter teilweisem Einschluss explodieren,

17

- brandfördernd, wenn sie in der Regel selbst nicht brennbar sind, aber bei Kontakt mit brennbaren Stoffen oder Zubereitungen, überwiegend durch Sauerstoffabgabe, die Brandgefahr und die Heftigkeit eines Brandes beträchtlich erhöhen,

- hochentzündlich, wenn sie:
  - in flüssigem Zustand einen extrem niedrigen Flammpunkt und einen niedrigen Siedepunkt haben,
  - als Gase bei gewöhnlicher Temperatur und Normaldruck in Mischung mit Luft einen Explosionsbereich haben,

- leichtentzündlich, wenn sie:
  - sich bei gewöhnlicher Temperatur an der Luft ohne Energiezufuhr erhitzen und schließlich entzünden können,
  - in festem Zustand durch kurzzeitige Einwirkung einer Zündquelle leicht entzündet werden können und nach deren Entfernen in gefährlicher Weise weiterbrennen oder weiterglimmen,
  - in flüssigem Zustand einen sehr niedrigen Flammpunkt haben,
  - bei Kontakt mit Wasser oder mit feuchter Luft hochentzündliche Gase in gefährlicher Menge entwickeln,

- entzündlich, wenn sie in flüssigem Zustand einen niedrigen Flammpunkt haben,

- sehr giftig, wenn sie in sehr geringer Menge bei Einatmen, Verschlucken oder Aufnahme über die Haut zum Tode führen oder akute oder chronische Gesundheitsschäden verursachen können,

- giftig, wenn sie in geringer Menge bei Einatmen, Verschlucken oder Aufnahme über die Haut zum Tode führen oder akute oder chronische Gesundheitsschäden verursachen können,

- gesundheitsschädlich, wenn sie bei Einatmen, Verschlucken oder Aufnahme über die Haut zum Tode führen oder akute oder chronische Gesundheitsschäden verursachen können,

- ätzend, wenn sie lebende Gewebe bei Berührung zerstören können,

- reizend, wenn sie ohne ätzend zu sein bei kurzzeitigem, länger andauerndem oder wiederholtem Kontakt mit Haut oder Schleimhaut eine Entzündung hervorrufen können,

- sensibilisierend, wenn sie bei Einatmen oder Aufnahme über die Haut Überempfindlichkeitsreaktionen hervorrufen können, so dass bei künftiger Exposition gegenüber dem Stoff oder der Zubereitung charakteristische Störungen auftreten,

- krebserzeugend (karzinogen), wenn sie bei Einatmen, Verschlucken oder Aufnahme über die Haut Krebs hervorrufen oder die Krebshäufigkeit erhöhen können,

- fortpflanzungsgefährdend (reproduktionstoxisch), wenn sie bei Einatmen, Verschlucken oder Aufnahme über die Haut:
  - nicht vererbbare Schäden der Nachkommenschaft hervorrufen oder die Häufigkeit erhöhen (fruchtschädigend) oder
  - eine Beeinträchtigung der männlichen oder weiblichen Fortpflanzungsfunktionen oder der Fortpflanzungsfähigkeit zur Folge haben können (fruchtbarkeitsgefährdend),

- erbgutverändernd (mutagen), wenn sie bei Einatmen, Verschlucken oder Aufnahme über die Haut vererbbare genetische Schäden zur Folge haben oder deren Häufigkeit erhöhen können,

- umweltgefährlich, wenn sie selbst oder ihre Umwandlungsprodukte geeignet sind, die Beschaffenheit des Naturhaushalts, von Wasser, Boden oder Luft, Klima, Tieren, Pflanzen oder Mikroorganismen derart zu verändern, dass dadurch sofort oder später Gefahren für die Umwelt herbeigeführt werden können.

Einstufung, Verpackung und Kennzeichnung (§ 4)

Die Einstufung, Kennzeichnung und Verpackung von Stoffen und Gemischen sowie von Erzeugnissen mit Explosivstoffen richten sich nach den Bestimmungen der Verordnung (EG) Nr. 1272/2008. Bei der Einstufung von Stoffen und Zubereitungen sind die durch den Ausschuss für Gefahrstoffe gegebenen Regeln und Erkenntnisse zu berücksichtigen.

Die Kennzeichnung von Stoffen und Zubereitungen, die in Deutschland in Verkehr gebracht werden, muss in deutscher Sprache erfolgen. Werden gefährliche Stoffe oder gefährliche Zubereitungen unverpackt in Verkehr gebracht, sind jeder Liefereinheit geeignete Sicherheitsinformationen oder ein Sicherheitsdatenblatt in deutscher Sprache beizufügen.

Der Hersteller oder Einführer hat Biozid-Wirkstoffe, die als solche in Verkehr gebracht werden und zugleich biologische Arbeitsstoffe sind, zusätzlich nach den §§ 3 und 4 der Biostoffverordnung einzustufen.

Sicherheitsdatenblatt und sonstige Informationspflichten (§ 5)

Die vom Hersteller, Einführer oder erneutem Inverkehrbringer hinsichtlich des Sicherheitsdatenblatts beim Inverkehrbringen von Stoffen oder Zubereitungen zu beachtenden Anforderungen ergeben sich aus der Verordnung (EG) Nr. 1907/2006. Ist nach diesen Vorschriften die Übermittlung eines Sicherheitsdatenblatts nicht erforderlich, richten sich die Informationspflichten nach Artikel 32 der Verordnung (EG) Nr. 1907/2006.

Bei den Angaben, die nach der Verordnung (EG) Nr. 1907/2006 zu machen sind, sind insbesondere die durch den Ausschuss für Gefahrstoffe bekannt gegebenen Regeln und Erkenntnisse zu berücksichtigen, nach denen Stoffe oder Tätigkeiten als krebserzeugend, erbgutverändernd oder fortpflanzungsgefährdend bezeichnet werden.

Werden Zubereitungen nach der Richtlinie 1999/45/EG gekennzeichnet, muss auf der Verpackung von Zubereitungen, die im Einzelhandel angeboten oder für jedermann erhältlich sind und die als sehr giftig, giftig oder ätzend eingestuft sind, eine genaue und allgemein verständliche Gebrauchsanweisung angebracht werden. Falls dies technisch nicht möglich ist, muss die Gebrauchsanweisung der Verpackung beigefügt werden.

17.3.3 Gefährdungsbeurteilung und Grundpflichten

Informationsermittlung und Gefährdungsbeurteilung (§ 6)

Im Rahmen einer Gefährdungsbeurteilung als Bestandteil der Beurteilung der Arbeitsbedingungen nach § 5 des Arbeitsschutzgesetzes hat der Arbeitgeber festzustellen, ob die Beschäftigten Tätigkeiten mit Gefahrstoffen ausüben oder ob bei Tätigkeiten Gefahrstoffe entstehen oder freigesetzt werden können. Ist dies der Fall, so hat er alle hiervon ausgehenden Gefährdungen der Gesundheit und Sicherheit der Beschäftigten unter folgenden Gesichtspunkten zu beurteilen:

17

- gefährliche Eigenschaften der Stoffe oder Zubereitungen, einschließlich ihrer physikalisch-chemischen Wirkungen,
- Informationen des Herstellers oder Inverkehrbringers zum Gesundheitsschutz und zur Sicherheit insbesondere im Sicherheitsdatenblatt,
- Art und Ausmaß der Exposition unter Berücksichtigung aller Expositionswege,
- Möglichkeiten einer Substitution,
- Arbeitsbedingungen und Verfahren, einschließlich der Arbeitsmittel und der Gefahrstoffmenge,
- Arbeitsplatzgrenzwerte und biologische Grenzwerte,
- Wirksamkeit der getroffenen oder zu treffenden Schutzmaßnahmen,
- Erkenntnisse aus arbeitsmedizinischen Vorsorgeuntersuchungen nach der Verordnung zur arbeitsmedizinischen Vorsorge.

Der Arbeitgeber hat sich die für die Gefährdungsbeurteilung notwendigen Informationen beim Inverkehrbringer oder aus anderen, ihm mit zumutbarem Aufwand zugänglichen Quellen zu beschaffen. Insbesondere hat der Arbeitgeber die Informationen zu beachten, die ihm nach Titel IV der Verordnung (EG) Nr. 1907/2006 zur Verfügung gestellt werden. Dazu gehören Sicherheitsdatenblätter und die Informationen zu Stoffen und Zubereitungen, für die kein Sicherheitsdatenblatt zu erstellen ist. Sofern die Verordnung (EG) Nr. 1907/2006 keine Informationspflicht vorsieht, hat der Inverkehrbringer dem Arbeitgeber auf Anfrage die für die Gefährdungsbeurteilung notwendigen Informationen über die Gefahrstoffe zur Verfügung zu stellen.

Stoffe und Zubereitungen, die nicht vom Inverkehrbringer eingestuft und gekennzeichnet worden sind, beispielsweise innerbetrieblich hergestellte Stoffe oder Zubereitungen, hat der Arbeitgeber selbst einzustufen. Zumindest aber hat er die von den Stoffen oder Zubereitungen ausgehenden Gefährdungen für die Beschäftigten zu ermitteln.

Der Arbeitgeber hat festzustellen, ob die verwendeten Stoffe, Zubereitungen oder Erzeugnisse bei Tätigkeiten, auch unter Berücksichtigung verwendeter Arbeitsmittel, Verfahren und der Arbeitsumgebung sowie ihrer möglichen Wechselwirkungen, zu Brand- oder Explosionsgefahren führen können. Insbesondere hat er zu ermitteln, ob die Stoffe, Zubereitungen oder Erzeugnisse aufgrund ihrer Eigenschaften und der Art und Weise, wie sie am Arbeitsplatz vorhanden sind oder verwendet werden, explosionsfähige Gemische bilden können. Im Fall von nicht atmosphärischen Bedingungen sind auch die möglichen Veränderungen der für den Explosionsschutz relevanten sicherheitstechnischen Kenngrößen zu ermitteln und zu berücksichtigen.

Bei der Gefährdungsbeurteilung sind ferner Tätigkeiten zu berücksichtigen, bei denen auch nach Ausschöpfung sämtlicher technischer Schutzmaßnahmen die Möglichkeit einer Gefährdung besteht. Dies gilt insbesondere für Instandhaltungsarbeiten, einschließlich Wartungsarbeiten. Darüber hinaus sind auch andere Tätigkeiten wie Bedien- und Überwachungsarbeiten zu berücksichtigen, wenn diese zu einer Gefährdung von Beschäftigten durch Gefahrstoffe führen können.

Die mit den Tätigkeiten verbundenen inhalativen, dermalen und physikalisch-chemischen Gefährdungen sind unabhängig voneinander zu beurteilen und in der Gefährdungsbeurteilung zusammenzuführen. Treten bei einer Tätigkeit mehrere Gefahrstoffe gleichzeitig auf, sind Wechsel- oder Kombinationswirkungen der Gefahrstoffe, die Einfluss auf die Gesundheit und Sicherheit der Beschäftigten haben, bei der Gefährdungsbeurteilung zu berücksichtigen, soweit solche Wirkungen bekannt sind.

Der Arbeitgeber kann bei der Festlegung der Schutzmaßnahmen eine Gefährdungsbeurteilung übernehmen, die ihm der Hersteller oder Inverkehrbringer mitgeliefert hat, sofern die Angaben und Festlegungen in dieser Gefährdungsbeurteilung den Arbeitsbedingungen und Verfahren, einschließlich der Arbeitsmittel und der Gefahrstoffmenge, im eigenen Betrieb entsprechen.

Der Arbeitgeber hat die Gefährdungsbeurteilung unabhängig von der Zahl der Beschäftigten erstmals vor Aufnahme der Tätigkeit zu dokumentieren. Dabei sind anzugeben:

- die Gefährdung am Arbeitsplatz,
- das Ergebnis der Prüfung auf Möglichkeiten einer Substitution,
- eine Begründung für einen Verzicht auf eine technisch mögliche Substitution, sofern Schutzmaßnahmen nach § 9 und § 10 GefStoffV zu ergreifen sind,
- die durchzuführenden Schutzmaßnahmen, einschließlich derer die wegen Überschreitung eines Arbeitsplatzgrenzwertes zusätzlich ergriffen werden sowie der geplanten Schutzmaßnahmen, die zukünftig ergriffen werden sollen, um den Arbeitsplatzgrenzwert einzuhalten, oder die unter Berücksichtigung eines Beurteilungsmaßstabes für krebserzeugende Gefahrstoffe zusätzlich getroffen worden sind oder zukünftig getroffen werden sollen (Maßnahmenplan).
- eine Begründung, wenn von den durch den Ausschuss für Gefahrstoffe bekannt gegebenen Regeln und Erkenntnissen abgewichen wird, und
- die Ermittlungsergebnisse, die belegen, dass der Arbeitsplatzgrenzwert eingehalten wird oder – bei Stoffen ohne Arbeitsplatzgrenzwert – die ergriffenen technischen Schutzmaßnahmen wirksam sind.

Auf eine detaillierte Dokumentation kann bei Tätigkeiten mit geringer Gefährdung verzichtet werden. Fall in anderen Fällen auf eine detaillierte Dokumentation verzichtet wird, ist dies nachvollziehbar zu begründen. Die Gefährdungsbeurteilung ist regelmäßig zu überprüfen und bei Bedarf zu aktualisieren. Sie ist umgehend zu aktualisieren, wenn maßgebliche Veränderungen oder neue Informationen dies erfordern oder wenn sich eine Aktualisierung aufgrund der Ergebnisse arbeitsmedizinischer Vorsorgeuntersuchungen nach der Verordnung zur arbeitsmedizinischen Vorsorge als notwendig erweist.

Die Gefährdungsbeurteilung darf nur von fachkundigen Personen durchgeführt werden. Verfügt der Arbeitgeber nicht selbst über die entsprechenden Kenntnisse, so hat er sich fachkundig beraten zu lassen. Fachkundig können insbesondere die Fachkraft für Arbeitssicherheit und die Betriebsärztin oder der Betriebsarzt sein.

Der Arbeitgeber hat ein Verzeichnis der im Betrieb verwendeten Gefahrstoffe zu führen, in dem auf die entsprechenden Sicherheitsdatenblätter verwiesen wird. Das Verzeichnis muss mindestens folgende Angaben enthalten:

- Bezeichnung des Gefahrstoffs,
- Einstufung des Gefahrstoffs oder Angaben zu den gefährlichen Eigenschaften,
- Angaben zu den im Betrieb verwendeten Mengenbereichen,
- Bezeichnung der Arbeitsbereich, in denen Beschäftigte dem Gefahrstoff ausgesetzt sein können.

Die Angaben müssen allen betroffenen Beschäftigten und ihrer Vertretung zugänglich sein.

Ergibt sich aus der Gefährdungsbeurteilung für bestimmte Tätigkeiten aufgrund:

- der dem Gefahrstoff zugeordneten Gefährlichkeitsmerkmale,
- einer geringen verwendeten Stoffmenge,
- einer nach Höhe und Dauer niedrigen Exposition und
- der Arbeitsbedingungen

insgesamt eine nur geringe Gefährdung der Beschäftigten und reichen die nach § 8 GefStoffV zu ergreifenden Maßnahmen zum Schutz der Beschäftigten aus, so müssen keine weiteren Maßnahmen ergriffen werden.

Wenn für Stoffe oder Zubereitungen keine Prüfdaten oder entsprechende aussagekräftige Informationen zu akut toxischen, reizenden, hautsensibilisierenden oder erbgutverändernden Wirkung oder zur Wirkung bei wiederholter Exposition vorliegen, sind die Stoffe oder Zubereitungen bei der Gefährdungsbeurteilung wie Gefahrstoffe mit entsprechenden Wirkungen zu behandeln.

Grundpflichten (§ 7)

Der Arbeitgeber darf eine Tätigkeit mit Gefahrstoffen erst aufnehmen lassen, nachdem eine Gefährdungsbeurteilung nach § 6 durchgeführt und die erforderlichen Schutzmaßnahmen ergriffen worden sind.

Um die Gesundheit und die Sicherheit der Beschäftigten bei allen Tätigkeiten mit Gefahrstoffen zu gewährleisten, hat der Arbeitgeber die erforderlichen Maßnahmen nach dem Arbeitsschutzgesetz und zusätzlich, die nach dieser Verordnung erforderlichen Maßnahmen zu ergreifen. Dabei hat er die vom Ausschuss für Gefahrstoffe bekannt gegebenen Regeln und Erkenntnisse zu berücksichtigen. Bei Einhaltung dieser Regeln und Erkenntnisse ist in der Regel davon auszugehen, dass die Anforderungen dieser Verordnung erfüllt sind. Von diesen Regeln und Erkenntnissen kann abgewichen werden, wenn durch andere Maßnahmen zumindest in vergleichbarer Weise der Schutz der Gesundheit und die Sicherheit der Beschäftigten gewährleistet werden.

Der Arbeitgeber hat auf der Grundlage des Ergebnisses der Substitutionsprüfung nach § 6 vorrangig eine Substitution durchzuführen. Er hat Gefahrstoffe oder Verfahren durch Stoffe, Zubereitungen oder Erzeugnisse oder Verfahren zu ersetzen, die unter den jeweiligen Verwendungsbedingungen für die Gesundheit und Sicherheit der Beschäftigten nicht oder weniger gefährlich sind.

Der Arbeitgeber hat Gefährdungen der Gesundheit und der Sicherheit der Beschäftigten bei Tätigkeiten mit Gefahrstoffen auszuschließen. Ist dies nicht möglich, hat er sie auf ein Minimum zu reduzieren. Diesen Geboten hat der Arbeitgeber durch Festlegung und Anwendung geeigneter Schutzmaßnahmen Rechnung zu tragen. Dabei hat er folgende Rangfolge zu berücksichtigen:

- Gestaltung geeigneter Verfahren und technischer Steuerungseinrichtungen von Verfahren, den Einsatz emissionsfreier oder emissionsarmer Verwendungsformen sowie Verwendung geeigneter Arbeitsmittel und Materialien nach dem Stand der Technik,
- Anwendung kollektiver Schutzmaßnahmen technischer Art an der Gefahrenquelle, wie zum Beispiel angemessene Be- und Entlüftung, und Anwendung geeignete organisatorische Maßnahmen,
- sofern eine Gefährdung nicht durch entsprechende Maßnahmen verhütet werden kann, Anwendung von individuellen Schutzmaßnahmen, die auch die Bereitstellung und Verwendung persönlicher Schutzausrüstung umfassen.

Beschäftigte müssen die bereit gestellte persönliche Schutzausrüstungen verwenden, solange eine Gefährdung besteht. Die Verwendung von belastender persönlicher Schutzausrüstung darf keine Dauermaßnahme sein. Sie ist für jeden Beschäftigten auf das unbedingt erforderliche Minimum zu beschränken.

Der Arbeitgeber stellt sicher, dass:

- die persönliche Schutzausrüstung an einem dafür vorgesehenen Ort sachgerecht aufbewahrt wird,
- die persönliche Schutzausrüstung vor Gebrauch geprüft und nach Gebrauch gereinigt wird und

- schadhafte persönliche Schutzausrüstung vor erneutem Gebrauch ausgebessert oder ausgetauscht wird.

Der Arbeitgeber hat die Funktion und die Wirksamkeit der technischen Schutzmaßnahmen regelmäßig, mindestens jedoch jedes dritte Jahr, zu überprüfen. Das Ergebnis der Prüfungen ist auszuzeichnen und vorzugsweise zusammen mit der Dokumentation der Gefährdungsbeurteilung aufzubewahren.

Der Arbeitgeber stellt sicher, dass die Arbeitsplatzgrenzwerte eingehalten werden. Er hat die Einhaltung durch Arbeitsplatzmessungen oder durch andere geeignete Methoden zur Ermittlung der Exposition zu überprüfen. Ermittlungen sind auch durchzuführen, wenn sich die Bedingungen ändern, welche die Exposition der Beschäftigten beeinflussen können. Die Ermittlungsergebnisse sind aufzuzeichnen, aufzubewahren und den Beschäftigten und ihrer Vertretung zugänglich zu machen. Werden Tätigkeiten entsprechend einem verfahrens- und stoffspezifischen Kriterium ausgeübt, das vom Ausschuss für Gefahrstoffe bekannt gegeben worden ist, kann der Arbeitgeber in der Regeln davon ausgehen, dass die Arbeitsplatzgrenzwerte eingehalten werden.

Sofern Tätigkeiten mit Gefahrstoffen ausgeübt werden, für die kein Arbeitsplatzgrenzwert vorliegt, hat der Arbeitgeber regelmäßig die Wirksamkeit der ergriffenen technischen Schutzmaßnahmen durch geeignete Ermittlungsmethoden zu überprüfen, zu denen auch Arbeitsplatzmessungen gehören können.

Wer Arbeitsplatzmessungen von Gefahrstoffen durchführt, muss fachkundig sein und über die erforderlichen Einrichtungen verfügen. Wenn ein Arbeitgeber eine für Messungen von Gefahrstoffen an Arbeitsplätzen akkreditierte Messstelle beauftragt, kann der Arbeitgeber in der Regel davon ausgehen, dass die von dieser Messstelle gewonnenen Erkenntnisse zutreffend sind.

17.3.4 Schutzmaßnahmen

Allgemeine Schutzmaßnahmen (§ 8)

Der Arbeitgeber hat bei Tätigkeiten mit Gefahrstoffen die folgenden Schutzmaßnahmen zu ergreifen:

- geeignete Gestaltung des Arbeitsplatzes und geeignete Arbeitsorganisation,
- Bereitstellung geeigneter Arbeitsmittel für Tätigkeiten mit Gefahrstoffen und geeignete Wartungsverfahren zur Gewährleistung der Gesundheit und Sicherheit der Beschäftigten bei der Arbeit,
- Begrenzung der Anzahl der Beschäftigten, die Gefahrstoffen ausgesetzt sind oder ausgesetzt sein können,
- Begrenzung der Dauer und der Höhe der Exposition,
- angemessene Hygienemaßnahmen, insbesondere zur Vermeidung von Kontaminationen, und die regelmäßige Reinigung des Arbeitsplatzes,
- Begrenzung der am Arbeitsplatz vorhandenen Gefahrstoffe auf die Menge, die für den Fortgang der Tätigkeiten erforderlich ist,
- geeignete Arbeitsmethoden und Verfahren, welche die Gesundheit und Sicherheit der Beschäftigten nicht beeinträchtigen oder die Gefährdung so gering wie möglich halten, einschließlich Vorkehrungen für die sichere Handhabung, Lagerung und Beförderung von Gefahrstoffen und von Abfällen, die Gefahrstoffe enthalten, am Arbeitsplatz.

17

Der Arbeitgeber hat sicherzustellen, dass:

- alle verwendeten Stoffe und Zubereitungen identifizierbar sind,
- gefährliche Stoffe und Zubereitungen innerbetrieblich mit einer Kennzeichnung versehen sind, die ausreichende Informationen über die Einstufung, über die Gefahren bei der Handhabung und über die zu beachtenden Sicherheitsmaßnahmen enthält,
- Apparaturen und Rohrleitungen so gekennzeichnet sind, dass mindestens die enthaltenen Gefahrstoffe sowie die davon ausgehenden Gefahren eindeutig identifizierbar sind.

Kennzeichnungspflichten nach anderen Rechtsvorschriften bleiben unberührt. Solange der Arbeitgeber den Verpflichtungen nicht nachgekommen ist, darf er Tätigkeiten mit den dort genannten Stoffen und Zubereitungen nicht ausüben lassen. Dies gilt nicht für Stoffe, die für Forschungs- und Entwicklungszwecke oder für wissenschaftliche Lehrzwecke neu hergestellt worden sind und noch nicht geprüft werden konnten. Eine Exposition der Beschäftigten bei Tätigkeiten mit diesen Stoffen ist zu vermeiden.

Der Arbeitgeber hat gemäß den Ergebnissen der Gefährdungsbeurteilung sicherzustellen, dass die Beschäftigten in Arbeitsbereichen, in denen sie Gefahrstoffen ausgesetzt sein können, keine Nahrungs- oder Genussmittel zu sich nehmen. Der Arbeitsgeber hat hierfür vor Aufnahme der Tätigkeiten geeignete Bereiche einzurichten.

Der Arbeitgeber hat sicherzustellen, dass durch Verwendung verschließbarer Behälter eine sichere Lagerung, Handhabung und Beförderung von Gefahrstoffen auch bei der Abfallentsorgung gewährleistet ist.

Der Arbeitgeber hat sicherzustellen, dass Gefahrstoffe so aufbewahrt oder gelagert werden, dass sie weder die menschliche Gesundheit noch die Umwelt gefährden. Er hat dabei wirksame Vorkehrungen zu treffen, um Missbrauch oder Fehlgebrauch zu verhindern. Insbesondere dürfen Gefahrstoffe nicht in solchen Behältern aufbewahrt oder gelagert werden, durch deren Form oder Bezeichnung der Inhalt mit Lebensmitteln verwechselt werden kann. Sie dürfen nur übersichtlich geordnet und nicht in unmittelbarer Nähe von Arznei-, Lebens- oder Futtermitteln, einschließlich deren Zusatzstoffe, aufbewahrt oder gelagert werden. Bei der Aufbewahrung zur Abgabe oder zur sofortigen Verwendung muss eine Kennzeichnung deutlich sichtbar und lesbar angebracht sein.

Der Arbeitgeber hat sicherzustellen, dass Gefahrstoffe, die nicht mehr benötigt werden, und entleerte Behälter, die noch Reste von Gefahrstoffen enthalten können, sicher gehandhabt, vom Arbeitsplatz entfernt und sachgerecht gelagert oder entsorgt werden.

Der Arbeitgeber hat sicherzustellen, dass als giftig, sehr giftig, krebserzeugend Kategorie 1 oder 2, erbgutverändernd Kategorie 1 oder 2 oder fortpflanzungsgefährdend Kategorie 1 oder 2 eingestufte Stoffe und Zubereitungen unter Verschluss oder so aufbewahrt oder gelagert werden, dass nur fachkundige und zuverlässige Personen Zugang haben. Tätigkeiten mit diesen Stoffen und Zubereitungen sowie mit atemwegssensibilisierenden Stoffen und Zubereitungen dürfen nur von fachkundigen oder besonders unterwiesenen Personen ausgeführt werden. Dies gilt nicht für Kraftstoffe an Tankstellen.

Zusätzliche Schutzmaßnahmen (§ 9)

Sind die allgemeinen Schutzmaßnahmen nach § 8 GefStoffV nicht ausreichend, um Gefährdungen durch Einatmen, Aufnahme über die Haut oder Verschlucken entgegenzuwirken, hat der Arbeitgeber zusätzlich diejenigen Maßnahmen zu ergreifen, die aufgrund der Gefährdungsbeurteilung nach § 6 GefStoffV erforderlich sind. Dies gilt insbesondere, wenn:

- Arbeitsplatzgrenzwerte oder biologische Grenzwerte überschritten werden,

- bei hautresorptiven oder haut- oder augenschädigenden Gefahrstoffen eine Gefährdung durch Haut- oder Augenkontakt besteht oder
- bei Gefahrstoffen ohne Arbeitsplatzgrenzwert und ohne biologischen Grenzwert eine Gefährdung aufgrund der ihnen zugeordneten Gefährlichkeitsmerkmale nach § 3 GefStoffV der inhalativen Exposition angenommen werden kann.

Der Arbeitgeber hat sicherzustellen, dass Gefahrstoffe in einem geschlossenen System hergestellt und verwendet werden, wenn:

- die Substitution der Gefahrstoffe durch solche Stoffe, Zubereitungen, Erzeugnisse oder Verfahren, die bei ihrer Verwendung nicht oder weniger gefährlich für die Gesundheit und Sicherheit sind, technisch nicht möglich ist und
- eine erhöhte Gefährdung der Beschäftigten durch inhalative Exposition gegenüber diesen Gefahrstoffen besteht.

Ist die Anwendung eines geschlossenen Systems technisch nicht möglich, so hat der Arbeitgeber dafür zu sorgen, dass die Exposition der Beschäftigten nach dem Stand der Technik so weit wie möglich verringert wird.

Bei Überschreitung eines Arbeitsplatzgrenzwerts muss der Arbeitgeber unverzüglich die Gefährdungsbeurteilung nach § 6 GefStoffV erneut durchführen und geeignete zusätzliche Schutzmaßnahmen ergreifen, um den Arbeitsplatzgrenzwert einzuhalten. Wird trotz Ausschöpfung aller technischen und organisatorischen Schutzmaßnahmen der Arbeitsplatzgrenzwert nicht eingehalten, hat der Arbeitgeber unverzüglich persönliche Schutzausrüstung bereitzustellen. Dies gilt insbesondere für Abbruch-, Sanierungs- und Instandhaltungsarbeiten.

Besteht trotz Ausschöpfung aller technischen und organisatorischen Schutzmaßnahmen bei hautresorptiven, haut- oder augenschädigenden Gefahrstoffen eine Gefährdung durch Haut- oder Augenkontakt, hat der Arbeitgeber unverzüglich persönliche Schutzausrüstung bereitzustellen.

Der Arbeitgeber hat getrennte Aufbewahrungsmöglichkeiten für die Arbeits- oder Schutzkleidung einerseits und die Straßenkleidung andererseits zur Verfügung zu stellen. Der Arbeitgeber hat die durch Gefahrstoffe verunreinigte Arbeitskleidung zu reinigen.

Der Arbeitgeber hat geeignete Maßnahmen zu ergreifen, die gewährleisten, dass Arbeitsbereiche, in denen eine erhöhte Gefährdung der Beschäftigten besteht, nur den Beschäftigten zugänglich sind, die sie zur Ausübung ihrer Arbeit oder zur Durchführung bestimmter Aufgaben betreten müssen.

Wenn Tätigkeiten mit Gefahrstoffen von einer oder einem Beschäftigten allein ausgeübt werden, hat der Arbeitgeber zusätzliche Schutzmaßnahmen zu ergreifen oder eine angemessene Aufsicht zu gewährleisten. Dies kann auch durch den Einsatz technischer Mittel sichergestellt werden.

Besondere Schutzmaßnahmen bei Tätigkeiten mit krebserzeugenden, erbgutverändernden und fruchtbarkeitsgefährdenden Gefahrstoffen (§ 10)

Bei Tätigkeiten mit krebserzeugenden Gefahrstoffen der Kategorie 1 oder 2, für die kein Arbeitsplatzgrenzwert bekannt gegeben worden ist, hat der Arbeitgeber ein geeignetes, risikobezogenes Maßnahmenkonzept anzuwenden. Hierbei sind bekannte Regeln, Erkenntnisse und Beurteilungsmaßstäbe zu berücksichtigen.

Bei Tätigkeiten mit krebserzeugenden, erbgutverändernden und fruchtbarkeitsgefährdenden Gefahrstoffen der Kategorie 1 oder 2 hat der Arbeitgeber zusätzliche Bestimmungen zu erfüllen.

Wenn Tätigkeiten mit krebserzeugenden, erbgutverändernden oder fruchtbarkeitsgefährdenden Gefahrstoffen der Kategorie 1 oder 2 ausgeübt werden, hat der Arbeitgeber:

- die Exposition der Beschäftigten durch Arbeitsplatzmessungen oder durch andere geeignete Ermittlungsmethoden zu bestimmen, auch um erhöhte Expositionen infolge eines unvorhersehbaren Ereignisses oder eines Unfalls schnell erkennen zu können,
- Gefahrenbereiche abzugrenzen, in denen Beschäftigte diesen Gefahrstoffen ausgesetzt sind oder ausgesetzt sein können, und Warn- und Sicherheitszeichen anzubringen, einschließlich der Verbotszeichen „Zutritt für Unbefugte verboten" und „Rauchen verboten".

Bei Tätigkeiten, bei denen eine beträchtliche Erhöhung der Exposition der Beschäftigten durch krebserzeugende, erbgutverändernde oder fruchtbarkeitsgefährdende Gefahrstoffe der Kategorie 1 oder 2 zu erwarten ist und bei denen jede Möglichkeit weiterer technischer Schutzmaßnahmen zur Begrenzung dieser Exposition bereits ausgeschöpft wurde, hat der Arbeitgeber nach Beratung mit den Beschäftigten oder mit ihrer Vertretung Maßnahmen zu ergreifen, um die Dauer der Exposition der Beschäftigten so weit wie möglich zu verkürzen und den Schutz der Beschäftigten während dieser Tätigkeiten zu gewährleisten. Er hat den betreffenden Beschäftigten persönliche Schutzausrüstung zur Verfügung zu stellen, die sie während der gesamten Dauer der erhöhten Exposition tragen müssen.

Werden in einem Arbeitsbereich Tätigkeiten mit krebserzeugenden, erbgutverändernden oder fruchtbarkeitsgefährdenden Gefahrstoffen der Kategorie 1 oder 2 ausgeübt, darf die dort abgesaugte Luft nicht in den Arbeitsbereich zurückgeführt werden. Dies gilt nicht, wenn die Luft unter Anwendung von behördlich oder von den Trägern der gesetzlichen Unfallversicherung anerkannten Verfahren oder Geräte ausreichend von solchen Stoffen gereinigt ist. Die Luft muss dann so geführt oder gereinigt werden, dass krebserzeugende, erbgutverändernde oder fruchtbarkeitsgefährdende Stoffe nicht in die Atemluft anderer Beschäftigter gelangen.

Besondere Schutzmaßnahmen gegen physikalisch-chemische Einwirkungen, insbesondere gegen Brand- und Explosionsgefährdungen (§ 11)

Der Arbeitgeber hat auf der Grundlage der Gefährdungsbeurteilung nach § 6 Maßnahmen zum Schutz der Beschäftigten und anderer Personen vor physikalisch-chemischen Einwirkungen zu ergreifen. Insbesondere hat er Maßnahmen zu ergreifen, um bei Tätigkeiten mit Gefahrstoffen Brand- und Explosionsgefährdungen zu vermeiden oder diese so weit wie möglich zu verringern. Dies gilt vor allem für Tätigkeiten mit explosionsgefährlichen, brandfördernden, hochentzündlichen, leichtentzündlichen und entzündlichen Stoffen oder Zubereitungen, einschließlich ihrer Lagerung. Ferner gilt dies für Tätigkeiten mit anderen Gefahrstoffen, insbesondere mit explosionsfähigen Gefahrstoffen und Gefahrstoffen, die chemisch miteinander reagieren können oder chemisch instabil sind, soweit daraus Brand- oder Explosionsgefährdungen entstehen können.

Zur Vermeidung von Brand- und Explosionsgefährdungen muss der Arbeitgeber Maßnahmen in der nachstehenden Rangfolge ergreifen:

- gefährliche Mengen oder Konzentrationen von Gefahrstoffen, die zu Brand- oder Explosionsgefährdungen führen können, sind zu vermeiden,
- Zündquellen, die Brände oder Explosionen auslösen können, sind zu vermeiden,
- schädliche Auswirkungen von Bränden oder Explosionen auf die Gesundheit und Sicherheit der Beschäftigten und anderer Personen sind zu verringern.

Betriebsstörungen, Unfälle und Notfälle (§ 13)

Um die Gesundheit und die Sicherheit der Beschäftigten bei Betriebsstörungen, Unfällen oder Notfällen zu schützen, hat der Arbeitgeber rechtzeitig die Notfallmaßnahmen festzulegen, die beim Eintreten eines derartigen Ereignisses zu ergreifen sind. Dies schließt die Bereitstellung angemessener Erste-Hilfe-Einrichtungen und die Durchführung von Sicherheitsübungen in regelmäßigen Abständen ein.

Tritt eines der genannten Ereignisse ein, so hat der Arbeitgeber unverzüglich die festgelegten Maßnahmen zu ergreifen, um:

- betroffene Beschäftigte über die durch das Ereignis hervorgerufene Gefahrensituation im Betrieb zu informieren,
- die Auswirkungen des Ereignisses zu mindern und
- wieder einen normalen Betriebsablauf herbeizuführen.

Neben den Rettungskräften dürfen nur die Beschäftigten im Gefahrenbereich verbleiben, die Tätigkeiten zur Erreichung der genannten Ziele ausüben.

Der Arbeitgeber hat Beschäftigten, die im Gefahrenbereich tätig werden, vor Aufnahme ihrer Tätigkeit geeignete Schutzkleidung und persönliche Schutzausrüstung sowie gegebenenfalls erforderliche spezielle Sicherheitseinrichtungen und besondere Arbeitsmittel zur Verfügung zu stellen. Im Gefahrenbereich müssen die Beschäftigten die Schutzkleidung und die persönliche Schutzausrüstung für die Dauer des nicht bestimmungsgemäßen Betriebsablaufs verwenden. Die Verwendung belastender persönlicher Schutzausrüstung muss für die einzelnen Beschäftigten zeitlich begrenzt sein. Ungeschützte und unbefugte Personen dürfen sich nicht im festzulegenden Gefahrenbereich aufhalten.

Der Arbeitgeber hat Warn- und sonstige Kommunikationssysteme, die eine erhöhte Gefährdung der Gesundheit und Sicherheit anzeigen, zur Verfügung zu stellen, so dass eine angemessene Reaktion möglich ist und unverzüglich Abhilfemaßnahmen sowie Hilfs-, Evakuierungs- und Rettungsmaßnahmen eingeleitet werden können.

Der Arbeitgeber hat sicherzustellen, dass Informationen über Maßnahmen bei Notfällen mit Gefahrstoffen zur Verfügung stehen. Die zuständigen innerbetrieblichen und betriebsfremden Unfall- und Notfalldienste müssen Zugang zu diesen Informationen erhalten. Zu diesen Informationen zählen:

- eine Vorabmitteilung über einschlägige Gefahren bei der Arbeit, über Maßnahmen zur Feststellung von Gefahren sowie über Vorsichtsmaßregeln und Verfahren, damit die Notfalldienste ihre eigenen Abhilfe- und Sicherheitsmaßnahmen vorbereiten können,
- alle verfügbaren Informationen über spezifische Gefahren, die bei einem Unfall oder Notfall auftreten oder auftreten können.

Unterrichtung und Unterweisung der Beschäftigten (§ 14)

Der Arbeitgeber hat sicherzustellen, dass den Beschäftigten eine schriftliche Betriebsanweisung, die der Gefährdungsbeurteilung nach § 6 GefStoffV Rechnung trägt, in einer für die Beschäftigten verständlichen Form und Sprache zugänglich gemacht wird. Die Betriebsanweisung muss mindestens Folgendes enthalten:

17

- Informationen über die am Arbeitsplatz vorhandenen oder entstehenden Gefahrstoffe, wie beispielsweise die Bezeichnung der Gefahrstoffe, ihre Kennzeichnung sowie mögliche Gefährdungen der Gesundheit und der Sicherheit,

- Informationen über angemessene Vorsichtsmaßregeln und Maßnahmen, die die Beschäftigten zu ihrem eigenen Schutz und zum Schutz der anderen Beschäftigten am Arbeitsplatz durchzuführen haben; dazu gehören insbesondere:
  - Hygienevorschriften,
  - Informationen über Maßnahmen, die zur Verhütung einer Exposition zu ergreifen sind,
  - Informationen zum Tragen und Verwenden von persönlicher Schutzausrüstung und Schutzkleidung,

- Informationen über Maßnahmen, die bei Betriebsstörungen, Unfällen und Notfällen und zur Verhütung dieser von den Beschäftigten, insbesondere von Rettungsmannschaften, durchzuführen sind.

Die Betriebsanweisung muss bei jeder maßgeblichen Veränderung der Arbeitsbedingungen aktualisiert werden. Der Arbeitgeber hat ferner sicherzustellen, dass die Beschäftigten:

- Zugang haben zu allen Informationen nach Artikel 35 der Verordnung (EG) Nr. 1907/2006 über die Stoffe und Zubereitungen, mit denen sie Tätigkeiten ausüben, insbesondere zu Sicherheitsdatenblättern und
- über Methoden und Verfahren unterrichtet werden, die bei der Verwendung von Gefahrstoffen zum Schutz der Beschäftigten angewendet werden müssen.

Der Arbeitgeber hat sicherzustellen, dass die Beschäftigten anhand der Betriebsanweisung über alle auftretenden Gefährdungen und entsprechende Schutzmaßnahmen mündlich unterwiesen werden. Teil dieser Unterweisung ist ferner eine allgemeine arbeitsmedizinisch-toxikologische Beratung. Diese dient auch zur Information der Beschäftigten über die Voraussetzungen, unter denen sie Anspruch auf arbeitsmedizinische Vorsorgeuntersuchungen nach der Verordnung zur arbeitsmedizinischen Vorsorge haben, und über den Zweck dieser Vorsorgeuntersuchungen. Die Beratung ist unter Beteiligung der Ärztin oder des Arztes nach § 7 Absatz 1 der Verordnung zur arbeitsmedizinischen Vorsorge durchzuführen, falls dies erforderlich sein sollte. Die Unterweisung muss vor Aufnahme der Beschäftigung und danach mindestens jährlich arbeitsplatzbezogen durchgeführt werden. Sie muss in für die Beschäftigten verständlicher Form und Sprache erfolgen. Inhalt und Zeitpunkt der Unterweisung sind schriftlich festzuhalten und von den Unterwiesenen durch Unterschrift zu bestätigen.

Der Arbeitgeber hat bei Tätigkeiten mit krebserzeugenden, erbgutverändernden oder fruchtbarkeitsgefährdenden Gefahrstoffen der Kategorie 1 oder 2 sicherzustellen, dass:

- die Beschäftigten und ihre Vertretung nachprüfen können, ob die Bestimmungen dieser Verordnung eingehalten werden, und zwar insbesondere in Bezug auf die Auswahl und Verwendung der persönlichen Schutzausrüstung und die damit verbundenen Belastungen der Beschäftigten, sowie der durchzuführende Maßnahmen,
- die Beschäftigten und ihre Vertretung bei einer erhöhten Exposition unverzüglich unterrichtet und über die Ursachen sowie über die bereits ergriffenen oder noch zu ergreifenden Gegenmaßnahmen informiert werden,
- ein aktualisiertes Personenverzeichnis über die Beschäftigten geführt wird, die Tätigkeiten ausüben, bei denen die Gefährdungsbeurteilung nach § 6 GefStoffV eine Gefährdung der Gesundheit oder der Sicherheit der Beschäftigten ergibt; in dem Verzeichnis ist auch die Höhe und die Dauer der Exposition anzugeben, der die Beschäftigten ausgesetzt waren,
- das Personenverzeichnis mit allen Aktualisierungen 40 Jahre nach Ende der Exposition aufbewahrt wird. Bei Beendigung von Beschäftigungsverhältnissen hat der Arbeitgeber den Be-

schäftigten einen Auszug über die sie betreffenden Angaben des Verzeichnisses auszuhändigen und einen Nachweis hierüber wie Personalunterlagen aufzubewahren,

- die Ärztin oder der Arzt nach § 7 Absatz 1 der Verordnung zur arbeitsmedizinischen Vorsorge, die zuständige Behörde sowie jede für die Gesundheit und die Sicherheit am Arbeitsplatz verantwortliche Person Zugang zu dem Personenverzeichnis,
- alle Beschäftigten Zugang zu den sie persönlich betreffenden Angaben in dem Personenverzeichnis haben,
- die Beschäftigten und ihre Vertretung Zugang zu den nicht personenbezogenen Informationen allgemeiner Art in dem Personenverzeichnis haben.

Zusammenarbeit verschiedener Firmen (§ 15)

Sollen in einem Betrieb Fremdfirmen Tätigkeiten mit Gefahrstoffen ausüben, hat der Arbeitgeber als Auftraggeber sicherzustellen, dass nur solche Fremdfirmen herangezogen werden, die über die Fachkenntnisse und Erfahrungen verfügen, die für diese Tätigkeiten erforderlich sind. Der Arbeitgeber als Auftraggeber hat die Fremdfirmen über Gefahrenquellen und spezifische Verhaltensregeln zu informieren.

Kann bei Tätigkeiten von Beschäftigten eines Arbeitgebers eine Gefährdung von Beschäftigten anderer Arbeitgeber durch Gefahrstoffe nicht ausgeschlossen werden, so haben alle betroffenen Arbeitgeber bei der Durchführung ihrer Gefährdungsbeurteilungen nach § 6 GefStoffV zusammenzuwirken und die Schutzmaßnahmen abzustimmen. Dies ist zu dokumentieren. Die Arbeitgeber haben dabei sicherzustellen, dass Gefährdungen der Beschäftigten aller beteiligten Unternehmen durch Gefahrstoffe wirksam begegnet wird.

Jeder Arbeitgeber ist dafür verantwortlich, dass seine Beschäftigten die gemeinsam festgelegten Schutzmaßnahmen anwenden.

Besteht bei Tätigkeiten von Beschäftigten eines Arbeitgebers eine erhöhte Gefährdung von Beschäftigten anderer Arbeitgeber durch Gefahrstoffe, ist durch die beteiligten Arbeitgeber ein Koordinator zu bestellen. Wurde ein Koordinator nach den Bestimmungen Baustellenverordnung bestellt, gilt die Pflicht als erfüllt. Dem Koordinator sind von den beteiligten Arbeitgebern alle erforderlichen sicherheitsrelevanten Informationen sowie Informationen zu den festgelegten Schutzmaßnahmen zur Verfügung zu stellen. Die Bestellung eines Koordinators entbindet die Arbeitgeber nicht von ihrer Verantwortung nach dieser Verordnung.

Vor dem Beginn von Abbruch-, Sanierungs- und Instandhaltungsarbeiten oder Bauarbeiten muss der Arbeitgeber für die Gefährdungsbeurteilung nach § 6 GefStoffV Informationen, insbesondere vom Auftraggeber oder Bauherrn, darüber einholen, ob entsprechend der Nutzungs- oder Baugeschichte des Objekts Gefahrstoffe, insbesondere Asbest, vorhanden oder zu erwarten sind. Weiter reichende Informations-, Schutz- und Überwachungspflichten, die sich für den Auftraggeber oder Bauherrn nach anderen Rechtsvorschriften ergeben, bleiben unberührt.

17.3.5 Verbote und Beschränkungen

Herstellungs- und Verwendungsbeschränkungen (§ 16)

Herstellungs- und Verwendungsbeschränkungen für bestimmte Stoffe, Zubereitungen und Erzeugnisse ergeben sich aus Artikel 67 in Verbindung mit Anhang XVII der Verordnung (EG) Nr. 1907/2006.

Nach Maßgabe des Anhangs II der GefStoffV bestehen weitere Herstellungs- und Verwendungs-beschränkungen für dort genannte Stoffe, Zubereitungen und Erzeugnisse.

Biozid-Produkte dürfen nicht verwendet werden, soweit damit zu rechnen ist, dass ihre Verwen-dung im einzelnen Anwendungsfall schädliche Auswirkungen auf die Gesundheit von Menschen, Nicht-Zielorganismen oder auf die Umwelt hat. Wer Biozid-Produkte verwendet, hat dies ord-nungsgemäß zu tun. Zur ordnungsgemäßen Verwendung gehört es insbesondere, dass:

- ein Biozid-Produkt nur für die in der Kennzeichnung ausgewiesenen Verwendungszwecke ein-gesetzt wird,
- die sich aus der Kennzeichnung und der Zulassung ergebenden Verwendungsbedingungen eingehalten werden und
- der Einsatz von Biozid-Produkten durch eine sachgerechte Berücksichtigung physikalischer, biologischer, chemischer und sonstiger Alternativen auf das Minimum begrenzt wird.

Diese gilt auch für private Haushalte. Der Arbeitgeber darf in Heimarbeit beschäftigte Personen nur Tätigkeiten mit geringer Gefährdung ausüben lassen.

17.3.6   Vollzugsregelungen und Ausschuss für Gefahrstoffe

Unterrichtung der Behörde (§ 18)

Der Arbeitgeber hat der zuständigen Behörde unverzüglich anzuzeigen:

- jeden Unfall und jede Betriebsstörung, die bei Tätigkeiten mit Gefahrstoffen zu einer ernsten Gesundheitsschädigung von Beschäftigten geführt haben,
- Krankheits- und Todesfälle, bei denen konkrete Anhaltspunkte dafür bestehen, dass sie durch die Tätigkeit mit Gefahrstoffen verursacht worden sind, mit der genauen Angabe der Tätigkeit und der Gefährdungsbeurteilung nach § 6 GefStoffV.

Lassen sich die für die Anzeige erforderlichen Angaben gleichwertig aus Anzeigen nach anderen Rechtsvorschriften entnehmen, kann die Anzeigepflicht auch durch Übermittlung von Kopien die-ser Anzeigen an die zuständige Behörde erfüllt werden. Der Arbeitgeber hat den betroffenen Be-schäftigten oder ihrer Vertretung Kopien der Anzeigen zur Kenntnis zu geben.

Unbeschadet des § 22 des Arbeitsschutzgesetzes hat der Arbeitgeber der zuständigen Behörde auf Verlangen Folgendes mitzuteilen:

- das Ergebnis der Gefährdungsbeurteilung nach § 6 GefStoffV und die ihr zugrunde liegenden Informationen, einschließlich der Dokumentation der Gefährdungsbeurteilung,
- die Tätigkeiten, bei denen Beschäftigte tatsächlich oder möglicherweise gegenüber Gefahrstof-fen exponiert worden sind, und die Anzahl dieser Beschäftigten,
- die nach § 13 des Arbeitsschutzgesetzes verantwortlichen Personen,
- die durchgeführten Schutz- und Vorsorgemaßnahmen, einschließlich der Betriebsanweisun-gen.

Der Arbeitgeber hat der zuständigen Behörde bei Tätigkeiten mit krebserzeugenden, erbgutverändernden oder fruchtbarkeitsgefährdenden Gefahrstoffen der Kategorie 1 oder 2 zusätzlich auf Verlangen Folgendes mitzuteilen:

- das Ergebnis der Substitutionsprüfung,
- Informationen über:
  - ausgeübte Tätigkeiten und angewandte industrielle Verfahren und die Gründe für die Verwendung dieser Gefahrstoffe,
  - die Menge der hergestellten oder verwendeten Gefahrstoffe,
  - die Art der zu verwendenden Schutzausrüstung,
  - Art und Ausmaß der Exposition,
  - durchgeführte Substitutionen.

Auf Verlangen der zuständigen Behörde ist die nach Anhang II der Verordnung (EG) Nr. 1907/2006 geforderte Fachkunde für die Erstellung von Sicherheitsdatenblättern nachzuweisen.

Ausschuss für Gefahrstoffe (§ 20)

Zu den Aufgaben des Ausschusses gehört es:

- den Stand der Wissenschaft, Technik, Arbeitsmedizin und Arbeitshygiene sowie sonstige gesicherte Erkenntnisse für Tätigkeiten mit Gefahrstoffen einschließlich deren Einstufung und Kennzeichnung zu ermitteln und entsprechende Empfehlungen auszusprechen,

- zu ermitteln, wie die gestellten Anforderungen erfüllt werden können und dazu die dem jeweiligen Stand von Technik und Medizin entsprechenden Regeln und Erkenntnisse zu erarbeiten,

- Arbeitsplatzgrenzwerte, biologische Grenzwerte und andere Beurteilungsmaßstäbe für Gefahrstoffe vorzuschlagen und regelmäßig zu überprüfen, wobei Folgendes zu berücksichtigen ist:
  - Bei der Feststellung der Grenzwerte und Beurteilungsmaßstäbe ist sicherzustellen, dass der Schutz der Gesundheit der Beschäftigten gewahrt ist,
  - für jeden Stoff, für den ein Arbeitsplatzgrenzwert oder ein biologischer Grenzwert in Rechtsakten der Europäischen Union festgelegt worden ist, ist unter Berücksichtigung dieses Grenzwerts ein nationaler Grenzwert vorzuschlagen.

17.4 Gefährlichkeitsmerkmale

Für die Einstufung und Kennzeichnung von Gefahrstoffen besteht eine Übergangsfrist bis zum 01.06.2015. Daher werden in den folgenden Abschnitten sowohl die „alte" als auch die „neue Gefahrstoffkennzeichnung erläutert. Die Gefährdungen werden durch Gefahrensymbole (Abb. 17.3), R-Sätze (Abb. 17.4) verdeutlicht.

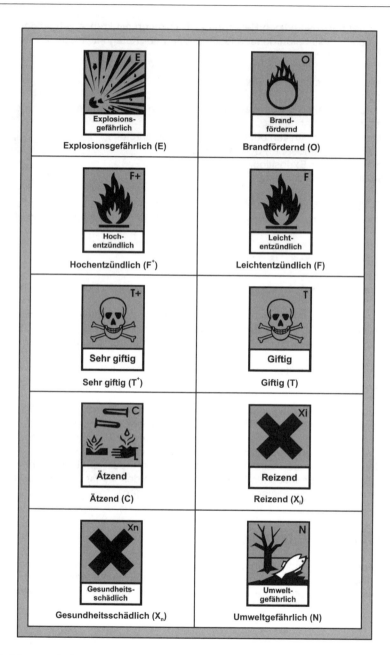

Abb. 17.3: Gefahrensymbole

Bei gefährlichen Stoffen und Zubereitungen werden die besonderen Gefahren durch R-Sätze (R = Risiko) kodiert (Abb. 17.4).

R1	In trockenem Zustand explosionsgefährlich.
R2	Durch Schlag, Reibung, Feuer oder andere Zündquellen explosionsgefährlich.
R3	Durch Schlag, Reibung, Feuer oder andere Zündquellen besonders explosions-gefährlich.
R4	Bildet hochempfindliche explosionsgefährliche Metallverbindungen.
R5	Beim Erwärmen explosionsfähig.
R6	Mit und ohne Luft explosionsfähig.
R7	Kann Brand verursachen.
R8	Feuergefahr bei Berührung mit brennbaren Stoffen.
R9	Explosionsgefahr bei Mischung mit brennbaren Stoffen.
R10	Entzündlich.
R11	Leichtentzündlich.
R12	Hochentzündlich.
R14	Reagiert heftig mit Wasser.
R15	Reagiert mit Wasser unter Bildung hochentzündlicher Gase.
R16	Explosionsfähig in Mischung mit brandfördernden Stoffen.
R17	Selbstentzündlich an der Luft.
R18	Bei Gebrauch Bildung explosionsfähiger/leichtentzündlicher Dampf-Luft-Gemische.
R19	Kann explosionsfähige Peroxide bilden.
R20	Gesundheitsschädlich beim Einatmen.
R21	Gesundheitsschädlich bei Berührung mit der Haut.
R22	Gesundheitsschädlich beim Verschlucken.
R23	Giftig beim Einatmen.
R24	Giftig bei Berührung mit der Haut.
R25	Giftig beim Verschlucken.
R26	Sehr giftig beim Einatmen.
R27	Sehr giftig bei Berührung mit der Haut.
R28	Sehr giftig beim Verschlucken.

17

R29	Entwickelt bei Berührung mit Wasser giftige Gase.
R30	Kann bei Gebrauch leicht entzündlich werden.
R31	Entwickelt bei Berührung mit Säure giftige Gase.
R32	Entwickelt bei Berührung mit Säure sehr giftige Gase.
R33	Gefahr kumulativer Wirkung.
R34	Verursacht Verätzungen.
R35	Verursacht schwere Verätzungen.
R36	Reizt die Augen.
R37	Reizt die Atmungsorgane.
R38	Reizt die Haut.
R39	Ernste Gefahr irreversiblen Schadens.
R40	Verdacht auf krebserzeugende Wirkung.
R41	Gefahr ernster Augenschäden.
R42	Sensibilisierung durch Einatmen möglich.
R43	Sensibilisierung durch Hautkontakt möglich.
R44	Explosionsgefahr beim Erhitzen unter Einschluss.
R45	Kann Krebs erzeugen.
R46	Kann vererbbare Schäden verursachen.
R48	Gefahr ernster Gesundheitsschäden bei längerer Exposition.
R49	Kann Krebs erzeugen beim Einatmen.
R50	Sehr giftig für Wasserorganismen.
R51	Giftig für Wasserorganismen.
R52	Schädlich für Wasserorganismen.
R53	Kann in Gewässern längerfristig schädliche Wirkung haben.
R54	Giftig für Pflanzen.
R55	Giftig für Tiere.
R56	Giftig für Bodenorganismen.
R57	Giftig für Bienen.

R58	Kann längerfristig schädliche Wirkung auf die Umwelt haben.
R59	Gefährlich für die Ozonschicht.
R60	Kann die Fortpflanzungsfähigkeit beeinträchtigen.
R61	Kann das Kind im Mutterleib schädigen.
R62	Kann möglicherweise die Fortpflanzungsfähigkeit beeinträchtigen.
R63	Kann das Kind im Mutterleib möglicherweise schädigen.
R64	Kann Säuglinge über die Muttermilch schädigen.
R65	Gesundheitsschädlich: kann beim Verschlucken Lungenschäden verursachen.
R66	Wiederholter Kontakt kann zu spröder oder rissiger Haut führen.
R67	Dämpfe können Schläfrigkeit und Benommenheit verursachen.
R68	Irreversibler Schaden möglich.

Abb. 17.4: Risikosätze (R-Sätze)

Zwischen den Gefährlichkeitsmerkmalen, den Gefahrensymbolen und den R-Sätzen besteht ein eindeutiger Zusammenhang (Abb. 17.5).

17

Eigenschaften	Gefährlichkeitsmerkmale	Gefahren-symbole	R-Sätze
physikalisch-chemische Eigenschaften	explosionsgefährlich	E	R2; R3
	brandfördernd	O	R7; R8; R9
	hochentzündlich	F^+	R12
	leichtentzündlich	F	R11; R15; R17
	entzündlich	-	R10
	sonstige physikalisch-chemische Eigenschaften	-	R1; R4; R5; R6; R14; R16; R18; R19; R30; R44
toxische Eigenschaften	sehr giftig	T^+	R26; R27; R28; R39
	giftig	T	R23; R24; R25; R39; R48
	gesundheitsschädlich	X_n	R20; R21; R22; R48; R65; R68
	ätzend	C	R34; R35
	reizend	X_i	R36; R37; R38; R41
	sensibilisierend	X_n	R42; R43
	sonstige toxische Eigenschaften	-	R29; R31; R32; R33; R64, R66; R67
bestimmte spezifische Gesundheitsgefahren	krebserzeugend • Kategorie 1 und 2 • Kategorie 3	T X_n	R45; R49 R40
	erbgutverändernd • Kategorie 1 und 2 • Kategorie 2	T X_n	R46 R68
	reproduktionstoxisch (fortpflanzungsgefährdend) • Kategorie 1 und 2 • Kategorie 2	T X_n	R60; R61 R62; R63; R64
Auswirkungen auf die Umwelt	umweltgefährlich • Gewässer • nichtaquatische Umwelt	N N	R50; R51; R52; R53 R54; R55; R56; R57; R58; R59

Abb. 17.5: Gefährlichkeitsmerkmale

17.4.1 Physikalisch-chemische Eigenschaften

Die physikalisch-chemische Einstufung von Stoffen erfolgt aufgrund der möglichen Gefahr, explosionsgefährlich, brandfördernd oder entzündlich zu reagieren.

17.4.1.1 Hochentzündliche Stoffe und Zubereitungen

Hochentzündliche Stoffe sind Flüssigkeiten, deren Flammpunkt $\leq 0°C$ bzw. deren Siedepunkt $\leq 35°C$ beträgt. Ebenso gasförmige Stoffe, die bei gewöhnlichen Temperaturen und Drücken bei Luftkontakt entzündlich reagieren. Für diese Stoffe wird das Gefahrensymbol $\mathbf{F^+}$ und die Gefahrenbezeichnung **„hochentzündlich"** verwendet.

Hochentzündliche Stoffe (Abb. 17.6) werden mit folgendem R-Satz gekennzeichnet:

- R12 Hochentzündlich

Bezeichnung	Formel
Acetaldehyd (F^+; X_n)	$CH_3 - CHO$
Butan	$CH_3 - CH_2 - CH_2 - CH_3$
Ether (F^+; X_n)	$C_2H_5 - O - C_2H_5$
Dimethylether	$CH_3 - O - CH_3$
Ethan	$CH_3 - CH_3$
Ethen (Ethylen)	$CH_2 = CH_2$
Ethin (Acetylen)	$CH \equiv CH$
Ethylamin (F; X_i)	$C_2H_5 - NH_2$
Methan	CH_4
2-Buten	$CH_3 - CH = CH - CH_3$
Propan	$CH_3 - CH_2 - CH_3$
Propen	$CH_3 - CH = CH_2$
Wasserstoff	H_2

Abb. 17.6: Beispiele für hochentzündliche Stoffe

17

17.4.1.2 Leichtentzündliche Stoffe und Zubereitungen

Die Kennzeichnung leichtentzündlicher Stoffe (Abb. 17.7) erfolgt mit dem Gefahrensymbol **F** und der Gefahrenbezeichnung „**leichtentzündlich**".

Die R-Sätze werden nach folgenden Kriterien zugeordnet:

- R11:   Leichtentzündlich
  - feste Stoffe oder Zubereitungen, die durch kurzzeitige Einwirkung einer Zündquelle leicht entzündet werden können und nach deren Entfernung weiterbrennen oder weiterglimmen.
  - flüssige Stoffe und Zubereitungen, die einen Flammpunkt unter 21°C haben, aber nicht hochentzündlich sind.
- R15:   Reagiert mit Wasser unter Bildung hochentzündlicher Gase
  - Stoffe und Zubereitungen, die bei Berührung mit Wasser oder feuchter Luft hochentzündliche Gase in gefährlichen Mengen entwickeln (Mindestmenge 1L/kg/h).
- R17:   Selbstentzündlich an der Luft
  - Stoffe und Zubereitungen, die sich bei gewöhnlicher Temperatur an der Luft ohne Energiezufuhr erhitzen und schließlich entzünden können.

Bezeichnung	Formel
1-Propanol (F; X_i)	$CH_3 - CH_2 - CH_2 - OH$
Cyclohexan (F; X_n; N)	⬡
Ethanol	$C_2H_5\,OH$
Ethylacetat (F; X_i)	$CH_3 - C \overset{\displaystyle O}{\underset{O - C_2H_5}{\big\|}}$
Magnesiumpulver	Mg
Methanol (F; T)	$CH_3\,OH$
Natrium	Na

Abb. 17.7: Beispiele für leichtentzündliche Stoffe

17.4.1.3 Entzündliche Stoffe und Zubereitungen

Entzündliche Stoffe (Abb. 17.8) sind Stoffe mit einem Flammpunkt zwischen 21 und 55°C. Zur Kennzeichnung wird nur der R-Satz: „R10: Entzündlich" verwendet.

Bezeichnung	Formel
1,3-Diethoxypropan	$C_2H_5 - O - CH_2 - CH_2 - O - C_2H_5$
1-Iodpentan	$CH_3 - CH_2 - CH_2 - CH_2 - CH_2 - I$
1-Methoxy-2-propanol	$CH_3 - O - CH_2 - \underset{\underset{OH}{|}}{CH} - CH_3$
2-Hexanol	$CH_3 - \underset{\underset{OH}{|}}{CH} - CH_2 - CH_2 - CH_2 - CH_3$
2-Methylbutylessigsäure	$CH_3 - C{\overset{O}{\diagup}}{\underset{O}{\diagdown}} CH_2 - \underset{\underset{|}{\overset{|}{CH_3}}}{CH} - CH_2 - CH_3$
Anisol	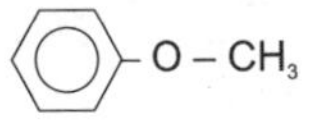 $- O - CH_3$
Butylbutyrat	$CH_3 - CH_2 - CH_2 - C{\overset{O}{\diagup}}{\underset{O - C_4H_9}{\diagdown}}$
Chlorcyclohexan	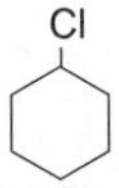 Cl
n-Butylacetat	$CH_3 - C{\overset{O}{\diagup}}{\underset{O - C_4H_9}{\diagdown}}$

Abb. 17.8: Beispiele für entzündliche Stoffe

17.4.2   Toxische Eigenschaften

Die Einstufung, ob ein Stoff als sehr giftig, giftig oder gesundheitsschädlich gilt, erfolgt auf der Basis der mittleren letalen Dosis LD_{50}. Üblicherweise wird der orale LD_{50}-Wert für die Ratte herangezogen.

17.4.2.1 Sehr giftige Stoffe und Zubereitungen

Sehr giftig sind Stoffe, die bereits in äußerst geringen Mengen zum Tode oder zu einer schwerwiegenden Gesundheitsgefährdung führen können.

Zur Kennzeichnung wird das Gefahrensymbol T^+ mit der Gefahrenbezeichnung **„sehr giftig"** verwendet. Je nach Aufnahmeweg gelten die in Abbildung 17.9 angegebenen Kriterien.

Aufnahmeweg	Dosis
LD_{50} (oral)	$\leq$ 25 mg/kg
LD_{50} (dermal)	$\leq$ 50 mg/kg
LC_{50} (inhalativ: Aerosole, Stäube)	$\leq$ 0,25 mg/L • 4h
LC_{50} (inhalaiv: Gase, Dämpfe)	$\leq$ 0,5 mg/L • 4h

Abb. 17.9: Einstufungskriterien für sehr giftige Stoffe (Versuchstier: Ratte)

Die R-Sätze sind gemäß folgenden Kriterien zuzuordnen:

- R26: Sehr giftig beim Einatmen.
- R27: Sehr giftig bei Berührung mit der Haut.
- R28: Sehr giftig beim Verschlucken.
- R39: Ernste Gefahr irreversiblen Schadens.

Beispiele für sehr giftige Stoffe finden sich in Abbildung 17.10. Neben der Einstufung als sehr giftig (T^+) gehen von vielen dieser Stoffe weitere Gefährdungen aus.

Bezeichnung	Formel
1,1,2,2-Tetrachlorethan (T$^+$; N)	$CHCl_2 - CHCl_2$
2-Chlorethanol	$Cl - CH_2 - CH_2 - OH$
Aluminiumphosphid (F; T$^+$; N)	AlP
Arsentrioxid (T$^+$; N)	As_2O_3
Blausäure (T$^+$; F$^+$; N)	HCN
Bortrichlord	BCl_3
Brom (T$^+$; C; N)	Br_2
Cadmiumcyanid (T$^+$; N)	$Cd(CN)_2$
Fluor (T$^+$; C; O)	F_2
Fluoressigsäure (T$^+$; C)	$F - CH_2 - COOH$
Fluorwasserstoff (T$^+$; C)	HF
Kaliumcyanid (T$^+$; N)	KCN
Natriumselenid (T$^+$; N)	Na_2Se
Osmiumtetroxid (T$^+$; C)	OsO_4
Phosgen	$COCl_2$
Phosphorpentachlorid	PCl_5
Phosphorwasserstoff (T$^+$; F$^+$; C; N)	PH_3
Quecksilberdichlorid (T$^+$; N)	$HgCl_2$
Schwefelwasserstoff (F$^+$; T$^+$; N)	H_2S
Stickstoffdioxid (O; T$^+$; C)	NO_2
Thallium	Tl
Trichlornitromethan	$CCl_3 - NO_2$
Uran	U
weißer Phosphor (F; T$^+$; C; N)	P

Abb. 17.10: Beispiele für sehr giftige Stoffe

17

17.4.2.2 Giftige Stoffe und Zubereitungen

Giftig sind Stoffe, die bereits in geringen Mengen zum Tode oder zu schwerwiegenden Gesundheitsschäden führen können.

Zur Kennzeichnung wird das Gefahrensymbol **T** mit der Gefahrenbezeichnung **„giftig"** verwendet.

Je nach Aufnahmeweg gelten die in Abbildung 17.11 angegebenen Kriterien.

Aufnahmeweg	Dosis
LD_{50} (oral)	$25 < LD_{50} \leq 200$ mg/kg
LD_{50} (dermal)	$50 < LD_{50} \leq 400$ mg/kg
LC_{50} (inhalativ: Aerosole, Stäube)	$0{,}25 < LC_{50} \leq 1$ mg/L • 4h
LC_{50} (inhalativ: Gase, Dämpfe)	$0{,}5 < LC_{50} \leq 2$ mg/L • 4h

Abb. 17.11: Einstufungskriterien für giftige Stoffe (Versuchstier: Ratte)

Die R-Sätze werden nach folgenden Kriterien ausgewählt:

- R23: Giftig beim Einatmen.
- R24: Giftig bei Berührung mit der Haut.
- R25: Giftig beim Verschlucken.
- R39: Ernste Gefahr irreversiblen Schadens.
- R48: Gefahr ernster Gesundheitsschäden bei längerer Exposition.

Beispiele für giftige Stoffe finden sich in Abbildung 17.12. Neben der Einstufung als giftig (T) gehen von manchen der aufgeführten Stoffe noch weitere Gefährdungen aus.

Bezeichnung	Formel
2-Methoxylethanol	$CH_3 - O - CH_2 - CH_2 - OH$
3,5-Xylenol	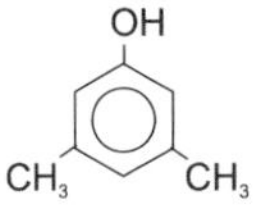 [Struktur: Benzolring mit OH und zwei CH_3-Gruppen]
Ammoniak (T; N)	NH_3
Ammoniumfluorid	NH_4F
Anilin (T; N)	 [Struktur: Benzolring mit NH_2]
Arsen (T; N)	As
Bariumchlorid	$BaCl_2$
Benzol (T; F)	 [Struktur: Benzolring]
Cadmiumiodid (T; N)	CdI_2
Chlor (T; N)	Cl_2
Kaliumfluorid	KF
Kryolith (T; N)	Na_3AlF_6
Magnesiumhexafluorosilicat	$MgSiF_6$
Natriumfluorid	NaF
Natriumhydrogendifluorid	$NaF - HF$
o-Kresol m-Kresol p-Kresol	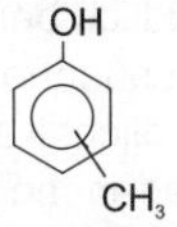 [Struktur: Benzolring mit OH und CH_3]
o-Nitroanilin m-Nitroanilin p-Nitroanilin	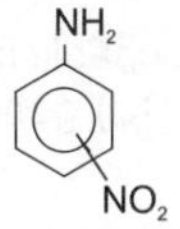 [Struktur: Benzolring mit NH_2 und NO_2]
Schwefeldioxid	SO_2
Selen	Se

Abb. 17.12: Beispiele für giftige Stoffe

17

17.4.2.3 Gesundheitsschädliche Stoffe und Zubereitungen

Gesundheitsschädlich sind die Stoffe, die in größeren Mengen zum Tode führen bzw. schwerwiegende Gesundheitsgefahren verursachen können.

Zur Kennzeichnung wird das Gefahrensymbol X_n mit der Gefahrenbezeichnung **„gesundheitsschädlich"** verwendet. Je nach Aufnahmeweg gelten die in Abbildung 17.13 angegebenen Kriterien.

Aufnahmeweg	Dosis
LD_{50} (oral)	$200 < LD_{50} \leq 2000$ mg/kg
LD_{50} (dermal)	$400 < LD_{50} \leq 2000$ mg/kg
LC_{50} (inhalativ: Aerosole, Stäube)	$1 < LC_{50} \leq 5$ mg/L • 4h
LC_{50} (inhalativ: Gase, Dämpfe)	$2 < LC_{50} \leq 20$ mg/L • 4h

Abb. 17.13: Einstufungskriterien für gesundheitsschädliche Stoffe

R-Sätze sind gemäß folgenden Kriterien zuzuordnen:

- R20: Gesundheitsschädlich beim Einatmen.
- R21: Gesundheitsschädlich bei Berührung mit der Hand.
- R22: Gesundheitsschädlich beim Verschlucken.
- R48: Gefahr ernster Gesundheitsschäden bei längerer Exposition.
- R65: Gesundheitsschädlich: Kann beim Verschlucken Lungenschäden verursachen.
- R68: Irreversibler Schaden möglich.

Beispiele für gesundheitsschädliche Stoffe finden sich in Abbildung 17.14. Neben der Einstufung als gesundheitsschädlich (X_n) gehen von manchen der aufgeführten Stoffe noch weitere Gefährdungen aus.

Bezeichnung	Formel
1-Butanol	$CH_3 - CH_2 - CH_2 - CH_2 - OH$
Ammoniumchlorid	NH_4Cl
Antimontrioxid	Sb_2O_3
Bariumcarbonat	$BaCO_3$
Benzaldehyd	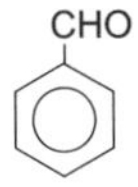
Cobalt	Co
Cyclohexanol	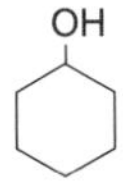
Ethylenglykol	$OH - CH_2 - CH_2 - OH$
Hexanol	$C_6H_{13}OH$
Mangandioxid	MnO_2
Molybdäntrioxid	MoO_3
Natriumcyanat	$NaCNO$
Natriumhydrogensulfit	$NaHSO_3$
Oxalsäure und ihre Salze	$HOOC - COOH$
Quecksilber(I)chlorid (X_n; N)	Hg_2Cl_2
Styrol	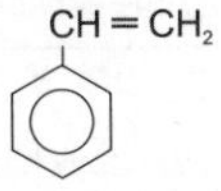
Trichlormethan	$CHCl_3$
o-Xylol m-Xylol p-Xylol	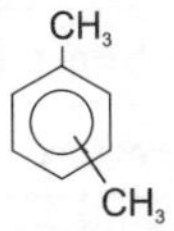

Abb. 17.14: Beispiele für gesundheitsschädliche Stoffe

17

17.4.2.4 Ätzende Stoffe und Zubereitungen

Ätzende Stoffe (Abb. 17.15) führen zu Verätzungen der Haut in ihrer gesamten Dicke. Man unterscheidet ätzende Stoffe (Hautzerstörung innerhalb von 4 Stunden Einwirkzeit; R34) und stark ätzende Stoffe (Hautzerstörung innerhalb von 3 Minuten Einwirkzeit; R35). Die ätzende Wirkung von Stoffen ist eindeutig mit dem pH-Wert korreliert. Bei einem pH < 2 und pH > 11,5 ist mit einer Verätzung zu rechnen. Die ätzende Wirkung von alkalischen Stoffen ist stärker als die von Säuren. Die ätzende Wirkung zeigt sich nicht nur auf der Haut, sondern auch am Auge und an den Atmungsorganen.

Zur Kennzeichnung wird das Gefahrensymbol **C** mit der Gefahrenbezeichnung **„ätzend"** verwendet.

Es gelten folgende R-Sätze:

- R34: Verursacht Verätzungen.
- R35: Verursacht schwere Verätzungen.

Bezeichnung	Formel
Acetanhydrid	$CH_3 - C \underset{\displaystyle CH_3 - C}{\overset{\displaystyle O}{}}$
Alumiumchlorid	$AlCl_3$
Ameisensäure	$H - COOH$
Benzoylchlorid	COCl
Kalilauge	KOH
Natronlauge	$NaOH$
Phosphorsäure	H_3PO_4
Schwefelsäure	H_2SO_4
Thionylchlorid	$SOCl_2$
Zinntetrachlorid	$SnCl_4$

Abb. 17.15: Beispiele für ätzende Stoffe

17.4.2.5 Reizende Stoffe und Zubereitungen

Zur Kennzeichnung reizender Stoffe und Zubereitungen wird das Gefahrensymbol X_i mit der Gefahrenbezeichnung **„reizend"** verwendet. Die in hoher Konzentration (stark) ätzend wirkenden Säuren und Laugen haben in geringerer Konzentration meist noch eine reizende Wirkung (Abb. 17.16).

Stoff	stark ätzend	ätzend	reizend
Essigsäure	> 90 %	25 - 90 %	10 - 25 %
Salzsäure	-	> 25 %	10 - 25 %
Schwefelsäure	> 15 %	-	5 - 15 %
Natronlauge	> 5 %	2 - 5 %	0,5 - 2 %

Abb. 17.16: Einstufungskriterien für (stark)ätzend und reizend wirkende Stoffe

Es gelten folgende R-Sätze:

- R36: Reizt die Augen.
  - Stoffe und Zubereitungen, die beim Einbringen in das Auge von Versuchstieren innerhalb von 72 Stunden nach der Exposition deutliche Augenschäden hervorrufen und die 24 Stunden oder länger anhalten.
- R37: Reizt die Atmungsorgane.
  Stoffe und Zubereitungen, die zu deutlichen Reizungen der Atmungsorgane führen, auf der Grundlage von:
  - praktischen Erfahrungen beim Menschen,
  - positiven Ergebnissen aus geeigneten Tierversuchen.
- R38: Reizt die Haut.
  - Stoffe und Zubereitungen, die eine deutliche Entzündung der Haut hervorrufen, die nach einer Einwirkungszeit bis zu 4 Stunden mindestens 24 Stunden anhält.
- R41: Gefahr ernster Augenschäden.
  - Stoffe und Zubereitungen, die beim Einbringen in das Augen von Versuchstieren innerhalb von 72 Stunden nach der Exposition schwere Augenschäden hervorrufen und die 24 Stunden oder länger anhalten.

Beispiele für reizende Stoffe finden sich in Abbildung 17.17.

17

Bezeichnung	Formel
2-Butanol	$CH_3 - CH - CH_2 - CH_3$ $\quad\quad\; \vert$ $\quad\quad OH$
Adipinsäure	$HOOC - CH_2 - CH_2 - CH_2 - CH_2 - COOH$
Benzylbromid	CH_2Br an Benzolring
Brombenzol	Br an Benzolring
Calciumchlorid	$CaCl_2$
Calciumsulfid (X_i; N)	CaS
Cyclopentanon	Cyclopentanon mit O
Di-n-butylether	$C_4H_9 - O - C_4H_9$
Fumarsäure	$\begin{array}{cc} H & COOH \\ \;\diagdown & \diagup \\ \;\; C=C \\ \diagup & \diagdown \\ HOOC & H \end{array}$
Natriumcarbonat	Na_2CO_3
Natriumhydrogensulfat	$NaHSO_4$
Oxalsäure	$HOOC - COOH$
Schwefel	S
Siliciumtetrachlord	$SiCl_4$

Abb. 17.17: Beispiele für reizende Stoffe

17.5 Die neue Gefahrstoffkennzeichnung

17.5.1 Einführung

Die EG-Verordnung 1272/2008 über die Einstufung, Kennzeichnung und Verpackung von Stoffen und Gemischen baut auf dem bestehenden Chemikalienrecht auf und führt ein neues System zur Einstufung und Kennzeichnung gefährlicher Stoffe und Gemische ein, indem die vom Wirtschafts- und Sozialrat der Vereinten Nationen (UN-ECOSOC) vereinbarten internationalen Kriterien für die Einstufung und Kennzeichnung von gefährlichen Stoffen und Gemischen, das so genannte *Globally Harmonized System of Classification and Labelling of Chemicals* (GHS – weltweit harmonisiertes System zur Einstufung und Kennzeichnung von Chemikalien) in Rechtsvorschriften der Europäischen Union überführt werden.

Das derzeitige EU-System zur Einstufung und Kennzeichnung von Chemikalien ist in den folgenden Hauptrechtsakten festgeschrieben:

- der Richtlinie über gefährliche Stoffe (67/548/EWG),
- der Richtlinie über gefährliche Zubereitungen (1999/45/EWG).

Das derzeitige EU-System und das GHS sind vom Konzept her vergleichbar. Beide regeln die Einstufung, die Verpackung und die Gefahrenkommunikation durch Kennzeichnung und Sicherheitsdatenblätter. Beim GHS handelt es sich um einen gemeinsamen Ansatz, der Kriterien für eine harmonisierte Einstufung und Gefahrenkommunikation für unterschiedliche Zielgruppen (Verbraucher, Arbeitnehmer sowie Notfall- und Sicherheitspersonal) und für die Beförderung bietet. Es ist nach dem Baukastenprinzip konzipiert, damit die Staaten das System je nach Zielgruppen in unterschiedlichen Rechtsbereichen einführen können.

17.5.2 Gefahreneinstufung

Begriffsbestimmungen (Art. 2)

Für die Zwecke der EU-Verordnung 1272/2008 (Classification, Labelling and Packaging; CLP) bezeichnet der Ausdruck:

- **Gefahrenklasse**:
  Art der physikalischen Gefahr, der Gefahr für die menschliche Gesundheit oder der Gefahr für die Umwelt,

- **Gefahrenkategorie**:
  die Untergliederung nach Kriterien innerhalb der einzelnen Gefahrenklassen zur Angabe der Schwere der Gefahr,

- **Gefahrenpiktogramm**:
  eine grafische Darstellung, die aus einem Symbol sowie weiteren grafischen Elementen, wie etwa einer Umrandung, einem Hintergrundmuster oder einer Hintergrundfarbe, besteht und der Vermittlung einer bestimmten Information über die betreffende Gefahr dient,

- **Signalwort**:
  ein Wort, das das Ausmaß der Gefahr angibt, um den Leser auf eine potenzielle Gefahr hinzuweisen. Dabei wird zwischen folgenden zwei Gefahrenstufen unterschieden:
  - **Gefahr**: Signalwort für die schwerwiegenden Gefahrenkategorien,
  - **Achtung**: Signalwort für die weniger schwerwiegenden Gefahrenkategorien,

- **Gefahrenhinweis**: Textaussage zu einer bestimmten Gefahrenklasse und Gefahrenkategorie, die die Art und gegebenenfalls den Schweregrad der von einem gefährlichen Stoff oder Gemisch ausgehenden Gefahr beschreibt,

- **Sicherheitshinweis**:
  Textaussage, die eine (oder mehrere) empfohlene Maßnahme(n) beschreibt, um schädliche Wirkungen aufgrund der Exposition gegenüber einem gefährlichen Stoff oder Gemisch bei seiner Verwendung oder Beseitigung zu begrenzen oder zu vermeiden.

Allgemeine Einstufungs-, Kennzeichnungs- und Verpackungspflichten (Art. 4)

Vor dem Inverkehrbringen stufen Hersteller, Importeure und nachgeschaltete Anwender Stoffe oder Gemische ein. Unbeschadet der Anforderungen stufen Hersteller, Produzenten von Erzeugnissen und Importeure die nicht in Verkehr gebrachten Stoffe ein, wenn nach Artikel 6, Artikel 7, Artikel 17 oder Artikel 18 der Verordnung (EG) Nr. 1907/2006 die Registrierung eines Stoffes oder eine Meldung vorgesehen ist.

Unterliegt ein Stoff der harmonisierten Einstufung und Kennzeichnung, so wird dieser Stoff entsprechend diesem Eintrag eingestuft. Ist ein Stoff oder ein Gemisch als gefährlich eingestuft, so gewährleisten die Lieferanten dieses Stoffes oder Gemisches, dass der Stoff oder das Gemisch vor seinem Inverkehrbringen entsprechend gekennzeichnet und verpackt wird. Bei der Erfüllung ihrer Aufgaben können die Händler die Einstufung für einen Stoff oder ein Gemisch verwenden, die von einem Akteur der Lieferkette vorgenommen wurde.

Bei der Erfüllung ihrer Aufgaben können die nachgeschalteten Anwender die Einstufung für einen Stoff oder ein Gemisch verwenden, die von einem Akteur in der Lieferkette vorgenommen wurde, sofern sie die Zusammensetzung des Stoffes oder Gemisches nicht ändern.

Die Lieferanten in einer Lieferkette arbeiten zusammen, um die Einstufungs-, Kennzeichnungs- und Verpackungsanforderungen der CLP-Verordnung zu erfüllen.

Ermittlung und Prüfung verfügbarer Informationen über Stoffe (Art. 5)

Um zu bestimmen, ob mit einem Stoff eine physikalische Gefahr, eine Gesundheitsgefahr oder eine Umweltgefahr verbunden ist, ermitteln die Hersteller, Importeure und nachgeschalteten Anwender des Stoffes die relevanten verfügbaren Informationen und zwar insbesondere:

- epidemiologische Daten und Erfahrungen über die Wirkungen beim Menschen, wie z.B. Daten über berufsbedingte Exposition und Daten aus Unfalldatenbanken,
- alle anderen Informationen, die gemäß Anhang XI der Verordnung (EG) Nr. 1907/2006 gewonnen wurden,
- neue wissenschaftliche Informationen,
- alle anderen Informationen, die im Rahmen international anerkannter Programme zur Chemikaliensicherheit gewonnen wurden.

Die Informationen beziehen sich auf die Formen oder Aggregatzustände, in denen der Stoff in Verkehr gebracht und aller Voraussicht nach verwendet wird. Die Hersteller, Importeure und nachgeschalteten Anwender prüfen die genannten Informationen und vergewissern sich, dass sie für die Zwecke der Bewertung geeignet, zuverlässig und wissenschaftlich fundiert sind.

Ermittlung und Prüfung verfügbarer Informationen über Gemische (Art. 6)

Um zu bestimmen, ob mit einem Gemisch eine physikalische Gefahr, eine Gesundheitsgefahr oder eine Umweltgefahr verbunden ist, ermitteln Hersteller, Importeure und nachgeschaltete Anwender des Gemisches die relevanten verfügbaren Informationen über das Gemisch selbst oder die darin enthaltenen Stoffe, und zwar insbesondere:

- epidemiologische Daten und Erfahrungen über die Wirkungen beim Menschen zu dem Gemisch selbst oder zu den darin enthaltenen Stoffen, wie z.B. Daten über berufsbedingte Exposition oder Daten aus Unfalldatenbanken,
- alle anderen Informationen, die gemäß Anhang XI der Verordnung (EG) Nr. 1907/2006 zu dem Gemisch selbst oder zu den darin enthaltenen Stoffen gewonnen wurden,
- alle anderen Informationen, die im Rahmen international anerkannter Programme zur Chemikaliensicherheit über das Gemisch selbst oder zu den darin enthaltenen Stoffen gewonnen wurden.

Die Informationen beziehen sich auf die Formen oder Aggregatzustände, in denen das Gemisch in Verkehr gebracht und gegebenenfalls aller Voraussicht nach verwendet wird. Liegen die genannten Informationen für das Gemisch selbst vor und hat sich der Hersteller, der Importeur oder der nachgeschaltete Anwender davon überzeugt, dass die Informationen geeignet und zuverlässig und gegebenenfalls wissenschaftlich fundiert sind, so verwendet der Hersteller, der Importeur oder der nachgeschaltete Anwender diese Informationen für die Zwecke der Bewertung.

Zur Bewertung von Gemischen in Bezug auf die Gefahrenklassen „Karzinogenität", „Keimzellmutagenität" und „Reproduktionstoxizität" verwenden der Hersteller, der Importeur oder der nachgeschaltete Anwender für die in dem Gemisch enthaltenen Stoffe ausschließlich die relevanten verfügbaren Informationen.

Außerdem werden in Fällen, in denen die verfügbaren Prüfdaten über das Gemisch selbst karzinogene, keimzellmutagene oder reproduktionstoxische Wirkungen nachweisen, die nicht aus den Informationen über die einzelnen Stoffe hervorgegangen sind, diese Daten ebenfalls berücksichtigt.

Zur Bewertung von Gemischen in Bezug auf die Eigenschaften „Bioabbaubarkeit" und „Bioakkumulierung" innerhalb der Gefahrenklasse „gewässergefährdend" verwenden der Hersteller, der Importeur oder der nachgeschaltete Anwender für die Stoffe in dem Gemisch ausschließlich die relevanten verfügbaren Informationen.

Sind über das Gemisch selbst keine oder nur unzureichende Prüfdaten verfügbar, so verwendet der Hersteller, der Importeur oder der nachgeschaltete Anwender andere verfügbare Informationen über einzelne Stoffe und ähnliche geprüfte Gemische, die ebenfalls als für die Bestimmung der Gefahreneigenschaften des Gemisches relevant gelten können, sofern der Hersteller, der Importeur oder der nachgeschaltete Anwender sich von der Eignung und Zuverlässigkeit der Informationen für die Zwecke der Bewertung überzeugt hat.

Tierversuche und Versuche am Menschen (Art. 7)

Werden für die Zwecke der EG-Verordnung 1272/2008 neue Prüfungen durchgeführt, so werden Tierversuche im Sinne der Richtlinie 86/609/EWG nur dann eingesetzt, wenn es keine Alternative gibt, die eine angemessene Verlässlichkeit und Datenqualität bieten. Für die Zwecke der EG-Verordnung 1272/2008 dürfen keine Versuche an nichtmenschlichen Primaten durchgeführt werden. Für die Zwecke der EG-Verordnung 1272/2008 dürfen keine Versuche am Menschen durchgeführt werden. Daten aus anderen Quellen, wie klinischen Studien, können jedoch zum Zwecke dieser Verordnung verwendet werden.

17.5.3 Bewertung der Gefahreneigenschaften und Entscheidung über die Einstufung

Bewertung der Gefahreneigenschaften für Stoffe und Gemische (Art. 9)

Die Hersteller, Importeure und nachgeschalteten Anwender eines Stoffes oder eines Gemisches bewerten die ermittelten Informationen, indem sie sie mit den Kriterien für die Einstufung in die einzelnen Gefahrenklassen der EG-Verordnung 1272/2008 abgleichen, um festzustellen, welche Gefahren mit dem Stoff oder dem Gemisch verbunden sind. Lassen sich die Kriterien nicht unmittelbar auf die verfügbaren ermittelten Informationen anwenden, führen die Hersteller, Importeure und nachgeschalteten Anwender eine Bewertung anhand der Ermittlung der Beweiskraft dieser Informationen mit Hilfe einer Beurteilung durch Experten gemäß der Verordnung (EG) Nr. 1907/2006 durch, indem sie alle verfügbaren Informationen, die für die Bestimmung der Gefahreneigenschaften des Stoffes oder Gemisches relevant sind, gegeneinander abwägen.

Konzentrationsgrenzwerte und M-Faktoren für die Einstufung von Stoffen und Gemischen (Art. 10)

Spezifische Konzentrationsgrenzwerte und allgemeine Konzentrationsgrenzwerte sind einem Stoff zugeordnete Grenzwerte, die einen Schwellenwert festlegen, bei dem oder oberhalb dessen das Vorhandensein dieses Stoffes in einem anderen Stoff oder in einem Gemisch als identifizierte Verunreinigung, Beimengung oder einzelner Bestandteil zu einer Einstufung des Stoffes oder Gemisches als gefährlich führt. Die Hersteller, Importeure und nachgeschalteten Anwender legen M-Faktoren für als akut gewässergefährdend, Kategorie 1 oder als chronisch gewässergefährdend, Kategorie 1 eingestufte Stoffe fest. Bei der Festlegung des spezifischen Konzentrationsgrenzwerts oder des M-Faktors berücksichtigen die Hersteller, Importeure und nachgeschalteten Anwender die spezifischen Konzentrationsgrenzwerte oder M-Faktoren für diesen Stoff, die in das Einstufungs- und Kennzeichnungsverzeichnis aufgenommen wurden.

Berücksichtigungsgrenzwerte (Art. 11)

Enthält ein Stoff einen anderen, für sich genommen als gefährlich eingestuften Stoff in Form einer identifizierten Verunreinigung, Beimengung oder eines einzelnen Bestandteils, so wird dies für die Zwecke der Einstufung berücksichtigt, wenn die Konzentration der identifizierten Verunreinigung, Beimengung oder des einzelnen Bestandteils den geltenden Berücksichtigungsgrenzwert erreicht oder übersteigt. Enthält ein Gemisch einen als gefährlich eingestuften Stoff entweder als Bestandteil oder in Form einer identifizierten Verunreinigung oder Beimengung, so wird diese Information für die Zwecke der Einstufung berücksichtigt, wenn die Konzentration dieses Stoffes den Berücksichtigungsgrenzwert erreicht oder übersteigt. Der genannte Berücksichtigungsgrenzwert wird gemäß Anhang I EG-Verordnung 1272/2008 festgelegt.

Entscheidung über die Einstufung von Stoffen und Gemischen (Art. 13)

Ergibt sich aus der Bewertung, dass die Gefahreneigenschaften eines Stoffes oder Gemisches den Kriterien für die Einstufung in eine oder mehrere Gefahrenklassen entsprechen, so stufen die

Hersteller, Importeure und nachgeschalteten Anwender den Stoff oder das Gemisch in die betreffende/-n Gefahrenklasse/-n oder Differenzierungen ein und ordnen Folgendes zu:

- eine oder mehrere Gefahrenkategorien für jede relevante Gefahrenklasse oder Differenzierung,
- einen oder mehrere Gefahrenhinweise, die den einzelnen zugeordneten Gefahrenkategorien entsprechen.

Sondervorschriften für die Einstufung von Gemischen (Art. 14)

Die Einstufung eines Gemisches bleibt unverändert, wenn die Bewertung der Informationen auf einen der folgenden Fälle schließen lässt:

- dass die Stoffe in dem Gemisch langsam mit atmosphärischen Gasen, insbesondere Sauerstoff, Kohlendioxid und Wasserdampf, reagieren und weitere Stoffe in niedrigen Konzentrationen bilden,
- dass die Stoffe in dem Gemisch sehr langsam mit anderen Stoffen in dem Gemisch reagieren und weitere Stoffe in niedrigen Konzentrationen bilden,
- dass die Stoffe in dem Gemisch spontan polymerisieren können und Oligomere oder Polymere in niedrigen Konzentrationen bilden.

Ein Gemisch muss nicht in Bezug auf seine explosiven, oxidierenden oder entzündbaren Eigenschaften eingestuft werden, wenn eine der folgenden Voraussetzungen erfüllt ist:

- Keiner der Stoffe in dem Gemisch hat eine dieser Eigenschaften und es ist aufgrund der Informationen, über die der Lieferant verfügt, unwahrscheinlich, dass das Gemisch solche Gefahren aufweist.
- Im Fall einer Änderung der Zusammensetzung eines Gemisches kann nach wissenschaftlicher Erkenntnis angenommen werden, dass eine Bewertung der Informationen über das Gemisch keine Änderung der Einstufung zur Folge hat.

Überprüfung der Einstufung von Stoffen und Gemischen (Art. 15)

Die Hersteller, Importeure und nachgeschalteten Anwender ergreifen alle verfügbaren angemessenen Maßnahmen, um sich über neue wissenschaftliche oder technische Informationen zu informieren, die sich auf die Einstufung der Stoffe oder Gemische, die sie in Verkehr bringen, auswirken können. Werden einem Hersteller, Importeur oder nachgeschalteten Anwender derartige Informationen bekannt und betrachtet er diese als geeignet und zuverlässig, so führt der Hersteller, der Importeur oder der nachgeschaltete Anwender unverzüglich eine Neubewertung durch.

Ändert der Hersteller, Importeur oder nachgeschaltete Anwender die Zusammensetzung eines Gemisches, das als gefährlich eingestuft worden ist, so führt der Hersteller, der Importeur oder der nachgeschaltete Anwender eine erneute Bewertung durch, wenn es sich um Änderungen folgender Art handelt:

- eine Änderung der ursprünglichen Konzentration eines oder mehrerer der gefährlichen Bestandteile,
- eine Änderung in der Zusammensetzung durch Ersetzen oder Hinzufügen eines oder mehrerer Bestandteile in Konzentrationen, die den Berücksichtigungsgrenzwerten entsprechen oder darüber liegen.

Eine erneute Bewertung ist nicht erforderlich, wenn sich wissenschaftlich stichhaltig begründen lässt, dass diese keine Änderung der Einstufung zur Folge hat. Die Hersteller, Importeure und nachgeschalteten Anwender passen die Einstufung des Stoffes oder Gemisches den Ergebnissen der erneuten Bewertung an.

17.5.4   Gefahrenkommunikation durch Kennzeichnung

Allgemeine Vorschriften (Art. 17)

Ein Stoff oder Gemisch, der bzw. das als gefährlich eingestuft und verpackt ist, trägt ein Kennzeichnungsetikett mit folgenden Elementen:

- Name, Anschrift und Telefonnummer des bzw. der Lieferanten,
- Nennmenge des Stoffes oder Gemisches in der Verpackung, die der breiten Öffentlichkeit zugänglich gemacht wird, sofern diese Menge nicht auf der Verpackung anderweitig angegeben ist,
- Produktidentifikatoren,
- wo zutreffend Gefahrenpiktogramme,
- wo zutreffend Signalwörter,
- wo zutreffend Gefahrenhinweise,
- wo zutreffend geeignete Sicherheitshinweise,
- wo zutreffend ein Abschnitt für ergänzende Informationen.

Das Kennzeichnungsetikett wird in der/den Amtssprache(n) des Mitgliedstaats/der Mitgliedstaaten beschriftet, in dem der Stoff oder das Gemisch in Verkehr gebracht wird, es sei denn, der betreffende Mitgliedstaat oder die betreffenden Mitgliedstaaten bestimmen etwas anderes. Lieferanten können mehr Sprachen auf ihren Kennzeichnungsetiketten verwenden, als von den Mitgliedstaaten verlangt wird, sofern dieselben Angaben in sämtlichen verwendeten Sprachen erscheinen.

Produktidentifikatoren (Art. 18)

Das Kennzeichnungsetikett enthält Angaben, die die Identifizierung des Stoffes oder Gemisches ermöglichen. Es enthält entsprechende Angaben aus dem Sicherheitsdatenblatt nach Artikel 31 der Verordnung (EG) Nr. 1907/2006. Der Produktidentifikator für ein Gemisch enthält mindestens folgende Angaben:

- den Handelsnamen oder die Bezeichnung des Gemisches,

- die Identität aller in dem Gemisch enthaltenen Stoffe, die zur Einstufung des Gemisches in Bezug auf:
  - akute Toxizität,
  - Ätzwirkung auf die Haut,
  - Verursachung schwerer Augenschäden,
  - Keimzellmutagenität,
  - Karzinogenität,
  - Reproduktionstoxizität,
  - Sensibilisierung der Haut,
  - Sensibilisierung der Atemwege,
  - Zielorgan-Toxizität oder
  - die Aspirationsgefahr.

Die ausgewählten chemischen Bezeichnungen identifizieren jene Stoffe, von denen die hauptsäch-
lichen Gesundheitsgefahren überwiegend ausgehen, die für die Einstufung und die Wahl der entsprechenden Gefahrenhinweise ausschlaggebend waren.

Gefahrenpiktogramme (Art. 19)

Das Kennzeichnungsetikett enthält das/die relevanten Gefahrenpiktogramm(e) zur Vermittlung
einer bestimmten Information über die betreffende Gefahr. Das den jeweiligen Einstufungen entsprechende Gefahrenpiktogramm ist in den Tabellen in Anhang I der EG-Verordnung 1272/2008
angegeben, in denen die für die einzelnen Gefahrenklassen erforderlichen Kennzeichnungselemente aufgeführt sind.

Signalwörter (Art. 20)

Das Kennzeichnungsetikett enthält das relevante Signalwort entsprechend der Einstufung des gefährlichen Stoffes oder Gemisches. Welches Signalwort der jeweiligen Einstufung entspricht, ist in
den Tabellen in Anhang I der EG-Verordnung 1272/2008 angegeben, in denen die für die einzelnen Gefahrenklassen erforderlichen Kennzeichnungselemente aufgeführt sind. Wird das Signalwort „Gefahr" auf dem Kennzeichnungsetikett verwendet, erscheint das Signalwort „Achtung" dort
nicht.

Gefahrenhinweise (Art. 21)

Das Kennzeichnungsetikett enthält die relevanten Gefahrenhinweise entsprechend der Einstufung
des gefährlichen Stoffes oder Gemisches. Welcher Gefahrenhinweis der jeweiligen Einstufung
entspricht, ist in den Tabellen in Anhang I EG-Verordnung 1272/2008 angegeben, in denen die für
die einzelnen Gefahrenklassen erforderlichen Kennzeichnungselemente aufgeführt sind. Die Gefahrenhinweise sind in Anhang III der EG-Verordnung 1272/2008 angegeben.

Sicherheitshinweise (Art. 22)

Das Kennzeichnungsetikett enthält die relevanten Sicherheitshinweise. Die Sicherheitshinweise
werden aus den Sicherheitshinweisen in den Tabellen in Anhang I EG-Verordnung 1272/2008
ausgewählt, in denen die für die einzelnen Gefahrenklassen erforderlichen Kennzeichnungselemente aufgeführt sind. Die Sicherheitshinweise werden gemäß den festgelegten Kriterien ausgewählt, wobei die Gefahrenhinweise und die beabsichtigte(n) oder ermittelte(n) Verwendung(en)
des Stoffes oder Gemisches berücksichtigt werden. Die Sicherheitshinweise sind in Anhang IV der
EG-Verordnung 1272/2008 angegeben.

Ergänzende Informationen auf dem Kennzeichnungsetikett (Art. 25)

Angaben wie „ungiftig", „unschädlich", „umweltfreundlich", „ökologisch" oder alle sonstigen Hinweise, die auf das Nichtvorhandensein von Gefahreneigenschaften des Stoffes oder Gemisches hin-
weisen oder nicht mit der Einstufung des Stoffes oder Gemisches im Einklang stehen, dürfen nicht
auf dem Kennzeichnungsetikett oder der Verpackung des Stoffes oder Gemisches erscheinen.

17

Rangfolgeregelung für Gefahrenpiktogramme (Art. 26)

Würde die Einstufung eines Stoffes oder Gemisches mehr als ein Gefahrenpiktogramm auf dem Kennzeichnungsetikett nach sich ziehen, wird folgende Rangfolgeregelung angewendet, um die Zahl der erforderlichen Gefahrenpiktogramme zu verringern:

- Muss mit dem Gefahrenpiktogramm „GHS01" gekennzeichnet werden, so ist die Verwendung der Gefahrenpiktogramme „GHS02" und „GHS03" mit Ausnahme der Fälle, in denen mehr als eines dieser Gefahrenpiktogramme verbindlich ist, fakultativ.
- Muss mit dem Gefahrenpiktogramm „GHS06" gekennzeichnet werden, so erscheint das Gefahrenpiktogramm „GHS07" nicht.
- Muss mit dem Gefahrenpiktogramm „GHS05" gekennzeichnet werden, so erscheint das Gefahrenpiktogramm „GHS07" nicht für Haut- oder Augenreizung.
- Muss mit dem Gefahrenpiktogramm „GHS08" für Sensibilisierung der Atemwege gekennzeichnet werden, so erscheint das Gefahrenpiktogramm „GHS07" nicht für Sensibilisierung der Haut oder Haut- und Augenreizung.

Würde die Einstufung eines Stoffes oder Gemisches mehr als ein Gefahrenpiktogramm für die gleiche Gefahrenklasse nach sich ziehen, enthält das Kennzeichnungsetikett für jede betroffene Gefahrenklasse das Gefahrenpiktogramm, das der schwerwiegendsten Gefahrenkategorie zugeordnet ist.

Rangfolgeregelung für Gefahrenhinweise (Art. 27)

Ist ein Stoff oder Gemisch in mehreren Gefahrenklassen oder Differenzierungen einer Gefahrenklasse eingestuft, so erscheinen alle aufgrund dieser Einstufung erforderlichen Gefahrenhinweise auf dem Kennzeichnungsetikett, sofern keine eindeutige Doppelung vorliegt oder sie nicht eindeutig überflüssig sind.

Rangfolgeregelung für Sicherheitshinweise(Art. 28)

Führt die Auswahl der Sicherheitshinweise dazu, dass bestimmte Sicherheitshinweise aufgrund des Stoffes, Gemisches oder seiner Verpackung eindeutig überflüssig oder unnötig sind, werden sie nicht in das Kennzeichnungsetikett aufgenommen. Wird der Stoff oder das Gemisch an die breite Öffentlichkeit abgegeben, trägt das Kennzeichnungsetikett einen Sicherheitshinweis zur Entsorgung des Stoffes oder Gemisches sowie zur Entsorgung der Verpackung, es sei denn, dies ist nicht erforderlich.

In allen anderen Fällen ist kein Sicherheitshinweis zur Entsorgung erforderlich, sofern klar ist, dass die Entsorgung des Stoffes, des Gemisches oder der Verpackung keine Gefahr für die menschliche Gesundheit oder die Umwelt darstellt. Auf dem Kennzeichnungsetikett erscheinen nicht mehr als sechs Sicherheitshinweise, es sei denn, die Art und die Schwere der Gefahren machen eine größere Anzahl erforderlich.

Verpackung (Art. 35)

Die Verpackung gefährlicher Stoffe oder Gemische entspricht folgenden Anforderungen:

- Die Verpackung ist so ausgelegt und beschaffen, dass der Inhalt nicht austreten kann, soweit keine anderen, spezifischeren Sicherheitseinrichtungen vorgeschrieben sind.

- Die Materialien von Verpackung und Verschlüssen dürfen nicht so beschaffen sein, dass sie vom Inhalt beschädigt werden oder mit diesem zu gefährlichen Verbindungen reagieren können.
- Die Verpackungen und Verschlüsse sind in allen Teilen so fest und stark, dass sie sich nicht lockern und allen bei der Handhabung normalerweise auftretenden Belastungen und Verformungen zuverlässig standhalten.
- Verpackungen mit Verschlüssen, welche nach Öffnung erneut verwendbar sind, sind so beschaffen, dass sie sich mehrfach neu verschließen lassen, ohne dass der Inhalt austreten kann.

Verpackungen eines gefährlichen Stoffes oder Gemisches, der/das an die breite Öffentlichkeit abgegeben wird, haben weder eine Form oder ein Design, die/das die aktive Neugier von Kindern wecken oder anziehen oder die Verbraucher irreführen könnte, noch weisen sie eine ähnliche Aufmachung oder ein ähnliches Design auf, wie sie/es für Lebensmittel, Futtermittel, Arzneimittel oder Kosmetika verwendet wird, wodurch die Verbraucher irregeführt werden könnten. Verpackungen werden mit kindergesicherten Verschlüssen versehen. Verpackungen werden mit einem tastbaren Gefahrenhinweis versehen.

Pflicht zur Aufbewahrung von Informationen und Anforderung von Informationen (Art. 49)

Der Lieferant trägt sämtliche Informationen, die er für die Zwecke der Einstufung und Kennzeichnung gemäß der CLP-Verordnung herangezogen hat, zusammen und hält sie während eines Zeitraums von mindestens zehn Jahren nach seiner letzten Lieferung des Stoffes oder Gemisches zur Verfügung. Der Lieferant bewahrt diese Informationen zusammen mit den Informationen auf, die der nach (EG) Nr. 1907/2006 erforderlich sind.

Stellt ein Lieferant seine Geschäftstätigkeit ein oder überträgt er seine Tätigkeiten teilweise oder insgesamt einem Dritten, so ist derjenige, der für die Liquidation des Unternehmens des Lieferanten verantwortlich ist oder die Verantwortung für das Inverkehrbringen des betreffenden Stoffes oder Gemisches übernimmt, durch die Verpflichtung anstelle des Lieferanten gebunden.

Die zuständige Behörde oder die für die Durchsetzung zuständigen Behörden eines Mitgliedstaats, in dem ein Lieferant niedergelassen ist, oder die Agentur können den Lieferanten auffordern, ihnen alle Informationen vorzulegen. Stehen diese Informationen der Agentur jedoch als Teil einer Registrierung nach der Verordnung (EG) Nr. 1907/2006 bereits zur Verfügung, verwendet die Agentur diese Informationen, und die Behörde wendet sich an die Agentur.

Aufhebung (Art. 60)

Die Richtlinie 67/548/EWG und die Richtlinie 1999/45/EG werden mit Wirkung vom 1. Juni 2015 aufgehoben.

Übergangsbestimmungen (Art. 61)

Bis zum 1. Dezember 2010 werden Stoffe gemäß der Richtlinie 67/548/EWG eingestuft, gekennzeichnet und verpackt. Bis zum 1. Juni 2015 werden Gemische gemäß der Richtlinie 1999/45/EWG eingestuft, gekennzeichnet und verpackt. Stoffe und Gemische können bereits vor dem 1. Dezember 2010 bzw. vor dem 1. Juni 2015 gemäß der EG-Verordnung 1272/2008 eingestuft, gekennzeichnet und verpackt werden. In diesem Fall finden die Kennzeichnungs- und Verpackungsvorschriften der Richtlinien 67/548/EWG und 1999/45/EG keine Anwendung.

Vom 1. Dezember 2010 bis zum 1. Juni 2015 werden Stoffe sowohl gemäß der Richtlinie 67/548/EWG als auch der EG-Verordnung 1272/2008 eingestuft. Sie werden gemäß der EG-Verordnung 1272/2008 gekennzeichnet und verpackt.

17.5.5   Grundsätze für die Einstufung und Kennzeichnung

Im folgenden Abschnitt werden die verschiedenen Gefahrenklassen näher erläutert. Dabei wird nach folgender Gliederung vorgegangen:

- Begriffsbestimmung,
- Einstufungskriterien für Stoffe,
- Einstufungskriterien für Gemische,
- Gefahrenkommunikation,
- Stoffbeispiele.

Die Begriffsbestimmungen definieren die jeweilige Gefahrenklasse. Über die Einstufungskriterien für Stoffe oder Gemische werden diese möglichen Kategorien zugeordnet.

Die Gefahrenkommunikation führt:

- GHS-Piktogramme,
- Signalwörter,
- Gefahrenhinweise (H-Sätze),
- Sicherheitshinweise (P-Sätze)

auf.

Stoffbeispiele für die einzelnen Gefahrenklassen und Kategorien schließen den Abschnitt ab. Für viele Stoffe liefert die Einstufung mehr als ein GHS-Piktogramm. Neben dem GHS-Piktogramm für die jeweilige Gefahrenkategorie sind daher in den entsprechenden Stoffbeispielen noch weitere Piktogramme aufgeführt.

17.5.5.1 Entzündbare Flüssigkeiten

Begriffsbestimmung

> **Entzündbare Flüssigkeiten:** Flüssigkeiten mit einem Flammpunkt von maximal 60 °C.

Einstufungskriterien

Eine entzündbare Flüssigkeit ist in eine der drei Kategorien dieser Klasse einzustufen.

Kategorie	Kriterien
1	Flammpunkt < 23 °C und Siedebeginn $\leq$ 35 °C
2	Flammpunkt < 23 °C und Siedebeginn > 35 °C
3	Flammpunkt $\geq$ 23 °C und $\leq$ 60 °C

Gefahrenkommunikation

Bei Stoffen oder Gemischen, die die Kriterien für die Einstufung in diese Gefahrenklasse erfüllen, sind die Kennzeichnungselemente gemäß Abbildung 17.18 zu verwenden.

Einstufung	Kategorie 1	Kategorie 2	Kategorie 3
GHS-Piktogramme			
Signalwörter	Gefahr	Gefahr	Achtung
Gefahrenhinweise	H224: Flüssigkeit und Dampf extrem entzündbar	H225: Flüssigkeit und Dampf leicht entzündbar	H226: Flüssigkeit und Dampf entzündbar
Sicherheitshinweise - Prävention	P210 P233 P240 P241 P242 P243 P280	P210 P233 P240 P241 P242 P243 P280	P210 P233 P240 P241 P242 P243 P280
Sicherheitshinweise - Reaktion	P303 + P361 + P353 P370 + P378	P303 + P361 + P353 P370 + P378	P303 + P361 + P353 P370 + P378
Sicherheitshinweise - Lagerung	P403 + P235	P403 + P235	P403 + P235
Sicherheitshinweise - Entsorgung	P501	P501	P501

Abb. 17.18: Kennzeichnungselemente für entzündbare Flüssigkeiten

Abbildung 17.19 zeigt Beispiele für entzündbare Flüssigkeiten der Kategorie 1, Abbildung 17.20 für die Kategorie 3 und Abbildung 17.21 führt Beispiele für die Kategorie 2 auf.

17

Bezeichnung	GHS-Piktogramm	Formel
Ameisensäure-methylester		$H - C \overset{\displaystyle \parallel O}{\underset{\displaystyle O - CH_3}{<}}$
Ethanal		$CH_3 - CHO$
Propylenoxid		$H_2C - CH - CH_3$ $\underset{O}{\diagdown \diagup}$
Trichlorsilan		$SiHCl_3$

Abb. 17.19: Beispiele für entzündbare Flüssigkeiten der Kategorie 1

Bezeichnung	GHS-Piktogramm	Formel
1,3-Diethoxypropan		$C_2H_5O - CH_2 - CH_2 - CH_2 - OC_2H_5$
Butylbutyrat		$CH_3 - CH_2 - CH_2 - C \overset{\displaystyle \parallel O}{\underset{\displaystyle O - C_4H_9}{<}}$
Cyclohexanon		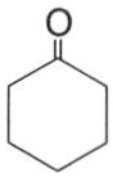 (Strukturformel Cyclohexanon)
o-Xylen m-Xylen p-Xylen		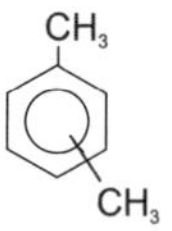 (Strukturformel Xylen mit CH_3 und CH_3)

Abb. 17.20: Beispiele für entzündbare Flüssigkeiten der Kategorie 3

Bezeichnung	GHS-Piktogramm	Formel
1,2-Dimethoxy-propan		$CH_3 - \underset{\underset{OCH_3}{\vert}}{CH} - CH_2 - OCH_3$
1-Chlorbutan		$CH_3 - CH_2 - CH_2 - CH_2 - Cl$
Butanal		$CH_3 - CH_2 - CH_2 - CHO$
Dimethyl-dichlorsilan		$(CH_3)_2SiCl_2$
Ethanol		C_2H_5OH
Ethylbenzol		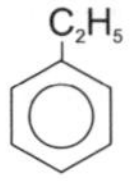 C_2H_5
Propan-2-ol (Isopropanol)		$CH_3 - \underset{\underset{OH}{\vert}}{CH} - CH_3$
Propan-2-on (Aceton)		$CH_3 - \underset{\underset{O}{\Vert}}{C} - CH_3$
Styrol		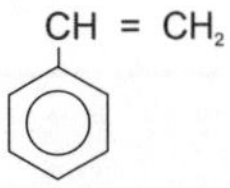 $CH = CH_2$

Abb. 17.21: Beispiele für entzündbare Flüssigkeiten der Kategorie 2

17

17.5.5.2 Akute Toxizität

Begriffsbestimmung

Akute Toxizität: jene schädliche Wirkungen, die auftreten, wenn ein Stoff oder Gemisch in einer Einzeldosis oder innerhalb von 24 Stunden in mehreren Dosen oral oder dermal verabreicht oder 4 Stunden lang eingeatmet wird.

Die Gefahrenklasse akute Toxizität wird differenziert nach:

akuter oraler Toxizität,
akuter dermaler Toxizität,
akuter inhalativer Toxizität.

Kriterien für die Einstufung von Stoffen

Stoffe können nach ihrer akuten Toxizität bei oraler, dermaler oder inhalativer Exposition gemäß den numerischen Kriterien einer von vier Gefahrenkategorien zugeordnet werden.

Die akute Toxizität wird als LD_{50}-Wert (oral, dermal), als LC_{50}-Wert (inhalativ) oder als Schätzwert Akuter Toxizität (acute toxicity estimates – ATE) ausgedrückt.

Exposi-tionsweg	Kategorie 1	Kategorie 2	Kategorie 3	Kategorie 4
oral (mg/kg Körpergewicht)	$ATE \leq 5$	$5 < ATE \leq 50$	$50 < ATE \leq 300$	$300 < ATE \leq 2\,000$
dermal (mg/kg Körpergewicht)	$ATE \leq 50$	$50 < ATE \leq 200$	$200 < ATE \leq 1\,000$	$1\,000 < ATE \leq 2\,000$
Gase (ppmV)	$ATE \leq 100$	$100 < ATE \leq 500$	$500 < ATE \leq 2\,500$	$2\,500 < ATE \leq 20\,000$
Dämpfe (mg/L)	$ATE \leq 0{,}5$	$0{,}5 < ATE \leq 2{,}0$	$2{,}0 < ATE \leq 10{,}0$	$10{,}0 < ATE \leq 20{,}0$
Stäube und Nebel (mg/L)	$ATE \leq 0{,}05$	$0{,}05 < ATE \leq 0{,}5$	$0{,}5 < ATE \leq 1{,}0$	$1{,}0 < ATE \leq 5{,}0$

Gefahrenkommunikation

Bei Stoffen oder Gemischen, die die Kriterien für die Einstufung in diese Gefahrenklasse erfüllen, sind die Kennzeichnungselemente gemäß Abbildung 17.22 zu verwenden.

Einstufung	Kategorie 1	Kategorie 2	Kategorie 3	Kategorie 4
GHS-Piktogramme				
Signalwörter	Gefahr	Gefahr	Gefahr	Achtung
Gefahrenhinweise - oral	H300: Lebensgefahr bei Verschlucken	H300: Lebensgefahr bei Verschlucken	H301: Giftig bei Verschlucken	H302: Gesundheits-schädlich bei Verschlucken
Gefahrenhinweise - dermal	H310: Lebensgefahr bei Haut-kontakt	H310: Lebensgefahr bei Haut-kontakt	H311: Giftig bei Hautkontakt	H312: Gesundheits-schädlich bei Hautkontakt
Gefahrenhinweise - inhalativ	H330: Lebensgefahr bei Einatmen	H330: Lebensgefahr bei Einatmen	H331: Giftig bei Einatmen	H332: Gesundheits-schädlich bei Einatmen
Sicherheitshinweise - Prävention (oral)	P264 P270	P264 P270	P264 P270	P264 P270
Sicherheitshinweise - Reaktion (oral)	P301 + P310 P321 P330	P301 + P310 P321 P330	P301 + P310 P321 P330	P301 + P312 P330
Sicherheitshinweise - Lagerung (oral)	P405	P405	P405	
Sicherheitshinweise - Entsorgung (oral)	P501	P501	P501	P501
Sicherheitshinweise - Prävention (dermal)	P262 P264 P270 P280	P262 P264 P270 P280	P280	P280
Sicherheitshinweise - Reaktion (dermal)	P302 + P352 P310 P321 P361 + P364	P302 + P352 P310 P321 P361 + P364	P302 + P352 P312 P321 P361 + P364	P302 + P352 P312 P321 P361 + P364
Sicherheitshinweise - Lagerung (dermal)	P405	P405	P405	

17

Sicherheitshinweise - Entsorgung (dermal)	P501	P501	P501	P501
Sicherheitshinweise - Prävention (inhalativ)	P260 P271 P284	P260 P271 P284	P261 P271	P261 P271
Sicherheitshinweise - Reaktion (inhalativ)	P304 + P340 P310 P320	P304 + P340 P310 P320	P304 + P340 P311 P321	P304 + P340 P312
Sicherheitshinweise - Lagerung (inhalativ)	P403 + P233 P405	P403 + P233 P405	P403 + P233 P405	
Sicherheitshinweise - Entsorgung (inhalativ)	P501	P501	P501	

Abb. 17.22: Kennzeichnungselemente für akute Toxizität

Zusätzlich zur Einstufung nach der Inhalationstoxizität ist der Stoff oder das Gemisch auch als EUH071: „Wirkt ätzend auf die Atemwege" zu kennzeichnen, wenn die Daten darauf hindeuten, dass die Toxizität auf einer Ätzwirkung beruht.

Neben dem entsprechenden Piktogramm für akute Toxizität kann auch ein Piktogramm für Ätzwirkung (für Haut und Augen genutzt) zusammen mit dem Hinweis „Wirkt ätzend auf die Atemwege" hinzugefügt werden.

Beispiele für Stoffe mit akuter Toxizität der Kategorien 1 und 2 finden sich in Abbildung 17.23; Stoffbeispiele für die Kategorie 3 in Abbildung 17.24; Stoffbeispiele für die Kategorie 4 in Abbildung 17.25.

Bezeichnung	GHS-Piktogramm	Formel
2-Chlorethanol		$Cl - CH_2 - CH_2 - OH$
Beryllium		Be
Berylliumoxid		BeO
Bortrichlorid		BCl_3
Fluorwasserstoff		HF
Osmiumtetroxid		OsO_4
Phosgen		$COCl_2$
Thallium		Tl
Uran		U

Abb. 72.23: Beispiele für Stoffe mit akuter Toxizität der Kategorie 1 und 2

17

Bezeichnung	GHS-Piktogramm	Formel
Ammonium-fluorid		NH_4F
Antimon-trifluorid		SbF_3
Bariumchlorid		$BaCl_2$
Methanol		CH_3OH
Natriumfluorid		NaF
o-Kresole m-Kresole p-Kresole		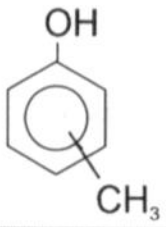
Quecksilber		Hg
Schwefeldioxid		SO_2
Selen		Se

Abb. 17.24: Beispiele für Stoffe mit akuter Toxizität der Kategorie 3

Bezeichnung	GHS-Piktogramm	Formel
1,1,1-Trichlor-ethan		$CH_3 - CCl_3$
1,2-Dihydroxy-benzol		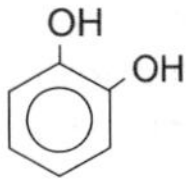
Acetonitril	 	$CH_3 - CN$
Acetophenon		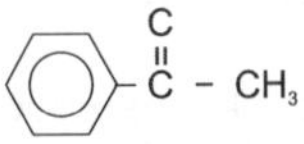
Ammonium-chlorid		NH_4Cl
Cyclohexanol		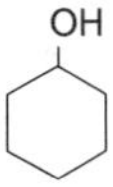
Dibrommethan		CH_2Br_2
Nitromethan	 	$CH_3 - NO_2$
Oxalsäure und ihre Salze		$HOOC - COOH$

Abb. 17.25: Beispiele für Stoffe mit akuter Toxizität der Kategorie 4

17.5.5.3 Ätz-/Reizwirkung auf die Haut

Begriffsbestimmung

Ätzwirkung auf die Haut:	Das Erzeugen einer irreversiblen Hautschädigung, d. h. einer offensichtlichen, durch die Epidermis bis in die Dermis reichenden Nekrose durch Applikation einer Prüfsubstanz für eine Dauer von bis zu 4 Stunden. Reaktionen auf Ätzwirkungen sind durch Geschwüre, Blutungen, blutige Verschorfungen und am Ende des Beobachtungszeitraums von 14 Tagen als Verfärbung durch Ausbleichen der Haut, komplett haarlose Bereiche und Narben gekennzeichnet.
Reizwirkung auf die Haut	Das Erzeugen einer reversiblen Hautschädigung durch Applikation einer Prüfsubstanz für eine Dauer von bis zu 4 Stunden.

Einstufungskriterien für Stoffe

Feststoffe (Pulver) können nach Anfeuchten oder in Berührung mit feuchter Haut oder Schleimhaut ätzend oder reizend wirken. Erfahrungen beim Menschen und Daten vom Tier aus einmaliger oder wiederholter Exposition stellen erste Anhaltspunkte für die Analyse dar. In einigen Fällen können die über strukturell verwandte Verbindungen vorliegenden Informationen herangezogen werden, um über eine Einstufung zu entscheiden.

Genauso können Stoffe und/oder Gemische mit extremen pH-Werten von ≤ 2 und ≥ 11.5, ein Indiz für das Potenzial sein, Wirkungen an der Haut zu erzeugen. Wird der Stoff aufgrund der sauren/alkalischen Reserve trotz des niedrigen oder hohen pH-Werts für nicht ätzend gehalten, so ist dies durch weitere Prüfungen zu bestätigen.

Die Kategorie hautätzend gliedert sich in drei Unterkategorien:

- **Unterkategorie 1A:** Nach höchstens dreiminütiger Einwirkungszeit und einer Beobachtungszeit von höchstens einer Stunde ist eine Ätzwirkung festzustellen.
- **Unterkategorie 1B:** Nach einer Einwirkungszeit zwischen drei Minuten und einer Stunde und einer Beobachtungszeit von höchstens 14 Tagen ist eine Ätzwirkung festzustellen.
- **Unterkategorie 1C:** Nach einer Einwirkungszeit zwischen einer und vier Stunden und einer Beobachtungszeit von bis zu 14 Tagen ist eine Ätzwirkung festzustellen.

Kategorie	Unterkategorien	ätzend bei ≥ 1 von 3 Tieren	
		Exposition	**Beobachtung**
Kategorie 1 hautätzend	1A	≤ 3 Minuten	≤ 1 Stunde
	1B	> 3 Minuten – ≤ 1 Stunde	≤ 14 Tage
	1C	> 1 Stunde – ≤ 4 Stunden	≤ 14 Tage

Für die Reizwirkung auf die Haut (hautreizend) existiert nur eine einzige Kategorie (Kategorie 2).

Kategorie	Kriterien
Kategorie 2 hautreizend	• Mittelwert von ≥ 2,3 – ≤ 4,0 für die Rötung/Schorfbildung oder für das Auftreten von Ödemen bei mindestens 2 von 3 getesteten Tieren nach dem Grad der Reizung bei 24, 48 und 72 Stunden nach Entfernen des Pflasters, oder bei verzögerter Reaktion nach dem Grad der Reizung an 3 aufeinanderfolgenden Tagen nach Einsetzen der Hautreaktion, oder • Entzündung, die bei mindestens 2 Tieren bis zum Ende des Beobachtungszeitraums (in der Regel 14 Tage) andauert, wobei insbesondere (begrenzter) Haarausfall, Hyperkeratose, Hyperplasie und Schuppenbildung zu berücksichtigen sind, oder • manchmal können die Reaktionen der Tiere ausgesprochen unterschiedlich ausfallen, so dass ein einzelnes Tier zwar eine eindeutig positive, aber doch schwächere Reaktion auf die chemische Exposition zeigt, als in den vorstehenden Kriterien beschrieben.

Einstufungskriterien für Gemische

Ein Gemisch gilt dann als ätzend für die Haut (hautätzend der Kategorie 1), wenn es einen pH-Wert von höchstens 2 bzw. von mindestens 11,5 hat. Weiterhin gelten folgende allgemeinen Konzentrationsgrenzwerte für hautätzend oder -reizend eingestufte Bestandteile (Kategorie 1 oder 2), die zur Einstufung eines Gemisches als hautätzend/-reizend führen (Additionsprinzip).

Summe der Bestandteile, die eingestuft sind als	Konzentration, die zu folgender Einstufung des Gemisches führt:	
	hautätzend	**hautreizend**
	Kategorie 1	**Kategorie 2**
hautätzend (Kategorien 1A, 1B, 1C)	≥ 5 %	≥ 1 % aber < 5 %
hautreizend (Kategorie 2)		≥ 10 %
(10 x hautätzend der Kategorien 1A, 1B, 1C) und hautreizend (Kategorie 2)		≥ 10 %

Bei einem Gemisch mit hautreizenden oder -ätzenden Bestanteilen, das sich nicht mit Hilfe des Additivitätsprinzips einstufen lässt, weil seine chemischen Eigenschaften diese Methode nicht zulassen, wird wie folgt verfahren:

Es ist als hautätzend der Kategorien 1A, 1B oder 1C einzustufen, wenn es > 1 % eines Bestandteils enthält, der in Kategorie 1A, 1B oder 1C eingestuft ist, oder es ist in Kategorie 2 einzustufen, wenn es > 3 % eines hautreizenden Bestandteils enthält. Die Einstufung von Gemischen mit Bestandteilen, auf die das Additivitätsprinzip nicht anwendbar ist, ist in der nachfolgenden Darstellung zusammengefasst.

Bestandteil:	Konzentration:	Gemisch eingestuft als:
sauer mit pH-Wert ≤ 2	$\geq 1\%$	Kategorie 1
basisch mit pH-Wert $\geq 11,5$	$\geq 1\%$	Kategorie 1
weitere ätzende Bestandteile (Kategorien 1A, 1B, 1C), auf die die Additivität nicht anwendbar ist	$\geq 1\%$	Kategorie 1
weitere hautreizende Bestandteile (Kategorie 2), auf die die Additivität nicht anwendbar ist, einschließlich Säuren und Basen	$\geq 3\%$	Kategorie 2

Gefahrenkommunikation

Bei Stoffen oder Gemischen, die die Kriterien für die Einstufung in diese Gefahrenklasse erfüllen, sind die Kennzeichnungselemente gemäß Abbildung 17.26 zu verwenden.

Einstufung	Kategorie 1A, 1B, 1C	Kategorie 2
GHS-Piktogramme		
Signalwörter	Gefahr	Achtung
Gefahrenhinweise	H314: Verursacht schwere Verätzungen der Haut und schwere Augenschäden	H315: Verursacht Hautreizungen
Sicherheitshinweise - Prävention	P260 P264 P280	P264 P280
Sicherheitshinweise - Reaktion	P301 + P330 + P331 P303 + P361 + P353 P363 P304 + P340 P310 P321 P305 + P351 + P338	P302 + P352 P321 P332 + P313 P362 + P364
Sicherheitshinweise - Lagerung	P405	
Sicherheitshinweise - Entsorgung	P501	

Abb. 17.26: Kennzeichnungselemente für hautreizende/-ätzende Wirkung

Beispiele für hautätzende Stoffe der Kategorie 1 finden sich in Abbildung 17.27; Beispiele für haut-reizende Stoffe in Abbildung 17.28.

Bezeichnung	GHS-Piktogramm	Formel
Ameisensäure		HCOOH
Butansäure (Buttersäure)		$CH_3 - CH_2 - CH_2 - COOH$
Kaliumhydroxid		KOH
Natrium	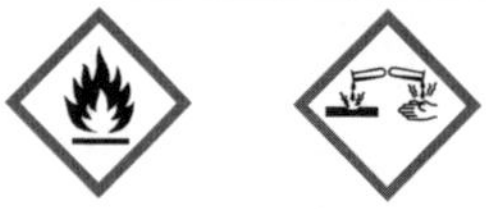	Na
Natrium-hydroxid		NaOH
Phosphor-pentoxid		P_2O_5
Propansäure (Propionsäure)		$CH_3 - CH_2 - COOH$
Salpeter-säure	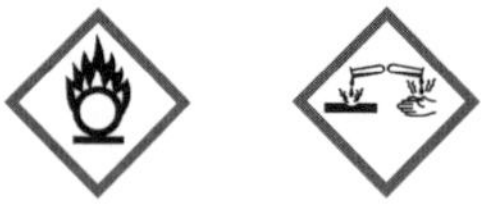	HNO_3
Schwefel-säure		H_2SO_4

Abb. 17.27: Beispiele für hautätzende Stoffe der Kategorie 1

Bezeichnung	GHS-Piktogramm	Formel
2-Aminoethanol		$H_2N - CH_2 - CH_2 - OH$
4-Amino-benzol-sulfonsäure (Sulfanilsäure)		 SO_3H / NH_2
Antimontrioxid		Sb_2O_3
Benzylbromid		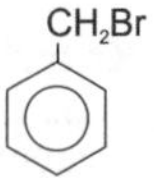 CH_2Br
Kohlenstoff-disulfid		CS_2
Methyl-2-cyanoacrylat		$CH_2 = C - C {\overset{O}{\underset{OCH_3}{}}}$ / CN
Phthalsäure-anhydrid		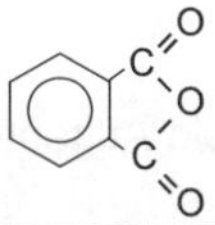
Schwefel		S

Abb. 17.28: Beispiele für hautreizende Stoffe der Kategorie 2

17

17.5.5.4 Schwere Augenschädigung/-Reizung

Begriffsbestimmung

Schwere Augen-schädigung:	Das Erzeugen von Gewebeschäden im Auge oder eine schwerwiegende Verschlechterung des Sehvermögens nach Applikation eines Prüfstoffes auf die Oberfläche des Auges, die innerhalb von 21 Tagen nach Applikation nicht vollständig reversibel sind.
Augenreizung:	Das Erzeugen von Veränderungen am Auge nach Applikation eines Prüfstoffes auf die Oberfläche des Auges, die innerhalb von 21 Tagen nach der Applikation vollständig reversibel sind.

Einstufungskriterien für Stoffe

Wenn Stoffe ein Potenzial auf eine schwere Augenschädigung aufweisen, werden sie in die Kategorie 1 (irreversible Wirkungen am Auge) eingestuft.

Kategorie	Kriterien

irreversible Wirkungen am Auge (Kategorie 1)	Erzeugt ein auf das Auge eines Tieres aufgebrachter Stoff:
	• mindestens bei einem Tier Wirkungen an der Horn-, Regenbogen- oder Bindehaut, bei denen nicht mit einer Rückbildung zu rechnen ist oder die sich in einer Beobachtungszeit von normalerweise 21 Tagen nicht vollständig zurückgebildet haben, und/oder
	• bei mindestens 2 von 3 Versuchstieren eine positive Reaktion in Form:
	  - einer Hornhauttrübung des Grades ≥ 3 und/oder
	  - einer Regenbogenhautentzündung des Grades > 1.5.
	Der Mittelwert wird nach 24, 48 und 72 Stunden nach Einbringung des Prüfmaterials berechnet.

Stoffe, die reversible Augenreizungen verursachen können, werden in Kategorie 2 (augenreizend) eingestuft.

Kategorie	Kriterien

augenreizend (Kategorie 2)	Erzeugt ein auf das Auge eines Tieres aufgebrachter Stoff:
	• bei mindestens 2 von 3 Versuchstieren eine positive Reaktion in Form:
	  - einer Hornhauttrübung des Grades ≥ 1 und/oder
	  - einer Regenhautentzündung des Grades ≥ 1 und/oder
	  - einer Bindehautrötung des Grades ≥ 2 und/oder
	  - einer Bindehautschwellung (Chemosis) der Schwere ≥ 2.
	Der Mittelwert wird nach Befundung nach 24, 48 und 72 Stunden nach Einbringung des Prüfmaterials und bei vollständiger Rückbildung innerhalb einer Beobachtungszeit von 21 Tagen berechnet.

Einstufungskriterien für Gemische

Ein Gemisch gilt dann als schwere Augenschäden verursachend (Kategorie 1), wenn es einen pH-Wert von $\leq$ 2,0 bzw. von $\geq$ 11,5 hat. Wurde das Gemisch selbst nicht auf seine hautätzende Wirkung oder sein Potenzial für schwere Augenschädigung/-reizung geprüft, liegen jedoch ausreichende Daten über seine einzelnen Bestandteile und über ähnliche geprüfte Gemische vor, um die Gefährlichkeit des Gemisches angemessen zu beschreiben, dann sind diese Daten zu verwenden.

Summe der Bestandteile, die eingestuft sind als:	Konzentration, die zu folgender Einstufung des Gemisches führt:	
	irreversible Wirkungen am Auge	reversible Wirkungen am Auge
	Kategorie 1	Kategorie 2
Wirkungen am Auge der Kategorie 1 oder hautätzend der Kategorie 1A, 1B oder 1C	$\geq$ 3 %	$\geq$ 1 % aber < 3 %
Wirkungen am Auge der Kategorie 2		$\geq$ 10 %
(10 x Wirkungen am Auge der Kategorie 1) + Wirkungen am Auge der Kategorie 2		$\geq$ 10 %
hautätzend der Kategorien 1A, 1B, 1C + Wirkungen am Auge der Kategorie 1	$\geq$ 3 %	$\geq$ 1 % aber < 3 %
10 x (hautätzend der Kategorien 1A, 1B, 1C + Wirkungen am Auge der Kategorie 1) + Wirkungen am Auge der Kategorie 2		$\geq$ 10 %

Ist das Additionsprinzip nicht anwendbar, wird der pH-Wert des Gemisches als Einstufungskriterium verwendet.

Bestandteil	Konzentration	Gemisch aufgrund seiner Wirkungen am Auge eingestuft in:
sauer mit pH-Wert $\leq$ 2	$\geq$ 1 %	Kategorie 1
basisch mit pH-Wert $\geq$ 11,5	$\geq$ 1 %	Kategorie 1
andere hautätzende Bestandteile (Kategorie 1), auf die das Additivitätsprinzip nicht anwendbar ist	$\geq$ 1 %	Kategorie 1
andere hautreizende Bestandteile (Kategorie 2), auf die Additivitätsprinzip nicht anwendbar ist, einschließlich Säuren und Basen	$\geq$ 3 %	Kategorie 2

17

Gefahrenkommunikation

Bei Stoffen oder Gemischen, die die Kriterien für die Einstufung in diese Gefahrenklasse erfüllen, sind die Kennzeichnungselemente gemäß Abbildung 17.29 zu verwenden.

Einstufung	Kategorie 1A, 1B, 1C	Kategorie 2
GHS-Piktogramme		
Signalwörter	Gefahr	Achtung
Gefahrenhinweise	H318: Verursacht schwere Augenschäden	H319: Verursacht schwere Augenreizung
Sicherheitshinweise - Prävention	P280	P264 P280
Sicherheitshinweise - Reaktion	P305 + P351 + P338 P310	P305 + P351 + P338 P337 + P313
Sicherheitshinweise - Lagerung		
Sicherheitshinweise - Entsorgung		

Abb. 17.29: Kennzeichnung für schwere Augenschädigung/-reizung

Beispiele für Stoffe mit schwerer Augenschädigung der Kategorie 1 finden sich in Abbildung 17.30; für Stoffe mit schwerer Augenreizung der Kategorie 2 in Abbildung 17.31.

Bezeichnung	GHS-Piktogramm	Formel
Benzalchlorid		$CHCl_2$
Natrium-hydrogensulfat		$NaHSO_4$
Propanol		$CH_3 - CH_2 - CH_2 - OH$
Titanoxalat		$Ti(OOC - COO)_2$

Abb. 17.30: Beispiele für Stoffe mit schwerer Augenschädigung der Kategorie 1

Bezeichnung	GHS-Piktogramm	Formel
Acetophenon		$C_6H_5 - \overset{O}{\underset{\parallel}{C}} - CH_3$
Ammonium-chlorid		NH_4Cl
Calcium-chlorid		$CaCl_2$
Natrium-carbonat		Na_2CO_3

Abb. 17.31: Beispiele für Stoffe mit schwerer Augenreizung der Kategorie 2

17

17.5.6 Gefahrenhinweise

17.5.6.1 Struktur der Gefahrenhinweise (H-Sätze)

Die H-Sätze (H = Hazard) bestehen aus einem dreistelligen Zahlencode

H xyz

dessen jeweilige Ziffern eine besondere Bedeutung haben. So beschreiben die ersten Ziffern:

- H 2yz   physikalische Gefahren,
- H 3yz   Gesundheitsgefahren,
- H 4yz   Umweltgefahren.

Die zweite Ziffer y steht für die einzelnen Gefahrenklassen z.B.:

- H 20z   physikalische Gefahren, explosive Stoffe,
- H 31z   Gesundheitsgefahren, akute Toxizität (dermal),
- H 42z   Umweltgefahren, chronisch wassergefährdend.

Die dritte Ziffer z steht für die einzelnen Gefahrenkategorien:

- H 272   physikalische Gefahren, oxidierende Flüssigkeiten/Feststoffe, Gefahrenkategorien 2 + 3,
- H 334   Gesundheitsgefahren, Sensibilisierung Atemwege, Gefahrenkategorie 1,
- H 400   Umweltgefahren, akut wassergefährdend, Kategorie 1.

17.5.6.2 Gefahrenhinweise im Überblick

Die folgende Auflistung zeigt die H-Sätze mit ihren jeweiligen Gefahrenhinweisen.

Code	Gefahrenhinweis
H200	Instabil, explosiv.
H201	Explosiv; Gefahr der Massenexplosion.
H202	Explosiv; große Gefahr durch Splitter, Spreng- und Wurfstücke.
H203	Explosiv; Gefahr durch Feuer, Luftdruck oder Splitter, Spreng- und Wurfstücke.
H204	Gefahr durch Feuer oder Splitter, Spreng- und Wurfstücke.
H205	Gefahr der Massenexplosion bei Feuer.
H220	Extrem entzündbares Gas.
H221	Entzündbares Gas.
H222	Extrem entzündbares Aerosol.
H223	Entzündbares Aerosol.
H224	Flüssigkeit und Dampf extrem entzündbar.
H225	Flüssigkeit und Dampf leicht entzündbar.
H226	Flüssigkeit und Dampf entzündbar.
H228	Entzündbarer Feststoff.
H229	Behälter steht unter Druck: kann bei Erwärmung bersten.
H230	Kann auch in Abwesenheit von Luft explosionsartig reagieren.
H231	Kann auch in Abwesenheit von Luft bei erhöhtem Druck und/oder erhöhter Temperatur explosionsartig reagieren.
H240	Erwärmung kann Explosion verursachen.
H241	Erwärmung kann Brand und Explosion verursachen.
H242	Erwärmung kann Brand verursachen.
H250	Entzündet sich in Berührung mit Luft von selbst.
H251	Selbsterhitzungsfähig, kann in Brand geraten.
H252	In großen Mengen selbsterhitzungsfähig, kann in Brand geraten.
H260	In Berührung mit Wasser entstehen entzündbare Gase, die sich spontan entzünden können.
H261	In Berührung mit Wasser entstehen entzündbare Gase.

H270	Kann Brand verursachen oder verstärken; Oxidationsmittel.
H271	Kann Brand oder Explosion verursachen; starkes Oxidationsmittel.
H272	Kann Brand verstärken; Oxidationsmittel.
H280	Enthält Gas unter Druck; kann beim Erhitzen explodieren.
H281	Enthält tiefkaltes Gas; kann Kälteverbrennungen oder -verletzungen verursachen.
H290	Kann gegenüber Metallen korrosiv sein.
H300	Lebensgefahr bei Verschlucken.
H301	Giftig bei Verschlucken.
H302	Gesundheitsschädlich beim Verschlucken.
H304	Kann bei Verschlucken und Eindringen in die Atemwege tödlich sein.
H310	Lebensgefahr bei Hautkontakt.
H311	Giftig bei Hautkontakt.
H312	Gesundheitsschädlich bei Hautkontakt.
H314	Verursacht schwere Verätzungen der Haut und schwere Augenschäden.
H315	Verursacht Hautreizungen.
H317	Kann allergische Hautreaktionen verursachen.
H318	Verursacht schwere Augenschäden.
H319	Verursacht schwere Augenreizungen.
H330	Lebensgefahr bem Einatmen.
H331	Giftig bei Einatmen.
H332	Gesundheitsschädlich bei Einatmen.
H334	Kann bei Einatmen Allergie, asthmaartige Symptome oder Atembeschwerden verursachen.
H335	Kann die Atemwege reizen.
H336	Kann Schläfrigkeit und Benommenheit verursachen.
H340	Kann genetische Defekt verursachen (Expositionsweg angeben, sofern schlüssig belegt ist, dass diese Gefahr bei keinem anderen Expositionsweg besteht).

H341	Kann vermutlich genetische Defekt verursachen (Expositionsweg angeben, sofern schlüssig belegt ist, dass diese Gefahr bei keinem anderen Expositionsweg besteht).
H350	Kann Krebs verursachen (Expositionsweg angeben, sofern schlüssig belegt ist, dass diese Gefahr bei keinem anderen Expositionsweg besteht).
H351	Kann vermutlich Krebs verursachen (Expositionsweg angeben, sofern schlüssig belegt ist, dass diese Gefahr bei keinem anderen Expositionsweg besteht).
H360	Kann die Fruchtbarkeit beeinträchtigen oder das Kind im Mutterleib schädigen (konkrete Wirkung angeben, sofern bekannt). (Expositionsweg angeben, sofern schlüssig belegt ist, dass die Gefährdung bei keinem anderen Expostionsweg besteht).
H361	Kann vermutlich die Fruchtbarkeit beeinträchtigen oder das Kind im Mutterleib schädigen (sofern bekannt, konkrete Wirkung angeben). (Expositionsweg angeben, sofern schlüssig belegt ist, dass die Gefährdung bei keinem anderen Expositionsweg besteht).
H362	Kann Säuglinge über die Muttermilch schädigen.
H370	Schädigt die Organe (oder alle betroffenen Organe nennen, sofern bekannt). (Expositionsweg angeben, sofern schlüssig belegt ist, dass diese Gefahr bei keinem anderen Expositionsweg besteht).
H371	Kann die Organe schädigen (oder alle betroffenen Organe nennen, sofern bekannt). (Expositionsweg angeben, sofern schlüssig belegt ist, dass diese Gefahr bei keinem anderen Expositionsweg besteht).
H372	Schädigt die Organe (alle betroffenen Organe nennen) bei längerer oder wiederholter Exposition. (Expositionsweg angeben, wenn schlüssig belegt ist, dass diese Gefahr bei keinem anderen Expositionsweg besteht).
H373	Kann die Organe schädigen (alle betroffenen Organe nennen) bei längerer oder wiederholter Exposition. (Expositionsweg angeben, wenn schlüssig belegt ist, dass diese Gefahr bei keinem anderen Expositionsweg besteht).
H300 + H310	Lebensgefahr bei Verschlucken oder Hautkontakt
H300 + H330	Lebensgefahr bei Verschlucken oder Einatmen
H310 + H330	Lebensgefahr bei Hautkontakt oder Einatmen
H300 + H310 + H330	Lebensgefahr bei Verschlucken, Hautkontakt oder Einatmen
H301 + H311	Giftig bei Verschlucken oder Hautkontakt
H301 + H331	Giftig bei Verschlucken oder Einatmen

17

H311 + H331	Giftig bei Hautkontakt oder Einatmen.
H301 + H311 + H331	Giftig bei Verschlucken, Hautkontakt oder Einatmen.
H302 + H312	Gesundheitsschädlich bei Verschlucken oder Hautkontakt.
H302 + H332	Gesundheitsschädlich bei Verschlucken oder Einatmen.
H312 + H332	Gesundheitsschädlich bei Hautkontakt oder Einatmen.
H302 + H312 + H332	Gesundheitsschädlich bei Verschlucken, Hautkontakt oder Einatmen.
H400	Sehr giftig für Wasserorganismen.
H410	Sehr giftig für Wasserorganismen mit langfristiger Wirkung.
H411	Giftig für Wasserorganismen, mit langfristiger Wirkung.
H412	Schädlich für Wasserorganismen, mit langfristiger Wirkung.
H413	Kann für Wasserorganismen schädlich sein, mit langfristiger Wirkung.
H420	Schädigt die öffentliche Gesundheit und die Umwelt durch Ozonabbau in der äußeren Atmosphäre

17.5.6.3 Ergänzende Gefahrenhinweise für die Europäische Union (EU)

Für die Europäische Union werden Gefahrenhinweise verwendet, die zusätzlich die international vereinbarten H-Sätze ergänzen. Sie werden durch die vorangestellten Buchstaben „EU" gekennzeichnet.

Code	Gefahrenhinweis
EUH001	In trockenem Zustand explosionsfähig.
EUH006	Mit und ohne Luft explosionsgefährlich.
EUH014	Reagiert heftig mit Wasser.
EUH018	Kann bei Verwendung explosionsfähige/entzündbare Dampf/Luft-Gemische bilden.
EUH019	Kann explosionsfähige Peroxide bilden.
EUH029	Entwickelt bei Berührung mit Wasser giftige Gase.
EUH031	Entwickelt bei Berührung mit Säure giftige Gase.
EUH032	Entwickelt bei Berührung mit Säure sehr giftige Gase.
EUH044	Explosionsgefahr bei Erhitzen unter Einschluss.
EUH066	Wiederholter Kontakt kann zu spröder oder rissiger Haut führen.
EUH070	Giftig bei Berührung mit den Augen.
EUH071	Wirkt ätzend auf die Atemwege.
EUH201/ 201A	Achtung! Enthält Blei. Nicht für den Anstrich von Gegenständen verwenden, die von Kindern gekaut oder gelutscht werden könnten.
EUH202	Cyanacrylat. Gefahr. Klebt innerhalb von Sekunden Haut und Augenlider zusammen. Darf nicht in die Hände von Kindern gelangen.
EUH203	Enthält Chrom (VI). Kann allergische Reaktionen hervorrufen.
EUH204	Enthält Isocyanate. Kann allergische Reaktionen hervorrufen.
EUH205	Enthält epoxidhaltige Verbindungen. Kann allergische Reaktionen hervorrufen.
EUH206	Achtung! Nicht zusammen mit anderen Produkten verwenden, da gefährliche Gase (Chlor) freigesetzt werden können.
EUH207	Achtung! Enthält Cadmium. Bei der Verwendung entstehen gefährliche Dämpfe. Hinweise des Herstellers beachten. Sicherheitsanweisungen einhalten.
EUH208	Enthält (Name des sensibilisierenden Stoffes). Kann allergische Reaktionen hervorrufen.
EUH 209/209A	Kann bei der Verwendung leicht entzündbar werden. Kann bei der Verwendung entzündbar werden.
EUH210	Sicherheitsdatenblatt auf Anfrage erhältlich.
EUH401	Zur Vermeidung von Risiken für Mensch und Umwelt die Gebrauchsanleitung einhalten.

17

17.5.7 Gefahrenpiktogramme

Die Gefahrenpiktogramme orientieren sich an den Gefahrgutsymbolen. Der folgende Überblick (Abb. 17.32) fasst die Nummer des Gefahrenpiktogramms, Beschreibung der Gefahr und Symbolik des Gefahrenpiktogramms zusammen. Zusätzlich ist eine – nicht offizielle Abkürzung – für die Gefahr aufgeführt. Sie knüpft an die alte Gefahrensymbolik an und ist leichter zu handhaben als die reinen GHS-Nummern.

Nummer des Gefahren-piktogramms	Gefahrenbeschreibung	Symbol des Gefahren-pikto-gramms	Abkürzung (nicht offiziell)
GHS 01	explodierende Bombe		E
GHS 02	Flamme		F
GHS 03	Flamme über einem Kreis		O
GHS 04	Gasflasche		P
GHS 05	Ätzwirkung		C
GHS 06	Totenkopf mit gekreuzten Knochen		T
GHS 07	Ausrufezeichen		A
GHS 08	Gesundheitsgefahr		CMR
GHS 09	Umwelt		N

Abb. 17.32: Übersicht Gefahrenpiktogramme

17.6 Wissensfragen

- Wie sind Gefahrstoffe einzustufen, zu verpacken und zu kennzeichnen?

- Welche Grundsätze sind zum Schutz von Mitarbeitern beim Umgang mit Gefahrstoffen zu beachten? Wie setzen Sie dies in Ihrem Unternehmen um?

- Für welche Stoffe bzw. Stoffklassen gelten Einschränkungen bzw. Verbote bzgl. ihrer Verwendung? Wie stellen Sie die Einhaltung in Ihrem Unternehmen sicher?

- Welche Informationen sind im Zuge der Gefährdungsbeurteilung „Gefahrstoffe" zu erheben? Wie aktuell ist die Gefährdungsbeurteilung ihres Unternehmens?

- Welche Anforderungen werden an Schutzmaßnahmen gestellt? Wie sieht die Umsetzung in Ihrem Unternehmen aus?

- Welche arbeitsmedizinische Vorsorge ist beim Umgang mit Gefahrstoffen zu treffen? Wie realisieren Sie dies in Ihrem Unternehmen?

- Welche Anforderungen werden an ein Gefahrstoffverzeichnis gestellt? Überprüfen Sie die Vollständigkeit und Aktualität des Verzeichnisses in Ihrem Unternehmen.

- Erläutern Sie die einzelnen Gefährlichkeitsmerkmale mit ihren Gefahrensymbolen.

- Wie sind Stoffe, von denen physikalisch-chemische Gefahren ausgehen, nach Gefahrstoffverordnung einzustufen und zu kennzeichnen? Nennen Sie einige Stoffbeispiele und vergleichen Sie diese mit der „neuen" Gefahrstoffkennzeichnung.

- Wie sind Stoffe, von denen toxische Gefahren ausgehen, nach Gefahrstoffverordnung einzustufen und zu kennzeichnen? Nennen Sie einige Stoffbeispiele und vergleichen Sie diese mit der „neuen" Gefahrstoffkennzeichnung.

- Wie sind Stoffe, von denen spezifische gesundheitsschädliche Gefahren ausgehen, nach Gefahrstoffverordnung einzustufen und zu kennzeichnen? Nennen Sie einige Stoffbeispiele und vergleichen Sie diese mit der „neuen" Gefahrstoffkennzeichnung.

- Welche grundsätzlichen Anforderungen stellt das Globally Harmonized System (GHS) an die Einstufung von Gefahrstoffen?

- Erläutern Sie die neuen Anforderungen an die Gefahrenkommunikation nach GHS.

- Vergleichen Sie die GHS-Anforderungen mit dem Gefahrgutsektor und der „alten" Gefahrstoffkennzeichnung.

- Erläutern Sie Struktur und Aufbau der H-Sätze.

- Erläutern Sie beispielhaft die Zuordnung der Gefahrensymbole zu Gefahrenklassen und -kategorien.

17.7 Weiterführende Literatur

17.1 Bekanntmachung 220; *Sicherheitsdatenblatt,* **19.06.2013**

17.2 Bender, H.; *Das Gefahrstoffbuch,* Wiley-VCH, **2008,** 978-3-527-32067-7

17.3 Bundesanstalt für Arbeitsschutz und Arbeitsmedizin (BAuA); *Einfaches Maßnahmenkonzept Gefahrstoffe,* **März 2006**

17.4 Verordnung zur Sanktionsbewehrung gemeinschafts- oder unionsrechtlicher Verordnungen auf dem Gebiet der Chemikaliensicherheit, *ChemSanktionsV – Chemikalien-Sanktionsverordnung,* **24.04.2013**

17

17.5   ChemG – Chemikaliengesetz; *Gesetz zum Schutz vor gefährlichen Stoffen,* **28.08.2013**

17.6   European Chemicals Agency (ECHA); *Guidance on the Application of the CLP Criteria,* **2009**

17.7   European Chemicals Agency (ECHA); *Introductory Guidance on the CLP Regulation,* **2009**

17.8   Jochum, Ch.; Lange, D.; *Modelllösungen für eine gute betriebliche Praxis bei Tätigkeiten mit Gefahrstoffen in Klein- und Mittelunternehmen der chemischen Industrie,* Bundesanstalt für Arbeitsschutz und Arbeitsmedizin (BAuA), **2005**

17.9   Kühn, R.; Birett, K.; *Merkblätter Gefährliche Arbeitsstoffe,* ecomed, **2002,** 3-609-74000-0

17.10   Oettershagen, U.; *GESTIS-Stoffdatenbank, Hauptverband der gewerblichen Berufsgenossenschaft,* **2001,** 3-88383-594-3

17.11   Meinholz, H.; Förtsch, G.; *Handbuch für Gefahrstoffbeauftragte,* Vieweg + Teubner, **2010,** 978-3-8348-0916-2

17.12   Schünemann, J.; Lenz, K.; *Pflichtenheft Gefahrstoffrecht,* ecomed, **2008,** 978-3-609-68296-9

17.13   TRGS 400; *Gefährdungsbeurteilung für Tätigkeiten mit Gefahrstoffen,* **02.07.2012**

17.14   TRGS 500; *Schutzmaßnahmen,* **04.07.2008**

17.15   TRGS 510; *Lagerung von Gefahrstoffen in ortbeweglichen Behälter,* **18.03.2013**

17.16   TRGS 600; *Substitution,* **22.09.2008**

17.17   TRGS 900; *Arbeitsplatzgrenzwerte,* **04.02.2013**

17.18   Verordnung über Verbote und Beschränkungen des Inverkehrbringens gefährlicher Stoffe, Zubereitungen und Erzeugnisse nach dem Chemikaliengesetz, *ChemVerbotsV – Chemikalienverbotsverordnung,* **24.02.2012**

17.19   Verordnung zum Schutz vor Gefahrstoffen, *GefStoffV – Gefahrstoffverordnung,* **15.07.2013**

17.20   *Verordnung (EG) Nr. 1907/2006 des Europäischen Parlaments und des Rates vom 18. Dezember 2006 zur Registrierung, Bewertung, Zulassung und Beschränkung chemischer Stoffe (REACH), zur Schaffung einer Europäischen Chemikalienagentur, zur Änderung der Richtlinie 1999/45/EG und zur Aufhebung der Verordnung (EWG) Nr. 793/93 des Rates, der Verordnung (EG) Nr. 1488/94 der Kommission, der Richtlinie 76/769/EWG des Rates sowie der Richtlinien 91/155/EWG, 93/67/EWG, 93/105/EG und 2000/21/EG der Kommission,* **10.06.2013**

17.21   *Verordnung (EG) Nr. 1272/2008 des Europäischen Parlaments und des Rates vom 16. Dezember 2008 über die Einstufung, Kennzeichnung und Verpackung von Stoffen und Gemischen, zur Änderung und Aufhebung der Richtlinien 67/548/EWG und 1999/45/EG und zur Änderung der Verordnung (EG) Nr. 1907/2006,* **10.06.2013**

Sachverzeichnis

18

18

Printing: Ten Brink, Meppel, The Netherlands
Binding: Stürtz, Würzburg, Germany